中文版 AutoCAD 2012 建筑设计从入门到精通

袁友胜　葛毅鹏　李　楠　编著

中国铁道出版社
CHINA RAILWAY PUBLISHING HOUSE

内 容 简 介

本书详细介绍了利用 AutoCAD 2012 绘制各种建筑图纸的流程方法和技巧。主要内容包括：AutoCAD 2012 的基本操作、环境设置、绘制二维图形、编辑基本图形、图层设置、文字标注与图形注释、尺寸标注、图块及外部参照、打印及输出、建筑设计基本知识，以及建筑平面图、建筑立面图、建筑剖面图、建筑详图、建筑总平面图的绘制，这些内容几乎包含了建筑图纸的所有内容，具有很强的借鉴意义。

本书配套光盘中提供了书中实例的 DWG 文件和实例制作的语音视频教学文件。

本书适合使用 AutoCAD 绘图的初、中级读者阅读，也是建筑设计和室内设计从业人员的理想参考书，还可作为大中专院校建筑设计、室内设计及其相关专业的教材。

图书在版编目（CIP）数据

中文版 AutoCAD 2012 建筑设计从入门到精通/ 袁友胜，葛毅鹏，李楠编著. -- 北京 : 中国铁道出版社，2012.4 （2012.9 重印）

ISBN 978-7-113-14053-3

Ⅰ. ①中… Ⅱ. ①袁… ②葛… ③李… Ⅲ. ①建筑设计：计算机辅助设计－AutoCAD 软件 Ⅳ. ①TU201.4

中国版本图书馆 CIP 数据核字(2011)第 263790 号

书　　名： 中文版 AutoCAD 2012 建筑设计从入门到精通
作　　者： 袁友胜　葛毅鹏　李　楠　编著

策　　划： 于先军
责任编辑： 吴媛媛　　**读者热线电话：** 010-63560056
特邀编辑： 李新承　　**责任印制：** 李　佳
封面设计： 付　巍　　**封面制作：** 郑少云

出版发行： 中国铁道出版社（北京市西城区右安门西街 8 号　　邮政编码：100054）
印　　刷： 三河市华丰印刷厂
版　　次： 2012 年 4 月第 1 版　　2012 年 9 月第 2 次印刷
开　　本： 787mm×1092mm　1/16　**印张：** 29.5　**字数：** 701 千
书　　号： ISBN 978-7-113-14053-3
定　　价： 59.80 元（附赠 1DVD）

前言

FOREWORD

AutoCAD 是美国 Autodesk 公司开发的著名计算机辅助设计应用软件，也是世界上使用最广泛的计算机辅助设计软件，它在航空、建筑、水利、机械、电子、化工等行业都有广泛的应用，它已经成为了各个行业设计师的得力工具。AutoCAD 2012 在继承以前版本优点的基础上，又增加了许多新的功能，能够更加有效地提高设计人员的工作效率。

本书内容

本书主要的服务对象是对建筑设计有兴趣的人士，包括在校学生和工作中需要进行图纸绘制的专业人士。本书在体系上可分为入门部分、提高部分和高级应用部分，入门部分有 4 章，主要介绍 AutoCAD 2012 的基本操作和设置，包括 AutoCAD 2012 简介、设置绘图环境、基本二维图形的绘制和编辑；提高部分有 5 章，对一些在建筑图纸绘制中的常用操作进行了详细介绍，包括图层设置、文字标注与图形注释、尺寸标注、图块及外部参照、打印及输出，这部分内容通过适当的工程实例来增加学习的实践性，并且降低专业软件学习过程中的枯燥感，为下一步的实例操作建立理论基础；高级应用部分有 6 章，第 10 章是对建筑设计的基本知识进行介绍，为理解相关的设计过程打下铺垫，在接下来的 5 章中，都是以实例为主，分别详细介绍了建筑平面图、建筑立面图、建筑剖面图、建筑详图及建筑总平面图的绘制，这些内容几乎包含了建筑图纸的所有内容，具有很强的借鉴意义。

本书特色

本书的特点是以大量的实例将工程制图和计算机应用相结合，在讲解知识点的同时，列举了大量的典型实例，并通过实际操作过程来讲解软件命令。读者可以边学边做，轻松学习，并从中学习和巩固工程制图及有关的国家标准。相信通过对本书的学习，读者能够掌握建筑图纸的绘制规范、要点及方法，为从事建筑设计或制图工作打下坚实的基础。

1. **内容编排科学，学习更加高效：**书中在基础和提高部分都是先简单介绍命令或工具的主要功能，紧接着安排实例，让读者上机操作，通过实际的操作来掌握软件的使用方法和操作技巧。高级部分详细介绍各类常见建筑图纸的绘制技法。

2. **实例丰富，技术实用：**书中通过 80 多个实例详细介绍 AutoCAD 基本绘图工具的使用方法和各种常见建筑图纸的绘制过程，所有实例都来自实际的项目，更加贴近实际应用。

3. **讲解细致，操作性强：**书中所有实例的制作过程都讲解得非常详细，读者只要按照书中的讲解一步一步进行操作，就可以顺利完成书中的所有实例，再通过练习题及提示巩固所学内容，可熟练掌握绘图技法。

关于光盘

1. 书中实例的 DWG 文件。
2. 书中实例制作的视频教学文件。

读者对象

1. 使用 AutoCAD 绘图的初、中级读者。
2. 建筑设计和室内设计从业人员。
3. 大中专院校建筑设计、室内设计及其相关专业的学生。

编　者

2012 年 2 月

CONTENTS

目录

第 1 章 AutoCAD 2012 中文版简介

本章主要内容：

本章主要介绍了 AutoCAD 2012 的基础知识，包括操作界面及一些基本操作。通过学习本章内容，用户可以初步了解 AutoCAD 2012 的工作界面、主要功能、图形文件管理的方法，以及如何启动和退出 AutoCAD 2012 等。

本章重点难点：

- AutoCAD 2012 的主要功能
- AutoCAD 2012 的工作界面
- 图形文件管理的方法

1.1 AutoCAD 2012 简介

AutoCAD 软件是美国 Autodesk 公司开发的产品，它将制图带入了个人计算机时代。CAD 是英语 Computer Aided Design 的缩写，意思是“计算机辅助设计”。AutoCAD 是目前世界上应用最广的 CAD 软件，现已成为全球领先的、使用最为广泛的计算机绘图软件，其主要用于二维绘图、详细绘制、设计文档和基本三维设计。自从 1982 年 Autodesk 公司首次推出 AutoCAD 软件，就在不断地进行完善，陆续推出了多个版本。AutoCAD 2012 是 AutoCAD 软件的第 23 个版本，其性能得到了全面提升，能够更加有效地提高设计人员的工作效率。用户可以使用它来创建、浏览、管理、打印、输出和共享富含信息的设计图形。

AutoCAD 是一个通用的二维和三维 CAD 图形软件系统，分为单机版和网络版。它是当今世界上最为流行的计算机辅助设计软件，也是我国目前应用最为广泛的图形软件之一。Autodesk 企业成立于 1982 年 1 月，并在这一年推出 AutoCAD 1.0 版本（当时命名为 Micro CAD），在 20 多年的发展历程中，该公司不断丰富和完善 AutoCAD 系统，并连续推出多个新版本，使 AutoCAD 由一个功能非常有限的绘图软件发展到了现在功能强大、性能稳定、市场占有率位居世界第一的 CAD 系统。AutoCAD 在城市规划、建筑、测绘、机械、电子、造船和汽车等许多行业得到了广泛的应用。统计资料表明，目前世界上有 75%的设计部门、数百万的用户应用此软件，大约有 50

万套 AutoCAD 软件安装在各企业中运行，成为工程技术人员的必备工具之一。

利用 AutoCAD 进行工程设计，与传统方法相比具有不可比拟的优势。例如其存储功能可以让设计师告别图纸时代；使设计图形的管理更为方便，且图形不易污损，占用空间小；强大的绘图功能大大减轻了设计人员的工作量；其修改功能克服了人工改图产生的凌乱和不统一状况；Internet 功能使图形的传输更加方便快捷，便于不同设计人员和单位的互相交流。

AutoCAD 2012 是 AutoCAD 系列软件的较新版本，与 AutoCAD 先前的版本相比，它在性能和功能方面都有较大的增强，同时保证与低版本完全兼容。AutoCAD 2012 在操作界面上发生了很大的改变，该版本具有更加人性化的特点。

因此，利用 AutoCAD 进行工程设计可以节约设计成本、减少设计人员的工作量、提高设计质量和效率、缩短设计周期。

1.2 了解 AutoCAD 2012 的主要功能

AutoCAD 自 1982 年问世以来，经历了多次升级，其每一次升级，在功能上都得到了逐步增强，且日趋完善。也正因为 AutoCAD 具有强大的辅助绘图功能，使其已成为工程设计领域中应用最为广泛的计算机辅助绘图与设计软件之一。

1.2.1 AutoCAD 2012 的主要特点

AutoCAD 2012 将更有成效地帮助用户实现更具竞争力的设计创意，其在用户界面上也有了重大改进。

AutoCAD 2012 整合了制图和可视化，加快了任务的执行，能够满足个人用户的需求和偏好，能够更快地执行常见的 CAD 任务，更容易找到那些不常见的命令。

新版本也能通过让用户在不需要软件编程的情况下自动操作制图，从而进一步简化了制图任务，极大地提高了效率。

1.2.2 AutoCAD 2012 的基本功能

1. 丰富的交互界面

（1）应用程序菜单

AutoCAD 2012 的工作界面左上角有个 A 的标志，单击该按钮会弹出一个下拉菜单，即为应用程序菜单（通常称为下拉菜单），用户根据需要选择下拉菜单中的任意命令即可。通过改善的应用程序菜单能更方便地访问公用工具。例如创建、打开、保存、打印和发布 AutoCAD 文件，将当前图形作为电子邮件附件发送、制作电子传送集。此外，还可执行图形维护，例如查核和清理，以及关闭图形。如图 1-1 所示为应用程序菜单。

（2）功能区面板

功能区已经升级，它提供了更为灵活、简便的访问工具的方法并与 Autodesk 的应用程序保持良好的一致性，如图 1-2 所示。

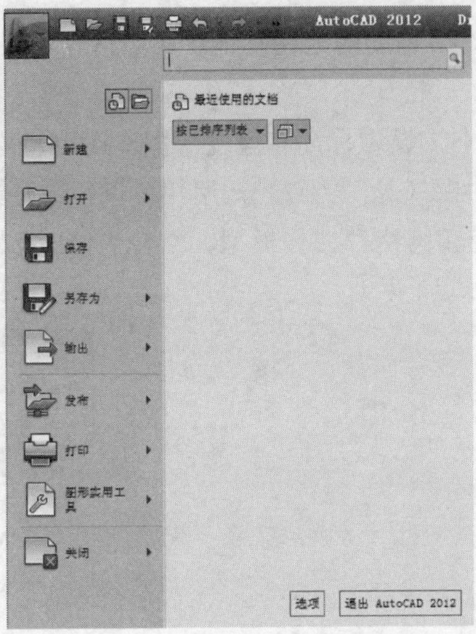

图 1-1 应用程序菜单

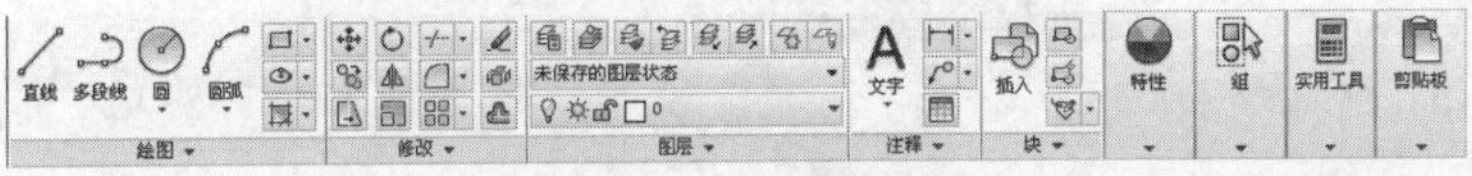

图 1-2 功能区面板

(3) 快捷菜单

在设计的进程中，快捷菜单（鼠标右键菜单）也为用户带来了极大的方便，快捷菜单的选项由当前的进程决定，如图 1-3 所示。

图 1-3 右键快捷菜单

2. 绘制与编辑图形

AutoCAD 的“绘图”菜单中包含丰富的绘图命令，例如点、直线、圆、多段线和样条曲线。AutoCAD 2012 提供了全部的二维图形绘制命令，使用它们可以绘制直线、构造线、多段线、圆、矩形、多边形和椭圆等基本图形，也可以将绘制的图形转换为面域，并对其进行填充。

AutoCAD 不仅有强大的绘图功能，而且还具有强大的图形编辑功能。如删除、恢复、移动、复制、镜像、旋转、修剪、拉伸、缩放、倒角、圆角、布尔运算和切割等，有的适用于二维，有的适用于三维，有的则可以通用。

针对相同图形的不同情况，AutoCAD 2012 还提供了多种绘制方法供用户选择，比如圆弧的绘制方法就有 11 种。借助于“修改”工具栏中的修改命令，可以绘制出各种各样的二维图形，如图 1-4 所示的“绘图”面板，以及图 1-5 所示的“修改”面板。

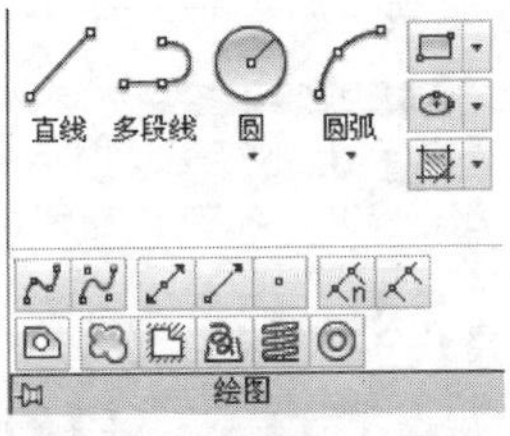

图 1-4 “绘图”面板

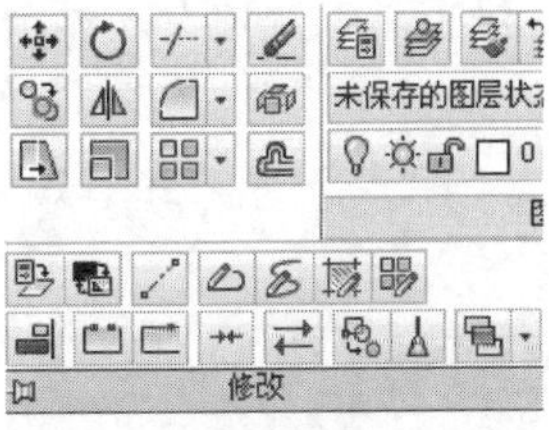

图 1-5 “修改”面板

另外，AutoCAD 还提供了许多辅助的绘图功能，如栅格、对象捕捉、正交和对象追踪等，如图 1-6 所示。

对于一些二维图形，通过拉伸、设置标高和厚度等操作即可轻松地转换为三维图形。使用“三维工具”选项卡中的“建模”面板（见图 1-7），用户可以很方便地绘制圆柱体、球体、长方体等基本实体，以及三维网格、旋转网格等曲面模型。结合“修改”面板中的相关命令，还可以绘制出各种各样的复杂三维图形。

图 1-6　辅助绘图功能

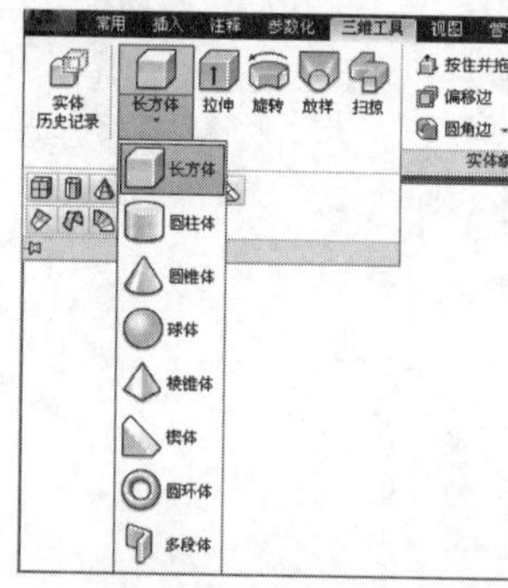

图 1-7　“建模”面板

3．标注图形尺寸

尺寸标注是向图形中添加测量注释的过程，是整个绘图过程中不可缺少的一步。AutoCAD 的“标注”面板中包含一套完整的尺寸标注和编辑命令，使用它们可以在图形的各个方向创建各种类型的标注，也可以方便、快速地以一定的格式创建符合行业或项目标准的标注。

标注显示了对象的测量值，对象之间的距离、角度，或者特征与指定原点的距离。在 AutoCAD 中提供了线性、径向（半径、直径和折弯）、坐标、弧长和角度 5 种基本的标注类型，可以进行水平、垂直、对齐、旋转、坐标、基线或连续等标注。此外，还可以进行引线标注、公差标注，以及自定义粗糙度标注等，标注的对象可以是二维图形或三维图形。

选择“注释”选项卡，显示“标注”面板，如图 1-8 所示。

4．创建渲染三维图形

在 AutoCAD 中，提供了球体、圆柱体、长方体、圆锥体、圆环体、棱锥体、多段体和楔体 8 种基本实体的绘制命令，其他实体则可以通过拉伸、旋转及布尔运算等命令和功能来实现。也可以运用雾化、光源和材质，将模型渲染为具有真实感的图像。如果是为了演示，可以渲染全部对象；如果时间有限，或显示设备和图形设备不能提供足够的灰度等级和颜色，则不必精细渲染；如果只需快速查看设计的整体效果，则可以简单消隐或设置视觉样式。

选择“三维工具”选项卡，显示的“建模”面板，如图 1-9 所示。

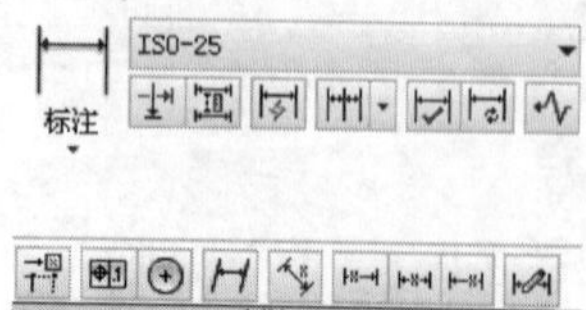

图 1-8　“标注”面板

图 1-9　“建模”面板

5. 显示功能

（1）缩放

利用“缩放”命令可以改变当前窗口中图形的视觉尺寸，以便清晰地观察图形的全部或局部。

在绘图窗口右击，弹出快捷菜单，选择 SteeringWheels(S)命令，可以观察构件的缩放效果，如图 1-10 所示。

（2）标准视图

AutoCAD 2012 提供了 6 个标准视图（6 种视角）：俯视、仰视、左视、右视、前视、后视。

选择“视图”选项卡，在“视图”面板中选择相应的命令，如图 1-11 所示。

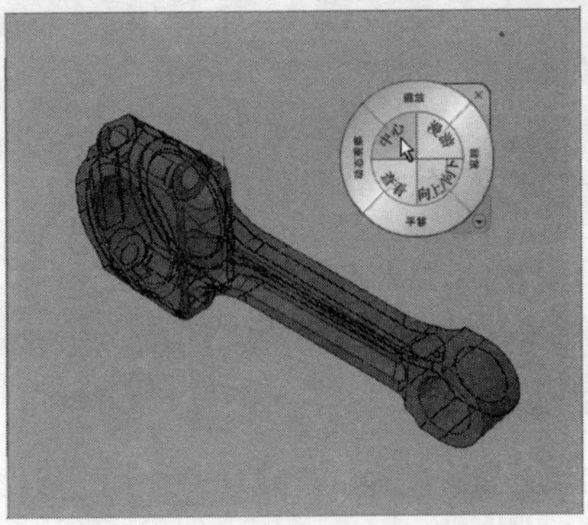

图 1-10　SteeringWheels 工具

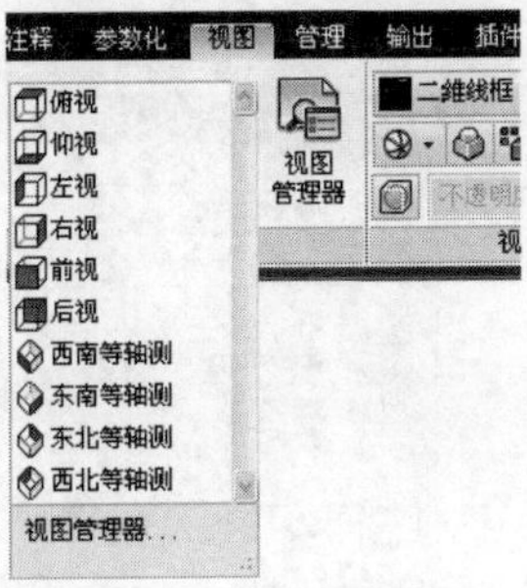

图 1-11　“视图”面板

（3）三维视图控制

AutoCAD 2012 提供了 4 个标准等轴测模式：西南等轴测模式、东南等轴测模式、西北等轴测模式和东北等轴测模式。另外，还可以利用视点工具设置任意的视角，利用三维动态观察器设置任意的透视效果。

选择“视图”选项卡，在“视图”面板中选择需要的等轴测模式即可，如图 1-11 所示。

（4）多视口效果

将屏幕划分为多个视口，每个视口可以单独地进行各种显示，并能定义独立的用户坐标系统。

选择“视图”选项卡，在“视口”面板中进行设置，可将屏幕划分为多个视口。

6. 输出与打印图形

AutoCAD 不仅允许将所绘图形以不同样式通过绘图仪或打印机输出，还能够将不同格式的图形（如照片）导入 AutoCAD，或将 AutoCAD 图形以其他格式输出。因此，当图形绘制完成之后可以使用多种方法将其输出。例如，可以将图形打印在图纸上，或创建成文件以供其他应用程序使用。

1.2.3　AutoCAD 2012 的主要新特性

1. 快捷特性工具

新的快捷特性工具可以就地查看和修改对象属性，无须使用属性面板。用户可以通过状态栏打开或关闭“快捷特性”命令。打开快捷特性后，只要选择一个对象，即可显示其属性，以便用户进行编辑，如图 1-12 所示。用户还可以通过 CUI（自定义用户界面）窗口来控制每个对象显示的属性，如图 1-13 所示。

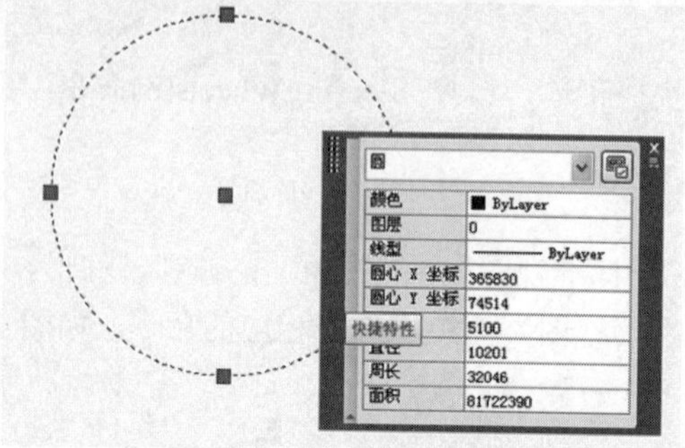

图 1-12　快捷特性工具

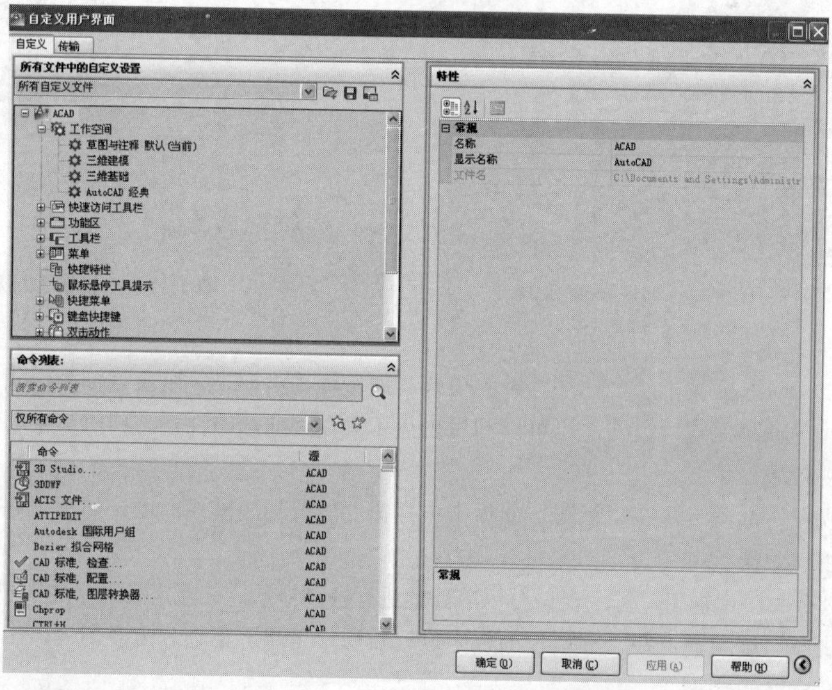

图 1-13　“自定义用户界面”窗口

2. 动作录制器

新的动作录制工具支持 AutoCAD 用户在执行任务时快速地对这个重复任务进行录制。用户可以添加文本信息和输入请求，以此来简化流程，根据需要快速选择和回放录制的文件，无须编程或测试技巧来成功执行。“动作录制器”可以录制以下动作：命令行、工具栏、Ribbon 面板、下拉菜单、属性窗口、层属性管理器和工具面板。完成录制后，单击“停止”按钮即可。系统提示输入一个宏名，然后用户的“宏”会以文本的形式出现在一个框中。一个扩展名为.actm 的文件会被保存在“选项”中设定的目录

图 1-14　“动作录制器”面板

下，如图 1-14 所示为“动作录制器”面板。

3. 图形化的布局与打开的图形的预览

AutoCAD 2012 中还有一个方便的新功能，可以看到图形化的布局与打开的图形的预览。这两个功能可以通过状态栏中的图标或 QVDRAWING 和 QVLAYOUT 命令来实现。

单击“快速查看布局”按钮，显示布局的缩略图，可以按住【Ctrl】键，然后使用鼠标滚轮来动态改变图像的尺寸。单击“快速查看图形”按钮，则显示打开的图形和它们的布局预览。从图形预览移动鼠标到它的一个布局时，缩略图的大小会改变，查看的焦点会从图形变成布局。用户可以按住【Ctrl】键，然后用鼠标来动态改变图像的尺寸，如图 1-15 所示。

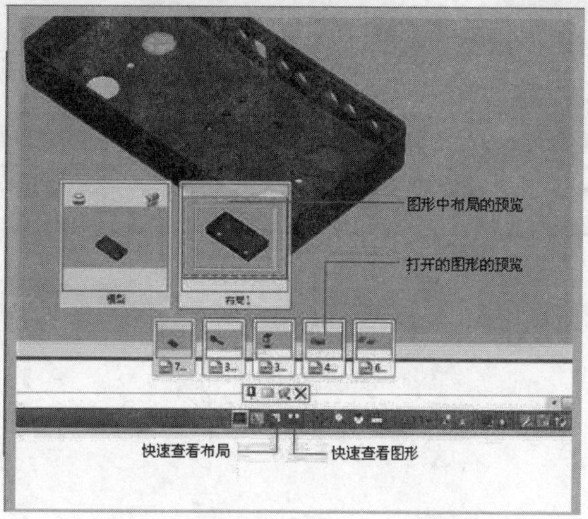

图 1-15　快速查看布局与图形的预览

1.3　启动与退出 AutoCAD 2012

AutoCAD 2012 和其他 Windows 的应用程序类似，需要启动和退出，下面进行简单介绍。

1.3.1　启动 AutoCAD 2012

首先介绍如何进入 AutoCAD 的操作界面。单击“开始”按钮，选择“所有程序”→Autodesk→AutoCAD 2012-Simplified Chinese→AutoCAD 2012-Simplified Chinese 命令，或直接双击桌面上的快捷方式图标，如图 1-16 所示。如果第一次运行 AutoCAD 2012，可选择查看 AutoCAD 2012 自带的快速入门视频，选择“帮助”→“快速入门视频”→“新特性” 命令，即可在相应界面查看所需内容，如图 1-17 所示。

图 1-16　桌面快捷方式图标

使用向导、样板或默认方式创建新图，AutoCAD 都将该文件命名为 Drawing1.dwg。此时，可以在该文件中绘制图形，并在随后的操作中使用“保存”或“另存为”命令将其保存成图形文件。启动 AutoCAD 2012，其工作界面如图 1-18 所示。

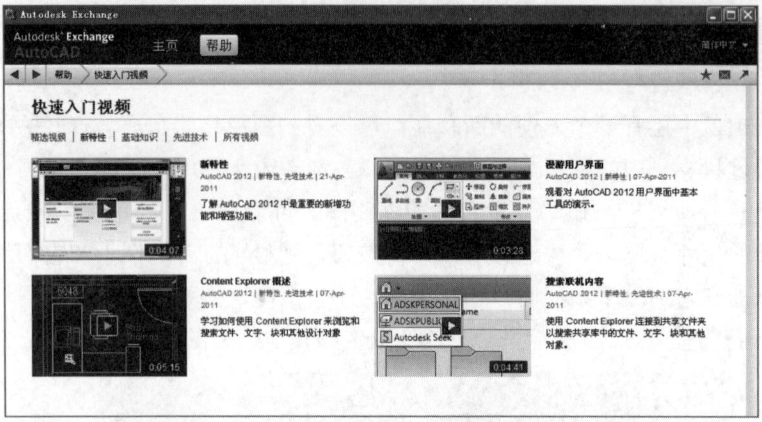

图 1-17 “新特性”视频窗口

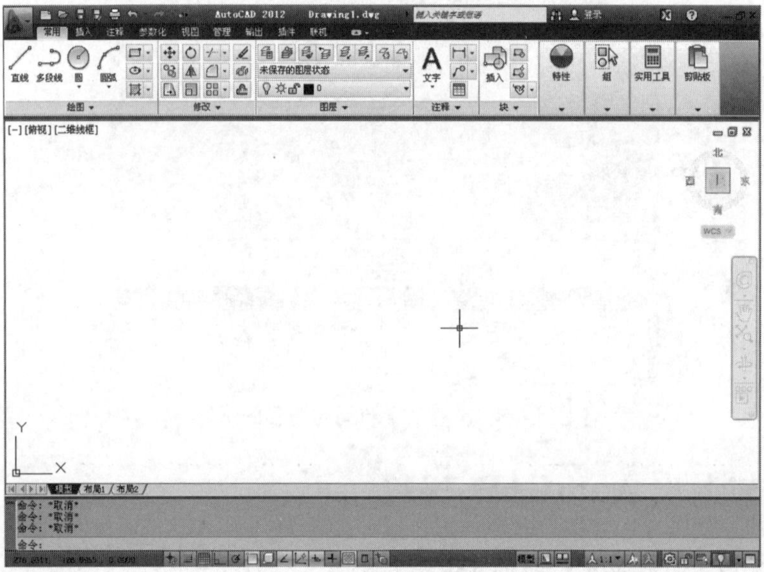

图 1-18 AutoCAD 2012 的工作界面

1.3.2 退出 AutoCAD 2012

用户可通过如下 3 种方式退出 AutoCAD 2012。

- 命令：QUIT。
- 菜单命令：单击菜单浏览器按钮，选择“退出 AutoCAD 2012”命令。
- 直接单击 AutoCAD 主窗口右上角的“关闭”按钮。

在退出 AutoCAD 时，若当前的图形文件未被保存，则系统将弹出提示对话框，提示用户在退出 AutoCAD 前保存或放弃对图形所做的修改，如图 1-19 所示。

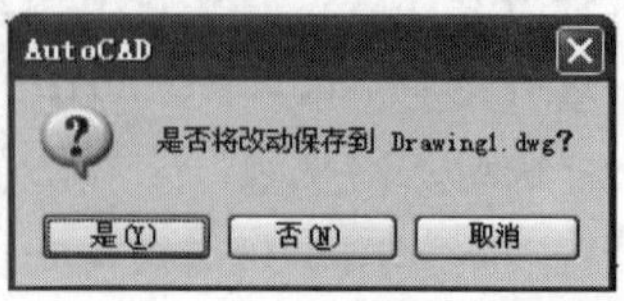

图 1-19 系统提示对话框

1.4 AutoCAD 2012 的工作界面

AutoCAD 2012 通过自定义或扩展用户界面来提高工作效率，它通过减少到达命令的步骤来提高所有绘图的效率。全新的设计、创新的特征、简单化的图层操作均可以帮助用户尽可能地提高效率。

AutoCAD 2012 应用程序窗口带来新的外观和感觉，在图形最大化显示的同时，它也非常容易访问大部分普通工具。默认应用程序窗口包括标题栏、应用程序菜单按钮、快速访问工具栏、信息中心、工具集和状态栏，“工具”面板如图 1-20 所示。

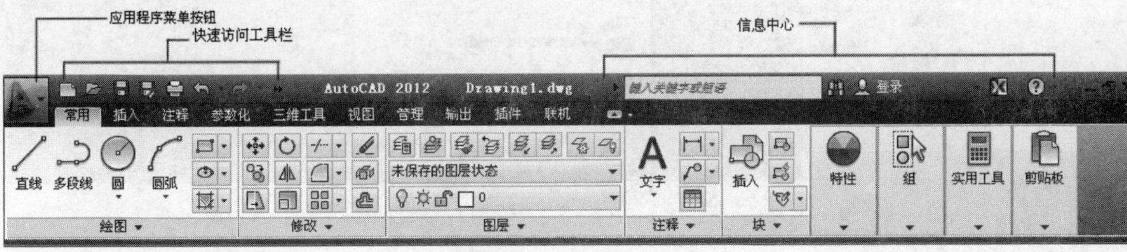

图 1-20 “工具”面板

模型空间背景已经更换为默认的黑色网格，它使用户可在模型空间中使用浅颜色来绘图，这样可以在黑色的布局中更直观地观察这些图形。这样的用户界面的增强对于双显示器配置来说是非常有价值的。

1.4.1 标题栏

标题栏位于应用程序窗口的最上面，用于显示当前正在运行的程序名及文件名等信息，如果是 AutoCAD 默认的图形文件，其名称为 Drawing*N*.dwg（*N* 是数字）。单击标题栏右端的按钮，可以最小化、最大化或关闭应用程序窗口。标题栏如图 1-21 所示。

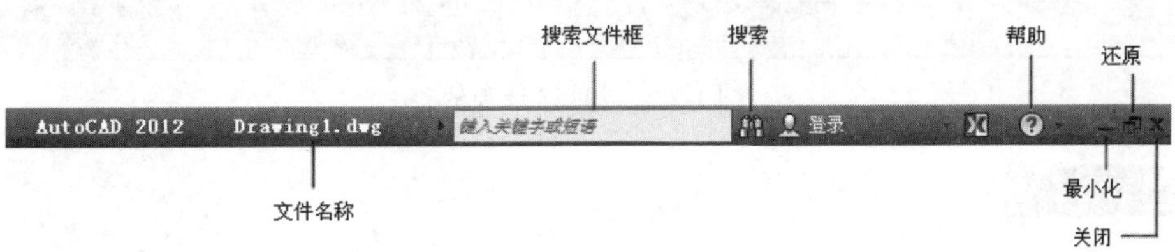

图 1-21 标题栏

1.4.2 应用程序菜单与快捷菜单

AutoCAD 2012 的应用程序菜单由“新建”、“打开”和“保存”等命令组成，如图 1-22 所示。

快捷菜单又称为上下文相关菜单。在绘图区域、工具栏、状态行、模型与布局选项卡，以及一些对话框上右击时，将弹出一个快捷菜单，该菜单中的命令与 AutoCAD 的当前状态相关。使用它们可以在不启动菜单栏的情况下快速、高效地完成某些操作。

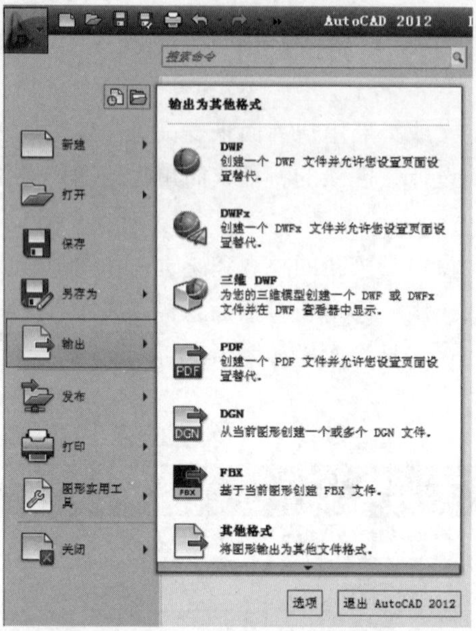

图 1-22　应用程序菜单

1.4.3　工具栏

工具栏是应用程序调用命令的另一种方式，它包含许多由图标表示的命令按钮。在 AutoCAD 中，系统提供了 20 多个已命名的工具栏。如果要显示当前隐藏的工具栏，可在任意工具栏上右击，此时将弹出一个快捷菜单，通过选择相应命令可以显示或关闭相应的工具栏。如图 1-23 所示为工具栏的功能区选项板。

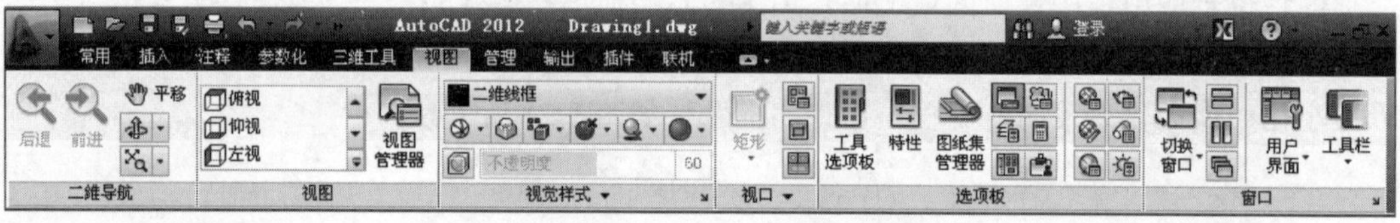

图 1-23　功能区选项板

1.4.4　绘图窗口

在 AutoCAD 中，绘图窗口是用户绘图的工作区域，所有的绘图结果都反映在这个窗口中。可以根据需要关闭其周围和其中的各个工具栏，以增大绘图空间。如果图纸比较大，需要查看未显示部分时，可以单击窗口右边与下边滚动条上的箭头，或拖动滚动条上的滑块来移动图纸。

在绘图窗口中除了显示当前的绘图结果外，还显示了当前使用的坐标系类型及坐标原点、*X* 轴、*Y* 轴、*Z* 轴的方向等。默认情况下，坐标系为世界坐标系（WCS）。

绘图窗口的下方有“模型”和“布局”选项卡，单击相应选项卡可以在模型空间或图纸空间之间进行切换。

1.4.5　命令行与文本窗口

命令行窗口位于绘图窗口的底部，用于接收用户输入的命令，并显示 AutoCAD 的提示信息。在 AutoCAD 2012 中，命令行窗口可以拖放为浮动窗口，如图 1-24 所示。

图 1-24　命令行

AutoCAD 文本窗口是记录 AutoCAD 命令的窗口，是放大的命令行窗口，它记录了已执行的命令，也可以用来输入新命令。

在 AutoCAD 2012 中，打开文本窗口的常用方法有以下几种。

- 命令：TEXTSCR。
- 菜单命令：选择“视图”选项卡，在“窗口”面板中选择“用户界面”→“文本窗口”命令。
- 快捷键：按【F2】键。

按【F2】键打开 AutoCAD 文本窗口，它记录了对文档进行的所有操作，如图 1-25 所示。

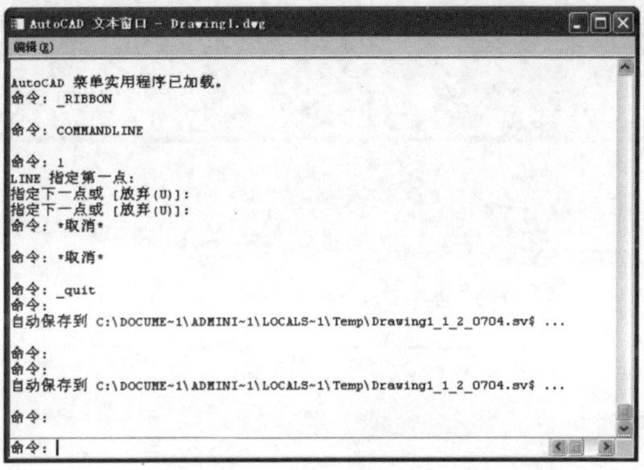

图 1-25　AutoCAD 文本窗口

1.4.6　状态栏

状态栏用来显示 AutoCAD 当前的状态，如当前光标的坐标、命令和按钮的说明等。在绘图窗口中移动光标时，状态栏的“坐标值”区将动态地显示当前坐标值。坐标显示取决于所选择的模式和程序中运行的命令，共有“相对”、“绝对”和“无”3 种模式。

状态栏中还包括“绘图工具”、“快捷特性”、“模型”、“布局”、“快速查看工具”、“导航工具”、“注释工具”、“工作空间”、“锁定”、“全屏显示”等十几个功能区，如图 1-26 所示。

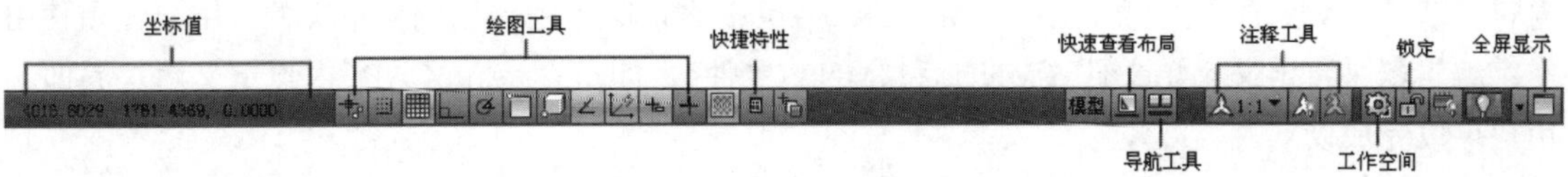

图 1-26　状态栏

1.4.7 AutoCAD 2012 的三维建模界面组成

在 AutoCAD 2012 中，在“草图与注释”的下拉列表框中选择“三维建模”选项，可以快速切换到“三维建模”工作空间界面，如图 1-27 所示。

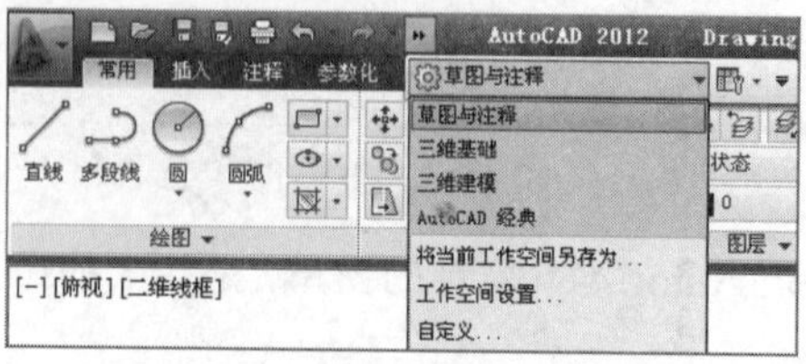

图 1-27　“草图与注释”下拉列表框

“三维建模”工作界面对于用户在三维空间中绘制图形来说更加方便。默认情况下，“栅格”以网格的形式显示，增加了绘图的三维空间感。另外，“面板”选项板集成了“三维制作控制台”、“三维导航控制台”、“光源控制台”、“视觉样式控制台”和“材质控制台”等选项组，从而使用户绘制三维图形、观察图形、创建动画、设置光源、为三维对象附加材质等操作提供了非常便利的环境，图 1-28 所示为“三维建模”界面。

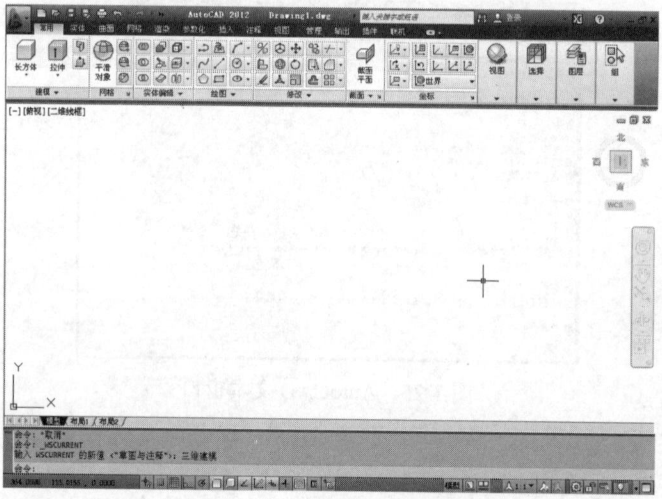

图 1-28　三维建模界面

1.5 设置习惯的工作界面

使用 AutoCAD 的自定义工具，可以调整图形环境使其满足用户的需求。自定义功能（包括“自定义用户界面”文件格式和“自定义用户界面”编辑器）有助于用户轻松创建和修改自定义的内容。基于 XML 的 CUI 文件取代 AutoCAD 2006 之前版本中使用的菜单文件。用户无须使用文字编辑器来自定义菜单文件（MNU 和 MNS 文件），即可在 AutoCAD 内自定义用户界面。用户可以完成以下内容：

① 添加或更改工具栏、菜单和功能区面板（包括快捷菜单、图像平铺菜单和数字化仪菜单）。

② 添加和修改快速访问工具栏中的命令。

③ 创建或更改工作空间。

④ 为各种用户界面元素指定命令。

⑤ 创建或更改宏。

⑥ 定义 DIESEL 字符串。

⑦ 创建或更改别名。

⑧ 添加命令工具提示的描述性文字。

⑨ 控制使用鼠标悬停工具提示时显示的特性。

选择“草图与注释”→“管理”→“用户界面”命令，弹出“自定义用户界面”窗口，如图 1-29 所示。

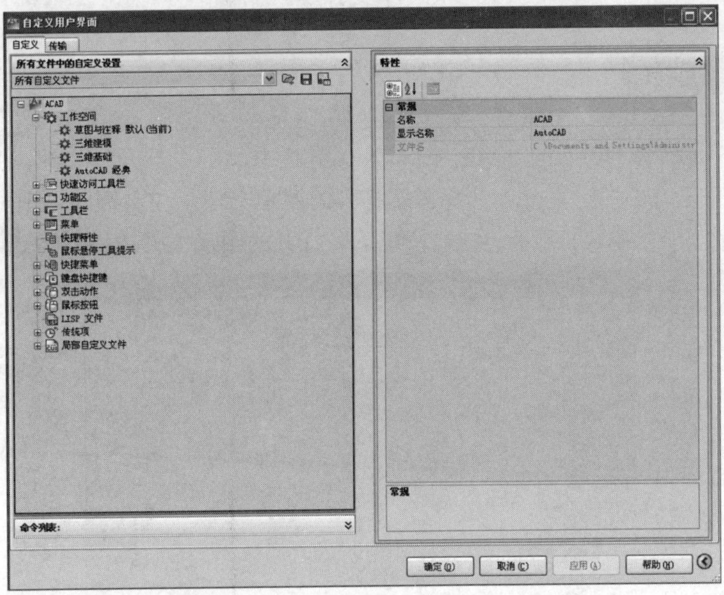

图 1-29　“自定义用户界面”窗口

1.6　管理图形文件

在 AutoCAD 2012 中，图形文件管理包括创建新图形文件、打开已有的图形文件、关闭图形文件，以及保存图形文件等操作。

1.6.1　创建新图形文件

执行“新建”(NEW) 命令，或在“标准”工具栏中单击“新建”按钮，此时将打开“选择样板”对话框，可以创建新的图形文件。

在“选择样板”对话框中，可以在“名称”列表框中选中某一样板文件，在其右面的“预览”框中将显示该样板的预览图像。单击“打开”按钮，可以以选中的样板文件为样板创建新图形，此时会显示图形文件的布局（选择样板文件 acad.dwt 或 acadiso.dwt 时除外），如图 1-30 所示。

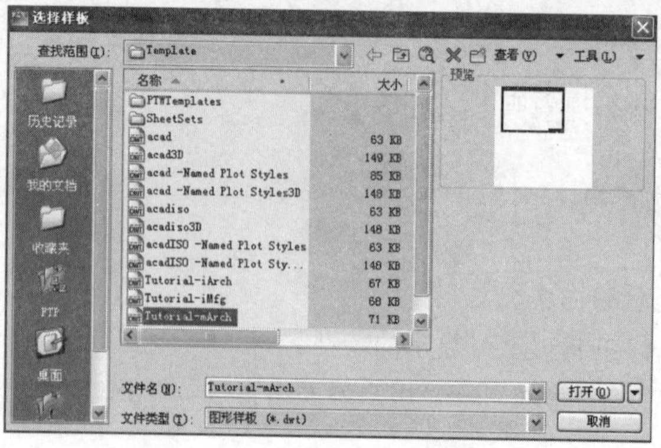

图 1-30 “选择样板”对话框

1.6.2 打开图形文件

执行“打开”命令（OPEN），或在“标准”工具栏中单击“打开”按钮，弹出“选择文件”对话框，可以打开已有的图形文件。选择需要打开的图形文件，在右侧的“预览”框中将显示出该图形的预览图像，如图 1-31 所示。默认情况下，打开的图形文件的格式为.dwg。

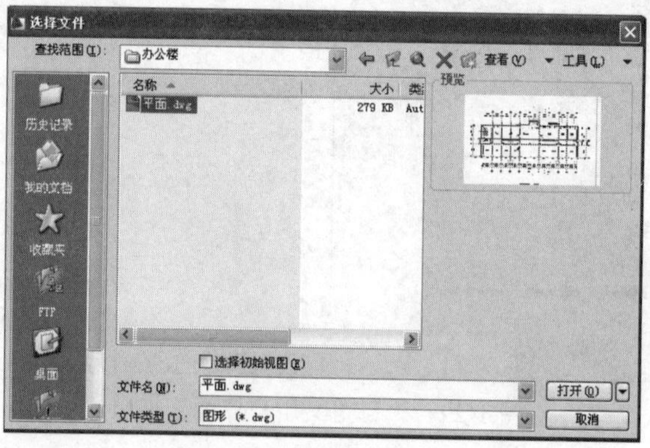

图 1-31 打开图形文件

在 AutoCAD 中，有“打开”、“以只读方式打开”、“局部打开”和“以只读方式局部打开”4 种打开图形文件的方式。当以“打开”、“局部打开”方式打开图形时，可以对打开的图形进行编辑，如果以“以只读方式打开”、“以只读方式局部打开”方式打开图形时，则无法对打开的图形进行编辑。

如果选择以“局部打开”、“以只读方式局部打开”打开图形，将弹出“局部打开”对话框。可以在“要加载几何图形的视图”选项组中选择要打开的视图，在“要加载几何图形的图层”选项组中选择要打开的图层，然后单击“打开”按钮，即可在视图中打开选中图层上的对象。

1.6.3 保存图形文件

在 AutoCAD 中，可以使用多种方式将所绘图形以文件形式存入磁盘。例如，可以执行“保存”命令（QSAVE），或在“标准”工具栏中单击“保存”按钮，以当前使用的文件名保存图形；

也可以执行“另存为”命令（SAVE AS），将当前图形以新的名称保存。

在第一次保存创建的图形时，系统将打开“图形另存为”对话框。默认情况下，文件以“AutoCAD 2010 图形（*.dwg）”格式保存，也可以在“文件类型”下拉列表框中选择其他格式，如 AutoCAD 2007/LT2007 图形（*.dwg）、AutoCAD 图形标准（*.dws）等格式，图 1-32 所示为“图形另存为”对话框。

图 1-32　“图形另存为”对话框

1.6.4　关闭图形文件

执行“关闭”命令（CLOSE），或在绘图窗口中单击“关闭”按钮，可以关闭当前图形文件。如果当前图形没有存盘，系统将弹出 AutoCAD 警告对话框，询问是否保存文件。此时，单击“是”按钮或直接按【Enter】键，可以保存当前图形文件并将其关闭；单击“否”按钮，可以关闭当前图形文件但不存盘；单击“取消”按钮，取消关闭当前图形文件的操作，既不保存也不关闭。

如果当前所编辑的图形文件没有命名，那么单击“是”按钮后，AutoCAD 会弹出“图形另存为”对话框，要求用户确定图形文件存放的位置和名称。

1.7　本章小结

本章介绍了 AutoCAD 2012 的工作界面，以及图形文件的管理等操作。此外，还介绍了 AutoCAD 较之以往版本的新增功能和特性，使读者对 AutoCAD 的学习方法和入门知识得到掌握，帮助读者消除对 AutoCAD 的陌生感，为接下来章节的学习打下良好的基础。

1.8　问题与思考

1. AutoCAD 的工作窗口主要由哪几部分组成？
2. 如何通过菜单重新调出选项卡？
3. “修改”面板包含什么功能选项？

第 2 章 设置绘图环境

本章主要内容：

本章主要介绍了绘图环境的基本设置，包括精确绘图辅助工具的设置、工作空间的设置、坐标系设置、图形观察设置，以及命令的执行方式等。通过学习本章内容，读者可以了解如何设置图形单位、设置绘图界限等。还可以把设置好的绘图环境作为样板文件进行保存，方便今后直接调用，避免重复设置绘图环境。

本章重点难点：

- 绘图辅助工具的设置
- 工作空间的设置
- 图形观察设置

2.1 设置精确绘图辅助工具

AutoCAD 为用户提供了“捕捉”、“栅格”、“正交”、“极轴追踪”、“对象捕捉”、“对象捕捉追踪”和 DYN（动态输入）等辅助绘图工具，帮助用户快速绘图。

2.1.1 捕捉

捕捉功能设定了光标移动间距，即在图形区域内提供了不可见的参考栅格。当打开捕捉模式时，光标只能处于离光标最近的捕捉栅格点上。当使用键盘输入点的坐标或关闭了捕捉模式时，AutoCAD 将忽略捕捉间距的设置。当捕捉模式设置为关闭状态时，捕捉模式对光标不再起任何作用；而捕捉模式设置为打开状态时，光标则不能放置在指定的捕捉设置点以外的位置。

1. 开启与关闭捕捉功能

开启与关闭捕捉功能的方法有以下 4 种：

① 在状态栏中，单击“捕捉”按钮，即可开启捕捉模式，再次单击“捕捉”按钮，即可关闭捕捉模式。

② AutoCAD 系统默认【F9】键为控制捕捉模式的快捷键，用户可用它开启和关闭捕捉模式。

③ 右击状态栏中的"捕捉"按钮，在弹出的快捷菜单中选择"启用栅格捕捉"命令，打开栅格捕捉模式，选择"关"命令即为关闭捕捉模式。

④ 右击状态栏中的"捕捉"按钮，在弹出的快捷菜单中选择"设置"命令，弹出如图 2-1 所示的"草图设置"对话框，选择"捕捉和栅格"选项卡，选择"启用捕捉"复选框，即可开启捕捉模式，否则关闭捕捉模式。

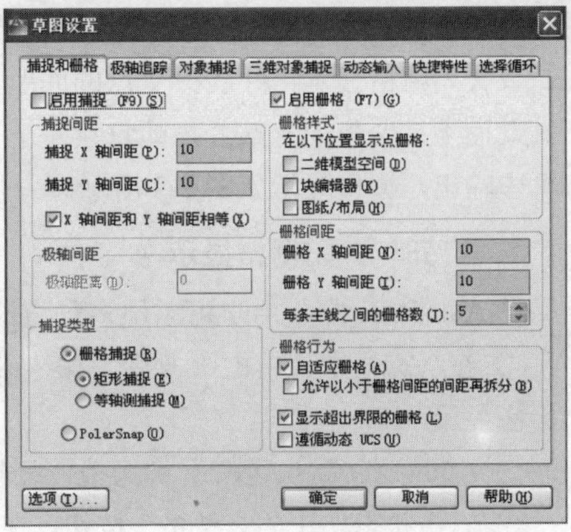

图 2-1　"捕捉和栅格"选项卡

2. 设置捕捉参数

设置捕捉参数主要通过"草图设置"对话框或通过命令 SNAP 进行。

（1）通过"草图设置"对话框进行捕捉设置

打开"草图设置"对话框，并选择"捕捉和栅格"选项卡，此选项卡包含"捕捉"命令的全部设置，如图 2-1 所示。"捕捉与栅格"选项卡中各选项含义如下：

①"捕捉 *X* 轴间距"文本框"捕捉与栅栏"：沿 *X* 轴方向上的捕捉间距。

②"捕捉 *Y* 轴间距"文本框：沿 *Y* 轴方向上的捕捉间距。

③"*X* 和 *Y* 间距相等"复选框：可以设置 *X* 轴和 *Y* 轴方向的间距是否相等，这样方便绘制一些特殊的图形。

④"捕捉类型"选项组：设置为栅格捕捉或是极轴捕捉。"栅格捕捉"模式中包含"矩形捕捉"和"等轴测捕捉"两种样式。在二维图形绘制中，通常使用的是矩形捕捉，这也是系统的默认模式。"极轴捕捉"模式是一种相对捕捉，即相对于上一点的捕捉。如果当前未执行绘图命令，则光标可在图形中自由移动，不受任何限制。当执行某一绘图命令后，光标就只能在特定的极轴角度上，并且定位在距离为间距倍数的点上。

（2）通过 SNAP 命令进行捕捉设置

除了上述利用"草图设置"对话框进行捕捉设置的方法外，通过 SNAP 命令也可以完成所有的捕捉设置。具体操作如下：

```
命令: SNAP
指定捕捉间距或 [开(ON)/关(OFF)/纵横向间距(A)/样式(S)/类型(T)] <10.0000>:
```

命令行中各选项含义如下：

①"捕捉间距"选项：设置沿 *X* 轴和 *Y* 轴方向的捕捉设置。

②"纵横向间距（A）"选项：在 *X* 轴和 *Y* 轴方向指定不同的间距。如果当前捕捉模式为"等轴测"，则不能使用此选项。

③"样式（S）"选项：提示用户输入"标准"或"等轴测"选项。其中，"标准"选项是将栅格捕捉设置为矩形捕捉，"等轴测"选项是将栅格捕捉设置为等轴测捕捉。

④"类型（T）"选项：提示用户设置捕捉的类型。这里有两种类型，分别是栅格捕捉和极轴捕捉。

2.1.2 栅格

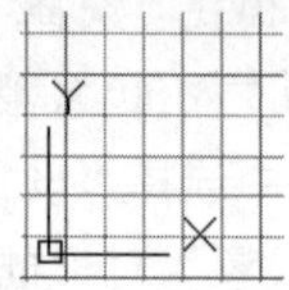

图 2-2 栅格显示

栅格为绘图窗口中的一些标定位置的点，以帮助用户准确定位。用户可以根据需要打开或关闭栅格显示，并能改变点的间距。但是栅格只是绘图的辅助工具，而不是图形的一部分，即它只是一个可见的参考，而不能从打印机中输出，栅格显示如图 2-2 所示。

1. 打开与关闭栅格显示

在 AutoCAD 中，用户可以用多种方法打开或关闭栅格显示。

① 在状态栏中，单击“栅格”按钮，将打开栅格显示，再次单击“栅格”按钮，将关闭栅格显示。

② AutoCAD 默认【F7】键为控制栅格显示的快捷键，可用它关闭和打开栅格显示。

③ 右击状态栏中的“栅格”按钮，在弹出的快捷菜单中选择“开”命令打开栅格显示，或选择“关”命令关闭栅格显示。

④ 右击状态栏中的“栅格”按钮，在弹出的快捷菜单中选择“设置”命令，弹出“草图设置”对话框（如图 2-1 所示），选择“捕捉和栅格”选项卡，选择“启用栅格”复选框，可打开栅格显示。

2. 设置栅格间距

设置栅格间距可以通过两种方法实现。

① 在“草图设置”对话框中进行设置。如图 2-1 所示，选择“捕捉和栅格”选项卡，则可通过“栅格 X 轴间距”和“栅格 Y 轴间距”两个文本框分别输入所需设置的栅格沿 *X* 轴方向和沿 *Y* 轴方向的间距。

② 通过 GRID 命令设置栅格间距。具体操作如下：

```
命令: GRID
指定栅格间距(X) 或 [开(ON)/关(OFF)/捕捉(S)/主(M)/自适应(D)/界限(L)/跟随(F)/纵横向间距(A)] <10.0000>: a
指定水平间距 (X) <10.0000>:
指定垂直间距 (Y) <10.0000>:
```

在第一行命令提示中，如果直接输入距离，系统将默认栅格在水平和垂直方向上的间距相等，即规则的栅格。如果要设定不规则的栅格，则必须在第一行命令提示中选择 A（纵横向间距），然后才能分别进行两个方向上的间距设置。

提 示

栅格间距不要太小，否则将导致图形模糊及屏幕刷新太慢，甚至无法显示栅格。

3. 捕捉设置与栅格设置的关系

栅格和捕捉这两个辅助绘图工具之间有着很多联系，尤其是两者间距的设置。有时为了方便绘图，可将栅格间距设置为与捕捉间距相同，或使栅格间距为捕捉间距的倍数。

2.1.3　正交

正交辅助工具可以使用户仅能绘制平行于 *X* 轴或 *Y* 轴的直线。因此，当绘制众多正交直线时，通常要打开“正交”辅助工具。另外，将捕捉类型设为等轴测捕捉时，该命令将使绘制的直线平行于当前轴测平面中正交的坐标轴。

在 AutoCAD 中，可以通过多种方法打开正交辅助工具。

① 在状态栏中，单击“正交”按钮，打开“正交”模式，再次单击“正交”按钮，关闭“正交”模式。

② AutoCAD 系统默认【F8】键为控制“正交”模式的快捷键，用户可用它打开和关闭“正交”模式。

③ 右击状态栏中的“正交”按钮，在弹出的快捷菜单中选择“开”命令打开“正交”模式，或选择“关”命令关闭“正交”模式。

④ 利用 ORTHO 命令打开或关闭“正交”模式。具体操作如下：

```
命令: ORTHO
输入模式 [开(ON)/关(OFF)] <开>: ON
```

在打开“正交”模式后，则只能在平面内平行于两个正交坐标轴的方向上绘制直线，并指定点的位置，而不用考虑屏幕上光标的位置。绘图的方向由当前光标到其中一条平行坐标轴（如 *X* 轴）方向上的距离与到另一条平行坐标轴（如 *Y* 轴）方向的距离相比来确定，如果沿 *X* 轴方向的距离大于沿 *Y* 轴方向的距离，AutoCAD 将绘制水平线；相反地，如果沿 *Y* 轴方向的距离大于沿 *X* 轴方向的距离，那么只能绘制垂直线。同时，“正交”辅助工具并不影响从键盘上输入点。

2.1.4　对象捕捉

对象捕捉可以利用已经绘制的图形上的几何特征点定位新的点。打开对象捕捉的方法与前几种辅助工具类似，可以通过状态栏中的“对象捕捉”按钮或通过快捷键 F3 来控制，也可以在“草图设置”对话框的“对象捕捉”选项卡中进行设置，如图 2-3 所示。

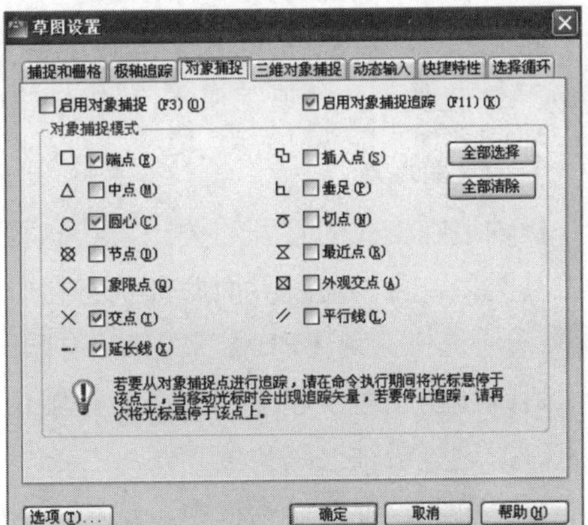

图 2-3　“对象捕捉”选项卡

“对象捕捉”选项卡提供了多种对象捕捉模式，用户可选择相应复选框开启各种捕捉模式。各种对象捕捉模式的说明如下：

① “端点”：捕捉直线、圆弧、椭圆弧、多线、多段线的最近端点，以及捕捉填充直线、图形或三维面域最近的封闭角点。

② “中点”：捕捉直线、圆弧、椭圆弧、多线、多段线、参照线、图形或样条曲线的中点。

③ “圆心”：捕捉圆弧、圆、椭圆或椭圆弧的圆心。

④ “节点”：捕捉点对象。

⑤ “象限点”：捕捉圆、圆弧、椭圆或椭圆弧的象限点。

⑥ “交点”：捕捉两个对象的交点，包括圆弧、圆、椭圆、椭圆弧、直线、多线、多段线、射线、样条曲线或参照线。

⑦ “延长线”：光标从一个对象的端点移出时，系统将显示并捕捉沿对象轨迹延伸出来的虚拟点。

⑧ “插入点”：捕捉插入图形文件中的块、文本、属性及图形的插入点，即它们插入时的原点。

⑨ “垂足”：捕捉直线、圆弧、圆、椭圆弧、多线、多段线、射线、图形、样条曲线或参照线上的一点。该点与用户指定的一点形成一条直线，此直线与用户当前选择的对象正交(垂直)，但该点不一定在对象上，有可能在对象的延长线上。

⑩ “切点”：捕捉圆弧、圆、椭圆或椭圆弧的切点。此切点与用户所指定的一点形成一条直线，这条直线将与用户当前所选择的圆弧、圆、椭圆或椭圆弧相切。

⑪ “最近点”：捕捉对象上最近的一点，一般是端点、垂足或交点。

⑫ “外观交点”：捕捉三维空间中两个对象的视图交点(这两个对象实际上不一定相交，但看上去相交)。在二维空间中，外观交点捕捉模式与交点捕捉模式是等效的。

⑬ “平行线”：绘制平行于另一对象的直线。在指定了直线的第一点后，用光标选定一个对象(此时不用单击鼠标指定，AutoCAD 将自动帮助用户指定，并且可以选取多个对象)，之后再移动光标，这时经过第一点且与选定对象平行的方向上将出现一条参照线，这条参照线是可见的，在此方向上指定一点，那么该直线将平行于选定的对象。

2.1.5 追踪

当自动追踪功能打开时，绘图窗口中将出现追踪线（追踪线可以是水平的或垂直的，也可以有一定角度），可以帮助用户精确地确定位置和角度创建对象。在界面的状态栏中可以看到 AutoCAD 提供了两种追踪模式：“极轴”（极轴追踪）和“对象追踪”（对象捕捉追踪）。

1．极轴追踪

极轴追踪模式的打开和关闭与状态栏上其他绘图辅助工具类似，可以通过界面底部状态栏中的“极轴”按钮或通过快捷键【F10】来控制。打开极轴追踪模式后，追踪线由相对于起点和端点的极轴角定义。

（1）设置极轴追踪角度

在“草图设置”对话框中，选择“极轴追踪”选项卡，在其中可以完成极轴追踪角度的设置，如图 2-4 所示。

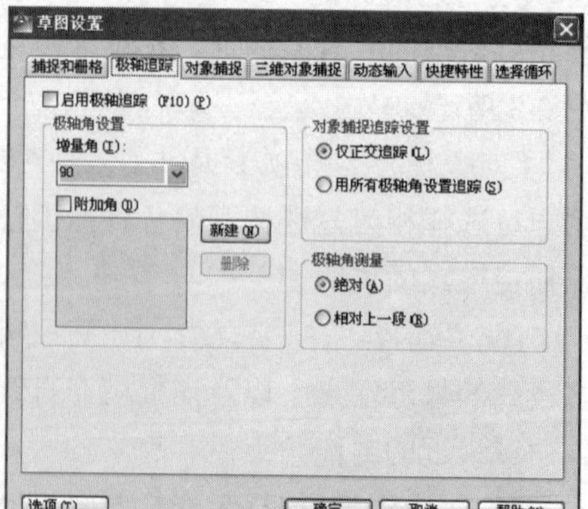

图 2-4 “极轴追踪”选项卡

“极轴追踪”选项卡中各选项含义如下：

① “增量角”下拉列表框：可以设置极轴角度增量的模数，在绘图过程中所追踪到的极轴角度将为此模数的倍数。

② “附加角”复选框及其列表框：在设置角度增量后，仍有一些角度不等于增量值的倍数。对于这些特定的角度值，可以单击“新建”按钮，添加新的角度，使追踪的极轴角度更加全面（最多只能添加 10 个附加角度）。

③ “绝对”单选按钮：极轴角度绝对测量模式。选择此模式后，系统将以当前坐标系下的 *X* 轴为起始轴计算出所追踪到的角度。

④ “相对上一段”单选按钮：极轴角度相对测量模式。选择此模式后，系统将以上一个创建的对象为起始轴，计算出所追踪到的相对于此对象的角度。

（2）设置极轴捕捉

要打开极轴捕捉模式，在“草图设置”对话框的“捕捉和栅格”选项卡中，设置捕捉的样式和类型为 PolarSnap。此时，“极轴间距”选项组中的“极轴距离”文本框被激活，在其中设置极轴捕捉间距即可。

在打开极轴捕捉后，就可以沿极轴追踪线移动精确的距离。这样在极轴坐标系中，极轴长度和极轴角度两个参数均可以精确指定，实现了快捷地使用极轴坐标进行点的定位。

由于开启“正交”模式，将限制光标使其只能沿着水平或垂直方向移动。因此，“正交”模式和极轴追踪模式不能同时打开。若打开了“正交”模式，极轴追踪模式将自动关闭；反之，若打开了极轴追踪模式，“正交”模式也将关闭。

2．对象捕捉追踪

在 AutoCAD 中，通过使用对象捕捉追踪可以使对象的某些特征点成为追踪的基准点，根据此基准点沿正交方向或极轴方向形成追踪线，进行追踪。

对象捕捉追踪模式开或关可以通过界面底部状态栏中的“对象追踪”按钮或快捷键【F11】来实现，也可在“草图设置”对话框的“对象捕捉”选项卡中，选择“启用对象捕捉追踪（F11）”复选框对对象捕捉追踪进行控制。

“对象捕捉追踪设置”选项组中各选项的主要含义如下：

① “仅正交追踪”单选按钮：表示仅在水平和垂直方向（即 *X* 轴和 *Y* 轴方向）对捕捉点进行追踪（但切线追踪、延长线追踪等不受影响）。

② “用所有极轴角设置追踪”单选按钮：表示可按极轴设置的角度进行追踪。

2.1.6　动态输入

使用动态输入功能，可以在工具栏提示中输入坐标值或进行其他操作，而不必在命令行中进行输入，这样可以帮助用户专注于绘图区域。

单击状态栏上的按钮可以打开或关闭动态输入。动态输入有 3 个组件：指针输入、标注输入和动态提示。右击，在弹出的快捷菜单中选择“设置”命令，弹出如图 2-5 所示的“草图设置”对话框，并显示“动态输入”选项卡。

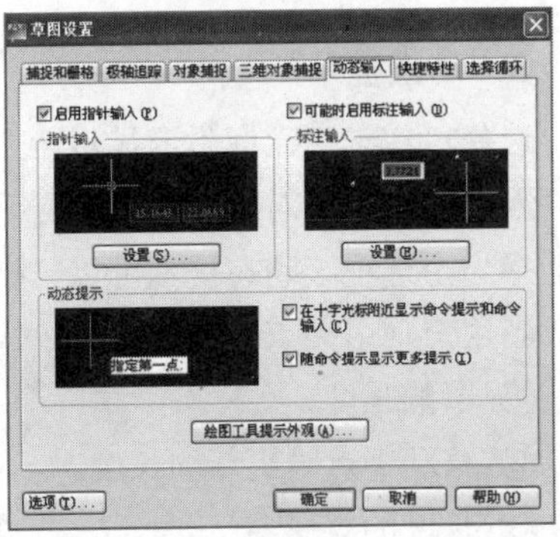

图 2-5　“动态输入”选项卡

1．指针输入

选择“启用指针输入”复选框，在执行命令时，十字光标的位置将在光标附近的工具栏提示中显示为坐标。用户可以在工具栏提示中输入坐标值，而无须在命令行中输入。

要输入坐标，可以按[Tab]键将焦点切换到下一个工具栏提示，然后输入下一个坐标值。在指定点时，第一个坐标是绝对坐标，第二个或下一个点的格式是相对极坐标。如果要输入绝对值，则在值前加上前缀“#”号。

单击“指针输入”选项组中的“设置”按钮，弹出如图 2-6 所示的“指针输入设置”对话框。

在“格式”选项组中可以设置指针输入时第二点或后续点的默认格式，在“可见性”选项组中可以设置在什么情况下显示坐标工具栏提示。

2．标注输入

选择“可能时启用标注输入”复选框，当命令提示输入第二点时，工具栏提示将显示距离和角度值。在工具栏提示中的值将随着光标移动而改变。按【Tab】键可以移动到要更改的值。标注输入可用于圆弧、圆、直线、多段线等命令。

启用“标注输入”后，坐标输入字段会与正在创建或编辑的几何图形上的标注绑定。

单击“标注输入”选项组中的“设置”按钮，弹出如图 2-7 所示的“标注输入的设置”对话框，在“可见性”选项组中可以设置夹点拉伸时显示的标注字段。

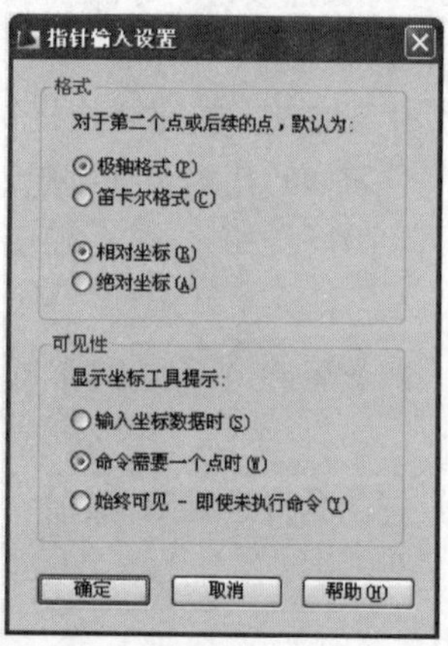

图 2-6　“指针输入设置”对话框

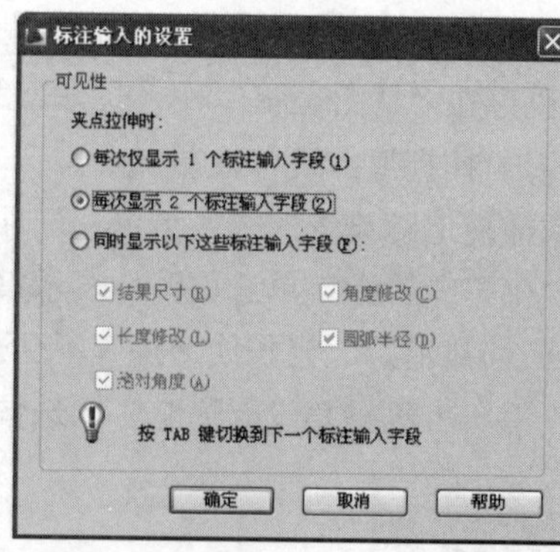

图 2-7　“标注输入的设置”对话框

3．动态提示

选择“在十字光标附近显示命令提示和命令输入”复选框，可以在工具栏提示而不是命令行中输入命令，以及对提示做出响应。如果提示包含多个选项，可按箭头键查看这些选项，然后单击选择一个选项。动态提示可以与指针输入和标注输入一起使用。

当用户使用夹点编辑对象时，标注输入工具栏提示可能会显示以下信息：

① 旧的长度。

② 移动夹点时更新的长度。

③ 长度的改变。

④ 角度。

⑤ 移动夹点时角度的变化。

⑥ 圆弧的半径。

2.1.7　动态 UCS

单击状态栏中的“允许 / 禁止动态 UCS”按钮，即可控制动态 UCS 功能的开和关。打开动态 UCS 功能后，可以使用动态 UCS 在三维实体的平整面上创建对象，而无须手动更改 UCS 方向。在执行命令的过程中，将光标移动到面上方时，动态 UCS 会临时将 UCS 的 XY 平面与三维实体的平整面对齐。

激活动态 UCS 后，指定的点和绘图工具（例如极轴追踪和栅格）都将与动态 UCS 建立临时 UCS 相关联。对三维实体使用动态 UCS 和修改命令 ALIGN，可以快速有效地重新定位对象并重新确定对象相对于平整面的方向。使用动态 UCS 及 UCS 命令可以在三维中指定新的 UCS，同时可以大大降低错误几率。

在 AutoCAD 的对象中，可以使用动态 UCS 命令的类型如下所示：

① 简单几何图形：直线、多段线、矩形、圆弧和圆。

② 文字：文字、多行文字和表格。

③ 参照：插入和外部参照。

④ 实体：原型和 POLYSOLID。

⑤ 编辑：旋转、镜像和对齐。

⑥ 其他：UCS、区域和夹点工具操作。

2.2　设置工作空间

通常情况下，完成 AutoCAD 2012 的安装后就可以在其默认状态下绘制图形，但有时为了使用特殊的定点设备、打印机，或提高绘图效率，用户需要在绘制图形前先对系统参数进行必要的设置。

2.2.1　设置绘图系统

根据自己的绘图习惯修改默认系统配置，将能大大提高绘图效率，下面来介绍比较常用的系统配置。

1．显示

选择“视图”选项卡，单击“窗口”面板右下角的箭头标示，打开“选项”对话框，选择“显示”选项卡，该选项卡主要控制绘图环境特有的显示设置，如图 2-8 所示。

（1）“窗口元素”选项组

① “颜色方案”：以深色或亮色控制元素（例如状态栏、标题栏、功能区和菜单浏览器边框）的颜色设置。

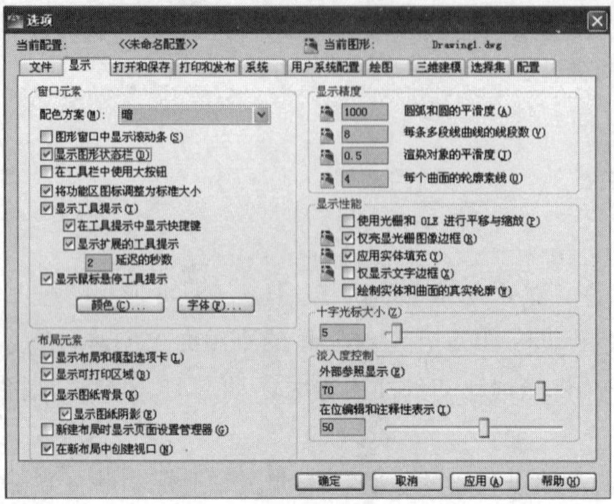

图 2-8 “显示”选项卡

② “图形窗口中显示滚动条”：在绘图区域的底部和右侧显示滚动条。

③ “显示图形状态栏”：显示“绘图”状态栏，此状态栏将显示用于缩放注释的若干工具。图形状态栏处于打开状态时，将显示在绘图区域的底部。图形状态栏处于关闭状态时，显示在图形状态栏中的工具将移到应用程序的状态栏。

④ “在工具栏中使用大按钮”：用户可以根据自己的使用习惯以 32×30 像素的更大格式显示图标。默认显示尺寸为 15×16 像素。

⑤ “显示工具提示”：将光标移至功能区、菜单浏览器、工具栏、“图纸集管理器”对话框和“外部参照”选项板上的按钮上时，显示工具提示。

⑥ “在工具提示中显示快捷键”：在工具提示中显示快捷键，如【Alt + 按键】、【Ctrl + 按键】。

⑦ “颜色”按钮：可以根据用户需要设置绘图区域的背景、命令窗口背景等界面的颜色，如图 2-9 所示。例如，可以将绘图区域的背景色根据工作需要和个人爱好设置成白色、黑色或者灰色等。如果为界面元素选择了新的颜色，则新的颜色将立即显示在“预览”区域中。

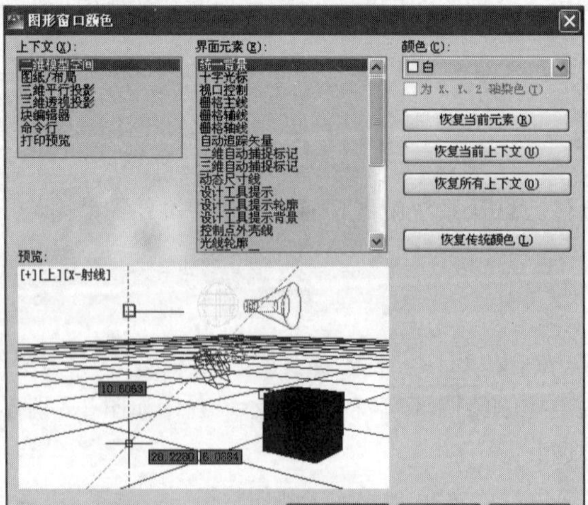

图 2-9 “图形窗口颜色”对话框

（2）“十字光标大小”选项组

控制十字光标的尺寸。有效值的范围从屏幕的 1～100。当前十字光标默认的尺寸为 5。但是有些用户喜欢和习惯使用全屏幕的十字光标，这时就要设定为 100，效果如图 2-10 所示。

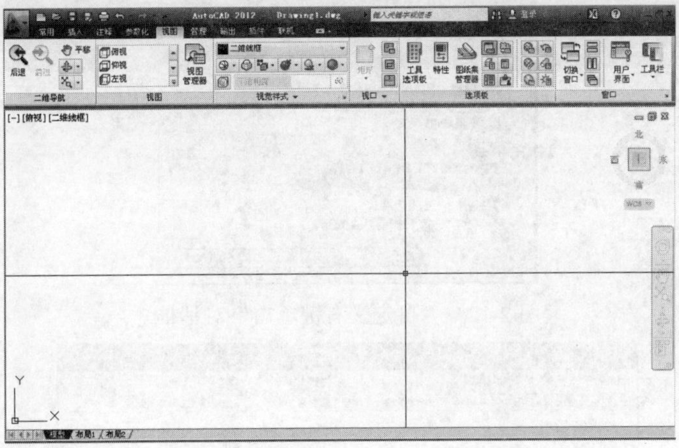

图 2-10　显示满屏的十字光标

2. 用户系统配置

“用户系统配置”选项卡，该选项卡用于控制优化工作方式的选项，如图 2-11 所示。

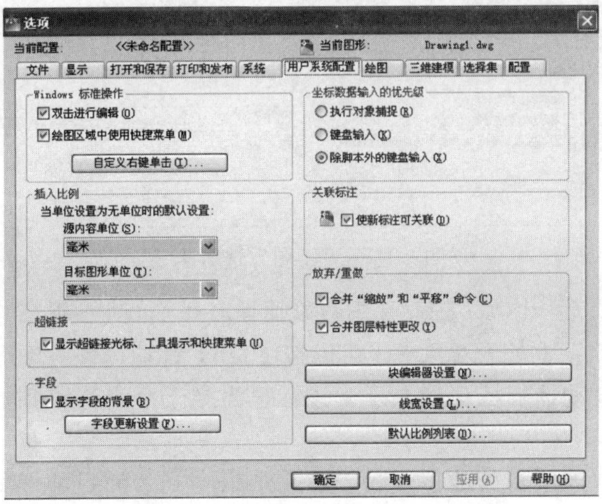

图 2-11　“用户系统配置”选项卡

Windows 标准操作：控制单击和右击操作。

① “双击进行编辑”：控制绘图区域中的双击编辑操作。

② “绘图区域中使用快捷菜单”：右击定点设备时，在绘图区域显示快捷菜单。如果清除此选项，则右击将被解释为按【Enter】键。

③ “自定义右键单击”按钮：单击该按钮打开“自定义右键单击”对话框。在该对话框中可以进一步定义“绘图区域中使用快捷菜单”选项，如图 2-12 所示。

3. 绘图

该选项主要设置多个编辑功能的选项（包括自动捕捉和自动追踪），如图 2-13 所示。

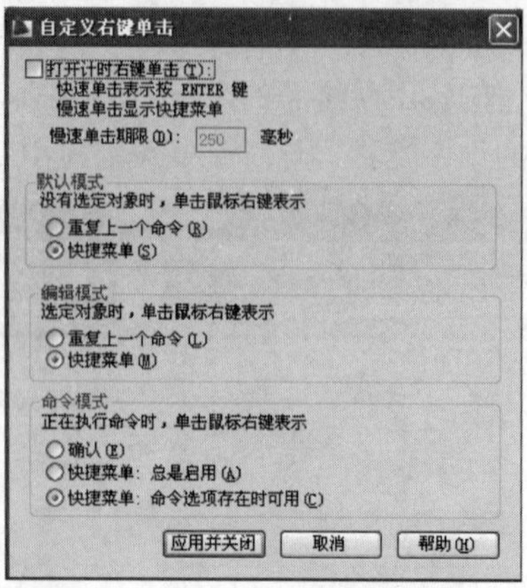

图 2-12 “自定义右键单击”对话框

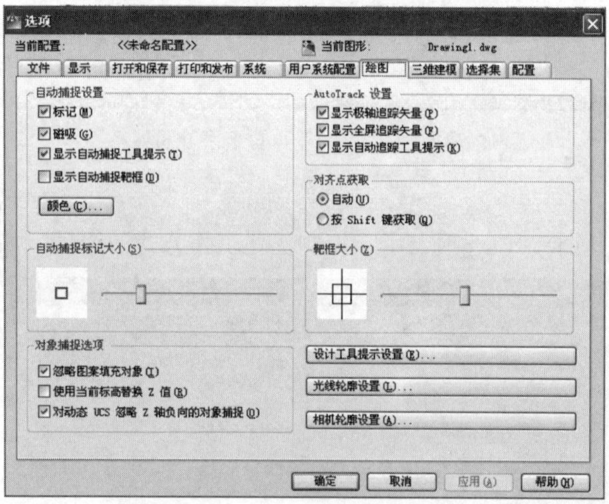

图 2-13 “绘图”选项卡

① “自动捕捉设置”选项区域：控制使用对象捕捉时显示的形象化辅助工具（称为自动捕捉）的相关设置。如果光标或靶框处于对象上，可以按【Tab】键遍历该对象可用的所有捕捉点。

- “标记”：控制自动捕捉标记的显示。该标记为当十字光标移到捕捉点上时显示的几何符号。
- “磁吸”：打开或关闭自动捕捉磁吸。磁吸是指十字光标自动移动并锁定到最近的捕捉点上。
- “显示自动捕捉工具提示”：控制自动捕捉工具提示的显示。工具提示是一个标签，用来描述捕捉到的对象部分。
- “显示自动捕捉靶框”：控制自动捕捉靶框的显示。靶框是捕捉对象时出现在十字光标内部的方框。

② “自动捕捉标记大小”选项区域：设置自动捕捉标记的显示尺寸，按照个人的工作习惯设置。

③ “靶框大小”选项区域：设置自动捕捉靶框的显示尺寸。如果选择“显示自动捕捉靶框”复选框，则当捕捉到对象时靶框显示在十字光标的中心。靶框的大小确定磁吸将靶框锁定到捕捉点之前，光标应到达与捕捉点多近的位置。取值范围为 1～50 像素。

4. 选择集

该选项主要是设置选择对象的选项，如图 2-14 所示。

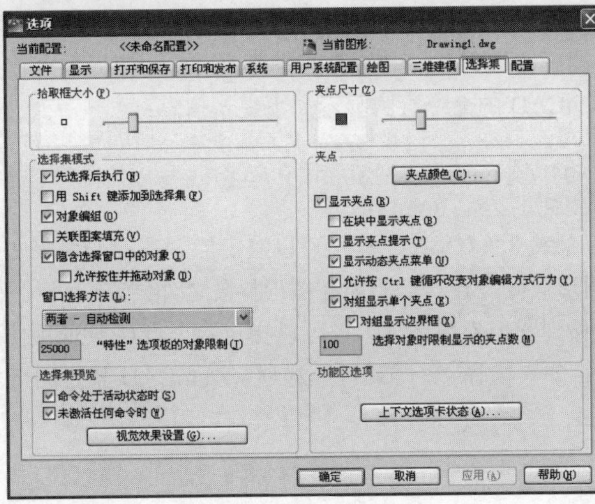

图 2-14　“选择集”选项卡

① “拾取框大小”选项区域：控制拾取框的显示尺寸。拾取框是在编辑命令中出现的对象选择工具。

② “选择集模式”选项区域：控制与对象选择方法相关的设置。

- “先选择后执行”复选框：选择该复选框，允许在启动命令之前选择对象。被调用的命令对之前选定的对象产生影响。
- “用 Shift 键添加到选择集”复选框：按【Shift】键并选择对象时，可以向选择集中添加对象或从选择集中删除对象。要快速清除选择集，请在图形的空白区域绘制一个选择窗口。

③ “夹点尺寸”：控制夹点的显示尺寸。

2.2.2 设置绘图单位

在 AutoCAD 中，用户可以采用 1:1 的比例因子绘图，因此，所有的直线、圆和其他对象都可以以真实大小来绘制，需要打印出图时，再将图形按图纸大小进行缩放。在 AutoCAD 2012 中，可以通过以下几种方式进行单位设置：

- 命令：UNITS。
- 菜单命令：单击菜单浏览器按钮，选择“图形实用工具”→“单位”命令。

通过以上方式可以打开“图形单位”对话框，在“图形单位”对话框中可以设置绘图时使用的长度单位、角度单位，以及单位的显示格式和精度等参数，如图 2-15 所示。

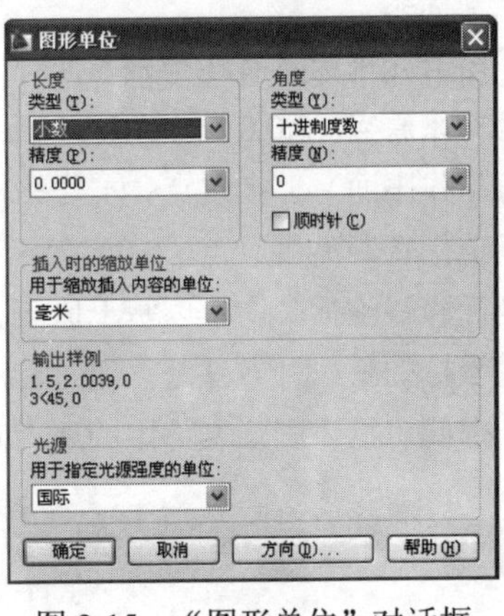

图 2-15　“图形单位”对话框

2.2.3 设置图形界限

在进行图形绘制时，用户要在模型空间中设置一个假定的矩形绘图区域，称为图形界限，也称图限，用来规定当前图形的边界和控制边界的检查。设置绘图界限可使用 LIMITS 命令

执行该命令后，AutoCAD 的命令行将显示如下提示信息：

```
命令: LIMITS ↙
指定左下角点或 [开(ON)/关(OFF)] <0.0000,0.0000>:
指定右上角点 <420.0000,297.0000>:
```

通过选择“开(ON)”或“关(OFF)”选项可以决定能否在图形界限之外指定一点。选择“开(ON)”选项，将打开图形界限检查，则不能在图形界限之外结束一个对象，也不能使用“移动”或“复制”命令将图形移到图形界限之外，但可以指定两个点(中心和圆周上的点)来画圆，圆的一部分可能在界限之外；如果选择“关(OFF)”选项，AutoCAD 禁止图形界限检查，可以在图限之外绘制对象或指定点。

2.3 设置坐标系

AutoCAD 最大的特点在于它提供了使用坐标系统精确绘制图形的方法，用户可以准确地设计并绘制图形。AutoCAD 2012 中的坐标包括世界坐标系统（WCS）、用户坐标系统（UCS）等多种坐标系统，系统默认的坐标系统为世界坐标系统。

2.3.1 世界坐标系（WCS）

世界坐标系（World Coordinate System）是所有新建图形的默认坐标系。AutoCAD 系统以笛卡儿坐标系（直角坐标系）为基础，为绘图的三维空间提供了一个绝对坐标系，即世界坐标系，这个坐标系存在于任何图形之中，并且不能更改。如图 2-16 所示即为世界坐标系。

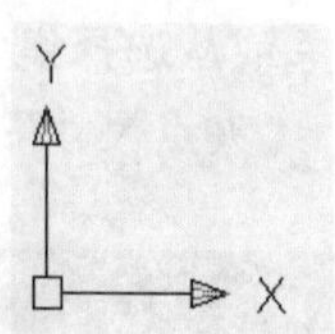

图 2-16 世界坐标系

笛卡儿坐标系有 3 个轴，即 *X*、*Y* 和 *Z* 轴。输入坐标值时，需要指示沿 *X*、*Y* 和 *Z* 轴相对于坐标系原点（0,0,0）点的距离（以单位表示）及其方向（正或负）。 在二维中，在 *XY* 平面（也称为工作平面）上指定点。工作平面类似于平铺的网格纸。笛卡尔坐标的 *X* 值指定水平距离，*Y* 值指定垂直距离。原点（0,0）表示两轴相交的位置。极坐标使用距离和角度来定位点。使用笛卡尔坐标和极坐标，均可以基于原点（0,0）输入绝对坐标，或基于上一指定点输入相对坐标。输入相对坐标的另一种方法是：通过移动光标指定方向，然后直接输入距离。此方法称为直接距离输入。由此可见，图形文件中的所有对象都是用相对坐标原点（0,0,0）的距离和方向来控制的。

2.3.2 用户坐标系（UCS）

用户坐标系（UCS）是由用户创建的以笛卡尔坐标系为基础的坐标系。新建图形中，未经修改过的默认的用户坐标系（UCS）与世界坐标系（WCS）重合。

为了方便绘制图形，有时需要重新定位和旋转用户坐标系，以便于使用坐标输入、栅格显示、栅格捕捉、正交模式和其他图形工具。

UCS 坐标系可以在三维的立体空间中做各种调整和定义。但是，不管如何改变，UCS 坐标系中的 *X* 轴、*Y* 轴和 *Z* 轴都保持相互垂直的状态。在绘制二维图形时，一般都不会改变 UCS 坐标系中 *Z* 轴的方向，而只是调整 *X* 轴和 *Y* 轴的方向，或者改变坐标原点的位置。

在中文版 AutoCAD 2012 中，将状态栏设置为“三维基础”，选择“常用”选项卡，在“坐标”面板中可以快速新建 UCS，如图 2-17 所示即为“坐标”菜单。也可以通过在命令行输入 UCS 命令依照命令行的提示新建。

```
命令: UCS
当前 UCS 名称: *世界*
指定 UCS 的原点或 [面(F)/命名(NA)/对象(OB)/上一个(P)/视图(V)/世界(W)/X/Y/Z/Z 轴(ZA)] <世界>:
```

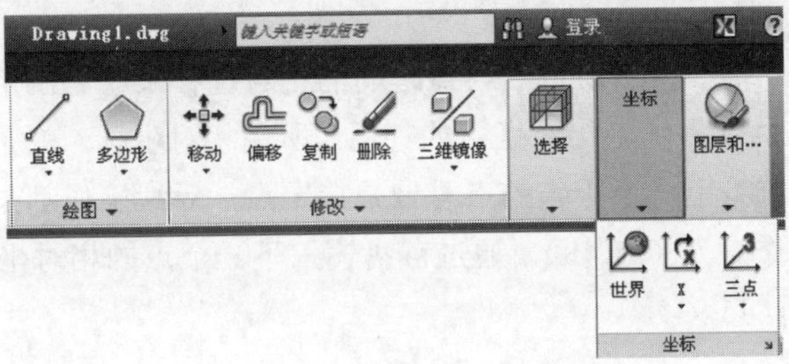

图 2-17 “新建 UCS”命令

在该菜单中，各主要选项的含义如下：

① “世界”：用于从当前的用户坐标系恢复到世界坐标系。WCS 是所有用户坐标系的基础，不可以重新定义。

② “对象（O）”：根据选定的对象单独定义新的坐标系。新创建的对象将位于新的 *XY* 平面上，*X* 轴和 *Y* 轴方向取决于选择的对象类型。该命令不能用于三维实体、三维网络、视口、多线、面域、样条曲线、椭圆、射线、构造线、引线、多行文字等对象。对于非三维面的对象，新 UCS 的 XY 平面与当绘制该对象时生效的 *XY* 平面平行，但 *X* 轴和 *Y* 轴可以进行不同的旋转。

③ “面”：可以讲 UCS 与实体对象的选定面对齐。要选择一个面，可以在该面的边界内或面的边上单击，被选中的面将会亮显，UCS 的 *X* 轴将与选中的第一个面上最近的边对齐。

④ “上一个（P）”：恢复上一个 UCS。

⑤ “视图”：常用于注释当前视图时，使文字以平面方式显示。建立的新坐标系将会以垂直于观察方向（平行于屏幕）的平面为 *XY* 平面，UCS 保持不变。

⑥ “Z（Z）”：绕 *Z* 轴旋转当前的 UCS。可以通过输入正角度或负角度以绕 *Z* 轴旋转 UCS。

⑦ “Z 轴矢量（A）”：用特定的 *Z* 轴正半轴定义 UCS。此时，需要选择两点，第一点作为新的坐标系原点，第二点决定于 *Z* 轴的正方向，*XY* 平面垂直于新的 *Z* 轴。

提 示

在绘制与当前坐标系不相平行的图形时，可采用改变坐标系的方法来使用户坐标系与图形平行。

2.3.3 绝对坐标和相对坐标

1．绝对坐标

在 AutoCAD 中，绝对坐标系是指以 UCS 坐标系为基础的定位坐标。绘图时，可以通过输入绝对坐标来确定某个点在 AutoCAD 模型空间中的位置。对于 AutoCAD 模型空间中的确定点，当采用不同的 UCS 坐标系时，其坐标值也不同，但其相对于 WCS 坐标系的位置却是不会改变的。

绝对坐标是以原点（0,0）或（0,0,0）为基点定位的所有点，系统默认的坐标原点位于绘图区域的左下角。在绝对坐标系中，*X* 轴、*Y* 轴和 *Z* 轴在原点（0,0,0）处相交。绘图区内的任意一点都是以显示在状态栏的（*X,Y,Z*）坐标来表示的，如 -132.2536, 169.3670, 0.0000 所示，也可以通过输入 *X*、*Y*、*Z* 坐标值来定义点的位置，坐标值间用逗号隔开，例如（12,18）、（12,18,20）。

2．相对坐标

在某种情况下，用户需要直接通过点与点之间的相对位移来绘制图形，而不是制定每个点的绝对坐标。为此，AutoCAD 提供了相对坐标的使用。所谓相对坐标，就是某点与相对点的相对位移值。一般情况下，系统将上一步操作的点看做是特定点，后续操作都是相对于上一步操作的点而进行的，如上一步操作点为（21,48），通过键盘输入下一个点的相对坐标为（@24,45）则说明确定该点的绝对坐标为（45,93）。

2.4 设置图形观察

用户在使用 AutoCAD 软件绘制图形的过程中，为了方便观察，随时都需要调整视图中图形的大小和位置。通过视图命令对图形的大小和位置进行调整时，只是改变观察图形的方式，并不改变图形的实际大小。

2.4.1 重画与重生成图形

1．重画

在绘制和编辑图形的过程中，屏幕上经常会留下对象的选取标记，而这些标记并不是图形中的对象。因此，当前图形画面会显得很乱，这时就需要使用“重画（Redrawll）”命令来清除这些标记。

在中文版 AutoCAD 2012 中，重画建筑图形可以执行如下命令：

- 命令：REDRAW。

Redraw 为刷新当前视口，Redrawll 为刷新所有窗口，此命令可以作为透明命令使用。

2．重生成

“重生成”命令可以在当前视口中重新生成整个图形，并重新计算所有对象的屏幕坐标。

在中文版 AutoCAD 2012 中，重生成建筑图形可以执行如下命令：

命令：REGEN。

Regen 为刷新当前视口，Regenll 为刷新所有窗口。Redraw 只是清除视口中的点标记，而 Regen

则为重新生成整个图形，耗时比 Redraw 命令长。当绘图窗口中的圆或弧线显示为直线段时，可利用 Regen 命令，重新生成图形，圆和弧线显示平滑。

2.4.2　缩放视图

ZOOM 命令用于控制图形对象在屏幕上的显示大小和范围。缩放建筑图形有以下 4 种方法：

- 命令：ZOOM
- 菜单命令：选择“视图”选项卡，在“二维导航”面板中单击“缩放”按钮，如图 2-18 所示。
- 工具栏：在屏幕右侧的竖向工具栏中单击按钮。
- 滚动三键鼠标的鼠标中键。

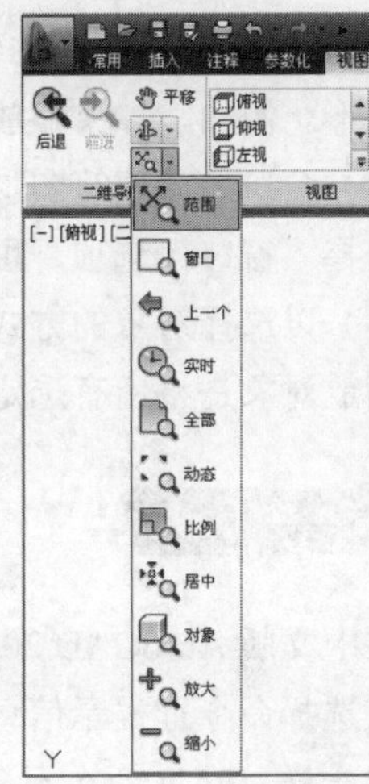

图 2-18　“缩放视图”子菜单

执行该命令后，AutoCAD 的命令行将显示如下提示信息：

```
命令： ZOOM
指定窗口的角点，输入比例因子 (nX 或 nXP)，或者
[全部(A)/中心(C)/动态(D)/范围(E)/上一个(P)/比例
(S)/窗口(W)/对象(O)] <实时>:
```

默认状态是实时缩放模式，用户可以根据需要输入对应缩写字母以调整合适的缩放选项，

各选项的作用如下：

（1）实时缩放建筑图形

选择“实时”选项，可以通过向上或向下移动定点设备进行动态缩放，按【Esc】或【Enter】键退出。滚动三键鼠标的鼠标中键即可直接动态缩放视图。

（2）全部缩放建筑图形

选择“全部”选项，可以缩放用于显示全部图形，与范围缩放的不同在于，全部缩放首先要比较全部对象占据的范围和图形界限范围，选择其中范围大的作为视口的显示区域。

（3）以指定中心点的方式缩放建筑图形

选择“居中”选项，以指定点为中心，按照指定的比例因子或视口显示高度缩放图形。缩放显示由圆心和放大比例（或高度）所定义的窗口。高度值较小时增加放大比例，高度值较大时减小放大比例。

（4）动态缩放建筑图形

选择“动态”选项，是使用一个动态视图框预先调整下一次新视口所要显示的图形内容，然后将动态视图框内的图形充满整个窗口显示。

（5）范围缩放建筑图形

选择“范围”缩放是将图形中所有非冻结图层上的所有对象用尽可能大比例放大，充满当前视口。

（6）显示上一个建筑图形

选择“上一个”选项，则建筑图形是按照前一个视图位置和放大倍数重新显示图形，而不会废除对图形做的修改。AutoCAD 2012 最多可以保存此前显示过的 10 个视图。

（7）显示按比例缩放建筑图形

选择“比例”选项，是根据制定的比例因子缩放图形。输入比例因子有以下 3 种方式。

① 比例因子值：直接输入比例因子值，保持显示中心不变，相对于图形界限缩放图形。例如，如果缩放到图形界限，则输入 2 将以对象原来尺寸的两倍显示对象。

② 相对比例因子：在输入的比例因子后加上后缀 *x*，则保持显示中心不变，相对于当前视口缩放图形。例如，输入 5*x* 使屏幕上的每个对象显示为原大小的 1/2。

③ 相对于图纸空间比例因子：在比例因子后加上后缀 xp，表示相对于图纸空间的浮动视口缩放图形。例如，如果缩放到图形界限，则输入 2 将以对象原来尺寸的两倍显示对象。

（8）窗口缩放建筑图形

选择“窗口”选项，可以观察图形的细部，分别指定两点即可将所选区域中的图形放大。

（9）以选择对象的方式缩放建筑图形

缩放对象是将所有选定的对象用尽可能大的放大比例显示以充满视口。

2.4.3 平移视图

在中文版 AutoCAD 2012 中用户可以平移视图以重新确定其在绘图区域中的位置，使用 PAN 命令，选择命令行提示信息中的“实时”选项，可以通过移动定点设备进行动态平移。与使用相机平移一样，PAN 命令不会更改图形中的对象位置或比例，而只是更改视图。

平移视图有以下 4 种方法。

- 命令：PAN。
- 菜单命令：选择“视图”选项卡，在“二维导航”面板中单击“平移”按钮，如图 2-19 所示。
- 工具栏：在屏幕右侧的竖向工具栏中单击按钮。
- 按住三键鼠标的鼠标中键并移动。

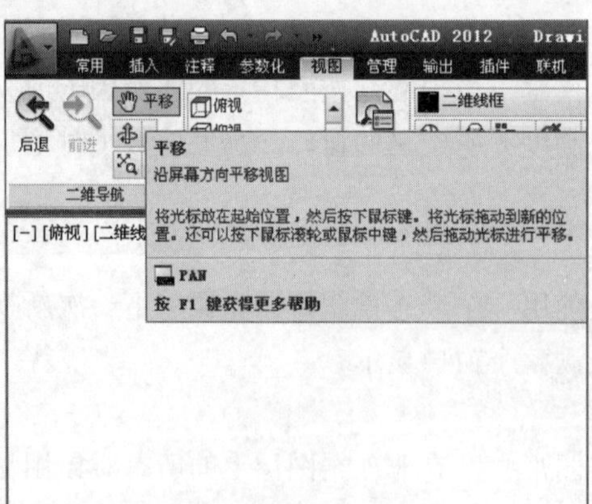

图 2-19 “平移视图”菜单

默认状态是实时平移模式，用户也可以根据需要选择定点平移或方位平移选项。

（1）实时平移

光标形状变为手形。按住定点设备上的拾取键可以锁定光标于相对视口坐标系的当前位置。

图形显示随光标向同一方向移动。到达逻辑范围（图纸空间的边缘）时，将在此边缘上的手形光标上显示边界栏。要随时停止平移，可按【Enter】键或【Esc】键。

（2）定点平移

可以通过一点作为基点，然后指定另一点作为移动点，即可完成图形的定点平移。

（3）方位平移

可以将建筑图形向左、右、上、下平移。

2.5 命令执行方式

在中文版 AutoCAD 2012 中，通过鼠标或者键盘输入一个个绘图命令，系统执行这些命令，绘制出图形。可以通过多种方式执行绘图命令，并且在执行命令的过程中可以进行重复、取消等操作，下面分别介绍。

2.5.1 用鼠标输入命令

在中文版 AutoCAD 2012 中，使用鼠标绘图时，主要进行 3 种操作。

① “拾取”：指鼠标左键，用于指定屏幕上的点，也可以用于选择对象 、单击工具栏中的按钮或选择菜单命令等。用鼠标选择一个命令或单击工具栏上的按钮，AutoCAD 即执行相关命令或者弹出相关对话框以供用户继续操作。使用鼠标还可以对绘图区中的图形进行选择，在 AutoCAD 中设置了各种选择方式，保证用户可以将选择要编辑的部分。

② “确认命令”：指鼠标右键，用于结束当前使用的命令。此时，系统将根据当前的绘图状态弹出对应的快捷菜单。

③ “弹出菜单”：是利用鼠标在绘图区域里选择对象以对其进行绘图编辑操作。用鼠标操作的另外一个重要功能是可以弹出快捷菜单，通过右击可以弹出快捷菜单。快捷菜单的内容由右击的位置及是否配合其他键决定。通过快捷菜单可以方便快捷地完成一系列操作，包括执行、撤销命令，输入变量、设置相关特性等。

在中文版 AutoCAD 2012 中，用鼠标执行命令的方法主要有以下几种：

AutoCAD 的菜单包括固定位于工作界面左上方的菜单浏览器和右击时光标处弹出的快捷菜单。

（1）使用鼠标单击菜单浏览器以选择

菜单浏览器固定位于工作界面左上方，当用鼠标单击菜单浏览器按钮时，弹出其下拉菜单，在其中选择各项命令即可。

（2）通过右键快捷菜单选择

当启用了快捷菜单后，右击光标位置将会显示快捷菜单。快捷菜单中提供的命令取决于光标所在位置和其他条件，例如是否选定对象或是否正在执行命令。

选择“视图”选项卡，单击“窗口”面板右下角的箭头，在弹出的“用户系统配置”选项卡中，选择“绘图区域中使用快捷菜单”复选框，可启用快捷菜单，如图 2-11 所示。

在命令进行中，或命令结束后，通过右击弹出的快捷菜单，包含该命令的各个选项及捕捉设置、平移与缩放等选项。对于习惯“右击”即为确认命令或重复命令的用户，快捷菜单的出现反而会造成不变，建议一般不使用快捷菜单。仅当需要选择或者设置对象捕捉，以及调用工具栏菜单时使用。

（3）使用鼠标从工具栏选择

工具栏是 AutoCAD 工作界面的一部分，包含代表各个命令的按钮。AutoCAD 的大多数命令，都对应各自的按钮，位于其各自所属的工具栏中。

工具栏可作为浮动工具栏，置于绘图窗口的上方；也可用鼠标将其拖动并固定于绘图窗口的四周，作为固定工具栏。

单击工具栏中的任意图标时，即可启动相应的命令；将光标移至任一工具栏的任一按钮上右击，将出现工具栏快捷菜单。从中可选择启用或关闭工作界面中显示的工具栏。

使用 AutoCAD 的用户，可以自行定制工具栏，将一部分自己常用的命令放置在一个特定的工具栏中。在工具栏快捷菜单中，选择最下面的“自定义”命令，打开“自定义用户界面”窗口，如图 2-19 所示。在“自定义用户界面”窗口中，选择“自定义”选项卡可自行定制工具栏。

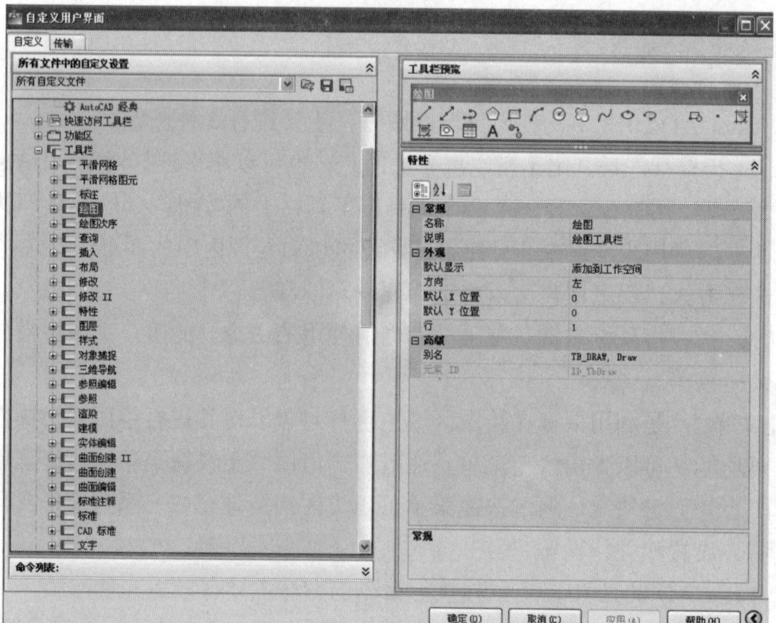

图 2-19 “自定义用户界面”窗口

2.5.2 用键盘输入命令

在 AutoCAD 中，绘图或编辑图形大多是通过键盘输入完成的，如输入命令、系统变量、文字对象、数值参数、点的坐标或进行参数选择等。一些操作只用鼠标不能完成，需要使用一些组合键，如按住【Ctrl】键然后移动工具栏使其浮动在固定区域里的功能。另外，AutoCAD 中大部分命令都具有别名，用户可以直接在命令行中输入别名，并按【Enter】键来执行命令，这样可以大大提高绘图效率。

在 AutoCAD 中，命令不区分大小写，对于画圆命令，circle、Circle 和 CIRCLE 的执行效果是一样的。

2.6 帮助信息应用

在 AutoCAD 的使用过程中可以通过【F1】功能键来调用帮助系统，在对话框激活的状态下，【F1】功能键无效，只能通过单击对话框中的“帮助”或“？”按钮来打开帮助系统。命令执行状态或在对话框激活的状态下，调用帮助系统将直接链接到相应页面，其他情况则打开帮助主界面。

2.6.1 在帮助中查找信息

帮助窗口左侧窗格中的选项卡提供了多种查找信息的方法。要在当前主题中找到特定的词或短语，则单击主题文字，然后按【Ctrl+F】组合键。

1. “目录”选项卡

① 以主题和次主题列表的形式显示可用文档的概述。

② 允许用户通过选择和展开主题进行浏览。

③ 帮助系统提供了一个结构，使用户可以始终了解自己所处的位置，并能很快跳到其他主题。

2. “索引”选项卡

① 按字母顺序显示了与“目录”选项卡中的主题相关的关键字。

② 如果已经了解某个功能、命令或操作的名称，或者了解希望此程序执行哪个操作，则可以通过此选项卡快速访问相关信息。

3. “搜索”选项卡

① 提供在“内容”选项卡上列出的所有主题的关键字搜索。

② 用户可以执行对引号内的短语的搜索。

③ 将显示包含用户在关键字字段中输入的词语的主题分级列表。

④ 如果在“标题”和“位置”列标题上单击，则按标题或位置以字母顺序排列结果。

4. 使用帮助目录的步骤

① 如有必要，单击“显示”按钮显示帮助窗口的左侧窗格。然后单击“目录”选项卡显示帮助目录。

② 要展开帮助目录列表，请使用以下方法之一：

- 双击合上的书图标或单击该图标旁边的加号（+）图标。
- 在帮助目录中右击，选择“全部打开”命令。

③ 要关闭帮助目录列表，请使用以下方法之一：

- 双击打开的书图标或单击该图标旁边的减号（-）图标。
- 在帮助目录中右击，选择“全部关闭”命令。

④ 要查看某个主题，请使用以下方法之一：

- 在帮助目录中单击某个主题。
- 在该主题中单击带有下画线的蓝色文字。

2.6.2 使用搜索

使用“搜索”选项卡根据输入的关键字查找相关的主题。

1. 基本的搜索规则

① 以大写或小写形式键入关键字，搜索不区分大小写。

② 可搜索字母 （a～z） 和数字 （0～9） 的任意组合。

③ 不要使用标点符号（如句号、冒号、分号、逗号、连字符和单引号），这些标点符号在搜索中将被忽略。

④ 用引号或括号将每个元素分开，以便将这些搜索元素分组。

2. 在帮助中搜索信息的步骤

① 单击“搜索”选项卡，输入要查找的单词或词组。

② 通过在单词和词组之间使用布尔运算符细化搜索。

③ 单击“列出主题”按钮，选择所需的主题。单击“显示”按钮。

④ 要对主题列表进行排序，则单击“标题”、“位置”或级别列标题。

2.7 本章小结

本章使读者认识了 AutoCAD 的工作空间，掌握了精确绘图辅助工具的设置等操作。此外，还介绍了坐标系的设置、图形的观察设置和命令的执行方式等内容，使读者对 AutoCAD 的基础知识得到进一步的掌握，为接下来的图形绘制及编辑的学习打下良好的基础。

2.8 问题与思考

1. 捕捉模式是绘图过程中常用的工作模式之一，在键盘上如何启动它？
2. 如何改变十字光标的大小与长短？
3. 如何对绘图界限进行设定？

第 3 章 绘制基本二维图形

本章主要内容：

使用 AutoCAD 绘图即绘制由线段、圆形、多边形等简单的图形元素组成的图形有机体，中文版 AutoCAD 2012 为用户提供了各种基本图元的绘制功能，比如点、线、曲线、圆、弧、矩形、正多边形、边界和面域等。本章将详细介绍 AutoCAD 的基本绘图工具和命令的功能，并通过大量的实例来讲解这些工具的具体使用方法。

本章重点难点：

- 多线的绘制
- 多段线的绘制和修改
- 样条曲线的绘制
- 圆和圆弧的绘制
- 图案填充和渐变色
- 点的定数等分和定距等分

3.1 绘图方法

在使用中文版 AutoCAD 2012 绘制二维图形时，可以从以下两个方面了解绘图方法。

- 绘图命令的调用和执行。
- 对象的捕捉。

3.1.1 绘图命令的调用方法

在使用中文版 AutoCAD 2012 绘制二维图形时，执行绘图命令的方法有以下 3 种：

- 使用绘图工具栏。
- 使用绘图菜单。
- 使用绘图命令。

每一种命令调用方法的具体内容如下：

1．使用绘图工具栏

“绘图”工具栏中的每个工具按钮都与“绘图”菜单中的绘图命令相对应，是图形化的绘图命令，如图 3-1 所示。

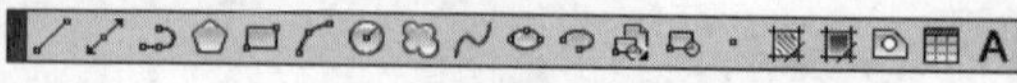

图 3-1　绘图工具栏

2．使用绘图菜单

绘图菜单是绘制图形最基本、最常用的方法，其中包含 AutoCAD 2012 的大部分绘图命令，如图 3-2 所示。选择该菜单中的命令或子命令，可绘制相应的二维图形。

图 3-2　绘图菜单

3．使用绘图命令

在命令提示行中输入绘图命令，按【Enter】键，并根据命令行的提示信息进行绘图操作。这种方法快捷，准确性高，但要求掌握绘图命令及其选择项的具体用法。

3.1.2　使用对象捕捉功能

在绘制建筑图形时，对象捕捉功能是不可缺少的功能，使用它可以精确地捕捉到某个点，从而达到精确绘图的目的。

在中文版 AutoCAD 2012 中，设置捕捉有以下 3 种方法。

- 在菜单栏中选择“工具”→“绘图设置”命令。
- 在状态栏中的“对象捕捉”按钮上右击，在弹出的快捷菜单中选择“设置”命令。
- 按【Shift】键或【Ctrl】键，并右击，在弹出的快捷键菜单中选择“对象捕捉设置”命令。

调用上述命令后，打开如图 3-3 所示的“草图设置” 对话框，显示“对象捕捉”选项卡，在该对话框中，可以选择相应复选框设置对象捕捉功能。

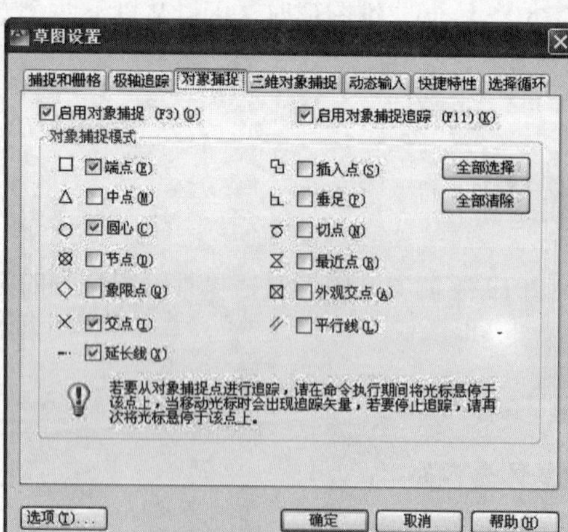

图 3-3　“对象捕捉”对话框

提　示

> 各种捕捉功能的选择要依据绘图需要而定，如绘制与圆有关的图形可选择“圆心”复选框；在平行状态下绘图，可选择“水平”复选框等。

3.2　绘制线

绘制线命令是绘图中最常见的命令，可分为绘制直线、构造线、射线、多段线、样条曲线和多线。

3.2.1　绘制直线

直线是各种绘图中最常用、最简单的一类图形对象，只要指定了起点和终点即可绘制一条直线。在 AutoCAD 中，可以用二维坐标（x,y）或三维坐标（x,y,z）来指定端点，也可以混合使用二维坐标和三维坐标。如果输入二维坐标，AutoCAD 将会用当前的高度作为 Z 轴坐标值，在不做任何设定的情况下系统默认 Z 轴坐标值为 0。

在 AutoCAD 2012 中，调用“直线”（LINE）命令的方法有以下几种。

- 命令：LINE。
- 菜单命令：选择“绘图”→“直线”命令。
- 工具栏：在“绘图”工具栏中单击 “直线” 按钮。

直线绘制的技巧：

- 激活 LINE 命令后，在“指定下一点或[放弃（U）]：”的提示后，用户可以用光标确定端点的位置，也可以输入端点的坐标值来定位，还可以将光标放在所需方向上，然后输入距离值来定义下一个端点的位置。如果直接【Enter】键或空格键，则 AutoCAD 把最近完成的图元的最后一点指定为此次绘制线段的起点。
- 若在“指定下一点或[放弃（U）]：”的提示后输入 U，则 AutoCAD 将会删去最后面的一条线段。连续输入 U 可以沿线退回到起点。
- 若在“指定下一点或[放弃（U）]：”的提示后输入 C，则 AutoCAD 将会自动形成封闭的多边形。

提　示

> 直线命令还提供了一种附加功能，可使直线与直线连接或直线与弧线相切连接。

上机操作 1——使用 LINE（直线）绘制三角形

Step 01　在命令行输入 LINE，按【Enter】键确认，打开正交功能，然后打开“草图设置”对话框，选择“对象捕捉”选项卡，并设置端点捕捉功能。

Step 02　选择点 1 作为直线的起点，向右绘制长度为 800 的直线到点 2。

Step 03 选择点 2 作为直线的起点，向上绘制长度为 600 的直线到点 3。

Step 04 选择点 3 作为直线的起点，用直线连接点 3 和点 1，结果如图 3-4 所示。具体命令提示如下：

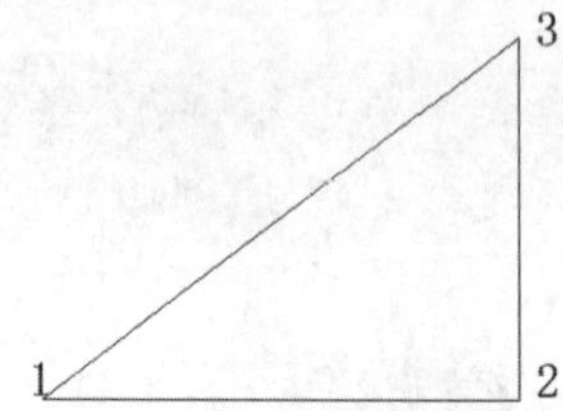

图 3-4 使用直线命令绘制三角形

```
命令： LINE ↙
指定第一点：   // 可以使用鼠标直接在绘图区域中单击来
指定起点“点 1”，也可以通过键盘输入“点 1”的坐标
指定下一点或 [放弃(U)]: @800,0 ↙  // 输入第二个
点“点 2”的相对坐标，输入(@, 800)，0 将会绘制一条长
度为 800 的水平直线段
指定下一点或 [放弃(U)]: @600 <-90   ↙  //输入下一条线段的长度和与当前线段的角度值，
在数字前加上一个符号“<”表示角度值。绘制出“点 3”
指定下一点或 [闭合(C)/放弃(U)]: C ↙ //闭合线段，如果输入 U 放弃上一个点的指定
```

3.2.2 绘制构造线

构造线是一种无限长的直线，它可以从指定点开始向两个方向无限延伸。在 AutoCAD 2012 中，构造线主要被当做辅助线来使用，单独使用构造线命令不能绘制图形对象。调用“构造线”（XLINE）命令的常用方法有以下几种。

- 命令：XLINE。
- 菜单命令：选择“绘图”→“构造线”命令。
- 工具栏：在“绘图”工具栏中单击（构造线）按钮。

调用该命令后，AutoCAD 2012 命令行将依次出现如下提示：

```
指定点或[水平(H)/垂直(V)/角度(A)/二等分(B)/偏移(O)]:
```

各选项的作用如下：

1. 指定点

“指定点”是 XLINE 的默认选项，当输入点 *A* 的坐标后继续响应提示，可给出一组通过 *A* 点的构造线。如直接按【Enter】键，则 AutoCAD 2012 自动把最近所绘图元的最后一点作为指定点。继续提示：

```
指定通过点:
```

用户应给出构造线将通过的另一点，AutoCAD 2012 给出一条通过两指定点的直线。用户可以不断地指定点来绘制相交于所输入的第一点的多条构造线。

2. 水平

如果要绘制水平的构造线，可在命令行提示中输入 H，或在快捷菜单中选择“水平”命令，来绘制通过指定通过点的平行于当前坐标系 *X* 轴的垂直构造线。在该提示下，用户可以不断地指定水平构造线的位置来绘制多条水平构造线。

3. 垂直

如果要绘制垂直的构造线，可在命令行提示中输入 V，或在快捷菜单中选择“垂直”命令，来绘制通过指定通过点的平行于当前坐标系 *Y* 轴的垂直构造线。在该提示下，用户可以不断地指

定垂直构造线的位置来绘制多条水平构造线。

4. 角度

如果要绘制带有指定角度的构造线，可在命令行提示中输入 A，或在快捷菜单中选择“角度”命令，来绘制与指定直线成一定角度的构造线。选定该项后，AutoCAD 2012 命令行提示：

```
输入构造线的角度(0)或[参照(R)]:
```

用户可输入一个角度值，然后指定构造线的通过点，绘制与坐标系 X 轴成一定角度的构造线。

如果要绘制与已知直线成指定角度的构造线，则输入 R，AutoCAD 2012 命令行提示选择直线对象并指定构造线与直线的夹角，然后可以指定通过点来绘制构造线。

5. 二等分

如果要绘制平分角度的构造线，可在提示中输入 B，或在快捷菜单中选择“二等分”命令，AutoCAD 2012 命令行提示：

```
指定角的顶点:
指定角的起点:
指定角的端点:
```

按命令行提示进行操作后，AutoCAD 2012 将绘制出一条通过第一点，并平分以第一点为顶点与第二、第三点组成的夹角的结构线。继续提示指定终点，直至退出命令。

6. 偏移

如果要绘制平行于直线的构造线，可在提示中输入 O，或在快捷菜单中选择“偏移”命令，AutoCAD 2012 命令行提示：

```
指定偏移距离或[通过(T)]<当前值>:
```

输入距离后，AutoCAD 2012 命令行提示：

```
选择直线对象:
指定向哪侧偏移:
```

给定偏移方向后，绘制出构造线并继续提示选择直线对象，直至退出命令。

选择通过对象后，AutoCAD 2012 命令行提示：

```
选择直线对象:
指定通过点:
```

根据提示进行操作后，绘制出构造线并继续提示选择直线对象，直至退出命令。

注　意

（1）构造线可以使用“修剪”命令使其成为线段或射线。

（2）构造线一般作为辅助作图线，在绘图时可将其置于单独一层，并赋予一种特殊的颜色。

上机操作 2——沿图 3-4 中三角形的三条边绘制三条构造线

Step 01　在命令行提示下，输入 XLINE，按【Enter】键确认。打开“草图设置”对话框，选择“对象捕捉”选项卡，并设置端点捕捉功能。

Step 02　选择点 1 作为构造线的指定点,选择点 2 作为通过点,可以绘制经过点 1 和点 2 的构造线 12。

Step 03　选择点 1 作为构造线的指定点,选择点 3 作为通过点,可以绘制经过点 1 和点 3 的构造线 13。

Step 04　选择点 2 作为构造线的指定点,选择点 3 作为通过点,可以绘制经过点 2 和点 3 的构造线 23。结果如图 3-5 所示。

具体命令提示如下:

```
命令: XLINE ↙
指定点或 [水平(H)/垂直(V)/角度(A)/二等分(B)/偏移(O)]:      //单击点 1 作为指定点
指定通过点:                              //单点 2 作为通过点,可以得到构造线 12
...                                      //执行相同的操作可以得到构造线 13、构造线 23
```

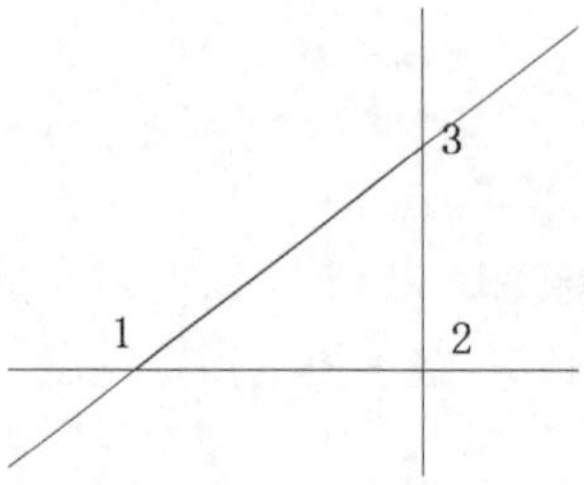

图 3-5　绘制水平构造线

技　巧

如果在命令提示"指定点或 [水平(H)/垂直(V)/角度(A)/二等分(B)/偏移(O)]:"下,输入选项 V 表示绘制垂直的构造线,输入选项 A 表示绘制与水平方向呈其他角度的构造线。

3.2.3　绘制多段线

多线段是由等宽或者不等宽的直线或圆弧构成的一种特殊的几何对象。在 AutoCAD 2012 中,多段线被视为一个对象。利用多段线编辑命令可以对其进行各种编辑。可以将由直线段及其圆弧线段构成的连续线段,连接成一条多段线,也可以将其分解成组成它的多条独立的线段。在图形设计的过程中,多段线为设计操作带来了很多方便。

调用"构造线"(PLINE)命令的常用方法有以下几种。

- 命令:PLINE。
- 菜单命令:选择"绘图"菜单→"多段线"命令。
- 工具栏:在"绘图"工具栏中单击"多段线"按钮。

调用该命令后,AutoCAD 2012 命令行将依次出现如下提示:

```
指定起点:
```

在上述提示下,在绘图区域拾取一个点作为多段线的起点,系统会继续提示:

```
当前线宽为 0.0000
指定下一点: 或[圆弧(A)/半宽(H)/长度(L)/放弃(U)/宽度(W)]:
```

在上述提示下，说明当前线宽为 0.0000。

上述各选项的作用如下：

1. 指定下一点

选择该默认选项，要求指定一点，系统将从前一点到该点绘制直线，画完之后命令行将显示同样的提示，如下：

```
指定下一点或 [圆弧(A)/闭合(C)/半宽(H)/长度(L)/放弃(U)/宽度(W)]:
```

2. 圆弧（A）

选择此选项将把弧线段添加到多段线中，命令行提示如下：

```
指定下一个点或 [圆弧(A)/半宽(H)/长度(L)/放弃(U)/宽度(W)]:    //在绘图区单击指定
指定下一点或 [圆弧(A)/闭合(C)/半宽(H)/长度(L)/放弃(U)/宽度(W)]: A
//选择圆弧选项指定圆弧的端点或
[角度(A)/圆心(CE)/闭合(CL)/方向(D)/半宽(H)/直线(L)/半径(R)/第二个点(S)/放弃(U)/宽度(W)]:
```

此时系统提供多个选项，下面分别介绍它们的功能：

（1）圆弧端点

选择“圆弧端点”选项，则开始绘制弧线段，弧线段从多段线上一段的最后一点开始并与多段线相切，完成后将显示前一个提示。

（2）角度（A）

“角度”指定弧线段的从起点开始的包含角，输入正数将按逆时针方向

创建弧线段，输入负数将按顺时针方向创建弧线段，命令行提示如下：

```
指定圆弧的端点或
[角度(A)/圆心(CE)/方向(D)/半宽(H)/直线(L)/半径(R)/第二个点(S)/放弃(U)/宽度(W)]: A
                                                    //选择角度选项
指定包含角: 30                                       //输入包含角为 30 度
指定圆弧的端点或 [圆心(CE)/半径(R)]:                  //指定端点或选择其他选项
```

此时可以用鼠标指定端点或者输入坐标。选择“圆心”选项可以指定弧线段的圆心，通过圆弧包含角和圆心位置确定圆弧。选择“半径”选项指定弧线段的半径，命令行提示如下：

```
指定圆弧的端点或 [圆心(CE)/半径(R)]: R                //选择半径选项
指定圆弧的半径: 50                                   //输入半径
指定圆弧的弦方向 <308>: 30                           //输入圆弧弦的方向角
```

（3）圆心（CE）

指定弧线段的圆心，命令行提示如下：

```
指定圆弧的端点或
[角度(A)/圆心(CE)/方向(D)/半宽(H)/直线(L)/半径(R)/第二个点(S)/放弃(U)/宽度(W)]: CE
                                                    //选择“圆心”选项
指定圆弧的圆心:                                      //用鼠标指定也可以输入坐标
指定圆弧的端点或 [角度(A)/长度(L)]:
```

各个选项的意义如下：“圆弧端点”选项指定端点并绘制弧线段；“角度”选项指定弧线段的从起点开始的包含角；“长度”选项指定弧线段的弦长。如果前一线段是圆弧，程序将绘制与前一弧线段相切的新弧线段。

（4）闭合（CL）

使一条带弧线段的多段线闭合。

（5）方向（D）

指定弧线段的起点方向。

（6）半宽（H）

指定从宽多段线线段的中心到其一边的宽度。起点半宽将成为默认的端点半宽。端点半宽在再次修改半宽之前将作为所有后续线段的统一半宽。宽线线段的起点和端点位于宽线的中心。

（7）直线（L）

退出 ARC 选项并返回上一级提示。

（8）半径（R）

指定弧线段的半径。

```
指定圆弧的端点或
[角度(A)/圆心(CE)/闭合(CL)/方向(D)/半宽(H)/直线(L)/半径(R)/第二个点(S)/放弃(U)/
宽度(W)]: R                          //输入 Y，进入指定圆弧半径状态
指定圆弧的半径: 5                     //输入半径参数为 5
指定圆弧的端点或 [角度(A)]: A
```

"圆弧端点"指定端点并绘制弧线段；"角度"指定弧线段的包含角，再通过指定弦的方向确定圆弧。第二个点（S）：指定三点圆弧的第二点和端点。命令提示行如下：

```
指定圆弧上的第二点:                   //指定点 2
指定圆弧的端点:                       //指定点 3
```

（9）放弃（U）

删除最近一次添加到多段线上的弧线段。

（10）宽度（W）

指定下一弧线段的宽度。起点宽度将成为默认的端点宽度。端点宽度在再次修改宽度之前，将作为所有后续线段的统一宽度。宽线线段的起点和端点位于宽线的中心。

3．半宽（H）

该选项可分别指定多段线每一段起点的半宽和端点的半宽值。所谓半宽是指多段线的中心到其一边的宽度，即宽度的一半。改变后的取值将成为后续线段的默认宽度。

4．长度（L）

以前一线段相同的角度并按指定长度绘制直线段。如果前一线段为圆弧，AutoCAD 将绘制一条直线段与弧线段相切。

5．放弃（U）

删除最近一次添加到多段线上的直线段。

6．宽度（W）

该选项可分别指定多段线每一段起点的宽度和端点的宽度值。改变后的取值将成为后续线段的默认宽度。

在指定多段线的第二点之后，还将增加一个"Close（闭合）"选项，用于在当前位置到多段

线起点之间绘制一条直线段以闭合多段线，并结束“多段线”命令。

上机操作 3——在 AutoCAD 2012 中绘制“乙”字

Step 01 在命令提示下，输入 PLINE，按【Enter】键确认。打开正交绘图功能。

Step 02 选择点 1 作为多段线的起点。在命令提示“指定下一个点或 [圆弧(A)/半宽(H)/长度(L)/放弃(U)/宽度(W)]:”时输入 W。设定起点宽度为 60，端点宽度为 40。可以绘制起点为点 1、端点为点 2、长度为 500 的多段线 12。

Step 03 连续绘制多段线。关闭正交功能。设定起点宽度为 40，端点宽度为 60。向左下方斜向绘制起点为点 2、端点为点 3、长度为 500 的多段线 23。

Step 04 连续绘制多段线。在命令行提示“指定下一个点或 [圆弧(A)/半宽(H)/长度(L)/放弃(U)/宽度(W)]:”时输入 A。绘制一段经过点 3 和点 4 的半径为 100 的圆弧 34。

Step 05 连续绘制多段线。在命令提示“指定下一个点或 [圆弧(A)/半宽(H)/长度(L)/放弃(U)/宽度(W)]:”时输入 L。打开正交功能。设定起点宽度为 60，端点宽度为 60。向右绘制起点为点 4、端点为点 5、长度为 500 的多段线 45。

Step 06 连续绘制多段线。设定起点宽度为 60，端点宽度为 0。向上绘制起点为点 5、端点为点 6、长度为 250 的多段线 45。结果如图 3-6 所示。

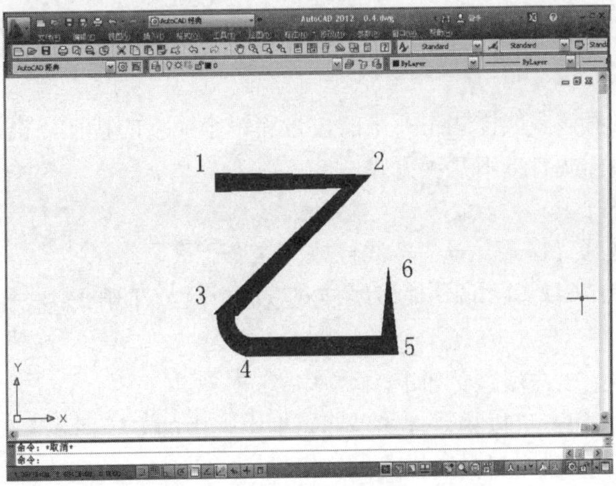

图 3-6　多段线绘制的“乙”字

命令具体提示如下：

```
命令: PLINE
指定起点:
当前线宽为 00.0000
指定下一个点或 [圆弧(A)/半宽(H)/长度(L)/放弃(U)/宽度(W)]: W
指定起点宽度 <00.0000>:60
指定端点宽度 <60.0000>: 40
指定下一个点或 [圆弧(A)/半宽(H)/长度(L)/放弃(U)/宽度(W)]:
指定下一点或 [圆弧(A)/闭合(C)/半宽(H)/长度(L)/放弃(U)/宽度(W)]: W
```

```
指定起点宽度 <40.0000>:
指定端点宽度 <40.0000>: 60
指定下一点或 [圆弧(A)/闭合(C)/半宽(H)/长度(L)/放弃(U)/宽度(W)]:
指定下一点或 [圆弧(A)/闭合(C)/半宽(H)/长度(L)/放弃(U)/宽度(W)]: A
指定圆弧的端点或
[角度(A)/圆心(CE)/闭合(CL)/方向(D)/半宽(H)/直线(L)/半径(R)/第二个点(S)/放弃(U)/宽
指定圆弧的端点或
[角度(A)/圆心(CE)/闭合(CL)/方向(D)/半宽(H)/直线(L)/半径(R)/第二个点(S)/放弃(U)/宽
度(W)]:L
指定下一点或 [圆弧(A)/闭合(C)/半宽(H)/长度(L)/放弃(U)/宽度(W)]:  <正交 开>
指定下一点或 [圆弧(A)/闭合(C)/半宽(H)/长度(L)/放弃(U)/宽度(W)]: W
指定起点宽度 <60.0000>:
指定端点宽度 <60.0000>: 0
指定下一点或 [圆弧(A)/闭合(C)/半宽(H)/长度(L)/放弃(U)/宽度(W)]:
```

3.2.4 绘制多线

多线由 1 至 16 条平行线组成，这些平行线称为元素，根据直线的多少，多线相应地被称为三元素线、五元素线等。平行线之间的间距和数目是可以调整的，多线常用于绘制建筑图中的墙线、窗线和电子线路图等平行线。下面分别介绍如何设置多线样式、绘制多线，以及编辑多线等。

绘制多线时，可以使用包含两个元素的 Standard 样式，也可以指定一个以前创建的样式。开始绘制之前，用户可以创建一个受多线数量限制的样式。所有创建的多线样式都将保存在当前图形中，也可以将多线样式保存在独立的多线样式库文件中，以便在其他图形文件中加载使用。

1. 设置多线样式

每个多线样式控制着该多线样式中元素的数量和每个元素的特征，也控制着背景颜色和多线端口的处理，设置多线样式有以下几种方式。

- 命令：MLSTYL E。
- 菜单命令：选择“格式”→“多线样式”命令。

在中文版 AutoCAD 2012 中，调用“多线样式”命令后，打开“多线样式”对话框，如图 3-7 所示。

在该对话框中，各主要选项含义如下。

- “置为当前”按钮：可以将“样式”列表框中选中的多线样式置为当前样式。
- “新建”按钮：可以新建多线样式。
- “修改”按钮：可以修改已设置好的多线样式。
- “重命名”按钮：可以为当前的多线样式重命名。
- “删除”按钮：可以删除当前的多线样式、默认多线样式及在当前文件中已经使用的多线样式之外的其他多线样式。
- “加载”按钮：可以在弹出的“加载多线样式”对话框中从多线文件中加载已定义的多线样式。
- “保存”按钮：可以将当前的多线样式保存到多线样式文件中。

单击“新建”按钮，弹出“创建新的多线样式”对话框，在该对话框中命名新多线样式的名称，如“平面窗”，如图 3-8 所示。

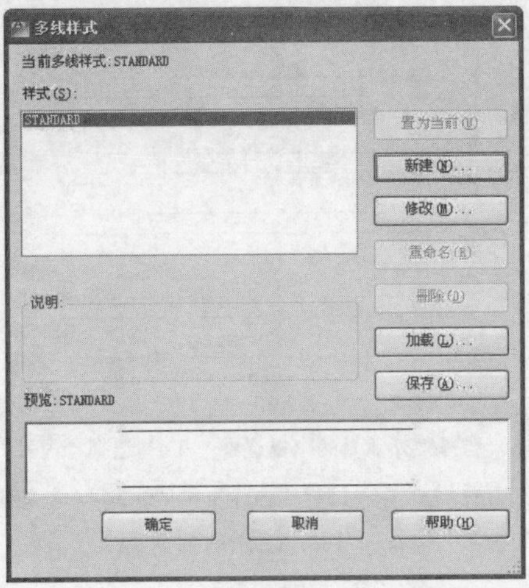

图 3-7　“多线样式”对话框

图 3-8　“创建新的多线样式”对话框

单击“继续”按钮，打开“修改多线样式：平面窗”对话框，如图 3-9 所示为以 Standard 为基础样式修改后的对话框。

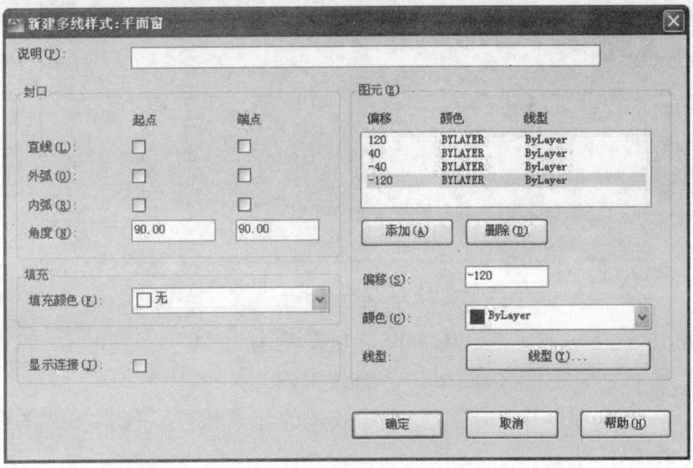

图 3-9　“修改多线样式：平面窗”对话框

在“新建多线样式：平面窗”对话框中，各主要选项的含义如下。

- “说明”：可以为新创建的多线样式添加说明。
- “直线”：用于确定是否在多线的起点和终点位置绘制封口线，如图 3-10 所示，（a）为不封口，（b）为左封口，（c）为右封口，（d）为全封口。
- “外弧”：用于确定是否在多线的起点和终点处，且在位于多线最外侧的两条线同一侧端点之间绘制圆弧，如图 3-11 中（a）所示。
- “内弧”：用于确定是否在多线的起点和终点处，且在多线内部成偶数的线之间绘制圆弧，如果选择“外弧”复选框，则绘制圆弧，否则不绘制；如果多线由奇数条组成，则位于中心的线不会绘制圆弧，如图 3-11（b）所示。图 3-11（c）为选择“内弧”和“外弧”的 4 个复选框后所得结果。如图 3-12 所示为“修改多样式：S”对话框。

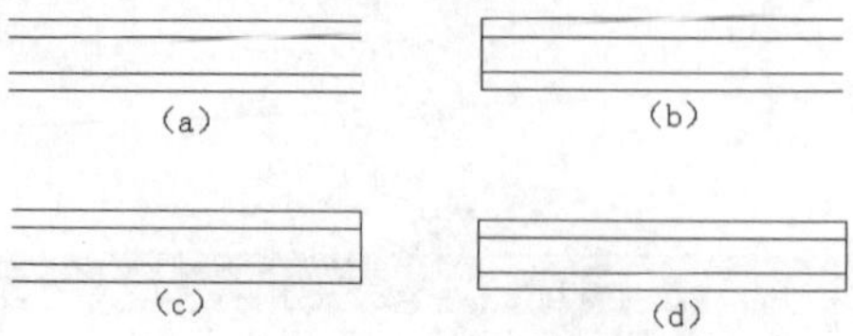

(a) 为不选；(b) 为选左端；

(c) 为选右端；(d) 为选两端

图 3-10　选择“直线”复选框

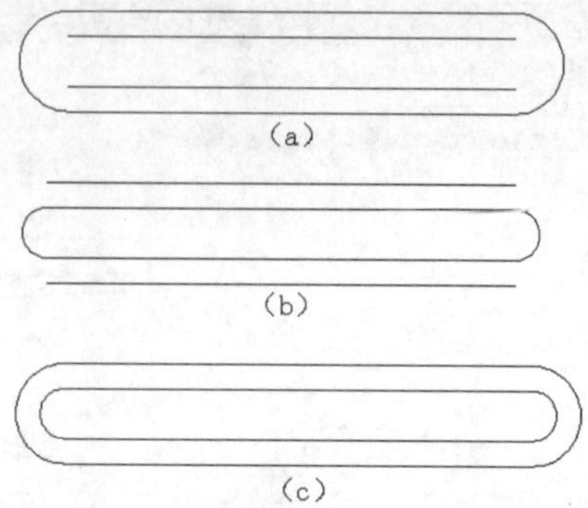

(a) 选择“外弧”两个复选框；(b) 选择“内弧”两个复选框；(c) 选择“内弧”和“外弧”4 个复选框

图 3-11　选择内弧外弧

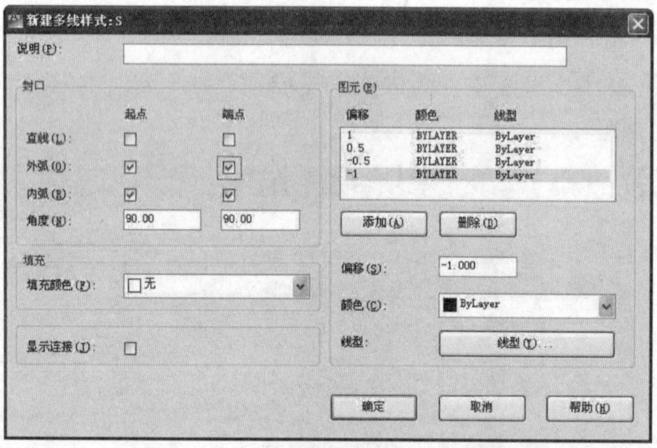

图 3-12　“修改多样式：S”对话框

- “角度”：用于控制多线两端的角度，角度范围为 10°～170°，如图 3-13 是设置多线左侧角度为 45°、右侧角度为 45° 的效果。
- “图元”：在该选项区中主要确定多线样式的元素特征，包括多线的线条数量、偏移量、颜色及线型等。
- “填充”：在该选项区域主要设置多线的填充颜色。
- “显示连接”：该复选框主要用于确定多线转折处是否显示交叉线，如果选择该复选框，显示交叉线；反之不显示，效果如图 3-14 所示。

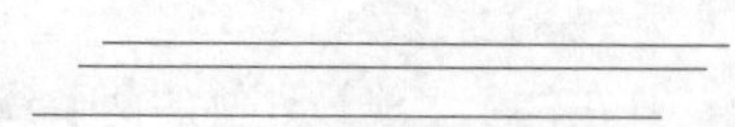

图 3-13　“角度”左侧设为 45°、右侧设为 45°

图 3-14　选择“显示连接”复选框

参照上述各项，设置适当参数，然后单击“确定”按钮，返回“多线样式”对话框，单击“置为当前”按钮确定多线模式，单击“确定”按钮关闭对话框，完成多线样式的设置。

2. 绘制多线

在绘制平行线的过程中，对于水平或是垂直的平行线，可以利用“偏移”命令（OFFSET）

进行绘制。当要进行多条平行线或多组平行线绘制时，依然沿用“偏移”命令则降低效率。特别是在建筑制图中，有很多的平行线，如墙体、窗户等。在 AutoCAD 中提供了多条平行线绘制的命令——多线命令（MLINE），绘制多线有以下两种方法。

- 命令：MLINE。
- 菜单命令：选择“绘图”→“多线”命令。

在命令行输入 MLINE 命令并按【Enter】键，命令行提示如下：

```
命令: MLINE
当前设置: 对正 = 上, 比例 = 1.00, 样式 = 10
指定起点或 [对正(J)/比例(S)/样式(ST)]:
```

在绘图区域确定起点后命令行提示：

```
指定下一点:
指定下一点或 [放弃(U)]:
```

各选项的含义如下：

（1）指定起点

指示多线绘制的起点。

（2）指定下一点

用当前多线样式绘制到指定点的多线线段，然后继续提示输入点。

- 放弃：放弃多线上的上一个顶点，将显示上一个提示。
- 闭合：如果连续绘制两条或两条以上的多线，命令行的提示中将包含“闭合”选项。通过将最后一条线段的终点与第一条线段的起点相结合来完成多线的闭合。

（3）对正

通过“对正”选项确定如何在指定的点之间绘制多线，可以设置多线的对正方式，即多线上的那条平行线将随鼠标指针移动，如图 3-15 所示为分别设置对正方式为“上”、“无”、“下”绘制墙体，所产生的与轴线的对应关系。命令行提示如下：

```
命令: _MLINE↙
当前设置: 对正 = 无, 比例 = 2.00, 样式 = STANDARD     //当前多线状态信息
指定起点或 [对正(J)/比例(S)/样式(ST)]:  J            //输入 J 然后按【Enter】键, 以开
始设置多线的对齐方式
输入对正类型 [上(T)/无(Z)/下(B)] <无>:               //输入对齐类型
```

- 上：在光标下方绘制多线，因此在指定点处将会出现具有最大正偏移值的直线。如图 3-15（a）所示。
- 无：将光标作为原点绘制多线，因此 MLSTYLE 命令中“元素特性”的偏移 0.0 将在指定点处。如图 3-15（b）所示。
- 下：在光标上方绘制多线，因此在指定点处将出现具有最大负偏移值的直线。如图 3-15（c）所示。

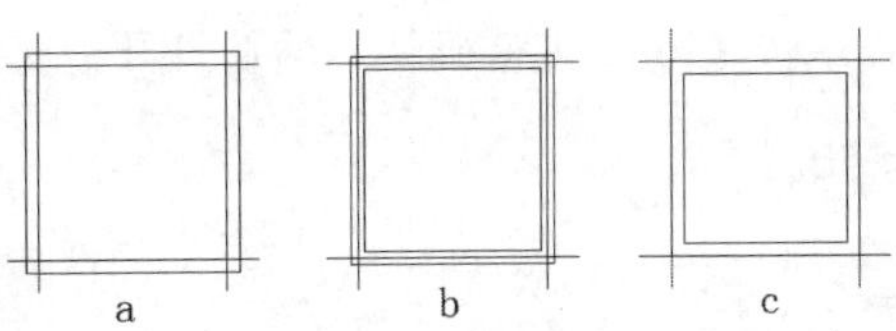

图 3-15　设置对齐方式

（4）比例

控制多线的全局宽度。该比例不影响多线的线型比例。比例基于在多线样式定义中建立的宽度。如果用比例因子为 2 的多线来绘制多线，则多线宽度是样式定义时宽度的两倍。

（5）样式

指定已加载的样式名或创建的多线库（MLN）文件中已定义的样式名。输入“？”，系统将列出已加载的多线样式。

3. 编辑多线

通过命令 MLEDIT 可以编辑多线。编辑多线是为了处理多种类型的多线交叉点，如十字交叉点和 T 形交叉点等。调用编辑多线命令有以下 2 种方法。

- 命令：MLEDIT。
- 菜单命令：选择“对象”→“多线”命令。

使用以上两种方法的任意一种都能调用 MLEDIT 命令，并打开如图 3-16 所示的“多线编辑工具”对话框。对话框中的各个图像按钮形象地说明了该对话框具有的编辑功能。

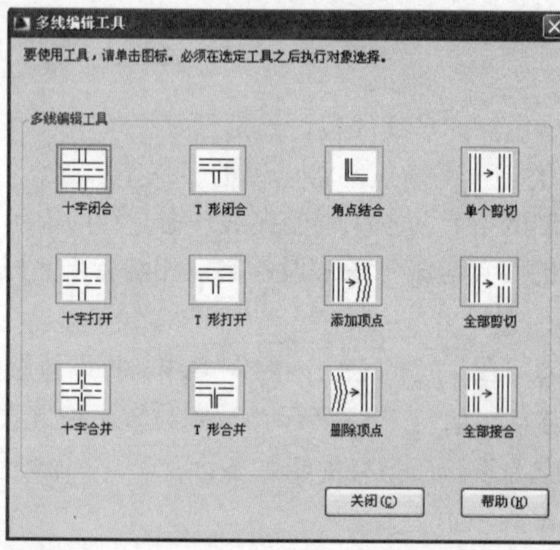

图 3-16　设置对齐方式

注　意

在处理 T 形交叉点时，多线的选择顺序将直接影响交叉点修整后的结果。

上机操作 4——在 AutoCAD 2012 中用多线绘制图案

绘制如图 3-17 所示图形的具体步骤如下：

先打开配套光盘\素材文件\第 3 章\04.dwg，网格效果如图 3-18 所示。

Step 01 在命令行输入 MLINE，按【Enter】键确认。然后打开正交绘图功能。

Step 02 设定绘制“比例”为 50。

Step 03 设定“对正”为“无”，“样式”为默认。

Step 04 指定点 1 为起点。

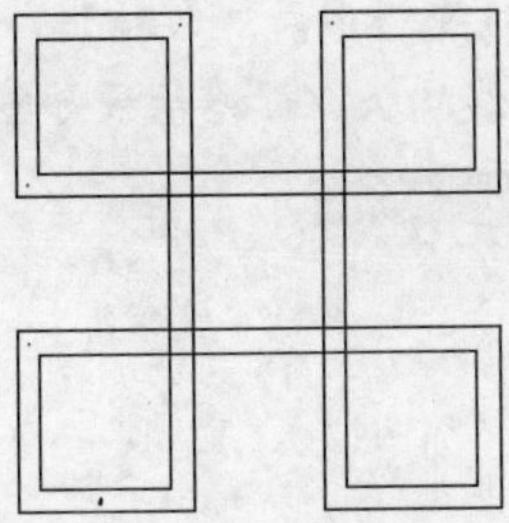

图 3-17　要绘制的图形

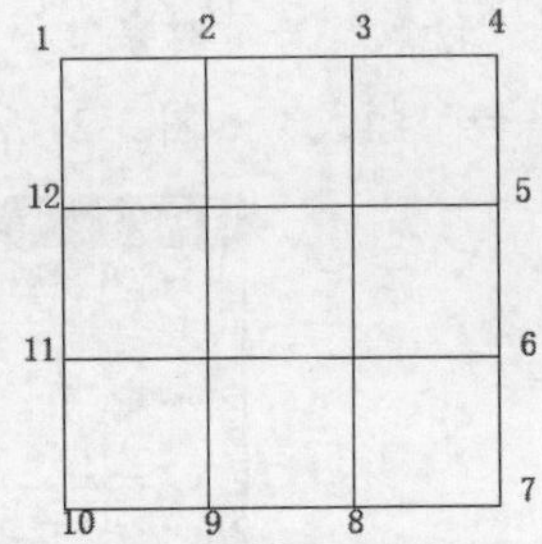

图 3-18　网格效果

Step 05 分别连接点（1；2）；点（2；9）；点（9；10）；点（10；11）；点（11；6）；点（6；7）；点（7；8）；点（8；3）；点（3；4）；点（4；5）；点（5；12）；点（12；1）。结果如图 3-19 所示。

命令行提示如下：

```
命令: _MLINE
当前设置: 对正 = 上, 比例 = 1.00, 样式 = STANDARD
指定起点或 [对正(J)/比例(S)/样式(ST)]:  S               //设定多线比例
输入多线比例 <1.00>:  50                                //设定多线比例为 50
当前设置: 对正 = 上, 比例 = 50.00, 样式 = STANDARD
指定起点或 [对正(J)/比例(S)/样式(ST)]:  J               //设定多线"对正"
输入对正类型 [上(T)/无(Z)/下(B)] <上>:  Z               //设定多线为"无"
当前设置: 对正 = 无, 比例 = 50.00, 样式 = STANDARD
指定起点或 [对正(J)/比例(S)/样式(ST)]:
指定下一点:                              //指定点 1
指定下一点或 [放弃(U)]: /                //依次指定点 2
指定下一点或 [闭合(C)/放弃(U)]: /               //依次指定点 9
指定下一点或 [闭合(C)/放弃(U)]: /               //依次指定点 10
指定下一点或 [闭合(C)/放弃(U)]: /               //依次指定点 11
指定下一点或 [闭合(C)/放弃(U)]: /               //依次指定点 6
指定下一点或 [闭合(C)/放弃(U)]: /               //依次指定点 7
指定下一点或 [闭合(C)/放弃(U)]: /               //依次指定点 8
指定下一点或 [闭合(C)/放弃(U)]: /               //依次指定点 3
指定下一点或 [闭合(C)/放弃(U)]: /               //依次指定点 4
指定下一点或 [闭合(C)/放弃(U)]: /               //依次指定点 5
指定下一点或 [闭合(C)/放弃(U)]: /               //依次指定点 12
指定下一点或 [闭合(C)/放弃(U)]: /               //依次指定点 1
命令:
```

Step 06 选择"修改"→"删除"命令，将调出的素材网格删除。结果如图 3-20 所示。

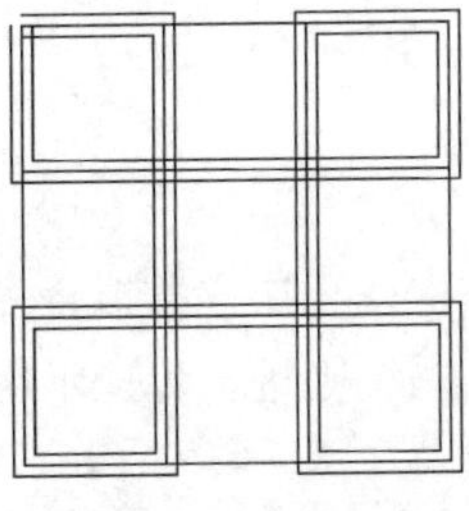

图 3-19　绘制多线

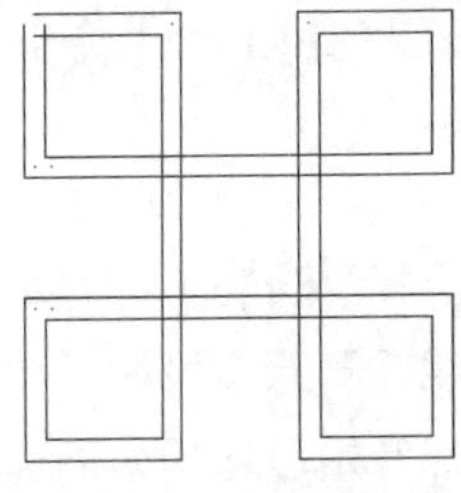

图 3-20　删除素材 1

Step 07 选择“修改”→“对象”→“多线”命令，弹出“多线编辑工具”对话框。在对话框中选择“角点结合”模式，如图 3-21 所示。单击点 1 处的两个多线端头。最终结果如图 3-17 所示。

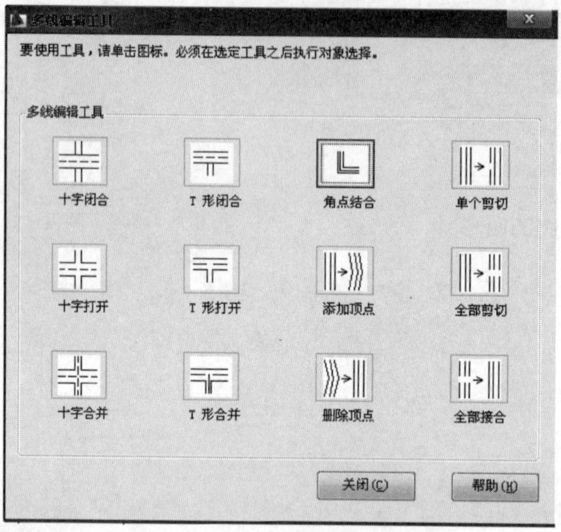

图 3-21　选择“角点结合”模式

命令行提示如下：

```
命令: _MLEDIT
选择第一条多线:
选择第二条多线:
选择第一条多线 或 [放弃(U)]:  *取消*
```

3.2.5　绘制样条曲线

AutoCAD 2012 使用的样条曲线是一种特殊的曲线。通过指定的一系列控制点，AutoCAD 2012 可以在指定的允差（Fit tolerance）范围内把控制点拟合成光滑的 NURBS 曲线。所谓允差是指样条曲线与指定拟合点之间的接近程度。允差越小，样条曲线与拟合点越接近。允差为 0，样条曲线将通过拟合点。这种类型的曲线适合于标识具有规则变化曲率半径的曲线，例如建筑基地的等高线、区域界限等的样线。样条曲线是由一组输入的拟合点生成的光滑曲线。

绘制样条曲线有以下几种方式。

- 命令：SPLINE。
- 菜单命令：选择“绘图”→“样条曲线”命令。
- 工具栏：在“绘图”工具栏中单击“样条曲线”按钮。

在命令行输入 SPLINE（或 SP），执行该命令后，系统提示如下：

```
命令: _SPLINE
指定第一个点或 [对象(O)]:
```

如果用户选择“Object（对象）”选项，可将二维或三维的二次或三次样条拟合多段线转换成等价的样条曲线并删除多段线。如果用户指定样条曲线的起点，系统则进一步提示用户指定下一点，并从第三点开始可选择如下选项：

```
指定下一点或 [闭合(C)/拟合公差(F)] <起点切向>:
```

（1）闭合（C）

自动将最后一点定义为与第一点相同，并且在连接处相切，以此使样条曲线闭合。

（2）拟合公差（F）

修改当前样条曲线的拟合公差。样条曲线重定义，以使其按照新的公差拟合现有的点。注意，修改后所有控制点的公差都会相应地发生变化。

（3）起点切向

定义样条曲线的第一点和最后一点的切向，并结束命令。

上机操作 5——绘制精致酒杯外轮廓

打开配套光盘\素材文件\第 3 章\05.dwg（用直线大体绘制出的酒杯外轮廓图），如图 3-22 所示。

Step 01 关闭正交绘图功能。在命令行提示下，输入 SPLINE，按【Enter】键确认。命令将提示“指定第一个点或 [对象(O)]:”。

Step 02 在上述命令的提示下，用光标单击酒杯的粗轮廓线上部 *a* 点为起点。

Step 03 在“指定下一点:”提示下，用十字鼠标指针单击酒杯的轮廓线上 *b* 点，作为样条曲线的第二个点。

Step 04 在“指定下一点或 [闭合(C)/拟合公差(F)] <起点切向>:”的提示下，选取 *c* 点为终点。

Step 05 按【Enter】键，命令行提示：“指定起点切向”，光标将回到 *a* 点位置。

Step 06 将光标放到合适的位置，指定合适的 *a* 点处的“起点切向”后，命令行提示：“指定端点切向”。效果如图 3-23 所示。

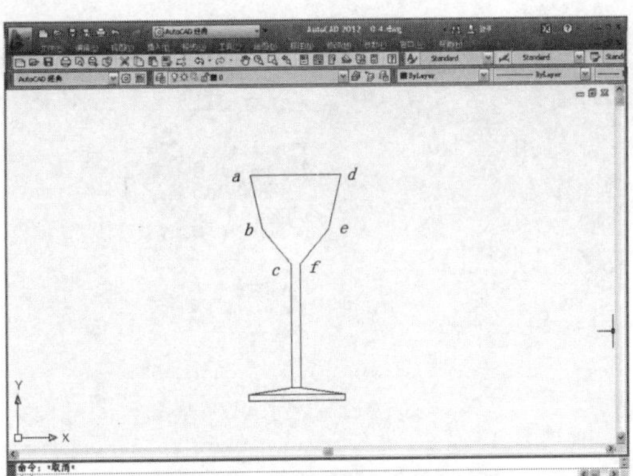

图 3-22　酒杯粗轮廓

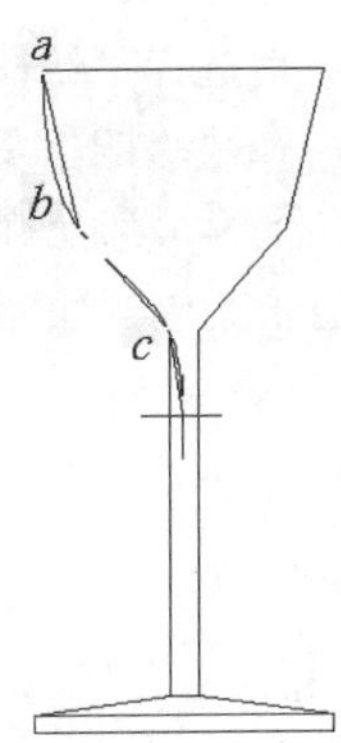

图 3-23　绘制第一条样条曲线

Step 07 将光标放到合适位置，指定合适的 *c* 点处的“端点切向”后，然后单击，完成第一条样条曲线的绘制。

Step 08 按同样的方法绘制第二条样条曲线，过程如图 3-24 所示。最后删除酒杯粗轮廓线，效果如图 3-25 所示。

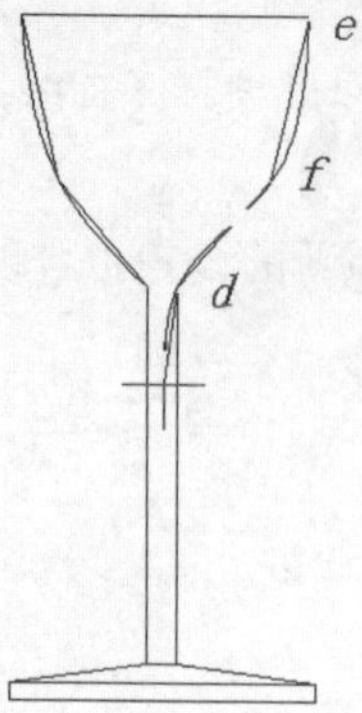

图 3-24　绘制第二条样条曲线

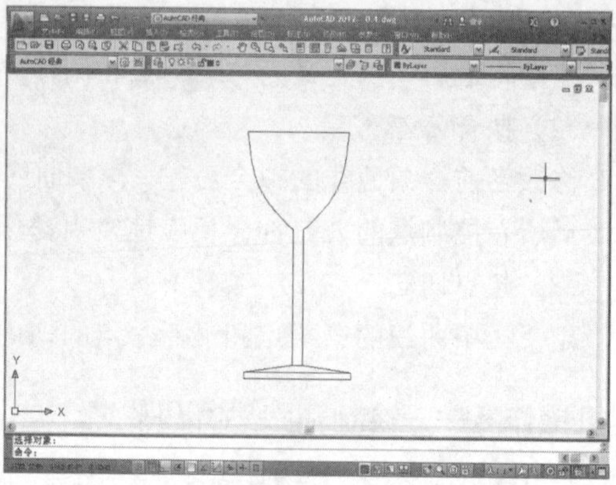

图 3-25　酒杯细轮廓

提　示

“对象”选项用于把样条拟合多段线转换为真样条曲线。拟合多段线转换为真样条曲线后，不仅曲线边界更加精确，而且所需要的存储空间也节省了更多。默认情况下，由于拟合公差为 0，因此，拟合点与数据点重合。

3.3　绘制圆

圆是绘图过程中使用频率非常高的图形对象，“圆”命令相当于手工绘图中的圆规，可以根据不同的已知条件进行绘制。绘制圆可选用以下几种方式。

- 命令：CIRCLE。
- 菜单命令：选择“绘图”→“圆”命令。
- 工具栏：在“绘图”工具栏中单击“圆”按钮。

选择“绘图”菜单，当光标移动到“圆”命令上时，将弹出“圆”命令的子菜单，如图 3-26 所示。

图 3-26　绘制圆的子菜单

从图 3-26 可以看出 AutoCAD 2012 提供了 6 种定义圆的尺寸及位置参数的方法。依次介绍如下：

1. 圆心、半径（R）

执行该命令，命令行提示如下：

```
命令：C↙
指定圆的圆心或 [三点(3P)/两点(2P)/相切、相切、半径
(T)]：//输入圆心坐标或者单击拾取一点作为圆心
指定圆的半径或 [直径(D)] <48.8680>: 50          //输入半径数值
```

对于半径数值，如果直接输入数值，则此数作为半径值，如果在工具栏提示里或命令行里输入一个点的相对坐标，则此点与圆心点的距离作为半径值，半径值不能小于或等于零。

2. 圆心、直径（D）

在“指定圆的半径或 [直径(D)]:”提示下输入 D，选择输入直径数值，输入方法同上。

3．两点

在系统命令行的提示中选择 2p 选项，系统顺序提示要求输入所定义圆上某一直径的两个端点，所输入两点的距离为圆的直径，两点中点为圆心，两点重合则定义失败。命令行提示如下：

```
命令: CIRCLE
指定圆的圆心或 [三点(3P)/两点(2P)/相切、相切、半径(T)]: 2p  //以两点方式绘制圆
指定圆直径的第一个端点:
指定圆直径的第二个端点:
```

4．三点

在系统命令行的提示中选择 3p 选项，系统顺序提示要求输入所定义圆上的 3 个点，完成圆的定义，如果所输 3 点共线，则定义失败。命令行提示如下：

```
命令: CIRCLE
指定圆的圆心或 [三点(3P)/两点(2P)/相切、相切、半径(T)]: 3p   //以 3 点方式绘制圆
指定圆上的第一个点:
指定圆上的第二个点:
指定圆上的第三个点:
```

5．相切、相切、半径（T）

在系统的命令行提示中选择 T 选项，系统顺序提示要求选择两个与所定义圆相切的实体上的点，并要求输入圆的半径，如果所输入的半径数值过小（小于两个实体最小距离的一半）则定义失败，所定义圆的位置与所选择的切点位置有关。

6．相切、相切、相切

这种方法只能在菜单栏中选择，在系统的提示下顺序选择 3 个与所定义的圆相切的实体。

```
命令: _CIRCLE
指定圆的圆心或 [三点(3P)/两点(2P)/相切、相切、半径(T)]: _3p
指定圆上的第一个点:
指定圆上的第二个点:
指定圆上的第三个点:
```

上机操作 6——用“圆”命令中“相切、相切、相切”命令绘制图案

先打开配套光盘\素材文件\第 3 章\06.dwg（3 个互不相接的圆），如图 3-27 所示。

Step 01 选择“绘图”→“圆”命令，在弹出的“圆”子菜单中选择“相切、相切、相切（A）”命令。如图 3-28 所示。

Step 02 用光标分别单击素材中的 3 个圆。将得到图 3-29 示的第一个切圆。

Step 03 以素材中 3 个圆两两和中间的切圆配对，重复 3 次选择“绘图”→“圆” →“相切、相切、相切”命令。结果如图 3-30 示。

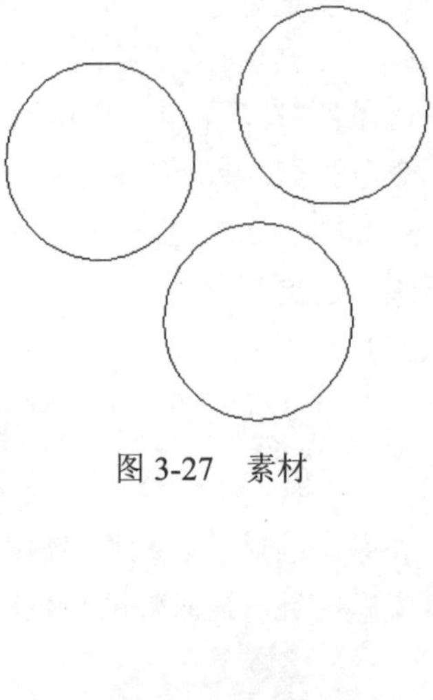

图 3-27　素材

提　示

用“三点”命令绘制圆时，如果打开“切点”模式，可以绘制与 3 个对象相切的圆；在使用“相切、相切、半径”命令绘制圆时，如果有可能生成多个与两个对象相切的圆，将由用户指定的选择点来决定圆的位置。

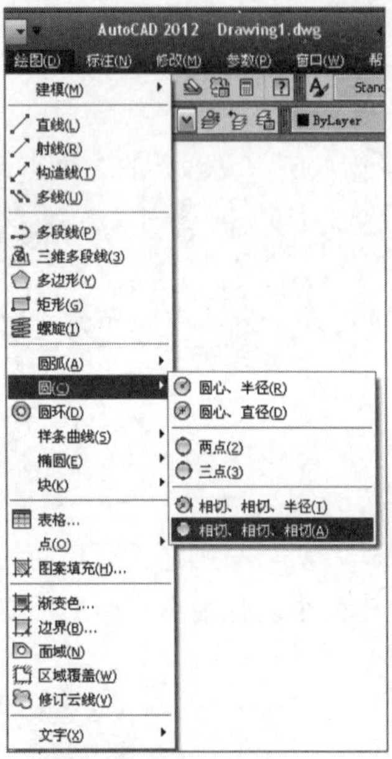

图 3-28　选择 “相切、相切、相切、” 命令

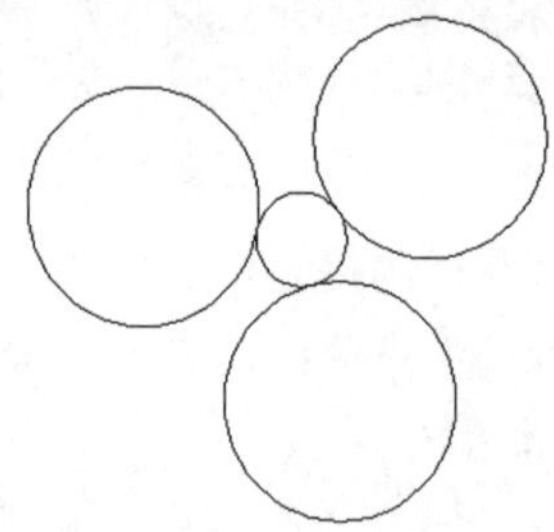

图 3-29　绘制第一个切圆

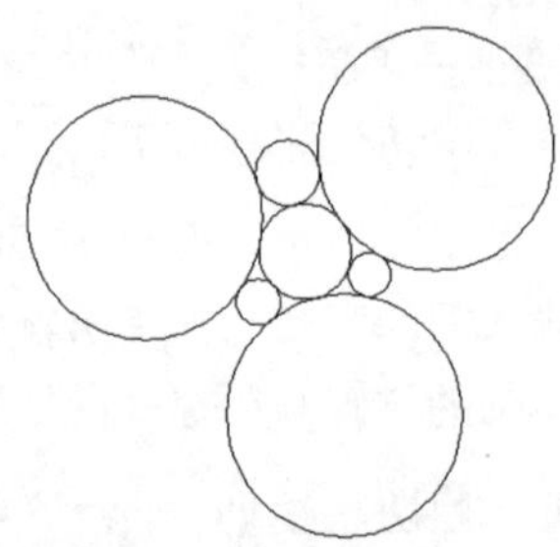

图 3-30　绘制相切圆

3.4　绘制圆弧

圆弧可以看成是圆的一部分，它不仅有圆心和半径，而且还有起点和端点。绘制圆弧可选用以下几种方式。

- 命令：ARC。
- 菜单命令：选择“绘图”→“圆弧”命令。
- 工具栏：在“绘图”工具栏中单击“圆弧”按钮。

选择“绘图”菜单，当光标移动到“圆弧”时，将弹出“圆弧”命令的子菜单，如图 3-31 所示。

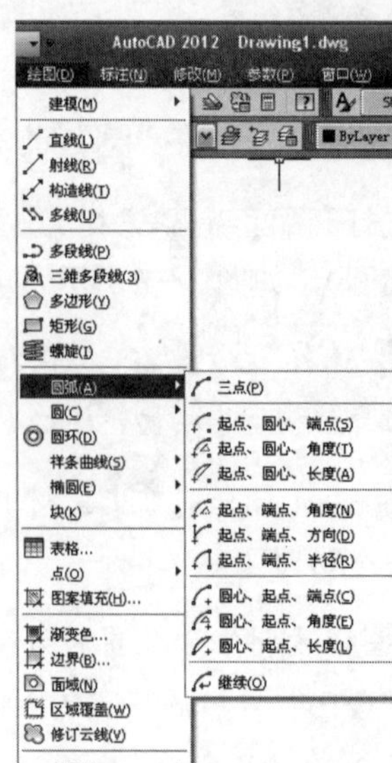

图 3-31　绘制圆弧的子菜单

AutoCAD 2012 提供了 11 种定义圆弧的方法，如图 3-31 所示除“三点”方法外，其他方法都是从起点到端点逆时针绘制圆弧。通过选择下拉菜单中的相应命令，均可执行画圆弧操作。下面分别介绍相应命令的功能。

1. 三点

在系统的提示下，顺序输入圆弧上的 3 点，这种方法可以定义顺时针、逆时针的圆弧，如三点共线则定义失败，圆弧的方向由点的输入顺序和位置决定。

命令提示行如下：

```
命令：ARC
指定圆弧的起点或 [圆心(C)]:                      //用鼠标指定或者输入坐标
指定圆弧的第二个点或 [圆心(C)/端点(E)]:          //鼠标指定或者输入坐标
指定圆弧的端点:                                  //鼠标指定或者输入坐标
```

2. 起点、圆心、端点

通过指定起点、圆心和端点绘制圆弧。如果已知起点、中心点和端点，可以通过首先指定起点或中心点来绘制圆弧。中心点是指圆弧所在圆的圆心。所输终点不一定在圆上，终点与圆心的连线方向确定圆弧的终止角度，这种方法默认以逆时针方向作图，以下几种方法同样如此。

3. 起点、圆心、角度

通过指定起点、圆心和角度绘制圆弧。如果存在可以捕捉到的起点，并且已知包含角度，则使用此种方法，包含角度决定圆弧的端点。

4. 起点、圆心、长度

通过指定起点、圆心和长度绘制圆弧。如果存在可以捕捉到的起点和中心点，并且已知弦长，则使用“起点、圆心、长度”方法来作图，弧的弦长决定包含角度。所产生的圆弧为逆时针方向，如果所输入的弦长值大于零，则所定义的圆弧包角小于 180 度，如果所输入的弦长值小于零，则所定义的圆弧包角大于 180 度，如果输入一个点的坐标，起点到该点的距离为弦长，如果所输入的弦长的绝对值大于圆的直径则定义失败。

5. 起点、端点、角度

通过起点、端点和包含角度确定一个圆弧，命令行提示如下：

```
命令：_ARC↙
指定圆弧的起点或 [圆心(C)]:
指定圆弧的第二个点或 [圆心(C)/端点(E)]: _E
指定圆弧的端点:
指定圆弧的圆心或 [角度(A)/方向(D)/半径(R)]: _A 指定包含角:
```

如果包角值大于零则圆弧为逆时针，否则为顺时针，如果输入一个点的坐标，起点与该点的连线方向角为包角。

6. 起点、端点、方向

通过指定起点、端点和方向使用鼠标绘制的圆弧。向起点和端点的上方移动光标将绘制上凸的圆弧，向下移动光标将绘制上凹的圆弧。

```
命令：_ARC↙
指定圆弧的起点或 [圆心(C)]:
指定圆弧的第二个点或 [圆心(C)/端点(E)]: _E
指定圆弧的端点:
指定圆弧的圆心或 [角度(A)/方向(D)/半径(R)]: _D 指定圆弧的起点切向:
```

如果输入一点坐标，则该点与起始点连线方向角为起始点切线方向角度。

7．起点、端点、半径

通过指定起点、端点和半径绘制的圆弧。可以通过输入长度，或者通过顺时针或逆时针移动鼠标，并单击确定一段距离来指定半径，命令行提示如下：

```
指定圆弧的第二个点或 [圆心(C)/端点(E)]: _E
指定圆弧的端点:
指定圆弧的圆心或 [角度(A)/方向(D)/半径(R)]: _R 指定圆弧的半径:
```

所产生的圆弧为逆时针方向，如果输入的半径值大于零，则定义的圆弧包角小于 180 度，如果输入的半径值小于零，则定义的圆弧包角大于 180 度，如果输入一个点的坐标，终点到该点的距离为半径，如果输入的半径的绝对值小于起点与终点距离的一半，则定义失败。

8．继续

如果按空格键或【Enter】完成第一个提示，则表示所定义圆弧的起始点坐标与前一个实体的终点坐标重合，圆弧在起始点的切线方向等于前一个实体在终点处的切线方向（光滑连接），系统提示输入圆弧终点位置，这种方法即“起点、端点、方向”方法的变形。

除以上 8 种方法以外，在下拉菜单中还提供以下 3 种方法：圆心、起点、端点圆心、起点、角度和圆心、起点、长度。

这 3 种方法是前面第 2、3 和 4 三种方法的变形。

上机操作 7——使用“起点、端点、半径（R）”命令绘制图案

先打开配套光盘\素材文件\第 3 章\07.dwg（两条长度为 2 000 的中点重合的正交直线），如图 3-32 所示。

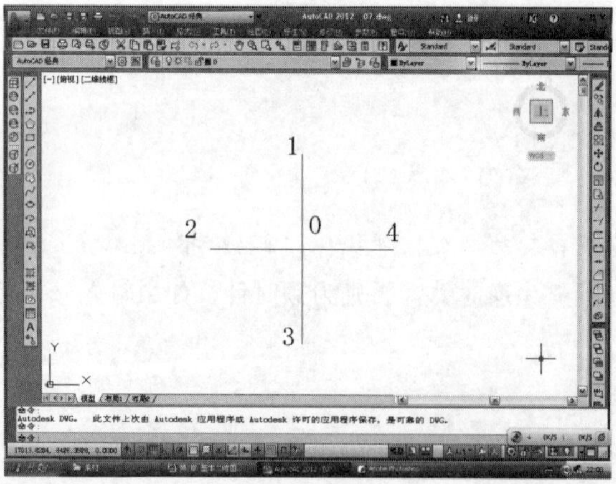

图 3-32　素材

Step 01 选择“绘图”→“圆弧”命令，在弹出的“圆弧”子菜单中选择“起点、端点、半径（R）”命令，如图 3-33 所示。命令行提示“ _arc 指定圆弧的起点或 [圆心(C)]:”。

Step 02 用光标单击点 1 作为起点。

Step 03 用光标单击点 0 作为端点。

Step 04 指定圆弧的半径为 1 000。

Step 05 连续依照上述步骤绘制圆弧，结果如图 3-34 所示。

提　示

圆弧的绘制有方向性。在上述步骤中以点 1 为起点、点 0 为端点绘制出了第一条圆弧，而若想绘制出和第一条圆弧相对称的圆弧则需要以点 0 为起点、点 1 为端点才能绘制出第二条圆弧。

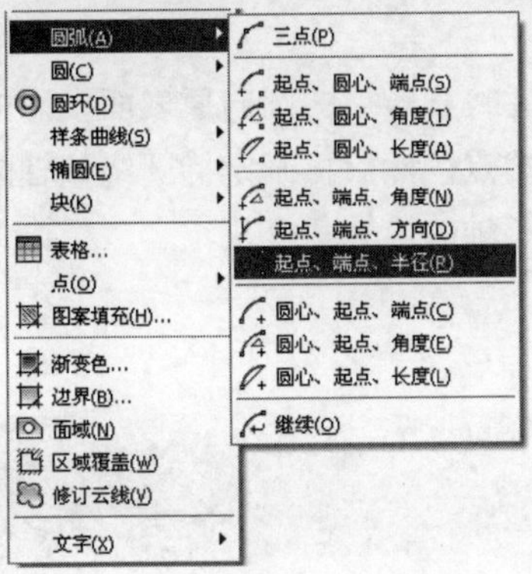

图 3-33　“圆弧”子菜单

图 3-34　绘制圆弧

绘制圆弧命令行的具体提示如下：

```
命令: _ARC
指定圆弧的起点或 [圆心(C)]:
指定圆弧的第二个点或 [圆心(C)/端点(E)]: _E
指定圆弧的端点:
指定圆弧的圆心或 [角度(A)/方向(D)/半径(R)]: _R
指定圆弧的半径: 1000
```

3.5　绘制椭圆

在绘制的图形中，椭圆是一种重要的实体。椭圆与圆的差别在于，其圆周上的点到中心的距离是变化的。在 AutoCAD 绘图中，椭圆的形状主要用中心、长轴和短轴 3 个参数来描述。

可以通过以下几种方式启动绘制椭圆（ELLIPSE）命令。

- 命令：ELLIPSE。
- 菜单命令：选择“绘图”→“椭圆”命令。
- 工具栏：在“绘图”工具栏中单击“圆弧”按钮。

在“绘图”菜单中选择“椭圆”命令后，可弹出绘制椭圆的子菜单，如图 3-35 所示。

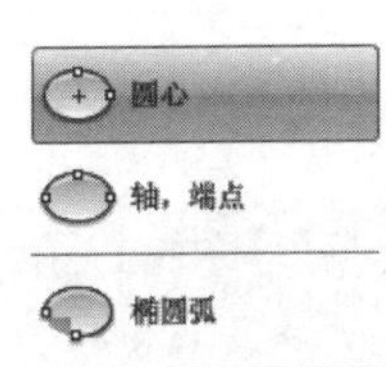

图 3-35　绘制椭圆的子菜单

使用“椭圆”命令绘制椭圆的方式很多，但归根结底，都是以不同的顺序相继输入椭圆的中心点、长轴和短轴 3 个要素。在实际应用中，用户应根据自己所绘椭圆的条件灵活选择这三者的输入，并选择合适的绘制方式。

1．通过定义两轴绘制椭圆

用此种方法绘图时命令行提示如下：

```
命令：_ELLIPSE
指定椭圆的轴端点或 [圆弧(A)/中心点(C)]：        //用鼠标指定椭圆某个轴的一个端，或输入坐标
指定轴的另一个端点：                            //指定椭圆轴的另一个端点
指定另一条半轴长度或 [旋转(R)]：                //指定另一个半轴的长度
```

如果最后输入一个点的坐标，则该点与椭圆中心的距离为另一半轴长。

2．通过定义长轴以及椭圆旋转绘制椭圆

这种方法将椭圆理解为圆绕某个直径旋转一定角度，并将旋转后的圆向原表面投影的结果。使用这种方式绘制椭圆，需要首先定义出椭圆长轴的两个端点，然后再确定椭圆绕该轴的旋转角度，从而确定椭圆的位置及形状。椭圆的形状最终由其绕长轴的旋转角度决定。

提　示

> 若旋转角度为 0°，则将画出一个圆；若角度为 30°，将出现一个从视点看去呈 30° 的椭圆。旋转角度的最大值为 89.4°，若大于此角，则椭圆看上去将像一条直线。

3．通过定义中心点和两轴端点绘制椭圆

确定椭圆的中心点后，椭圆的位置便随之确定。此时，只需再为两轴各定义一个端点，便可确定椭圆形状，执行命令过程的命令行提示如下：

```
命令：_ELLIPSE↙
指定椭圆的轴端点或 [圆弧(A)/中心点(C)]：C
指定椭圆的中心点：                          //用鼠标指定中心点或输入坐标
指定轴的端点：                              //用鼠标指半轴端点或输入坐标
指定另一条半轴长度或 [旋转(R)]：            //用鼠标指定另一个半轴的长度
```

4．通过定义中心点和椭圆旋转绘制椭圆

指定第 1 根轴的端点后，用户还可以通过旋转方式指定第 2 根轴，即选择“旋转”方式，执行命令过程的命令行提示如下：

```
命令：_ELLIPSE↙
指定椭圆的轴端点或 [圆弧(A)/中心点(C)]：C
指定椭圆的中心点：                          //用鼠标指定中心点或输入坐标
指定轴的端点：                              //用鼠标指半轴端点或输入坐标
指定另一条半轴长度或 [旋转(R)]：R           //选择旋转选项，按【Enter】键
指定绕长轴旋转的角度：45                    //定义旋转角度，按【Enter】键
```

提　示

> 系统变量 PELLIPSE 用来控制 ELLIPSE 命令创建的椭圆类型，如果将该系统变量设置为 0，执行该命令创建真正的椭圆对象；如果该系统变量设置为 1，执行命令能够创建以多段线表示的椭圆。

上机操作 8——绘制椭圆组合体

具体步骤如下：

Step 01 选择“绘图”→“直线”命令。打开正交功能。绘制一条水平向长度为 5 000 的直线作为辅助线。

Step 02 选择“绘图”→“椭圆”→“圆心”命令。以直线的左端点为圆心，向右绘制长轴为 2 000、短轴为 1 000 的椭圆。

用“椭圆”命令绘图时命令行提示如下：

```
命令：_ELLIPSE
指定椭圆弧的轴端点或 [中心点(C)]：_c          //指定椭圆圆心点
指定椭圆的中心点：
指定轴的端点：2000                             //指定椭圆长轴的长度
指定另一条半轴长度或 [旋转(R)]：1000           //指定椭圆短轴的长度
```

Step 03 选择“绘图”→“椭圆”→“轴、端点”命令。以第一个椭圆的右端点为短轴的第一个端点，向右 1 000 的距离的点为短轴的第二端点，长轴半径为 1 500，绘制第二个椭圆。

Step 04 用同样的方法，以第二个椭圆的圆心为短轴的第一个端点，向右 1 000 的距离的点为短轴的第二个端点，长轴半径为 1 000 绘制第 3 个椭圆。结果如图 3-36 示。

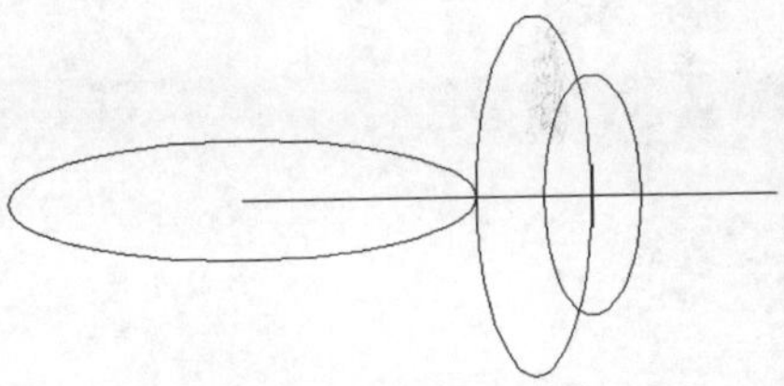

图 3-36　制椭圆效果

提　示

> 如果使用 60° 的转角，用户可以创建一个等轴测椭圆，但 AutoCAD 以此方式创建的等轴测椭圆并不随等轴测线旋转。

3.6　绘制矩形和正多边形

在绘图过程中，矩形和正多边形都是经常要用到的图形。“矩形”和“正多边形”命令是将直线、倒角等命令集合在一起的组命令。利用该命令可以大大简化绘制基本矩形和正多边形的步骤，并且可以根据需要设置图形的参数。

3.6.1　绘制矩形

在 AutoCAD 制图中，使用“矩形”命令绘制矩形，实际上是创建矩形形状的闭合多段线。使用该命令不仅可以绘制一般的二维矩形，还能够绘制具有一定宽度、标高和厚度等特性的矩形，并且能够控制矩形角点的类型（圆角、倒角或直角）。

调用“矩形”（RECTANG）命令有以下几种方法。

- 命令：RECTANG。
- 菜单命令：选择“绘图”→“矩形”命令。
- 工具栏：在“绘图”工具栏中单击“矩形”按钮▭。

调用该命令后，命令行提示如下：

```
命令:RECTANG↙
指定第一个角点或 [倒角(C)/标高(E)/圆角(F)/厚度(T)/宽度(W)]:
指定另一个角点或 [面积(A)/尺寸(D)/旋转(R)]:
```

如果绘制的不是一般的矩形，在绘制矩形之前都需要设置相关的参数。

通过在命令栏的第一行选项，可以定义矩形的其他特征。这些选项的具体含义如下：

- 倒角（C）：用于定义矩形的倒角尺寸（两个倒角边长度）。
- 标高（E）：用于定义矩形的标高，即构造平面的 *Z* 坐标，系统默认值为 0。
- 圆角（F）：用于定义矩形的圆角半径。
- 厚度（T）：用于定义矩形厚度（三维厚度）。
- 宽度（W）：用于定义矩形轮廓线的线宽。

提　示

在命令行的第二行提示下选择 A 选项，则先指定矩形的面积，然后确定长度，最终确定矩形；选择 D 选项，则依次确定矩形的长和宽，来确定矩形；选择 R 选项，则指定矩形的倾斜角度。

上机操作 9——绘制矩形组合图

拟创建一个线宽为 1、倒角距离为 10 的矩形，以及长为 50、面积为 2 000 的矩形。绘制步骤如下：

Step 01 选择“绘图”→“矩形”命令。或单击“绘图”工具栏中的“矩形”按钮▭。命令行将提示：

```
命令: _rectang 当前矩形模式: 倒角=10.0000 x 10.0000 宽度=1.0000
指定第一个角点或 [倒角(C)/标高(E)/圆角(F)/厚度(T)/宽度(W)]:
```

Step 02 在命令行输入 C，设定矩形的第一和第二个倒角距离均为 10。

Step 03 在命令行输入 W，指定矩形边的宽度为 1。

Step 04 在绘图区域指定任一点作为第一点。命令行提示“指定另一个角点或 [面积(A)/尺寸(D)/旋转(R)]:”。

Step 05 在命令行输入 A，设定矩形的面积为 2 000 及长度为 50，绘制结果如图 3-37 所示。

命令行提示如下：

```
命令: _RECTANG
当前矩形模式: 倒角=0.0000 x 0.0000 宽度=0.0000
指定第一个角点或 [倒角(C)/标高(E)/圆角(F)/厚度(T)/宽度(W)]: C  //输入C
指定矩形的第一个倒角距离 <0.0000>:10                  //输入倒角距离10
```

```
指定矩形的第二个倒角距离 <10.0000>:0
指定第一个角点或 [倒角(C)/标高(E)/圆角(F)/厚度(T)/宽度(W)]: W    //输入W
指定矩形的线宽 <0.0000>:1                              //输入线宽 1
指定第一个角点或 [倒角(C)/标高(E)/圆角(F)/厚度(T)/宽度(W)]:
指定另一个角点或 [面积(A)/尺寸(D)/旋转(R)]: A                    //输入 A
输入以当前单位计算的矩形面积 <0.0000>:2000                     //输入面积值 2000
计算矩形标注时依据 [长度(L)/宽度(W)] <长度>: L                  //输入 L
输入矩形长度 <0.0000>:50                          //输入长度值 50
```

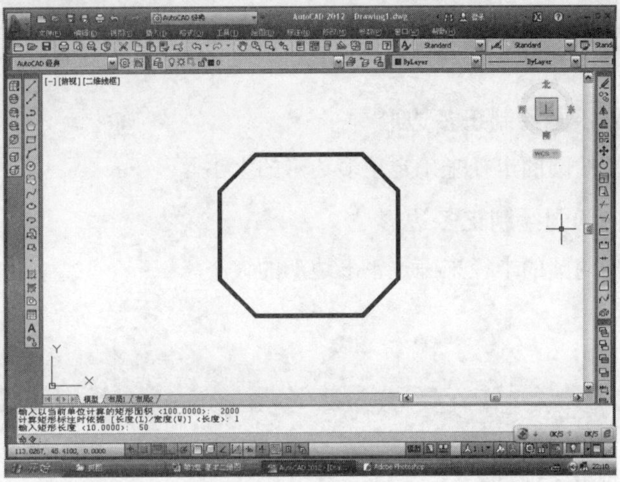

图 3-37　绘制矩形

Step 06 执行“复制”命令，连续 3 次复制以上图形。结果如图 3-38 所示。

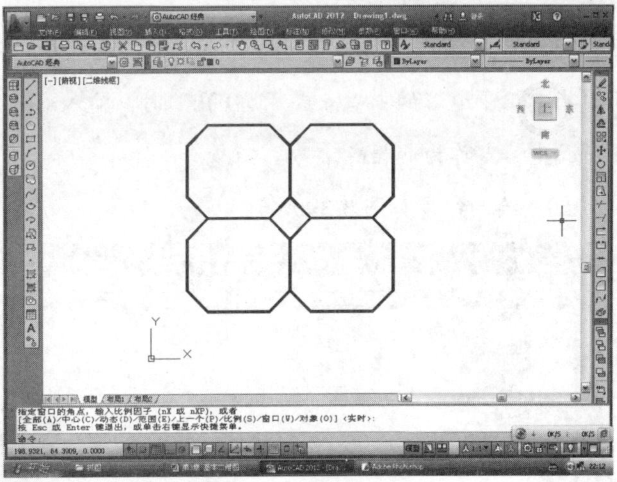

图 3-38　绘制矩形组合图

3.6.2　绘制正多边形

正多边形是建筑绘图中经常用到的简单图形，使用“正多边形”命令可以绘制边数从 3～1024 的二维正多边形。

调用“正多边形”（POLYGON）命令有以下几种方法。

- 命令：POLYGON。
- 菜单命令：选择“绘图→“正多边形”命令。
- 工具栏：在“绘图”工具栏中单“正多边形”按钮。

系统提供 3 种定义正多边形的方法，分别介绍如下：

1．根据边长绘制正多边形

在工程制图中，常常会根据一条边的两个端点绘制多边形，这样不仅确定了正多边形的边长，也指定了正多边形的位置。通过定义多边形一个边的两个端点，系统将边沿逆时针方向旋转，产生多边形。

2．根据中心、外接圆绘制正多边形

用与正多边形外接的圆的半径来确定正多边形的大小。

3．根据中心、内切圆绘制正多边形

用与正多边形内切的圆的半径来确定正多边形的大小。

提　示

创建多边形是绘制等边三角形、正方形、五边形和六边形等的简单方法。

上机操作 10——绘制正六边形

Step 01 选择“绘图”→“正多边形”命令，或单击“绘图”工具栏中的“矩形”按钮。开启正交功能。

Step 02 当命令行提示“_polygon 输入边的数目 <4>:”时，在命令行输入边的数目为 6。

Step 03 当命令行提示“指定正多边形的中心点或 [边(E)]:”时，输入 E。

Step 04 任意选择绘图界面中一点作为起始点。

Step 05 设定边长长度为 50。绘制结果如图 3-39 所示。

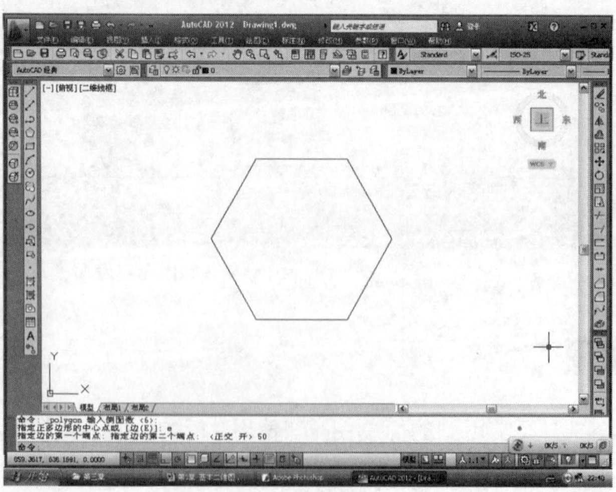

图 3-39　绘制正六边形

命令行提示如下：

```
命令： _POLYGON
输入边的数目 <4>:6                      //输入多边形边数
指定正多边形的中心点或 [边(E)]: E        //选择根据边长绘图
指定边的第一个端点:                     //用鼠标指定边的第一个端点
指定边的第二个端点: 50                  //输入相对坐标确定矩形指定边的第二个端点
```

3.7　图案填充和渐变色

在 AutoCAD 绘图中，"图案填充"和"渐变色"命令是运用率相当高的命令。在总平面的铺地图案填充、剖面图的梁柱剖面填充、大样图的细部图案填充中都经常使用到该命令。

3.7.1　图案填充

在 AutoCAD 中，图案填充是指用图案去填充图形中的某个区域，以表达该区域的特征。图案填充的应用非常广泛，例如，在建筑工程图中，图案填充用于表达一个剖切的区域，并且不同的图案填充表达不同的建筑部件或者材料。

调用图案填充（BHATCH）有几种方法。

- 命令：BHATCH。
- 菜单命令：选择"绘图"→"图案填充"命令。
- 工具栏：在"绘图"工具栏中单击"图案填充"按钮。

使用以上任意一种方法都将弹出"图案填充和渐变色"对话框，如图 3-40 所示，该对话框中有两个选项卡。单击右下角的箭头按钮，还可以将对话框展开，如图 3-41 所示。

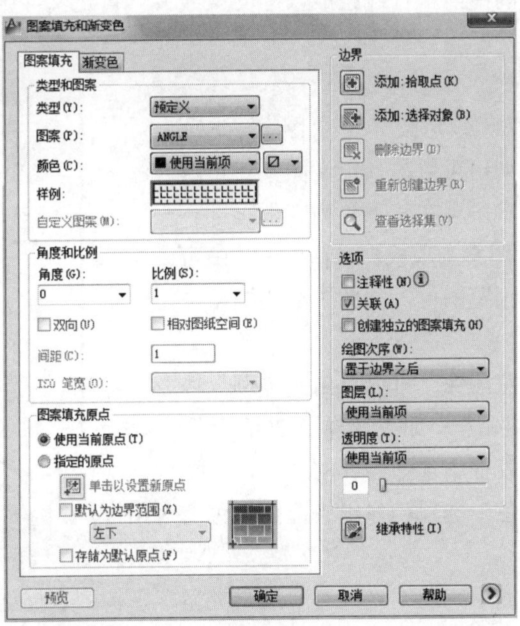

图 3-40　"图案填充与渐变色"对话框

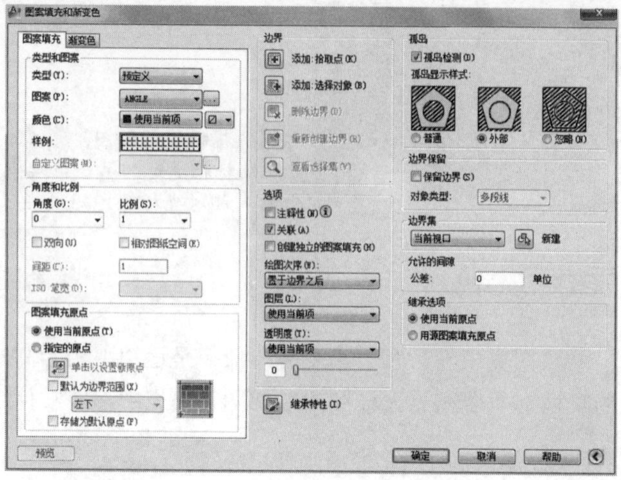

图 3-41　“图案填充与渐变色”扩展对话框

该对话框展开后包含若干个选项区域。下面对“图案填充”选项卡中各选项区域分别进行介绍。

1. “类型和图案”选项区域

“类型和图案”选项区域用于指定填充图案的类型和图案，如图 3-40 所示，各个选项分别具有如下功能：

（1）类型用于确定填充图案的类型

用户可通过该下拉列表框在“预定义”、“用户定义”和“自定义”之间进行选择。其中，“预定义”表示将使用 AutoCAD 提供的图案进行填充；“用户定义”表示临时定义填充图案，该图案由一组平行线或相互垂直的两组平行线组成（即交叉线）；“自定义”则表示将选用事先定义好的图案进行填充。

（2）图案

只有将“类型”设置为“预定义”，该“图案”选项才可用。其下拉列表框中列出可用的预定义图案。最近使用的 6 个用户预定义图案出现在其下拉列表框顶部。单击...按钮，弹出“填充图案选项板”对话框，从中可以查看所有预定义图案的预览图像，如图 3-42 所示。

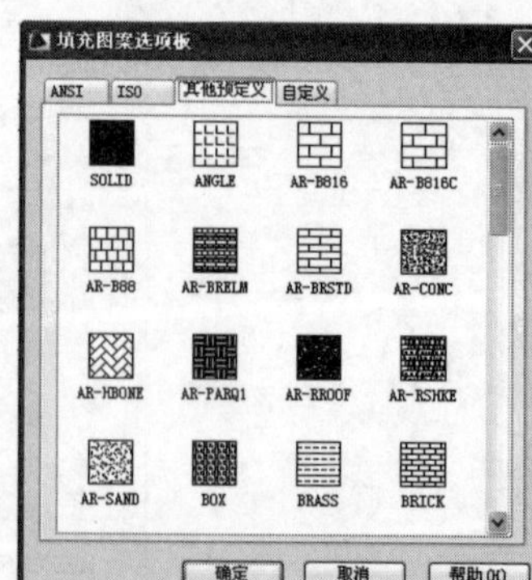

图 3-42　“填充图案选项板”对话框

（3）样例

显示所选定图案的预览图像。可以单击“样例”以显示“填充图案选项板”对话框。如果选择了 SOLID 图案，则在“颜色”下拉列表框中选择需要的颜色，选择下拉列表框中的“选择颜色”选项，弹出“选择颜色”对话框。

（4）自定义图案

用于确定用户自定义的填充图案。只有通过“类型”下拉列表框选择“自定义”填充图案类型时，该下拉列表框才有效。用户既可通过该下拉列表框选择自定义的填充图案，也可以单击其右侧的...按钮，从弹出的对话框中进行选择。

2.“角度和比例”选项区域

“角度和比例”选项区域用于指定选定填充图案的角度和比例。

（1）角度

用于确定填充图案的旋转角度。每种图案在定义时的旋转角度为零。

（2）比例

用于确定填充图案时的图案比例，每种图案在定义时的初始比例为 1。

（3）间距

用于确定填充平行线之间的距离。当填充类型采用“用户定义”类型时，该选项有效。

（4）ISO 笔宽

用于设置笔的宽度，当填充图案采用 ISO 图案时，该选项可用。

3.“图案填充原点”选项区域

控制填充图案生成的起始位置。某些图案填充（如砖块图案）需要与图案填充边界上的一点对齐。默认情况下，所有图案填充原点都对应于当前的 UCS 原点。

4.“边界”选项区域

填充边界用于确定图案的填充范围，在中文版 AutoCAD 2012 中，提供了两种设置填充边界的方法：

（1）添加：拾取点

需要在填充区域内指定一点，并将该点作为光源，以相同的速度向周围传播，一旦有光线碰到某条边线，光线将停止传播，系统将以这条光线与该线的交点为起点，自动按逆时针方向进行追踪，确定填充边界并亮显。

（2）添加：选择对象

可以在图形绘制完成后选择要填充的区域，进行填充。添加选择的对象可以是直线、圆、多段线等构成的封闭曲线。

5.“选项”选项区域

该选项区域用于控制几个常用的图案填充或填充选项。

（1）关联

控制图案填充的关联。关联的图案填充在用户修改其边界时将会更新。

（2）创建独立的图案填充

当指定了几个独立的闭合边界时，用于指定是创建单个图案填充对象还是创建多个图案填充对象。

（3）绘图次序

为图案填充指定绘图次序。图案填充可以放在所有其他对象之后、所有其他对象之前、图案填充边界之后或图案填充边界之前。

6.“孤岛”选项区域

“孤岛”选项区域用于指定在最外层边界内填充对象的方法。“孤岛检测”复选框用于控制是否检测内部闭合边界。孤岛显示样式包括如图 3-43 所示的 3 种。

（1）普通

“普通”方式外部边界向内填充。如果 HATCH 遇到一个内部孤岛，将停止填充，直到遇到该孤岛内的另一个孤岛。

（2）外部

“外部”方式从外部边界向内填充。如果 HATCH 遇到内部孤岛，将停止进行填充。此选项只对结构的最外层进行图案填充或填充，而结构内部保留空白。

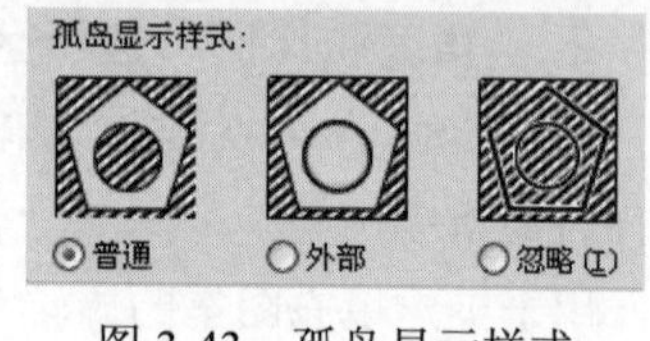

图 3-43　孤岛显示样式

（3）忽略

“忽略”方式忽略所有内部的对象，填充图案将通过这些对象。

提　示

> 以普通方式填充时，如果填充边界内有诸如文字、属性这样的特殊对象，且在选择填充边界时也选择了它们，填充时填充图案在这些对象处会自动断开，就像用一个比它们略大的看不见的框保护起来一样，使得这些对象更加清晰。

7．“边界保留”选项区域

“边界保留”选项区域指定是否将边界保留为对象，并确定保留的对象类型。

（1）保留边界

“保留边界”复选框用于将图案填充的边界创建为边界对象，并将它们添加到图形中。

（2）对象类型

“对象类型”下拉列表框用于控制新边界对象的类型。保留的边界对象的类型可以是面域或多段线。仅当选择“保留边界”时，此选项才可用。

8．“边界集”选项区域

用于定义填充边界的对象集，即 AutoCAD 将根据对象来确定填充边界。默认情况下，系统根据当前视口中的所有可见对象确定填充边界。用户也可以单击“新建”按钮，切换到绘图窗口，然后通过指定对象来定义边界集，此时“边界集”下拉列表框中将显示为“现有集合”选项。

当使用“选择对象”的方式定义边界时，选定的边界集无效。默认情况下，单击“添加：拾取点”按钮，选择定义边界时，系统将分析当前视口范围内的所有对象。通过重定义边界集，可以忽略定义边界时某些没有隐藏或删除的对象。因为定义边界后系统检查的对象数减少了，所以对于一些比较复杂的图形，重定义边界集可以加快生成边界的速度。

“边界集”选项区域各选项功能如下：“新建”按钮提示用户选择用来定义边界集的对象。“当前视口”选项根据当前视口范围内的所有对象定义边界集，选择此选项将放弃当前的任何边界集。“现有集合”选项从使用“新建”选定的对象定义边界集。如果还没有“新建”边界集，则“现有集合”选项不可用。

9．“允许间隙”选项区域

在“允许间隙”选项区域可以设置将对象用做图案填充边界时可以忽略的最大间隙。默认值为 0，这时指定的对象必须是完全封闭没有间隙的。根据图形的单位，可以输入一个从 0～5 000 的数值，以设置将对象用做图案填充边界时可以忽略的最大间隙。任何小于等于指定值的间隙都将被忽略，而将边界视为封闭。

10．“继承选项”选项区域

使用“继承特性”创建图案填充时，这些设置将控制图案填充原点的位置。可以选择使用当前原点或者使用源图案填充的图案填充原点。

3.7.2　渐变色

渐变色填充可以在指定的区域里填充单色渐变或者双色渐变的颜色。通过“渐变色”选项卡可以定义要应用的渐变填充的外观。渐变色选项卡包括“颜色”和“方向”两个选项区域和中间的一个显示区，如图 3-44 所示。

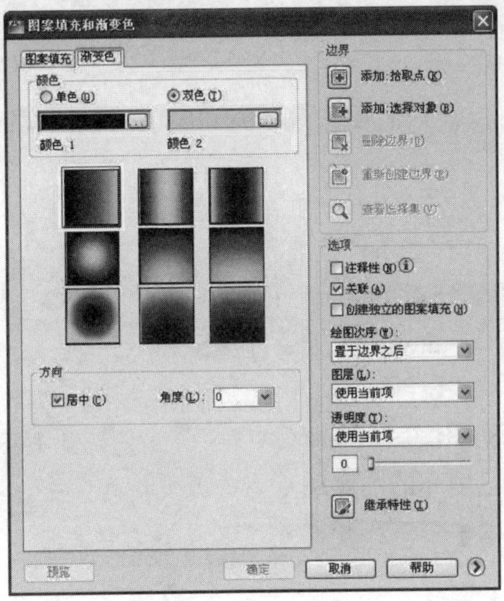

图 3-44　“渐变色”选项卡

该选项卡中各选项区域的功能如下：

1．“颜色”选项区域

（1）“单色”单选按钮

选择“单色”单选按钮，可以使用由一种颜色产生的渐变色来填充图形。用户可通过单击其后的颜色框[...]，在打开的“选择颜色”对话框中选择所需要的渐变色，以及调整渐变色的渐变程度。

（2）“双色”单选按钮

使用双色填充，即在两种颜色之间平滑过渡的颜色。选择“双色”单选按钮时，系统将分别为颜色 1 和颜色 2 显示带有浏览按钮的颜色样本。

2．渐变图案显示区

渐变图案预览窗口，显示了当前设置的渐变色效果，这些图案包括线性扫掠状、球状和抛物面状图案。

3．“方向”选项区域

（1）“居中”复选框

选择该复选框，所创建的渐变色为均匀渐变。如果没有选择此复选框，渐变填充将朝左上方变化，创建光源在对象左边的图案。

（2）“角度”下拉列表框

“角度”下拉列表框用于设置渐变色的角度。指定渐变填充的角度相对于当前 UCS 指定角度。此选项与指定给图案填充的角度互不影响。

注　意

在 AutoCAD 2012 中，尽管可以使用渐变色来填充图形，但该渐变色最多只能由两种颜色创建。

3.7.3　编辑图案填充

创建图案填充后，用户可以根据需要修改填充图案或修改图案区域的边界。具体方法如下：

- 命令：HATCHEDIT。
- 菜单命令：选择“修改”→“对象”→“图案填充”命令。
- 工具栏：单击“修改 II”工具栏中的“编辑图案填充”按钮。
- 在需要修改的填充图案处双击。

执行 HATCHEDIT 命令后，AutoCAD 命令行提示如下：

选择关联填充对象：

在该提示下选择已有的填充图案后，AutoCAD 将弹出如图 3-45 所示的“图案填充编辑”对话框。利用该对话框，用户可对已填充的图案进行诸如改变填充图案、填充比例和旋转角度等修改。

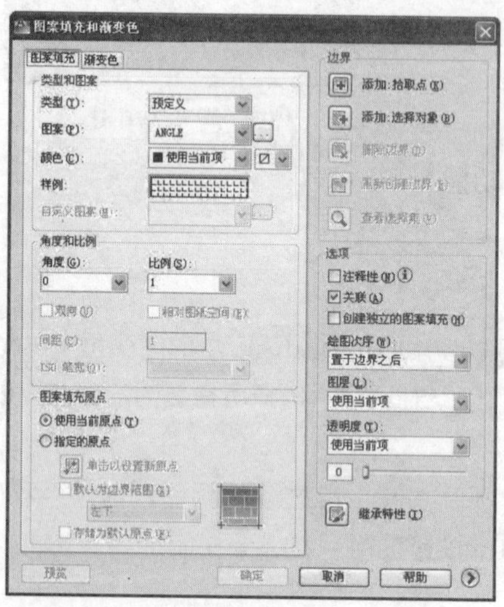

图 3-45　“图案填充编辑”对话框

从图 3-45 中可以看出，“图案填充编辑”对话框与“图案填充和渐变色”对话框中的“图案填充”选项卡的显示内容相同，只是定义填充边界和对孤岛操作的按钮不可再用，即图案编辑操作只能修改图案、比例、旋转角度和关联性等，而不能修改它的边界。但是删除边界、和重新创建边界后则被激活。

提　示

图案填充边界可被复制、移动、拉伸和修剪等。使用夹点可以拉伸、移动、旋转、缩放和镜像填充边界，以及和它们关联的填充图案。

上机操作 11——填充图案

先打开配套光盘\素材文件\第 3 章\11.dwg（一个边长为 2 000 的正方形和 4 个以正方形边长中点为中心的 4 个切圆），如图 3-46 所示。

图 3-46　制方和圆的组合图形

Step 01 选择“绘图”→“图案填充”命令，弹出“图案填充和渐变色”对话框。

Step 02 选择“图案填充”选项卡，在“图案与类型”选项区域选择 ANSI31 作为填充图案。将填充比例定为 100，默认角度和其他各项设置，如图 3-47 所示。

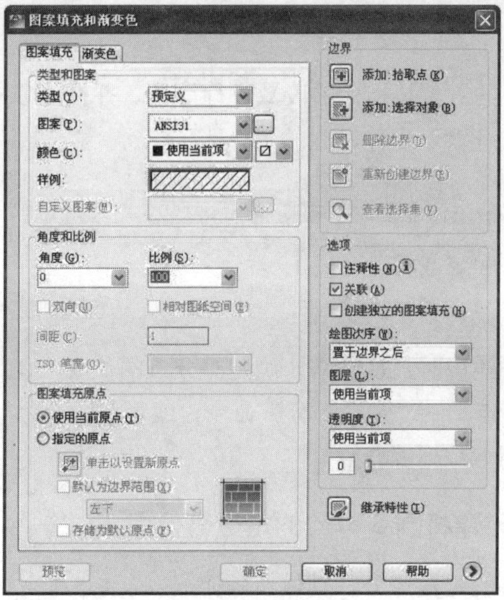

图 3-47　“图案填充和渐变色”对话框

Step 03 单击“边界”选项区域中的“添加：拾取点”按钮。返回绘图区域，将光标放在圆形在方形外边的部分，分别拾取填充区域。

Step 04 选定区域后右击，在弹出的如图 3-48 所示的快捷菜单，选择“确定”命令，将返回“图案填充和渐变色”对话框。在该对话框中单击“确定”按钮，完成所选区域的填充。效果如图 3-49 所示。

Step 05 重复执行填充命令，对正方形以内圆以外的图形进行填充。效果如图 3-50 所示。

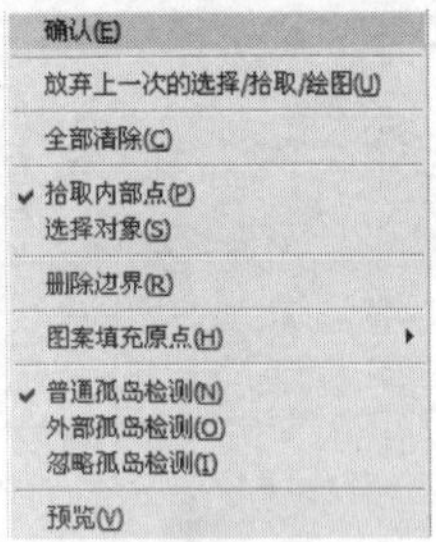

图 3-48　选择“确认”命令

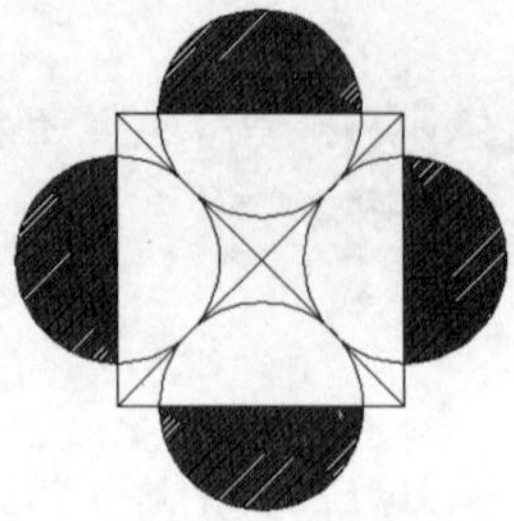

图 3-49　填充图案

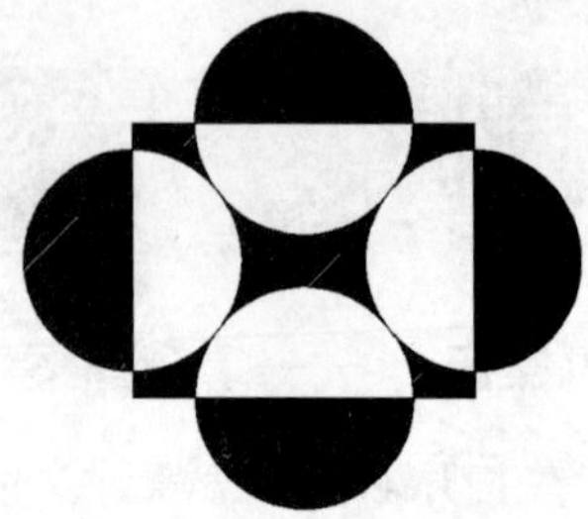

图 3-50　图案填充的最终效果

3.8　点的绘制

点的绘制包含定数等分点的绘制和定距等分点的绘制两个部分。该部分命令在定距或定数等分一个图形时，无须具体计算长度和数量，非常简便。同时在某一图形上定距或定数插入图形时也很快捷。

3.8.1　定数等分点

定数等分功能是将选中的对象按指定的段数进行等分，并在对象的等分点上设置点的标记或块参照标记。具体操作方法有以下几种。

- 命令：DIVIDE。
- 菜单命令：选择“绘图”→“点”→“定数等分”命令。

下面通过两个方面来讲解定数等分。

1．设置点的标记

在某个对象上定数等分线段时，往往需要确定等分点的位置，此时，应该使用点作为等分标记。通过选择“绘图”→“点”→“定数等分”命令，或者在命令行输入 DEVIDE 命令，可以把一个对象分成几份，并得到一系列等分点。

上机操作 12——在圆上创建将圆 3 等分的定数等分点

现以将圆三等分为例讲解定数等分，具体步骤如下：

Step 01 选择“绘图”→“圆”命令，绘制半径为 1000 的圆。

Step 02 选择“绘图”→“点”→“定数等分”命令。命令行提示如下：

```
命令：_DEVIDE
选择要定数等分的对象：
```

Step 03 选择步骤 1 中绘制的圆作为定数等分的对象。命令行提示如下：

```
输入线段数目或 [块(B)]：
```

Step 04 输入线段数 3，即完成了定数等分点的绘制。还可以通过选择“直线”命令后，用光标在圆上轻轻划过来验证定数等分点的存在，如图 3-51 所示。

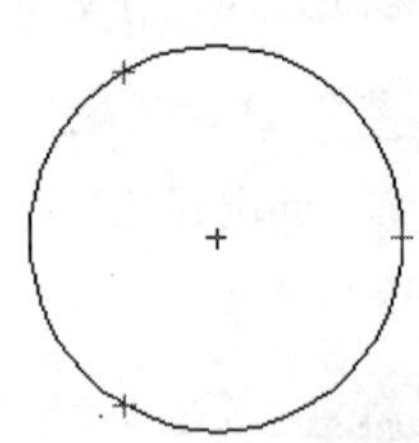

图 3-51　定数等分圆

2. 设置块参照标记

块是通过定义创建的一个或一组对象的命令集合，将其插入到图形中后称为块参照。

用块参照作为等分点标记，主要是因为点标记只能在平面上显示，而不能在图纸上输出，当用户需要将几何图形绘制在等分点处时，即可以将一个或一组对象定义为块，然后在等分点处插入块参照作为等分点标记。

上机操作 13——在圆上插入块参照作为定数等分点

打开配套光盘\素材文件\第三章\13.dwg，该图形是已经被创建成名称为“乔木 1“的块，如图 3-52 所示。

具体步骤如下：

Step 01 选择“绘图”→“圆”命令，绘制半径为 1000 的圆。

Step 02 选择“绘图”→“点” →“定数等分”命令。

Step 03 在进入命令执行状态后选择等分对象。命令行提示“输入线段数目或 [块(B)]:”时，输入 B，然后按【Enter】键。

Step 04 在命令行提示“输入要插入的块名:”时，输入块名“乔木 1”，然后按【Enter】键。

Step 05 在命令行提示“是否对齐块和对象？[是(Y)/否(N)] <Y>:”时，输入 Y，然后按【Enter】键。

Step 06 在命令行提示“输入线段数目:”时，输入 12，然后按【Enter】键。

结果如图 3-53 所示。

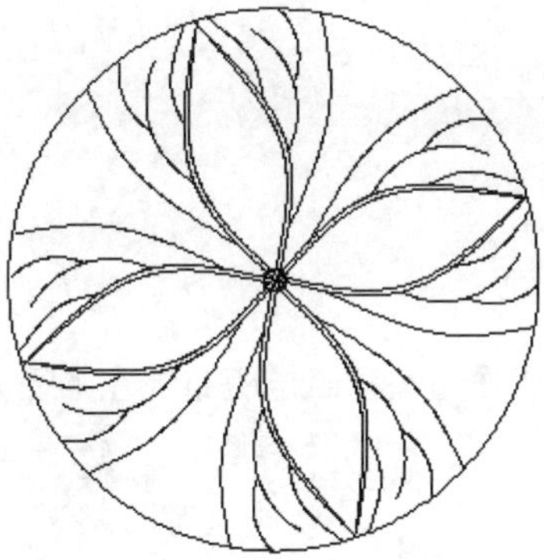

图 3-52　创建的块

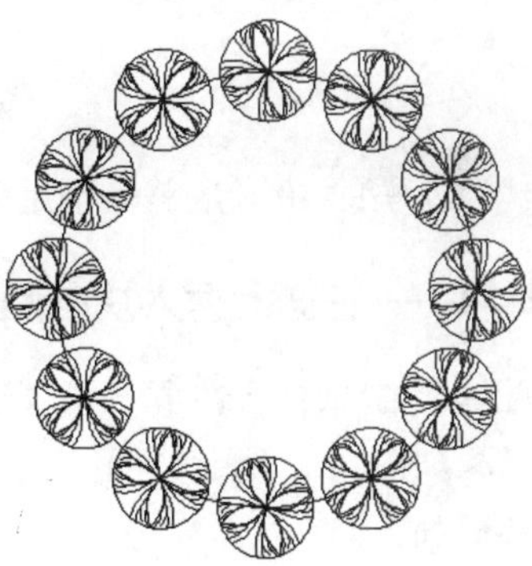

图 3-53　块参照作为定数等分点

具体命令执行过程如下所示：

```
命令:DEVIDE↙
选择要定数等分的对象: //选择圆桌最外侧的圆作为定数等分对象
输入线段数目或 [块(B)]: B↙      //输入 B，确认以块参照的方式进行定数等分
输入要插入的块名: 乔木 1↙     //输入已经定义好的椅子块的名称乔木 1
是否对齐块和对象? [是(Y)/否(N)] <Y>:↙     //确定对齐块和对象
输入线段数目: 12↙        //输入 12 确认以块参照的方式 12 等分圆
```

提 示

尽管在等分对象上出现了许多等分点的标记，但被等分的对象本身并未被等分点断开，仍然是一个完整的对象。同时，在定数等分对象时，一次只能对一个对象进行操作，而不能对一组对象进行操作。

3.8.2 定距等分点

定距等分功能是对选择的对象从起点开始按指定长度进行度量，并在每个度量点处设置定距的等分标识，度量的标记可以是点标记也可以是块参照标记。

具体操作方法有以下几种。

- 命令：MEASURE。
- 菜单命令：选择“绘图”→“点”→“定距等分”命令。

执行该命令后可以通过指定每份的距离把一个图形对象分成几份，得到一系列等分点，如果所给距离不能把对象等分，则末段的长度即为残留距离，相当于做完除法运算后的余数。

例如：以 120 个绘图单位定距等分长度为 1 000 个绘图单位的直线段，建立的点如图 3-54 所示，信息反馈区提示如下：

```
命令: MEASURE                        //执行定距等分命令
选择要定距等分的对象:                 //选择直线对象
指定线段长度或 [块(B)]: 120          //输入等分距离，然后按【Enter】键完成操作
```

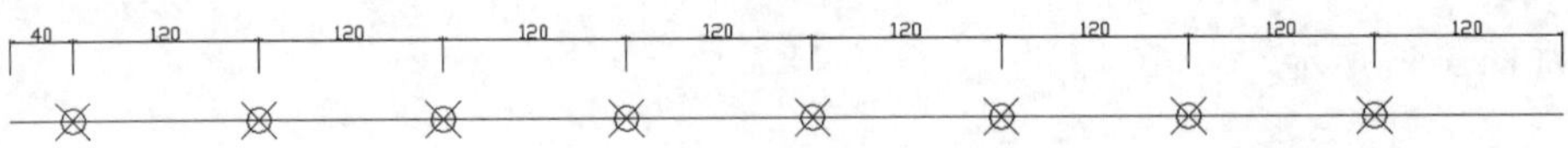

图 3-54 使用定距等分

其中线段左端的 40 长度就是不足度量距离的剩余量。

上机操作 14——在圆上插入块参照作为定距等分点

打开配套光盘\素材文件\第三章\13.dwg，将“乔木 1”块作为块参照定距布置在半径为 1000 的圆上，效果如图 3-55 所示。

具体步骤如下：

Step 01 选择“绘图”→“点” →“定距等分”命令。

Step 02 在进入命令执行状态后，选择定距等分对象。在命令行提示“指定线段长度或 [块(B)]:”时，输入 B ，然后按【Enter】键。

Step 03 在命令行提示“输入要插入的块名:”时，输入块名“乔木 1”，然后按【Enter】键。

Step 04 在命令行提示“是否对齐块和对象？[是(Y)/否(N)] <Y>:”时，输入 Y，然后按【Enter】键。

Step 05 在命令行提示“指定线段长度:”时，输入 500，然后按【Enter】键。

结果如图 3-55 所示，多余部分为不足度量距离的剩余量。

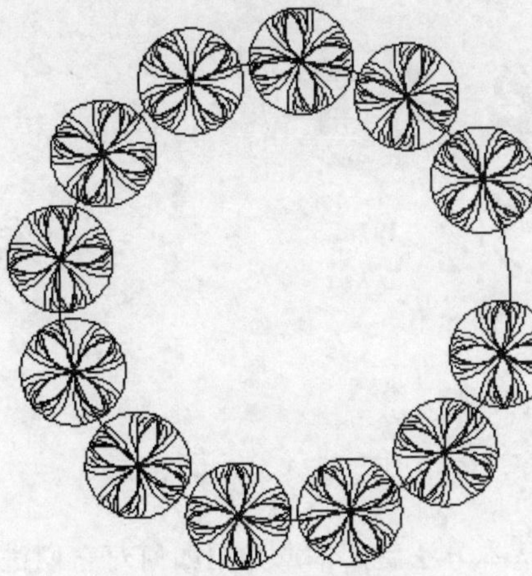

图 3-55　设置块参照

命令行提示如下：

```
命令：_MEASURE                                  //执行定距等分命令
选择要定距等分的对象：                            //选择等分的对象
指定线段长度或 [块(B)]：B                        //选择块参照
输入要插入的块名：乔木1                           //选择块参照
是否对齐块和对象？[是(Y)/否(N)] <Y>：Y
指定线段长度：500                                //指定等分长度
```

3.9　本章小结

本章对各种基本图形元素的绘制方法进行了详细介绍，读者可以参考实例操作，运用已经学过的知识绘制一些简单的图形，这样有利于尽快熟练掌握这些操作。在实例的绘制过程中为用户提供了最新的绘图方法，从而为用户成为一名专业的建筑工程设计人员提供了全面的技术支持。

3.10　问题与思考

1. 在绘制两条或两条以上的直线段之后，可以使用什么选项将直线段闭合成一个多边形？
2. 如何绘制带有宽度的正多边形？
3. 如何改变多段线的宽度？
4. 如何修改已经填充的图案参数？
5. 点等分有哪两种方法？如何利用外部参照块来等分图形？

第 4 章

编辑基本图形对象

本章主要内容：

在掌握了绘制二维图形的基本方法后，本章介绍如何对它们进行编辑。单纯地利用绘图工具只能创建一些简单的基本对象，而对于复制的对象就需要不断的进行修改才能达到最终的效果，因此需要了解对象的选择方法，然后对其进行复制、镜像、偏移及阵列、夹点编辑等操作。

本章重点难点：

- 选择对象
- 复制图形对象
- 移动与旋转对象
- 修改图形的形状和大小
- 倒角和圆角
- 夹点编辑功能和技巧

4.1 图元的选择

在对图形进行编辑时，首先要选择编辑对象。AutoCAD 2012 提供了多种选择方法。

4.1.1 逐个选择对象

在命令行“选择对象”的提示下，用户可以选择一个对象，也可以逐个选择多个对象。

1. 使用拾取框光标

当矩形拾取框光标放在要选择对象的位置时，该对象将以亮显的方式显示，如图 4-1 和图 4-2 所示为使用拾取光标前后效果对比，单击完成对象的选择。

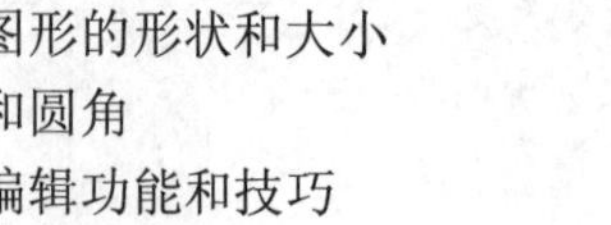

图 4-1 使用拾取光标前

图 4-2 使用拾取光标后

选择“工具”→“选项”命令，打开“选项”对话框，如图 4-3 所示，在“选择集”选项卡中可以设置拾取框的大小。

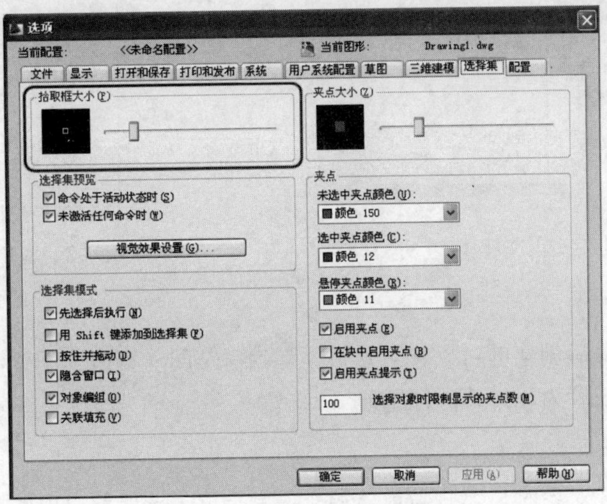

图 4-3　设置拾取框光标大小

2. 选择彼此接近的对象

选择彼此接近或重叠的对象通常是很困难的。如果打开选择集预览，通过将对象滚动到顶端使其亮显，然后按住【Shift】键并连续按空格键，可以在这些对象之间循环。所需对象亮显时，单击即可选择该对象，如图 4-4 和图 4-5 所示。

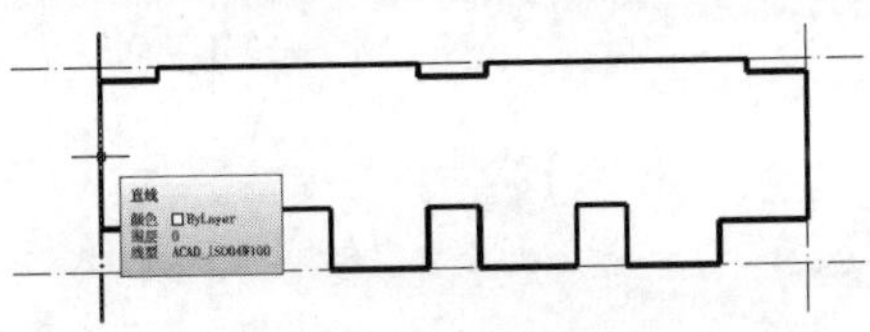

图 4-4　第 1 个选定的对象（细点画线）

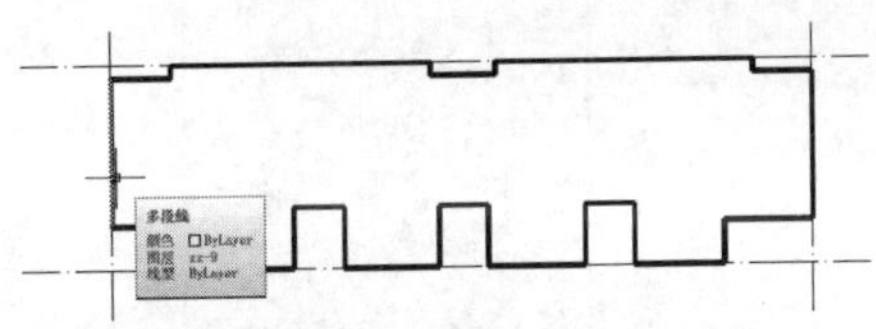

图 4-5　第 2 个选定的对象（粗实线）

3. 从选择的对象中删除对象

按住【Shift】键并再次选择对象，可以将其从当前选择集中删除。

4.1.2　设置选择对象模式

编辑对象时，若在“选择对象”提示下输入“？”，则可查看所有选择对象模式。

需要点或窗口(W)/上一个(L)/窗交(C)/框(BOX)/全部(ALL)/栏选(F)/圈围(WP)/圈交(CP)/编组(G)/添加(A)/删除(R)/多个(M)/前一个(P)/放弃(U)/自动(AU)/单个(SI)/子对象(SU)/对象(O):

各选项的作用如下：

1. 需要点或窗口（W）

该选项为系统默认选项，表示可以通过逐个单击或使用窗口选取对象。其中，使用窗口选择对象时，只有完全包含在选取窗口内的对象才能被选中，选择该选项后，命令行提示“指定第一个角点”时，指定点 1，命令行提示“指定对角点”时，指定点 2，如图 4-6 和图 4-7 所示。

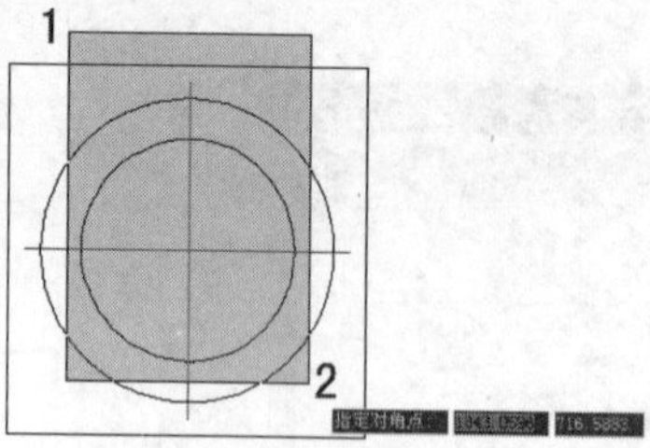

图 4-6　指定选取窗口

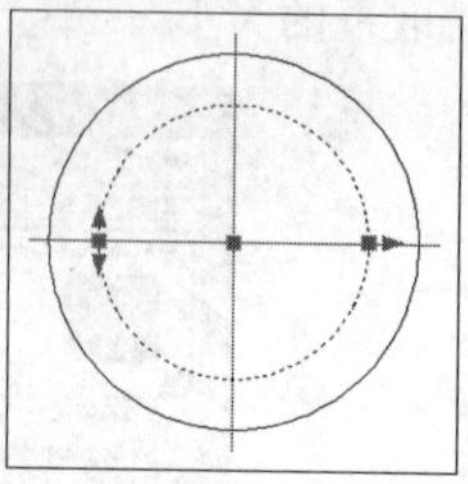

图 4-7　窗口选取结果

2. 上一个（L）

选取可见元素中最后创建的对象。对象必须在当前空间（模型空间或图纸空间）中，并且一定不要将对象的图层设置为冻结或关闭状态。

3. 窗交（C）

使用选取窗口选择对象时，那些与窗口相交或完全位于选取窗口内的对象均被选中，这时选取窗口又被称为交叉选取窗口，如图 4-8 和图 4-9 所示。

命令行提示如下：

```
指定第一个角点：//指定点 1
指定对角点：//指定点 2
```

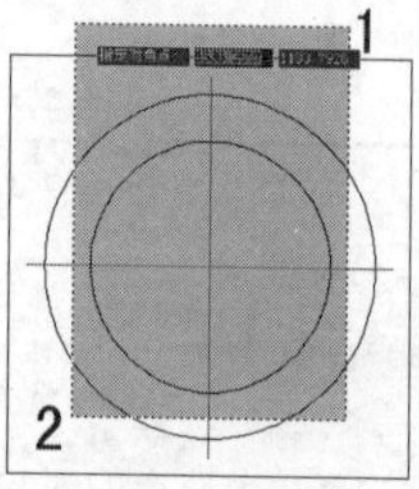

图 4-8　指定交叉选取窗口

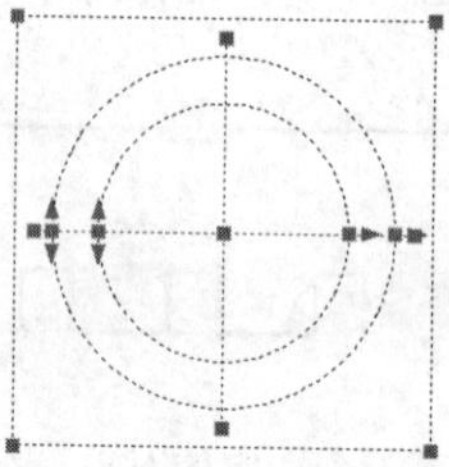

图 4-9　窗交选取结果

4. 框（BOX）

使用选取窗口时，如果从左到右选取窗口两角点，为蓝色普通选取窗口，如果从右到左选取窗口的两角点，则为绿色交叉选取窗口。

命令行提示如下：

```
指定第一个角点：//指定点 1
指定对角点：//指定点 2
```

5. 全部（ALL）

选取图形中没有位于锁定、关闭或冻结层上的所有对象。

6. 栏选（F）

通过绘制一条开放的多点栅栏（多段线），所有与栅栏线相接触的对象均被选中，如图 4-10 和图 4-11 所示。

命令行提示如下：

```
指定第一个栏选点: //指定点 1
指定下一个栏选点或 [放弃(U)]: //指定点 2 或输入 U 放弃上一点
```

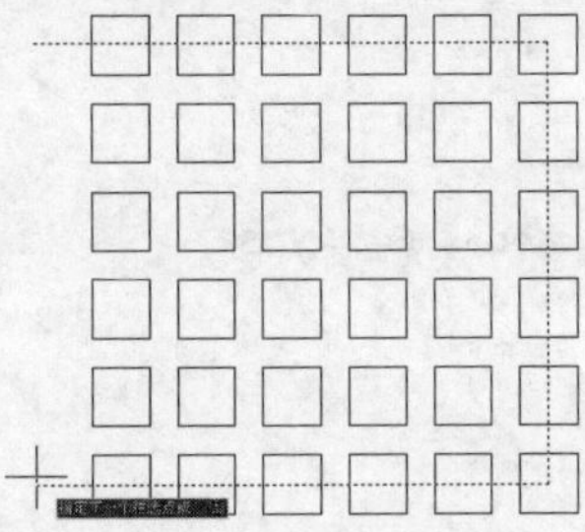

图 4-10　指定选择栏

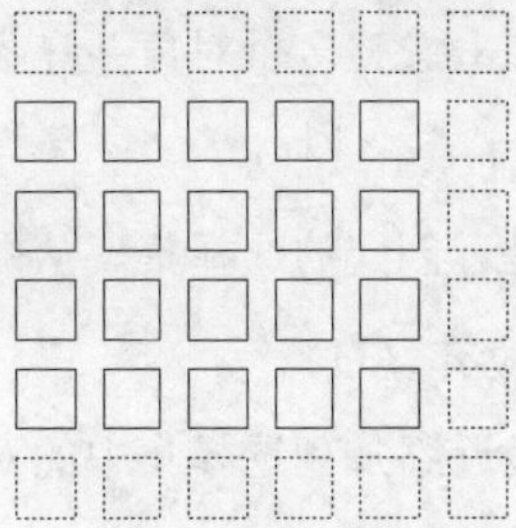

图 4-11　栏选结果

7．圈围（WP）

通过绘制一个不规则的多边形，并用它作为选取框来选取对象，此时只有完全包围在多边形中的对象才能被选中。定义的多边形可为任意形状，但不能与自身相交或相切。多边形的最后一条边由系统自动绘制，所以该多边形在任何时候都是闭合的，如图 4-12 和图 4-13 所示。

命令行提示如下：

```
第一圈围点: //指定点 1
指定直线的端点或 [放弃(U)]: //指定点 2 或输入 U 放弃上一点
```

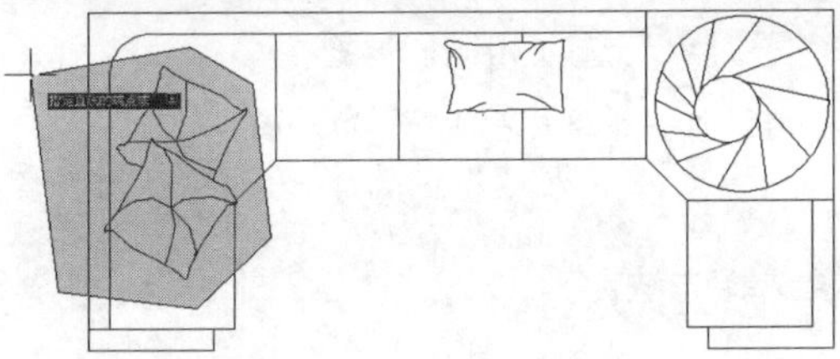

图 4-12　指定多边形窗口

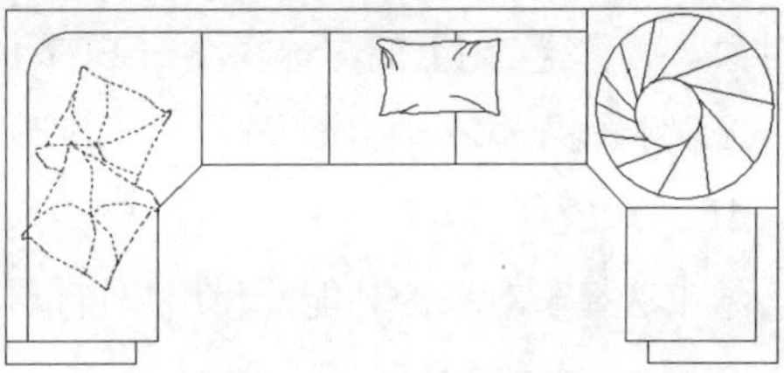

图 4-13　圈围选取结果

8．圈交（CP）

类似圈围，但这时的多边形为绿色交叉选取框，与之相接触的对象均被选中。

命令行提示如下：

```
第一圈围点: //指定点 1
指定直线的端点或 [放弃(U)]: //指定点 2 或输入 U 放弃上一点
```

9．编组（G）

使用该图形中已经定义的组名选择该对象组，需要该图形中存在编组才能选中。

命令行提示如下：

```
输入编组名: //输入一个名称列表
```

10．添加（A）

将选择对象添加到选择集中。

11．删除（R）

将选择对象从选择集中删除。

12．多个（M）

通过单击选择多个对象并亮显选取的对象。

13．前一个（P）

选择最近创建的选择集。从图形中删除对象将清除“上一个”选项设置。

14．放弃（U）

取消最近添加到选择集中的对象。

15．自动（AU）

切换到自动选择模式：用户指向一个对象即可选择该对象。若指向对象内部或外部的空白区，将形成框选方法定义的选择框的第一个角点。“自动”和“添加”为默认模式。

16．单个（SI）

选择“单个”选项后，只能选择一个对象或一组对象，若要继续选择其他对象，需要重新执行 Select 命令。

17．子对象（SU）

使用户可以逐个选择原始形状，这些形状是复合实体的一部分或三维实体上的顶点、边和面。可以选择这些子对象的其中之一，也可以创建多个子对象的选择集。选择集可以包含多种类型的子对象。按住【Ctrl】键与选择 SELECT 命令的“子对象”选项相同。

```
选择对象：//逐个选择原始形状，这些形状是复合实体的一部分或是顶点、边和面
```

18．对象（O）

结束选择子对象的功能，使用户可以使用对象选择方法。

4.1.3 快速选择

从 AutoCAD 2000 开始，程序提供了快速选择方式。用户可以使用对象特性或对象类型来将对象包含在选择集中或排除对象。其操作方便，提供的选择集构造方法功能强大，尤其在图形复杂时，能快速地构造所需要的选择集，使制图的效率大大提高。例如，只选择图形中所有红色的圆而不选择任何其他对象，或者选择除红色圆以外的所有其他对象，或者只选择图形中的标注。

在 AutoCAD 2012 中，执行 QSELECT 命令的常用方法有以下几种。

- 命令：QSELECT。
- 快捷菜单：终止所有活动命令，在绘图区域右击，在弹出的快捷菜单中选择“快速选择”命令。打开“快速选择”对话框，如图 4-14 所示。

主要选项说明如下：

1．应用到

将过滤条件应用到整个图形或当前选择集（如果存在）。要选择将在其中应用该过滤条件的一

组对象，可单击“选择对象”按钮。完成对象的选择后，按【Enter】键重新打开该对话框。在“应用到”下拉列表框中选择“当前选择”选项。如果选择“附加到当前选择集”选项，过滤条件将应用于整个图形。

2. 对象类型

指定要包含在过滤条件中的对象类型。如果过滤条件正应用于整个图形，则“对象类型”下拉列表框中包含全部的对象类型，包括自定义。否则，该下拉列表框只包含选定对象的对象类型。

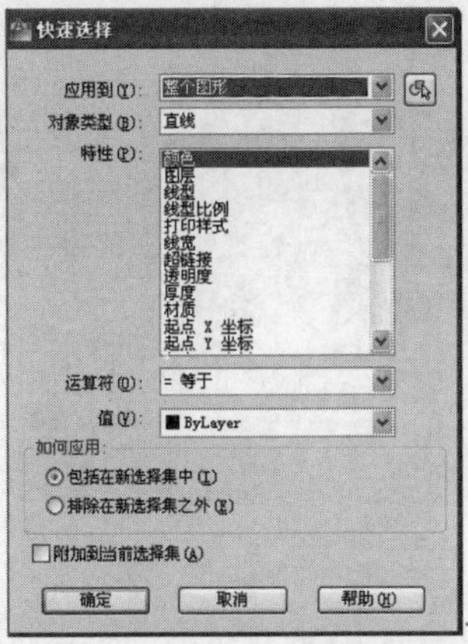

图 4-14　“快速选择”对话框

3. 特性

指定过滤器的对象特性。此列表包括选定对象类型的所有可搜索特性。选定的特性决定“运算符”和“值”下拉列表框中的可用选项。

4. 运算符

控制过滤的范围。根据选定的特性，选项可包括“等于”、“不等于”、“大于”、“小于”和“*通配符匹配”。对于某些特性，“大于”和“小于”选项不可用。“* 通配符匹配”只能用于可编辑的文字字段。使用“全部选择”选项将忽略所有特性过滤器。

5. 值

指定过滤器的特性值。如果选定对象的已知值可用，则“值”成为一个列表，可以从中选择一个值。否则，请输入一个值。

6. 如何应用

指定是将符合给定过滤条件的对象包括在新选择集内或是排除在新选择集之外。选择“包括在新选择集中”单选按钮，将创建其中只包含符合过滤条件的对象的新选择集。选择“排除在新选择集之外”单选按钮，将创建其中只包含不符合过滤条件的对象的新选择集。

7. 附加到当前选择集

指定是由 QSELECT 命令创建的选择集替换，还是附加到当前选择集。

上机操作 1——快速选择对象

Step 01 启动 AutoCAD 2012，打开配套光盘中素材文件\第 4 章\01.dwg，如图 4-15 所示。

Step 02 在命令行提示下，输入 QSELECT，按【Enter】键确认，打开“快速选择”对话框。

Step 03 在“快速选择”对话框中，在“特性”列表框中选择“图层”选项，将“运算符”设置为“=等于”，“值”设置为 F，如图 4-16 所示。

Step 04 单击“确定”按钮，所有位于 F 层（家具层）的图元均被选择，选择结果如图 4-17 所示。

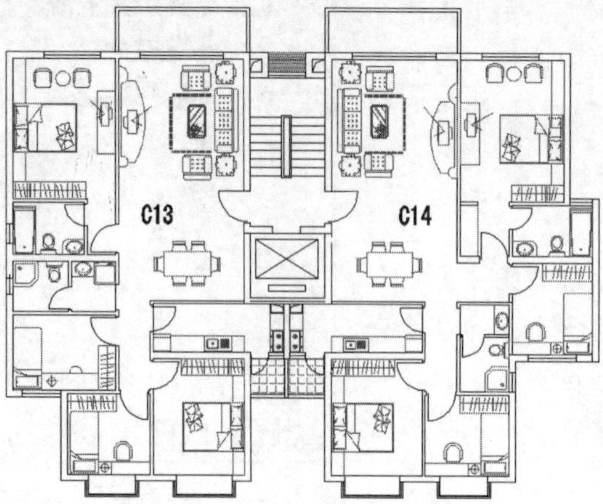

图 4-15 打开素材文件

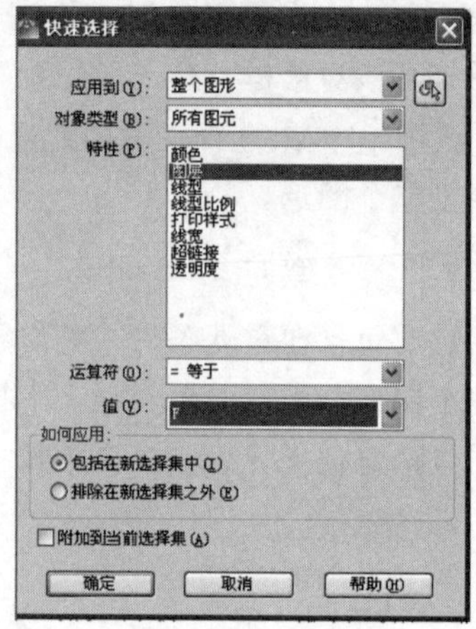

图 4-16 设置完成的“快速选择”对话框

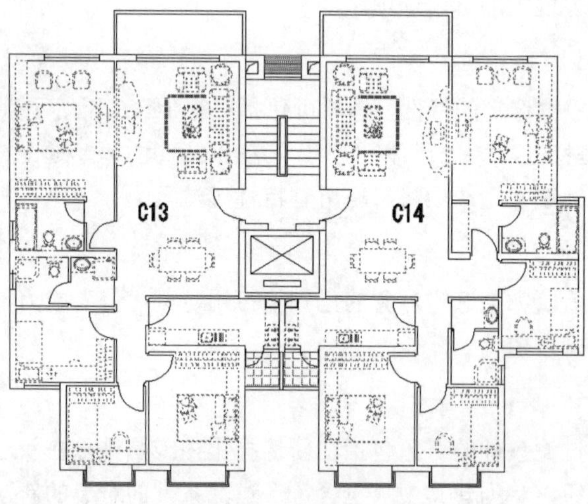

图 4-17 快速选择结果

4.2 删除、移动、旋转和对齐

在绘图的过程中，经常需要调整图形对象的位置和摆放角度，AutuCAD 2012 提供了移动、旋转和对齐等操作命令，本节将主要介绍这些工具的使用。

4.2.1 删除对象

在 AutoCAD 2012 中，调用“删除”(ERASE)命令的常用方法有以下几种。

- 命令：ERASE。
- 工具栏：选择“常用”选项卡，在“修改”面板中单击“删除”按钮。

调用该命令后，AutoCAD 2012 命令行将依次出现如下提示：

```
选择对象：// 选择要删除的对象并按【Enter】键。
```

也可以输入一个选项，例如，输入 L 删除绘制的上一个对象，输入 P 删除前一个选择集，或者输入 ALL 删除所有对象。还可以输入“？”以获得所有选项的列表。

4.2.2　移动对象

对象创建完成以后，如果需要调整它在图形中的位置，可以从源对象以指定的角度和方向来移动对象。在这个过程中，使用坐标、栅格捕捉、对象捕捉和其他工具可以精确地移动对象。

在 AutoCAD 2012 中，调用“移动”（MOVE）命令的常用方法有以下几种。

- 命令：MOVE。
- 工具栏：选择“常用”选项卡，在“修改”面板中单击“移动”按钮。

调用该命令后，AutoCAD 2012 命令行将出现如下提示：

```
选择对象：//选取要移动的对象
```

按照前面讲解的选择方式选取对象，按【Enter】键结束选择。

```
指定基点或 [位移(D)]/<位移>：//指定基点，或输入 D
```

各选项的作用如下：

1．基点

指定移动对象的开始点。移动距离和方向的计算都会以其为基准。

```
指定第二个点或 <使用第一个点作为位移>：//指定第二个点或按【Enter】键
```

2．位移（D）

指定移动距离和方向的 x，y，z 值。

```
指定位移 <上个值>://输入表示矢量的坐标
```

此时，实际上是使用坐标原点作为位移基点，输入的三维数值是相对于坐标原点的位移值。

提　示

要按指定距离移动对象，还可以在“正交”模式和“极轴追踪”模式打开的同时直接输入距离，方向由鼠标指针所在方向确定。

上机操作 2——使用两点指定距离移动对象

Step 01 启动 AutoCAD 2012，打开配套光盘中素材文件\第 4 章\02.dwg。

Step 02 在命令行提示下，输入 MOVE，按【Enter】键确认。

Step 03 选择小树作为移动对象，如图 4-18 所示，按【Enter】键结束选择。

Step 04 指定 *A* 点作为移动基点，如图 4-18 所示。

Step 05 指定 *B* 点为下一点，如图 4-18 所示，绘制结果如图 4-19 所示。

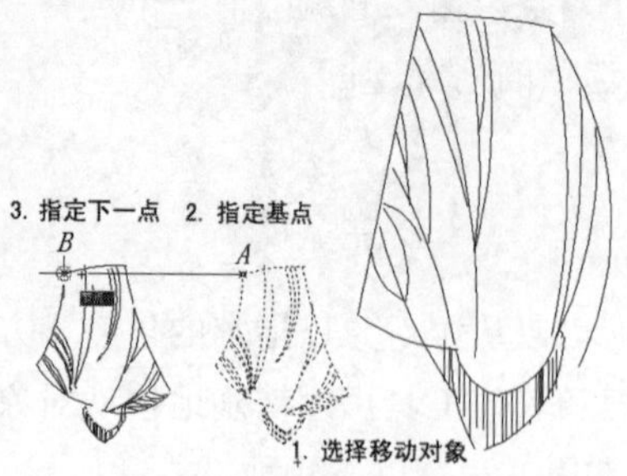

图 4-18　选定移动对象、指定基点和下一点

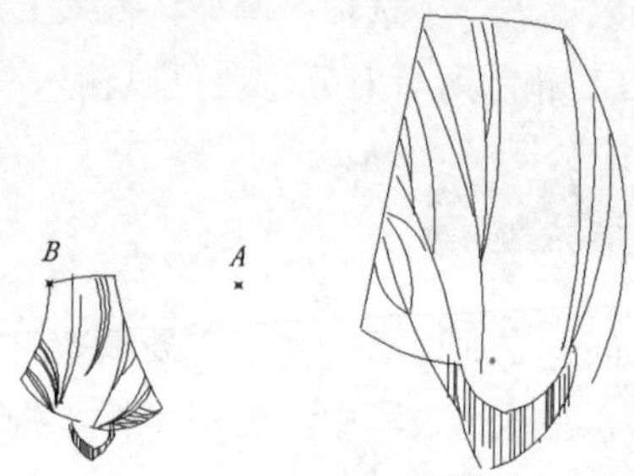

图 4-19　移动结果

上机操作 3——使用相对位移移动对象

Step 01　启动 AutoCAD 2012，打开配套光盘中素材文件\第 4 章\03.dwg。

Step 02　在命令行提示下，输入 MOVE，按【Enter】键确认。

Step 03　选择小矩形作为移动的对象，如图 4-20 所示，按【Enter】键确认选择。

Step 04　指定小矩形的左上角点作为基点，如图 4-20 所示。

Step 05　输入相对位移的坐标（@-500,600），按【Enter】键确认输入，绘制结果如图 4-21 所示。

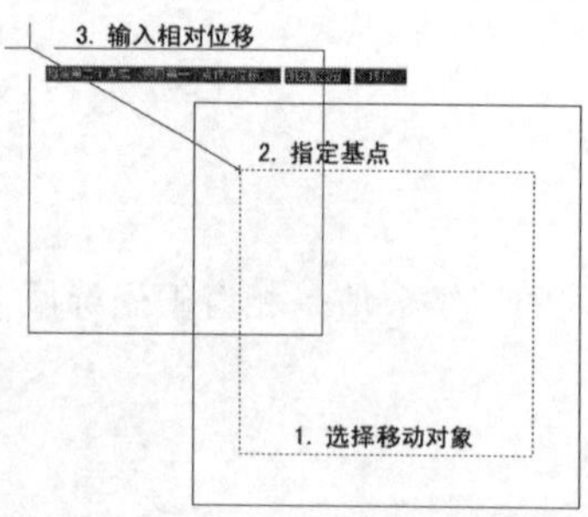

图 4-20　选定移动对象、指定基点和输入相对位移

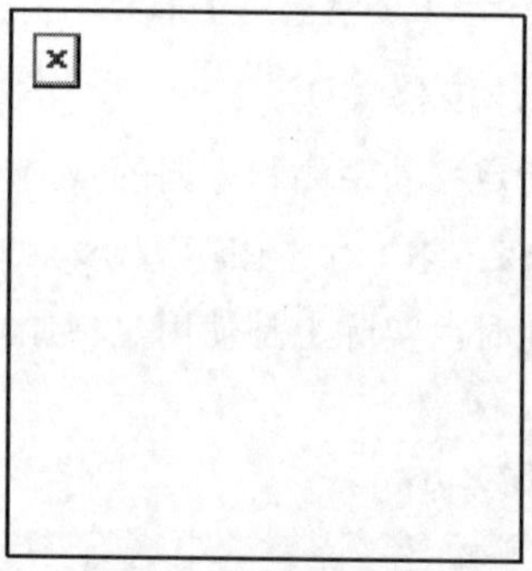

图 4-21　移动结果

4.2.3　旋转对象

在修改图形的过程中，用户可以使用“旋转”命令，调整对象的摆放角度。

在 AutoCAD 2012 中，调用“旋转”（ROTATE）命令的常用方法有以下几种。

- 命令：ROTATE。
- 工具栏：在选择“常用”选项卡，在 “修改”面板中单击“旋转”按钮。

调用该命令后，AutoCAD 2012 命令行将依次出现如下提示：

```
选择对象：//选择对象
```

用户可选择多个对象，直到按【Enter】键结束选择。

```
指定基点：//指定一个点作为旋转基点
指定旋转角度或 [复制(C)/参照(R)]/<当前角度值>：//输入旋转角度或指定点，或输入 C 或 R
```

各选项的作用如下：

1. 旋转角度

指定对象绕指定的基点旋转的角度。旋转轴通过指定的基点，并且平行于当前用户坐标系的 Z 轴。在指定旋转角度时，可直接输入角度值，也可直接在绘图区域通过指定的一个点，确定旋转角度。

提　示

输入正角度值后是逆时针或顺时针旋转对象，这取决于“图形单位”对话框中的“方向控制”设置，系统默认为正角度值为逆时针旋转。

2. 复制（C）

在旋转对象的同时创建对象的旋转副本。

3. 参照（R）

将对象从指定的角度旋转到新的绝对角度，可以围绕基点将选定的对象旋转到新的绝对角度。

```
指定参照角 <当前>: //通过输入值或指定两点来指定角度
指定新角度或 [点(P)] <当前>: //通过输入值或指定两点来指定新的绝对角度
```

（1）新角度

通过输入角度值或指定两点来指定新的绝对角度。

（2）点

通过指定两点来指定新的绝对角度。

上机操作 4——通过指定角度旋转对象

Step 01 启动 AutoCAD 2012，打开配套光盘中素材文件\第 4 章\04.dwg。

Step 02 在命令行提示下，输入 ROTATE，按【Enter】键确认。

Step 03 选择建筑轮廓作为旋转对象，如图 4-22 所示，按【Enter】键结束选择。

Step 04 指定 *A* 点为旋转基点，如图 4-22 所示。

Step 05 输入旋转角度-10°，按【Enter】键确认，绘制结果如图 4-23 所示。

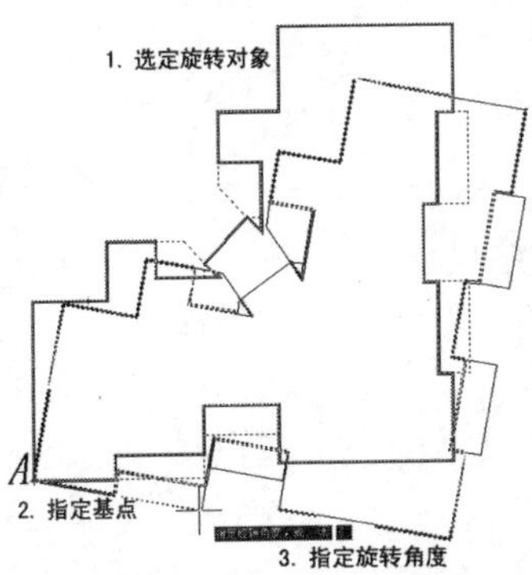

图 4-22　选定旋转对象、指定基点和旋转角度

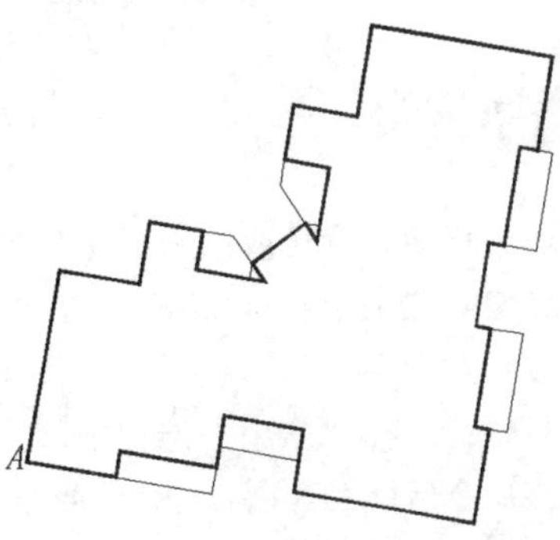

图 4-23　旋转结果

上机操作 5——通过“参考”旋转对象

Step 01 启动 AutoCAD 2012，打开配套光盘中素材文件\第 4 章\05.dwg，如图 4-24 所示。

Step 02 在命令行提示下，输入 ROTATE，按【Enter】键确认。

Step 03 选择建筑轮廓作为旋转对象，如图 4-25 所示，按【Enter】键结束选择。

Step 04 指定 *A* 点为旋转基点，如图 4-25 所示。

Step 05 输入 R，按【Enter】键确认。

Step 06 指定 *A* 点作为参考角第一点，如图 4-26 所示。

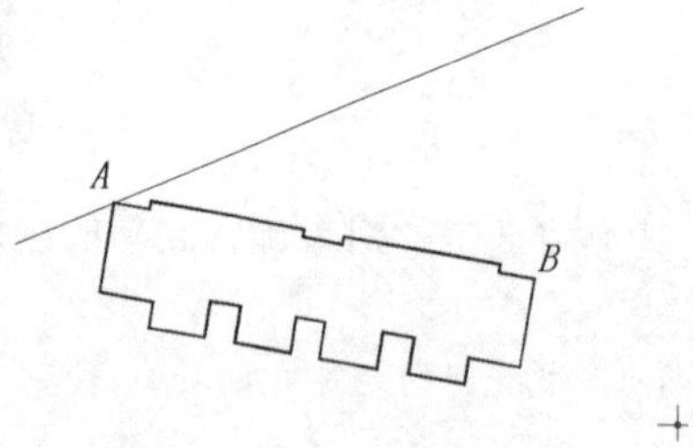

图 4-24 打开素材

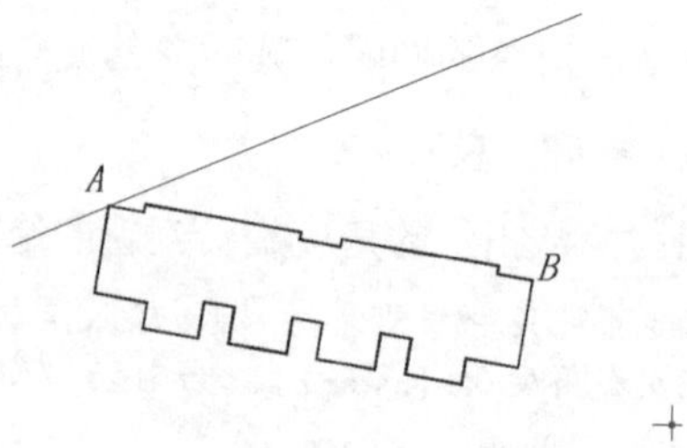

图 4-25 选定旋转对象、指定基点

Step 07 指定 *B* 点作为参考角第二点，如图 4-26 所示，此时直线 *AB* 的绝对角度将作为参考角度。

Step 08 拖动鼠标，在斜线上任意指定一点 *C*，如图 4-26 所示，此时直线 *AC* 的绝对角度将作为新角度，绘制结果如图 4-27 所示。

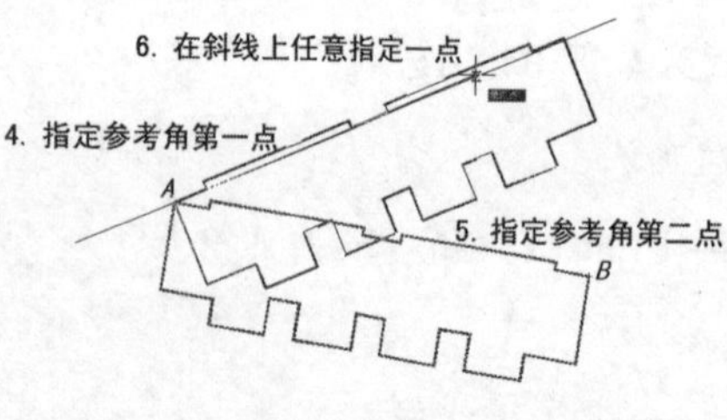

图 4-26 指定参考角度和新角度

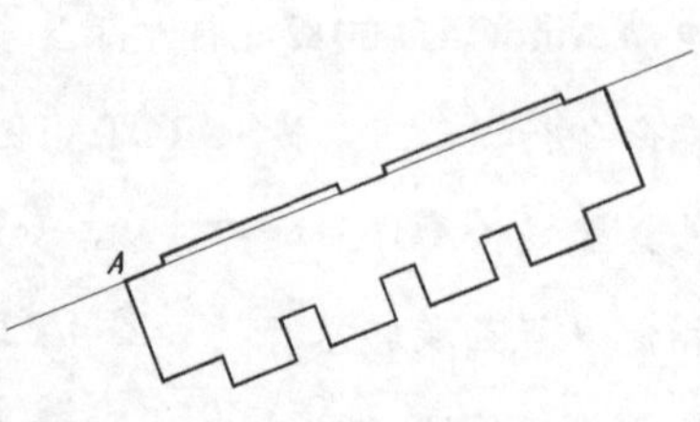

图 4-27 旋转结果

4.2.4 对齐对象

可以通过移动、旋转或倾斜对象来使该对象与另一个对象对齐。

在 AutoCAD 2012 中，调用“对齐”（ALIGN）命令的常用方法有以下几种。

- 命令：ALIGN。
- 工具栏：选择“常用”选项卡，在 “修改”面板中单击“对齐”按钮。

调用该命令后，AutoCAD 2012 命令行将依次出现如下提示：

```
选择对象：//选择要对齐的对象或按【Enter】键
```

用户以可同时选择多个要对齐的对象。选择完成后，按【Enter】键可结束选择。

```
指定第一个源点:               //指定点 1
指定第一个目标点:             //指定点 2
指定第二个源点:               //指定点 3
指定第二个目标点:             //指定点 4
指定第三个源点或 <继续>:      //指定点 5 或按【Enter】键结束指定点
是否基于对齐点缩放对象? [是(Y)/否(N)] <否>: //输入 Y 或按【Enter】键
```

当用户只指定一对源点和目标点时，被选定的对象将从源点 1 移动到目标点 2 。

上机操作 6——对齐对象

Step 01 启动 AutoCAD 2012，打开配套光盘中素材文件\第 4 章\06.dwg。

Step 02 在命令行提示下，输入 ALIGN，按【Enter】键确认。

Step 03 选择右边的三角形作为要对齐的对象，如图 4-28 所示，按【Enter】键结束选择。

Step 04 指定第一个源点 1，如图 4-29 所示。

Step 05 指定第一个目标点 2，如图 4-29 所示。

Step 06 指定第二个源点 3，如图 4-29 所示。

Step 07 指定第二个目标点 4，如图 4-29 所示，按【Enetr】键确认。

Step 08 选择是否基于对齐点缩放对象，程序默认为否（N），按【Enter】键结束命令，绘制结果如图 4-30 所示。

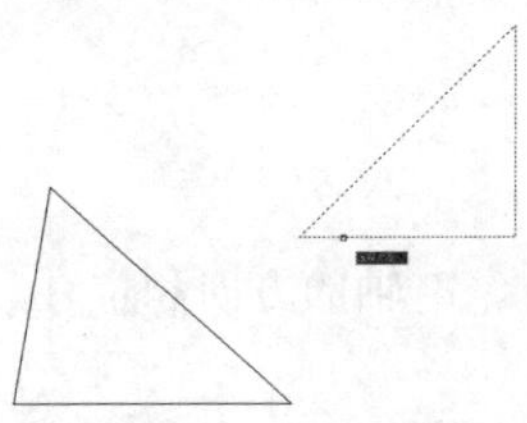

图 4-28　选择对象

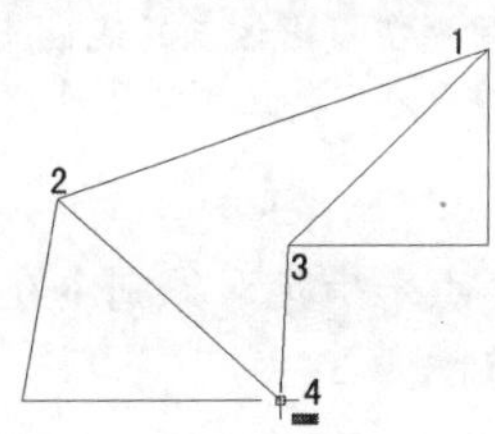

图 4-29　指定源点（1、3）和目标点（2、4）

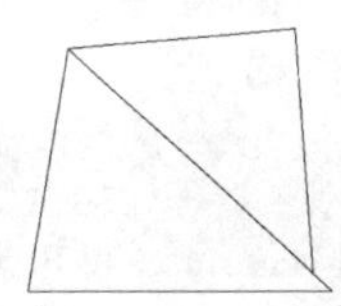

图 4-30　对齐结果

4.3　复制、阵列、偏移和镜像

在复杂的图形中，可能包含很多相同和相似的图形对象。此时，可以通过简单的复制、镜像、偏移和阵列操作来完成，而不必重新创建。

4.3.1　复制对象

执行“复制”（COPY）命令，可以从源对象以指定的角度和方向创建对象的副本。使用坐标、栅格捕捉、对象捕捉和其他工具可以精确复制对象。

在 AutoCAD 2012 中，调用“复制”（COPY）命令的常用方法有以下几种。

- 命令：COPY。
- 工具栏：选择“常用”选项卡，在“修改”面板中单击“复制”按钮。

调用该命令后，AutoCAD 2012 命令行将依次出现如下提示：

```
选取对象//: 选取要复制的对象
```

用户可同时选择多个对象。选择完成后，按【Enter】键可结束选择。

```
当前设置: 复制模式 = 当前值
指定基点或 [位移(D)/模式(O)] <位移>: //指定基点，或输入 D 或 O
```

各选项的作用如下：

1. 基点

通过基点和放置点来定义一个矢量，指示复制的对象移动的距离和方向。

```
指定第二个点或 [阵列(A)] <使用第一个点作为位移>: //指定第二点，或输入 A 按【Enter】键
```

提 示

在指定第二点时可以使用定点设备指定，也可以通过输入第二点的坐标值来移动对象，坐标值将用做相对移动（使用第一个点作为位移）。要按指定距离复制对象，还可以在“正交”模式和“极轴追踪”模式打开的同时使用直接距离输入，方向靠鼠标指针的移动方向确定。

阵列（A）：指定在线性阵列中排列的副本数量。

```
要在阵列中排列的项目数: //指定阵列中的项目数，包括原始选择集。
第二点: //确定阵列相对于基点的距离和方向。默认情况下，阵列中的第一个副本将放置在指定的位移。其余的副本使用相同的增量位移放置在超出该点的线性阵列中。
调整: //在阵列中指定的位移放置最终副本。其他副本则布满原始选择集和最终副本之间的线性阵列。
```

2. 位移（D）

通过输入一个三维数值或指定一个点来指定对象副本在当前 *X*、*Y*、*Z* 轴的方向和位置。此时，复制对象的方向和距离采用单个模式。

```
指定位移 <x, y, z>: //输入表示矢量的坐标，或按【Enter】键
```

按【Enter】键，将以当前三维数值来指定对象副本在当前 *X*、*Y*、*Z* 轴的方向和位置。

3. 模式（O）

控制复制的模式为单个或多个，确定是否自动重复该命令。系统变量 COPYMODE 可用来控制该设置。

```
输入复制模式选项 [单个(S)/多个(M)] <当前>: //输入 S 或 M ,或按【Enter】键
```

（1）单个

当设置复制模式为“单个”时，一次只能创建一个对象副本。命令行提示如下：

```
指定基点或 [位移(D)/模式(O)/多个(M)] <当前>: //指定点 2，或输入选项，或按【Enter】键
```

以上命令行中的“多个（M）”选项，只有在将复制模式设置成“单个”时才显示。

（2）多个

在此模式下，可为选取的对象一次性创建多个对象副本，即在复制完一个对象后，仍处于复

制状态，此时再次单击，又可以在单击位置复制对象，要退出该命令，请按【Enter】键。这是程序默认的模式。但要注意的是，即使在“多个”模式下，若选取的复制方式为“位移”，系统将采用“单个”模式创建对象副本。

上机操作 7——使用相对坐标指定距离来复制对象

Step 01 启动 AutoCAD 2012，打开配套光盘中素材文件\第 4 章\07.dwg，如图 4-31 所示。

Step 02 在命令行提示下，输入 COPY，按【Enter】键确认。

Step 03 选择建筑作为复制对象，如图 4-32 所示，按【Enter】键结束选择。

Step 04 任意指定一点作为基点，如图 4-32 所示。

Step 05 打开“正交”模式，向下移动鼠标，输入距离 30000，按【Enter】键确认并结束命令，绘制结果如图 4-33 所示。

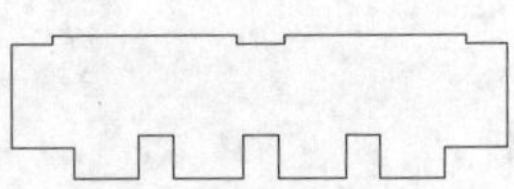

图 4-31　打开素材

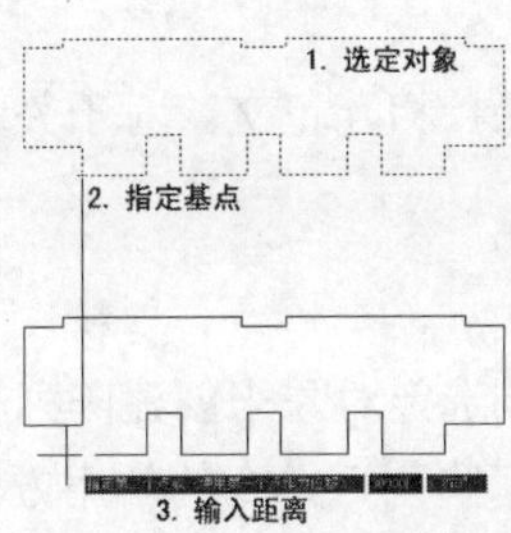

图 4-32　选择对象、指定基点和距离

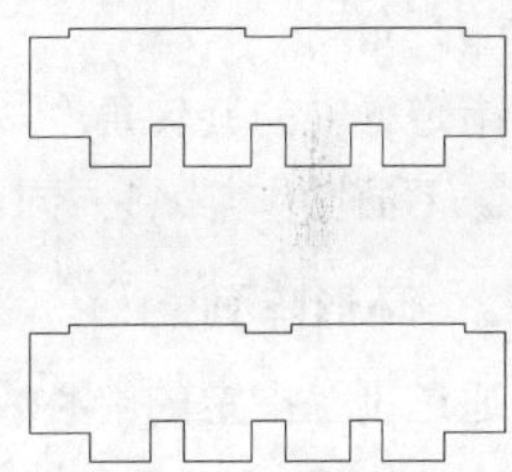

图 4-33　复制结果

4.3.2　阵列对象

执行“阵列”（ARRAY）命令，可以在矩形或环形（圆形）阵列中创建对象的副本。对于矩形阵列，可以控制行和列的数目，以及它们之间的距离。对于环形阵列，可以控制对象副本的数目并决定是否旋转副本。对于创建多个定间距的对象，排列比复制要快。

1. 矩形阵列

创建选定对象的副本的行和列阵列。

在 AutoCAD 2012 中，调用矩形阵列命令的常用方法有以下几种。

- 命令：ARRAYRECT。
- 工具栏：选择“常用”选项卡，在“修改”面板中单击“阵列”按钮。

执行该命令，AutoCAD 2012 命令行将依次出现如下提示：

```
选择对象://使用对象选择方法
指定项目数的对角点或 [基点(B)/角度(A)/计数(C)] <计数>://输入选项或按 【Enter】 键
```

（1）计数

分别指定行和列的值（系统默认初始选项）。

```
输入行数或[表达式(E)]<当前>://输入行数或 E
```

表达式：使用数学公式或方程式获取值。

```
输入行数或[表达式（E）]<当前>://输入行数或E
指定对角点以间隔项目或[间距（S）] <间距>:://指定对角点或按 【Enter】 键
指定行之间的距离或[表达式（E）]<当前>://输入行间距并按 【Enter】键或E
指定列之间的距离或[表达式（E）]<当前>://输入列间距并按 【Enter】 键或E
按 【Enter】 键接受或 [关联(AS)/基点(B)/行数(R)/列数(C)/层级(L)/退出(X)] <退出>://
按 【Enter】 键或选择选项
```

关联：指定是否在阵列中创建项目作为关联阵列对象，或作为独立对象。

基点：指定阵列的基点。

行数：重新编辑阵列中的行数和行间距，以及它们之间的增量标高。

列数：重新编辑阵列中的列数和列间距。

层级：指定层数和层间距。

（2）基点

指定阵列的基点。先指定阵列的基点，下面操作与（1）同。

（3）角度

指定行轴的旋转角度。行和列轴保持相互正交。对于关联阵列，可以稍后编辑各个行和列的角度。下面操作与（1）同。

2．环形阵列

通过围绕指定的圆心或旋转轴复制选定对象来创建阵列。

在 AutoCAD 2012 中，调用“环形阵列”命令的常用方法有以下几种。

- 命令：ARRAYPOLAR。
- 工具栏：选择“常用”选项卡，在“修改”面板中单击“环形阵列”按钮。

执行该命令，AutoCAD 2012 命令行将依次出现如下提示：

```
选择对象：//使用对象选择方法选择要列阵的对象
指定阵列的中心点或 [基点(B)/旋转轴(A)]：//指定中心点或输入选项
```

（1）中心点

指定分布阵列项目所围绕的点。旋转轴是当前 UCS 的 Z 轴。

```
输入项目数或[项目间角度（A）/表达式（E）]<当前>://指定阵列中的项目数或输入选项
```

项目间角度：指定项目之间的角度。

表达式：使用数学公式或方程式获取值。

```
指定填充角度（+=逆时针、-=顺时针）或[表达式（EX）] <当前>://指定阵列中第一个和最后一个
项目之间的角度或输入EX
按 Enter 键接受或 [关联(AS)/基点(B)/项目(I)/项目间角度(A)/填充角度(F)/行(ROW)/层级
(L)/旋转项目(ROT)/退出(X)] <退出>://按 【Enter】 键或选择选项
```

关联：指定是否在阵列中创建项目作为关联阵列的对象，或作为独立的对象。

基点：编辑阵列的基点。

项目：编辑阵列的项目数。

项目间角度：编辑项目之间的角度。

填充角度：编辑阵列中第一个和最后一个项目之间的角度。

行：编辑阵列中的行数和行间距，以及它们之间的增量标高。

层级：指定层数和层间距。

旋转项目：指定在排列项目时是否旋转项目。

（2）基点

指定阵列的基点。先指定阵列的基点，下面操作与（1）同。

（3）旋转轴

指定由两个指定点定义的自定义旋转轴。先定义旋转轴，下面操作与（1）同。

3. 路径阵列

通过沿指定的路径复制选定对象来创建阵列。路径可以是直线、多段线、三维多段线、样条曲线、螺旋、圆弧、圆或椭圆。

在 AutoCAD 2012 中，调用路径阵列命令的常用方法有以下几种。

- 命令：ARRAYPATH。
- 工具栏：选择“常用”选项卡，在“修改”面板中单击“路径阵列”按钮。

执行该命令，AutoCAD 2012 命令行将依次出现如下提示：

```
选择对象://使用对象选择方法选择要列阵的对象
选择路径曲线://使用一种对象选择方法
输入沿路径的项数或 [方向(O)/表达式(E)] <方向>://指定项目数或输入选项
```

（1）项数

指定阵列的项目数。

```
指定沿路径的项目间的距离或 [定数等分(D)/全部(T)/表达式(E)] <沿路径平均定数等分>://指定距离或输入选项
```

项目间的距离：各项目之间的距离。

定数等分：沿整个路径长度平均定数等分项目。

全部：指定第一个和最后一个项目之间的总距离。

表达式：使用数学公式或方程式获取值。

```
按 Enter 键接受或 [关联(AS)/基点(B)/项目(I)/行数(R)/层级(L)/对齐项目(A)/Z 方向(Z)/退出(X)] <退出>://按 【Enter】 键或选择选项
```

关联：指定是否在阵列中创建项目作为关联阵列的对象，或作为独立的对象。

基点：编辑阵列的基点。

项目：编辑阵列的项目数。

行数：编辑阵列中的行数和行间距，以及它们之间的增量标高。

层级：指定层数和层间距。

对齐项目：指定是否对齐每个项目以与路径的方向相切。对齐相对于第一个项目的方向（“方向”选项），如图 4-34 所示。

Z 方向：控制是否保持项目的原始 Z 方向或沿三维路径自然倾斜项目。

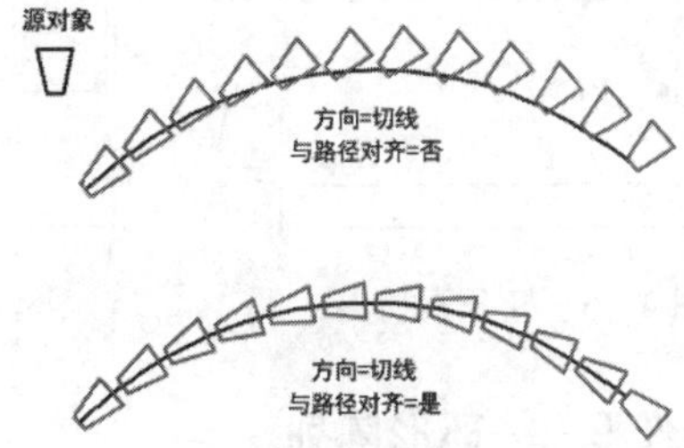

图 4-34　对齐列阵对象

(2) 方向

控制选定对象是否将相对于路径的起始方向重定向（旋转），然后再移动到路径的起点。

```
指定基点或 [关键点(K)] <路径曲线的终点>://指定基点或输入选项
```

基点：指定阵列的基点。

关键点：对于关联阵列，在源对象上指定有效的约束点（或关键点）以用做基点。如果编辑生成的阵列的源对象，阵列的基点保持与源对象的关键点重合。

```
指定与路径一致的方向或 [两点(2P)/法线(N)] <当前>://按【 Enter】 键或选择选项
```

两点：指定两个点来定义与路径的起始方向一致的方向，如图 4-35 所示。

下面的其他操作与（1）同。

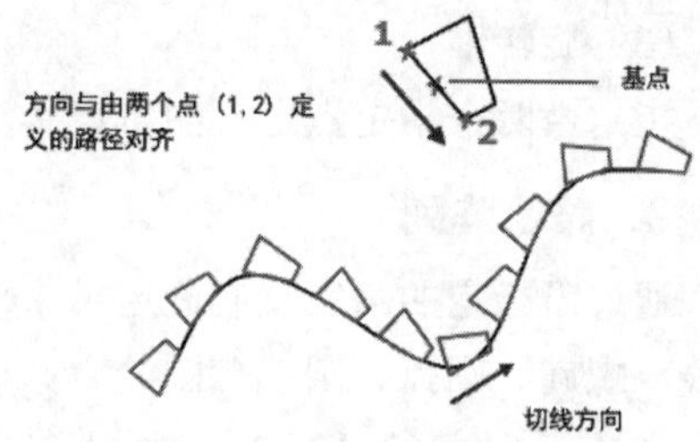

图 4-35　基点与路径方向一致

(3) 表达式

使用数学公式或方程式获取值。

上机操作 8——矩形阵列

Step 01 启动 AutoCAD 2012，打开配套光盘中素材文件\第 4 章\08.dwg，如图 4-36 所示。

Step 02 在命令行提示下，输入 ARRAYRECT。

Step 03 选择椅子作为阵列对象，按【Enter】键结束选择。

Step 04 直接按【Enter】键，输入行数 2，按【Enter】键确认，绘制结果如图 4-37 所示。

Step 05 输入列数 4，按【Enter】键确认。

Step 06 直接按【Enter】键，输入行之间的距离 500，按【Enter】键确认。

Step 07 输入列之间的距离 300，按【Enter】键确认。

Step 08 按【Enter】键接受阵列，绘制结果如图 4-38 所示。也可根据命令行提示选择其他选项进行编辑修改。

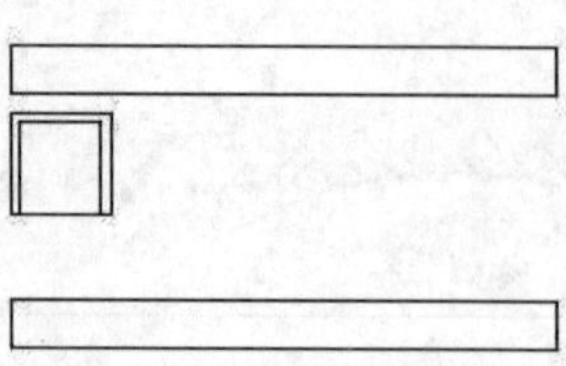

图 4-36　打开素材

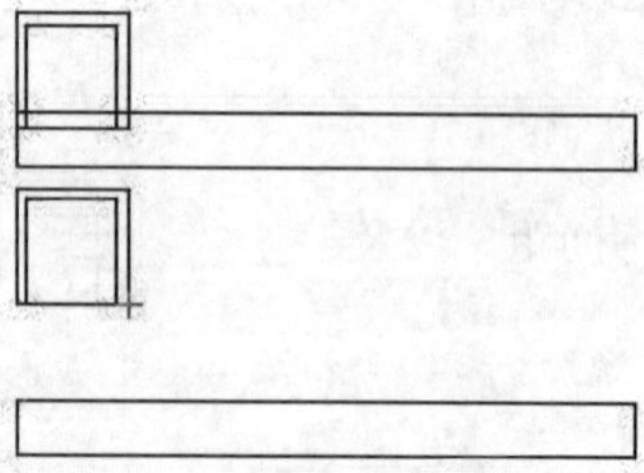

图 4-37　输入行数的效果

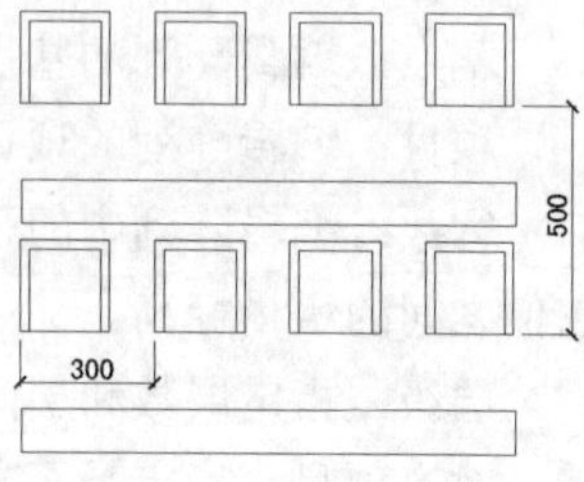

图 4-38　阵列结果

上机操作 9——环形阵列

Step 01 启动 AutoCAD 2012，打开配套光盘中素材文件\第 4 章\09.dwg，如图 4-39 所示。

Step 02 在命令行提示下，输入 ARRAYPOLAR。

Step 03 选择椅子作为阵列对象，按【Enter】键结束选择。

Step 04 单击圆桌的圆心作为阵列中心点，如图 4-40 所示。

Step 05 输入项目数 6 并按【Enter】键确认。

Step 06 指定填充角度为 360°，并按【Enter】键确认（如果当前为 360°，可直接按【Enter】键）。

Step 07 按【Enter】键接受阵列，绘制结果如图 4-41 所示。也可根据命令行提示选择其他选项进行编辑修改。

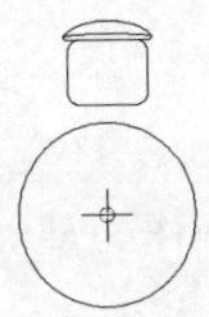

图 4-39　打开素材

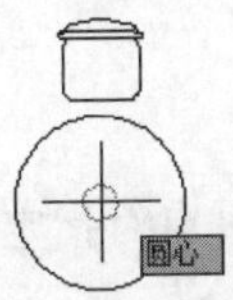

图 4-40　选择圆心

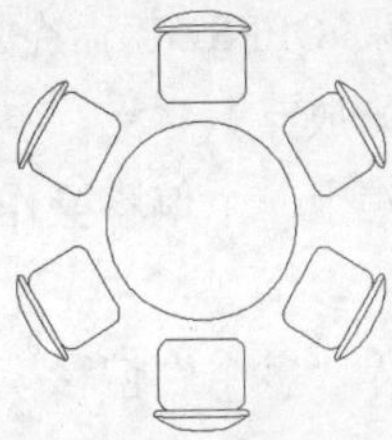

图 4-41　阵列结果

4.3.3　偏移对象

执行“偏移”（OFFSET）命令，创建其造型与原始对象造型平行的新对象。偏移圆或圆弧可以创建更大或更小的圆或圆弧，取决于向哪一侧偏移。

可以偏移的对象有直线、圆、圆弧、椭圆和椭圆弧、二维多段线、构造线（参照线）和射线、样条曲线，而点、图块、属性和文本则不能被偏移。

在 AutoCAD 2012 中，调用“偏移”（OFFSET）命令的常用方法有以下几种。

- 命令：OFFSET。
- 工具栏：选择“常用”选项卡，在“修改”面板中单击“偏移”按钮。

调用该命令后，AutoCAD 2012 命令行将依次出现如下提示：

```
当前设置：删除源 = 当前值 图层 = 当前值 OFFSETGAPTYPE = 当前值
指定偏移距离或 [通过(T)/删除(E)/图层(L)] <当前值>: //指定距离，或输入其他选项，或按【Enter】键
```

各选项的作用如下：

1. 指定偏移距离

在距离选取对象的指定距离处创建选取对象的副本。

```
选择要偏移的对象，或[退出(E)/放弃(U)]<退出>: //选择对象或输入其他选项或按【Enter】键结束命令
指定要偏移的那一侧上的点，或 [退出(E)/多个(M)/放弃(U)] <退出>: //在对象一侧指定一点确定偏移的方向或输入选项
```

（1）退出

结束 OFFSET 命令。

（2）放弃

取消上一个偏移操作。

（3）多个

进入“多个”偏移模式，以当前的偏移距离重复多次进行偏移操作。

指定要偏移的那一侧上的点，或 [退出(E)/放弃(U)] <下一个对象>：//在对象一侧指定一点确定偏移的方向，或输入其他选项

2．通过（T）

以指定点创建通过该点的偏移副本

选择要偏移的对象，或[退出(E)/放弃(U)]<退出>：//选择对象，或输入其他选项
指定通过点，或[退出(E)/多个(M)/放弃(U)] <退出>：//在对象一侧指定一点，或输入其他选项

（1）退出

结束 OFFSET 命令。

（2）放弃

取消上一个偏移操作。

（3）多个

进入“多个”偏移模式，以新指定的通过点对指定的对象进行多次偏移操作。

指定通过点，或[退出(E)/放弃(U)] <下一个对象>：//在对象一侧指定一点确定偏移的方向，或输入其他选项

3．删除（E）

在创建偏移副本之后，删除或保留源对象。

要在偏移后删除源对象吗？[是(Y)/否(N)] <是>：//输入 Y 或 N 后按【Enter】键，或直接按【Enter】键在偏移后删除源对象

4．图层（L）

控制偏移副本是创建在当前图层上还是源对象所在的图层上。

输入偏移对象的图层选项[当前(C)/源(S)] <源>：输入 C 或 S 后按【Enter】键，或直接按【Enter】键以当前选择创建偏移副本

提 示

二维多段线和样条曲线在偏移距离大于可调整的距离时将自动进行修剪，如图 4-42 和图 4-43 所示。

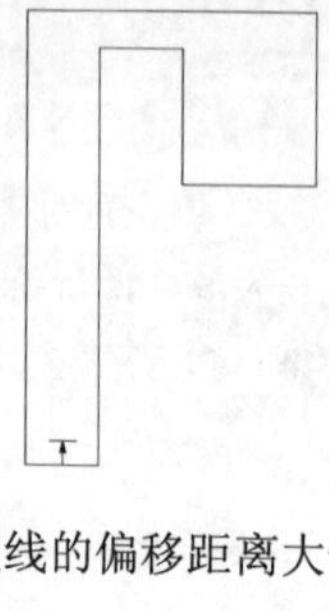

图 4-42 二维多段线的偏移距离大于可调整的距离

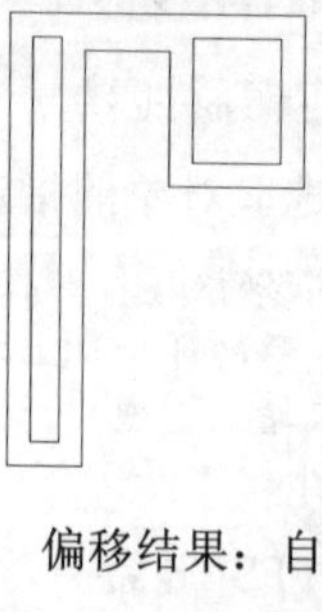

图 4-43 偏移结果：自动修剪

上机操作 10——以指定的距离偏移对象

Step 01 启动 AutoCAD 2012，打开配套光盘中素材文件\第 4 章\10.dwg，如图 4-44 所示。

Step 02 在命令行提示下，输入 OFFSET ，按【Enter】键确认。

Step 03 输入偏移距离 50，按【Enetr】键确认。

Step 04 选择圆作为要偏移的对象，如图 4-45 所示。

Step 05 在圆内部指定一点，如图 4-45 所示，绘制结果如图 4-46 所示。

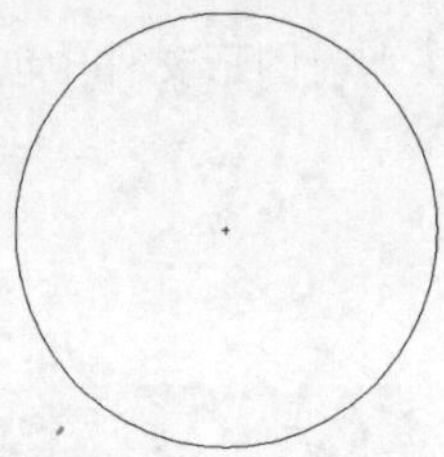

图 4-44　打开素材

图 4-45　选择对象并指定偏移方向

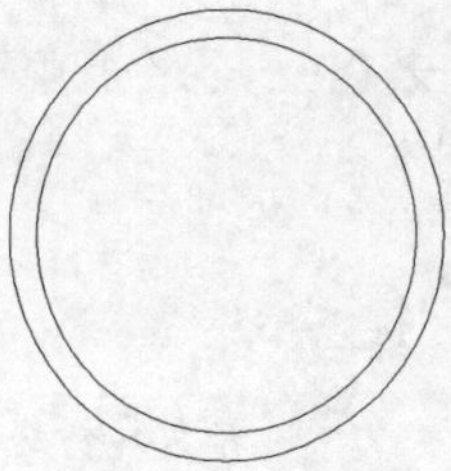

图 4-46　偏移结果

上机操作 11——使偏移对象通过指定的点

Step 01 启动 AutoCAD 2012，打开配套光盘中素材文件\第 4 章\11.dwg，如图 4-47 所示。

Step 02 在命令行提示下，输入 OFFSET ，按【Enter】键确认。

Step 03 输入 T（通过），按【Enter】键确认。

Step 04 选择外侧的圆弧作为偏移对象，如图 4-48 所示。

Step 05 指定通过点 *A*，如图 4-48 所示，绘制结果如图 4-49 所示。

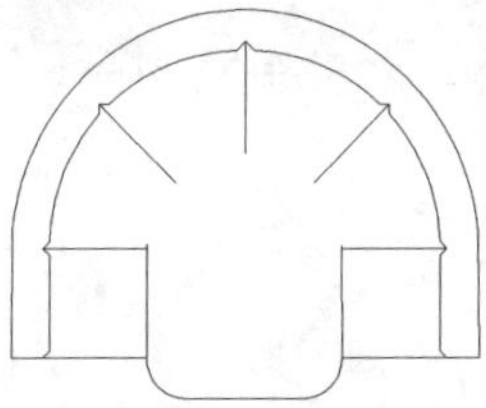

图 4-47　打开素材

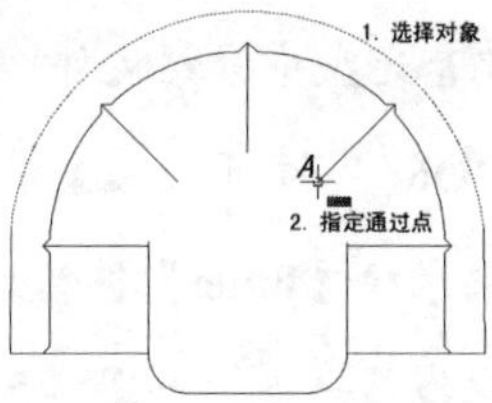

图 4-48　选择对象、指定通过点

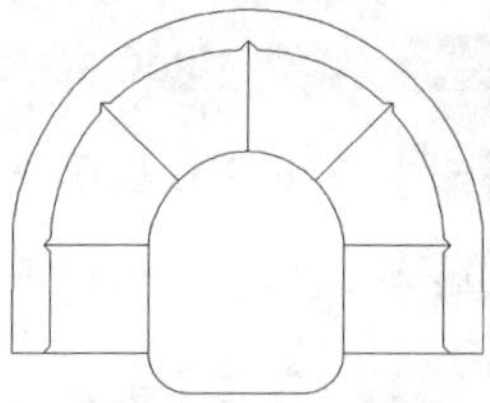

图 4-49　偏移结果

4.3.4　镜像对象

执行“镜像”（MIRROR）命令，可以绕指定轴翻转对象创建对称的镜像图像。镜像对创建对称的对象非常有用，因为可以快速地绘制半个对象，然后将其镜像，而不必绘制整个对象。

在 AutoCAD 2012 中，调用“镜像”（MIRROR）命令的常用方法有以下几种。

- 命令：MIRROR。
- 工具栏：选择“常用”选项卡，在“修改”面板中单击“镜像”按钮。

调用该命令后，AutoCAD 2012 命令行将依次出现如下提示：

选择对象：//使用对象选择方法，然后按【Enter】完成选择
指定镜像线的第一点：//指定点 1
指定镜像线的第二点：//指定点 2
指定的两个点将成为直线的两个端点，选定对象相对于这条直线被镜像。对于三维空间中的镜像，这条直线定义了与用户坐标系（UCS）的 XY 平面垂直并包含镜像线的镜像平面。
要删除源对象吗？[是(Y)/否(N)] <否(N)>：//输入 Y 或 N，或按【Enter】键

（1）是

若在上一命令行中输入 Y，选择“是”，系统将删除原来的对象，只保留创建的镜像副本。

（2）否

若在上一命令行中输入 N，选择“否”，系统将保留原来的对象，并在当前图形文件中创建镜像副本。

提 示

默认情况下，镜像文字、属性和属性定义时，它们在镜像图像中不会反转或倒置。文字的对齐和对正方式在镜像对象前后相同，如果确实要反转文字，请将 MIRRTEXT 系统变量设置为 1。

图 4-50 文字镜像前

图 4-51 文字镜像之后（MIRRTEXT=0）

图 4-52 文字镜像之后（MIRRTEXT=1）

上机操作 12——镜像对象

Step 01 启动 AutoCAD 2012，打开配套光盘中素材文件\第 4 章\12.dwg，如图 4-53 所示。

Step 02 在命令行提示下，输入 MIRROR，按【Enter】键确认。

Step 03 选择左侧的椅子作为镜像对象，按【Enter】键结束选择。

Step 04 指定桌子上边线中点作为镜像线第一点，如图 4-54 所示。

Step 05 指定桌子下边线中点作为镜像线第二点，如图 4-54 所示。

Step 06 选择是否删除源对象，在命令行输入 N，选择“否”，结束命令，绘制结果如图 4-55 所示。

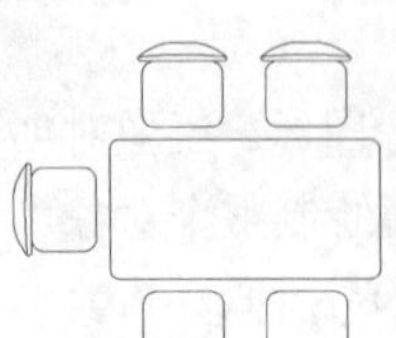
图 4-53 打开素材

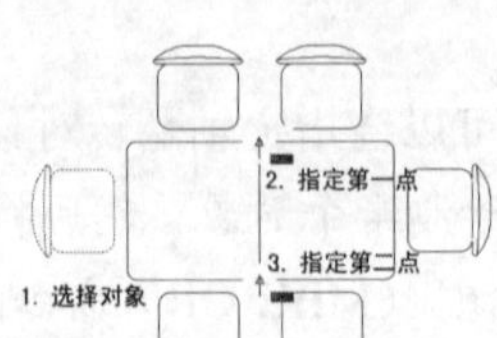

图 4-54 选择对象、指定镜像线

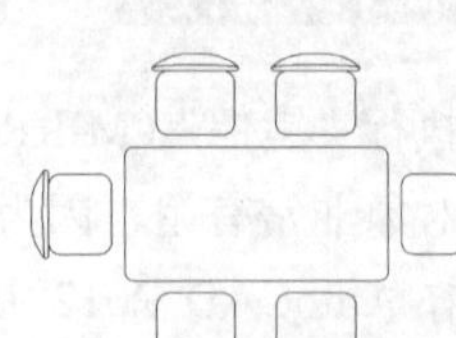
图 4-55 镜像结果

4.4　修改对象的形状和大小

在绘图过程中，如果图形的形状和大小不符合要求，可以使用修剪对象、延伸对象和缩放对象等方式来修改现有对象相对于其他对象的长度，而无论它们是否对称。

4.4.1　修剪对象

执行“修剪”（TRIM）命令，可以通过缩短或拉长，使对象与其他对象的边相接。该操作可以实现先创建对象（例如直线），然后调整该对象，使其恰好位于其他对象之间。

在 AutoCAD 2012 中，调用“修剪”（TRIM）命令的常用方法有以下几种。

- 命令：TRIM。
- 工具栏：选择“常用”选项卡，在“修改”面板中单击“修剪”按钮。

调用该命令后，AutoCAD 2012 命令行将依次出现如下提示：

```
当前设置：投影 = 当前值，边 = 当前值
选择剪切边...
选择对象或 <全部选择>：//选择一个或多个对象并按【Enter】键，或直接按【Enter】键选取当前图形文件中所有显示的对象
选择要修剪的对象，或者按 【Enter】 键选择所有显示的对象作为潜在剪切边。TRIM 将剪切边和要修剪的对象投影到当前用户坐标系 （UCS） 的 XY 平面上。
```

提　示

要选择包含块的剪切边，只能使用单个选择、“窗交”、“栏选”和“全部选择”选项。

```
选择要修剪的对象或按住 Shift 键选择要延伸的对象或 [栏选(F)/窗交(C)/投影(P)/边(E)/删除(R)/放弃(U)]：//选择要修剪的对象、按住 【Shift】键选择要延伸的对象，或输入选项
```

各选项的作用如下：

1. 要修剪的对象

指定要修剪的对象。在用户按【Enter】键结束选择前，系统会不断提示指定要修剪的对象，因此可以指定多个对象进行修剪。在选择对象的同时按【Shift】键可将对象延伸到最近的边界，而不修剪它。

2. 栏选（F）

指定围栏点，将多个对象修剪成单一对象。

```
指定第一个栏选点：//指定选择栏的起点
指定下一个栏选点或 [放弃(U)]：//指定选择栏的下一点或输入 U
指定下一个栏选点或 [放弃(U)]：//指定选择栏的下一个点、输入 U 或按【Enter】键
```

在用户按 【Enter】键结束围栏点的指定前，系统将不断提示用户指定围栏点。

3. 窗交（C）

通过指定两个对角点来确定一个矩形窗口，选择该窗口内部或与矩形窗口相交的对象。

```
指定第一个角点：//指定一个点 1
指定对角点：//指定一个点 2
```

4．投影（P）

指定在修剪对象时使用的投影模式。

输入投影选项 [无(N)/UCS(U)/视图(V)] <当前>: //输入选项或按【Enter】键

（1）无

指定无投影。只修剪与三维空间中的边界相交的对象。

（2）UCS

指定到当前用户坐标系（UCS）*XY* 平面的投影。修剪未与三维空间中的边界对象相交的对象。

（3）视图

指定沿当前视图方向的投影。

5．边（E）

修剪对象的假想边界或与之在三维空间相交的对象。

输入隐含边延伸模式 [延伸(E)/不延伸(N)] <当前>: //输入选项或按【Enter】键

（1）延伸

修剪对象在另一对象的假想边界。

（2）不延伸

只修剪对象与另一对象的三维空间交点。

6．删除（R）

在执行修剪命令的过程中将选定的对象从图形中删除。

7．撤消（U）

撤消最近使用修剪对对象进行的操作。

提　示

要对图形进行延伸操作，可以不退出“修剪”（TRIM）命令，按【Shift】键并选择要延伸的对象。

上机操作 13——修剪对象

Step 01 启动 AutoCAD 2012，打开配套光盘中素材文件\第 4 章\13.dwg。

Step 02 在命令行提示下，输入 TRIM，按【Enter】键确认。

Step 03 窗交选择两条水平直线作为剪切边，如图 4-56 所示，按【Enter】键结束选择。

Step 04 选择左边一条垂直线作为要修剪的对象，注意选择位置位于两条水平线之间，如图 4-57 所示。

Step 05 按【Enter】键结束命令，绘制结果如图 4-58 所示。

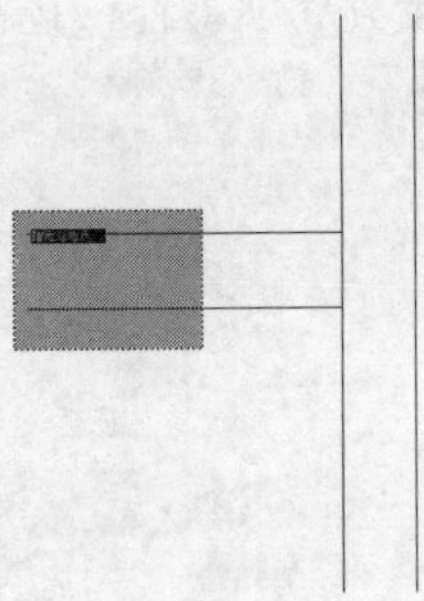

图 4-56　选择剪切边

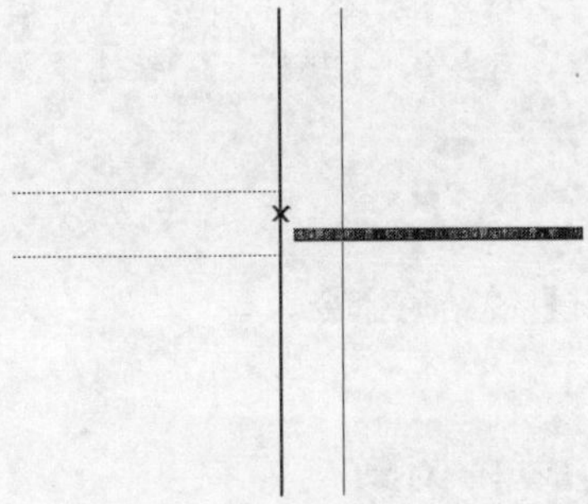

图 4-57　选择要修剪的对象

图 4-58　结果

上机操作 14——利用“栏选”选择要修剪的对象

Step 01 启动 AutoCAD 2012，打开配套光盘中素材文件\第 4 章\14.dwg。

Step 02 在命令提示行下，输入 TRIM，按【Enter】键确认。

Step 03 选择矩形作为剪切边，如图 4-59 所示，按【Enter】键结束选择。

Step 04 在命令行输入 F，按【Enter】键确认。

Step 05 “栏选”选择要修剪的对象，如图 4-60 所示。

Step 06 按【Enter】键结束命令，绘制结果如图 4-61 所示。

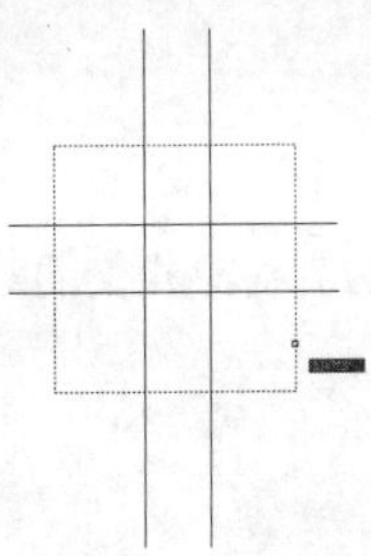

图 4-59　选择剪切边

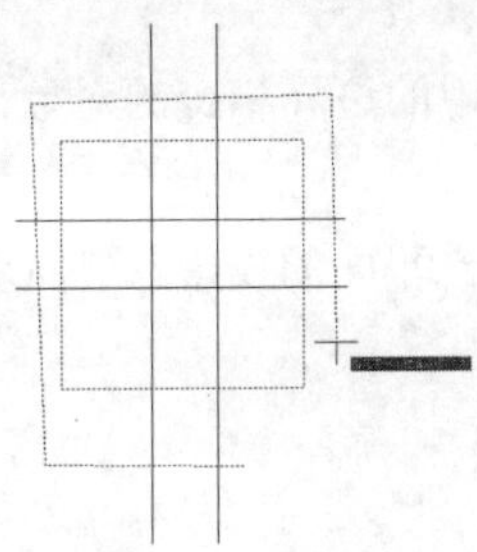

图 4-60　“栏选”选择要修剪的对象

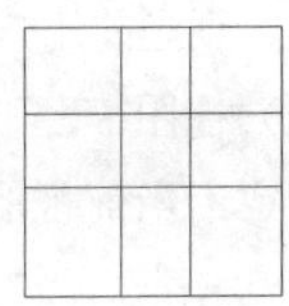

图 4-61　结果

4.4.2　延伸对象

延伸对象可以通过缩短或拉长使指定的对象到指定的边，使其与其他对象的边相接。

在 AutoCAD 2012 中，执行“延伸”（EXTEND）命令的常用方法有以下几种。

- 命令：EXTEND。
- 工具栏：选择“常用”选项卡，在“修改”面板中单击“延伸”按钮。

调用该命令后，AutoCAD 2012 命令行将依次出现如下提示：

```
当前设置：投影 = 当前值，边 = 当前值
选择边界的边...
选择对象或 <全部选择>：//选择一个或多个对象并按 【Enter】 键，或者按 【Enter】 键选择所有显示的对象
```

```
选择要延伸的对象，或按住 Shift 键选择要修剪的对象，或 [栏选(F)/窗交(C)/投影(P)/边(E)/
放弃(U)]: //选择要延伸的对象，或按住 【Shift】 键选择要修剪的对象，或输入选项
```

各选项的作用如下：

1．选择要延伸的对象

指定要延伸的对象，按【Enter】键结束命令。

2．栏选（F）

指定围栏点，将多个对象修剪成单一对象。

```
指定第一个栏选点: //指定选择栏的起点
指定下一个栏选点或 [放弃(U)]: //指定选择栏的下一点或输入 U
指定下一个栏选点或 [放弃(U)]: //指定选择栏的下一个点、输入 U 或按【Enter】键
```

在用户按【Enter】键结束围栏点的指定前，系统将不断提示用户指定围栏点。

3．窗交（C）

通过指定两个对角点来确定一个矩形窗口，选择该窗口内部或与矩形窗口相交的对象。

```
指定第一个角点: //指定一个点 1
指定对角点: //指定一个点 2
```

4．投影（P）

指定延伸对象时使用的投影方法。

```
输入投影选项 [无(N)/UCS(U)/视图(V)] <当前>:// 输入选项或按【Enter】键
```

（1）无

指定无投影。只延伸与三维空间中的边界相交的对象。

（2）UCS

指定到当前用户坐标系（UCS）*XY* 平面的投影。延伸未与三维空间中的边界对象相交的对象。

（3）视图

指定沿当前视图方向的投影。

5．边

将对象延伸到另一个对象的隐含边或仅延伸到三维空间中与其实际相交的对象。

```
输入隐含边延伸模式 [延伸(E)/不延伸(N)] <当前>:// 输入选项或按【Enter】键
```

（1）延伸

沿其自然路径延伸边界对象以和三维空间中另一对象或其隐含边相交。

（2）不延伸

指定对象只延伸到在三维空间中与其实际相交的边界对象。

6．放弃（U）

放弃最近由延伸所做的更改。延伸的具体操作与修剪类似，读者自己进行上机操作。

4.4.3 缩放对象

执行“缩放”（SCALE）命令，可以改变实体的尺寸大小，可以把整个对象或者对象的一部

分沿 X，Y，Z 方向以相同的比例进行缩放。

在 AutoCAD 2012 中，调用“缩放”（SCALE）命令的常用方法有以下几种。

- 命令：SCALE。
- 工具栏：选择“常用”选项卡，在“修改”面板中单击“缩放”按钮。

调用该命令后，AutoCAD 2012 命令行将依次出现如下提示：

```
选择对象：//选择要缩放的对象并按【Enter】键
指定基点：//指定一个点
```

指定的基点表示选定对象的大小发生改变（从而远离静止基点）时位置保持不变的点。

```
指定比例因子或 [复制(C)/参照(R)]<当前值>：//输入比例，或输入选项
```

各选项的作用如下：

1. 比例因子

以指定的比例值放大或缩小选取的对象。当输入的比例值大于 1 时，则放大对象，若为 0 和 1 之间的小数，则缩小对象。或指定的距离小于原来对象大小时，缩小对象；指定的距离大于原对象大小，则放大对象。

2. 复制（C）

在缩放对象时，创建缩放对象的副本。

3. 参照（R）

按参照长度和指定的新长度缩放所选对象。

```
指定参照长度 <当前>：//指定缩放选定对象的起始长度，或按【Enter】键
指定新的长度或 [点(P)] <当前>：//指定将选定对象缩放到的最终长度或输入 P，使用两点来定义长度，或按【Enter】键
```

若指定的新长度大于参照长度，则放大选取的对象。

点：使用两点来定义新的长度。

上机操作 15——按比例因子缩放对象

Step 01 启动 AutoCAD 2012，打开配套光盘中素材文件\第 4 章\15.dwg。

Step 02 在命令行提示下，输入 SCALE，按【Enter】键确认。

Step 03 使用“窗口”方式选择所有的图形作为缩放对象，如图 4-62 所示，按【Enter】键确认选择。

Step 04 指定建筑左上角的角点作为基点，如图 4-63 所示。

Step 05 输入比例因子 0.7，按【Enter】键确认，结束命令，绘制结果如图 4-64 所示。

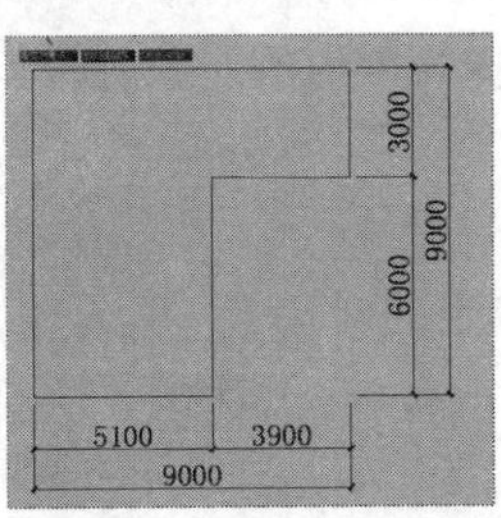

图 4-62 “窗口”方式选择对象

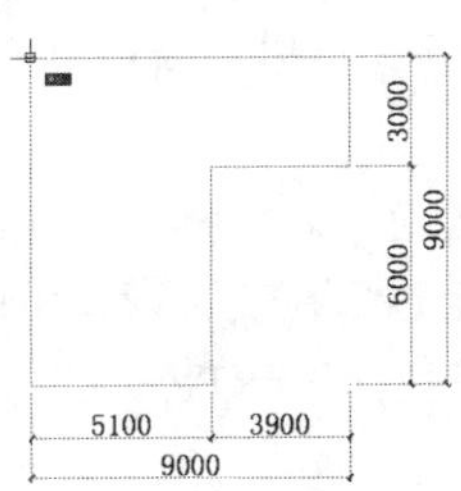

图 4-63 指定基点

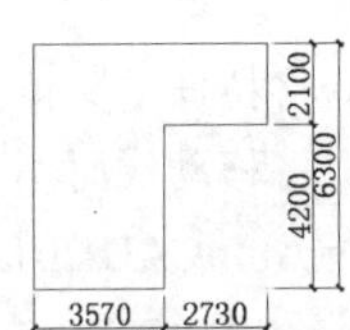

图 4-64 缩放结果

提　示

缩放操作可以同时更改选定对象的所有标注尺寸。

上机操作 16——按参照距离进行缩放

Step 01 启动 AutoCAD 2012，打开配套光盘中素材文件\第 4 章\16.dwg。

Step 02 在命令行提示下，输入 SCALE ，按【Enter】键确认。

Step 03 选择风玫瑰作为缩放对象，如图 4-65 所示，按【Enter】键确认选择。

Step 04 指定风玫瑰的中心点作为基点，如图 4-65 所示。

Step 05 输入 R， 按【Enter】键确认。

Step 06 指定点 3（风玫瑰的中心点），将其作为参照长度的第一个点，如图 4-66 所示。

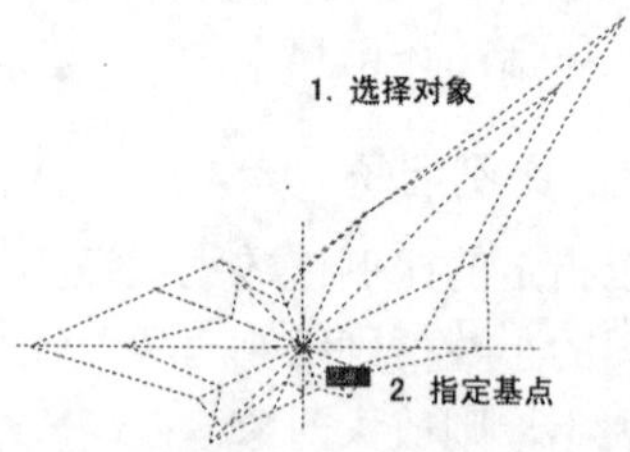

图 4-65　选择对象、指定基点

Step 07 指定点 4，将其作为参照长度的第二个点，如图 4-66 所示。

Step 08 指定点 5，如图 4-66 所示，将其和第 3 点之间的距离作为新长度，按【Enter】键结束命令，绘制结果如图 4-67 所示。

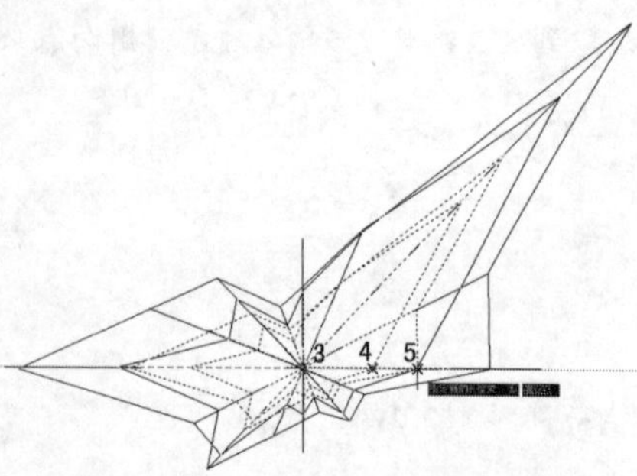

图 4-66　捕捉点 3、4 指定参考距离，捕捉点 5 指定新距离

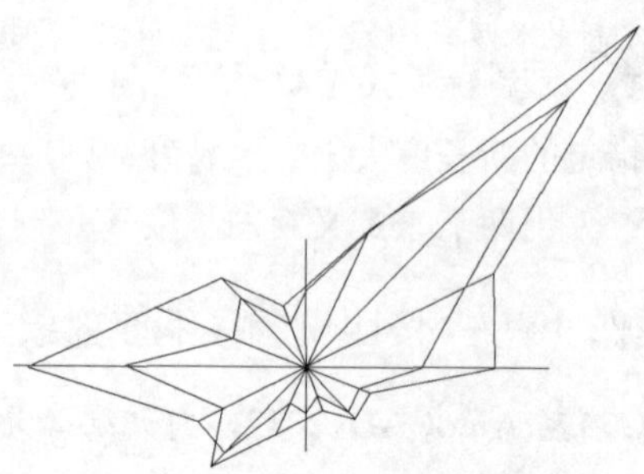

图 4-67　缩放结果

4.4.4　拉伸对象

使用“拉伸”（STRETCH）命令，可以重新定位穿过或在窗交选择窗口内的对象的端点，具体功能如下：

- 将拉伸交叉窗口部分包围的对象。
- 将移动（而不是拉伸）完全包含在交叉窗口中的对象或单独选定的对象。

在 AutoCAD 2012 中，调用“拉伸”（STRETCH）命令的常用方法有以下几种。

- 命令：STRETCH。
- 工具栏：选择“常用”选项卡，在“修改”面板中单击“拉伸”按钮。

调用该命令后，AutoCAD 2012 命令行将依次出现如下提示：

以窗选方式或交叉多边形方式选择要拉伸的对象...
选择对象：//以窗交或圈交选择方法指定点 1 和点 2 以选取对象
选择指定基点或 [位移(D)]：//指定基点或者选择 D 以输入位移

1．指定基点：

指定第二个点或 <使用第一个点作为位移>：//指定第二个点或默认使用第一个点作为位移

2．位移（D）

在选取了拉伸的对象之后，在命令行提示中输入 D 进行向量拉伸。

指定位移 <上个值>：//输入矢量值
在向量模式下，将以用户输入的值作为矢量拉伸实体。

上机操作 17——拉伸对象

Step 01 启动 AutoCAD 2012，打开配套光盘中素材文件\第 4 章\17.dwg。

Step 02 在命令行提示下，输入 STRETCH，按【Enter】键确认。

Step 03 使用“窗交”方式来选择对象（交叉窗口必须至少包含一个顶点或端点），如图 4-68 所示。

Step 04 任意指定一点作为基点，如图 4-69 所示。

Step 05 打开“正交”模式，向右移动鼠标，并输入相对位移 600，按【Enter】键结束命令。绘制结果如图 4-70 所示。

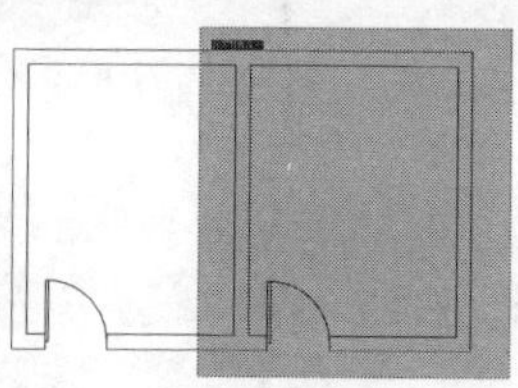

图 4-68　“窗交”方式选择对象

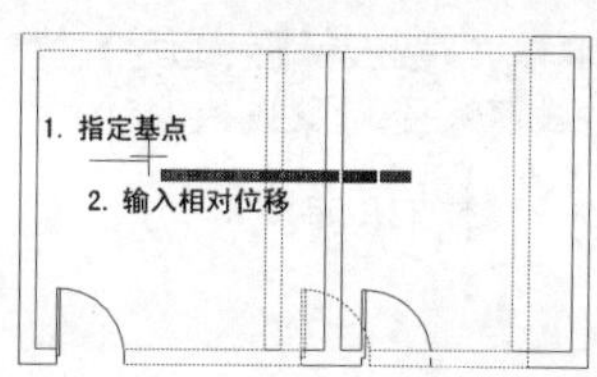

图 4-69　指定基点和相对位移

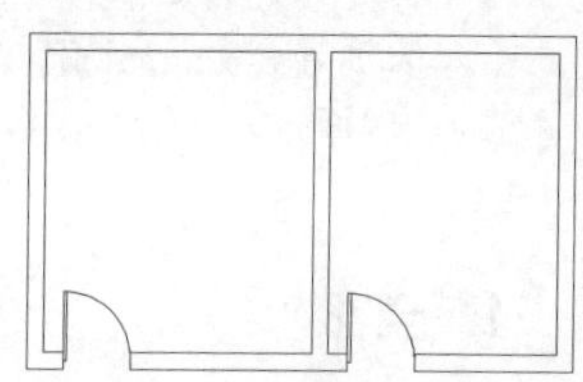

图 4-70　拉伸结果

4.4.5　拉长对象

使用“拉长”（LENGTHEN）命令，可以修改圆弧的包含角和直线、圆弧、开放的多段线、椭圆弧、开放的样条曲线等对象的长度。

在 AutoCAD 2012 中，调用“拉长”（LENGTHEN）命令的常用方法有以下几种。

- 命令：LENGTHEN。
- 工具栏：选择“常用”选项卡，在“修改”面板中单击“拉长”按钮。

调用该命令后，AutoCAD 2012 命令行将依次出现如下提示：

选择对象或 [增量(DE)/百分数(P)/全部(T)/动态(DY)]：// 选择一个对象或输入选项

各选项的作用如下：

1．选择对象

在命令行提示下选取对象，将在命令行显示选取对象的长度。若选取的对象为圆弧，则显示选取对象的长度和包含角。

```
当前长度：<当前>，包含角：<当前>
选择对象或 [增量(DE)/百分数(P)/全部(T)/动态(DY)]：//选择一个对象，输入选项或按【Enter】键结束命令
```

2. 增量（DE）

以指定的增量修改对象的长度，该增量从距离选择点最近的端点处开始测量。差值还以指定的增量修改弧的角度，该增量从距离选择点最近的端点处开始测量。

```
输入长度差值或 [角度(A)] <当前>：指定距离、输入 A 或按【Enter】键
```

（1）长度差值

以指定的增量修改对象的长度。

```
选择要修改的对象或 [放弃(U)]：// 选择一个对象或输入 U
```

提示将一直重复，直到按【Enter】键结束命令。

（2）角度

以指定的角度修改选定圆弧的包含角。

```
输入角度差值 <当前角度>：//指定角度或按 Enter 键
选择要修改的对象或 [放弃(U)]：// 选择一个对象或输入 U
```

提示将一直重复，直到按【Enter】键结束命令。

3. 百分数（P）

通过指定对象总长度的百分数设置对象长度。

```
输入长度百分数 <当前>：// 输入非零正值或按【Enter】键
选择要修改的对象或 [放弃(U)]：选择一个对象或输入 U
```

提示将一直重复，直到按【Enter】键结束命令。

4. 全部（T）

通过指定从固定端点测量的总长度的绝对值，来设置选定对象的长度。“全部”选项也按照指定的总角度设置选定圆弧的包含角。

```
指定总长度或 [角度(A)] <当前>：//指定距离，输入非零正值，输入 A，或按【Enter】键
```

（1）总长度

将对象从离选择点最近的端点拉长到指定值。

```
选择要修改的对象或 [放弃(U)]：// 选择一个对象或输入 u
```

提示将一直重复，直到按【Enter】键结束命令。

（2）角度（A）

设置选定圆弧的包含角。

```
指定总角度 <当前>：// 指定角度或按【Enter】键
选择要修改的对象或 [放弃(U)]：// 选择一个对象或输入 U
```

提示将一直重复，直到按【Enter】键结束命令。

5. 动态（DY）

打开动态拖动模式。通过拖动选定对象的端点之一来改变其长度。其他端点保持不变。

```
选择要修改的对象或 [放弃(U)]: //选择一个对象或输入 U
```

提示将一直重复，直到按【Enter】键结束命令。

上机操作 18——通过增量来拉长对象

Step 01 启动 AutoCAD 2012，打开配套光盘中素材文件\第 4 章\18.dwg，如图 4-71 所示。

Step 02 在命令行提示下，输入 LENGTHEN，按【Enter】键确认。

Step 03 输入 DE，按【Enter】键确认。

Step 04 输入 A，按【Enter】键确认。

Step 05 输入角度增量 90，按【Enter】键确认。

Step 06 选择拉长的对象（注意选择的位置，选择的位置靠近哪边，对象就向哪边拉长，示例选择的位置如图 4-72 所示），按【Enter】键结束命令，绘制结果如图 4-73 所示。

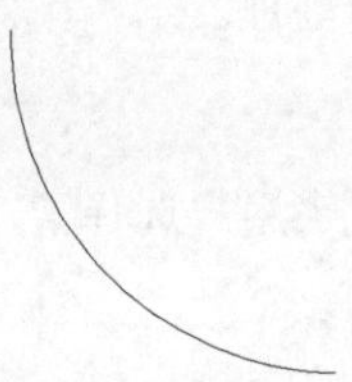

图 4-71　打开素材

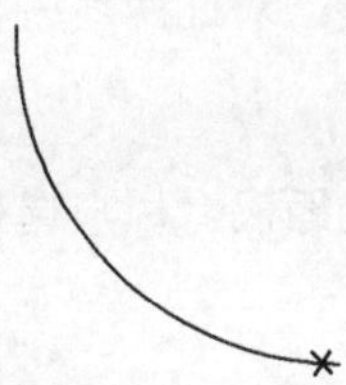

图 4-72　选择对象

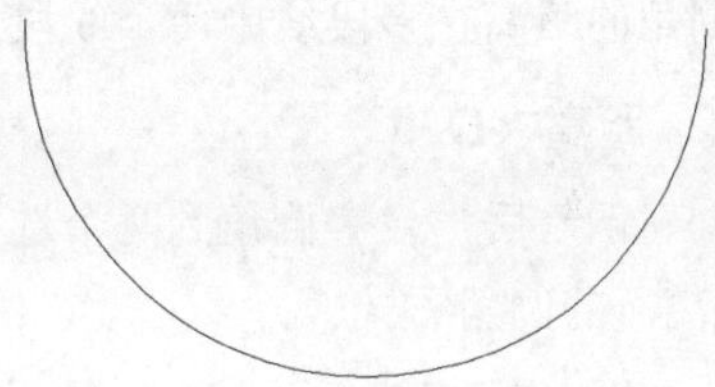

图 4-73　拉长结果

4.5　倒角、圆角和打断

在工程绘图中，可以修改对象使其以圆角或平角相接，也可以在对象上创建或闭合间距。AutoCAD 2012 提供了“倒角”（CHANFER）、“圆角”（FILLET）和“打断”（BREAK）命令来实现。

4.5.1　倒角对象

使用“倒角”（CHANFER）命令可以使用成角的直线连接两个对象。它通常用于表示角点上的倒角边。

在 AutoCAD 2012 中，执行“倒角”（CHAMFER）命令的常用方法有以下几种。

- 命令：CHAMFER。
- 工具栏：选择“常用”选项卡，在“修改”面板中单击“倒角”按钮。

调用该命令后，AutoCAD 2012 命令行将依次出现如下提示：

```
(“修剪”模式) 当前倒角距离 1 = 当前，距离 2 = 当前
选择第一条直线或 [放弃(U)/多段线(P)/距离(D)/角度(A)/修剪(T)/方式(E)/多个(M)]://选
择对象或输入选项
```

各选项的作用如下：

1．选择第一条直线

选择要进行倒角处理的对象的第一条边，或要倒角的三维实体边中的第一条边。

选择第二条直线，或按住 Shift 键并选择要应用角点的对象：// 使用选择对象的方法，或按住【Shift】键并选择对象，以创建一个锐角

在选择两条多段线的线段来进行倒角处理时，这两条多段线必须相邻或只能被最多一条线段分开。若这两条多段线之间有一条直线或弧线，系统将自动删除此线段并以倒角线来取代。

2．放弃（U）

恢复在命令中执行的上一个操作。

3．多段线（P）

为整个二维多段线进行倒角处理。

选择二维多段线：//选取二维多段线

系统将二维多段线的各个顶点全部进行了倒角处理，建立的倒角形成多段线的另一新线段。但若倒角的距离在多段线中两个线段之间无法施展，对此两线段将不进行倒角处理。

4．距离（D）

创建倒角后，设置倒角到两个选定边的端点的距离。用户选择此选项，代表用户选择了“距离-距离”的倒角方式。

指定第一个倒角距离 <当前值>：//指定倒角距离，或按【Enter】键
指定第二个倒角距离 <当前值>：//指定倒角距离，或按【Enter】键

在指定第一个对象的倒角距离后，第二个对象的倒角距离的当前值将与指定的第一个对象的倒角距离相同。若为两个倒角距离指定的值均为 0，选择的两个对象将自动延伸至相交。

5．角度（A）

指定第一条线的长度和第一条线与倒角后形成的线段之间的角度值，用户选择此选项，代表用户选择了“距离-角度”的倒角方式。

指定第一条直线的倒角长度 <当前值>：//指定或输入长度值，或按【Enter】键
指定第一条直线的倒角角度 <当前值>：//指定或输入角度值，或按【Enter】键

6．修剪（T）

用户自行选择是否对选定边进行修剪，直到倒角线的端点。

输入修剪模式选项 [修剪(T)/不修剪(N)] <当前>://输入 T 或 N，或按【Enter】键

7．方式（E）

选择倒角方式。倒角处理的方式有两种，“距离-距离”和“距离-角度”。

输入修剪方法 [距离(D)/角度(A)] <当前>://输 A 或 D，或按【Enter】键

8．多个（M）

可为多个两条线段的选择集进行倒角处理。系统将不断自动重复提示用户选择“第一个对象”和“第二个对象”，要结束选择，按【Enter】键。但是若用户选择“放弃”选项时，使用“倒角”命令为多个选择集进行的倒角处理将全部被取消。

提 示

默认情况下，对象在倒角时被修剪，但可以用“修剪”（T）选项指定保持不修剪的状态。

上机操作 19——通过指定距离进行倒角

Step 01 启动 AutoCAD 2012，打开配套光盘中素材文件\第 4 章\19.dwg，如图 4-74 所示。

Step 02 在命令行提示下，输入 CHAMFER，按【Enter】键确认。

Step 03 在命令行输入 D（距离），按【Enter】键确认。

Step 04 输入第一个倒角距离 5000 ，按【Enter】键确认。

Step 05 输入第二个倒角距离 3000 ，按【Enter】键确认。

Step 06 选择要倒角的第一条直线，如图 4-75 所示。

Step 07 选择要倒角的第二条直线，如图 4-75 所示，绘制结果如图 4-76 所示。如果按【Enter】键，还可以继续选择两条直线进行倒角。

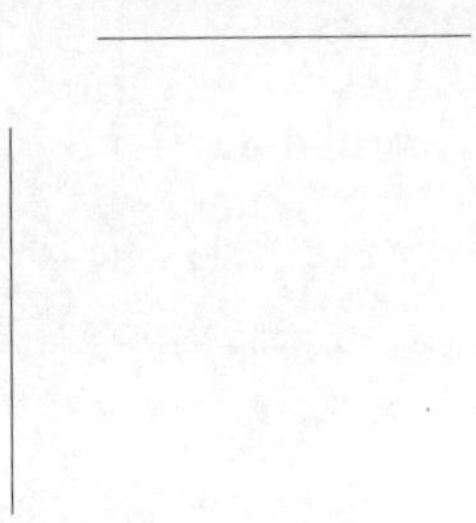
图 4-74 打开对象

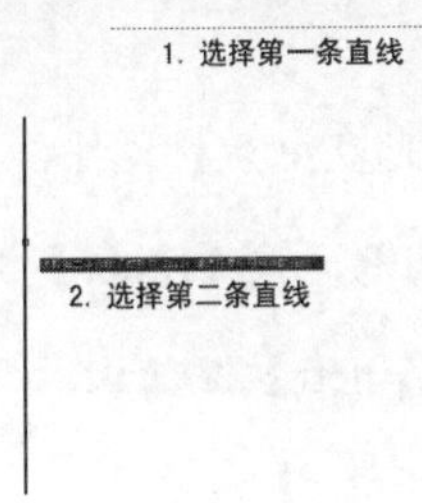

图 4-75 选择要倒角的直线

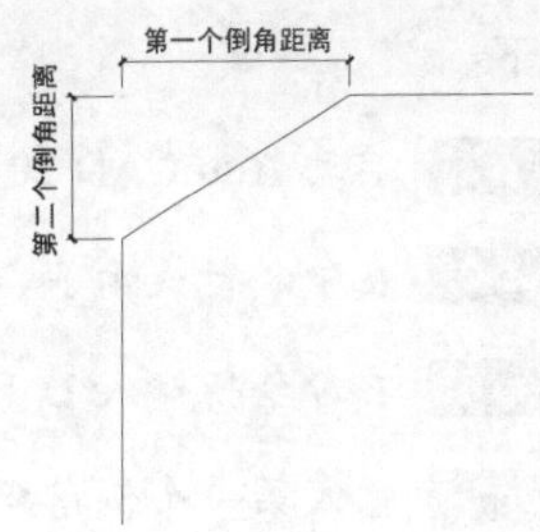

图 4-76 倒角结果

若在本例中将第一个和第二个倒角距离均设置为 0，其绘制结果如图 4-77 和图 4-78 所示。

图 4-77 原对象

图 4-78 倒角结果

上机操作 20——按指定长度和角度进行倒角

Step 01 启动 AutoCAD 2012，打开配套光盘中素材文件\第 4 章\20.dwg。

Step 02 在命令行提示下，输入 CHAMFER，按【Enter】键确认。

Step 03 在命令行输入 A（角度），按【Enter】键确认。

Step 04 输入第一条直线的倒角距离 50，按【Enter】键确认。

Step 05 输入第一条直线的倒角角度 30° ，按【Enter】键确认。

Step 06 选择要倒角的第一条直线，如图 4-79 所示。

Step 07 选择要倒角的第二条直线，如图 4-80 所示，绘制结果如图 4-81 所示。如果按【Enter】键，可以继续选择两条直线进行倒角。

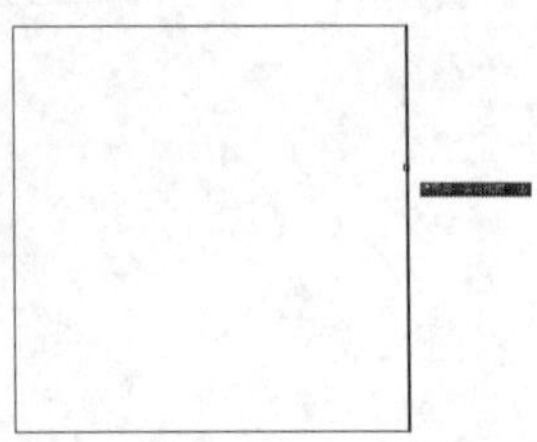

图 4-79　选择第一条直线

图 4-80　选择第二条直线

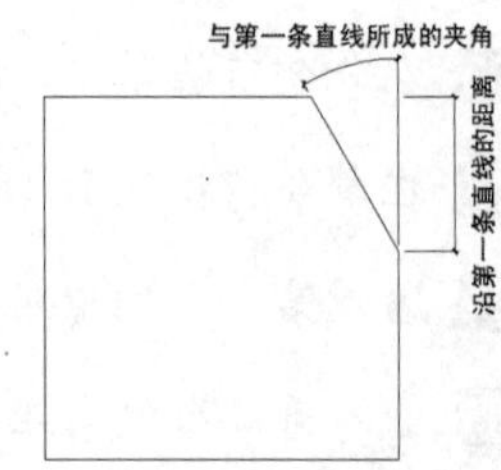

图 4-81　倒角结果

上机操作 21——对整条多段线进行倒角

对整条多段线进行倒角时，只对那些长度足够适合倒角距离的线段进行倒角，具体执行步骤如下：

Step 01 启动 AutoCAD 2012，打开配套光盘中素材文件\第 4 章\21.dwg，如图 4-82 所示。

Step 02 在命令行提示下，输入 CHAMFER，按【Enter】键确认。

Step 03 在命令行输入 D（距离），按【Enetr】键确认。

Step 04 输入第一个倒角距离 30 ，按【Enter】键确认。

Step 05 输入第二个倒角距离 30，按【Enter】键确认。

Step 06 输入 P（多段线），按【Enter】键确认。

Step 07 选择正方形，绘制结果如图 4-83 所示。

图 4-82　打开素材

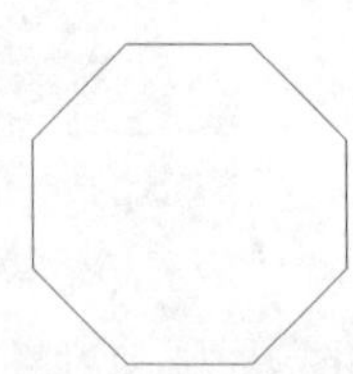

图 4-83　倒角结果

4.5.2　圆角对象

圆角与倒角相似，也是两个对象之间的一种连接方式，但是圆角使用与对象相切并且具有指定半径的圆弧连接两个对象。内角点称为内圆角，外角点称为外圆角。

可以进行圆角操作的对象包括圆弧、圆、椭圆和椭圆弧、直线、多段线、射线、样条曲线、构造线及三维实体。

在 AutoCAD 2012 中，调用“圆角”(FILLET) 命令的常用方法有以下几种。

- 命令：FILLET。
- 工具栏：选择“常用”选项卡，在“修改”面板中单击“圆角”按钮。

调用该命令后，AutoCAD 2012 命令行将依次出现如下提示：

当前设置：模式 = 当前值，半径 = 当前值
选择第一个对象或 [放弃(U)/多段线(P)/半径(R)/修剪(T)/多个(M)]:// 使用对象选择方法或输入选项

各选项的作用如下：

1. 选择第一个对象

选取要创建圆角的第一个对象。这个对象可以是二维对象，也可以是三维实体的一个边。

选择第二个对象，或按住 Shift 键并选择要应用角点的对象:// 使用选择对象的方法，或按住【Shift】键并选择对象，以创建一个锐角

2. 放弃（U）

恢复在命令中执行的上一个操作。

3. 多段线（P）

在二维多段线中的每两条线段相交的顶点处创建圆角。

选择二维多段线: //选取二维多段线

若选取的二维多段线中一条弧线段隔开两条相交的直线段，选择创建圆角后将删除该弧线段而替代为一个圆角弧。

4. 半径（R）

设置圆角弧的半径。

指定圆角半径 <当前值>: //指定圆角半径长度或按【Enter】键

在此修改圆角弧半径后，此值将成为创建圆角的当前半径值。此设置只对新创建的对象有影响。如果设置圆角半径为 0，则被圆角处理的对象将被修剪或延伸直到它们相交，并不创建圆弧。选择对象时，可以按住【Shift】键，以便使用 0 值替代当前圆角半径。

5. 修剪（T）

在选定边后，若两条边不相交，选择此选项确定是否修剪选定的边使其延伸到圆角弧的端点。

输入修剪模式选项 [修剪(T)/不修剪(N)] <当前>: //输入选项或按【Enter】键

当将系统变量 Trimmode 设置为 1 时，“圆角”FILLET 命令会将相交直线修剪到圆角弧的端点。若选定的直线不相交，系统将延伸或修剪直线以使它们相交。

（1）修剪

修剪选定的边延伸到圆角弧端点。

（2）不修剪

不修剪选定的边。

6. 多个（M）

为多个对象创建圆角。选择了此项，系统将在命令行重复显示主提示，按【Enter】键结束命

令。在结束后执行“放弃”操作时，凡是用“多个”选项创建的圆角都将被一次性删除。

上机操作 22——直接为两条平行线创建圆角

Step 01 启动 AutoCAD 2012，打开配套光盘中素材文件\第 4 章\22.dwg，如图 4-84 所示。

Step 02 在命令行提示下，输入 FILLET ，按【Enter】键确认。

Step 03 选择第一条直线。

Step 04 选择第二条直线，此时临时调整当前圆角半径，以创建与两个对象相切且位于两个对象的共有平面上的圆弧，绘制结果如图 4-85 所示，如果按【Enter】键，可以继续进行圆角操作。

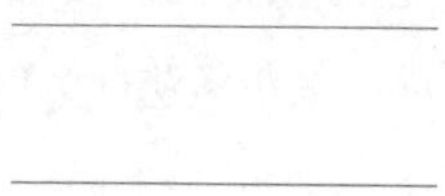

图 4-84　打开素材

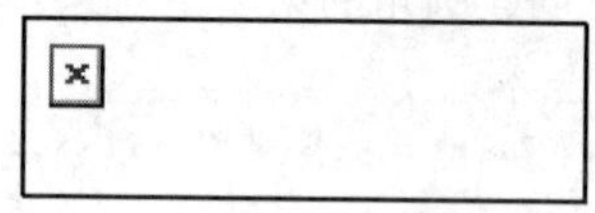

图 4-85　结果

上机操作 23——通过指定半径创建圆角

Step 01 启动 AutoCAD 2012，打开配套光盘中素材文件\第 4 章\23.dwg，如图 4-86 所示。

Step 02 在命令行提示下，输入 FILLET ，按【Enter】键确认。

Step 03 输入 R（半径），按【Enter】键确认。

Step 04 输入圆角半径 200，按【Enter】键确认。

Step 05 选择要创建圆角的第一条直线。

Step 06 选择要创建圆角的第二条直线，绘制结果如图 4-87 所示。

若在本例中，将圆角半径设置为 0，其绘制结果如图 4-88 所示。

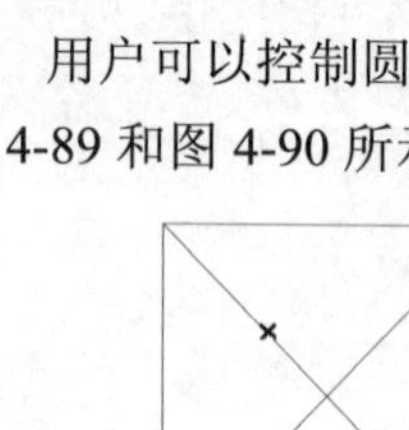

图 4-86　打开素材

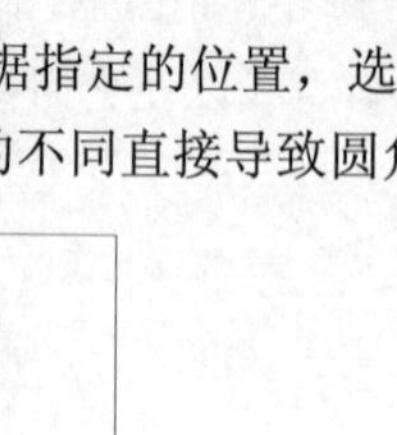

图 4-87　带半径圆角的两条直线

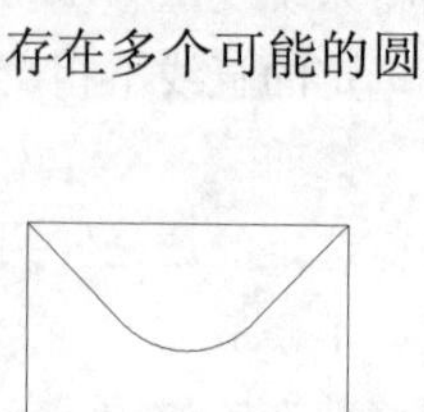

图 4-88　半径为 0 圆角的两条直线

用户可以控制圆角的位置，根据指定的位置，选定的对象之间可以存在多个可能的圆角，如图 4-89 和图 4-90 所示，选择位置的不同直接导致圆角结果的不同。

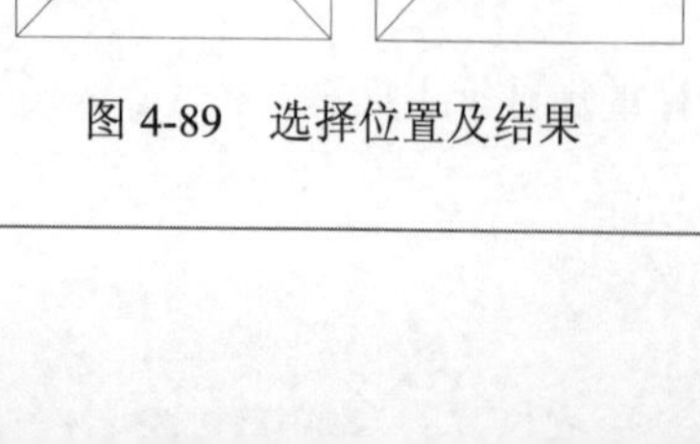

图 4-89　选择位置及结果

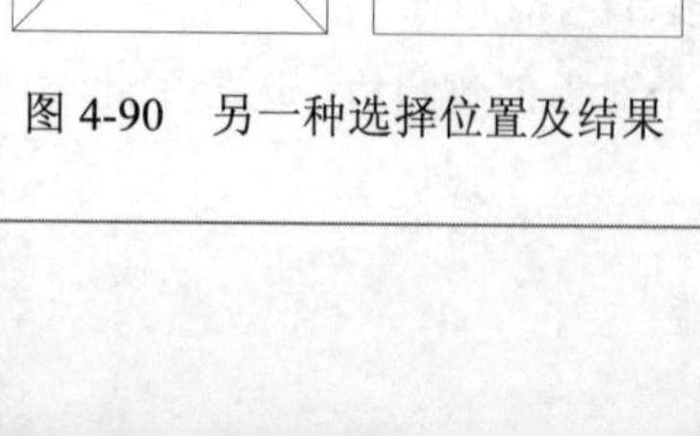

图 4-90　另一种选择位置及结果

4.5.3　打断对象

在绘图过程中，可以将一个对象打断为两个对象，对象之间可以具有间隙，也可以没有间隙。在 AutoCAD 2012 中，调用“打断”（BREAK）命令的常用方法有以下几种。

- 命令：BREAK。
- 工具栏：选择“常用”选项卡，在“修改”面板中单击“打断”按钮。

调用该命令后，AutoCAD 2012 命令行将依次出现如下提示：

```
选择对象：//使用某种对象选择方法，或指定对象上的第一个打断点 1
```

可以在对象上的两个指定点之间创建间隔，从而将对象打断为两个对象。如果这些点不在对象上，则会自动投影到该对象上。“打断”（BREAK）命令通常用于为块或文字创建空间。

将显示的下一个提示取决于选择对象的方式。如果使用定点设备选择对象，AutoCAD 将选择对象并将选择点视为第一个打断点。在下一个提示下，可以继续指定第二个打断点或替换第一个打断点。

```
指定第二个打断点或 [第一点(F)]:// 指定第二个打断点 2，或输入 F
```

各选项的作用如下：

1．第二个打断点

该选项指定用于打断对象的第二个点。

2．第一点（F）

该选项用指定的新点替换原来的第一个打断点。

```
指定第一个打断点：
指定第二个打断点：
```

两个指定点之间的对象将部分被删除。如果第二个点不在对象上，将选择对象上与该点最接近的点。因此，要打断直线、圆弧或多段线的一端，可以在要删除的一端附近指定第二个打断点。

要将对象一分为二并且不删除某个部分，则输入的第一个点和第二个点应相同。通过输入 @ 指定第二个点即可实现此过程。

直线、圆弧、圆、多段线、椭圆、样条曲线、圆环，以及其他几种对象类型都可以拆分为两个对象或将其中的一端删除。AutoCAD 将按逆时针方向删除圆上第一个打断点到第二个打断点之间的部分，从而将圆转换成圆弧。

4.6　利用夹点编辑功能编辑对象

在 AutoCAD 2012 中，对象的夹点是一些在图形处于选中状态时出现的表示其关键点的小方框。用户可以通过移动夹点直接而快速地编辑对象，包括拉伸、移动、旋转、缩放或镜像操作。

4.6.1　夹点介绍

夹点指的是当选取对象时，在对象关键点上显示的小方框。如图 4-91 所示，当选取矩形对象时，其四角就会出现 4 个蓝色矩形框，这就是夹点。将鼠标移动到左上角夹点上，该夹点变成橙色，此时的夹点称为“悬停夹点”，同时会显示矩形的基本尺寸，如图 4-92 所示。单击左上角夹点，该夹点变成红色，处于选择状态下的红色夹点称为“基夹点”或“热夹点”， 如图 4-93 所示。

图 4-91　未选中夹点

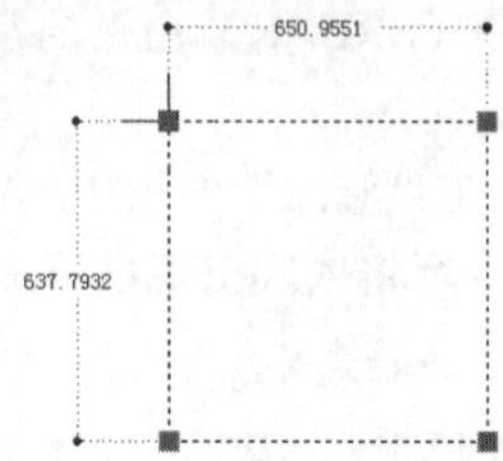

图 4-92　悬停夹点

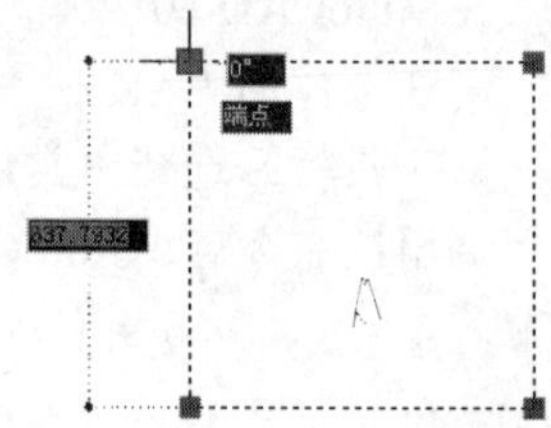

图 4-93　热夹点

默认状态下，夹点模式处于启动状态，如果当前没有启动夹点模式，可以在菜单栏中选择“工具”→“选项”命令，在打开的“选项”对话框中，选择“选择集”选项卡，选择其中的“显示夹点”复选框，在该选项卡中还可以设置夹点的大小、颜色等，如图 4-94 所示。

对于块，用户还可以指定选定块参照，在其插入点显示单个夹点还是显示块内与编组对象关联的多个夹点。如果要显示多个夹点，选择如图 4-94 中的“在块中显示夹点”复选框。其效果如图 4-95 和图 4-96 所示。

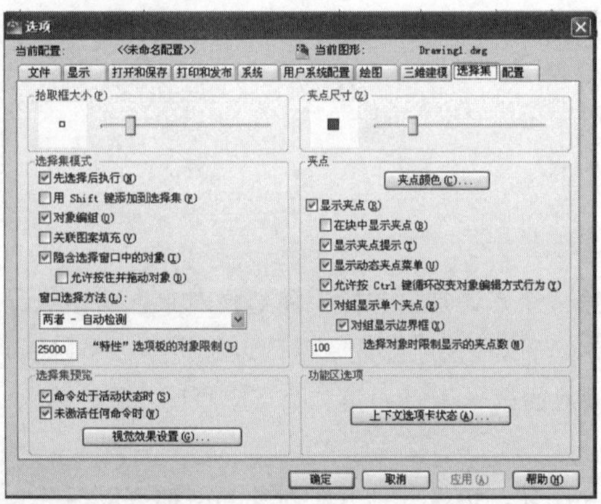

图 4-94　“选择集”选项卡

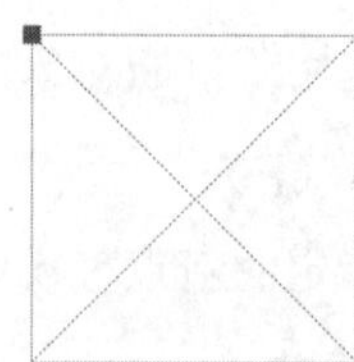

图 4-95　块中的夹点被关闭（单夹点显示）

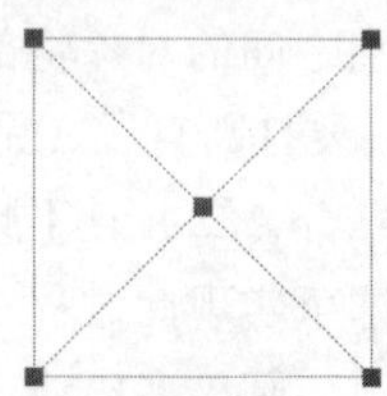

图 4-96　块中的夹点被打开（多夹点显示）

4.6.2　使用夹点模式

用户可以拖动夹点执行拉伸、移动、旋转、缩放或镜像操作。

上机操作 24——执行夹点复制操作

Step 01 启动 AutoCAD 2012，打开配套光盘中素材文件\第 4 章\24.dwg。

Step 02 选择要复制的对象，如图 4-97 所示。

Step 03 在对象上单击选择基夹点，亮显选定夹点（即热夹点），如图 4-97 所示，并激活默认夹点模式“拉伸”。

Step 04 按【Enter】键遍历夹点模式，直到显示夹点模式为要执行的操作，或者直接右击，在弹出的快捷菜单中选择“复制”命令，如图 4-97 所示。

Step 05 将热夹点垂直向下复制到正方形的边上，如图 4-98 所示，绘制结果如图 4-99 所示。

要同时操作某个对象的多个夹点或操作多个对象时，可在选择对象后，按【Shift】键并逐个单击夹点使其亮显。之后，释放【Shift】键并通过单击选择一个夹点作为基夹点。

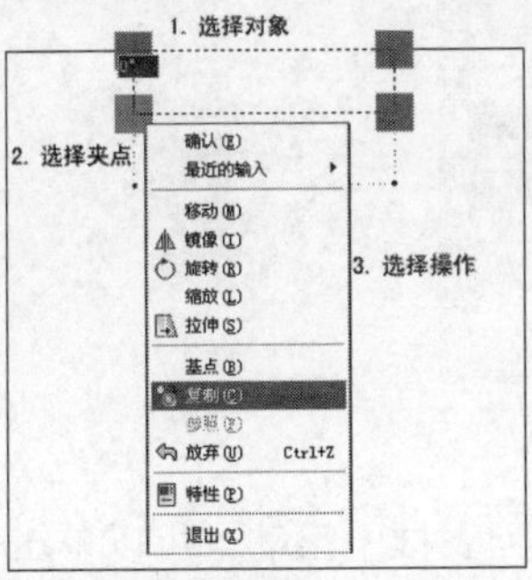

图 4-97　选择对象、夹点及“复制”命令

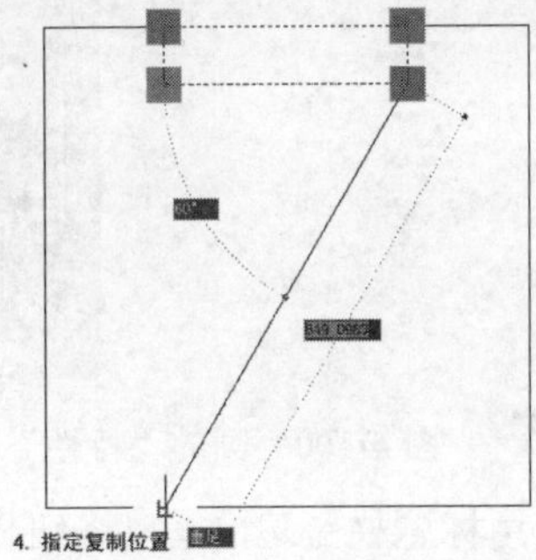

图 4-98　指定复制位置

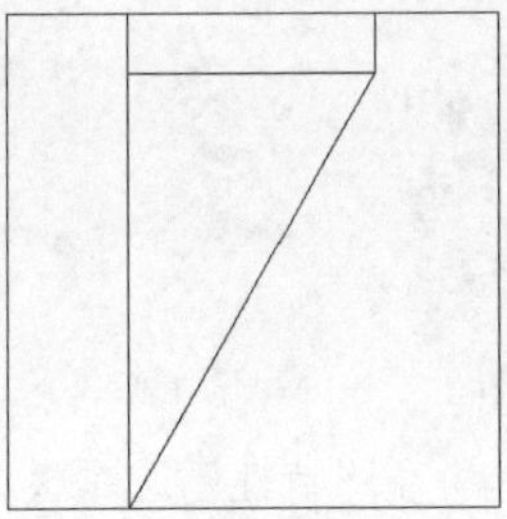

图 4-99　结果

提　示

通过将夹点移动到新位置上可以实现拉伸对象的操作。但是移动文字、块参照、直线中点、圆心和点对象上的夹点，将只会移动对象而不去拉伸它。这是移动块参照和调整标注的好方法。

4.7　编辑对象特性

在视口中绘制的每个对象都具有特性，有些特性是基本特性，适用于多数对象，例如，图层、颜色、线型和打印样式，而有些特性是专用于某个对象的特征。例如圆的特性包括半径和面积，直线的特征包括长度和角度。

多数基本特性可以通过图层指定给对象。如果将特性值设置为“随层”，则将为对象与其所在的图层指定相同的值。例如，如果将在图层 0 上绘制的直线的颜色指定为“随层”，并将图层 0 的颜色指定为“红”，则该直线的颜色将为红色。如果将特性设置为一个特定值，则该值将替代图层中设置的值。 例如，如果将在图层 0 上绘制的直线的颜色指定为“蓝”，并将图层 0 的颜色指定为“红”，则该直线的颜色将为蓝色。

“特性”选项板用于列出选定对象或对象集的特性的当前设置。可以修改任何可以通过指定新值进行修改的特性；选择多个对象时，“特性”选项板只显示选择集中所有对象的公共特性；如果未选择对象，“特性”选项板只显示当前图层的基本特性、图层附着的打印样式表的名称、查看特性，以及有关 UCS 的信息。

一般用户可以通过以下方式打开“特性”选项板。

- 命令：PROPERTIES。

● 选择对象，在该对象上右击，在弹出的快捷菜单中选择“特性”命令。

调用该命令后，就会弹出“特性”选项板，以圆为例，其“特性”选项板如图 4-100 所示。

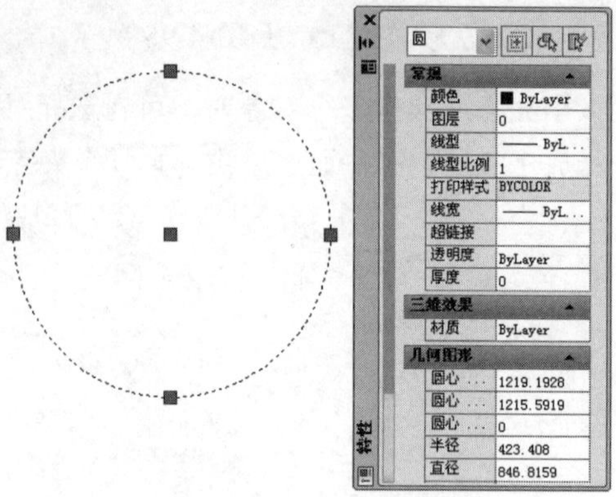

图 4-100　圆的“特性”选项板

在“特性”选项板中，使用标题栏旁边的滚动条可以在特性列表框中滚动。可以单击每个类别右侧的箭头展开或折叠相应的下拉列表框。选择要修改的值，然后使用以下方法之一对值进行修改：

● 输入新值。
● 单击右侧的下拉箭头并从其下拉列表框中选择一个值。
● 单击“拾取点”按钮，使用定点设备修改坐标值。
● 单击“快速计算器”按钮可计算新值。
● 单击左或右箭头可增大或减小该值。
● 单击“…”按钮并在对话框中修改特性值。

修改将立即生效。若要放弃更改，则在“特性”选项板的空白区域右击，在弹出的快捷菜单中选择“放弃”命令。

4.8　本章小结

本章通过绘制多种图形，主要介绍了 AutoCAD 2012 的一些图形编辑工具的使用，比如选择、移动、旋转、复制、镜像、阵列、缩放、延伸、倒角、倒圆角和打断等。希望读者能够多动手进行实际操作，认真体会每一个命令的用法和特点。

4.9　问题与思考

1. 对象的选择有几种方法？
2. 若在使用“镜像”命令时，将文字也镜像了，如何将文字正过来？
3. “拉伸”命令和“延伸”命令的区别是什么？
4. “倒角”命令也能实现延伸或剪切，它与延伸或剪切的区别是什么？

第 5 章

图层操作

本章主要内容：

图层相当于图纸绘图中使用的重叠图纸，它是图形中使用的主要组织工具。可以使用图层将信息按功能进行编组，以及执行线型、颜色及其他标准的设置。通过创建图层，可以将类型相似的对象指定给同一个图层使其相关联。例如，可以将构造线、文字、标注和标题栏置于不同的图层上。然后可以进行以下操作：创建和命名图层、使用图层状态、替代视口中的图层特性、对图层列表进行过滤和排序、修改图层设置和图层特性。本章将对这些内容进行讲解。

本章重点难点：

- 控制图层状态
- 创建图层和特性设置
- 图层管理器的应用
- 图层过滤器的应用

5.1 认识图层

图层就像透明的覆盖层，类似于电影胶片。用户可以在上面组织和编组图形中的对象。图层是对 AutoCAD 2012 图形中的对象按类型分组管理的工具。AutoCAD 允许在一张图上设置多达 32 000 个“层”，可以把这些“层”想象为若干张重叠在一起的没有厚度的透明胶片，各层上的图形可以设定为不同的颜色、线型和线宽。不管用户设置了多少层，它们都是完全对齐的，即统一坐标点互相对准，并且图形界限、坐标系统和缩放比例因子都相同。

将各种实体按性质分别绘制在不同的层上，然后可以将各层分别设置为“打开/关闭”、“冻结/解冻”、“打印/不打印”等状态，从而控制各层的可见性和可操作性，以便于制图。还可以利用各种不同层的组合，构成一个工程项目所需的各个专业的设计图，如建筑工程所用的各楼层的建筑结构图、给排水管道设计图、动力和照明路线设计图等。

提　示

图层的存在使用户便于区分图形对象和分类管理，显然，熟练应用图层操作可以大大提高工作效率。另外，还可以节省绘图空间，因为不必分别给每一个图元设定颜色、线型等属性。

利用图层可以执行以下操作：

- 图层上的对象在任何视口中是可见还是暗显。
- 是否打印对象及如何打印对象。
- 为图层上的所有对象指定颜色。
- 为图层上的所有对象指定默认或其他线型和线宽。
- 指定图层上的对象是否可以修改。
- 确定对象是否在各个布局视口中显示不同的图层特性。

提　示

每个图形都包含一个名为 0 的图层。无法删除或重命名图层 0。该图层有两个用途：（1）确保每个图形至少包括一个图层。（2）提供与块中的控制颜色相关的特殊图层。建议创建几个新图层来组织不同图形，而不是将整个图形均创建在图层 0 上。

图层的操作方法有以下几种。

- 命令：LAYER。
- 菜单命令：选择“格式”→“图层”命令。
- 工具栏：单击“图层特性管理器”选项板按钮。

以上任一种操作都将打开“图层特性管理器”选项板，如图 5-1 所示。

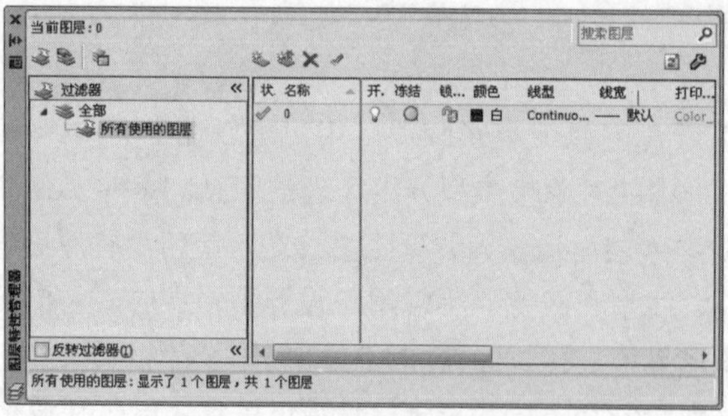

图 5-1　图层特性管理器

由图 5-1 可以看出“图层特性管理器”选项板是由若干功能选项按钮组成的，主要选项的作用如下：

1．“新建特性过滤器”按钮

点击该按钮可以打开“图层过滤器特性”对话框。在该对话框中可以根据图层的一个或多个特性建立图层过滤器，如图 5-2 所示。

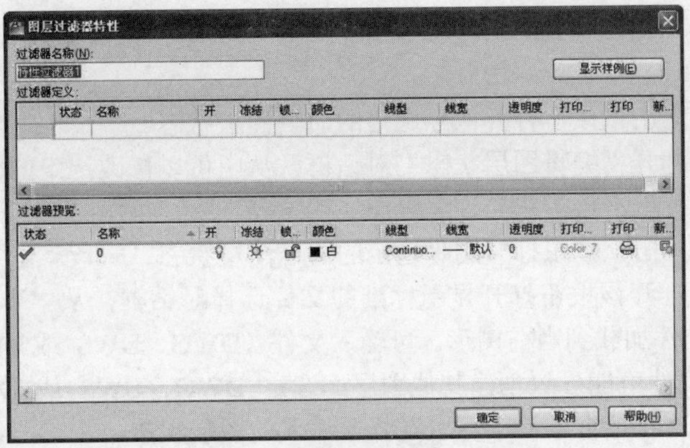

图 5-2　“图层过滤器特性”对话框

“图层过滤器特性”对话框中各选项的作用如下。

- 状态：单击“正在使用”按钮或“未使用”按钮。
- 名称：在过滤器图层名中使用通配符。例如，输入：*mech*，则包括所有名称中带有 mech 的图层。
- 开：单击“开”或“关”按钮。
- 冻结：单击“冻结”或“解冻”按钮。
- 锁定：单击“锁定”或“解锁”按钮。
- 颜色：单击“选择颜色”按钮打开“选择颜色”对话框。
- 线型：单击“选择线型”按钮打开“选择线型”对话框。
- 线宽：单击“线宽”按钮打开“线宽”对话框。
- 打印样式：单击“选择打印样式”按钮打开“选择打印样式”对话框。
- 打印：单击“打印”按钮或“不打印”按钮可打印或取消打印操作。
- 新视口冻结：单击“冻结”或“解冻”按钮可冻结或解冻视口。

2.“新建组过滤器”按钮

单击该按钮可以创建组过滤器，其中包括选择并添加到该过滤器的图层。

3.“图层状态管理器”按钮

单击该按钮可以打开“图层状态管理器”对话框，从中可以将图层的当前特性保存到一个命名图层状态中，以后可以恢复这些设置，如图 5-3 所示。“图层状态管理器”对话框中显示图形中已保存的图层状态列表，在其中可以新建、重命名、编辑和删除图层状态。“图层状态管理器”对话框中各选项的作用如下。

图 5-3　“图层状态管理器”对话框

- “图层状态”列表框：列出已保存在图形中的命名图层状态、保存它们的空间（模型空间、布局或外部参照）、图层列表是否与图形中的图层列表相同以及可选说明。
- “不列出外部参照中的图层状态”复选框：控制是否显示外部参照中的图层状态。

- “新建”按钮：单击该按钮打开“要保存的新图层状态”对话框，从中可以提供新命名图层状态的名称和说明。
- “保存”按钮：单击该按钮打开保存选定的命名图层状态。
- “编辑”按钮：打开“编辑图层状态”对话框，从中可以修改选定的命名图层状态。
- “重命名”按钮：单击该按钮允许编辑图层状态名。
- “删除”按钮：单击该按钮打开删除选定的命名图层状态。
- “输入”按钮：打开该按钮打开显示标准的文件选择对话框，从中可以将之前输出的图层状态（LAS）文件加载到当前图形。可输入文件（DWG、DWS 或 DWT）中的图层状态。输入图层状态文件可能导致创建其他图层。选定 DWG、DWS 或 DWT 文件后，将打开“选择图层状态”对话框，从中可以选择要输入的图层状态。
- “输出”按钮：单击该按钮打开标准的文件选择对话框，从中可以将选定的命名图层状态保存到图层状态（LAS）文件中。
- “恢复”按钮：将图形中所有图层的状态和特性设置恢复为之前保存的设置。仅恢复使用复选框指定的图层状态和特性设置。
- “关闭”按钮：单击该按钮关闭图层状态管理器并保存更改。

4.“新建图层”按钮

单击该按钮可以创建新图层。新建的图层名称处于可编辑状态。

5.“在所有视口中都被冻结的新图层视口”按钮

单击该按钮创建新图层，然后在所有现有布局视口中将其冻结。

6.“删除图层”按钮

单击该按钮删除选定的图层。只能删除未被参照的图层。参照的图层包括图层 0 和 DEFPOINGTS，包含对象（包括块定义中的对象）的图层、当前图层，以及依赖外部参照的图层。

7.“置为当前”按钮

单击该按钮可将选定图层设置为当前层。将在当前层上绘制创建的对象。

8.“刷新”按钮

通过扫描图形中的所有图元来刷新图层使用信息。

9.“设置”按钮

单击该按钮打开“图层设置”对话框，从中可以设置是否将图层过滤器更改应用于“图层”工具栏和更改图层特性替代的背景色，如图 5-4 所示。

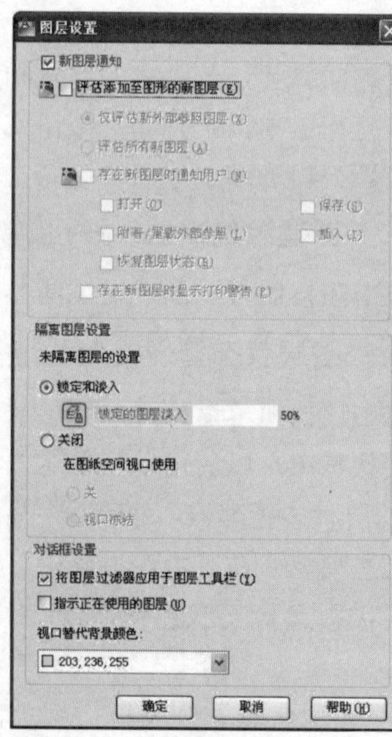

图 5-4 “图层设置”对话框

5.2 图层的创建和特性设置

通过 AutoCAD 2012 可以为在设计概念上相关的每一组对象（例如墙或标注）创建和命名新

图层，并为这些图层指定常用特性。

通过将对象组织到图层中，可以分别控制大量对象的可见性和对象特性，并进行快速更改。

5.2.1　创建和命名图层

通过创建新的图层，可以将类型相似的对象指定给同一个图层使其相关联。例如，可以将构造线、文字、标注和标题栏分别置于不同的图层上，并为这些图层指定通用特性。通过将对象分类放到各自的图层中，可以快速有效地控制对象的显示，并对其进行更改。

新建的 AutoCAD 文档中只能自动创建一个名为 0 的特殊图层。默认情况下，图层 0 将被指定使用 7 号颜色、CONTINUOUS 线型、“默认”线宽，以及 NORMAL 打印样式。不能删除或重命名图层 0。

图形文件中所有的图层是通过“图层特性管理器”选项板进行管理的，所有的图层又是按名称的字母顺序来排列的。

创建新图层的具体操作步骤如下：

Step 01 在命令行提示下，输入 LAYER。

Step 02 在“图层特性管理器”选项板中，单击“新建图层”按钮，建立新图层，如图 5-5 所示。

Step 03 此时系统默认新图层名为“图层 1”。可以根据绘图需要，更改图层名，例如改为“实体层”、“中心线层”或“标准层”等。

Step 04 要修改特性，可单击“颜色”、“线型”、“线宽”或“打印样式”按钮，打开相应的对话框。以单击“颜色”按钮为例，打开“选择颜色”对话框，如图 5-6 所示。选择好颜色后，单击“确定”按钮完成图层颜色的修改。

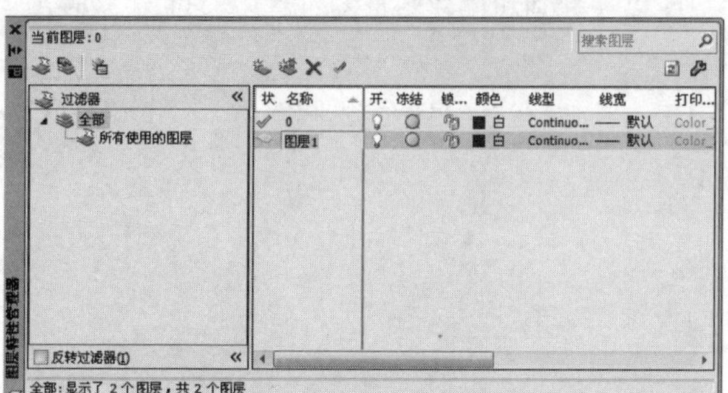

图 5-5　新建图层“图层 1”

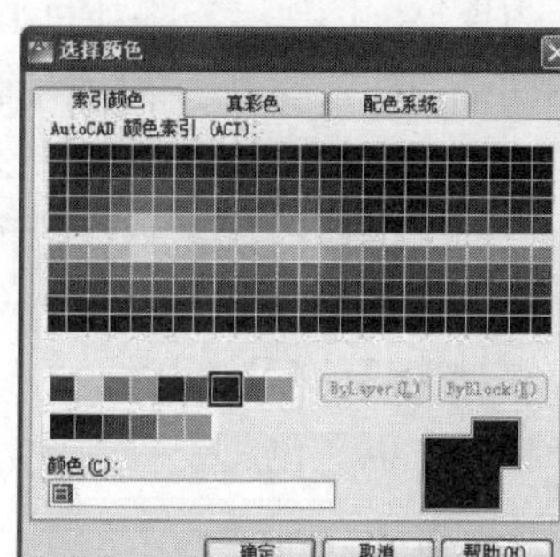

图 5-6　“选择颜色”对话框

注　意

> 在图形中可以创建的图层数及在每个图层中可以创建的对象数实际上是没有限制的。

上机操作 1——创建新图层并命名新图层

新建 5 个图层，名称分别为“绿化”、“道路”、“用地边界”、“建筑控制线”和“停车位”

的图层。具体步骤如下：

Step 01 在工具栏中单击“图层特性管理器”按钮，打开“图层特性管理器”选项板。

Step 02 在“图层特性管理器”选项板中单击“新建”按钮，将自动生成名称为“图层 1”的新图层。名称处于可编辑状态，表示可以输入新名称。

Step 03 输入“绿化”。

Step 04 依次创建其他 4 个新图层，结果如图 5-7 所示。

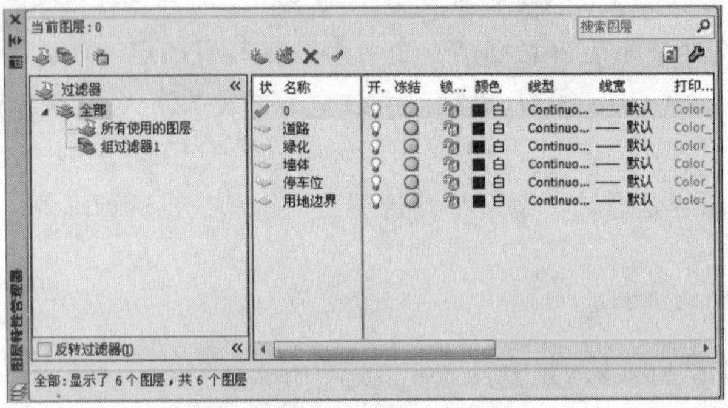

图 5-7　创建并命名新图层

注　意

如果长期使用某一特定的图层方案，可以使用指定的图层、线型和颜色建立图形样板。

5.2.2　设置图层特性

因为图形中的所有内容都与图层相关联，所以在规划和创建图形的过程中，可能需要更改图层上的图形特性或改变组合图层的方式。

通过设置图层特性可以改变图层名称和图层的其他特性（包括颜色和线型）。AutoCAD 2012 用户可以通过特性的设置来改变下列内容：

- 修改图层名称。
- 修改图层的默认颜色、线型或其他特性。

下面分别以颜色和线型为例来讲解特性的设置。

1．设置颜色

AutoCAD 绘制的图形对象都具有一定的颜色，为使绘制的图形清晰明了，可以把同一类的对象使用相同的颜色进行绘制，而使不同类的对象具有不同的颜色，以示区分。为此，需要适当地对颜色进行设置。

AutoCAD 用户对颜色的设置可以分为两种：

- 为图层设置颜色（及随层色 BYLAYER）。
- 为将要新建的图形对象设置当前颜色，还可以改变已有图形对象的颜色。

为某一图层设置随层颜色的方法如下。

- 菜单命令：选择“格式”→“图层”命令，在“图层特性管理器”选项板中单击“颜色”

按钮。

- 工具栏：单击“图层特性管理器”按钮，在“图层特性管理器”选项板中单击“颜色”按钮。

为某一图层中将要新建图形设置颜色的方法如下。

- 命令：COLOR。
- 菜单命令：选择“格式”→“颜色”命令。

注　意

如果未对将要新建的图形设定颜色，系统将默认颜色为 BYLAYER（即随层色），图形颜色将遵从系统默认。如果仅设定图层颜色，那么该层所有图形的颜色将显示为随层颜色。如果既设定图层颜色，又设定当前图形颜色，那么该层新建的图形将优先显示为当前颜色。

上机操作 2——设置图层颜色

在本上机操作中所有图层颜色均为白色。本操作将“绿化”图层的随层颜色由白色改为绿色，来验证“绿化”层中的树木组合图形由白变绿。

设置图层颜色的具体步骤如下：

首先打开配套光盘中素材文件\第 5 章\02.dwg，将看到两组平面组合树分别在“绿化”和 0 图层上。

Step 01 在“图层”工具栏中单击“图层特性管理器”按钮，在打开的选项板中选择“绿化”图层，单击“颜色”按钮。

Step 02 设置该层颜色为绿色。树木将由白变绿，显示结果如图 5-8 所示。

而 0 图层上的树木颜色却未发生改变，显示结果如图 5-9 所示。

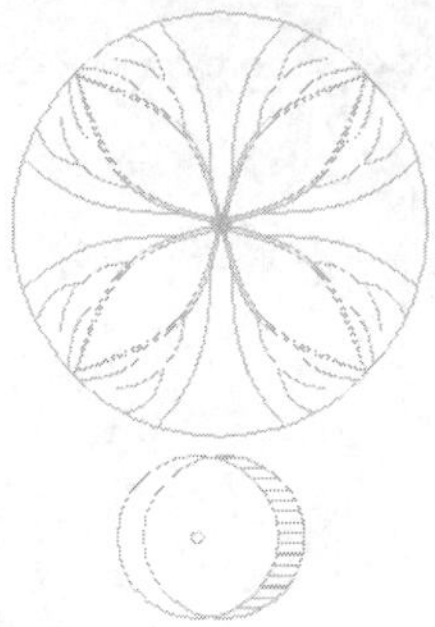

图 5-8　设置图层颜色

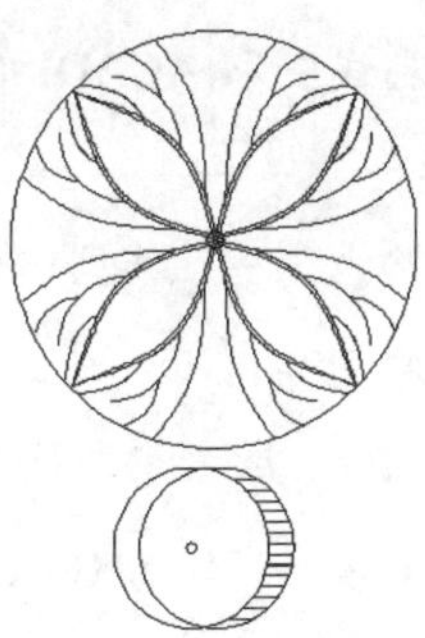

图 5-9　当前图形颜色

2. 设置线型

在国家标准 GB / T4457—1984 中，对各种图样中使用的线的线型、名称和线宽等均做了规定。AutoCAD 2012 中为用户准备了各种线型，以备使用需要。下面介绍如何设置线型。

为某一图层设置随层线型的方法如下。

- 菜单命令：选择“格式”→“图层”命令，在“图层特性管理器”选项板中设置线型。
- 工具栏：单击“图层特性管理器”按钮。

为当前层中将要新建的图形设置线型的方法有如下 2 种。

- 菜单命令：选择“格式”→“线型”命令。
- 命令：LINETYPE。

调用该命令后，将打开“选择线型”对话框，如图 5-10 所示。

提　示

如果“选择线型”对话框中的“已加载的线型”列表框中没有要选择的线型，可以单击“加载”按钮，打开“加载或重载线型”对话框，如图 5-11 所示。在“加载或重载线型”对话框中选择要加载的线型，单击“确定”按钮。

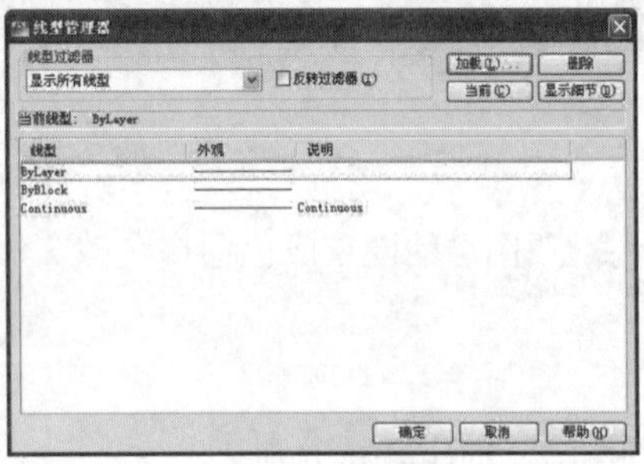

图 5-10　“选择线型”对话框

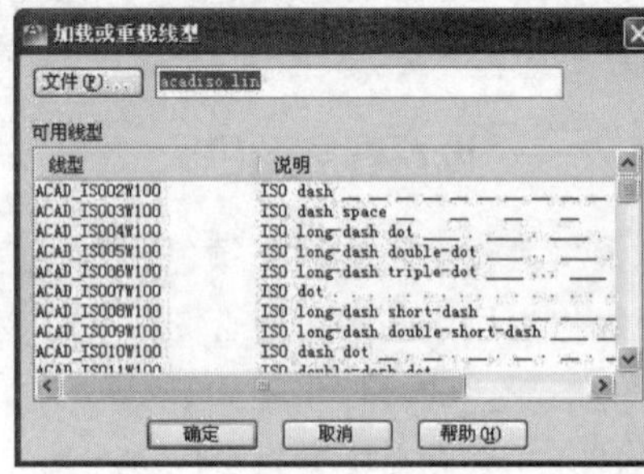

图 5-11　“加载或重载线型”对话框

上机操作 3——设置图层线型

先打开配套光盘中素材文件\第 5 章\03.dwg，将看到一组奥迪标志，且该标志在 0 图层上，如图 5-13 所示。

Step 01 选择“格式”→“图层”命令，在“图层特性管理器”选项板中设置线型。

Step 02 设置该层线型为 ACADISO03W100。“奥迪标志”将由实线变为虚线。但由于比例因子太小，虚线看起来不明显。

Step 03 选择“格式”→“线型”命令，在打开的“线型管理器”对话框中，设定全局比例因子为 100，结果如图 5-12 所示。

Step 04 在“图层特性管理器”选项板中单击“线型”按钮。

Step 05 重新设置该层线型为 Continuous。

Step 06 此时“奥迪标志”将由虚线再次变为实线，结果如图 5-13 所示。

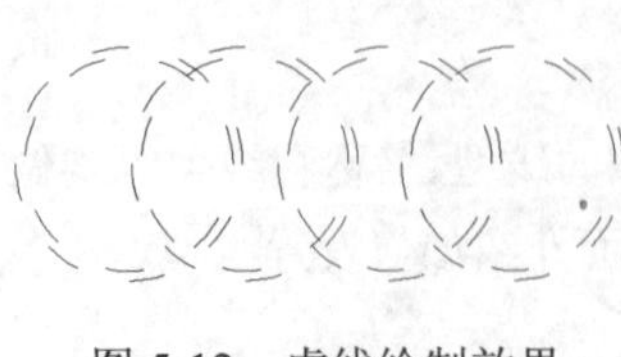

图 5-12　虚线绘制效果

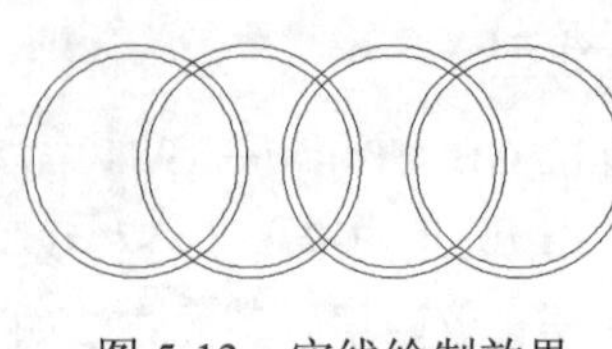

图 5-13　实线绘制效果

图层其他特性的设置，与颜色和线型的操作类似，这里就不再一一赘述了。

5.2.3　修改图层特性

通过图层特性的修改，AutoCAD 2012 的用户也可将对象从一个图层再指定给另一图层。

如果在错误的图层上创建了对象或者决定修改图层的组织方式，则可以将对象重新指定给不同的图层。

注　意

除非已明确设置了图形对象的颜色、线型或其他特性，否则，重新指定给不同图层的对象将默认为新图层的特性。

可以在“图层特性管理器”选项板和“图层”工具栏的“图层”控件中修改图层特性。单击相应按钮进行修改即可。下面通过更换图层和重命名图层，以及放弃修改来讲解对图层特性的修改。

1．通过图层特性修改

通过修改图层特性可以将图形由一个图层指定到另一个图层。

该修改过程的具体步骤如下：

Step 01　选择要更改图层状态的图形对象。

Step 02　在“图层”工具栏中打开“图层控制”下拉列表框，重新选择要更改到的另一个图层即可。

上机操作 4——更换图层

在本上机操作中，将 0 图层中的平面组合树更换到“绿化”图层上。

具体操作步骤如下：

首先打开配套光盘中素材文件\第 5 章\04.dwg。将看到一组在 0 图层上的平面组合树。

Step 01　框选平面组合树图形，如图 5-14 所示。

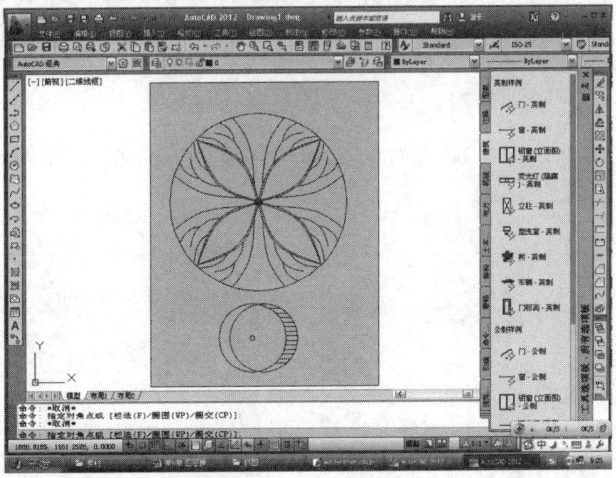

图 5-14　选中对象

Step 02　在“图层”面板中打开“图层控制”下拉列表框，如图 5-15 所示。

Step 03　单击“绿化”图层，完成图层的更换，如图 5-16 所示。

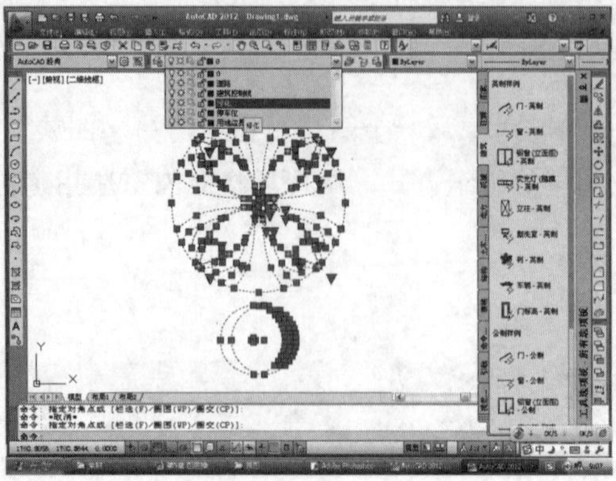

图 5-15 “图层控制”下拉列表框

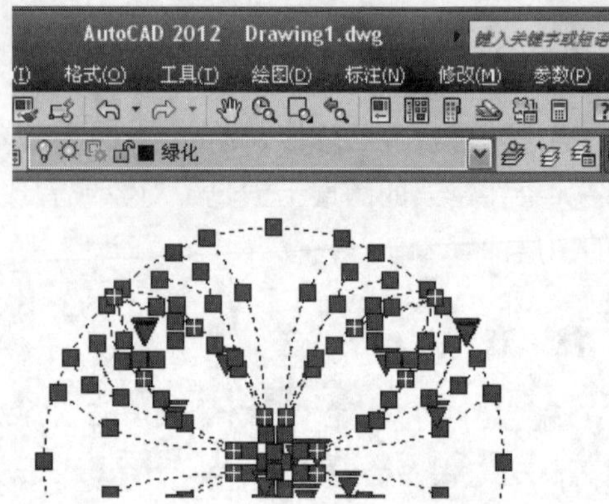

图 5-16 单击“绿化”图层后更换成功

Step 04 关闭“绿化”图层，则不显示图形。打开 “绿化”图层，而关闭 0 图层，这说明图层更换成功。

2. 通过图层特性的修改更改图层名称

该修改过程的具体操作步骤如下：

Step 01 选择“格式”→“图层”命令，或在命令行输入 LAYER。

Step 02 在“图层特性管理器”选项板中，选择相应图层，然后双击图层名称栏。

Step 03 名称处于可编辑状态时，输入新的名称。

上机操作 5——更改图层名称

将配套光盘中素材文件\第 5 章\02.dwg 中的“绿化”图层名称更改为“环境”。

具体操作步骤如下：

Step 01 选择“格式”→“图层”命令，打开“图层特性管理器”选项板。

Step 02 在“图层特性管理器”选项板中，选择“绿化”图层，然后单击该图层名称，如图 5-17 所示。

Step 03 名称处于可编辑状态时，输入新的名称“环境”，如图 5-18 所示。

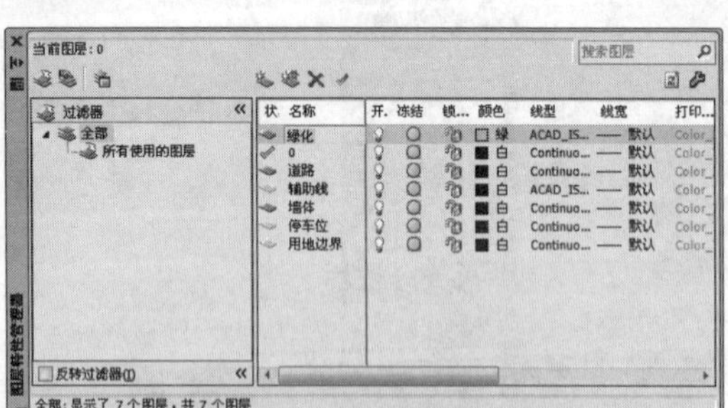

图 5-17 单击“绿化”图层

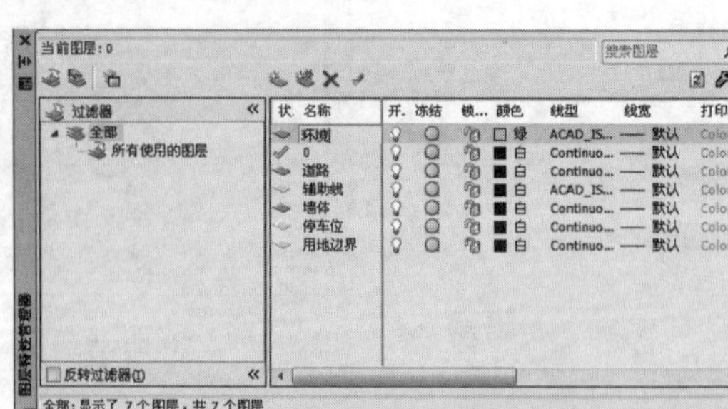

图 5-18 输入新名称“环境”

3．放弃对图层设置的修改

放弃对图层的修改，可以使用“上一个图层”放弃对图层设置所做的修改。该操作的具体操作步骤如下：

Step 01 在命令行输入 LAYERPMODE，或在“图层”工具栏中单击 “上一个”按钮。

Step 02 系统显示当前的“上一个图层”追踪状态。

Step 03 在命令行输入 ON，打开图层设置的“上一个图层”追踪，或输入 OFF 关闭追踪。

例如，先冻结若干图层并修改图形中的某些几何图形，然后又要解冻冻结的图层，则可以使用单个命令来完成此操作，而不会影响几何图形的修改。另外，如果修改了若干图层的颜色和线型之后，又决定使用修改前的特性，可以使用“上一个图层”撤销所做的修改，并恢复原始的图层设置。

使用“上一个图层”，可以放弃使用“图层控制”下拉列表框或使用“图层特性管理器”选项板最近所做的修改。用户对图层设置所做的每个修改都将被追踪，并且可以使用“上一个图层”放弃操作。在不需要图层特性追踪功能时，例如在运行大型脚本时，可以使用 LAYERPMODE 暂停该功能。关闭“上一个图层”追踪后，系统性能将在一定程度上有所提高。

注　意

“上一个图层”无法放弃以下修改：

（1）重命名的图层。如果重命名某个图层，然后修改其特性，则“上一个图层”将恢复除原始图层名以外的所有原始特性。

（2）删除的图层。如果删除或清理某个图层，则使用“上一个图层”无法恢复该图层。

（3）添加的图层。如果将新图层添加到图形中，则使用“上一个图层”不能删除该图层。

上机操作 6——执行“上一个图层”命令，撤销对图层的修改

该上机操作中 0 图层原来的颜色为“绿色”，线型为 Continuous。0 图层上有一组 3 个圆环组成的图案，现将 0 图层中的线型更改为 ACAD_ISO03W100，颜色更改为“黑色”，该组图案将发生变化。最后使用“上一个图层”命令撤销对“绿化”图层线型和颜色的修改，该组图案将变回原先模样。

具体操作步骤如下：

首先打开配套光盘中素材文件\第 5 章\06.dwg。

Step 01 在“图层”工具栏中单击“图层特性管理器”按钮。

Step 02 设置“绿化”图层的线型为 ACAD_ISO03W100。设置“绿化”图层颜色为“白”，结果如图 5-19 所示。

Step 03 在菜单栏中选择“格式”→“图层工具”→“上一个图层”命令，或在工具栏中单击“上一个图层”按钮。每执行一次“上一个图层”命令或单击一次“上一个图层”按钮，几何图形就被撤销一次以前的操作。经两次撤销操作，对“绿化”图层所做的修改全部被取消。结果又如图 5-20 所示。

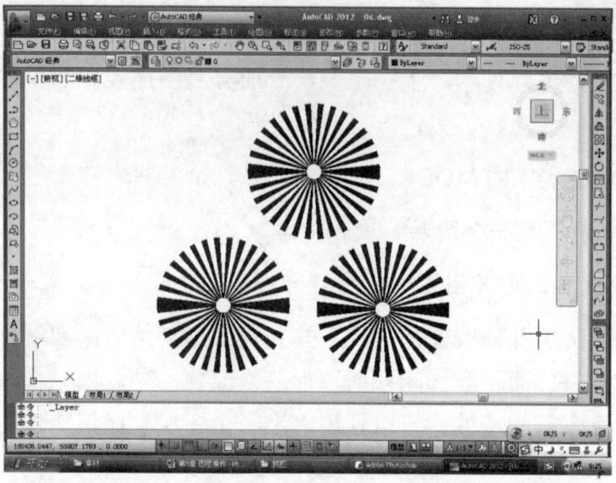

图 5-19　修改后所绘圆环效果

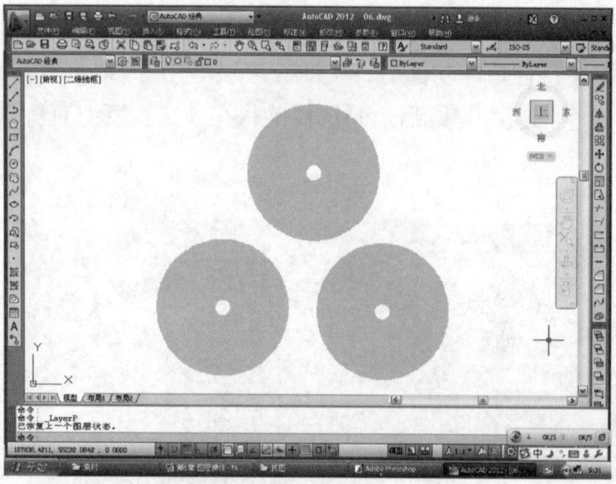

图 5-20　放弃修改后圆环效果

5.3 应用图层过滤器

在设计图形文件的过程中，需要组织好自己的图层设置方案，也要仔细选择图层名称。如果使用共同的前缀来命名有相关图形部件的图层，即可在需要快速查找那些图层时，在图层名过滤器中使用“通配符”来查找。这样将大大提高绘图的工作效率。

图层过滤器可以限制“图层特性管理器”选项板，以及“图层”工具栏上的“图层控制”下拉列表框显示的图层名。在大型图形中，利用图层过滤器，可以仅显示要处理的图层，而隐藏暂时不需要的图层。

图层过滤器有以下两种：

1. 图层特性过滤器

图层过滤器可以控制“图层特性管理器”选项板中列出的图层名，并且可以按图层名或图层特性（例如，颜色或可见性）对其进行排序。

该图层过滤器的作用图层包括名称或其他特性相同的图层。

例如，可以定义一个过滤器，其中包括的图层颜色均为红色，并且名称包括字符 mech 的所有图层。

2．图层组过滤器

该图层过滤器的作用图层包括在定义时放入过滤器的图层，而不考虑其名称或特性。

该图层过滤器组的建立步骤：通过将选定的图层拖到预先建立好的组过滤器中，就可以将该图层从图层列表中添加到选定的图层组过滤器中。

“图层特性管理器”选项板中的树状图显示了默认的图层过滤器，以及当前图形中创建并保存的所有命名过滤器。但不能重命名、编辑或删除默认过滤器。

一旦命名并定义了图层过滤器，就可以在树状图中选择该过滤器，以便在列表视图中显示图层。还可以将过滤器应用于“图层”工具栏，以使“图层控制”下拉列表框仅显示当前过滤器中的图层，如图 5-21 所示。

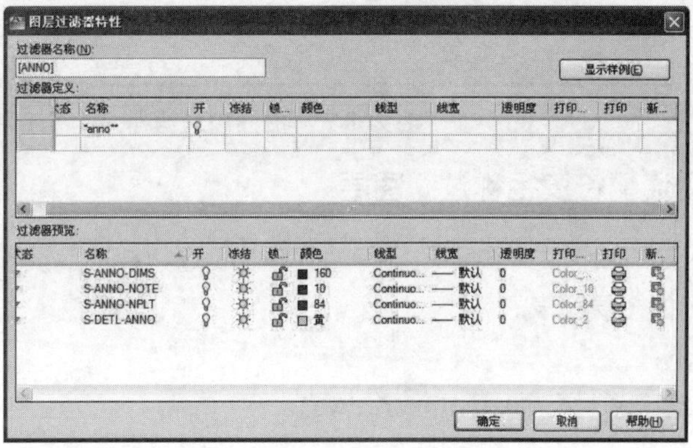

图 5-21　名为[ANNO]的图层过滤器

在树状图中选择一个过滤器并右击时，可以使用快捷菜单中的选项删除、重命名或修改过滤器。例如，可以将图层特性过滤器转换为图层组过滤器。也可以修改过滤器中所有图层的某个特性。“隔离组”选项则可以关闭图形中未包括在选定过滤器中的所有图层。

5.3.1　定义图层过滤器

图层特性过滤器中的图层可能会因图层特性的改变而改变。例如，定义了一个名为 Site 的图层特性过滤器，该过滤器包含名称中带有字母 Site 并且线型为 Continuous 的所有图层；随后，更改了其中某些图层中的线型，则具有新线型的图层将不再属于过滤器 Site，应用该过滤器时，这些图层将不再显示。

图层特性过滤器可以嵌套在其他特性过滤器或组过滤器下。

图层特性过滤器可以在“图层过滤器特性”对话框中进行定义。在该对话框中可以选择要包括在过滤器定义中的以下任何特性：图层名、颜色、线型、线宽和打印样式，图层是否正被使用，打开还是关闭图层，在活动视口或所有视口中冻结图层还是解冻图层，锁定图层还是解锁图层，是否设置打印图层。

下面通过两个例子来说明。

如图 5-21 所示的是名为[ANNO]的过滤器，将显示同时符合以下所有条件的图层：正在使用、名称中包含字母 anno 和处于打开状态。

如图 5-22 所示的是名为 RYW 的过滤器，将同时显示符合以下所有条件的图层：处于打开状态、处于冻结状态和层颜色为红或黄或白。

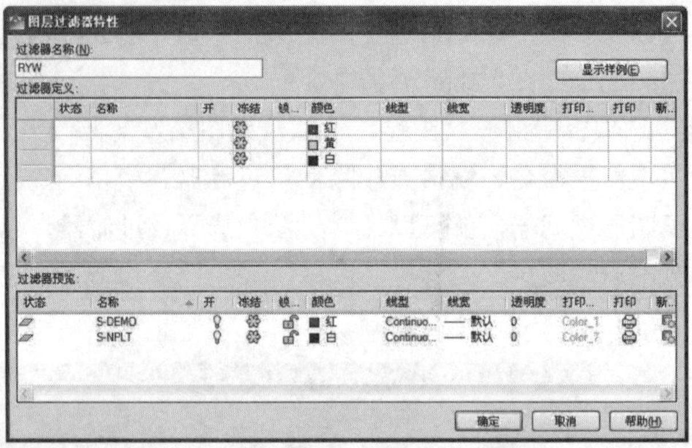

图 5-22　名为 RYW 的图层过滤器

上机操作 7——使用通配符按名称过滤图层

在如图 5-23 所示的某图形文件的“图层特性管理器”选项板中。设置不同的图层过滤器以显示名称中有以字符 JZ 的图层列表。

具体操作步骤如下：

首先打开配套光盘中素材文件\第 5 章\07.dwg。

Step 01 在“图层”面板中单击“图层特性管理器”按钮，打开“图层特性管理器”选项板。

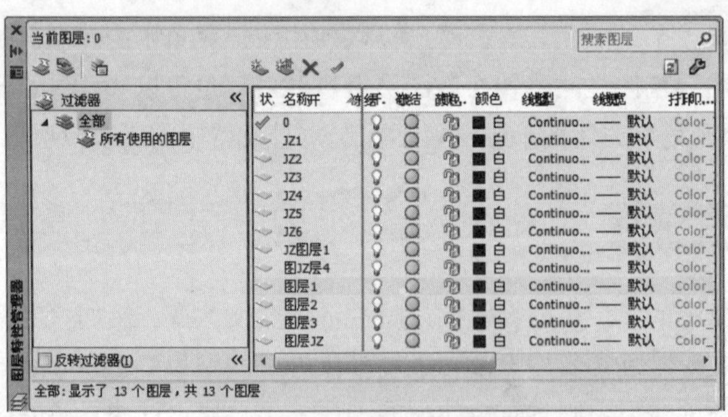

图 5-23　“图层特性管理器”

Step 02 单击“新建图层过滤器”按钮，打开“图层过滤器特性”对话框。在该对话框中单击“名称”列第一个单元格，在“*”前输入 JZ，将得到图层名称前有 JZ 的过滤器列表，结果如图 5-24 所示。单击该对话框中的“名称”列第一个单元格，在“*”后输入 JZ，将得到图层名称后有 JZ 的过滤器列表，如图 5-25 所示。单击对话框中的“名称”列第一个单元格，在两个“*”中输入 JZ，将得到图层名称前有 JZ 的过滤器列表，如图 5-26 所示。

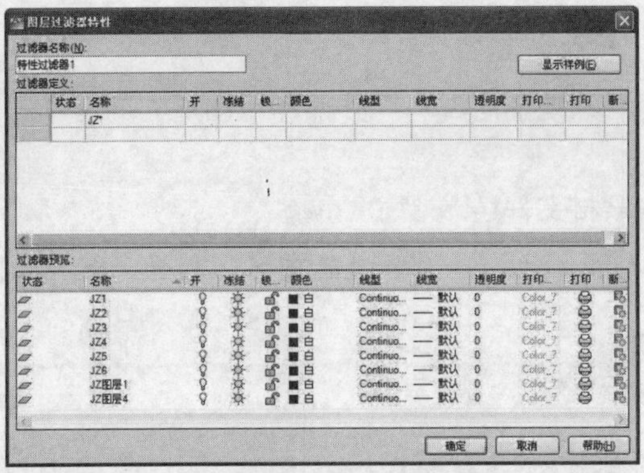

图 5-24　图层名称前有 JZ 的过滤器列表

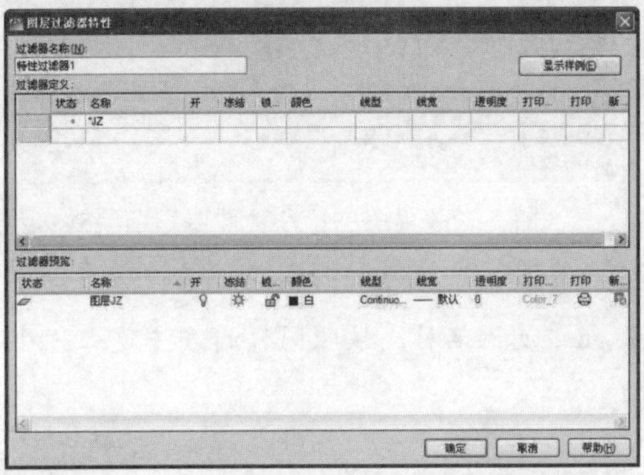

图 5-25　图层名称后有 JZ 的过滤器列表

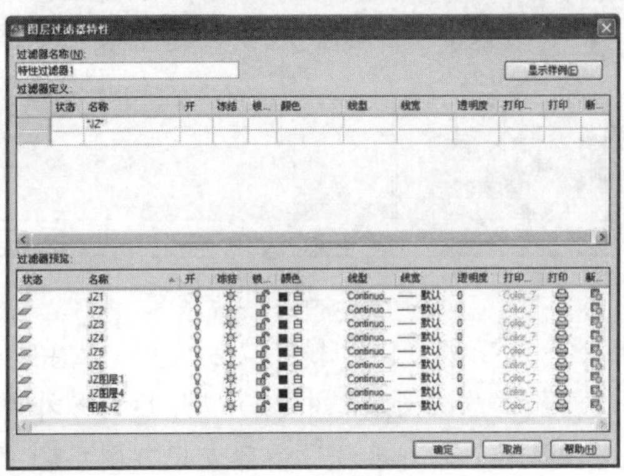

图 5-26　图层名称中有 JZ 的过滤器列表

5.3.2　定义图层组过滤器

图层组过滤器只包括那些明确指定到该过滤器中的图层。即使修改了指定到该过滤器中图层的特性，这些图层仍属于该过滤器。图层组过滤器只能嵌套到其他图层组过滤器下。

提　示

通过单击选定图层并将其拖到过滤器，可使过滤器中包含来自图层列表的图层。

上机操作 8——建立图层组过滤器

建立两个名称分别为“系统图层”和“外部环境图层”的两个图层组过滤器。

具体操作步骤如下：

首先打开配套光盘中素材文件\第 5 章\08.dwg。

Step 01 在“图层”工具栏中单击“图层特性管理器”按钮，打开“图层特性管理器”选项板，如图 5-27 所示。

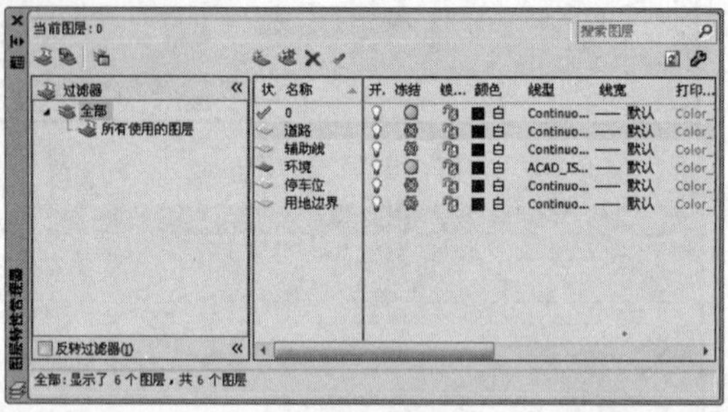

图 5-27 “图层特性管理器”选项板

Step 02 单击“新建图层组过滤器”按钮，将新建“组过滤器 1”，且名称处于可编辑状态。

Step 03 输入“系统图层”组过滤器名称。按照同样的方法建立“外部环境图层”组过滤器，如图 5-28 所示。

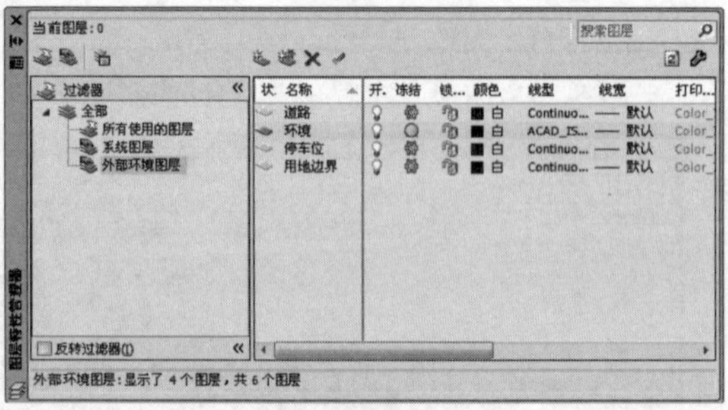

图 5-28 创建组过滤器

Step 04 在“图层特性管理器”选项板右侧的图层信息栏中，选择 0 图层和“辅助线”图层，直接向左侧刚建立的图层组过滤器“系统图层”中拖动，然后将另外 4 个图层拖动到图层组过滤器“外部环境图层”中。完成操作后，打开系统过滤器发现 0 图层和“辅助线”图层已经存在于图层组过滤器的“系统图层”中了，如图 5-29 所示。

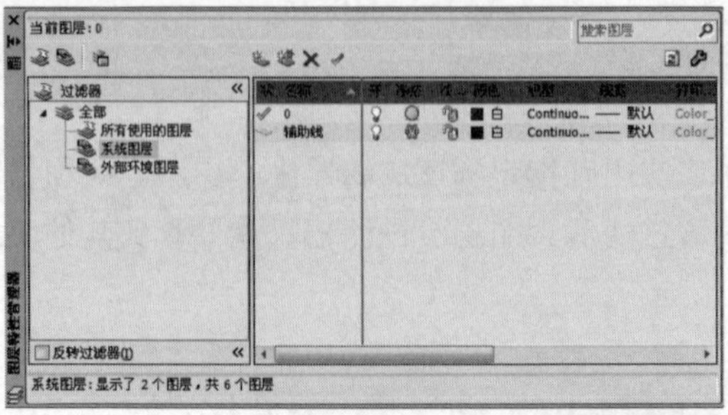

图 5-29 过滤器“系统图层”中显示的图层

5.3.3 定义反转图层过滤器

图层信息可以通过图层过滤器和图层组过滤器进行筛选，也可以通过反转图层过滤器进行反向筛选。例如，AutoCAD 2012 图形文件中所有的建筑设计信息均包括在名称中包含字符 JIAN 的多个图层中，则可以先创建一个以名称 （JIAN） 过滤图层的过滤器定义。然后使用“反向过滤器”选项，这样，该过滤器即包括除建筑设计信息以外的所有图层信息。

上机操作 9——使用“反向过滤器”选项快速选择图层

在“图层特性管理器”选项板中，用“反向过滤器”选项快速选择名称中不含 JZ 的图层。

具体操作步骤如下：

首先打开配套光盘中素材文件\第 5 章\09.dwg。

Step 01 在“图层”工具栏中单击“图层特性管理器”按钮，打开“图层特性管理器”选项板。

Step 02 单击“新建图层组过滤器”按钮，新建“组过滤器 1”，且名称处于可编辑状态。

Step 03 输入 JZ 组过滤器，则将所有名称中有 JZ 的图层拖动至 JZ 组过滤器中，此时 JZ 图层组过滤器列表如图 5-30 所示。

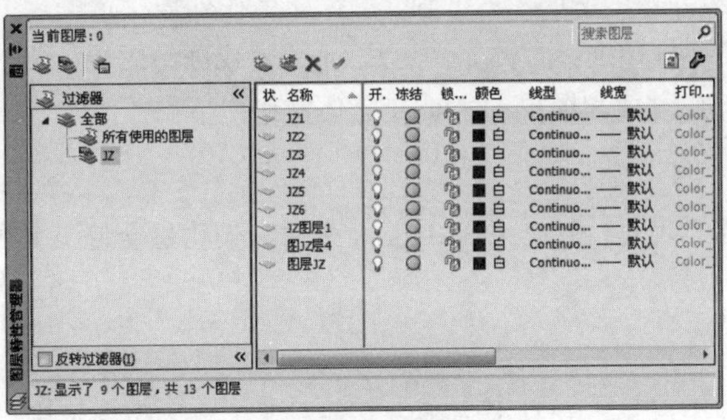

图 5-30　JZ 图层组过滤器列表

Step 04 选择“图层特性管理器”左下角的“反转过滤器”复选框，将显示名称中不含 JZ 的图层组过滤器列表，如图 5-31 所示。

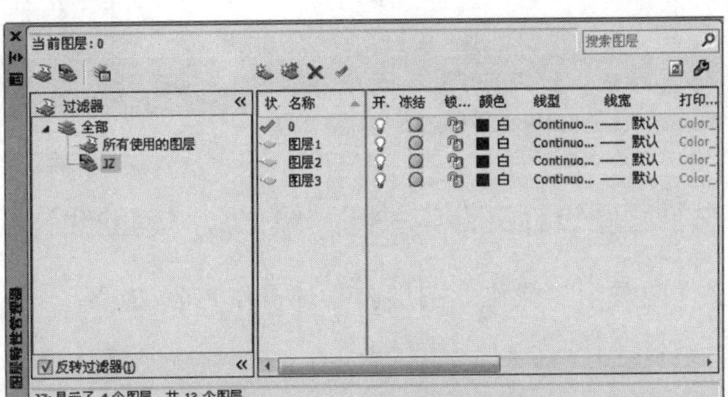

图 5-31　名称中不含 JZ 的图层组过滤器列表

5.3.4 对图层进行过滤和排序

一旦创建了图层，就可以使用名称或其他特性对其进行排序。在“图层特性管理器”选项板中，单击图层状态栏的列标题就可以按该列中的特性排列图层。图层名称可以按字母的升序或降序排列。

5.4 控制图层状态

通过控制图层状态，用户既可以使用图层控制对象的可见性，又可以使图层将特性指定给对象，还可以锁定图层以防止对象被修改。

通过控制如何显示或打印对象，可以降低图形视觉上的复杂程度并提高显示性能。例如，可以使用图层控制相似对象（例如建筑部件或标注）的特性和可见性，也可以锁定图层，以防止意外选定和修改该图层上的对象。

5.4.1 控制图层上对象的可见性

通过关闭或冻结图形所在图层可以使其不可见。如果在处理特定图层或图层集的细节时需要无遮挡的视图，如果不需要打印细节（例如构造线），关闭或冻结图层会很有用。是否选择冻结或关闭图层取决于用户的工作方式和图形的大小。具体操作如下：

1. 开/关

已关闭图层上的对象不可见，但使用 HIDE 命令时它们仍然会遮盖其他对象。打开和关闭图层时，不会重生成图形。

2. 冻结/解冻

已冻结图层上的对象不可见，并且不会遮盖其他对象。在大型图形中，冻结不需要的图层将加快显示和重生成的操作速度。解冻一个或多个图层可能会使图形重新生成。冻结和解冻图层比打开和关闭图层需要更多的时间。在布局中，可以冻结各个布局视口中的图层。

注 意

可以通过锁定图层使图层淡入，而无须关闭或冻结图层。请参见 5.4.2 中“锁定图层上的对象”。

上机操作 10——在某总平面图设计文件中关闭“绿化”、“辅助线”和“标注”图层

在某总平面图设计文件中关闭“绿化”图层。具体操作步骤如下：

首先打开配套光盘中素材文件\第 5 章\10.dwg。

Step 01 打开该图形文件，如图 5-32 所示。

Step 02 在“图层”面板中单击“图层特性管理器”按钮，打开“图层特性管理器”选项板。

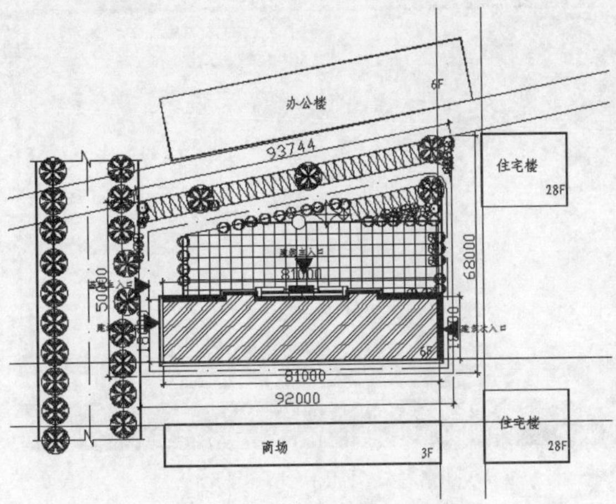

图 5-32　某办公楼总平面图

Step 03 单击“图层特性管理器”选项板中的“绿化”、“辅助线”和“标注”图层的灯图标，或直接从图层管理工具栏处单击灯图标，如图 5-33 所示。操作完成后该图形显示如图 5-34 所示。

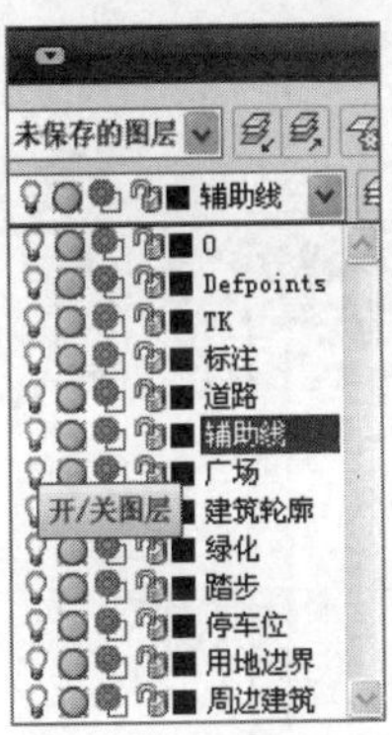

图 5-33　关闭图层

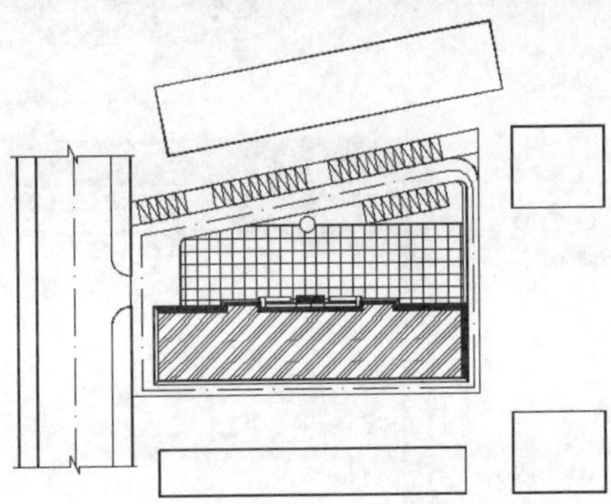

图 5-34　关闭图层后的效果

上机操作 11——冻结图层

假定一个图形文件中有 5 个图层，每个图层上均绘制一个圆。现在要冻结其中的两个图层，具体操作步骤如下：

首先打开配套光盘中素材文件\第 5 章\11.dwg。

Step 01 打开该图形文件，如图 5-35 所示。

Step 02 在“图层”工具栏中单击“图层特性管理器”按钮，打开“图层特性管理器”选项板。

Step 03 单击“图层特性管理器”选项板中的图层 2 和图层 3 相应的冻结图标，或直接从“图层”工具栏中直接单击冻结图标，如图 5-36 所示。操作完成后显示结果如图 5-37 所示。

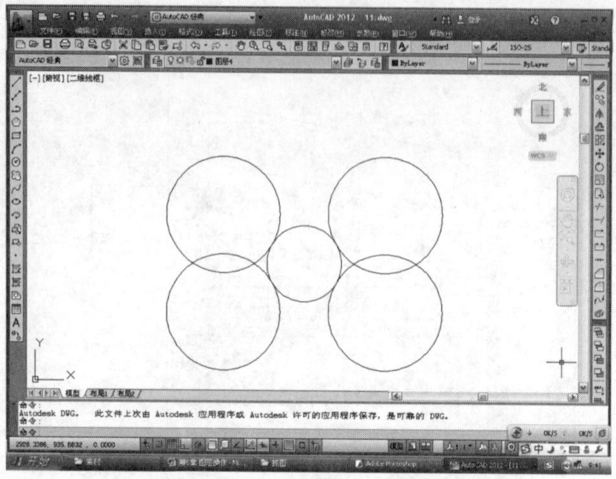

图 5-35　圆环组合图形

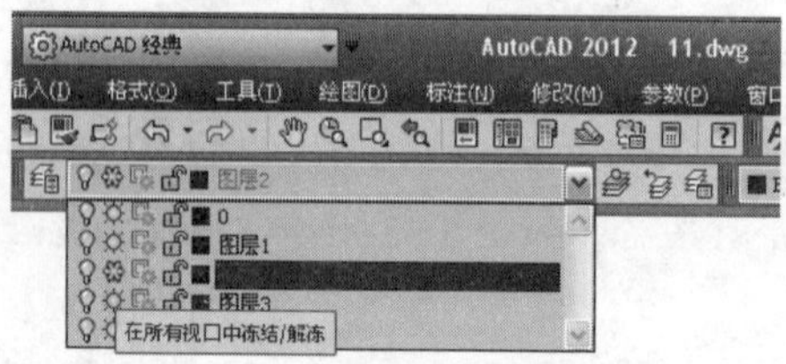

图 5-36　单击冻结图标

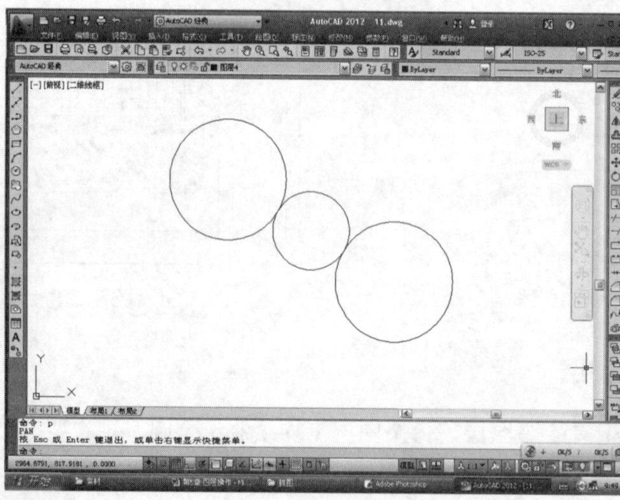

图 5-37　冻结后的结果

5.4.2　锁定图层上的对象

锁定某个图层时，该图层上的所有对象均不可修改，直到解锁该图层。锁定图层可以减小对象被意外修改的可能性。此时仍然可以将对象捕捉应用于锁定图层上的对象，并且可以执行不会修改对象的其他操作。

使用“图层”工具栏锁定或解锁图层的步骤如下：

Step 01 在菜单栏中选择“格式”→“图层”命令，或在命令行输入 LAYER。

Step 02 在“图层特性管理器”选项板中，单击要锁定或解锁的图层名的挂锁图标。如果挂锁打开，则图层解锁。

还可以淡入锁定图层上的对象。还有以下两个用途：

- 可以轻松查看锁定图层上有哪些对象。
- 可以降低图形的视觉复杂程度但仍然保持视觉参照和对那些对象的捕捉能力。

LAYLOCKFADECTL 系统变量控制应用于锁定图层的淡入。淡入的锁定图层可正常打印。

注　意

夹点不显示在锁定图层的对象上。

上机操作 12——锁定图层并设置锁定淡入

在如图 5-35 所示的图形文件中有 5 个图层，在每个图层上均绘制一个圆。现在要锁定其中两个图层，具体步骤如下：

首先打开配套光盘中素材文件\第 5 章\12.dwg。

Step 01 在“图层”工具栏中单击“图层特性管理器”按钮，打开“图层特性管理器”选项板。

Step 02 单击“图层特性管理器”选项板中图层 2 和图层 3 相应的锁定图标，或直接从“图层”工具栏中单击锁定图标，如图 5-38 所示。

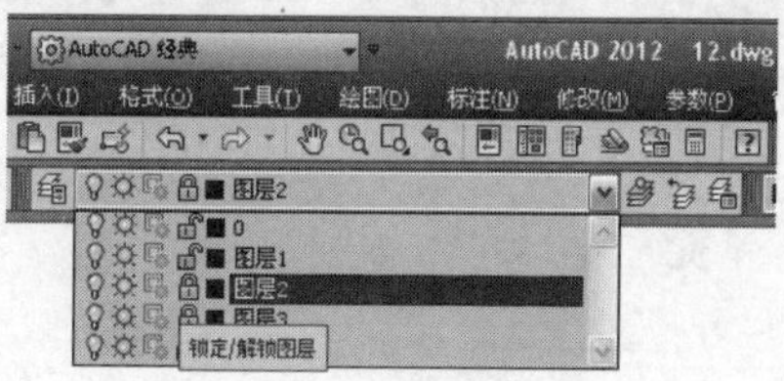

图 5-38　单击锁定图标

Step 03 在命令行输入 LAYLOCKFADECTL。命令行将提示：

```
命令：LAYLOCKFADECTL     //该命令为锁定淡入的系统量命令
输入 LAYLOCKFADECTL 的新值 <50>：80   //输入系统量值 80
```

操作完成后显示结果如图 5-39 所示。

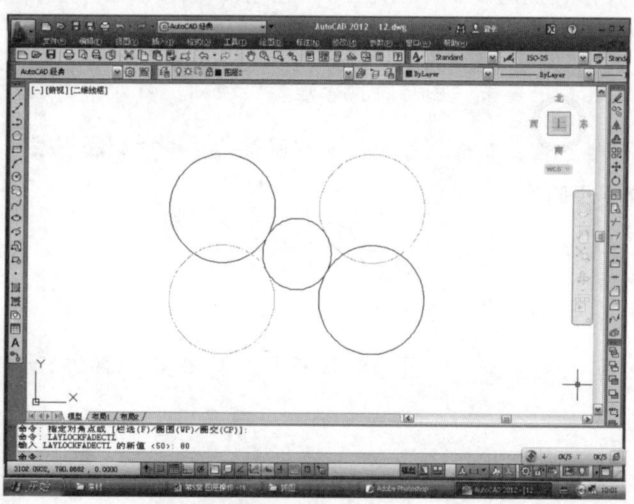

图 5-39　锁定并设定淡入值后的结果

5.4.3 删除图层

在 AutoCAD 2012 中可以使用 PURGE 命令，或者通过“图层特性管理器”选项板中删除不使用的图层。

删除图层时只能删除未被参照的图层。参照的图层包括图层 0 和 DEFPOINTS、包含对象（包括块定义中的对象）的图层、当前图层，以及依赖外部参照的图层。

提　示

> 如果处理的是共享工程中的图形或基于一系列图层标准的图形，删除图层时要特别小心，被删除的对象不能恢复。

删除图层的步骤如下：

Step 01 在菜单栏中选择“格式”→“图层”命令，或在命令行输入 LAYER，或直接单击“图层特性管理器”按钮。

Step 02 在“图层特性管理器”选项板中，选择要删除的图层。单击“删除图层”按钮 ✕，选定的图层即被删除。

提　示

> 已指定对象的图层不能删除，除非那些对象被重新指定给其他图层或者被删除。不能删除 0 图层和 DEFPOINTS 及当前图层。

上机操作 13——删除图层

在如图 5-40 所示的图形文件中有 3 个图层，分别是图层 0、图层 1 和图层 2。下面练习删除所有图层。其中所有图形在图层 2 上，图层 1 为当前层。具体步骤如下：

首先打开配套光盘中素材文件\第 5 章\13.dwg。

Step 01 在“图层”工具栏中单击“图层特性管理器”按钮，打开“图层特性管理器”选项板。

Step 02 单击“图层特性管理器”选项板中的所有图层，单击“删除图层”按钮 ✕，进行删除。结果发现每个图层都无法删除。

Step 03 重新将图层 0 设置为当前层。

Step 04 再次逐一删除，发现只能删除图层 1。

Step 05 将图层 2 上的“卡通房子”图形对象移至图层 0 后，再进行删除，此时即可删除图层 2。

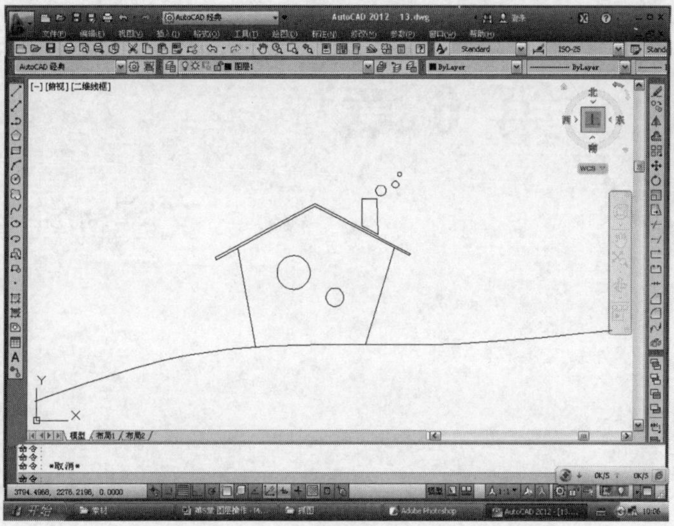

图 5-40　图形文件

5.5　本章小结

本章较为详细地讲解了图层的创建、设置和控制等方面的内容。

图层就像透明的覆盖层，类似于电影胶片。AutoCAD 2012 的用户可以通过图层自由地组织和编组图形中的对象。在设计行业，图层就是设计及绘图所用的透光纸。用户可以利用各种不同层的组合构成一个工程项目所需的各个专业的设计图，如建筑工程所用的各楼层的建筑结构图、给排水管道设计图、动力和照明路线设计图等。

图层在 AutoCAD 建筑图形文件的绘制中意义十分重大。学会了关于图层的各种操作，即可掌握控制图形文件的方法，这样在处理复杂的图形文件时，就可以做到游刃有余。

5.6　问题与思考

1. 你是怎样认识“图层像电影胶片”这句话的？
2. 如何为图形对象更换图层？
3. 如何设定各层的颜色和线型？
4. 如何开/关图层？
5. 如何冻结/解冻图层？
6. 如何锁定/解锁图层？
7. 如何删除图层？
8. 哪些图层无法删除？

第 6 章

文字标注与图形注释

本章主要内容：

在使用 AutoCAD 绘制的图纸中，文字一般用来说明某些特殊信息，例如建筑图纸中的材料、级配及做法；而表格可以根据文字信息内容进行分类组织，便于阅读理解。一些图纸图框也可使用表格来创建，并在其中填写诸如设计单位、施工单位及日期等文字信息。

本章重点难点：

- 使用文字样式
- 创建文字
- 修剪文字
- 创建表格和表格样式
- 创建引线
- 缩放注释

6.1　设置文字样式

在 AutoCAD 中，所有文字都有与之相关联的文字样式。在创建文字注释和尺寸标注时，AutoCAD 通常使用当前的文字样式。也可以用根据具体要求重新设置文字样式或创建新的样式。文字样式包括字体、字号、角度、方向和其他文本特征。

在 AutoCAD 2012 中，调用文字样式设置（STYLE）命令的方法如下。

- 命令：STYLE。
- 工具栏：在“注释”选项卡的“文字”面板中，单击右下角的对话框启动器（文字样式按钮）。

调用该命令后，打开“文字样式”对话框，如图 6-1 所示。通过该对话框可以修改或创建文字样式，并设置当前的文字样式。

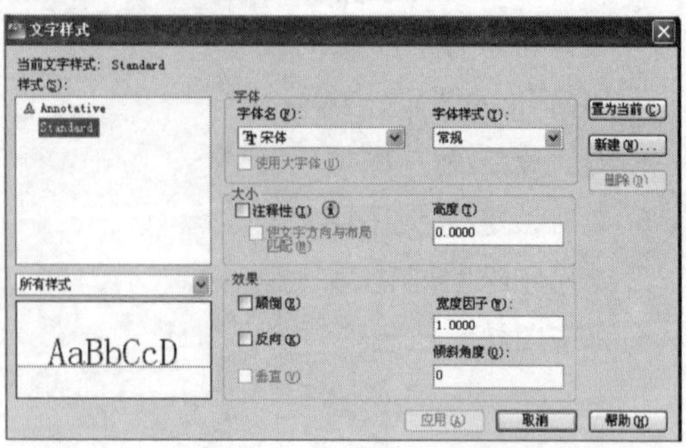

图 6-1　“文字样式”对话框

6.1.1 设置样式名

在“文字样式”对话框中，可以显示文字样式的名称、创建新的文字样式、为已有的文字样式重命名及删除文字样式。该对话框中各部分选项的功能如下。

- “样式”列表框：列出了当前可以使用的文字样式，默认文字样式为 Standard（标准）。
- 【置为当前】按钮：单击该按钮，可以将“样式”列表框中所选择的文字样式设置为当前的文字样式。
- 【新建】按钮：单击该按钮，将打开“新建文字样式”对话框，如图 6-2 所示。在该对话框的“样式名”文本框中输入新建文字样式名称后，单击“确定”按钮，可以创建新的文字样式，新建的文字样式将显示在“样式”列表框中。

图 6-2 “新建文字样式”对话框

提 示

如果不输入样式名，将自动把文字样式命名为“样式 n”，其中 n=1，2，3，…。

- 【删除】按钮：单击该按钮，可以删除所选择的文字样式，但无法删除已被使用了的文字样式和默认的 Standard 样式。Standard 的默认样式不能删除。

6.1.2 设置字体和大小

在“字体”和“大小”选项区域，可以设置文字样式的字体等属性。用户在“字体名”下拉列表框中选择要设置的字体。AutoCAD 中有两类可用的字体：Windows 自带的 TureType（TTF）字体和 AutoCAD 编译的形字体（SHX）；同时还可用通过“字体样式”下拉列表框选择文字的格式，如常规、斜体等。

用户可以设置大字体，大字体是指亚洲语音的象形文字大字体文件。但是，只有在“字体名”下拉列表框中选择了形字体（SHX）时才能设置大字体。“字体名”下拉列表中常用满足中国制图标准的文字有：英文正体（gbenors.shx）、英文斜体（gbeitc.shx）和中文字体（gbcbig.shx）。

通过“高度”文本框可以设置文字的高度。如果保持文字高度的默认状态为 0，则每次进行文字标注时，AutoCAD 命令行都会提示“指定高度”。但如果在“高度”文本框输入了文字高度，则 AutoCAD 不会在命令行中提示指定高度。

6.1.3 设置文字效果

在“效果”选项区域可以设置文字的显示特征。各复选框的作用如下。

- “颠倒”复选框：该复选框用于设置是否将文字倒过来书写。如图 6-3 所示，左边文字“文字标注”的显示效果即为选择该复选框后的效果。
- “反向”复选框：该复选框用于设置是否将文字反向标注。如图 6-3 所示，中间文字“文字标注”的显示效果即为选择该复选框后的效果。

- “垂直”复选框：该复选框用于设置是否将文字垂直标注，只有选定的文字支持双向显示时，才可以使用该功能。垂直效果对汉字字体无效，TureType 字体的垂直定位不可用。如图 6-3 所示，右边文字 ABCD 的显示效果即为选择该复选框后的效果。

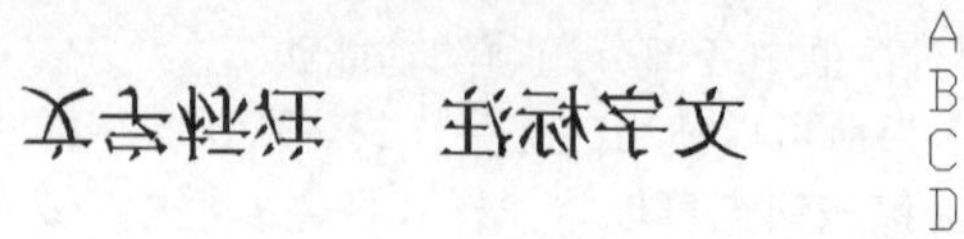

图 6-3　文字显示效果

- “宽度因子”文本框：该文本框用于设置文字字符的高度和宽度之比。当“宽度因子”值大于 1 时，文字字符变宽；当“宽度因子”值小于 1 时，文字字符变窄；“宽度因子”值等于 1 时，将按系统定义的比例标注文字。如图 6-4 所示，输入文字“宽度比例”，左面文字是宽度比例为 1 的效果，中间文字是宽度比例为 0.5 的效果，右面文字是宽度比例为 1.5 的显示效果。

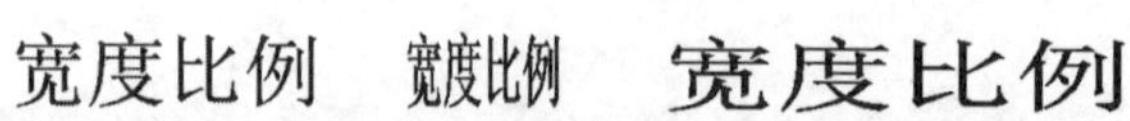

图 6-4　不同宽度比例的显示效果

- “倾斜角度”文本框：该文本框用于设置文字的倾斜角度。倾斜角度小于 0 时，文字左倾，如图 6-5 中文字所示效果；倾斜角度大于 0 时，文字右倾，如图 6-5 中右边文字所示效果；倾斜角度等于 0 时，不倾斜。

图 6-5　不同倾斜角度的显示效果

提　示

取值只能在-85～85 之间。如图 6-5 所示，输入文字“倾斜角度”，左面文字倾斜角度值为-45，右面文字倾斜角度值为 45。

6.1.4　预览与应用文字样式

“预览”选项区域用于预览设置的文字样式的效果，即随着字体的改变和效果的修改动态地显示文字样例。

当所有的设置完成之后，单击【应用】按钮，表示 AutoCAD 接受了用户对文字样式的设置。

6.2　创建文字

在 AutoCAD 图形文件中添加文字可以更为准确地表达各种信息，如复杂的技术要求、标题栏信息及标签，甚至作为图形的一部分。用户可以使用多种方法创建文字，对简单的内容可以使用单行文字，对带有内部格式的较长内容可以使用多行文字，也可以创建带有引线的多行文字。

6.2.1　创建单行文字

在 AutoCAD 2012 中，单行文字编辑的主要作用是编辑单行文字、标注文字、属性定义和特征控制框。

在 AutoCAD 2012 中，调用单行文字编辑（DTEXT）命令的方法如下。

- 命令：DTEXT。
- 工具栏：选择“注释”选项卡，在“文字”面板中单击“单行文字”按钮 AI。

调用该命令后，AutoCAD 2012 命令行将依次出现如下提示：

```
当前文字样式：<当前> 当前文字高度：<当前> 注释性：<当前>
指定文字的起点或 [对正(J)/样式(S)]：  //指定点或输入选项
```

各选项的作用如下。

1. 指定文字的起点

指定第一个字符的插入点。如果按【Enter】键，则接着最后创建的文字对象定位新的对象。

```
指定高度 <当前>://指定点、输入值或按【Enter】键
```

此提示只有文字高度在当前文字样式设置为 0 时才显示。此时会在文字插入点与鼠标之间产生一条拖引线，单击，可将文字的高度设置为拖引线的长度，也可直接输入高度值。

```
指定文字的旋转角度 <0>：//指定旋转角度或按【Enetr】键
```

可以直接输入角度值或通过鼠标移动来指定角度。如果要输入水平文字，将角度设置为 0°；如果要输入垂直文字，将角度设置为 90°。

设置完毕即可输入正文。可以在一行结尾处按【Enter】键换行，继续输入，创建多行文字对象，这样的多行文字每一行之间是相互独立的，AutoCAD 将每一行看做一个文字对象。在此步中用户还可以移动鼠标，在需要插入文字的其他位置单击，在该位置继续输入单行文字。

在按【Enter】键换行后，在空格状态下再次按【Enter】键结束单行文字的输入。

提　示

> 在输入文字过程中，无论如何设置文字样式，系统都将以适当的大小在水平方向显示文字，以便用户可以轻松地阅读和编辑文字；否则，文字不便阅读（如果文字很小、很大或被旋转）。只有命令结束后，才会按照设置的样式显示。

2. 对正(J)

对正决定字符的哪一部分与插入点对齐。

```
输入选项[对齐(A)/布满(F)/居中(C)/中间(M)/右对齐(R)/左上(TL)/中上(TC)/右上(TR)/左中(ML)/正中(MC)/右中(MR)/左下(BL)/中下(BC)/右下(BR)]://输入选项
```

也可在“指定文字的起点”提示下输入这些选项。如图 6-6 所示为不同的对正效果。

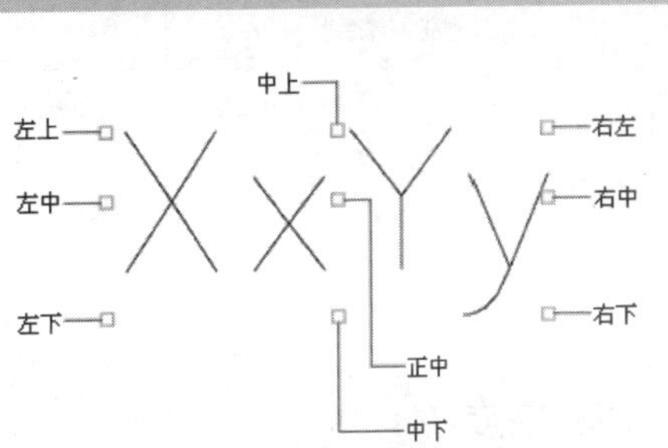

图 6-6　文字对正的不同效果

3．样式(S)

指定文字样式，文字样式决定文字字符的外观。创建的文字使用当前文字样式。

```
输入样式名或 [?] <当前>:// 输入文字样式名称或输入 ? 以列出所有文字样式
```

输入“？”将列出当前文字样式、关联的字体文件、字体高度及其他参数。

6.2.2 创建多行文字

单行文字比较简单，不便于一次输入大量文字说明，此时可以使用“多行文字”命令。多行文字又称为段落文字，是一种更易于管理的文字对象，它由两行以上的文字组成，而且各行文字都是作为一个整体来处理的。在工程制图中，常用多行文字功能创建较为复杂的文字说明，如图样的技术要求等。

在 AutoCAD 2012 中，调用“多行文字”(MTEXT）命令的方法如下。

- 命令：MTEXT。
- 工具栏：选择“注释”选项卡，在“文字”面板中单击“多行文字”按钮A。

调用该命令后，AutoCAD 2012 命令行将依次出现如下提示：

```
指定第一角点:
在要输入多行文字的位置单击，指定第一个角点。
指定对角点或 [高度(H)/对正(J)/行距(L)/旋转(R)/样式(S)/宽度(W)/栏(C)]:
```

各选项的作用如下。

1．对角点

指定边框的对角点以定义多行文字对象的宽度。

此时如果功能区处于活动状态，则将显示“文字编辑器”选项卡，如图 6-7 所示。

如果功能区未处于活动状态，则将显示在位文字编辑器，如图 6-8 所示。

图 6-7 “文字编辑器”选项卡

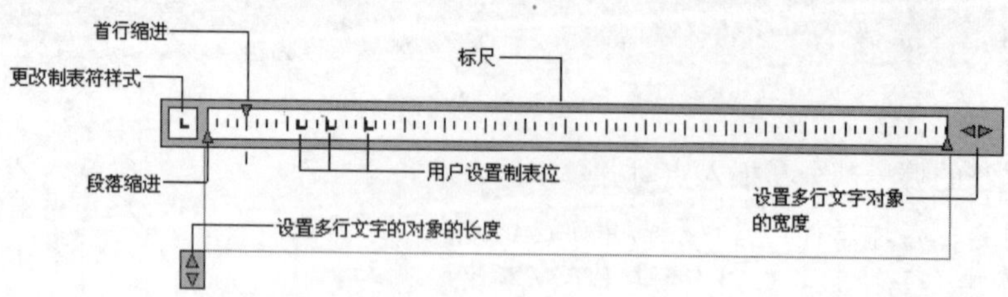

图 6-8 在位文字编辑器

2．高度（H）

指定用于多行文字字符的文字高度。

```
指定高度 <当前>:// 指定点 1、输入值或按【Enter】键
```

3. 对正（J）

根据文字边界，确定新文字或选定文字的文字对齐方式和文字走向。当前的对正方式（默认是左上）被应用到新文字中。根据对正设置和矩形上的 9 个对正点之一将文字在指定矩形中对正。对正点由用来指定矩形的第一点决定。文字根据其左右边界居中对正、左对正或右对正。在一行的末尾输入的空格是文字的一部分，并会影响该行的对正。文字走向根据其上下边界控制文字是与段落中央、段落顶部还是与段落底部对齐。

```
输入对正方式 [左上(TL)/中上(TC)/右上(TR)/左中(ML)/正中(MC)/右中(MR)/左下(BL)/中下(BC)/右下(BR)] <左上>://输入选项或按【Enter】键
```

4. 行距（L）

指定多行文字对象的行距。行距是一行文字的底部（或基线）与下一行文字底部之间的垂直距离。

```
输入行距类型 [至少(A)/精确(E)] <当前类型>:
```

（1）至少

根据行中最大字符的高度自动调整文字行。当选定“至少”时，包含更高字符的文字行会在行之间加大间距。

```
输入行距比例或行距 <当前>:
```

- 行距比例：将行距设置为单倍行距的倍数。单倍行距是文字字符高度的 1.66 倍。可以以数字后跟 x 的形式输入行距比例，表示单倍行距的倍数。例如，输入 $1x$ 指定单倍行距，输入 $2x$ 指定双倍行距。
- 行距：将行距设置为以图形单位测量的绝对值。有效值必须在 0.0833 ($0.25x$) ～ 1.3333 ($4x$) 之间。

（2）精确

强制多行文字对象中所有文字行之间的行距相等。间距由对象的文字高度或文字样式决定。

```
输入行距比例或行距 <当前>:
```

5. 旋转(R)

指定文字边界的旋转角度。

```
指定旋转角度 <当前>://指定点或输入值
```

如果使用定点设备指定点，则旋转角度通过 X 轴和由最近输入的点（默认情况下为 0,0,0）与指定点定义的直线之间的角度来确定。重复上一个提示，直到指定文字边界的对角点为止。

6. 样式(S)

指定用于多行文字的文字样式。

```
输入样式名或 [?] <当前值>:
```

- 样式名：指定文字样式名。文字样式可以使用 STYLE 命令来定义和保存。
- ?：列出文字样式名称和特性。

7. 宽度(W)

指定文字边界的宽度。

指定宽度：指定点或输入值

如果用定点设备指定点，那么宽度为起点与指定点之间的矩离。多行文字对象每行中的单字可自动换行以适应文字边界的宽度。

8．栏（C）

指定多行文字对象的栏选项。

输入栏类型 [动态(D)/静态(S)/不分栏(N)] <动态(D)>:

- 动态：指定栏宽、栏间距宽度和栏高。动态栏由文字驱动。调整栏将影响文字流，
- 而文字流将导致添加或删除栏。
- 静态：指定总栏宽、栏数、栏间距宽度（栏之间的间距）和栏高。
- 不分栏：将不分栏模式设置给当前多行文字对象。

6.2.3 使用文字控制符

在工程绘图中，用户还会经常用到一些单位符号和特殊符号，如下画线、温度单位（°）等。AutoCAD 提供了相应的控制符，方便用户输出这些符号。如表 6-1 所示列出了 AutoCAD 中常用的控制符号。

表 6-1 常用控制符号

控制符号	作 用
%%O	表示打开或关闭文字上画线
%%U	表示打开或关闭文字下画线
%%D	表示单位“度”的符号“°”
%%P	表示正负符号“±”
%%C	表示直径符号“Φ”
%%%	表示百分号“%”

另外，用户也可以使用系统提供的模拟键盘（有时也称软键盘）输入特殊字符。用户首先要选择某种汉字输入法（如智能 ABC），然后单击输入法提示中的模拟键盘图标，打开模拟键盘类型列表（不同的输入法，列表有所不同），如图 6-9 所示，接着单击选择某种模拟键盘，打开模拟键盘，如图 6-10 所示，选择要输入的符号即可。

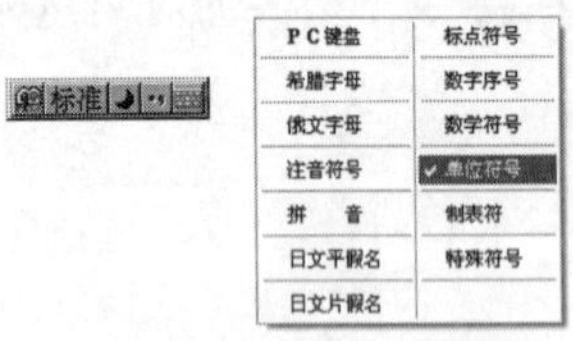

图 6-9 模拟键盘列表

图 6-10 单位符号模拟键盘

上机操作 1——创建单行文字及使用特殊控制符

创建单行文字及使用特殊控制符的具体步骤如下：

Step 01 在命令行输入 TEXT，按【Enter】键。

Step 02 在任意位置单击拾取一点作为文字的起点。

Step 03 输入文字高度 30，按【Enter】键。

Step 04 在指定文字的旋转角度提示下，直接按【Enter】键。

Step 05 输入文字

“%%OAutoCAD%%O%%U2012%%U 教程 温度 25%%D%%P10%%C20”，连续按两次【Enter】键，结束命令。

在“输入文字：”提示下，输入控制符，这些控制符临时显示在屏幕上，当结束 TEXT 命令时，AutoCAD 重新生成后，控制符从屏幕上消失，转化成相应的特殊文字。

输入文字前，用户要打开“文字样式”对话框，检查字体名是否为中文字体，否则输入中文字符时，中文字符将显示为“？”。

输入特殊控制符的结果如图 6-11 所示。

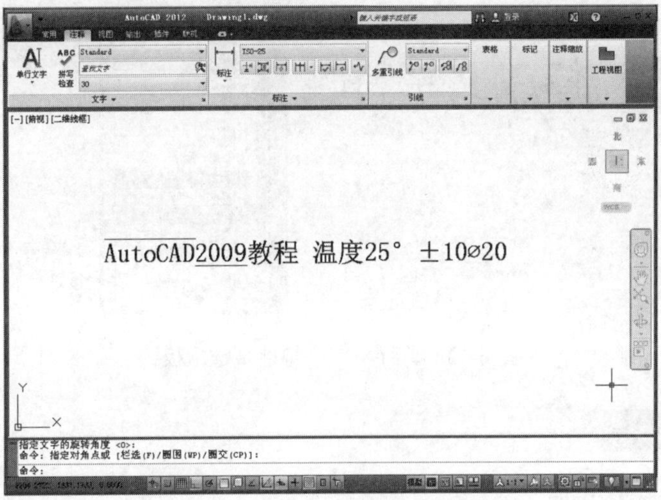

图 6-11　输入特殊控制符后的结果

6.3　文字的修改

无论以何种方式创建的文字，都可以像其他对象一样进行修改，可以移动、旋转、删除和复制它，可以在“特性”选项板中修改文字特性。

6.3.1　修改单行文字

1．修改单行文字的内容

对于单行文字，如果只修改内容可以使用“编辑单行文字”（DDEDIT）命令或直接双击文字对象打开编辑文本框，此时跟随光标的插入点，用户可以直接在该文本框中添加、删除和修改内容，在文字上右击还可以弹出快捷菜单，如图 6-12 所示。

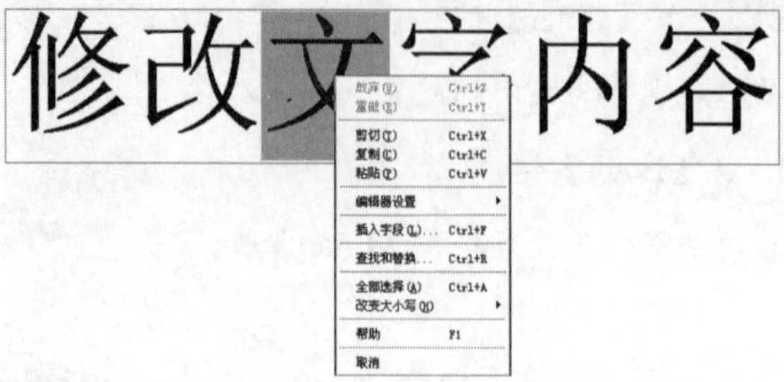

图 6-12　单行文字右键快捷菜单

2. 修改单行文字的特性

如果要修改内容、样式、注释性、对正、高度、旋转和其他特性，则使用“特性”（PROPERTIES）命令。用户可以选择要修改的文字并右击，在弹出的快捷菜单中选择“特性”命令，打开“特性”选项板，如图 6-13 所示，在相应的选项栏中修改文字的特性即可。

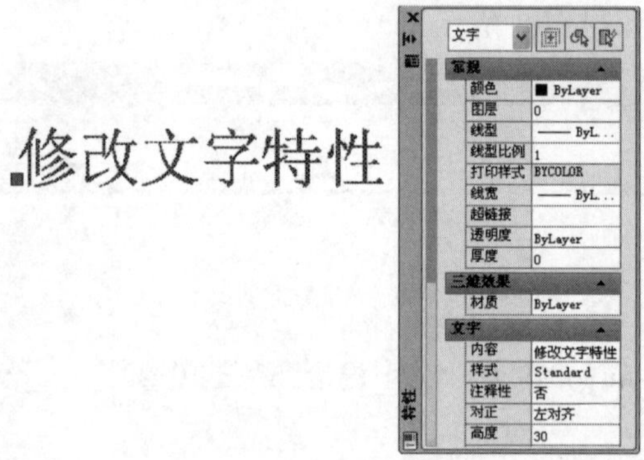

图 6-13　单行文字“特性”选项板

6.3.2　修改多行文字

1. 修改多行文字的位置

使用夹点可以移动多行文字或调整行的宽度。多行文字对象在文字边界的 4 个角点（某些情况下是在对正点处）显示夹点，其左上角夹点用于调整多行文字的位置，其他夹点用于调整多行文字的宽度或高度。

2. 修改多行文字的特性

如果要修改内容、样式、注释性、对正、方向、高度、旋转和其他特性，则使用“特性”（PROPERTIES）命令。用户可以选择要修改的文字并右击，在弹出的快捷菜单中选择“特性”命令，打开“特性”选项板，如图 6-14 所示，在相应的选项栏中修改文字的特性即可。

3. 进行文字的单个修改或修改文字的格式、段落

对于多行文字，可以双击多行文字内容或使用“编辑多行文字”（MTEDIT）命令，或在多行文字上右击，从弹出的快捷菜单中选择“编辑多行文字”命令，打开多行文字在位编辑器和“文字编辑器”选项卡，如图 6-15 所示，进行文字的单个修改，例如对某些文字加粗或加下画线，或

修改文字的格式、段落等。

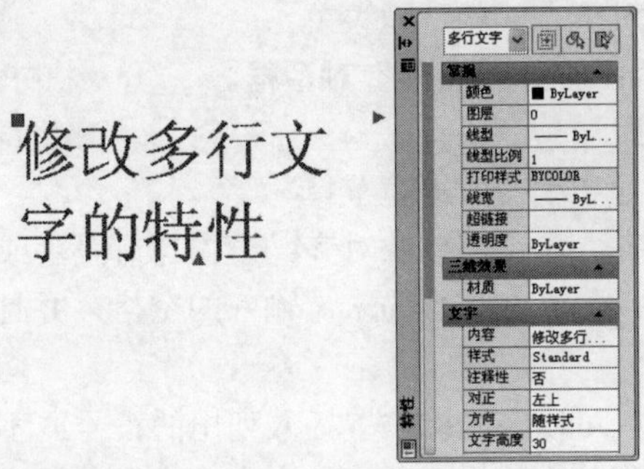

图 6-14 多行文字的“特性”选项板

图 6-15 “多行文字”功能区上下文选项卡

“文字编辑器”选项卡用于控制多行文字对象的文字样式和选定文字的字符格式，现介绍其主要选项功能。

（1）“样式”面板

- 样式：该选项可以向多行文字对象应用文字样式。如果新样式应用到现有的多行文字对象中，用于字体、高度和粗体或斜体属性的字符格式将被替代。堆叠、下画线和颜色属性将保留在应用了新样式的字符中。具有反向或倒置效果的样式不被应用。如果在 SHX 字体中，应用定义为垂直效果的样式，这些文字将在多行文字编辑器中水平显示。
- 注释性：打开或关闭当前多行文字对象的“注释性”。
- 文字高度：该选项可以按图形单位设置新文字的字符高度，或更改选定文字的高度。多行文字对象可以包含不同高度的字符。

（2）“格式”面板

- 粗体：该选项可以为新输入的文字或选定的文字打开或关闭粗体格式，但仅适用于使用 TureType 字体的字符。
- 斜体：该选项可以为新输入的文字或选定的文字打开或关闭斜体格式，但仅适用于使用 TureType 字体的字符。
- 下画线：打开和关闭新文字或选定文字的下画线。
- 上画线：为新建文字或选定文字打开和关闭上画线。
- 字体：该选项可以为新输入的文字指定字体或改变选定文字的字体。
- 颜色：指定新文字的颜色或更改选定文字的颜色。
- 倾斜角度：确定文字是向前倾斜还是向后倾斜。倾斜角度表示的是相对于 90° 角方向的偏移角度。倾斜角度的值为正时文字向右倾斜。
- 追踪：增大或减小选定字符之间的空间。1.0 设置是常规间距。设置为大于 1.0 可增大间距，设置为小于 1.0 可减小间距。
- 宽度因子：扩展或收缩选定字符。1.0 设置代表此字体中字母的常规宽度。可以增大该宽度（例如，使用宽度因子 2 使宽度加倍）或减小该宽度（例如，使用宽度因子 0.5 将宽度减半）。

（3）“段落”面板

- 对正：显示多行文字对正方式的下拉菜单。
- “段落”对话框启动器：打开“段落”对话框。
- 行距：显示建议的行距选项。
- 编号：显示“项目符号和编号”下拉菜单。
- 左对齐、居中、右对齐、对正和分散对齐：设置当前段落或选定段落的左、中或右文字边界的对正和对齐方式。包含在一行的末尾输入的空格，并且这些空格会影响行的对正。

（4）“插入”面板

- 符号：打开其下拉菜单可以在光标位置插入列出的符号或不间断空格，也可以手动插入符号。在“符号”下拉菜单中选择“其他”命令，将打开“字符映射表”对话框，选择一个字符，然后单击“选择”按钮将其放入“复制字符”文本框中，选中所有要使用的字符后，单击“复制”按钮关闭对话框。于在位文字编辑器中，右击，选择“粘贴”命令。
- 字段：打开“字段”对话框，从中可以选择要插入到文字中的字段。关闭该对话框后，字段的当前值将显示在文字中。
- 列：在其下拉菜单中提供了 3 个栏选项：“不分栏”、“静态栏”和“动态栏”。

（5）“工具”面板

- 查找和替换：单击该按钮。弹出“查找和替换”对话框，用户可以在“查找”文本框中输入要查找的文字，在“替换为”文本框中输入需要的新文字。

（6）“拼写”检查面板

确定输入时拼写检查为打开还是关闭状态。默认情况下此选项为开。

（7）“选项”面板

- 放弃：放弃于在位文字编辑器中执行的操作，包括对文字内容或文字格式的更改。
- 重做：重做于在位文字编辑器中执行的操作，包括对文字内容或文字格式所做的更改。
- 标尺：在在位文字编辑器顶部显示标尺。拖动标尺末尾的箭头可更改多行文字对象的宽度。
- 更多：显示其他文字选项列表。

（8）“关闭”面板

- 关闭文字编辑器：单击该按钮结束 MTEXT 命令，关闭“文字编辑器”选项卡。

上机操作 2——创建及修改多行文字

Step 01 启动 AutoCAD 2012，打开配套光盘中素材文件\第 6 章\02.dwg。

Step 02 在命令行输入 MTEXT，按【Enter】键确定。

Step 03 在要输入文字的位置指定点 1，作为文字边框的第 1 个角点，如图 6-16 所示。

Step 04 移动鼠标，再次单击，指定文字边框的对角点 2，以确定多行文字的宽度（也可以输入 W，然后输入宽度数值，指定多行文字的宽度），如图 6-16 所示。

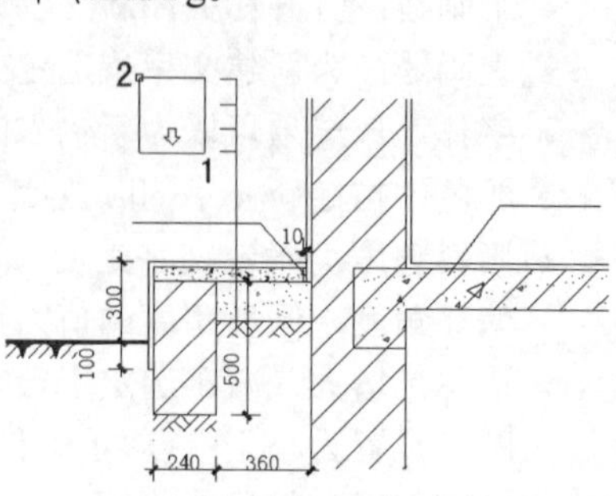

图 6-16 指定文字边框

Step 05 在弹出的“文字编辑器”选项卡的“样式”面板中，选择 Standard 样式，将文字高度设置为 10（此时设置高度主要是为了输入方便，否则文字会过小或过大会影响输入过程）。

Step 06 于在位编辑器中输入文字内容，如图 6-17 所示，输入过程中，可按【Enter】键换行。

Step 07 单击并拖动光标选择所有文字，将文字高度改为 50，按【Ctrl+Enter】组合键结束命令（也可单击在位编辑器外面任意一点结束命令），绘制结果如图 6-18 所示，从图中可以看到文字边框宽度不够，导致文字自动换行，下面对文字进行修改。

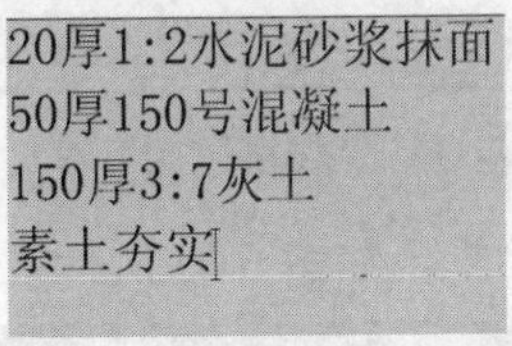

图 6-17 输入文字内容

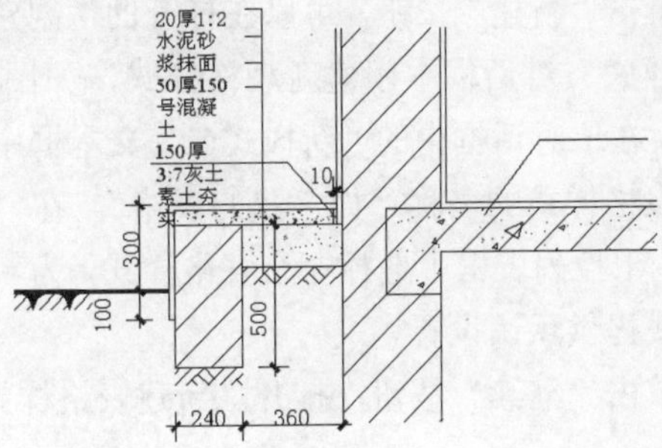

图 6-18 创建多行文字的效果

Step 08 单击“多行文字”按钮，将其右下角夹点向左移动 500，绘制结果如图 6-19 所示。

Step 09 双击多行文字，重新显示“文字编辑器”选项卡和文字在位编辑器，单击并拖动选择所有文字，然后在“文字编辑器”选项卡中单击“段落”面板中的“右对齐”按钮，单击文字在位编辑器外面任意一点结束命令，绘制结果如图 6-20 所示。

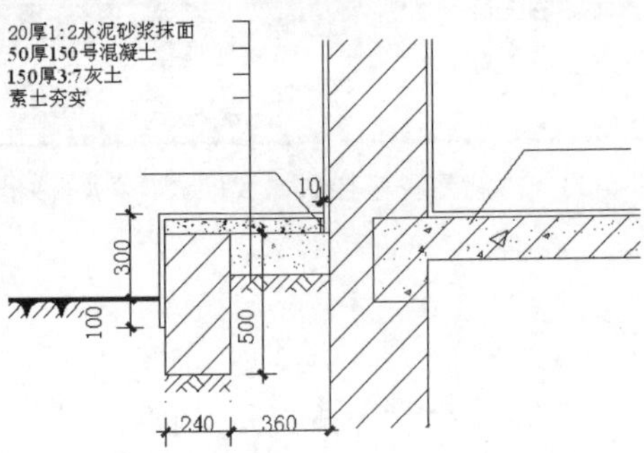

图 6-19 编辑多行文字的宽度

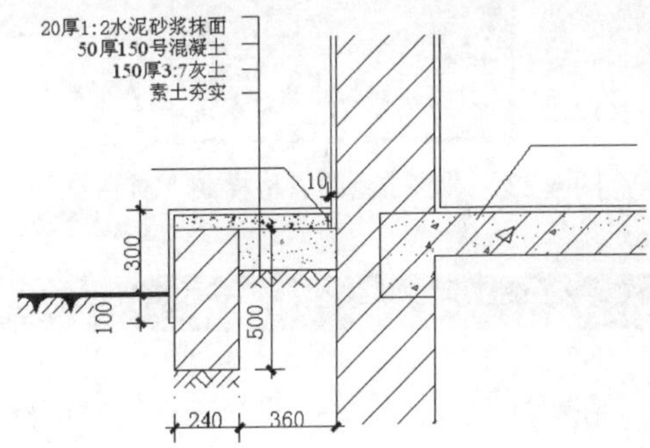

图 6-20 编辑多行文字的段落对齐方式

6.4 创建表格和表格样式

在 AutoCAD 2012 中，可以使用“创建表格”命令创建表格，还可以从 Microsoft Excel 中直接复制表格，并将其作为 AutoCAD 表格对象粘贴到图形中，也可以从外部直接导入表格对象。此外，还可以输出来自 AutoCAD 的表格数据，以供在 Microsoft Excel 或其他应用程序中使用。

6.4.1 新建或修改表格样式

表格样式控制着一个表格的外观，用于保证标准的字体、颜色、文本、高度和行距。可以使用默认的表格样式，也可以根据需要自定义表格样式。

在 AutoCAD 2012 中，调用“表格样式”命令的方法如下。

- 命令：TABALSTYLE。
- 工具栏：选择“注释”选项卡，在“表格”面板中单击对话框启动器。

调用该命令后，打开“表格样式”对话框，如图 6-21 所示。

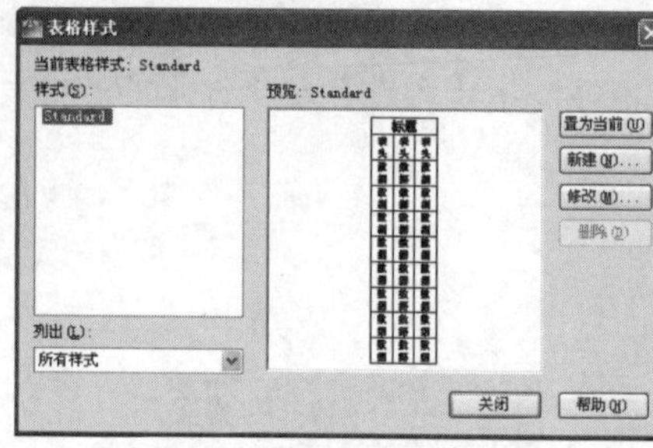

图 6-21 “表格样式”对话框

单击“新建”按钮，可以在打开的“创建新的表格样式”对话框中创建新表格样式，如图 6-22 所示。在该对话框中的“新样式名”文本框中输入新的表格样式的名称，如“我的表格”，在“基础样式”下拉列表框中选择一个表格样式，为新的表格样式提供默认设置。

单击“继续”按钮，打开“新建表格样式：我的表格”对话框，如图 6-23 所示。

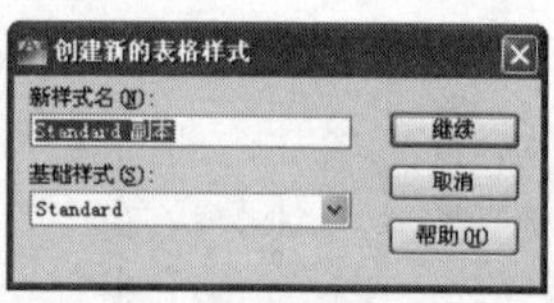

图 6-22 “创建新的表格样式”对话框

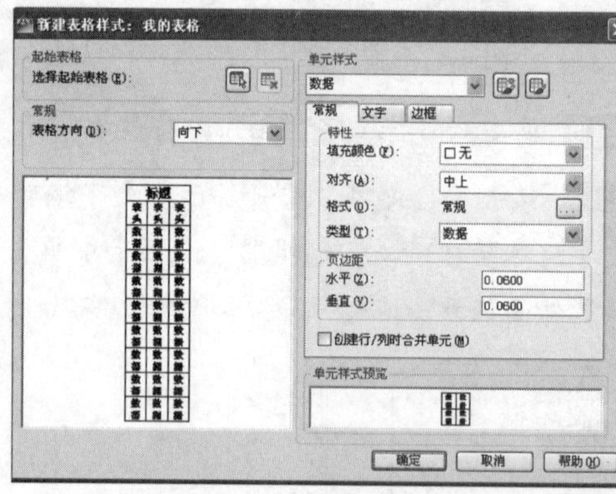

图 6-23 “新建表格样式：我的表格”对话框

6.4.2 设置表格的数据、标题和表头样式

在“新建表格样式：我的表格”对话框中，包括“起始表格”、“常规”和“单元样式”3 个选项区域。

在“常规”选项区域中的“表格方向”下拉列表框中，用户可以为表格设置方向。默认为“向下”。如果选择“向上”选项，将创建由下而上读取的表格，标题行和列标题行都在表格的底部。

用户可以在“单元样式”选项区域的下拉列表框中选择“数据”、“标题”和“表头”选项来分别设置表格的数据、标题和表头对应的样式。

对于“数据”、“标题”和“表头”3 个单元样式，可在“常规”、“文字”、“边框”3 个选项卡中进行设置，它们的内容基本相似，分别指定单元基本特性、文字特性和边界特性。

1. “常规”选项卡

- “填充颜色”下拉列表框：默认为“无”颜色，即不使用填充颜色，用户也可以为表格选择一种背景色。

- “对齐”下拉列表框：为单元内容指定一种对齐方式。
- “格式”：为表格中“数据”、“列表题”或“标题”行设置数据类型和格式。单击右边的按钮，打开“表格单元格式”对话框，如图 6-24 所示，在其中可以进一步设置数据类型、格式或其他选项。
- “类型”下拉列表框：将单元样式指定为标签或数据。
- “水平”和“垂直”文本框：设置单元边框和单元内容之间的水平和垂直间距，默认设置是数据行中文字高度的 1/3，最大高度是数据行中文字的高度。

图 6-24　“表格单元格式”对话框

2. “文字”选项卡

设置表格单元中的文字样式、高度、颜色和角度等特性。

3. “边框”选项卡

单击边框设置按钮，可以设置表格的边框是否存在。当表格具有边框时，还可以设置表格的线宽、线型、颜色和间距等特性。

6.4.3　创建表格

在 AutoCAD 2012 中，调用“创建表格”命令的方法如下。

- 命令：TABLE。
- 工具栏：选择“注释”选项卡，在“表格”面板中单击“表格”按钮。

调用“创建表格”命令后，打开“插入表格”对话框，如图 6-25 所示。

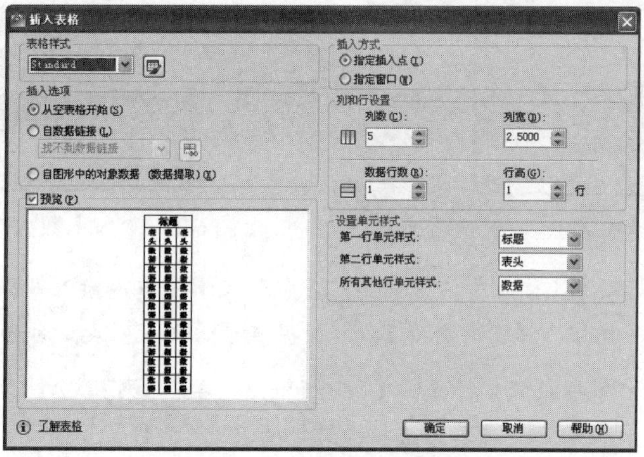

图 6-25　“插入表格”对话框

在“表格样式”选项区域，可以从“表格样式”下拉列表框中选择表格样式，或单击其右侧的按钮，打开“表格样式”对话框，创建新的表格样式。

在“插入选项”选项区域，选择“从空表格开始”单选按钮，可以创建一个空的表格；选择“自数据链接”单选按钮，可以从外部导入数据来创建表格；选择“自图形中的对象数据（数据提取）”单选按钮，可以用于从可输出到表格或外部文件的图形中提取数据来创建表格。

1. 从空表格开始创建表格

在“插入方式”选项区域，选择“指定插入点”单选按钮，可以在绘图窗口中的某点插入固定大小的表格；选择“指定窗口”单选按钮，可以在绘图窗口中通过拖动表格边框来创建任意大小的表格。

在“列和行设置”选项区域，可以通过改变列、列宽、数据行和行高文本框中的数值来调整表格的外观大小 。

2. 自数据链接创建表格

在 AutoCAD 2012 中，提供了链接 Excel 表格的功能，下面通过上机操作 3 说明其具体创建步骤。

上机操作 3——自数据链接创建表格

Step 01 调用“插入表格”（TABLE）命令，打开“插入表格”对话框。

Step 02 在“插入表格”对话框中，选择“自数据链接”单选按钮，然后单击右边的按钮，打开“选择数据链接”对话框，如图 6-26 所示。

Step 03 在“选择数据链接”对话框中，选择“创建新的 Excel 数据链接”选项，弹出“输入数据链接名称”对话框，如图 6-27 所示。

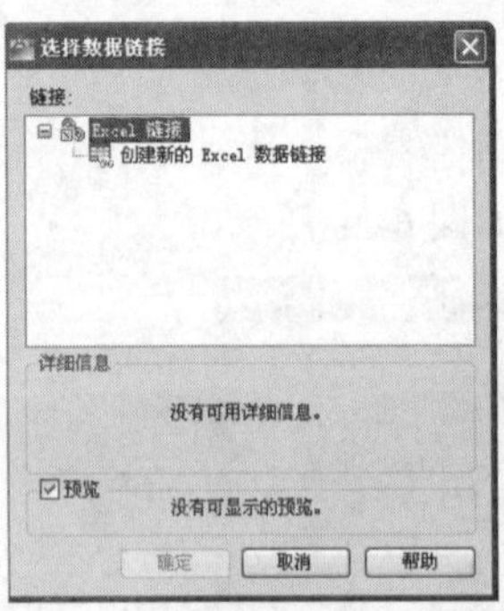

图 6-26 “选择数据链接”对话框

图 6-27 “输入数据链接名称”对话框

Step 04 在“输入数据链接名称”对话框中的“名称”文本框中，输入数据链接名称，如“门窗列表”，单击“确定”按钮，弹出“新建 Excel 数据链接：门窗列表”对话框，如图 6-28 所示。

Step 05 在“新建 Excel 数据链接：门窗列表”对话框中，单击“浏览文件”右侧的按钮，弹出“另存为”对话框，如图 6-29 所示。在其中选择要链接的 Excel 文件。

Step 06 单击“打开”按钮，“新建 Excel 数据链接：门窗列表”对话框会进行更新，如图 6-30 所示，并在“链接选项”选项区域及“预览”选项区域，显示该 Excel 表格文件的相关选项和内容，在这里用户可以选择链接到 Excel 表格中的某个工作表或者进一步指定其表格范围。

Step 07 单击“确定”按钮，弹出更新后的“选择数据链接”对话框，选择“门窗列表”选项，如图 6-31 所示。

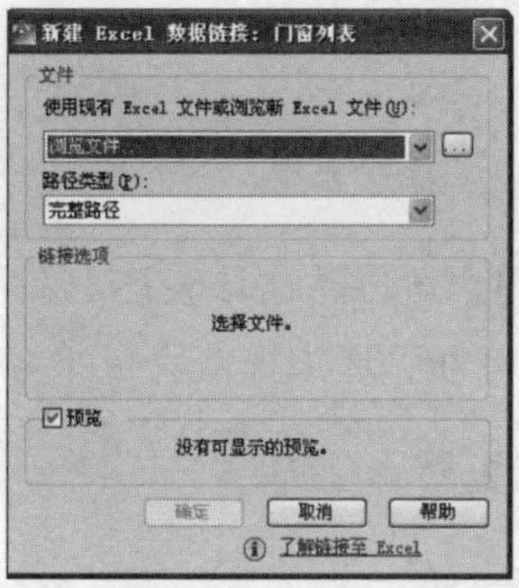

图 6-28　“新建 Excel 数据链接：门窗列表”对话框

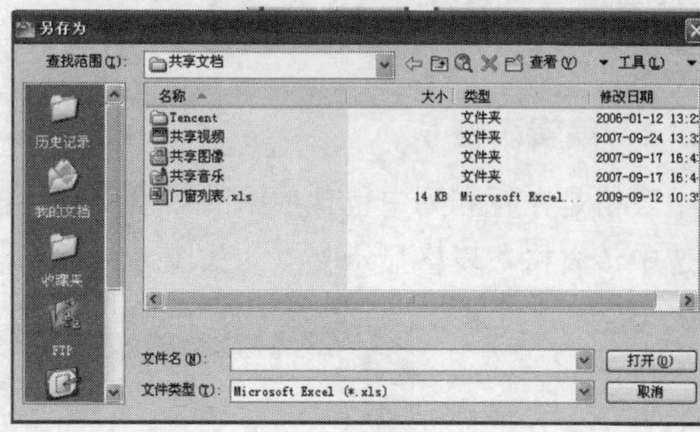

图 6-29　“另存为”对话框

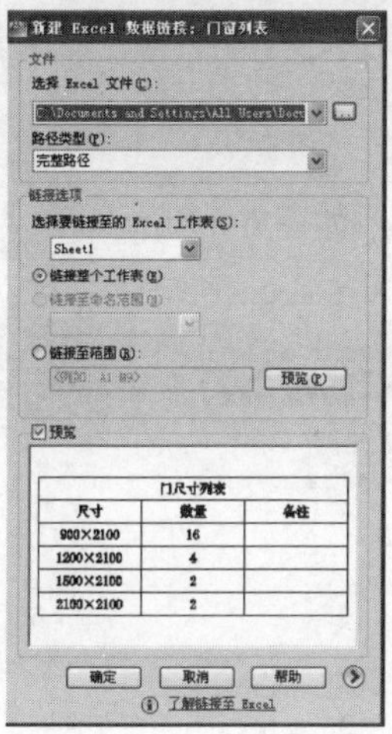

图 6-30　更新后的“新建 Excel 数据链接：门窗列表”对话框

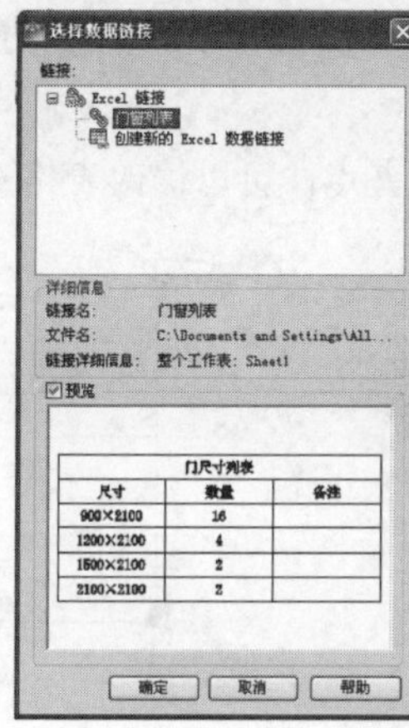

图 6-31　更新后的“选择数据链接”对话框

Step 08　单击“确定”按钮，进入更新后的“插入表格”对话框，如图 6-32 所示。

Step 09　最后，单击“确定”按钮，关闭“插入表格”对话框，在绘图区域指定插入点，即可以快速地将外部制作好的 Excel 表格插入进来，如图 6-33 所示。

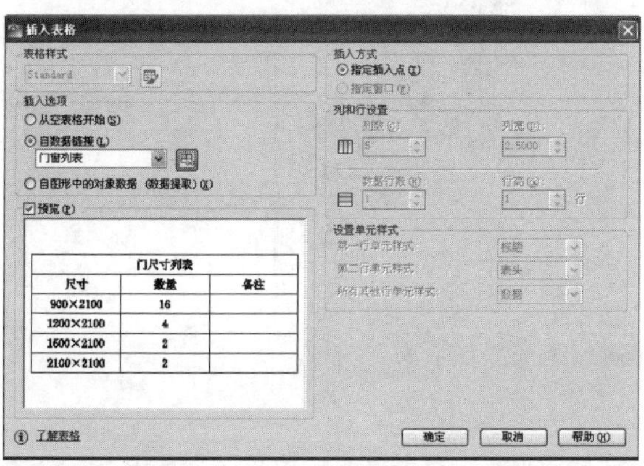

图 6-32　更新后的“插入表格”对话框

门尺寸列表		
尺寸	数量	备注
900×2100	16	
1200×2100	4	
1500×2100	2	
2100×2100	4	

图 6-33　插入表格

6.4.4 编辑表格和表格单元

1. 编辑表格

表格是在行和列中包含数据的对象。表格创建完成后，用户可以单击该表格上的任意网格线以选中该表格，表格显示夹点，如图 6-34 所示，然后通过“特性”选项板或夹点来修改该表格。

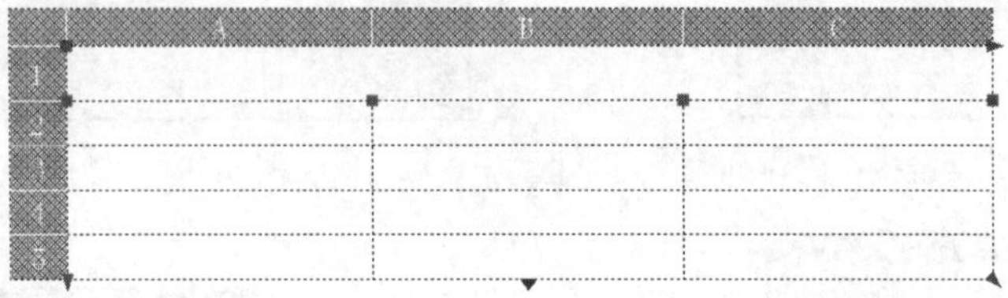

图 6-34　选择表格后的显示效果

通过调整夹点，可以修改表格对象，其各个夹点的具体作用如图 6-35 所示。

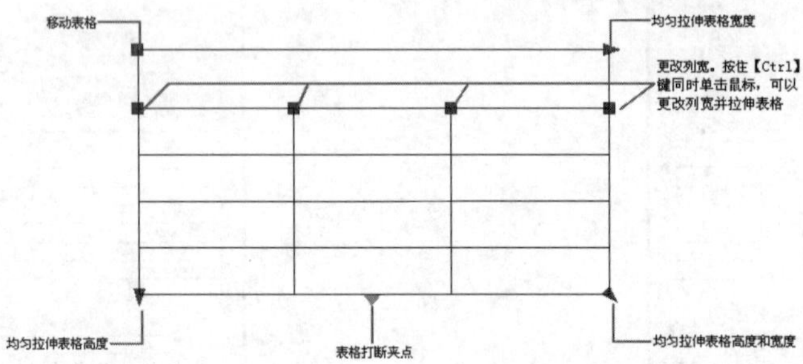

图 6-35　表格上夹点的作用

选择表格对象后，选择“特性”（PROPERTIES）命令，或在菜单栏选择“修改”命令→“特性”命令，打开“特性”选项板，如图 6-36 所示，在其中可根据需要调整表格的各项参数。

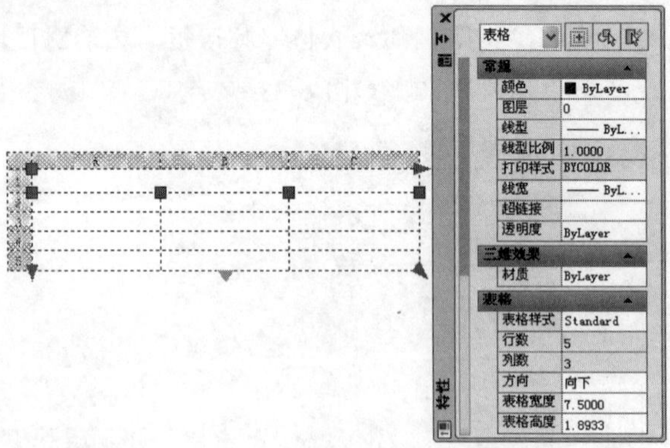

图 6-36　表格的“特性”选项板

2. 向表格中添加数据

表格单元中的数据可以是文字或块。表格创建完成后，在表格单元内单击即可开始输入文字。要在单元格中创建换行符，则按【Alt+Enter】组合键。

在表格中插入块，具体请参考下面关于编辑表格的相关内容。

按【Tab】键可以移动到下一个单元格。在表格的最后一个单元格中，按【Tab】键可以添加一个新行；按【Shift+Tab】组合键可以移动到上一个单元格；光标位于单元格中文字的开始或结束位置时，使用箭头键可以将光标移动到相邻的单元格。也可以使用【Ctrl】+箭头组合键；单元格中的文字处于亮显状态时，按箭头键将取消选择，并将光标移动到单元格中文字的开始或结束位置；按【Enter】键可以向下移动一个单元格。

要保存并退出，可以按【Ctrl+Enter】组合键。

3．编辑表格单元

在某个单元格内单击就可以选中它，选中单元格边框的中央将显示夹点，如图 6-37 所示，拖动单元格上的夹点可以使单元格及其列或行更宽或更小。按住【Shift】键并在另一个单元格内单击，可以同时选中这两个单元格以及它们之间的所有单元格。选择多个单元格，还可以单击并在多个单元格上拖动。

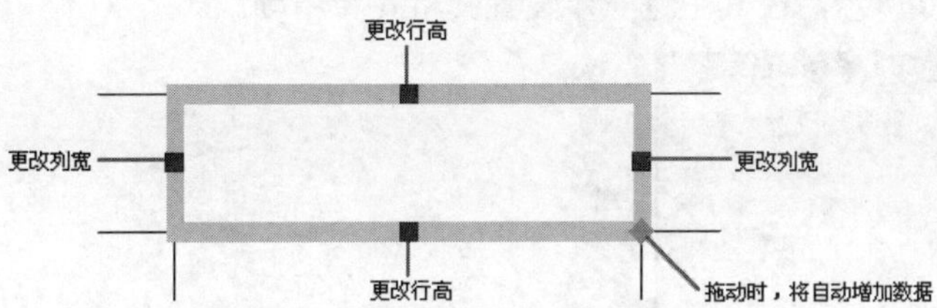

图 6-37　表格单元格上夹点的作用

如果在功能区处于活动状态时在表格单元格内单击，将显示“表格单元”选项卡，如图 6-38 所示。

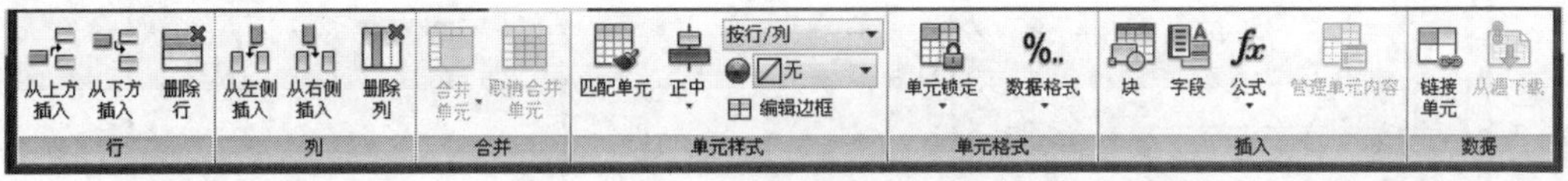

图 6-38　“表格单元”选项卡

（1）“行”面板

- 从上方插入：在当前选定单元格或行的上方插入行。
- 从下方插入：在当前选定单元格或行的下方插入行。
- 删除行：删除当前选定行。

（2）“列”面板

- 从左侧插入：在当前选定单元格或行的左侧插入列。
- 从右侧插入：在当前选定单元格或行的右侧插入列。
- 删除列：删除当前选定行。

（3）“合并”面板

- 合并单元：将选定单元合并到一个大单元中。
- 取消合并单元：对之前合并的单元取消合并。

（4）“单元样式”面板

- 匹配单元：将选定单元的特性应用到其他单元。

- 表格单元样式：列出包含在当前表格样式中的所有表格单元样式。表格单元样式标题、表头和数据通常包含在任意表格样式中，且无法删除或重命名。
- 单元边框：设置选定表格单元的边界特性。单击该按钮，打开“单元边框特性”对话框，如图 6-39 所示，在其中可以设置边框的线宽、线型、颜色、是否指定双线，以及双线的间距等。
- 正中：对单元内的内容指定对齐。内容相对于单元的顶部边框和底部边框进行居中对齐、上对齐或下对齐。内容相对于单元的左侧边框和右侧边框居中对齐、左对齐或右对齐。
- 表格单元背景色：指定填充颜色。选择“无”或选择一种背景色，或者选择“选择颜色”选项，打开“选择颜色”对话框。

（5）“单元格式”面板

- 单元锁定：锁定单元内容和/或格式（无法进行编辑）或对其解锁。
- 数据格式：显示数据类型列表（“角度”、“日期”、“十进制数”等），从而可以设置表格行的格式。用户还可以选择“自定义表格单元格式”选项，打开“表格单元格式”对话框，如图 6-40 所示，在其中进一步设置其格式和精度。

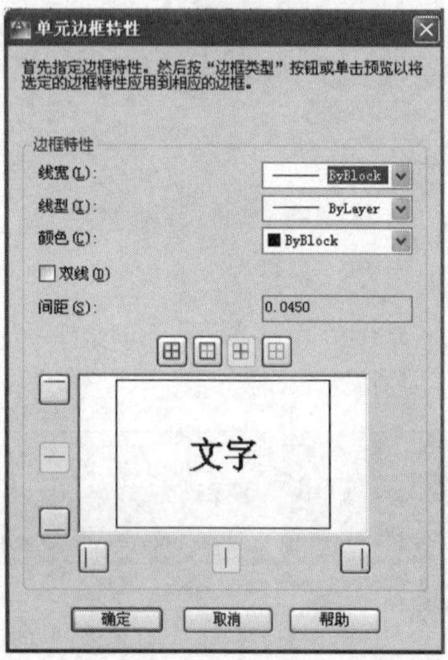

图 6-39　“单元边框特性”对话框

图 6-40　“表格单元格式”对话框

（6）“插入”面板

- 块：单击该按钮，打开“在表格单元中插入块”对话框，如图 6-41 所示，从中可将块插入当前选定的表格单元中。在该对话框中，“名称”文本框用于指定需要插入的块；“比例”文本框用于指定块参照的比例，可以输入值或选择“自动调整”复选框以适应选定的单元；“全局单元对齐”下拉列表框用于指定块在表格单元中的对齐方式。
- 字段：单击该按钮，将打开“字段”对话框。
- 公式：将公式插入当前选定的表格单元中。公式必须以等号开始。用于求和、求平均值和计数的公式将忽略空单元，以及未解析为数值的单元。
- 管理单元内容：单击该按钮，将打开“管理单元内容”对话框，如图 6-42 所示，显示选定单元的内容。可以更改单元内容的次序，以及单元内容的显示方向。例如在表格单元中有多个块，就可以用它定义单元内容的显示方式。

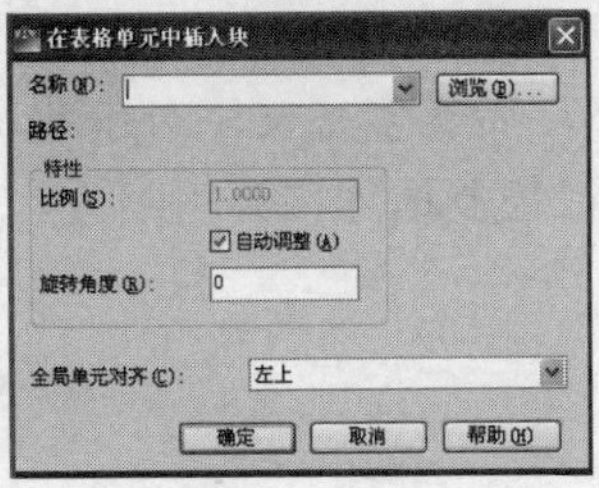

图 6-41　在表格单元中插入块对话框

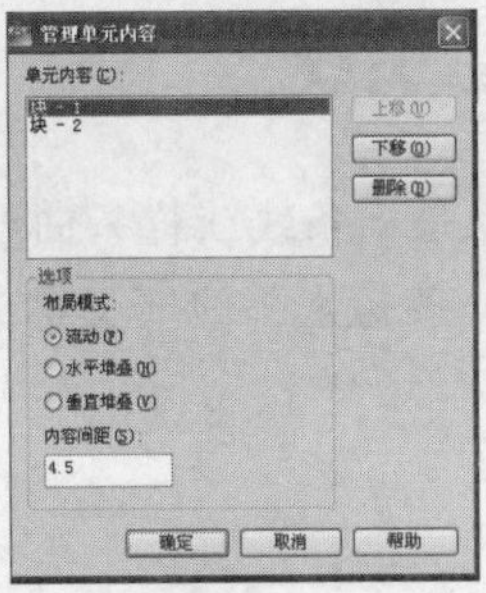

图 6-42　“管理单元内容”对话框

（7）“数据”面板

- 链接单元：单击该按钮，将打开“选择数据链接”对话框。
- 从源下载：更新由已建立的数据链接中的已更改数据参照的表格单元中的数据。

选择表格单元对象后，选择“特性”（PROPERTIES）命令，打开“特性”选项板，如图 6-43 所示，在其中可根据需要调整表格的各项参数。

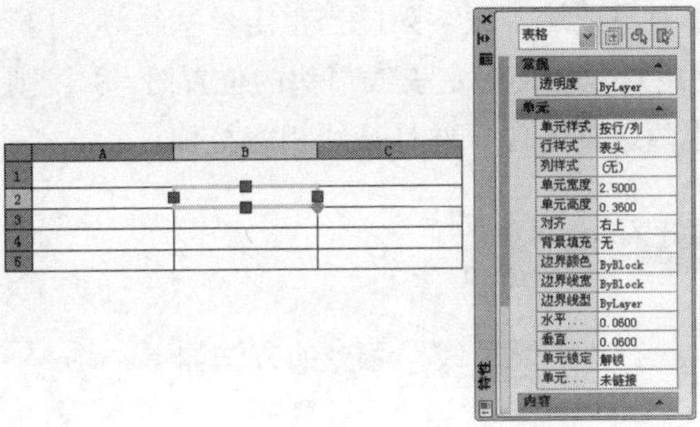

图 6-43　表格单元“特性”选项板

在 AutoCAD 2012 中，还可以使用表格的快捷菜单编辑表格。当选中整个表格时，其快捷菜单如图 6-44 所示；当选中表格单元时，其快捷菜单如图 6-45 所示。

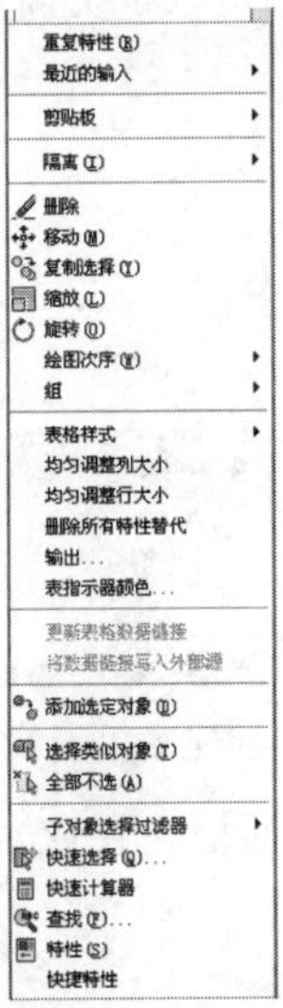

图 6-44　选中整个表格的快捷菜单

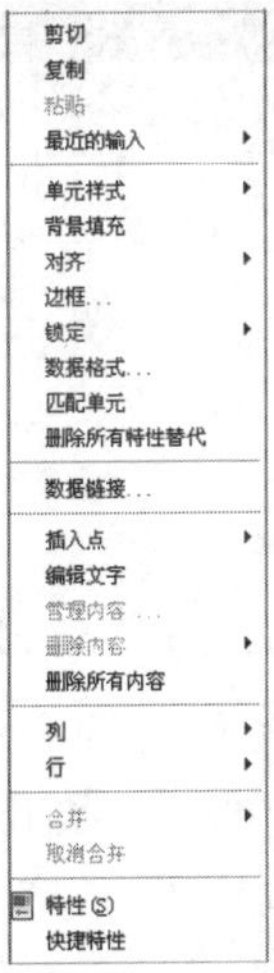

图 6-45　选中表格单元的快捷菜单

6.5 创建引线

引线对象是一条线或样条曲线，其一端带有箭头，另一端带有多行文字对象或块。在某些情况下，有一条短水平线（又称为基线）将文字或块和特征控制框连接到引线上，如图 6-46 所示。

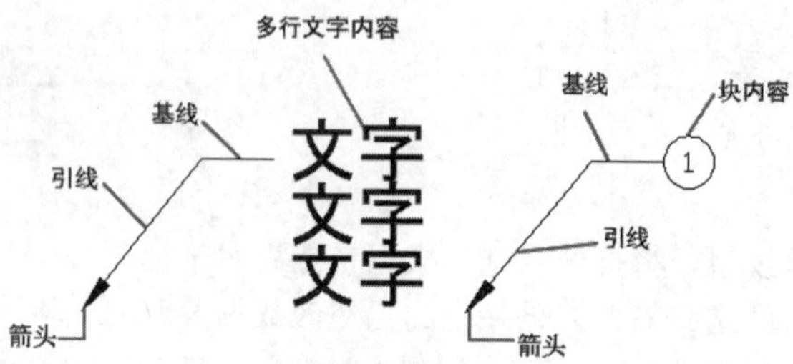

图 6-46　引线的组成

基线和引线与多行文字对象或块关联，因此当重定位基线时，内容和引线将随其移动。

当打开关联标注，并使用对象捕捉确定引线箭头的位置时，引线则与附着箭头的对象相关联。如果重定位该对象，箭头也随之重定位，并且基线相应拉伸。

6.5.1 新建或修改多重引线样式

在 AutoCAD 2012 中，执行“多重引线”命令的方法如下。

- 命令：MLEADERSTYLE。
- 工具栏：选择“注释”选项卡，在“多重引线”面板中单击对话框启动器（“多重引线样式”按钮）。

调用该命令后，将打开“多重引线样式管理器”对话框，如图 6-47 所示，单击“新建”按钮，打开“创建多重引线样式”对话框，如图 6-48 所示，在该对话框中可以定义新多重引线样式。

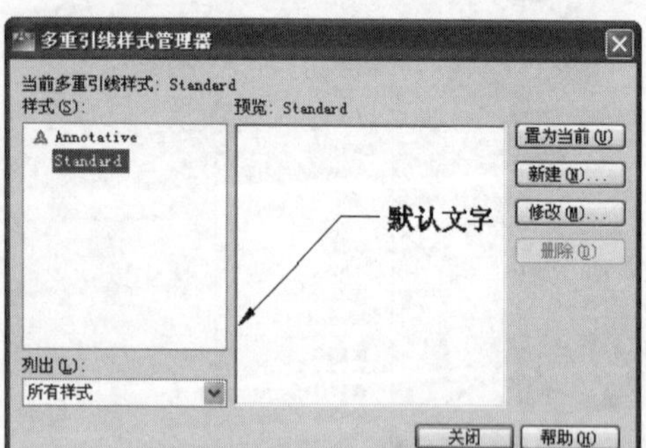

图 6-47　“多重引线样式管理器”对话框

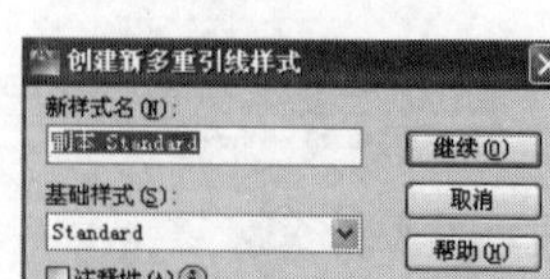

图 6-48　“创建多重引线样式”对话框

单击“修改”按钮，弹出“修改多重引线样式：Standard”对话框，在该对话框中有“引线格式”、“引线结构”、“内容”3 个选项卡，如图 6-49 所示。

1.“引线格式”选项卡

可以设置引线的类型（直线或样条曲线）、颜色、线型、线宽，箭头符号的形式、大小，以及引线打断的大小。

2.“引线结构”选项卡

可以设置引线的最大点数、第一段角度（引线中第一点的角度）、第二段角度（引线中第二点的角度），是否主动包含基线及基线的距离，指定多重引线的缩放比例，如图 6-50 所示。

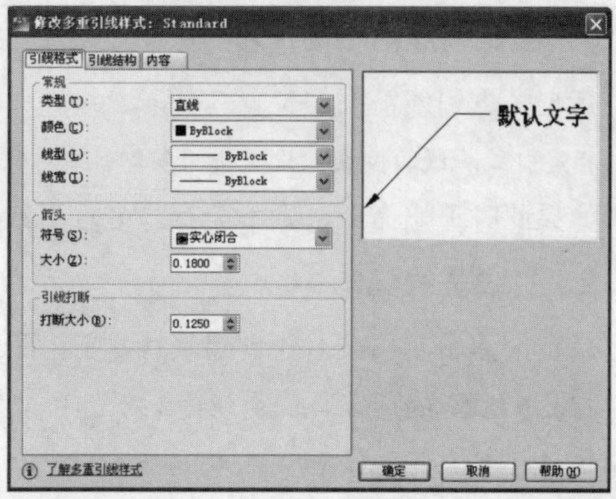

图 6-49　“修改多重引线样式：Standard”对话框

3.“内容”选项卡

可以设置多重引线的类型（是包含文字还是块），设置文字的样式、角度、颜色、高度，以及是否始终左对正、文字是否加框，还可以设置引线连接到文字的方式，如图 6-51 所示。

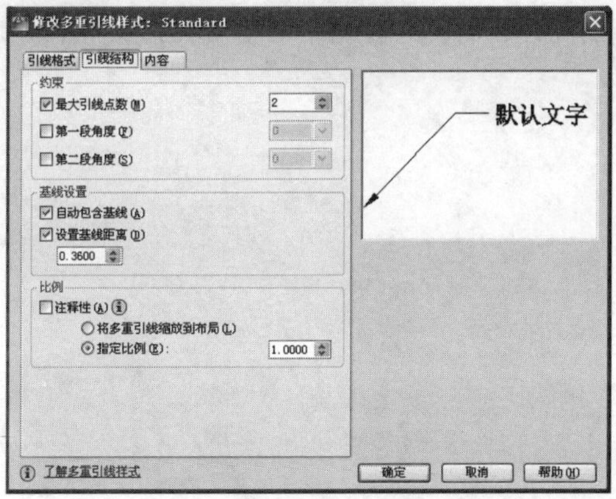

图 6-50　“引线结构”选项卡

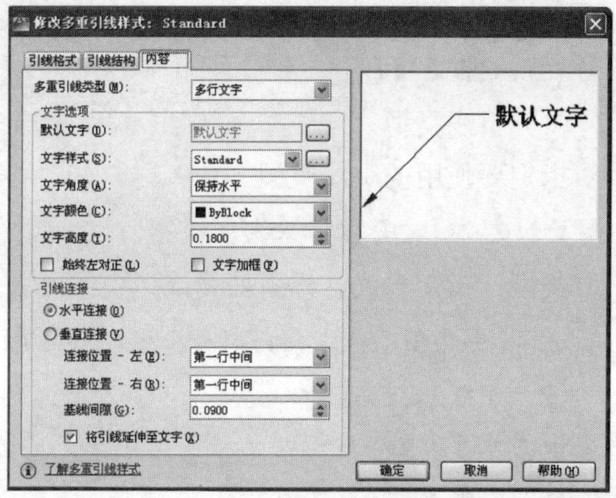

图 6-51　“内容”选项卡

6.5.2　创建多重引线

多重引线对象是一条线或样条曲线，其一端带有箭头，另一端带有多行文字对象或块。在某些情况下，有一条短水平线（又称为基线）将文字或块和特征控制框链接到多重引线上。基线和多重引线与多行文字对象或块关联，因此当重定位基线时，内容和多重引线将随其移动。

在 AutoCAD 2012 中，调用“多重引线”命令的方法如下。

- 命令：MLEADER。
- 工具栏：选择“注释”选项卡，在“多重引线”面板中单击“多重引线”按钮。

调用该命令后，命令行依次出现如下提示：

```
指定引线箭头的位置或 [引线基线优先(L)/内容优先(C)/选项(O)] <选项>:
```

各选项的作用如下。

1．指定引线箭头的位置

指定多重引线箭头的位置。

指定引线基线的位置：设置新的多重引线对象的引线基线位置。

如果此时退出命令，则不会有与多重引线相关联的文字。

2．引线基线优先（L）

指定创建多重引线时先创建基线，指定后，后续的多重引线也将先创建基线（除非另外指定）。

指定引线基线的位置或 [引线箭头优先(H)/内容优先(C)/选项(O)] <选项>:

3．内容优先（C）

指定先创建与多重引线对象相关联的文字或块的位置。

指定文字的第一个角点或 [引线箭头优先(H)/引线基线优先(L)/选项(O)] <选项>:
指定对角点:

4．选项（O）

指定用于放置多重引线对象的选项。

输入选项 [引线类型(L)/引线基线(A)/内容类型(C)/最大节点数(M)/第一个角度(F)/第二个角度(S)/退出选项(X)]:

（1）引线类型

指定要使用的引线类型。

输入选项 [类型(T)/基线(L)]:

类型：指定直线、样条曲线或无引线。

选择引线类型 [直线(S)/样条曲线(P)/无(N)]:

（2）引线基线

更改水平基线的距离。

使用基线 [是(Y)/否(N)]:

如果此时选择“否”选项，则不会有与多重引线对象相关联的基线。

（3）内容类型

指定要使用的内容类型。

输入内容类型 [块(B)//无(N)]:

- 块：指定图形中的块，以与新的多重引线相关联。

输入块名称:

- 无：指定“无”内容类型。

（4）最大节点数

指定新引线的最大点数。

输入引线的最大节点数或 <无>:

（5）第一个角度

约束新引线中的第一个点的角度。

输入第一个角度约束或 <无>:

（6）第二个角度

约束新引线中的第二个角度。

输入第二个角度约束或 <无>:

（7）退出选项

返回第一个 MLEADER 命令提示。

6.6 缩放注释

注释是说明或其他类型的说明性符号或对象，通常用于向图形中添加信息。

通常用于注释图形的对象有一个特性称为注释性。使用此特性，用户可以自动完成缩放注释的过程，从而使注释能够以正确的大小在图纸上打印或显示。

用户不必在各个图层、以不同尺寸创建多个注释，而是可以按对象或样式打开注释性特性，并设置布局或模型视口的注释比例。注释比例控制注释性对象相对于图形中的模型几何图形的大小。

6.6.1 创建注释性对象

将注释添加到图形中时，用户可以打开这些对象的注释性特性。这些注释性对象将根据当前注释比例设置进行缩放，并自动以正确的大小显示。注释性对象按图纸高度进行定义，并以注释比例确定的大小显示。以下对象可以为注释性对象（具有注释性特性）：图案填充、文字（单行和多行）、标注、公差、引线和多重引线、块、属性。

用于创建这些对象的许多对话框都包含"注释性"复选框，如图 6-1 所示的"文字样式"对话框中，在"大小"选项区域就包含"注释性"复选框，当用户选择此复选框时，就可以使所选定的文字样式为注释性对象。

通过在"特性"选项板中更改注释性特性，用户可以将现有对象更改为注释性对象。如图 6-52 所示，选择文字"注释性"，然后右击，在弹出的快捷菜单中选择"特性"命令，打开"特性"选项板，在其"文字"选项组中就可以设置是否将对象改为注释性对象。

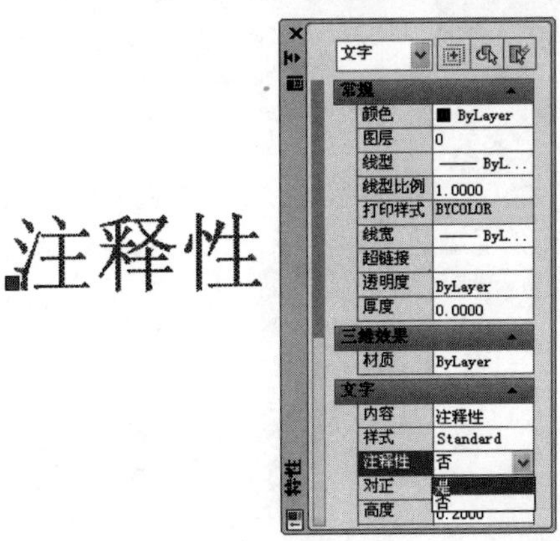

图 6-52　在"特性"选项板中更改单行文字的注释性特性

将光标悬停在支持一个注释比例的注释性对象上时，光标将显示为图标。

6.6.2 设置注释比例

注释比例是与模型空间、布局视口和模型视图一起保存的设置。将注释性对象添加到图形中时，它们将支持当前的注释比例，根据该比例设置进行缩放，并自动以正确的大小显示在模型空间中。

将注释性对象添加到模型中之前，先设置注释比例。考虑将在其中显示注释的视口的最终比例设置。注释比例（或从模型空间打印时的打印比例）应设置为与布局中的视口（在该视口中将显示注释性对象）比例相同。例如，如果注释性对象将在比例为 1:2 的视口中显示，则要将注释比例设置为 1:2。

使用模型选项卡时，或选定某个视口后，当前注释比例将显示在应用程序状态栏或图形状态栏上。用户可以通过状态栏来更改注释比例。

6.7 本章小结

文字和注释是工程图样中不可缺少的一部分，如技术要求、注释和标题栏等。它可以对图形中不便于表达的内容加以说明，使图形的含义更加清晰，从而使设计、修改和施工人员对图形的要求一目了然。本章主要介绍了文字样式的创建，单行及多行文字的创建和修改、表格和表格样式的创建、多重引线及多重引线样式的创建、注释缩放等内容。

6.8 问题与思考

1. 利用创建“单行文字”命令也可以创建多行文字，其与利用创建多行文字命令创建的多行文字有什么区别？

2. 如何通过数据链接创建表格？利用数据链接创建表格有什么好处？

3. 如何在布局（图纸空间）中设置注释比例？

第 7 章 尺寸标注

本章主要内容：

在图形设计中，尺寸标注是绘图设计工作中的一项重要内容。因为绘制图形的根本目的是反映对象的形状，并不能表达清楚图形设计尺寸的大小，而图形中各个对象的真实大小和相互位置只有经过尺寸标注后才能确定。

AutoCAD 提供了完整、灵活的尺寸标注功能，使标注变得异常简单，并且减少大量的重复性劳动，极大地提高了工作效率。本章主要介绍标注尺寸的样式、类型，以及通过典型的建筑实例来讲解标注的技巧应用。

本章重点难点：

- 建筑尺寸标注规则
- 创建建筑标注样式
- 尺寸标注的类型
- 编辑尺寸标注

7.1 尺寸标注相关规定及组成

由于尺寸标注对传达有关设计元素的尺寸和材料等信息有着非常重要的作用，因此在对图形进行标注前，应先了解尺寸标注的组成、类型、规则及步骤等。

7.1.1 尺寸标注的基本规则

在 AutoCAD 2012 中，对绘制的图形进行尺寸标注时应遵循以下规则：

① 物体的真实大小应以图样上所标注的尺寸数值为依据，与图形的大小及绘图的准确度无关。

② 图样中的尺寸以 mm 为单位时，不需要标注计量单位的代号或名称。如采用其他单位，则必须注明相应计量单位的代号或名称，如°、m 及 cm 等。

③ 图样中所标注的尺寸为该图样所表示的物体的最后完工尺寸，否则应另加说明。

④ 建筑部件对象每一尺寸一般只标注一次，并标注在最能清晰反映该部件结构特征的视图上。

⑤ 尺寸的配置要合理，功能尺寸应该直接标注；同一要素的尺寸应尽可能集中标注；数字之间不允许任何图线穿过，必要时可以将图线断开。

7.1.2 尺寸标注的组成

在建筑制图或其他工程绘图中，一个完整的尺寸标注应由标注文字、尺寸线、尺寸界线、尺寸线的端点符号及起点等组成，如图 7-1 所示。

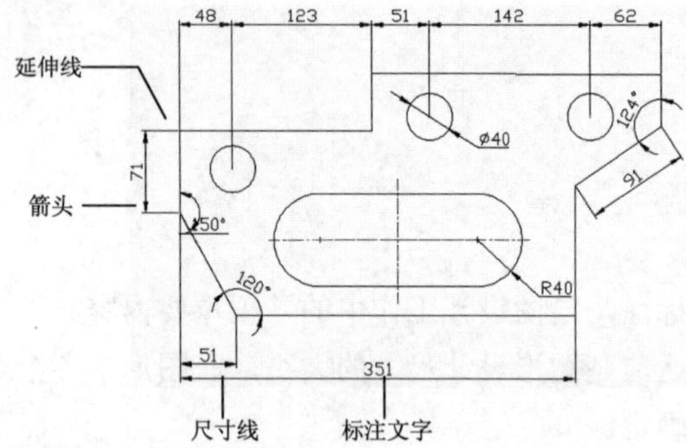

图 7-1 尺寸标注的组成

7.1.3 尺寸标注的类型

AutoCAD 2012 提供了十余种标注工具以标注图形对象，分别位于“标注”面板或“注释”选项卡中。使用它们可以进行角度、直径、半径、线性、对齐、连续、圆心及基线等的标注，如图 7-2 所示。

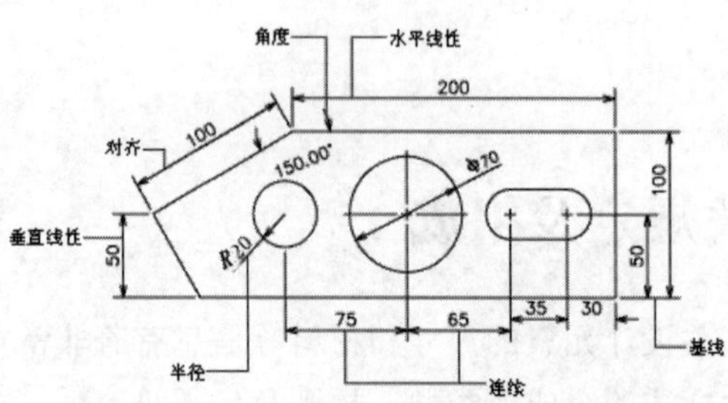

图 7-2 尺寸标注的类型

7.2 尺寸样式设置

在 AutoCAD 中，使用标注样式可以控制标注的格式和外观，建立强制执行的绘图标准，并有利于对标注格式及用途进行修改。本节将着重介绍使用“标注样式管理器”对话框创建标注样式的方法 。

7.2.1 新建标注样式

要创建标注样式，在功能区选项板中选择“注释”选项卡，在“标注”面板中单击对话框启动器（右下角箭头），打开“标注样式管理器”对话框，如图 7-3 所示。单击“新建”按钮，弹出“创建新标注样式”对话框，如图 7-4 所示，在该对话框中即可创建新标注样式。在“新样式名”文本框中输入新尺寸标注样式名称，在“基础样式”下拉列表框中选择新尺寸标注样式的基准样式，在“用于”下拉列表框中指定新尺寸标注样式应用范围。

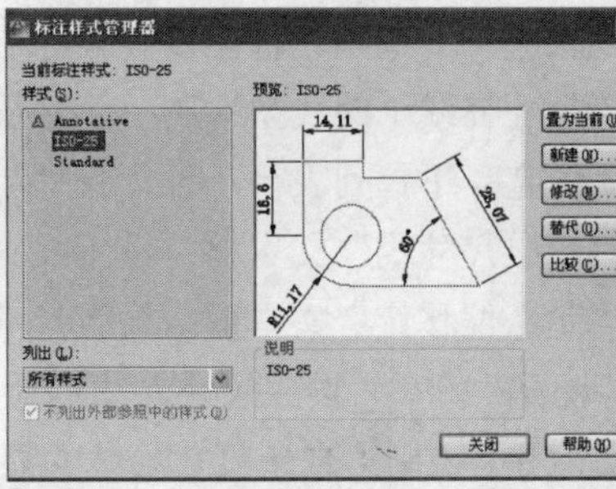

图 7-3　“标注样式管理器”对话框

在“创建新标注样式”对话框中，单击“继续”按钮，打开如图 7-5 所示的“新建标注样式：标注”对话框，用户可以在各选项卡中设置相应的参数。

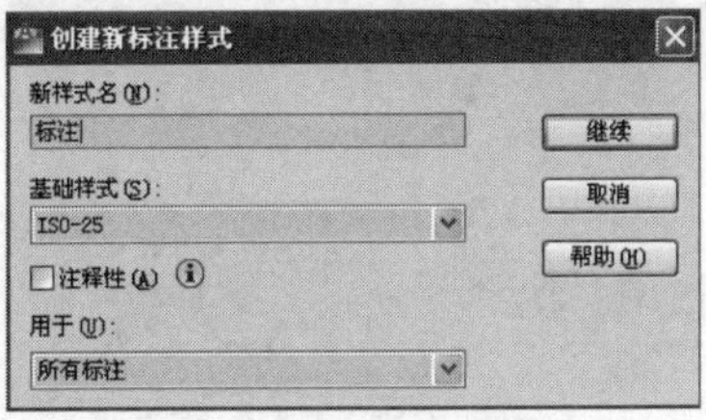

图 7-4　创建新标注样式

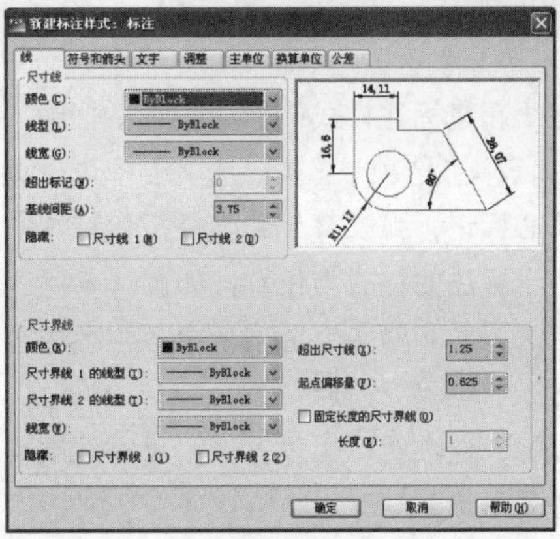

图 7-5　“新建标注样式：标注”对话框

7.2.2　设置线性样式

在图 7-5 所示的“新建标注样式：标注”对话框中，使用“线”选项卡可以设置尺寸线和延伸线的格式和位置。下面介绍“线”选项卡中各主要内容。

1.“尺寸线”选项组

“尺寸线”选项组中各选项含义如下。

① “颜色”下拉列表框：设置尺寸线的颜色。

② “线型”下拉列表框：设置尺寸线的线型。

③ “线宽”下拉列表框：设定尺寸线的宽度。

④ “超出标记”文本框：设置尺寸线超出尺寸界线的距离。

⑤ “基线间距”文本框：设置使用基线标注时各尺寸线的距离。

⑥ “隐藏”选项：控制尺寸线的显示。“尺寸线 1”复选框用于控制第一条尺寸线的显示，“尺寸线 2”复选框用于控制第二条尺寸线的显示。

2.“尺寸界线”选项组

“尺寸界线”选项组中各选项含义如下。

①“颜色”下拉列表框：设置尺寸界线的颜色。

②“尺寸界线 1 的线型”和“尺寸界线 2 的线型”下拉列表框：设置尺寸界线的线型。

③“线宽”下拉列表框：设置尺寸界线的宽度。

④“超出尺寸线”文本框：设置尺寸界线超出尺寸线的距离。

⑤“起点偏移量”文本框：设置尺寸界线相对于尺寸界线起点的偏移距离。

⑥“隐藏”选项：设置尺寸界线的显示。“尺寸界线 1”用于控制第一条尺寸界线的显示，“尺寸界线 2”用于控制第二条尺寸界线的显示。

⑦“固定长度的尺寸界线”复选框及其“长度”文本框：设置尺寸界线从尺寸线开始到标注原点的总长度。

7.2.3 设置符号和箭头样式

在“新建标注样式：标注”对话框中，选择“符号和箭头”选项卡，在该选项卡中可以设置箭头、圆心标记、弧长符号和半径折弯标注，以及线性折弯标注的格式与位置，如图 7-6 所示。下面介绍“符号和箭头”选项卡中各主要内容。

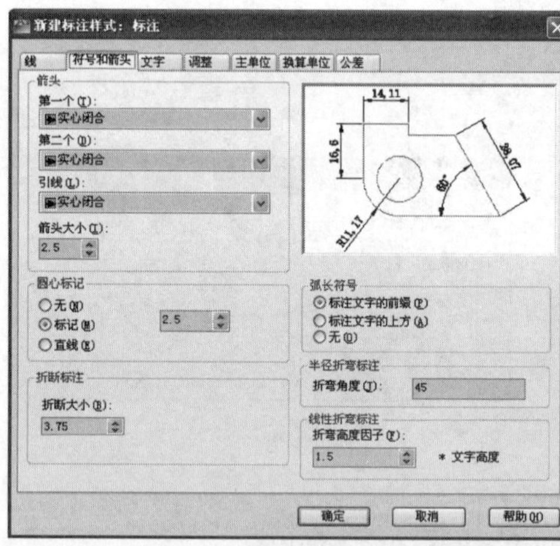

图 7-6 “符号和箭头”选项卡

（1）“箭头”选项组

“箭头”选项组用于设置表示尺寸线端点的箭头的外观形式。

① “第一个”和“第二个”下拉列表框：设置标注的箭头形式。

② “引线”下拉列表框：设置尺寸线引线的形式。

③ “箭头大小”文本框：设置箭头相对于其他尺寸标注元素的大小。

（2）“圆心标记”选项组

“圆心标记”选项组用于控制在标注半径和直径尺寸时，中心线和中心标记的外观。

① “无”单选按钮：设置在圆心处不放置中心线和圆心标记。

② “标记”单选按钮：设置在圆心处放置一个与“大小”文本框中的值相同的圆心标记。

③ “直线”单选按钮：设置在圆心处放置一个与“大小”文本框中的值相同的中心线标记。

④ “大小”文本框：设置圆心标记或中心线的大小。

（3）“弧长符号”选项组

“弧长符号”选项组控制弧长标注中圆弧符号的显示，各选项含义如下。

① “标注文字的前缀”单选按钮：将弧长符号放在标注文字的前面。

② “标注文字的上方”单选按钮：将弧长符号放在标注文字的上方。

③ “无”单选按钮：不显示弧长符号。

（4）“半径折弯标注”选项组

“半径折弯标注”选项组控制折弯（z 字型）半径标注的显示。半径折弯标注通常在中心点位于页面外部时创建。“折弯角度”文本框确定用于连接半径标注的尺寸界线和尺寸线的横向直线的角度。

（5）“线性折弯标注”选项组

“线性折弯标注”选项组用于控制线性标注折弯的显示。通过形成折弯的角度的两个顶点之间的距离确定折弯高度，线性折弯大小由“折弯高度因子”和“文字高度”的乘积确定。

7.2.4　设置文字样式

在“新建标注样式：标注”对话框中，选择“文字”选项卡，在其中可以设置标注文字的外观、位置和对齐方式，如图 7-7 所示。下面介绍“文字”选项卡中各主要内容。

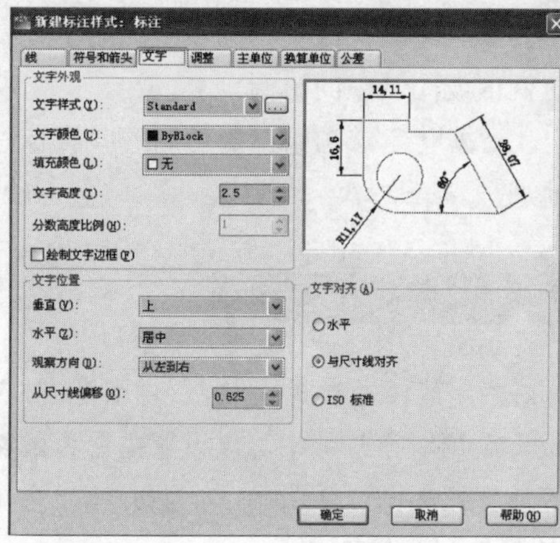

图 7-7　“文字”选项卡

（1）“文字外观”选项组

“文字外观”选项组可设置标注文字的格式和大小。

① “文字样式”下拉列表框：设置标注文字所用的样式，单击其右侧的按钮，打开“文字样式”对话框。

② “文字颜色”下拉列表框：设置标注文字的颜色。

③ “填充颜色”下拉列表框：设置标注中文字背景的颜色。

④ “文字高度”文本框：设置当前标注文字样式的高度。

⑤ “分数高度比例”文本框：设置分数尺寸文本的相对高度系数。

⑥ “绘制文字边框”复选框：控制是否在标注文字四周绘制一个文字边框。

（2）“文字位置”选项组

“文字位置”选项组用于设置标注文字的位置。

① “垂直”下拉列表框：设置标注文字沿尺寸线在垂直方向上的对齐方式。

② “水平”下拉列表框：设置标注文字沿尺寸线和尺寸界线在水平方向上的对齐方式。

③ “观察方向”下拉列表框：设置标注文字的方向。

④ “从尺寸线偏移”文本框：设置文字与尺寸线的间距。

（3）“文字对齐”选项组

“文字对齐”选项组用于设置标注文字的方向。

① “水平”单选按钮：选择该单选按钮，标注文字沿水平线放置。

② “与尺寸线对齐”单选按钮：选择该单选按钮，标注文字沿尺寸线方向放置。

③ “ISO 标准”单选按钮：当标注文字在尺寸界线之间时，沿尺寸线的方向放置；当标注文字在尺寸界线外侧时，则水平放置标注文字。

7.2.5　设置调整样式

在“新建标注样式：标注”对话框中，可以使用“调整”选项卡设置标注文字、尺寸线、尺寸箭头的位置，如图 7-8 所示。下面介绍“调整”选项卡中各主要内容。

① “调整选项”选项组：用于控制基于尺寸界线之间可用空间的文字和箭头的位置。

② “文字位置”选项组：用于设置标注文字从默认位置（由标注样式定义的位置）移至其他位置时标注文字的位置。

③ “标注特征比例”选项组：用于设置全局标注比例值或图纸空间比例。

④ “优化”选项组：提供用于设置标注文字的其他选项。

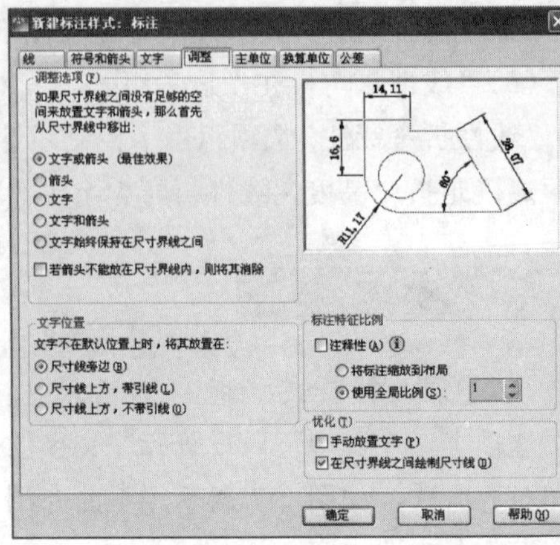

图 7-8　“调整”选项卡

7.2.6 设置主单位样式

在“新建标注样式：标注”对话框中，选择“主单位”选项卡，在其中可以设置主单位的格式与精度等属性，如图 7-9 所示。下面介绍“主单位”选项卡中各主要内容。

“主单位”选项卡由“线性标注”、“测量单位比例”和“角度标注”3 个选项组组成。

(1)“线性标注”选项组

“线性标注”选项组用于设置线性标注单位的格式及精度。

① “单位格式”下拉列表框：设置可用于所有尺寸标注类型（除了角度标注）的当前单位格式。

② “精度”下拉列表框：显示和设置标注文字中的小数位数。

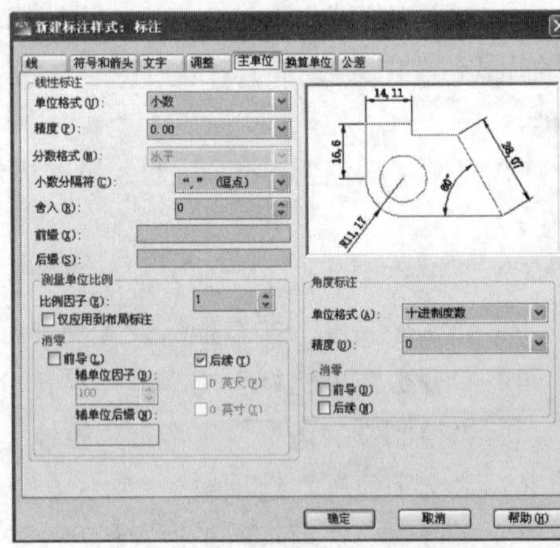

图 7-9　“主单位”选项卡

③ “分数格式”下拉列表框：设置分数的格式。

④ “小数分隔符”下拉列表框：设置小数格式的分隔符号。

⑤ “舍入”文本框：设置所有尺寸标注类型（除角度标注外）的测量值的取整规则。

⑥ “前缀”文本框：设置在标注文字中包含前缀。可以输入文字或使用控制代码显示特殊符号。

⑦ “后缀”文本框：设置在标注文字中包含后缀。可以输入文字或使用控制代码显示特殊符号。

(2)“测量单位比例”选项组

“测量单位比例”选项组用于确定测量时的缩放系数。

(3)“消零”选项组

“消零”选项组控制是否显示前导 0 或尾数 0。

(4)“角度标注”选项组

“角度标注”选项组设置用于角度标注的角度格式。

① “单位格式”下拉列表框：设置角度单位格式。

② “精度”下拉列表框：设置角度标注的小数位数。

7.2.7 设置换算单位样式

在“新建标注样式：标注”对话框中，选择“换算单位”选项卡，在其中可以设置换算单位的格式，如图 7-10 所示。

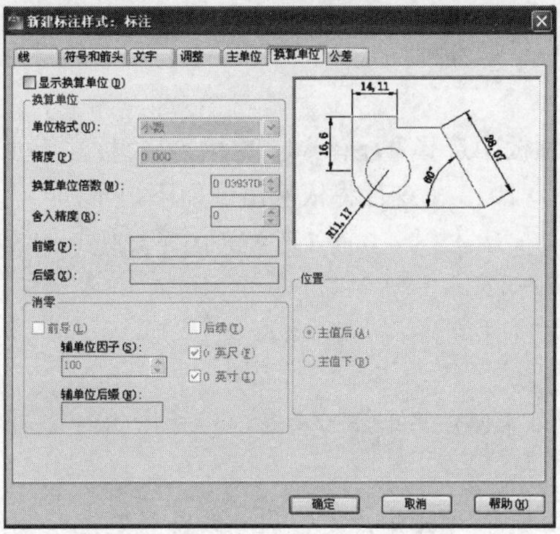

图 7-10　“换算单位”选项卡

选择“显示换算单位”复选框，则“换算单位”选项卡可用。“换算单位”和“消零”选项组与“主单位”选项卡中的相同选项功能类似，“位置”选项组控制标注文字中换算单位的位置。

7.2.8 设置公差样式

在“新建标注样式：标注”对话框中，可以使用“公差”选项卡设置是否标注公差，以及以何种方式进行标注，如图 7-11 所示。

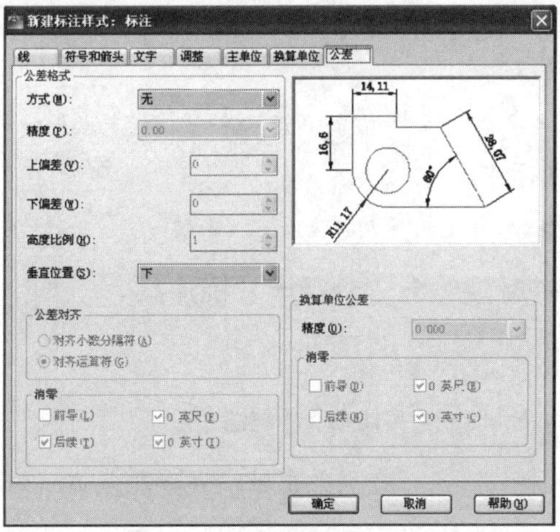

图 7-11　“公差”选项卡

7.3 尺寸标注类型

在了解了尺寸标注的相关概念及标注样式的创建和设置方法后，本节介绍如何在中文版AutoCAD 2012 中标注图形尺寸。

7.3.1 线性标注

在 AutoCAD 2012 中，执行线性标注（DIMLINEAR）命令的常用方法有以下几种。

- 命令：DIMLINEAR。
- 工具栏：在功能区选项板中选择“注释”选项卡，在“标注”面板中单击“线性”按钮⊢⊣。

执行该命令后，AutoCAD 2012 命令行将依次出现如下提示：

```
指定第一条延伸线原点或 <选择对象>://用户指定点（1）或按【Enter】键选择要标注的对象
指定第二条延伸线原点：//指定点（2）
```

用户选取需要标注尺寸的对象。

```
指定尺寸线位置或
[多行文字(M)/文字(T)/角度(A)/水平(H)/垂直(V)/旋转(R)]： //指定点或输入选项
```

各选项的作用如下。

① 尺寸线位置：AutoCAD 使用指定点定位尺寸线并且确定绘制延伸线的方向。指定位置之后，将绘制标注。

② 多行文字：要编辑或替换生成的测量值，则删除文字，输入新文字，然后单击“确定”按钮。

③ 文字：在命令行自定义标注文字。

```
输入标注文字 <当前>://输入标注文字，或按【Enter】键接受生成的测量值
```

④ 角度：修改标注文字的角度。

```
指定标注文字的角度://输入角度
```

⑤ 水平：创建水平线性标注。

```
指定尺寸线位置或 [多行文字(M)/文字(T)/角度(A)]://指定点或输入选项
```

⑥ 垂直：创建垂直线性标注。

```
指定尺寸线位置或 [多行文字(M)/文字(T)/角度(A)]://指定点或输入选项
```

⑦ 旋转：创建旋转线性标注。

```
指定尺寸线的角度 <当前>://指定角度或按【Enter】键
```

上机操作 1——采用“线性标注”命令进行尺寸标注

打开配套光盘\素材文件\第 7 章\01.dwg。

Step 01 单击“标注”面板中的“线性”按钮⊢⊣ 线性(L)。

Step 02 选择轴线 *A*、*B* 作为标注对象，分别单击轴线 *A* 和轴线 *B*，如图 7-12 和图 7-13 所示。

Step 03 任意指定尺寸线的位置 *C*，完成线性尺寸标注，如图 7-14 和图 7-15 所示。

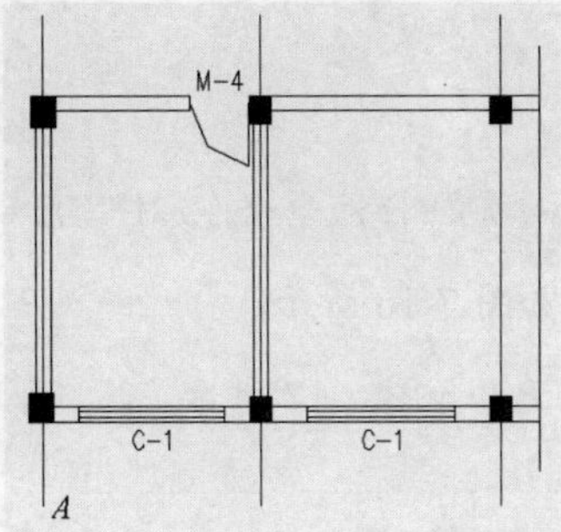

图 7-12　指定第一条尺寸界线原点 *A*

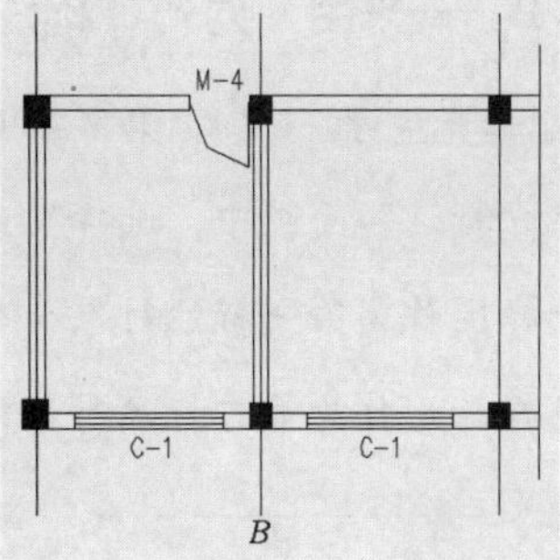

图 7-13　指定第二条尺寸界线原点 *B*

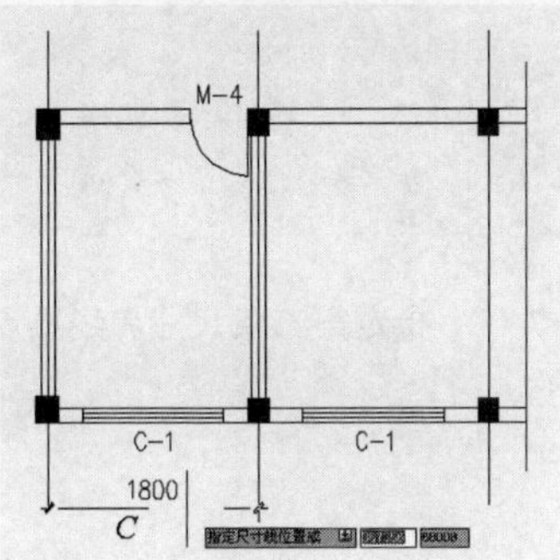

图 7-14　指定尺寸线位置 *C*

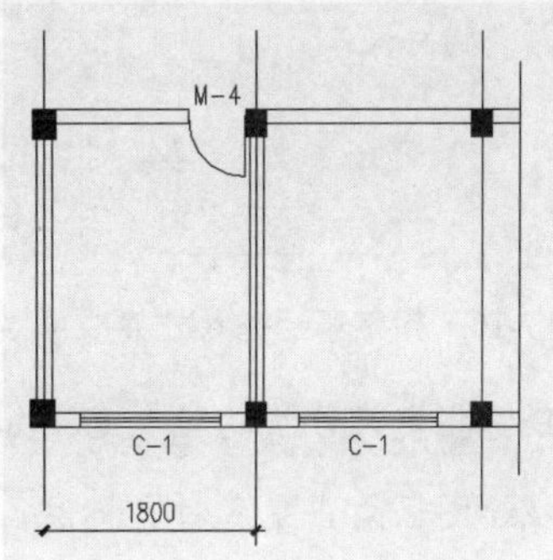

图 7-15　完成线性标注

7.3.2　对齐标注

在 AutoCAD 2012 中，执行“对齐”标注（DIMALIGNED）命令的常用方法有以下几种。

- 命令：DIMALIGNED。
- 工具栏：在功能区选项板中选择“注释”选项卡，在“标注”面板中单击“对齐”按钮。

执行该命令后，AutoCAD 2012 命令行将依次出现如下提示：

```
指定第一条延伸线原点或 <选择对象>://指定手动延伸线的点（1），或按【Enter】键以使用自动延伸线
指定第二条延伸线原点://指定点（2）
```

用户选取需要标注尺寸的对象。

```
指定尺寸线位置或[多行文字(M)/文字(T)/角度(A)]://指定点或输入选项
```

各选项的作用如下。

① 指定尺寸线位置：指定尺寸线的位置并确定绘制延伸线的方向。

② 多行文字：要编辑或替换生成的测量值，则删除尖括号，输入新的标注文字，然后单击“确定”按钮。

③ 文字：在命令行自定义标注文字。生成的标注测量值显示在尖括号中。

```
输入标注文字<当前>://输入标注文字，或按【Enter】键接受生成的测量值。
```

④ 角度：修改标注文字的角度。

```
指定标注文字的角度://输入角度。
```

上机操作 2——采用“对齐”标注命令进行尺寸标注

打开配套光盘\素材文件\第 7 章\02.dwg。

Step 01 在“标注”面板中，选择“线性”下拉菜单中的“对齐”标注命令 对齐(G)。

Step 02 选择圆作为第一标注对象，单击圆弧上任一点 *A*，如图 7-16 所示。

Step 03 选择矩形作为第二标注对象，单击矩形上任意一点 *B*，如图 7-17 所示。

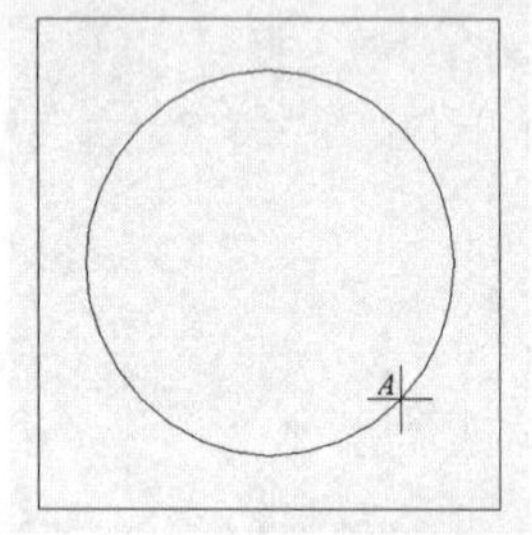

图 7-16　指定第一条尺寸界线原点 *A*

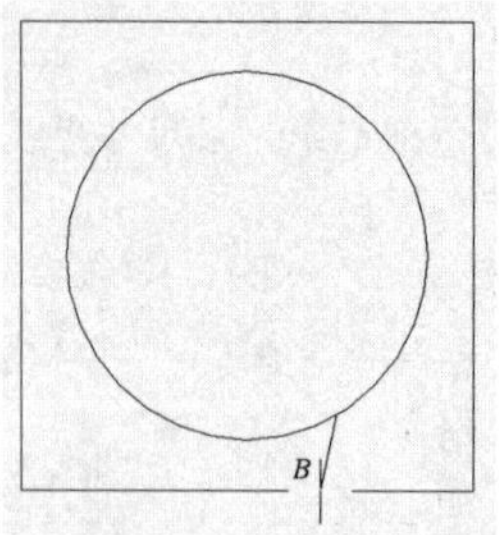

图 7-17　指定第二条尺寸界线原点 *B*

Step 04 任意指定尺寸线的位置 *C*，如图 7-18 所示。

Step 05 在绘图区右击完成对齐标注，效果如图 7-19 所示。

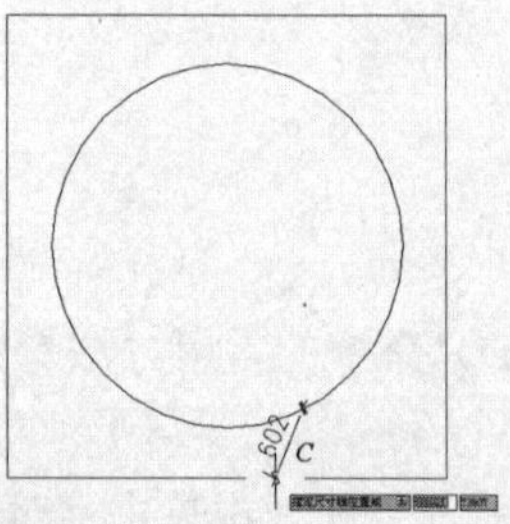

图 7-18　指定尺寸线位置 *C*

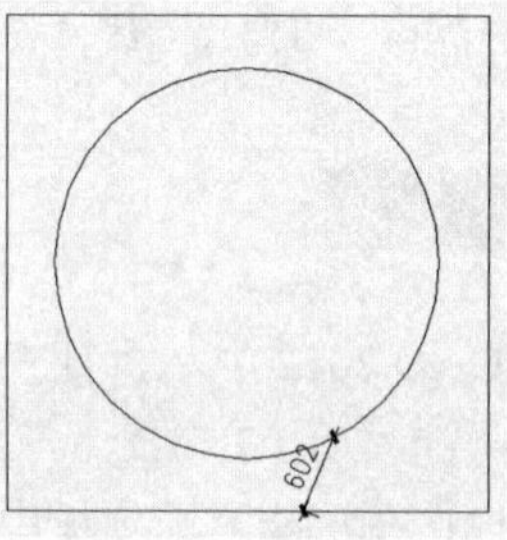

图 7-19　对齐标注

7.3.3　弧长标注

在 AutoCAD 2012 中，执行“弧长”标注（DIMARC）命令的常用方法有以下几种。

- 命令：DIMARC。
- 工具栏：在功能区选项板中选择“注释”选项卡，在“标注”面板中单击“弧长”按钮。

执行该命令后，AutoCAD 2012 命令行将依次出现如下提示：

```
选择弧线段或多段线弧线段：//使用对象选择方法
```

用户选取需要标注尺寸的弧线。

```
指定弧长标注位置或 [多行文字(M)/文字(T)/角度(A)/部分(P)/引线(L)]：//指定点或输入选项
```

各选项的作用如下。

① 指定弧长标注位置：指定尺寸线的位置并确定延伸线的方向。

② 多行文字：要编辑或替换生成的测量值，则删除文字，输入新文字，然后单击“确定”按钮。

③ 文字：在命令行提示下，自定义标注文字。生成的标注测量值显示在尖括号中。

```
输入标注文字 <当前>://输入标注文字，或按【Enter】键接受生成的测量值
```

④ 角度：修改标注文字的角度。

```
指定标注文字的角度://输入角度
```

⑤ 部分：缩短弧长标注的长度。

```
指定弧长标注的第一个点://指定圆弧上弧长标注的起点
指定弧长标注的第二个点://指定圆弧上弧长标注的终点
```

⑥ 引线：添加引线对象。

```
指定弧长标注位置或 [多行文字(M)/文字(T)/角度(A)/部分(P)/无引线(N)]://指定点或输入选项
```

上机操作 3——采用“弧长”标注命令进行尺寸标注

打开配套光盘\素材文件\第 7 章\03.dwg。

Step 01 在“标注”面板中，选择“线性”下拉菜单中的“弧长”标注命令 弧长(H)。

Step 02 选择圆弧 *A* 作为标注对象，单击圆弧上任意一点，如图 7-20 所示。

Step 03 任意指定弧长标注位置 *B*，如图 7-21 所示。

Step 04 在绘图区右击完成弧长标注，效果如图 7-22 所示。

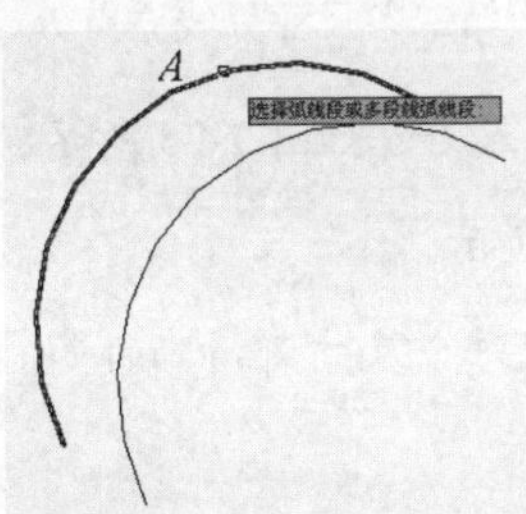

图 7-20　选择圆弧 *A* 作为标注对象

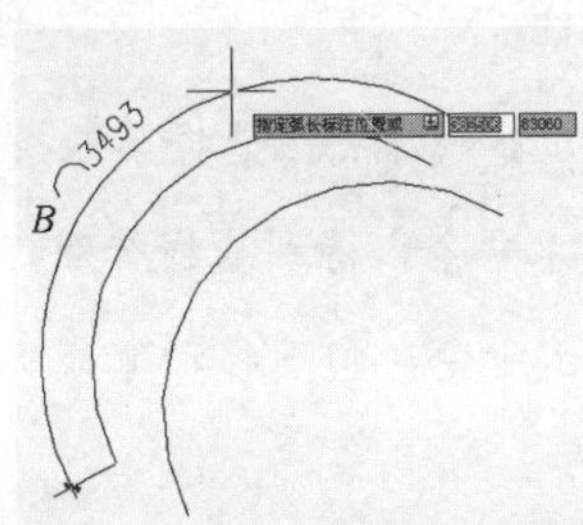

图 7-21　指定弧长标注位置 *B*

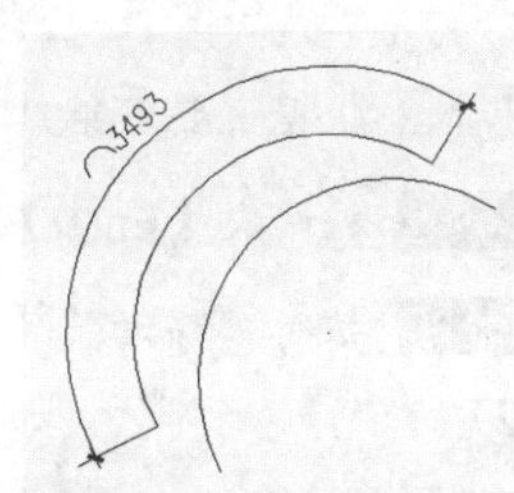

图 7-22　弧长标注

7.3.4　基线标注

“基线”标注命令可以创建一系列由相同的标注原点测量出来的标注，与连续标注一样，在进行基线标注之前也必须先创建（或选择）一个线性、坐标或角度标注作为基准标注，然后执行 DIMBASELINE 命令。

在 AutoCAD 2012 中，执行“基线”标注（DIMBASELINE）命令的常用方法有以下几种。

- 命令：DIMBASELINE。
- 工具栏：在功能区选项板中选择“注释”选项卡，在“标注”面板中单击“基线”按钮。

执行该命令后，AutoCAD 2012 命令行将依次出现如下提示：

```
指定第二条延伸线原点或 [放弃(U)/选择(S)] <选择>://指定点、输入选项或按【Enter】键选择基准标注
```

各选项的作用如下。

① 放弃：放弃在命令执行期间上一次输入的基线标注。

② 选择：AutoCAD 提示选择一个线性标注、坐标标注或角度标注作为基线标注的基准。

```
选择基准标注：//选择线性标注、坐标标注或角度标注
```

上机操作 4——采用“基线”标注命令进行尺寸标注

打开配套光盘\素材文件\第 7 章\04.dwg。

Step 01 在“标注”面板中，选择“连续”下拉菜单中的“基线”标注命令 基线(B)。

Step 02 选择已有的基准标注，使用对象捕捉功能选择第二条尺寸界线的原点 *A*，如图 7-23 所示。

Step 03 使用对象捕捉指定下一个尺寸界线原点 *B*，如图 7-24 所示。

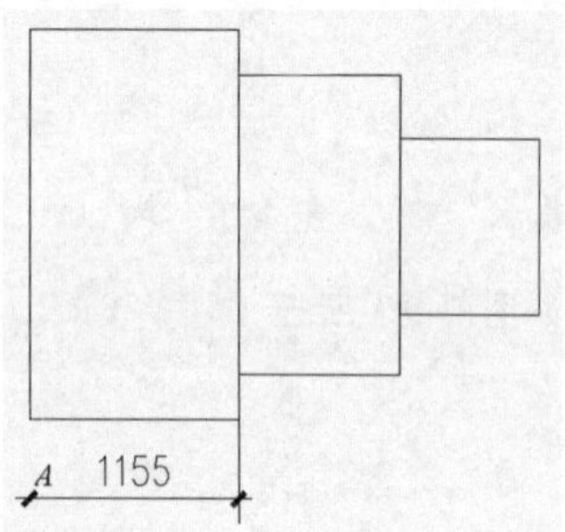

图 7-23 选择基准标注

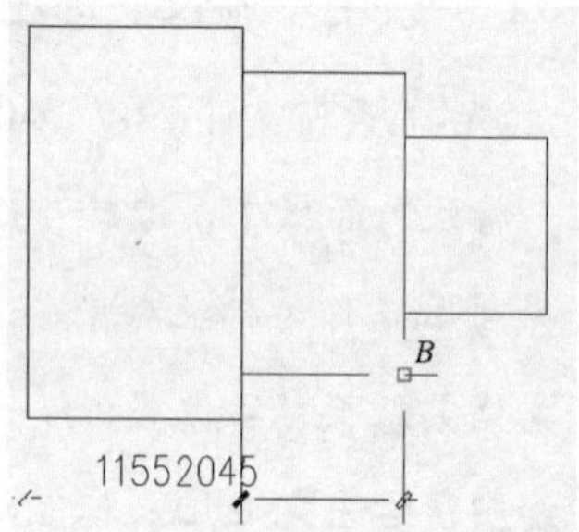

图 7-24 指定第二条尺寸界线原点 *B*

Step 04 根据需要可继续选择尺寸界线原点，选择第三条尺寸界线原点 *C*，如图 7-25 所示。

Step 05 按两次【Enter】键可结束命令，得到基线标注，如图 7-26 所示。

Step 06 执行“移动”（MOVE）命令，向下移动基线标注尺寸，使每个尺寸都清晰可辨，如图 7-27 所示。

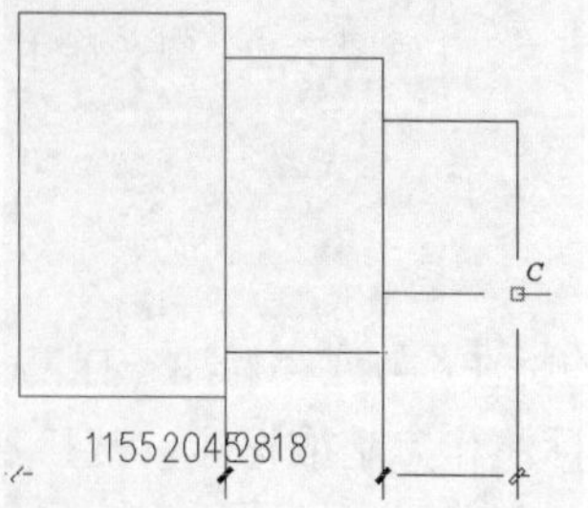

图 7-25 指定第三条尺寸界线原点 *C*

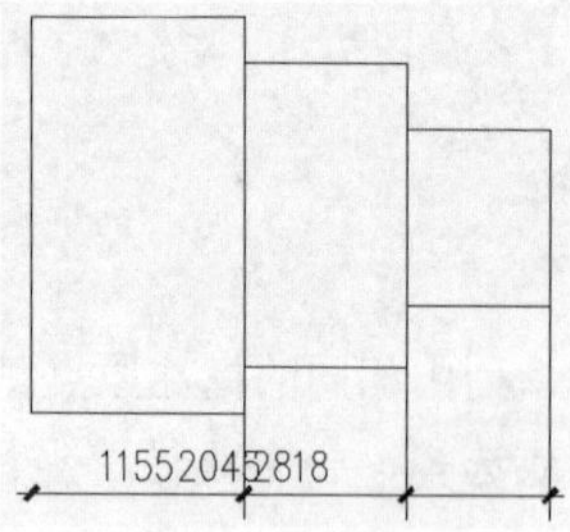

图 7-26 完成基线标注

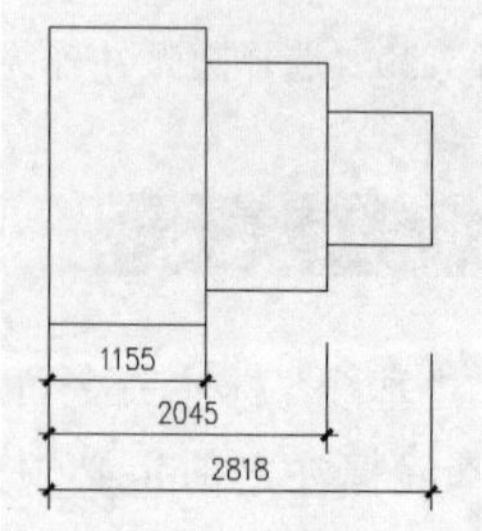

图 7-27 移动尺寸

7.3.5 连续标注

“连续”标注命令可以创建一系列端对端放置的标注，每个连续标注都从前一个标注的第二个尺寸界线处开始。在进行连续标注之前，必须先创建（或选择）一个线性、坐标或角度标注作为基准标注，以确定连续标注所需要的前一尺寸标注的尺寸界线，然后执行 DIMCONTINUE 命令。

在 AutoCAD 2012 中，执行连续标注（DIMCONTINUE）命令的常用方法有以下几种。

● 命令：DIMCONTINUE。

● 工具栏：在功能区选项板中选择“注释”选项卡，在“标注”面板中单击“连续”按钮 。

执行该命令后，AutoCAD 2012 命令行将依次出现如下提示：

```
指定第二条延伸线原点或 [放弃(U)/选择(S)] <选择>://指定点、输入选项或按【Enter】键选择基准标注
```

各选项的作用如下。

① 放弃：放弃在命令执行期间上一次输入的连续标注。

② 选择：AutoCAD 提示选择线性标注、坐标标注或角度标注作为连续标注。

```
选择连续标注://选择线性标注、坐标标注或角度标注
```

上机操作 5——采用“连续”标注命令进行尺寸标注

打开配套光盘\素材文件\第 7 章\05.dwg。

Step 01 在“标注”面板中，单击“连续”按钮 连续(C)。

Step 02 选择基准标注，使用对象捕捉功能指定第二条尺寸界线原点 *C*，如图 7-28 所示。

Step 03 使用对象捕捉功能指定下一个尺寸界线原点 *A* 及 *B*，如图 7-29 和图 7-30 所示。

Step 04 按两次【Enter】键可结束命令，结果如图 7-31 所示。

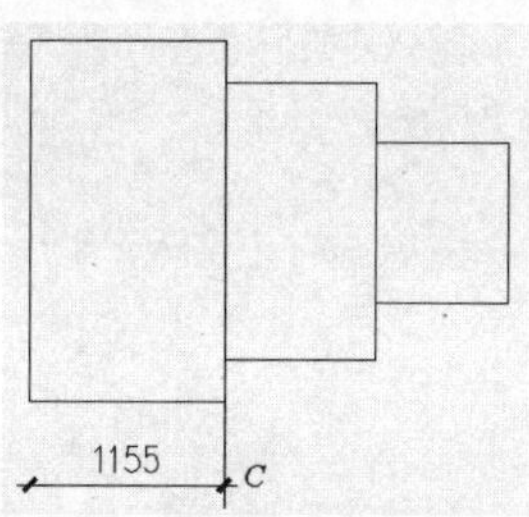

图 7-28　指定第二条尺寸界线原点 *C*

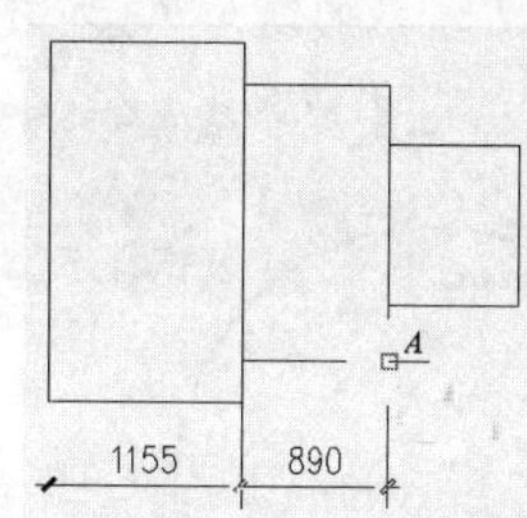

图 7-29　指定尺寸界线原点 *A*

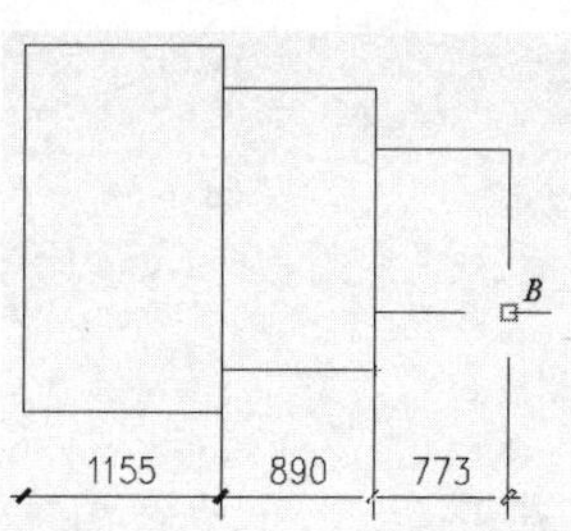

图 7-30　指定尺寸界线原点 *B*

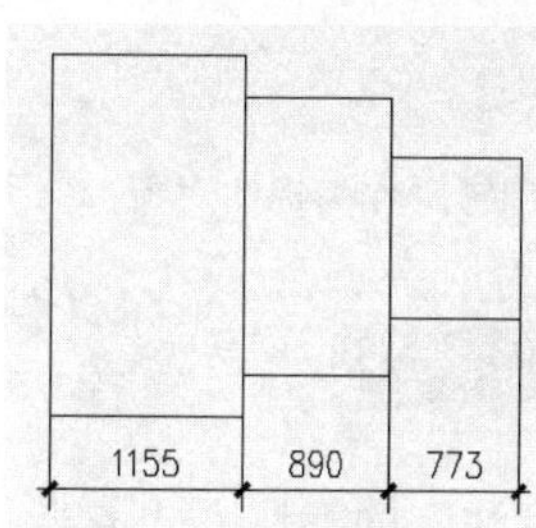

图 7-31　完成连续标注

7.3.6 半径标注

在 AutoCAD 2012 中，执行“半径”标注（DIMRADIUS）命令的常用方法有以下几种。

● 命令：DIMRADIUS。

● 工具栏：在功能区选项板中选择“注释”选项卡，在“标注”面板中单击 “半径”按钮

执行该命令后，AutoCAD 2012 命令行将依次出现如下提示：

选择圆弧或圆：//测量选定圆或圆弧的半径，并显示前面带有半径符号的标注文字。用户选择要标注的对象。

指定尺寸线位置或 [多行文字(M)/文字(T)/角度(A)]：//指定点或输入选项

各选项的作用如下。

① 指定尺寸线位置：确定尺寸线的角度和标注文字的位置。

② 多行文字：要编辑或替换生成的测量值，则删除文字，输入新文字，然后单击“确定”按钮。

③ 文字：在命令行提示下，自定义标注文字。生成的标注测量值显示在尖括号中。

输入标注文字 <当前>：//输入标注文字，或按【Enter】键接受生成的测量值

④ 角度：修改标注文字的角度。

指定标注文字的角度：//输入角度

上机操作 6——采用“半径”标注命令进行尺寸标注

打开配套光盘\素材文件\第 7 章\06.dwg。

Step 01 在“标注”面板中，选择“线性”下拉菜单中的“半径”标注命令 半径(R)。

Step 02 选择圆作为标注对象，单击圆上任一点 *A*，如图 7-32 所示。

Step 03 指定尺寸线的位置 *B*，如图 7-33 所示。

Step 04 按【Enter】键可结束命令，完成半径标注，如图 7-34 所示。

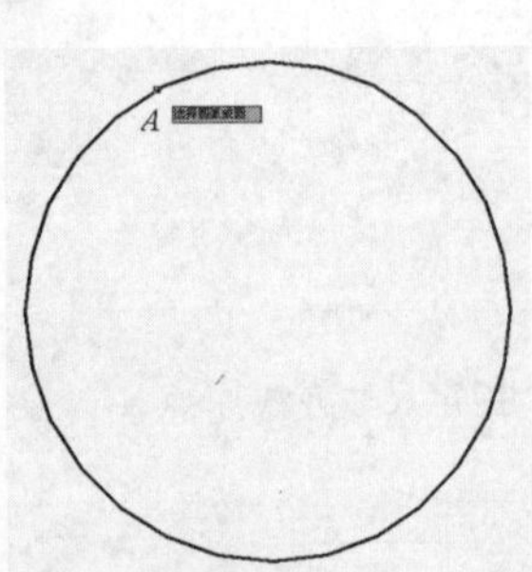

图 7-32 选择圆作为标注对象

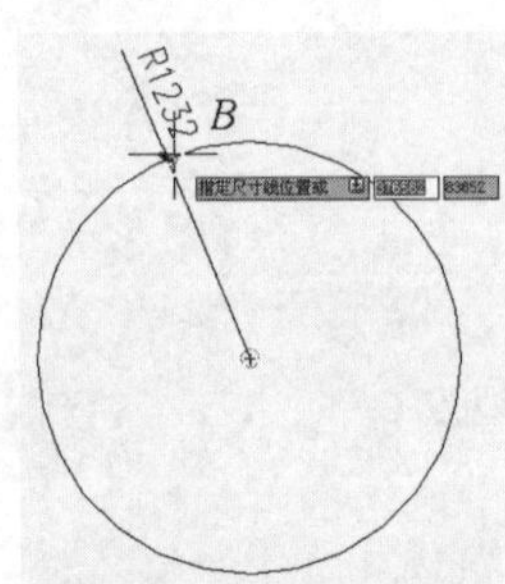

图 7-33 指定尺寸线位置 *B*

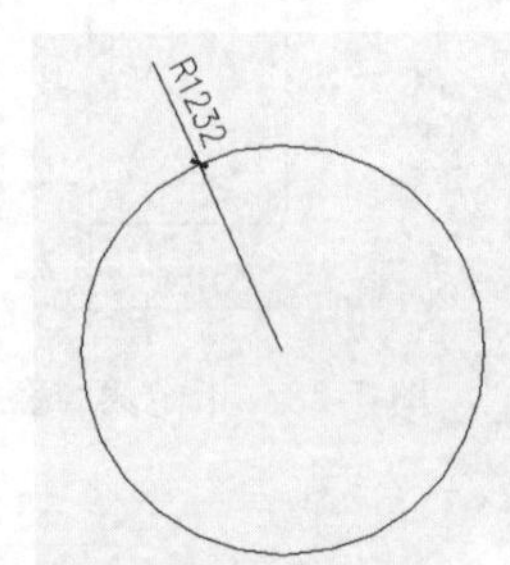

图 7-34 半径标注

7.3.7 折弯标注

“折弯标注”的标注方式与半径标注方法基本相同，但需要指定一个位置代替圆或圆弧的圆心。

在 AutoCAD 2012 中，执行折弯标注（DIMJOGGED）命令的常用方法有以下几种。

- 命令：DIMJOGGED。
- 菜单命令：在功能区选项板中选择“注释”选项卡，在“标注”面板中单击“折弯”按钮。

执行该命令后，AutoCAD 2012 命令行将依次出现如下提示：

选择圆弧或圆：//选择一个圆弧、圆或多段线弧线段

用户选择需要标注的对象。

指定图示中心位置：//指定点
接受折弯半径标注的新圆心，以用于替代圆弧或圆的实际圆心。
指定尺寸线位置或 [多行文字(M)/文字(T)/角度(A)]：//指定点或输入选项

各选项的作用如下。

① 指定尺寸线位置：确定尺寸线的角度和标注文字的位置。

② 多行文字：要编辑或替换生成的测量值，则删除文字，输入新文字，然后单击“确定”按钮。

③ 文字：在命令行提示下，自定义标注文字。生成的标注测量值显示在尖括号中。

输入标注文字 <*当前*>：//输入标注文字，或按【Enter】键接受生成的测量值

④ 角度：修改标注文字的角度。

指定标注文字的角度：//输入角度
指定折弯位置：//指定点

指定折弯的中点。

上机操作 7——采用“折弯”标注命令进行尺寸标注

打开配套光盘\素材文件\第 7 章\07.dwg。

Step 01 在“标注”面板中，选择“线性”下拉菜单中的“折弯”标注命令 折弯(J)。

Step 02 选择圆弧 *A* 作为标注的对象，如图 7-35 所示。

Step 03 指定图示中心位置 *B*，如图 7-36 所示。

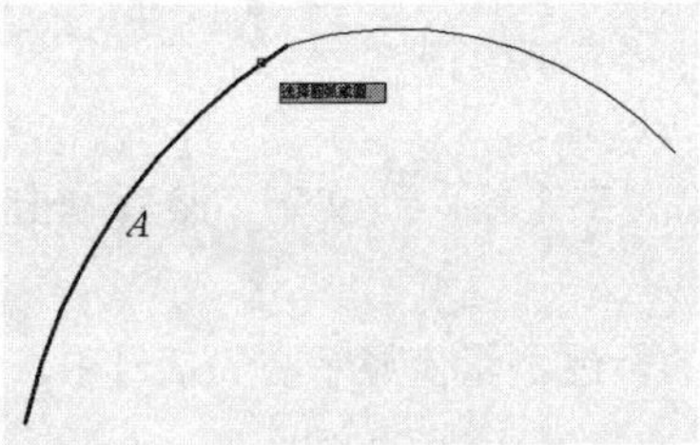

图 7-35　选择圆弧 *A* 作为标注对象

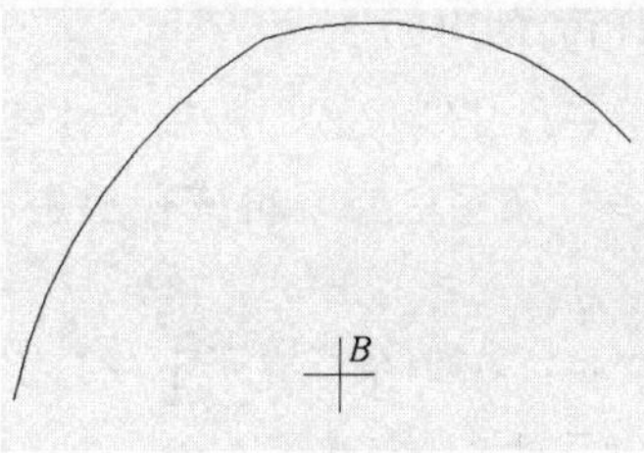

图 7-36　指定图示中心位置 *B*

Step 04 指定尺寸线角度和标注文字位置的点 *C*，如图 7-37 所示。

Step 05 指定标注折弯位置的另一个点 *D*，如图 7-38 所示。

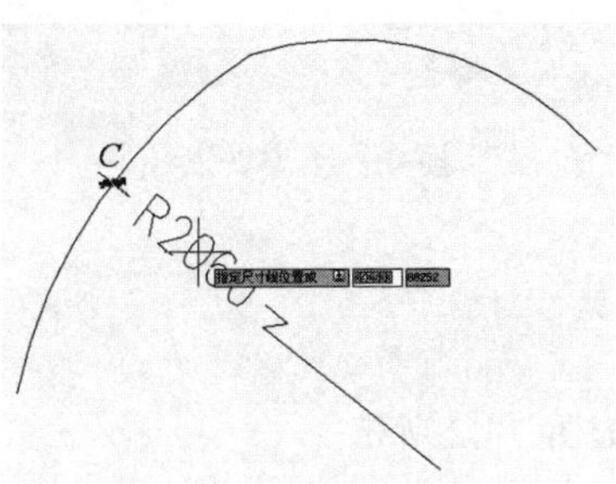

图 7-37　指定尺寸线位置 *C*

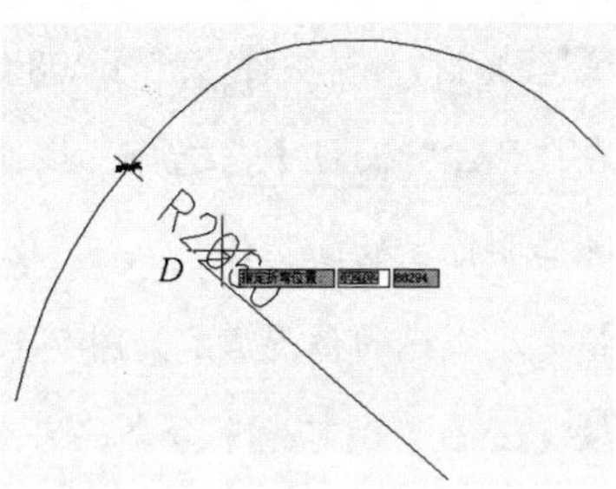

图 7-38　指定折弯位置 *D*

Step 06 按【Enter】键可结束命令，完成折弯标注，结果如图 7-39 所示。

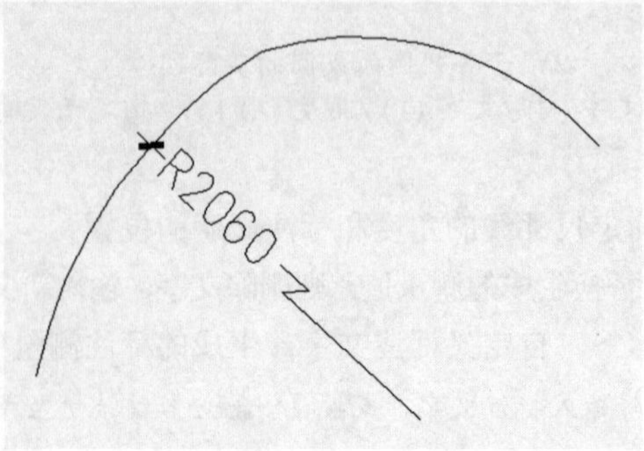

图 7-39　折弯标注

7.3.8　直径标注

在 AutoCAD 2012 中，执行“直径”标注（DIMDIAMETER）命令的常用方法有以下几种。

- 命令：DIMDIAMETER。
- 工具栏：在功能区选项板中选择“注释”选项卡，在“标注”面板中单击“直径”按钮⃠。

执行该命令后，AutoCAD 2012 命令行将依次出现如下提示：

选择圆弧或圆：//测量选定圆或圆弧的直径，并显示前面带有直径符号的标注文字。

用户选择要标注的对象。

指定尺寸线位置或 [多行文字(M)/文字(T)/角度(A)]：//指定点或输入选项。

各选项的作用如下。

① 指定尺寸线位置：确定尺寸线的角度和标注文字的位置。

② 多行文字：要编辑或替换生成的测量值，则删除文字，输入新文字，然后单击“确定”按钮。

③ 文字：在命令行提示下，自定义标注文字。生成的标注测量值显示在尖括号中。

输入标注文字 <当前>://输入标注文字，或按【Enter】键接受生成的测量值。

④ 角度：修改标注文字的角度。

指定标注文字的角度://输入角度。

上机操作 8——采用“直径”标注命令进行尺寸标注

打开配套光盘\素材文件\第 7 章\08.dwg。

Step 01 在“标注”面板中，选择“线性”下拉菜单中的“直径”按钮 ⃠ 直径(D) 。

Step 02 选择要标注的圆上任一点 *A*，如图 7-40 所示。

Step 03 指定尺寸线的位置 *B*，如图 7-41 所示。

Step 04 按【Enter】键可结束命令，完成直径标注，结果如图 7-42 所示。

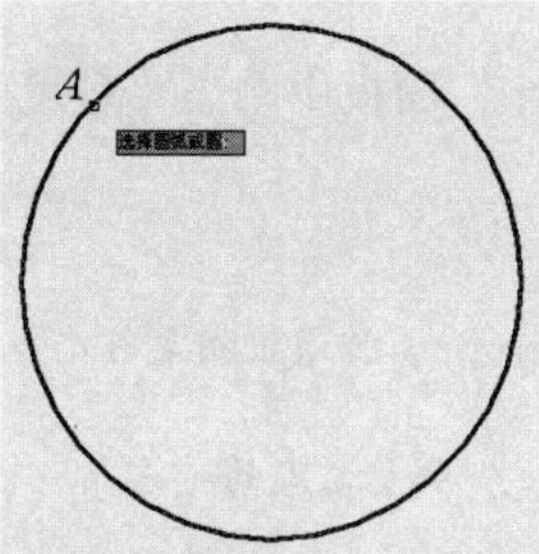

图 7-40　选择圆作为标注对象

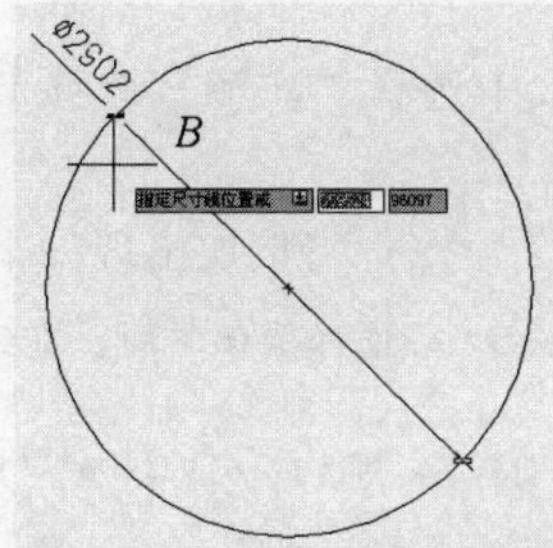

图 7-41　指定尺寸线的位置

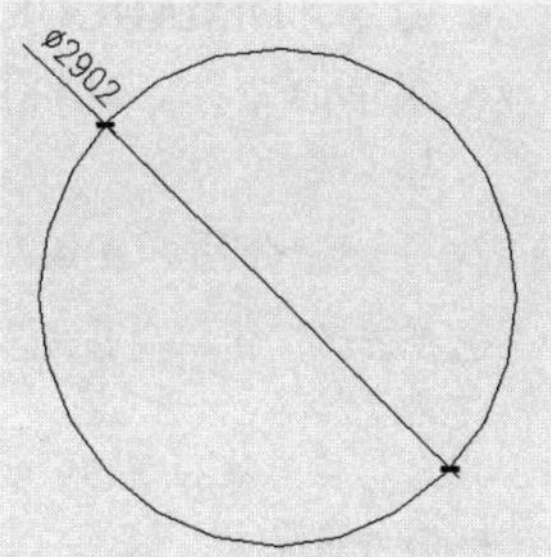

图 7-42　直径标注

7.3.9　圆心标记

在 AutoCAD 2012 中，执行“圆心”标记（DIMCENTER）命令的常用方法有以下几种。

- 命令：DIMCENTER。
- 菜单命令：在功能区选项板中选择“注释”选项卡，在“标注”面板中单击“圆心标记”按钮⊕。

执行该命令后，AutoCAD 2012 命令行将依次出现如下提示：

选择圆弧或圆：//使用选择对象的方法选择需要标注的对象

用户选择需要标注的对象。

上机操作 9——采用“圆心标记”命令进行尺寸标注

打开配套光盘\素材文件\第 7 章\09.dwg。

Step 01 单击“标注”面板中的“圆心标记”按钮⊕ 圆心标记(M)。

Step 02 选择圆作为标记对象，单击圆上任一点，如图 7-43 所示。

Step 03 按【Enter】键可结束命令，完成圆心标记，结果如图 7-44 所示。

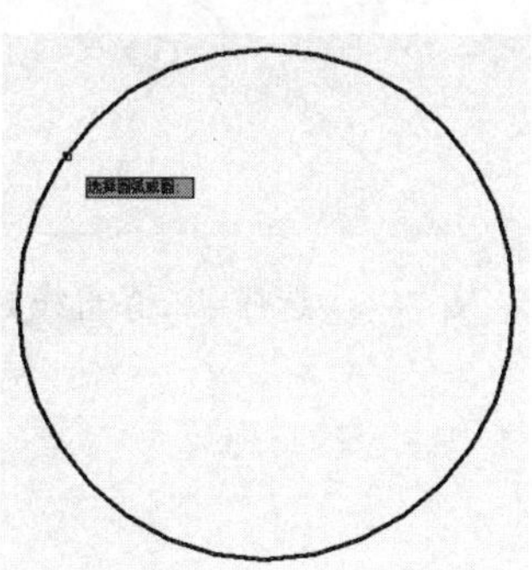

图 7-43　选择圆作为标记对象

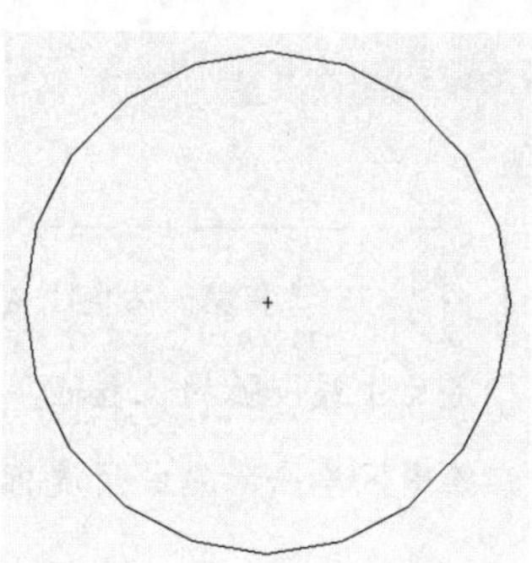

图 7-44　圆心标记

7.3.10　角度标注

在 AutoCAD 2012 中，执行“角度”标注（DIMANGULAR）命令的常用方法有以下几种。

- 命令：DIMANGULAR。
- 菜单命令：在功能区选项板中选择“注释”选项卡，在“标注”面板中单击“角度”按钮△。

执行该命令后，AutoCAD 2012 命令行将依次出现如下提示：

```
选择圆弧、圆、直线或 <指定顶点>://选择圆弧、圆、直线，或按【Enter】键通过指定 3 个点来创建角度标注
指定标注弧线位置或 [多行文字(M)/文字(T)/角度(A)/象限点(Q)]://测量选定的对象或 3 个点之间的角度
```

各选项的作用如下。

① 指定标注弧线位置：指定尺寸线的位置并确定绘制延伸线的方向。

② 多行文字：要编辑或替换生成的测量值，则删除文字，输入新文字。

③ 文字：在命令行提示下，自定义标注文字。生成的标注测量值显示在尖括号中。

```
输入标注文字 <当前>://输入标注文字，或按【Enter】键接受生成的测量值。
```

④ 角度：修改标注文字的角度。

```
指定标注文字的角度://输入角度。
```

⑤ 象限点：指定标注应锁定到的象限。

```
指定象限://指定象限
```

上机操作 10——采用“角度”标注命令进行尺寸标注

打开配套光盘\素材文件\第 7 章\10.dwg。

Step 01 在“标注”面板中，选择“线性”下拉菜单中的“角度”标注命令 角度(A)。

Step 02 选择第一条直线 *A*，如图 7-45 所示。

Step 03 选择第二条直线 *B*，如图 7-46 所示。

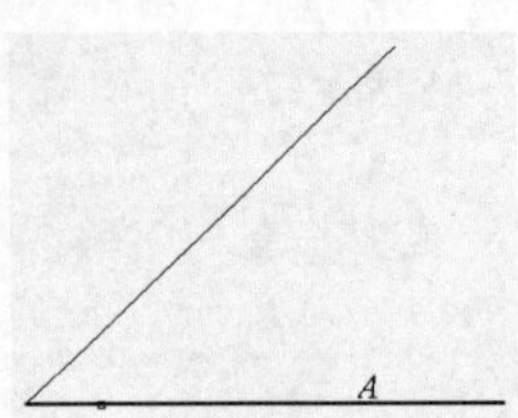

图 7-45 选择第一条直线 A

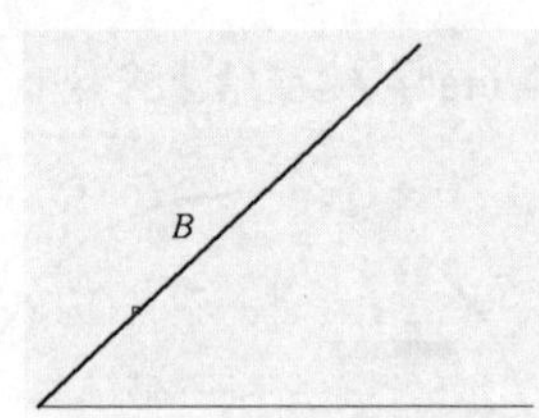

图 7-46 选择第二条直线 B

Step 04 指定尺寸线圆弧的位置 *C*，如图 7-47 所示。

Step 05 在绘图区单击，完成角度标注，结果如图 7-48 所示。

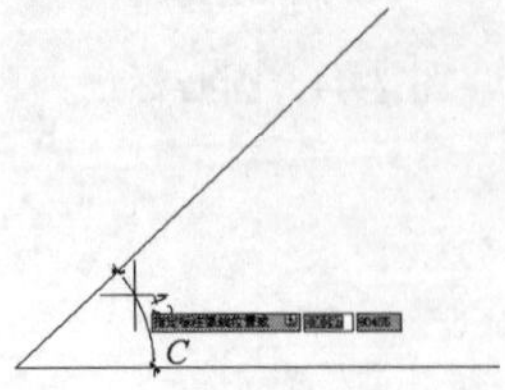

图 7-47 指定标注弧线位置 *C*

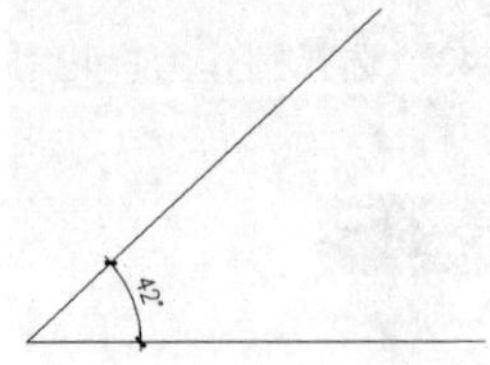

图 7-48 完成角度标注

7.3.11　折弯线性标注

在 AutoCAD 2012 中，执行折弯线性标注（DIMJOGLINE）命令的常用方法有以下几种。

- 命令：DIMJOGLINE。
- 菜单命令：在“注释”选项卡中，单击“标注”下拉菜单中的“折弯标注”按钮。

执行该命令后，AutoCAD 2012 命令行将依次出现如下提示：

选择要添加折弯的标注或 [删除(R)]://选择线性标注或对齐标注

各选项的作用如下。

① 选择要添加折弯的标注：指定要向其添加折弯的线性标注或对齐标注。

指定折弯位置 (或按 ENTER 键)://指定一点作为折弯位置，或按【Enter】键以将折弯放在标注文字和第一条延伸线之间的中点处，或基于标注文字位置的尺寸线的中点处

② 删除：指定要从中删除折弯的线性标注或对齐标注。

选择要删除的折弯://选择线性标注或对齐标注

上机操作 11——采用“折弯”线性标注命令进行尺寸标注

打开配套光盘\素材文件\第 7 章\11.dwg。

Step 01 在“标注”面板中，选择“标注”下拉菜单中的“折弯”标注命令。

Step 02 在已经采用线性标注的图形中选择要添加折弯的标注 A，如图 7-49 所示。

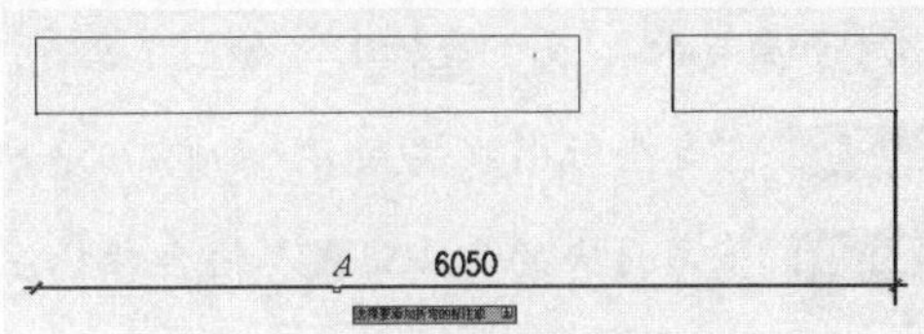

图 7-49　选择要添加折弯的标注 A

Step 03 指定折弯位置 *B*，如图 7-50 所示。

Step 04 在绘图区单击，完成折弯线性标注，如图 7-51 所示。

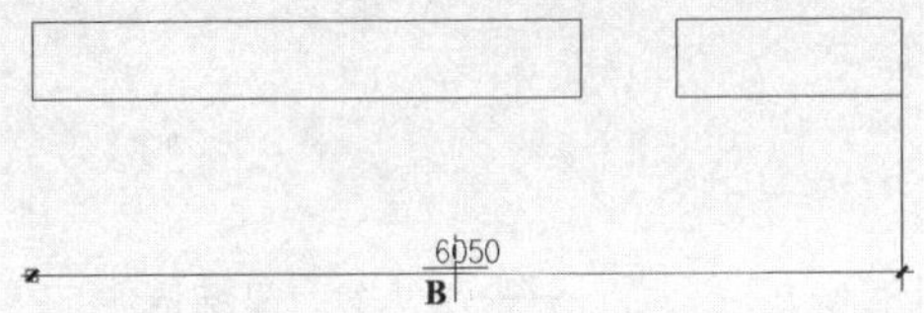

图 7-50　指定折弯位置 *B*

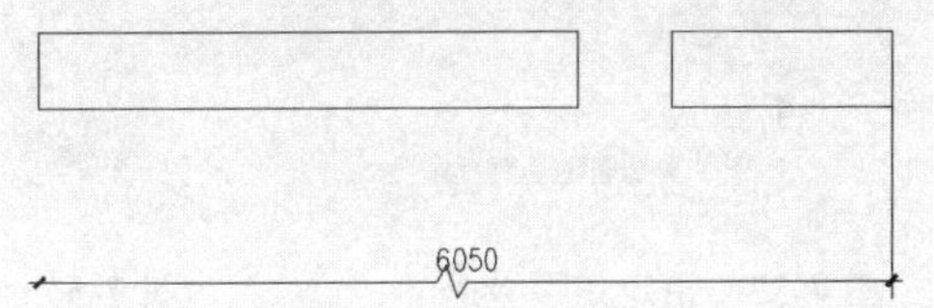

图 7-51　折弯线性标注

7.3.12　坐标标注

在 AutoCAD 2012 中，执行“坐标”标注（DIMORDINATE）命令的常用方法有以下几种。

- 命令：DIMORDINATE。
- 菜单命令：选择“注释”选项卡，在“标注”面板中单击“坐标”按钮。

执行该命令后，AutoCAD 2012 命令行将依次出现如下提示：

指定点坐标://指定点或捕捉对象

捕捉要进行标注的点。

指定引线端点或 [X 基准(X)/Y 基准(Y)/多行文字(M)/文字(T)/角度(A)]://指定点或输入选项

各选项的作用如下。

① 指定引线端点：使用点坐标和引线端点的坐标差可确定它是 *X* 坐标标注还是 *Y* 坐标标注。如果 *Y* 坐标的坐标差较大，标注就测量 *X* 坐标；否则就测量 *Y* 坐标。

② X 基准：测量 *X* 坐标并确定引线和标注文字的方向。

③ Y 基准：测量 *Y* 坐标并确定引线和标注文字的方向。

④ 多行文字：要编辑或替换生成的测量值，则删除文字，输入新文字。

⑤ 文字：在命令行提示下，自定义标注文字。生成的标注测量值显示在尖括号中。

输入标注文字 <当前>://输入标注文字，或按【Enter】键接受生成的测量值

⑥ 角度：修改标注文字的角度。

指定标注文字的角度://输入角度。

上机操作 12——采用“坐标”标注命令进行尺寸标注

打开配套光盘\素材文件\第 7 章\12.dwg。

Step 01 在“标注”面板中选择“线性”下拉菜单中的“坐标”标注命令 坐标(O)。

Step 02 在命令行的“选择功能位置”提示下，指定圆点位置 *A*（在以下步骤中将要标注 *A* 点的相对于原点的 *X* 或 *Y* 坐标），如图 7-52 所示。

Step 03 指定坐标引线端点 *B*，如图 7-53 所示。

Step 04 采用同样的方法完成其他坐标标注，结果如图 7-54 所示。

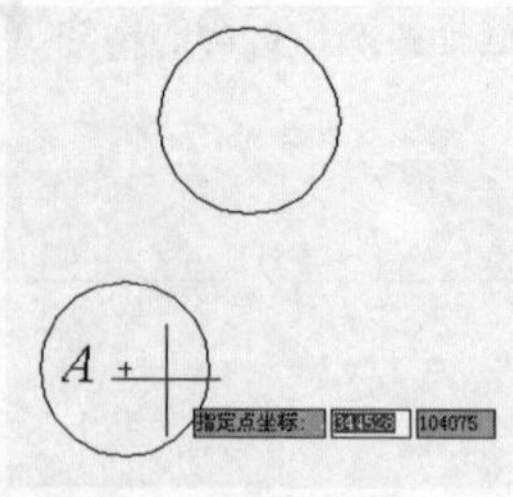

图 7-52　指定点 *A* 坐标

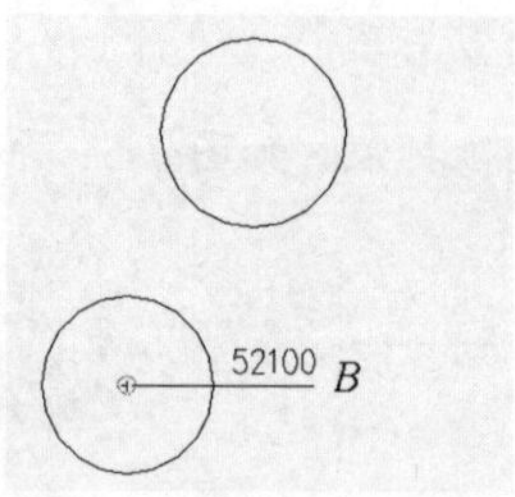

图 7-53　指定引线端点 *B*

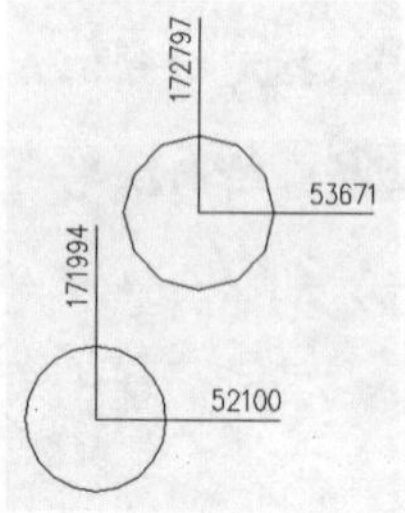

图 7-54　坐标标注

7.3.13　快速标注

“快速标注”命令可以快速创建成组的基线、连续和坐标标注，快速标注多个圆、圆弧，以及编辑现有标注的布局。

在 AutoCAD 2012 中，执行“快速标注（QDIM）”命令的常用方法有以下几种。

- 命令：QDIM。
- 工具按钮：选择“注释”选项卡，在“标注”面板中单击“快速标注”按钮。

执行该命令后，AutoCAD 2012 命令行将依次出现如下提示：

选择要标注的几何图形://选择要标注的对象或要编辑的标注并按【Enter】键

用户选择需要标注的几何图形。

指定尺寸线位置或 [连续(C)/并列(S)/基线(B)/坐标(O)/半径(R)/直径(D)/基准点(P)/编辑(E)/设置(T)] <当前>:.//输入选项或按【Enter】键

各选项的作用如下。

① 连续：创建一系列连续标注。

② 并列：创建一系列并列标注。

③ 基线：创建一系列基线标注。

④ 坐标：创建一系列坐标标注。

⑤ 半径：创建一系列半径标注。

⑥ 直径：创建一系列直径标注。

⑦ 基准点：为基线和坐标标注设置新的基准点。

选择新的基准点：//指定点

⑧ 编辑：编辑一系列标注。将提示用户在现有标注中添加或删除点。

指定要删除的标注点或 [添加(A)/退出(X)] <退出>: //指定点、输入 A或按【Enter】 键返回到上一个提示

⑨ 设置：为指定延伸线原点设置默认对象捕捉。

关联标注优先级 [端点(E)/交点(I)]

上机操作 13——采用“快速标注”命令进行尺寸标注

打开配套光盘\素材文件\第 7 章\13.dwg。

Step 01 单击“标注”面板中的“快速标注”按钮 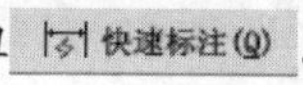

。

Step 02 选择要标注的几何图形，如图 7-55 所示。

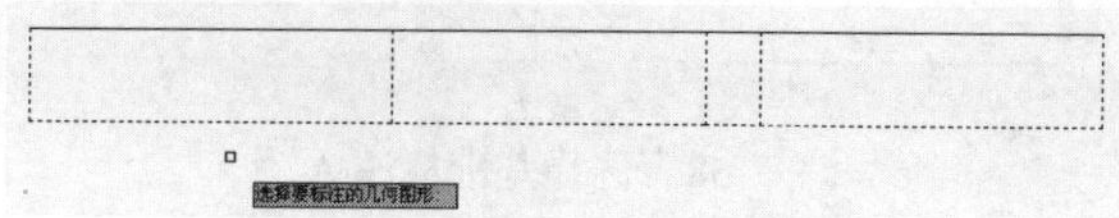

图 7-55　选择要标注的几何图形

Step 03 指定尺寸线位置 *A*，如图 7-56 所示。

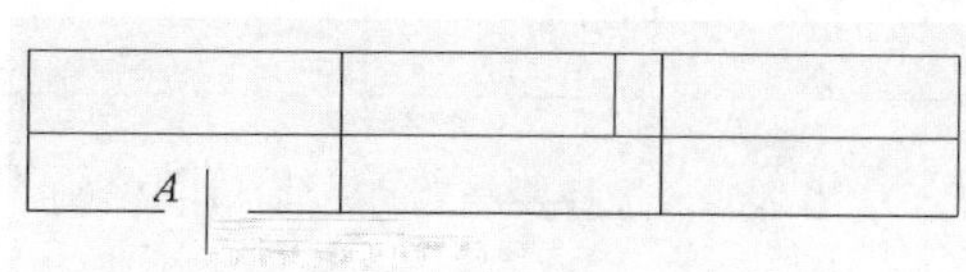

图 7-56　指定尺寸线位置 *A*

Step 04 在绘图区单击，完成快速标注，结果如图 7-57 所示。

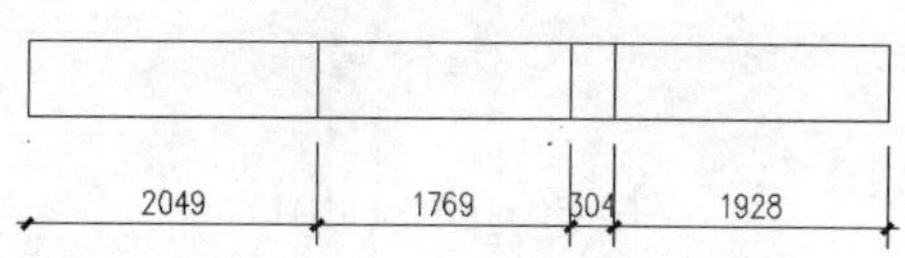

图 7-57　快速标注

7.3.14 调整间距

单击“调整间距”按钮，可以修改已经标注的图形中的标注线的位置间距大小。

在 AutoCAD 2012 中，执行“调整间距”（DIMSPACE）命令的常用方法有以下几种。

- 命令：DIMSPACE。
- 工具按钮：选择“注释”选项卡，在“标注”面板中单击“调整间距”按钮。

执行该命令后，AutoCAD 2012 命令行将依次出现如下提示：

```
选择基准标注：//选择平行线性标注或角度标注
```

选择已有的基准标注。

```
选择要产生间距的标注：//选择平行线性标注或角度标注以从基准标注均匀隔开，并按【Enter】键
输入值或 [自动(A)] <自动>://指定间距或按【Enter】键
```

各选项的作用如下。

① 输入值：指定从基准标注均匀隔开选定标注的间距值。

② 自动（A）：基于在选定基准标注的标注样式中指定的文字高度自动计算间距，所得的间距值是标注文字高度的两倍。

上机操作 14——采用“调整间距”命令修改尺寸标注

打开配套光盘\素材文件\第 7 章\14.dwg。

Step 01 单击“标注”面板中的“调整间距”按钮。

Step 02 选择基准标注 A，如图 7-58 所示。

图 7-58 选择基准标注 A

Step 03 选择要产生间距的标注 B，如图 7-59 所示。

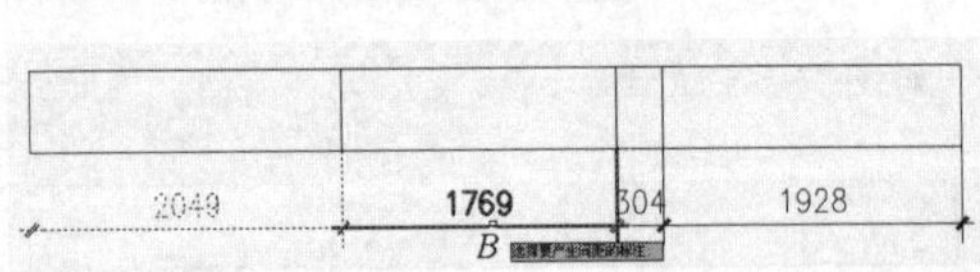

图 7-59 选择要产生间距的标注 B

Step 04 输入间距值 200，如图 7-60 所示。

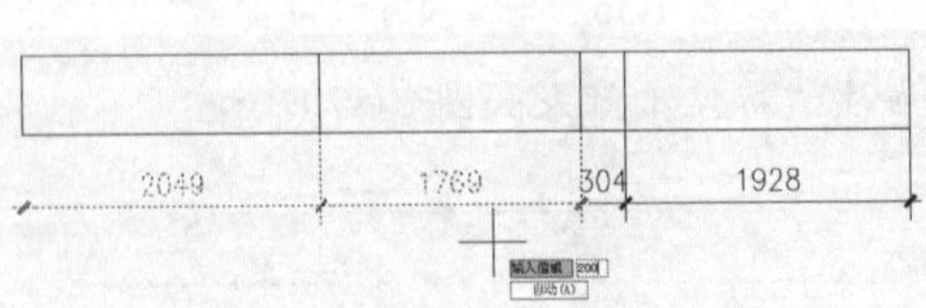

图 7-60 输入间距值

Step 05 按【Enter】键结束命令，完成间距的调整，结果如图 7-61 所示。

图 7-61　标注间距

7.4　编辑标注尺寸

在 AutoCAD 2012 中，可以对已标注对象的文字、位置及样式等内容进行修改，而不必删除所标注的尺寸对象再重新进行标注。

7.4.1　编辑标注

在功能区选项板中选择“注释”选项卡，在“标注”面板中单击“倾斜”按钮，使线性标注的延伸线倾斜。

在菜单栏中选择“标注”→“倾斜”命令，命令行提示“输入标注编辑类型[默认(H)/新建(N)/旋转(R)/倾斜(O)]<默认>”。

命令行中各选项含义如下。

① “默认（H）”选项：将尺寸文本按 DDIM 所定义的默认位置和方向重新放置。

② “新建（N）”选项：更新所选择的尺寸标注的尺寸文本。

③ “旋转（R）”选项：旋转所选择的尺寸文本。

④ “倾斜（O）”选项：实行倾斜标注，即编辑线性型尺寸标注，使其尺寸界线倾斜一定的角度，不再与尺寸线相垂直，常用于标注锥形图形。

7.4.2　编辑标注文字的位置

在功能区选项板中选择“注释”选项卡，在“标注”面板中分别单击“左对正”、“居中对正”、“右对正”按钮，可以修改尺寸的文字位置。

在菜单栏中选择“标注”　→“左对正”命令，命令行提示“为标注文字指定新位置或[左对齐(L)/右对齐(R)/居中(C) / 默认(H)/角度(A)]”。

命令行中各选项含义如下。

① “左对齐（L）”选项：更改尺寸文本沿尺寸线左对齐。

② “右对齐（R）”选项：更改尺寸文本沿尺寸线右对齐。

③ “居中（C）”选项：更改尺寸文本沿尺寸线中间对齐。

④ “默认（H）”选项：将尺寸文本按 DDIM 所定义的默认位置和方向重新放置。

⑤ “角度（A）”选项：旋转所选择的尺寸文本。

上机操作 15——采用“文字角度”命令旋转标注文字

打开配套光盘\素材文件\第 7 章\15.dwg。

Step 01 选择已标注完成的尺寸线，如图 7-62 所示。

Step 02 指定文字的角度，在命令行输入 45，按【Enter】键，完成文字标注的旋转，如图 7-63 所示。

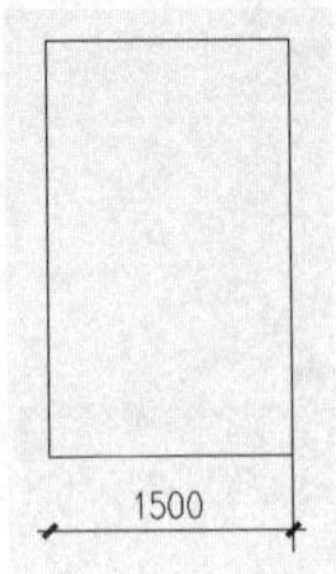

图 7-62　原标注文字

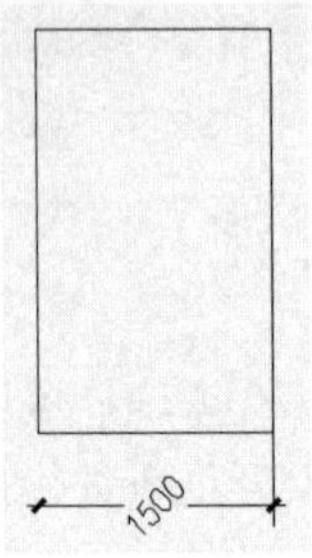

图 7-63　旋转后标注文字

7.4.3　替代标注

在功能区选项板中选择“注释”选项卡，在“标注”面板中单击“替代”按钮（DIMOVERRIDE）替代(V)，可以临时修改尺寸标注的系统变量设置，并按该设置修改尺寸标注。该操作只对指定的尺寸对象进行修改，并且修改后不影响原系统的变量设置。

使用标注样式替代，无须更改当前标注样式，便可临时更改标注系统变量。标注样式替代是对当前标注样式中的指定设置所做的修改。它与在不修改当前标注样式的情况下修改尺寸标注系统变量等效。

可以为单独的标注或当前的标注样式定义标注样式替代。

对于个别标注，可能需要在不创建其他标注样式的情况下创建替代样式，以便不显示标注的尺寸延伸线，或者修改文字和箭头的位置，使它们不与图形中的几何图形重叠。

也可以为当前标注样式设置替代。以该样式创建的所有标注都将包含替代，直到删除替代、将替代保存到新的样式中或将另一种标注样式置为当前。例如，如果单击“标注样式管理器”中的“替代”按钮，并在“直线”选项卡上修改了尺寸延伸线的颜色，则当前标注样式会保持不变。但是，颜色的新值存储在 DIMCLRE 系统变量中。创建的下一个标注的尺寸延伸线将以新颜色显示。可以将标注样式替代保存为新标注样式。

某些标注特性对于图形或尺寸标注的样式来说是通用的，因此适合作为永久标注样式设置。其他标注特性一般基于单个基准应用，因此可以作为替代以便更有效地应用。例如，图形通常使用单一箭头类型，因此将箭头类型定义为标注样式的一部分是有意义的。但是，隐藏尺寸延伸线通常只应用于个别情况，更适于标注样式替代。

有几种设置标注样式替代的方式。可以在对话框中更改选项，也可以在命令行提示下更改系统变量设置。可以通过将修改的设置返回其初始值来撤销替代。替代将应用到正在创建的标注，以及所有使用该标注样式所后创建的标注，直到撤销替代或将其他标注样式置为当前为止。

7.4.4　更新标注

在功能区选项板中选择“注释”选项卡，在“标注”面板中单击“更新”按钮更新(U)，可以更新标注，使其采用当前的标注样式。

通过指定其他标注样式修改现有的标注。修改标注样式后，可以选择是否更新与此标注样式相关联的标注。

创建标注时，当前标注样式将与之相关联。标注将保持此标注样式，除非对其应用新标注样式或设置标注样式替代。

可以恢复现有的标注样式或将当前标注样式（包括任何标注样式替代）应用到选定标注。

7.4.5 尺寸关联

尺寸关联是指所标注尺寸与被标注对象有关联。如果标注的尺寸值是按自动测量值进行标注的，且尺寸标注是按尺寸关联模式标注的，那么改变被标注对象的大小后相应的标注尺寸也将发生改变，即延伸线、尺寸线的位置都将改变到相应的新位置，尺寸值也改变成新测量值。反之，改变延伸线起始点的位置，尺寸值也会发生相应的变化。

在某些情况下可能需要修改关联性，例如：

① 重定义图形中有效编辑的标注的关联性。

② 为局部解除关联的标注添加关联性。

③ 在传统图形中为标注添加关联性。

④ 对于要在 AutoCAD 2002 之前的版本中使用的图形，如果用户不需要在图形中使用任何代理对象，即可删除标注中的关联性。

提 示

创建或修改关联标注时，务必仔细定位关联点，以便在将来修改设计时使几何对象与其关联标注一起改变。

7.5 本章小结

本章主要介绍了尺寸标注的组成、尺寸样式的设置、尺寸标注的类型，以及标注尺寸的编辑。其中尺寸标注的类型是本章的重点内容，一共介绍了 15 种标注类型，在介绍理论的同时加上具体实例，使读者能更好地体会标注尺寸的方式、方法，以达到掌握尺寸标注的能力，满足绘制建筑图纸的要求。

7.6 问题与思考

1. 在使用 AutoCAD 制图的过程中，通常使用的有哪几种尺寸标注方式？
2. 线性标注命令的英文缩写是什么？
3. 尺寸标注的类型有哪些？

第 8 章 图块、外部参照和设计中心

本章主要内容：

图块也称块，它是由一组图形对象组成的集合，一组对象一旦被定义为图块，它们将成为一个整体，拾取图块中任意一个图形对象即可选中构成图块的所有图形对象。

如果图形中有大量相同或相似的内容，或者需要重复使用所绘制的图形，则可以把要重复绘制的图形创建成块（也称为图块），在需要时直接把它们插入到图形中，从而提高绘图效率。可以根据需要创建不同的块类型，如注释块、带属性或注释属性的块及动态块。

当然，用户也可以把已有的图形文件以参照的形式插入到当前图形中（即外部参照），或通过 AutoCAD 设计中心浏览、查找、预览、使用和管理 AutoCAD 图形、块、外部参照等不同的资源文件 。

通过对本章内容的学习，读者应掌握创建与编辑块、编辑和管理属性块的方法，并能够在图形中附着外部参照图形。

本章重点难点：

- 创建、插入和阵列插入的图块
- 创建一个动态块
- 外部参照的作用和特点
- 通过“设计中心” 插入其他图形的图块、图层或文字样式

8.1 图块的应用

AutoCAD 把一个图块作为一个对象进行编辑修改等操作，用户可根据绘图需要把图块插入到图中任意指定的位置，而且在插入时，还可以指定不同的缩放比例和旋转角度。如果需要对图块中的单个图形对象进行修改，还可以利用“分解”命令把图块分解成若干个对象。还可以重新定义图块，整个图中基于该块的对象都将随之改变。

8.1.1 块应用简介

使用“块”大大方便了绘制工作。一个“块”可以由多个对象构成，但却是作为一个整体来使用。用户可以将“块”看做一个对象来进行操作，如移动、复制、删除、旋转、阵列和镜像等。

当然，如果有必要，也可以使用“分解”命令将块分解为相对独立的多个对象。

另外，在 AutoCAD 2012 中还可以将“块”储存为一个独立的图形文件，也称为外部块。可以一次将这个文件作为“块”插入到自己的图形中，不必重新进行创建。因此可以通过这种方法建立块模库，这样既节约了时间和资源，又可保证图形的统一性、标准性。

提　示

当用户创建一个“块”后，AutoCAD 2012 将该“块”储存在图形数据库中，此后用户可根据需要多次插入同一个“块”，而不必重复绘制和储存，因此节省了大量的绘图时间。此外，插入“块”并不需要对“块”进行复制，而只是根据一定的位置、比例和旋转角度来引用，因此数据量要比直接绘图小得多，从而节省了计算机的储存空间。

8.1.2　图块操作的过程简介

图块的操作过程包括以下几项：

1. 定义图块或写快

正确地建立块，可以加快人们利用计算机绘图的速度。在绘图时，必须要有前瞻性，要能预见什么样的组合图形会重复出现。对于重复出现的图形，应该首先建立好块。在块的建立过程中，比较直观、方便的方法是利用对话框建立。

但图块分为内部和外部图块。通过定义块所创建的图块为内部图块。也就是说，这种方法创建的块只能在对应的一个 AutoCAD 文件中使用。通过写块所创建的图块为外部图块。也就是说，这种方法创建的块能在任一个 AutoCAD 文件中使用。

2. 插入块

定义完块之后，就要将图块插入到图形中。插入块或图形文件时，一般需要确定块的 4 组特征参数：插入的块名、插入的位置、插入比例系数和旋转角度。图块的重复使用是通过插入块的方式实现的，通过插入块，即可将已经定义的块插入到当前的图形文件中。插入块的方法包括命令行方式和对话框方式。一般情况下采用对话框方式。

3. 分解块

要对所插入的众多图块之一进行修改，就需要将该块分解。

在 AutoCAD 2012 中可使用分解块的方法有。

- 菜单命令：选择“插入”→“块”命令；在弹出的“插入块”对话框中单击“分解”按钮。
- 命令：EXPLODE。

提　示

对于一个按统一比例进行缩放的块引用，可分解为组成该块的原始对象。而对于缩放比例不一致的块引用，在分解时会出现不可预料的结果。如果块中还包含块（嵌套块）或多段线等其他组合对象时，在分解时只能分解一层，分解后嵌套块或者多段线仍将保留其块特性或多段线特性。

8.1.3 块的属性简介

块的属性是块的一个组成部分，它从属于块，当利用删除命令删除块时，属性也被删除。块的属性不同于块中的一般文本，它具有如下特点：

- 一个属性包括属性标志和属性值两个方面。
- 在定义块之前，每个属性要用 ATTDEF 命令进行定义。由它来具体规定属性默认值、属性标志、属性提示，以及属性的显示格式等具体信息。属性定义后，该属性在途中显示出来，并把有关信息保留在图形文件中。
- 用户可以在块定义之前利用 CHANGE 命令对块的属性进行修改，也可用 DDEDIT 命令以对话框方式对属性进行定义，如属性提示、属性标志以技术型的默认值做修改。
- 在插入块之前，系统将通过属性提示要求用户输入属性值。插入块后，属性以属性值表示。因此同一个定义块，在不同的插入点可以有不同的属性值。
- 插入块后，用户可以通过 ATTDISP 命令来修改属性的可见性，还可以利用 ATTEDIT 等命令对属性做修改。
- 如果某个块带有属性，那么用户在插入该块的时候，可以根据具体情况，通过属性来为块设置不同的文本信息。

8.1.4 外部块和内部块简介

实际上外部块和内部块没有多大的区别。将块储存为一个独立的图形文件就是外部块。外部块可以运用到其他图形文件而不必重新操作，而内部块要运用到其他文件必须先变成外部块。所以，外部块是为了能使块在其他图形文件上应用而设立的。WBLOCK 命令和 BLOCK 命令的主要区别在于前者可以将对象输出成一个新的、独立的图形文件，并且这张新图会将原图中图层、线型、样式及其他特性，如系统变量等设置作为当前图形的设置。

8.2 定义图块

通过定义块所创建的图块为内部图块。即这种方法创建的块只能在对应的一个 AutoCAD 文件中使用。

每个图形文件都具有一个称为块定义表的不可见数据区域。块定义表中存储着全部块定义，包括块的全部关联信息。在图形中插入块时，所参照的就是这些块定义。

图块是由多个图形对象组成的一个复杂集合。它的基本功能就是为了方便用户重复绘制相同图形，用户可以为所定义的块赋予一个名称，在同一文件中的不同地方方便地插入已定义的块文件，并通过块上的基准点来确定块在图形中插入的位置。当图块作为文件保存下来时，还可以在不同的文件中方便地插入。在插入块的同时可以对插入的块进行缩放和旋转操作，通过上述操作，就可以方便地反复使用同一个复杂图形。

8.2.1 定义图块

定义图块又称创建图块。所定义的图块是一个或多个对象的集合，是一个整体，即单一的对象。图块可以由绘制在几个图层上的若干对象组成，并且可以保存图块中各图层的信息。

在 AutoCAD 2012 中，创建图块的方法如下。

- 命令：BLOCK。
- 菜单命令：选择“绘图”→“块”→“创建”命令。

通过以上方式，可以打开“块定义”对话框，如图 8-1 所示。

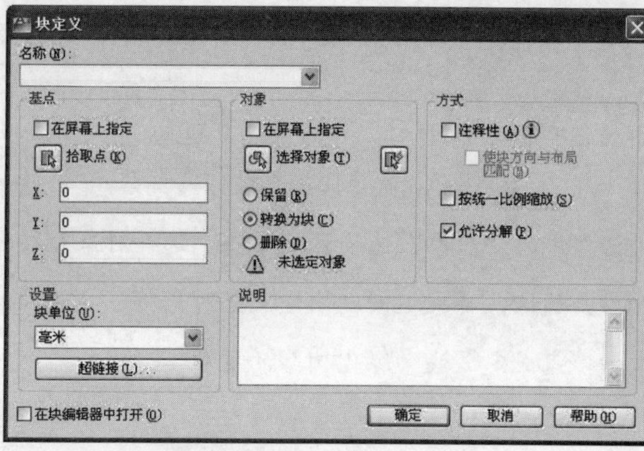

图 8-1 “块定义”对话框

“块定义”对话框中各选项作用如下：

（1）“名称”文本框

在“名称”文本框中可以输入块的名称。块的创建不是目的，目的在于块的引用。块的名称为日后提取该块提供了搜索依据。块的名称可以长达 255 个字符。

（2）“基点”选项组

“基点”选项组用于设置块的插入基点位置。为日后将块插入图形中提供参照点。此点可任意指定，但为了日后块的插入一步到位，减少“移动”等工作，建议将此基点定义为与组成块的对象集团具有特定意义的点，比如端点和中点等。

（3）“对象”选项组

“对象”选项组用于设置组成块的对象。其中，单击“选择对象”按钮，可切换到绘图窗口选择组成块的各对象；单击“快速选择”按钮，可以在弹出的“快速选择”对话框中设置所选择对象的过滤条件；选择“保留”单选按钮，创建块后仍在绘图窗口上保留组成块的各对象；选择“转换为块”单选按钮，创建块后将组成块的各对象保留，并把它们转换成块；选择“删除”单选按钮，创建块后删除绘图窗口组成块的原对象。

（4）“方式”选项组

“方式”选项组用于设置组成块的对象的显示方式。选择“按同一比例缩放”复选框，设置对象是否按统一的比例进行缩放；选择“允许分解”复选框，设置对象是否允许被分解。

（5）“设置”选项组

“设置”选项组用于设置块的基本属性。

（6）“说明”选项组

“说明”选项组用于用来输入当前块的说明部分。

在“块定义”对话框中设置完毕后，单击 确定 按钮即可完成创建块的操作。

上机操作 1——创建单个“绿化树”块

首先打开配套光盘中素材文件\第 8 章\01.dwg，将看到一棵绿化树。如图 8-2 所示。

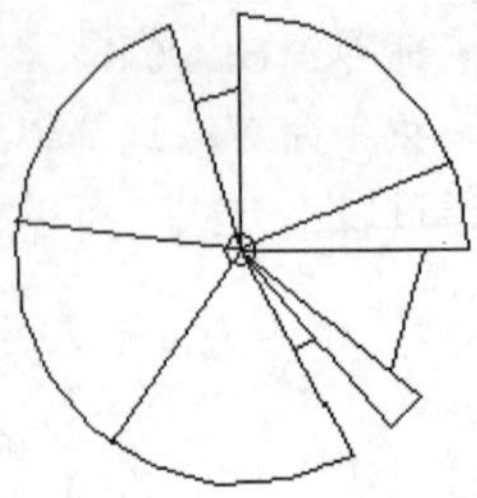

图 8-2 绿化树

Step 01 在命令行输入 BLOCK，将弹出“块定义”对话框。

Step 02 在弹出的“块定义”对话框中的“基点”选项区域单击“拾取点”按钮。

Step 03 移动光标，单击该图形的小圆中心，作为基点，返回“块定义”对话框。

Step 04 在“块定义”对话框中的“对象”选项区域单击“选择对象”按钮。

Step 05 选择该图形，并右击确认，再次返回“块定义”对话框。

Step 06 单击“确认”按钮，完成定义块“绿化树”的过程。

提 示

创建图块时指定的图块插入基点，就像平时手提物体时的抓握点。通过这个抓握点，可以把手里抓取的物体放置在其他任意位置。基点的选择要考虑将来图块插入时定位的便利性。

8.2.2 块功能的优点

在 AutoCAD 2012 中，使用块还能给人们带来以下一些好处：

（1）便于创建图块库（BlockLibrary）

如果把绘图过程中经常使用的图形定义成块并保存在磁盘上，就形成一个图块库。当需要某个图块时，把它插入图中，即可把复杂的图形变成几个简单拼凑而成的图块，避免了大量的重复工作，大大提高了绘图的效率和质量。

（2）节省磁盘空间

在图中的每一个实体都有其特征参数，如图层、位置坐标、线型和颜色等。用户保存所绘制的图形，实质上也就是使用 AutoCAD 将图中所有的实体特征参数存储在磁盘上。当使用 COPY 命令复制多个图形时，图中所有特征参数都被复制了，因此会占用很大的磁盘空间。而利用插入块功能则既能满足工程图纸的要求，又能减少存储空间。因为图块作为一个整体图形单元，每次插入时只需保存块的特征参数，而无须保存块中各个实体的特征参数。

（3）便于修改图形

在工程项目中经常会遇到修改图形的情况，当块作为外部引用插入时，修改一个早已定义好的图块，AutoCAD 就会自动更新图中已经插入的所有该图块。

（4）便于携带属性

在绘制某些图形时，除了需要反复使用某个图形外，还需要对图形进行文字说明，而且说明还会有变化，如零件的表面粗糙度值、形位公差数值等。AutoCAD 提供了属性功能来满足这一需要，即属性是从属于块的文字信息，它是块的一个组成部分。对于这些需要对图形进行文字说明的块，可以将其做成属性块。

8.3　写块

通过写块所创建的图块为外部图块文件。也就是说，这种方法创建的块能在任一个 AutoCAD 文件中使用。

正确地建立块，可以加快人们利用计算机绘图的速度。在绘图时，必须要有前瞻性，要能预见什么样的组合图形会重复出现。对于重复出现的组合图形，应该首先建立好块。在块的建立过程中，比较直观、方便的方法是利用对话框建立块。

在 AutoCAD 2012 中，调用“写块”命令的方法如下。

● 命令：WBLOCK。

调用该命令后，将打开“写块”对话框，如图 8-3 所示。在“写块”对话框中设置完毕后，单击 确定 按钮即可完成写块的操作。

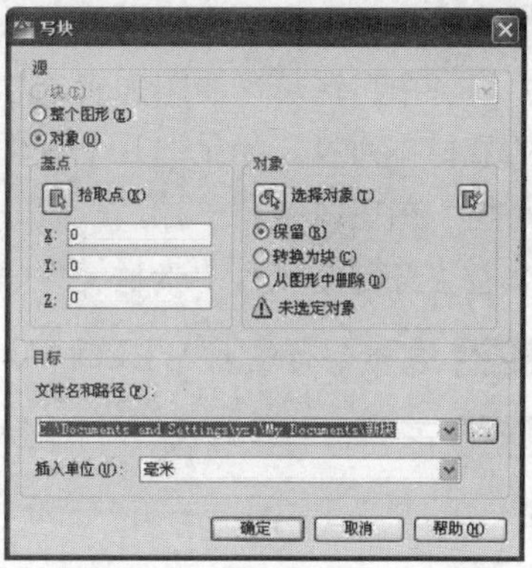

图 8-3　“写块”对话框

“写块”对话框中各选项的作用如下：

1.“源”选项组

指定块和对象，将其另存为文件并指定插入点。“源”选项组中又包含以下几项：

①块：指定要另存为文件的现有块，从列表中选择名称。

②整个图形：选择要另存为其他文件的当前图形。

③对象：选择要另存为文件的对象，指定基点并选择下面的对象。

2.“基点”选项组

指定块的基点，默认值是 (0, 0, 0)。“基点”选项组中又包含以下几项。

①拾取点：暂时关闭对话框以使用户能在当前图形中拾取插入基点。

②X：指定基点的 X 坐标值。

③Y：指定基点的 Y 坐标值。

④Z：指定基点的 Z 坐标值。

3.“对象”选项组

设置用于创建块的对象上的块创建的效果。“对象”选项组中又包含以下几项。

①保留：将选定对象另存为文件后，在当前图形中仍保留它们。

②转换为块：将选定对象另存为文件后，在当前图形中将它们转换为块。块指定为“文件名”中的名称。

③从图形中删除：将选定对象另存为文件后，从当前图形中删除它们。

④“选择对象”按钮：单击该按钮临时关闭该对话框以便可以选择一个或多个对象以保存至文件。

⑤“快速选择对象”按钮：单击该按钮打开“快速选择”对话框，从中可以过滤选择集。

4．“目标”选项组

指定文件的新名称和新位置，以及插入块时所用的测量单位。“目标”选项卡中又包含以下一项：

文件名和路径：指定文件名和保存块或对象的路径。

5．插入单位：

指定从 DesignCenter（设计中心）拖动新文件，或将其作为块插入到使用不同单位的图形中时，用于自动缩放的单位值。如果希望插入时不自动缩放图形，请选择“无单位”选项。

上机操作 2—写一组绿化树块“乔木 1”

下面通过实例来讲解整个写块过程。

如果在建筑设计绘图过程中反复用到一个图形元素，那么可以通过“写块”命令将其保存在图块库中，以方便在需要时使用。

以一个建筑总平面图为例，总平面图上有许多大小形状相同的绿化树木，按照环境布局和一定的规律排列着。如果把几个绿化树组合成一个图块，就可以依照总平面图的绿化排列方式，把这个树木图块像植树一样，一组一组地镶嵌到总平面图上，而无须逐个地绘制。

首先开配套光盘中素材文件\第 8 章\02.dwg，如图 8-4 所示。

图 8-4　绿化树组合“乔木 1”

Step 01 在命令行输入 WBLOCK，将弹出“写块”对话框。

Step 02 在弹出的“写块”对话框中的“基点”选项区域单击“拾取点”按钮。

Step 03 移动光标并单击，选择该图形的大圆中心作为基点。然后将再次返回对话框。

Step 04 在“写块”对话框中的“对象”选项区域单击“选择对象”按钮。

Step 05 选择该图形，并右击确认，返回对话框。

Step 06 在“写块”对话框中的“目标”选项区域的“文件名和路径”栏，将路径和路径设定为“D: \Cad 素材\乔木 1”。

Step 07 单击“确定”按钮，完成写块“乔木 1”的过程。

具体命令行提示如下：

```
命令:WBLOCK
指定插入基点:                          // 选择要写的块的基点
选择对象: 指定对角点: 找到 1 个        // 选择要写的块所包含的全部内容
选择对象:
```

8.4　插入图块

定义完块或者写完块之后，就要将图块插入到图形中。

对于内部快，插入块或图形文件时，一般需要确定块的 4 组特征参数：插入的块名、插入的位置、插入比例系数和旋转角度。

对于外部快，插入块或图形文件时，一般需要确定块的 5 组特征参数：文件来源、插入的块名、插入的位置、插入比例系数和旋转角度。

图块的重复使用是通过插入图块的方式实现的。所谓插入图块，就是将已经定义的图块插入到当前的图形文件中。在绘制图形的过程中，不仅可以在当前文件中反复插入在当前图形创建的图块，还可以将另一个文件的图形以插入图块的形式插入到当前图形中。

8.4.1 图块的插入

在使用 AutoCAD 2012 绘图的过程中，用户可以根据需要随时把已经定义好的图块或图形文件插入到当前图形的任意位置，在插入的同时还可以改变图块的大小、旋转一定角度或把图块分解等。插入图块的方法有多种，下面将逐一进行介绍。

在 AutoCAD 2012 中，执行插入图块命令的方法如下。

- 命令：INSERT。
- 菜单命令：选择 “插入”→“块”命令。

通过以上方式，可以打开“插入”对话框，如图 8-5 所示。设置相应的参数，单击“确定”按钮，就可以插入内部或者外部图块。

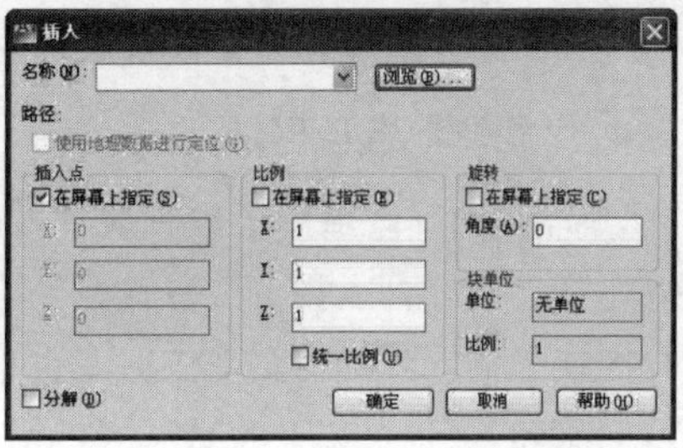

图 8-5 “插入”对话框

“插入”对话框中各选项的作用如下：

1. “名称”文本框

“名称”文本框用于选择块或图形的名称。可以在“名称”下拉列表框中选择已经定义的需要插入到图形中的内部图块。或者单击“浏览”按钮，弹出“选择图形文件”对话框，找到要插入的外部图块，单击“打开”按钮，返回“插入”对话框，设置其他参数。用户可以在预览区域查看要插入的图块。

2. “插入点”选项区域

“插入点”选项区域用于设置块的插入点位置。可直接在 *X*、*Y*、*Z* 文本框中输入点坐标，也可能通过选择“在屏幕上指定”复选框，则在屏幕上指定插入点位置。

3. “比例”选项组

“比例”选项组用于设置块的插入比例。可直接在 *X*、*Y*、*Z* 文本框中输入块在 3 个方向的比例；也可以通过选择“在屏幕上指定”复选框，在屏幕上指定。此外，该选项区域的“统一比例”复选框用于确定所插入块在 *X*、*Y*、*Z* 三个方向的插入比例是否相同，选中时表示比例相同，用户只需在 *X* 文本框中输入比例值即可。

如图 8-6 所示，图块被插入到当前图形中时，可以以任意比例进行放大或缩小，*X* 轴方向和 *Y* 轴方向的比例系数也可以取不同值。

①以任意比例进行放大或缩小：如图 8-6（a）所示是按系统默认比例被插入的原图块“乔木 1”。如图 8-6（b）所示是取比例系数为 1.5 时插入该图块的结果。

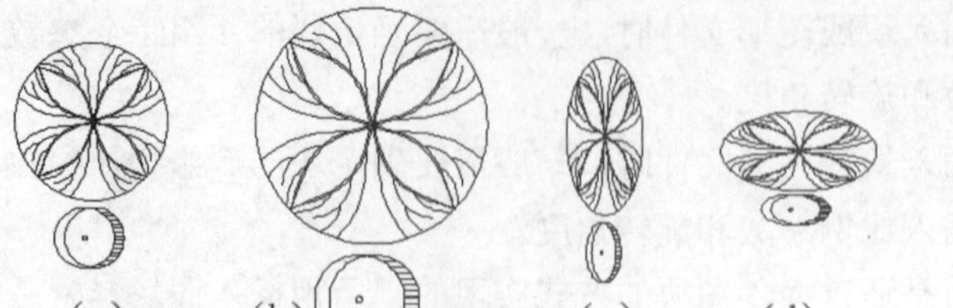

（a）　　（b）　　（c）　　（d）

图 8-6　取不同比例系数插入图块的效果

②X 轴方向和 Y 轴方向的比例系数取不同值：如图 8-9（c）所示是取 X 比例系数为 0.5 时插入块的结果。如图 8-6（d）所示，是取 Y 比例系数为 0.5 时插入块的结果，另外，比例系数还可以是一个负数，当为负数时表示插入图块的镜像，其效果如图 8-7 所示。

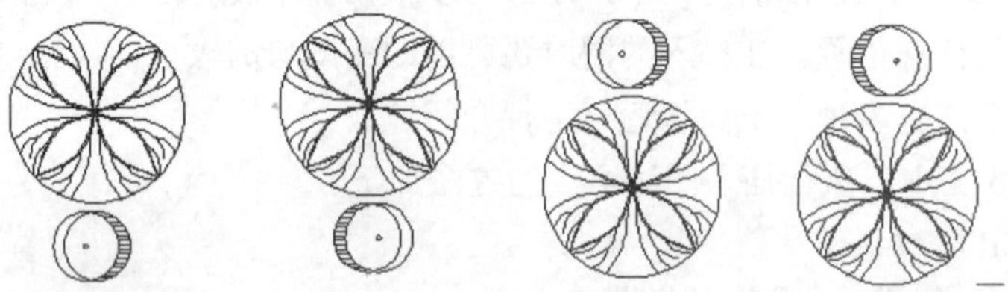

X=1 Y=1　　X=-1 Y=1　　X=1 Y=-1　　X=-1 Y=-1

图 8-7　取比例系数为负值时插入图块的效果

4.“旋转”选项区域

“旋转”选项区域用于设置块插入时的旋转角度。可直接在“角度”文本框中输入角度值，也可以选择“在屏幕上指定”复选框，在屏幕上指定旋转角度。

图块被插入到当前图形中时，可以绕其基点旋转一定的角度，角度可以是正数（表示沿逆时针方向旋转），也可以是负数（表示沿顺时针方向旋转）。

如图 8-8（a）所示为“乔木 1”块默认值插入的原图；图 8-8（b）所示是旋转角度设置为 45° 后插入的效果；图 8-8（c）所示是旋转角度设置为-45° 后插入的效果。

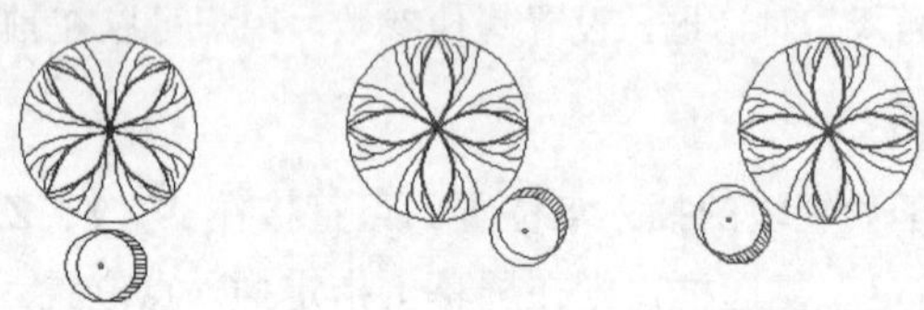

（a）　　（b）　　（c）

图 8-8　以不同旋转角度插入图块的效果

如果选择“在屏幕上指定”复选框，系统将切换到绘图屏幕，在屏幕上拾取一点，AutoCAD 2012 将自动测量插入点与该点的连线和 X 轴正方向之间的夹角，并把它作为块的旋转角。也可以在“角度”文本框中直接输入插入图块时的旋转角度。

5.“分解”选项组

选择该复选框，可以将插入的块分解成组成块的各基本对象。

在“插入”对话框中设置完毕后，单击 确定 按钮即可完成插入块的操作。

8.4.2　插入内部图块

内部图块的插入只需要 4 组特征参数：插入的块名、插入的位置、插入比例系数和旋转角度。下面通过实例来讲解插入内部图块的过程。

上机操作 3——插入内部图块“门”

首先开配套光盘中素材文件\第 8 章\03.dwg，如图 8-9 所示。然后将这个门图形创建成一个名为“门”的图块。

插入块的操作步骤如下：

Step 01 在命令行输入 INSERT，打开“插入”对话框，在“名称”下拉列表框中选择“门”，如图 8-10 所示。

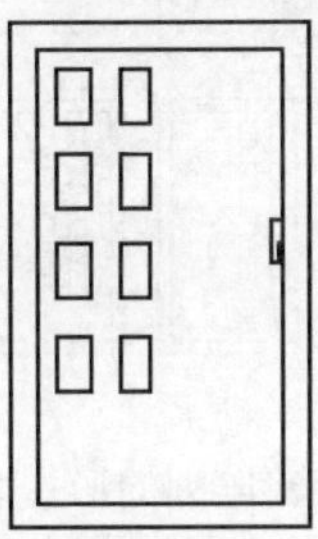

图 8-9　图块“门”

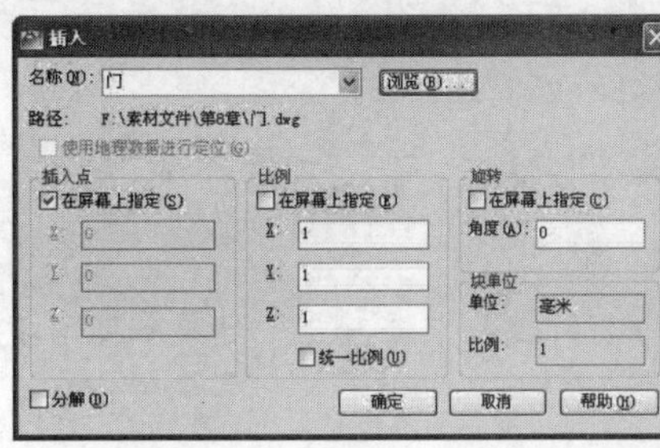

图 8-10　“插入”对话框

Step 02 在弹出的“插入”对话框中，分别选择“插入点”选项区域和“旋转”选项区域中的 “在屏幕上指定”复选框。

Step 03 在“插入”对话框中，取消选择“比例”选项区域中的“统一比例”复选框。

Step 04 在“比例”选项区域设定 X, Y, Z 方向比例分别为 1.5、1 和 1，如图 8-11 所示。

Step 05 单击“确定”按钮。结果如图 8-12（b）所示。图 8-12（a）为默认比例。

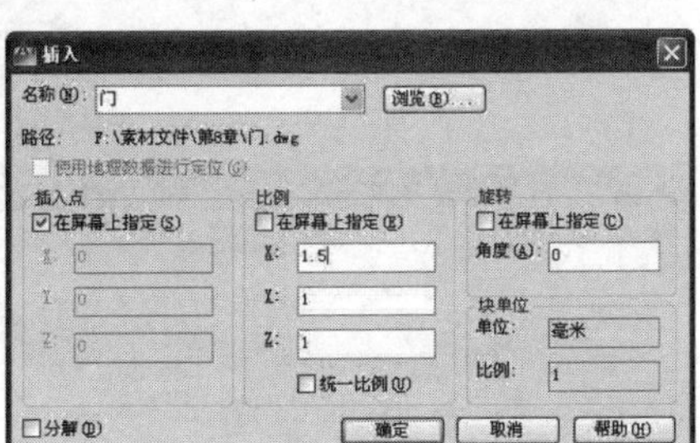

图 8-11　设定插入比例

(a)　(b)

图 8-12　默认比例和设定比例插入的门

上机操作 4——以矩形阵列的形式插入图块“门”

在 AutoCAD 2012 中允许用户将图块以矩形阵列（MINSERT）的形式插入到当前图形中，同时在插入时也允许指定比例系数和旋转角度。

以矩形阵列的形式插入图块“门”的具体步骤如下：

首先开配套光盘中素材文件\第 8 章\04.dwg，将看到如图 8-13（a）所示的名称为“门”的块。

Step 01 命令行输入 INSERT，按【Enter】键, 命令行将提示：“输入块名或[?]<门>: ”

Step 02 在命令行输入“门”，按【Enter】键。命令行将提示：“指定插入点或[比例（S）/X/Y/Z/旋转（R）/预览比例（PS）/PX/PY/PZ/预览旋转（PR）]:”。

Step 03 在绘图区单击选择任一点作为基准点。命令行将提示：“输入 X 比例因子，指定对角点，或 [角点(C)/XYZ(XYZ)] <1>:”。

Step 04 在绘图区右击，默认 X 比例为 1，进行下一步操作。命令行将提示：“输入 Y 比例因子或 <使用 X 比例因子>:”。

Step 05 在绘图区右击，默认 Y 比例为“使用 X 比例因子”，进行下一步操作。命令行将提示：“输入行数（---）<1>: ”。

Step 06 在命令行提示下输入 2。命令行将提示：“输入列数（|||）<1>: ”。

Step 07 在命令行提示下输入 3。结果如图 8-13（b）所示。

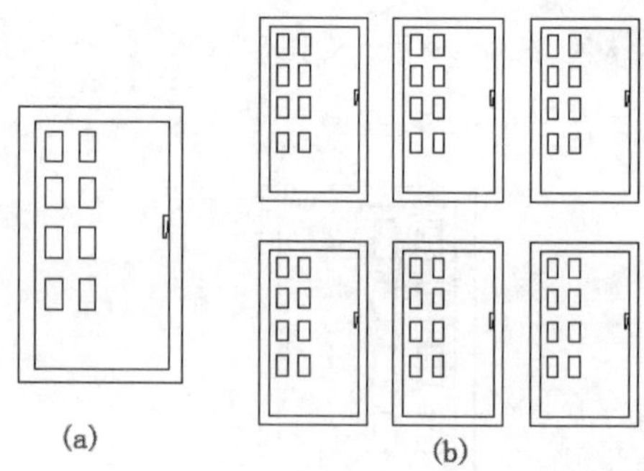

图 8-13　以矩形阵列的形式插入图块

8.4.3　插入外部图块

外部图块的插入需要 5 组特征参数：文件来源、插入的块名、插入的位置、插入比例系数和旋转角度。

下面通过实例来讲解插入外部图块的过程。

上机操作 5——插入外部图块“乔木 1”

下面以“上机操作 2”中所创建的图 8-4 所示的“乔木 1”块为例，进行外部块的插入训练。

插入外部图块的操作步骤如下：

Step 01 在命令行输入 INSERT，打开“插入”对话框，在“名称”文本框右侧单击“浏览”按钮，选择图块所在路径 D:\Cad 素材\乔木 1”，如图 8-14 所示。

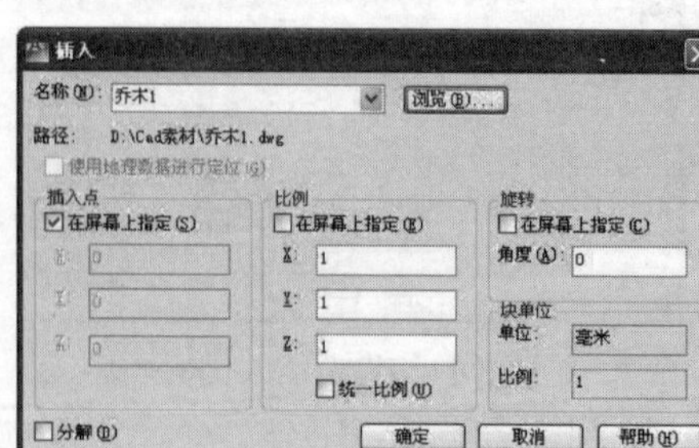

图 8-14 “插入块”对话框

Step 02 在弹出的“插入”对话框中，分别选择“插入点”选项组和“旋转”选项组中的“在屏幕上指定”复选框。

Step 03 在“比例”选项组取消选择“统一比例”复选框。

Step 04 在“比例”选项区域设定 *X*、*Y*、*Z* 方向比例分别为 1、1、1。

Step 05 单击“确定”按钮，返回绘图界面。

Step 06 在绘图界面选择任一点作为插入点，得到如图 8-4 所示“乔木 1”图块。

8.5　编辑图块

动态块具有灵活性和智能性。用户在操作时可以轻松地更改图形中的动态块参照。可以通过自定义夹点或自定义特性，来操作动态块参照中的几何图形。这使得用户可以根据需要在位调整块，而不用搜索另一个块以插入或重定义现有的块。

例如，如果在图形中插入一个“窗”块参照，编辑图形时可能需要更改“窗”的大小。如果该块是动态的，并且定义为可调整大小，那么只需拖动自定义夹点或在“特性”选项板中指定不同的大小，即可修改窗的大小。

提　示

可以使用块编辑器创建动态块。块编辑器是一个专门的编写区域，用于添加能够使块成为动态块的元素。用户可以新建块，也可以向现有的块定义中添加动态行为。

要成为动态图块的块至少必须包含一个参数及一个与该参数关联的动作。

在 AutoCAD 2012 中，调用“块编辑器”（BEDIT）命令的方法如下。

- 命令：BEDIT。
- 菜单命令：选择“工具”→“块编辑器”命令。

在已经建立内部或外部块的 CAD 文件中，调用该命令后，将弹出如图 8-15 所示的“编辑块定义”对话框。在“要创建或编辑的块”文本框中可以选择已经定义的块，也可以选择当前图形创建新的动态块，如果选择“当前图形”选项，当前图形将在块编辑器中打开。在图形中添加动态元素后，可以保存图形并将其作为动态块参照插入到另一个图形中。同时可以在“预览”窗口查看选择的块，在“说明”选项区域将显示关于该块的一些信息。

单击“编辑块定义”对话框中的“确定”按钮，即可进入块编辑器，如图 8-16 所示。

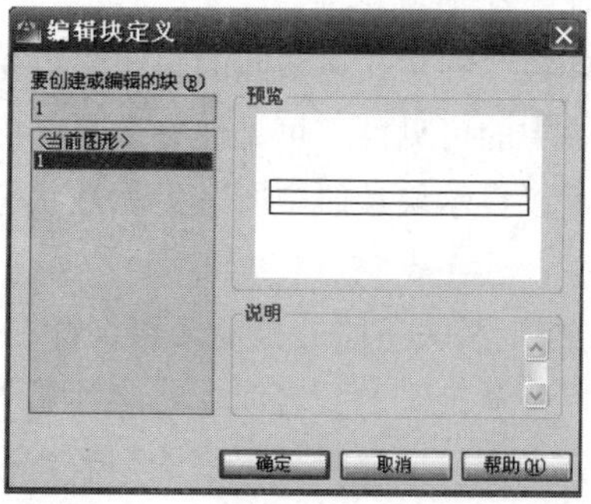

图 8-15　“编辑块定义”对话框

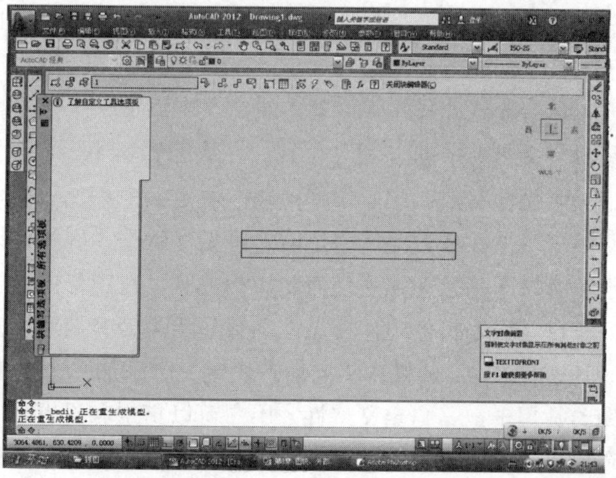

图 8-16　块编辑器

块编辑器由 3 个部分组成：块编辑选项卡（如图 8-17 所示）、块编辑器工具栏（如图 8-18 所示）和编写区域（显示图形的区域）。

图 8-17　块编辑选项卡（注：图为旋转后的效果）

图 8-18　块编辑器工具栏

块编辑器工具栏默认位于整个编辑区的上侧，如图 8-16 所示。块编写选项板中包含用于创建动态块的工具。块编辑器工具栏包含多种功能按钮，这里只介绍最重要的“参数”、“动作”和“参数块表”3 个按钮，如图 8-19 所示。

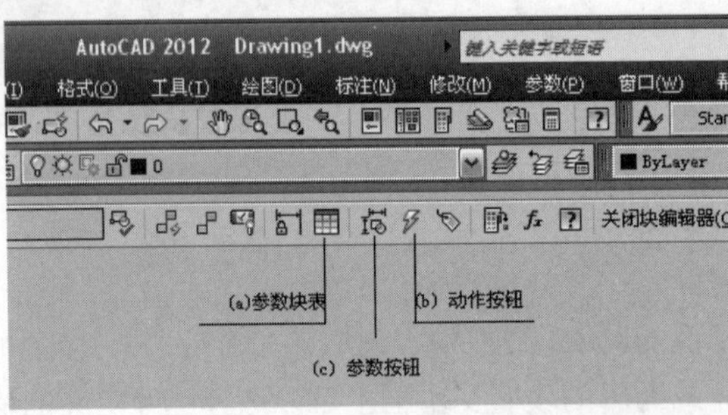

图 8-19　“参数”、“动作”、“参数块表”按钮

1.“参数”按钮

“参数”按钮如图 8-19（a）所示，提供用于向块编辑器中的动态块定义中添加参数的工具。参数用于指定几何图形在块参照中的位置、距离和角度。将参数添加到动态块定义中时，该参数将定义块的一个或多个自定义特性。此项操作也可以通过命令 BPARAMETER 来打开。“参数”按钮中又包含以下几项。

①点参数：此操作将向动态块定义中添加一个点参数，并定义块参照的自定义 X 和 Y 特性。点参数定义图形中的 X 和 Y 位置。在块编辑器中，点参数类似于一个所标标注。

②可见性参数：此操作将向动态块定义中添加一个可见性参数，并定义块参照的自定义可见性特性。可见性参数允许用户创建可见性状态，并控制对象在块中的可见性。可见性参数总是应用于整个块，并且无须与任何动作相关联。在图形中单击夹点可以显示块参照中所有可见性状态的列表。在块编辑器中，可见性参数显示为带有关联夹点的文字。

③查询参数：此操作将向动态块定义中添加一个查询参数，并定义块参照的自定义查询特性。查询参数用于定义自定义特性，用户可以指定和设置该特性，以便从定义的列表或表格中计算出某个值。该参数可以与单个查寻夹点相关联。在块参照中单击该夹点可以显示可用值的列表。在块编辑器中，查寻参数显示为文字。

④基点参数：此操作将向动态块定义中添加一个基点参数。基点参数用于定义动态块参照相对于块中的几何图形的基点。基点参数无法与任何动作相关联，但可以属于某个动作的选择集。在块编辑器中，基点参数显示为带有十字光标的圆。

⑤其他参数与上面各项类似，不再赘述。

2.“动作”按钮

“动作”按钮如图 8-19（b）所示提供用于向块编辑器中的动态块定义中添加动作的工具。动作定义了在图形中操作块参照的自定义特性时，动态块参照的几何图形将如何移动或变化。应将动作与参数相关联。此项操作也可以通过命令 BACTIONTOOL 来打开。

3.“参数块表”按钮

“参数块表”按钮如图 8-19（c）所示。

上机操作 6——在编写区域编写平面窗户动态块

编写区域类似于绘图区域，可以在该区域进行缩放操作，也可以在编写区域给要编写的块添加参数和动作。现在“块编写选项板”的“参数”选项卡上选择添加给块的参数，显示感叹号图标时，表示该参数还没有相关联的动作。然后在“动作”选项卡上选择相应的动作，命令行会提示用户选择参数，然后选择动作对象，最后设置动作位置，以闪电符号标记。不同的动作，操作均不同。下面通过创建一个窗户平面的动态块，来介绍创建动态块的具体操作步骤。

首先开配套光盘中素材文件\第 8 章\06. dwg，打开如图 8-20 所示的 c1 图块。

Step 01 选择“工具”→“块编辑器”命令，打开“编辑块定义”对话框，在“要创建或编辑的块”列表框中选择 c1 图块，如图 8-21 所示。

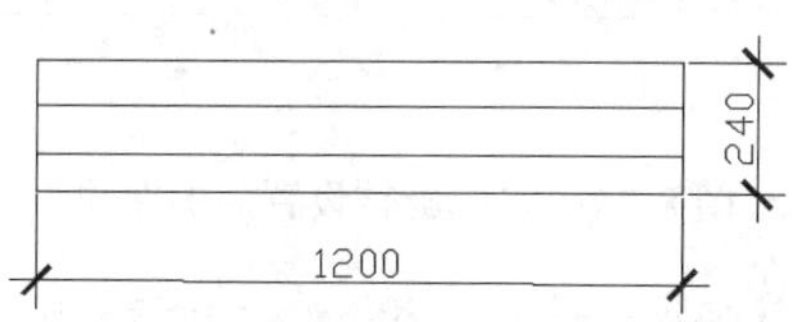

图 8-20　c1 图块

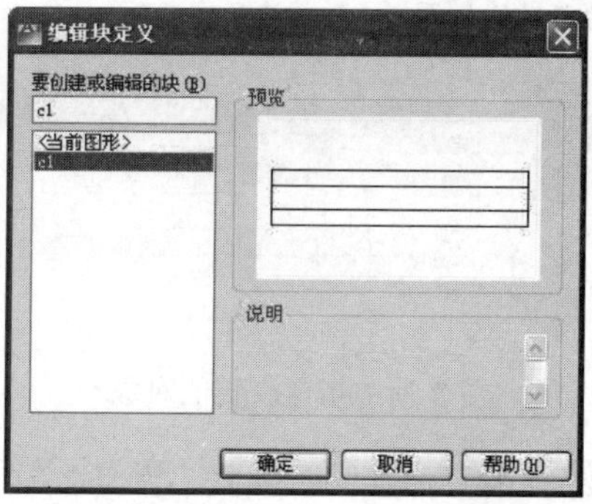

图 8-21　“编辑块定义”对话框

Step 02 单击“确定”按钮，进入块编辑器。打开对象捕捉功能，捕捉中点和端点。

Step 03 在块编辑器中选择“参数”选项卡，然后单击“旋转”按钮。然后选择基点位置，设置该基点位置为左边线中点。再指定参数的半径，该半径可以任意指定，指定默认旋转角度为 0°，如图 8-22 所示，命令行提示如下：

```
命令： _BPARAMETER 旋转                          //选择旋转参数
指定基点或[名称(N)/标签(L)/链(C)/说明(D)/选项板(P)/值集(V)]：    //指定窗左中点为旋转基点
```

```
指定参数半径:                                //指定参数半径
指定默认旋转角度或[基准角度(B)]<0>:           //指定默认旋转角度为 0°
```

Step 04 单击“线性”按钮，然后设置线性参数的起点位置，选择窗的左上角点，端点选择窗的右上角点。然后指定标签的位置，如图 8-23 所示。

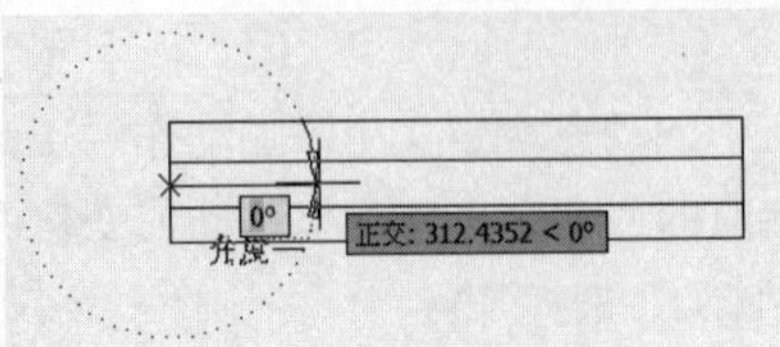

图 8-22　指定旋转参数

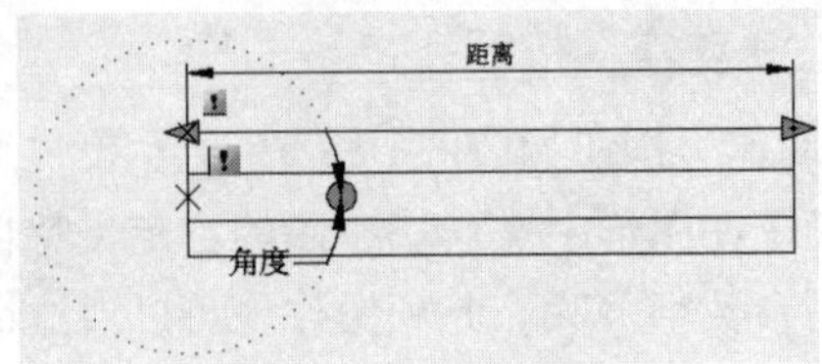

图 8-23　指定线性参数

命令行提示如下：

```
命令:  _BPARAMETER                          //选择线性参数
指定起点或[名称(N)/标签(L)/链(C)/说明(D)/选项板(P)/值集(V)]:    //选取起点
指定端点:                                   //选取端点
指定标签位置:                               //指定标签“距离”的位置
```

Step 05 选择“动作”选项卡，为块添加动作。单击“旋转”按钮，设置旋转参数的角度，然后选择全部对象，包括窗平面和所有参数，如图 8-24 所示。再指定动作位置，如图 8-25 所示。命令行提示如下：

```
命令:  _BACTIONTOOL 旋转                    //添加旋转动作
选择参数:                                   //选择参数“角度”
指定动作的选择集
选择对象: 指定对角点: 找到 11 个             //选择旋转对象
选择对象:                                   //按【Enter】键，完成对象的选择
指定动作位置或[基点类型(B)]:                 //指定动作标记位置
```

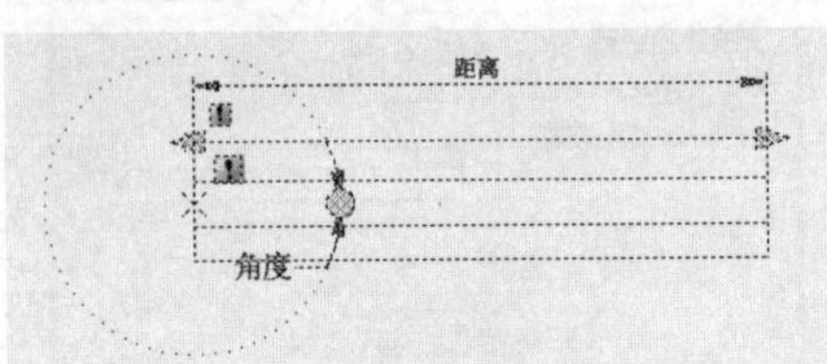

图 8-24　指定旋转的对象

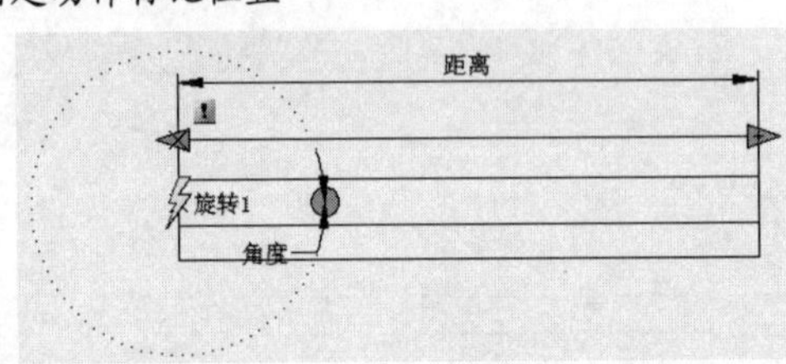

图 8-25　完成旋转设置后的图块

Step 06 选择“动作”选项卡，单击“拉伸”按钮。命令行将提示选择“参数”，光标也变成“方形”标志。框选“距离”参数后，再指定要与动作关联的参数点，选择“第二点”，如图 8-26 所示。接着指定拉伸框架，如图 8-27 所示。然后选择要拉伸的对象，如图 8-28 所示。最后再指定动作位置，如图 8-29 所示，命令行提示如下：

```
命令:  _BACTIONTOOL 拉伸                    //添加旋转动作
选择参数:                                   //选择“距离”为拉伸参数
指定要与动作关联的参数点或输入[起点(T)/第二点(S)]<第二点>:    //选择关联点
指定拉伸框架的第一个角点或[圈交(CP)]:        //确定拉伸框架
指定对角点:
指定要拉伸的对象:
```

```
选择对象：指定对角点：找到 7 个                    //选择要拉伸的对象
选择对象：                                        //按【Enter】键，完成对象的选择
指定动作位置或[乘数(M)/偏移(O)]：                 //指定动作标记的位置
```

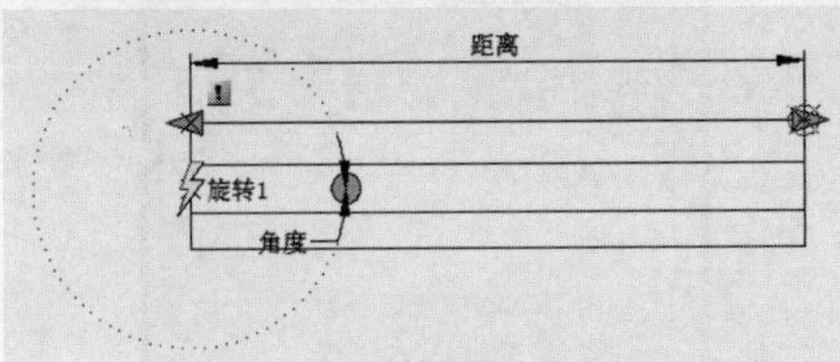

图 8-26　指定关联参数点

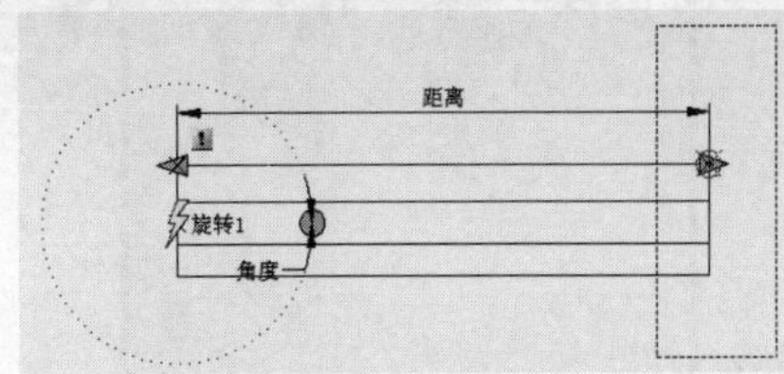

图 8-27　指定拉伸框架

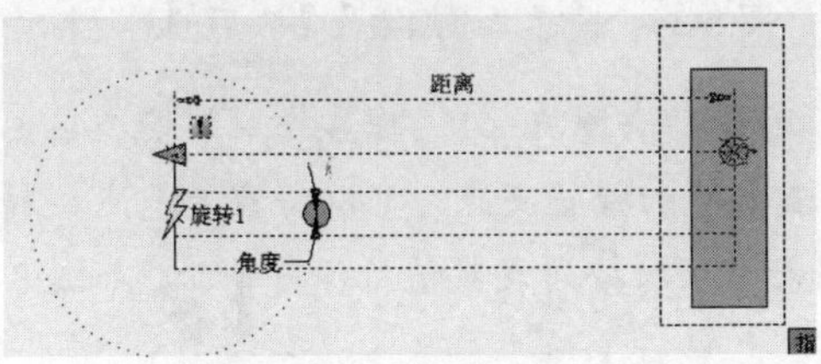

图 8-28　指定拉伸对象

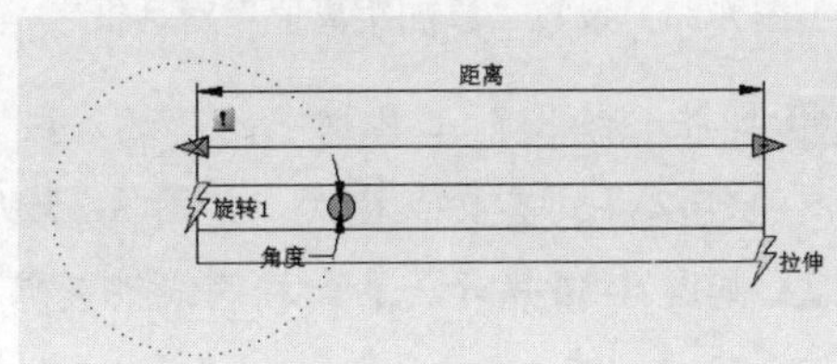

图 8-29　完成拉伸设置后的图块

Step 07 单击“标准”工具栏中的“对象特性”按钮，将弹出“特性”选项板，如图 8-30 所示。双击距离参数，如图 8-31 所示。在“对象特性”选项板上的“值集”选项组中，将“距离类型”设置为“列表”，如图 8-32 所示。单击“距离值”一栏中的按钮，将弹出如图 8-33 所示的“添加距离值”对话框，分别添加 1000、1100、1200、1300、1400、1500，如图 8-34 所示。单击“确定”按钮完成列表设置。

Step 08 单击按钮，保存当前定义的块。然后关闭块编辑器，返回绘图区域。

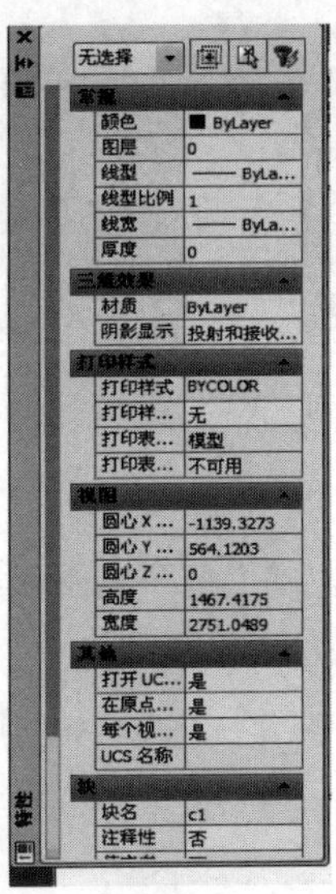

图 8-30　“特性”选项板

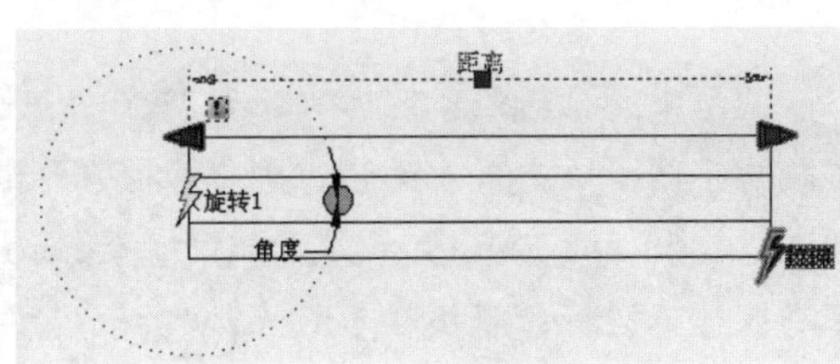

图 8-31　选择线性参数的距离

图 8-32　选择“列表”距离类型

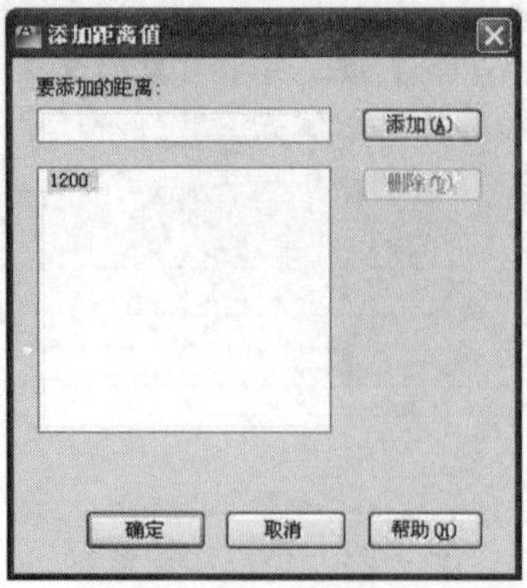

图 8-33　设置“添加距离值”对话框

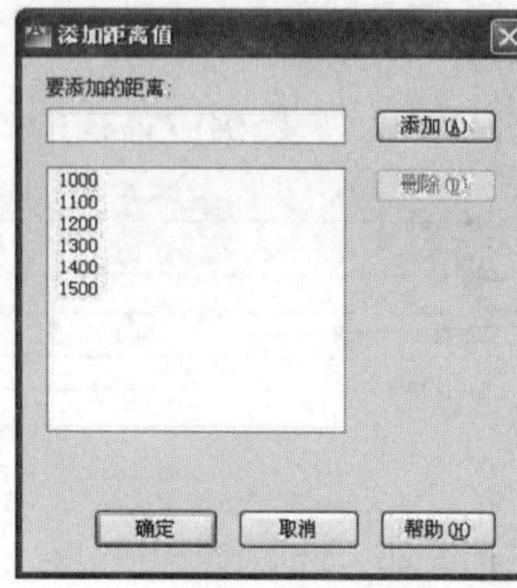

图 8-34　设置“添加距离值”后的对话框

Step 09 单击“绘图”工具栏中的“插入块”按钮，选择动态图块 c1，将其插入到绘图区，单击该图块可以得到其夹点模式，如图 8-35 所示。单击中间的旋转夹点，可以将窗绕基点旋转任意角度，如图 8-36 所示。单击右侧线性夹点，拖动鼠标，可以按列表数值拉伸窗平面，如图 8-37 所示。

图 8-35　动态块的夹点模式

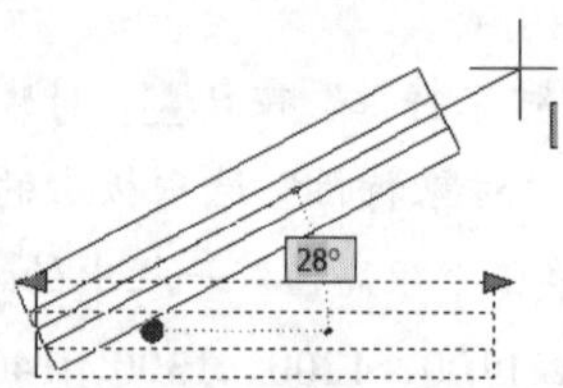

图 8-36　旋转动作

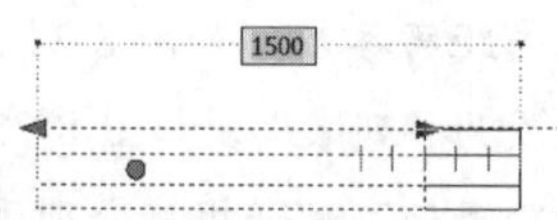

图 8-37　拉伸动作

提　示

使用夹点编辑块参照时，标记将显示在该块参照列表中设置的有效值位置。如果将块特性值改为不同于块定义中的值，那么参数将会调整为最接近的有效值。例如，块的长度被定义为 1200、1300 和 1500。如果试图将距离值改为 2000，将会导致其值变为 1500，因为这是最接近的有效值。另外，将线性参数左边的夹点可以将设置为不可见。

8.6　设置动态图块属性

图块除了包含图形对象以外，还可以具有非图形信息，例如把一个椅子的图形定义为图块后，还可把椅子的号码、材料、重量、价格以及说明等文本信息一并加入到图块当中。图块的这些非图形信息，叫做图块的属性，它是图块的一个组成部分，与图形对象一起构成一个整体，在插入图块时，AutoCAD 2012 把图形对象连同属性一起插入到图形中。

提　示

设置动态图块属性，是要在某一图块的“图块编辑器”打开的情况下，对某一图块的属性进行定义与修改的过程。

要创建属性，首先创建描述属性特征的属性定义，然后将属性附着到目标块上即可将信息也附着到块上。

在 AutoCAD 2012 中，在打开某一图块的“图块编辑器”的情况下，执行定义图块属性命令的几种方法如下。

- 命令：ATTDEF。
- 菜单命令：选择“绘图”→“块”→“定义属性”命令。
- 工具栏：在“图块编辑器”选项板中单击（定义属性）图标。

通过以上方式，可以打开“属性定义”对话框，如图 8-38 所示。

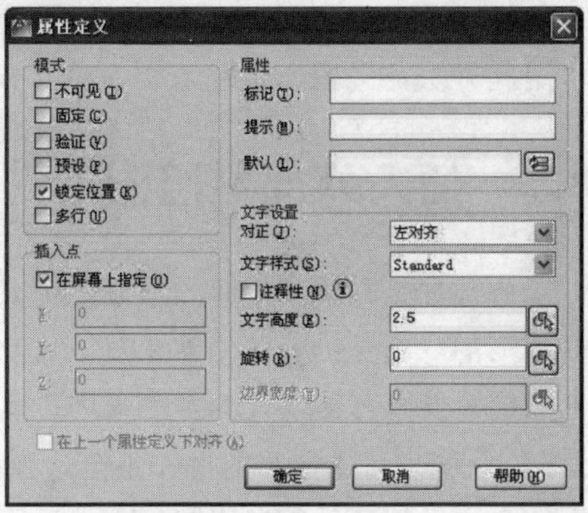

图 8-38 “属性定义”对话框

在该对话框中包含“模式”、“属性”、“插入点”和“文字选项”4 个选项区域。各个选项区域的作用如下：

1. “模式”选项组

“模式”选项组用于设置属性模式。其中包含以下几项。

①“不可见”复选框：选择此复选框则属性为不可见显示方式，即插入图块并输入属性值后，属性值在图中并不显示出来。

②“固定”复选框：选择此复选框则属性值为常量，即属性值在属性定义时给定，在插入图块时 AutoCAD 2012 不再提示输入属性值。

③“验证”复选框：选择此复选框，当插入图块时 AutoCAD 2012 重新显示属性值让用户验证该值是否正确。

④“预置”复选框：选择此复选框，当插入图块时 AutoCAD 2012 自动把事先设置好的默认值赋予属性，而不再提示输入属性值。

2. “属性”选项组

“属性”选项组用于设置属性值，在每个文本框中 AutoCAD 2012 允许输入不超过 256 个字符。其中包含以下几项。

① “标记”文本框：输入属性标签。属性标签可由除空格和感叹号以外的所有字符组成，AutoCAD 2012 自动把小写字母改为大写字母。

② “提示”文本框：输入属性提示。属性提示是插入图块时 AutoCAD 2012 要求输入属性值的提示，如果不在此文本框内输入文本，则以属性标签作为提示。如果在“模式”选项组选择“固定”复选框，即设置属性为常量，不需要设置属性提示。

③ “默认”文本框：设置默认的属性值。可以把使用次数较多的属性值作为默认值，也可不设默认值。

3. “插入点”选项组

“插入点”选项组确定属性文本的位置。单击“拾取点”按钮，AutoCAD 2012 临时切换到绘图区域，由用户在图形中确定属性文本的位置，也可在 *X*、*Y*、*Z* 文本框中直接输入属性文本的位置坐标。

4.“文字设置”选项组

“文字设置”选项组用于设置属性文字的格式，包括对正、文字式样、文字高度及旋转角度等选项。

5.“在上一个属性定义下对齐”复选框

选择此复选框表示把属性标签直接放在前一个属性的下面，而且该属性继承前一个属性的文本样式、字高和倾斜角度等特性。

完成“属性定义”对话框中各项设置后，单击“确定”按钮，即可完成一次属性定义的操作。可用此方法定义多个属性。

8.7 插入外部参照图形

外部参照与块有相似的地方，但它们的主要区别是：一旦插入了块，该块就永久性地成为当前图形的一部分；而以外部参照方式将图形插入到某一图形（称之为主图形）后，被插入图形文件的信息并不直接加入到主图形中，主图形只是记录参照的关系。例如，参照图形文件的路径等信息。另外，对主图形的操作不会改变外部参照图形文件的内容。当打开具有外部参照的图形时，系统会自动把各外部参照图形文件重新调入内存，并在当前图形中显示出来。

在 AutoCAD 的图形数据文件中，有用来记录图层、线性及文件样式等信息的属性段。当一个图形以外部参照的方式插入到当前图形中时，AutoCAD 会重新命名外部参照文件的属性，并把它们添加到当前主文件的属性段中。如一个名称为 jxl.dwg 的外部参照有一个图层名为“家具”，那么它在当前主文件中将被命名为“jxl |家具”。同样外部参照 jxl.dwg 的非默认线型、标注样式等也将依次重新命名，如图 8-39 所示。

AutoCAD 的这个功能能使用户很方便地看出该图形属性来自哪个外部参照，而且当外部参照与主文件的图形属性设置同名时也不会导致混淆。

在 AutoCAD 2012 中，可以通过选择“插入”菜单中的“外部参照”命令，打开“外部参照”选项板，如图 8-40 所示。

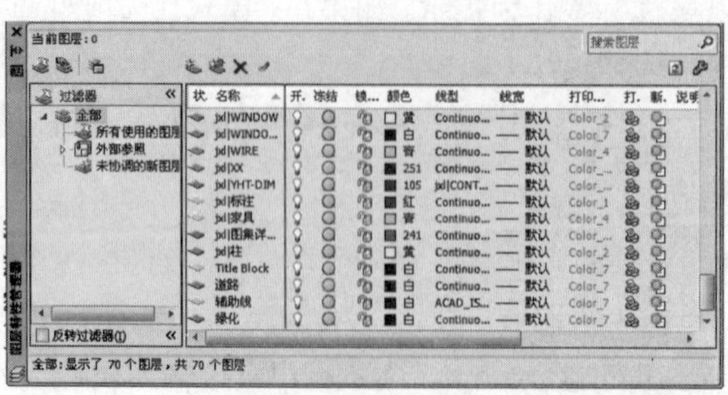

图 8-39 外部参照图形属性在主文件中重新命名

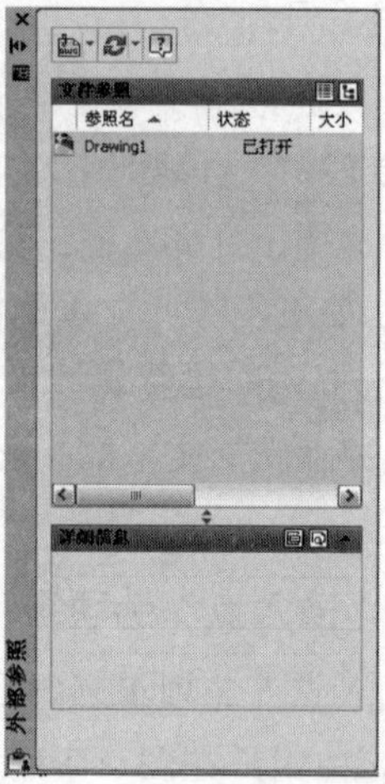

图 8-40 “外部参照”选项板

提　示

使用外部参照的优点是打开图形时，所有 DWG 参照（外部参照）将自动更新。在绘图过程中用户也可以通过图 8-40 所示的“外部参照”选项板中的“重载”选项，随时更新外部参照，以确保图形中显示最新版本。外部参照在多人联合绘制大型图纸时十分有用。

8.7.1　附着外部参照

在 AutoCAD 2012 中，执行附着外部参照命令的方法为：菜单命令：选择“插入”→“外部参照”命令。

附着外部参照的具体步骤如下：

Step 01 通过上述方法可以打开“外部参照”选项板，如图 8-40 所示。

Step 02 单击左上角第一个按钮。

Step 03 在其下拉菜单中选择“附着 DWG(D)...”命令。

Step 04 通过上述方法可以打开“选择参照文件”对话框，如图 8-41 所示。

Step 05 选择参照文件后，单击“选择参照文件”对话框中的“打开”按钮，将打开如图 8-42 所示的“附着外部参照”对话框。

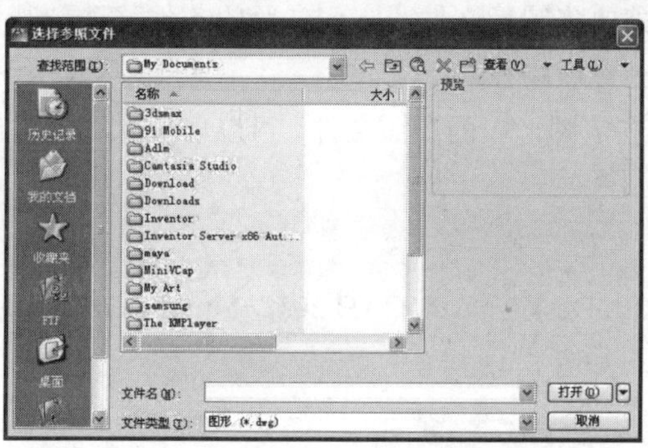

图 8-41　“选择参照文件”对话框

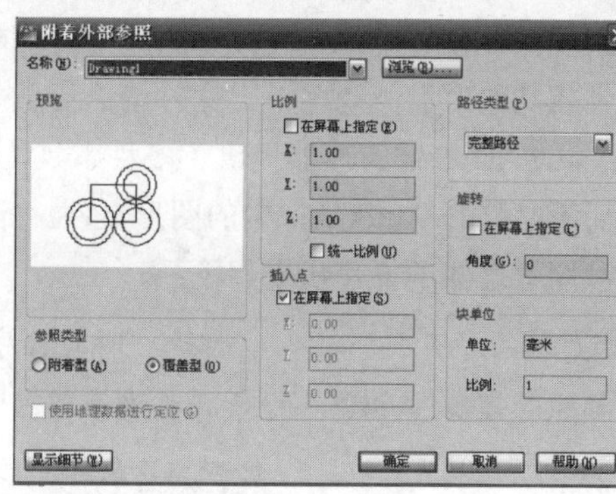

图 8-42　“附着外部参照”对话框

Step 06 设置对话框中的“参照类型”为“覆盖型”，其他选项选择默认设置。

Step 07 然后单击“确定”按钮，即可将图形文件以外部参照的形式插入到当前图形中。

提　示

在 AutoCAD 2012 中，可以使用 3 种路径类型附着外部参照，它们是“完整路径”、“相对路径”和“无路径”。具体作用如下：

（1）“完整路径”选项：外部参照的精确路径将保存到当前主文件中。此选项灵活性小，如果移动文件夹，可能会使 AutoCAD 无法融入任何使用完整路径附着的外部参照。

（2）“相对路径”选项：使用相对路径附着外部参照时，将保持外部参照相对于当前主文件的路径，此选项灵活性较大。如果改变文件夹位置，只要外部参照相对于当前主文件的位置未发生变化，AutoCAD 仍可融入附着的外部参照。

（3）“无路径”选项：在不使用路径附着外部参照时，AutoCAD 在当前主文件的文件夹中查找外部参照。当外部参照文件与主文件位于同一个文件夹时一般用此选项。

提 高

“完整路径”选项一般用于有固定路径的“工程图形库”的外部参照。“相对路径”可以用于同一个工程设计名下的不同专业和不同人员之间的相互参照。“无路径”用于单一工程的参照，参照与设计文件在同一文件夹内。

8.7.2 使用外部参照管理器

在 AutoCAD 2012 中，用户可以在“插入”菜单中的“外部参照”命令中对外部参照进行编辑和管理。用户单击“外部参照”选项板左上方的“附着 DWG”按钮，可以添加不同格式的外部参照文件；在选项板下方的外部参照列表框中显示当前图形中各个外部参照文件的名称；选择任意一个外部参照文件后，在下方“详细信息”选项组中显示该外部参照的名称、加载状态、文件大小、参照类型、参照日期及参照文件的储存路径等内容。

AutoCAD 图形可以参照多种外部文件，包括图形、文字字体、图像和打印配置。这些参照文件的路径保存在每个 AutoCAD 图形中。有时可能需要将图形文件或它们参照的文件移动到其他文件夹或其他磁盘驱动器中，这时就需要更新保存的参照路径。

AutoCAD 参照管理器提供了多种工具，列出了选定图形中的参照文件，可以修改保存的参照路径而不必打开 AutoCAD 中的图形文件。

参照管理器的操作步骤如下：

Step 01 单击“开始”按钮，选择“所有程序”→AutoDesk →AutoCAD 2012-Simplified Chinese →“参照管理器”命令，打开“参照管理器”窗口，如图 8-43 所示。

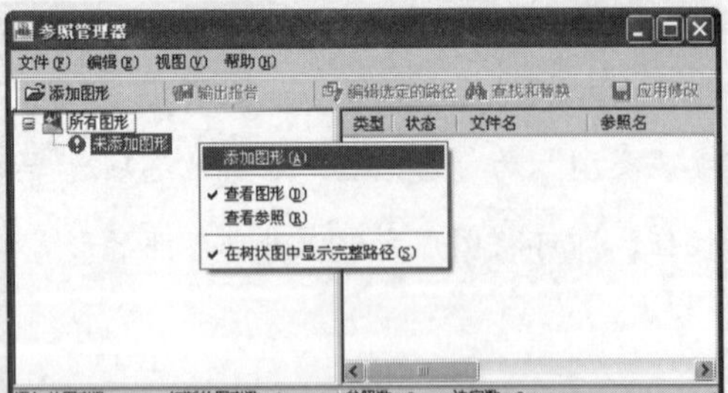

图 8-43 “参照管理器”窗口

Step 02 在该窗口右击，在弹出的快捷菜单中选择“添加图形”命令，选择要进行参照管理的主图形后，单击“打开”按钮，即可进入“参照管理器”进行参照路径修改管理的设置。

在已经打开主文件的“参照管理器”中，展开图形文件特性树，单击要修改的参照路径。

8.7.3　剪裁外部参照

插入到主图形的外部参照可能存在冗余部分。此时可以通过定义外部参照或块的剪裁边界，将冗余部分剪掉。外部参照的剪裁并不是真的剪掉了边界以外的图形，只是 AutoCAD 通过特殊方式对剪裁边界以外的外部参照进行了隐藏，隐藏后的外部参照部分不会再打印图上出现。

命令操作方式。

- 命令：XCLIP。
- 菜单命令：选择 “修改”→“剪裁”→“外部参照” 命令。

执行该命令且选择参照图形后，命令行将显示如下信息：

```
输入剪裁选项
[开(ON)/关(OFF)/剪裁深度(C)/删除(D)/生成多段线(P)/新建边界(N)]<新建边界>:
```

各选项功能如下。

- “开（ON）” 选项：打开外部参照剪裁功能。为参照图形定义了剪裁边界后，在主图形中仅显示位于剪裁边界之内的参照部分。
- “关（OFF）” 选项：此选项可显示全部参照图形。
- “剪裁深度（C）” 选项：为参照的图形设置前后剪裁面。
- “删除（D）” 选项：用于取消置顶外部参照的剪裁边界，以便显示整个外部参照。
- “生成多段线（P）” 选项：自动生成一条与剪裁边界一致的多段线。
- “新建边界（N）” 选项：新建一条剪裁边界。

提　示

设置剪裁边界后，可以利用系统变量 XCLIPERAME 控制是否显示该剪裁边界。当其值为 0 时不显示边界，为 1 时显示边界。

8.8　设计中心

AutoCAD 设计中心是 AutoCAD 中的一个非常有用的工具。它有着类似于 Windows 98 资源管理器的界面，可管理图块、外部参照、光栅图像，以及来自其他源文件或应用程序的内容，将位于本地计算机、局域网或因特网上的图块、图层、外部参照和用户自定义的图形内容复制并粘贴到当前绘图区中。同时，如果在绘图区打开多个文档，在多文档之间也可以通过简单的拖放操作来实现图形的复制和粘贴。粘贴内容除了包含图形本身外，还包含图层定义、线型和字体等内容。这样资源可得到再利用和共享，提高了图形管理和图形设计的效率。

通过设计中心，用户可以组织对图形、块、图案填充和其他图形内容的访问。可以将源图形中的任何内容拖动到当前图形中。可以将图形、块和填充拖动到工具选项板上。源图形可以位于用户的计算机上、网络位置或网站上。另外，如果打开了多个图形，则可以通过设计中心在图形之间复制和粘贴其他内容（如图层定义、布局和文字样式）来简化绘图过程。

8.8.1 AutoCAD 设计中心的功能

在 AutoCAD 2012 中，使用 AutoCAD 设计中心可以完成如下工作：

①浏览用户计算机、网络驱动器和 Web 页上的图形内容（例如图形或符号库）。

②在定义表中查看图形文件中命名对象（例如块和图层）的定义，然后将定义插入、附着、复制和粘贴到当前图形中。

③更新（重定义）块定义。

④创建指向常用图形、文件夹和 Internet 网址的快捷方式。

⑤向图形中添加内容（例如外部参照、块和填充）。

⑥在新窗口中打开图形文件。

⑦将图形、块和填充拖动到工具选项板上以便于访问。

8.8.2 使用 AutoCAD 设计中心

使用 AutoCAD 设计中心，可以方便地在当前图形中插入块，引用光栅图像及外部参照，在图形之间复制块，复制图层、线型、文字样式、标注样式，以及用户定义的内容等。在 AutoCAD 中，设计中心是一个与绘图窗口相对独立的窗口，因此在使用时应先启动 AutoCAD 设计中心。

在 AutoCAD 2012 中，启动设计中心的方法如下。

- 命令：ADCENTER。
- 菜单命令：选择“工具”→“选项板”→“设计中心”命令。
- 快捷键：【Ctrl+2】。

通过以上方式，可以打开“设计中心”选项板，如图 8-44 所示。

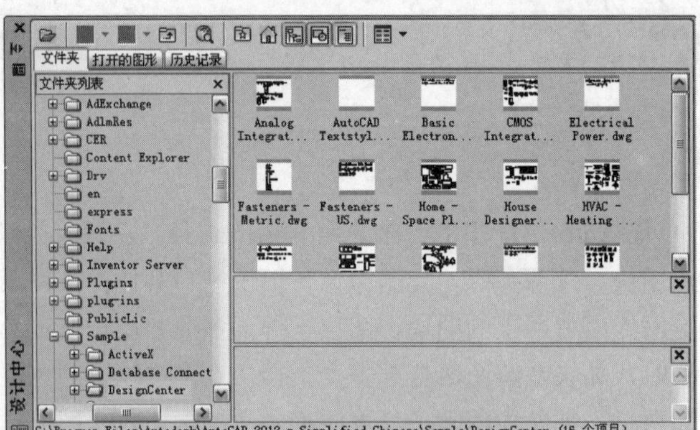

图 8-44 “设计中心”选项板

AutoCAD 设计中心主要由上部的工具栏按钮和各种视图构成，其含义和功能如下。

①“文件夹”选项卡：显示设计中心的资源，可以将设计中心的内容设置为本计算机的桌面，或是本地计算机的资源信息，也可以是网上邻居的信息。

② “打开的图形”选项卡：显示当前打开的图形的列表。单击某个图形文件，然后单击列表中的一个定义表可以将图形文件的内容加载到内容区中。

③“历史记录”选项卡：显示设计中心中打开过的文件的列表。双击列表中的某个图形文件，可以在“文件夹”选项卡中的树状视图中定位此图形文件，并将其内容加载到内容区中。

④“树状图切换”按钮：可以显示或隐藏树状视图。

⑤“收藏夹”按钮：在内容区域中显示“收藏夹”文件夹的内容。“收藏夹”文件夹包含经常访问项目的快捷方式。

⑥“加载”按钮：单击该按钮，将打开“加载”对话框，使用该对话框可以从 Windows 的桌面、收藏夹或通过 Internet 加载图形文件。

⑦“预览”按钮：该按钮控制预览视图的显示与隐藏。

⑧“说明”按钮：该按钮控制说明视图显示与隐藏。

⑨“视图”按钮：指定控制板中内容的显示方式。

⑩“搜索”按钮：单击该按钮后，可以通过“搜索”对话框查找图形、块和非图形对象。

8.8.3 在“设计中心”中查找内容

使用 AutoCAD 设计中心的查找功能，可以通过“搜索”对话框快速查找诸如图形、块、图层，以及尺寸样式等图形内容或设置，单击按钮，可打开“搜索”对话框，如图 8-45 所示。

1. 查找文件

在“搜索（K）”下拉列表框中选择“图形”选项，在“于”下拉列表框中选择查找的位置，即可查找图形文件。用户可以使用“修改日期”和“高级”选项卡来设置文件名、修改日期和高级查找条件。

设置查找条件后，单击立即搜索(N)按钮开始搜索，搜索结果将显示在对话框下部的列表框中。

2. 查找其他信息

在“搜索”下拉列表框中选择“块”等其他选项，在“于”下拉列表框中选择搜索路径，在“搜索文字”文本框中输入要查找的名称，然后单击立即搜索(N)按钮开始搜索，可以搜索相应的图形信息，如图 8-46 所示。

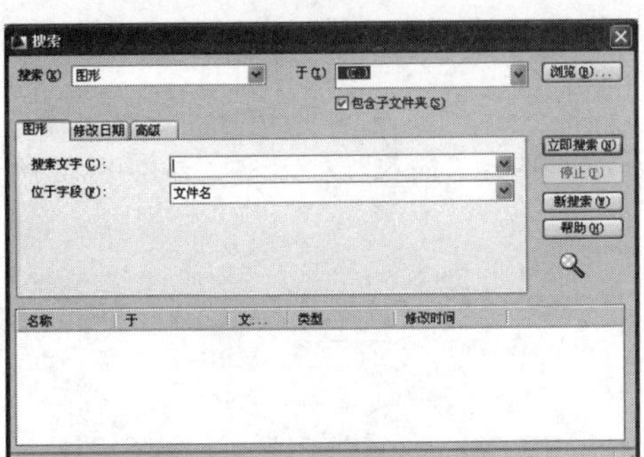

图 8-45　“搜索”对话框

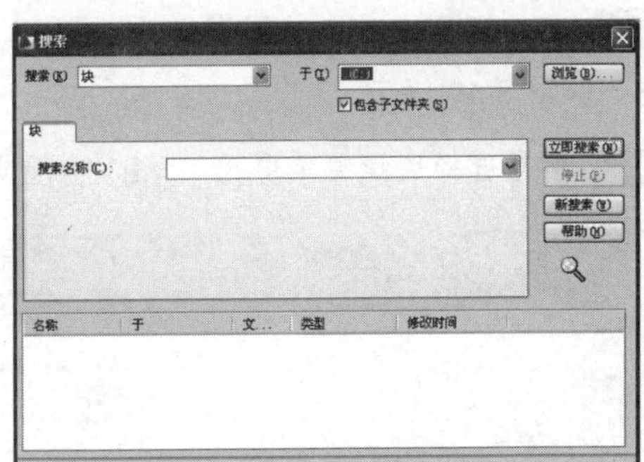

图 8-46　搜索“块”

8.8.4 通过设计中心添加内容

可以在“设计中心”窗口右侧对显示的内容进行操作。双击内容区上的项目可以按层次顺序显示详细信息。例如，双击图形图像将显示若干图标，包括代表块的图标。双击“块”图标将显示图形中每个块的图像，如图 8-47 所示。

可以预览图形内容，例如内容区中的图形、外部参照或块；还可以显示文字说明，如图 8-48 所示。

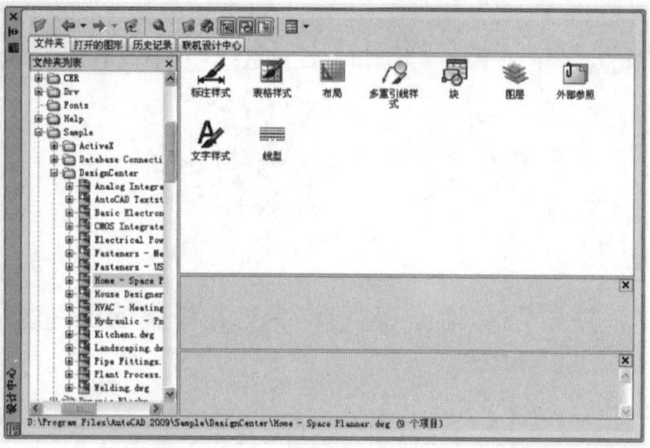

图 8-47　对显示的内容进行操作

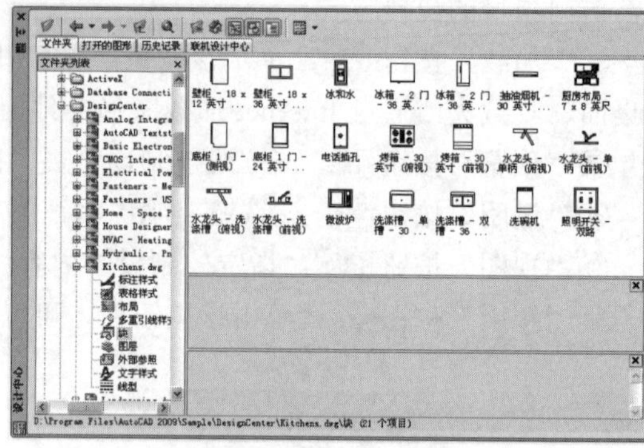

图 8-48　访问图中的图块

使用以下方法可以在内容区中向当前图形添加内容，具体步骤如下：

Step 01 将某个项目拖动到某个图形的图形区，按照默认设置（如果有）将其插入。

Step 02 在内容区中的某个项目上右击，将显示包含若干选项的快捷菜单。

Step 03 双击块将打开“插入”对话框，双击图案填充将打开“边界图案填充”对话框。

上机操作 7——设计中心更新块定义

与外部参照不同，当更改块定义的源文件时，包含此块的图形的块定义并不会自动更新。通过设计中心，可以决定是否更新当前图形中的块定义。块定义的源文件可以是图形文件或符号库图形文件中的嵌套块。

下面以一个图形文件中的块“洗面盆”为例更改定义，具体步骤如下：

Step 01 在内容区中的块或图形文件上右击，快捷菜单将显示“仅重定义”或“插入并重定义”命令，如图 8-49 所示。

Step 02 然后选择快捷菜单中的 “插入并重定义”命令，将弹出“插入”对话框，如图 8-50 所示。

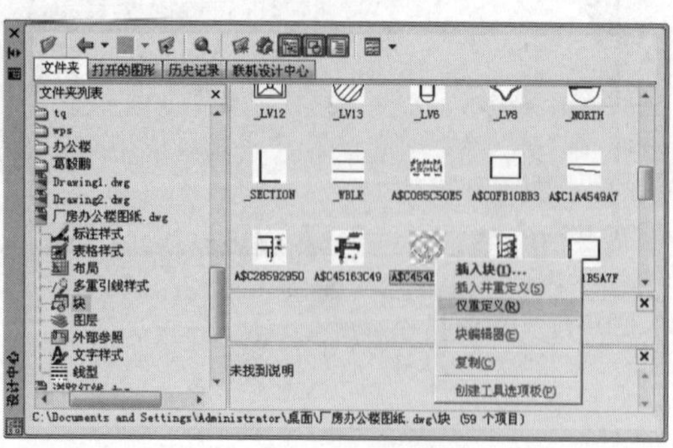

图 8-49　快捷菜单

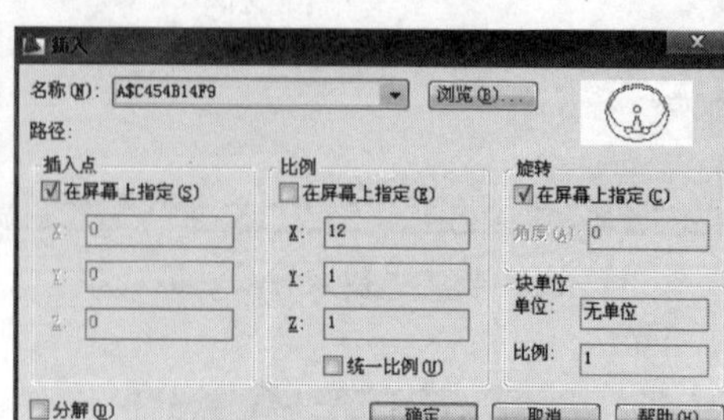

图 8-50　“插入”对话框

Step 03 在弹出的“插入”对话框中修改“比例”选项组中的 X 值为 12，单击“确定”按钮可以更新选定的块。在当前图形文件中插入该块。如图 8-51（a）所示为原块，图 8-51（b）所示为“插入并重定义”后的块。

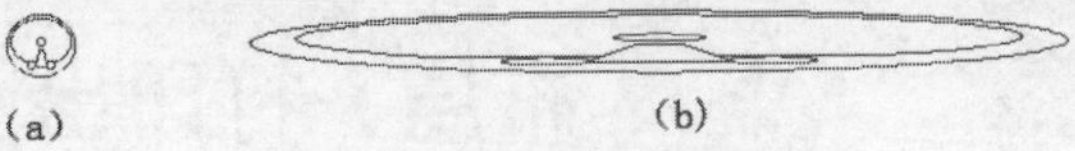

图 8-51　插入块的不同效果

8.9　本章小结

本章讲述了创建块、在图形中插入块、块重定义及块替换、把图块保存到磁盘、属性集属性块、动态块及其可见性、外部参照及附着和绑定等概念和操作。插入图块时，插入的静态块变化，图内的文字高度也会随之发生变化。属性块可用于图形大小不变但图形内标注内容可变的情况，如绘制轴线符号、标高符号及大样图等。外部参照适用于多人联机绘制大型图纸，参照图形的更新会自动反映到主图形文件内。

本章还论述了 AutoCAD 设计中心的基本操作和基本作用等内容。其中，AutoCAD 设计中心是利用已有图形快速绘图、企业内联合绘制大型图纸产品的基础，应加强领会和理解。

8.10　问题与思考

1．如何创建、插入和阵列插入一个图块？

2．什么是块属性？如何创建带属性的块？属性块可用于哪种绘图场合？

3．如何创建一个动态块？与属性块相比，动态块有什么特点？

4．外部参照的作用和特点是什么？

5．如何把外部参照附着到主图形中？外部参照附着到主图形后，AutoCAD 是如何处置其图形属性（如文字样式）的？

6．如何在位编辑外部参照？

7．简述 AutoCAD 设计中心的功能和使用方法。

8．在 AutoCAD 中，如何通过设计中心，在当前图形中插入其他图形的图块、图层或文字样式？

第 9 章 布局、打印出图和文件输出

本章主要内容：

AutoCAD 2012 提供了图形输入与输出接口。不仅可以将其他应用程序中处理好的数据传送给 AutoCAD，以显示其图形，还可以将在 AutoCAD 中绘制好的图形打印出来，或者将相关信息传送给其他应用程序。此外，AutoCAD 2012 强化了 Internet 功能，可以创建 Web 格式的文件（DWF），以及发布 AutoCAD 图形文件到 Web 页。

本章重点难点：

- 模型空间和图纸空间的理解
- 创建图形布局
- 页面设置
- 布局视口
- 图形文件的打印发布
- 图形文件的电子输出
- 图形文件的输出图样集管理

9.1 模型空间和图纸空间

在 AutoCAD 2012 中，有两个制图空间：模型空间和图纸空间。

图纸空间用于创建最终的打印布局，而不用于绘图或设计工作。而模型空间用于创建图形。如果仅绘制二维图形文件，那么在模型空间和图纸空间没有太大差别，均可以进行设计工作。但如果是三维图形设计，则只能在图纸空间进行图形的文字编辑和图形输出等工作。

9.1.1 模型空间

模型空间是指可以在其中绘制二维和三维模型的三维空间，即一种造型工作环境，如图 9-1 所示。在这个空间中可以使用 AutoCAD 的全部绘图、编辑命令，它是 AutoCAD 为用户提供的主要工作空间。前面各章节实例的绘制都是在模型空间中进行的，AutoCAD 在运行时自动默认以在模型空间中进行图形的绘制与编辑。

模型空间提供了一个无限的绘图区域。在模型空间中，可以按 1:1 的比例绘图，并确定一个单位是 1 毫米、1 分米还是其他常用的单位。

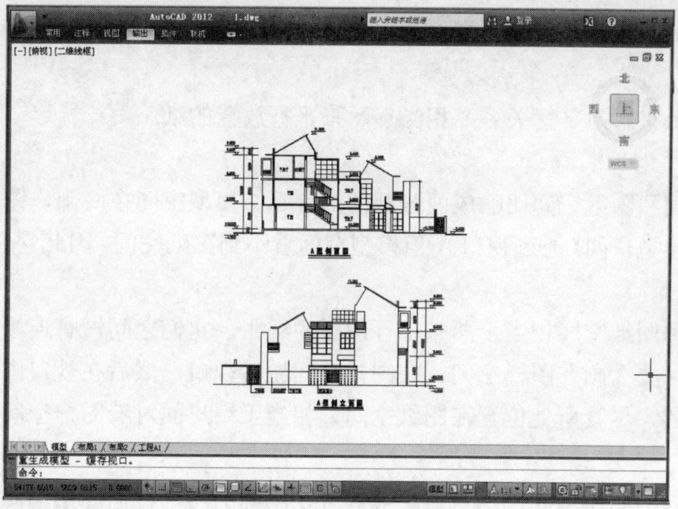

图 9-1　模型空间

9.1.2　图纸空间

单击“布局”选项卡，进入图纸空间。图纸空间是一个二维空间，类似于绘图时的绘图纸。图纸空间主要用于图纸打印前的布图、排版，添加注释、图框，设置比例等工作。因此将其称为“布局”。

图纸空间作为模拟的平面空间，其所有坐标都是二维的，其采用的坐标和在模型空间中采用的坐标是一样的，只有 UCS 图标变为三角形显示。

图纸空间像一张实际的绘图纸，也有大小，如 A1、A2、A3、A4 等，其大小由页面设置确定，虚线范围内为打印区域，如图 9-2 所示。

图 9-2　图纸空间

9.1.3 模型空间与图纸空间的关系

通过上面的简单介绍，可以看出在 AutoCAD 2012 中，模型空间与图纸空间大致呈以下关系：

（1）平行关系

模型空间与图纸空间是平行关系，相当于两张平行放置的纸。

（2）单向关系

如果把模型空间和图纸空间比喻成两张纸的话，那么模型空间在底部，图纸空间在上部，从图纸空间可以看到模型空间（通过视口），但模型空间看不到图纸空间，因此它们之间是单向关系。

（3）无连接关系

因为模型空间和图纸空间相当于两张平行放置的纸张，它们之间没有连接关系。也就是说，要么画在模型空间，要么画在图样空间。在图样空间激活视口，然后在视口内绘图，它是通过视口画在模型空间上的，尽管所处位置在图纸空间，相当于用户面对着图样空间，把笔伸进视口到达模型空间编辑。

这种无连接关系与图层不同，尽管对象被放置在不同的层内，但图层与图层之间的相对位置始终保持一致，使得对象的相对位置永远正确。模型空间与图纸空间的相对位置可以变化，甚至完全可以采用不同的坐标系，所以，至今尚不能做到将部分对象放置在模型空间，部分对象放置在图纸空间。

9.2 创建图形布局

AutoCAD 提供了两种工作空间：模型空间和图纸空间，来进行图形的绘制与编辑。当打开 AutoCAD 时，将自动新建一个 DWG 格式的图形文件，在绘图左下边缘可以看到“模型”、“布图 1”、“布图 2”3 个选项卡。默认状态是“模型”选项卡，当处于“模型”选项卡时，绘图区就属于模型空间状态。当处于“布局”选项卡时，绘图区就属于图纸空间状态。

9.2.1 布局的概念

在 AutoCAD 2012 中，图纸空间是以布局的形式来使用的。它模拟图纸页面，提供直观的打印设置。在布局中可以创建并放置视口对象，还可以添加标题栏或其他几何图形。一个图形文件可以包含多个布局，每个布局代表一张单独的打印输出图纸，其包含不同的打印比例和图纸尺寸。布局显示的图形与图纸页面上打印出来的图形完全一样。

布局最大的特点就是解决了多样的出图方案，更为方便地解决设计完成后，应用不同的出图方案将图纸输出。例如，在设计过程中，为了查看方便而且节约成本，设计师们用 A3 纸打印即可，而正式出图时需要使用 A0 纸出图。这在设计过程中是一个往返的过程，如果单纯使用模型空间绘制，每次输出都需要进行一些调整与配置。AutoCAD 2012 的多布局功能可以很好地解决类似的情况，从而提高工作效率。

9.2.2 创建布局

在 AutoCAD 2012 中，用户可以创建多种布局，每个布局都代表一张单独的打印输出图纸，创建新布局后，就可以在布局中创建浮动视口。视口中的各个视图可以使用不同的打印比例，并能控制视图中图层的可见性。创建新布局的方法有两种：直接创建新布局和使用“创建布局”向导。

1. 直接创建空白布局

● 命令：LAYOUT。

调用该命令后，在命令行提示下输入新布局的名称，比如“工程 A3”，即可创建一个名为“工程 A3”的新布局。

用户还可以右击“布局”选项卡，从弹出的快捷菜单中选择“新建布局”命令，如图 9-3 所示，即可创建一个名为“布局 3”的新布局，然后再次右击，从快捷菜单中选择“重命名”命令，输入“工程 A3”。

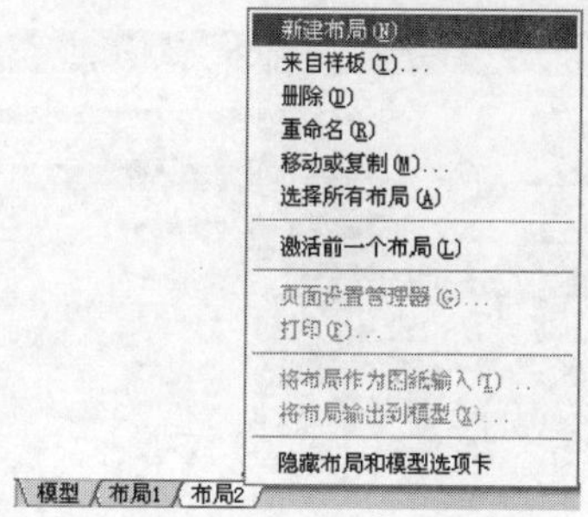

图 9-3　“布局”选项卡右键快捷菜单

2. 使用“创建布局”向导

这是新建布局常用的方法。布局向导包含一系列页面，这些页面可以引导用户逐步完成新建布局的过程。可以选择从头创建新布局，也可以基于现有的布局样板创建新布局。根据当前配置的打印设备，从可用的图纸尺寸中选择一种图纸尺寸。还可以选择预定义标题块，应用于新的布局。

使用“创建布局”向导创建新布局的操作步骤如下：

Step 01 在命令行输入 LAYOUTWIZARD。

Step 02 按【Enter】键弹出“创建布局-开始”对话框，如图 9-4 所示。在“输入新布局的名称”中输入新布局名称，用户可以自定义，比如“工程 A1”，也可以按照默认继续。

Step 03 单击“下一步”按钮，弹出“创建布局-打印机”对话框，如图 9-5 所示。用户可以为新布局选择合适的绘图仪。

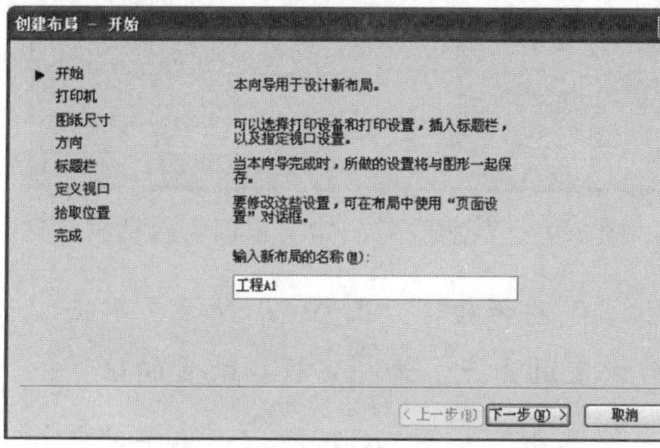

图 9-4　“创建布局-开始”对话框

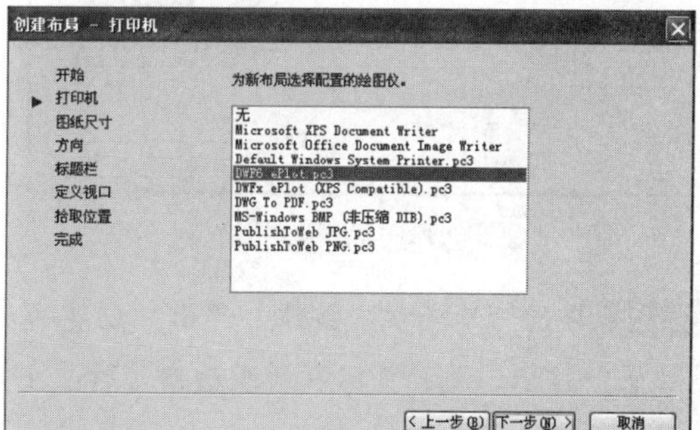

图 9-5　“创建布局-打印机”对话框

Step 04 单击“下一步”按钮，弹出“创建布局-图纸尺寸”对话框，如图 9-6 所示。用户可以为新布局选择合适的图纸尺寸，并选择新布局的图纸单位。图纸尺寸根据不同的打印设备可以有不同的选择，图纸单位有“毫米”和“英寸”，一般以“毫米”为基本单位。

Step 05 单击“下一步”按钮，弹出“创建布局-方向”对话框，如图 9-7 所示。用户可以在这个对话框中选择图形在新布局图纸上的排列方向。图形在图纸上有“纵向”和“横向”两种方向，用户可以根据图形大小和图纸尺寸选择合适的方向。

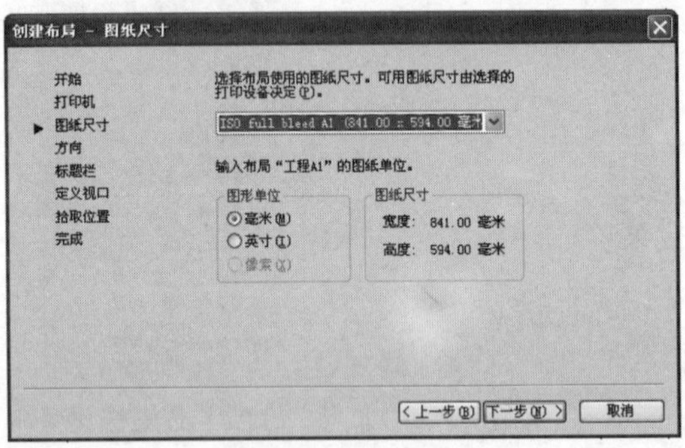

图 9-6 “创建布局-图纸尺寸”对话框

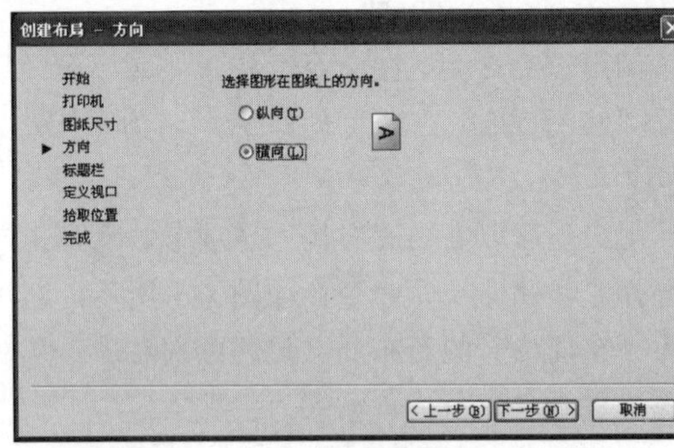

图 9-7 “创建布局-方向”对话框

Step 06 单击“下一步”按钮，弹出“创建布局-标题栏”对话框，如图 9-8 所示。在该对话框中，用户需要选择用于插入新布局中的标题栏。可以选择插入的标题栏有两种类型：标题栏块和外部参照标题栏。系统提供的标题栏块有很多种，都是根据不同的标准和图纸尺寸定的，用户根据实际情况选择合适的标题栏插入即可。

Step 07 单击“下一步”按钮，弹出“创建布局-定义视口”对话框，如图 9-9 所示。在该对话框中，用户可以选择新布局中视口的数目、类型和比例等。

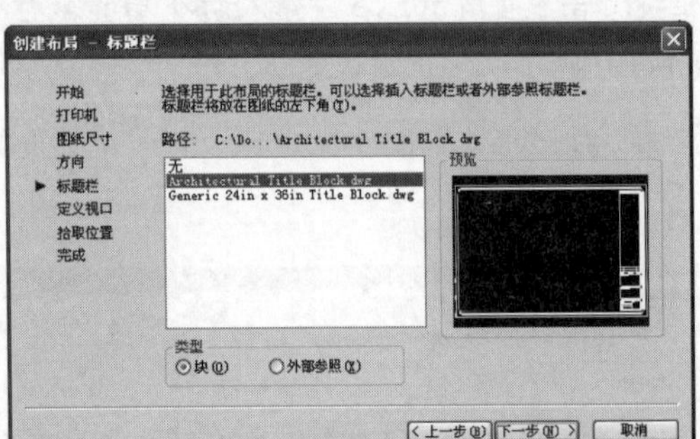

图 9-8 “创建布局-标题栏”对话框

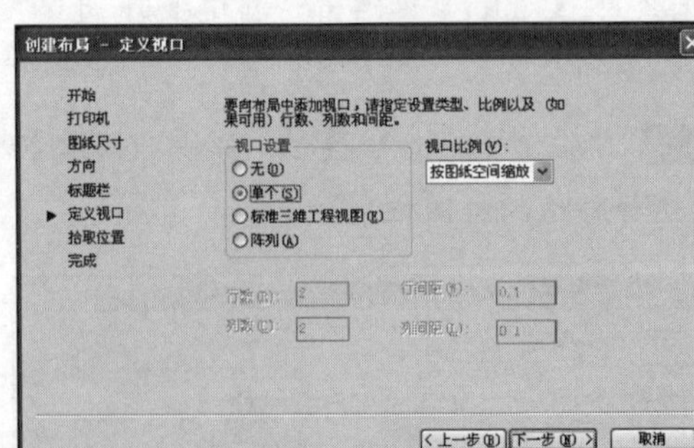

图 9-9 “创建布局-定义视口”对话框

Step 08 单击“下一步”按钮，弹出“创建布局-拾取位置”对话框，如图 9-10 所示。单击“选择位置”按钮，用户可以在新布局内选择要创建的视口配置的角点，来指定视口配置的位置。

Step 09 单击“下一步”按钮，弹出“创建布局-完成”对话框，如图 9-11 所示。单击“完成”按钮，这样就完成了一个新的布局，在新的布局中包括标题框、视口、图纸尺寸界限，以及“模型”布局中当前视口里的图形对象，如图 9-12 所示。

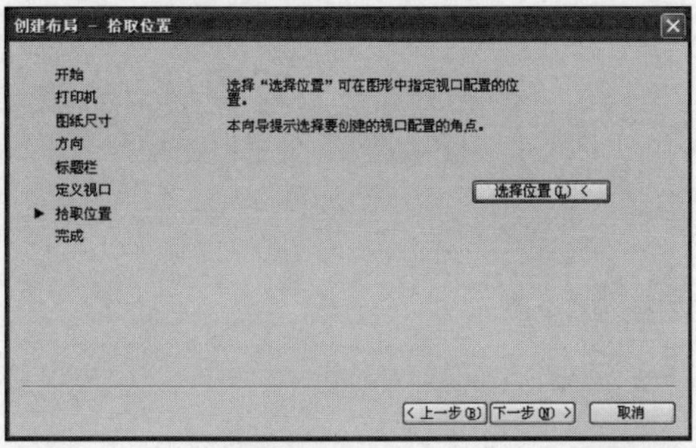

图 9-10　“创建布局-拾取位置”对话框

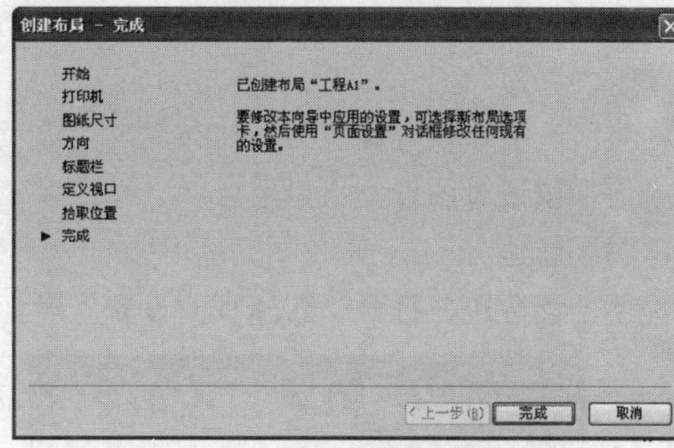

图 9-11　“创建布局-完成”对话框

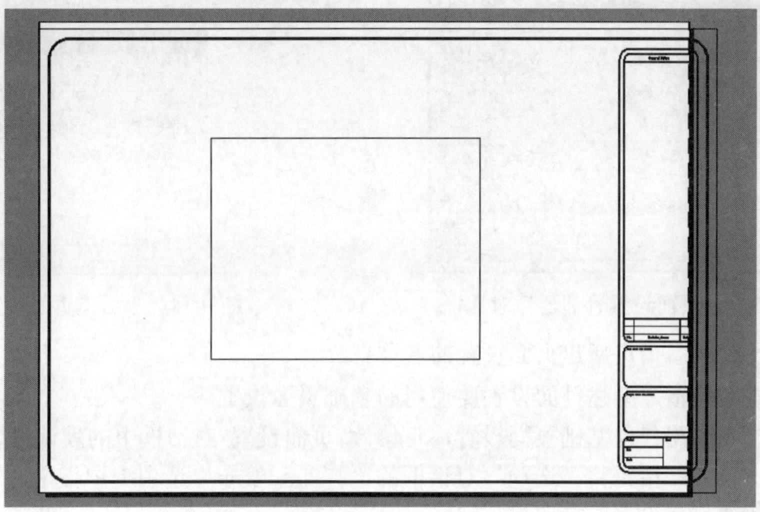

图 9-12　创建完的新布局“工程 A3”

9.3　页面设置

页面设置是打印设备和其他影响最终输出的外观和格式的设置的集合，可以修改这些设置并将其应用到其他布局中。页面设置中指定的各种设置和布局一起存储在图形文件中。可以随时修改页面设置中的设置。

在 AutoCAD 2012 中，打开“页面设置管理器”对话框的方法如下。

- 命令：PAGESETUP
- 切换到图纸空间，在“布局”选项卡上右击，在弹出的快捷菜单中选择“页面设置管理器”命令。

调用该命令后，打开“页面设置管理器”对话框，如图 9-13 所示。

“页面设置管理器”对话框中各选项功能如下：

（1）当前页面设置

显示应用于当前布局的页面设置。由于在创建整个图纸集后，不能再对其应用页面设置，因此，如果从图纸集管理器中打开页面设置管理器，将显示“不适用”。

其下为页面设置列表框，列出可应用于当前布局的页面设置，或列出发布图纸集时可。

用的页面设置。如果从某个布局打开页面设置管理器，则默认选择当前页面设置。

（2）置为当前

将所选页面设置设置为当前布局的当前页面设置。不能将当前布局设置为当前页面设置。“置为当前”按钮对图纸集不可用。

（3）新建

单击该按钮，打开“新建页面设置”对话框，如图 9-14 所示。

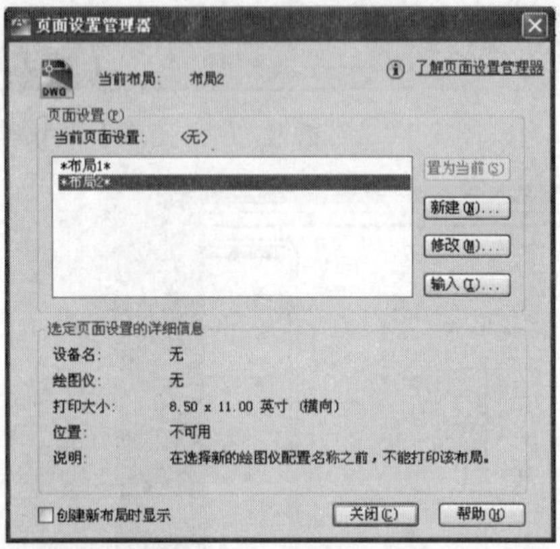

图 9-13 “页面设置管理器”对话框

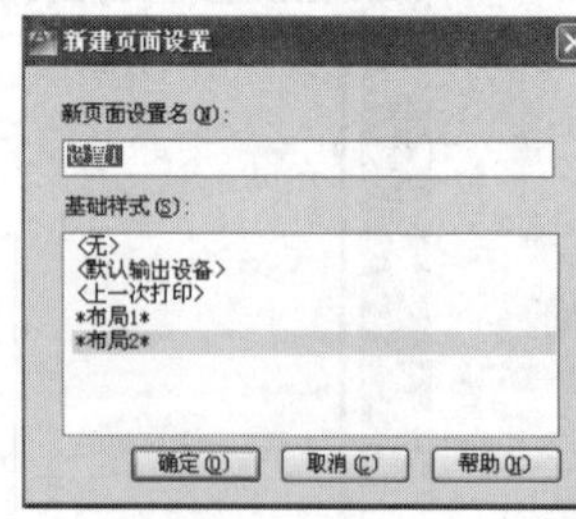

图 9-14 “新建页面设置”对话框

①新页面设置名：指定新建页面设置的名称。

②基础样式名：指定新建页面设置要使用的基础页面设置。

- 无：指定不使用任何基础页面设置，可修改“页面设置”对话框中的默认设置。
- 默认输出设备：指定将“选项”对话框的“打印和发布”选项卡中指定的默认输出设备，设置为新建页面设置的打印机。
- 上一次打印：指定新建页面设置使用上一个打印作业中指定的设置。

（4）修改

单击该按钮，打开“页面设置-布局 2”对话框，如图 9-15 所示，该对话框的设置与打印参数的设置类似，具体请参考 9.5.1 设置打印参数一节。

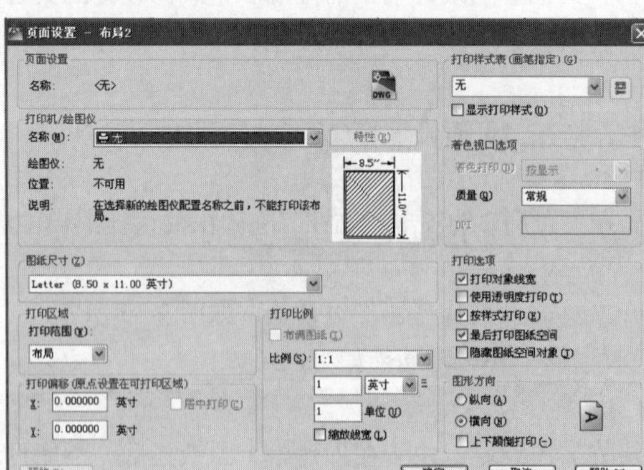

图 9-15 “页面设置-布局 2”对话框

（5）输入

显示“输入页面设置”对话框。

（6）选定页面的详细信息

显示所选页面设置的信息。指定的打印设备的名称、类型，指定的打印大小和方向，指定的输出设备的物理位置、文字说明。

（7）创建新布局时显示

指定当选中新的布局选项卡或创建新的布局时，显示“页面设置”对话框。

9.4　布局视口

图纸空间可以理解为覆盖在模型空间上的一层不透明的纸，需要从图纸空间看模型空间的内容，必须进行“开窗”操作，也就是开“视口”，如图 9-16 和图 9-17 所示。视口的大小、形状可以随意使用，视口的大小将决定在某特定比例下所看到的对象的多少，如图 9-18 所示。

在视口中对模型空间的图形进行缩放（ZOOM）、平移（PAN）和改变坐标系（UCS）等的操作，可以理解为拿着这张开有窗口的“纸”放在眼前，然后离模型空间的对象远或者近（等效 ZOOM）、左右移动（等效 PAN）、旋转（等效 UCS）等操作。更形象地说，即这些操作是针对图纸空间这张“纸”的，因此在图纸空间进行若干操作，但是对模型空间没有任何影响，如图 9-19 所示。

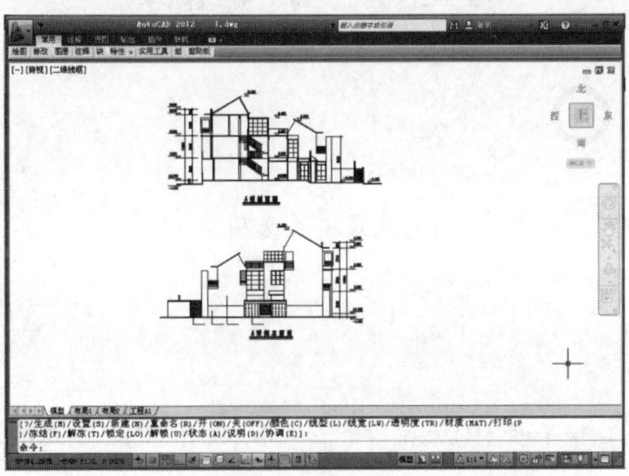

图 9-16　模型空间里的视图效果

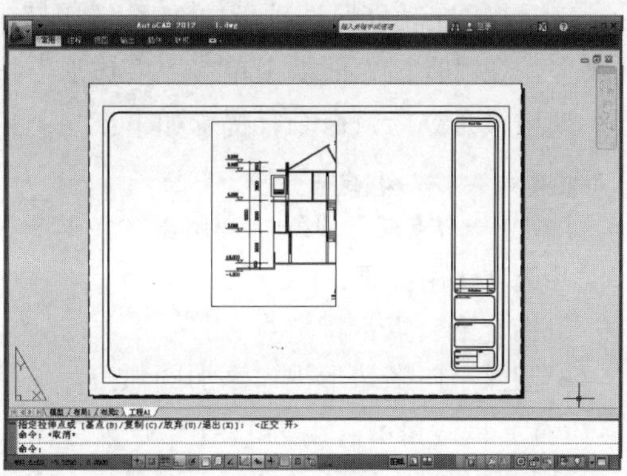

图 9-17　图纸空间里开有一个“视口”的视图效果

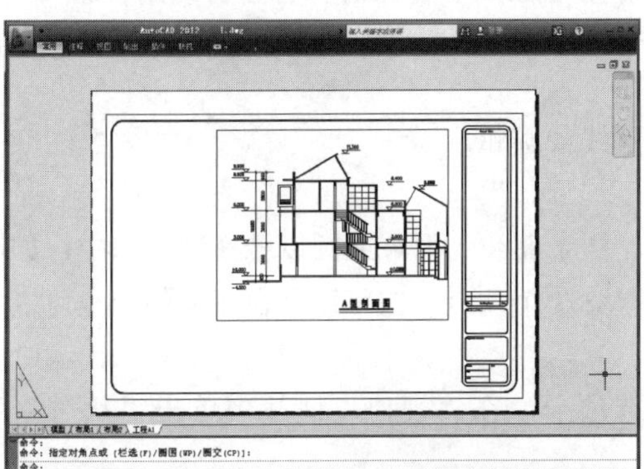

图 9-18　改变“视口”大小

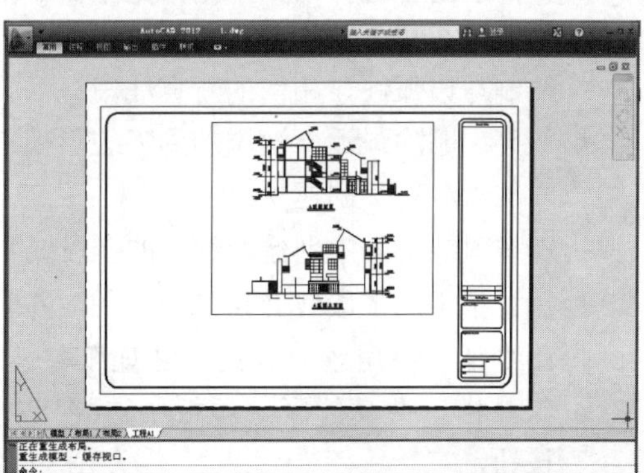

图 9-19　对“视口”里的图形进行缩放

9.4.1 创建和修改布局视口

1. 创建矩形视口

在图纸空间中创建视口的方式与“模型”布局中创建视口的方法一样，都是通过视口命令来执行的，具体有以下方式。

- 命令：VPORTS。
- 工具栏：在功能区选项板中选择“视图”选项卡，在“视口”面板中单击“新建”按钮。

执行以上可以打开操作“视口”对话框，如图 9-20 所示。在“新建视口”选项卡中选择需要的选项，完成视口操作。

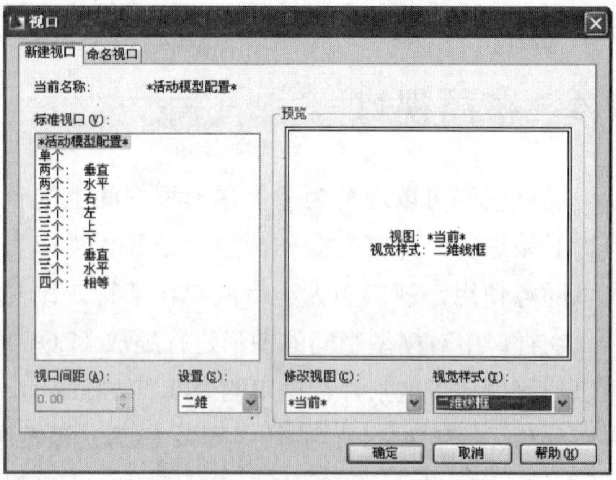

图 9-20 “视口”对话框

2. 创建非矩形视口

（1）创建多边形视口

用指定的点创建具有不规则外形的视口，如图 9-21 所示。调用该命令的方法如下。

工具栏：在功能区选项板中选择“视图”选项卡，在“视口”面板中单击“多边形”按钮。

调用该命令后，命令行提示如下：

```
指定起点： //指定点
指定下一个点或 [圆弧(A)/闭合(C)/长度(L)/放弃(U)]:// 指定点或输入选项
```

各选项作用如下：

- 指定下一点：指定点。
- 圆弧：向多边形视口添加圆弧段。

```
[角度(A)/圆心(CE)/闭合(CL)/方向(D)/直线(L)/半径(R)/第二个点(S)/放弃(U)/圆弧端点(E)] <圆弧端点>: //输入选项或按【Enter】键
```

- 关闭：闭合边界。如果在指定至少 3 个点之后按【Enter】键，边界将会自动闭合。
- 长度：在与上一线段相同的角度方向上绘制指定长度的直线段。如果上一线段是圆弧，将绘制与该弧线段相切的新直线段。
- 放弃：删除最近一次添加到多边形视口中的直线或圆弧。

（2）从“对象”创建视口

指定在图纸空间中创建的封闭的多段线、椭圆、样条曲线、面域或圆以转换到视口中，如图 9-22 所示。指定的多段线必须是闭合的，并且至少包含 3 个顶点。它可以是自相交的，也可以包含圆弧和线段。调用该命令的方法如下。

- 工具栏：在功能区选项板中选择“视图”选项卡，在“视口”面板中单击“从对象”按钮。

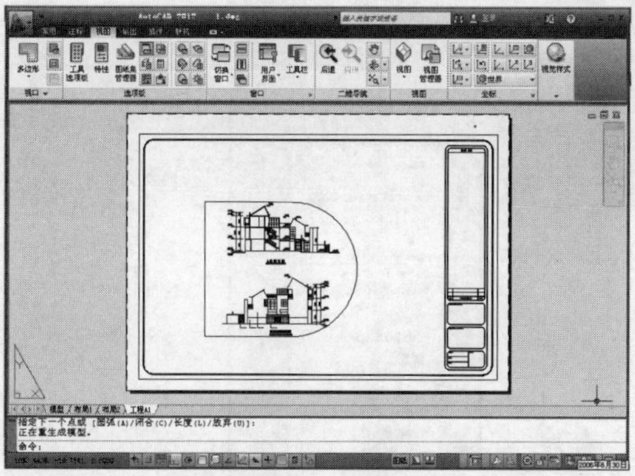

图 9-21　多边形视口

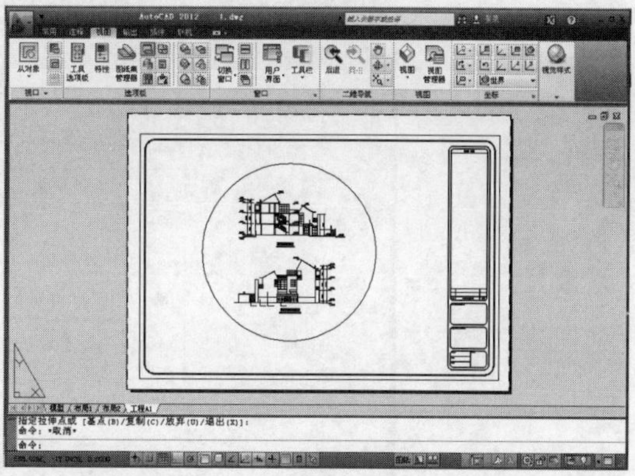

图 9-22　从“对象”创建的圆形视口

9.4.2　设置布局视口

1．调整视口的大小及位置

相对于图纸空间，浮动视口和一般的图形对象没有区别。在构造布局图时，可以将浮动视口视为图纸空间的图形对象，使用通常的图形编辑方法来编辑浮动视口。

可以通过拉伸和移动夹点来调整浮动视口的边界，改变视口的大小，就像使用夹点编辑其他物体一样。

可以对其进行移动和调整。浮动视口可以相互重叠或分离。每个浮动视口均被绘制在当前层上，且采用当前层的颜色和线型。可以通过复制和阵列创建多个视口。

2．在布局视口中缩放视图（设置比例）

在布局视口中视图的比例因子代表显示在视口中的模型的实际尺寸与布局尺寸的比率。图纸空间单位除以模型空间单位即可得到此比率。例如，对于 1/4 比例的图形，比率应该是一个比例因子，该比例因子是一个图纸空间单位对应 4 个模型空间单位（1:4）。

①通过执行 MSPACE 命令、单击状态栏上的“图纸”按钮，或双击浮动视口区域中的任意位置，激活浮动视口，进入浮动模型空间，然后利用“平移”、“实时缩放”等命令，将视图调整到合适位置。要想精确调整其比例，可以在执行 ZOOM 命令后选择 XP 选项，

②使用“特性”选项板修改布局视口缩放比例。选择要修改其比例的视口的边界。然后右击，在弹出快捷菜单中选择“特性”命令。在“特性”选项板中选择“标准比例”选项，然后从其下拉列表框中选择新的缩放比例，选定的缩放比例将应用到视口中，如图 9-23 所示。

③利用视口工具栏修改布局视口缩放比例。单击要修改其比例的视口的边界，然后单击视口工具栏中的“视口比例”按钮，在弹出的列表中选择需要的缩放比例，如图 9-24 所示，这是比较常用的方法。

3．锁定布局视口的比例

比例锁定将锁定选定视口中设置的比例。锁定比例后，可以继续修改当前视口中的几何图形而不影响视口比例。具体方法：单击要锁定其比例的视口的边界，然后单击视口工具栏中的“锁定/解锁视口”按钮即可。

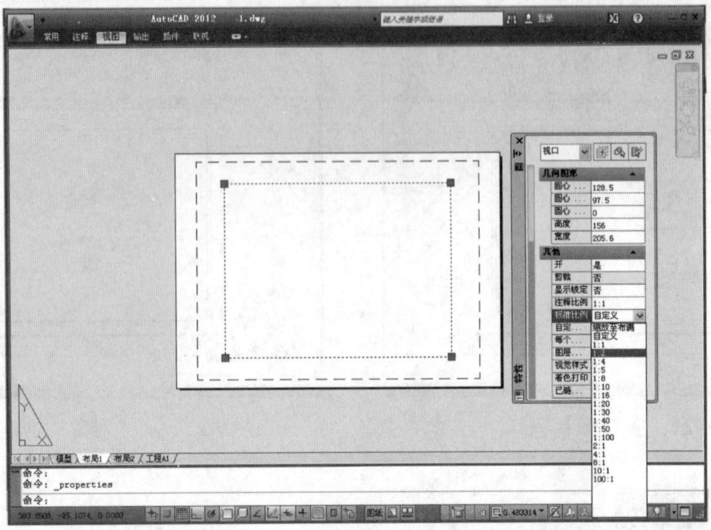

图 9-23　使用“特性”选项板修改布局视口缩放比例

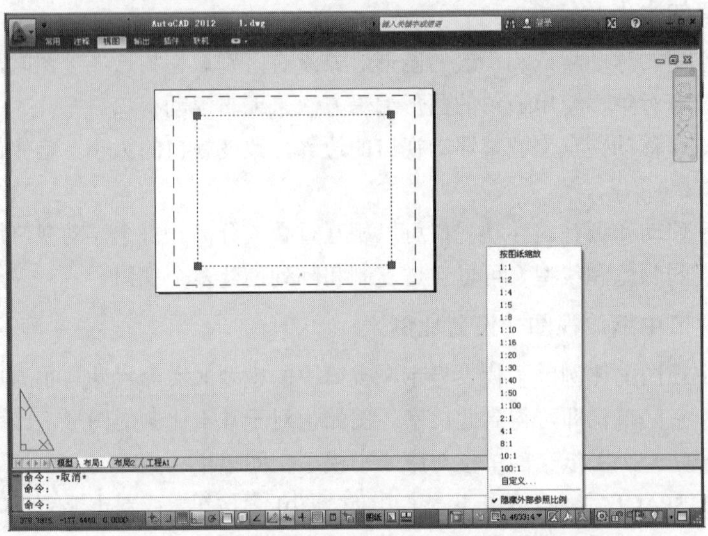

图 9-24　利用视口工具栏修改布局视口缩放比例

提　示

视口比例锁定还可用于非矩形视口。要锁定非矩形视口，必须在“特性”选项板中额外执行一个操作，以选择视口对象而不是视口剪裁边界。

9.5　打印输出图形文件

图纸设计的最后一步是出图打印，通常意义上的打印是把图形打印在图纸上。在 AutoCAD 2012 中，用户也可以生成一份电子图纸，以便在因特网上访问。打印图形的关键问题之一是打印比例。图样是按 1∶1 的比例绘制的，输出图形时需要考虑选用多大幅面的图纸及图形的缩放比例，有时还要调整图形在图纸上的位置和方向。

AutoCAD 2012 有两种图形环境，即图纸空间和模型空间。默认情况下，系统都是在模型空间上绘图，并从该空间出图。采用这种方法输出不同绘图比例的多张图纸时比较麻烦，需要将其中的一些图纸进行缩放，再将所有图纸布置在一起形成更大幅面的图纸输出。而图纸空间能轻易地满足用户的这种需求，该绘图环境提供了标准幅面的虚拟图纸，用户可在虚拟图纸上以不同的缩放比例布置多个图形，然后按 1∶1 的比例出图。

在 AutoCAD 2012 中，用户可使用内部打印机或 Windows 系统打印机输出图形，并能方便地修改打印机设置及其他打印参数。

- 命令：PLOT。
- 工具栏：在功能区选项板中选择“输出”选项卡，在“打印”面板中单击“打印”按钮。

调用该命令后，打开“打印-模型”对话框，如图 9-25 所示。在该对话框中可配置打印设备及选择打印样式，还能设置图纸幅面、打印比例及打印区域等参数。下面介绍该对话框中各选项的主要功能。

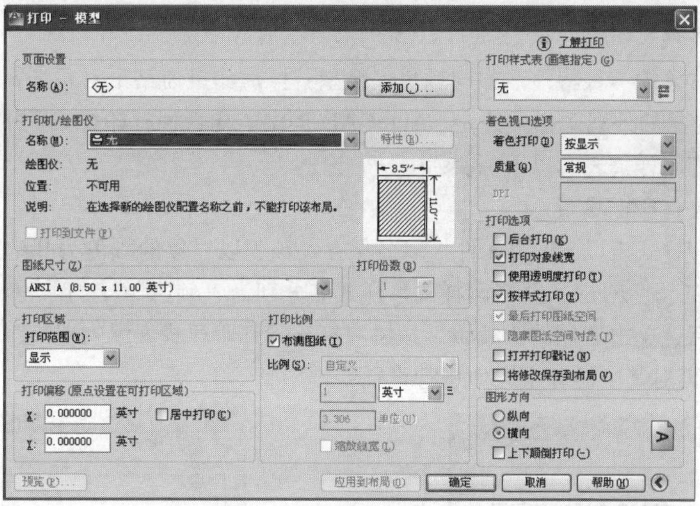

图 9-25 “打印-模型”对话框

1. 页面设置

列出图形中已命名或已保存的页面设置。可以将图形中保存的命名页面设置作为当前页面设置，也可以在“打印”对话框中单击“添加”按钮，基于当前设置创建一个新的命名页面设置。

2. 打印机/绘图仪

用户可在“打印机/绘图仪”选项组的“名称”下拉列表框中，选择 Windows 系统打印机或 AutoCAD 内部打印机（.pc3 文件）作为输出设备。注意这两种打印机名称前的图标是不一样的。当用户选定某种打印机后，“名称”下拉列表框下面将显示被选中设备的名称、连接端口，以及其他有关打印机的注释信息。

若要将图形输出到文件中，则应在“打印机/绘图仪”选项组中选择“打印到文件”复选框。此后，当单击“打印”对话框中的“确定”按钮时，系统将自动打开“预览打印文件”对话框，通过此对话框可指定输出文件的名称及地址。

如果想修改当前打印机的设置，可单击“特性”按钮，打开绘图仪配置编辑器对话框，如图

9-26 所示。在该对话框中用户可以重新设置打印机端口及其他输出设置，如打印介质、图形特性、物理笔配置、自定义特性、校准及自定义图纸尺寸等。

“绘图仪配置编辑器”对话框中包含“基本”、“端口”、“设备和文档设置”这 3 个选项卡，各选项卡功能如下。

（1）“常规”选项卡

该选项卡包含打印机配置文件（.pc3 文件）的基本信息，如配置文件的名称、驱动程序信息及打印机端口等，用户可在此选项卡的“说明”列表框中加入其他注释信息。

（2）“端口”选项卡

通过此选项卡用户可修改打印机与计算机的连接设置，如选定打印端口、指定打印到文件及后台打印等。

（3）“设备和文档设置”选项卡

在该选项卡中用户可以指定图纸的来源、尺寸和类型，并能修改颜色深度和打印分辨率等。

3．打印样式表

打印样式是对象的一种特性，如同颜色、线型一样，如果为某个对象选择了一种打印样式，则输出图形后，对象的外观由样式决定。AutoCAD 提供了几百种打印样式，并将其组合成一系列的打印样式表，打印样式表有以下两类。

（1）颜色相关打印样式表

颜色相关打印样式表以.ctb 为文件扩展名保存，该表以对象的颜色为基础，共包含 255 种打印样式，每种 ACI 颜色对应一个打印样式，样式名分别为“颜色 1”、“颜色 2”等。选择某种颜色相关打印样式后，单击右侧的“编辑”按钮，打开“打印样式表编辑器-acad. ctb”对话框，如图 9-27 所示，即可对其中的各个选项进行设置。

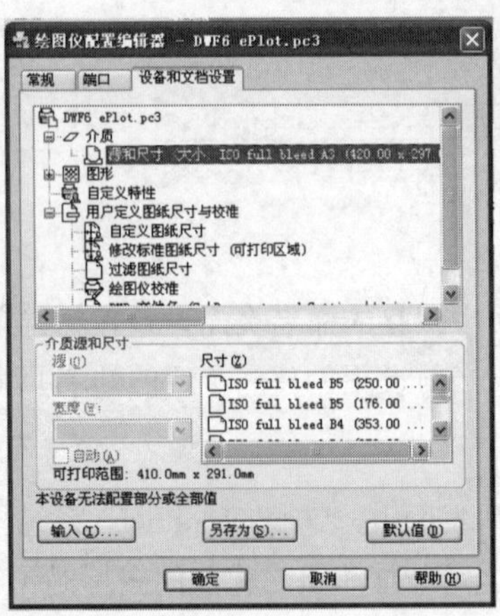

图 9-26　绘图仪配置编辑器对话框

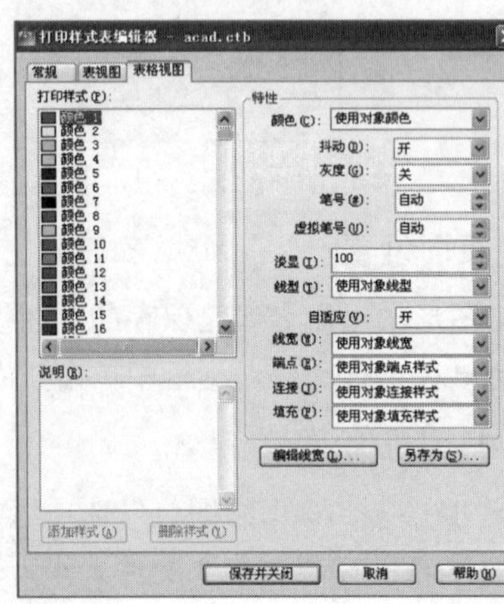

图 9-27　“打印样式编辑器”对话框

（2）命名相关打印样式表

命名相关打印样式表以.stb 为文件扩展名保存，该表包括一系列已命名的打印样式，用户可修改打印样式的设置及其名称，还可添加新的样式。若当前图形文件与命名相关打印样式表相连，则用户可以给对象指定样式表中的任意一种打印样式，与对象的颜色无关。命名相关打印样式具有以下特点：

- 在“打印-模型”对话框的“打印样式表”选项组中，“名称”（无标签）下拉列表中包含当前图形中的所有打印样式表，用户可选择其中之一或不做任何选择。若不指定打印样式表，则系统将按对象的原有属性进行打印。
- 当要修改打印样式时，可单击“名称”下拉列表右边的按钮，打开打印样式表编辑器对话框，利用该对话框可查看或改变当前打印样式表中的参数。

提　示

选择“文件”→“打印样式管理器”命令，打开 plot styles 文件夹，该文件夹中包含打印样式表文件及添加打印样式表向导快捷方式，双击此快捷方式即可创建新的打印样式表。

4. 图纸尺寸

在“打印-模型”对话框的“图纸尺寸”下拉列表框中指定图纸大小，“图纸尺寸”下拉列表中包含已选打印设备可用的标准图纸尺寸。当选择某种幅面的图纸时，该列表右上角会显示所选图纸及实际打印范围的预览图像（打印范围用阴影表示，可在“打印区域：分组框中进行设置）。将鼠标光标移动到图像上面后，在光标位置处就会显示出精确的图纸尺寸及图纸上可打印区域的尺寸。

除了从“图纸尺寸”下拉列表框中选择标准图纸外，用户也可以创建自定义的图纸尺寸。此时，用户需要修改所选打印设备的配置。

5. 打印区域

“打印范围”下拉列表框中包含 4 个选项，下面分别介绍这些选项的功能。

①“图形界限”：从模型空间打印时，“打印范围”下拉列表框中将显示出“图形界限”选项。选择该选项，系统将把设定的图形界限范围（用 LIMITS 命令设置图形界限）打印在图纸上。

从图纸空间打印时，“打印范围”下拉列表框中显示“布局”选项。选择该选项，系统将打印虚拟图纸上可打印区域内的所有内容。

②“范围”：打印图样中所有图形对象。

③“显示”：打印整个图形窗口。

④“窗口”：打印用户自己设定的区域。选择此选项后，系统提示指定打印区域的两个角点，同时在“打印-模型”对话框中显示“窗口”按钮，单击此按钮，可重新设定打印区域。

6. 打印偏移

根据“指定打印偏移时相对于”选项（“选项”对话框的“打印和发布”选项卡中）中的设置，指定打印区域相对于可打印区域左下角或图纸边界的偏移。“打印”对话框的“打印偏移”选项区域显示了包含在括号中的指定打印偏移选项。

图纸的可打印区域由选择的输出设备决定，在布局中以虚线表示。修改为其他输出设备时，可能会修改可打印区域。

通过在“X 偏移”和“Y 偏移”文本框中输入正值或负值，可以偏移图纸上的几何图形。图纸中的绘图仪单位为英寸或毫米。

7. 打印份数

指定要打印的份数。打印到文件时，此选项不可用。

8．打印比例

控制图形单位与打印单位之间的相对尺寸。打印布局时，默认缩放比例设置为 1:1。从“模型”选项卡打印时，默认设置为“布满图纸”。

9．图纸方向

为支持纵向或横向的绘图仪指定图形在图纸上的打印方向。图纸图标代表所选图纸的介质方向。字母图标代表图形在图纸上的方向。

①纵向：放置并打印图形，使图纸的短边位于图形页面的顶部。

②横向：放置并打印图形，使图纸的长边位于图形页面的顶部。

③反向打印：上下颠倒地放置并打印图形。

用户选择好打印设备并设置完打印参数（如图纸幅面、比例及方向等）后，可以将所有设置保存在页面设置中，以便以后使用。

在“打印-模型”对话框“页面设置”选项组的“名称”下拉列表框中，列出了所有已命名的页面设置，若要保存当前的页面设置，就要单击该下拉列表框右边的“添加”按钮，打开“添加页面设置”对话框，在该对话框的“新页面设置名”文本框中输入页面名称，然后单击“确定”按钮，即可储存页面设置。

上机操作 1——从模型空间打印出图（一纸多比例）

从模型空间打印出图，关键是比例的设置，需要区分绘图比例、打印比例，以及实际的出图比例。另外，一般要先确定打印比例，再进行相关尺寸标注和文字注释。下面将详细讲解其步骤。

Step 01 启动 AutoCAD 2012，打开配套光盘中素材文件\第 10 章\03.dwg。该素材中有 一个剖面图和一个台明大样图，它们均按 1:1 的比例绘制，如图 9-28 所示，现在将剖面图以 1:100 的比例（实际的出图比例）、大样图以 1:20 的比例（实际的出图比例）打印到同一张 A3 图纸上。

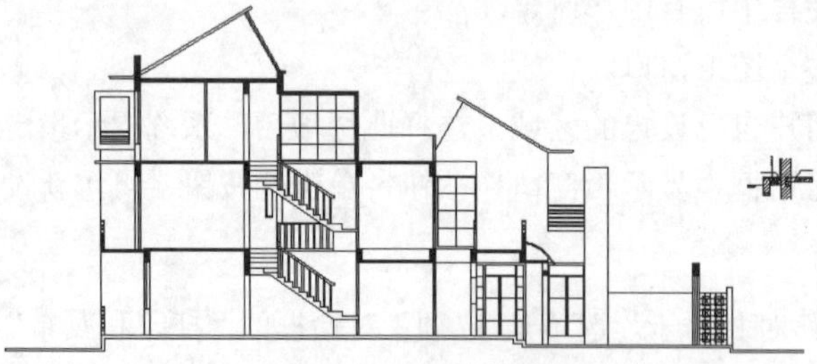

图 9-28　打开素材文件

Step 02 插入事先绘制好 A3 图框块，这里将以 1:100 的比例将平面图打印到 A3 图纸上，所以应该把平面图缩小 100 倍，放到标准的 A3 图框中，但在实际中一般不缩放图形，否则，修改比较麻烦，通常的做法是将图框放大 100 倍进行绘制，而图形仍保持按 1:1 的比例绘制。实际上，这里将打印比例设为 1:100。

提　示

明确打印比例非常重要，下面的设置均将以打印比例为基础进行考虑。

Step 03 将大样图放大 5 倍。由于要将图形打印在同一张纸上，其打印比例就是一样的，上一步设置其比例为 1:100，为了使大样图打印出来后为 1:20（实际出图比例）的图，需要先将其放大 5 倍。

Step 04 将放大的大样图移动到平面图下面合适的位置，并将插入的图框也移动到合适的位置，结果如图 9-29 所示。

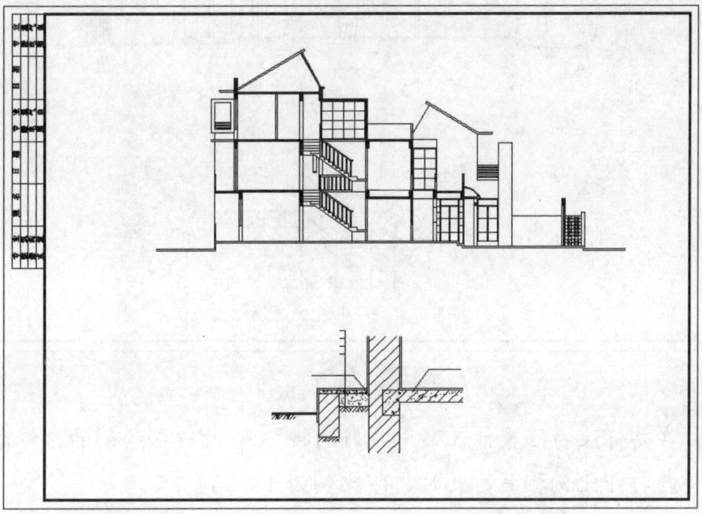

图 9-29　插入图框、缩放大样图

Step 05 打开“文字样式”对话框，新建名称为“样式 1”的文字样式，字体选择宋体，“宽度因子”设置为 0.7。

Step 06 打开“标注样式管理器”对话框设置标注样式。由于出图比例不一样，所以必须设置两种标注样式，将两种标注样式分别命名为 DIM100 和 DIM20。DIM100 用于标注 1:100 的图，在“线”选项卡中，将“超出尺寸线”设置为 2.5，“起点偏移量”设置为 3；在“符号与箭头”选项卡中，将箭头形式设置为“建筑标注”；在“文字”选项卡中，将“文字样式”设置为“样式 1”，“文字高度”设置 3.5；在“调整”选项卡中，将“使用全局比例”设置为 100，这样字高就变为 350（3.5×100），按 1:100 出图后，刚好又变为 3.5mm 高。

DIM20 用于标注 1:20 的图，由于在上一步已经将大样图放大了 5 倍，即改变了大样图的实际尺寸，所以标注时其测量数字也会放大 5 倍。因此，必须将“主单位”选项卡中的“比例因子”设置为 0.2（1/5），这样测量数字才是大样图原来的实际尺寸。其他设置同 DIM100。

提　示

上面讲的相关参数也可以在绘图之前设置好，并保存为样板文件。

Step 07 尺寸标注。标注剖面图时，选择标注样式 DIM100，标注大样图时选择标注样式 DIM20，标注结果如图 9-30 所示，此时两图的标注效果一致。

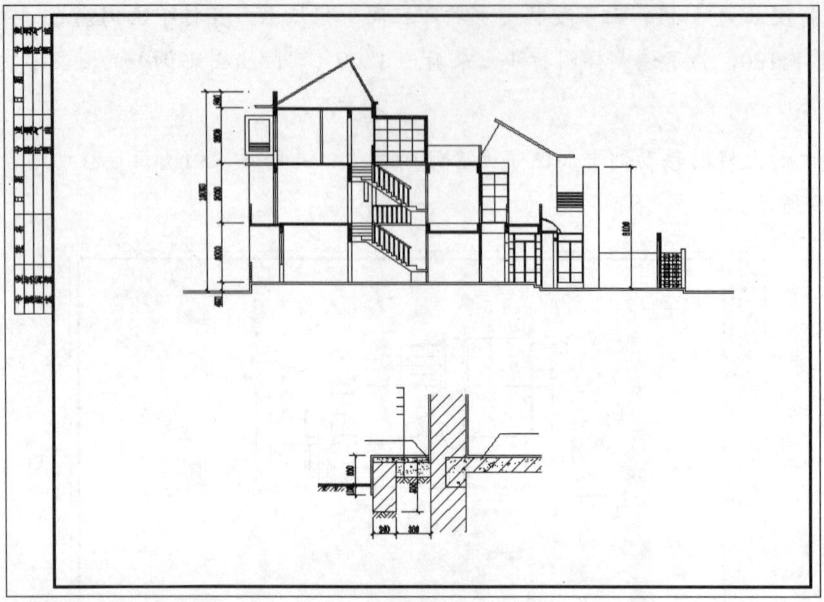

图 9-30　尺寸标注

Step 08 标高标注。在要标注的位置插入事先做好的按 1:1 的比例绘制的“标高”属性块，将插入比例设置为 100（与打印比例相关，此时打印比例为 1:100）。

Step 09 文字注释。将字体高度设置为 350（3.5×100，其与打印比例相关，此时打印比例为 1:100），具体操作参照前面相关内容。

Step 10 插入事先绘制好的“图名-比例”属性块，将插入比例设为 100，并在命令行提示下输入图名、比例，绘制结果如图 9-31 所示。

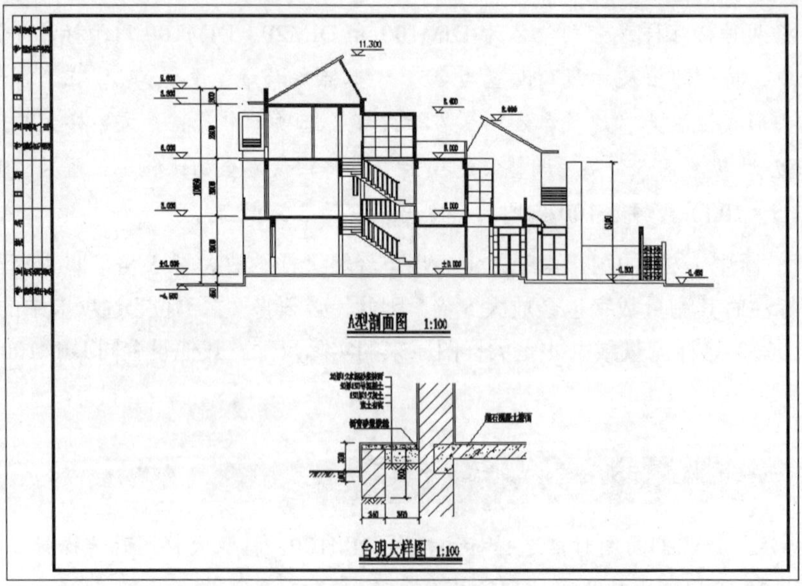

图 9-31　标高标注、文字注释、插入“图名-比例”属性块

Step 11 选择“打印”命令，弹出“打印-模型”对话框，选择打印机（如 DWF6 ePlot. pc3，这里请选择所已安装的打印机）、图纸尺寸（ISO full bleed A3（420 × 297））、打印样式（monochrome. ctb）、打印范围（窗口，捕捉图框两对角点）、打印比例（布满图纸）、图形方向（横向），设置完成的对话框如图 9-32 所示。

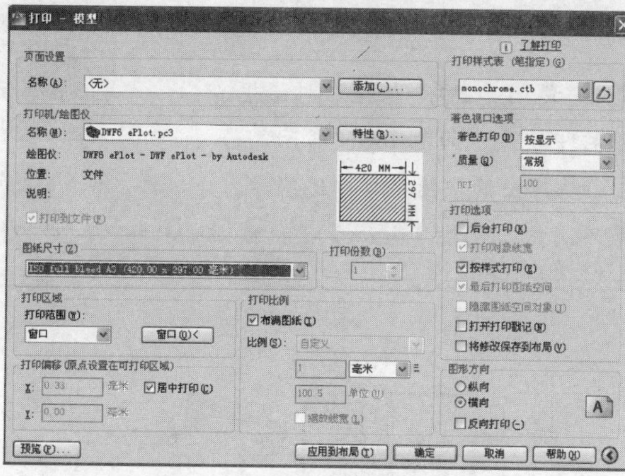

图 9-32　“打印-模型”对话框

提　示

一般的打印机都是需要留白边的。不同的打印机，其可打印区域会不一样。

Step 12 单击打印机“名称”文本框右边的“特性”按钮，弹出“绘图仪器配置编辑器-DWF6 ePlot. pc3”对话框，选择“修改图纸标准尺寸（可打印区域）”选项，并在“修改标准图纸尺寸”下拉列表中选择 ISO full bleed A3（420 × 297）选项，如图 9-33 所示。

Step 13 单击“修改”按钮，弹出“自定义图纸尺寸-可打印区域”对话框，调整上下左右所留白边的宽度，这里均设置为 10，如图 9-35 所示。

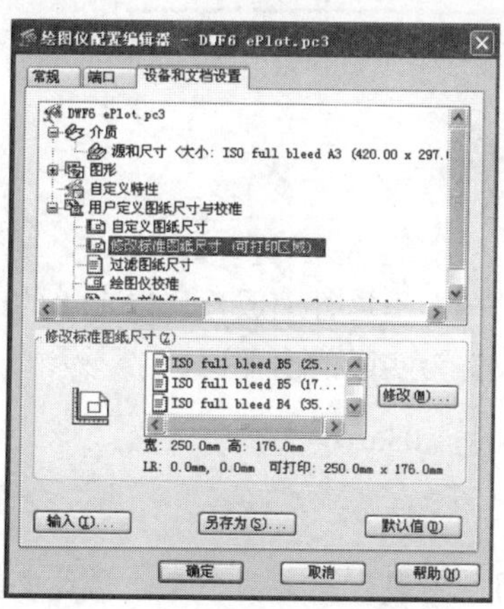

图 9-33　“绘图仪器配置编辑器-DWF6 ePlot. pc3”对话框

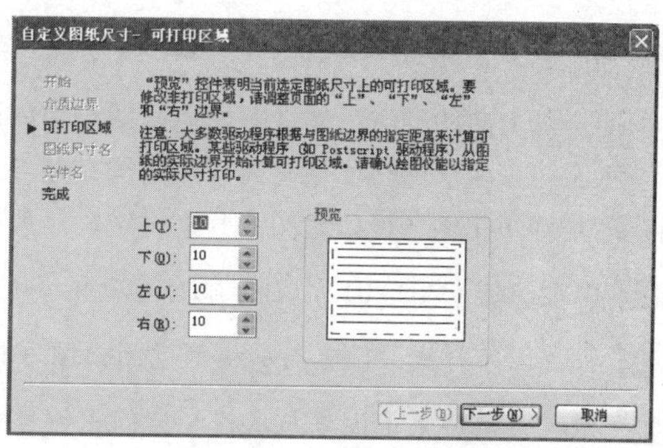

图 9-34　“自定义图纸尺寸（可打印区域）”对话框

Step 14 单击“下一步”按钮，弹出“自定义图纸尺寸-完成”对话框。

Step 15 单击“完成”按钮，返回“绘图仪器配置编辑器-DWF6 ePlot.pc3”对话框。

Step 16 单击“确定”按钮，打开“修改打印机配置文件“对话框，如图 9-35 所示，选择“将修改保存到下列文件”单选按钮。

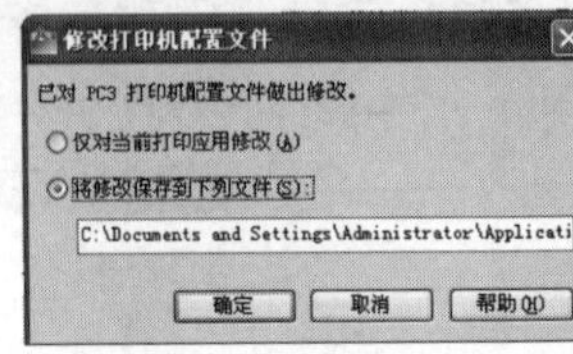

图 9-35 设置“修改打印机配置文件”对话框

Step 17 单击“确定”按钮，返回“打印-模型”对话框，单击“预览”按钮，预览打印效果，如图 9-36 所示，若对效果满意，可直接右击，从弹出的快捷菜单中选择“打印”命令即可，若对效果不满意，可按【Enter】键，返回“打印-模型”对话框继续进行设置。

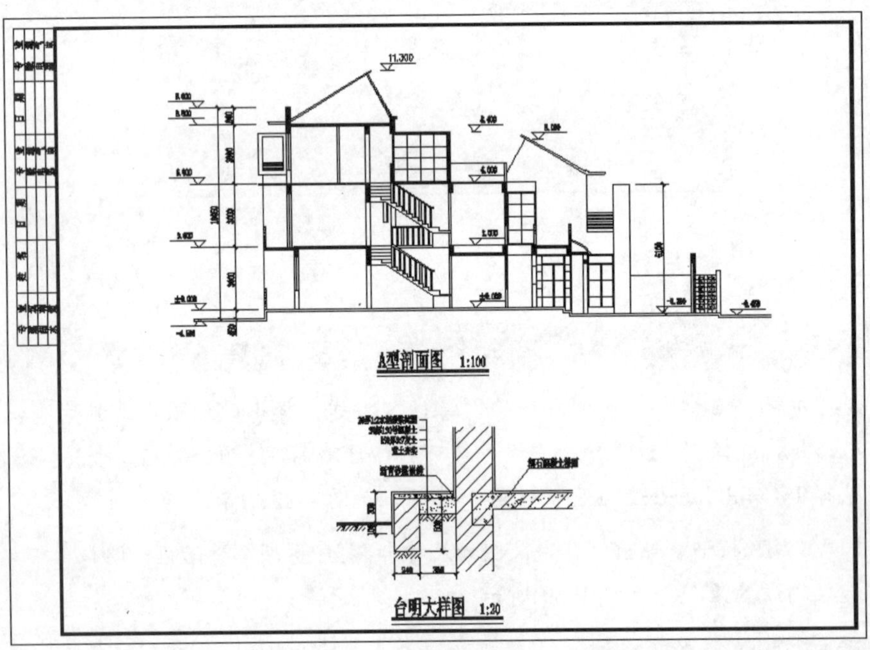

图 9-36 打印预览效果

上机操作 2——从图纸空间打印出图

下面仍以上面的素材为例讲解如何从图纸空间出图。

图纸空间打印出图与模型空间打印出图有两点不同：一是图形不进行缩放，均以 1:1 的比例画图；二是打印比例（视口比例）分别设定。一般打印比例设置为实际的出图比例。

Step 01 启动 AutoCAD 2012，打开配套光盘中素材文件\第 10 章\03.dwg。

Step 02 设置文字样式。设置与从模型空间出图一样。

Step 03 设置标注样式。设置与从模型空间出图类似，但有两点不同：一是两个尺寸样式中测量单位“比例因子”均设为 1，二是“全局比例因子”要分别设定，DIM100 设为 100，DIM20 设为 20。

Step 04 尺寸标注。仍在模型空间中进行标注，标注剖面图时，选择标注样式 DIM100，标注大样图时选择标注样式 DIM20，绘制结果如图 9-37 所示，从图中可以看到其尺寸对象的大小是不一样的。

图 9-37　尺寸标注

Step 05 标高标注。方法与从模型空间出图一样。

Step 06 文字注释。方法与从模型空间出图类似，但是文字高度不能统一设置为一个高度，必须针对不同的出图比例分别设定，对于剖面图设定其高度为 3.5 × 100=350，对于大样图设定其高度为 3.5 × 20=70。

Step 07 插入事先画好的“图名-比例”属性块。插入比例也应该分别设定，对于剖面图将插入比例设定为 100，对于大样图将插入比例设定为 20。

Step 08 选择“布局 2”选项卡，右击“布局 2”选项卡，从弹出的快捷菜单中选择“页面设置管理器”，弹出“页面设置管理器”对话框。

Step 09 单击“修改”按钮，弹出“页面设置-布局 2”对话框，设置与从模型空间出图的“打印-模型”对话框设置类似，但将“打印范围”设置为“布局”，“打印比例”设置为 1:1，如图 9-38 所示。

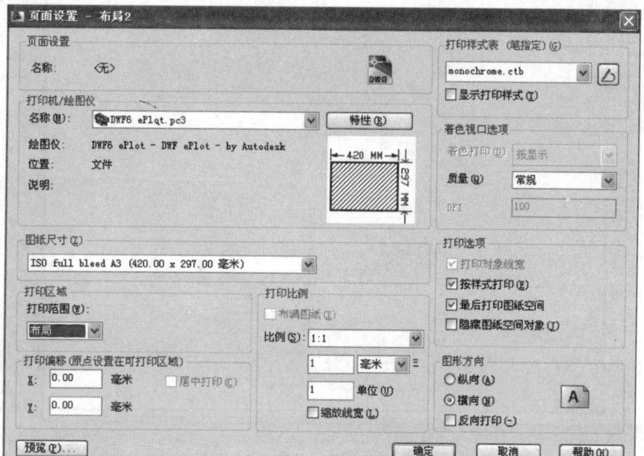

图 9-38　“页面设置-布局 2”对话框

Step 10 设置图纸的可打印区域。方法与从模型空间出图类似，将左、右所留白边的宽度设置为5，上、下设置为3，（注意使其可打印区域与图纸的长宽比保持基本一致），设置完成后返回“页面设置-布局2”对话框。

Step 11 单击“确定”按钮，返回“页面设置管理器”对话框，单击“关闭”按钮，效果如图9-39所示。

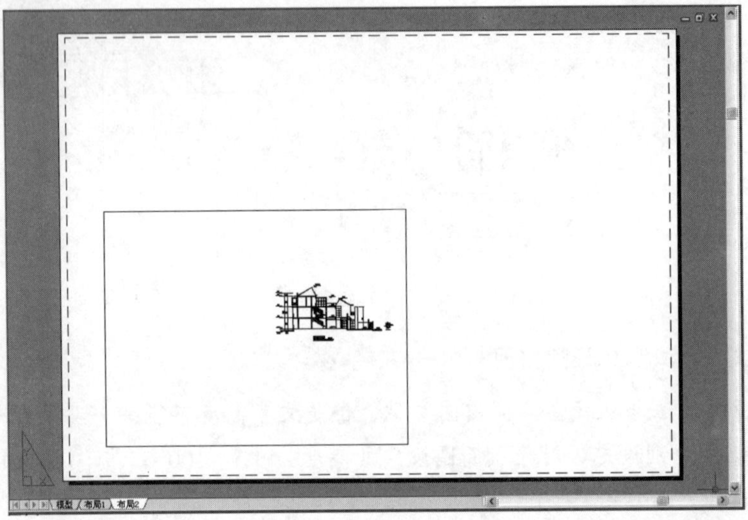

图 9-39　页面设置结果

Step 12 插入事先绘制好的图框块，将插入点坐标 x、y、z 值均设置为0（这样插入的图框将会自动与打印区域左下角对齐），将插入比例设为1，插入结果如图9-40所示，从图中可以看到，插入的图框超过了可打印区域。这是因为设置了留白边，其可打印区域只有 410×291，此时要将标准的A3图框（420×297）打印出来就不可能。因此，需要将图框进行一定的缩放，使其刚好位于可打印区域内。

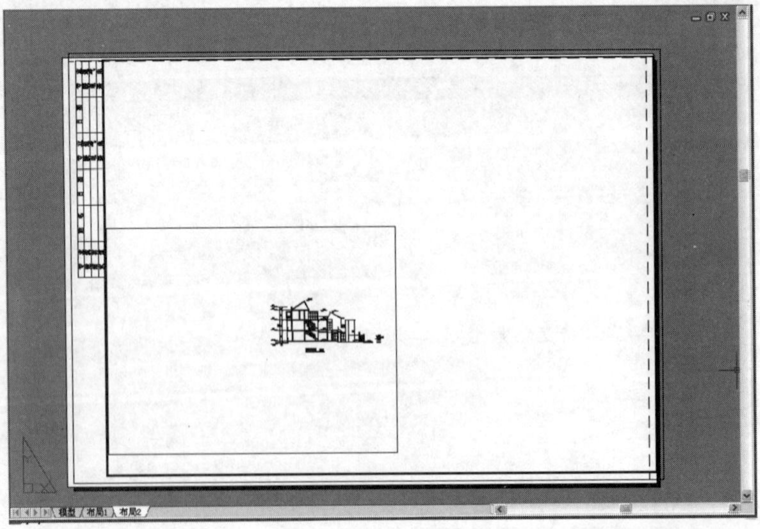

图 9-40　插入图框

Step 13 将图框缩小，基点指定为右下角，缩放比例指定为 410/420，绘制结果如图 9-41 所示，此时图框位于可打印区域内，且除上面一条边外，其他 3 边均与可打印区域对齐。

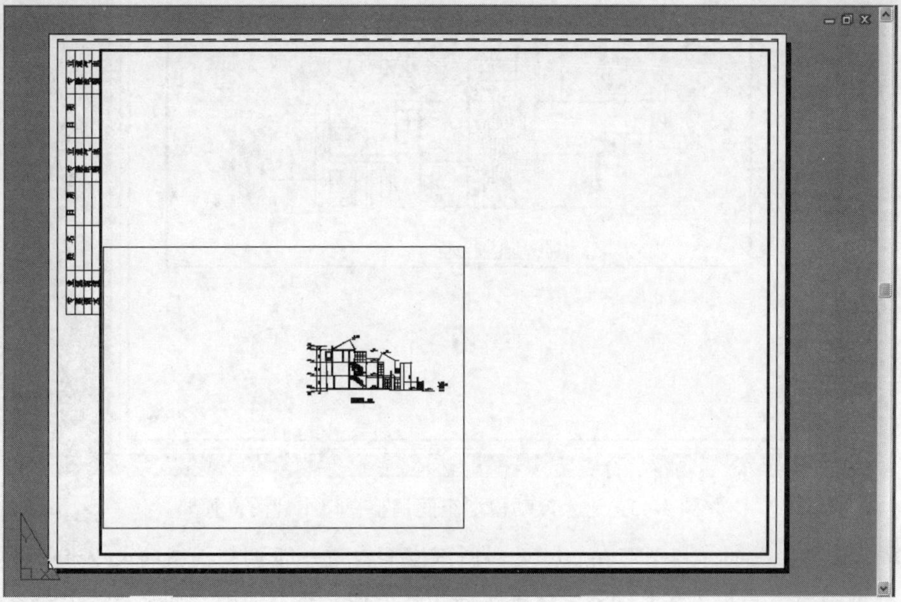

图 9-41　缩放图框

Step 14 初步调整视口大小和位置，然后设置视口比例为 1:100，结果如图 9-42 所示。

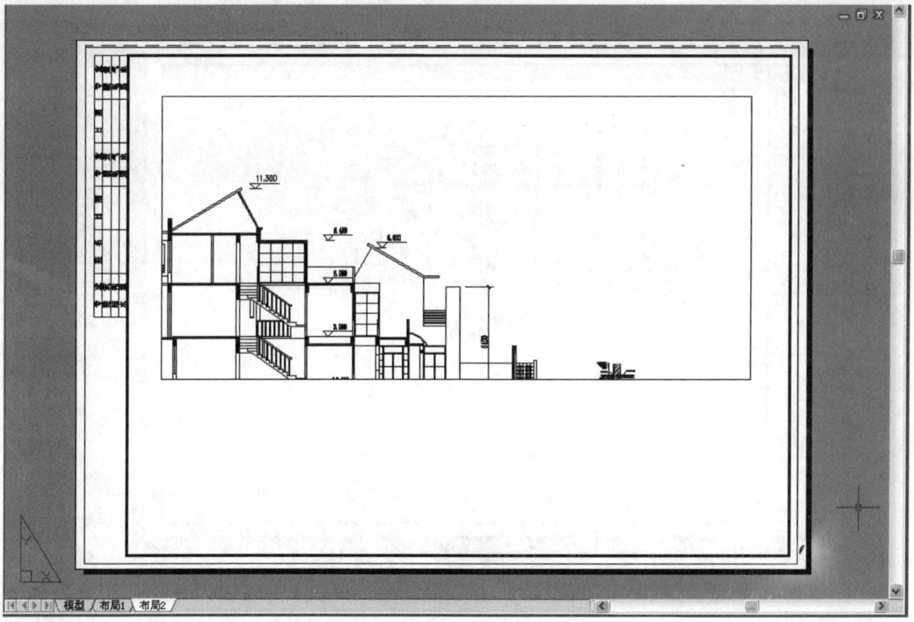

图 9-42　调整视口大小和位置

Step 15 单击状态栏上的“图纸”按钮，进入浮动模型空间，然后利用“平移”、命令，将视图调整到合适位置，结果如图 9-43 所示。

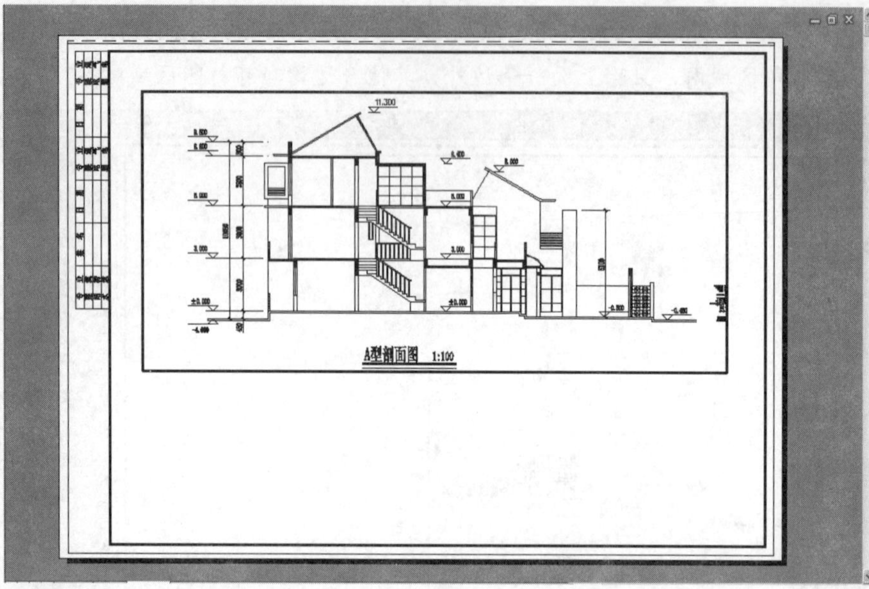

图 9-43　进入浮动模型空间调整视口中视图位置

Step 16 单击状态栏上的“模型”按钮，返回图纸空间，进一步调整视图的大小和位置，使该视口仅能看到剖面图，如果不容易调整，还可返回模型空间，调整图形之间的位置。调整完成后，确定其视口比例为 1:100（主要是防止在浮动模型空间中不小心进行缩放操作），锁定视口，结果如图 9-44 所示。

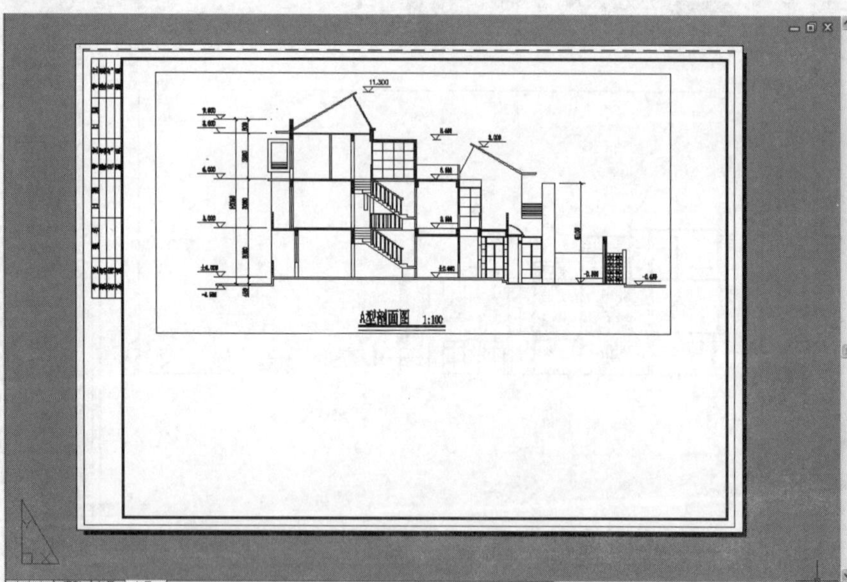

图 9-44　进一步调整视图的大小和位置

Step 17 选择上述视口，向下复制一个，然后解锁视口，将其比例设置为 1:20，单击状态栏上的“图纸”按钮，进入浮动模型空间，然后利用“平移”命令，将视图调整到合适位置，结果如图 9-45 所示。

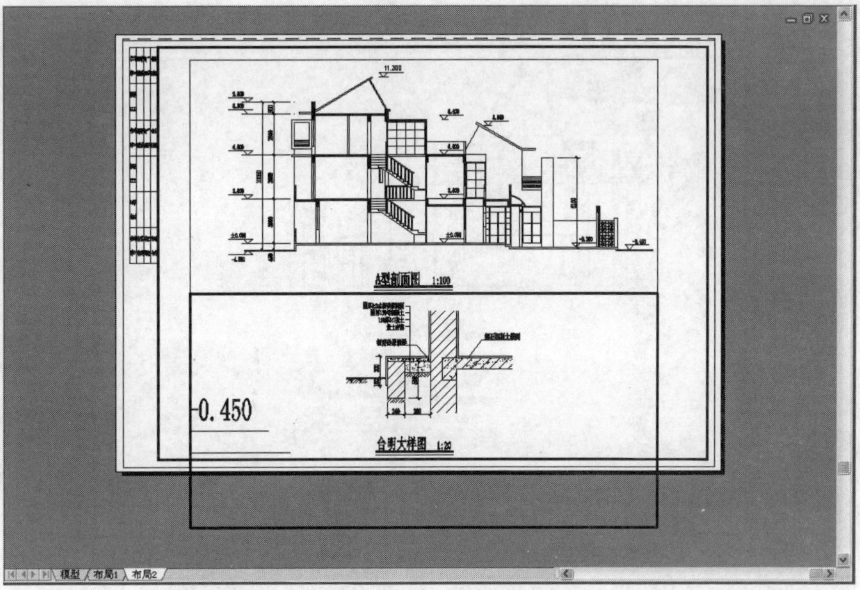

图 9-45　复制视口并调整视口中视图位置

Step 18 单击状态栏上的“模型”按钮，返回图纸空间，进一步调整视图的大小和位置，使该视口仅能看到大样图，调整完成后，确定其视口比例为 1:20，锁定视口，结果如图 9-46 所示。

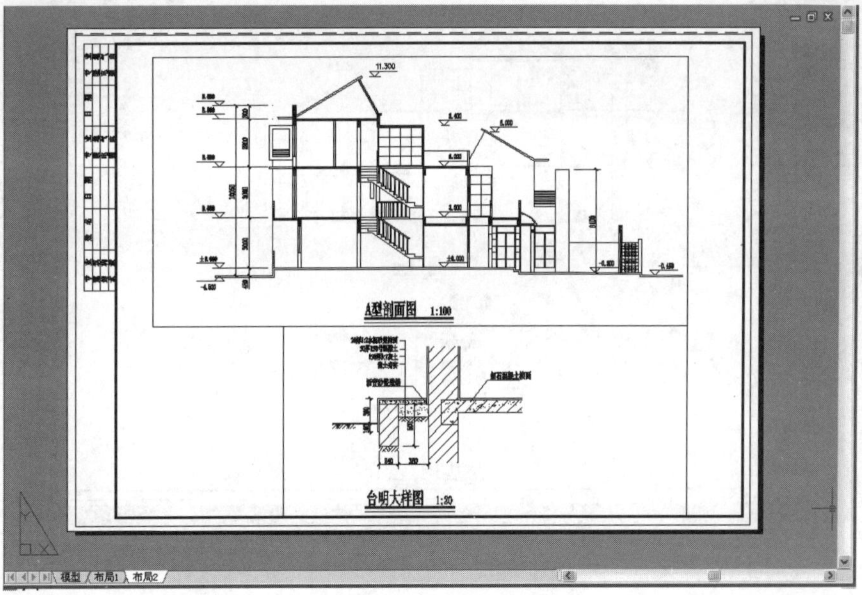

图 9-46　进一步调整视图的大小和位置并锁定视口

Step 19 新建名为“视口”的图层，然后将所有视口置于“视口”图层，并关闭“视口”图层，结果如图 9-47 所示。

Step 20 选择“打印”命令，弹出“打印-布局 2”话框，单击“预览”按钮，预览效果如图 9-48 所示，若对效果满意，可直接右击，从弹出的快捷菜单中选择“打印”命令即可，若对效果不满意，可按【Enter】键，返回“打印-布局 2”对话框进行修改。

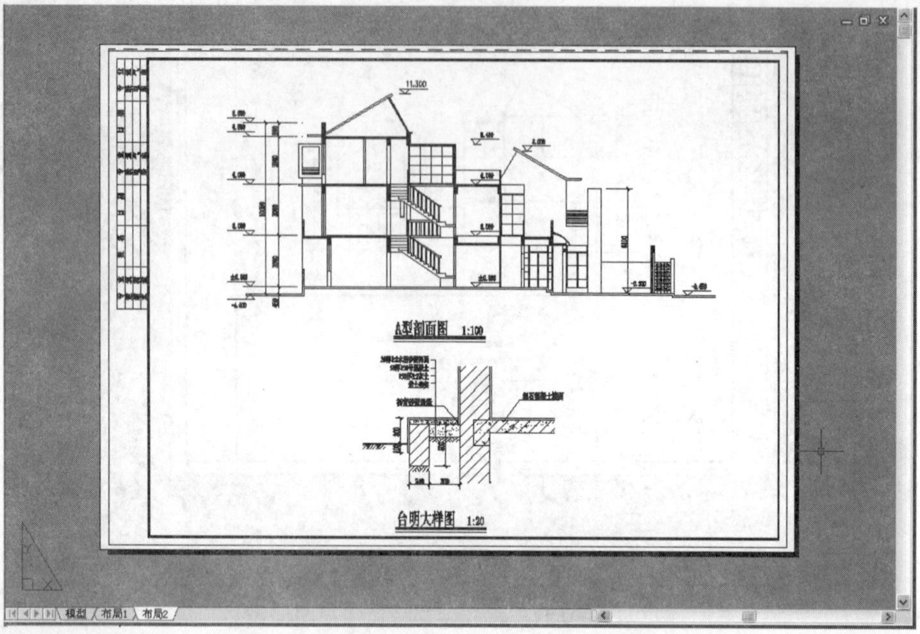

图 9-47　新建“视口”图层并关闭

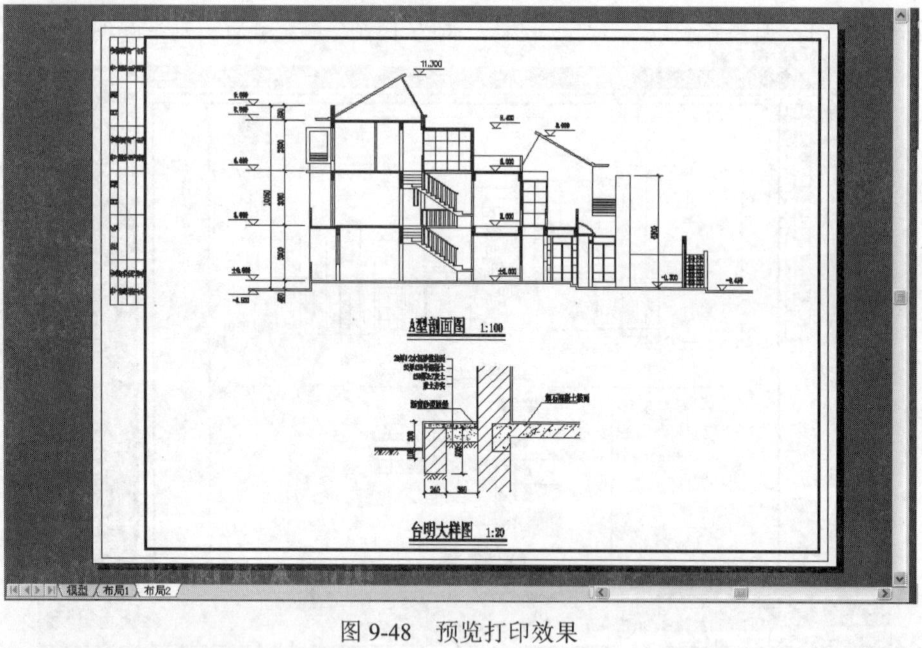

图 9-48　预览打印效果

9.6 输出图形文件

AutoCAD 2012 提供了图形输入与输出接口。不仅可以将其他应用程序中处理好的数据传送给 AutoCAD，以显示其图形，还可以将在 AutoCAD 中绘制好的图形打印出来，或者把它们的信息传送给其他应用程序。此外，AutoCAD 2012 强化了 Internet 功能，可以创建 Web 格式的文件（DWF），以及发布 AutoCAD 图形文件到 Web 页。

9.6.1　输出为其他类型的文件

在 AutoCAD 2012 中，执行图形文件输出命令的方法如下。

● 命令：EXPORT。

调用该命令后，即可打开“输出数据”对话框，如图 9-49 所示。可以在“保存于”下拉列表框中设置文件输出的路径，在“文件名”文本框中输入文件名称，在“文件类型”下拉列表框中选择文件的输出类型，如“图元文件”、ACIS、“平板印刷”、“封装 PS”、“DXX 提取”、“位图”、3D Studio 及块等。

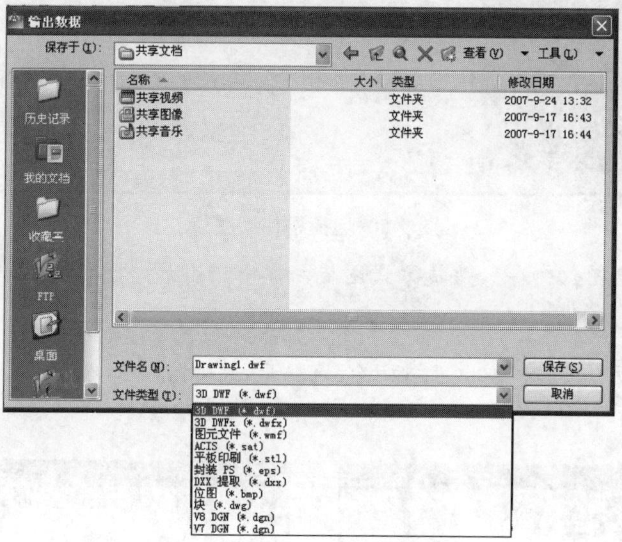

图 9-49　“输出数据”对话框

设置文件的输出路径、名称及文件类型后，单击对话框中的“保存”按钮，将切换到绘图窗口中，可以选择需要以指定格式保存的对象　。

9.6.2　打印输出到文件

对于打印输出到文件，在设计工作中常用的是输出为光栅图像。在 AutoCAD 2012 中，打印输出时，可以将 DWG 的图形文件输出为 JPG、BMP、TIF、TGA 等格式的光栅图像，以便在其他图像软件中如 Photoshop 中进行处理，还可以根据需要设置图像大小。

上机操作 3——从模型空间打印图形

具体操作步骤如下：

1. 添加绘图仪

Step 01 添加绘图仪。如果系统中为用户提供了所需图像格式的绘图仪，可以直接选用，若系统中没有所需图像格式的绘图仪，则需要利用“添加绘图仪向导”进行添加。选择“文件”→“绘图仪管理器”命令，弹出如图 9-50 所示的对话框。

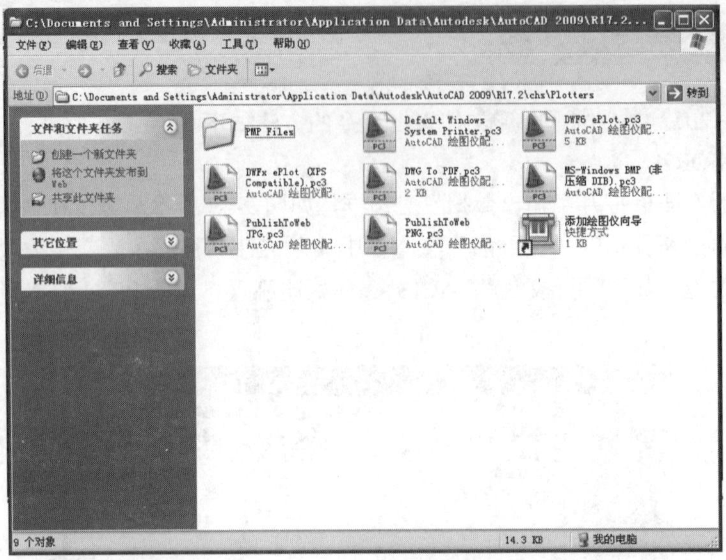

图 9-50 选择添加绘图仪

Step 02 双击"添加绘图仪向导"快捷方式图标，弹出"添加绘图仪-简介"对话框，如图 9-51 所示。

Step 03 单击"下一步"按钮，弹出"添加绘图仪-开始"对话框，如图 9-52 所示，选择"我的电脑"单选按钮。

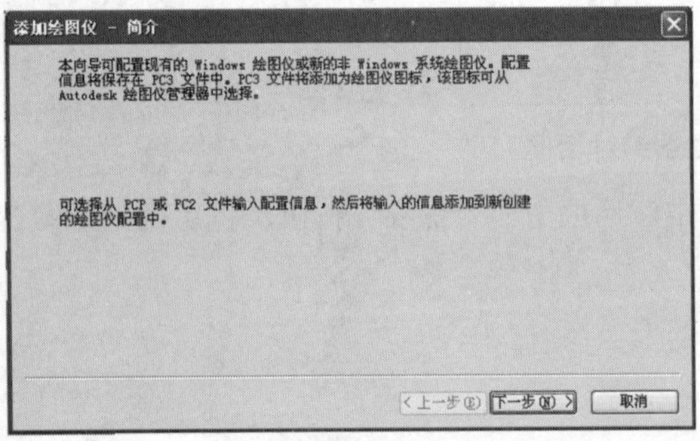

图 9-51 "添加绘图仪-开始"对话框

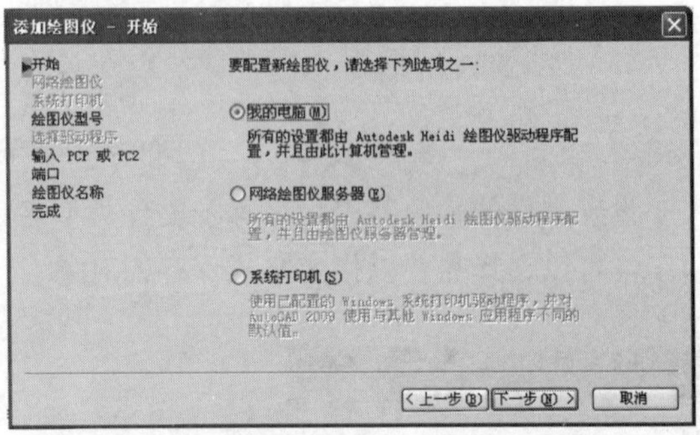

图 9-52 "添加绘图仪-开始"对话框

Step 04 单击"下一步"按钮，弹出"添加绘图仪-绘图仪型号"对话框，如图 9-53 所示。在"生产商"列表框中选择"光栅文件格式"选项，在"型号"列表框中选择"TIFF Version6（不压缩）"选项。

Step 05 单击"下一步"按钮，弹出"添加绘图仪-输入 PCP 或 PC2"对话框，如图 9-54 所示。

Step 06 单击"下一步"按钮，弹出"添加绘图仪-端口"对话框，如图 9-55 所示。

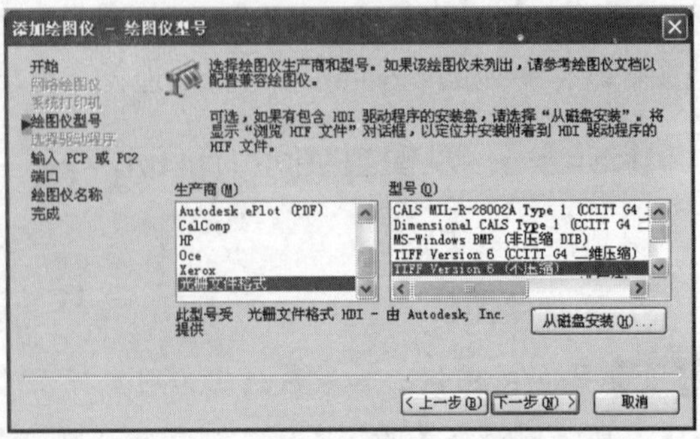

图 9-53 "添加绘图仪-绘图仪型号"对话框

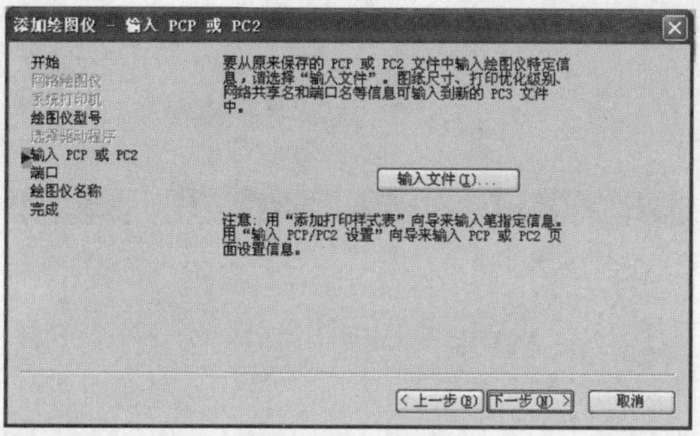

图 9-54 “添加绘图仪-输入 PCP 或 PC2”对话框

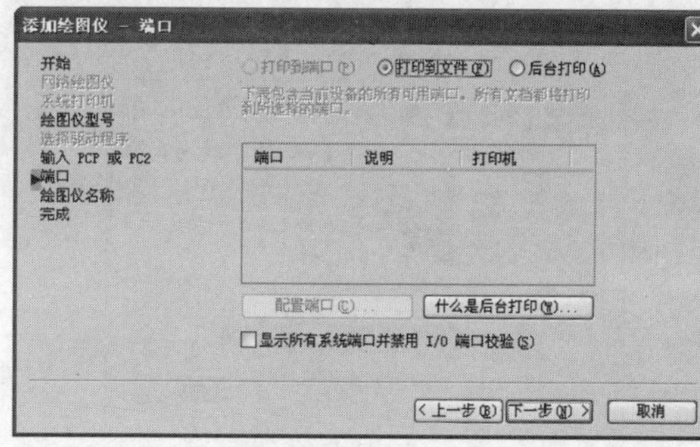

图 9-55 “添加绘图仪-端口”对话框

Step 07 单击“下一步”按钮，弹出“添加绘图仪-绘图仪名称”对话框，如图 9-56 所示。

Step 08 单击“下一步”按钮，弹出“添加绘图仪-完成”对话框，如图 9-57 所示。

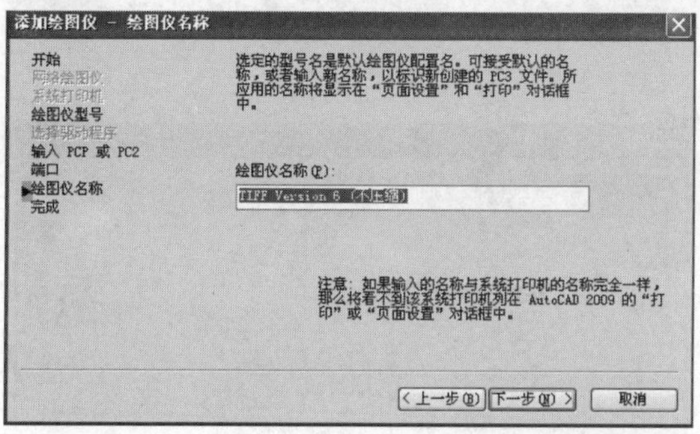

图 9-56 “添加绘图仪-绘图仪名称”对话框

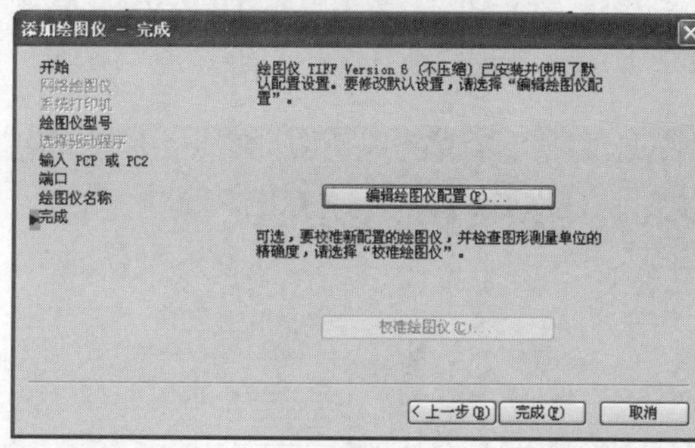

图 9-57 “添加绘图仪-完成”对话框

Step 09 单击“完成”按钮，即可完成绘图仪的添加操作。

2. 设置图像尺寸

Step 01 选择“文件”→“打印”命令，弹出“打印-模型”对话框，在“打印机/绘图仪”选项组中选择“TIFF Version6（不压缩）”选项。然后在“图纸尺寸”选项组中选择合适的图纸尺寸。

Step 02 如果选项中所提供的尺寸不能满足要求，可以单击“绘图仪”右侧的“特性”按钮，弹出“绘图仪配置编辑器-TIFF Version6（不压缩）pc3”对话框，选择“自定义图纸尺寸”选项，如图 9-58 所示。

Step 03 单击“添加”按钮，弹出“自定义图纸尺寸-开始”对话框，如图 9-59 所示。选择“创建新图纸”选项。

Step 04 单击“下一步”按钮，弹出“自定义图纸尺寸-介质边界”对话框，如图 9-60 所示，设置图纸的宽度、高度等。

Step 05 单击“下一步”按钮，弹出“自定义图纸尺寸-图纸尺寸名”对话框，如图 9-61 所示。

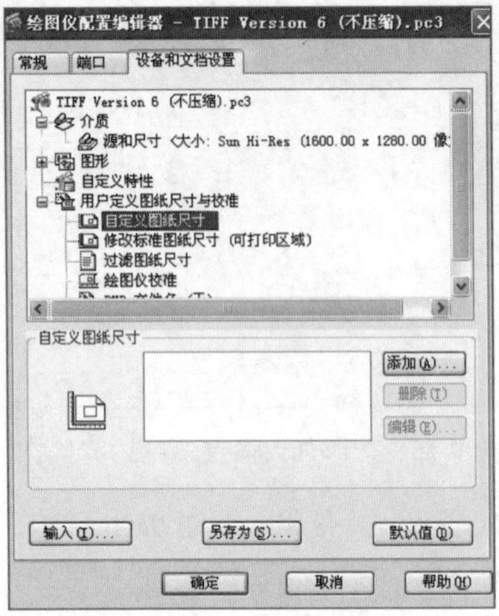

图 9-58 “绘图仪配置编辑器-TIFF Version6（不压缩）pc3”对话框

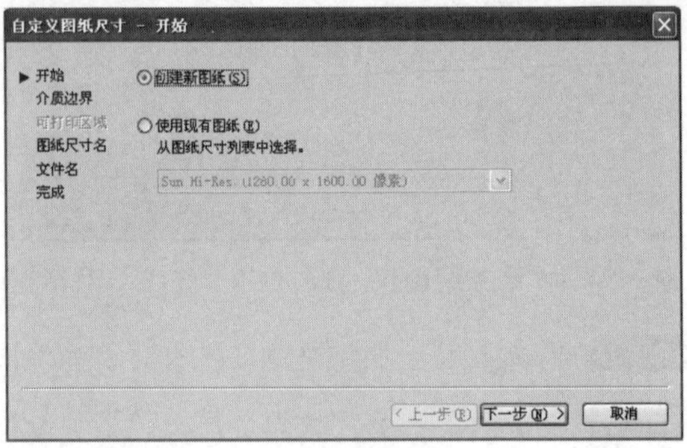

图 9-59 “自定义图纸尺寸-开始”对话框

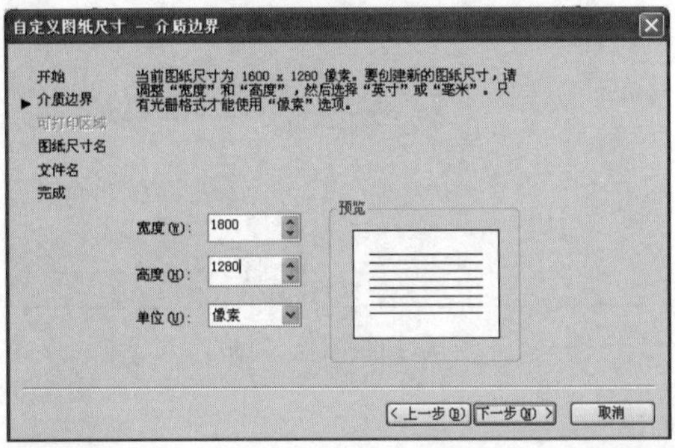

图 9-60 “自定义图纸尺寸-介质边界”对话框

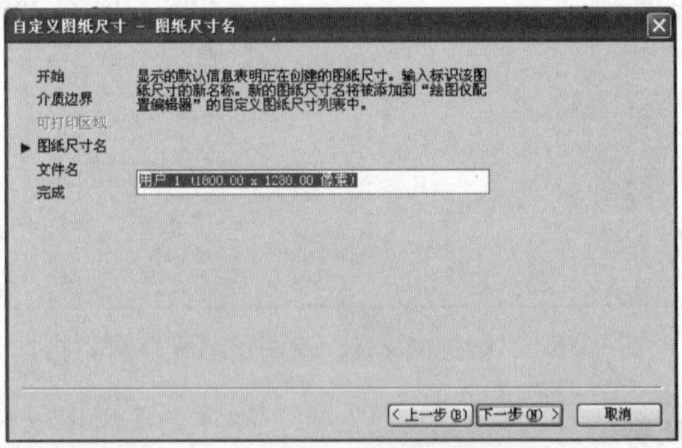

图 9-61 “自定义图纸尺寸-图纸尺寸名”对话框

Step 06 单击“下一步”按钮，弹出“自定义图纸尺寸-文件名”对话框，如图 9-62 所示。

Step 07 单击“下一步”按钮，弹出“自定义图纸尺寸-完成”对话框，如图 9-63 所示。单击“完成”按钮，即可完成新图纸尺寸的创建。然后参照前面讲述的方法完成其他操作即可。

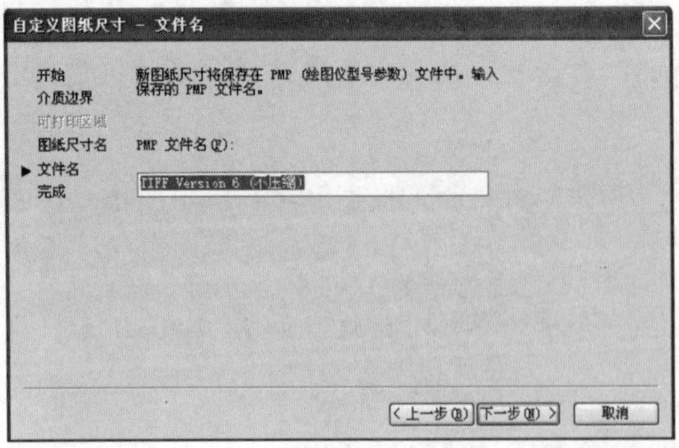

图 9-62 “自定义图纸尺寸-文件名”对话框

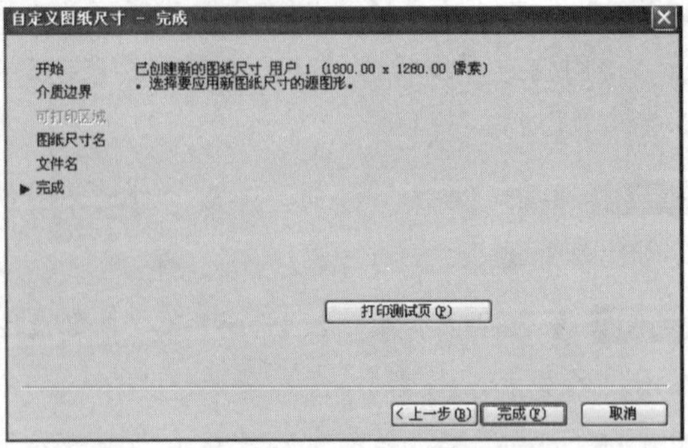

图 9-63 “自定义图纸尺寸-完成”对话框

3. 输出图像

Step 01 在“打印-模型”对话框中，参照前面的方法设置好相关参数。

Step 02 单击“确定”按钮，弹出“浏览打印文件”对话框，如图 9-64 所示。在“文件名”文本框中输入文件名，然后单击“保存”按钮，完成打印，最终完成将 DWG 图形输出为光栅图形的操作。

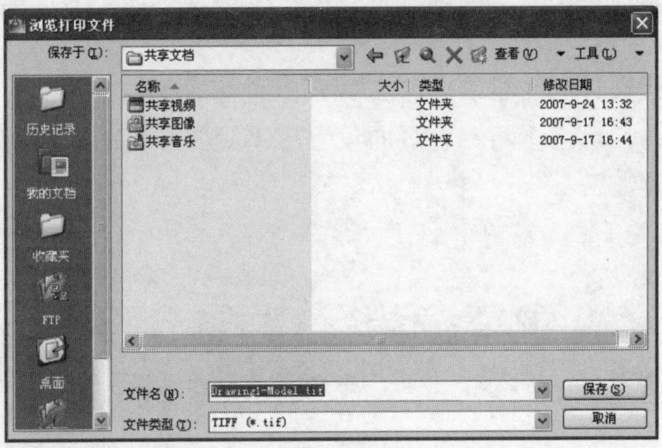

图 9-64　“浏览打印文件”对话框

9.6.3 网上发布

利用提供的网上发布向导，即使用户不熟悉 HTML 编码，也可以方便、迅速地创建格式化的 Web 页，该 Web 页包含 AutoCAD 图形的 DWF、PNG 或 JEPG 图像。一旦创建了 Web 页，就可以将其发布到 Internet 上。

执行网上发布（PUBLISHTOWEB）命令的方法为：PUBLISHTOWEB。

9.7 管理图纸集

图样集是几个图形文件中图样的有序集合。图样是从图形文件中选定的布局。

对于大多数设计组，图样集是主要的提交对象。图样集用于传达项目的总体设计意图，并为该项目提供文档和说明。然而，手动管理图样集的过程较为复杂和费时。

使用图样集管理器，可以将图形作为图样集进行管理。图样集是一个有序命名集合，其中的图样来自几个图形文件。图样是从图形文件中选定的布局。可以从任意图形中将布局作为编号图样输入到图样集中。

可以将图纸集作为一个单元进行管理、传递、发布和归档。

9.7.1 创建图纸集

1. 准备任务

用户在开始创建图样集之前，应完成以下任务：

①合并图形文件。将要在图样集中使用的图形文件移动到几个文件夹中。这样可以简化图样集管理。

②避免多个布局选项卡。要在图样集中使用的每个图形只应包含一个布局（用做图样集中的图样）。对于多用户访问的情况，这样做是非常必要的，因为一次只能在一个图形中打开一张图样。

③创建图纸创建样板。创建或指定图样集用来创建新图样的图形样板 （DWT）文件。此图形样板文件称为图样创建样板。在“图纸集管理器”对话框或“子集特性”对话框中指定此样板文件。

④创建页面设置替代文件。创建或指定 DWT 文件来存储页面设置，以便打印和发布。此文件称为页面设置替代文件，可用于将一种页面设置应用到图样集中的所有图样，并替代存储在每个图形中的各个页面设置。

提　示

虽然可以使用同一个图形文件中的几个布局作为图样集中的不同图样，但建议不这样做。这可能会使多个用户无法同时访问每个布局。还会减少管理选项并使图样集整理工作变得复杂。

2. 开始创建

用户可以使用多种方式来创建图纸集，主要有以下几种方法。

- 命令：NEWSHEETSET。
- 菜单命令：选择“文件”→“新建图纸集”命令。

在使用“创建图样集”向导创建新的图样集时，将创建新的文件夹作为图样集的默认存储位置。这个新文件夹名为 AutoCAD Sheet Sets，位于“我的文档”文件夹中。可以修改图样集文件的默认位置，但是建议将 DST 文件和项目文件存储在一起。

在调用上述命令后，弹出“创建图纸集－开始”对话框，如图 9-65 所示。

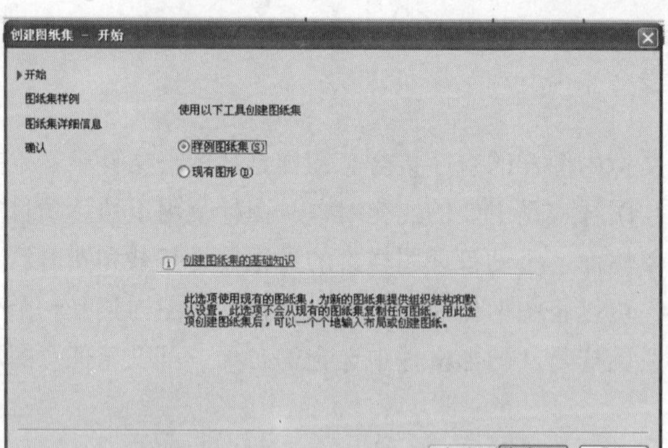

图 9-65　“创建图纸集－开始”对话框

在向导中，创建图纸集可以通过以下两种方式：

（1）从“样例图纸集” 创建图样集

选择从“样例图纸集”创建图纸集时，该样例将提供新图样集的组织结构和默认设置。用户还可以指定根据图纸集的子集存储路径创建文件夹。

使用此选项创建空图纸集后，可以单独输入布局或创建图样。

（2）从“现有图形”文件创建图纸集

选择从“现有图形”文件创建图纸集时，需指定一个或多个包含图形文件的文件夹。使用此选项，可以指定让图纸集的子集组织复制图形文件的文件夹结构。这些图形的布局可自动输入到图纸集中。

这里以从“样例图纸集” 创建图样集为例进行讲解。

Step 01 在“创建图纸集 - 开始”对话框中，单击“下一步”按钮，弹出“创建图纸集 - 图纸集样例”对话框，如图 9-66 所示，用户选择一种图纸集作为样例，这里选择 Architectural Metric Sheet Set 选项。

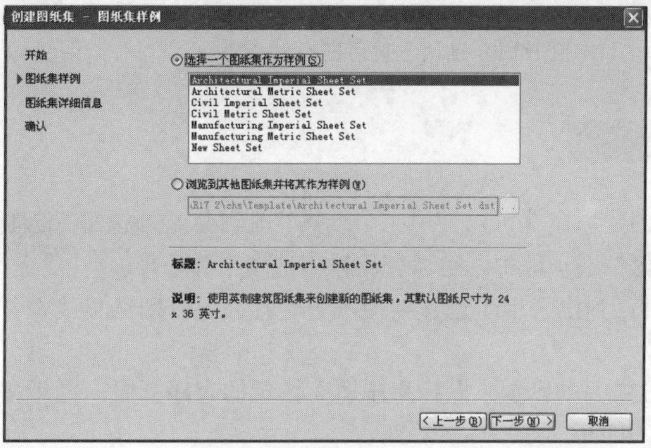

图 9-66　“创建图纸集—图纸集样例”对话框

Step 02 单击“下一步”按钮，弹出“创建图纸集 - 图纸集详细信息”对话框，如图 9-67 所示，输入新图纸集名称“科技大厦”，其他设置保持不变。

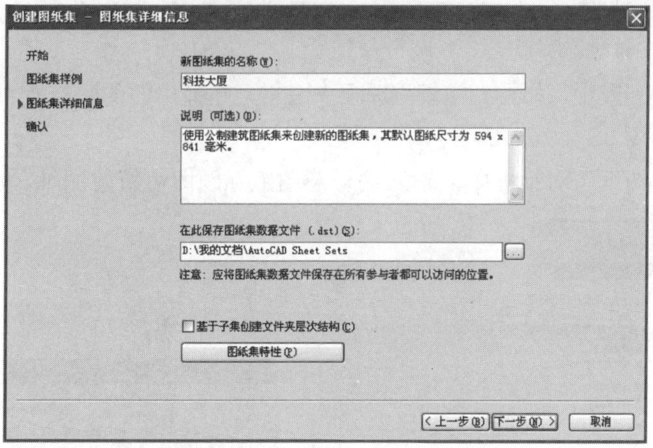

图 9-67　“创建图纸集—图纸集详细信息”对话框

Step 03 单击“下一步”按钮，弹出“创建图纸集 - 确认”对话框，如图 9-68 所示。

Step 04 单击“完成”按钮，即可在“图纸集管理器”选项板中看到刚刚创建的图纸集列表，在该图纸集中包含“常规”、“建筑”和“结构”等 9 个子集，如图 9-69 所示。

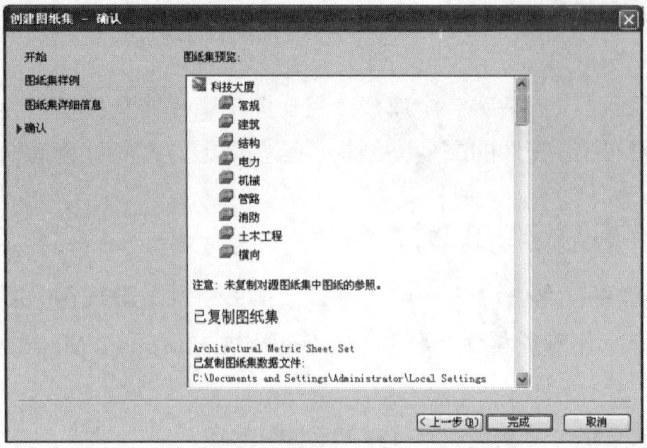

图 9-68 “创建图纸集-确认”对话框

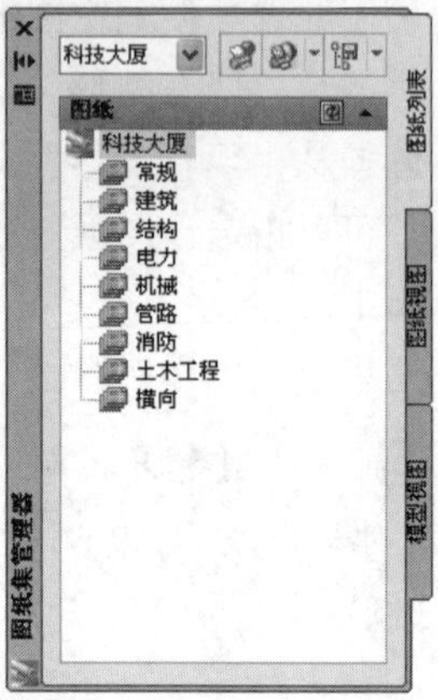

图 9-69 创建完成的图纸集

9.7.2 创建与修改图纸

完成图纸集合的创建后，就可以使用“图纸集管理器”选项板进行创建与修改图纸了。

在“图样集管理器”选项板中，可以使用以下选项卡和控件。

- “图样集”控件：列出了用于创建新图纸集、打开现有图纸集或在打开的图纸集之间切换的菜单选项。
- “图样列表”选项卡：显示了图样集中所有图纸的有序列表。图纸集中的每张图样都是在图形文件中指定的布局。
- “图样视图”选项卡：显示了图纸集中所有图样视图的有序列表。仅列出用 AutoCAD 2005 和更高版本创建的图纸视图。
- “模型视图”选项卡：列出了一些图形的路径和文件夹名称，这些图形包含要在图纸集中使用的模型空间视图。

1. 新建图纸

在图纸集下面的列表中，如在“常规”选项上右击，在弹出的的快捷菜单中选择“新建图纸”命令，如图 9-70 所示。

在弹出的“新建图纸”对话框中，输入编号及图纸标题即可新建图纸，如图 9-71 所示。

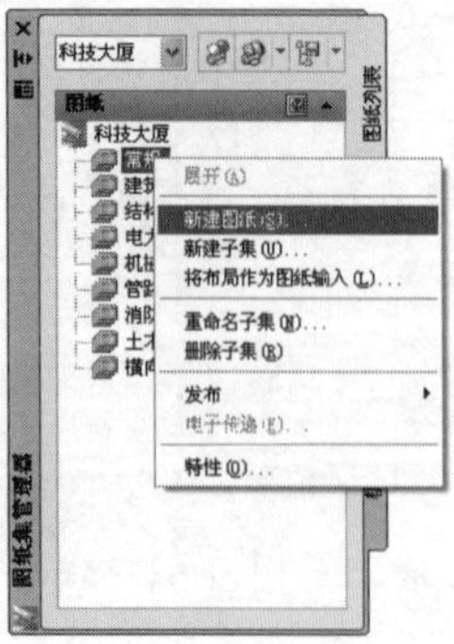

图 9-70 选择“新建图纸”命令

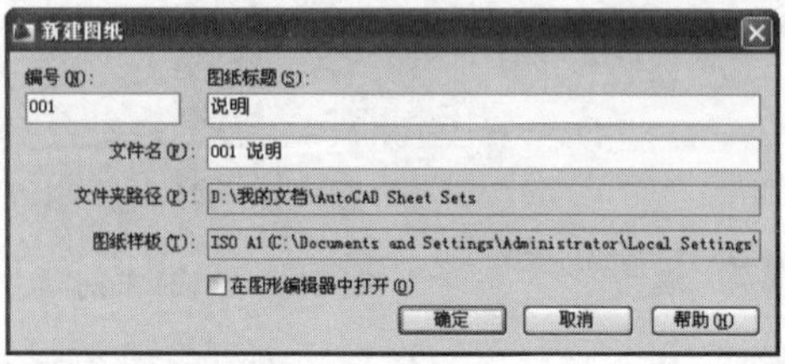

图 9-71 “新建图纸”对话框

单击“确定”按钮，即可创建一个名为“001 说明”的图纸，在该图纸上右击，选择“打开”命令，即可打开新的图形窗口，在其中绘制图形即可，如图 9-72 所示。

图 9-72　新创建的图形窗口

参照上面的方法可以在“常规”子集或其他子集中继续创建图纸。

2. 修改图纸

（1）重命名并重新编号图纸

创建图样后，可以更改图样标题和图样编号。也可以指定与图样关联的其他图形文件。

提　示

如果更改布局名称，则图纸集中相应的图纸标题也将更新，反之亦然。

（2）从图样集中删除图样

从图样集中删除图样将断开该图样与图样集的关联，但并不会删除图形文件或布局。

（3）重新关联图样

如果将某个图样移动到了另一个文件夹，应使用“图纸特性”对话框更正路径，将该图样重新关联到图样集。对于任何已重新定位的图样图形，将在“图样特性”对话框中显示“需要的布局”和“找到的布局”的路径。要重新关联图样，请在“需要的布局”中单击路径，然后单击以定位到图样的新位置，如图 9-73 所示。

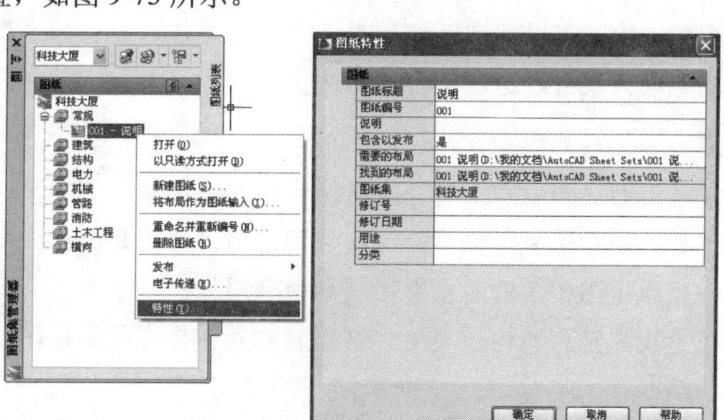

图 9-73　“图纸特性”对话框

提　示

通过观察“图样列表”选项卡底部的详细信息，可以快速确认图样是否位于预设的文件夹中。如果选定的图样不在预设位置，详细信息中将同时显示“预设的位置”和“找到的位置”的路径信息。

（4）向图样添加视图

选择“模型”选项卡，通过向当前图样中放入命名模型空间视图或整个图形，即可轻松地向图样中添加视图。

提　示

创建命名模型空间视图后，必须保存图形，以便将该视图添加到“模型”选项卡。单击“模型”选项卡中的“刷新”按钮可更新“图纸集管理器”选项板中的树状图。

（5）向视图添加标签块

使用“图样集管理器”选项板，可以在放置视图和局部视图的同时自动添加标签。标签中包含与参照视图相关联的数据。

（6）向视图添加标注块

标注块是术语，指参照其他图样的符号。标注块有许多行业特有的名称，例如参照标签、关键细节、细节标记和建筑截面关键信息等。标注块中包含与所参照的图样和视图相关联的数据。

（7）创建标题图样和内容表格

通常，将图样集中的第一张图样作为标题图样，其中包括图样集说明和一个列出了图样集中的所有图纸的表。可以在打开的图纸中创建此表格，该表格称为图纸列表表格。该表格中自动包含图样集中的所有图纸。只有在打开图纸时，才能使用图样集快捷菜单创建图纸列表表格。创建图纸一览表之后，还可以编辑、更新或删除该表中的单元内容。

9.7.3 整理图纸集

对于较大的图纸集，有必要在树状图中整理图纸和视图。

在“图纸列表”选项卡中，可以将图纸整理为集合，这些集合被称为子集。在“图纸视图”选项卡中，可以将视图整理为集合，这些集合被称作类别。

1．使用图纸子集

图纸子集通常与某个主题（例如建筑设计或机械设计）相关联。例如，在建筑设计中，可能使用名为“建筑”的子集；而在机械设计中，可能使用名为“标准紧固件”的子集。在某些情况下，创建与查看状态或完成状态相关联的子集可能会很有用处。

您可以根据需要将子集嵌套到其他子集中。创建或输入图样或子集后，可以通过在树状图中拖动它们对其进行重新排序。

2. 使用视图类别

视图类别通常与功能相关联。例如，在建筑设计中，可能使用名为“立视图”的视图类别；而在机械设计中，可能使用名为“分解”的视图类别。

用户可以按类别或所在的图纸来显示视图。

可以根据需要将类别嵌套到其他类别中。要将视图移动到其他类别中，可以在树状图中拖动它们或者使用“设置类别”快捷菜单项。

9.7.4 发布、传递和归档图纸集

将图形整理到图纸集后，可以将图纸集作为包发布、传递和归档。

（1）发布图纸集

使用“发布”功能将图纸集以正常顺序或相反顺序输出到绘图仪。可以从图纸集或图纸集的一部分创建包含单张图纸或多张图纸的 DWF 或 DWFx 文件。

（2）设置要包含在已发布的 DWF 或 DWFx 文件中的特性选项，可以确定要在已发布的 DWF 或 DWFx 文件中显示的信息类型。可以包含的元数据类型有图纸和图纸集特性、块特性和属性、动态块特性和属性，以及自定义对象中包含的特性。只有发布为 DWF 或 DWFx 时才包含元数据，打印为 DWF 或 DWFx 时则不包含。

（3）传递图样集

通过 Internet 将图纸集或部分图纸集打包并发送。

（4）归档图样集

将图样集或部分图样集打包以进行存储。这与传递集打包类似，不同的是需要为归档内容指定一个文件夹且并不传递该包。

9.8 本章小结

本章主要内容总结如下：

1. AutoCAD 提供了两种图形环境，即模型空间和图样空间。用户一般是在模型空间中按 1:1 的比例绘图，绘制完成后，再以放大或缩小的比例打印图形。图纸空间提供了虚拟图纸，设计人员可以在图纸上布置模型空间中的图形，并设置缩放比例。出图时，将虚拟图纸用 1:1 的比例打印出来。

2. 打印图形时用户一般需要进行以下设置：

（1）选择打印设备，包括 Windows 系统打印机或 AutoCAD 内部打印机。

（2）指定图幅大小、图纸单位及图形放置方向。

（3）设置打印比例。

（4）设置打印范围，用户可指定图形界限、所有图形对象、某一矩形区域及显示窗口等作为输出区域。

（5）调整图形在图纸上的位置，通过修改打印原点可使图像沿 x、y 轴移动。

（6）选择打印样式。

（7）预览打印效果。

9.9 问题与思考

1. 打印图形时，一般应设置哪些打印参数？如何设置？
2. 从模型空间出图时，打印图形的主要过程是什么？怎样将不同绘图比例的图纸放一起打印？
3. 从图样空间打印图形的主要过程是什么？应注意哪些问题？

第 10 章 建筑设计基本知识

本章主要内容：

建筑设计是指在建造建筑物之前，设计者按照建设任务，将施工过程和使用过程中存在的或可能发生的各种问题，事先做好通盘的设想，拟订好解决这些问题的方法、方案，并图纸和文件的形式表达出来。

本章主要介绍建筑设计的一些基本知识，包括建筑设计的基本概念、程序及相关规范，建筑制图的基本知识，以及图形样板的设置。

本章重点难点：

- 建筑设计的基本理论
- 建筑制图的基本知识
- 图形样板的设置

10.1 建筑设计的基本理论

本节将简单介绍有关建筑设计的基本概念、特点、程序和相关规范。

10.1.1 建筑设计的基本概念

广义的建筑设计是指设计一个建筑物或建筑群要做的全部工作。由于科学技术的发展，在建筑上利用各种科学技术的成果越来越广泛深入，设计工作经常涉及建筑学、结构学，以及给水、排水，供暖、空气调节、电气、煤气、消防、防火、自动化控制管理、建筑声学、建筑光学、建筑热工学、工程估算和园林绿化等方面的知识，需要各种科学技术人员的密切协作。

但通常所说的建筑设计，是指“建筑学”范围内的工作。它要解决的问题，包括建筑物内部各种使用功能和使用空间的合理安排，建筑物与周围环境、与各种外部条件的协调配合，内部和外表的艺术效果，各个细部的构造方式，建筑与结构、建筑与各种设备等相关技术的综合协调，以及如何以更少的材料、更少的劳动力、更少的投资和更少的时间来实现上述各种要求。

10.1.2 建筑设计的基本特点

1．建筑设计工作的核心

建筑设计工作的核心是寻找解决各种矛盾的最佳方案。

以建筑学作为专业，擅长建筑设计的专家称为建筑师。建筑师在进行建筑设计时面临的矛盾有：内容和形式之间的矛盾；需要和可能之间的矛盾；投资者、使用者、施工制作和城市规划等方面和设计之间，以及它们彼此之间由于对建筑物考虑角度不同而产生的矛盾；建筑物单体和群体之间、内部和外部之间的矛盾；各技术工种之间在技术要求上的矛盾；建筑的适用、经济、坚固、美观这几个基本要素本身之间的矛盾；建筑物内部各种不同使用功能之间的矛盾；建筑物局部和整体、这一局部和那一局部之间的矛盾等这些矛盾构成非常错综复杂的局面。而且每个工程中各种矛盾的构成又各有其特殊性。所以说，建筑设计工作的核心，就是要寻找解决上述各种矛盾的最佳方案。

2．建筑设计的着重点

建筑设计的着重点是从宏观到微观不断深入的。

为了使建筑设计顺利进行，少走弯路，少出差错，取得良好的成果，在众多矛盾和问题中，先考虑什么，后考虑什么，大体上要有个程序。根据长期实践得出的经验，设计工作经常是从整体到局部，从大处到细节，从功能体型到具体构造，步步深入的。

3．立意

立意是建筑设计的“灵魂”。建筑除了基本的物质功能外，还具有某种精神的力量，而建筑立意就是蕴含在建筑物之中的某种“精神上的”东西，它是传达思想的工具，使人们由单纯的空间享受与建筑美学的讨论进而扩展到建筑精神的创造；建筑立意也是建筑创造的“核心动力”，一个复杂的设计往往只有数量极少的控制全局的想法，其他次要的要素则紧紧围绕这个想法，共同推进设计的完成，建筑立意就是设计中核心的想法。

建筑立意大致有以下几个来源：设计本身的要求，如建筑的使用性质、业主的要求等；外部各种条件的限制，如地形、地貌、气候、周边建筑和当地的文化习俗等；设计者自身的设计原则与设计哲学，即创作主体的“个性”。

10.1.3 建筑设计的基本程序

建筑设计是一种需要有预见性的工作，要预见到拟建建筑物存在的和可能发生的各种问题。这种预见，往往是随着设计过程的进展而逐步清晰、逐步深化的。为此，设计工作的全过程分为几个工作阶段：准备阶段、方案设计阶段、初步设计阶段和施工图设计阶段，循序进行，因工程的难易而有所增减，这就是基本的设计程序。

1．准备阶段

设计者在动手设计之前，首先要了解并掌握各种有关的外部条件和客观情况：自然条件，包括地形、气候、地质和自然环境等；城市规划对建筑物的要求，包括用地范围的建筑红线、建筑物高度和密度的控制等，城市的人为环境，包括交通、供水、排水、供电、供燃气和通信等各种条件和情况；使用者对拟建建筑物的要求，特别是对建筑物所应具备的各项使用内容的要求；对工程经济估算依据和所能提供的资金、材料施工技术和装备等；以及可能影响工程的其他客观因素。

2. 方案设计阶段

主要任务是提出设计方案，即根据设计任务书的要求和收集到的必要基础资料，结合基地环境，综合考虑技术经济条件和建筑艺术的要求，对建筑总体布置、空间组合进行可能与合理的安排，提出两个或多个方案供建设单位选择。

建筑方案由设计说明书、设计图纸、投资估算和透视图等 4 部分组成，一些大型或重要的建筑，根据工程的需要可加做建筑模型。建筑方案设计必须贯彻国家及地方有关工程建设的政策和法令，应符合国家现行的建筑工程建设标准、设计规范和制图标准，以及确定投资的有关指标、定额和费用标准规定。

建筑方案设计的内容和深度应符合有关规定的要求。建筑方案设计一般应包括总平面、建筑、结构、给水、排水、电气、采暖通风及空调、动力和投资估算等专业，除总平面和建筑专业应绘制图纸外，其他专业以设计说明简述设计内容，但当仅以设计说明还难以表达设计意图时，可以用设计简图进行表示。

建筑方案设计可以由业主直接委托有资格的设计单位进行设计，也可以采取竞选的方式进行设计。方案设计竞选可以采用公开竞选和邀请竞选两种方式。建筑方案设计竞选应按有关管理办法执行。

3. 初步设计阶段

初步设计是界于方案和施工图之间的过程，施工图是最终用来施工的图纸。初步设计是指在方案设计基础上的进一步设计，但设计深度还未达到施工图的要求，也可以理解成设计的初步深入阶段。

初步设计文件由设计说明书（包括设计总说明和各专业的设计说明书）、设计图纸、主要设备及材料表和工程概算书等 4 部分内容组成。初步设计文件的编排顺序为：封面、扉页、初步设计文件目录、设计说明书、图纸、主要设备及材料表、工程概算书。

对于图纸而言，初步设计通常要表达建筑各主要平面、立面和剖面，简单表达出大部尺寸、材料、色彩，但不包括节点做法和详细的大样，以及工艺要求等具体内容。

在初步设计阶段，各专业应对本专业内容的设计方案或重大技术问题的解决方案进行综合技术经济分析，论证技术上的适用性、可靠性和经济上的合理性，并将其主要内容写进本专业初步设计说明书中。设计总负责人对工程项目的总体设计在设计总说明中予以论述。为编制初步设计文件，应进行必要的内部作业，有关的计算书、计算机辅助设计的计算资料、方案比较资料、内部作业草图、编制概算所依据的补充资料等，均须妥善保存。

初步设计文件深度应满足审批要求：

①应符合已审定的设计方案。

②能据以确定土地征用范围。

③能据以准备主要设备及材料。

④应提供工程设计概算，作为审批确定项目投资的依据。

⑤能据以进行施工图设计。

⑥能据以进行施工准备。

提　示

大型和重要民用建筑工程应进行初步设计，小型和技术要求简单的建筑工程可用方案设计代替初步设计。

4. 施工图设计阶段

施工图设计内容，应包括封面、图纸目录、设计说明（或首页）、图纸和工程预算等。以图纸为主，主要是把设计者的意图和全部的设计结果表达出来，作为工人施工制作的依据。这个阶段是设计工作和施工工作的桥梁。

对于图纸应表达整个建筑物和各个局部的确切的尺寸关系、各种构造和用料的确定及具体做法，结构方案的计算和具体内容，各种设备系统的设计和计算，各技术工种之间各种矛盾的合理解决，设计预算的编制等。

施工图设计的着眼点，除体现初步设计的整体意图外，还要考虑施工的方便易行，以比较省事、省时和省钱的办法求取最好的使用效果和艺术效果。

施工图设计文件的深度应满足以下要求：

①能据以编制施工图预算。

②能据以安排材料、设备订货和非标准设备的制作。

③能据以进行施工和安装。

④能据以进行工程验收。

5. 建筑设计应遵守的基本规范

①民用建筑设计通则。

②建筑设计防火规范。

③高层民用建筑设计防火规范。

④汽车库、修车库、停车场设计防火规范。

⑤住宅设计规范。

⑥公共建筑节能设计标准。

10.2 建筑制图的基本知识

本节将简单介绍有关建筑制图的基本概念、原则、程序和相关国家标准。

10.2.1 建筑制图概述

（1）建筑制图的概念

建筑图纸是建筑设计人员用来表达设计思想，传达设计意图的技术文件，是方案投标、技术交流和建筑施工的要件。建筑制图是根据正确的制图理论及方法，按照国家统一的制图规范将设计思想和技术特征准确地表达出来。

（2）建筑制图的原则

图纸是一种直观、准确、醒目、易于交流的表达形式。完整的制图，一定要能够很好地帮助作者表达自己的设计思想、设计内容。因此绘图应遵循以下原则：

①清晰：绘图要表达的内容必须清晰，好的图纸，看上去要一目了然，一眼看上去就能分得清哪里是墙、哪里是窗、哪里是留洞……尺寸标注、文字说明等清清楚楚，互不重叠。

②准确：建筑图的绘制是工程施工的依据。建筑制图不仅是为了好看，更多的是直接反映一些实际问题，方便工程施工。

③高效：快速地完成图纸的绘制。

（3）建筑制图的程序

建筑制图的程序是与建筑设计的程序相对应的。从整个设计过程来看，按照设计方案图、初步设计图和施工图的顺序来进行。后面阶段的图纸在前一阶段的基础上进行深化、修改和完善。就每个阶段来看，一般遵循平面、立面、剖面和详图的过程来绘制。至于每种图样的制图顺序，将在后面章节结合具体操作来讲解。

10.2.2 建筑图纸的深度要求

1. 建筑方案设计图纸的深度要求

（1）平面图

标明图纸要素，如图名、指北针、比例尺和图签等；图纸比例一般为 1/100、1/150、1/200、1/300 等（图纸幅面规格不宜超过两种），制图单位为毫米；图纸应清晰、完整反映以下内容：

① 各层面积数据、公建配套部分的面积数据、主要功能部分面积数据；各部分平面功能名称（属公建配套的应注明）。

② 停车库应标明车辆停放位置、停车数量、车道、行车路线、出入口位置及尺寸、转弯半径和坡度。

③ 墙、柱、门、窗、楼梯、电梯、阳台、雨篷、台阶、踏步、水池、无障碍设施、烟道和化粪池等。

④ 墙体之间的尺寸、柱距尺寸和外轮廓总尺寸。

⑤ 室外地坪设计标高及室内各层楼面标高。

⑥ 首层标注指北针、剖切线和剖切符号。

（2）立面图

标明图纸要素，如图名、比例尺和图签等；图纸比例一般为 1/100、1/150、1/200、1/300，制图单位为毫米；图纸应清晰、完整地反映以下内容：

① 立面外轮廓、门窗、雨篷、檐口、女儿墙、屋顶、阳台、栏杆、台阶、踏步和外墙装饰。

② 总高度标高（建、构筑物最高点）＼屋顶女儿墙顶标高和室外地坪标高。

（3）剖面图

标明图纸要素，如图名、比例尺和图签等；图纸比例与立面图一致，制图单位为毫米；图纸应清晰、完整地反映以下内容：

① 内墙、外墙、柱、内门窗、外门窗、地面、楼板、屋顶、檐口、女儿墙、楼梯、电梯、阳台、踏步、坡道和地下室顶板覆土层厚度等。

② 总高度尺寸及标高、各层高度尺寸及标高和室外地坪标高。

2．建筑施工设计图图纸的深度要求

（1）平面图

标明图纸要素，如图名、指北针、比例尺、图签等；图纸比例一般为 1/100、1/150、1/200（图纸幅面规格不宜超过两种），制图单位为毫米；图纸应清晰、完整地反映以下内容：

① 标注各层面积数据，公建配套部分的面积数据、各功能用房面积数据。

② 停车库应标明车辆停放位置、停车数量、车道、行车路线、出入口位置及尺寸、转弯半径和坡度。

③ 墙、柱（壁柱）、轴线和轴线编号、门窗、门的开启方向，注明房间名称及特殊房间的设计要求（如防止噪音、污染等）。

④ 轴线间尺寸（外围轴线应标注在墙、柱外缘）、门窗洞口尺寸、墙体之间尺寸、外轮廓总尺寸、墙身厚度、柱（壁柱）截面尺寸。

⑤ 电梯、楼梯（应标注上下方向及主要尺寸）、卫生洁具、水池、台、柜、隔断的位置。

⑥ 阳台、雨篷、台阶、坡道、散水、明沟、无障碍设施、设备管井（含检修门、洞）、烟囱、垃圾道、雨污水管、化粪池位置及尺寸。

⑦ 室外地坪标高及室内各层楼面标高。

⑧ 首层标注指北针、剖切线和剖切符号。

⑨ 平面设计及功能完全相同的楼层标准层可共用一平面，但需注明层次范围及标高，根据需要，可绘制复杂部分的局部放大平面；屋顶平面应表示冷却塔的位置及尺寸。

⑩ 建筑平面较长较大时，可分区绘制，但须在各分区底层平面上绘出组合示意图，并明确表示出分区编号。

（2）立面图

标明图纸要素，如图名、比例尺和图签等；图纸比例一般为 1/100、1/150、1/200、1/300，制图单位为毫米；图纸应清晰、完整地反映以下内容：

① 建筑物两端轴线编号。

② 立面外轮廓、门窗、雨篷、檐口、女儿墙、屋顶、阳台、栏杆、台阶、踏步和外立面装饰构件。

③ 应注明颜色材料。

④ 总高度标高、屋顶女儿墙标高和室外地坪标高。

（3）剖面图

标明图纸要素，如图名、比例尺、图签等；图纸比例与立面图一致，制图单位为毫米；图纸应清晰、完整地反映以下内容：

① 内墙、外墙、柱、内门窗、外门窗、地面、楼板、屋顶、檐口、女儿墙、楼梯、电梯、阳台、踏步、坡道、地下室顶板覆土层等；总高度尺寸及标高（建、构筑物最高点）。

② 各层高度尺寸及标高和室外地坪标高。

10.2.3　建筑制图的要求及规范

为了学习计算机辅助建筑绘图及设计，首先应该了解和掌握土建工程制图的图示方法和特点。下面主要介绍国家标准及对建筑工程制图的线型要求、尺寸注法、比例和图例等的相关规定。

1．相关国家标准

（1）《房屋建筑制图统一标准》　GB/T50001—2001

（2）《建筑制图标准》　GB/T50104—2001

（3）《总图制图标准》　GB/T50103—2001

（4）《房屋建筑 CAD 制图统一规则》　GB/T18112—2000

2．图线及用途

在建筑工程图中，为了区分建筑物各个部分的主次及反映其投影关系，使建筑工程图样清晰美观等。在绘图时，需要使用不同粗细的各种线型，如实线、虚线、单点长画线、双点长画线、折断线和波浪线等，每种线型又有多种线宽。各有不同的用途，绘图时，所有线型应按照表 10-1 的规定选用。

表 10-1　常用图线统计

名称		线型	线宽	适用范围
实线	粗		b	建筑平面、剖面及构造详图中被剖切的主要建筑构造的轮廓线；建筑立面图或室内立面图的外轮廓线；剖切符号；总图中的新建建筑
	中		0.5b	建筑平、剖面中被剖切的次要构件的轮廓线；建筑平、立、剖面中建筑构配件的轮廓线；详图中的一般轮廓线
	细		0.25b	小于 0.5b 的图形线、尺寸线、尺寸界线、图例线、索引符号、标高符号，以及详图中的材料做法引出线
虚线	中		0.5b	建筑详图中不 可见的轮廓线；平面图中的起重机轮廓线；拟扩建的建筑物轮廓 1
	细		0.25b	小于 0.5b 的不可见轮廓线
点画线	粗		b	起重机（吊车）轨道线
	细		0.25b	中心线、对称线、轴线
折断线	细		0.25b	无须画全的断开界限
波浪线	细		0.25b	无须画全的断开界限；构造层次断开界限

绘制建筑工程图时，应根据图样的复杂程度与比例大小，先选定基本线宽 b，再按照表 10-2 中所列规格，选用适当的线宽组。当绘制比较复杂的图样或比例较小时，应选用较细的线宽组。同时必须注意，在同一张图纸中，绘制相同比例的图样，应选用相同的线宽组。

表 10-2　线宽组（mm）

线宽比	线宽组					
b	2.0	1.4	1.0	0.7	0.5	0.35
0.5b	1.0	0.7	0.5	0.35	0.25	0.18
0.25b	0.5	0.35	0.25	0.18		

3．比例

图样的比例，应为图形与实物相对应的线性尺寸之比。比例宜注写在图名的右侧，字的基准线应取平；比例的字高宜比图名的字高小一号或二号，如图 10-1 所示。

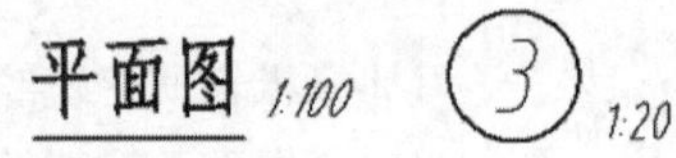

图 10-1　比例的注写

下面给出常用绘图比例，读者可根据实际情况灵活使用，如表 10-3 所示。

表 10-3　常用绘图比例

图名	比例
总平面图	1:500、1:1000、1:2000
平面图、立面图、剖面图	1:50、1:100、1:150、1:200、1:300
局部放大图	1:10、1:20、1:25、1:30、1:50
配件及构造详图	1:1、1:2、1:5、1:10、1:15、1:20、1:25、1:30、1:50

4．常用建筑符号

（1）索引符号

用引出线画出要画详图的地方，在引出线的另一端画一个细实线圆圈，直径是 10mm，引出线对准圆心，圆内画一条水平细直线，上半圆用阿拉伯数字注明该详图的编号，下半圆用阿拉伯数字注明详图所在图纸的图纸号；如详图与被索引的图样在同一张图纸内，则在下半圆中间画一条水平细直线；如果索引的详图是标准图，则应在索引标志的水平直径的延长线上加注标准图集的编号；当索引符号用于索引剖面详图的时候，应在被剖切的部位绘制剖切位置线，用粗实线表示，并以引出线引出索引符号，引出线所在一侧为剖视方向，如图 10-2 所示。

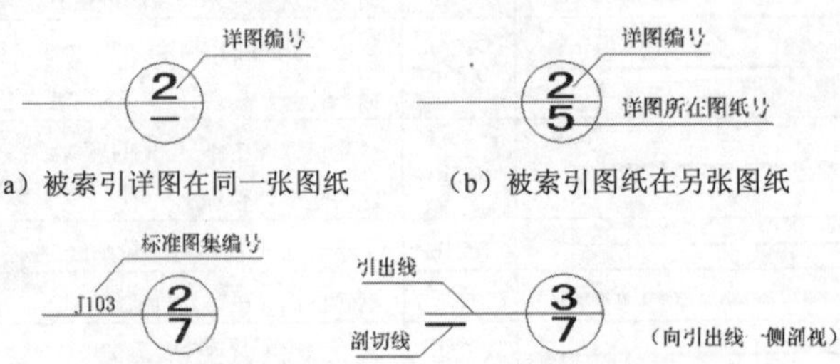

（a）被索引详图在同一张图纸　（b）被索引图纸在另张图纸

（c）索引标准图　（d）索引剖面详图

图 10-2　索引符号

（2）详图符号

用粗直线绘制直径为 14 毫米的圆，如详图与被索引的图样同在一张图纸内，直接用阿拉伯数字在圆内注明详图编号，如不在一张图纸内，用细直线在圆圈内画一条水平直线，上半圆注明详图编号，下半圆注明被索引图纸的图纸号，如图 10-3 所示。

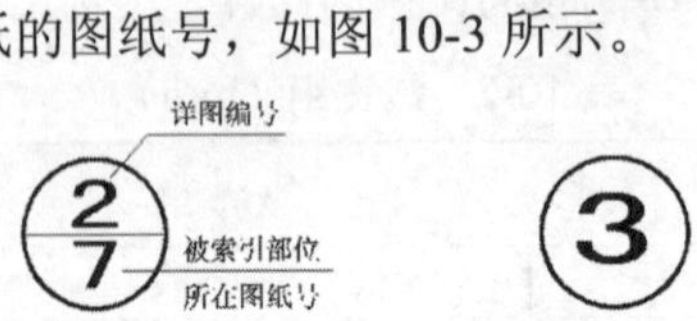

（a）被索引图纸在另张图纸　（b）被索引图纸在本张图纸

图 10-3　详图符号

（3）引出线

应以细实线绘制，宜采用水平方向的直线或与水平方向成 30°、45°、60°、90°的直线，或经上述角度再折为水平线。文字说明宜注写在水平线的上方，也可注写在水平线的端部。同时引出几个相同部分的引出线，宜互相平行，也可画成集中于一点的放射线，如图 10-4 所示。

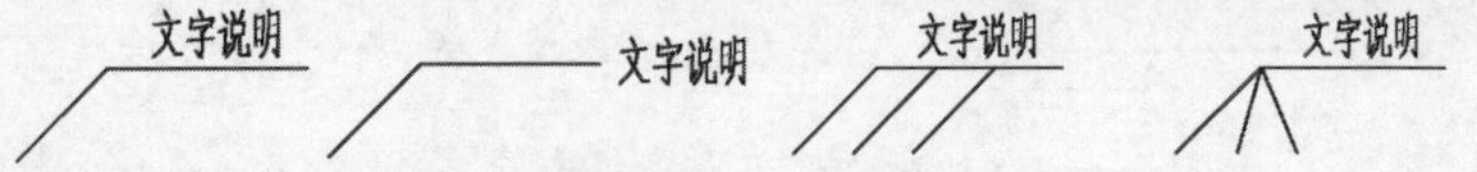

图 10-4　引出线

（4）定位轴线及其编号

定位轴线应以细点画线绘制。

定位轴线一般应编号，编号应注写在轴线端部的圆内。圆应用细实线绘制，直径为 8mm～10mm。定位轴线圆的圆心，应在定位轴线的延长线上或延长线的折线上。

平面图上定位轴线的编号，宜注写在图样的下方与左侧。横向编号应用阿拉伯数字，从左至右顺序编写，竖向编号应用大写英文字母，从下至上顺序编写，如图 10-5 所示。

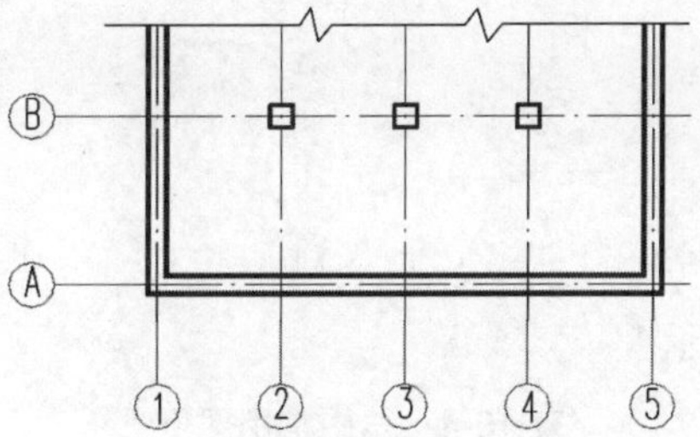

图 10-5　定位轴线的编号

英文字母的 I、O、Z 不得用做轴线编号。如字母数量不够使用，可增用双字母或单字母加注脚，如 AA，BA，…，YA 或 A_1，B_1，…，Y_1。

附加定位轴线的编号，应以分数的形式表示。

一个详图适用于几根轴线时，应同时注明各有关轴线的编号，如图 10-6 所示。

（a）用于两根轴线时　（b）用于三根或三根以上轴线时　（c）用于三根以上连续的轴线时　（d）用于通用详图时

图 10-6　一个详图适用于几根轴线时的编号

通用详图中的定位轴线，应只画圆，不注写轴线编号。

（5）标高

标高是标注建筑物高度的另一种尺寸形式。标高符号应以等腰直角三角形表示。

（a）总平面室外标高符号　（b）平面楼地面标高符号　（c）立面、剖面的标高符号

图 10-7　标高符号形式

图 10-8　标高符号的具体画法

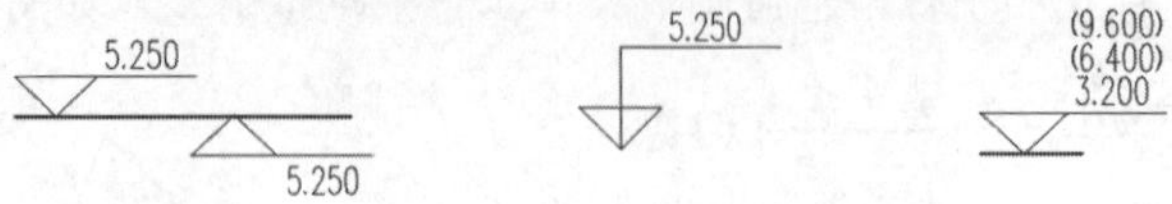

（a）常见情况下　　（b）标注位置比较拥挤时　（c）同一位置多层标注时

图 10-9　标高符号的标注形式

（6）其他符号

对称符号：在对称图形的中轴位置画此符号，可以省画另一半图形，其由对称线和两端的两对平行线组成，对称线用细点画线绘制，如图 10-10 所示；指北针的形状宜如图 5-20 所示，其圆的直径宜为 24mm，用细实线绘制，如图 10-11 所示。

图 10-10　对称符号

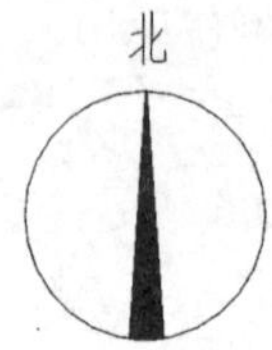

图 10-11　指北针

其他符号统计如表 10-4 所示。

表 10-4　总图常用图例

图例	说明	图例	说明
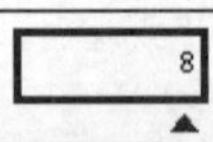	新建建筑物，粗线绘制，需要时用▲表示出入口，及层数 x	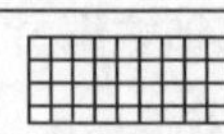	铺地
	原有建筑，用细实线绘制	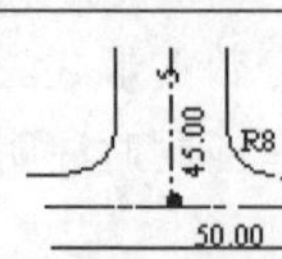	新建的道路，$R8$ 表示道路转弯半径为 8m，50.00 为道路中心点控制标高，5 表示坡度为 5%，45.00 表示变坡点距
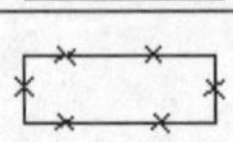	拆除的建筑用细实线绘制		
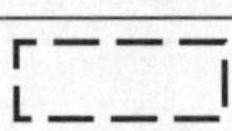	计划扩建的预留地或建筑物	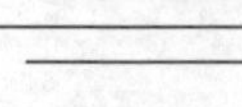	原有的道路
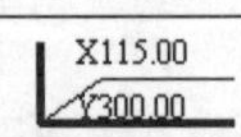	测量坐标	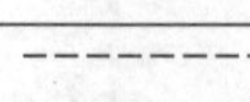	计划扩建的道路
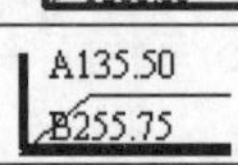	建筑坐标	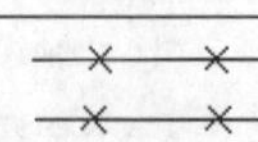	拆除的道路
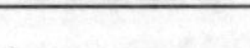	实体性质的围墙	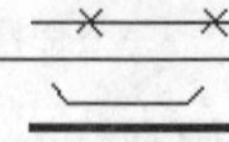	铁路桥
	通透性质的围墙	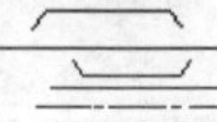	公路桥
	台阶	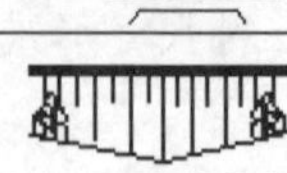	护坡
	添挖边坡		

5. 常用建筑材料图样

建筑工程图样不但要准确表达出工程物体的形状，还应准确地表现出所使用的建筑材料。为此，对于图中所要表达的建筑材料，国家标准规定了如表 10-5 所示的“常用建筑材料图例”。如果在一张图纸内的图样只用一种图例时或图形较小无法画出建筑材料图例时，可不画图例，但应加文字说明。

表 10-5　常用建筑材料图例

材料图例	说明	材料图例	说明
	自然土壤		饰面砖
	夯实土壤		焦渣、矿渣
	砂、灰土	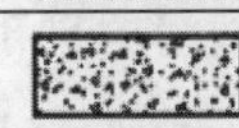	混凝土
	空心砖	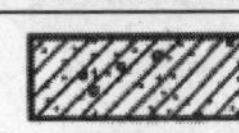	钢筋混凝土
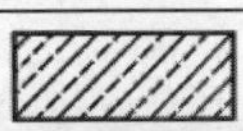	石材	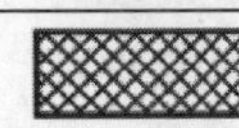	多孔材料
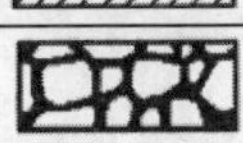	毛石		纤维材料
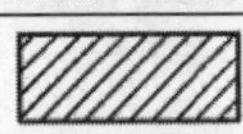	普通砖	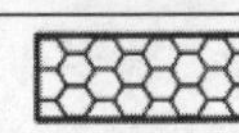	泡沫塑料
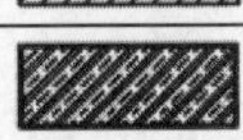	耐火砖		木材

6. 建筑工程中的尺寸标注

图形表达了建筑物的形状，尺寸则表示了该建筑物的实际大小。因此，土建工程图样必须准确、详尽、清晰地标注尺寸，以确定其大小及相对位置，作为施工时的依据。

建筑工程图样上的尺寸同样由尺寸界线、尺寸线、尺寸起止符号和尺寸数字 4 部分组成。但是尺寸起止符号一般是由中粗短斜线画出，其倾斜方向应与尺寸界线成顺时针 45° 角，长度宜为 2mm～3mm。尺寸界线其一端应离开图样的轮廓线不小于2mm，另一端宜超出尺寸线2mm～3mm，如图 10-12 所示。必要时，图形的轮廓线及中心线均可作为尺寸界线，如图 10-12 中的尺寸 240 和 3120 等。但是，图样上的任何图线都不得用做尺寸线。

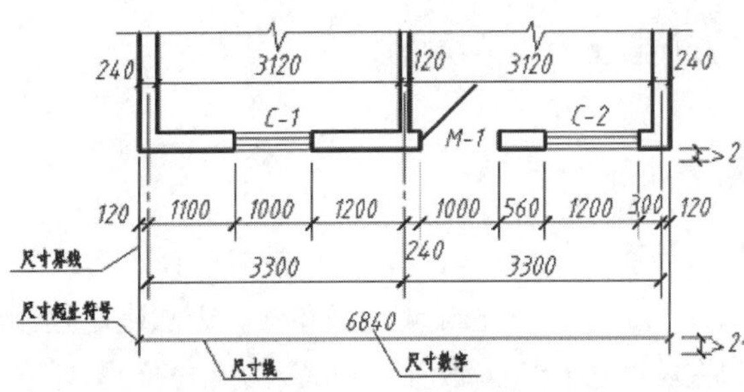

图 10-12　建筑工程中的尺寸标注

按照规定，图样上标注的尺寸，除标高及总平面图以米（m）为单位外，其余一律以毫米（mm）

为单位，图上尺寸数字都不再标注单位。建筑工程图样上标注的尺寸数字，是物体的实际尺寸，它与绘图所用的比例无关。因此，图样上的尺寸，应以尺寸数字为准，不得从图上直接量取。

在绘制建筑工程图样标注尺寸时应注意以下几点：

①尺寸数字一般应依据其方向注写在靠近尺寸线的上方中部。如果没有足够的注写位置，最外边的尺寸数字可注写在尺寸界线的外侧，中间相邻的尺寸数字可错开注写，如图 10-12 中的 120 和 240。

②互相平行的尺寸线，应从被标注的图样轮廓线由近及远整齐排列，较小尺寸应离轮廓线较近，较大尺寸应离轮廓线较远。

③图样轮廓线以外的尺寸线，距图样最外轮廓之间的距离，不宜小于 10mm。平行排列的尺寸线的间距，宜为 7mm～10mm，并应保持一致。

④在同一张图纸中，所注写的尺寸数字的大小、所有尺寸起止符号的长度和宽度均应保持一致。

⑤连续排列的等长尺寸，可用“个数×等长尺寸=总长”的形式标注。

7. 建筑工程中的文字说明

文字说明是图纸内容的重要组成部分，制图规范对文字说明中的字体、字的大小等做了一些具体规定：

①图纸上所需书写的文字、数字或符号等，均应笔画清晰、字体端正、排列整齐；标点符号应清楚正确。

②图样及说明中的汉字，宜采用长仿宋体。大标题、图册封面和地形图等的汉字，也可书写成其他字体，但应易于辨认。

③分数、百分数和比例数的注写，应采用阿拉伯数字和数学符号，例如：四分之三、百分之二十五和一比二十应分别写成 3/4、25%和 1:20。英文字母、阿拉伯数字与罗马数字，如需写成斜体字，其斜度应是从字的底线逆时针向上倾斜 75°。

④文字的字高，宜从如下系列中选用：3.5mm、5mm、7mm、10mm、14mm、20mm。如需书写更大的字，应按 $\sqrt{2}$ 的比例递增。英文字母、阿拉伯数字与罗马数字的字高，应不小于 2.5mm。

10.3 设置图形样板

本节将简单介绍图形样板的设置及相关绘图技巧。

10.3.1 图形样板概述

由于 AutoCAD 2012 是一种通用的图形软件，并不是专门针对建筑制图的，因此当新建一个 AutoCAD 图形文件开始绘图时，系统默认的设置比较单一，无法满足绘制建筑图纸的要求，通常的做法是，在开始绘图前和在绘图过程中，设置 AutoCAD 相关绘图环境，即包括图形界限、单位、图层、线型、线宽、文字样式和标注样式等。但每次新建图形均重新设置就比较费时费力。

针对以上情况，AutoCAD 2012 提供了样板的功能，系统自带了一些样板文件，可通过样板文件来新建图形文件。下面介绍有关的操作过程。

在菜单栏中选择“新建”→“图形”命令，打开“选择样板”对话框，如图 10-13 所示，在该对话框中列出了 AutoCAD 2012 自带的几个样板文件，选择其中的 Tutorial-iArch.dwt，然后单击“打开”按钮，系统即打开了该样板文件默认的新图形，如图 10-14 所示。

图 10-13 “选择样板”对话框

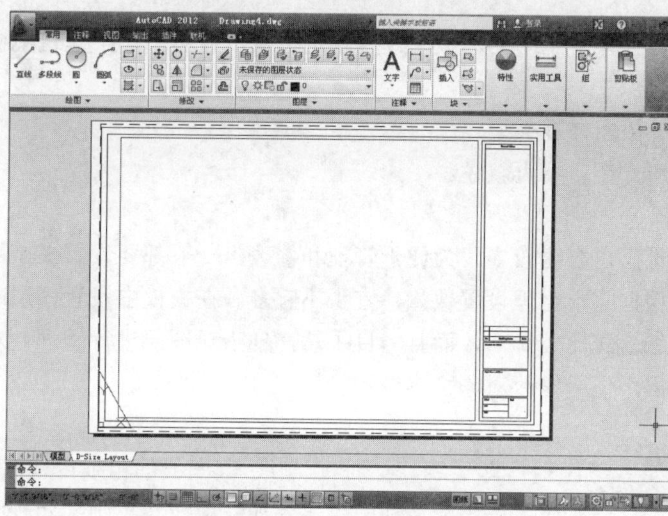

图 10-14 通过样本文件建立的新图形

从图 10-14 可以看出，新图形已经设置好了图框，打开“图层特性管理器”选项板，如图 10-15 所示，在该选项板中新图形已经设置好了一些图层、文字样式和标注样式等其他样式，读者可以通过相关对话框查看具体的内容。

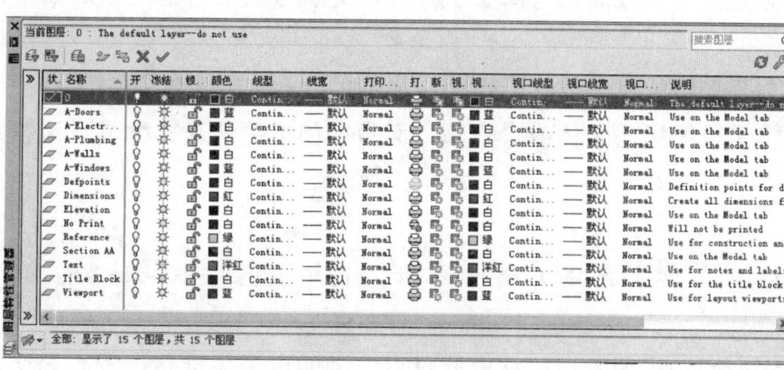

图 10-15 “图层特性管理器”选项板

由此可见，样板图形存储图形的所有设置。样板图形通过文件扩展名.dwt 区别于其他图形文件，它们通常保存在 template 目录中。

如果根据现有的样板文件创建新图形，则在新图形中的修改不会影响到样板文件。用户可以使用 AutoCAD 提供的一种样板文件，也可以创建自定义样板文件。

提　示

实际上样板文件是图形文件中的一种格式，可以用另存为命令将任何图形另存为样板文件。

在绘制图纸时，可以先建立一个样板图形，把需要使用的样式预先设置好，还可以制作常用的图块，然后将其一起作为一个模板文件，保存起来。以后在绘制图形时，首先打开该模板文件，在此模板基础上绘制图形，就可以省略大量绘图环境的设置工作，从而大大提高绘图效率。

10.3.2　图形样板的设置

根据前面介绍的有关建筑制图的标准来设置建筑模板。显然，一个建筑模板的内容至少应包括以下几个方面：

（1）单位、绘图界限及捕捉类型

这在前面已经有所介绍，不再叙述。

（2）图层

对于建筑图纸来说，内容比较多，为便于管理和修改，一般都要设置多个图层，有的甚至达到二十多个，但应该根据需求合理设置数量，宜少不宜多。在模板中设置图层时，建议采用汉字名称来命名，这样图纸格式比较统一，而且一目了然，便于对图层进行管理。对象属性（颜色、线型、线宽）一律随层，便于修改对象。

（3）线型

建筑图纸中的图线主要有3种，即实线、虚线和点画线，其图线的粗细由线宽决定。在 AutoCAD 中已经有一个默认线型——实线，在模板文件中还需要加载虚线和点画线两种线型。另外，由于绘制的建筑图纸一般都比较大，因此还需要考虑修改线型的全局比例因子。

（4）文字样式

在建筑制图中，需要使用文字的地方很多，如房间名称、图框说明栏、设计说明、施工说明和设备图例表等。这些文字一方面要考虑文字样式，另一方面要考虑文字的大小，这些需要在模板文件中进行设置。

建筑制图的标准是采用长仿宋体字，但是在实际的 AutoCAD 绘图中，一般设置多种文字样式。例如，对于汉字可以采用仿宋体或者宋体，而数字和字母的选择种类就比较多，而且还可以写成直体或斜体。

（5）标注样式

AutoCAD 默认的标注样式是 ISO-25，该样式不能用于建筑图纸的标注，必须设置新的建筑类型标注。

使用布局（图纸空间）出图时，标注样式只设一种即可。关键是设置全局比例 Dimscale=0，将标注缩放到布局。

使用模型空间出图时，要预先把所有的或经常用的标注样式设置好，或者随用随设，比较烦琐，鉴于标注是建筑制图很关键的一点，建议使用布局方式。

标注样式中的各种数量（箭头大小、基线间距和文字高度等）设置，无论是布局（图纸空间）出图，还是模型空间出图，均建议采用实际图纸中的大小，比如实际图纸中文字高度为 3.5mm，那就设为 3.5，最后通过全局比例或出图比例调整；当然也可以直接设置成按比例换算后的大小，例如实际图纸中的字高为 3.5mm，比例为 1:100，则将文字高度设置为 350。

（6）图块

在建筑图纸中，可以作为图块的物体很多，如前面介绍的图例符号，以及建筑平面图中的各种设施等，基本上都可以制作成图块，既方便调用，又能保证绘制图形的标准，显然可以极大地提高绘图效率。

图块的制作有两种方法，一是直接从设计中心中调用图块，然后将其分解修改，最后制作成图块；二是直接绘制，然后制作成图块。

设置完成后，就可以保存图形样本了，建议将模板文件放在 AutoCAD 安装目录下，便于查找。

上机操作——创建图形样板

Step 01 打开 AutoCAD 2012。选择“新建”（NEW）命令，打开“选择样板”对话框，选择 acadiso.dwt 样板文件，单击“打开”按钮。

Step 02 设置图形单位。单击菜单浏览器按钮，选择“图形实用工具”→“单位”命令，打开“图形单位”对话框，在“长度”选项区域，将其精度设置为 0.0，在“角度”选项区域，将其精度设置为 0.0，插入时的缩放单位设置为“毫米”，设置完成的对话框如图 10-16 所示。

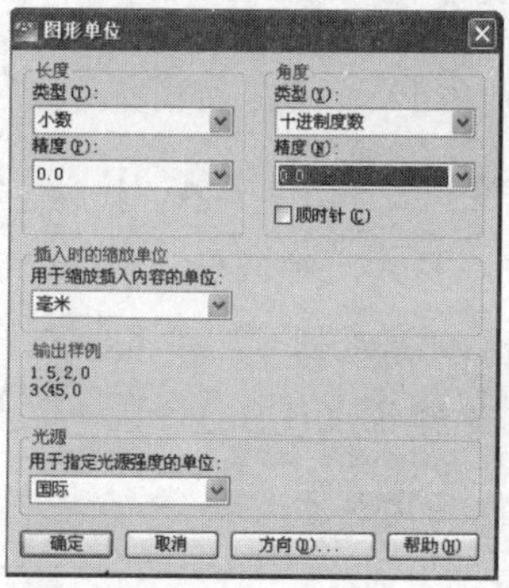

图 10-16　设置完成的“图形单位”对话框

Step 03 设置图形界限。在命令行输入 LIMITS 命令，按【Enter】键，在命令行提示下，指定其左下角点为（0,0），右上角点为（420000,297000）。

Step 04 设置捕捉类型。右击状态栏上的对象捕捉图标，从弹出的快捷菜单中选择“设置”命令，如图 10-17 所示，打开“草图设置”对话框，在“对象捕捉”选项卡中选择“启用对象捕捉”（默认为选中）复选框，然后在“对象捕捉模式”选项组中选择相应的复选框，设置完成的对话框如图 10-18 所示。

Step 05 设置图层。打开打开“图层特性管理器”选项板，依次建立“轴线”、“墙体”、“门窗”、“家具”、“楼梯、电梯”、“标注标高”和“文字说明”图层，设置完成的“图层特性管理器”选项板如图 10-19 所示。

Step 06 设置线型。在命令行输入 LINETYPE 命令，打开“线型管理器”对话框，单击“加载”按钮，弹出“加载或重载线型”对话框，选择 ACAD_IS002W100，如图 10-20 所示。单击“确定”按钮，虚线加载完成，然后再加载点画线 ACAD_IS004W100，设置完成的“线型管理器”对话框如图 10-21 所示。

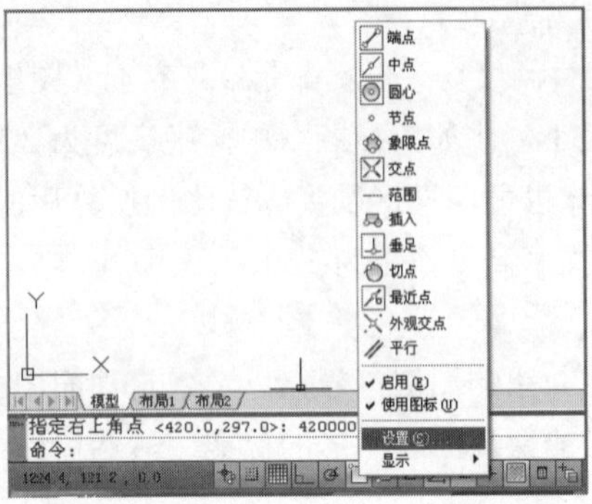

图 10-17　对象捕捉快捷菜单

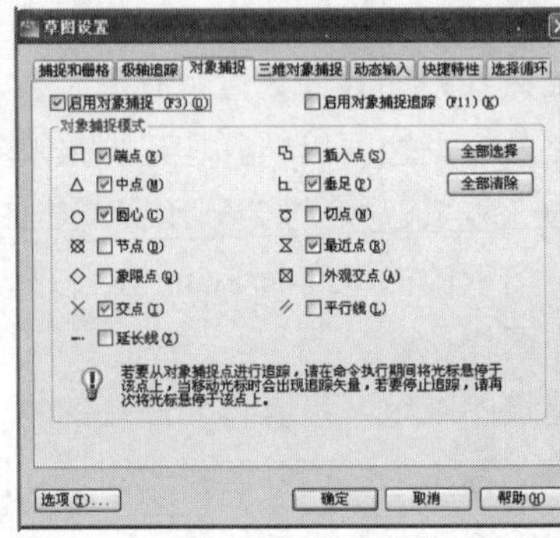

图 10-18　“草图设置”对话框

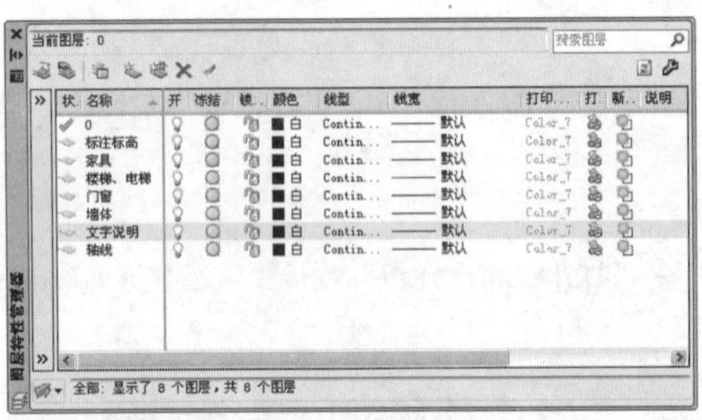

图 10-19　“图层特性管理器”选项板

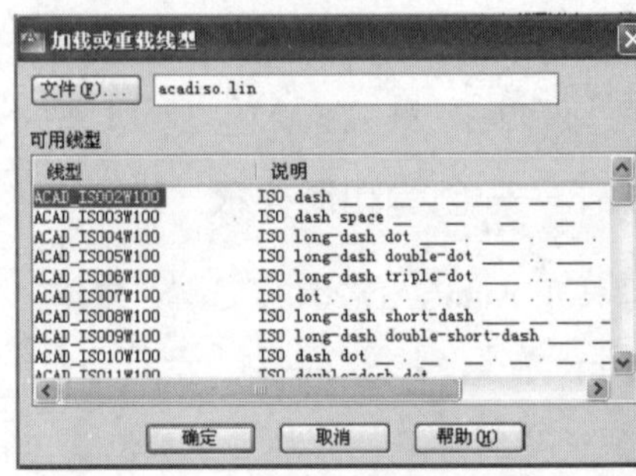

图 10-20　“加载或重载线型”对话框

Step 07 设置文字样式。在“注释”选项卡中单击“文字”面板右下角的小箭头（文字样式按钮），打开“文字样式”对话框，单击“新建”按钮，新建名为“样式 1”的文字样式，将“字体”设为 dim.shx，“宽度因子”设置为 0.7，如图 10-22 所示，然后再设置名为“样式 2”的文字样式，“字体”选择仿宋_GB2312，“宽度因子”设置为 0.7。

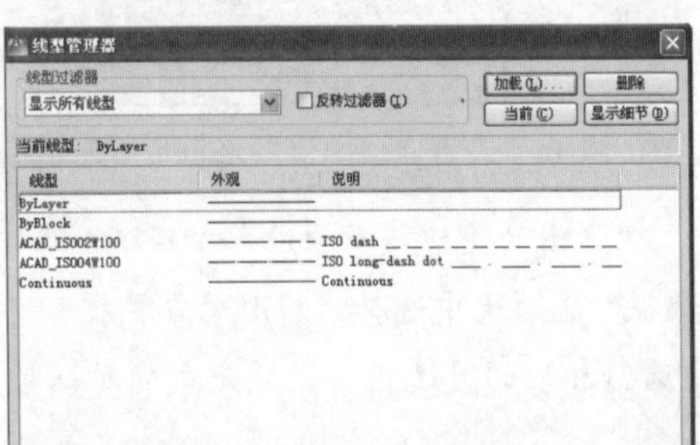

图 10-21　“线型管理器”对话框

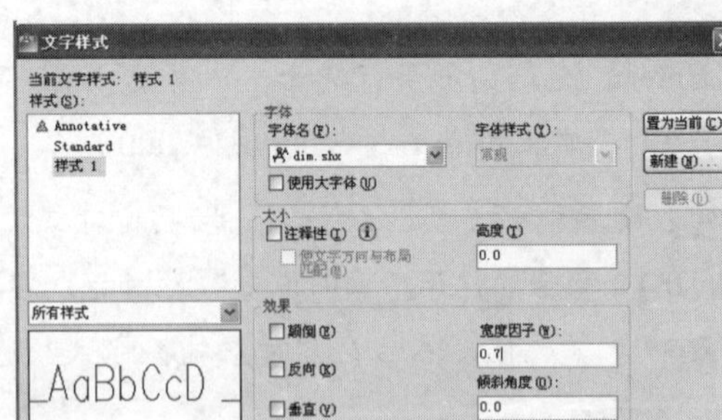

图 10-22　“文字样式“对话框

Step 08 设置标注样式。在“注释”选项卡中，单击“标注”面板右下角的小箭头（标注样式按钮），打开“标注样式管理器”对话框，如图 10-23 所示。单击“新建”按钮，弹出“创建新标注样式”对话框，设置“新样式名”为 dim-100（即用来标注打算按 1:100 的比例出图的图形），基础样式选择 ISO-25，如图 10-24 所示。单击“继续”按钮，弹出“新建标注样式：dim-100”

对话框，在“线”选项卡中将“超出尺寸线”设置为 200，“起点偏移量”设置为 300，如图 10-25 所示。选择“符号和箭头”选项卡，在“箭头”选项组中，在“第一个”下拉列表中选择“建筑标记”选项，在“第二个”下拉列表中选择“建筑标记”选项，并设置“箭头大小”为 100，如图 14-26 所示。

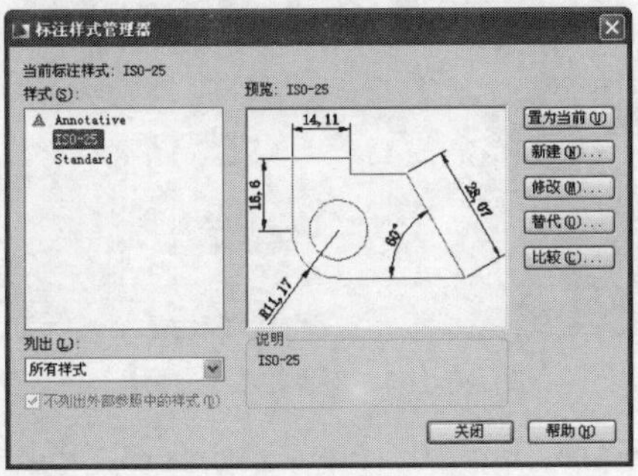

图 10-23　“标注样式管理器”对话框

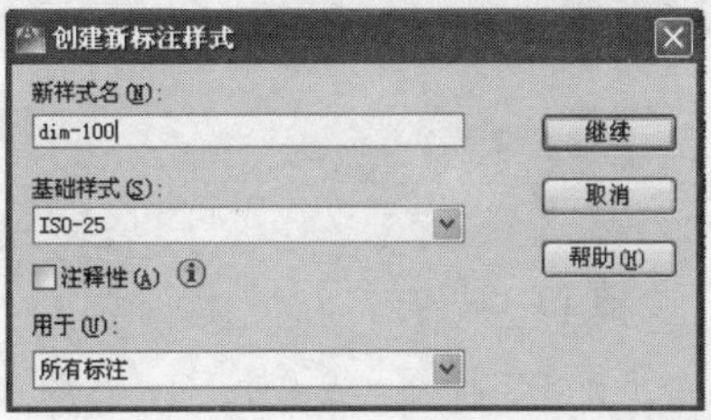

图 10-24　“创建新标注样式”对话框

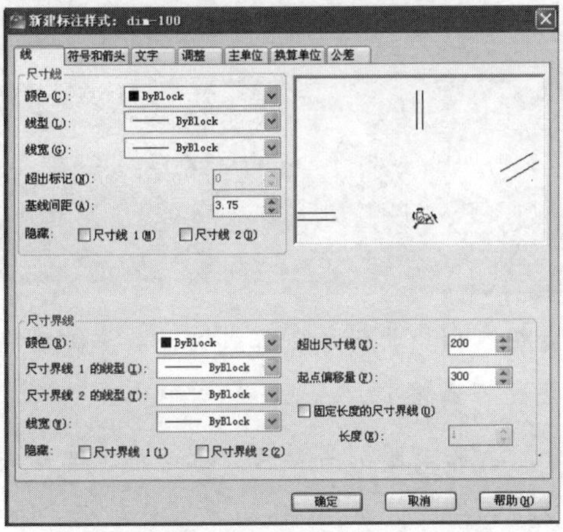

图 10-25　“新建标注样式：dim-100”对话框

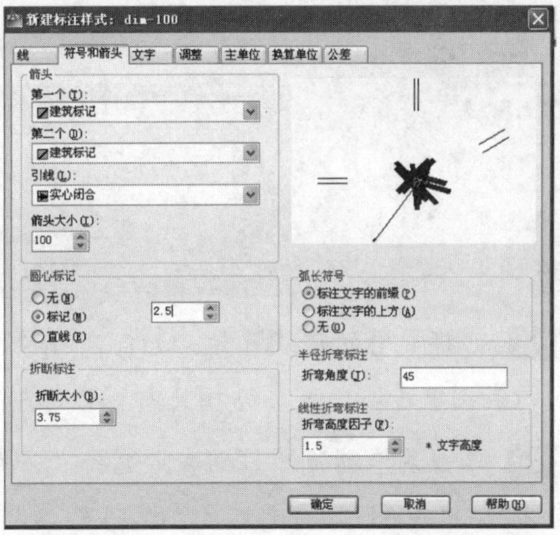

图 10-26　“新建标注样式：dim-100”对话框

选择“文字”选项卡，在“文字外观”选项组中，在“文字样式”下拉列表框中选择“样式 1”选项，并设定文字高度为 500，修改“文字位置”选项组中的“从尺寸线偏移”为 100，如图 10-27 所示。

选择“主单位”选项卡，将“精度”设置为 0，如图 10-28 所示。

选择“调整”选项卡，在“调整选项”选项组中，选择“文字始终保持在延伸线之间”单选按钮，在“文字位置”选项组中选择“尺寸线上方，不带引线”单选按钮，如图 10-29 所示。

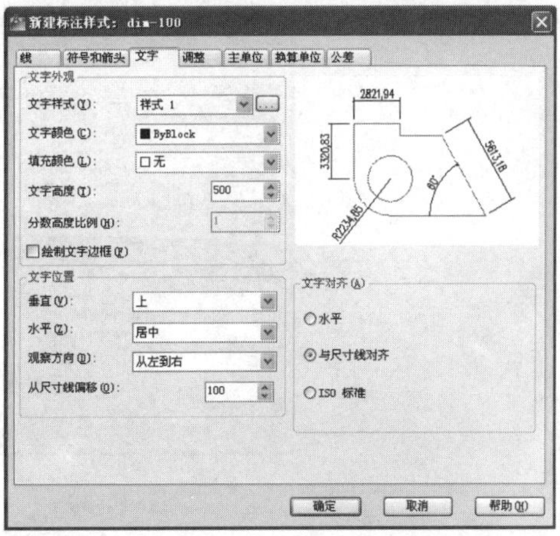

图 10-27　“文字”选项卡

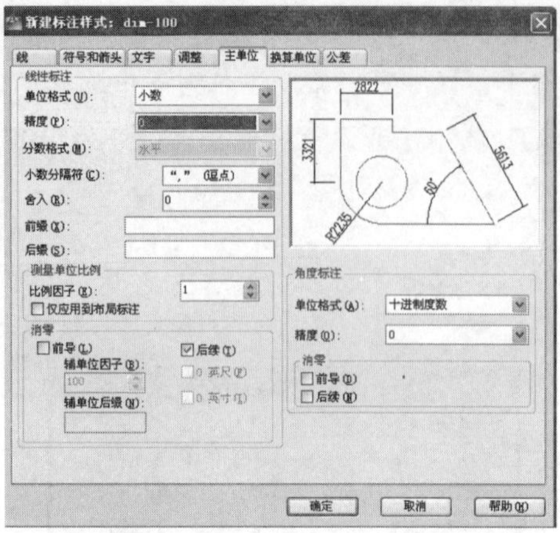

图 10-28 “主单位”选项卡

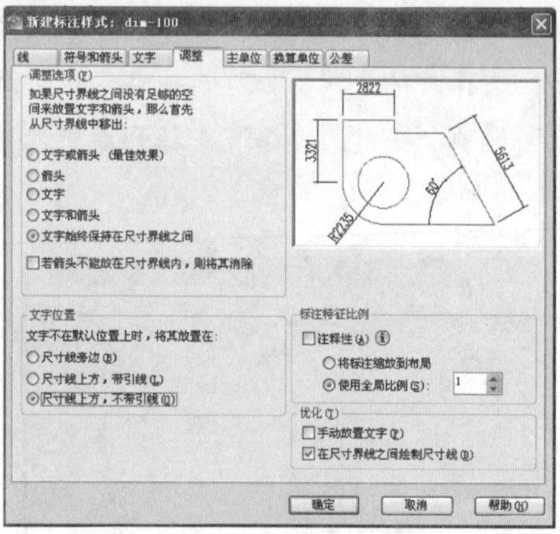

图 10-29 “调整”选项卡

单击“确定”按钮，完成设置。参照上面的办法继续完成 dim-10、dim-25、dim-50、dim-200、和 dim-500 的设置。

提 示

标注样式中的各种数量（箭头大小、基线间距、文字高度等）设置，如果在模型空间出图，一般按照实际大小乘以出图比例进行设置。比如文字高度一般要求为 5mm，箭头大小一般要求为 1mm，若按 1:100 出图，则文字高度设置为 500，箭头大小设置为 100，这样在出图之后，其在图纸上的大小就会刚好等于其所要求的大小。

Step 09 可将常用的建筑符号，如标高符号、轴号、折断线和指北针等制作成块，具体做法将在后面的实例中讲述，可参考相关内容进行制作（这一步也可省略）。

Step 10 单击菜单浏览器按钮，选择“另存为”命令，打开“图形另存为”对话框，选择文件类型为“AutoCAD 图形样板（*.dwt）”，设置文件名为“建筑”，如图 10-27 所示，单击“保存”按钮，这样就创建了一个常用的“建筑”图形样板。

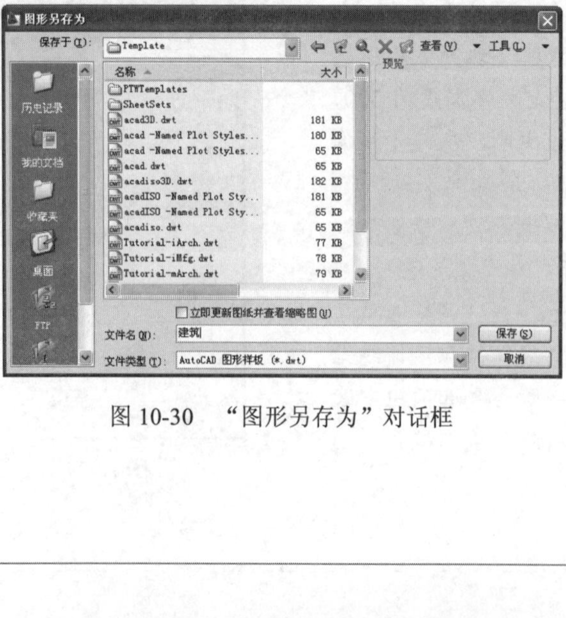

图 10-30 “图形另存为”对话框

10.4　本章小结

本章主要介绍建筑设计的一些基本知识，包括建筑设计的基本概念、程序及相关规范，建筑制图的基本知识，以及图形样板的设置。

通过本章的学习，读者可以为后续章节的学习打下良好的基础。

10.5　问题与思考

1. 使用 AutoCAD 2012 画图时可以怎样处理建筑最常用的符号？
2. 图形样板对于提高绘图效率有什么作用？
3. 图形样板 DWT 文件与图形 DWG 文件的区别？

第 11 章

绘制建筑平面图

本章主要内容：

本章将结合一些建筑实例详细介绍建筑平面图的绘制方法，给出利用 AutoCAD 2012 绘制建筑平面图的主要方法和步骤，并结合实例重点讲解门、窗、楼梯、台阶和配景等的绘制方法和步骤。通过实例的绘制使初学者进一步掌握 AutoCAD 常用绘图命令：LAYER（图层）、ATTDEF（属性定义）、MLINE（多线）、XLINE（构造线）、ARC（弧）、PLINE（多段线）、DTEXT（单行文字）、DIMSTYLE（标注样式）、DIMLINEAR（线性标注）、DIMCONTINUE（连续标注）等。进一步掌握 AutoCAD 的常用编辑命令：ARRAY（阵列）、OFFSET（偏移）、TRIM（修剪）、FILLET（圆角）、CHAMFER（倒角）、ROTATE（旋转）和 MOVE（移动）等。

本章重点难点：

- 建筑平面图的主要内容及表示方法
- 建筑平面图的绘制步骤

11.1　建筑平面图绘制概述

建筑平面图是建筑图中的一种，是整个建筑平面的真实写照，又可简称为平面图，是将新建建筑物或构筑物的墙、门窗、楼梯、地面及内部功能布局等建筑情况，以水平投影的方法与相应的图例所组成的图纸。

建筑平面图作为建筑设计、施工图纸中的重要组成部分，它反映建筑物的功能需要、平面布局及其平面的构成关系，是决定建筑立面及内部结构的关键环节。其主要反映建筑的平面形状、大小、内部布局、地面、门窗的具体位置和占地面积等情况。所以说，建筑平面图是新建建筑物的施工及施工现场布置的重要依据，也是设计及规划、给排水、强弱电和暖通设备等专业工程的平面图和绘制管线综合图的依据。

一般情况下，绘制建筑平面图时，需要对不同的楼层绘制不同的平面图，并在图的正下方标注相应的楼层，如“首层平面图”、“二层平面图”等。

如果各楼层的房间、布局完全相同或基本相同（如住宅、宾馆等的标准层），则可以用一张平面图来表示（如命名为“标准层平面图”、“二到十层平面图”等），对于局部不同的地方则需要单独绘制出平面图。

建筑平面图是施工图纸的主要图样之一，主要内容包括：

①建筑物的内部布局、形状、入口、楼梯、门窗、轴线和轴线编号等。一般来说，平面图需要标注房间的名称和相关编号。

②平面图中要标明门窗编号、剖切符号、门的开启方向、楼梯的上下行方向等。门、窗除了图例外，还应该通过编号来加以区分，如 M 表示门，C 表示窗，编号一般为 M1、M2 和 C1、C2 等。同一个编号的门窗尺寸、材料和样式都是相同的。

③要标明室内地坪的高差、各层的地坪高度和室内的装饰做法等。

建筑平面图常采用 1:100，1:200，1:300 的比例来绘制，要根据建筑物的规模来选择相应的比例绘制。

11.2　绘制建筑平面门窗

建筑门窗的设计主要考虑的是人员的进出方便，以及房间的通风采光等问题，设计门窗时既要满足功能需求，又要在经济条件允许的情况下注重美观大方。建筑门窗作为建筑构件，其规格尺寸通常是以建筑模数为基准的。

11.2.1　绘制门

在 AutoCAD 中绘制平面门，通常都是先使用“弧线”命令和“直线”命令绘制一个门，然后将其定义为图块，再插入到平面图中，通过编辑如内外开门、左右开门方式等，完成平面门的绘制。具体绘制方法与步骤如下：

Step 01 新建图层，输入图层名称 door（门），如图 11-1 所示。

Step 02 执行“直线”（LINE）命令绘制水平向长度为 4800 的直线 A，如图 11-2 所示。

Step 03 执行“复制”（COPY）命令，向下复制直线 A，位移为 240，如图 11-3 所示。

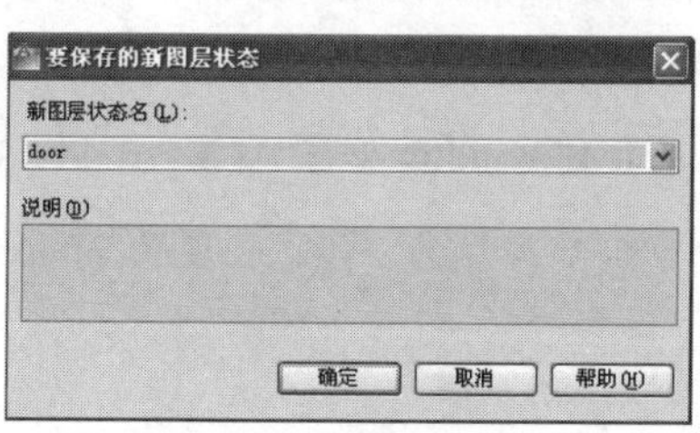

图 11-1　新建门图层

图 11-2　绘制长度为 4800 的直线 A

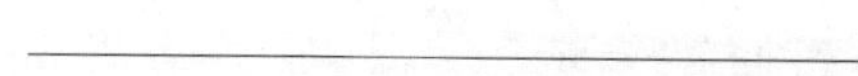

图 11-3　复制直线 A

Step 04 执行“直线”（LINE）命令在距离右侧端点 800 处垂直绘制一条直线 B，长度为 3300，直线 B 位于直线 A 以上部分长度为 2500，如图 11-4 所示。

Step 05 执行“复制”（COPY）命令，向左复制直线 B，位移为 240，如图 11-5 所示。

Step 06 执行“修剪”（TRIM）命令，修剪直线造型，得到一对垂直相交的墙体，如图 11-6 所示。

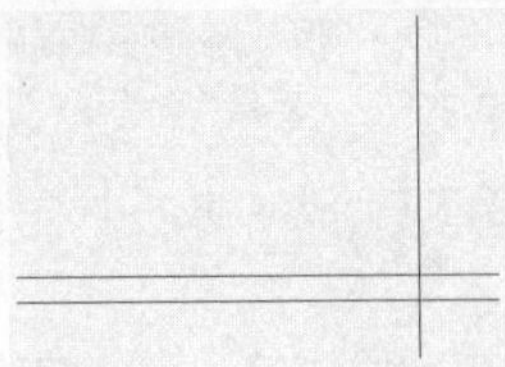

图 11-4　绘制直线 B

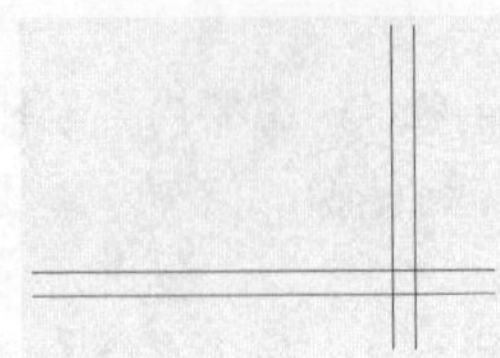

图 11-5　复制直线 B

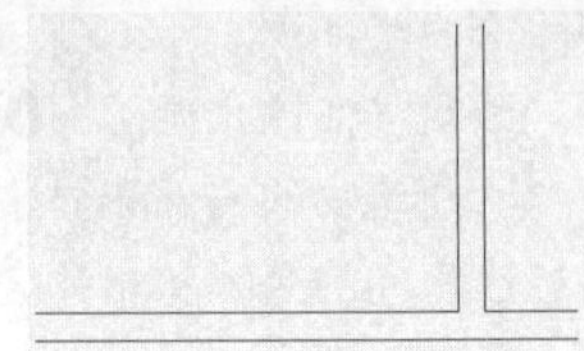

图 11-6　墙体造型

Step 07 绘制一条距离竖向墙体左侧墙线 120，且与水平墙体垂直相交的直线，按照门的大小向左平移复制 900 得到另一条直线，如图 11-7 所示。两条与墙体垂直的平行线的距离就是门的宽度，修剪墙体线条获得平面门洞的轮廓造型，如图 11-8 和图 11-9 所示。

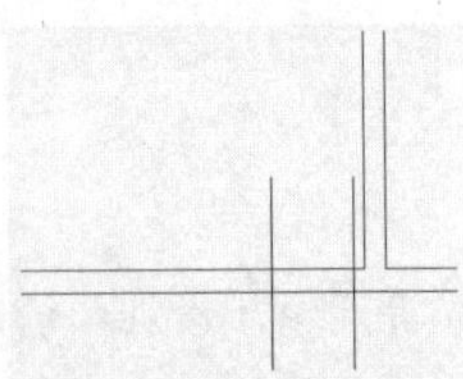

图 11-7　绘制门洞线

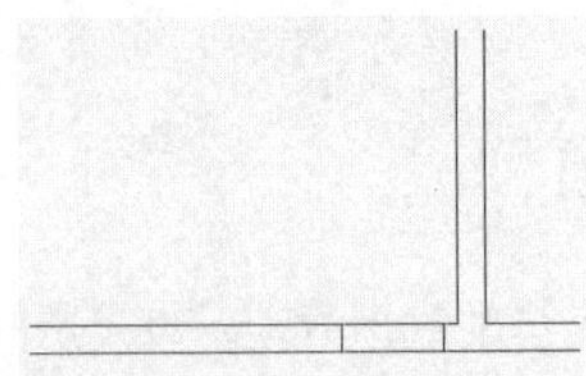

11-8　修剪完成图

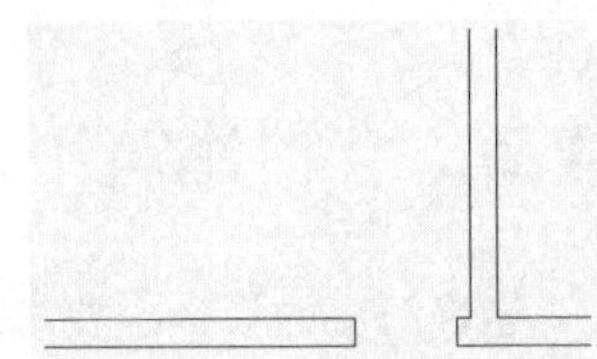

图 11-9 绘制好的门洞

Step 08 以墙体中心线与门洞右边线的交点为圆心，使用“弧线”（ARC）命令绘制半径为 900 的 1/4 圆弧作为门的开启线。执行“直线”（LINE）命令连接弧线端点和门轴点（即圆心），形成门扇线，如图 11-10 所示。

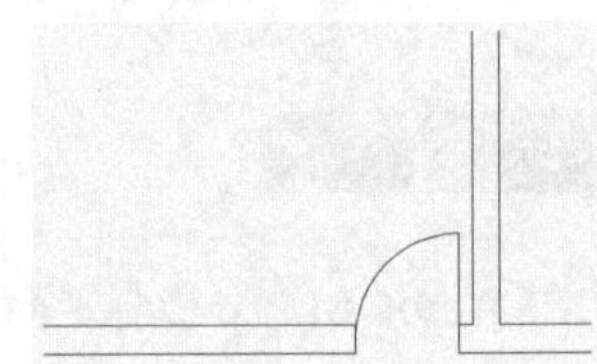

图 11-10　绘制门及开启线

11.2.2　绘制窗

平面窗图块的绘制与平面门的制作类似。在建筑平面中，通常以 4 根或 3 根平行线表示平面窗。为减少图层管理及编辑工作，也可将平面门与平面窗合为一层，无须另建新层。现以平面图某一房间中规格为 1800 的长窗为例，讲解平面窗的绘制，具体绘制方法与步骤如下：

Step 01 新建图层，在“新图层状态名”文本框中输入图层名称 window（窗），如图 11-11 所示。

Step 02 执行“直线”（LINE）、“复制”（COPY）命令创建厚度为 240、长度为 3000 的墙体 A，如图 11-12 所示。

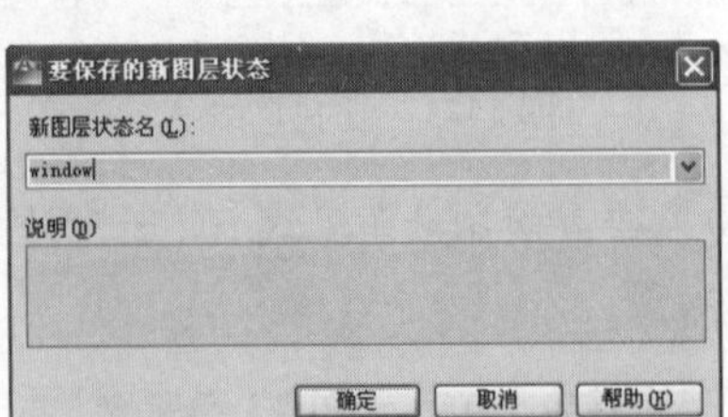

图 11-11　新建窗图层

图 11-12　创建墙体 A

Step 03 执行“偏移”（OFFSET）命令，向上偏移距离为 3600，得到另一个墙体 B，如图 11-13 所示。

Step 04 执行“直线”（LINE）命令，连接墙体 A 及墙体 B 的左侧端点，执行“复制”（COPY）命令复制直线，位移为 240，如图 11-14 所示。

Step 05 执行延伸（EXTEND）、修剪（TRIM）命令，得到墙体 C，如图 11-15 所示。

Step 06 在距离墙体 A 内墙线 900 处绘制一条直线，并执行“偏移”（OFFSET）命令并向上偏移 1800，得到窗洞位置，如图 11-16 所示。

图 11-13　绘制墙体 B

图 11-14　连接墙体 A 及墙体 B

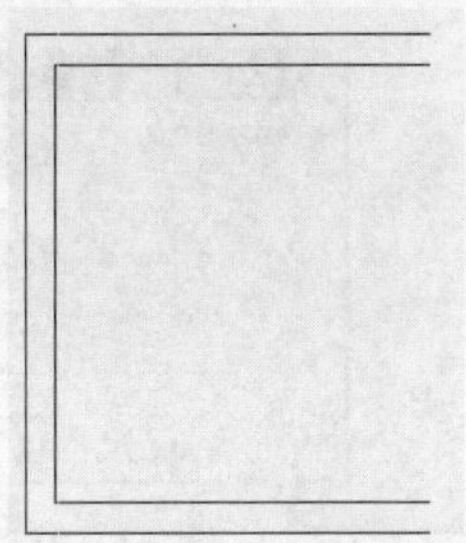

图 11-15　绘制墙体 C

Step 07 执行“修剪”（TRIM）命令，修剪墙体线条获得平面窗洞轮廓，如图 11-17 所示。

Step 08 执行直线（LINE）命令绘制窗户的平面。沿墙线在窗洞位置绘制一条直线，并向内平移复制 3 次，平移距离为 80，得到窗户的平面，如图 11-18 所示。

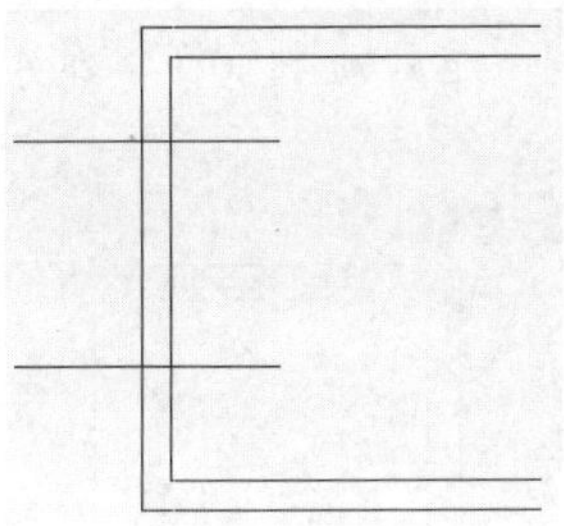

图 11-16　绘制窗洞线

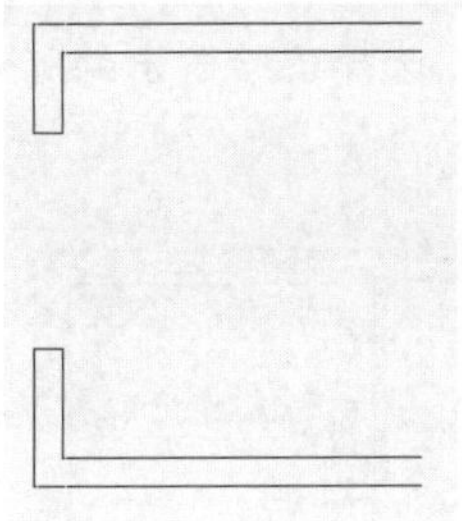

图 11-17　窗洞造型

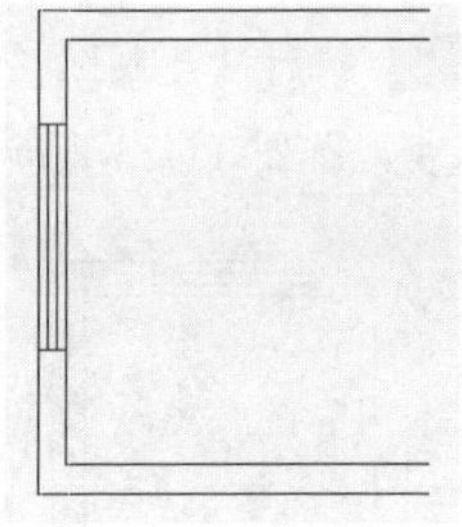

图 11-18　窗户的绘制

11.3　绘制楼梯和电梯

建筑中的交通空间，起着联系各功能空间的作用。交通空间包括水平交通空间（走道）、垂直交通空间（坡道、楼梯、电梯和自动扶梯）和交通枢纽空间（门厅、过厅和电梯厅）等。

楼梯是建筑中常用的垂直交通设施，其数量、位置及形式应满足使用方便和安全疏散的要求，注重建筑环境空间的整体效果，同时还应符合《建筑设计防火规范》和《建筑楼梯模数协调标准》等其他有关单体建筑设计规范的要求。

11.3.1 绘制楼梯

Step 01 新建图层，在“新图层状态名”文本框中输入图层名称stair（楼梯），如图11-19所示。

Step 02 执行“直线”（LINE）命令，按照上一节介绍的方法绘制楼梯间的墙体和门窗轮廓图形，楼梯间开间宽为2400，窗宽为1200，居中布置，如图11-20所示。

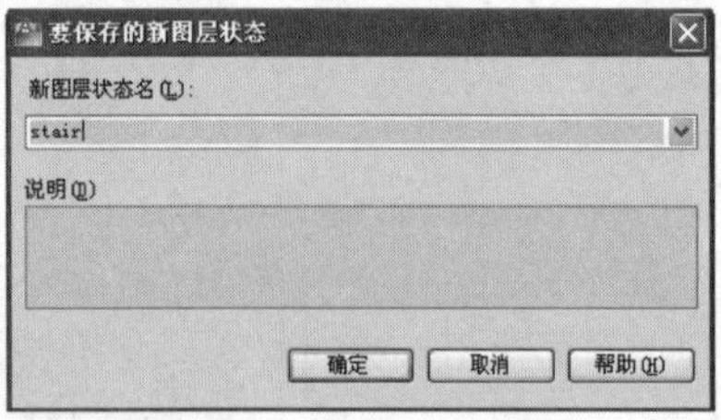

图11-19 新建楼梯图层

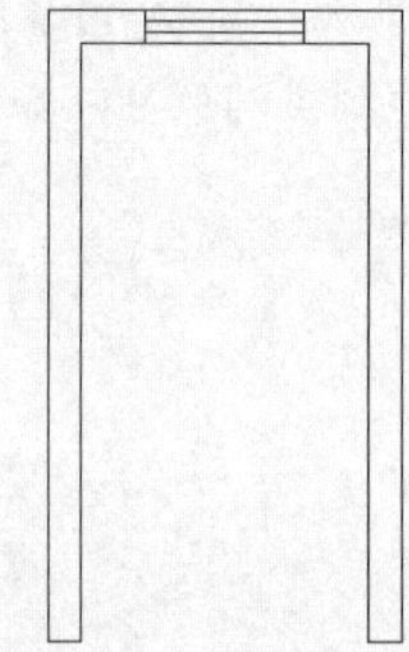

图11-20 绘制楼梯间轮廓

Step 03 执行“直线”（LINE）命令，以距楼梯间左侧内墙底部端点580处为起点，绘制长度为980的水平线，作为楼梯的第一个踏步，如图11-21所示。

Step 04 执行“偏移”（OFFSET）命令，将所绘制踏步向上偏移8次，偏移距离为285，如图11-22所示。

Step 05 执行“复制”（COPY）命令，选择已绘制出的踏步，向右复制，距离为1180，得到另一侧踏步，如图11-23所示。

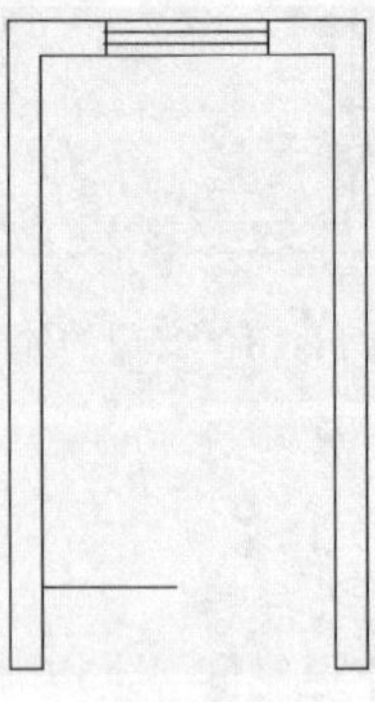

图11-21 绘制楼梯首级踏步

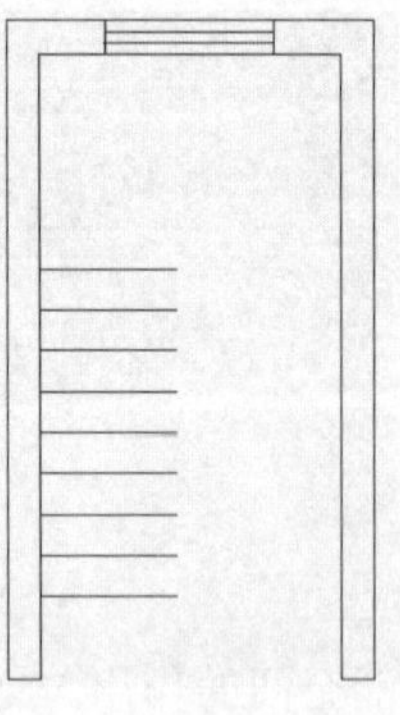

图11-22 偏移楼梯踏步

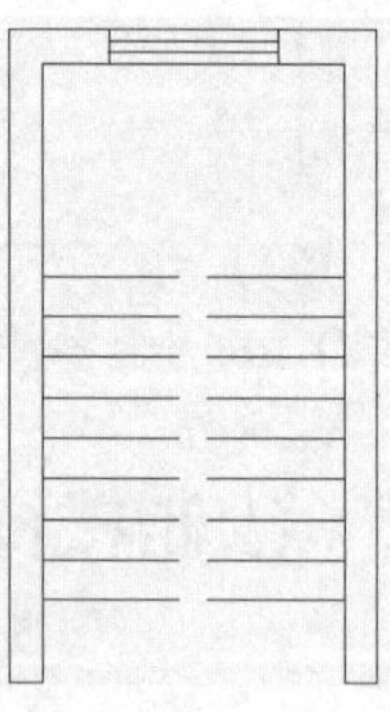

图11-23 复制另一侧踏步

Step 06 执行“直线”（LINE）命令，连接两侧踏步端点，然后将两条连接线分别向内偏移，距离为50，得到楼梯扶手线，如图11-24所示。

Step 07 执行“直线”（LINE）命令，将外侧扶手线向两端各延伸50，执行“直线”（LINE）命令，连接两根内扶手线，如图11-25所示。

Step 08 执行“直线”（LINE）命令，连接两根外扶手线，完成楼梯井的绘制，如图11-26所示。

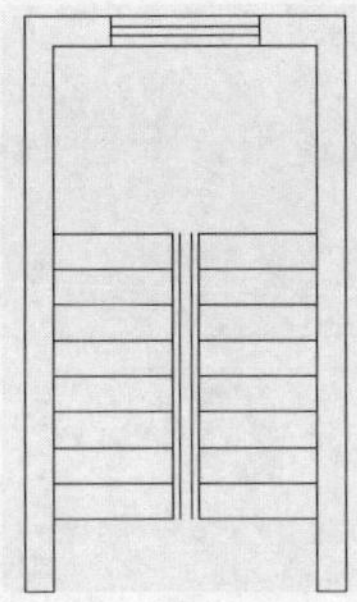

图 11-24　绘制楼梯扶手线

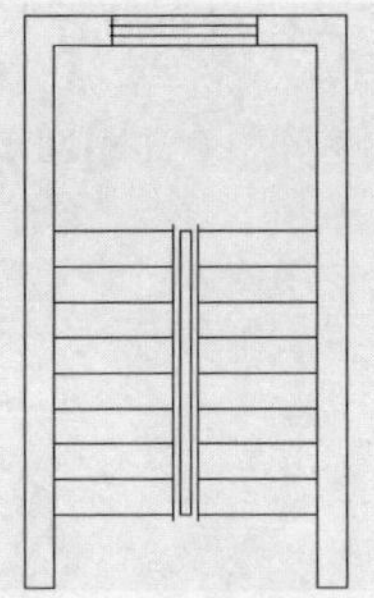

图 11-25　连接并延伸扶手线

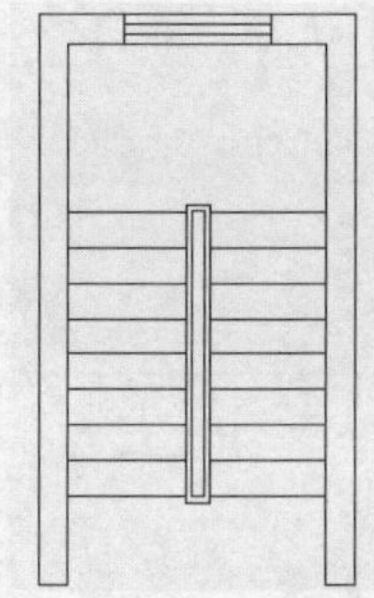

图 11-26　绘制梯井造型

Step 09 执行“直线”（LINE）和“修剪”（TRIM）命令，以 45° 角绘制楼梯踏步折断线，如图 11-27 所示。

Step 10 执行“多重引线”（MLEADER）命令绘制方向箭头，如图 11-28 所示。

Step 11 执行“单行文字”（DTEXT）命令标注楼梯的上下行方向，如图 11-29 所示。

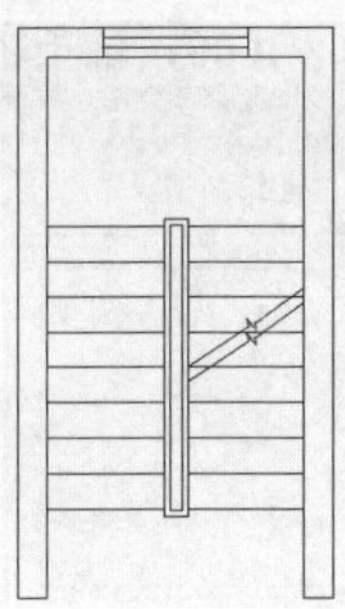

图 11-27　勾画楼梯折断线造型

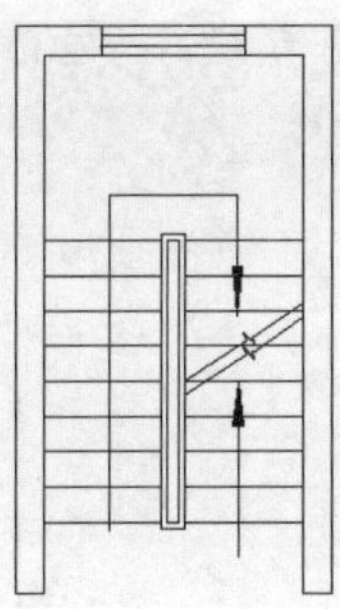

图 11-28　绘制方向箭头

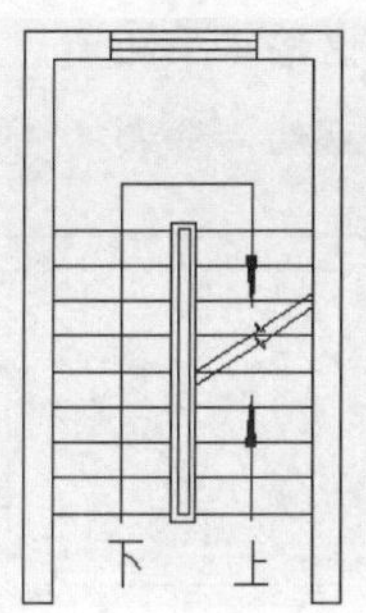

图 11-29　标识楼梯上下行方向

提　示

梯井宽一般为 200，折断线倾斜角度约为 45°，绘制折断线时要关闭正交和对象捕捉功能。

11.3.2　绘制电梯

Step 01 执行“矩形”（RECTANG）命令，绘制两个尺寸为 2200 × 2500 的电梯井道轮廓，如图 11-30 所示。

Step 02 分别执行“分解”（EXPLODE）和“偏移”（OFFSET）命令，使矩形边线向外围偏移 240，形成墙体，如图 11-31 所示。

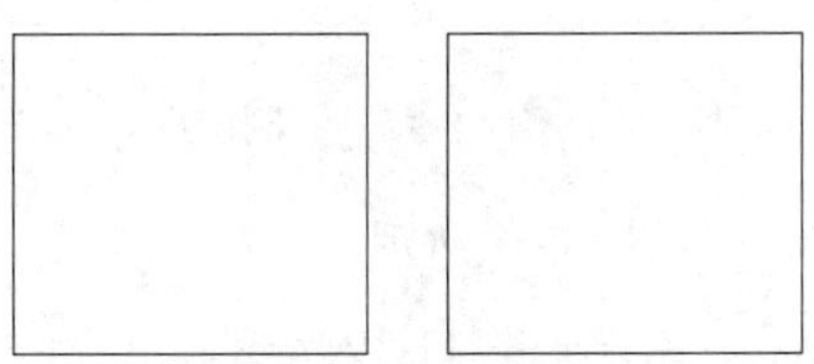

图 11-30　绘制矩形

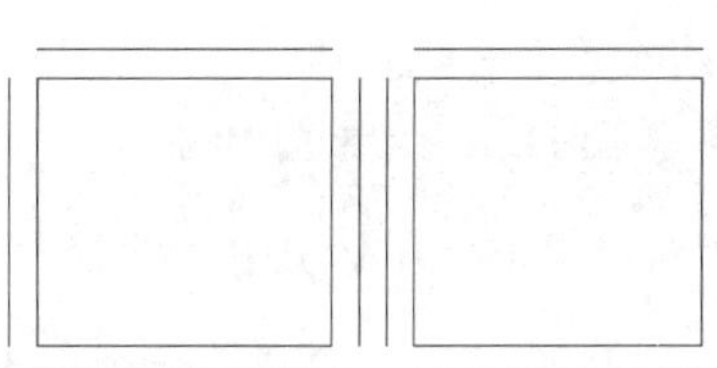

图 11-31　绘制墙体

Step 03 执行“直线”（LINE）命令，延长外墙线长度，如图 11-32 所示。

Step 04 执行“延伸”（EXTEND）和“修剪”（TRIM）命令，修整外墙线造型，如图 11-33 所示。

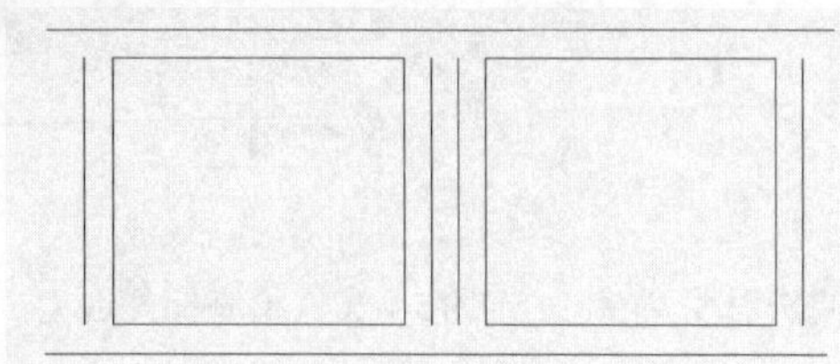

图 11-32　延长外墙线长度

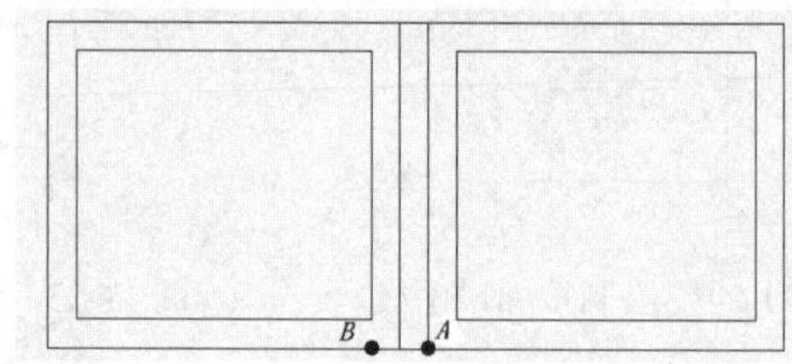

图 11-33　修整外墙线

Step 05 执行“移动”（MOVE）命令，将右侧电梯墙体向左移动。选择右侧全部墙体，捕捉点 *A*，移动至点 *B*，剪掉多余墙线，完成电梯墙体的绘制，如图 11-34 所示。

Step 06 执行“矩形”（RECTANG）命令，绘制电梯平面造型，其中轿厢尺寸为 1800 × 1800，距左侧内墙水平距离为 300，距上端内墙垂直距离为 200。平衡块尺寸为 150 × 1000，位于轿厢与墙体中点处，如图 11-35 所示。

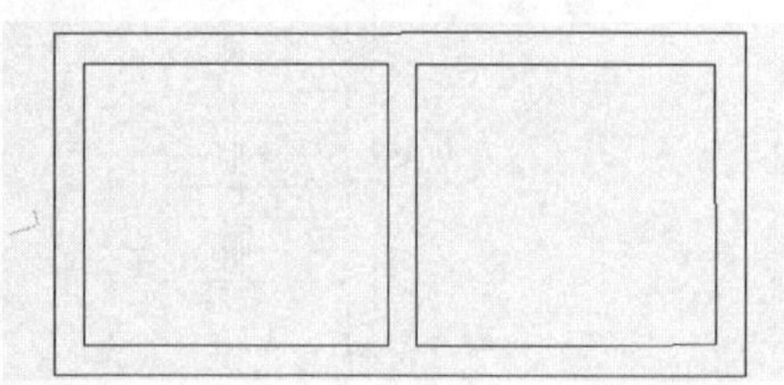

图 11-34　完成墙体绘制

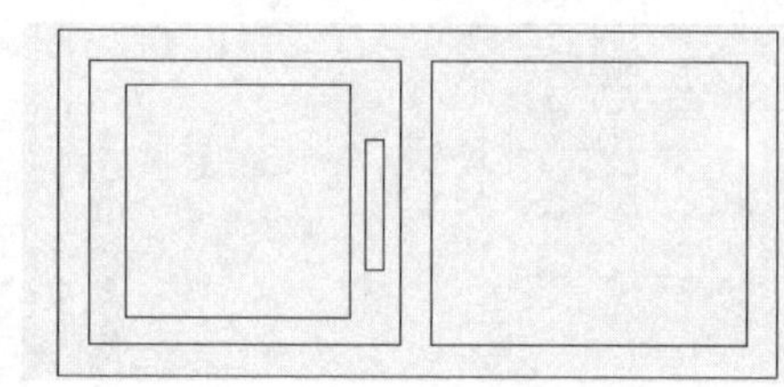

图 11-35　绘制电梯平面

Step 07 执行“直线”（LINE）命令，连接电梯轿厢对角点。重复执行“直线”（LINE）命令，在距左侧内墙 500 处绘制一条垂直直线，执行“复制”（COPY）命令，复制另一条直线，平移位移为 1500，如图 11-36 所示。

Step 08 执行“修剪”（TRIM）命令，修剪出电梯门洞，执行“矩形”（RECTANG）命令绘制两个电梯门扇造型，尺寸为 1200 × 50，如图 11-37 所示。

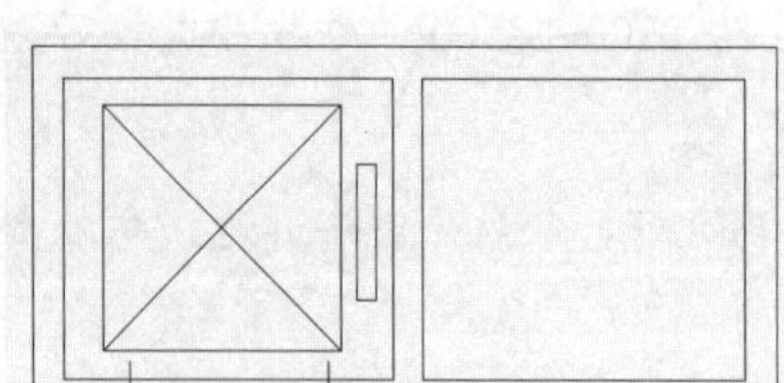

图 11-36　绘制门洞线

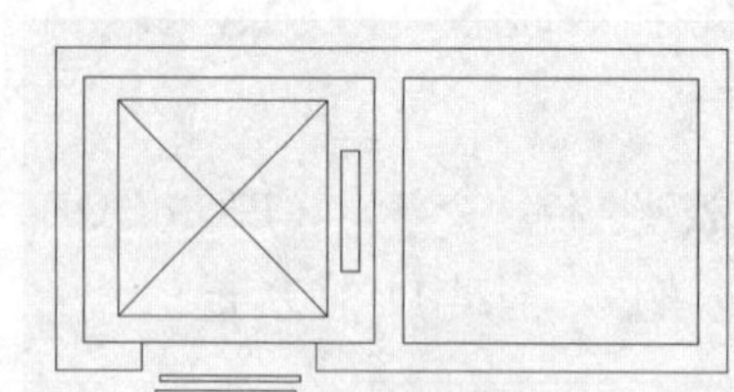

图 11-37　绘制门扇

Step 09 执行“移动”（MOVE）命令，调整门扇位置，如图 11-38 所示。

Step 10 采用“复制”（COPY）命令绘制出另一部电梯，结果如图 11-39 所示。

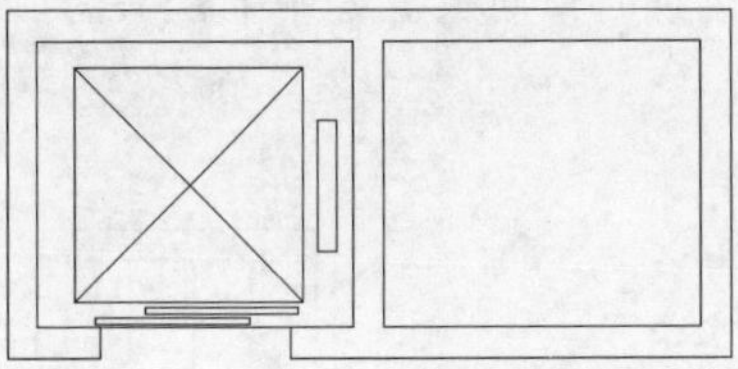

图 11-38　绘制电梯平面造型

图 11-39　绘制另外一个电梯

提　示

平面电梯的绘制内容主要包含轿厢、电梯门及平衡块。

11.4　绘制台阶和坡道

11.4.1　绘制台阶

Step 01 新建图层，在“新图层状态名”文本框中输入图层名称“台阶”，如图 11-40 所示。

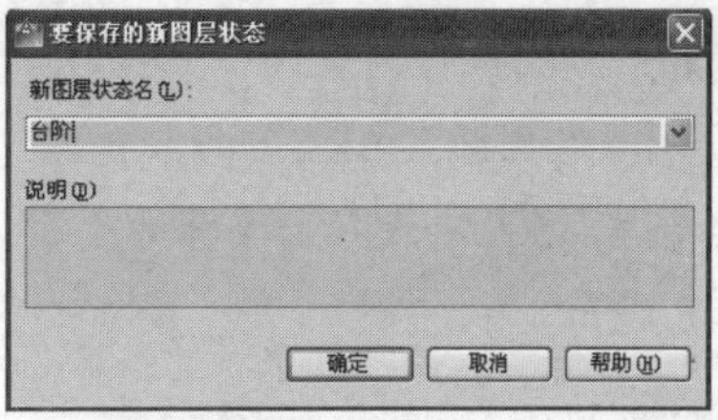

图 11-40　新建“台阶”图层

Step 02 执行“直线”（LINE）命令，绘制厚为 200、长 4 为 800 的外墙，如图 11-41 所示。

Step 03 分别执行“直线”（LINE）、“复制”（COPY）、三点圆弧（ARC）和“镜像”（MIRROR）命令，在外墙中心部位绘制宽为 1500 的大门，具体方法参见 11.2.1 节的步骤 8，绘制结果如图 11-42 所示。

Step 04 以大门为中心在平行于外墙方向 1500 距离的位置，绘制一条长 3600 的竖向线段，作为第一条踏步线，如图 11-43 所示。

图 11-41　绘制外墙

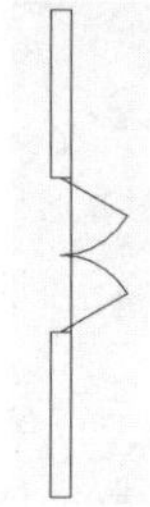

图 11-42　绘制大门

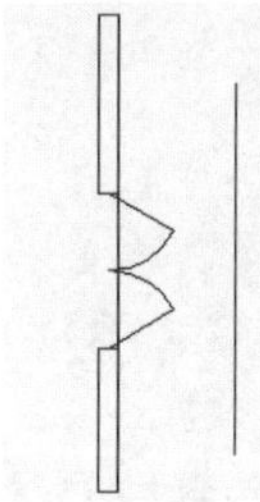

图 11-43　绘制第一条踏步线

Step 05 执行矩形阵列（ARRAYRECT）命令，选择要列阵的对象，按【Enter】键，根据命令行提示，选择“计数”选项，然后分别输入行数 1，列数 6，间距 1500，并按【Enter】键结束，完成其余 5 条踏步线的绘制，如图 11-44 所示。

Step 06 执行“矩形”（RECTANG）命令，在踏步线的左右两侧分别绘制两个尺寸为 340 × 2700 的矩形，为两侧的条石平面，如图 11-45 所示。

Step 07 执行“多重引线”（MLEADER）命令，在台阶踏步的中间位置绘制带箭头的引线，表示踏步方向，如图 11-46 所示。

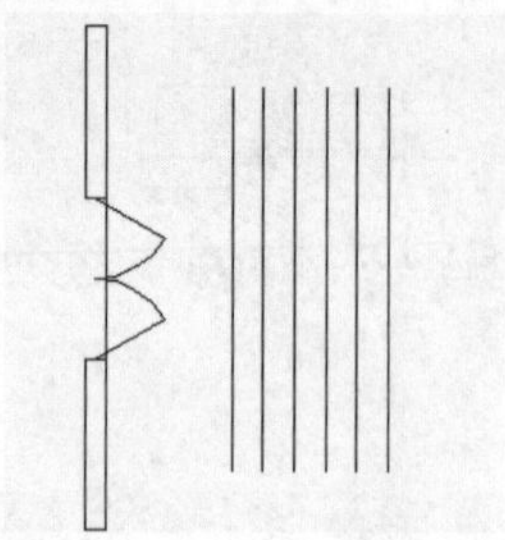

图 11-44　绘制台阶踏步线

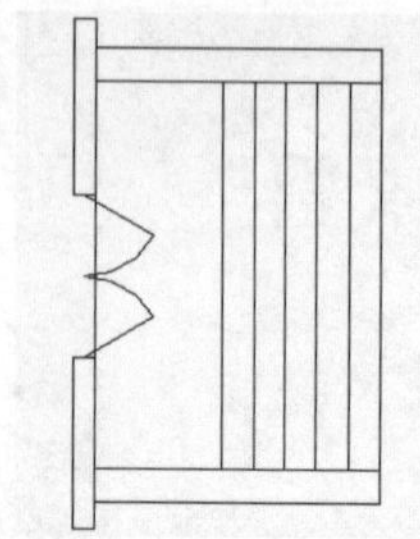

图 11-45　绘制条石平面

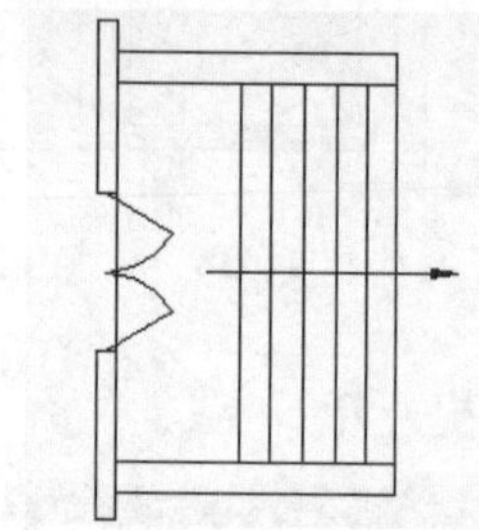

图 11-46　添加方向箭头

11.4.2　绘制坡道

Step 01 执行“直线”（LINE）命令，绘制厚 240、长 5000 的外墙，如图 11-47 所示。

图 11-47　绘制外墙

Step 02 分别执行“直线”（LINE）、“复制”（COPY）、“圆心、起点、端点”圆弧（ARC）和“镜像”（MIRROR）命令，在外墙中心部位绘制宽 1500 的大门，具体方法参见 11.2.1 节的步骤 8，绘制结果如图 11-48 所示。

Step 03 执行“直线”（LINE）命令，绘制坡道外轮廓线，坡道长为 5000，宽为 3000，如图 11-49 所示。

Step 04 执行“多重引线”（MLEADER）命令，在坡道的中间位置绘制带箭头的引线，表示坡道方向，如图 11-50 所示。

Step 05 执行“单行文字”（DTEXT）命令，标注坡道坡度，字高为 300，如图 11-51 所示。

图 11-48　绘制大门

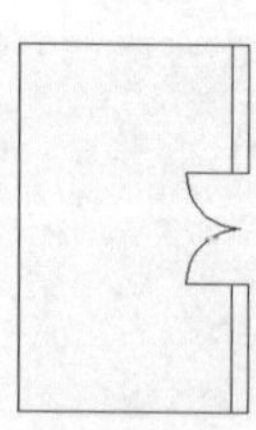

图 11-49　绘制坡道轮廓线

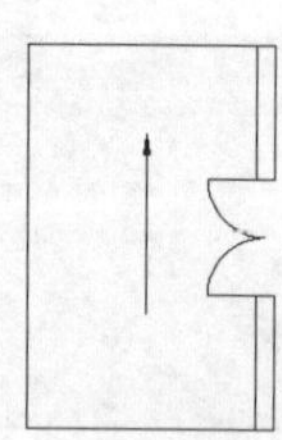

图 11-50　绘制方向箭头

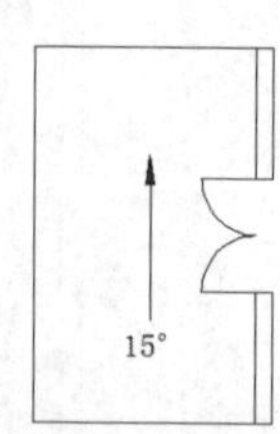

图 11-51　标注坡度

11.5　绘制轴线、墙和柱子

11.5.1　绘制轴线

建筑轴网作为平面图的基本框架，是由横竖轴线构成的网格，是建筑中墙柱中心线或根据需要偏离中心线的定位线组成的。在绘制建筑平面图时，一般从建立轴网开始，根据轴网，按建筑结构形式布置柱网或者绘制墙体，当在初步设计阶段已经基本确定建筑轴网和轴线，在绘制建筑平面图时可明确地确定墙体。构造柱、门窗等主要建筑构件都是由轴网来确定其方位的。

Step 01 单击“特性”选项板中的“选择线型”下拉按钮，选择 DASHDOT 线型。执行“直线”（LINE）命令，绘制一条横向基准轴线，长度为 11800，如图 11-52 所示。

图 11-52　绘制横向基准轴线

Step 02 执行“偏移”（OFFSET）命令，将横向基准轴线依次向上偏移，偏移距离分别为 4500、2400 和 4800，如图 11-53 所示，依次完成横向轴线的绘制。

Step 03 执行“直线”（LINE）命令，连接横向轴线左侧端点，完成一条纵向基准轴线的绘制，长度为 11700，如图 11-54 所示。

Step 04 执行“偏移”（OFFSET）命令，将纵向基准轴线依次向右偏移，偏移距离分别为 3900、3600 和 4300，如图 11-55 所示，依次完成纵向轴线的绘制。

图 11-53　绘制横向轴线

图 11-54　绘制纵向基准轴线

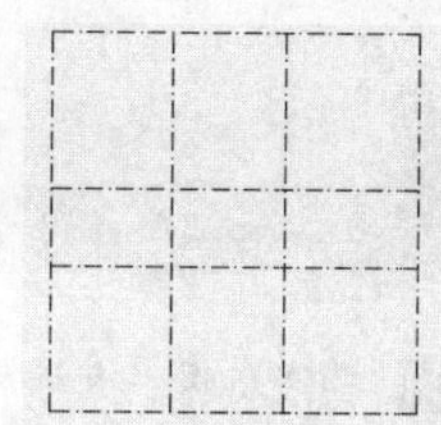

图 11-55　绘制纵向轴线

Step 05 标注平面轴网尺寸。执行“标注样式”（DIMSTYLE）命令，弹出“标注样式管理器”对话框，如图 11-56 所示。

Step 06 单击对话框中的“新建”按钮，在“创建新标注样式”对话框中，创建样式名为“轴线”的样式。单击“确定”按钮，打开“新建标注样式：轴线”对话框，如图 11-57 所示，根据制图习惯设置标注样式。

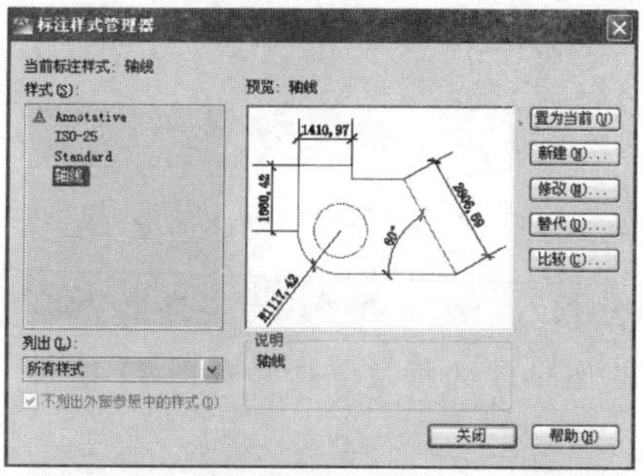

图 11-56　“标注样式管理器”对话框

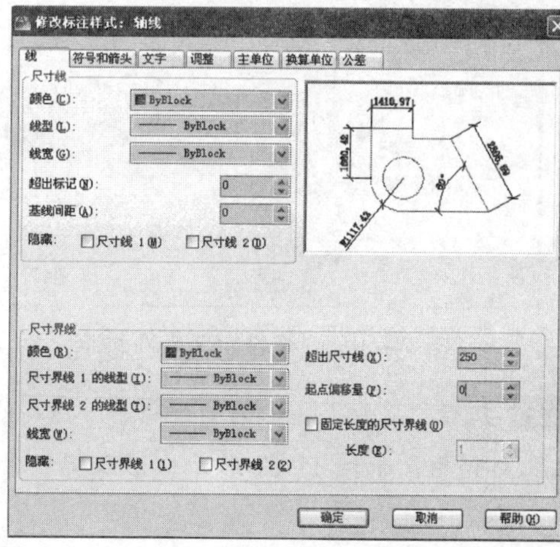

图 11-57　设置标注样式

Step 07 执行“快速标注”（QDIM）命令，分别单击每两根轴线，进行上部分轴线的标注，如图 11-58 所示。

Step 08 重复执行“快速标注”（QDIM）命令，完成左侧轴线标注，如图 11-59 所示。

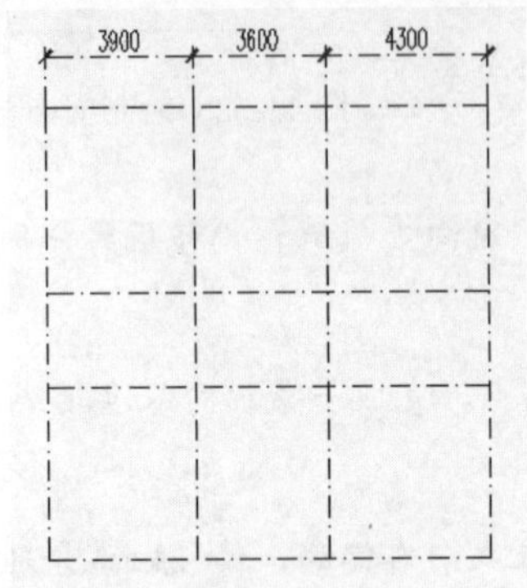

图 11-58　上部轴线标注

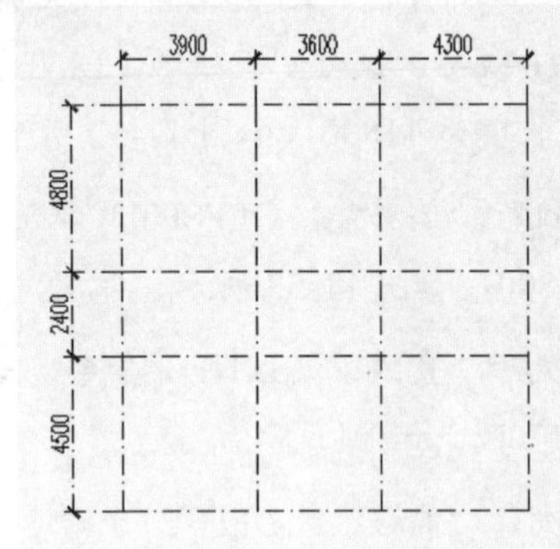

图 11-59　完成轴线标注

提　示

当左右轴网或上下轴网尺寸相同时，可只标注单侧轴网尺寸。

Step 09 轴线标号。执行“圆”（CIRCLE）命令，绘制直径为 900 的圆。使用“定义属性”（ATTDEF）命令。在命令行输入 ATT，按【Enter】键，系统自动弹出“属性定义”对话框，如图 11-60 所示。单击“确定”按钮，进入绘图界面，得到所需轴号①。

Step 10 执行“移动”（MOVE）命令，将轴号移动到轴线上方，如图 11-61 所示。

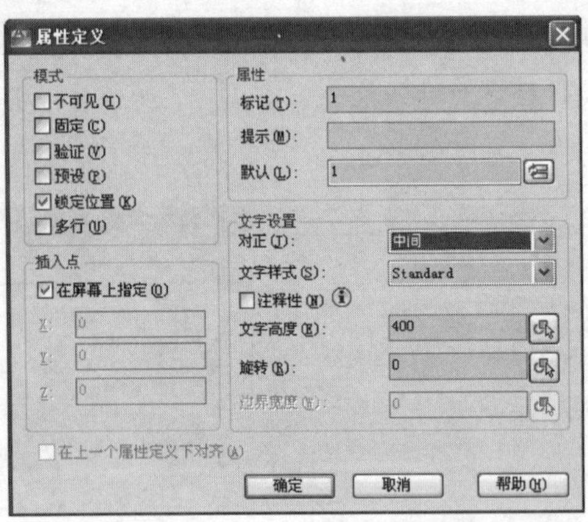

图 11-60　“属性定义”对话框

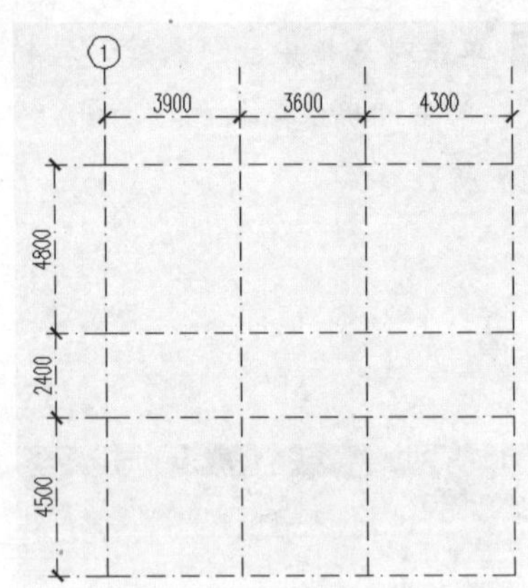

图 11-61　插入轴号

Step 11 执行“复制”（COPY）命令，将其他位置的轴号插入。双击数字编号，弹出“编辑属性定义”对话框，如图 11-62 所示。修改标记数值，完成其他轴号的标注。结果如图 11-63 所示。

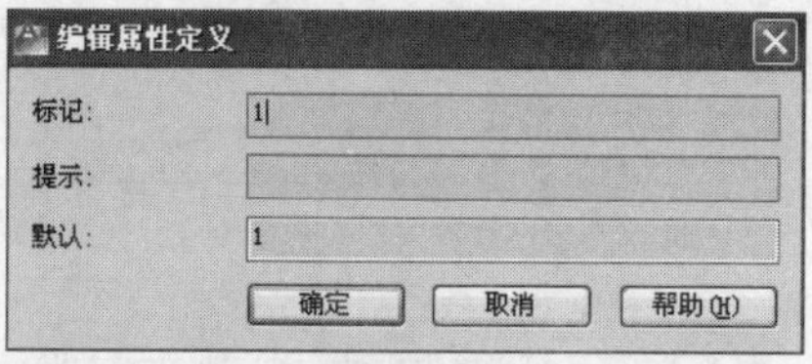

图 11-62　“编辑属性定义”对话框

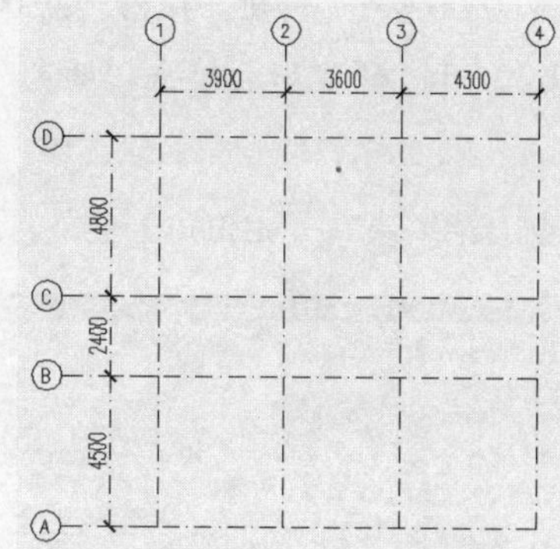

图 11-63　标注轴网轴号

11.5.2　绘制墙线

根据墙体在房屋中所处的位置不同，可分为内墙和外墙。内墙主要起隔断作用，外墙是建筑物的外观围护结构，起着挡风、阻隔和保温等作用。建筑墙体根据结构受力作用的不同分为承重墙和非承重墙，凡是直接承受上部屋顶或者楼板传递来的荷载的墙体称为承重墙，否则称为非承重墙。非承重墙包括隔墙、填充墙和幕墙等。

在建筑平面中，墙线以双线表示，一般采用轴线定位的方式进行绘制，使用“多线”、“分解”和“修剪”等命令来完成。

Step 01 新建图层，在“新图层状态名”文本框中输入图层名称 wall（墙体），如图 11-64 所示。

Step 02 执行“多线样式”（MLSTYLE）命令，弹出“多线样式”对话框，如图 11-65 所示。

Step 03 单击“新建”按钮，在弹出的“创建新的多线样式”对话框中，输入新样式名 240wall，如图 11-66 所示。

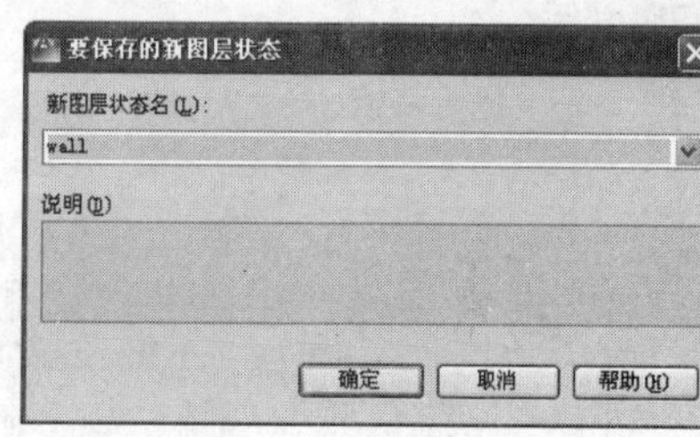

图 11-64　新建墙体图层

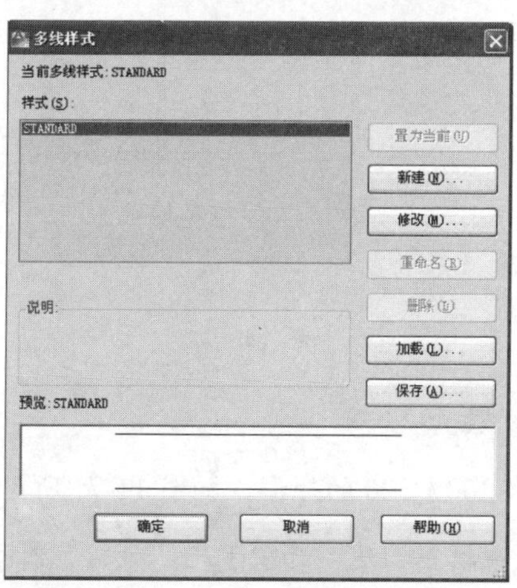

图 11-65　“多线样式”对话框

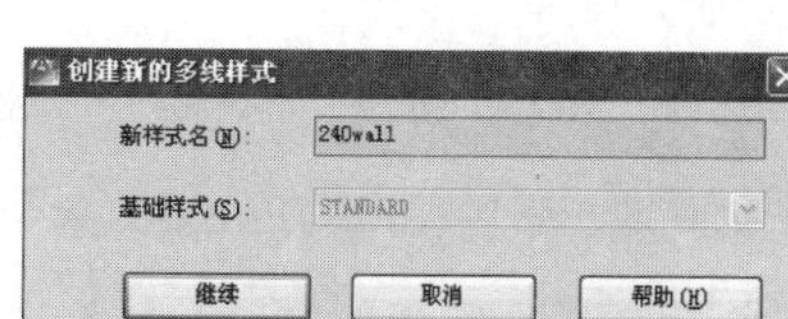

图 11-66　命名多线样式

Step 04 单击“继续”按钮，弹出“新建多线样式：240wall”对话框，在该对话框中进行设置，如图 11-67 所示。设置好后单击“确定”按钮，接着单击“置为当前”按钮，将该样式设定为当前样式。

Step 05 执行“多线”（MLINE）命令，捕捉轴线的交点及端点，依次绘制墙体，如图 11-68 所示。

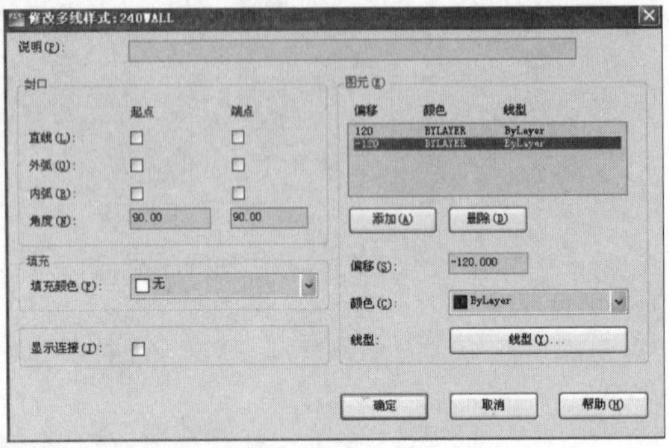

图 11-67 设置多线样式

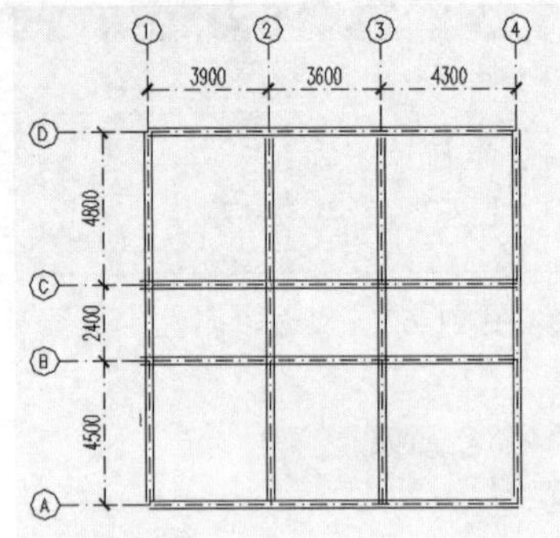

图 11-68 执行“多线”命令绘制墙线

Step 06 编辑和修整墙线。双击要修改的墙线，弹出“多线编辑工具”对话框，如图 11-69 所示。该对话框提供了 12 种多线编辑工具，可根据不同的多线交叉方式选择相应的工具进行编辑。

Step 07 对于无法利用“多线编辑工具”进行编辑的墙线，可以利用“分解”（EXPLODE）命令将多线分解，然后执行“修剪”（TRIM）命令对该墙线进行修整。经过编辑和修整后的墙线如图 11-70 所示。

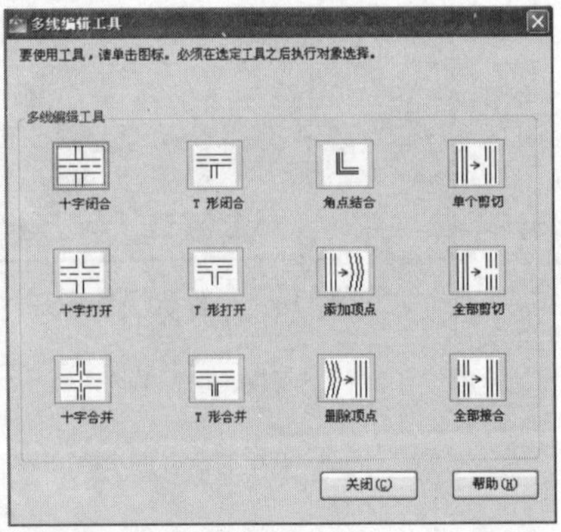

图 11-69 “多线编辑工具”对话框

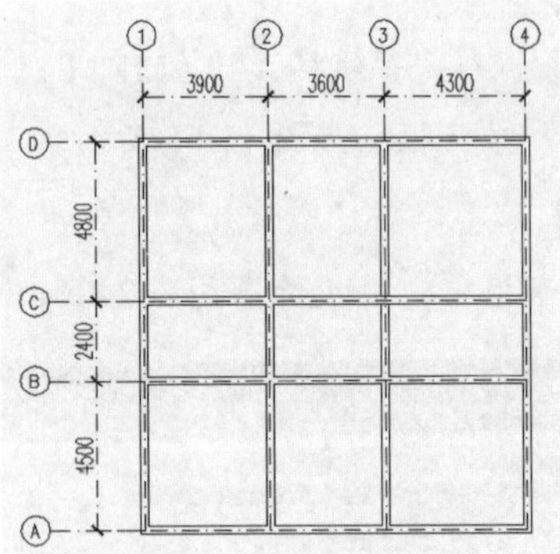

图 11-70 修整墙体

11.5.3 绘制柱子

Step 01 新建“柱子”图层，将“柱子”图层设为当前图层。

Step 02 执行“矩形”（RECTANG）命令，绘制边长为 300×500 的矩形，如图 11-71 所示。

Step 03 执行图案填充（HATCH）命令，在弹出的“图案填充创建”选项卡中，进行如图 11-72 所示的设置。

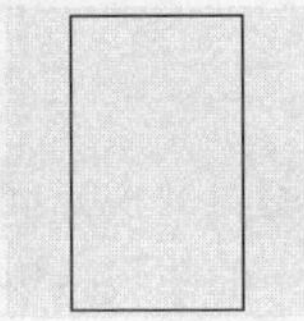

图 11-71　绘制矩形

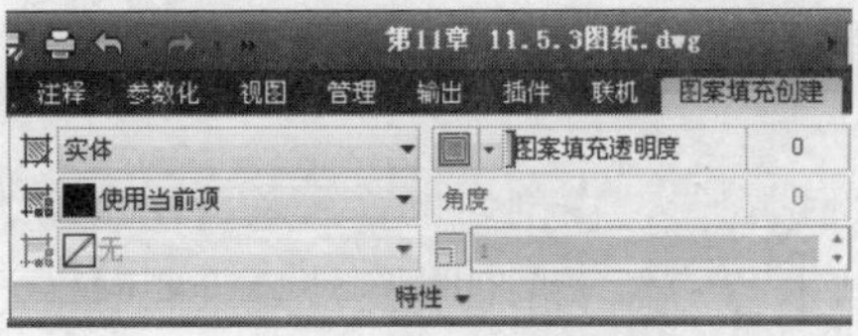

图 11-72　设置“图案填充创建”选项卡

Step 04 在绘图区域选择已绘制的矩形作为填充对象，单击鼠标左键，完成柱子的填充，如图 11-73 所示。

Step 05 同理，也采用同样方法绘制圆柱，如图 11-74 所示。

图 11-73　绘制矩形柱平面

图 11-74　绘制圆柱平面

11.6　绘制建筑配景及符号

11.6.1　绘制建筑配景

本例绘制平面配景树。

Step 01 执行“圆”（CIRCLE）命令，绘制直径为 3000 的圆，作为树冠的轮廓。

Step 02 执行三点弧线（ARC）命令，分别选择圆上任意一点和圆心，并设置合适的弧度，绘制树枝平面轮廓线，如图 11-75 所示。

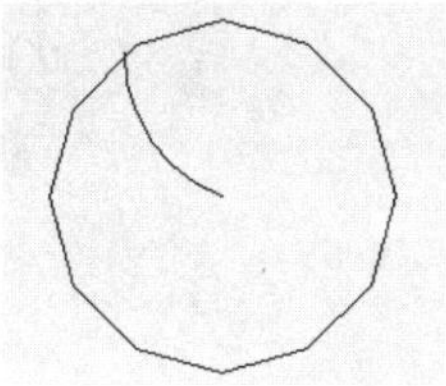

图 11-75　绘制树枝轮廓线

Step 03 关闭“对象捕捉”功能，运用三点弧线（ARC）命令，选择圆上任意一点、圆弧上任意一点，并设置合适的弧度，绘制树枝细致轮廓，如图 11-76 所示。

Step 04 重复执行三点弧线（ARC）命令，绘制其他树枝轮廓线，弧线具体角度根据图面美观程度进行确定，角度无具体要求，效果如图 11-77 所示。

Step 05 执行“修剪”（TRIM）命令，修整平面树的轮廓，绘制树枝细致轮廓线，完成平面配景树的绘制，最终成图效果如图 11-78 所示。

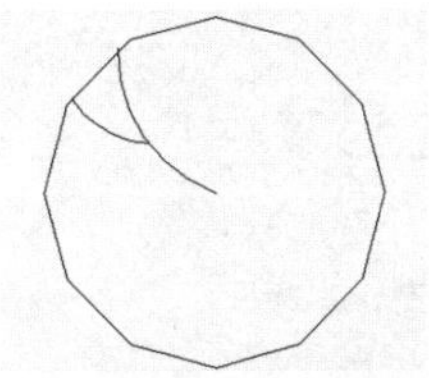

图 11-76　绘制树枝细致轮廓

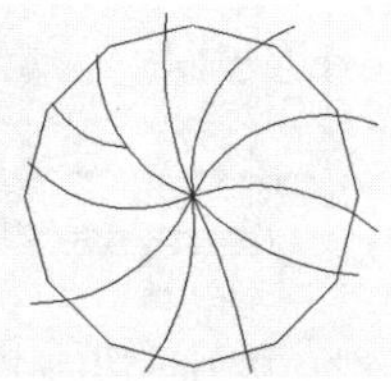

图 11-77　绘制其他树枝轮廓

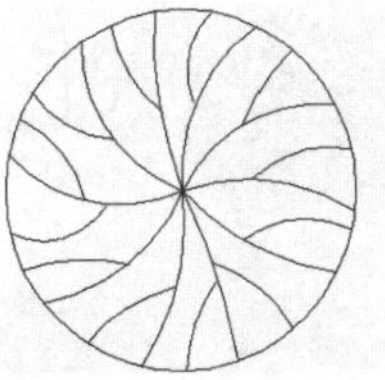

图 11-78　完成配景树的绘制

11.6.2 绘制剖切符号

剖面的剖切符号，由剖切位置线及剖视方向线组成，均应以粗实线绘制。剖视方向线垂直于剖切位置线，长度应短于剖切位置线，绘图时，剖面剖切符号不宜与图面上的图线接触。

Step 01 执行“多段线”（PLINE）命令，在绘制好的平面图中绘制剖切面的定位线，并使得该定位线两端伸出被剖切建筑外轮廓边线的距离均为1500，线宽设置为300，如图11-79所示。

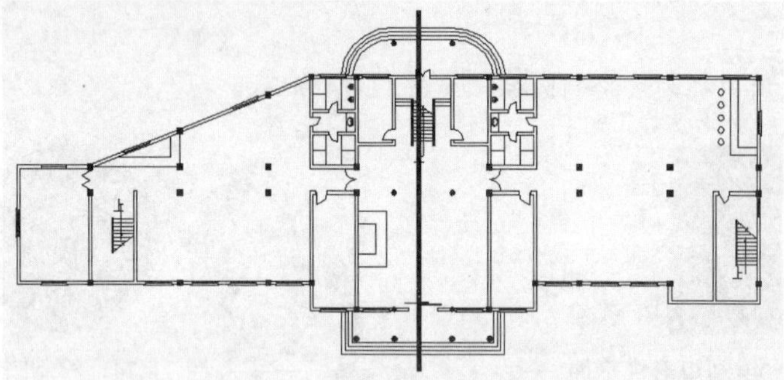

图 11-79 绘制剖切面定位线

Step 02 执行“多段线”（PLINE）命令，分别以剖切面定位线的两端点为起点，向剖面图投影方向绘制剖视方向线，长度为1000，如图11-80所示。

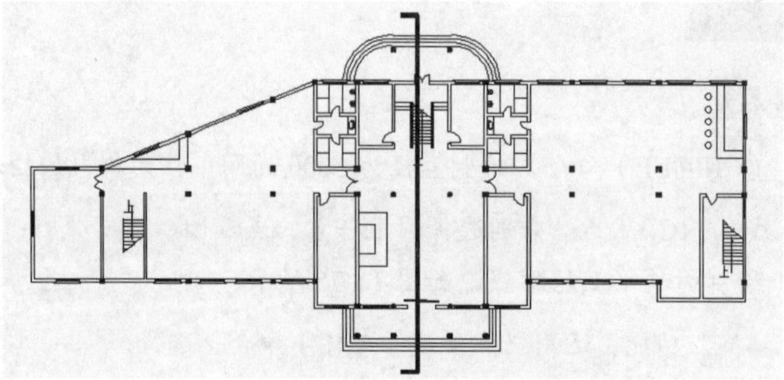

图 11-80 绘制剖视方向线

Step 03 执行“修剪”（TRIM）命令，修剪剖切面定位线，得到两条剖切位置线，如图11-81所示。

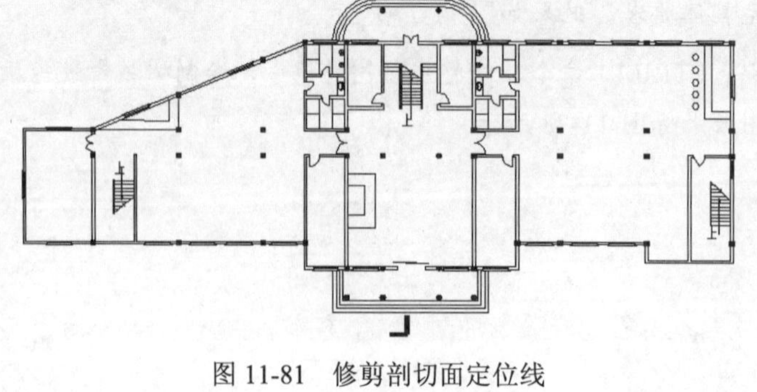

图 11-81 修剪剖切面定位线

Step 04 执行“多行文字”（MTEXT）命令，设置文字高度为 300，在剖视方向线的端部书写剖切符号编号 1，如图 11-82 所示，完成首层平面图中剖切符号的绘制。

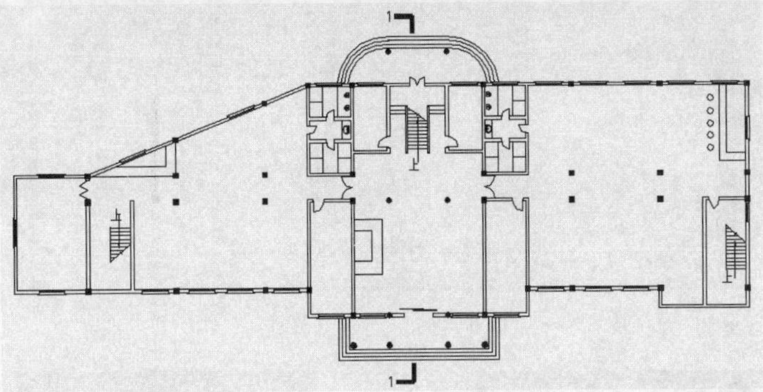

图 11-82　绘制剖切符号

提　示

剖面剖切符号的编号通常采用阿拉伯数字，按顺序由左至右、由下至上连续编排，并应注写在剖视方向线的端部。

11.7　综合绘制建筑平面图

11.7.1　绘制住宅标准层平面图

本例将介绍住宅标准层平面图的绘制方法。

1. 创建图层

Step 01 执行“图层特性”（LAYER）命令，打开“图层特性管理器”选项板，如图 11-83 所示。

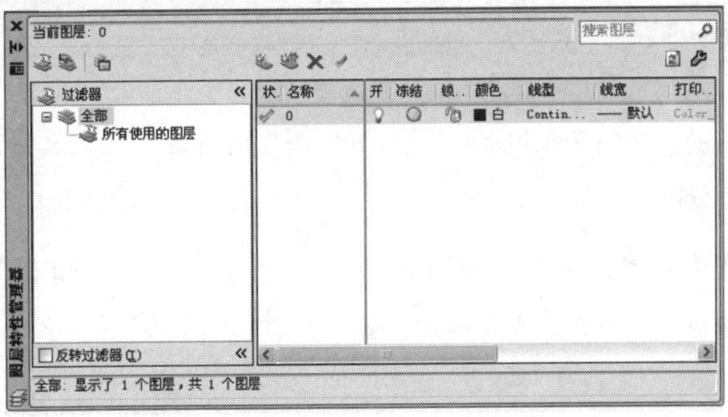

图 11-83　“图层特性管理器”选项板

Step 02 单击“新建图层”按钮，创建各个图层，结果如图 11-84 所示。

Step 03 选择“轴线”图层，单击“线型”列表中的 Continuous 图标，将弹出“选择线型”对话框。单击“加载”按钮，将弹出“加载或重载线型”对话框，如图 11-85 所示。选择 ACAD_IS004W100 线型，单击“确定”按钮，返回“选择线型”对话框。选择刚刚加载的 ACAD_IS004W100 线型，如图 11-86 所示。单击“确定”按钮，完成线型设置。

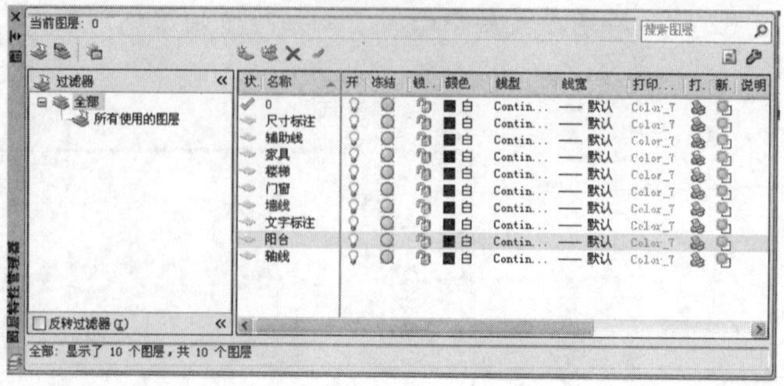

图 11-84　创建新图层

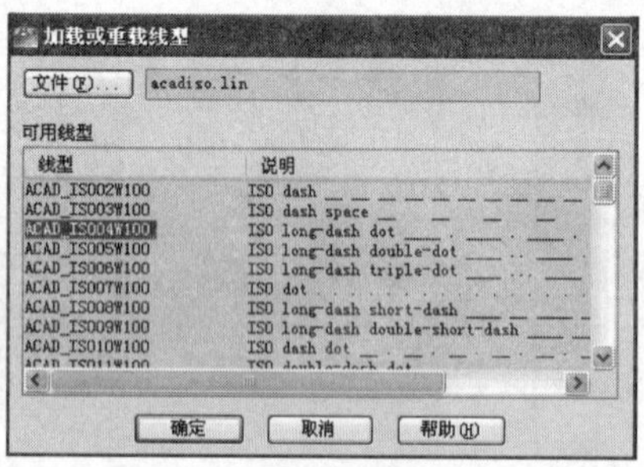

图 11-85　加载线型

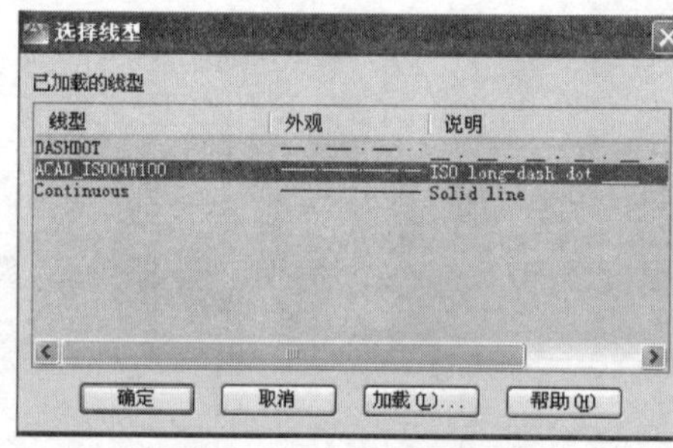

图 11-86　选择线型

Step 04 使用相同的方法，设置其他图层的线型、线宽等特性，结果如图 11-87 所示。

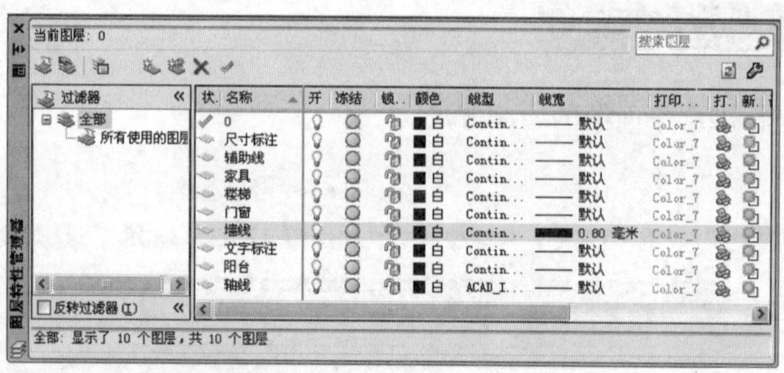

图 11-87　设置其他图层的特性

2. 绘制轴线和辅助线

Step 01 设置“轴线”图层为当前图层。按【F8】键，开启“正交”模式，执行“直线”（LINE）命令，绘制一条横向基准轴线，长度为 19400，如图 11-88 所示。

图 11-88　绘制横向基准轴线

Step 02 执行“偏移”（OFFSET）命令，将横向基准轴线依次向上偏移，偏移距离分别为 4800、8400 和 12900，如图 11-89 所示，依次完成横向轴线的绘制。

Step 03 执行“直线”（LINE）命令，连接横向基准轴线左侧端点，绘制一条纵向的基准轴线，长度为 12900，如图 11-90 所示。

图 11-89　绘制横向轴线

图 11-90　绘制纵向基准轴线

Step 04 执行“偏移”（OFFSET）命令，将绘制完成的纵向基准轴线依次向右偏移，偏移距离分别为 4200、3300、2400、3300 和 4200，如图 11-91 所示，依次完成纵向轴线的绘制。

Step 05 执行直线（LINE）命令，绘制其他辅助线，如图 11-92 所示。

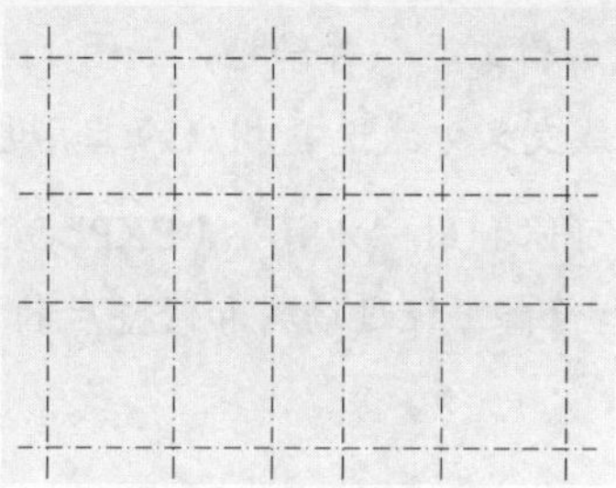

图 11-91　绘制纵向轴线

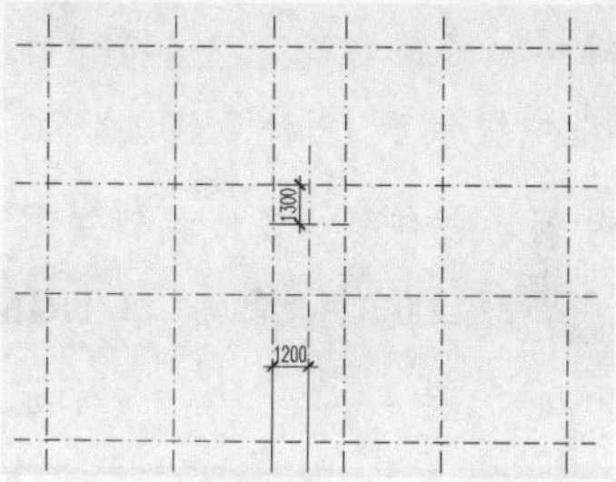

图 11-92　绘制辅助线

3．绘制墙体

绘制墙体最常用的命令是“多线”（MLINE）命令，在本例中墙体厚为 240，因此在这里定义新的多线样式（MLSTYLE）240W 来绘制墙体。

Step 01 执行“多线样式”（MLSTYLE）命令，将弹出“多线样式”对话框，单击“新建”按钮，弹出“创建新的多线样式”对话框，在“新样式名”文本框中输入 240W 作为新样式名，如图 11-93 所示。

Step 02 单击“继续”按钮，弹出“新建多线样式”对话框，设置图元的偏移距离为 120 和-120，结果如图 11-94 所示。设置完毕后，单击“确定”按钮，完成多线样式的创建。

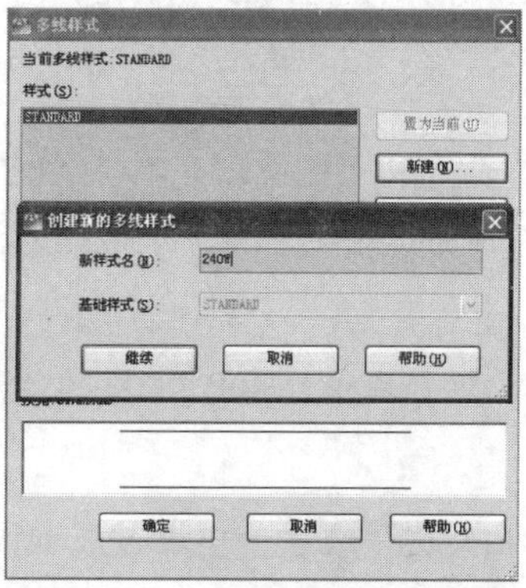

图 11-93　创建 240W 多线样式

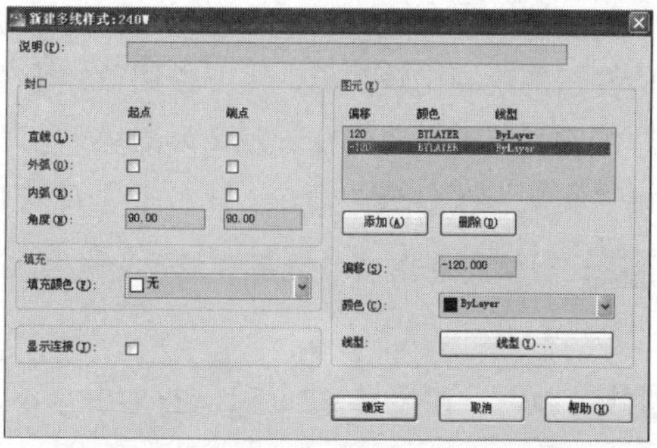

图 11-94　设置 240W 多线样式参数

Step 03 执行“修剪”（TRIM）命令修剪轴网，剪掉多余的部分轴线，结果如图 11-95 所示。执行“多线”（MLINE）命令，在经过修整的轴网上绘制墙体，如图 11-96 所示。

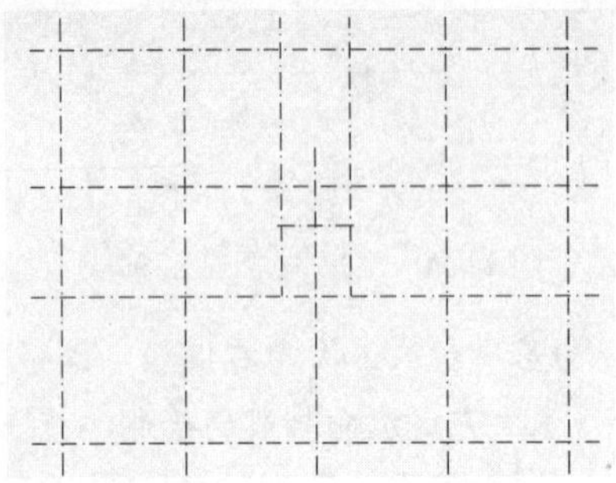

图 11-95　修整好的轴网

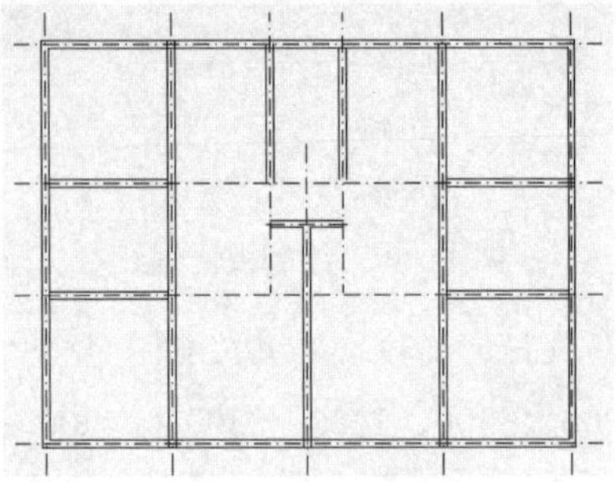

图 11-96　绘制墙线

Step 04 编辑和修整墙线。双击要修改的墙线，弹出“多线编辑工具”对话框，如图 11-97 所示。在该对话框中提供了 12 种多线编辑工具，可根据不同的多线交叉方式选择相应的工具进行编辑。

Step 05 对于无法利用“多线编辑工具”进行编辑的墙线，可以利用“分解”（EXPLODE）命令将多线分解，然后执行“修剪”（TRIM）命令对该墙线进行修整。经过编辑和修整后的墙线如图 11-98 所示。

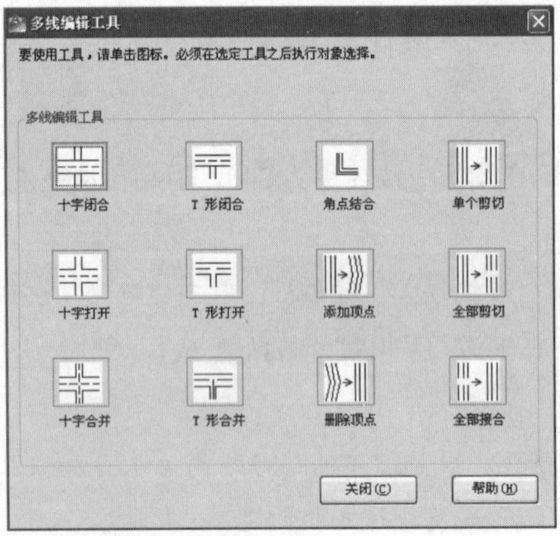

图 11-97　“多线编辑工具”对话框

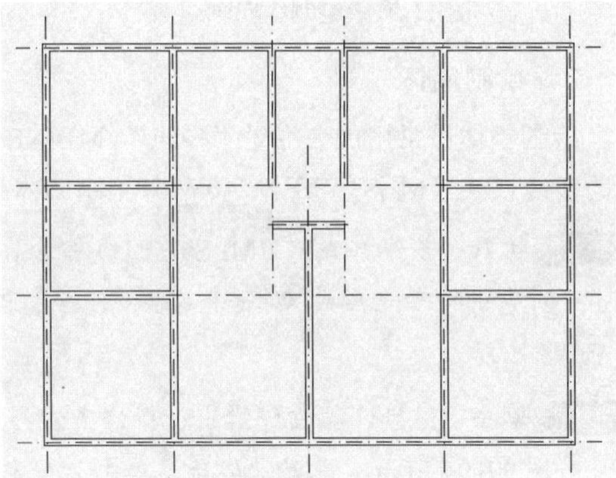

图 11-98　修整后的墙线

4．绘制柱子

柱子的绘制比较简单，主要使用“矩形”（RECTANG）命令和“图案填充”（HATCH）命令进行绘制。同时需要把柱子定义为图块，在平面图中插入柱子时，可以一个一个地插入，也可以使用“复制”（COPY）命令，定位的基准就是轴线的交点。

Step 01 切换到 0 图层，运用“矩形”（RECTANG）命令，绘制尺寸为 400×400 的矩形，如图 11-99 所示。

Step 02 执行“图案填充”（HATCH）命令，在“图案填充创建”选项卡中进行果如图 11-100 所示的设置。

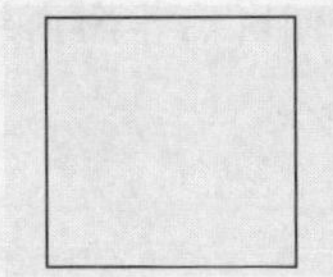

图 11-99 绘制矩形

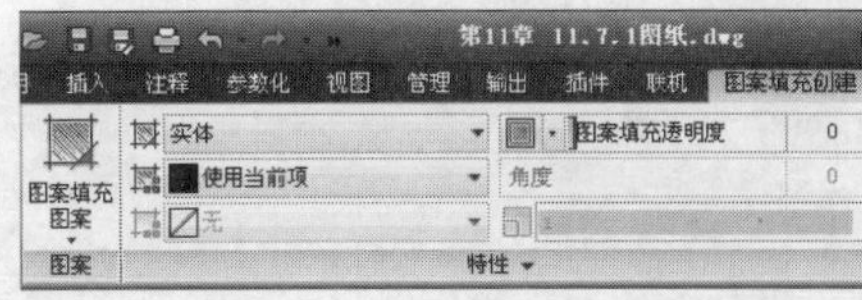

图 11-100 设置“图案填充创建”选项卡

Step 03 在绘图区域选择已绘的矩形作为填充对象，单击鼠标左键，完成柱子的填充，如图 11-101 所示。

Step 04 在“常用”选项卡中，单击“块”面板中的“创建”按钮，弹出“块定义”对话框，选择图 11-101 所示的对象，定义图块“柱”，具体设置如图 11-102 所示。单击“确定”按钮，完成创建。

图 11-101 填充效果

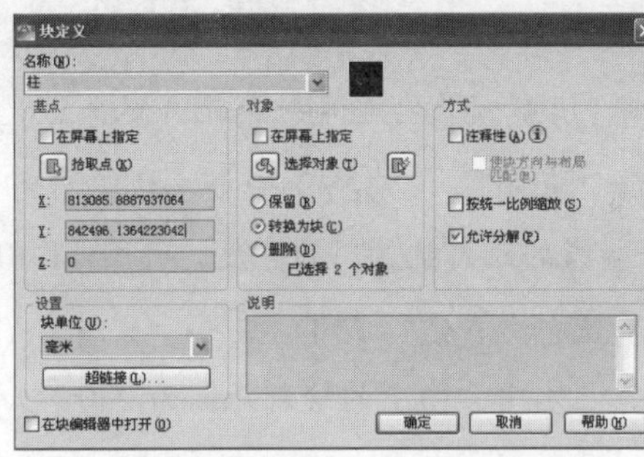

图 11-102 定义“柱”图块

Step 05 在“块”面板中单击“插入”命令按钮，弹出“插入”对话框，选择“柱”图块，单击“确定”按钮，如图 11-103 所示。捕捉轴线的交点作为插入点，插入“柱”图块，效果如图 11-104 所示。

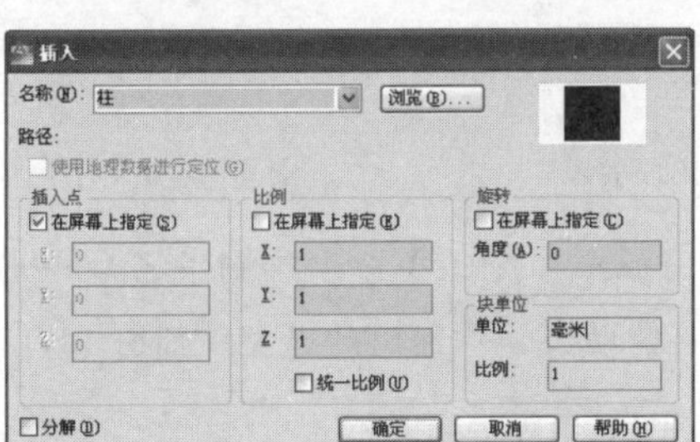

图 11-103 插入“柱”图块

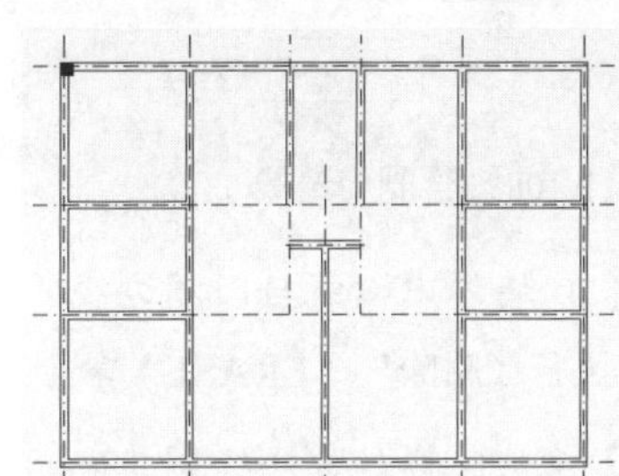

图 11-104 插入柱图块效果

Step 06 执行“复制”(COPY)命令，完成插入“柱”图块的操作，捕捉纵横墙线交点插入图块，居中布置，结果如图 11-105 所示。

Step 07 切换到“墙线”图层，执行“直线”(LINE)命令，将不完整的墙线补充完整，墙线出头长度为 120，效果如图 11-106 所示。

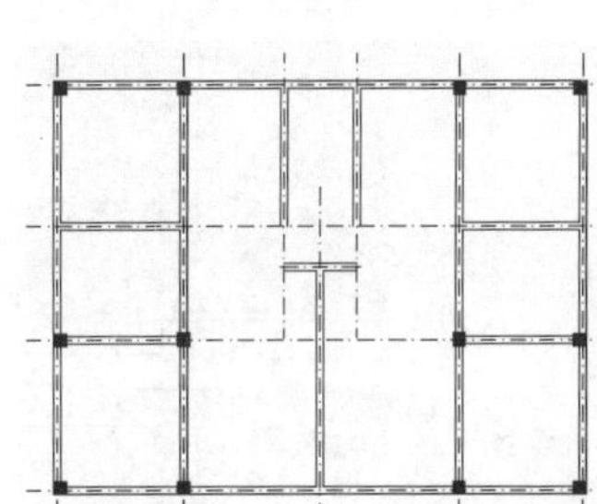

图 11-105 完成柱网布置

Step 08 执行“移动”（MOVE）命令，修整卫生间的墙体，中间部分两侧内墙各向内缩进 1200，结果如图 11-107 所示。

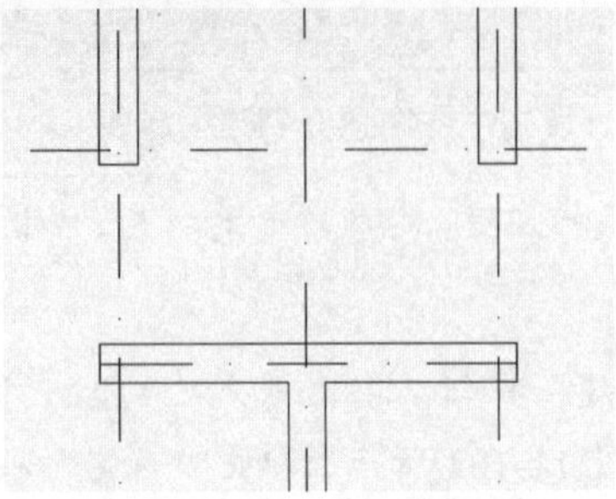

图 11-106 补充墙线

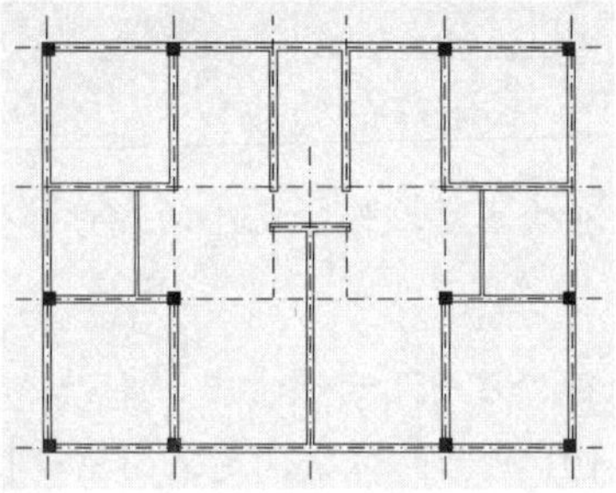

图 11-107 修整好的墙体及柱网

5. 绘制门

Step 01 选择“门窗”图层。绘制一条距离侧墙 120 且与开门墙体垂直相交的直线，如图 11-108 所示。

Step 02 执行“复制”（COPY）命令，按照门的大小平移复制 900，得到另一条直线，两条与墙体垂直的平行线的距离就是门的宽度，如图 11-109 所示。

Step 03 分别执行“直线”（LINE）和“修剪”（TRIM）命令，补充墙线，在垂直方向上的绘制距离为 120，在水平方向上的绘制距离为 240，如图 11-110 所示。

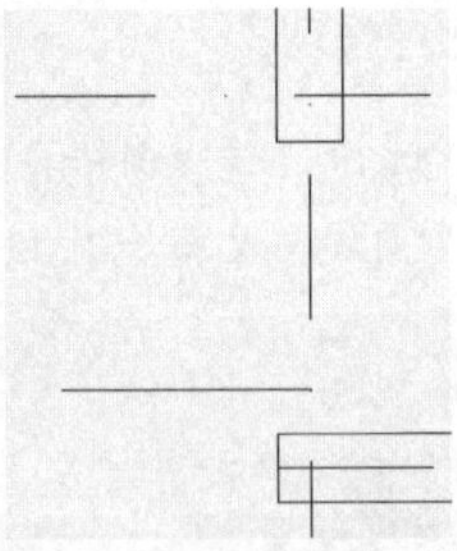

图 11-108 绘制门扇线

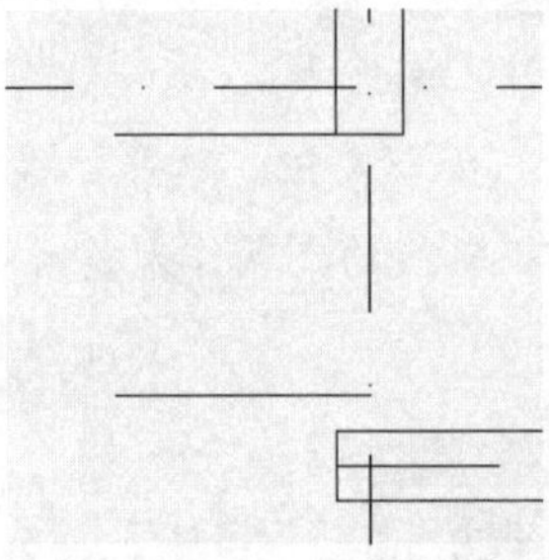

图 11-109 绘制门洞线

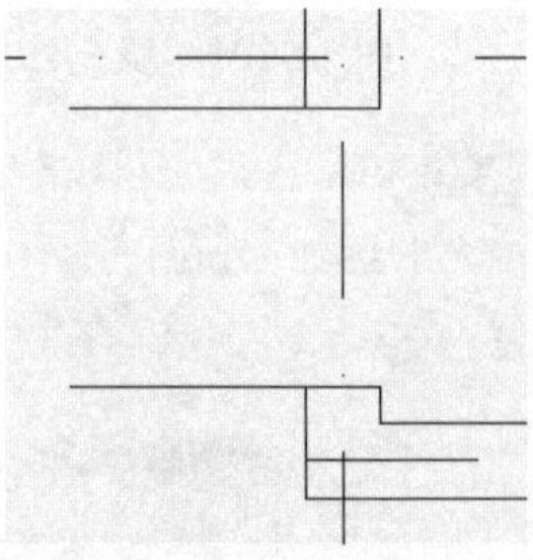

图 11-110 补充墙线

Step 04 以墙体中心线与门洞边线的交点为圆心，使用弧线（ARC）命令绘制半径为 900 的 1/4 圆弧。执行“删除”（ERASE）命令，删除上面的门洞辅助线，得到门的造型，如图 11-111 所示。

Step 05 采用同样的方法绘制其他的门，最终效果如图 11-112 所示。

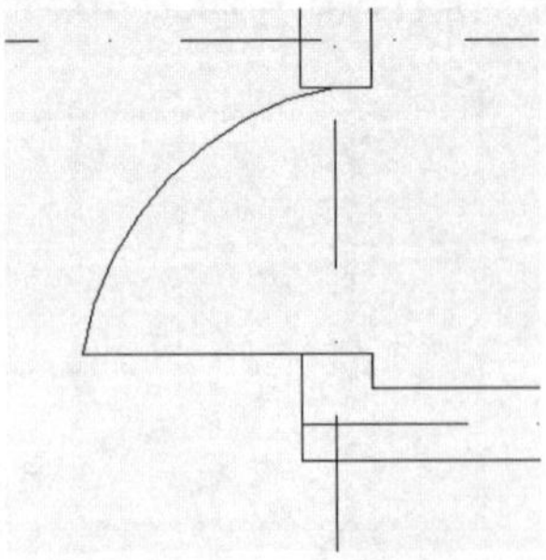

图 11-111 完成门洞绘制

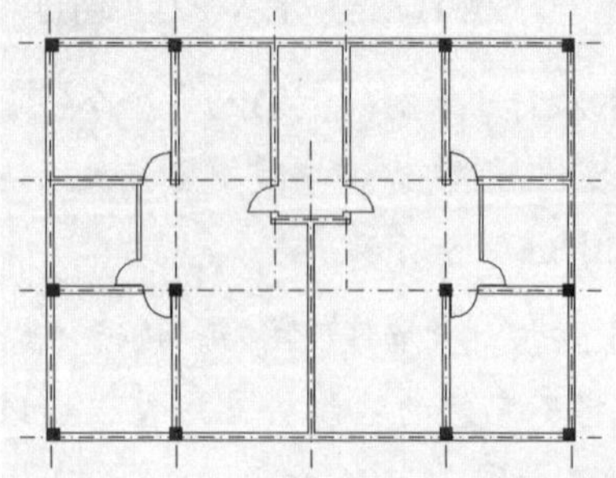

图 11-112 完成所有门洞的绘制

提　示

住宅卫生间的门宽常用为 800，阳台门宽常用为 700，其他室内门宽为 900。

6. 绘制窗

Step 01 绘制窗户洞口平面，开窗宽度为 2100。在距左侧内墙线 1050 处绘制一条垂直直线，并向右平移复制，平移距离为 2100，如图 11-113 所示。

Step 02 执行“修剪”（TRIM）命令，修剪墙体线条获得平面窗洞造型，如图 11-114 所示。

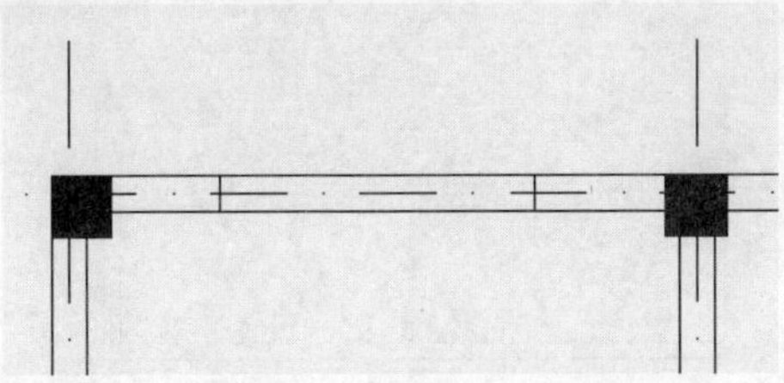

图 11-113　绘制窗洞线

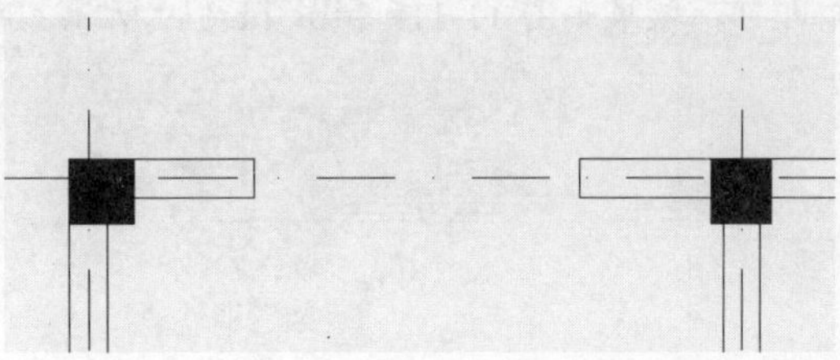

图 11-114　修剪窗洞造型

Step 03 执行“直线”（LINE）命令绘制窗户的平面。沿墙线在窗户位置绘制一条直线，如图 11-115 所示。向上平移复制 3 次，平移距离为 80，得到窗户的平面。结果如图 11-116 所示。

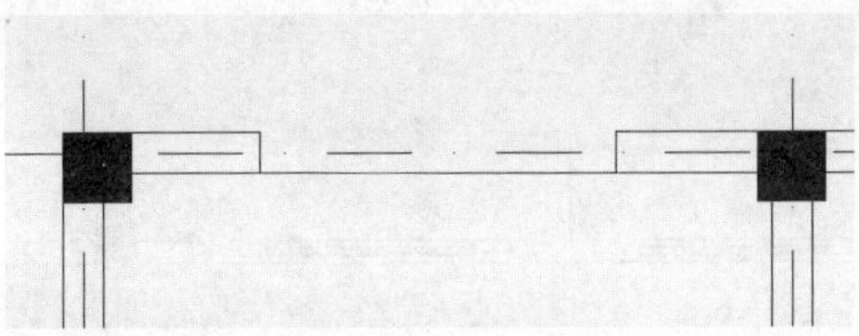

图 11-115　绘制窗线

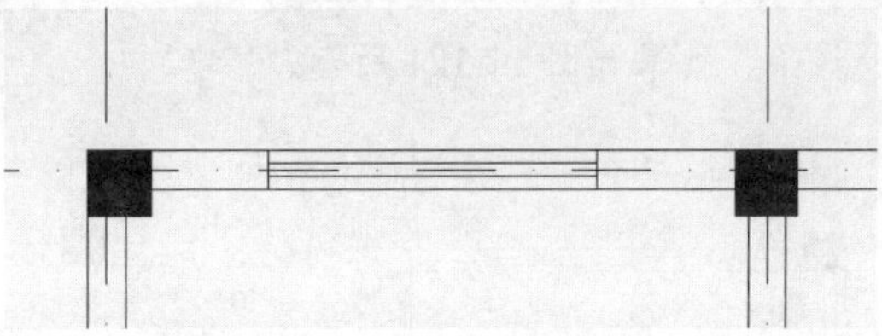

图 11-116　完成窗线绘制

Step 04 采用同样的方法绘制其他尺寸的窗，最终效果如图 11-117 所示。

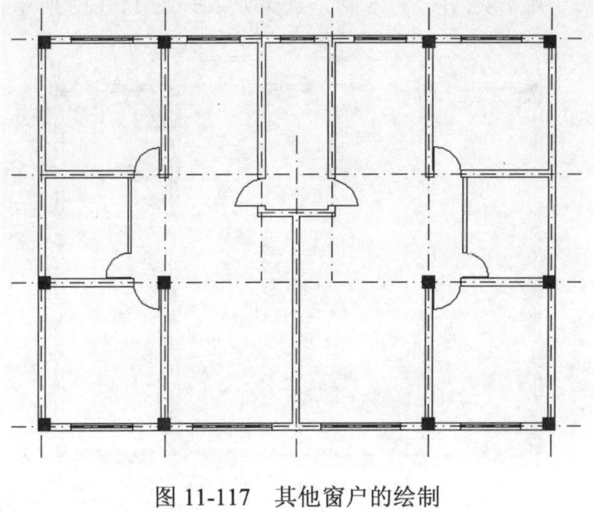

图 11-117　其他窗户的绘制

7．绘制阳台

Step 01 选择“阳台”图层。执行“多线”（MLINE）命令，使用已经创建的 240W 多线样式即可，命令行提示如下：

```
命令: MLINE
当前设置: 对正 = 上, 比例 = 0.50, 样式 = 240W
指定起点或 [对正(J)/比例(S)/样式(ST)]:  s
输入多线比例 <0.50>:  0.5
当前设置: 对正 = 上, 比例 = 0.50, 样式 = 240W
```

Step 02 按照设置好的多线样式绘制阳台线，阳台墙体厚 120，进深 1000，捕捉轴线的端点进行绘制即可，效果如图 11-118 和图 11-119 所示。

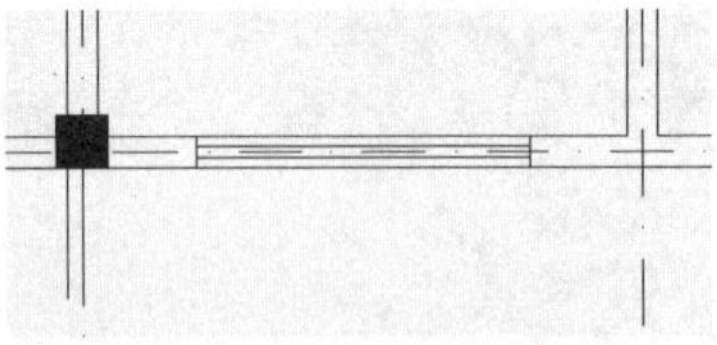
图 11-118　绘制阳台起始线

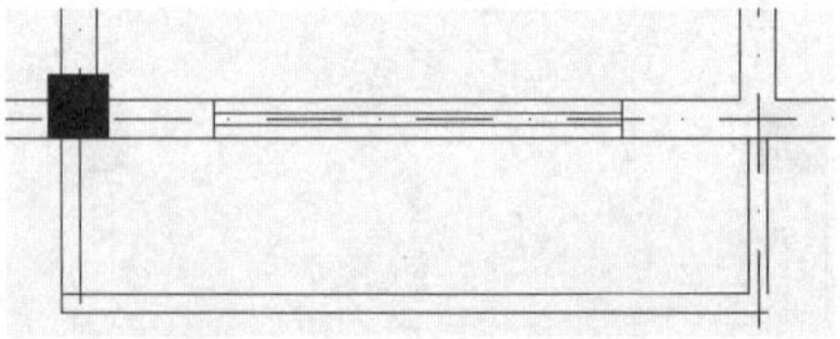
图 11-119　绘制阳台线

Step 03 执行“修剪”（TRIM）命令，修剪阳台线条，得到阳台造型，如图 11-120 所示。

Step 04 执行“镜像”（MIRROR）命令，以中间的轴线作为镜像线，镜像右侧的阳台，并删除多余线条，结果如图 11-121 所示。

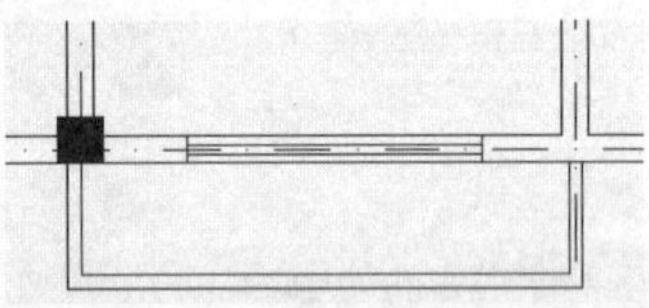
图 11-120　绘制左侧阳台

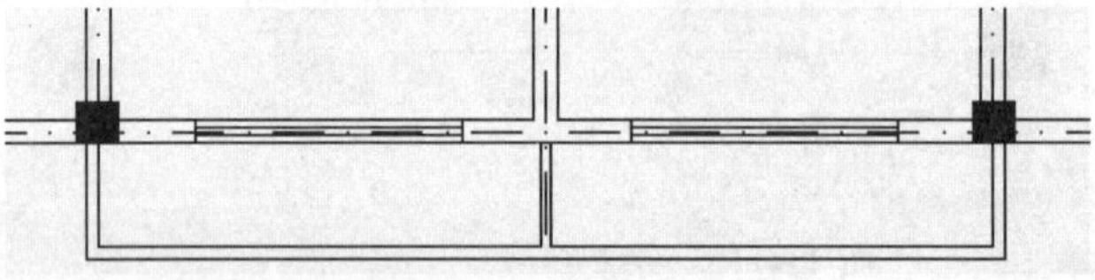
图 11-121　镜像右侧阳台

Step 05 采用同样的方法完成其他阳台的绘制，最终效果如图 11-122 所示。

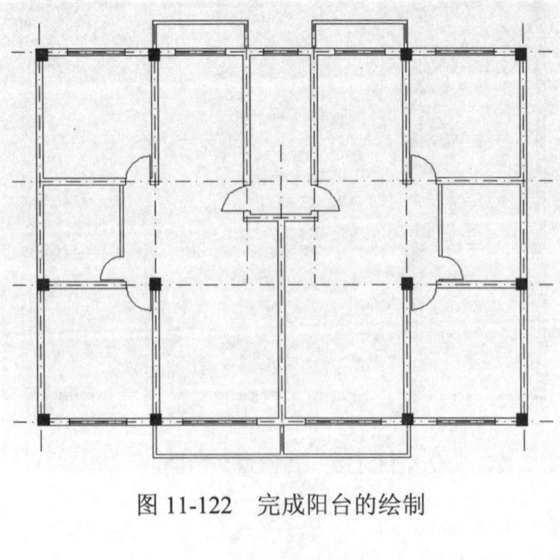
图 11-122　完成阳台的绘制

8．绘制楼梯

Step 01 选择“楼梯”图层。执行“直线”（LINE）命令绘制两条楼梯踏步线，踏步线距离内墙线 1500，长度各为 1100，如图 11-123 所示。

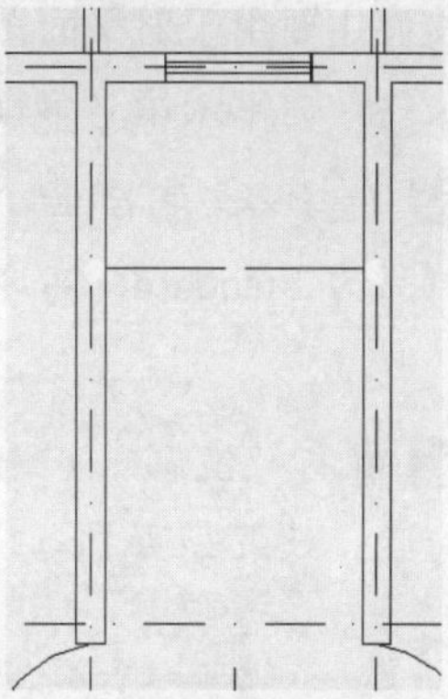

图 11-123　绘制两条踏步线

Step 02 执行矩形阵列（ARRAYRECT）命令，选择两条踏步线作为阵列对象，按【Enter】键，根据命令行提示选择“计数”选项，输入行数 10，列数 1，间距 300，按【Enter】键，完成阵列，结果如图 11-124 所示。

Step 03 绘制楼梯井。连接两侧踏步端点，然后均向内偏移，距离为 50，效果如图 11-125 所示。

Step 04 执行“延伸”（EXTEND）命令，将外侧扶手线向两端各延伸 50，执行“直线”（LINE）命令，连接两根内扶手线及两根外扶手线，结果如图 11-126 所示。

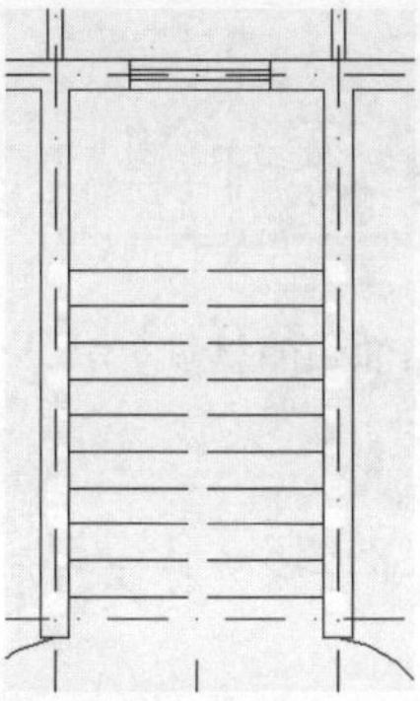

图 11-124　踏步线阵列效果

图 11-125　绘制楼梯扶手线

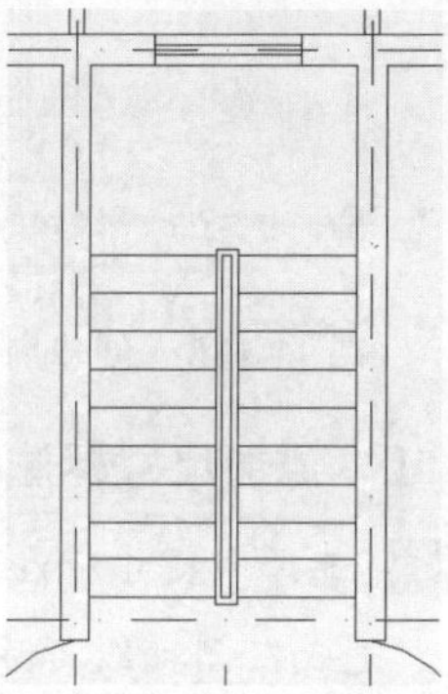

图 11-126　绘制楼梯井

Step 05 分别执行“直线”（LINE）和“修剪”（TRIM）命令，绘制楼梯踏步折断线，折断线角度为 45° ，如图 11-127 所示。

Step 06 执行“多重引线”（MLEADER）命令绘制方向箭头，如图 11-128 所示。

Step 07 执行“单行文字”（DTEXT）命令，标注楼梯的上下行方向，如图 11-129 所示。

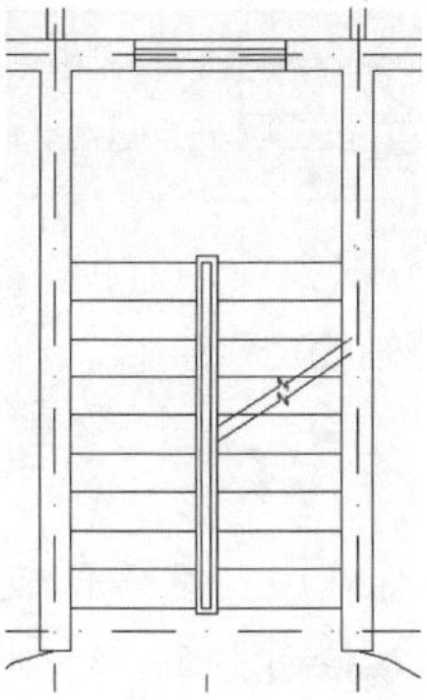

图 11-127　绘制踏步折断线

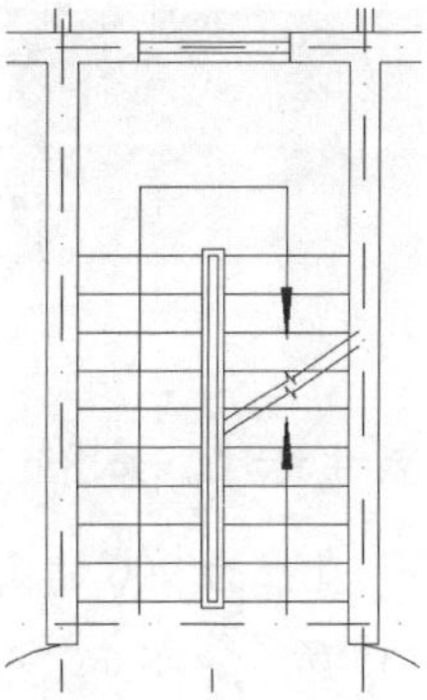

图 11-128　绘制楼梯方向箭头

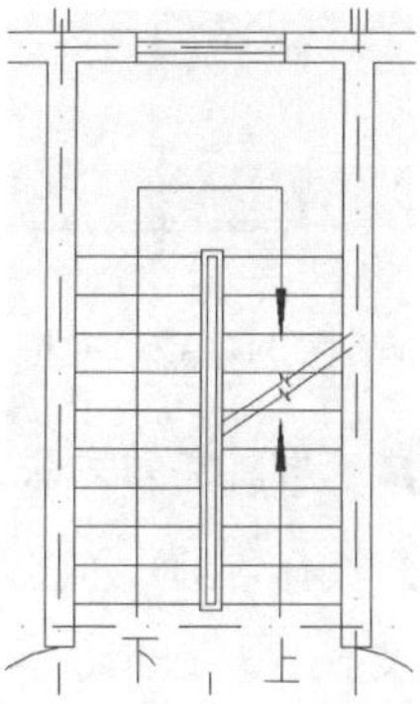

图 11-129　标识楼梯上下行方向

9. 文字标注

文字主要用于对平面图形进行补充。在本例中主要是添加房间功能说明文字，对于比较短的说明文字，通常采用“单行文字”（DTEXT）命令进行创建。

Step 01 选择“文字标注”图层，执行“单行文字”（DTEXT）命令，添加房间功能说明。设置文字样式为 Standard，高度为 500，旋转角度为 0°，插入到需要标注文字的位置，如图 11-130 所示。

Step 02 执行“镜像”（MIRROR）命令，以纵向左侧数第 4 根轴线作为镜像线进行镜像，完成文字标注，效果如图 11-131 所示。

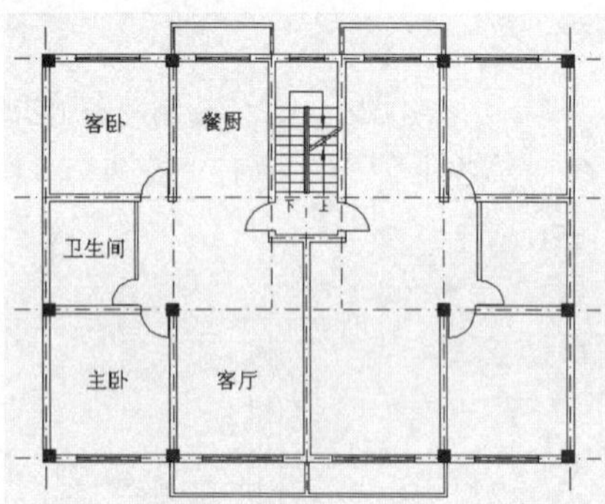

图 11-130　创建房间功能说明文字

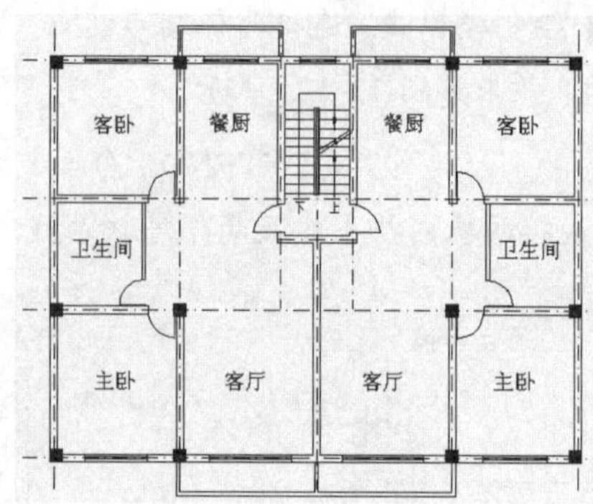

图 11-131　标注房间功能说明文字

10. 添加尺寸标注和轴线编号

Step 01 选择“尺寸标注”图层。执行“快速标注”（QDIM）命令，分别单击需要标注的每两根轴线，完成左侧轴线标注，效果如图 11-132 所示。

Step 02 重复执行“快速标注”（QDIM）命令，单击需要标注尺寸的图形外边线，完成下侧轴线标注，如图 11-133 所示。

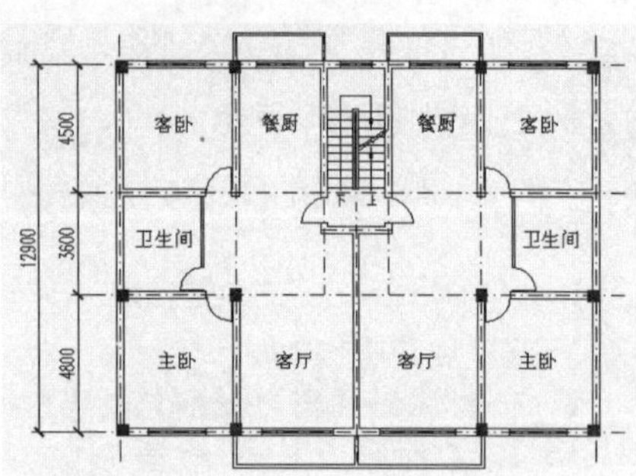

图 11-132　左侧轴线尺寸标注

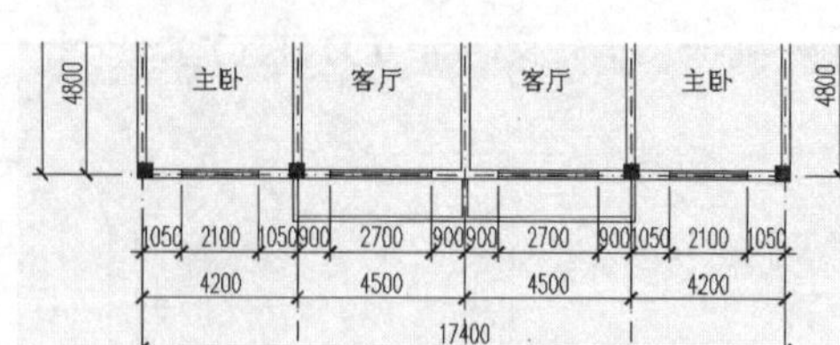

图 11-133　下侧轴线尺寸标注

Step 03 采用同样的方法完成其他方向的尺寸标注，如图 11-134 所示。

Step 04 执行“圆”（CIRCLE）命令，绘制直径为 900 的圆。在命令行输入 ATT，系统自动弹出“属性定义”对话框，具体设置如图 11-135 所示。单击“确定”按钮，进入绘图界面，得到所需轴号，效果如图 11-136 所示。

Step 05 执行“复制”（COPY）命令，将其他位置的轴号插入。双击数字编号，打开“编辑属性定义”对话框，修改数值，完成其他轴号的标注，如图 11-137 所示。

提　示

习惯上，轴号的编号原则为由左至右按阿拉伯数字依次编排，由下至上按英文字母编排，一般不采用 O、I 等容易混淆的字母编排。

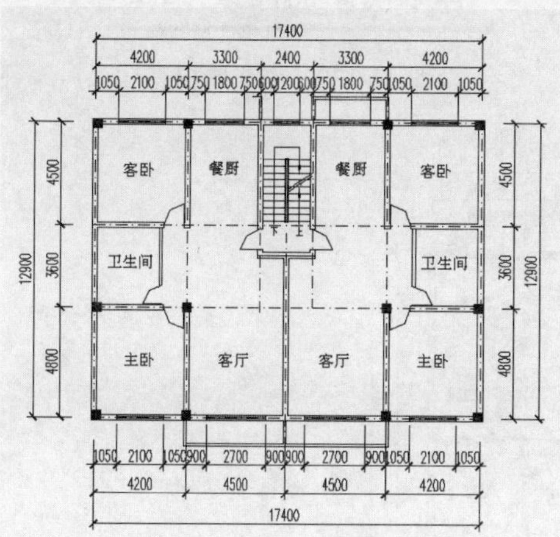

图 11-134　标注其他方向的尺寸

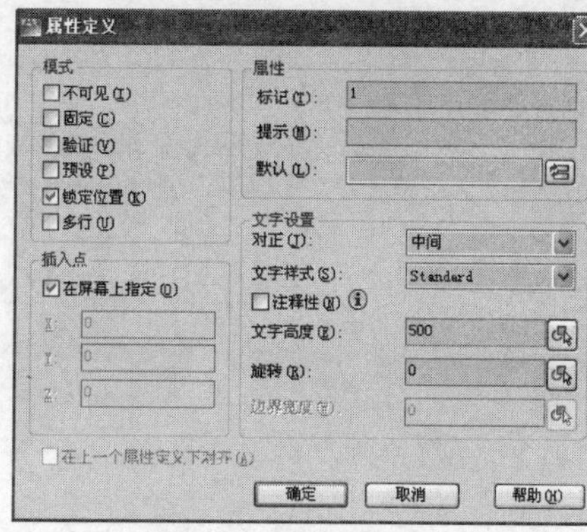

图 11-135　“属性定义”对话框

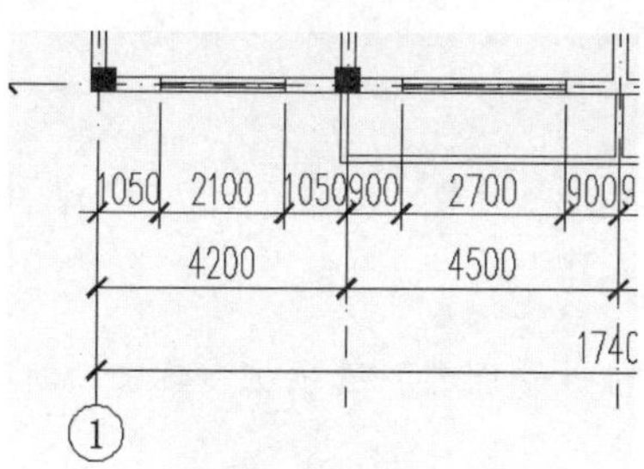

图 11-136　插入轴号

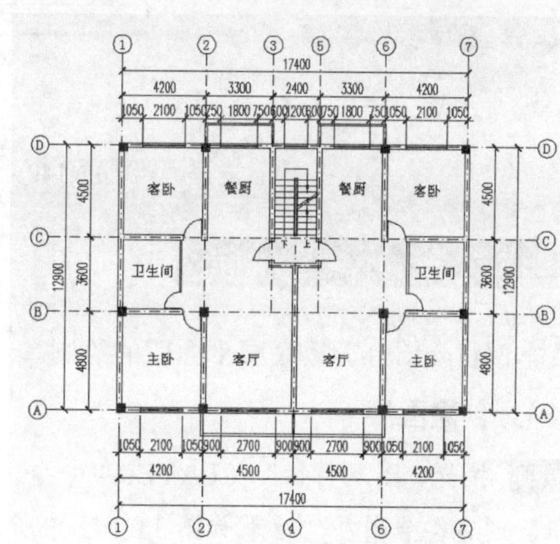

图 11-137　标注所有轴线编号

11．添加图题

Step 01 执行“单行文字”（DTEXT）命令，文字样式为 Standard，文字高度为 500，创建平面图图题，如图 11-138 所示。

Step 02 执行“多段线”（PLINE）命令，绘制多段线，线宽 100，命令行提示如下：

```
命令：PLINE
指定起点：
```

```
当前线宽为 0.0000
指定下一个点或 [圆弧(A)/半宽(H)/长度(L)/放弃(U)/宽度(W)]: w
指定起点宽度 <0.0000>: 100
指定端点宽度 <100.0000>: 100
指定下一个点或 [圆弧(A)/半宽(H)/长度(L)/放弃(U)/宽度(W)]:
```

完成的图题如图 11-139 所示，多段线长度比图题的字稍长一些即可。将图题插入到平面图下方，整个平面图绘制完毕，最终效果如图 11-140 所示。

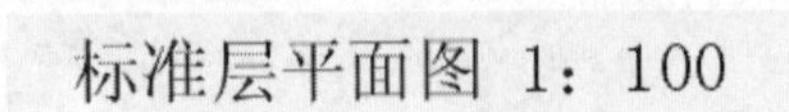

图 11-138　创建图题文字

图 11-139　完成的图题

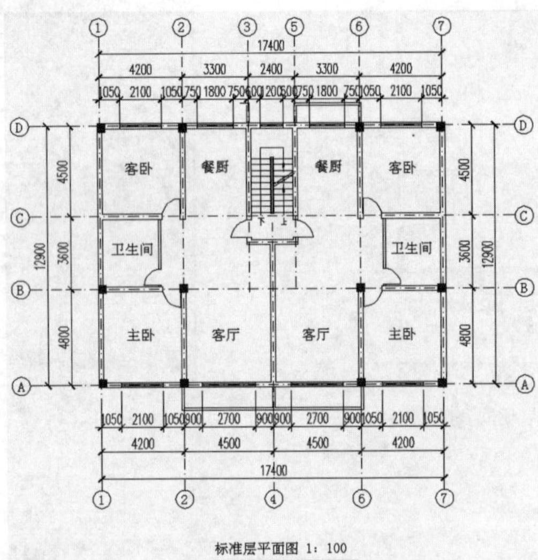

图 11-140　完成平面图的绘制

11.7.2　绘制办公楼平面图

本例将介绍办公楼底层平面图的绘制。

1. 创建图层

Step 01 执行“图层特性”（LAYER）命令，打开“图层特性管理器”选项板，单击“新建图层”按钮，创建各个图层，结果如图 11-141 中所示。

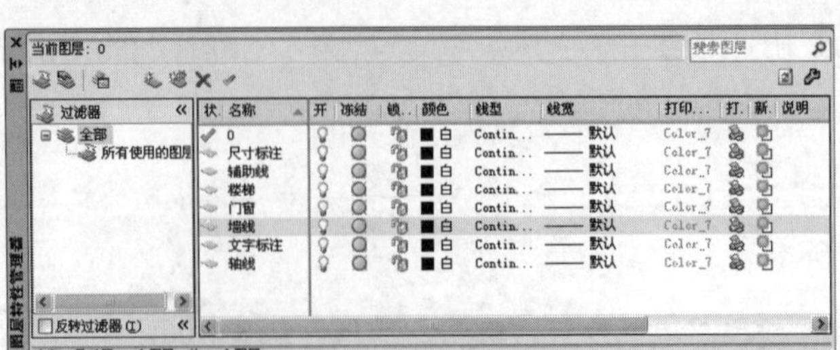

图 11-141　创建新图层

Step 02 选择“轴线”图层，单击“线型”列表中的 Continuous 图标，打开“选择线型”对话框，单击“加载”按钮，打开“加载或重载线型”对话框，如图 11-142 所示，选择 DASHDOT 线型，单击“确定”按钮，返回“选择线型”对话框。选择刚刚加载的 DASHDOT 线型，如图 11-143 所示。单击“确定”按钮，完成线型的设置。

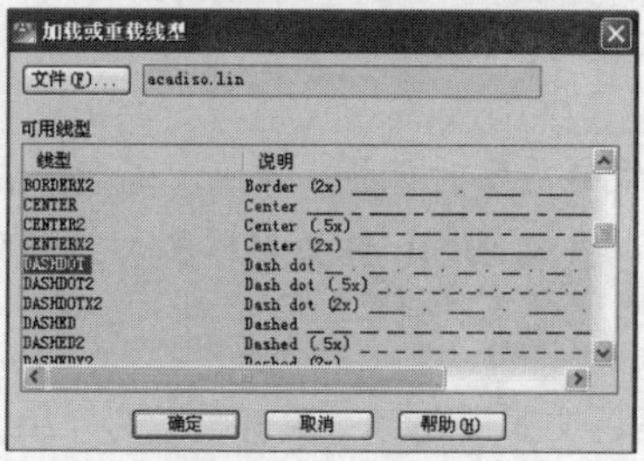

图 11-142 加载线型

图 11-143 选择线型

Step 03 设置其他图层的线型、线宽等特性，结果如图 11-144 所示。

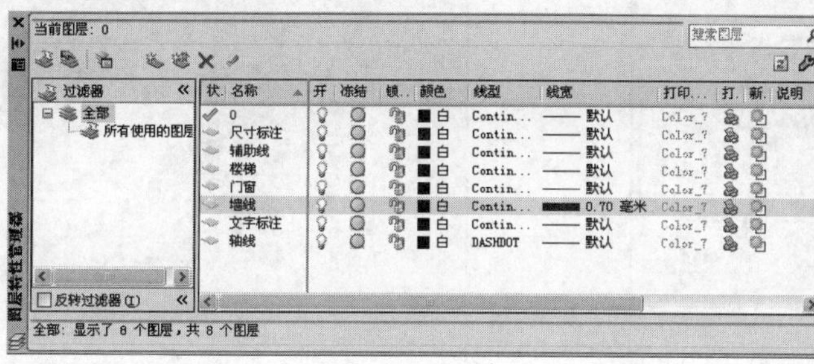

图 11-144 设置其他图层的特性

2. 绘制轴线和辅助线

Step 01 选择“轴线”图层。执行“直线”（LINE）命令，绘制一条横向基准轴线，长度为 38400，如图 11-145 所示。

Step 02 执行“复制”（COPY）命令，将横向基准轴线依次向上偏移，偏移距离分别为 5000、2000 和 5000，如图 11-146 所示，依次完成横向轴线的绘制。

Step 03 执行“直线”（LINE）命令，绘制一条纵向基准轴线，长度为 12000，如图 11-147 所示。

Step 04 执行“复制”（COPY）命令，将绘制完成的纵向基准轴线依次向右偏移，偏移距离分别为 3900、3600、3900、3900、3900、3900、3900、3900、3600 和 3900，如图 11-148 所示，依次完成纵向轴线的绘制。

图 11-145 绘制横向基准轴线

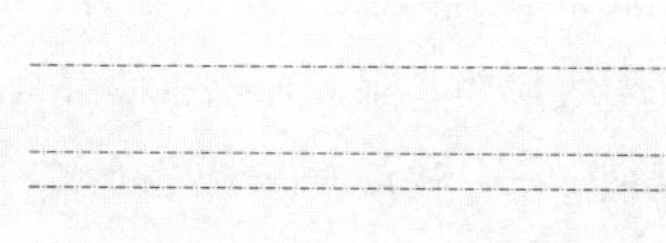

图 11-146 绘制横向轴线

图 11-147　绘制纵向基准轴

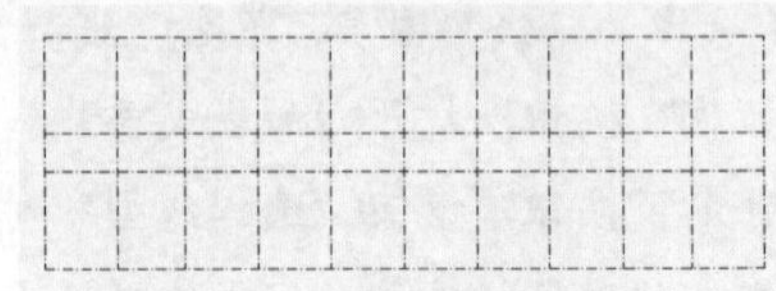

图 11-148　绘制纵向轴线

3. 绘制墙体

Step 01 执行“多线样式”（MLSTYLE）命令，弹出“多线样式”对话框，单击“新建”按钮，将弹出“创建新的多线样式”对话框，在“新样式名”文本框中输入 W240 作为新样式名，如图 11-149 所示。

Step 02 单击“继续”按钮，打开“新建多线样式”对话框，设置图元的“偏移”量为 120 和-120，结果如图 11-150 所示。设置完毕，单击“确定”按钮，完成多线样式的创建。

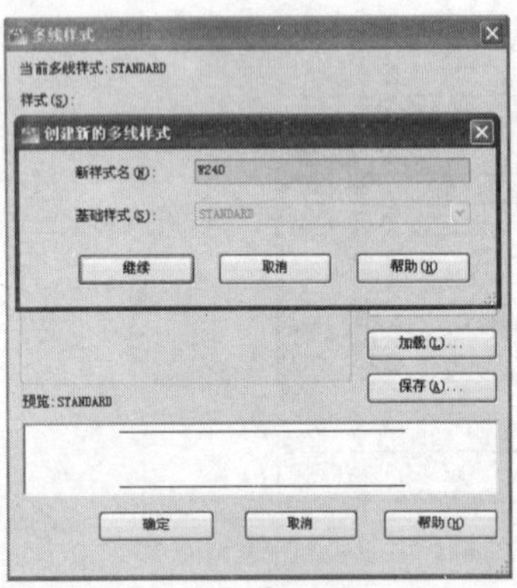

图 11-149　创建 W240 多线样式

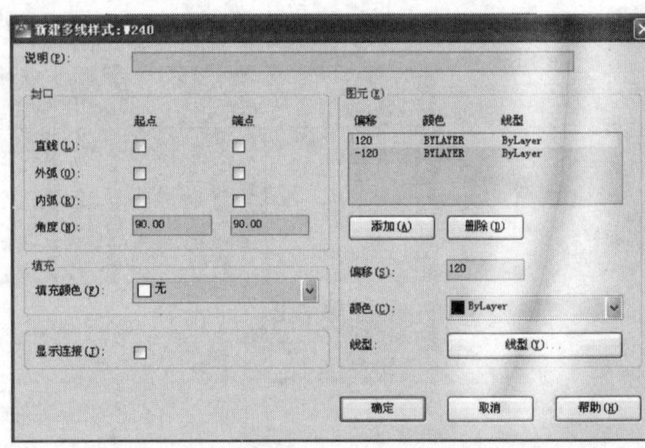

图 11-150　设置 W240 多线样式参数

Step 03 执行“延伸”（EXTEND）命令，延长各个方向的轴线长度，使各方向轴线长度均增加 1500，方便后期标注尺寸和轴号，效果如图 11-151 所示。

Step 04 执行“多线”（MLINE）命令，在修整过的轴网上绘制墙体，效果如图 11-152 所示。

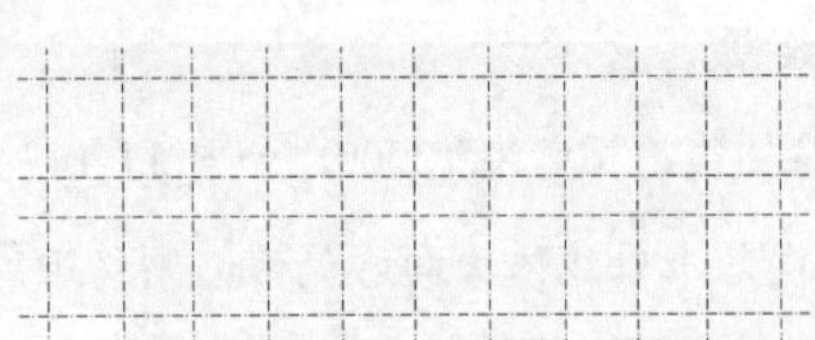

图 11-151　延长各方向轴线

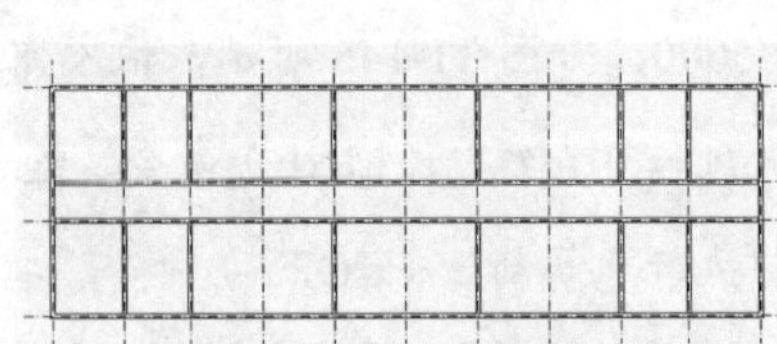

图 11-152　绘制墙体

Step 05 编辑和修整墙线。双击要修改的墙线，打开“多线编辑工具”对话框，在该对话框中提供了 12 种多线编辑工具，可以根据不同的多线交叉方式选择相应的工具进行编辑。对于无法利用“多线编辑工具”对话框中提供的工具进行编辑的墙线，可以利用“分解”（EXPLODE）命令将多线分解，然后执行“修剪”（TRIM）命令对该墙线进行修整。经过编辑和修整后的墙线如图 11-153 所示。

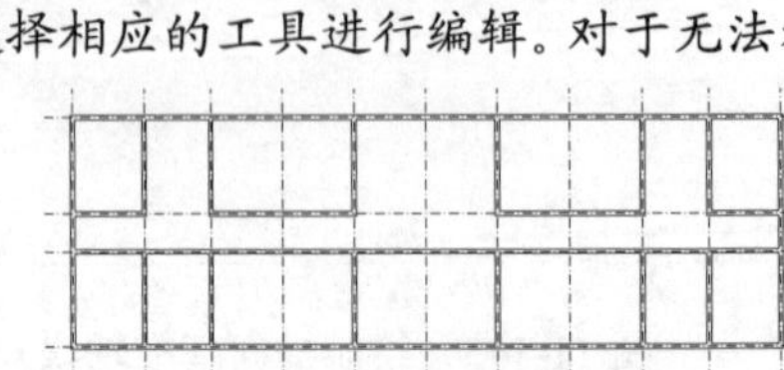

图 11-153　修整后的墙线

4．绘制柱子

Step 01 切换到 0 图层，执行“矩形”（RECTANG）命令，绘制尺寸为 300×500 的矩形，如图 11-154 所示。

Step 02 执行“图案填充”（HATCH）命令，打开“图案填充创建”选项卡，具体设置如图 11-155 所示。

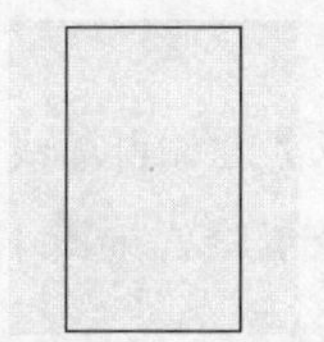

图 11-154　绘制矩形

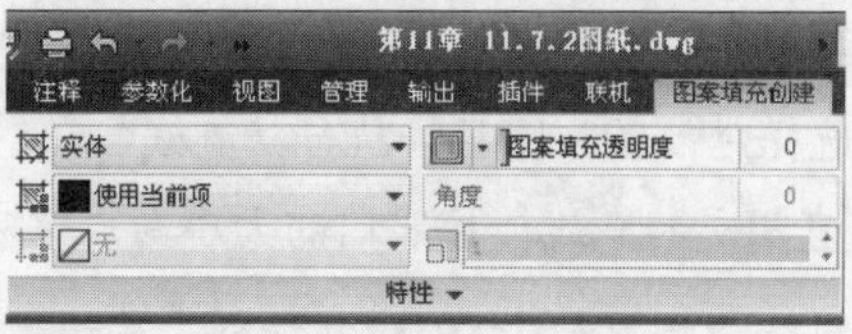

图 11-155　“图案填充创建”选项卡

Step 03 在绘图区域选择已绘的矩形作为填充对象，单击鼠标左键，完成对柱子的填充，如图 11-156 所示。

Step 04 在“块”面板中单击“创建”按钮，打开“块定义”对话框，选择如图 11-156 所示的对象，定义图块“柱”，具体设置如图 11-157 所示。单击“确定”按钮，完成创建。

图 11-156　填充效果

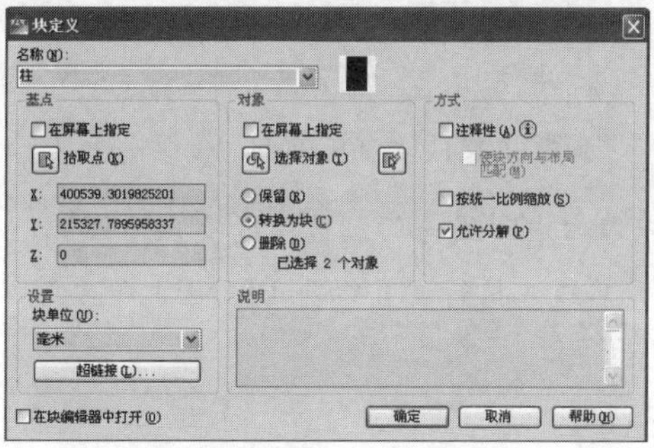

图 11-157　定义“柱”图块

Step 05 在“块”面板中单击“插入”按钮，弹出“插入”对话框，如图 11-158 所示。选择“柱”图块，单击“确定”按钮，捕捉轴线的交点作为插入点，插入“柱”图块，效果如图 11-159 所示。

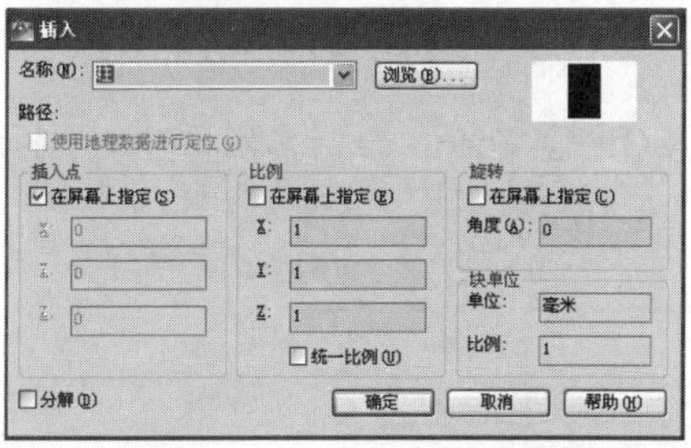

图 11-158　“插入”对话框

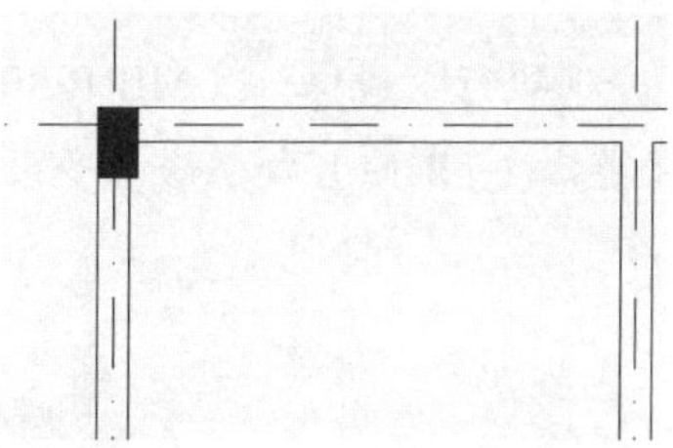

图 11-159　插入“柱”图块

Step 06 执行“复制”（COPY）命令，捕捉纵横墙线的交点插入柱，完成插入“柱”图块的操作，结果如图 11-160 所示。

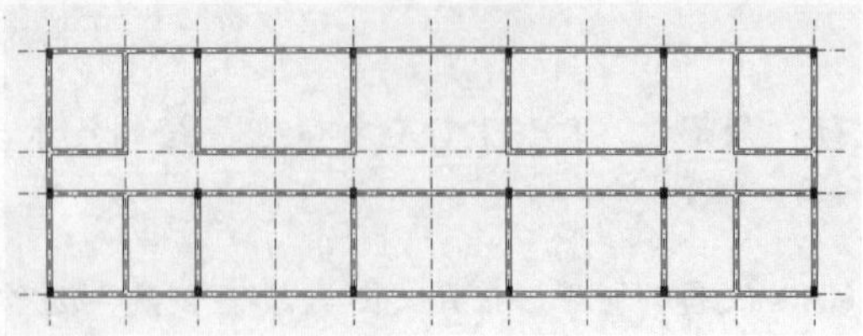

图 11-160　完成柱网布置

5．绘制门

Step 01 选择“门窗”图层。执行“直线”（LINE）命令，绘制一条距离右侧内墙线 120，且与开门墙体垂直相交的直线，按照门的大小向左平移复制 1000，得到另一条直线，如图 11-161 所示。

Step 02 执行“修剪”（TRIM）命令，剪掉多余线条，得到两条与墙体垂直的平行线的距离就是门的宽度，如图 11-162 所示。重复执行“修剪”（TRIM）命令，修剪墙体线条获得平面门洞造型，结果如图 11-163 所示。

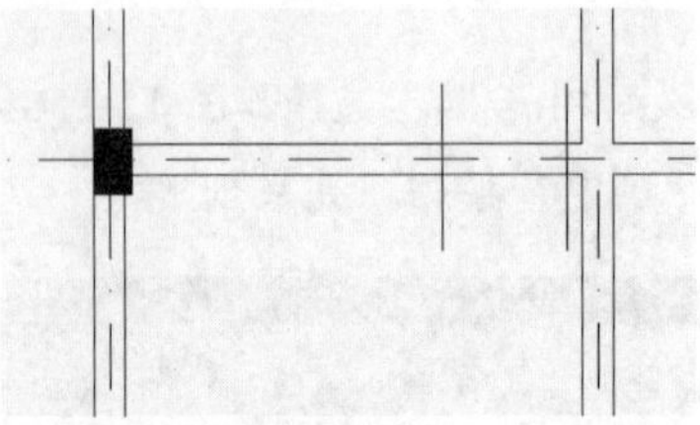

图 11-161　绘制门洞线

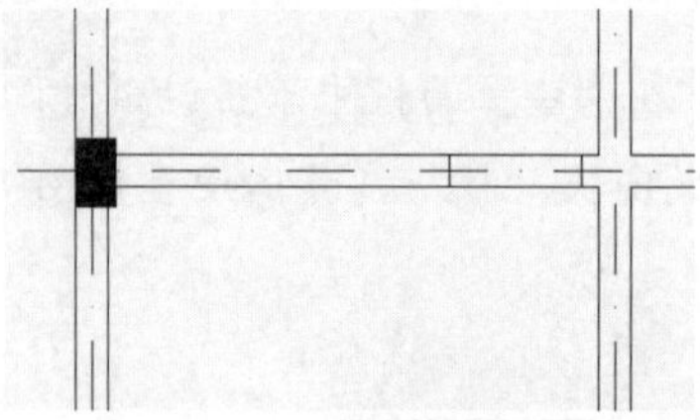

图 11-162　修剪完成

Step 03 以墙体中心线与门洞边线的交点为圆心，用弧线（ARC）命令绘制半径为 1000 的 1/4 圆弧，形成开启线。执行“直线”（LINE）命令连接弧线端点和门轴点，形成门扇造型。结果如图 11-164 所示。

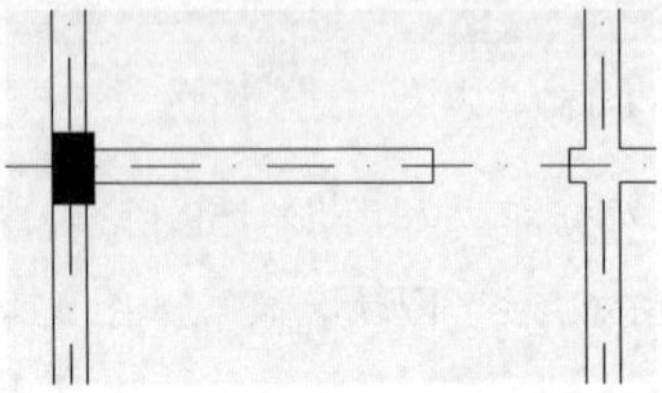

图 11-163　绘制好的门洞

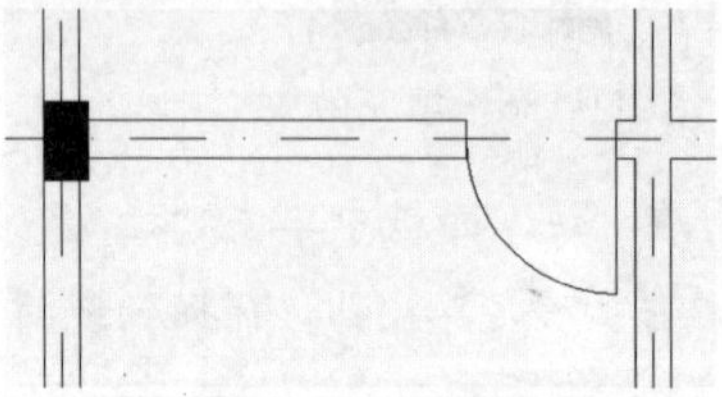

图 11-164　绘制门及开启线

Step 04 分别执行“镜像”（MIRROR）和“复制”（COPY）命令，绘制其他相同尺寸的门洞，执行“修剪”（TRIM）命令修剪多余线条，结果如图 11-165 所示。

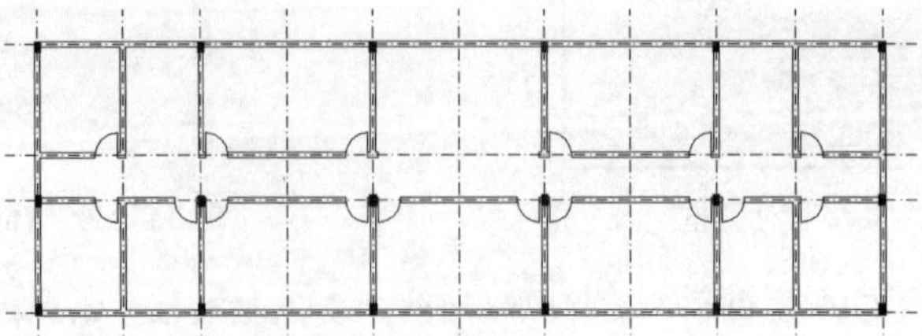

图 11-165　绘制室内门

Step 05 绘制两个对外的出入口，门宽为 1500 的双扇门。绘制一条距离右侧内墙 450，且与开门墙体垂直相交的直线，按照门的大小向左平移复制 1500，得到另一条直线，如图 11-166 所示。

Step 06 以墙体中心线与门洞边线的交点为圆心，用弧线（ARC）命令绘制半径为 750 的 1/4 圆弧，使用“直线”（LINE）命令连接弧线端点和门轴点，形成门扇造型和开启线，如图 11-167 所示。

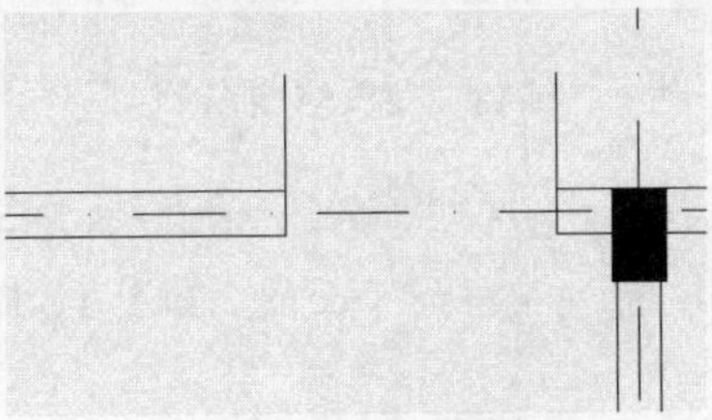

图 11-166　绘制门扇线

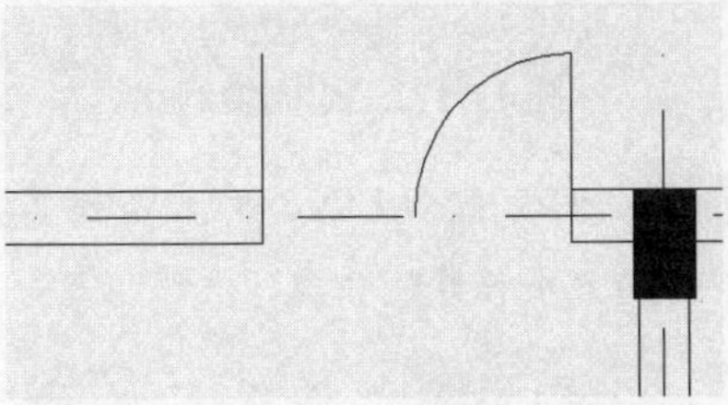

图 11-167　绘制单面开启线

Step 07 执行“镜像”（MIRROR）命令，以两扇门中心线作为镜像线，绘制出另一扇门的开启线，如图 11-168 所示。

Step 08 分别执行“镜像”（MIRROR）和“修剪”（TRIM）命令，绘制另一扇门，如图 11-169 所示。

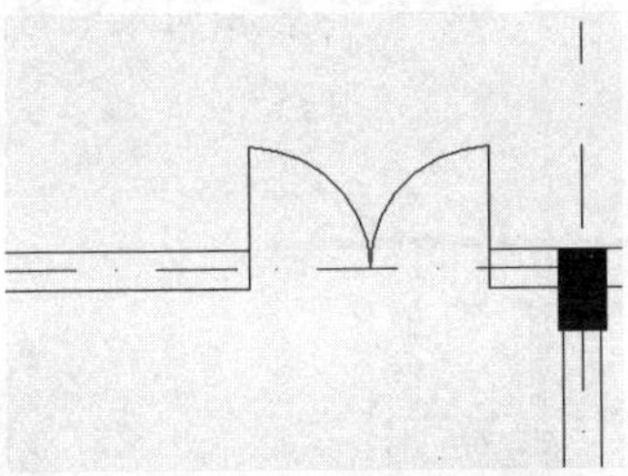

图 11-168　绘制 1500 宽双开门

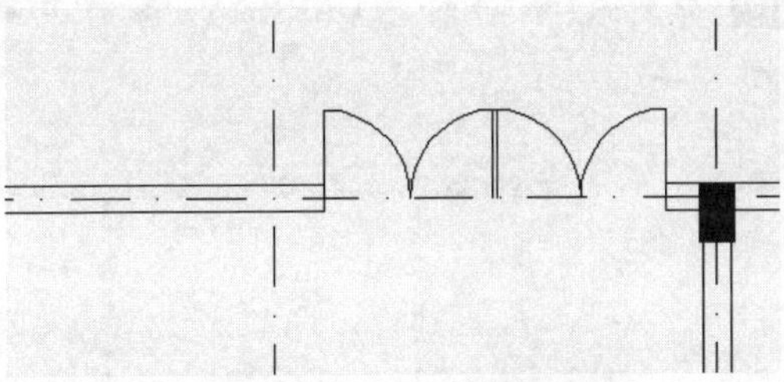

图 11-169　绘制主入口门

Step 09 采用同样的方法绘制次入口，次入口门扇线距离两侧侧墙 250，门宽为 1500，最终效果如图 11-170 所示。

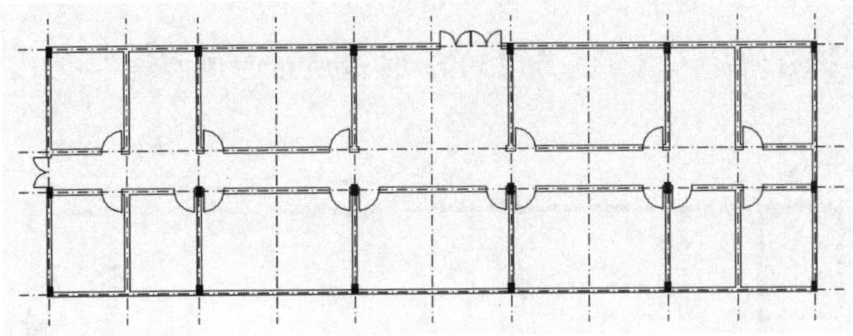

图 11-170　完成门的绘制

6. 绘制窗

Step 01 绘制窗户洞口平面，开窗宽度为 2400。沿墙线在距离左侧内墙线 750 处绘制一条垂直直线，并向右平移，距离为 2400，如图 11-171 所示。

Step 02 执行“修剪”（TRIM）命令，修剪墙体线条，获得平面窗洞造型，如图 11-172 所示。

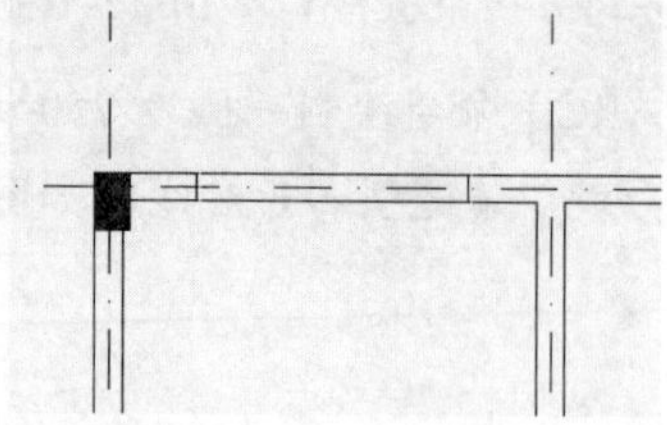

图 11-171　绘制窗洞线

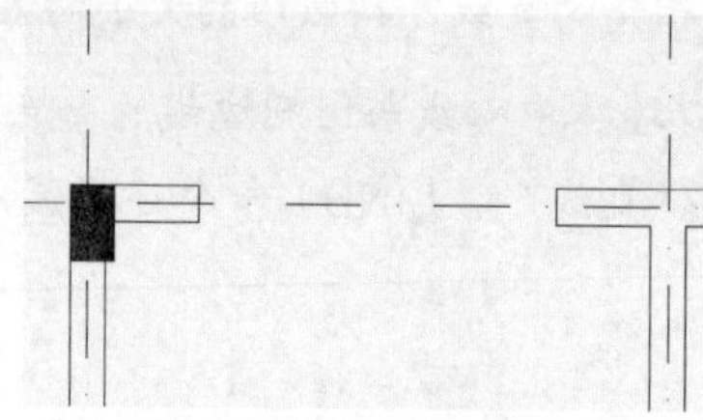

图 11-172　修剪窗洞口

Step 03 执行“直线”（LINE）命令绘制窗户的平面。沿墙线在窗户的位置绘制一条直线，如图 11-173 所示。并向上平移复制 3 次，平移距离分别为 80、80 和 80，得到窗户的平面图，如图 11-174 所示。

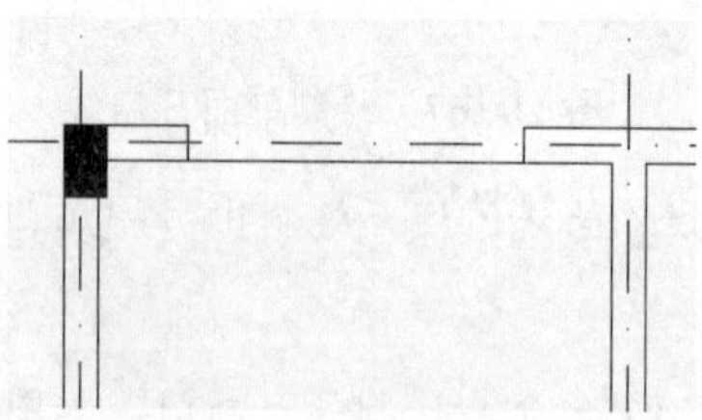

图 11-173　绘制窗线

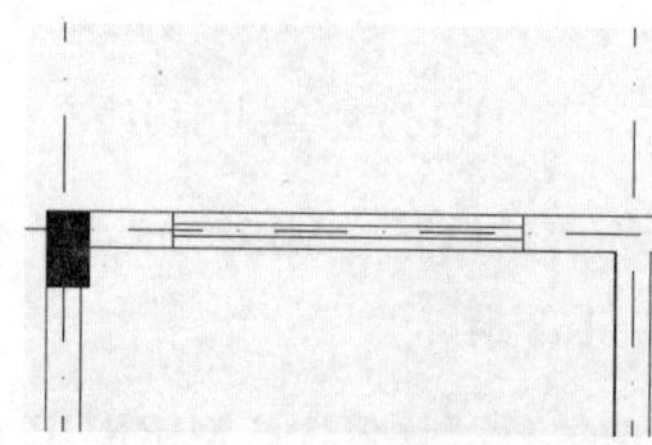

图 11-174　完成窗线的绘制

Step 04 分别执行“阵列”（ARRAY）和“复制”（COPY）命令，绘制其他相同尺寸的窗，效果如图 11-175 所示。

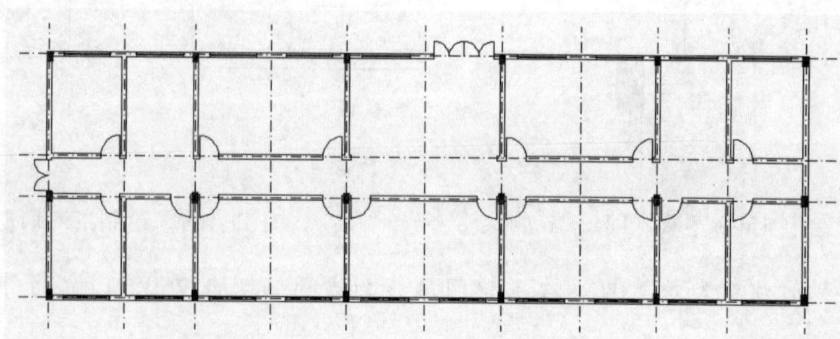

图 11-175　完成相同尺寸窗的绘制

Step 05 绘制走廊尽头的侧窗。侧窗宽为 1500，窗边线距两侧内墙各 250，结果如图 11-176 所示。

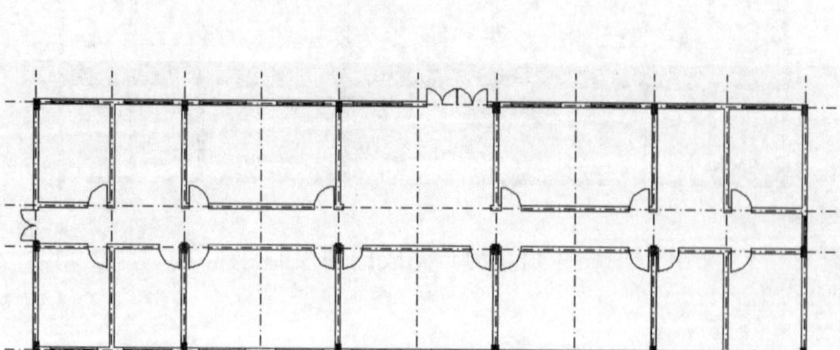

图 11-176　完成窗的绘制

7. 绘制楼梯

Step 01 选择“楼梯”图层，绘制左侧第二个开间中的楼梯。执行“直线”（LINE）命令，绘制楼梯踏步线，长度为 1650，踏步线左端点距离左侧内墙下部端点 320，如图 11-177 所示。

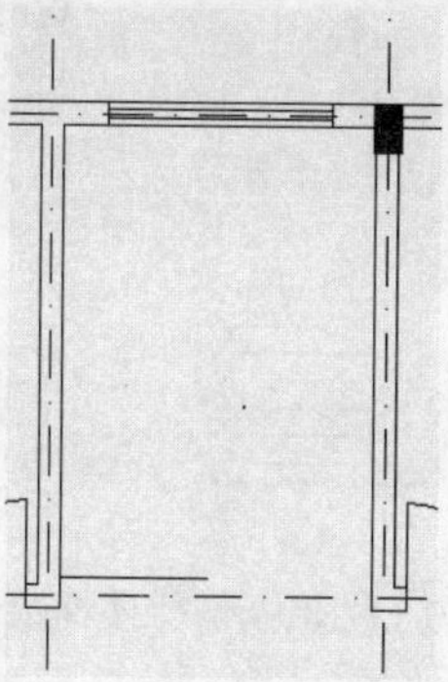

图 11-177 绘制踏步线

Step 02 在命令行输入 ARRAYRECT 命令，按【Enter】键选择踏步线作为阵列对象，再次按【Enetr】键，根据命令行提示选择“计数”选项，输入行数 12，列数 1，间距 280，按【Enter】键，完成阵列，效果如图 11-178 所示。

Step 03 绘制楼梯扶手。分别执行“直线”（LINE）和“复制”（COPY）命令进行绘制，扶手宽 60，上下两端出头距离为 60，参考上一个例子绘制楼梯部分步骤 4 中的方法来绘制，结果如图 11-179 所示。

提 示

绘制楼梯扶手时可以采用“多线”命令，也比较方便快捷。

Step 04 执行“直线”（LINE）命令，绘制楼梯踏步折断线，折断线角度约为 45° 。执行“修剪”（TRIM）命令，剪掉多余线条，结果如图 11-180 所示。

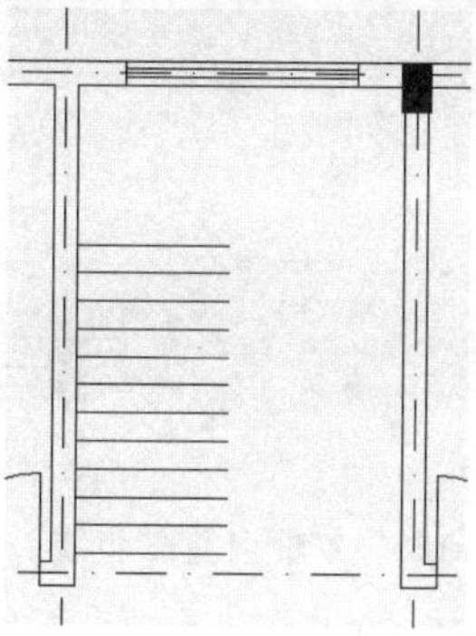

图 11-178 踏步线阵列效果

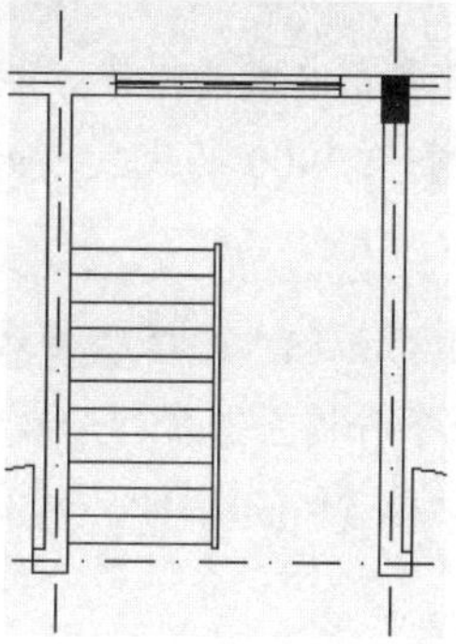

图 11-179 绘制楼梯扶手

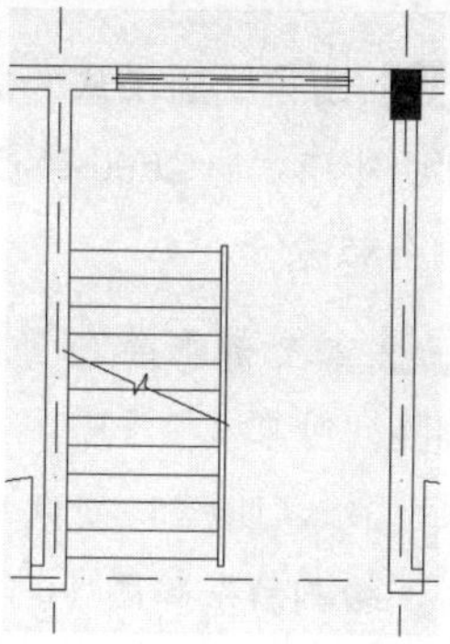

图 11-180 绘制踏步折断线

Step 05 执行“修剪”（TRIM）命令，根据踏步折断线的位置修剪首层楼梯踏步，效果如图 11-181 所示。

Step 06 执行“多重引线”（MLEADER）命令绘制方向箭头，箭头大小为 300，如图 11-182 所示。

Step 07 执行“单行文字”（DTEXT）命令，标注楼梯的上下行方向，如图 11-183 所示。

Step 08 执行“镜像”（MIRROR）命令，以左侧起第 6 根轴线为镜像线绘制另一部楼梯，如图 11-184 所示。

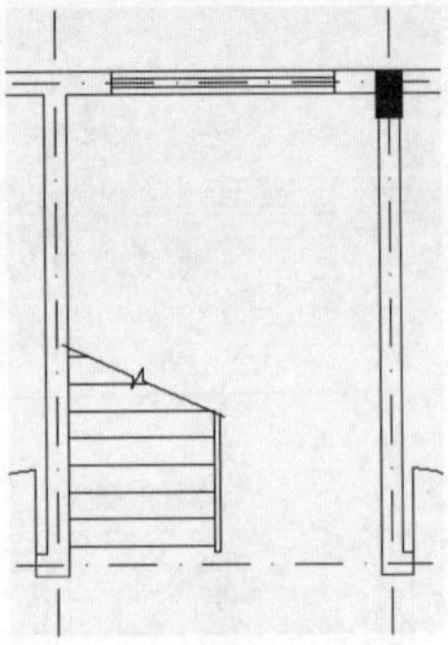

图 11-181　修剪楼梯踏步

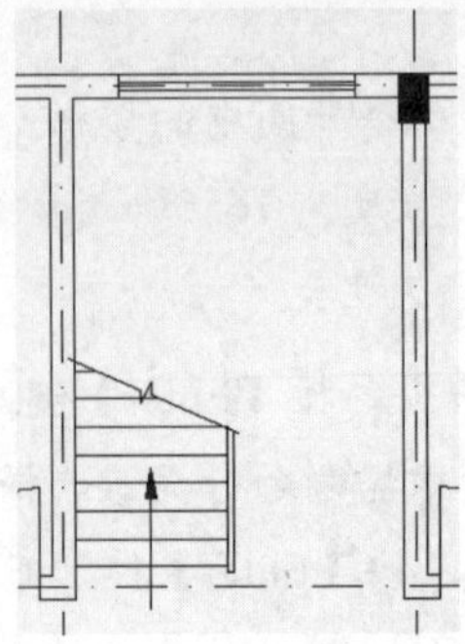

图 11-182　绘制方向箭头

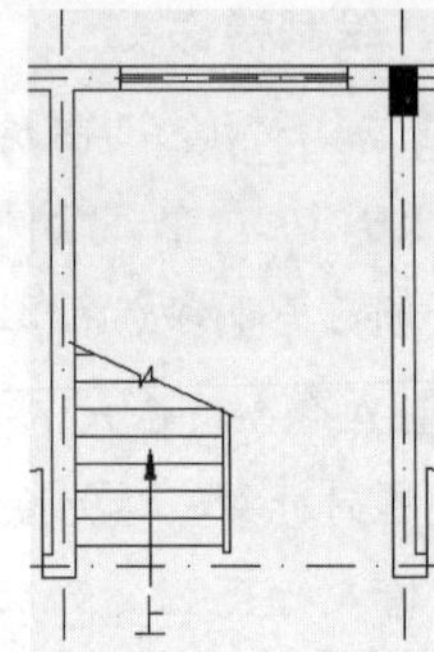

图 11-183　标注楼梯方向

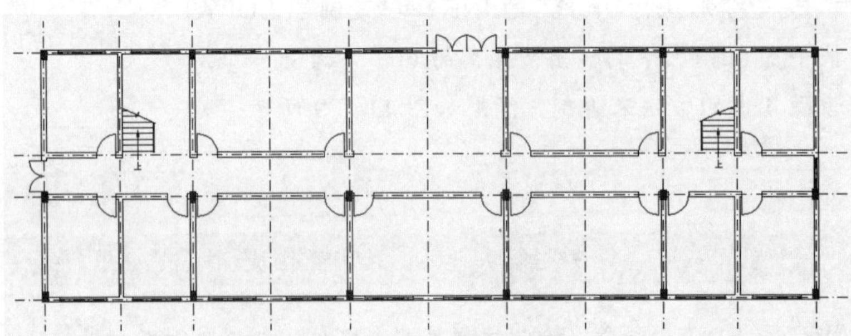

图 11-184　完成楼梯的绘制

8. 绘制台阶

Step 01 选择“辅助线”图层。以大门垂直中线为中点，在平行于外墙方向 2000 的位置，绘制一条长 3900 的线段，如图 11-185 所示。

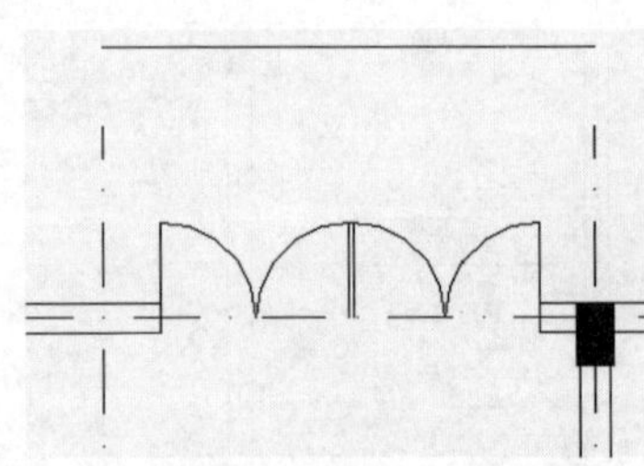

图 11-185　绘制台阶踏步线

Step 02 执行矩形阵列（ARRAYRECT）命令，选择踏步线作为阵列对象，按【Enter】键，根据命令行提示选择“计数”选项，输入行数 3，列数 1，间距 300，按【Enter】键，完成阵列，绘制结果如图 11-186 所示。

Step 03 连接台阶踏步线与墙面线，完成台阶的绘制，效果如图 11-187 所示。

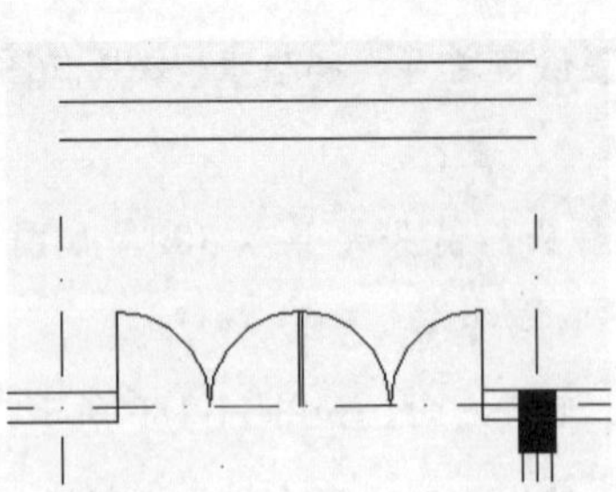

图 11-186　绘制台阶踏步线

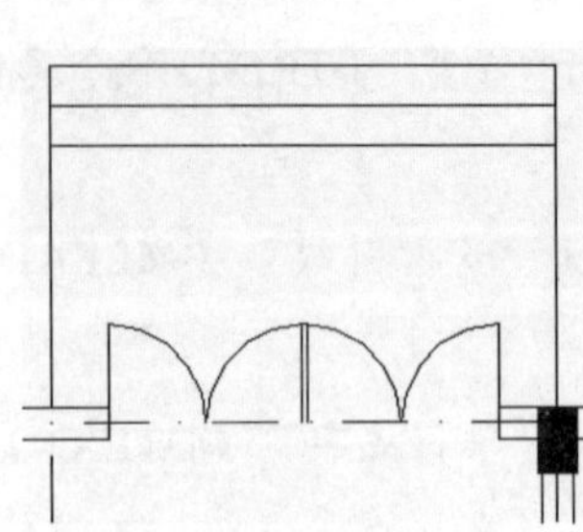

图 11-187　绘制台阶平面

Step 04 绘制方向箭头。执行“多重引线”（MLEADER）命令，在台阶踏步的中间位置绘制带箭头的引线，表示踏步方向，如图 11-188 所示。

Step 05 采用同样的方法绘制次入口台阶，台阶平台进深为 1000，宽度为 2000，效果如图 11-189 和图 11-190 所示。

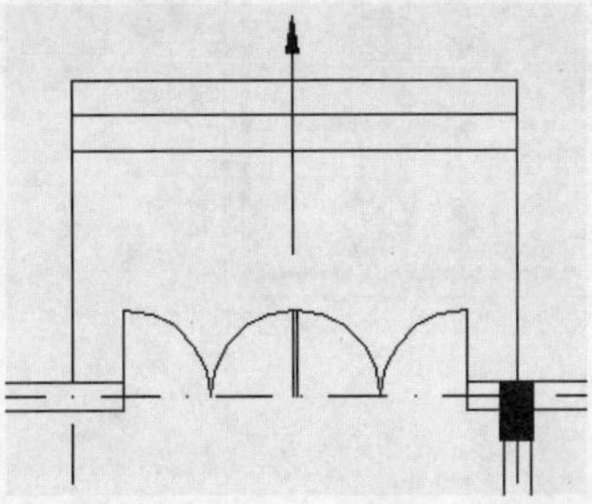

图 11-188　添加方向箭头

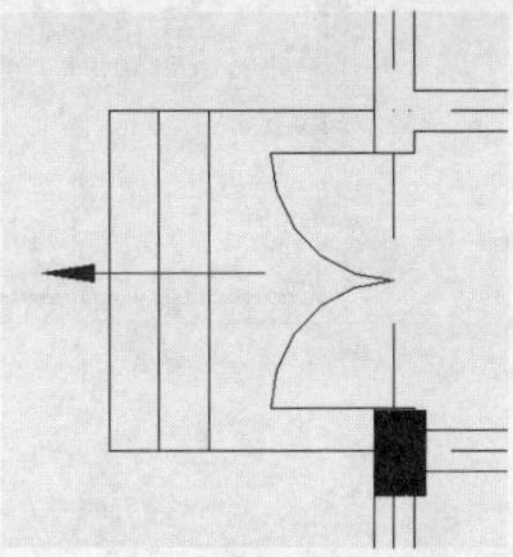

图 11-189　绘制次入口台阶

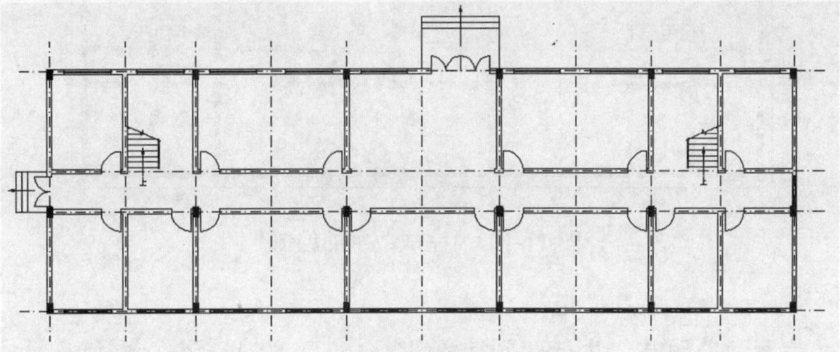

图 11-190　完成台阶的绘制

9．绘制散水

Step 01 执行“直线”（LINE）命令，绘制一条平行于外墙线的直线，距离外墙线 600，比墙线两端各长 600，如图 11-191 所示。

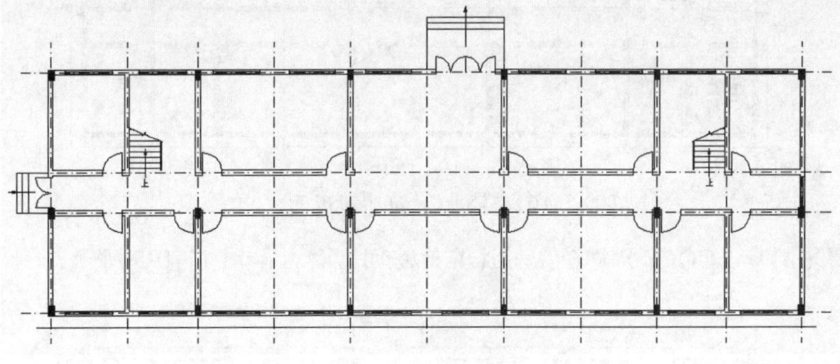

图 11-191　绘制散水基准线

Step 02 沿其余三面外墙绘制同样的直线，执行“修剪”（TRIM）命令，在有台阶的位置修剪散水线，效果如图 11-192 所示。

Step 03 连接墙角与散水线的交点，完成散水的绘制，如图 11-193 所示。

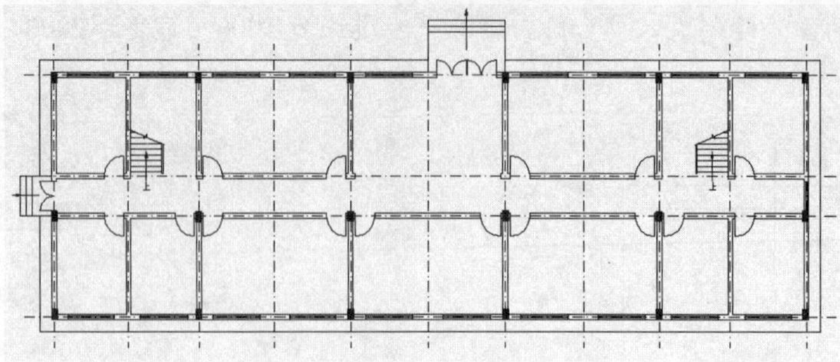

图 11-192　绘制散水边线

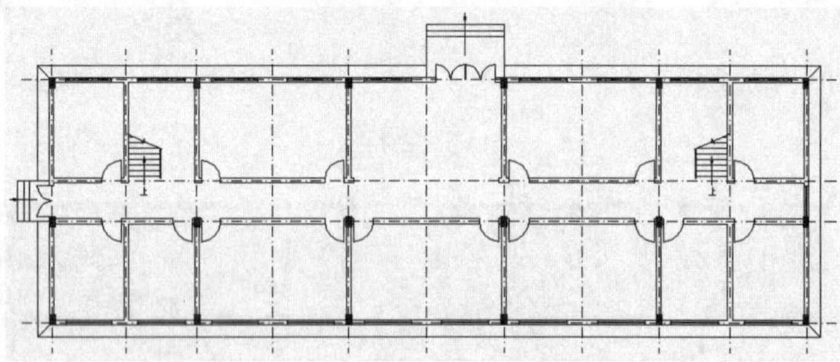

图 11-193　完成散水的绘制

10. 文字标注

Step 01 选择“文字标注”图层。执行“单行文字”（DTEXT）命令，添加房间功能说明，文字样式为 Standard，高度为 500，旋转角度为 0，插入图中相应位置，如图 11-194 所示。

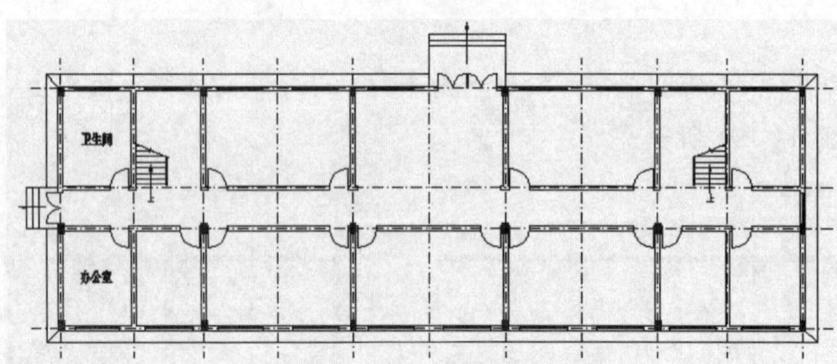

图 11-194　添加房间功能说明文字

Step 02 执行“复制”（COPY）命令，标注其他房间名称，如图 11-195 所示。

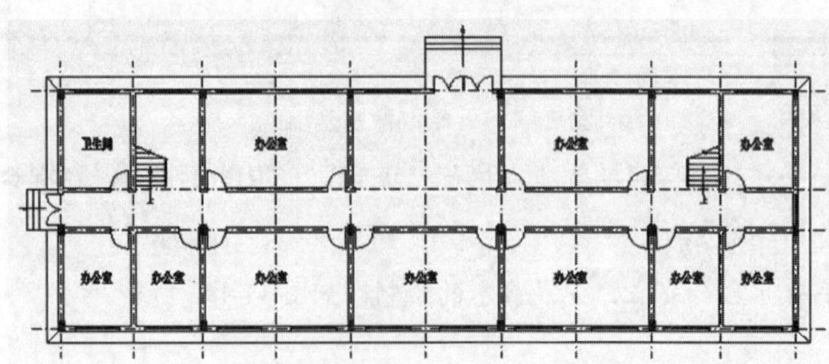

图 11-195　完成房间名称的标注

11. 添加尺寸标注和轴线编号

Step 01 选择“尺寸标注”图层。执行“快速标注”（QDIM）命令，分别单击需要标注的每两根轴线，完成左侧轴线的标注，如图 11-196 所示。

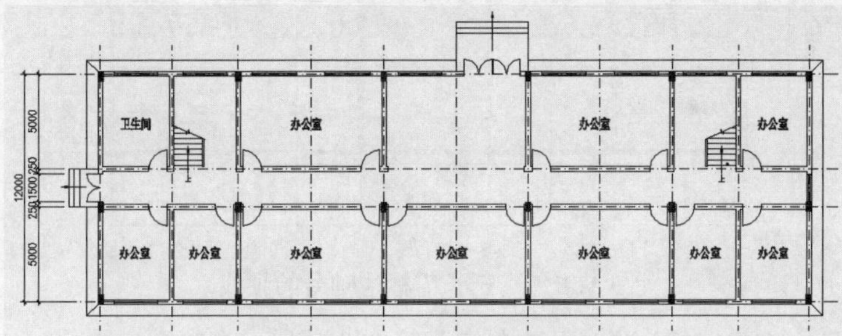

图 11-196　标注左侧轴线

Step 02 重复执行“快速标注”（QDIM）命令，单击需要标注尺寸的图形外边线，完成下侧轴线的标注，如图 11-197 所示。

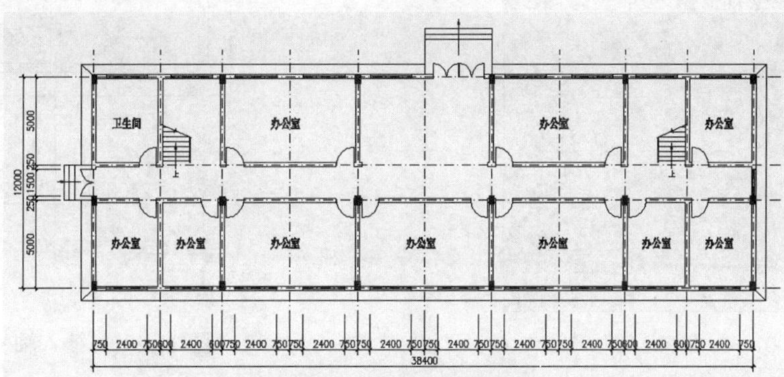

图 11-197　标注下侧轴线

Step 03 采用同样的方式完成其他方向的尺寸标注，效果如图 11-198 所示。

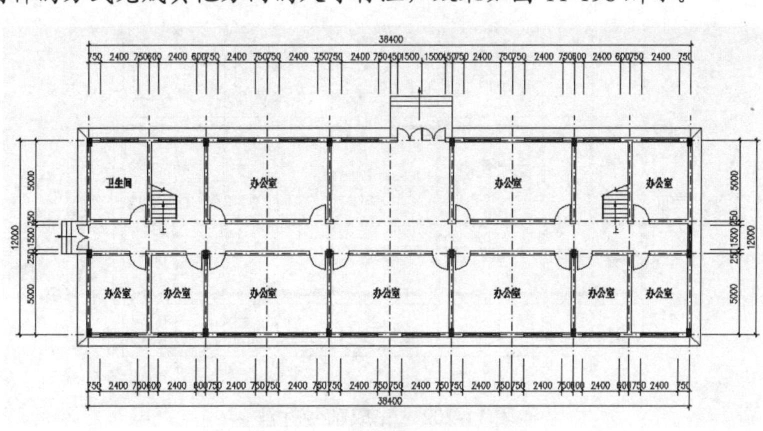

图 11-198　完成轴线尺寸标注

Step 04 执行“延伸”（EXTEND）命令，延长需标注轴号的轴线，延伸距离视轴号标注位置而定，如图 11-199 所示。

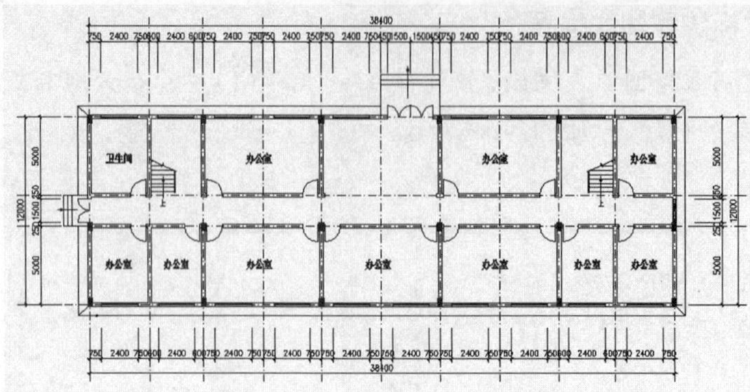

图 11-199　延长需标注轴号的轴线

Step 05 执行“圆”（CIRCLE）命令，绘制直径为 900 的圆。在命令行中输入 ATT，按【Enter】键，系统自动弹出“属性定义”对话框，如图 11-200 所示。单击“确定”按钮，进入绘图界面，得到所需轴号，效果如图 11-201 所示。

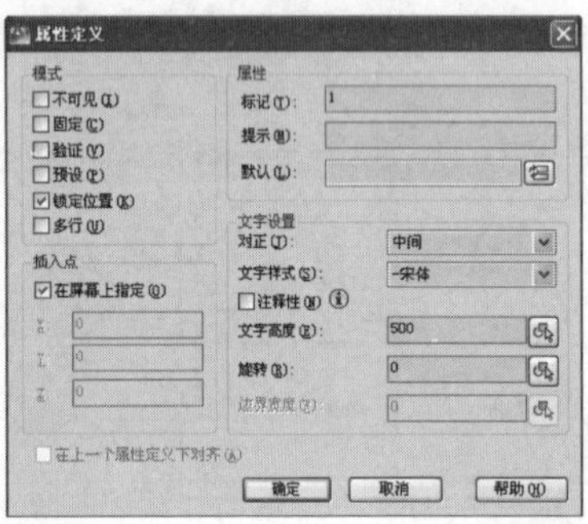

图 11-200　“属性定义”对话框

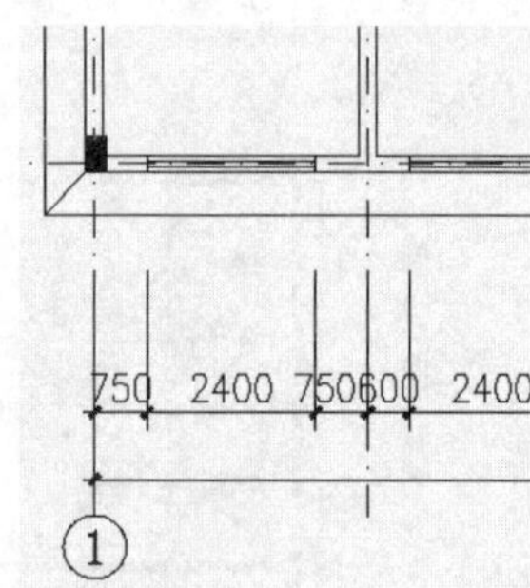

图 11-201　插入轴号

Step 06 执行“复制”（COPY）命令，将其他位置的轴号插入。双击数字编号，打开“编辑属性定义”对话框，修改数值，完成其他轴号的标注，如图 11-202 所示。

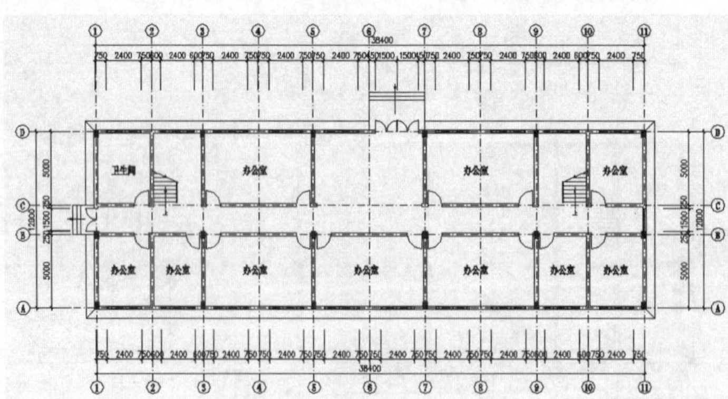

图 11-202　完成轴号标注

12. 绘制剖切符号

Step 01 执行“多段线”（PLINE）命令，在平面图中绘制剖切面的定位线，并使得该定位线两端伸出被剖切外墙面的距离均为 1500，线宽设置为 100，如图 11-203 所示。

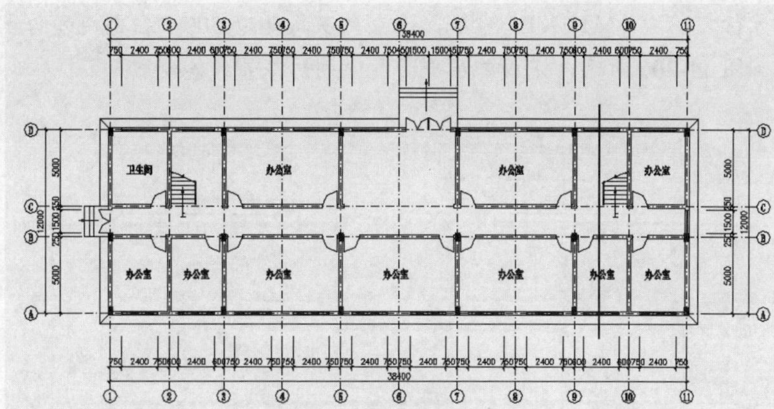

图 11-203　绘制剖切面定位线

Step 02 执行“多段线”（PLINE）命令，分别以剖切面定位线的两端点为起点，向剖面图投影方向绘制剖视方向线，长度为 1000，如图 11-204 所示。

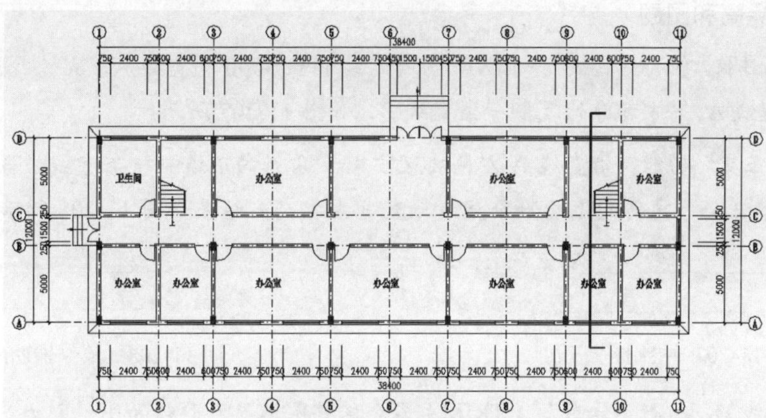

图 11-204　绘制剖视方向线

Step 03 执行“修剪”（TRIM）命令，修剪剖切面定位线，得到两条剖切位置线，如图 11-205 所示。

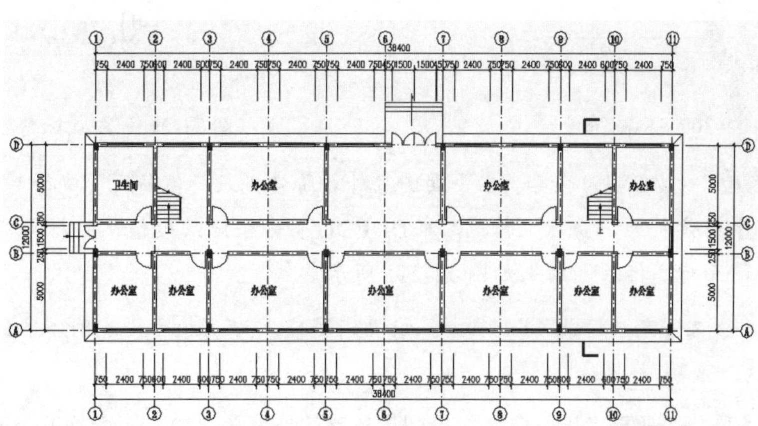

图 11-205　修剪剖切面定位线

Step 04 执行“多行文字”（MTEXT）命令，设置文字高度为 500，在剖视方向线的端部书写剖切符号编号 1，如图 11-206 所示，完成首层平面图中剖切符号的绘制。

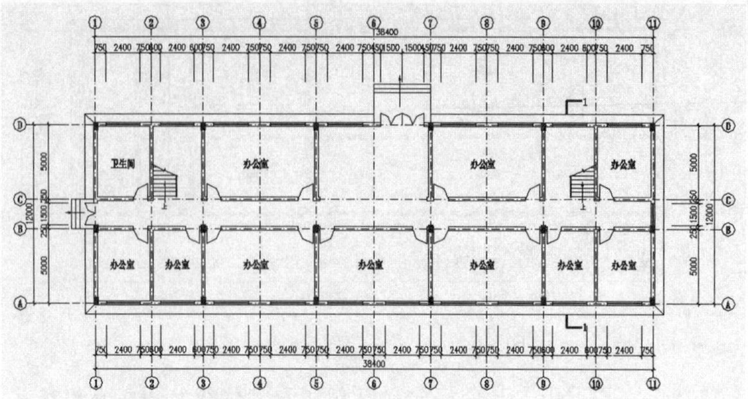

图 11-206 绘制剖切符号

13．添加标高和图题

Step 01 选择 0 图层。执行“直线”（LINE）命令，绘制长 3000 的直线 A，执行“复制”（COPY）命令，在距离直线 A 下方 500 处复制一条直线 B，如图 11-207 所示。

Step 02 关闭“正交”功能，沿直线 A 左侧端点按 45° 角斜向下绘制一条直线，与直线 B 相交于一点，捕捉交点按 45° 角斜向上绘一条直线与直线 A 相交，结果如图 11-208 所示。

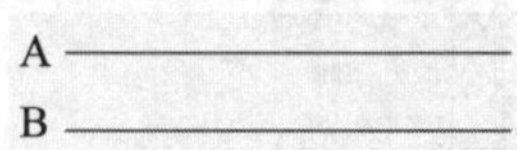

图 11-207 绘制标高线

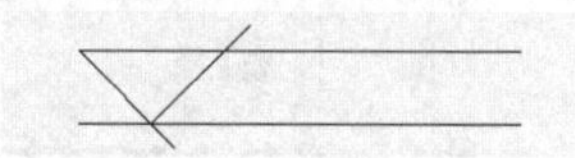

图 11-208 绘制辅助线

Step 03 删除直线 B，执行“修剪”（TRIM）命令修整图形，所取得的图形即为标高符号，如图 11-209 所示。

Step 04 执行“单行文字”（DTEXT）命令，输入标高数值，如图 11-210 所示。

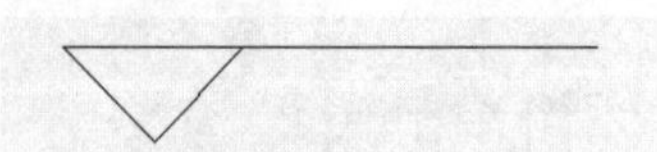

图 11-209 标高符号

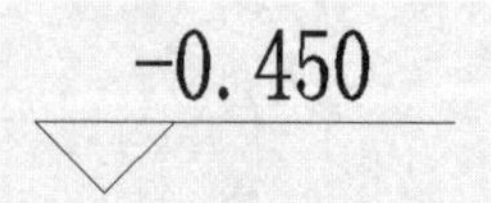

图 11-210 添加标高数值

Step 05 执行“移动”（MOVE）命令，在平面图室外台阶处插入标高符号。执行“复制”（COPY）命令，复制另一个标高符号，执行“修改”（DDEDIT）命令修改数值，将标高符号插入到室内地坪位置，完成图面标高标注，结果如图 11-211 所示。

Step 06 执行“单行文字”（DTEXT）命令，设置文字样式为 Standard，创建平面图图题，效果如图 11-212 所示。

Step 07 执行“多段线”（PLINE）命令，绘制多段线，线宽为 100，最终效果如图 11-213 所示，多段线长度比图题的字稍长一些即可。整个平面图绘制完毕的最终效果如图 11-214 所示。

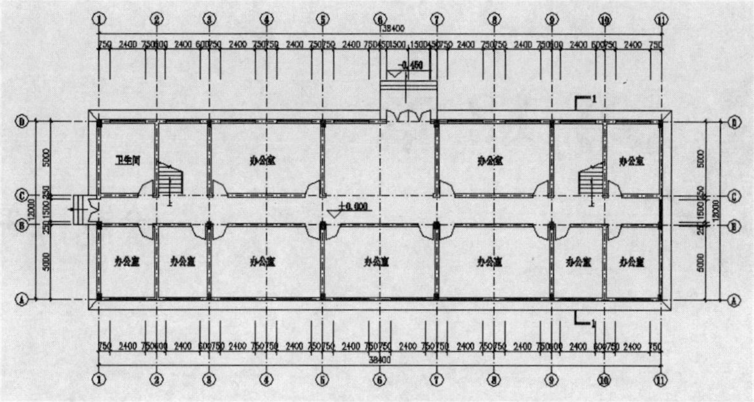

图 11-211　完成标高标注

一层平面图 1：100

图 11-212　创建图题文字

一层平面图 1：100

图 11-213　完成的图题

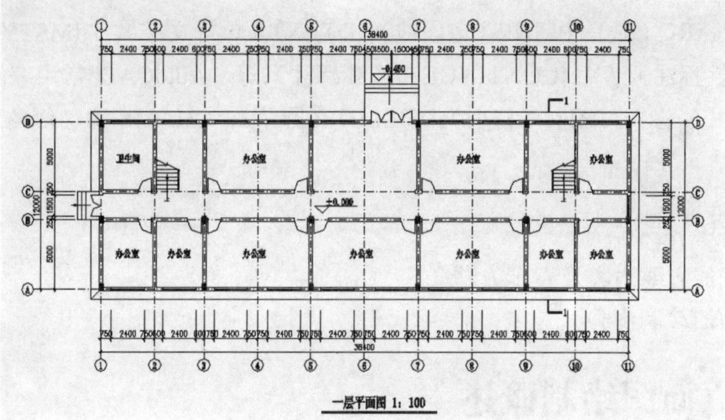

图 11-214　完成平面图的绘制

11.8　本章小结

本章阐述了建筑平面图的图纸内容和绘制流程，并对建筑设计所涉及的功能空间划分进行了简要论述。同时以绘制平面图中各部分构件为例，介绍了 AutoCAD 2012 在建筑平面图绘制中的运用，具体包括住宅建筑平面图的绘制、办公建筑平面图的绘制等内容，这也是本章的重点所在。

11.9　思考与习题

1. 建筑平面图通常使用的绘图比例有哪几种？
2. 简述建筑平面图绘制的常用步骤？
3. 绘制平面图中的墙线可以采用哪几种方法？

第 12 章 绘制建筑立面图

本章主要内容：

本章将结合一些建筑实例，详细介绍建筑立面图的绘制方法，给出了利用 AutoCAD 2012 绘制建筑立面图的主要方法和步骤，并结合实例重点讲解了门、窗、阳台、台阶和女儿墙等的绘制方法和步骤。AutoCAD 常用绘图命令：LAYER（图层）、ATTDEF（属性定义）、MLINE（多线）、XLINE（结构线）、ARC（弧）、PLINE（多段线）、DTEXT（单行文字）、DIMSTYLE（标注样式）、DIMLINEAR（线性标注）、DIMCONTINUE（连续标注）等。AutoCAD 常用编辑命令：ARRAY（阵列）、OFFSET（偏移）、TRIM（修剪）、FILLET（圆角）、CHAMFER（倒角）、ROTATE（旋转）、MOVE（移动）等。

本章重点难点：

- 建筑立面图的主要内容及表示方法
- 建筑立面图的绘制步骤

12.1 建筑立面图绘制概述

建筑立面图是用直接投影法将建筑墙面进行投影所得到的正投影图，是按照一定比例表现建筑立面的图纸，主要反映房屋的外貌和立面装修的做法，这是因为建筑物给人的外表美感主要来自其立面的造型和装修。

一般情况下，立面图上的图示内容包括墙体外轮廓线，以及内部凹凸轮廓、幕墙、门窗、台阶、窗台和壁柱等各种建筑构件，从理论上来说，立面图上所有建筑构件的正投影图都要反映在立面图上。实际上，一些比例较小的细部可以简化或用图例来替代。如门窗的立面图，在具有代表性的位置绘制出详细的窗扇、门窗等小细节，同类门窗用大致轮廓即可。

从总体上来说，立面图是在平面图的基础上，引出定位辅助线确定立面图样的水平位置及大小。然后，根据高度方向的设计尺寸确定立面图样的竖向位置及尺寸，从而绘制出一个个图样。

在施工图中，如果门窗不是引用门窗图集，则其细部构造需要用户绘制大样图来表示，以弥补立面的不足。另外，当立面在转折处，或者曲折较为复杂时，用户可以绘制其展开图。圆形或者多边形平面建筑可以分段展开绘制立面图。为了图示准确，在图名说明上要标注“展开”二字，并且在转角处应该准备标明其轴线号。

建筑立面图的主要内容包括：

①室内外的地面线、房屋的勒脚、台阶、门窗、阳台和雨篷；室外的楼梯、墙和柱；外墙的预留孔洞、檐口、屋顶、雨水管和墙面装饰构件等。

②外墙各个主要部位的标高。

③建筑物两端或分段的轴线和编号。

④标出各个部分的构造、装饰节点详图的索引符号。使用图例和文字说明外墙面的装饰材料和做法。

建筑立面图常采用 1:100、1:200、1:300 的比例来绘制，要根据建筑物的规模来选择相应的比例绘制。

12.2　绘制建筑立面门窗

门和窗是建筑立面中的重要构件，在建筑立面图的设计和绘制中，选用适合的门窗样式，可以使建筑的外观更加形象生动，更富于表现力。

12.2.1　绘制门

Step 01 新建图层，在“新图层状态名”文本框中输入图层名称 door（门），如图 12-1 所示。

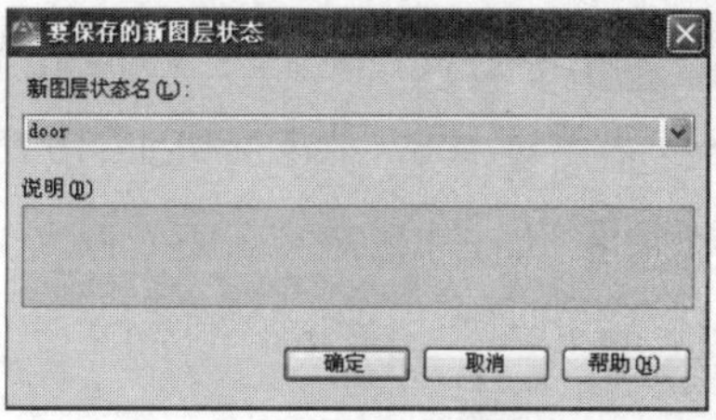

图 12-1　新建“门”图层

Step 02 执行“直线”（LINE）命令，竖向绘制一条长度为 2600 的直线 A，如图 12-2 所示。

Step 03 沿着直线 A 的上部端点横向绘制一条长度为 1800 的直线 B，与直线 A 垂直，如图 12-3 所示。

Step 04 执行“复制”（COPY）命令，复制直线 A，与直线 B 另一端点相交，形成门的外轮廓线，如图 12-4 所示。

Step 05 执行“复制”（COPY）命令，在距离直线 B 600 处绘制另一条直线，在该条直线中点按竖直方向绘制出门扇线，长度为 2000，完成门的绘制，如图 12-5 所示。

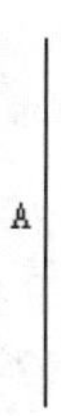

图 12-2　绘制直线 A

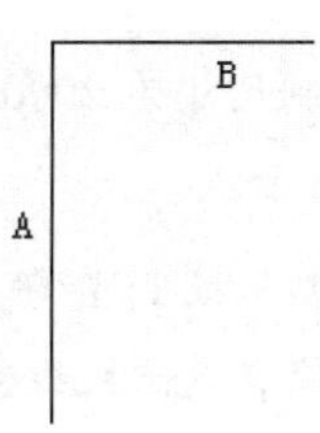

图 12-3　绘制直线 B

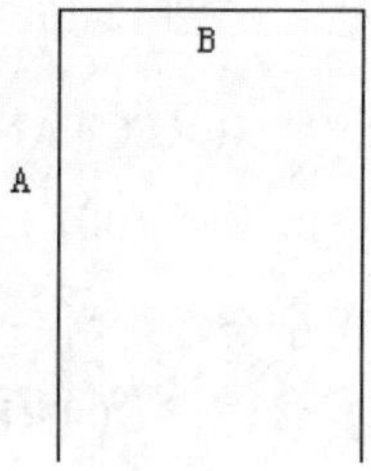

图 12-4　完成门的外轮廓线

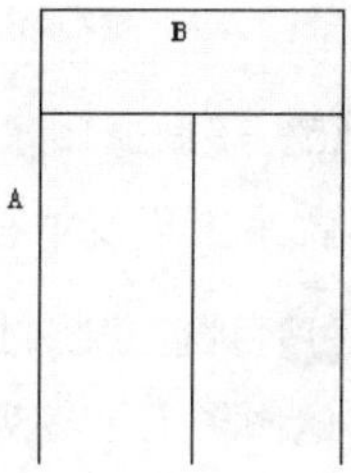

图 12-5　完成门的绘制

12.2.2 绘制窗

Step 01 新建图层，在“新图层状态名”文本框中输入图层名称 window（窗），如图 12-6 所示。

Step 02 执行“矩形”（RECTANG）命令，绘制尺寸为 1800 × 2000 的矩形，作为窗框，如图 12-7 所示。

Step 03 绘制窗扇。在矩形横向边中点处绘制一条竖向直线，与矩形相交，修剪线条得到窗扇造型，效果如图 12-8 所示。

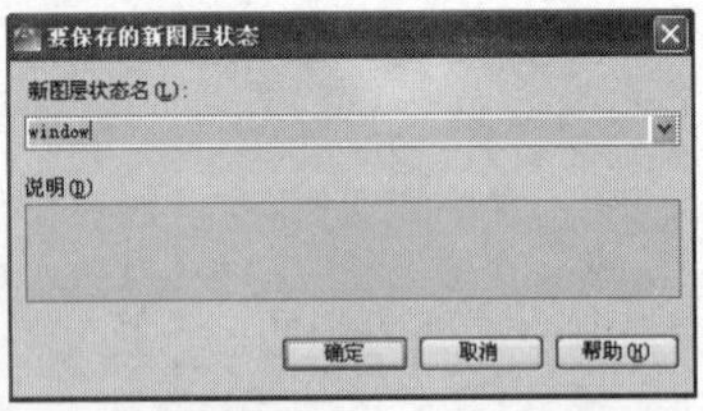

图 12-6　新建“窗”图层

图 12-7　绘制窗框

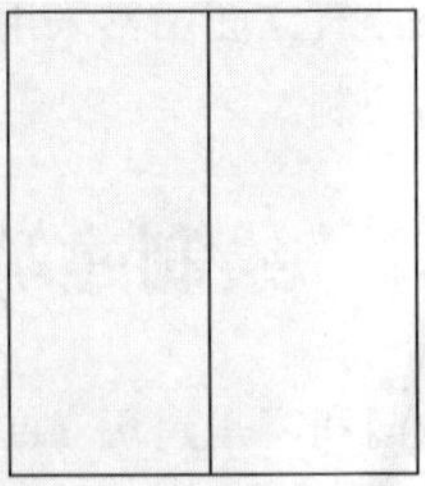

图 12-8　绘制窗扇

Step 04 绘制窗台。执行“直线”（LINE）命令，绘制 3 条直线，直线左右两端超出窗户尺寸各 100，直线间距离为 100 ，效果如图 12-9 所示。

Step 05 分别执行“直线”（LINE）和“修剪”（TRIM）命令，修整窗台线条，第 3 根线条两侧各向内缩进 100，效果如图 12-10 所示。

Step 06 执行“矩形”（RECTANG）命令，捕捉窗台左侧下端点绘制尺寸为 1800 × 140 的矩形，补充窗台造型，如图 12-11 所示。

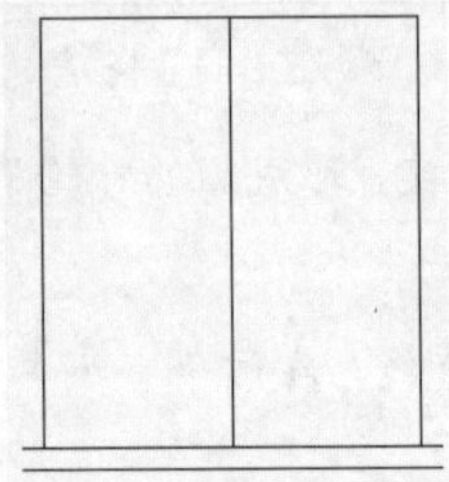

图 12-9　绘制窗台线

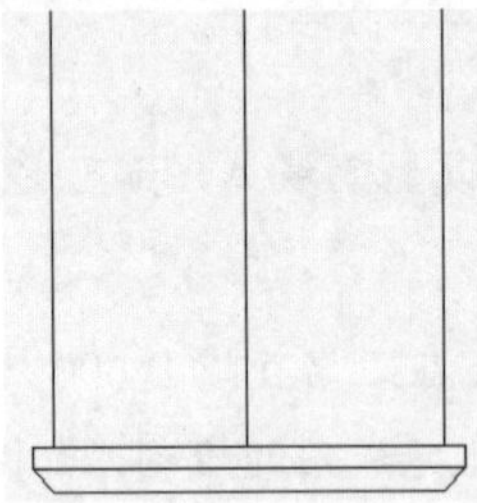

图 12-10　修整窗台线条

图 12-11　补充窗台造型

Step 07 绘制遮阳板。执行“矩形”（RECTANG）命令绘制尺寸为 2000 × 500 的矩形，矩形上边线与窗扇上边线重合，两边各超出窗框 100，如图 12-12 所示。

Step 08 执行“复制”（COPY）命令，复制一条直线，与遮阳板上边线距离为 100 ，连接直线端点与遮阳板上边线两端点，执行“修剪”（TRIM）命令，修整遮阳板线条，结果如图 12-13 所示。

Step 09 绘制窗檐。执行“直线”（LINE）命令绘制 3 条直线，直线左右两端超出遮阳板尺寸各 100，直线间距离为 100，连接直线端点，完成窗檐的绘制，如图 12-14 所示。

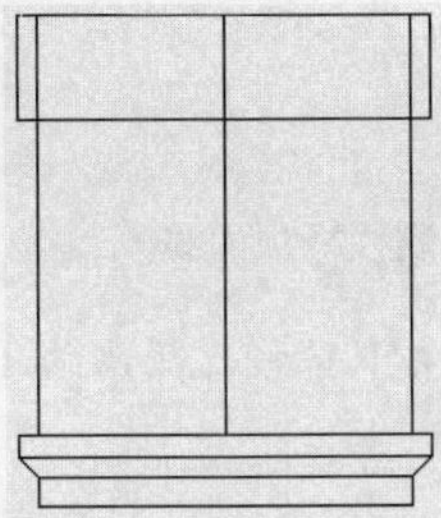

图 12-12　绘制遮阳板轮廓线

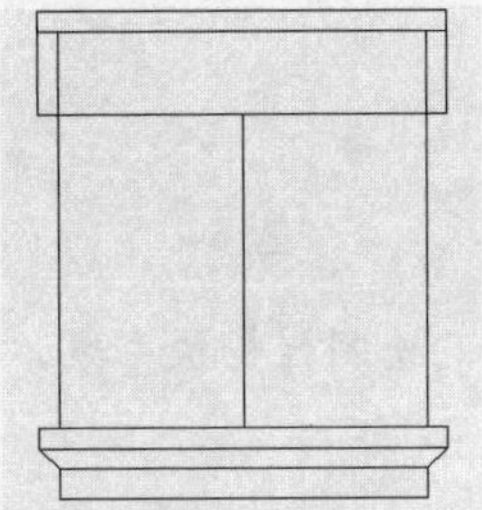

图 12-13　修整遮阳板

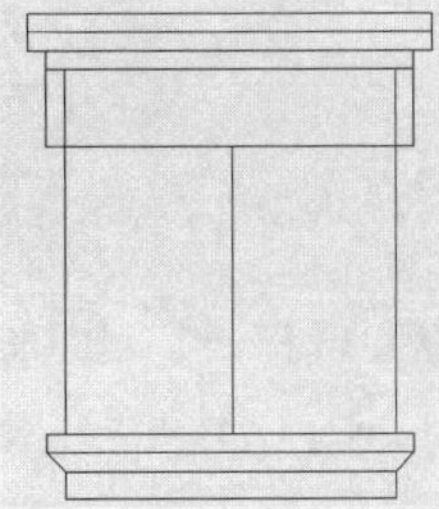

图 12-14　绘制窗檐

12.3　绘制台阶、栏杆

12.3.1　绘制台阶

Step 01 执行“直线”（LINE）命令，绘制一条长为 6000 的线段，作为第一条踏步线，如图 12-15 所示。

Step 02 执行矩形阵列（ARRAYRECT）命令，选择踏步线作为阵列对象，按【Enter】键，在命令行提示下选择“计数”选项，输入行数 6，列数 1，间距 150，按【Enter】键，完成其余 5 条踏步线的绘制，效果如图 12-16 所示。

图 12-15 绘制台阶踏步线

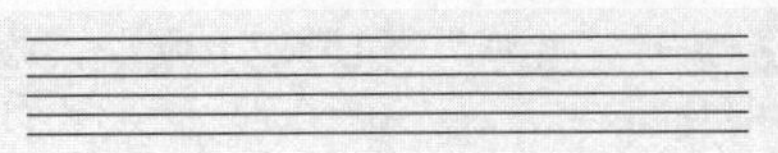

图 12-16　绘制台阶踏步线

Step 03 执行“矩形”（RECTANG）命令，捕捉踏步线的左下部端点，绘制尺寸为 340 × 1000 的矩形，作为台阶左侧条石立面，如图 12-17 所示。

Step 04 执行“复制”（COPY）命令，复制台阶左侧条石立面，平移距离为 6000，完成台阶的绘制，如图 12-18 所示。

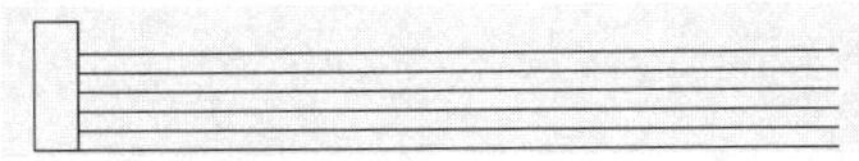

图 12-17　绘制左侧条石

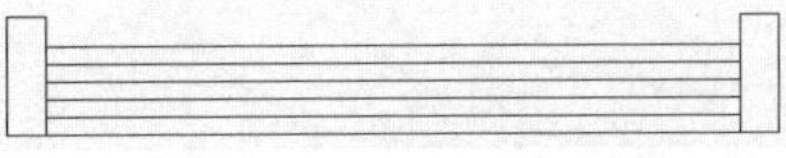

图 12-18　绘制右侧条石

12.3.2　绘制栏杆

Step 01 执行“直线”（LINE）命令，绘制栏杆底面线，长度为 3900，如图 12-19 所示。

Step 02 执行“复制”（COPY）命令，绘制栏杆顶面线，将栏杆底面线向上平移，距离为 1100，效果如图 12-20 所示。

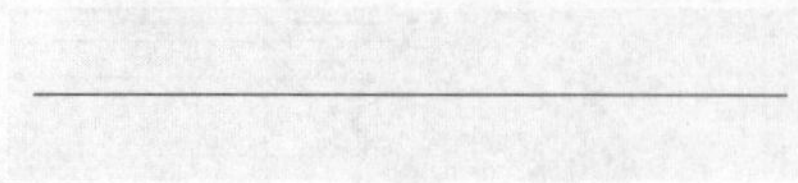

图 12-19　绘制栏杆底面线

图 12-20　绘制栏杆顶面线

Step 03 执行“复制”（COPY）命令，绘制栏杆扶手线，将栏杆顶面线向下平移，距离为 100，效果如图 12-21 所示。

Step 04 执行“复制”（COPY）命令，绘制栏杆底面台阶线，将栏杆底面线向上平移，距离为 100，效果如图 12-22 所示。

图 12-21　绘制栏杆扶手线

图 12-22　绘制栏杆台阶线

Step 05 执行“直线”（LINE）命令，连接栏杆左右两侧直线端点，完成栏杆轮廓线的绘制，如图 12-23 所示。

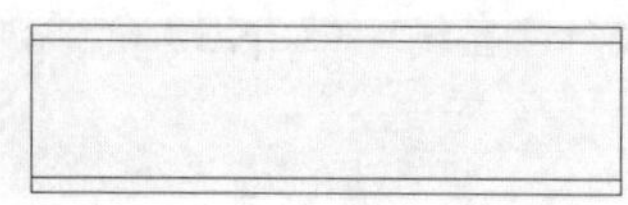

图 12-23　绘制栏杆轮廓线

Step 06 执行“矩形”（RECTANG）命令，绘制尺寸为 300×100 的矩形，执行“复制”（COPY）命令，复制另一个矩形，两个矩形之间的距离为 700，如图 12-24 所示。

Step 07 执行“直线”（LINE）命令，绘制长度为 100 的线段，距离上部分矩形左侧端点低 100、横向距离也为 100，如图 12-25 所示。

Step 08 执行“直线”（LINE）命令，绘制长度为 80 的线段，距离刚绘制完成的线段左端点低 50，横向距离为 10，如图 12-26 所示。

图 12-24　绘制两个矩形

图 12-25　绘制线段

图 12-26　绘制第二条线段

Step 09 执行三点弧线（ARC）命令，选择矩形左侧下部端点、两条线段左侧端点，绘制弧线，如图 12-27 所示。

Step 10 采用同样的方法绘制右侧弧线，结果如图 12-28 所示。

Step 11 执行“直线”（LINE）命令，在距下部矩形 350 处任意绘制一条直线，作为辅助线，执行“镜像”（MIRROR）命令，以该条直线作为镜像线，复制栏杆细部造型，如图 12-29 所示。

图 12-27　绘制弧线

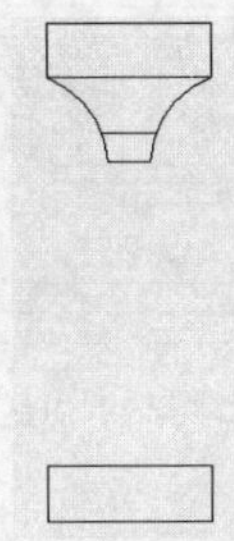

图 12-28　绘制另一侧弧线

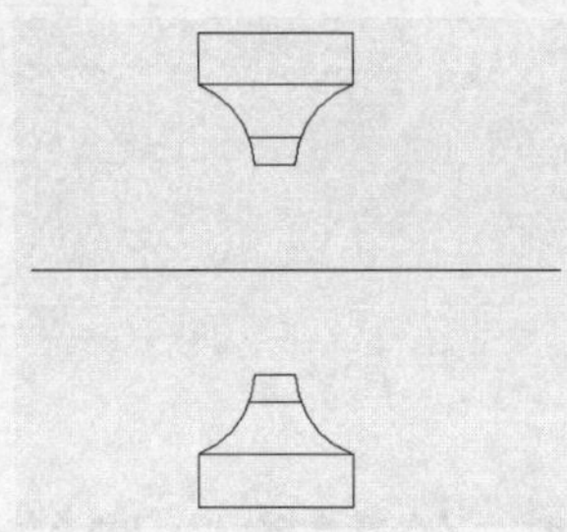

图 12-29　复制栏杆细部造型

Step 12 删除辅助线，执行“直线”（LINE）命令，连接上下两部分栏杆，完成单个栏杆的绘制，如图 12-30 所示。

Step 13 执行移动（MOVE）命令，将绘制完成的单个栏杆插入到整体栏杆中，如图 12-31 所示。

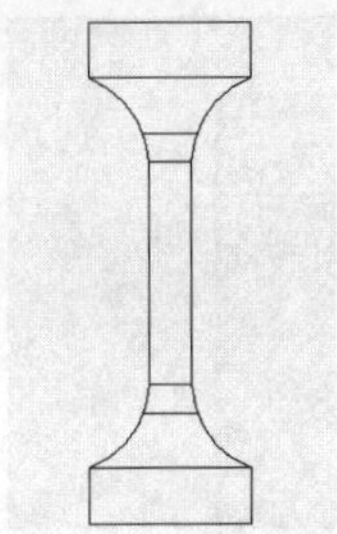

图 12-30　完成单个栏杆的绘制

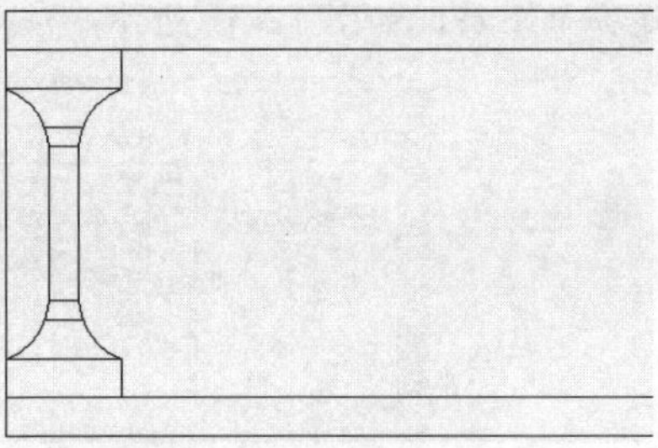

图 12-31　插入单个栏杆造型

Step 14 执行矩形阵列（ARRAYRECT）命令，选择踏步线作为阵列对象，按【Enter】键，根据命令行提示选择“计数”选项，输入行数 1，列数 13，间距 300，按【Enter】键，完成其余 12 个栏杆细部的绘制，如图 12-32 所示。

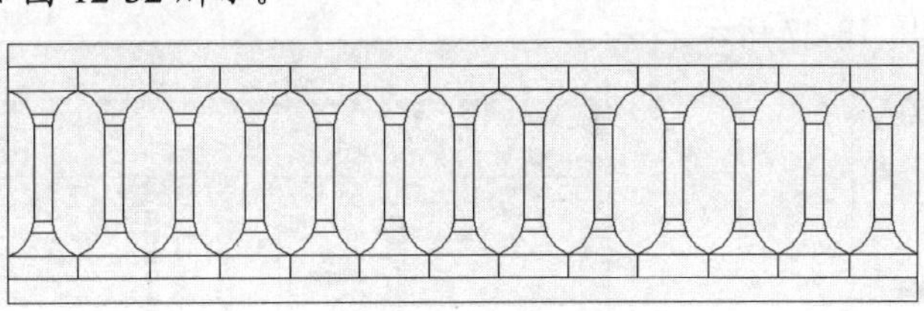

图 12-32　绘制栏杆整体造型

Step 15 执行“直线”（LINE）命令，绘制栏杆防护部分。绘制长为 3900、距离栏杆底面 520 的线段，执行“复制”（COPY）命令，将该线段向上平移复制，距离为 60，如图 12-33 所示。

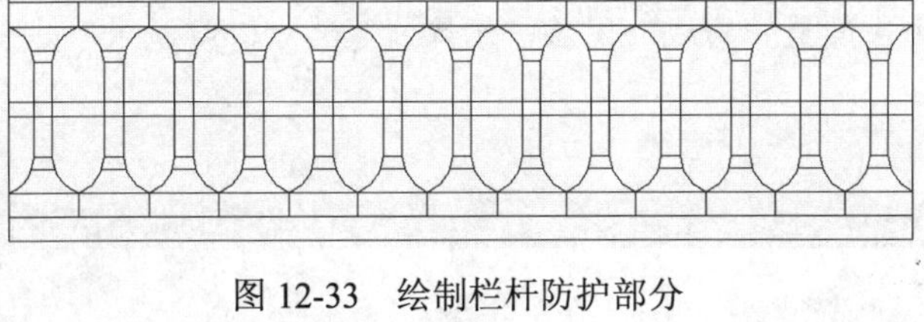

图 12-33　绘制栏杆防护部分

Step 16 执行“修剪”（TRIM）命令，修剪栏杆造型，完成栏杆的绘制，如图 12-34 所示。

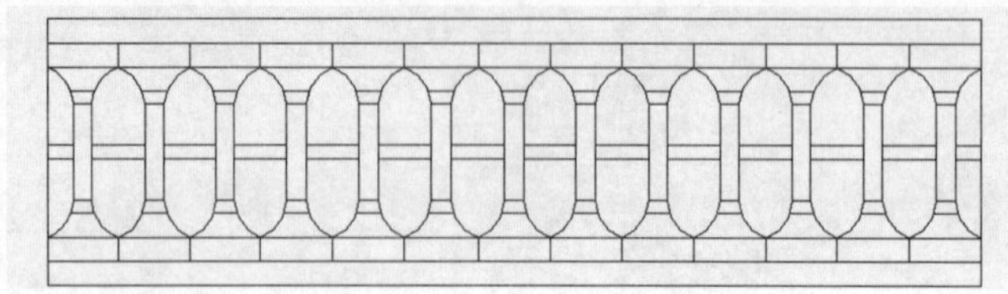

图 12-34　修剪栏杆造型

12.4　绘制住宅建筑立面图

本例将介绍住宅立面图的绘制方法。

1．创建图层

Step 01 执行“图层特性”（LAYER）命令，打开“图层特性管理器”选项板，单击“新建图层”按钮，创建各个图层，如图 12-35 所示。

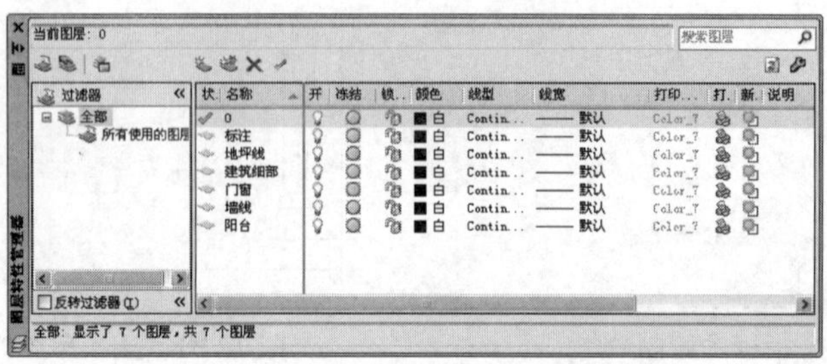

图 12-35　创建新图层

Step 02 选择“地坪线”图层，单击“线宽”列表中的“——默认”图标，弹出“线宽”对话框，如图 12-36 所示，选择“0.40 毫米”线宽，单击“确定”按钮，返回“图层特性管理器”选项板，完成线宽的修改，如图 12-37 所示。

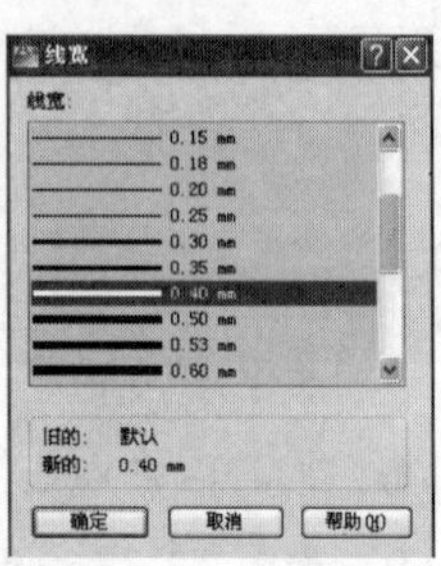

图 12-36　选择线宽

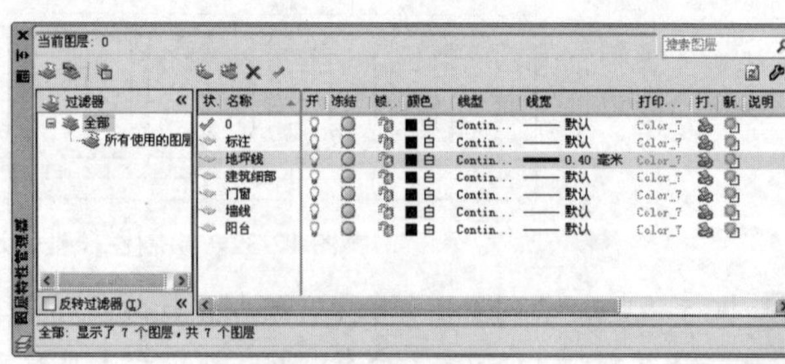

图 12-37　修改线宽

Step 03 采用同样的方法设置“墙线”图层，修改线宽为“0.30 毫米”，结果如图 12-38 所示。

提　示

在建筑绘图中，为了区别不同图层的关系和用途，可以将各个图层的颜色、线型和线宽等设置为不同。

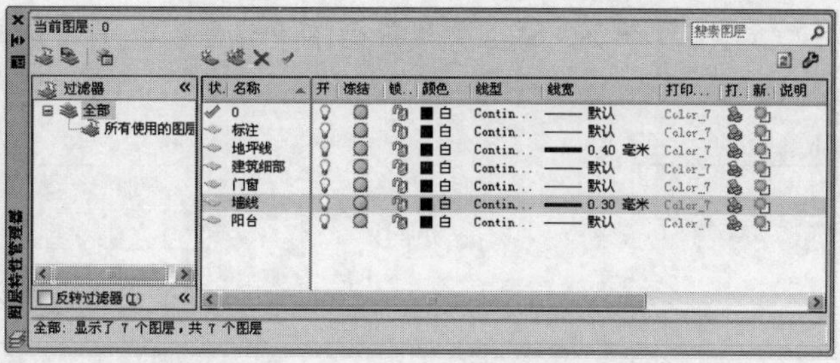

图 12-38　修改“墙线”图层线宽

2. 绘制地坪线

Step 01 选择“地坪线”图层作为当前图层。

Step 02 执行“直线”（LINE）命令，绘制长度为 44000 的地坪线，如图 12-39 所示。

图 12-39　绘制地坪线

3. 绘制墙线

Step 01 选择“墙线”图层作为当前图层。

Step 02 执行“矩形”（RECTANG）命令，绘制尺寸为 26040 × 20000 的矩形作为建筑外轮廓线，并执行“分解”（EXPLODE）命令，将矩形分解，方便后期绘图，如图 12-40 所示。

Step 03 执行“偏移”（OFFSET）命令，将左侧墙线向右偏移，偏移距离分别为 8300、9440 和 8300，得到内部墙线，如图 12-41 所示。

图 12-40　绘制建筑外轮廓线

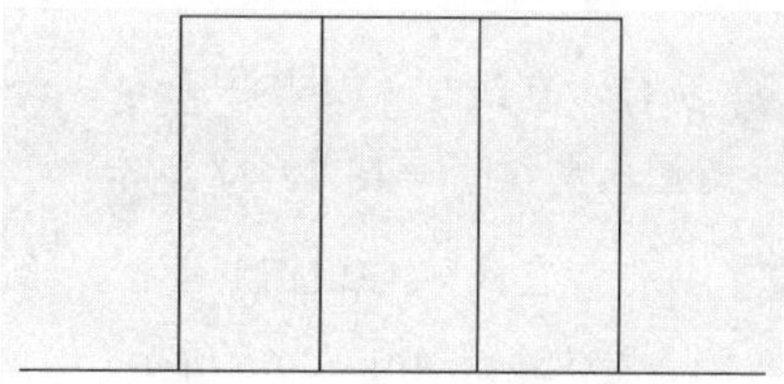

图 12-41　绘制内部墙线

4. 绘制门窗

（1）绘制门

Step 01 选择“门窗”图层作为当前图层。

Step 02 绘制门。执行“矩形”（RECTANG）命令，绘制尺寸为 3160 × 2950 的矩形，并执行“分解”（EXPLODE）命令，将矩形分解，如图 12-42 所示。

Step 03 执行“偏移”（OFFSET）命令，将左侧线段向右偏移，偏移距离分别为 400、2360 和 400，如图 12-43 所示。

图 12-42　绘制门洞线

Step 04 执行“复制”（COPY）命令，将上部线段向下平移复制，平移距离为 750，如图 12-44 所示。

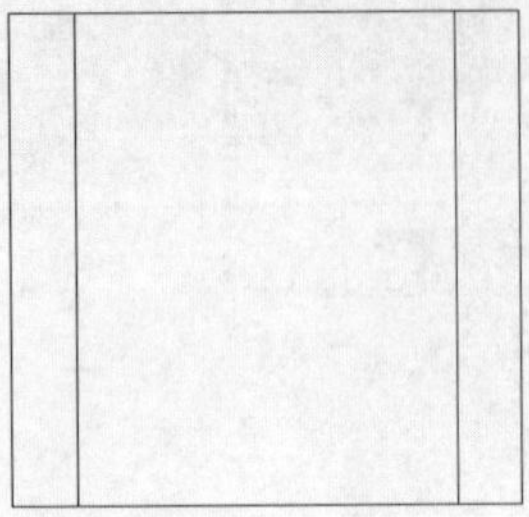

图 12-43　偏移线段

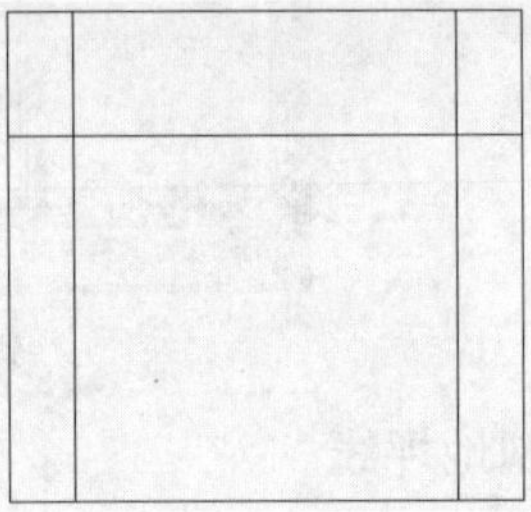

图 12-44　复制线段

Step 05 执行“修剪”（TRIM）命令，修剪门洞造型，如图 12-45 所示。

Step 06 执行“矩形”（RECTANG）命令，绘制尺寸为 60×3280 的矩形，插入到门洞上方，比门洞两侧边线各宽 60，如图 12-46 所示。

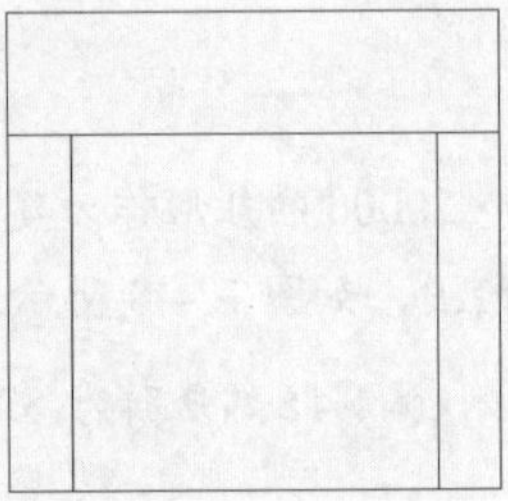

图 12-45　修剪门洞造型

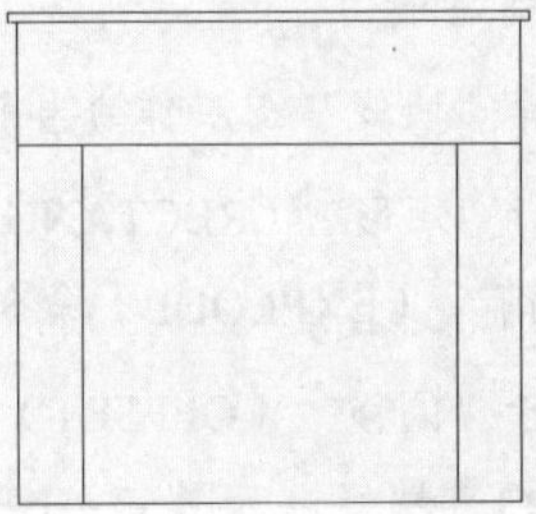

图 12-46　绘制门洞装饰线

Step 07 执行“直线”（LINE）命令，绘制长度为 3400 的直线，插入到上一步绘制的矩形上方，比矩形两侧各宽 60，如图 12-47 所示。

Step 08 执行“直线”（LINE）命令，绘制长度为 3700 的直线，距离上一步绘制的直线 150，比直线两侧各宽 150，如图 12-48 所示。

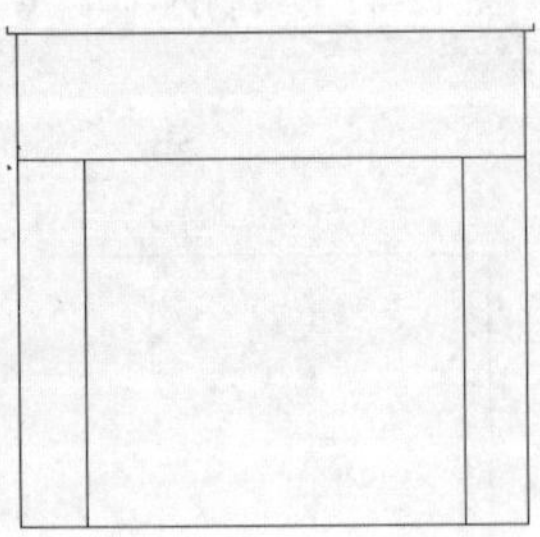

图 12-47　绘制直线

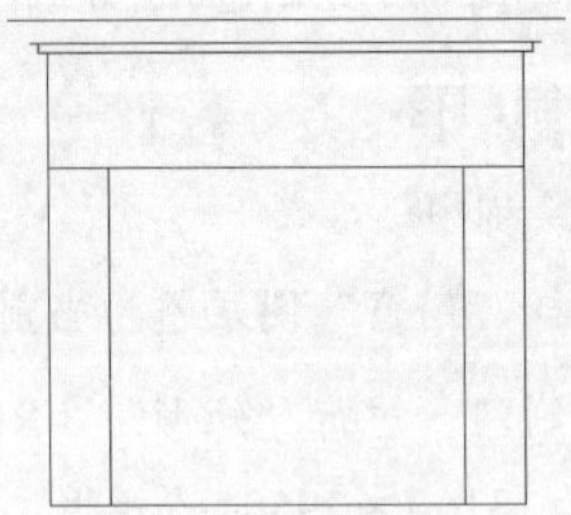

图 12-48　绘制直线

Step 09 执行“起点、端点、方向”弧线（ARC）命令，绘制弧线装饰，如图 12-49 所示。

Step 10 执行“偏移”（OFFSET）命令，将左侧门框线向右偏移，偏移距离为 1580，作为辅助线，执行“镜像”（MIRROR）命令，镜像上一步绘制的弧线，如图 12-50 所示。

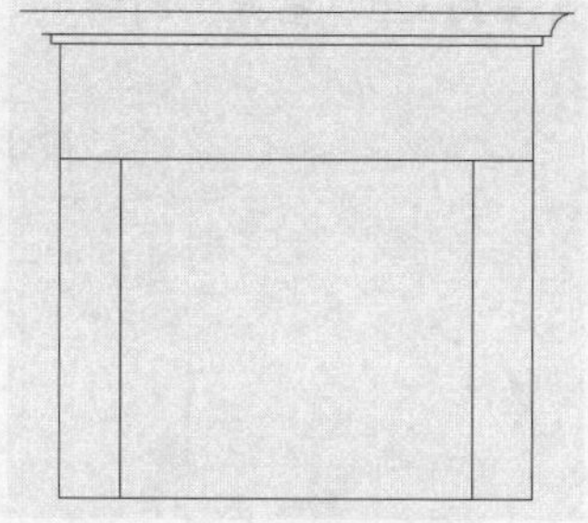

图 12-49　绘制弧线

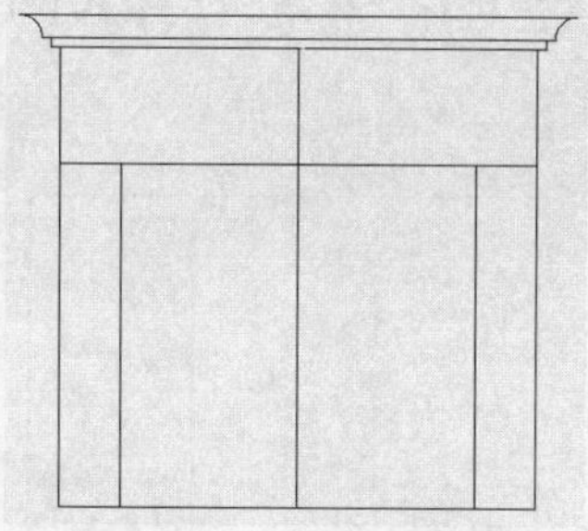

图 12-50　镜像弧线

Step 11 删除辅助线。执行“矩形”（RECTANG）命令，绘制尺寸为 60×3700 的矩形，插入到门洞最上方，如图 12-51 所示。

Step 12 执行“直线”（LINE）命令，绘制长度为 3400 的台阶踏步线，比门洞两侧边线各宽 120，如图 12-52 所示。

图 12-51　绘制矩形

图 12-52　绘制第一条踏步线

Step 13 执行矩形阵列（ARRAYRECT）命令，选择踏步线作为阵列对象，按【Enter】键，根据命令行提示选择“计数”选项，输入行数 4，列数 1，间距 150，按【Enter】键，完成其余 3 条踏步线的绘制，如图 12-53 所示。

Step 14 执行“直线”（LINE）命令，连接踏步两端端点，完成台阶的绘制，如图 12-54 所示。

图 12-53　绘制踏步线

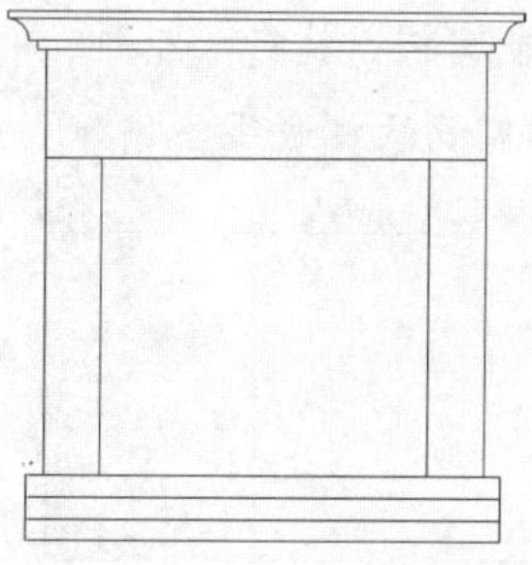

图 12-54　完成台阶绘制

Step 15 执行“移动”（MOVE）命令，捕捉外墙左侧角点，将绘制好的门插入到立面图中，效果如图 12-55 所示。

Step 16 重复执行“移动”（MOVE）命令，将门水平向右平移 11320，完成门的绘制，效果如图 12-56 所示。

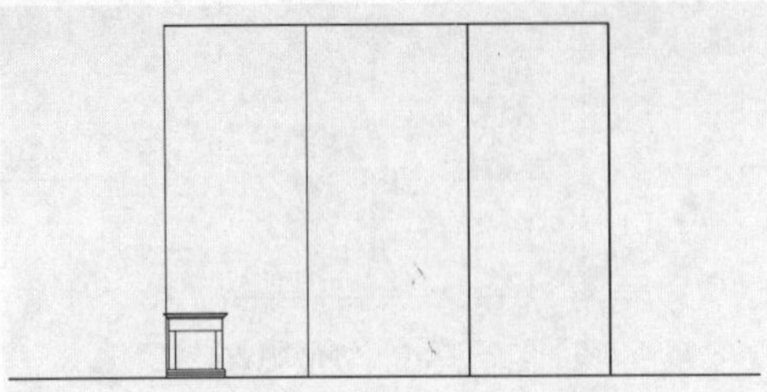
图 12-55 将门插入到立面图中

图 12-56 平移门

（2）绘制窗

Step 01 执行“矩形”（RECTANG）命令，绘制尺寸为 1800 × 1500 的矩形，作为窗框，并执行“分解”（EXPLODE）命令，将矩形分解，方便后期绘图，如图 12-57 所示。

Step 02 执行“直线”（LINE）命令，在矩形横向边中点处绘制一条竖向直线，与矩形相交，修剪线条得到窗扇造型，如图 12-58 所示。

图 12-57 绘制窗框

图 12-58 绘制窗扇

Step 03 执行“偏移”（OFFSET）命令，将下侧窗框线向上偏移，偏移距离为 300，得到横向窗格，如图 12-59 所示。

Step 04 绘制窗檐。执行“矩形”（RECTANG）命令，绘制尺寸为 1600 × 120 的矩形，插入到窗洞上方，比窗洞两侧边线各宽 50，如图 12-60 所示。

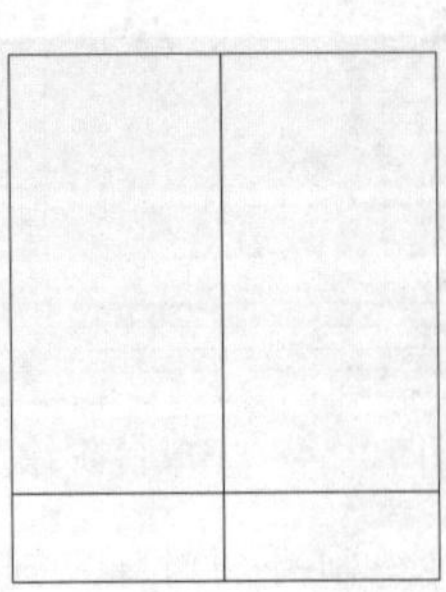
图 12-59 绘制窗格

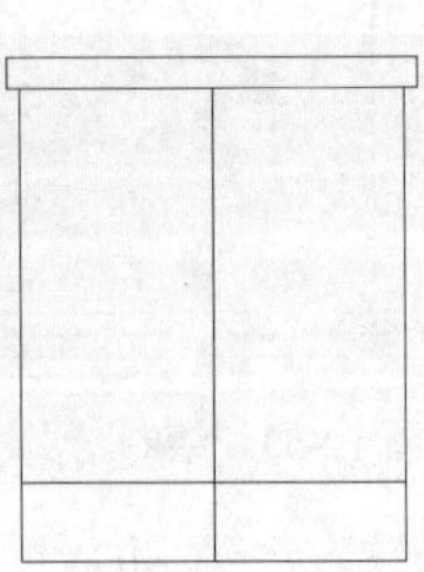
图 12-60 绘制窗檐

Step 05 绘制窗台。执行“偏移”（OFFSET）命令，将窗檐向下偏移，偏移距离为 1920，得到窗台造型，如图 12-61 所示。

Step 06 执行“移动”（MOVE）命令，捕捉外墙左侧角点，将绘制好的窗插入到立面图中，如图 12-62 所示。

图 12-61　绘制窗台

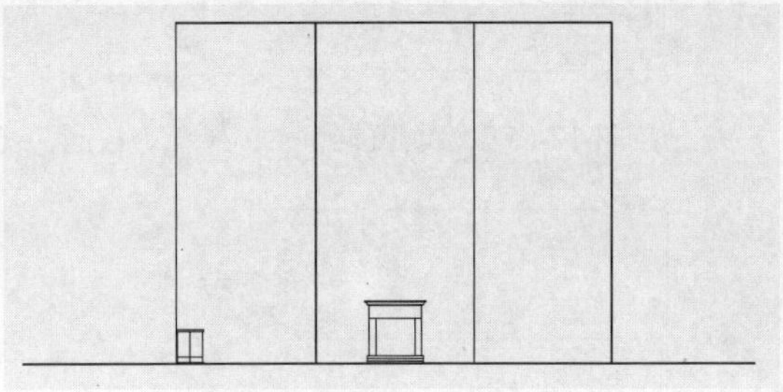

图 12-62　将窗插入到立面图中

Step 07 重复执行“移动”（MOVE）命令，将窗向右平移，水平平移距离为 920，垂直平移距离为 1880，如图 12-63 所示。

Step 08 执行矩形阵列（ARRAYRECT）命令，选择窗作为阵列对象，按【Enter】键，根据命令行提示选择“计数”选项，输入行数 6，列数 1，间距 3000，按【Enter】键，完成竖向窗的绘制。

Step 09 重复执行矩形阵列（ARRAYRECT）命令，选择窗作为阵列对象，按【Enter】键，根据命令行提示选择选择“计数”选项，输入行数 1，列数 2，间距 3100，按【Enter】键，完成横向窗的绘制，最终效果如图 12-64 所示。

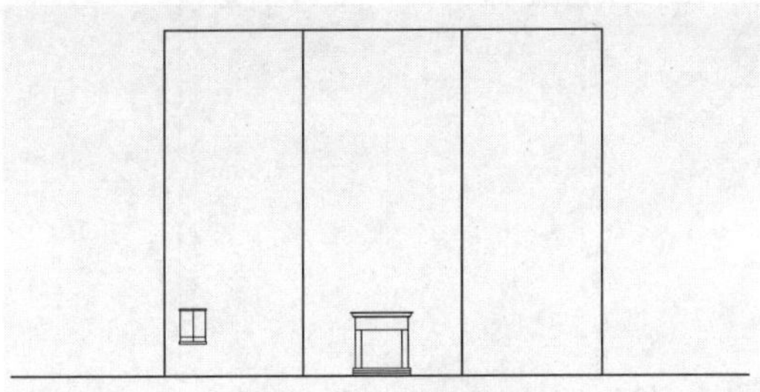

图 12-63　平移窗

图 12-64　绘制其他窗

Step 10 执行“矩形”（RECTANG）命令，绘制尺寸为 1600 × 1500 的矩形，作为另一种窗的窗框，并执行“分解”（EXPLODE）命令，将矩形分解，方便后期绘图，如图 12-65 所示。

Step 11 执行“复制”（COPY）命令，绘制横向窗格，将上窗框向下平移，距离为 500，如图 12-66 所示。

Step 12 重复执行“复制”（COPY）命令，绘制纵向窗格，将左窗框向右平移，距离为 750，如图 12-67 所示。

Step 13 执行“修剪”（TRIM）命令，修剪窗格造型，如图 12-68 所示。

图 12-65　绘制窗框

图 12-66　绘制横向窗格

图 12-67　绘制纵向窗格

图 12-68　修剪窗格

Step 14 执行“偏移”（OFFSET）命令，将 4 个面的窗框均向外偏移，距离为 60，如图 12-69 所示。

Step 15 执行“拉长”（LENGTHEN）命令，根据命令行提示，单击需要拉长的每条线段的两个端点，完成拉长操作，结果如图 12-70 所示。

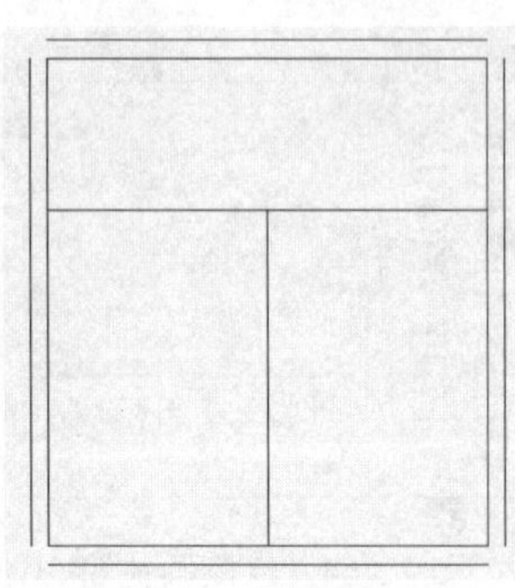

图 12-69　偏移窗框

图 12-70　拉长外窗框

命令行提示如下：

```
命令: _LENGTHEN
选择对象或 [增量(DE)/百分数(P)/全部(T)/动态(DY)]: DE
输入长度增量或 [角度(A)] <0>: 60
选择要修改的对象或 [放弃(U)]:
```

Step 16 执行“移动”（MOVE）命令，捕捉外墙右侧角点，将绘制好的窗插入到立面图中，效果如图 12-71 所示。

Step 17 执行"移动"（MOVE）命令，将窗向左平移，水平平移距离为 15160，垂直平移距离 2410，如图 12-72 所示。

图 12-71　将窗插入到立面图中

图 12-72　平移窗

Step 18 执行矩形阵列（ARRAYRECT）命令，选择窗作为阵列对象，按【Enter】键，根据命令行提示选择"计数"选项，输入行数 6，列数 1，间距 3000，按【Enter】键，完成其余窗的绘制，如图 12-73 所示。

图 12-73　绘制其他窗

Step 19 执行"矩形"（RECTANG）命令，绘制尺寸为 1500×1500 的矩形，作为第 3 种窗的窗框，并执行"分解"（EXPLODE）命令，将矩形分解，方便后期绘图，如图 12-74 所示。

Step 20 执行"偏移"（OFFSET）命令，将下侧窗框线向上偏移、左侧窗框线向右偏移，偏移距离均为 750，得到纵横向窗格，如图 12-75 所示。

图 12-74　绘制窗框

图 12-75　绘制窗格

Step 21 执行"圆"（CIRCLE）命令，以上一步中绘制的纵横窗格交叉点为圆心，半径为 750 绘制圆，如图 12-76 所示。

Step 22 执行"偏移"（OFFSET）命令，将 4 个面的窗框均向外偏移 60，如图 12-77 所示。

Step 23 执行"拉长"（LENGTHEN）命令，根据命令行提示选择"长度增量"选项，数值为 60，单击需要拉长的每条线段的两个端点，完成拉长操作，结果如图 12-78 所示。

Step 24 执行"移动"（MOVE）命令，捕捉外墙右侧角点，将绘制好的窗插入到立面图中，如图 12-79 所示。

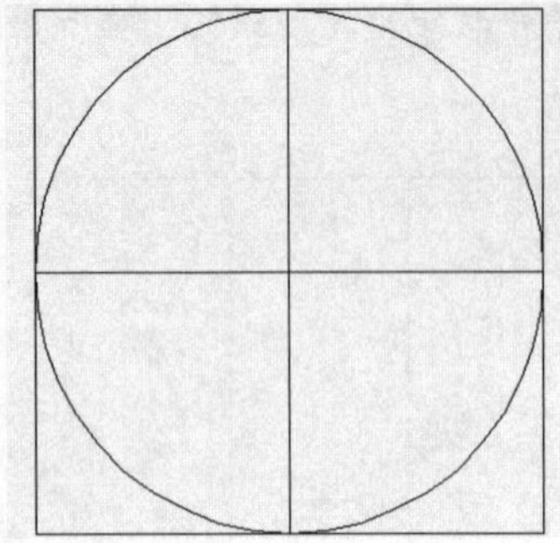

图 12-76　绘制圆窗框

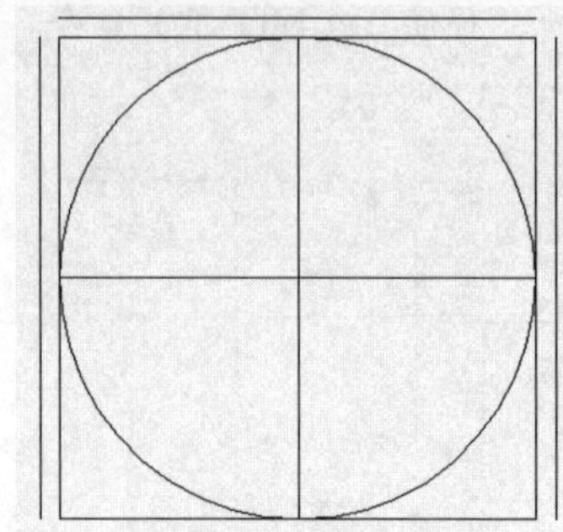

图 12-77　偏移窗框

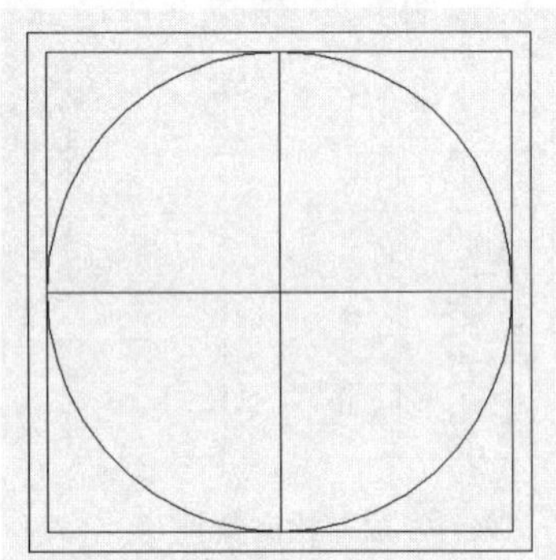

图 12-78　拉长外窗框

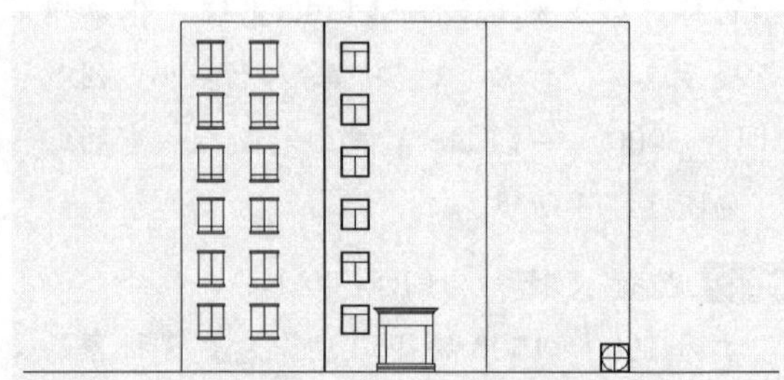

图 12-79　将窗插入到立面图中

Step 25 执行“移动”（MOVE）命令，将窗向左平移，水平平移距离为 12210，垂直平移距离为 3840，如图 12-80 所示。

Step 26 执行矩形阵列（ARRAYRECT）命令，选择窗作为阵列对象，按【Enter】键，根据命令行提示选择“计数”选项，输入行数 5，列数 1，间距 3000，按【Enter】键，完成其余窗的绘制，如图 12-81 所示。

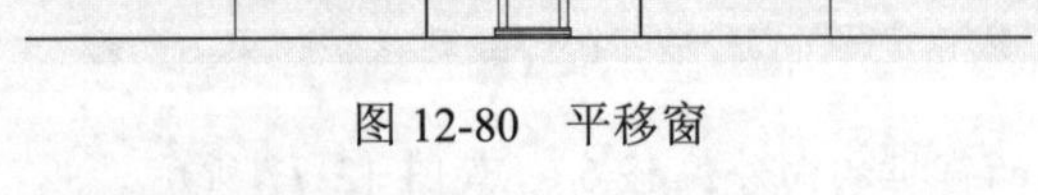

图 12-80　平移窗

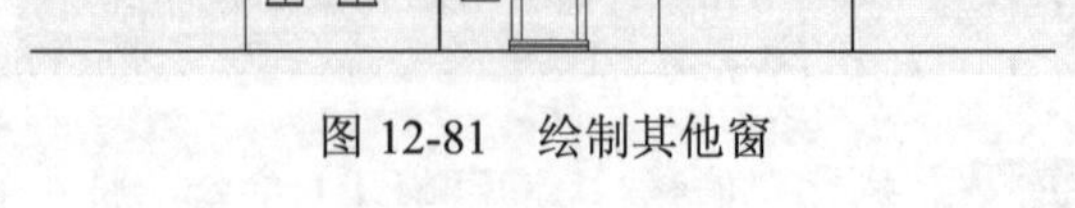

图 12-81　绘制其他窗

5．绘制阳台

Step 01 选择“阳台”图层作为当前图层。

Step 02 执行“矩形”（RECTANG）命令，绘制尺寸为 1250×2100 矩形作为阳台轮廓线，并执行“分解”（EXPLODE）命令，将矩形分解，方便后期绘图，如图 12-82 所示。

Step 03 执行“矩形”（RECTANG）命令，绘制尺寸为 100×2200 的矩形作为阳台扶手面，将该矩形插入到上一步绘制完成的矩形上面，如图 12-83 所示。

图 12-82 绘制阳台轮廓线

图 12-83 绘制阳台扶手面

Step 04 执行“偏移”（OFFSET）命令，将阳台扶手面向下偏移，偏移距离为 1350，如图 12-84 所示。

Step 05 执行“矩形”（RECTANG）命令，绘制尺寸为 900×1550 的矩形作为阳台窗轮廓线，并执行“分解”（EXPLODE）命令，将矩形分解，方便后期绘图，如图 12-85 所示。

图 12-84 绘制阳台底面

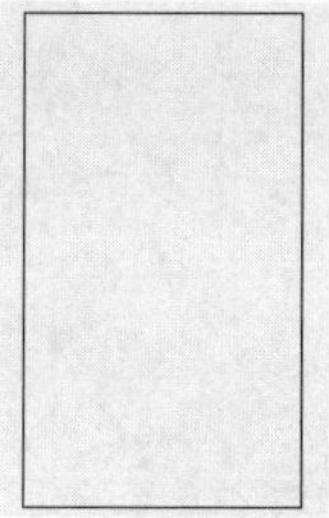

图 12-85 绘制阳台窗

Step 06 执行“复制”（COPY）命令，复制阳台窗上边线，向下平移，距离为 500，效果如图 12-86 所示。

Step 07 重复执行“复制”（COPY）命令，复制阳台窗左侧边线，向右平移，距离为 450，效果如图 12-87 所示。

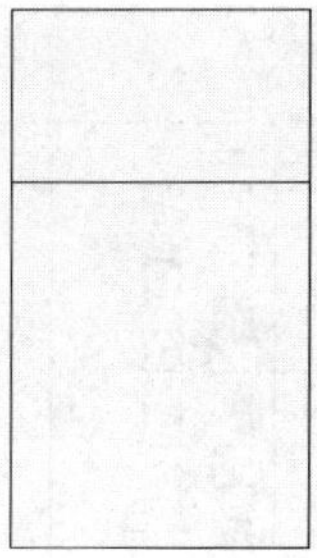

图 12-86 绘制横向窗框

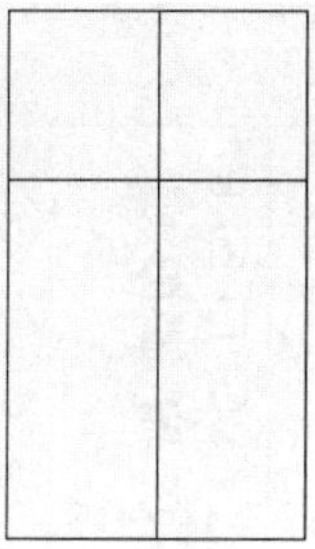

图 12-87 绘制竖向窗框

Step 08 执行“修剪”（TRIM）命令，修剪阳台窗造型，如图 12-88 所示。

Step 09 执行“移动”（MOVE）命令，将阳台窗插入到阳台内，捕捉阳台窗左下角，点移动到阳台扶手面左侧端点，如图 12-89 所示。

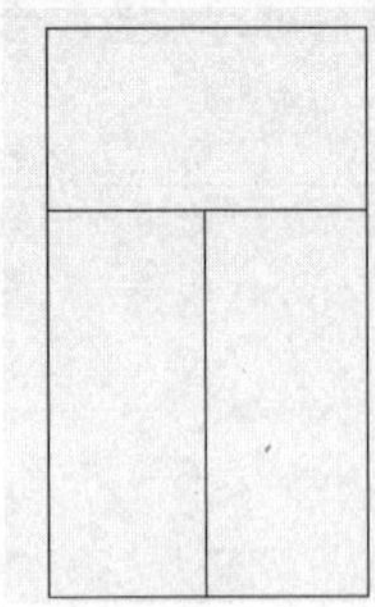

图 12-88　修剪阳台窗造型

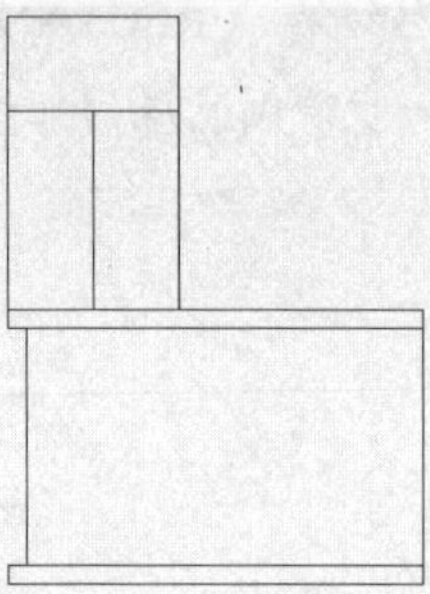

图 12-89　移动阳台窗

Step 10 重复执行“移动”（MOVE）命令，将阳台窗水平向右平移，距离为 340，如图 12-90 所示。

Step 11 执行“移动”（MOVE）命令，捕捉到外墙右侧角点，将绘制好的阳台插入到立面图中，如图 12-91 所示。

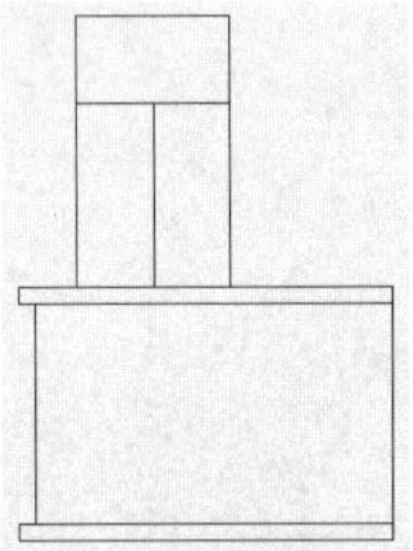

图 12-90　完成阳台的绘制

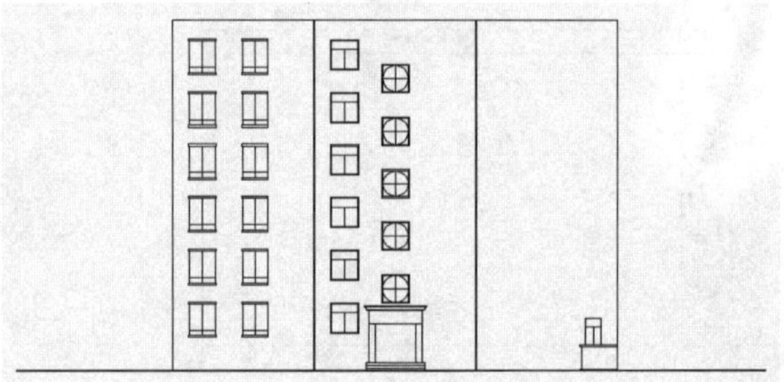

图 12-91　将阳台插入到立面图中

Step 12 执行“移动”（MOVE）命令，将阳台向左平移，水平平移距离为 17740，垂直平移距离为 800，如图 12-92 所示。

Step 13 执行矩形阵列（ARRAYRECT）命令，选择阳台作为阵列对象，按【Enter】键，根据命令行提示选择“计数”选项，输入行数 6，列数 1，间距 3000，按【Enter】键，完成其余阳台的绘制，如图 12-93 所示。

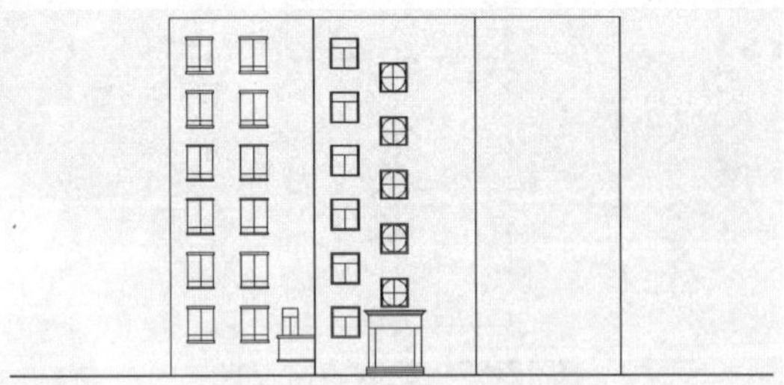

图 12-92　平移阳台

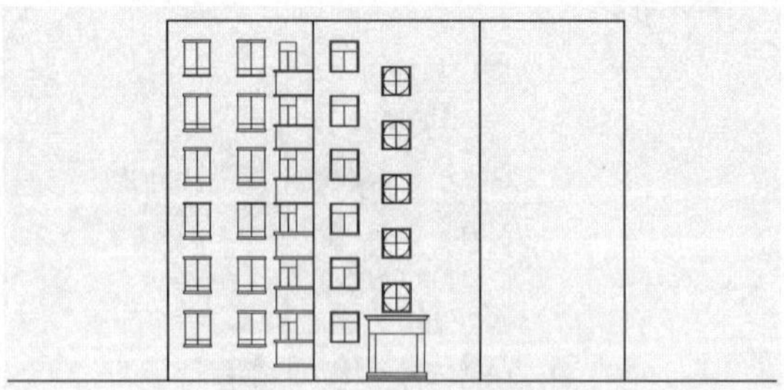

图 12-93　绘制其他阳台

Step 14 绘制顶层阳台雨篷。执行“矩形”（RECTANG）命令，绘制尺寸为 500 × 2100 的矩形作为阳台雨篷轮廓线，如图 12-94 所示。

Step 15 执行“矩形”（RECTANG）命令，绘制尺寸为 100×2200 的矩形作为雨篷顶面，将该矩形插入到上一步绘制完成的矩形上面，如图 12-95 所示。

图 12-94　绘制雨篷轮廓线

图 12-95　绘制雨篷顶表面

Step 16 执行“偏移”（OFFSET）命令，将雨篷顶面向下偏移，偏移距离为 600，如图 12-96 所示。

Step 17 执行“移动”（MOVE）命令，捕捉阳台窗左侧端点，将雨篷插入到顶层阳台上方，如图 12-97 所示。

图 12-96　绘制雨篷底表面

图 12-97　将雨篷插入到立面图中

Step 18 重复执行“移动”（MOVE）命令，将雨篷水平向左移动，移动距离为 340，如图 12-98 所示。

Step 19 绘制其他窗及阳台。执行“镜像”（MIRROR）命令，选择左侧三排窗及阳台，以右侧第一排窗竖向分隔窗格作为镜像线，镜像已经绘制完成的窗及阳台，如图 12-99 所示。

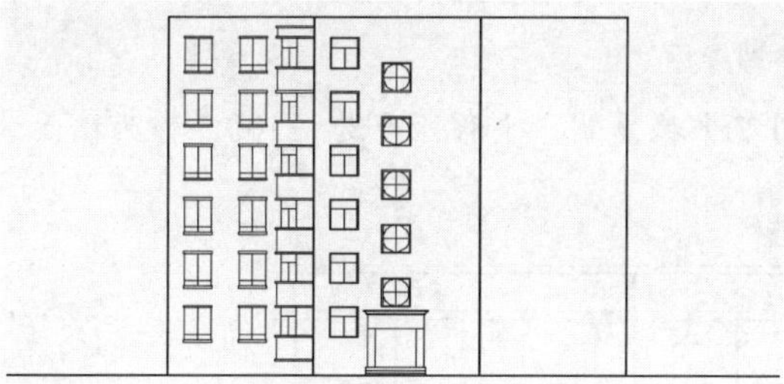

图 12-98　平移雨篷

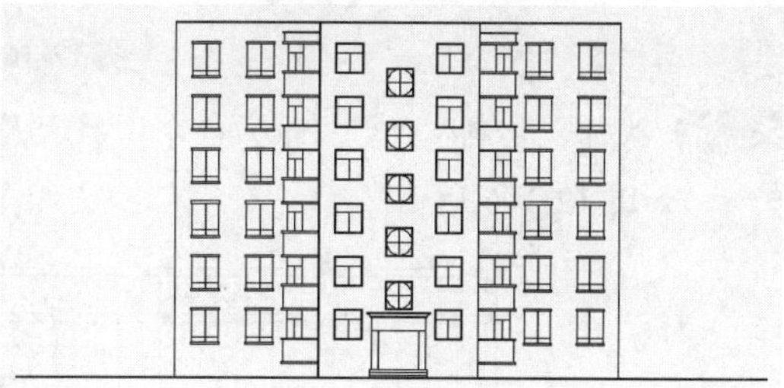

图 12-99　镜像窗及阳台

6. 绘制装饰线

Step 01 选择“建筑细部”图层作为当前图层。

Step 02 绘制屋檐。执行“矩形”（RECTANG）命令，绘制尺寸为 200×26440 的矩形作为整体屋檐立面，捕捉立面左上角点，将其插入到立面图中，如图 12-100 所示。

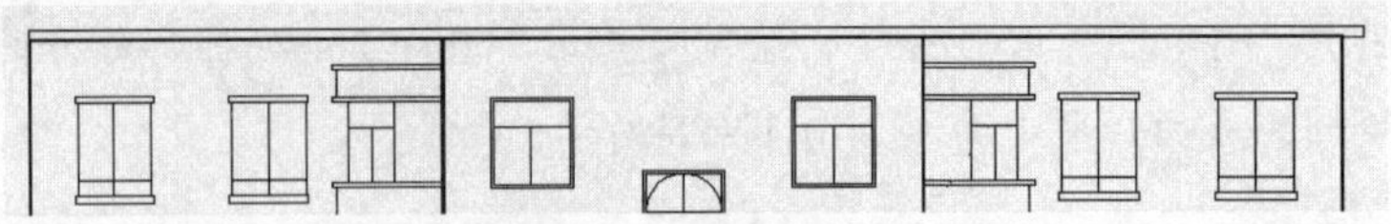

图 12-100　将屋檐插入到立面图中

Step 03 执行“移动”（MOVE）命令，将屋檐水平向左移动，移动距离为 200，如图 12-101 所示。

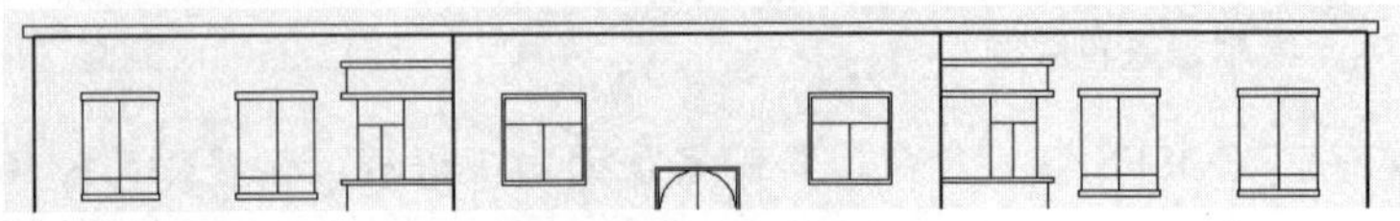

图 12-101　平移屋檐

Step 04 采用同样的方法绘制立面中间部位的屋檐，屋檐尺寸为 200×9840，结果如图 12-102 所示。

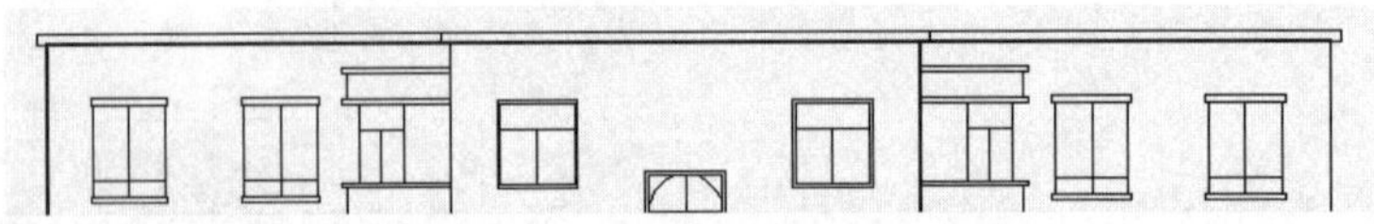

图 12-102　绘制中间部位的屋檐

Step 05 执行“复制”（COPY）命令，将中间部位屋檐向下平移复制，平移距离为 1100，如图 12-103 所示。

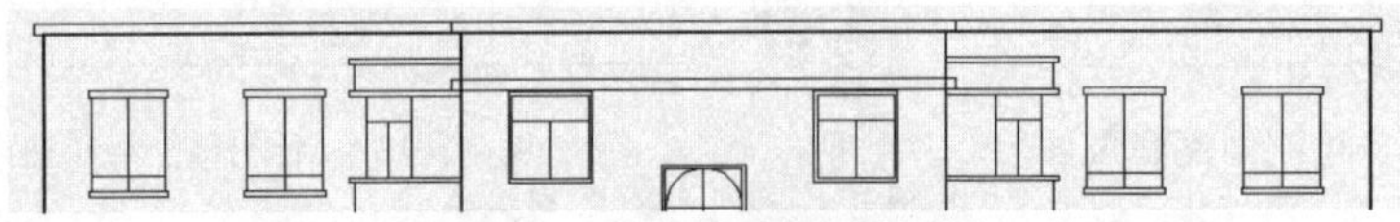

图 12-103　平移复制屋檐

Step 06 执行“修剪”（TRIM）命令，修剪屋檐与外墙线交界处，如图 12-104 所示。

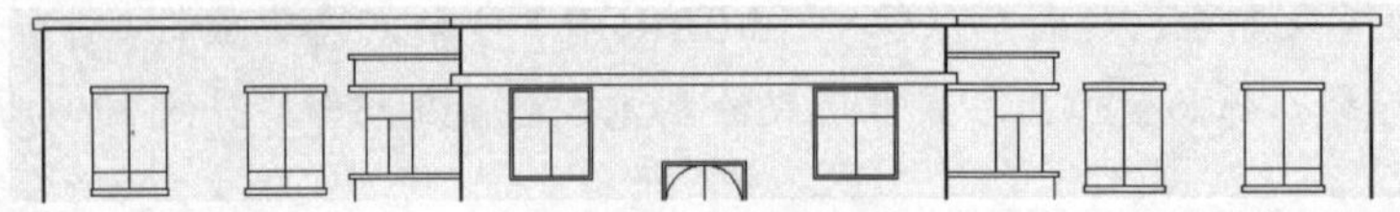

图 12-104　修剪屋檐

Step 07 执行“复制”（COPY）命令，将大屋檐向下平移复制，平移距离为 1100，作为墙面装饰线，如图 12-105 所示。

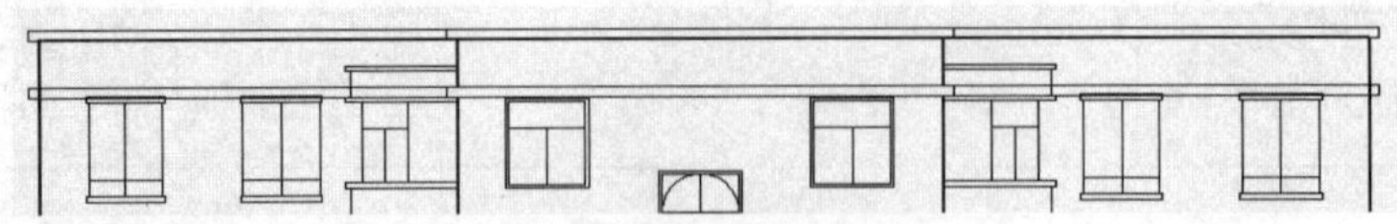

图 12-105　平移复制大屋檐

Step 08 执行“修剪”（TRIM）命令，修剪屋檐与外墙线、窗线、阳台线的交界处，结果如图 12-106 所示。

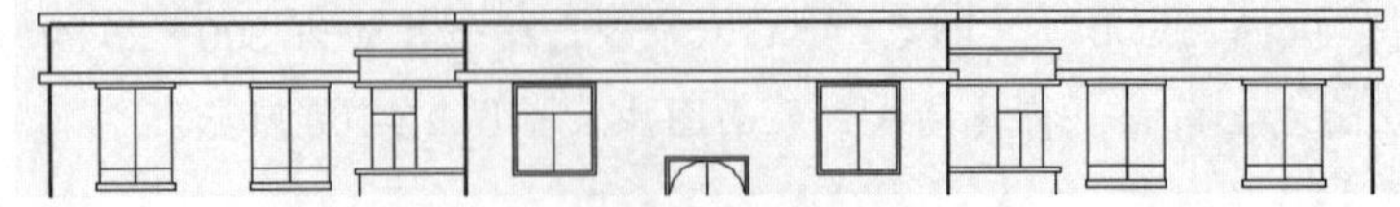

图 12-106　修剪屋檐

Step 09 执行“复制”（COPY）命令，将墙面装饰线向下平移复制，平移距离为 14900，如图 12-107 所示。

图 12-107　复制装饰线

Step 10 执行“修剪”（TRIM）命令，修剪屋檐与外墙线交界处，如图 12-108 所示。

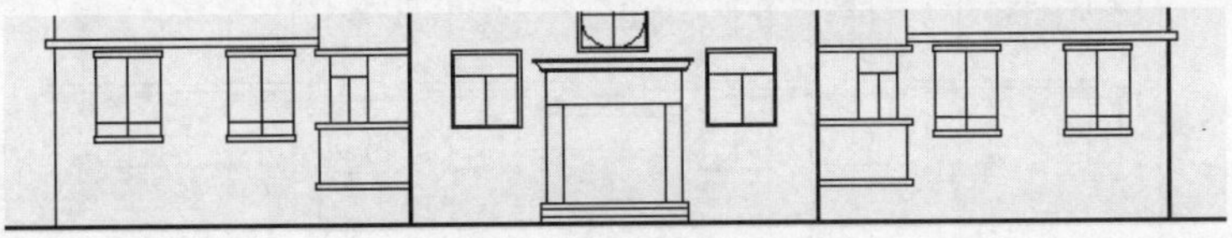

图 12-108　修剪装饰线

Step 11 执行“矩形”（RECTANG）命令，绘制尺寸为 200 × 9840 的矩形作为大门上方的装饰线，捕捉立面左下角点，将绘制完成的矩形插入到立面图中，如图 12-109 所示。

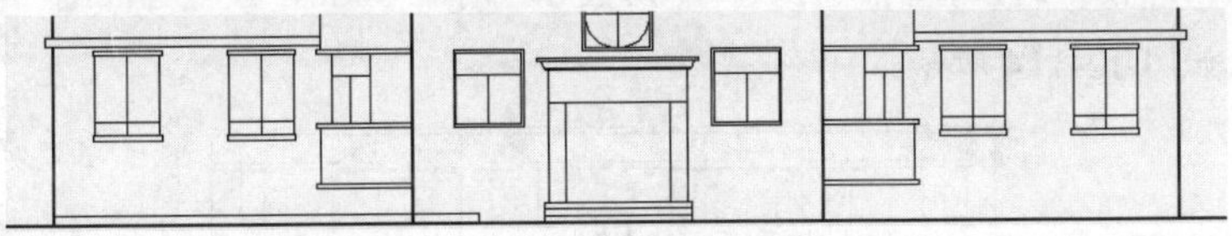

图 12-109　将装饰线插入到立面图中

Step 12 执行“移动”（MOVE）命令，将装饰线向右移动，水平方向移动距离为 8100，垂直方向移动距离为 4000，效果如图 12-110 所示。

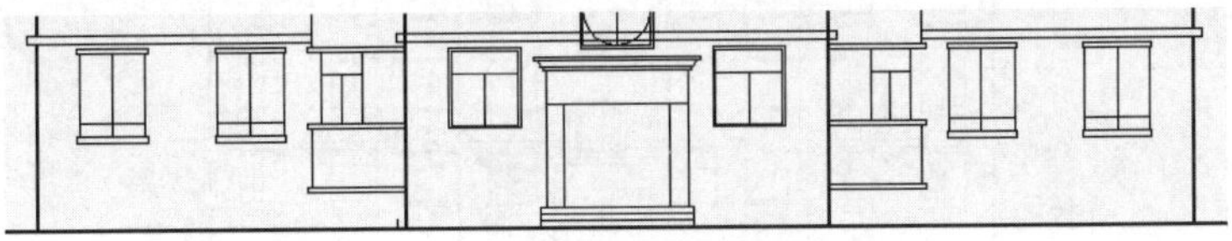

图 12-110　平移装饰线

Step 13 执行“修剪”（TRIM）命令，修剪装饰线与墙线、窗线交界处，效果如图 12-111 所示。

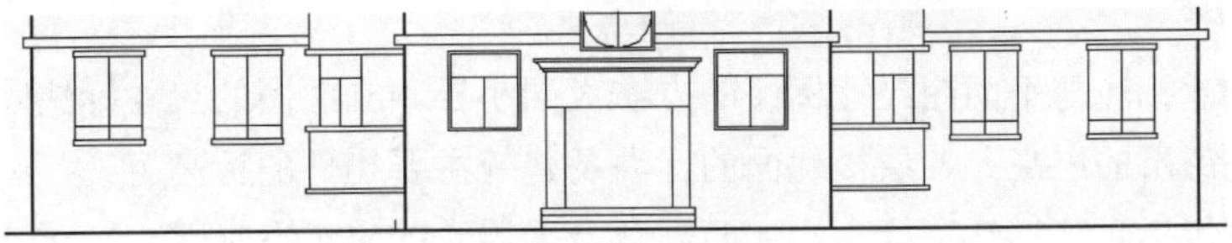

图 12-111　修剪装饰线

Step 14 绘制楼层分隔线。执行“复制”（COPY）命令，向上平移复制墙面装饰线，平移距离为 3000，效果如图 12-112 所示。

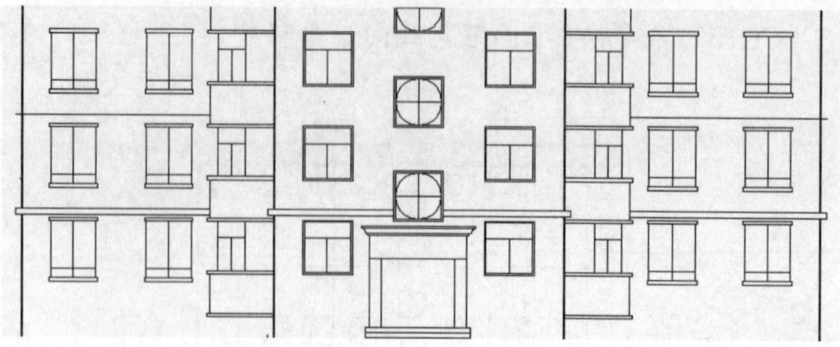

图 12-112　绘制楼层分隔线

Step 15 执行“修剪”（TRIM）命令，修剪装饰线与墙线交界处，完成后的效果如图 12-113 所示。

图 12-113　修剪装饰线

Step 16 执行矩形阵列（ARRAYRECT）命令，选择分隔线作为阵列对象，按【Enter】键，根据命令行提示选择“计数”选项，输入行数 4，列数 1，间距 3000，按【Enter】键，完成其余分隔线的绘制，效果如图 12-114 所示。

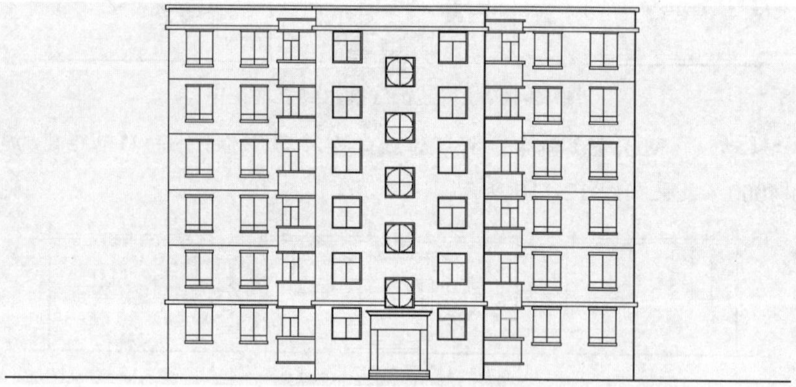

图 12-114　绘制其他分隔线

7. 尺寸标注

立面图的尺寸标注与平面图尺寸标注的方法大同小异。立面图的尺寸标注需要在垂直的方向清楚地标明建筑每层的层高、各层楼地面的标高及建筑主要构件的标高。

具体的标注包括尺寸标注和标高标注两部分。采用 QDIM（快速标注）、DIMLINEAR（线性标注）和 DIMCONTINUE（连续标注）命令进行尺寸标注；使用属性块命令进行标高标注。这两种标注方式在平面图绘制中已有较详细的说明，在此不再赘述。建筑立面图尺寸标注的结果如图 12-115 所示。

图 12-115　立面尺寸标注

12.5　绘制办公楼建筑立面图

本例将介绍办公楼立面图的绘制方法。

1. 创建图层

Step 01 执行“图层特性”（LAYER）命令，打开“图层特性管理器”选项板，单击“新建图层”按钮，创建各个图层，如图 12-116 所示。

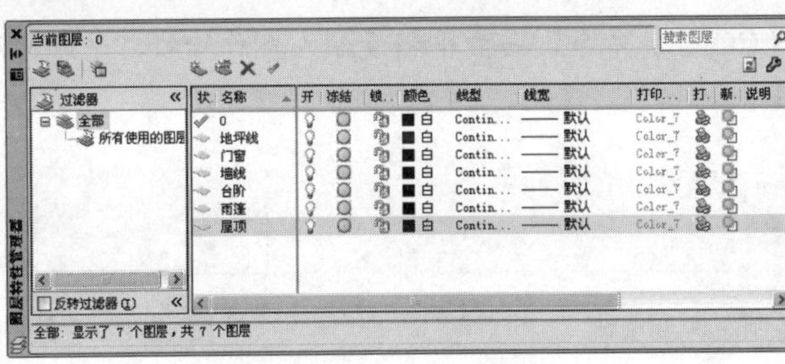

图 12-116　创建新图层

Step 02 选择“地坪线”图层，单击“线宽”列中的“——默认”图标，弹出“线宽”对话框，如图 12-117 所示，选择“0.50 毫米”线宽，单击“确定”按钮，返回“图层特性管理器”选项板，完成对线宽的修改，如图 12-118 所示。

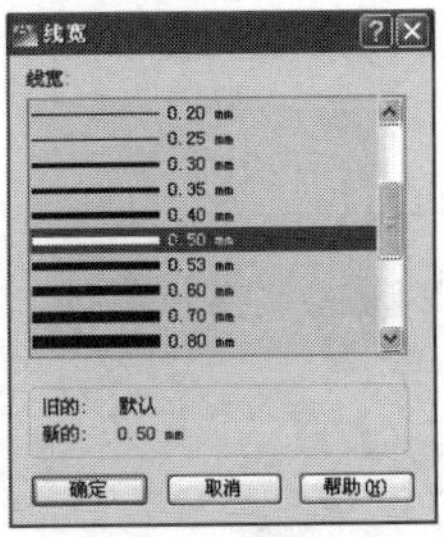

图 12-117　选择线宽

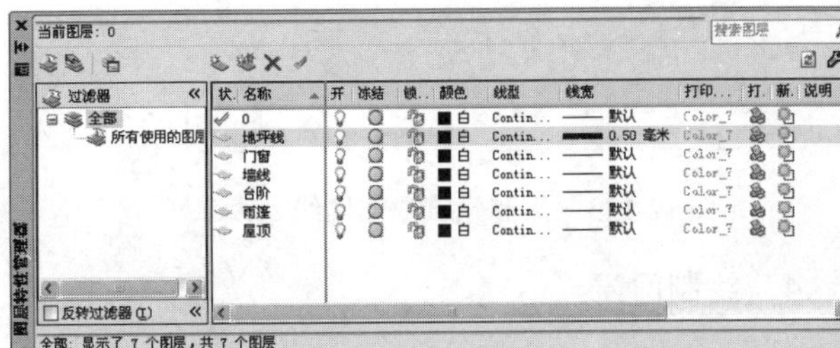

图 12-118　修改线宽

Step 03 采用同样的方法设置“墙线”图层，修改线宽为“0.30 毫米”，结果如图 12-119 所示。

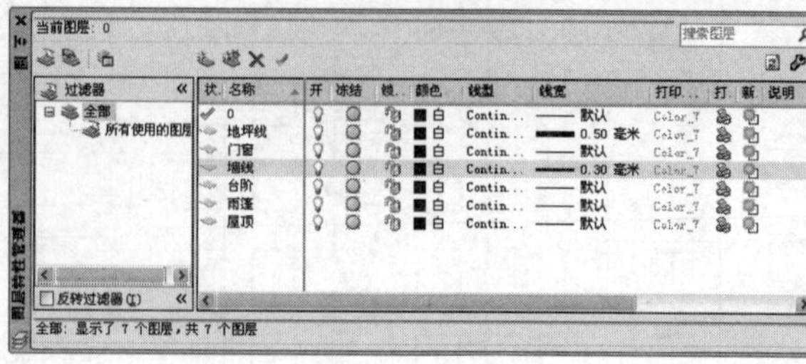

图 12-119 修改“墙线”图层线宽

2．绘制地坪线

Step 01 选择“地坪线”图层作为当前图层。

Step 02 执行“直线”（LINE）命令，绘制长度为 65720 的地坪线，如图 12-120 所示。

图 12-120 绘制地坪线

3．绘制墙线

Step 01 选择“墙线”图层作为当前图层。

Step 02 执行“直线”（LINE）命令，在距地坪线左端 5740 处垂直绘制长度为 11450 的直线，作为建筑左侧外墙线，如图 12-121 所示。

Step 03 执行“复制”（COPY）命令，向右平移复制左侧外墙线，平移距离为 54240，作为右侧外墙线，如图 12-122 所示。

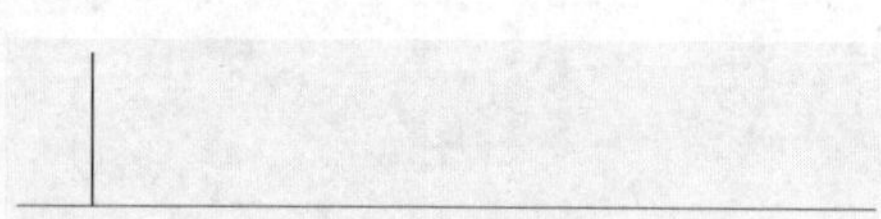

图 12-121 绘制左侧外墙线

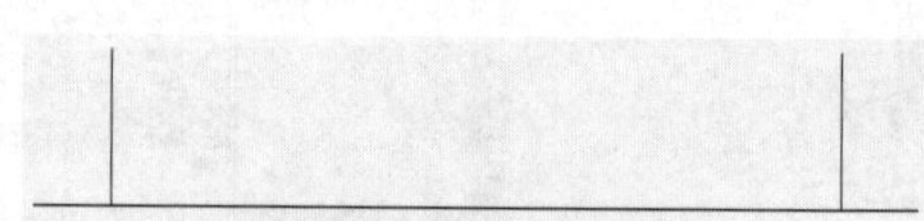

图 12-122 绘制右侧外墙线

Step 04 执行“直线”（LINE）命令，连接左右侧外墙线顶点，作为建筑顶部墙线，如图 12-123 所示。

Step 05 执行“偏移”（OFFSET）命令，将左侧墙线向右偏移，偏移距离分别为 18120、18000 和 18120，如图 12-124 所示，得到内部墙线。

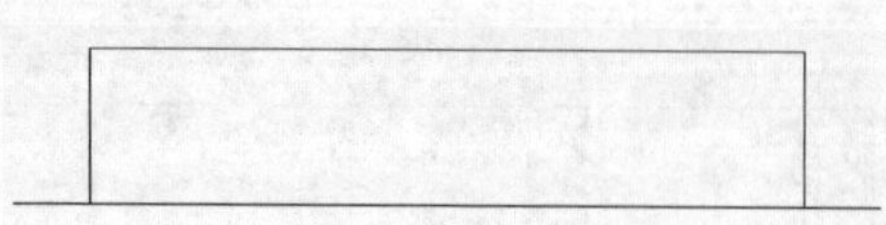

图 12-123 绘制建筑顶部墙线

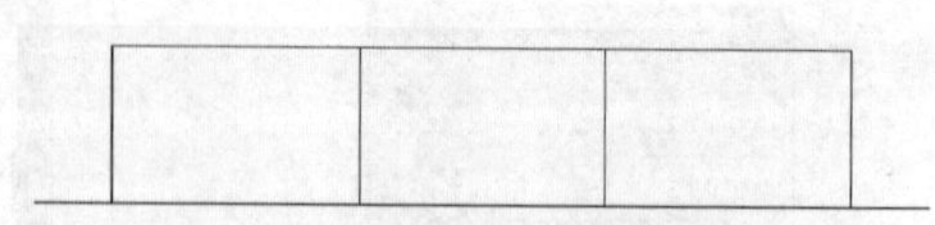

图 12-124 绘制内部墙线

4．绘制门窗

（1）绘制窗

Step 01 选择“门窗”图层作为当前图层。

Step 02 绘制窗。执行“矩形”（RECTANG）命令，绘制尺寸为 1800 × 1900 的矩形，作为窗框，并执行“分解”（EXPLODE）命令，将矩形分解，方便后期绘图，如图 12-125 所示。

Step 03 绘制窗扇。执行“复制”（COPY）命令，将左侧窗框向右平移复制，平移距离为 900，得到窗扇造型，如图 12-126 所示。

图 12-125　绘制窗框

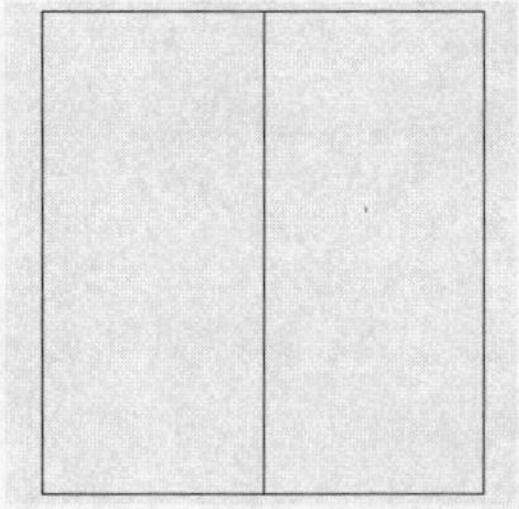

图 12-126　绘制窗扇

Step 04 绘制窗台。执行“直线”（LINE）命令，绘制 3 条直线，直线左右两端超出窗户尺寸各 100，直线间距离为 100 ，效果如图 12-127 所示。

Step 05 分别执行“直线”（LINE）和“修剪”（TRIM）命令，修整窗台线条，第 3 根线条两侧各向内缩进 100，效果如图 12-128 所示。

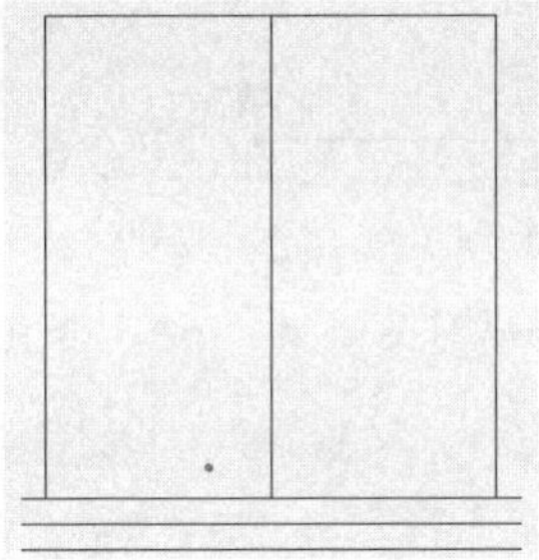

图 12-127　绘制窗台线

图 12-128　修整窗台线条

Step 06 执行“矩形”（RECTANG）命令，捕捉窗台左侧下端点，绘制尺寸为 1800 × 140 的矩形，补充窗台造型，如图 12-129 所示。

Step 07 绘制遮阳板。执行“矩形”（RECTANG）命令，绘制尺寸为 2000 × 400 的矩形，矩形上边线与窗扇上边线重合，两边各超出窗框 100，如图 12-130 所示。

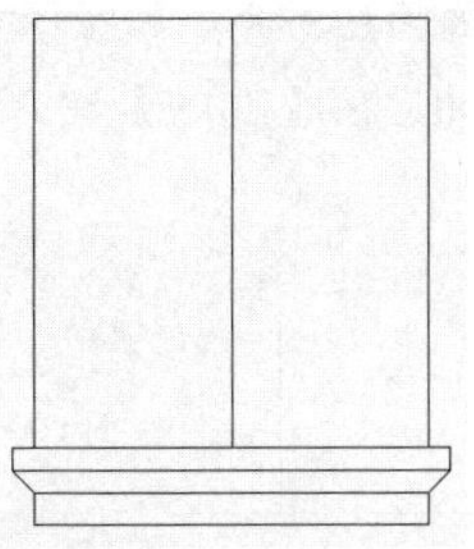

图 12-129　补充窗台造型

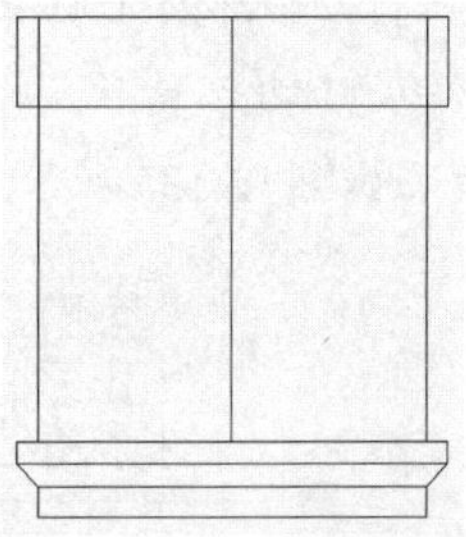

图 12-130　绘制遮阳板

Step 08 执行“复制”（COPY）命令，复制一条直线，与遮阳板上边线距离 100，连接直线端点与遮阳板上边线两端点，执行“修剪”（TRIM）命令，修整遮阳板线条，结果如图 12-131 所示。

Step 09 绘制窗檐。执行“直线”（LINE）命令，绘制两条直线，直线左右两端超出遮阳板尺寸各 100，直线间距离为 100，连接直线端点，完成窗檐的绘制，如图 12-132 所示。

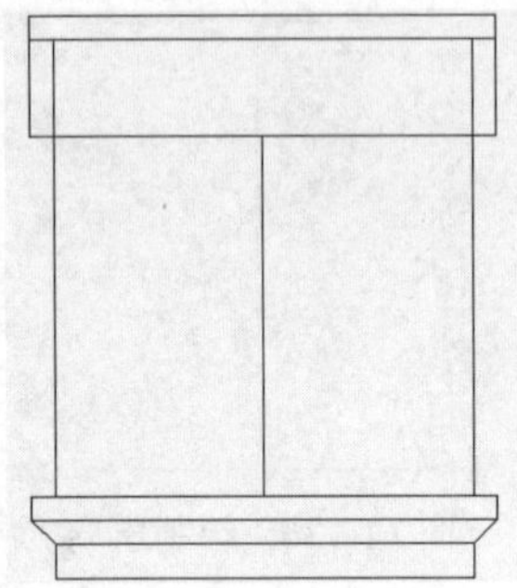

图 12-131 修整遮阳板

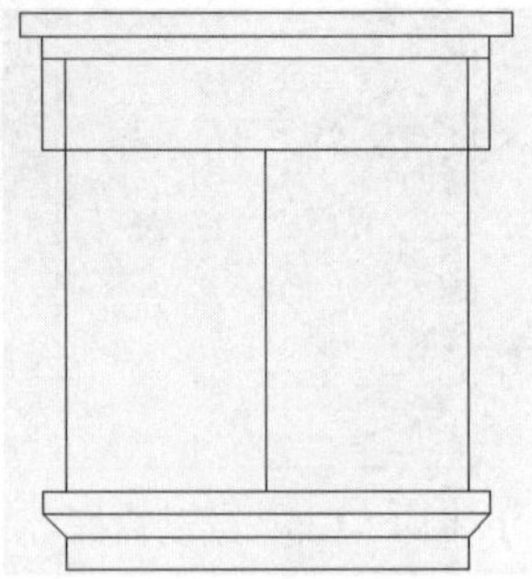

图 12-132 绘制窗檐

Step 10 执行“复制”（COPY）命令，捕捉外墙左侧角点，将绘制好的窗插入到立面图中，效果如图 12-133 所示。

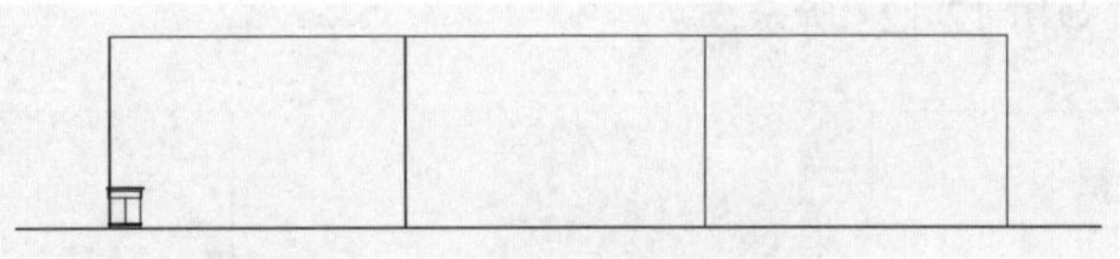

图 12-133 将窗插入立面图中

Step 11 执行“移动”（MOVE）命令，将窗向右平移，水平平移距离为 960，垂直平移距离为 1600，如图 12-134 所示。

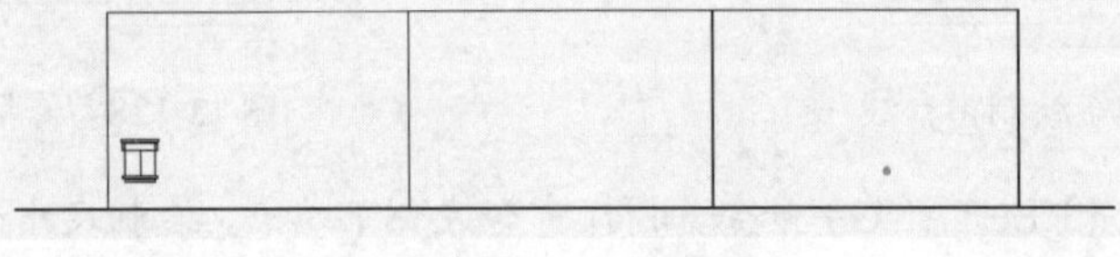

图 12-134 平移窗

Step 12 执行矩形阵列（ARRAYRECT）命令，选择窗作为阵列对象，按【Enter】键，根据命令行提示选择“计数”选项，输入行数 3，列数 1，间距 3300，按【Enter】键，完成竖向窗的绘制。

Step 13 重复执行矩形阵列（ARRAYRECT）命令，选择窗作为阵列对象，按【Enter】键，根据命令行提示选择“计数”选项，输入行数 1，列数 5，间距 3600，按【Enter】键，完成横向窗的绘制，最终效果如图 12-135 所示。

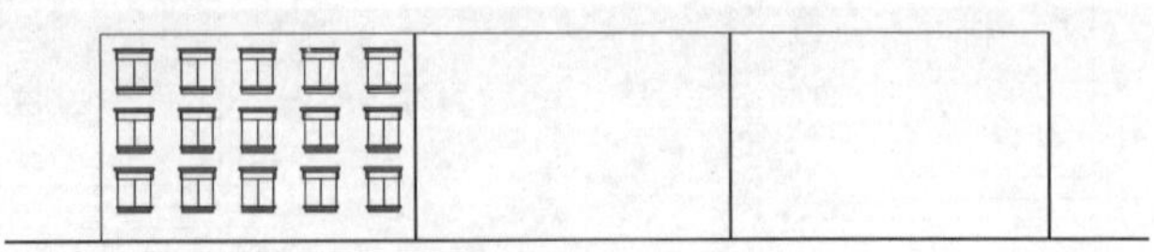

图 12-135 绘制其他窗

Step 14 执行"复制"（COPY）命令，向右平移复制左边数第二条墙线，作为辅助线，平移距离为 9000，如图 12-136 所示。

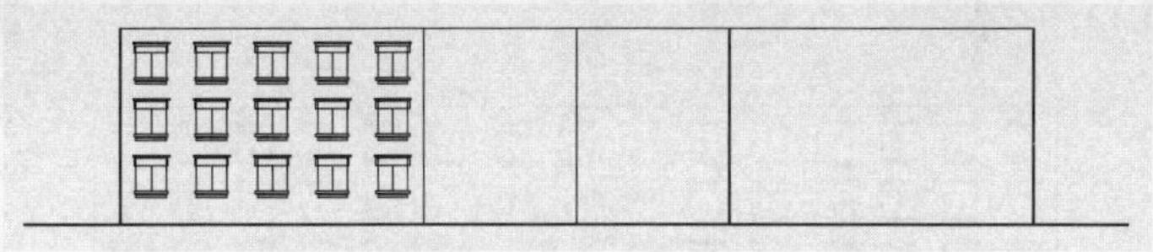

图 12-136 绘制辅助线

Step 15 执行"镜像"（MIRROR）命令，选择绘制好的一组窗，以上一步绘制的辅助线作为镜像线，镜像完成另一组窗，如图 12-137 所示。

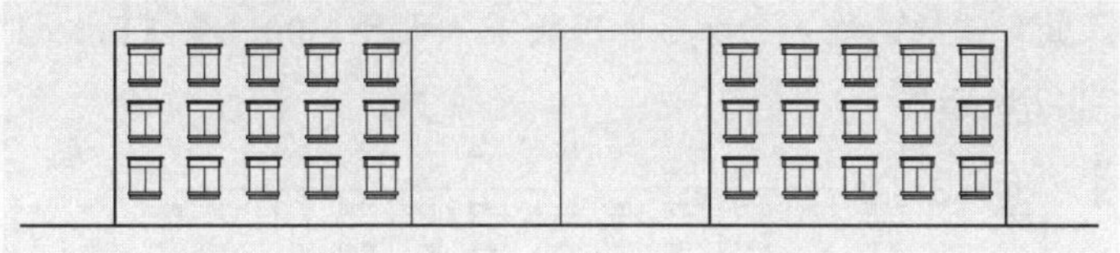

图 12-137 镜像另一组窗

Step 16 删除辅助线。执行"复制"（COPY）命令，复制步骤 9 中绘制完成的窗，捕捉左边数第二根墙线下角点，将绘制好的窗插入到立面图中，如图 12-138 所示。

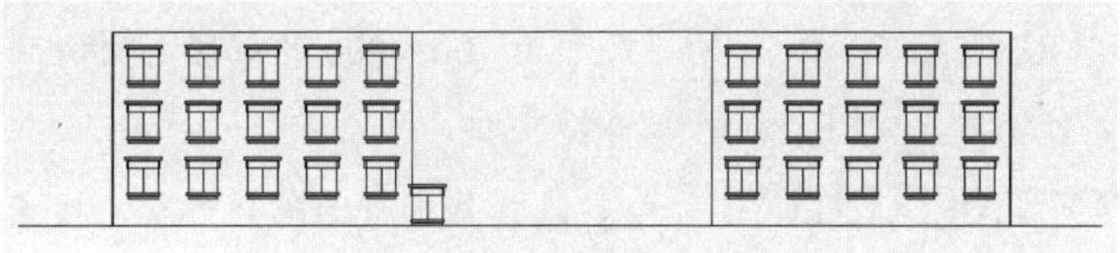

图 12-138 将窗插入立面图中

Step 17 执行"移动"（MOVE）命令，将窗向右平移，水平平移距离为 850，垂直平移距离为 1600，如图 12-139 所示。

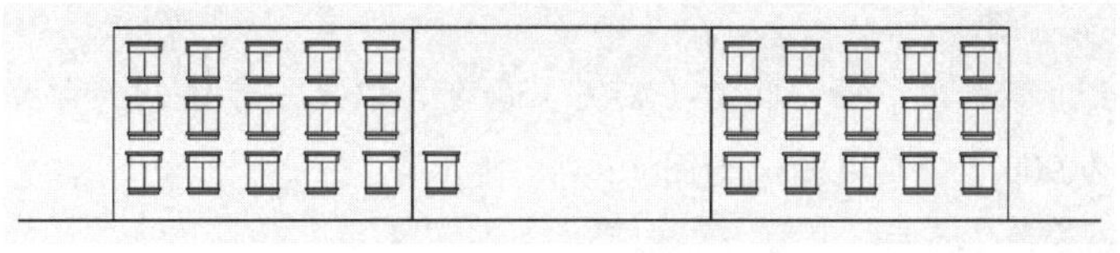

图 12-139 平移窗

Step 18 执行矩形阵列（ARRAYRECT）命令，选择窗作为阵列对象，按【Enter】键，根据命令行提示选择"计数"选项，输入行数 3，列数 1，间距 3300，按【Enter】键，完成其余窗的绘制，如图 12-140 所示。

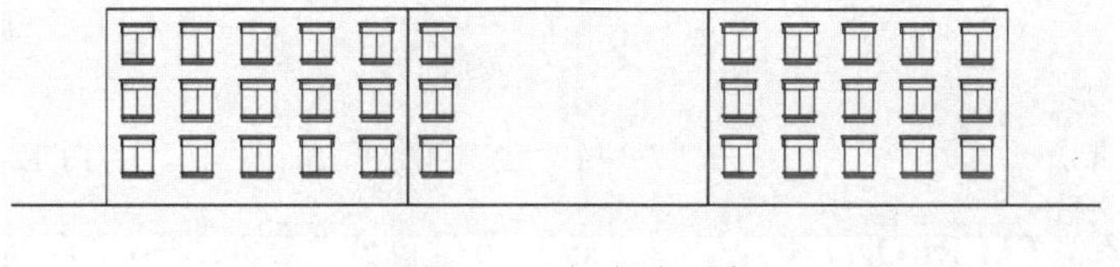

图 12-140 竖向阵列窗

Step 19 重复执行矩形阵列（ARRAYRECT）命令，选择窗作为阵列对象，按【Enter】键，根据命令行提示选择“计数”选项，输入行数 1，列数 5，间距 3625，按【Enter】键，完成其余窗的绘制，效果如图 12-141 所示。

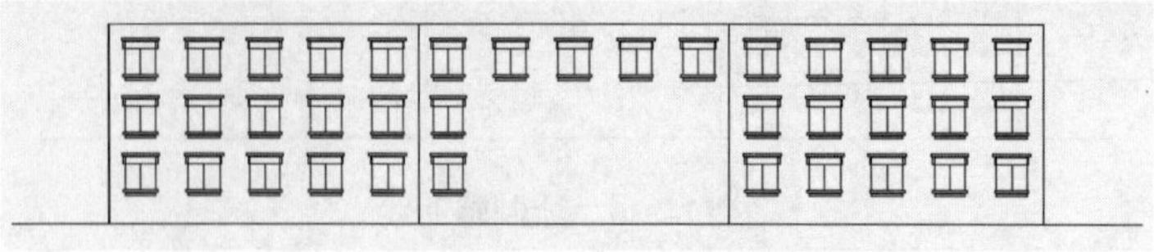

图 12-141　横向阵列窗

Step 20 再次执行矩形阵列（ARRAYRECT）命令，选择窗作为阵列对象，按【Enter】键，根据命令行提示选择“计数”选项，输入行数 3，列数 1，间距 3300，按【Enter】键，完成其余窗的绘制，效果如图 12-142 所示。

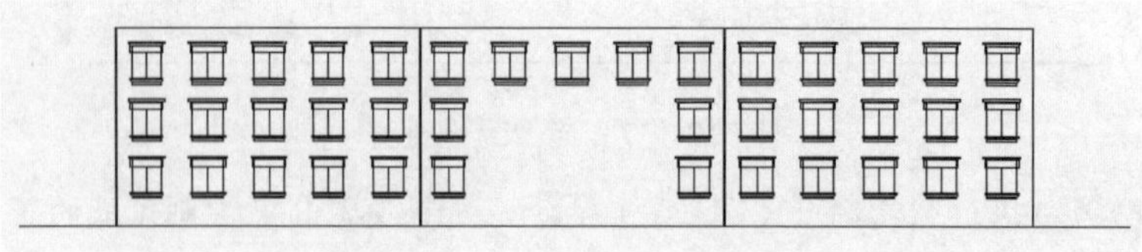

图 12-142　竖向阵列窗

Step 21 执行“矩形”（RECTANG）命令，绘制尺寸为 700 × 900 的矩形，并执行“分解”（EXPLODE）命令，将矩形分解，方便后期绘图，如图 12-143 所示。

Step 22 执行矩形阵列（ARRAYRECT）命令，选择矩形作为阵列对象，按【Enter】键，根据命令行提示选择“计数”选项，输入行数 6，列数 1，间距 700，按【Enter】键，完成部分窗的绘制。

Step 23 执行矩形阵列（ARRAYRECT）命令，选择矩形作为阵列对象，按【Enter】键，根据命令行提示选择“计数”选项，输入行数 1，列数 2，间距 900，按【Enter】键，完成部分窗的绘制。如图 12-144 所示。

Step 24 执行“起点、端点、半径”圆弧（ARC）命令，以上一步绘制的部分窗上侧两边端点为起点和端点，半径为 900，绘制圆弧，如图 12-145 所示。

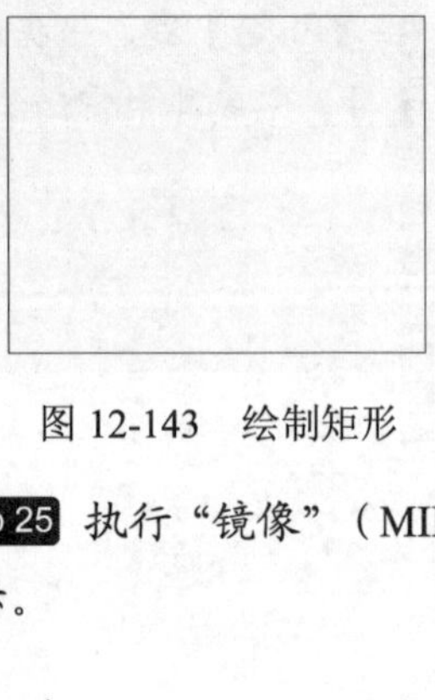

图 12-143　绘制矩形

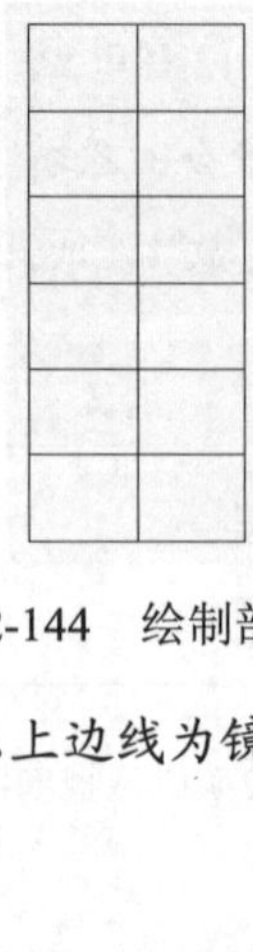

图 12-144　绘制部分窗

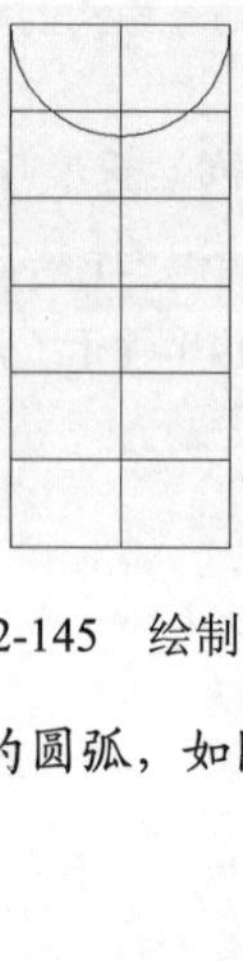

图 12-145　绘制圆弧

Step 25 执行“镜像”（MIRROR）命令，以上边线为镜像线，镜像绘制完成的圆弧，如图 12-146 所示。

Step 26 关闭“正交”命令。以上边第一根水平线中心点为起点，绘制 45°、90°、45° 直线，与圆弧交叉，如图 12-147 所示。

Step 27 执行“修剪”（TRIM）命令，修剪上一步绘制的直线与圆弧的交叉线，去掉超出圆弧的部分，效果如图 12-148 所示。

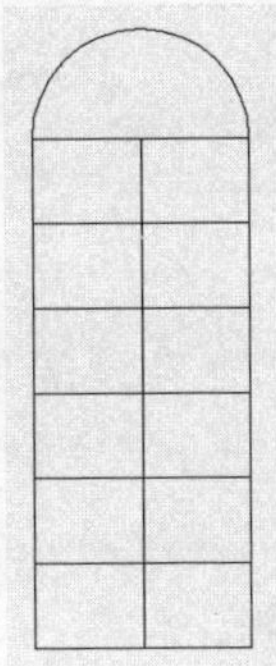

图 12-146　镜像圆弧

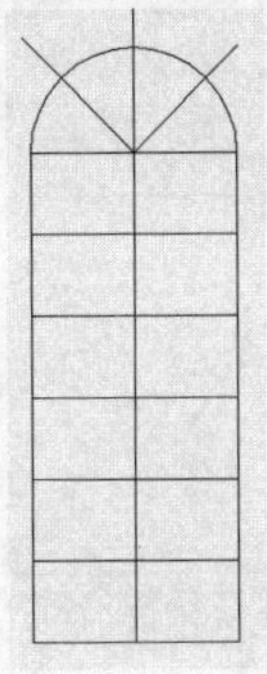

图 12-147　绘制直线

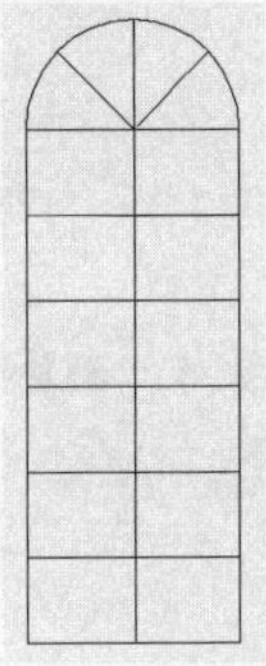

图 12-148　修剪直线

Step 28 执行“移动”（MOVE）命令，捕捉左侧第一根墙线下角点，将绘制好的窗插入到立面图中，如图 12-149 所示。

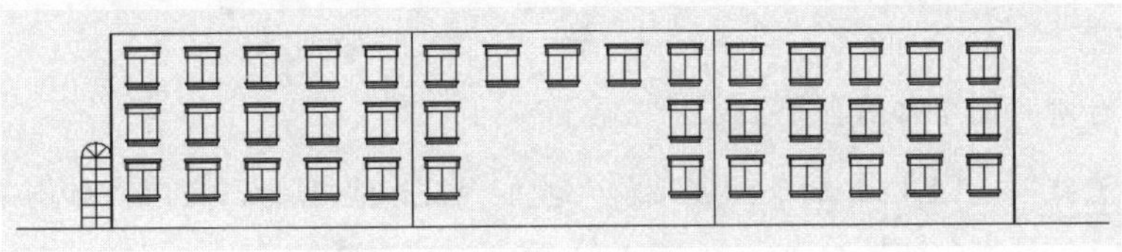

图 12-149　将窗插入到立面图中

Step 29 开启“正交”功能。执行“移动”（MOVE）命令，将窗向右平移，水平平移距离为 24505，垂直平移距离为 1050，如图 12-150 所示。

图 12-150　平移窗

Step 30 执行“复制”（MIRROR）命令，向右水平平移复制窗，平移距离为 7030，如图 12-151 所示。

图 12-151　复制窗

（2）绘制门

Step 01 执行“复制”（COPY）命令，将“绘制窗”部分步骤 30 中的窗向右水平平移复制，平移距离为 3515，效果如图 12-152 所示。

图 12-152　复制窗

Step 02 执行“删除”（ERASE）命令，删除上一步绘制的窗中从下面倒数第 2 条、第 3 条水平线，得到大门造型，效果如图 12-153 所示。

图 12-153　完成门的绘制

5. 绘制台阶

Step 01 选择“台阶”图层作为当前图层。

Step 02 执行“直线”（LINE）命令，连接前几步绘制完成的窗和门底线，如图 12-154 所示。

图 12-154　连接门和窗底线

Step 03 执行“拉长”（LENGTHEN）命令，捕捉上一步所绘直线的两个端点，各向两端拉长，拉长增量为 1350，作为台阶的顶面线，如图 12-155 所示。

图 12-155　拉长直线

Step 04 执行“直线”（LINE）命令，沿着台阶顶面线两端点向下绘制直线，长度各为 150，并连接绘制完成的直线端点，完成第一级台阶踏步的绘制，如图 12-156 所示。

Step 05 执行“拉长”（LENGTHEN）命令，沿着第一级台阶踏步底线两端点，各向两端拉长，拉长增量为 300，作为下一级台阶踏步的顶面线，如图 12-157 所示。

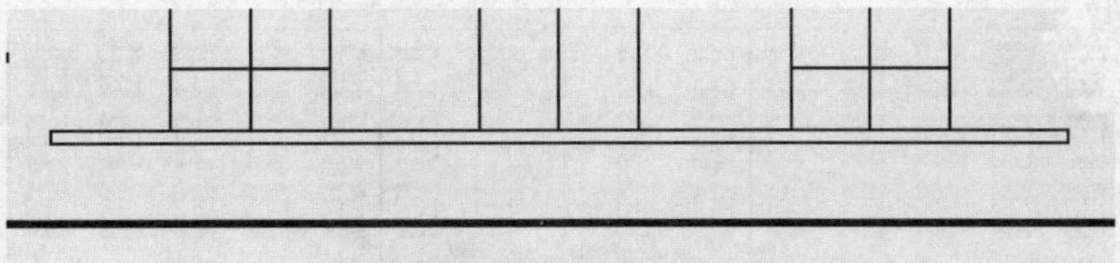

图 12-156 绘制首级台阶踏步

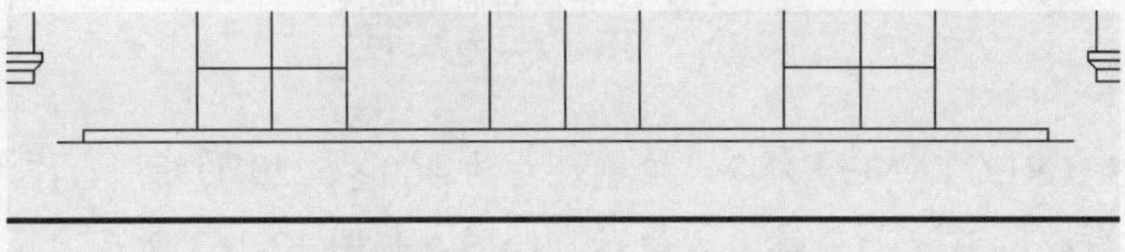

图 12-157 绘制台阶顶面线

Step 06 执行“直线”（LINE）命令，沿着台阶顶面线两端点向下绘制直线，长度各为 150，并连接绘制完成的直线端点，完成第二级台阶踏步的绘制，如图 12-158 所示。

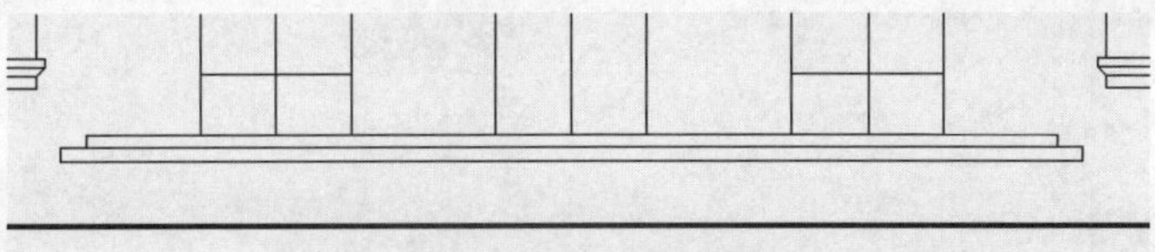

图 12-158 绘制第二级台阶踏步

Step 07 执行“拉长”（LENGTHEN）命令，沿着第二级台阶踏步底线两端点，各向两端拉长，拉长增量为 300，作为下一级台阶踏步的顶面线，如图 12-159 所示。

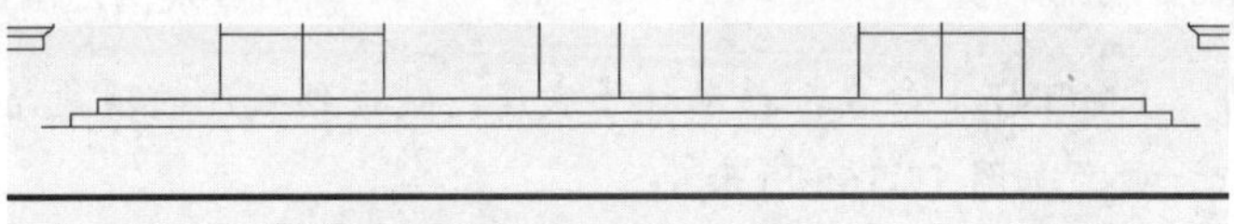

图 12-159 绘制台阶顶面线

Step 08 执行“直线”（LINE）命令，沿着台阶顶面线两端点向下绘制直线，长度各为 150，并连接绘制完成的直线端点，完成第三级台阶踏步的绘制，如图 12-160 所示。

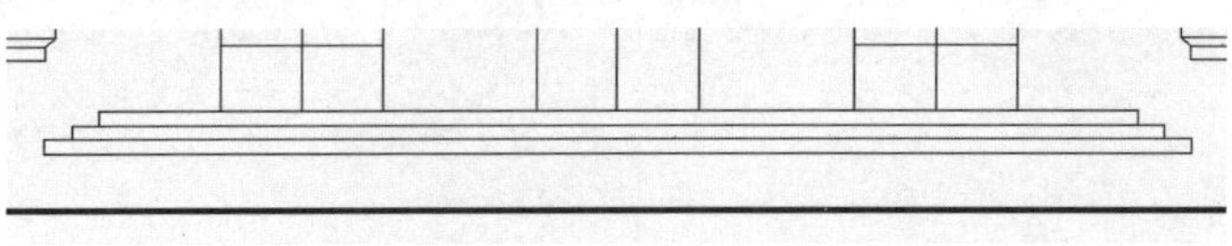

图 12-160 绘制第三级台阶踏步

Step 09 执行“拉长”（LENGTHEN）命令，沿着第三级台阶踏步底线两端点，各向两端拉长，拉长增量为 300，作为下一级台阶踏步的顶面线，如图 12-161 所示。

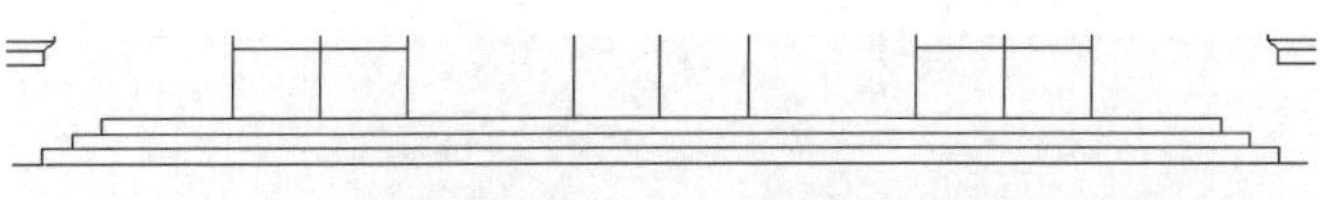

图 12-161 绘制台阶顶面线

Step 10 重复以上两种命令，完成下面 4 级台阶踏步的绘制，结果如图 12-162 所示。

图 12-162　完成台阶的绘制

6．绘制柱子

Step 01 执行“矩形”（RECTANG）命令，绘制尺寸为 460 × 5220 的矩形，作为柱身，并执行“分解”（EXPLODE）命令，将矩形分解，方便后期绘图，如图 12-163 所示。

Step 02 执行“矩形”（RECTANG）命令，绘制尺寸为 600 × 90 的矩形，作为立柱的底座，效果如图 12-164 所示。

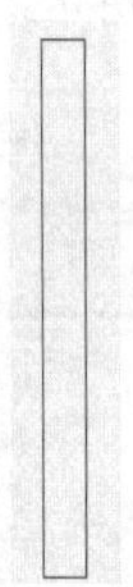

图 12-163　绘制柱身

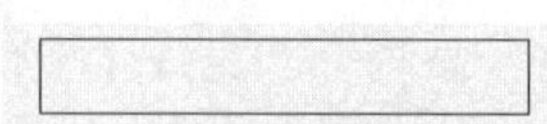

图 12-164　绘制柱子底座

Step 03 执行“移动”（MOVE）命令，移动柱子底座，捕捉到底座的顶角与柱身的底脚，将柱身与底座结合到一起，效果如图 12-165 所示。

Step 04 执行“移动”（MOVE）命令，水平向左移动柱子底座，移动距离为 70，效果如图 12-166 所示。

Step 05 执行“复制”（COPY）命令，将柱子底座向上平移复制，作为柱头，平移距离为 5310，效果如图 12-167 所示。

图 12-165　移动柱子底座

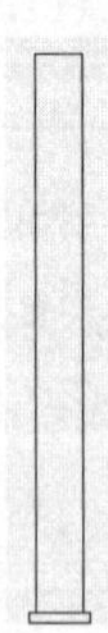

图 12-166　平移底座

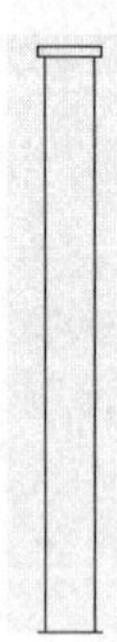

图 12-167　绘制柱头

Step 06 执行“移动”（MOVE）命令，捕捉柱子底座角点与台阶顶面踏步端点，将所绘柱子插入到立面图中，效果如图 12-168 所示。

图 12-168　将柱子插入到立面图中

Step 07 执行“移动”（MOVE）命令，将柱子向右平移，平移距离为 490，效果如图 12-169 所示。

图 12-169　平移柱子

Step 08 执行“复制”（COPY）命令，向右平移复制上一步绘制完成的柱子，平移距离分别为 2930、4090 和 2930，完成其他柱子的绘制，如图 12-170 所示。

图 12-170　绘制其他柱子

7．绘制雨篷

Step 01 选择“雨篷”图层作为当前图层。

Step 02 执行“矩形”（RECTANG）命令，绘制尺寸为 10850 × 400 的矩形，作为雨篷的侧立面，并执行“分解”（EXPLODE）命令，将矩形分解，方便后期绘图，如图 12-171 所示。

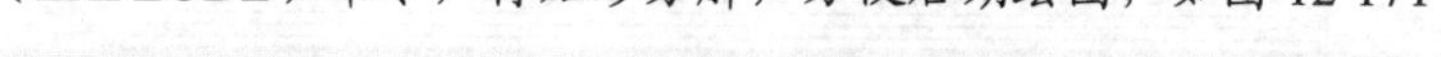

图 12-171　绘制雨篷侧立面

Step 03 执行“偏移”（OFFSET）命令，将矩形的上边线向下偏移，距离为 200，如图 12-172 所示。

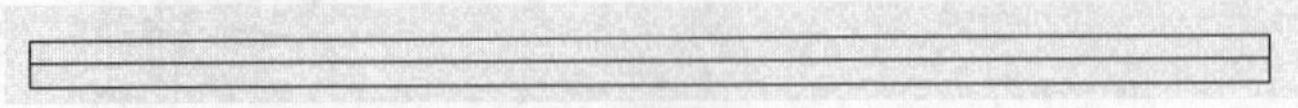

图 12-172　偏移矩形上边线

Step 04 执行“移动”（MOVE）命令，捕捉到雨篷左侧底面端点及左侧第一根柱子柱头左上角点，将雨篷插入到立面图中，如图 12-173 所示。

图 12-173　将雨篷插入到立面图中

Step 05 执行“移动”（MOVE）命令，将雨篷向左平移，平移距离为 150，效果如图 12-174 所示。

图 12-174　平移雨篷

Step 06 执行“复制”（COPY）命令，向上平移复制雨篷上边线，平移距离为 1150，得到一条横向的辅助线，如图 12-175 所示。

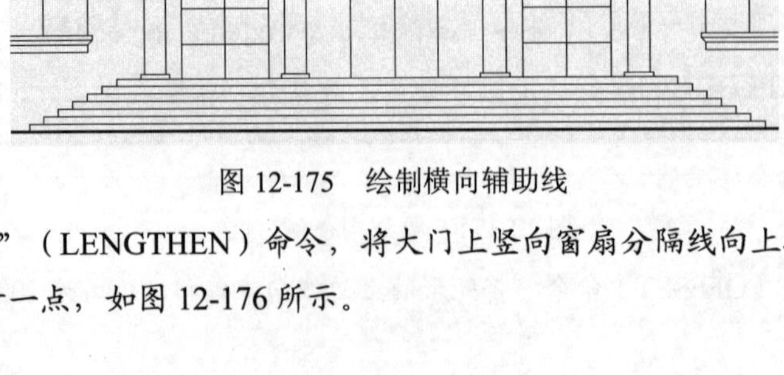

图 12-175　绘制横向辅助线

Step 07 执行“拉长”（LENGTHEN）命令，将大门上竖向窗扇分隔线向上拉长，与上一步骤中绘制的辅助线相交于一点，如图 12-176 所示。

图 12-176　拉长窗扇线

Step 08 执行三点圆弧（ARC）命令，选取雨篷左上角点、上一步绘制的交点和雨篷右上角点，绘制雨篷上弧形造型，如图 12-177 所示。

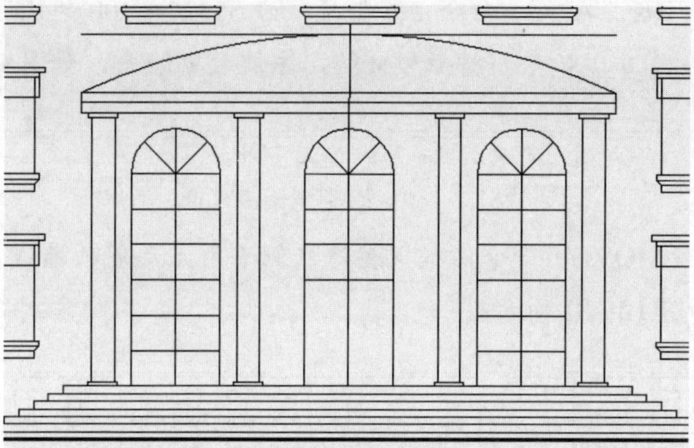

图 12-177　绘制圆弧造型

Step 09 执行“删除”（ERASE）命令，删除步骤 6 中绘制的横向辅助线，如图 12-178 所示。

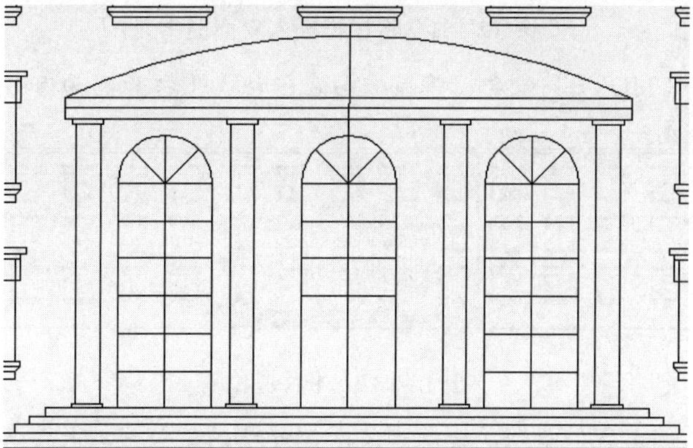

图 12-178　删除横向辅助线

Step 10 执行“修剪”（TRIM）命令，修剪大门上弧形窗与雨篷上弧线造型之间的线段，完成雨篷的绘制，如图 12-179 所示。

图 12-179　修剪雨篷造型

8. 绘制屋顶

Step 01 选择“屋顶”图层作为当前图层。

Step 02 执行“矩形”（RECTANG）命令，绘制尺寸为 55320×300 的矩形，作为屋檐的侧立面，并执行“分解”（EXPLODE）命令，将矩形分解，方便后期绘图，如图 12-180 所示。

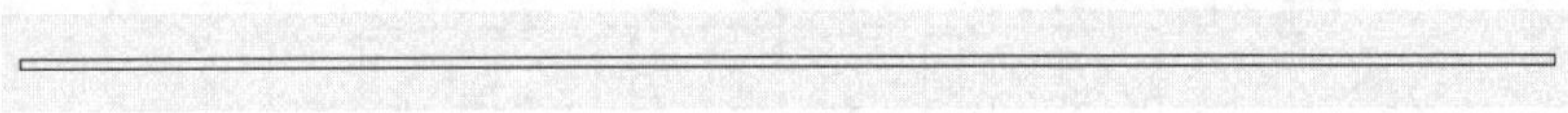

图 12-180　绘制屋檐侧立面

Step 03 执行“移动”（MOVE）命令，捕捉屋檐左侧下角点及屋顶墙线左侧上角点，将屋檐侧立面插入立面图中，如图 12-181 所示。

图 12-181　将屋檐插入立面图中

Step 04 执行“移动”（MOVE）命令，将屋檐向左平移，平移距离为 540，如图 12-182 所示。

图 12-182　平移屋檐

Step 05 执行“直线”（LINE）命令，绘制建筑两侧外墙的延长线，长度各为 3000，如图 12-183 所示。

Step 06 执行“复制”（COPY）命令，向上平移复制屋檐上边线，平移距离为 1500，与上一步所绘的延长线交于两点，作为屋顶上边线，如图 12-184 所示。

图 12-183　绘制外墙的延长线

图 12-184　绘制屋顶线

Step 07 执行“修剪”（TRIM）命令，修剪屋顶侧边线，如图 12-185 所示。

图 12-185　修剪屋顶线

Step 08 执行“复制”（COPY）命令，向内平移复制屋顶上边线、左边线和右边线，平移距离均为 100，如图 12-186 所示。

图 12-186　复制屋顶线

Step 09 执行“修剪”（TRIM）命令，修剪屋顶边线，完成屋顶的绘制，效果如图 12-187 所示。

图 12-187　修剪屋顶边线

9．添加图题

Step 01 选择 0 图层作为当前图层。

Step 02 执行“单行文字”（DTEXT）命令，并将文字样式设为楷体，文字高度为 1000，创建立面图图题，效果如图 12-188 所示。

Step 03 执行“多段线”（PLINE）命令，绘制多段线，线宽为 100，多段线长度比图题的字稍长一些即可，效果如图 12-189 所示。

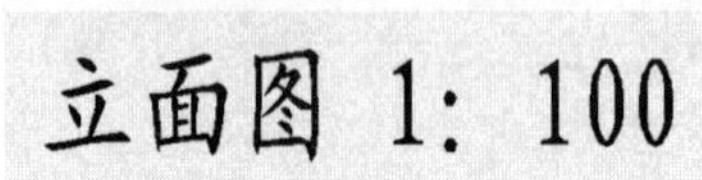

图 12-188 创建图题文字

图 12-189 完成的图题

Step 04 整个立面图绘制完毕的最终效果如图 12-190 所示。

图 12-190 完成立面图的绘制

12.6 本章小结

本章详细讲解了在建筑设计中立面图绘制的基本知识，并且讲解了立面图的设计内容和设计要求，以及一些相关的绘图知识与技巧。同时以绘制立面图中各部分构件为例，学习 AutoCAD 2012 在建筑立面图绘制中的应用，具体包括住宅建筑立面图的绘制、办公建筑立面图的绘制等内容，这也是本章的重点所在。

12.7 思考与习题

1. 建筑立面是由许多构件构成的，请简述各构件的名称。
2. 试简述什么是女儿墙？
3. 建筑立面图通常采用哪几种比例来绘制？

第 13 章

绘制建筑剖面图

本章主要内容：

本章结合建筑设计规范和建筑制图要求，详细讲述建筑剖面图的绘制。通过本章内容的学习，读者将了解工程设计中有关建筑剖面图设计的一般要求，以及使用 AutoCAD 2012 绘制建筑剖面图的方法与技巧。

本章重点难点：

- 剖面图的室外踏步和残疾人坡道的绘制
- 剖面图的梁、柱和楼板的绘制
- 地下室剖面图的绘制
- 地上楼层剖面图的绘制
- 剖面图的尺寸标注和标高

13.1 建筑剖面图概述

建筑剖面图是用来表达建筑物竖向构造的方法，主要表现建筑物内部垂直方向的高度、楼层的分层、垂直空间的利用，以及简要的结构形式和构造方式，如屋顶的形式、屋顶的坡度、檐口的形式、楼板的搁置方式和搁置位置、楼梯的形式等。

用一个假想的铅垂平面沿指定的位置将建筑物剖切为两部分，并沿剖切方向进行平行投影得到的平面图形，称为建筑剖面图，简称剖面图。建筑剖面图也是建筑方案图及施工图中的重要内容。建筑剖面图和平面图及立面图配合在一起，可以使读图的人更加清楚地了解建筑物的总体结构特征。

剖切位置应根据图样的用途和设计深度，在平面图上选择能反映全貌、构造特征及有代表性的部位剖切。剖切平面一般应平行于建筑物的宽度方向或者长度方向，并且通过墙体的门窗洞口。

建筑剖面图的数量应根据建筑物的实际复杂程度和建筑物本身的特点决定。一般选择一个和两个剖面图说明问题即可。但是在某些建筑平面较为复杂，而且建筑物内部的功能分区又没有特别的规律性的情况下，要想完整地表达出整个建筑物的实际情况，所需要的剖面图的数量是很大的。在这种情况下，就需要从几个有代表性的位置绘制多张剖面图，这样才能完整地反映整个建筑物的全貌。

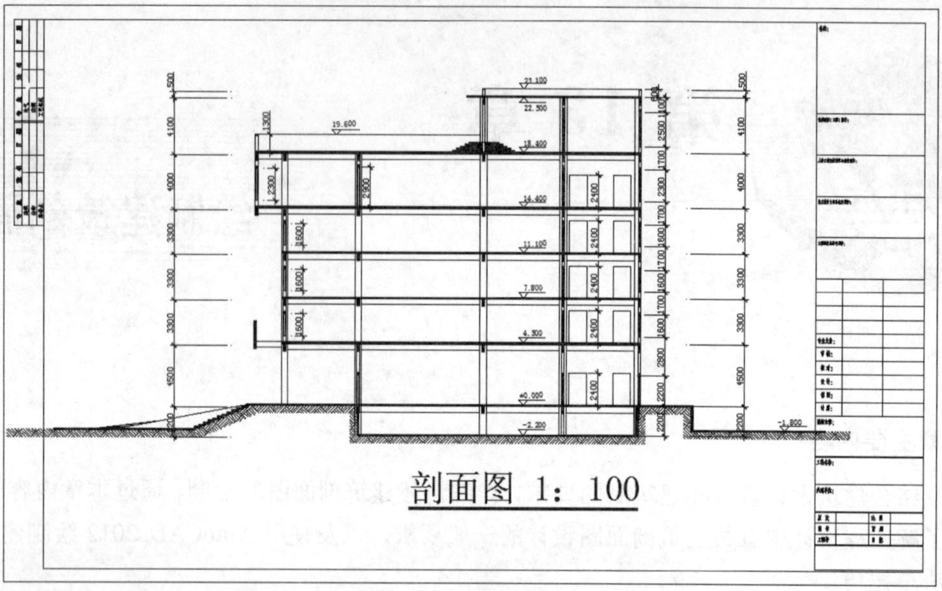

图 13-1　某办公楼剖面图

如图 13-1 所示，建筑剖面图主要包含以下内容：

①各层地面、屋面、梁和板等主要承重构件的相互关系。

②建筑物内部的分层情况、各建筑部位的高度、房间的进深和开间等。

③各层屋面板、楼板等的轮廓。

④被剖切的梁、板、平台、阳台、地面及地下室图形。

⑤被剖切到的门窗图形。

⑥被剖切的墙体轮廓线。

⑦有关建筑部位的构造和工程做法。

⑧未被剖切的可见部位的构配件。

⑨室外地坪、楼地面和阳台等处的标高和高度尺寸，以及门窗标高和高度尺寸。

⑩墙柱的定位轴线及轴线编号。

⑪详图索引符号等有关标注。

⑫图名和出图比例。

建筑剖面图一般在平面图、立面图的基础上，并参照平、立面图进行绘制。剖面图绘制的一般步骤如下：

Step 01　设置绘图环境。

Step 02　确定剖切位置和投射方向。

Step 03　绘制定位辅助线，包括墙、柱定位轴线、楼层水平定位辅助线及其他剖面图样的辅助线。

Step 04　绘制剖切到的和看到的墙柱、地坪、楼层、屋面、门窗（幕墙）、楼梯、台阶及坡道、雨棚、窗台、窗楣、檐口、阳台、栏杆和各种线脚等。

Step 05 绘制配景，包括植物、车辆、人物等。

Step 06 尺寸、文字标注。

13.2　绘制某办公楼剖面图

先打开配套光盘\素材文件\第 13 章\01.dwg, 如图 13-2 所示为某办公楼平面图。剖面图的绘制需要以图 13-2 中所示平面图为参照。

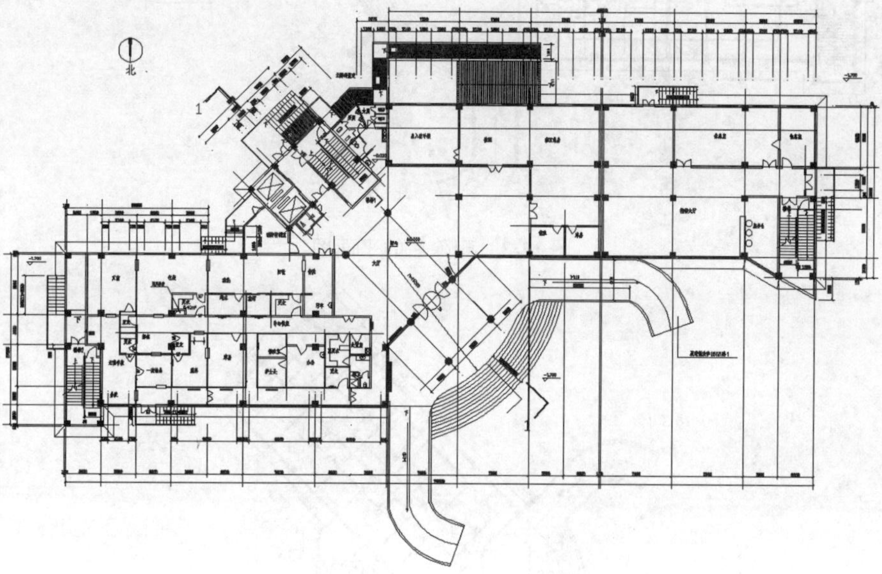

某办公楼平面图

图 13-2　某办公楼平面图

13.2.1　绘制地下一层剖面图

地下一层部分剖面图中的内容包含剖到和看到的墙体、剖到的门、剖到和看到的梁柱、剖到的楼板等。该图例中楼板直接用宽度为 150 的多段线表示（这种用多段线绘制楼板的方法一般只在方案图推敲阶段使用）。

下面讲解地下一层剖面图的绘制过程。

1. 绘制辅助线

Step 01 执行“删除”（ERASE）命令，将图 13-2 中除墙体、柱子、轴线、坡道、踏步等建筑构造构件以外的所有标注、示意物和参照物（如尺寸标注、文字标注和室内家具等）删除。打开“图层特性管理器”选项板，删除所有能够删除的图层。结果如图 13-3 所示。

Step 02 执行“旋转”（ROTATE）命令，将图 13-3 进行-135° 旋转。结果如图 13-4 所示。

Step 03 执行“直线”（LINE）命令，在图 13-4 中沿剖断线绘制一条直线。

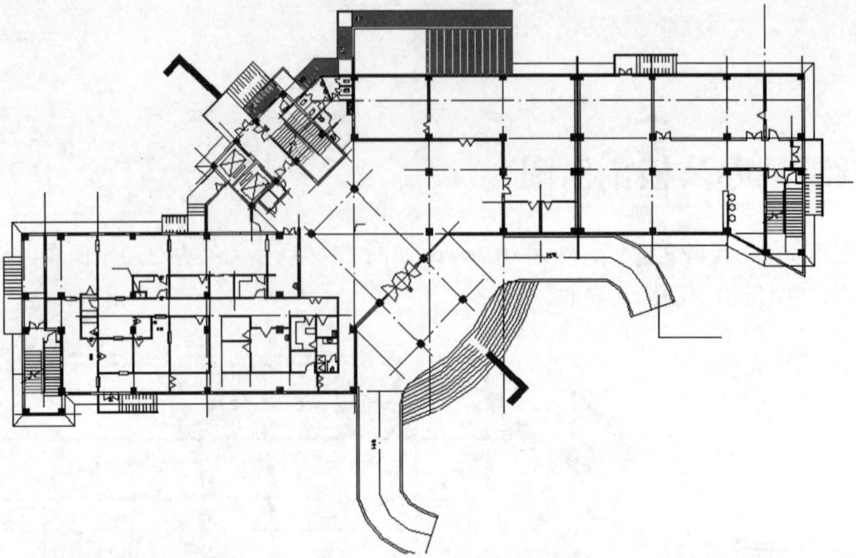

图 13-3　删除后的平面图

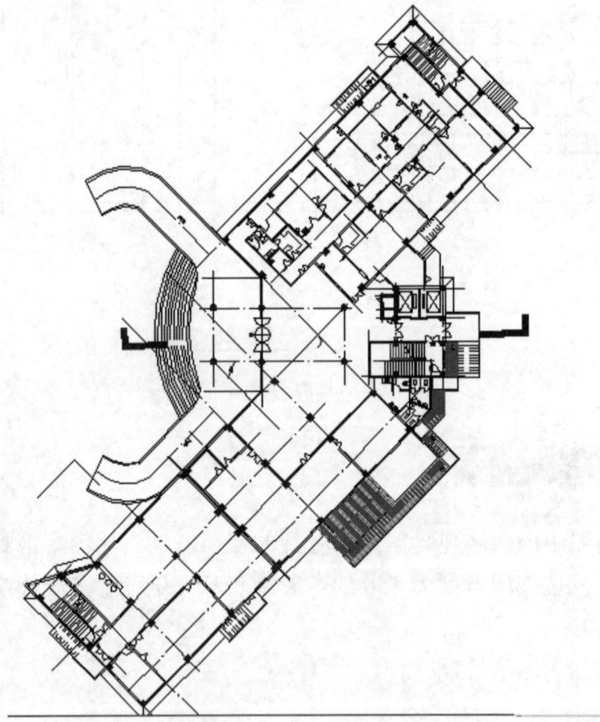

图 13-4　旋转后的平面图

Step 04 执行“修剪”（TRIM）命令，以步骤 3 中所得辅助线为修剪边界，对图 13-4 进行修剪。

Step 05 执行“删除”（ERASE）命令，将步骤 3 中所得直线下面的内容删除。结果如图 13-5 所示。

Step 06 打开“图层特性管理器”选项板，单击“新建图层”按钮，创建“辅助线”图层，将线型定为 ACAD_ISO，比例为 100，并将“辅助线”图层置为当前图层。结果如图 13-6 所示。

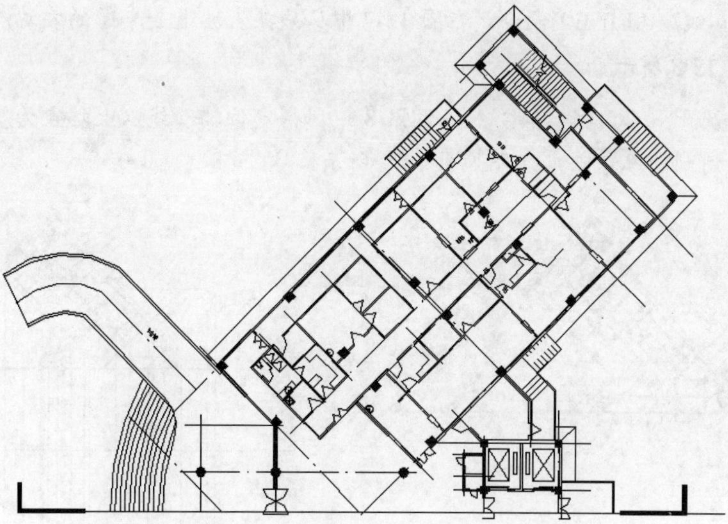

图 13-5 修剪删除后的平面图

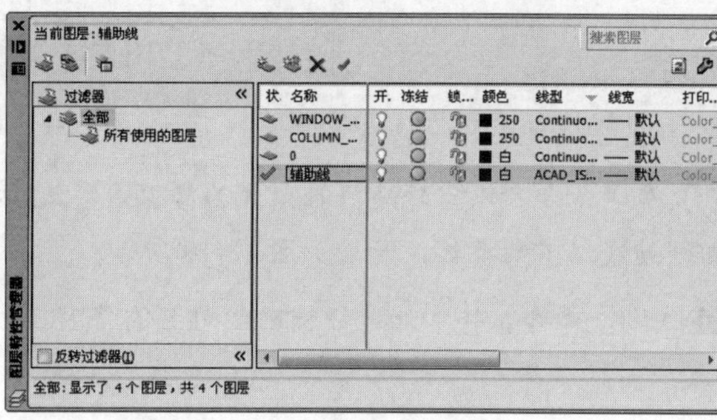

图 13-6 “图层特性管理器”选项板

Step 07 执行“直线”（LINE）命令，开启正交功能。在图 13-5 下面所示图形 30000 处绘制直线，作为室外地坪辅助线。结果如图 13-7 所示。

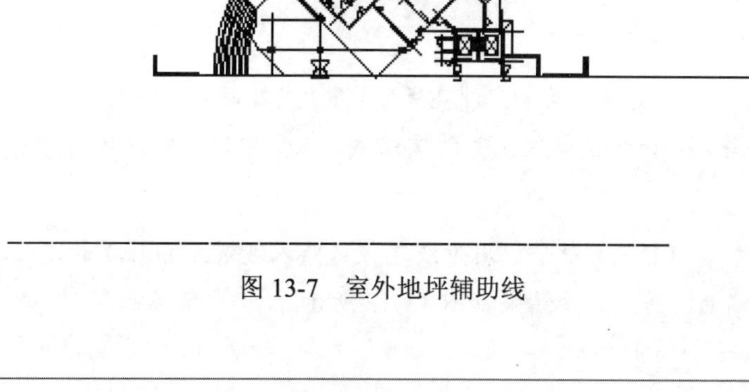

图 13-7 室外地坪辅助线

Step 08 执行“直线”（LINE）命令，在图 13-7 中从残疾人坡道兼车道的左端点向下绘制定位辅助线。结果如图 13-8 所示。

Step 09 执行“复制”（COPY）命令，将步骤 8 中所得定位辅助线以上端点为基点，向右多次复制至每个绘图要用到的参考点。结果如图 13-9 所示。

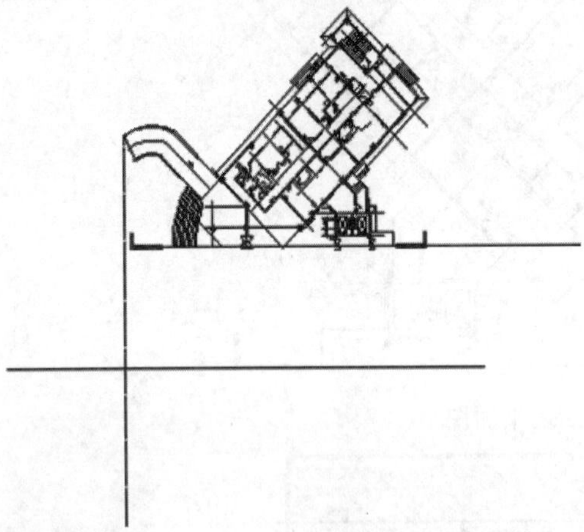

图 13-8　定位辅助线

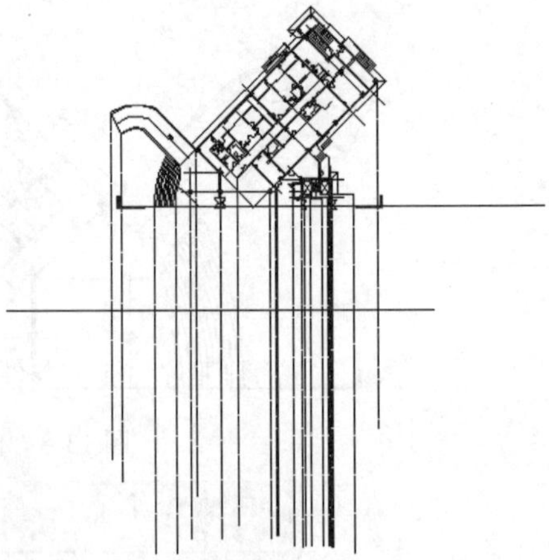

图 13-9　复制结果

Step 10 执行“修剪”（TRIM）命令，以室外地坪辅助线为修剪边界线，将步骤 9 中定位辅助线的复制结果，即室外地坪辅助线以下部剪掉，结果如图 13-10 所示。

Step 11 执行“偏移”（OFFSET）命令，将室外地坪辅助线向上偏移 1800，得到室内地坪辅助线，结果如图 13-11 所示。

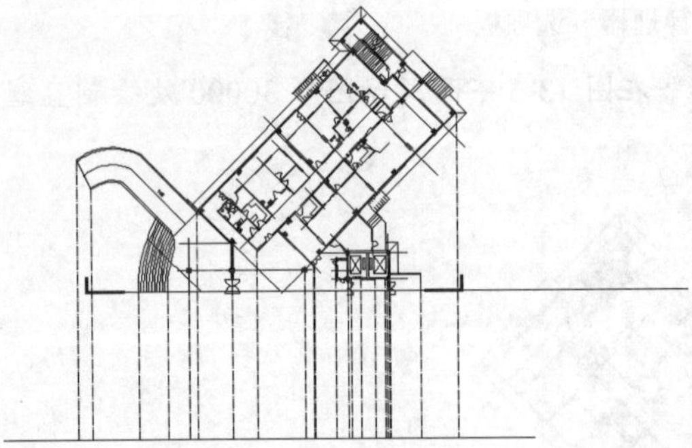

图 13-10　修剪结果

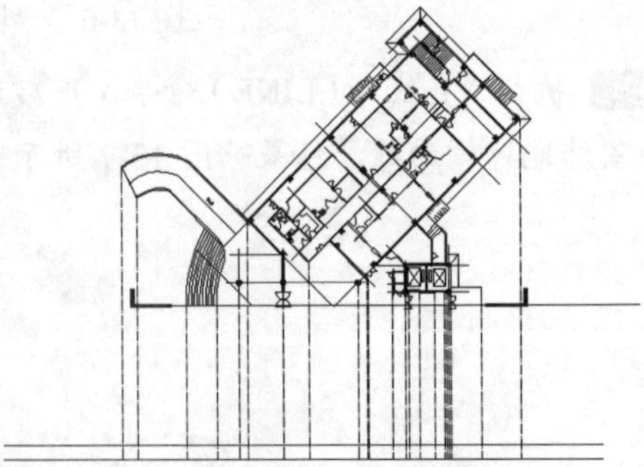

图 13-11　室内地坪辅助线

2．绘制残疾人坡道

Step 01 创建新图层，并将其命名为“室外高差”。将“室外高差”图层置为当前层。执行“修剪”（TRIM）命令，将与室外地坪辅助线无关的辅助线，以室内地坪辅助线为修剪边界线，在下部修剪掉。

Step 02 执行“直线”（LINE）命令，用直线连接残疾人坡道左右两端的定位辅助线在室外地坪辅助线和室内地坪辅助线的落点。结果如图 13-12 所示。

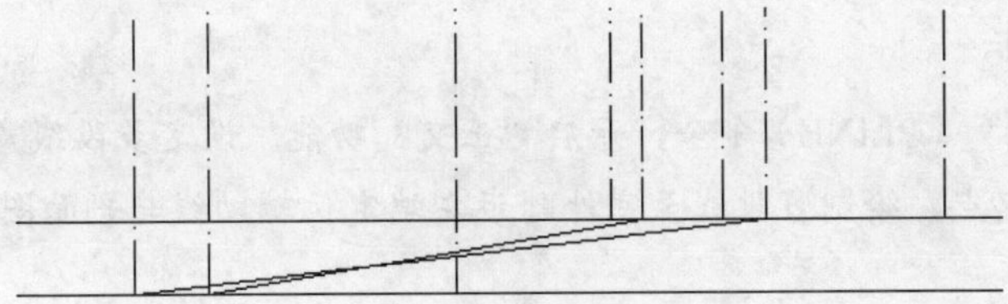

图 13-12　残疾人坡道线

Step 03 执行“修剪”（TRIM）命令，将残疾人坡道线无法看到的右下部分修剪掉。

Step 04 执行“删除”（ERASE）命令，将残疾人坡道左端的两条定位辅助线删除。结果如图 13-13 所示。

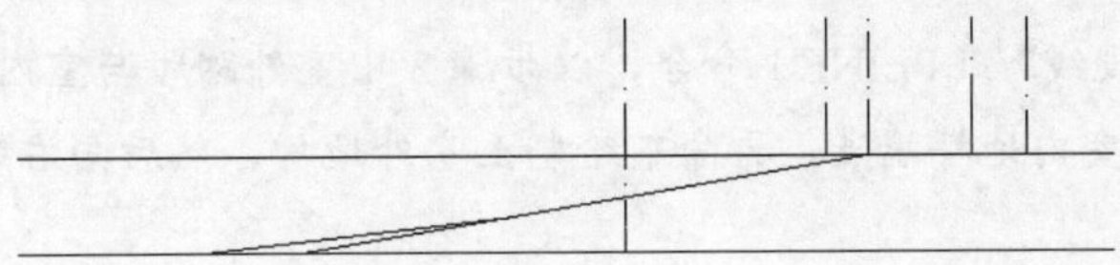

图 13-13　修剪后的残疾人坡道线

Step 05 执行“图案填充”（BHATCH）命令，在弹出的“图案填充和渐变色”对话框中选择 JISLC20 作为填充图案，如图 13-14 所示，“角度”定为 315°，“比例”定为 5，如图 13-15 所示，选中残疾人坡道防滑线进行填充。结果如图 13-16 所示。

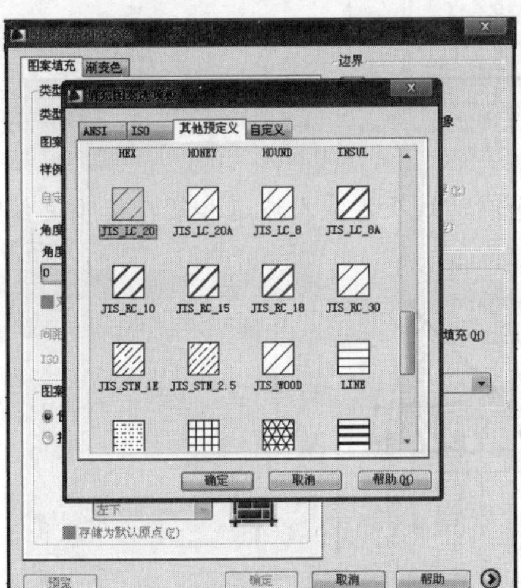

图 13-14　选择填充图案

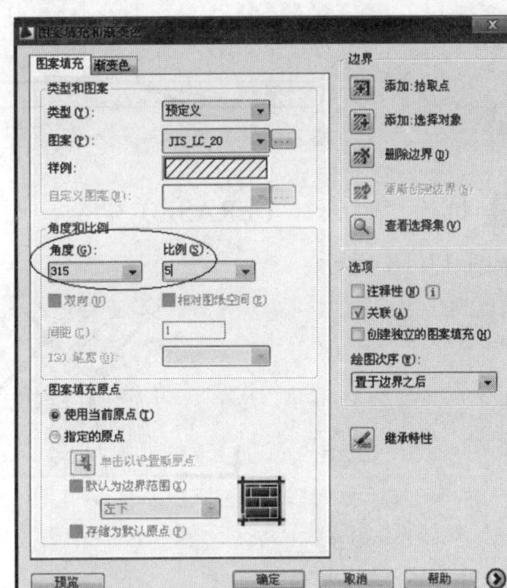

图 13-15　确定填充图案的角度和比例

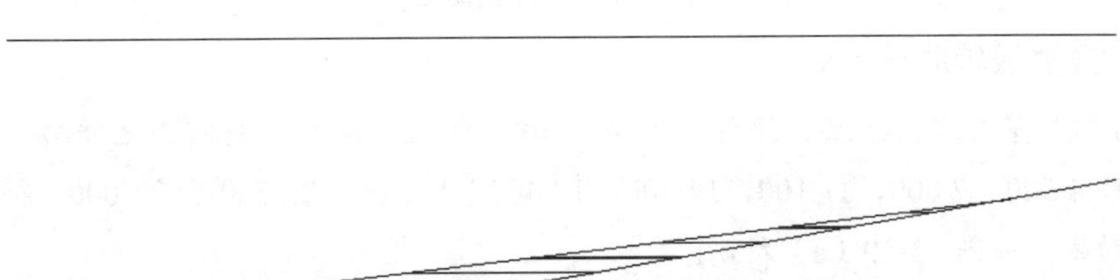

图 13-16　填充结果

3．绘制室外踏步

Step 01 执行“多段线”（PLINE）命令，开启“正交”功能。设定多段线宽度为150。以室外地坪辅助线左侧一点为起点，绘制多段线至室外踏步左端定位辅助线与剖面图室外地坪辅助线的交点处。

Step 02 重复执行“多段线”（PLINE）命令，以室外踏步左端定位辅助线与剖面图室外地坪辅助线的交点为起点，依次向上绘制距离为150的多段线，然后向右绘制，距离为350，得到第1个踏步。

Step 03 重复步骤2，依次以前一步的端点为起点绘制11次，并与室内地坪相交，将得到12个踏步。

Step 04 重复执行“多段线”（PLINE）命令，以步骤3中室外踏步与室内地坪线的交点为起点，向右绘制多段线至右侧室内地坪端点，再向下绘制至室外地坪，然后向右绘制至右侧某一点，如图13-17所示。

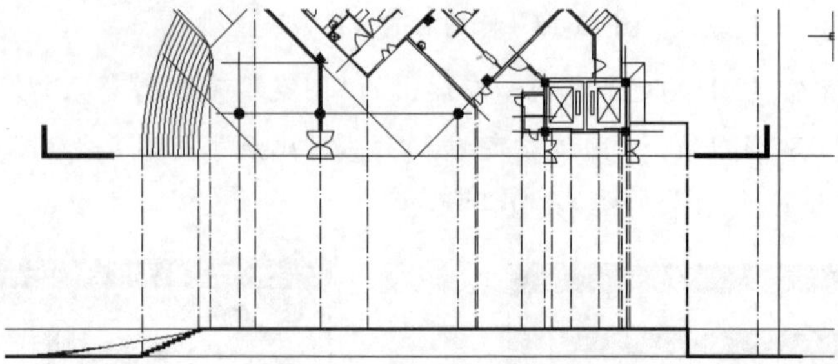

图 13-17 室外地坪线

Step 05 执行“删除”（ERASE）命令，删除室外地坪辅助线及残疾人坡道和室外踏步定位辅助线，如图13-18所示。

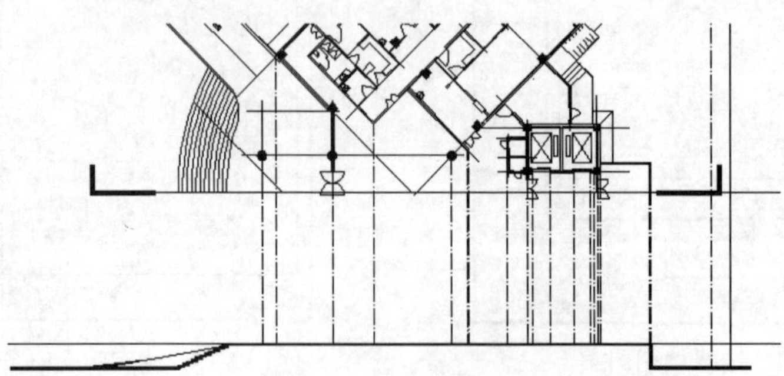

图 13-18 删除辅助线

4．各楼层楼板辅助线绘制

Step 01 将0图层置为当前图层。执行“偏移”（OFFSET）命令，将室内地坪向下偏移2 200，向上分别偏移4 500、7 800、11 100、14 400、18 400、19 200、22 500和23 000，得到各层楼板及女儿墙辅助线，如图13-19（a）所示。

Step 02 执行“延伸”（EXTEND）命令，将定位辅助线延伸至地下室地坪辅助线。结果如图13-19（b）所示。

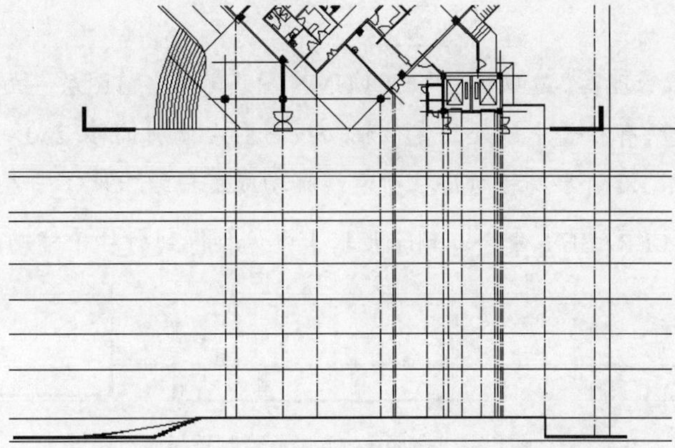

图 13-19　（a）楼板偏移结果

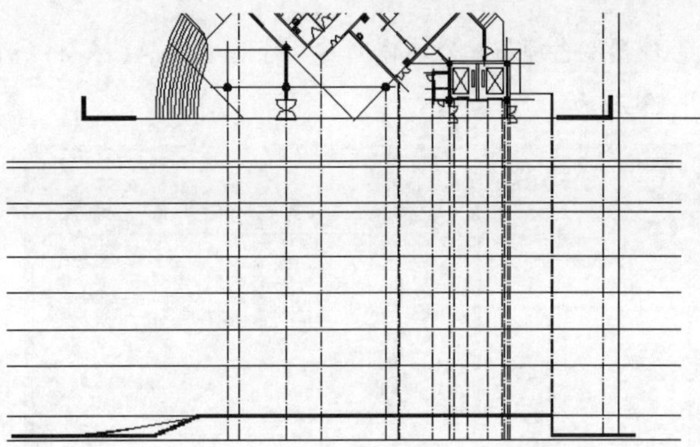

图 13-19　（b）各层楼板辅助线

5. 绘制地下一层剖面图

由于地下室要抵挡周边岩土的侧推力，故在构筑时需要将所有的墙体做成挡土墙。这里将挡土墙和楼板均用加粗的“多段线”表示。下面介绍具体绘制过程。

（1）绘制地下一层的挡土墙和地面

Step 01 开启“正交”功能，执行“多段线”（PLINE）命令，将线宽设定为 150。以左数第三条定位辅助线和一层楼地面交点为起点，向下绘制至定位辅助线和地下一层地面的交点。

Step 02 重复执行“多段线”（PLINE）命令，以步骤 1 中多段线的端点为起点，向右绘制至右数第 4 条定位辅助线，向上垂直绘制多段线至一层楼地面，如图 13-20 所示。

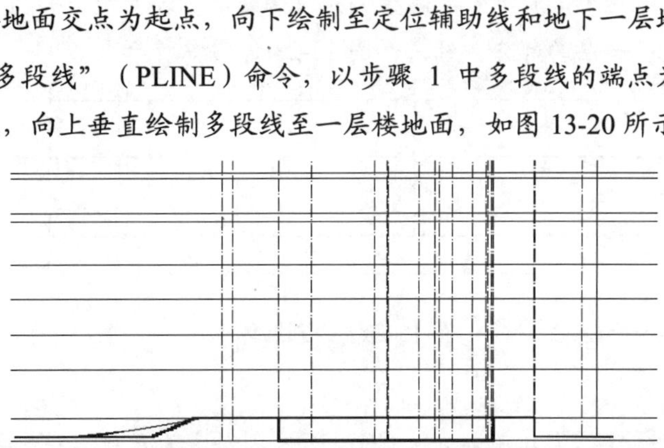

图 13-20　地下室挡土墙和地板

（2）绘制柱子

Step 01 打开“图层特性管理器”选项板，将 COLUMN 图层定为当前图层。执行“偏移”（OFFSET）命令将伸入地下一层的所有柱子中线处的定位辅助线向左右分别偏移 250，得到柱子外轮廓辅助线。执行“直线”命令，沿刚才偏移所得柱子看线辅助线，描绘出地下一层部分的柱子看线。

Step 02 执行“删除”（ERASE）命令，删除步骤 1 中偏移得到的柱子辅助线，如图 13-21 所示。

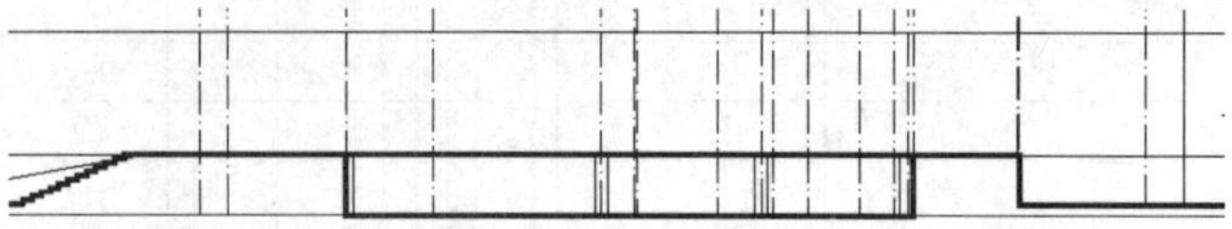

图 13-21 地下一层柱子绘制结果

（3）绘制墙体

Step 01 打开“图层特性管理器”选项板，为墙体新建一个图层 WALL，将线宽定为 0.3。将 WALL 图层置为当前图层，如图 13-22 所示。

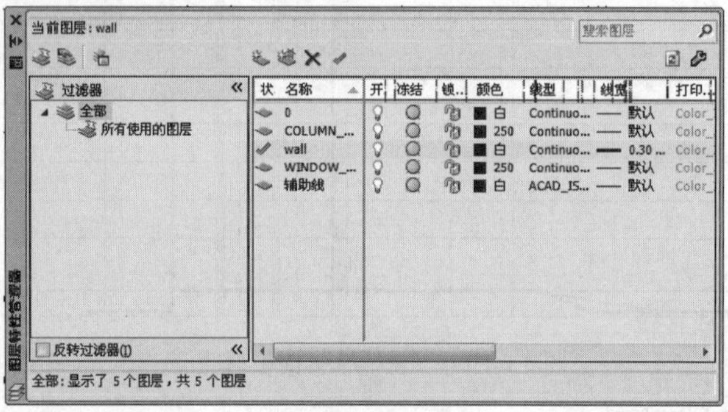

图 13-22 “图层特性管理器”选项板

Step 02 执行“偏移”（OFFSET）命令，将电梯间左侧墙体定位辅助线向左右分别偏移 100。

Step 03 执行“直线”（LINE）命令，沿上步偏移所得的两条定位辅助线，描绘出地下一层部分宽度为 200 的电梯间墙体。

Step 04 执行“删除”（ERASE）命令，删除偏移所得的墙体辅助线。并执行“修剪”命令，修剪部分定位辅助线在地下一层的部分。结果如图 13-23 椭圆中所示。

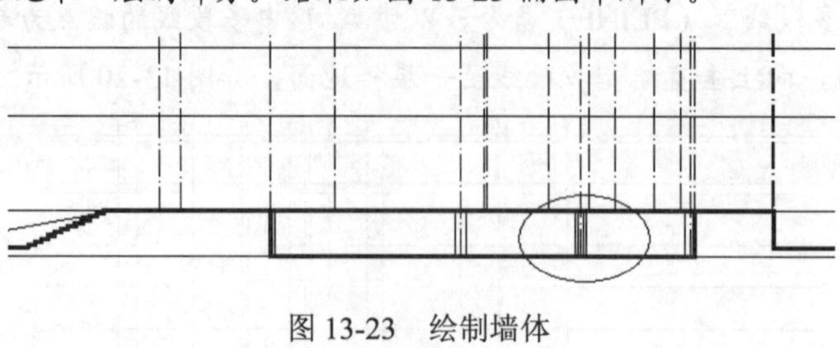

图 13-23 绘制墙体

（4）绘制主梁

Step 01 打开“图层特性管理器”选项板，将 COLUMN 图层定为当前图层。单击“矩形”按钮，绘制宽 200、长 600 的矩形，结果如图 13-24 所示。

Step 02 执行“图案填充”（BHATCH）命令，选用 AR-SAND 图案，将比例定为 1 进行填充，结果如图 13-25 所示。重复用“图案填充”命令，选用 JIS_LC_20 图案，将比例定为 2 进行填充，结果如图 13-26 所示。

图 13-24　矩形

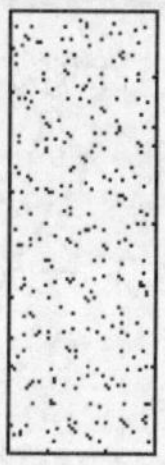

图 13-25　一次填充

图 13-26　二次填充

Step 03 执行“块”（BLOCK）命令，将图 13-26 所示图形创建成以上端中点为基点，名称为“主梁”的块，如图 13-27 所示。

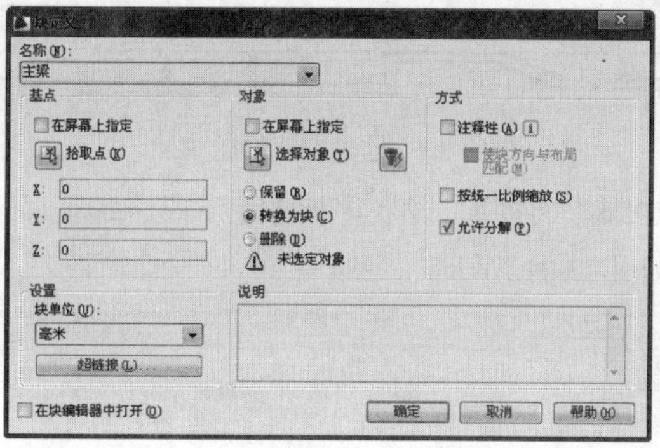

图 13-27　“块定义”对话框

Step 04 重复执行“插入块”（INSERT）命令，将“主梁”块插入到柱子的定位辅助线与一层地面的交点处，如图 13-28 所示。

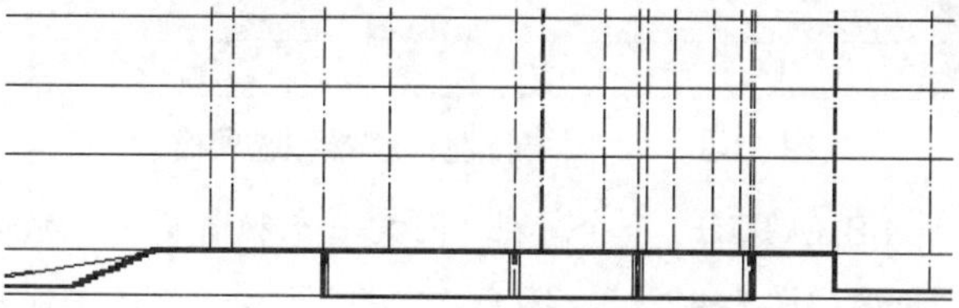

图 13-28　插入“主梁”块

（5）绘制次梁看线

Step 01 执行“偏移”（OFFSET）命令，将一层室内地坪辅助线向下偏移 500。

Step 02 执行“修剪”（TRIM）命令，修剪刚才偏移所得的辅助线，绘制结果如图 13-29 所示。

Step 03 执行“特性匹配”（MATCHPROP）命令，将所得次梁看线的所在图层由 0 层改为 COLUMN 层。

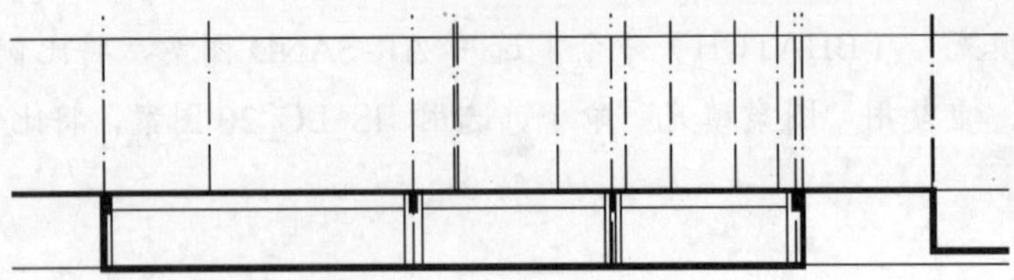

图 13-29　绘制次梁看线

（6）绘制地基夯土层

Step 01 执行“偏移”（OFFSET）命令，将地下一层地面、楼面、室内外地坪及挡土墙向下偏移600。

Step 02 执行“多段线”（PLINE）命令，将上述偏移所得的新图形和老图形进行闭合。执行“修剪”（TRIM）命令，将多余线段修剪掉。

Step 03 执行“删除”（ERASE）命令，删除地下一层地面辅助线，结果如图 13-30 所示。

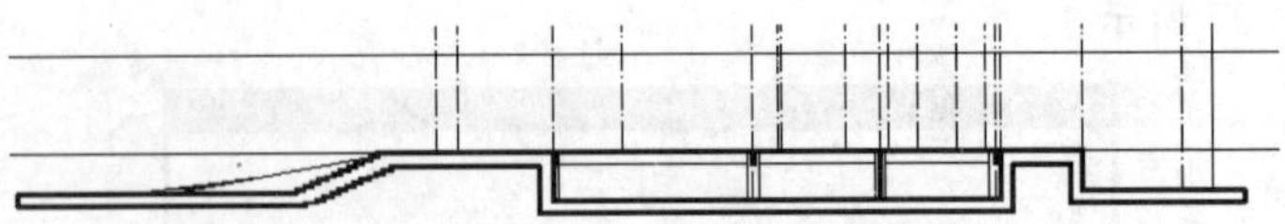

图 13-30　地基夯土层轮廓线

Step 04 打开“图层特性管理器”选项板，单击“新建图层”按钮，新建图层“填充”，并将“填充”图层置为当前图层，如图 13-31 所示。

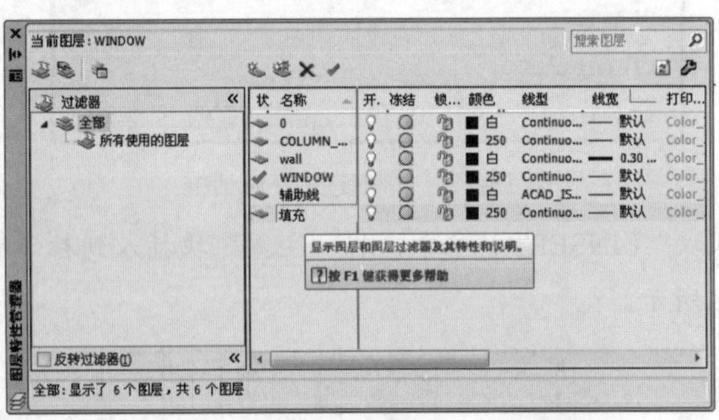

图 13-31　“图层特性管理器”选项板

Step 05 执行“图案填充”（BHATCH）命令，在“图案填充和渐变色”对话框中选择 AR_PARQ1 作为填充图案，将填充“角度”设为 45°”，填充“比例”设为 3，选中地基夯土层轮廓线进行填充。结果如图 13-32 所示。

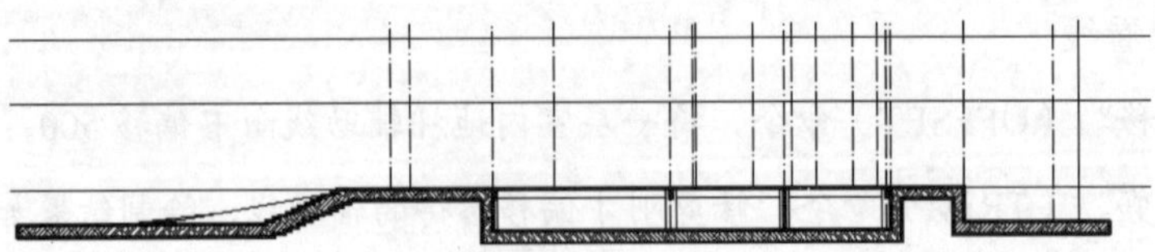

图 13-32　填充夯土层

Step 06 执行“删除”（ERASE）命令，将步骤 1、步骤 2 和步骤 3 中所得夯土层轮廓线删除。结果如图 13-33 所示。

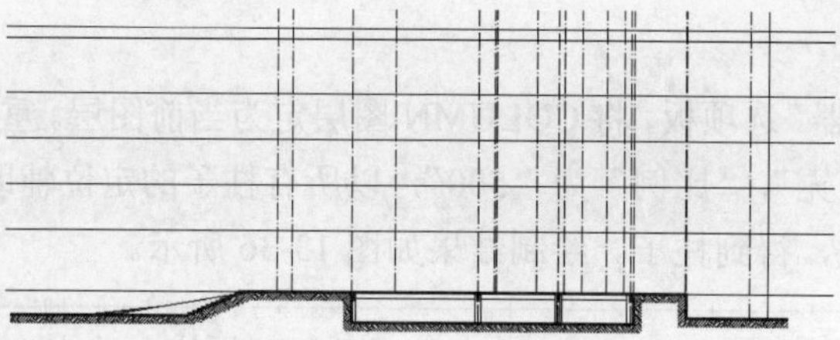

图 13-33　夯土层绘制结果

13.2.2　绘制地上一层剖面图

地上一层的剖面图中，包含剖到和看到的墙体、门窗、梁柱、雨棚，以及剖到的楼板等。绘制时要做到绘制准确，首先要分清哪些是看到的，哪些是剖到的。

下面讲解地上一层剖面图绘制过程。

1. 绘制楼板

Step 01 将“图层特性管理器”选项板打开，将 0 图层设定为当前图层。

Step 02 执行“多段线”（PLINE）命令，将多段线的宽度 W 设为 150，以右侧被剖到的外墙定位辅助线和一层楼板辅助线的交点为起点，向左绘制多段线至左侧外端柱子中心线。然后，再次执行“多段线”命令，以上一次绘制的多段线终点为起点，向左绘制长 250 的多段线（左侧的辅助线为柱子的中心线，楼板向左 250 再绘制才能到达外墙的外线），如图 13-34 所示。

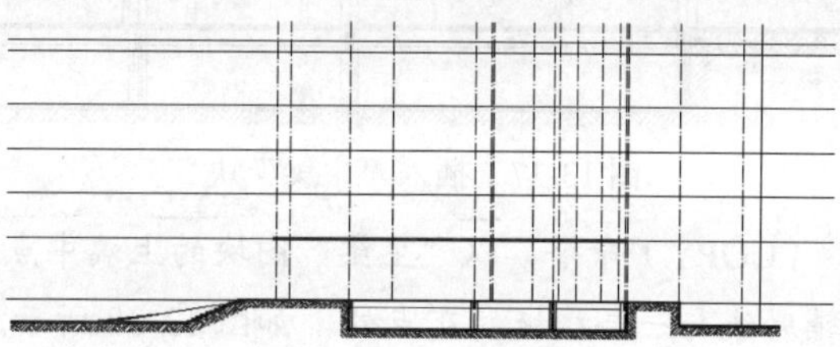

图 13-34　一层楼板

2. 绘制雨棚

Step 01 执行“多线”（MLINE）命令，设置“对正”为“无”，“比例”为 400，以上步所得的多段线的左端点为起点，向左绘制长 2 000 的多线。

Step 02 执行“移动”（MOVE）命令，将上述多线向下移动 125。

Step 03 执行“多段线”（PLINE）命令，以步骤 1 中多线的左端点为起点分别向上、向下绘制 1 500、500（作为雨棚的外侧构造面）。结果如图 13-35 所示。

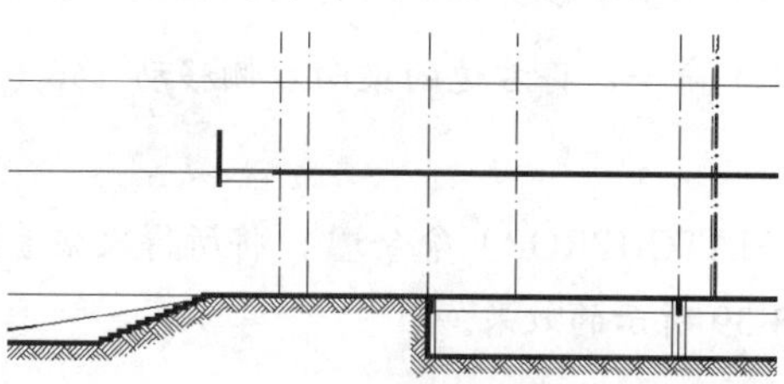

图 13-35　雨棚的绘制

3. 绘制柱子

打开“图层特性管理器”选项板，将COLUMN图层定为当前图层。重复执行“多线”(MLINE)命令，设置“对正”为“无”，“比例”为“500”，以所有柱子的定位辅助线与一层楼板的交点为起点，分别向下绘制多线，得到柱子。绘制结果如图13-36所示。

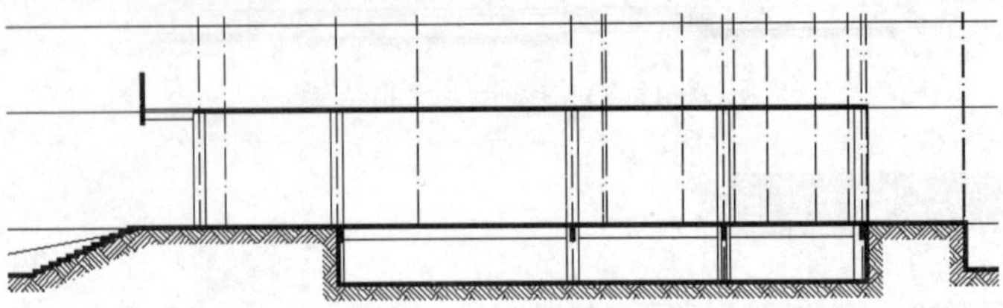

图13-36 一层柱子的绘制

4. 绘制主梁次梁

Step 01 执行“插入块”(INSERT)命令，在弹出的“插入块”对话框中，在“名称”文本框中输入“主梁”，单击“确定”按钮。将“主梁”图块插入到柱子定位辅助线与一层楼板的交点处，如图13-37所示。

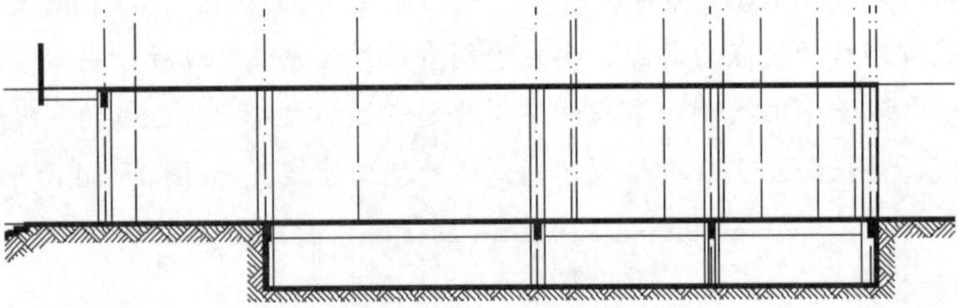

图13-37 插入“主梁”块

Step 02 重复执行“复制”(COPY)命令，以“主梁”图块的上端中点为基点，将“主梁”图块复制到一层其他柱子定位辅助线与一层楼板的交点处，如图13-38所示。

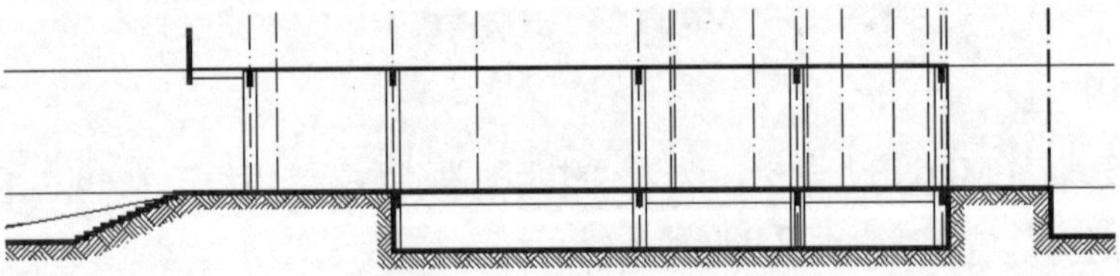

图13-38 主梁绘制结果

Step 03 绘制一层的次梁看线。执行“偏移”(OFFSET)命令，将一层楼板辅助线向下偏移500。

Step 04 执行“修剪”(TRIM)命令，修剪偏移所得的辅助线。

Step 05 执行“移动”(MOVE)命令，将右边的梁向右侧移动150(移动梁是为了让梁外侧与墙体外侧吻合)。

Step 06 执行“特性匹配”(MATCHPROP)命令，将所得次梁看线的所在图层由0图层改为COLUMN图层，得到如图13-39所示的效果。

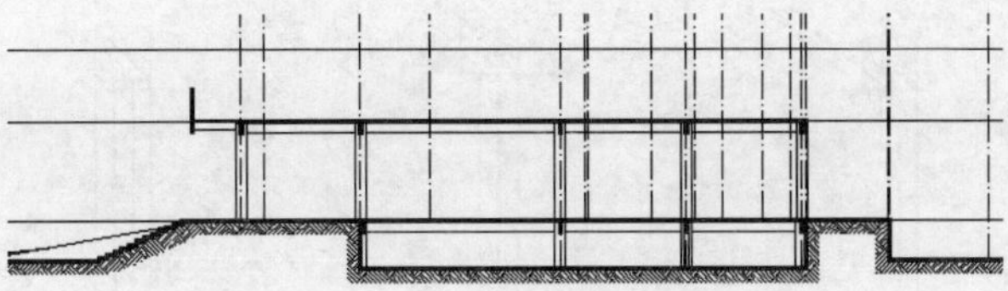

图 13-39　次梁看线绘制结果

5. 绘制墙体

将 WALL 图层置为当前图层。执行“多线”（MLINE）命令，设置“对正”为“无”，“比例”为 200，在被剖到的墙体的定位辅助线处绘出墙体，如图 13-40 所示。

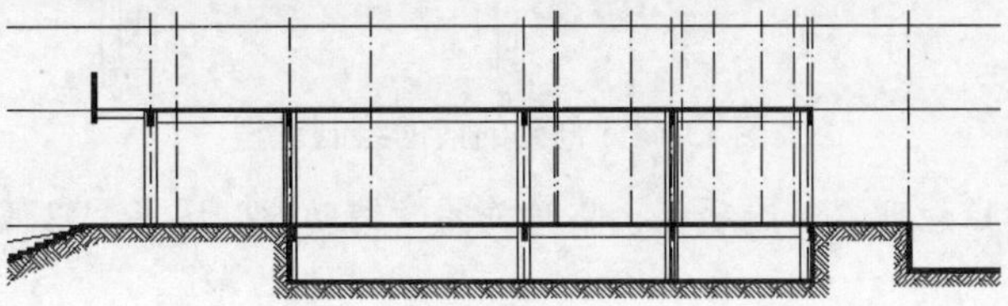

图 13-40　一层墙体绘制结果

6. 绘制被剖切到的门

Step 01 将 0 图层置为当前图层。执行“直线”（LINE）命令，绘制边长为 200 的矩形，如图 13-41 所示。

Step 02 将“填充”图层置为当前图层。执行“图案填充”（BHATCH）命令，选用 ARSAND 图案，将“比例”设为 1，选择步骤 1 中绘制的矩形进行填充，结果如图 13-42 所示。重复执行“图案填充”命令，选用 JIS_LC_20 图案，将“比例”设为 2 进行填充，效果如图 13-43 所示。

图 13-41　矩形

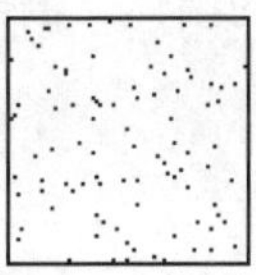

图 13-42　一次填充

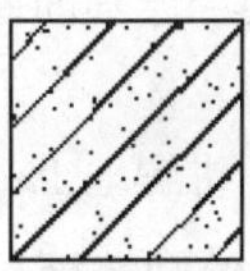

图 13-43 二次填充

Step 03 执行“定数等分”（DIVIDE）命令，将图 13-43 中的图形下面一边定数三等分。

Step 04 将 WINDOW 图层置为当前图层。

Step 05 执行“直线”（LINE）命令，分别以已经 3 等分的矩形下面一边的左端点、1/3 分点、2/3 分点、右端点为起点，向下绘制长度为 2200 的直线，得到被剖切到的门，效果如图 13-44 所示。

Step 06 重复执行“复制”（COPY）命令，以图 13-44 所示的门的下端边线中点为基点，将剖到的门复制到被剖切到门的墙体上。

Step 07 重复执行“修剪”（TRIM）命令，将多余的墙线修剪掉。

Step 08 连续执行“直线”（LINE）命令，以左侧电梯门左侧定位辅助线与一层地面交点为起点，向上 2400 的位置绘制直线，向右垂直绘制至左侧电梯门右侧定位辅助线，向下垂直绘制至一层地面，这样便绘制出了左侧电梯门。同理可以绘制出右侧电梯门。

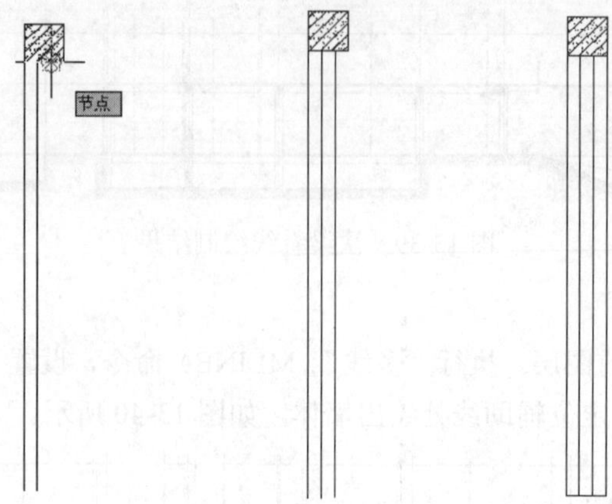

图 13-44　剖到的门的绘制过程

Step 09 打开“图层特性管理器”选项板，临时关闭“辅助线”图层，以便清楚地检查绘制结果，如图 13-45 所示。

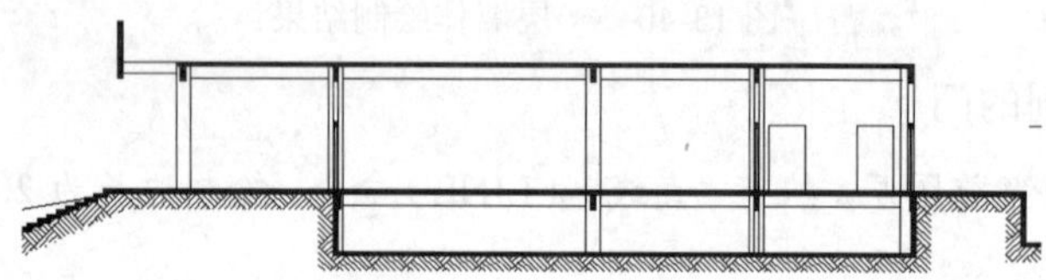

图 13-45　一层剖面图

13.2.3　绘制地上二层剖面图

地上二层剖面图中，包含剖到和看到的墙体、剖到和看到的门窗、剖到和看到的梁柱和剖到的楼板等。

下面讲解地上二层剖面图的绘制过程。

1. 绘制楼板

Step 01 将“图层特性管理器”选项板打开，将 0 图层设定为当前图层，选择“辅助线”图层。

Step 02 执行“多段线”（PLINE）命令，将多段线的宽度 W 设为 150，以右侧外墙定位辅助线和二层楼板辅助线的交点为起点，向左绘制多段线至左侧外端柱子中心线。然后，再次执行“多段线”命令，以上次绘制的多段线端点为起点，向左绘制 250 长的多段线，如图 13-46 所示。

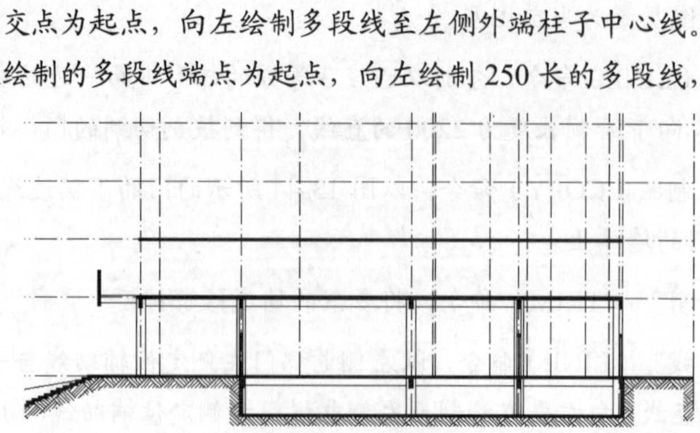

图 13-46　二层楼板

2. 绘制柱子

打开“图层特性管理器”选项板，将 COLUMN 图层定为当前图层。执行“多线”（MLINE）命令，设置“对正”为“无”，“比例”为 500。以所有柱子的定位辅助线与二层楼板的交点为起点，分别向下绘制多线，得到柱子，如图 13-47 所示。

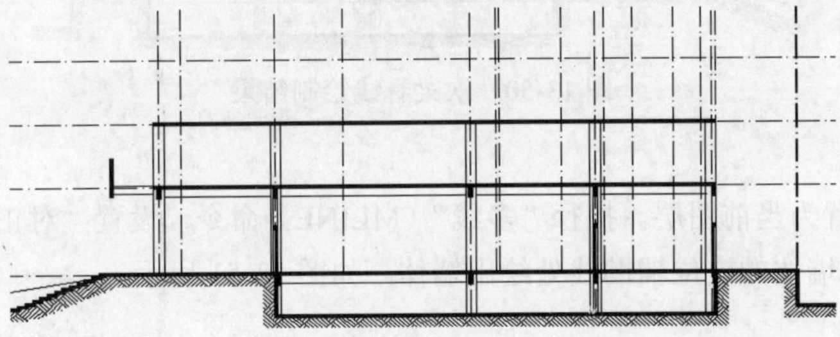

图 13-47　绘制二层柱子

3. 绘制主梁和次梁

Step 01 执行“插入块”（INSERT）命令，弹出“插入块”对话框，在“名称”文本框中输入“主梁”，单击“确定”按钮。将“主梁”图块插入到最左侧柱子定位辅助线与二层楼板的交点处，如图 13-48 所示。

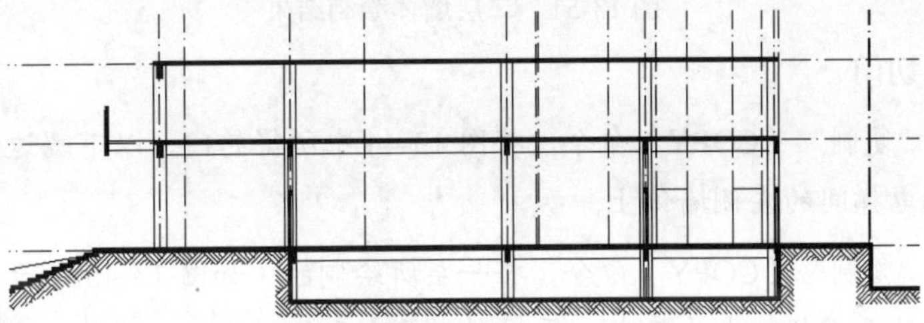

图 13-48　插入“主梁”块

Step 02 重复执行“复制”（COPY）命令，以“主梁”图块的上端中点为基点，将“主梁”图块复制到二层其他柱子定位辅助线与二层楼板的交点处。

Step 03 执行“移动”（MOVE）命令，将右边的梁向右侧移动 150，如图 13-49 所示。

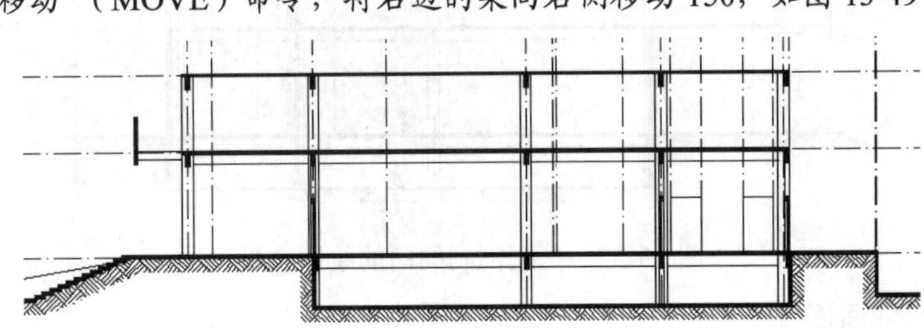

图 13-49 主梁绘制结果

Step 04 绘制二层的次梁看线。执行“偏移”（OFFSET）命令，将二层楼板辅助线向下偏移 500。

Step 05 执行“修剪”（TRIM）命令，修剪偏移所得的辅助线。使用“特性匹配”命令，将所得次梁看线所在图层由 0 图层改为 COLUMN 图层。得到如图 13-50 所示的效果。

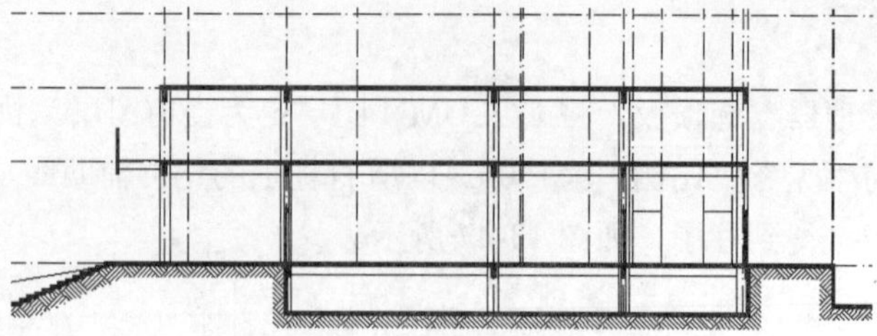

图 13-50 次梁看线绘制结果

4．绘制墙体

将 WALL 图层置为当前图层。执行“多线”（MLINE）命令，设置“对正”为“无”，“比例”为 200，在被剖到的墙体的定位辅助线处绘出墙体，如图 13-51 所示。

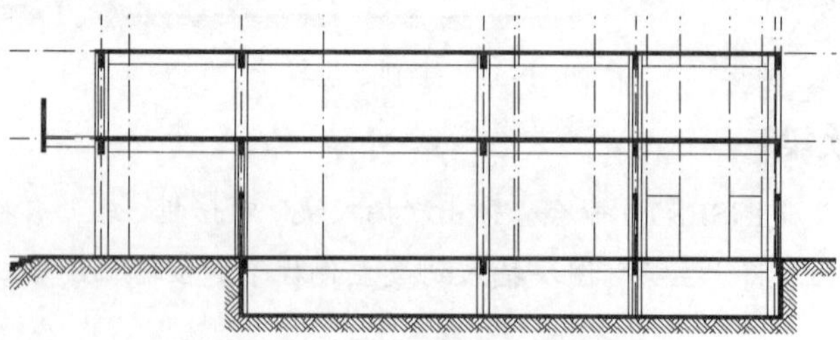

图 13-51 二层墙体绘制结果

5．绘制被剖切门

Step 01 重复执行“复制”（COPY）命令，将图 13-44 中所得的门，以下端边线中点为基点，复制到被剖切到门的电梯间的左侧墙体上。

Step 02 连续执行“复制”（COPY）命令，将一层所绘制的（如图 13-45 所示）左侧电梯门和右侧电梯门，以一层地面上任一点为基点，复制到二层地面上。

Step 03 重复执行“修剪”（TRIM）命令，将多余的墙线修剪掉，如图 13-52 所示。

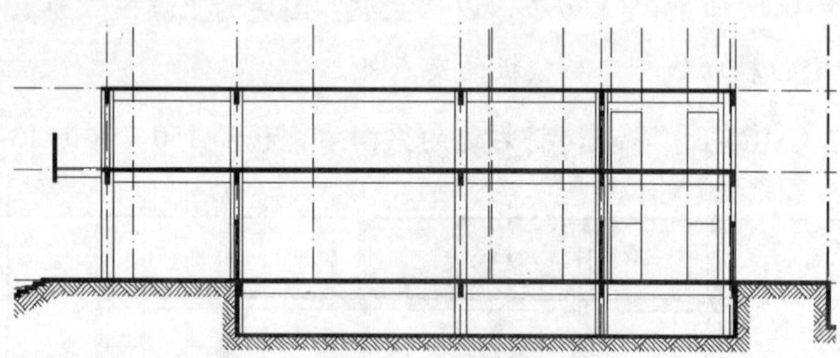

图 13-52 二层剖到的门的绘制结果

6．绘制窗的剖面图

Step 01 将 0 图层置为当前图层。执行“直线”（LINE）命令，绘制边长为 200 的矩形，作为窗上过梁轮廓，如图 13-53 所示。

Step 02 将“填充”图层置为当前图层。执行“图案填充”（BHATCH）命令，选用 ARSAND 图案，将“比例”设为 1，选择步骤 1 中绘制的矩形进行填充，结果如图 13-54 所示。重复使用“图案填充”命令，选用 JISLC20 图案，将比例设为 2 进行填充，得到窗上过梁，如图 13-55 所示。

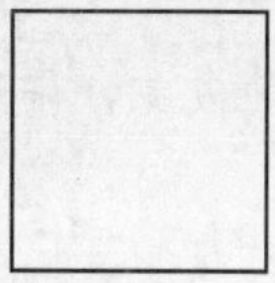

图 13-53　绘制矩形

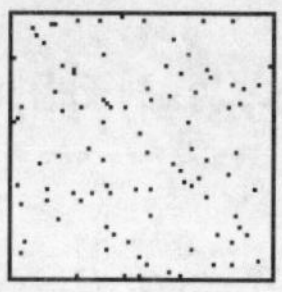

图 13-54　一次填充

图 13-55　二次填充

Step 03 执行“定数等分”（DIVIDE）命令，将如图 13-56 所示的“过梁”下面一边定数三等分。

Step 04 将 WINDOW 图层置为当前图层。

Step 05 执行“直线”（LINE）命令，分别以已经 3 等分的矩形下面一边的左端点、1/3 分点、2/3 分点、右端点为起点，向下绘制长度为 1800 的直线。重复执行“直线”（LINE）命令，对图形下面进行封口，得到窗的剖面图，如图 13-56 所示。

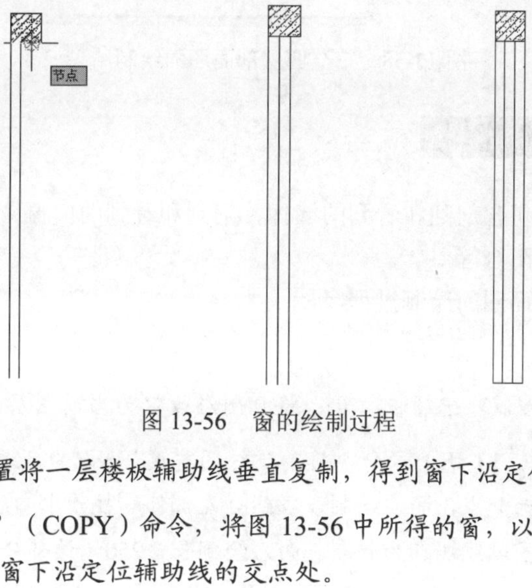

图 13-56　窗的绘制过程

Step 06 在向上 500 的位置将一层楼板辅助线垂直复制，得到窗下沿定位辅助线。

Step 07 重复执行“复制”（COPY）命令，将图 13-56 中所得的窗，以下端边线中点为基点，复制到左右两端墙体中线和窗下沿定位辅助线的交点处。

Step 08 重复执行“修剪”（TRIM）命令，将与窗重合的多余的墙线修剪掉。

Step 09 打开“图层特性管理器”选项板，临时关闭“辅助线”图层，以便清楚地检查绘制结果，如图 13-57 所示。

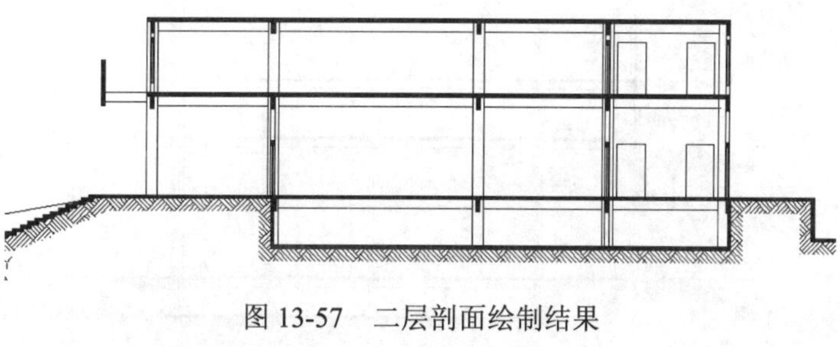

图 13-57　二层剖面绘制结果

13.2.4 绘制地上三至四层剖面图

Step 01 执行“复制”（COPY）命令，将二层剖面图向上方 3300 的位置垂直复制，得到三层剖面图。

Step 02 重复执行“复制”（COPY）命令，将三层剖面图向上方 3300 的位置垂直复制，得到四层剖面图，如图 13-58 所示。

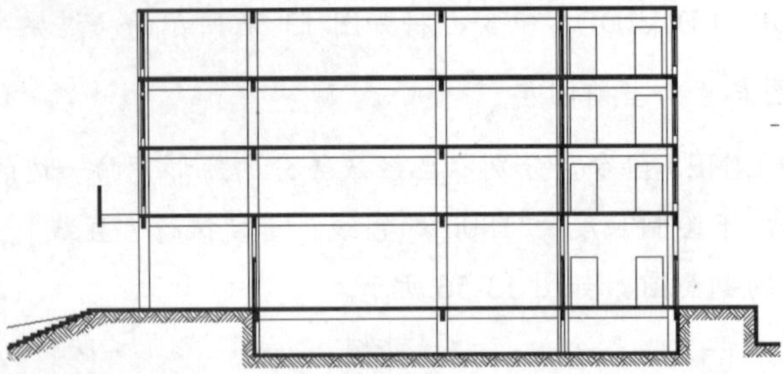

图 13-58 三至四层剖面图的绘制结果

13.2.5 绘制地上五层剖面图

地上五层剖面图中，包含剖到和看到的墙体、剖到和看到的门窗、剖到和看到的梁柱、剖到的楼板，以及剖到的悬挑阳台等。

下面讲解地上五层剖面图的绘制过程。

1. 绘制楼板

Step 01 将“图层特性管理器”选项板打开，将 0 图层设定为当前图层，打开“辅助线”图层。

Step 02 执行“多段线”（PLINE）命令，将多段线的宽度 W 设为 150，以右侧外墙定位辅助线和五层楼板辅助线的交点为起点，向左绘制多段线至左侧外端柱子中心线。然后，再次执行“多段线”命令，以上次绘制的多段线端点为起点，向左绘制长 2 250（该部分为悬挑部分）的多段线。

Step 03 执行“多段线”（PLINE）命令，以四层楼板左端点为起点，向左绘制长 2 000 的多段线（该部分为悬挑部分），如图 13-59 所示。

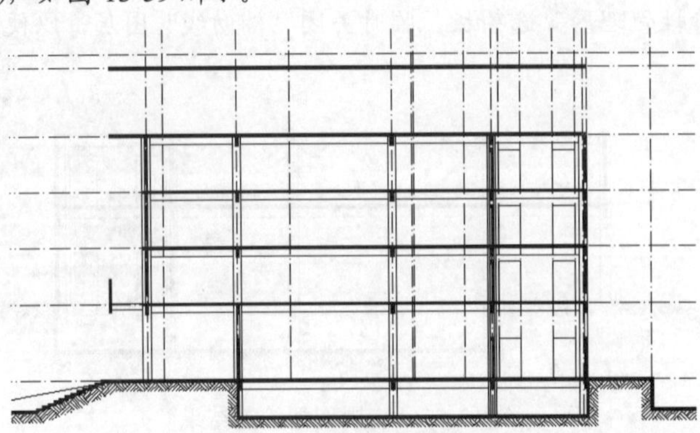

图 13-59 五层楼板的绘制

2. 绘制柱子

打开“图层特性管理器”选项板，将COLUMN图层设为当前图层。执行“多线”(MLINE)命令，设置“对正”为“无”，“比例”为 500。以所有柱子的定位辅助线与五层楼板的交点为起点，分别向下绘制多线，得到柱子，如图 13-60 所示。

图 13-60 柱子的绘制

3. 绘制主梁和次梁

Step 01 执行“插入块”（INSERT）命令，弹出“插入块”对话框，在“名称”文本框中输入“主梁”，单击“确定”按钮。将“主梁”图块插入到柱子定位辅助线与五层楼板的交点处。

Step 02 执行“复制”（COPY）命令，以“主梁”图块的上端中点为基点，将“主梁”块复制到五层其他柱子定位辅助线与五层楼板的交点处。重复执行“复制”命令，以“主梁”图块的左上端点为基点，将“主梁”分别复制到五层楼板左端和地面左端。

Step 03 执行“移动”（MOVE）命令，将最右侧的“主梁”向右侧移动 150，如图 13-61 所示。

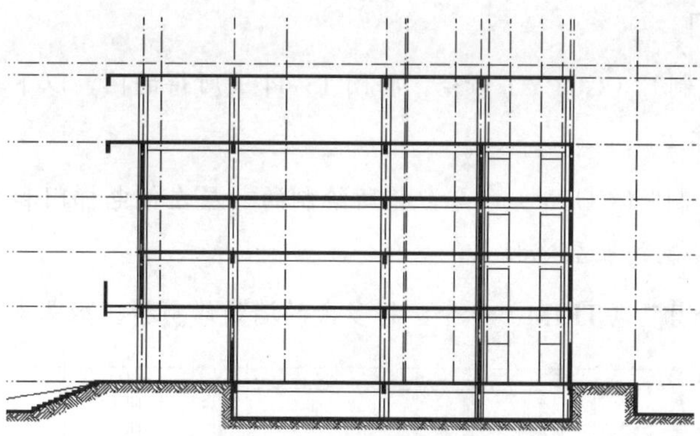

图 13-61 主梁的绘制

Step 04 绘制五层的次梁看线。执行“偏移”（OFFSET）命令，将五层楼板辅助线向下偏移 500。

Step 05 执行“修剪”（TRIM）命令，修剪偏移所得的辅助线。使用“特性匹配”命令，将所得次梁看线所在图层由 0 图层改为 COLUMN 图层。

Step 06 执行“复制”（COPY）命令，将五层楼板左端悬挑部分下面的次梁看线，向正下方 4 000 的位置复制，以得到五层楼板处的“次梁”看线，如图 13-62 所示。

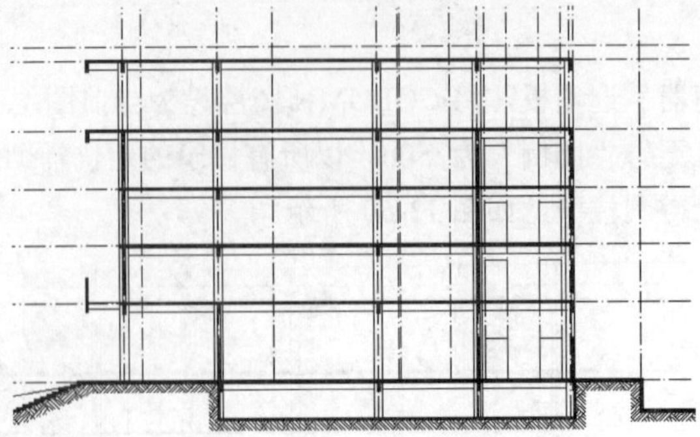

图 13-62　次梁的绘制

4. 绘制墙体

将 WALL 图层置为当前图层。执行“多线”（MLINE）命令，设置“对正”为“无”，“比例”为 200，在被剖到的墙体的定位辅助线处绘出墙体，如图 13-63 所示。

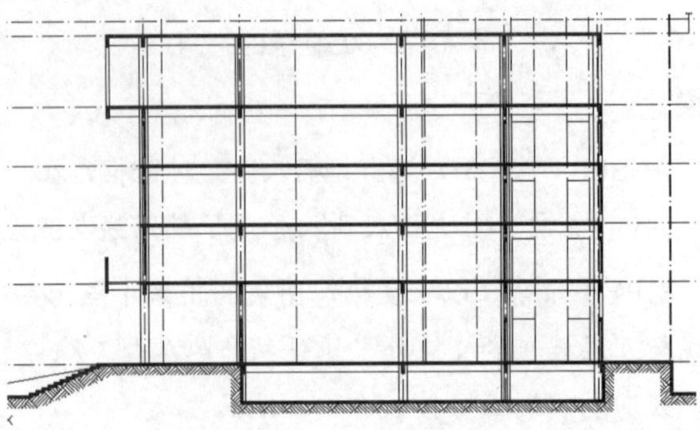

图 13-63　墙体的绘制

5. 绘制被剖切门

Step 01 重复执行“复制”（COPY）命令，将图 13-44 中所得的门，以下端边线中点为基点，复制到被剖切到门的墙体上。

Step 02 连续执行“复制”（COPY）命令，将所绘制的一层左侧电梯门和右侧电梯门，以四层地面上任一点为基点，复制到五层地面上。

Step 03 重复执行“修剪”（TRIM）命令，将多余的墙线修剪掉。效果如图 13-64 所示。

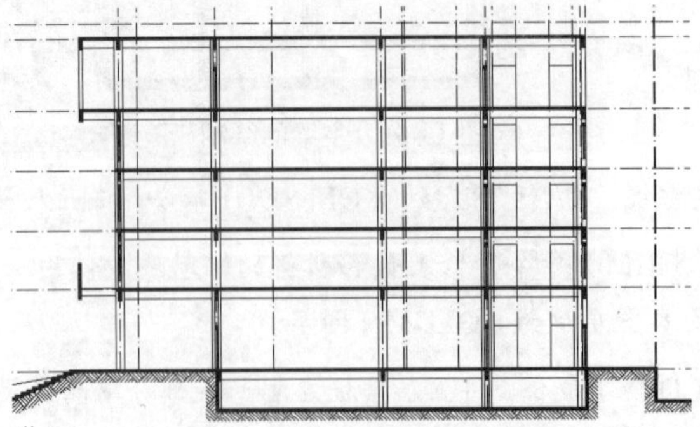

图 13-64　门的绘制

6．绘制被剖切的窗

Step 01 执行“拉伸”（STRETCH）命令，将图 13-56 中所得的窗向下拉伸 200，使窗的高度达到 2000。

Step 02 重复执行“复制”（COPY）命令，将步骤 1 中所得的窗，以下端边线中点为基点，复制到左右外墙体上距地面 500 的位置。

Step 03 重复执行“修剪”（TRIM）命令，将多余的墙线修剪掉。

Step 04 打开“图层特性管理器”选项板，临时关闭“辅助线”图层，以便清楚地检查绘制结果，如图 13-65 所示。

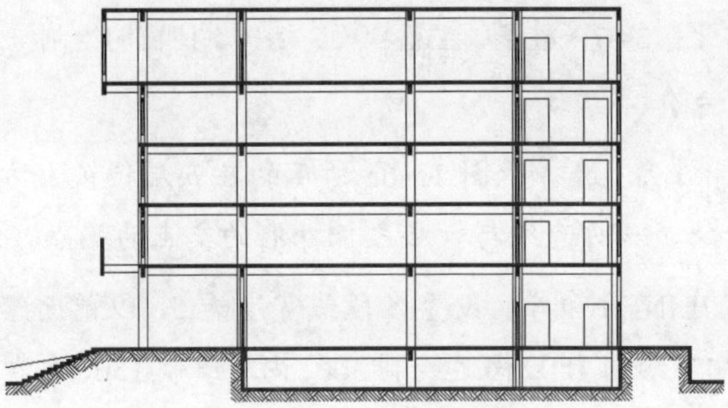

图 13-65　绘制的窗

13.2.6　绘制地上六层剖面图

地上六层剖面图中，包含电梯设备间等。

下面介绍地上六层剖面图的绘制过程。

1．绘制楼板

Step 01 将“图层特性管理器”选项板打开，将 0 图层设置为当前图层，并选择“辅助线”图层。

Step 02 执行“多段线”（PLINE）命令，将多段线的宽度 W 定为 150，以右侧外墙定位辅助线和六层楼板辅助线的交点为起点，向左绘制多段线至左数第 3 根柱子中心线。再次执行“多段线”命令，以上次绘制的多段线端点为起点，向左绘制长 1 250 的多段线（该部分为挑檐部分），如图 13-66 所示。

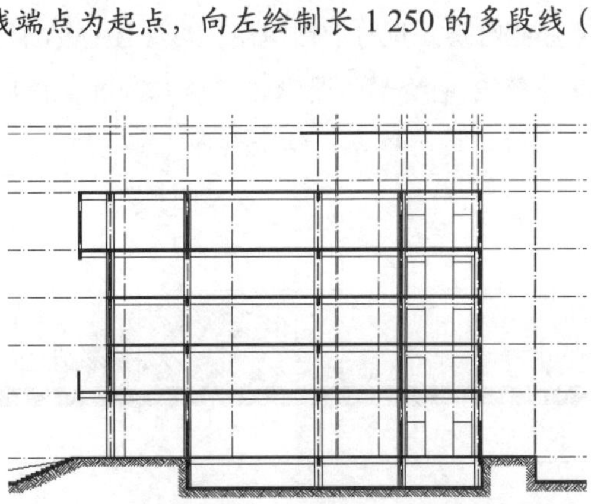

图 13-66　楼板的绘制

2. 绘制柱子、主梁次梁、墙体、门窗

参照 13.2.5 中的命令，绘制柱子、主梁次梁和墙体。结果如图 13-67 所示。

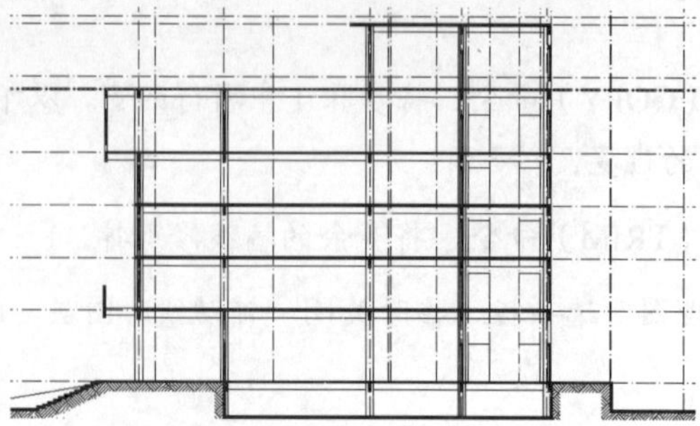

图 13-67　柱子、主梁次梁、墙体、门窗的绘制

3. 绘制六层室内外台阶

Step 01 将 0 图层置为当前图层。选择如图 13-68 所示的在五层楼板上方垂直距离为 800 的直线。执行“直线”（LINE）命令，以所选线与六层左侧外墙的交点为端点，绘制直线。

Step 02 执行“多段线”（PLINE）命令，设置多段线宽度为 5，以前面绘制直线的右端点为起点，不间断地向右绘制 1 000、向下绘制 150、向右绘制 300、向下绘制 150、向右绘制 300、向下绘制 150、向右绘制 300、向下绘制 150、向右绘制 300、向下绘制 150。结果如图 13-69 所示。

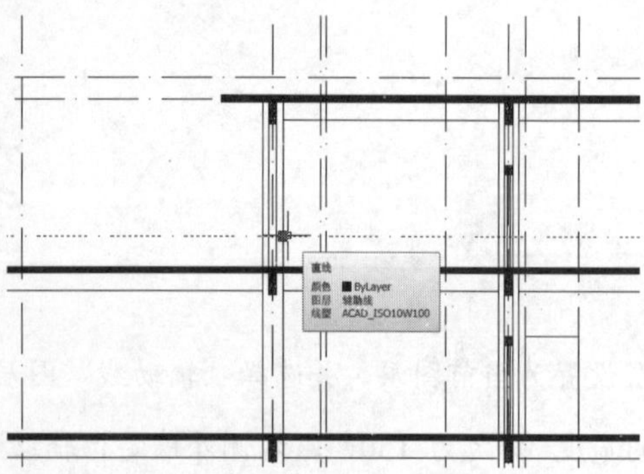

图 13-68　选择的直线

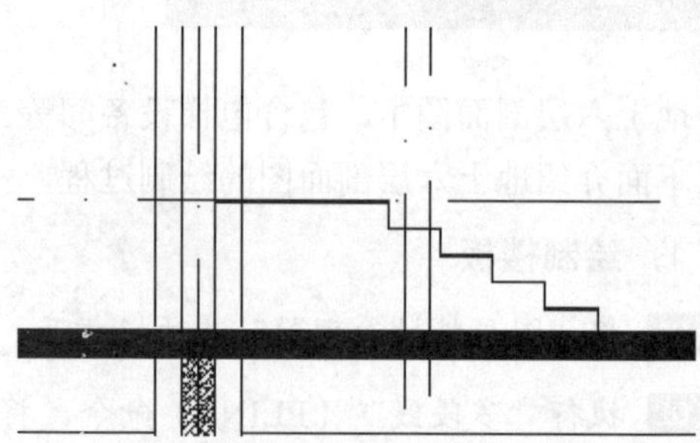

图 13-69　绘制室内台阶外轮廓线

Step 03 将“填充”图层置为当前图层。执行“图案填充”（BHATCH）命令，选用 ARSAND 图案，将“比例”设为 2，选择步骤 2 中绘制的图形进行填充。重复使用“图案填充”命令，选用 JIS_LC_20 图案，将“比例”设为 2 进行填充，结果如图 13-70 所示。

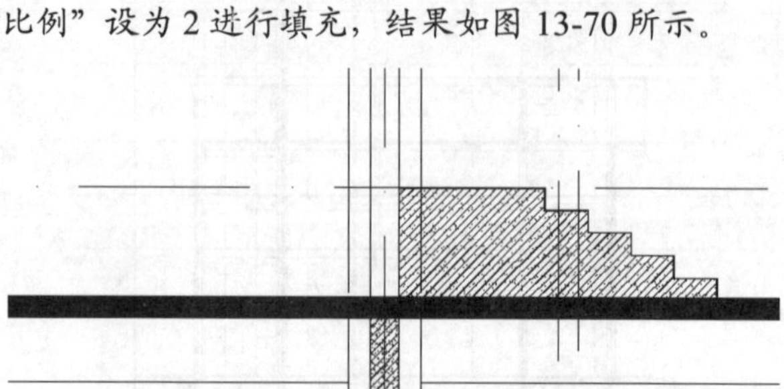

图 13-70　室内台阶剖面的图案填充

Step 04 执行“镜像”（MIRROR）命令，以六层左侧柱子定位辅助线作为镜像线，将绘制的室内踏步进行镜像，得到如图 13-71 所示的室外踏步。

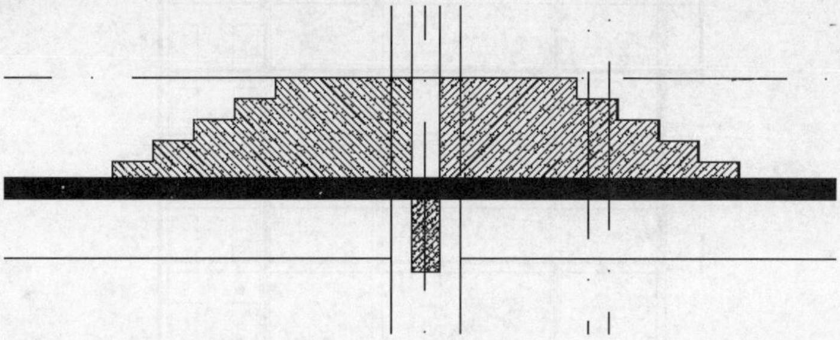

图 13-71　镜像结果

4．绘制女儿墙

Step 01 将 WALL 图层置为当前图层。执行“多线”命令（MLINE），设置“对正”为“无”，“比例”为 200，以五层左端楼板下的“主梁”上边中点为起点向上 1 200，分别以六层左右端头“主梁”图块的上边中点为起点向上 500 的位置绘制多线。

Step 02 打开“图层特性管理器”选项板，将 COLUMN 图层设为当前图层。执行“矩形”（RECTANG）命令，绘制长为 200、宽为 100 的矩形，如图 13-72 所示。

Step 03 将“填充”图层置为当前图层。执行“图案填充”（BHATCH）命令，选用 AR-SAND 图案，将“比例”设为 1，选择步骤 2 中绘制的矩形进行填充，结果如图 13-73 所示。重复使用“图案填充”命令，选用 JIS_LC_20 图案，将“比例”设为 2 进行填充，结果如图 13-74 所示。

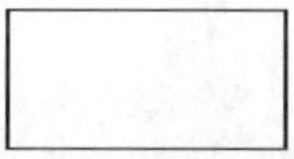

图 13-72　矩形的绘制

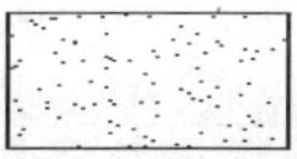

图 13-73　一次填充

图 13-74　二次填充

Step 04 重复执行“复制”（COPY）命令，以图 13-74 所示图形的左上角点为基点，复制到女儿墙上端左端点的位置，如图 13-75 所示。

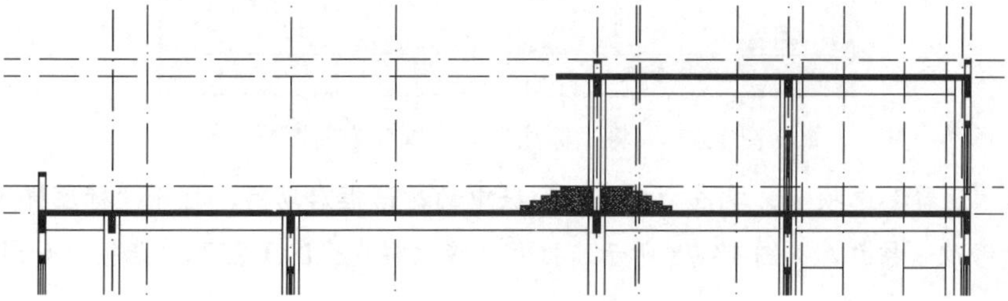

图 13-75　女儿墙的绘制

Step 05 将 0 图层置为当前图层。重复执行“直线”（LINE）命令，分别绘制五层、六层女儿墙的看线。打开“图层特性管理器”选项板，临时关闭“辅助线”图层，以便清楚地检查绘制结果，如图 13-76 所示。

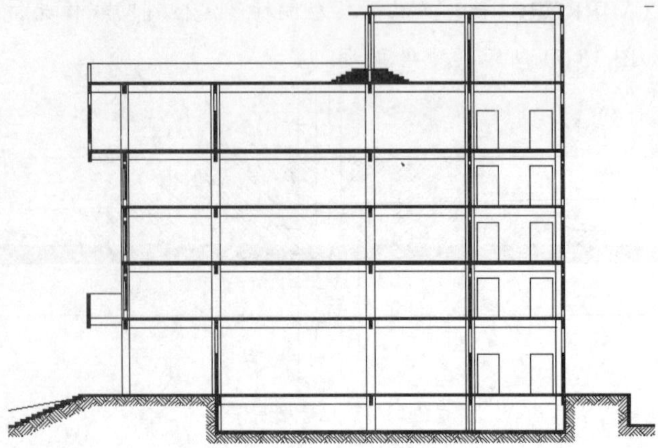

图 13-76　剖面图主体绘制结果

13.2.7　标注尺寸和标高

尺寸标注要求完整、准确、合理和清晰。

标注内容包括外墙的门窗尺寸、层高尺寸、女儿墙高度尺寸、室内外高差和建筑物的标高等。

下面介绍剖面图尺寸和标高的标注过程。

1．标注尺寸的环境设置

Step 01 打开“图层特性管理器”选项板，单击“新建图层”按钮，创建“标注”图层，将“线宽”设为 0.15。单击图层图标，将“标注”设置为当前图层。结果如图 13-77 所示。

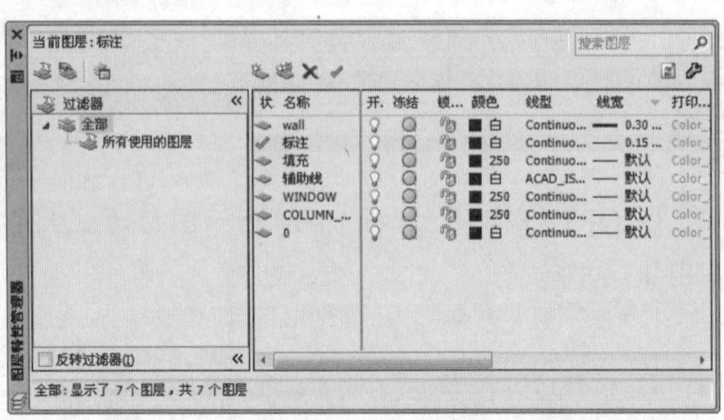

图 13-77　将“标注”图层置为当前图层

Step 02 选择“注释”选项卡，单击“标注”面板中的对话框启动器，打开“标注样式管理器”对话框，单击“修改”按钮，如图 13-78 所示，打开“修改样式：ISO-25”对话框，如图 13-79 所示。

Step 03 在“修改样式：ISO-25”对话框中，选择“线”选项卡。在“尺寸线”选项组中，将“超出标记”设为 300；在“延伸线”选项组中，将“超出尺寸线”和“起点偏移量”均设为 300，如图 13-80 所示。

Step 04 在“修改样式：ISO-25”对话框中，选择“符号和箭头”选项卡。将第一个和第二个“箭头”均设为“建筑标记”；将“箭头大小”设为 300，如图 13-81 所示。

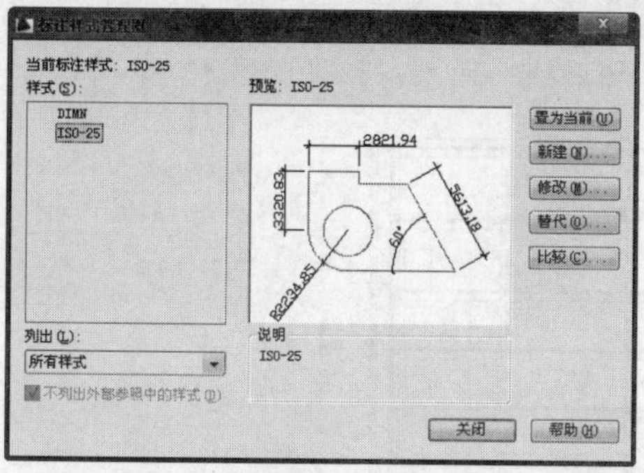

图 13-78 “标注样式管理器”对话框

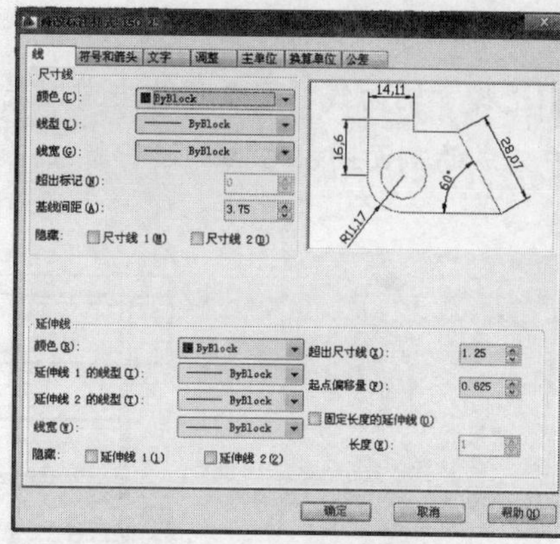

图 13-79 修改标注样式

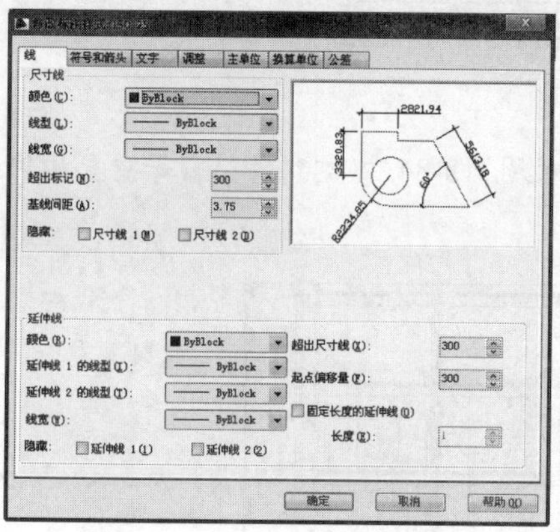

图 13-80 “线”选项卡

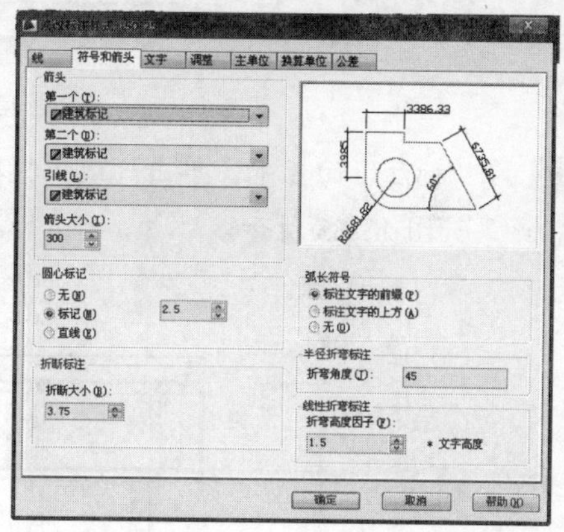

图 13-81 “符号和箭头”选项卡

Step 05 在“修改样式：ISO-25”对话框中，选择“文字”选项卡。将“文字高度”设为 500。在“文字位置”选项组中，将“从尺寸线偏移”设为 50，如图 13-82 所示。

Step 06 在“修改样式：ISO-25”对话框中，选择“主单位”选项卡。在“线性标注”选项组中，将“精度”设为 0，如图 13-83 所示。完成修改后单击“确定”按钮，返回“标注样式管理器”对话框，单击“置为当前”按钮，以保存修改内容。

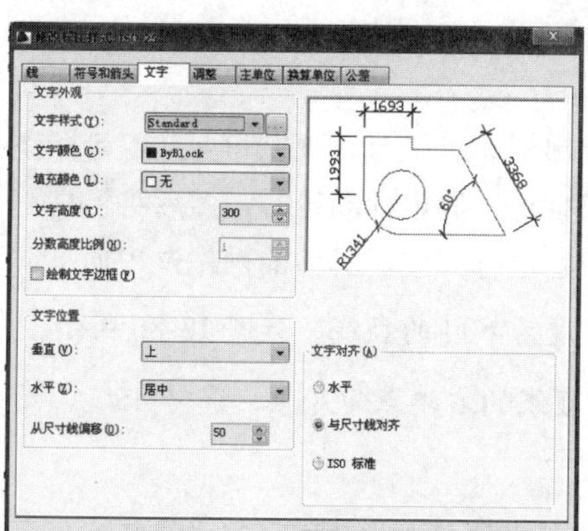

图 13-82 “文字”选项卡

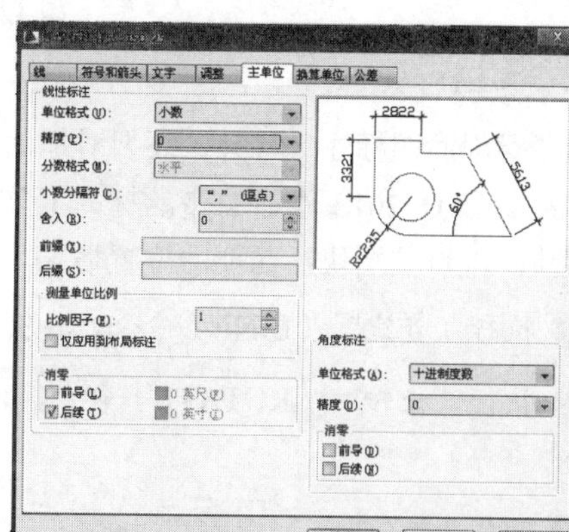

图 13-83 “主单位”选项卡

2. 标注尺寸

Step 01 选择“辅助线”图层作为当前图层，在“标注”面板中，单击“线性”标注按钮，对图13-75中完成的剖面图左右两侧进行标注。然后关闭“辅助线”图层，结果如图13-84所示。

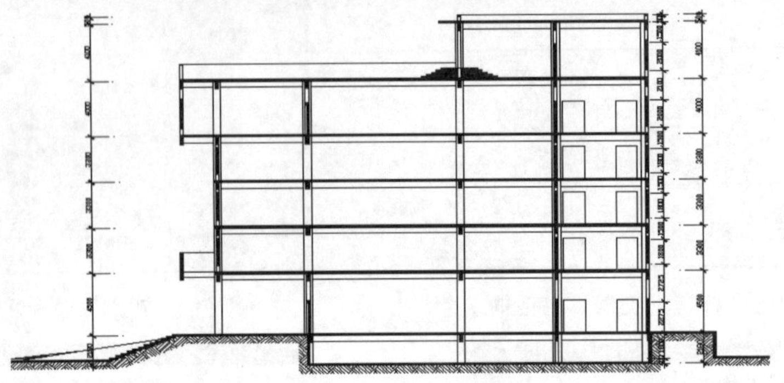

图 13-84　尺寸标注

Step 02 在“标注”面板中，单击“线性”标注按钮，对图13-84中剖到的门窗等重要构件进行标注。结果如图13-85所示。

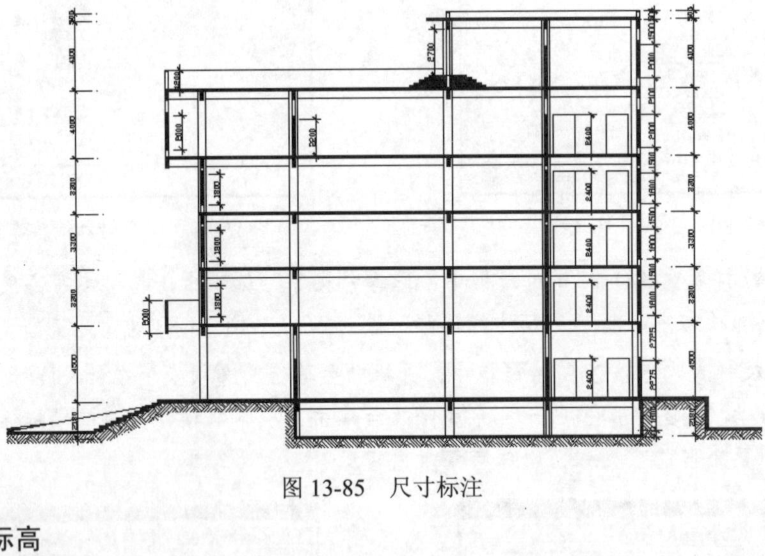

图 13-85　尺寸标注

3. 标注标高

除了对剖面图标注尺寸外，还要对地面、楼面、楼梯间休息平台、雨棚和女儿墙等标注相对标高。AutoCAD 2012 没有自带的标高工具，需要用户自己绘制出标高符号，然后将标高符号保存成图块。再将该图块在需要的位置插入，并用标高数字进行标注。具体的操作过程如下：

Step 01 执行“直线”（LINE）命令，在空白处绘制长度为500的直线，如图13-86所示。

Step 02 执行“旋转”（ROTATE）命令，以步骤1中直线的右端点为基点，旋转45°，结果如图13-87所示。

Step 03 执行“镜像”（MIRROR）命令，开启正交模式，以通过如图13-87所示直线左端点的垂直线作为镜像线，进行镜像操作，结果如图13-88所示。

Step 04 执行“直线”（LINE）命令，以如图 13-88 所示左侧直线左端点为起点，向右绘制长度为 2000 的直线，结果如图 13-89 所示。

图 13-86　直线

图 13-87　旋转

图 13-88　镜像

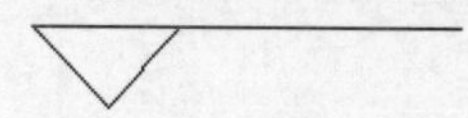

图 13-89　绘制结果

Step 05 单击“绘图”工具栏中的“块”（BLOCK）按钮，将如图 13-89 所示的图形创建成“名称”为“标高符号”的块。将该块的基点定为三角形的下顶点。

Step 06 执行“插入块”（INSERT）命令，在每层的楼板、地面、室内外地坪和女儿墙顶部等处插入名称为“标高符号”的块。

Step 07 执行“移动”（MOVE）命令，将全部插入的块向上垂直移动 75 的距离（因为用多段线绘制的楼板虽有宽度，但仍以中心线为基线）。

Step 08 执行“镜像”（MIRROR）命令，将六层楼板处的标高符号以六层楼板中线为镜像线，向下镜像。结果如图 13-90 所示。

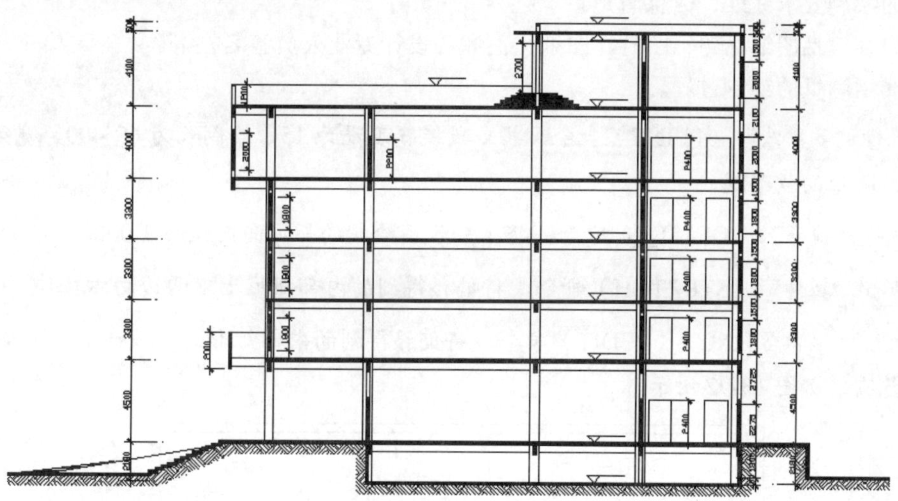

图 13-90　插入标高符号

Step 09 单击“绘图”工具栏中的“单行文字”按钮，在每层标高符号正上方输入高度为 400 的标高文字。

注　意

剖面图的标高以主要出入口处的室内地坪为“±0.000 标高”。“±0.000 标高”以上的标高为正值，但无须再标“+”号，如：0.600。“±0.000 标高”以下的标高为负值，需要标注“-”号，如：-0.600。另外，文字标注必须标于标高符号正上方。

Step 10 执行“直线”命令，绘制右侧的建筑物看线，得到标高标注结果，如图 13-91 所示。

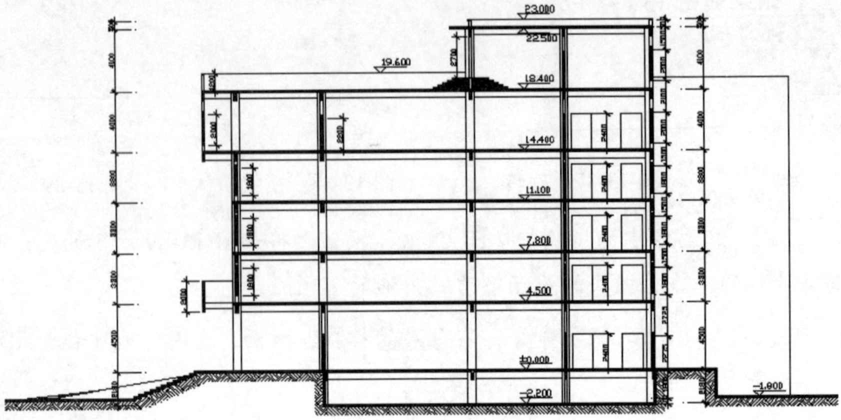

图 13-91　标高标注结果

13.2.8　绘制图框

图框的绘制要求标准、信息清楚。

标注内容包括图纸标题、图号、图纸比例和各设计专业人员签名栏等。

下面介绍图框的绘制过程。

Step 01 执行“多段线”（PLINE）命令，将多段线宽度设为 15，绘制长为 69 400、宽为 42 000 的矩形作为图框的裁图线。

Step 02 执行“偏移”（OFFSET）命令，将上一步骤绘制的矩形向内偏移 1 000。

Step 03 执行“拉伸”（STRETCH）命令，将偏移得到的内部矩形上下两边向右拉伸 2 000。

Step 04 执行“编辑多段线”（PEDIT）命令，将偏移得到的内部矩形的多段线宽度调整为 50，得到图框范围，如图 13-92 所示。

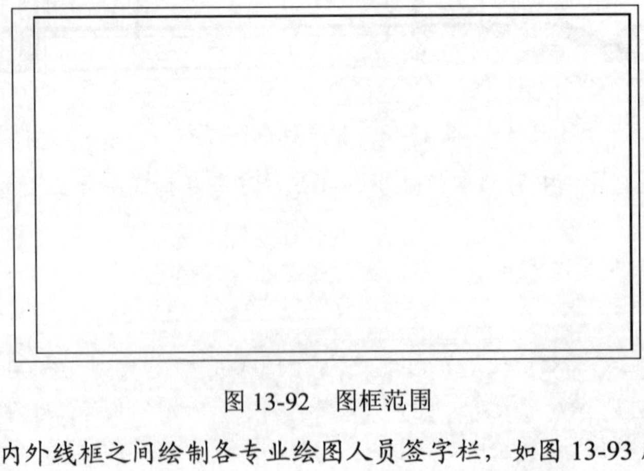

图 13-92　图框范围

Step 05 在左上角的内外线框之间绘制各专业绘图人员签字栏，如图 13-93 所示。

Step 06 在内部图框内部右侧绘制图纸重要信息专栏，如图 13-94 所示。图框绘制最终结果如图 13-95 所示。

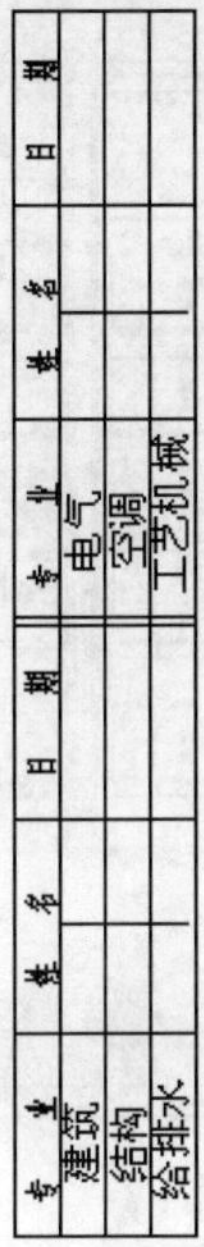

图 13-93　签字栏

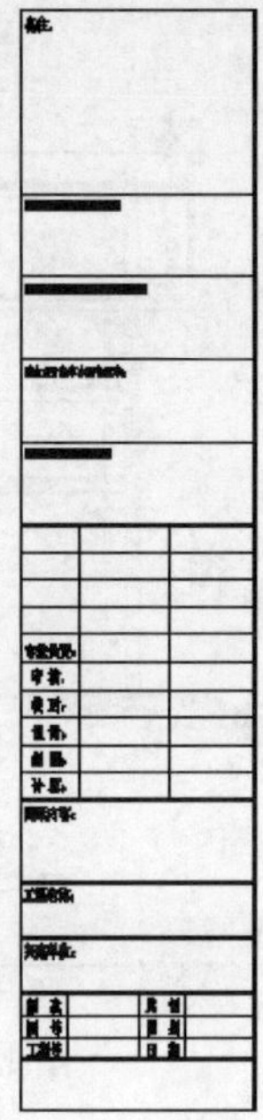

图 13-94　信息栏

图 13-95　图框绘制结果

Step 07 关闭“辅助线”层。执行“移动”（MOVE）命令，将图框移至剖面图位置，得到某办公楼剖面图绘制最终结果，如图 13-96 所示。

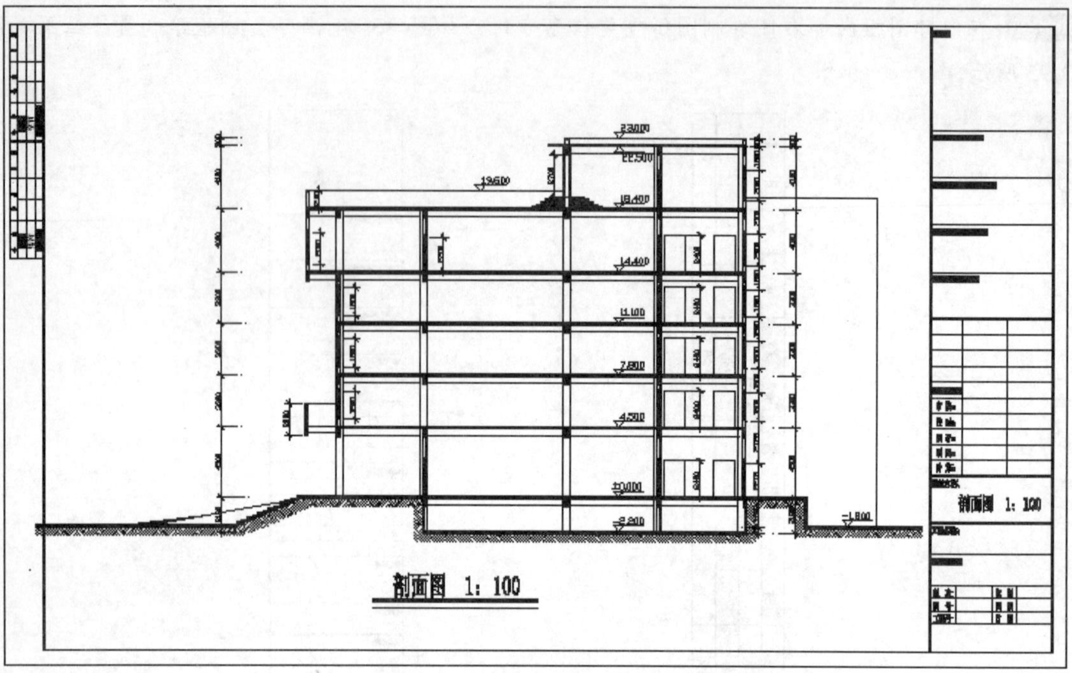

图 13-96　剖面图最终绘制结果

13.3　本章小结

通过练习本章实例中图形的绘制，使读者进一步巩固了使用 AutoCAD 2012 绘制建筑剖面图的方法。主要从建筑剖面图的墙体、楼板、地面、梁柱、门窗和标高等方面讲解了剖面图的绘制关系。掌握了这些绘制关系，即掌握了剖面图的基本绘图方法。

13.4　问题与思考

1. 剖面图有那些内容?
2. 地下室的外墙怎样绘制?
3. 怎样绘制剖面窗?
4. 怎样使用“多线”命令绘制墙体?

第 14 章 绘制建筑详图

本章主要内容：

本章主要介绍建筑详图的基本概念和绘制技巧，并讲解利用 AutoCAD 2012 绘制建筑详图的主要方法和步骤，并结合实例重点讲解基础详图、墙身详图、坡屋面天沟详图、雨棚大样，以及楼梯平面详图的绘制方法和步骤。

本章重点难点：

- 建筑详图绘制概述
- 建筑基础的绘制
- 墙身详图的绘制
- 坡屋面天沟详图的绘制
- 雨棚大样的绘制
- 楼梯平面详图的绘制

14.1 建筑详图绘制概述

14.1.1 建筑详图的概念

为满足施工的需要，可将某些部位的构、配件（如门、窗、楼梯和墙身等）或构造节点（如檐口、窗台、窗顶、勒脚、散水等）用较大比例画出，并详细标注其尺寸、材料和做法。这样的图样称为建筑详图，简称详图。

14.1.2 建筑详图的特点和绘制内容

（1）建筑详图的特点

①用能清晰表达所绘构件或节点的较大比例绘制。建筑详图常用比例为 1:1，1:2，1:5，1:10，1:20，1:25，1:50，必要时可用比例是 1:3，1:15，1:30。

②尺寸标注齐全、准确。

③文字说明清楚、具体。

（2）建筑详图的绘制内容

主要包括以下内容：

①建筑构、配件(如门、窗、楼梯、阳台和各种装饰等)的详细构造及直接关系。

②建筑细部及剖面节点(如檐口、窗台、阴沟、楼梯、扶手、踏步、楼地面和屋面等)的形式、层次、做法、用料、规格及详细尺寸。

③施工要求和制作方法。

④详图的名称、比例、编号及需另画详图的索引符号等。

14.2 绘制建筑基础

建筑基础是建筑物的主要组成部分，作为建筑物最下部的承重构件埋于地下，承受建筑物的全部荷载，并传递给基础。建筑物的上部结构形式相应地决定基础的形式。如建筑物的上部结构为砖墙承重，则采用墙下条形基础，独立柱基础作为柱子的基础。

基础图表示建筑物室内地面以下基础部分的平面布置及详细构造。通常用基础平面图和基础详图表示。基础详图主要表明基础各组成部分的具体形状、大小、材料及基础埋深等。通常用断面图表示，并与基础平面图中被剖切的相应代号及剖切符号一致。

基础详图中一般包括基础的垫层、基础、基础墙（包括放大脚）、基础梁和防潮层等所用的材料、尺寸及配筋。基础详图一般用断面图表示，为了突出表示基础钢筋的配置，不画钢筋混凝土的材料图例，用粗实线表示钢筋。

下面讲解如何使用 AutoCAD 2012 绘制如图 14-1 所示的基础详图。

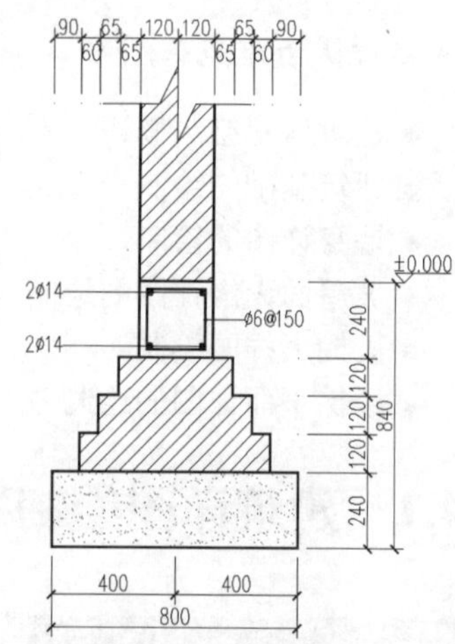

图 14-1 基础详图

14.2.1 设置绘图环境

1. 设置图层

Step 01 打开 AutoCAD 2012。执行“新建”（NEW）命令，打开“选择样板”对话框，选择 acadiso.dwt 样板，单击“打开”按钮。

Step 02 打开“图层特性管理器”选项板，依次建立“辅助线”、“轮廓线”、“配筋”、“材料填充”、“标注标高”和“文字说明”图层，将“辅助线”图层的线型设为点画线，并将“轮廓线”或“配筋”图层的线宽设置为“0.30 毫米”，其余保持默认。设置完成的“图层特性管理器”选项板如图 14-2 所示。

2. 设置文字样式

Step 01 打开“文字样式”对话框，设置样式名为“样式 1”的文字样式，“字体名”选择 dim.shx，“宽度因子”设为 0.7。

Step 02 设置样式名为 “样式 2”的文字样式，“字体名”选择“仿宋_2312”，宽度因子设为 0.7，设置完成的对话框如图 14-3 所示。

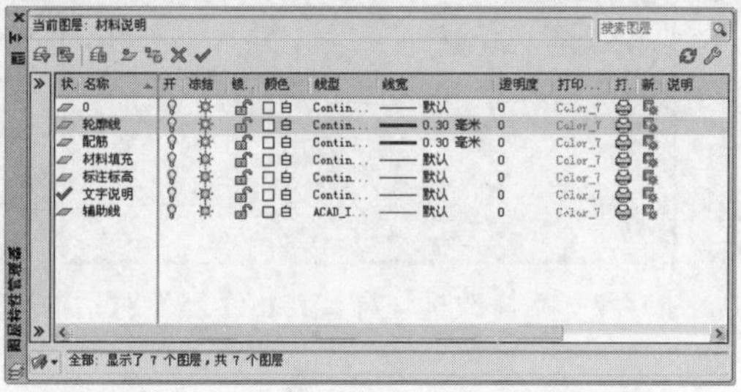

图 14-2 “图层特性管理器”选项板

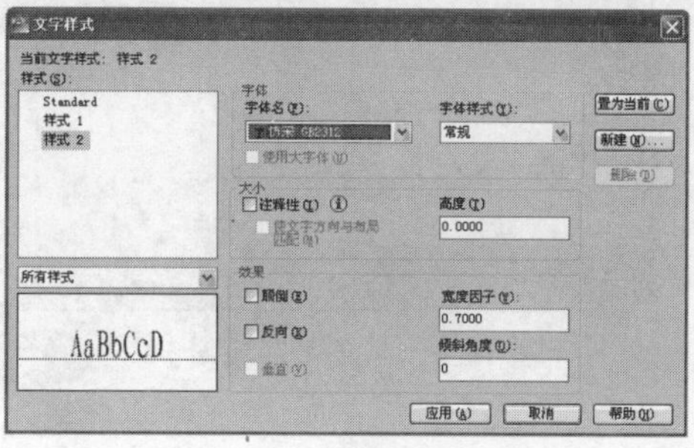

图 14-3 “文字样式”对话框

3. 设置标注样式

Step 01 打开“标注样式管理器”对话框，在“样式”列表框中选择 ISO-25 选项，单击“修改”按钮，打开“修改标注样式：ISO-25”对话框。选择“线”选项卡，修改“尺寸界线”选项组中的“超出尺寸线”的值为 30，“起点偏移量”的值为 30，设置完成的对话框如图 14-4 所示。

Step 02 选择“符号和箭头”选项卡，在“箭头”选项组中，单击“第一个”按钮右边的下拉箭头，在弹出的下拉列表框中选择“建筑标记”选项，单击“第二个”按钮右边的下拉箭头，在弹出的下拉列表框中选择“建筑标记”选项，并设置“箭头大小”为 25，设置完成的对话框如图 14-5 所示。

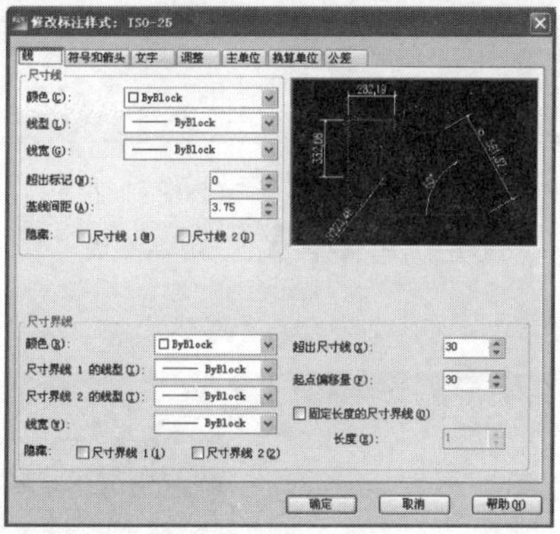

图 14-4 “线”选项卡

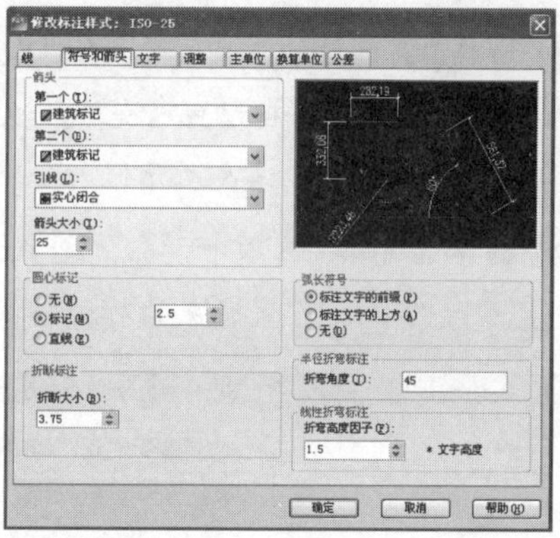

图 14-5 “符号和箭头”选项卡

Step 03 选择“文字”选项卡，在“文字外观”选项组中，单击“文字样式”按钮右边的下拉箭头，在弹出的下拉列表框中选择“样式 1”选项，并设置“文字高度”为 50，在“文字位置”选项组中，设置“从尺寸线偏移”为 10，设置完成的对话框如图 14-6 所示。

Step 04 选择“调整”选项卡，在“调整选项”选项组中选择“文字始终保持在尺寸界线之间”单选按钮，在“文字位置”选项组中，选择“尺寸线上方，不带引线”单选按钮，设置完成的对话框如图 14-7 所示。

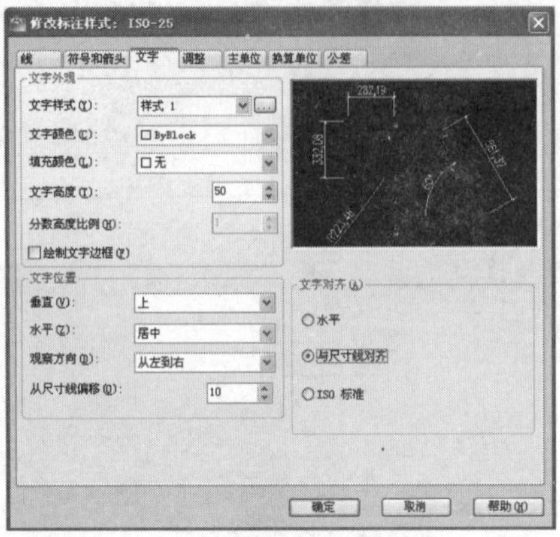

图 14-6 “文字”选项卡

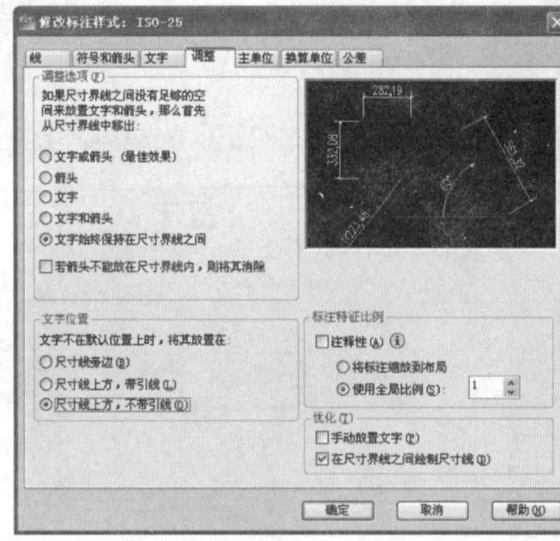

图 14-7 “修改标注样式：ISO-25”对话框（“调整”选项卡）

Step 05 选择“主单位”选项卡，在“线性标注”列表框中将精度设置为 0。

4. 设置多重引线样式

Step 01 打开“多重引线样式管理器”对话框，新建名为“样式 1”的多重引线样式，然后单击“继续”按钮，打开“修改多重引线样式：样式 1”对话框，选择“引线格式”选项卡，在“箭头”选项组中，将“符号”设为“点”，“大小”设置为“10”，设置完成的对话框如图 14-8 所示。

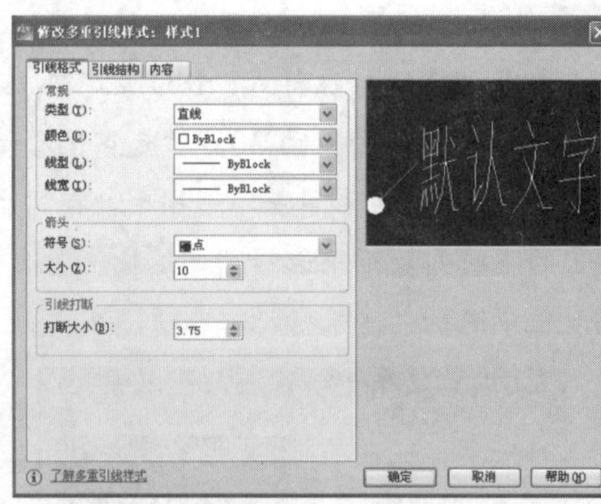

图 14-8 “引线格式”选项卡

Step 02 选择“引线结构”选项卡，在“基线设置”选项组中，取消选择“自动包含基线”复选框，设置完成的对话框如图 14-9 所示。

Step 03 选择“内容”选项卡，在“文字选项”选项组中，设置“文字样式”为“样式 1”，设置“文字高度”为 50，设置完成的对话框如图 14-10 所示。

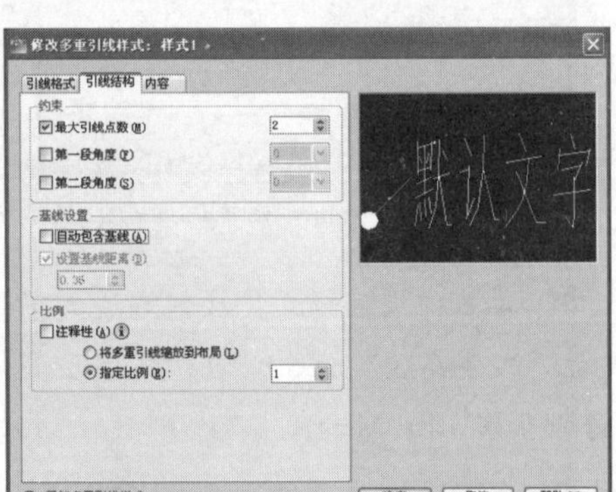

图 14-9 “引线结构”选项卡

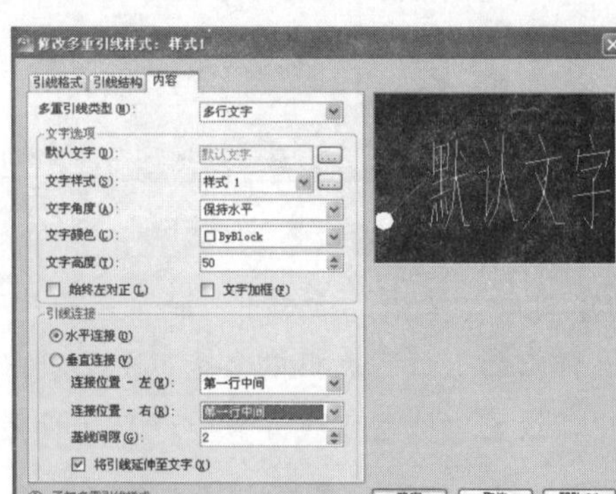

图 14-10 “内容”选项卡

14.2.2　定位辅助线

Step 01 将“辅助线”图层置为当前图层。

Step 02 执行“直线”（LINE）命令，开启正交模式，连续绘制垂直向下、长度为 1400 的垂直线和水平向右、长度为 800 的水平线，分别作为基础垫层最左侧辅助线和基础垫层下层基线，绘制结果如图 14-11 所示。

提　示

如果图形中没有显示出点画线，这是由于线型比例太小。可以双击某一轴线，打开“特性”选项板，将线型比例设置为 20，然后执行“特性匹配”（MATCHPROP）命令，将其他轴线的线型比例也改为 20。

Step 03 连续执行“偏移”（OFFSET）命令，将上一步绘制的垂直线向右依次偏移 90、60、65、65、120、120、65、65、60 和 90，将水平线向上依次偏移 240、120、120、120 和 240，绘制结果如图 14-12 所示。

图 14-11　绘制轴线

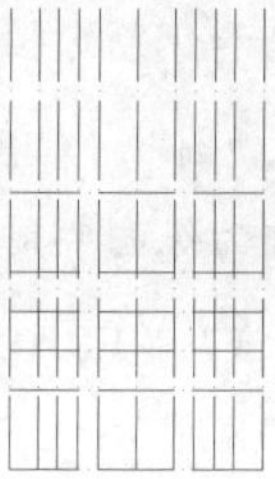

图 14-12　偏移轴线

14.2.3　绘制轮廓线

Step 01 将“轮廓线”图层置为当前图层，并打开线宽显示。

Step 02 执行“矩形”（RECTANG）命令，开启对象捕捉功能，参考图 14-1 所示的轮廓，绘制一个矩形，作为基础垫层轮廓线，绘制结果如图 14-13 所示。

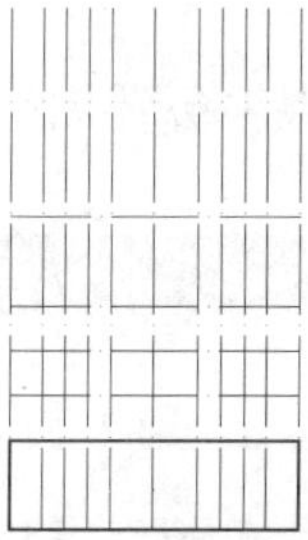

图 14-13　绘制基础垫层轮廓线

Step 03 执行“多段线”（PLINE）命令，参考图 14-1 所示的轮廓，捕捉交点，绘制一条多段线，作为基础轮廓线，绘制结果如图 14-14 所示。

Step 04 连续执行“直线”（LINE）命令 3 次，参考图 14-1 所示的轮廓，捕捉交点，绘制 3 条直线，分别作为墙体左边线、墙体右边线和地梁上边线，绘制结果如图 14-15 所示。

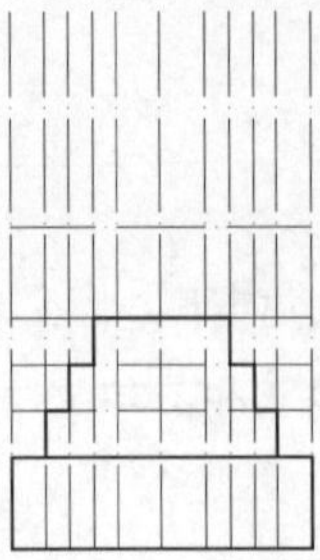

图 14-14 绘制基础轮廓线

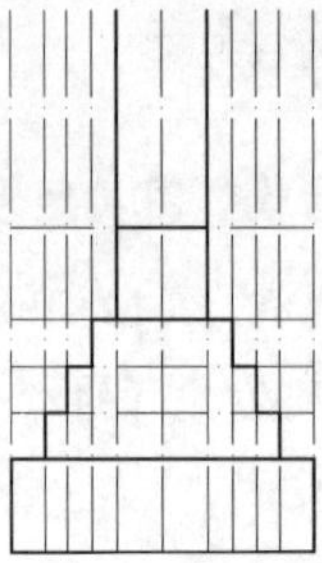

图 14-15 绘制墙体及地梁

14.2.4 绘制地梁配筋

Step 01 关闭“辅助线”图层。

Step 02 将“配筋”图层置为当前图层。

Step 03 执行“矩形”（RECTANG）命令，捕捉地梁两对角点，绘制一个矩形。

Step 04 连续执行“偏移”（OFFSET）命令两次，将上一步绘制的矩形依次向内偏移 25 和 10，分别作为地梁箍筋和钢筋定位线，绘制结果如图 14-16 所示。

Step 05 连续执行“圆”（CIRCLE）命令 4 次，以纵向钢筋定位线的 4 个角点为圆心，绘制半径为 7 的 4 个圆，作为纵向钢筋轮廓线，绘制结果如图 14-17 所示。

Step 06 执行“删除”（ERASE）命令，删除第 3 步绘制的矩形和第 4 步绘制的纵向钢筋定位线，绘制结果如图 14-18 所示。

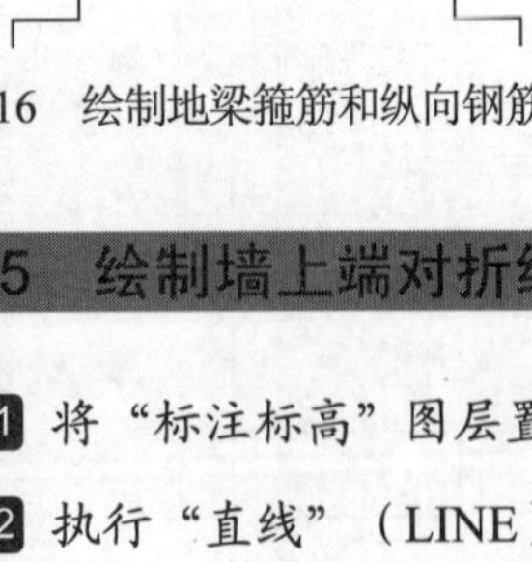

图 14-16 绘制地梁箍筋和纵向钢筋定位线

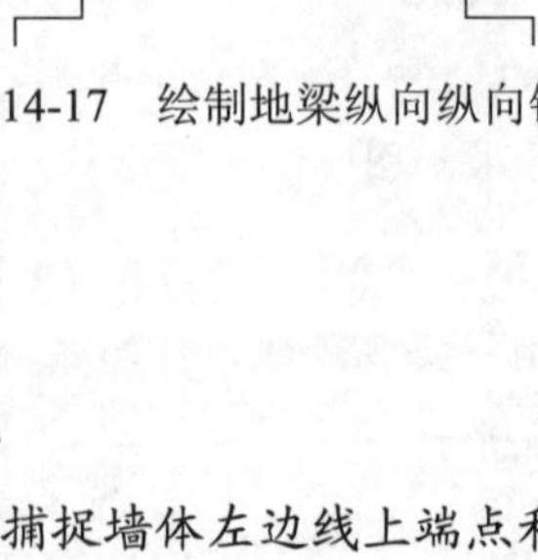

图 14-17 绘制地梁纵向纵向钢筋

图 14-18 删除定位线

14.2.5 绘制墙上端对折线

Step 01 将“标注标高”图层置为当前图层。

Step 02 执行“直线”（LINE）命令，分别捕捉墙体左边线上端点和右边线上端点作为直线的第一点和第二点，绘制结果如图 14-19 所示。

Step 03 执行“多段线”（PLINE）命令，在绘图区域任意选取一点作为第一点，然后分别输入第二点的相对坐标（@60,120），第三点的相对坐标（@0,-240），第四点的相对坐标为（@60,120），绘制一个 Z 字形多段线，绘制结果如图 14-20 所示。

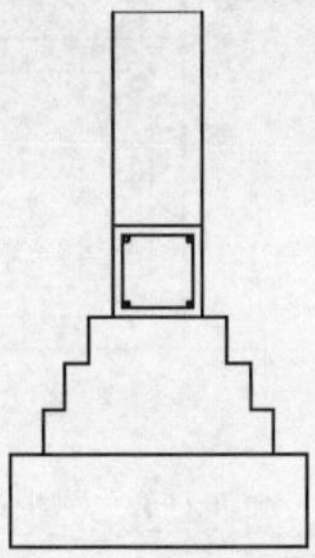

图 14-19　绘制水平直线

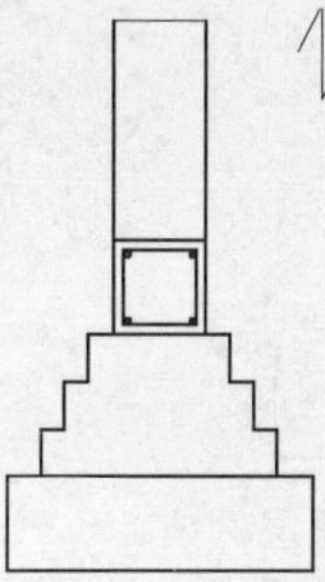

图 14-20　绘制 Z 字形多段线

Step 04 执行“移动”（MOVE）命令，选取上一步绘制的多段线作为移动对象，指定其中一条（垂直线）线段的中点作为基点，将其移动到第 2 步绘制的直线的中点，绘制结果如图 14-21 所示。

Step 05 执行“修剪”（TRIM）命令，选取 Z 字形多段线作为剪切边，将其之间的水平直线部分修剪掉，绘制结果如图 14-22 所示。

Step 06 执行“拉长”命令（LENGTHEN），将 Z 字形多段线两侧的水平直线分别向外拉长 120，绘制结果如图 14-23 所示。

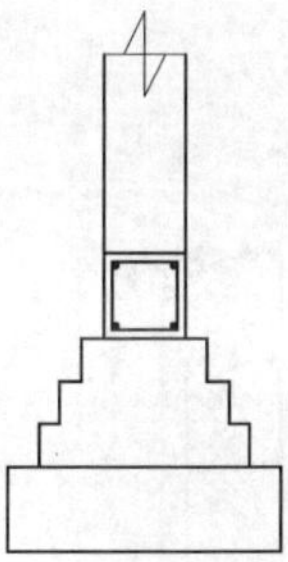

图 14-21　移动 Z 字形多段线

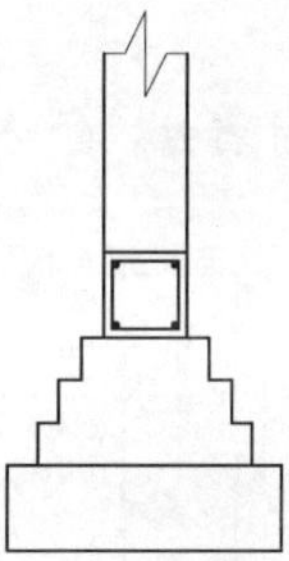

图 14-22　修剪水平直线

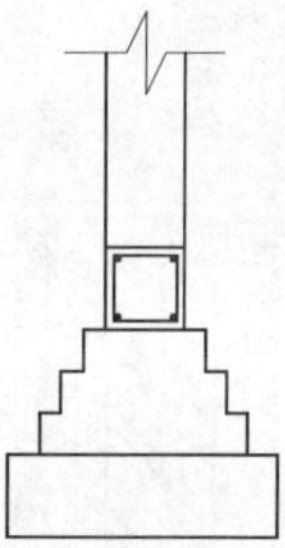

图 14-23　拉长水平直线

Step 07 执行“创建块”（BLOCK）命令，选择 Z 字形多段线及两侧的水平直线，指定 Z 字形多段线中间一条（垂直线）线段的中点为基点，创建名称为“折断线”的块。

14.2.6　填充剖切材料

Step 01 将“材料填充”图层置为当前图层。

Step 02 执行“图案填充”（HATCH）命令，打开“图案填充创建”选项卡，在“图案”面板中选择 AR-SAND 选项，比例保持默认的 1，对基础垫层进行填充，效果如图 14-24 所示。

Step 03 继续执行“图案填充”（HATCH）命令，打开“图案填充创建”选项卡，在“图案”面板中选择 ANSI31 选项，比例设为 10，对基础及墙体进行填充，效果如图 14-25 所示。

Step 04 继续执行“图案填充”（HATCH）命令，打开“图案填充创建”选项卡，在“图案”面板中选择 SOLID 选项，对纵向钢筋进行填充，效果如图 14-26 所示。

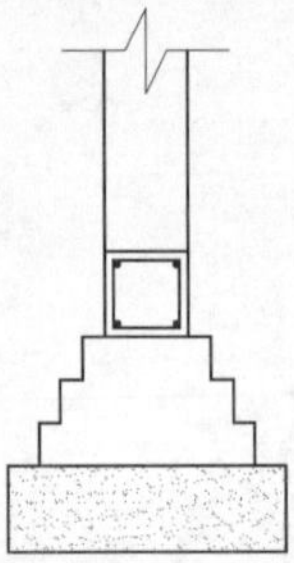

图 14-24　填充垫层材料

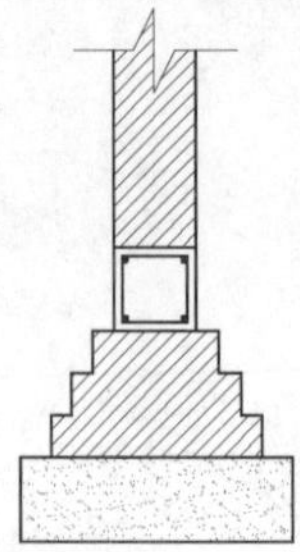

图 14-25　填充墙体材料

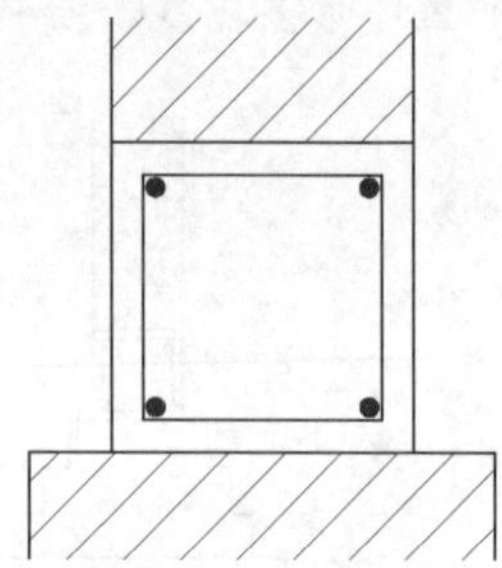

图 14-26　填充钢筋材料

14.2.7　尺寸标注和标高标注

Step 01 打开“辅助线”图层。

Step 02 将“标注标高”图层置为当前图层。

Step 03 执行“快速标注”（QDIM）命令，选择所有垂直轴线，将十字光标移动到垂直轴线上方一侧合适的位置，然后单击以确认尺寸线位置，完成上方的尺寸标注，绘制结果如图 14-27 所示。

Step 04 上一步标注中的数字比较紧密，选择需要调整数字位置的标注，启用夹点编辑功能，将数字向下移动 80，效果如图 14-28 所示。

Step 05 参考第 3 步的方法，完成其他尺寸标注，最终的结果如图 14-29 所示。

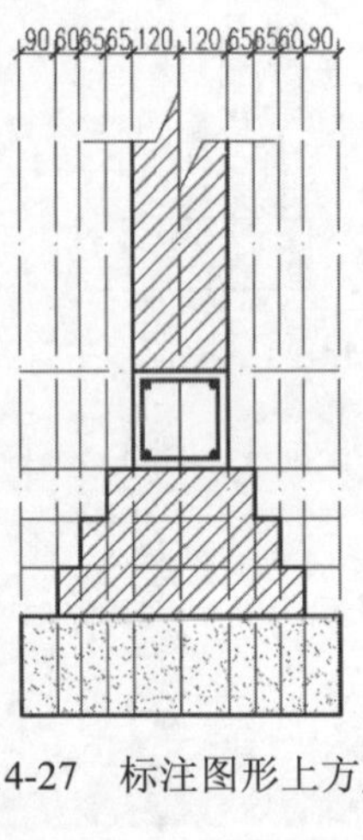

图 14-27　标注图形上方尺寸

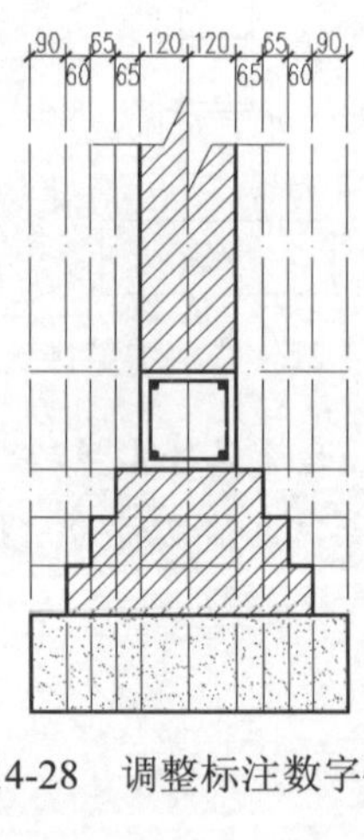

图 14-28　调整标注数字位置

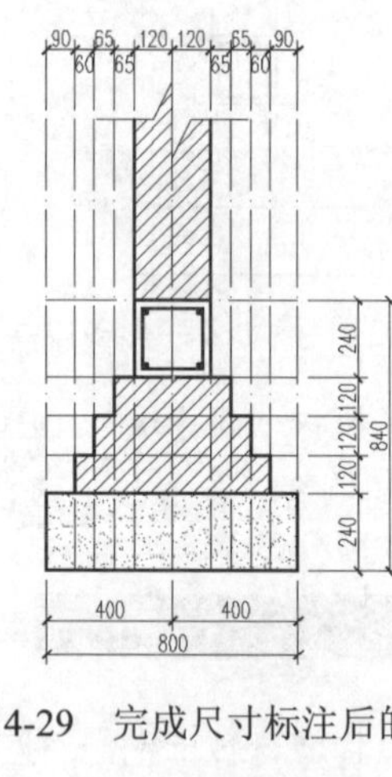

图 14-29　完成尺寸标注后的效果

提　示

当辅助线与其他线条重合，不容易选择时，可以右击，在弹出的快捷菜单中选择“快速选择”命令，如图 14-30 所示，打开“快速选择”对话框，在“特性”列表框中选择“图层”选项，“运算符”保持默认，在“值”下拉列表框中选择“辅助线”选项，如图 14-31 所示，然后单击“确定”按钮，完成选择所有轴线的操作，再右击，选择“绘图次序”→“前置”命令，如图 14-32 所示。

图 14-30 右键快捷菜单

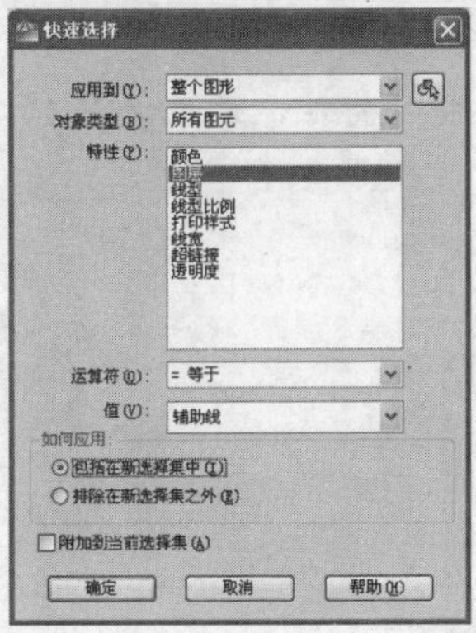

图 14-31 “快速选择”对话框

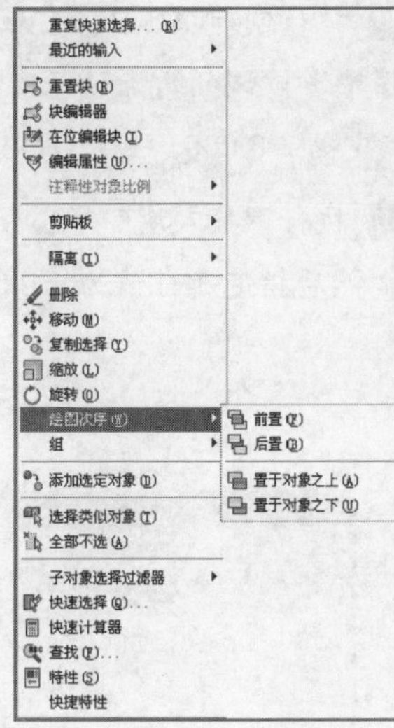

图 14-32 选择绘图次序

Step 06 执行“多段线”（PLINE）命令，在绘图区域任意选取一点作为第一点，然后分别输入第二点的相对坐标（@3,-3），第三点的相对坐标（@3,3），绘制 V 字形多段线，绘制结果如图 14-33 所示。

Step 07 执行“直线”（LINE）命令，捕捉多段线左端点作为第一点，绘制长度为 18 的水平直线，如图 14-34 所示。

图 14-33 绘制 V 字形多段线

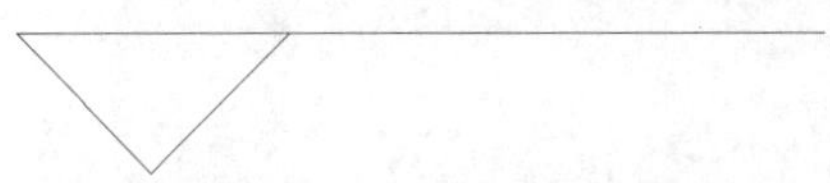

图 14-34 绘制水平直线

Step 08 执行“定义属性”（ATTDEF）命令，打开“属性定义”对话框，在“属性”选项组中将“标记”设置为 ± 0.000，“提示”设置为“标高”，在“文字设置”选项组中将“对正”设为“左对齐”，将“文字高度”设置为 5，“文字样式”设为“样式 1”，设置完成的对话框如图 14-35 所示，单击“确定”按钮，在直线上方合适的位置指定一点，如图 14-36 所示。

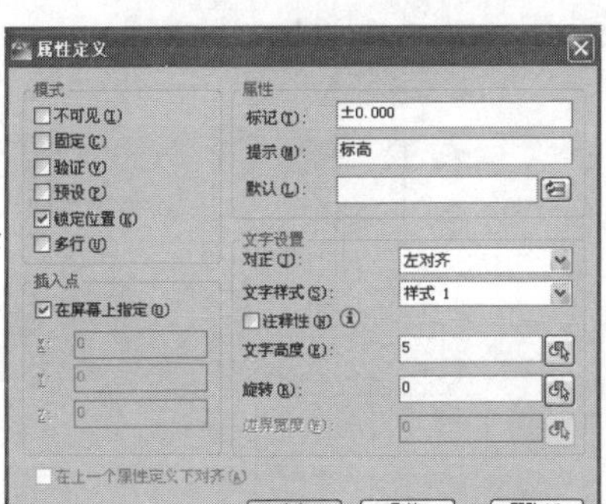

图 14-35 “属性定义”对话框

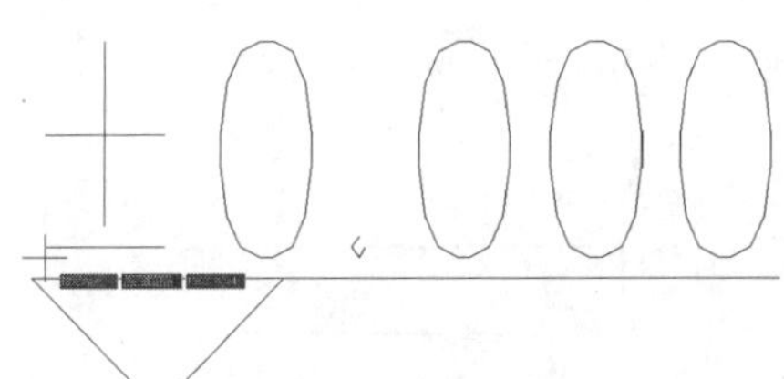

图 14-36 指定插入点

Step 09 执行创建块（BLOCK）命令，选择前面创建的V字形多段线、水平直线及属性标记，指定V字形多段线的角点为基点，创建名称为“标高”的块，在弹出的“编辑属性”对话框中，将标高指定为±0.000，如图14-37所示。

Step 10 执行“插入块”（INSERT）命令，指定如图14-38中的*A*点作为插入点，指定比例因子为10，然后指定属性值为±0.000，完成标高标注，效果如图14-38所示。

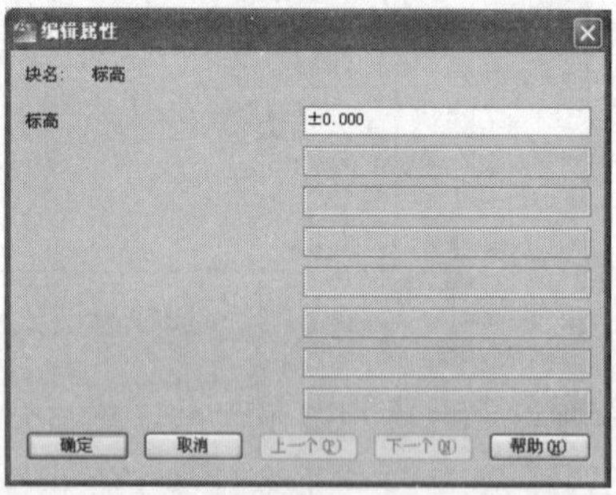

图 14-37 “编辑属性”对话框

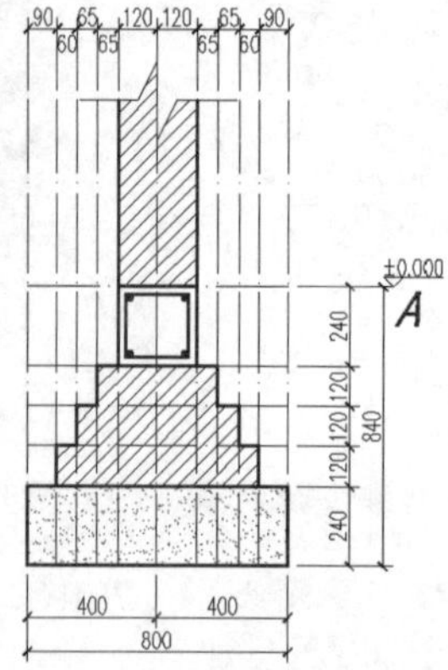

图 14-38 插入标高

14.2.8 标注文字及添加图名、比例

Step 01 关闭“辅助线”图层。

Step 02 将“文字说明”图层置为当前图层。

Step 03 执行“多重引线”（MLEADER）命令，指定右上角纵向钢筋中点作为引线箭头的位置，向左移动引线到合适位置，单击以确定引线基线的位置，然后输入2ϕ14，最后按【Ctrl+Enter】组键结束命令，绘制结果如图14-39所示。

Step 04 参照上面的方法完成其他文字标注，绘制结果如图14-40所示。

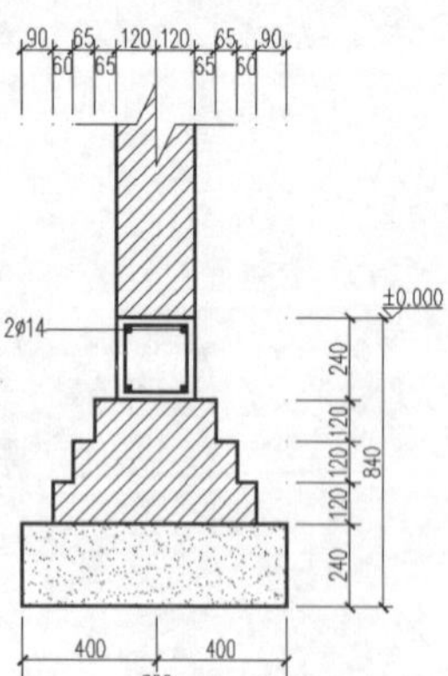

图 14-39 文字标注

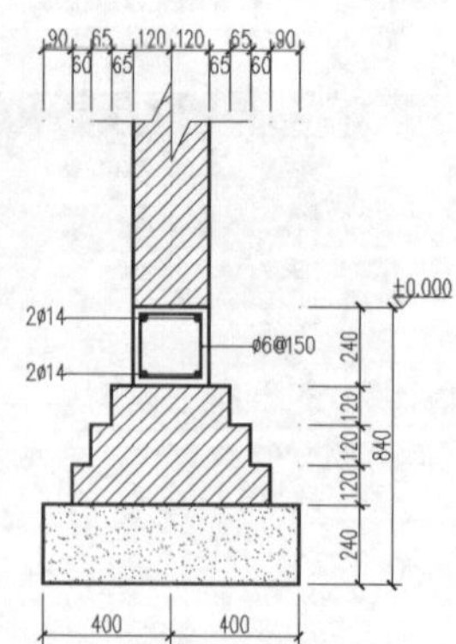

图 14-40 完成文字标注的效果

Step 05 执行“多段线”（PLINE）命令，在绘图区的任意位置绘制一条长度为 500 的水平直线，绘制结果如图 14-41 所示。

Step 06 执行“偏移”（OFFSET）命令，将上一步绘制的水平直线向下偏移 30，绘制结果如图 14-42 所示。

Step 07 执行“编辑多段线”（PEDIT）命令，将第 5 步绘制的水平直线线宽改为 10，绘制结果如图 14-43 所示。

图 14-41　绘制直线

图 14-42　偏移直线

图 14-43　改变线宽

Step 08 执行“定义属性”（ATTDEF）命令，打开“属性定义”对话框，在“属性”选项组中，在“标记”文本框中输入 2-2，在“提示”文本框中输入“图名”，在“文字设置”选项组中，在“对正”下拉列表框中选择“左对齐”选项，将“文字样式”设置为“样式 2”，“文字高度”设置为 140，设置完成的对话框如图 14-44 所示，单击“确定”按钮，在直线上方左侧合适的位置指定一点，绘制结果如图 14-45 所示。

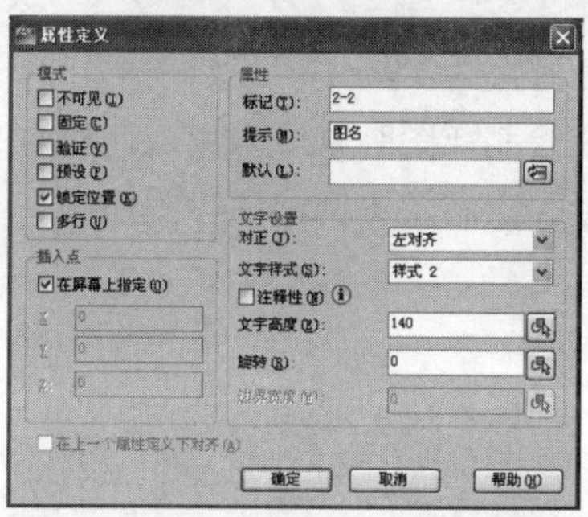

图 14-44　“属性定义”对话框

图 14-45　图名属性定义完成的效果

Step 09 执行“定义属性”（ATTDEF）命令，打开“属性定义”对话框，在“属性”选项组中，在“标记”文本框中输入 1:10，在“提示”文本框中输入“比例”，在“文字设置”选项组中，在“对正”下拉列表框中选择“右对齐”选项，将“文字样式”设置为“样式 1”，“文字高度”设置为 70，设置完成的对话框如图 14-46 所示，单击“确定”按钮，在直线上方右侧合适的位置指定一点，绘制结果如图 14-47 所示。

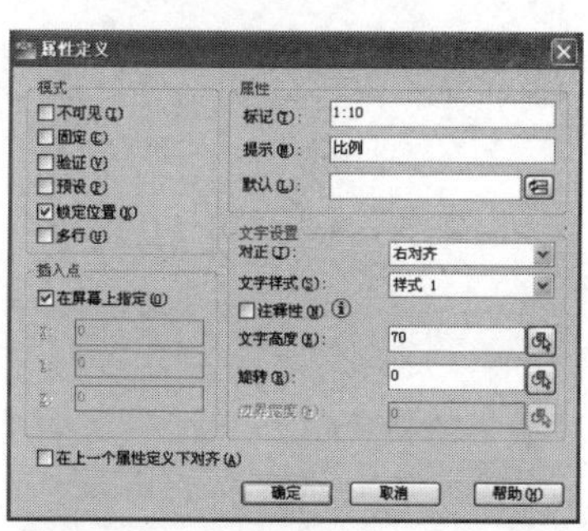

图 14-46　“属性定义”对话框

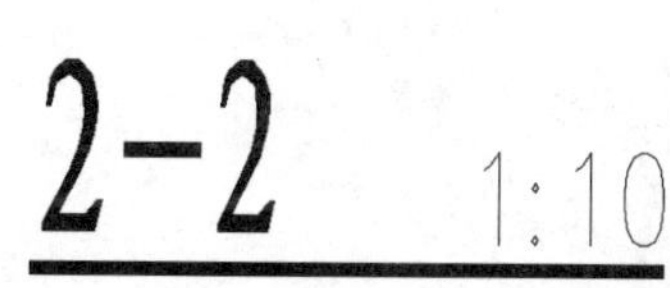

图 14-47　比例属性定义完成的效果

Step 10 执行“创建块”（BLOCK）命令，选择图中的所有对象，创建名称为“图名-比例”的块，在弹出的“编辑属性”对话框，将其中的“比例”指定为1:10，图名指定为2-2，如图14-48所示。

Step 11 执行“移动”（MOVE）命令将刚才创建的名为“图名-比例”的块移动到基础详图下方合适的位置，最终绘制结果如图14-49所示。

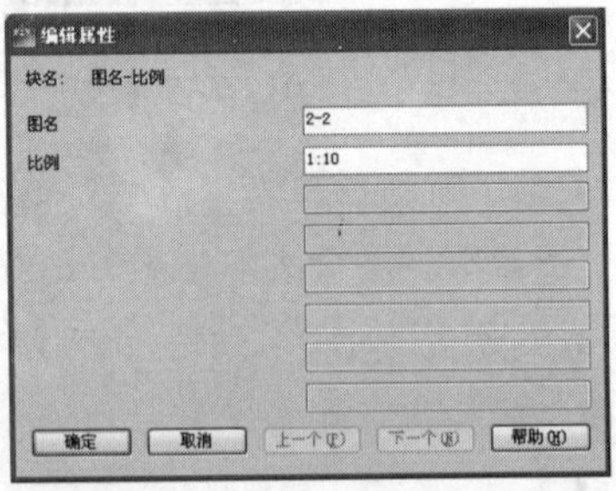

图 14-48 “编辑属性”对话框

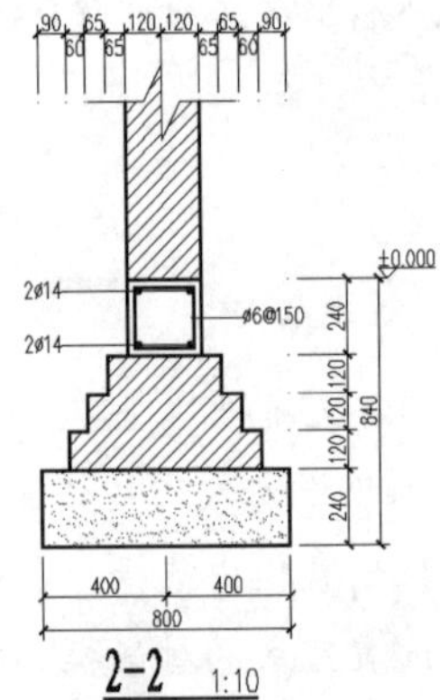

图 14-49 最终完成效果

绘制完毕，即可保存图形，然后再将整个图形另存为名为“详图-10”（比例为1:10）的样板文件，将所有图形删除，再重新保存该样板文件。以后在绘制详图时就可以调用该样板文件，无须再次设置绘图环境，以及重新绘制如折断号、标高符号、图名及比例标注等图块。

14.3 绘制墙身详图

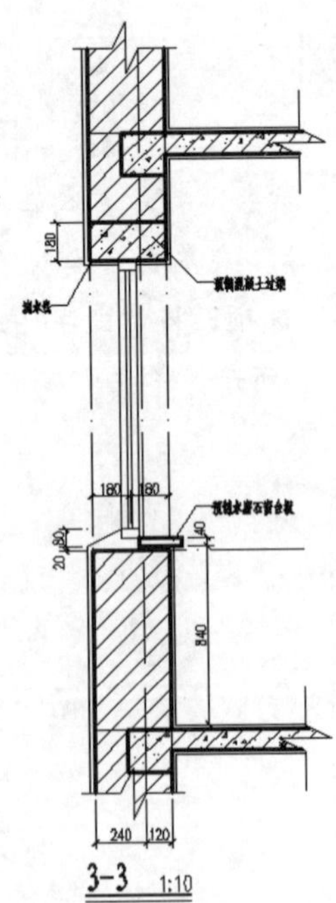

图 14-50 墙身详图

14.3.1　设置绘图环境

1. 设置图层属性

Step 01 打开 AutoCAD 2012。执行“新建”（NEW）命令，打开“选择样板”对话框，选择“详图-10.dwt”样板，单击“打开”按钮。

Step 02 打开“图形特性管理器”选项板，该样本文件已设置好部分图层，这里再增加“面层”、“门窗”两个图层。设置完成的“图形特性管理器”选项板如图 14-51 所示。

2. 修改多重引线样式

Step 01 打开“多重引线样式管理器”对话框，单击“修改”按钮，进入“修改多重引线样式：样式 1”对话框，选择“引线格式”选项卡，在“箭头”选项组中，在“符号”下拉列表框中选择“无”选项，设置完成的对话框如图 14-52 所示。

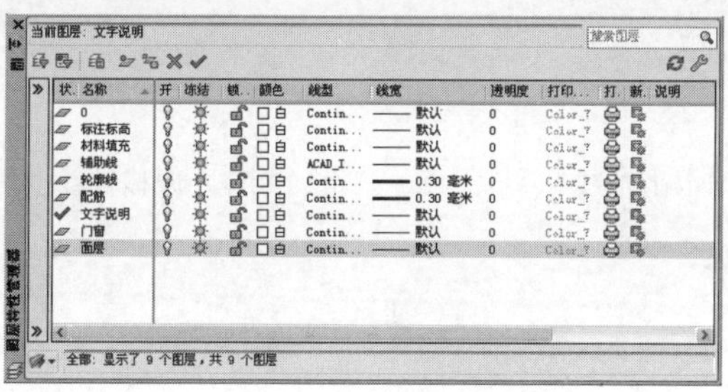

图 14-51　“图形特性管理器”选项板

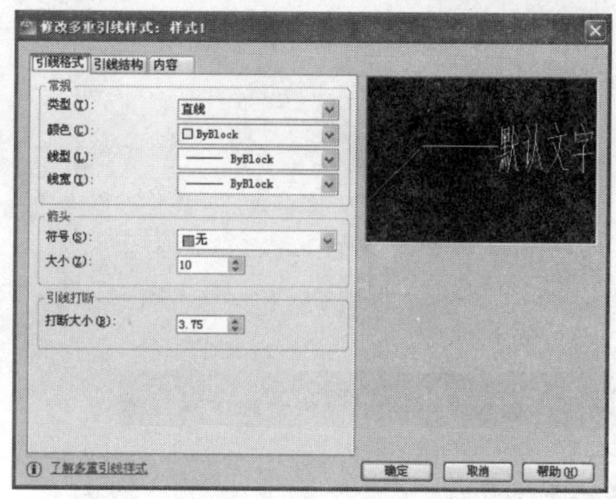

图 14-52　“引线格式”选项卡

Step 02 选择“引线结构”选项卡，在“基线设置”选项组中，选择“自动包含基线”复选框和“设置基线距离”复选框，并在其下方的数值框中输入 80，设置完成的对话框如图 14-53 所示。

Step 03 选择“内容”选项卡，在“文字选项”选项组中，修改“文字样式”为“样式 2”，设置完成的对话框如图 14-54 所示。

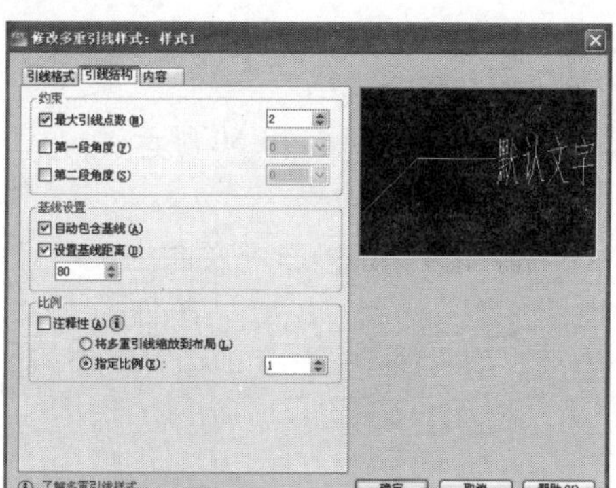

图 14-53　“引线结构”选项卡

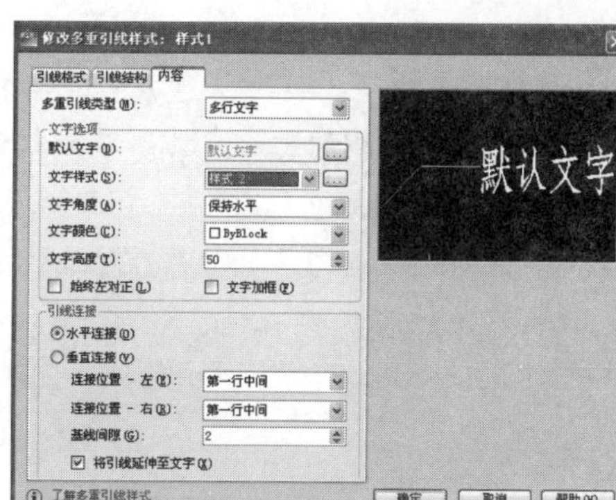

图 14-54　“内容”选项卡

14.3.2 绘制定位辅助线

Step 01 将“辅助线”图层置为当前图层。

Step 02 执行“直线”（LINE）命令，开启正交功能，连续绘制水平向左、长度为 1000 的水平直线和垂直向下、长度为 3500 的垂直直线，绘制结果如图 14-55 所示。

Step 03 执行“移动”（MOVE）命令，将上一步绘制的水平直线垂直向下移动 400，绘制结果如图 14-56 所示。

Step 04 连续执行“偏移”（OFFSET）命令，将垂直直线向右依次偏移 240、120，将水平直线向下偏移 2800，绘制结果如图 14-57 所示。

图 14-55 绘制轴线

图 14-56 移动水平轴线

图 14-57 偏移轴线

14.3.3 绘制窗上口部分轮廓

Step 01 将“轮廓线”图层置为当前图层。

Step 02 执行“直线”（LINE）命令，开启对象捕捉功能，以上面一条水平辅助线的左端点为第一点，右端点为第二点绘制一条水平线，作为楼板上边线，绘制结果如图 14-58 所示。

Step 03 连续执行“偏移”（OFFSET）命令，将上一步绘制的水平线依次向下偏移 100（楼板厚）、100（边梁从楼板底下垂高度）、220（边梁与过梁间距离）和 180（过梁高），绘制结果如图 14-59 所示。

Step 04 执行“直线”（LINE）命令，以上一步绘制的最下面一条水平线的左端点为第一点，以最左边一条垂直辅助线的上端点为第二点绘制一条垂直线，绘制结果如图 14-60 所示。

图 14-58 绘制上层楼板上边线

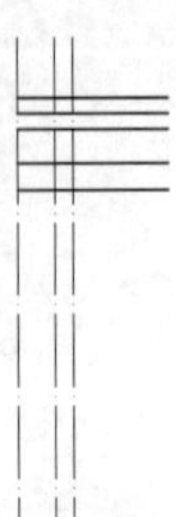

图 14-59 绘制边梁及过梁水平定位线

图 14-60 绘制墙体左上边线

Step 05 连续执行“偏移”（OFFSET）命令，将上一步绘制的垂直直线依次向右偏移 160（墙体外边线与边梁之间距离）、200（边梁宽度），绘制结果如图 14-61 所示。

Step 06 执行“修剪”（TRIM）命令，选择所有轮廓线，再参考图 14-50 所示图形，选择要修剪的线段，绘制结果如图 14-62 所示。

图 14-61　绘制边梁垂直定位线及墙体右边线

图 14-62　完成窗上口轮廓的绘制效果

14.3.4　绘制窗台部分轮廓

Step 01 执行“复制”（COPY）命令，选择所有窗上口轮廓线，以上面一条水平辅助线与中间一条垂直辅助线的交点为基点，复制轮廓线到下面一条水平辅助线与中间一条垂直辅助线的交点，绘制结果如图 14-63 所示。

Step 02 执行“删除”（ERASE）命令，删除上一步绘制的过梁部分的两条水平直线，绘制结果如图 14-64 所示。

Step 03 选择第 1 步复制完成的墙体左边线和楼板下面的墙体右边线，启用夹点编辑功能，分别将其下端点垂直向上移动 300，绘制结果如图 14-65 所示。

图 14-63　复制窗上口轮廓线

图 14-64　删除过梁

图 14-65　拉伸墙体

Step 04 执行“偏移”（OFFSET）命令，将下面一条水平辅助线向上偏移 840（窗台部分墙体高度），绘制结果如图 14-66 所示。

Step 05 执行“延伸”（EXTEND）命令，将第 1 步中绘制的墙体左边线和上面一条墙体右边线延伸到上一步绘制的水平辅助线，绘制结果如图 14-67 所示。

Step 06 执行“直线”（LINE）命令，捕捉墙体左边线上端点作为第一点，捕捉墙体右边线上端点作为第二点，绘制结果如图 14-68 所示。

图 14-66　偏移辅助线

图 14-67　延伸墙体

图 14-68　绘制直线

Step 07 执行“矩形”（RECTANG）命令，捕捉上一步绘制的水平直线的右端点作为第一个角点，指定第二点的相对坐标为（@-200,40），将绘制完成的矩形作为窗台板，绘制结果如图 14-69 所示。

Step 08 连续执行“移动”（MOVE）命令两次，将上一步绘制的矩形分别向上移动 20，向右移动 60，绘制结果如图 14-70 所示。

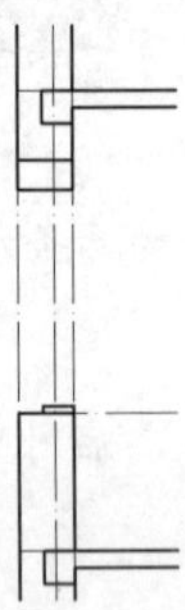
图 14-69　绘制窗台板

图 14-70　移动窗台板

14.3.5　绘制窗轮廓

Step 01 将“门窗”图层置为当前图层。

Step 02 执行“矩形”（RECTANG）命令，捕捉窗台板的左端点作为第一个角点，指定第二点的相对坐标为（@-80，40），将绘制完成的矩形作为窗框下槛，绘制结果如图 14-71 所示。

图 14-71　绘制窗框下槛

Step 03 执行“复制”（COPY）命令，把上一步绘制的矩形作为复制对象，以其左上角为基点，垂直向上复制到窗上口过梁底部，作为窗框上槛，绘制结果如图 14-72 所示。

Step 04 执行“直线”（LINE）命令，捕捉窗框上槛左下角端点作为第一点，捕捉窗框下槛左上角作为下一点绘制一条垂直直线，将其作为窗框外边线，绘制结果如图 14-73 所示。

Step 05 执行“偏移”（OFFSET）命令，将上一步绘制的垂直直线向右依次偏移 30、20、30，将其作为玻璃及窗框内边线，绘制结果如图 14-74 所示。

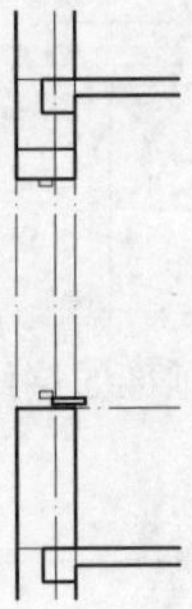
图 14-72　绘制窗框上槛

图 14-73　绘制窗框外边线

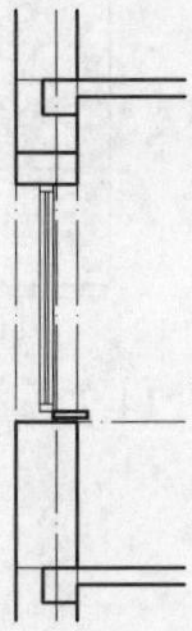
图 14-74　绘制玻璃及窗框内边线

14.3.6　绘制面层

Step 01 关闭“辅助线”图层。

Step 02 将“面层”图层置为当前图层。

Step 03 执行“偏移”（OFFSET）命令，将所有外轮廓线向外偏移 20，作为面层。

Step 04 选择上一步向外偏移后的所有面层线，将它们置于当前图层，绘制结果如图 14-75 所示。

Step 05 执行“倒角”（CHAMFER）命令，倒角距离均为 0，将所有面层线倒角，绘制结果如图 14-76 所示。

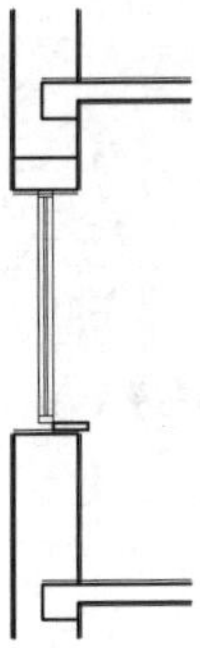
图 14-75　绘制面层

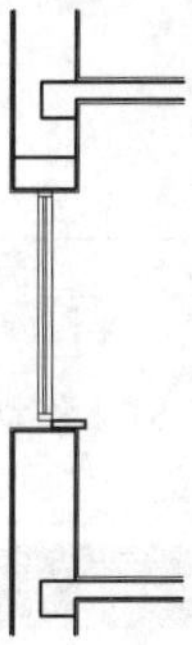
图 14-76　通过倒角修剪面层

Step 06 执行“修剪”（TRIM）命令，将窗洞顶部与窗框相交的面层线修剪掉，效果如图 14-77 所示。

Step 07 选择窗台顶部面层线，如图 14-78 所示，开启夹点编辑功能，将其右端点移到下窗框左下角，绘制结果如图 14-79 所示。

Step 08 执行“矩形”（RECTANG）命令，捕捉窗洞顶部面层左端点作为第一个角点，指定对角点的相对坐标为（@10,10），将绘制完成的矩形作为滴水，绘制结果如图 14-80 所示。

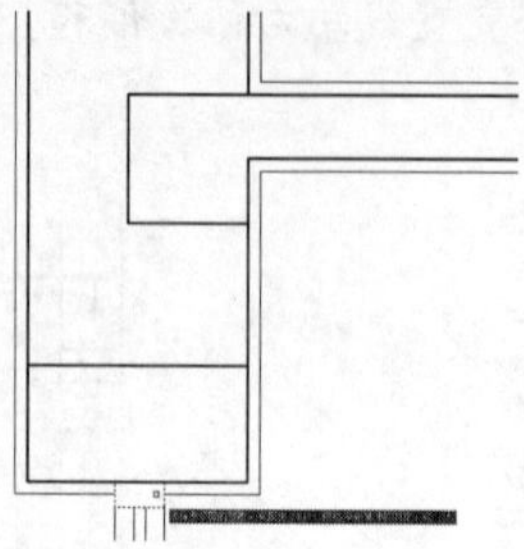

图 14-77 修剪窗口顶部面层线

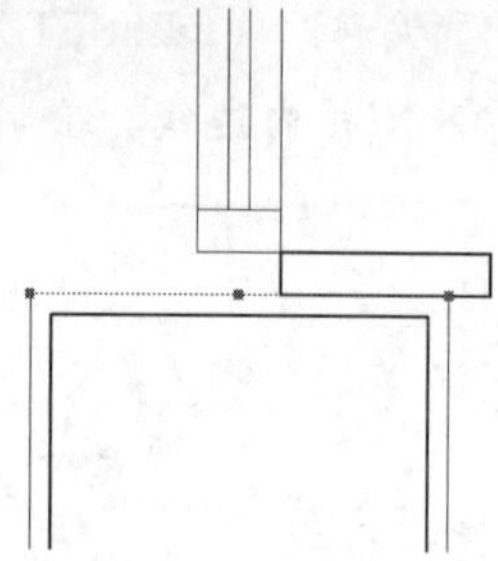

图 14-78 选择窗台顶部面层线

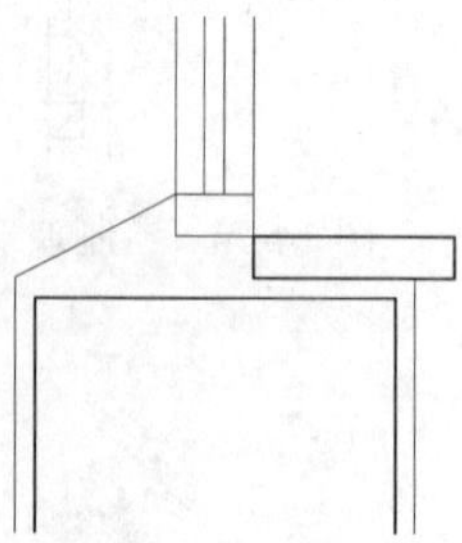

图 14-79 编辑窗台面层线

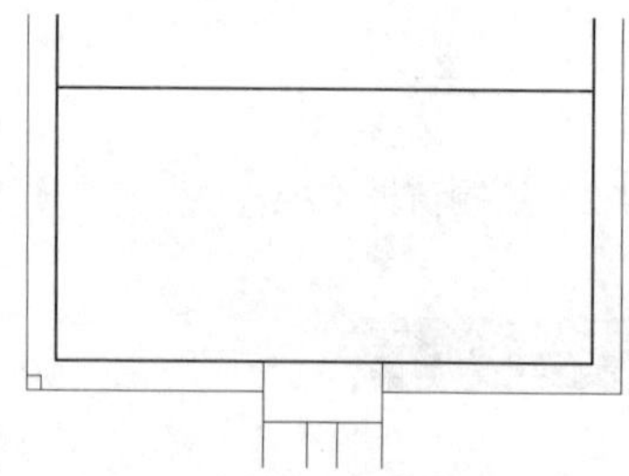

图 14-80 绘制滴水

Step 09 执行“移动”（MOVE）命令，将上一步绘制的滴水向右移动 20，绘制结果如图 14-81 所示。

Step 10 执行“修剪”（TRIM）命令，选择上一步完成的正方形作为剪切边，将多余的线条修剪掉，完成滴水的绘制，绘制结果如图 14-82 所示。

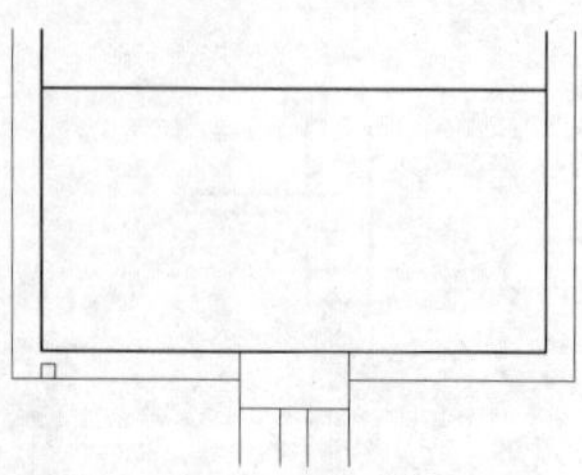

图 14-81 移动滴水

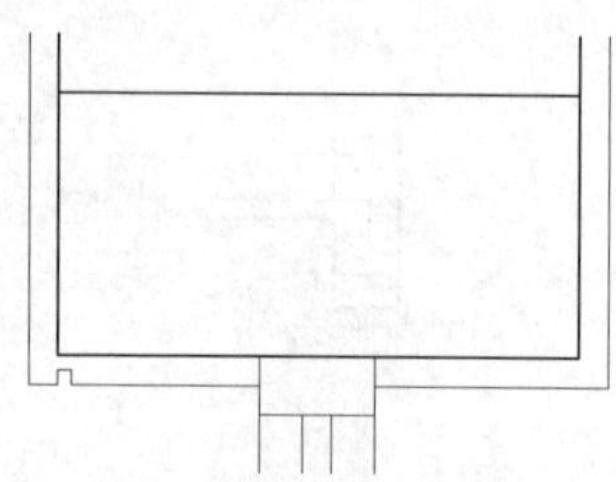

图 14-82 修剪滴水

14.3.7 填充剖面材料及添加折断号

Step 01 将“材料填充”图层置为当前图层。

Step 02 执行“直线”命令 4 次，绘制 4 条辅助线将上下墙端及上下楼板右端封闭，绘制结果如图 14-83 所示。

Step 03 执行“插入块”（INSERT）命令，插入“折断号”块，插入点分别为第 2 步绘制的各直线的中点，其中在插入楼板处的折断号时，将角度设置为 90°，效果如图 14-84 所示。

Step 04 删除第 2 步绘制的辅助线，效果如图 14-85 所示。

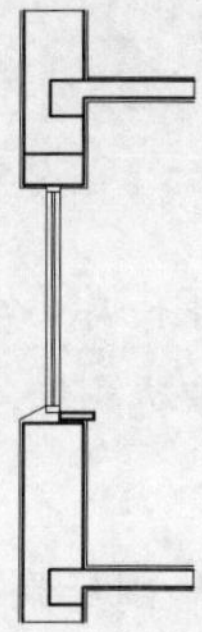

图 14-83 绘制辅助线

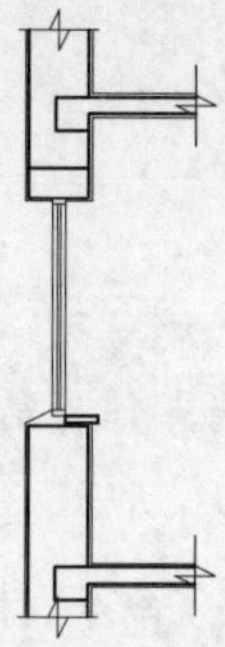

图 14-84 插入折断号

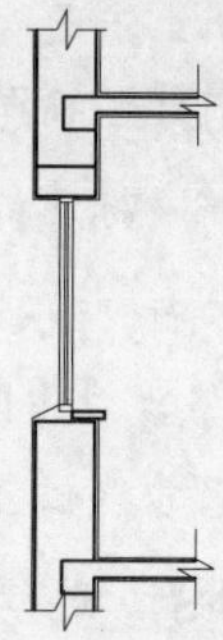

图 14-85 删除辅助线

Step 05 执行“延伸”（EXTEND）命令，将楼板上边线延伸到折断号，效果如图 14-87 所示。

Step 06 执行“修剪”（TRIM）命令，以折断号为剪切边，将楼板下边线多余的线修剪掉，效果如图 14-88 所示。

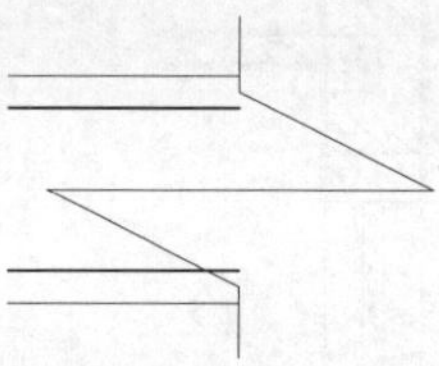

图 14-86 延伸前对象

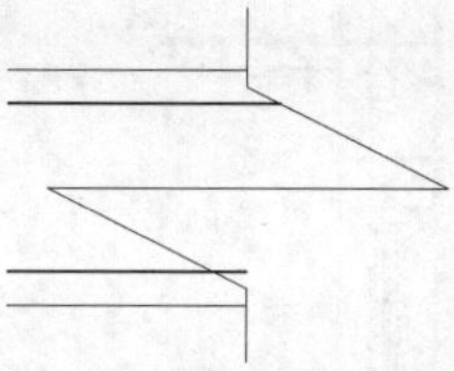

图 14-87 延伸楼板上边线

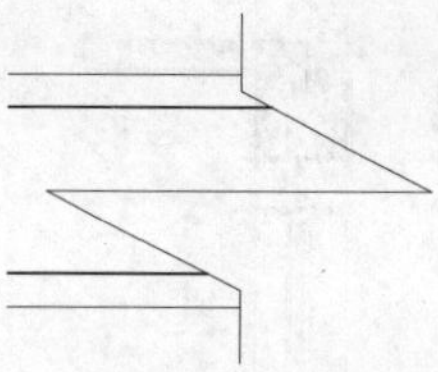

图 14-88 修剪楼板下边线

Step 07 执行“图案填充”（HATCH）命令，打开“图案填充创建”选项卡，在“图案”面板中选择 ANSI31 图案，将比例设为 20，对墙体、过梁和楼板连同边梁进行填充，效果如图 14-89 所示。

Step 08 继续执行“图案填充”（HATCH）命令，打开“图案填充创建”选项卡，在“图案”面板中选择 AR-CONC 图案，将比例设为 1，对过梁、楼板连同边梁进行填充，效果如图 14-90 所示。

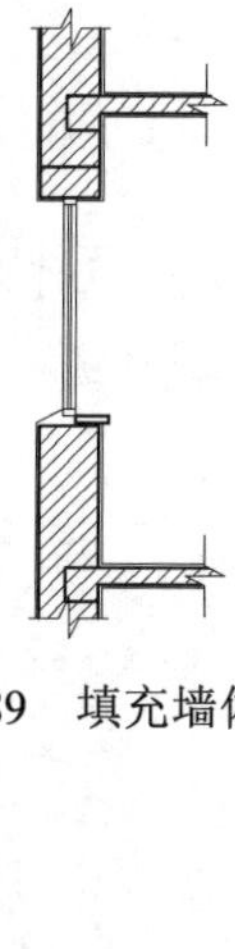

图 14-89 填充墙体材料

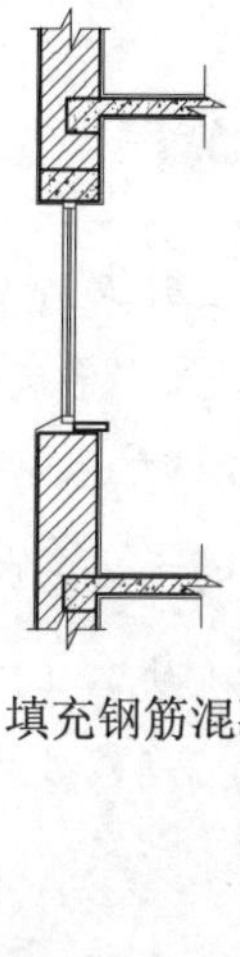

图 14-90 填充钢筋混凝土材料

14.3.8 尺寸标注

Step 01 打开“辅助线”图层。

Step 02 将“标注标高”图层置为当前图层。

Step 03 执行“线性”标注（DIMLINEAR）命令，以最左边一条垂直辅助线的下端点作为第一条延伸线原点，以中间一条垂直辅助线的下端点作为第二条延伸线原点，向下移动鼠标，并输入数值 250（尺寸线位置），绘制结果如图 14-91 所示。

Step 04 执行“连续”标注（DIMCINTINUE）命令，标注墙体内侧宽（120），绘制结果如图 14-92 所示。

Step 05 参照上面的方法完成其他尺寸标注，并启用夹点编辑功能适当调整部分数字的位置，使标注数字排列整齐，最终的绘制结果如图 14-93 所示。

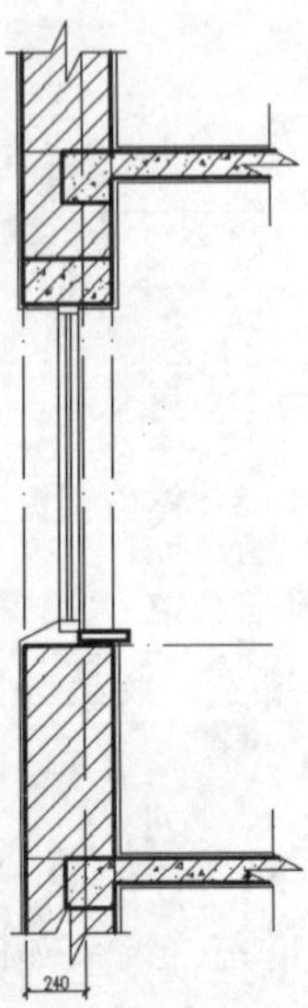

图 14-91　线性标注

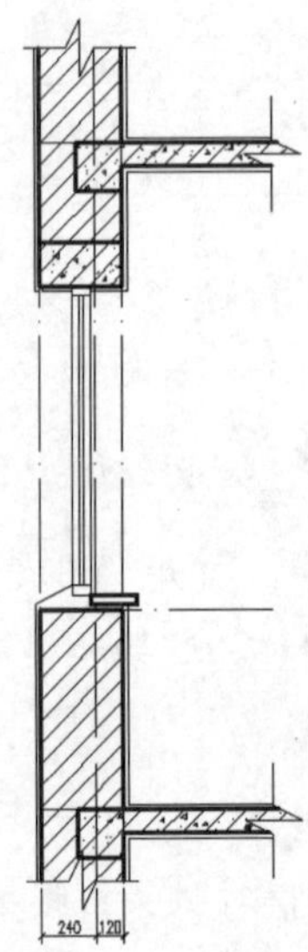

图 14-92　连续标注

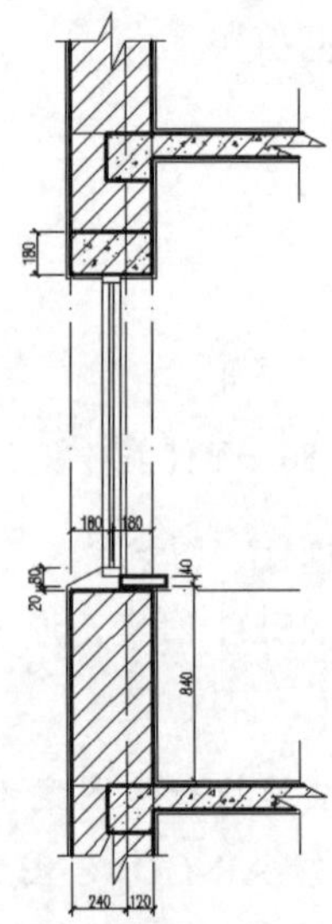

图 14-93　完成尺寸标注的效果

14.3.9 文字注释

Step 01 执行“多重引线”（MLEADER）命令，在窗台板内任意指定一点作为引线箭头的位置，移动鼠标到合适位置，单击以确定引线基线的位置，然后输入“预制水磨石窗台板”，最后按【Ctrl+Enter】组合键结束命令，绘制结果如图 14-94 所示。

Step 02 按照上面的方法完成其他文字标注，绘制结果如图 14-95 所示。

Step 03 执行“插入块”（INSERT）命令，插入“图名-比例”块，输入比例的属性值为 1:10，输入图名的属性值 3-3，效果如图 14-50 所示。

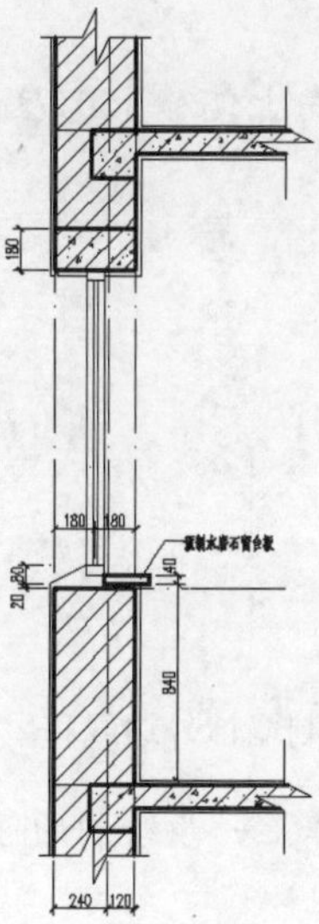

图 14-94　给窗台板加文字注释

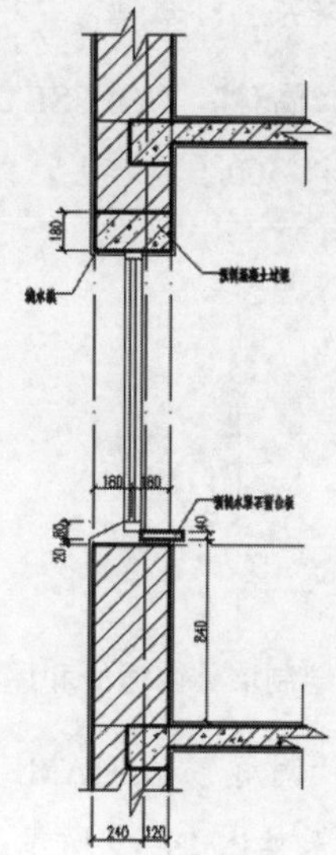

图 14-95　完成文字注释的效果

14.4　绘制坡屋面天沟详图

14.4.1　设置绘图环境

Step 01 打开 AutoCAD 2012。执行“新建”（NEW）命令，打开“选择样板”对话框，选择“详图-10.dwt”样板文件，单击“打开”按钮。

Step 02 打开“图层特性管理器”选项板，根据绘图需要对其进行修改，设置完成的“图形特性管理器”选项板如图 14-96 所示。

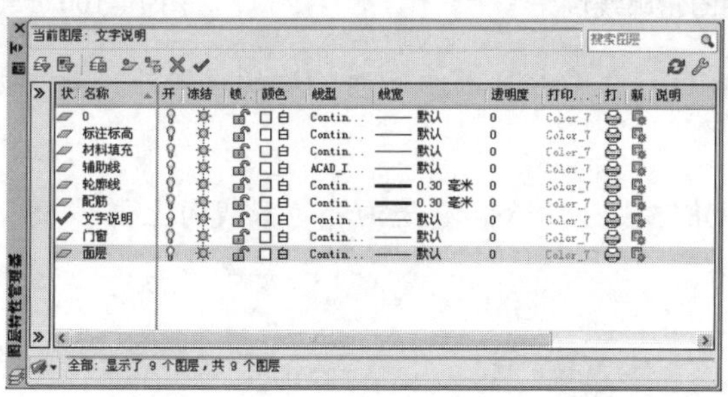

图 14-96　“图层特性管理器”选项板

14.4.2　绘制轮廓线

Step 01 将“轮廓线”图层置为当前图层。

Step 02 执行“直线”（LINE）命令，连续绘制垂直向上、长度为 1200 垂直线，以及与水平线夹角为 25°（屋面坡度）、长度为 1500 的倾斜线，将其作为墙体内边线和屋面板下边线，绘制结果如图 14-97 所示。

Step 03 执行“偏移”（OFFSET）命令，将上一步绘制的倾斜线向上偏移 150(屋面板厚度)，将垂直线向左偏移 360（墙厚），绘制结果如图 14-98 所示。

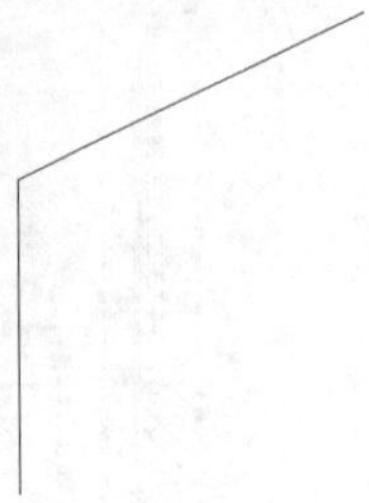

图 14-97　绘制墙体内边线和屋面板下边线

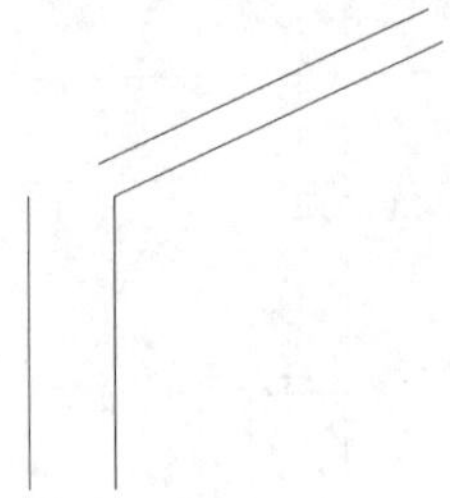

图 14-98　绘制墙体外边线和屋面板上边线

Step 04 执行“倒角”（CHAMFER）命令，倒角距离均为 0，选择上一步绘制的倾斜线和垂直线进行倒角，效果如图 14-99 所示。

Step 05 执行“多段线”（PLINE）命令，捕捉上一步倒角后的角点作为第一点，绘制水平向左、长度为 600（天沟出挑宽度）的直线，以及垂直向上、长度为 240 的直线，将其作为天沟外轮廓线，绘制结果如图 14-100 所示。

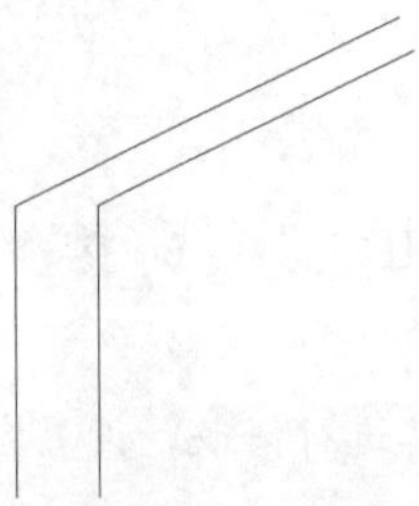

图 14-99　对绘制的轮廓线倒角

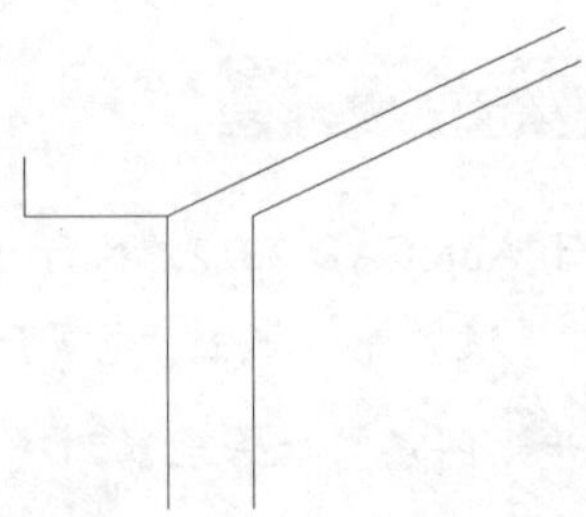

图 14-100　绘制天沟外轮廓线

Step 06 执行“移动”（MOVE）命令，将上一步绘制的天沟外轮廓线垂直向下移动 440 ，绘制结果如图 14-101 所示。

Step 07 执行“偏移”（OFFSET）命令，将天沟外轮廓线向上偏移 60，将其作为天沟内轮廓线，绘制结果如图 14-102 所示。

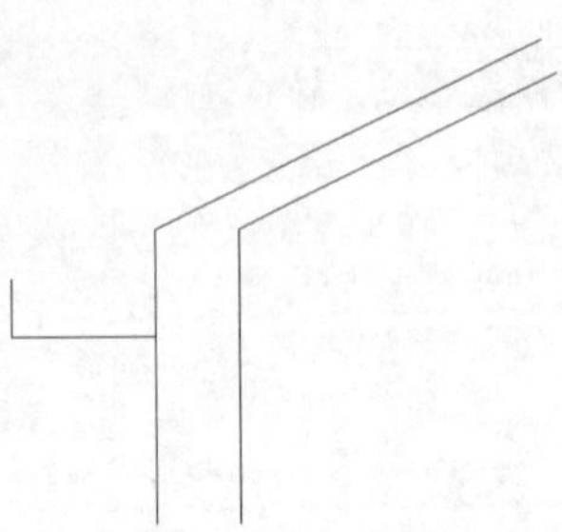

图 14-101　移动天沟外轮廓线

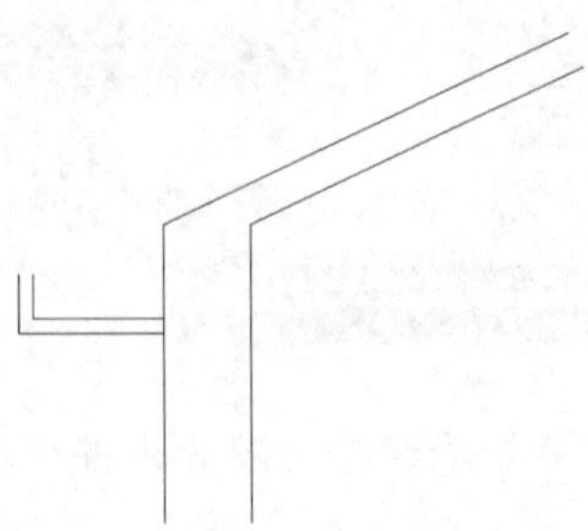

图 14-102　绘制天沟内轮廓线

Step 08 执行“直线”（LINE）命令，分别捕捉天沟内外轮廓线的上端点作为直线的第一点和下一点，将其作为天沟外槛上边线，绘制结果如图 14-103 所示。

Step 09 选择天沟外轮廓线，启用夹点编辑功能，将其右端点水平移到墙体右边线上，绘制结果如图 14-104 所示。

Step 10 执行“修剪”（TRIM）命令，选择天沟内外轮廓线作为剪切边，将两条轮廓线之间的墙体左边线修剪掉，完成轮廓线的绘制，绘制结果如图 14-105 所示。

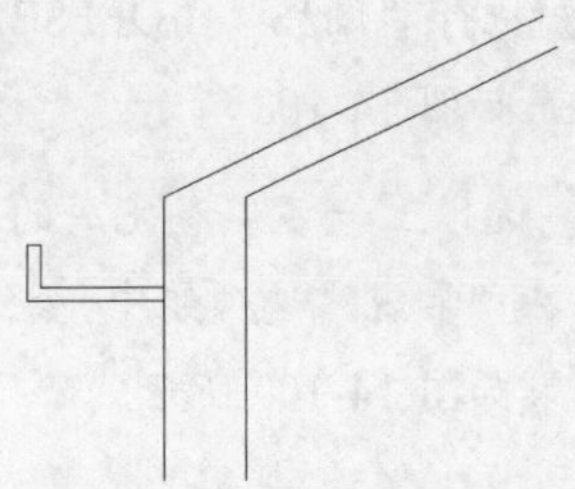

图 14-103　绘制天沟外槛上边线

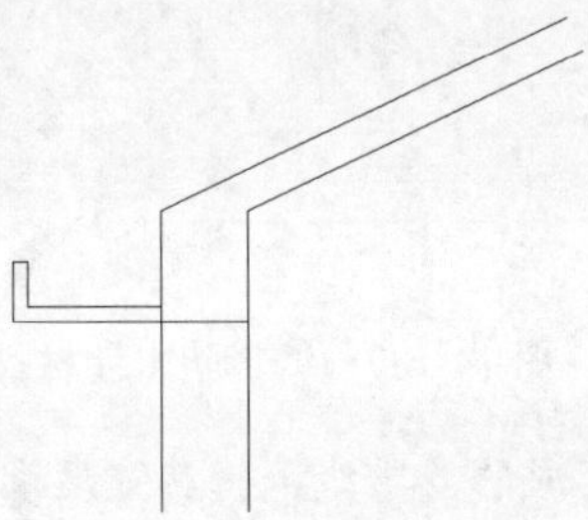

图 14-104　延伸天沟外轮廓线

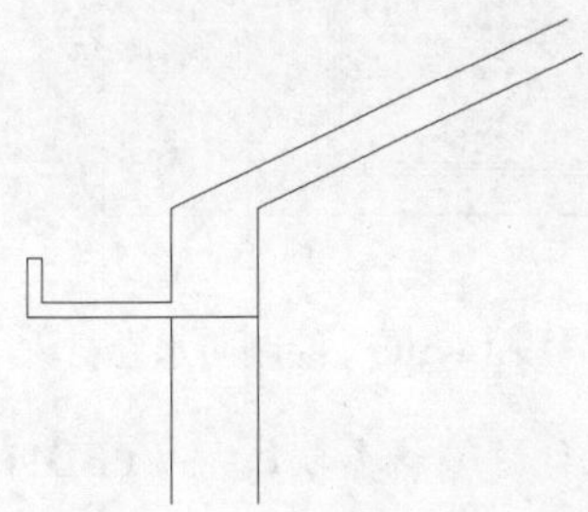

图 14-105　完成轮廓线的绘制

14.4.3　绘制面层及其他构造层

Step 01 将“面层”图层置为当前图层。

Step 02 执行“偏移”（OFFSET）命令，偏移距离为 20，将屋面板上边线向上偏移两次，分别作为找平层和防水层，将檐沟内边线也向上偏移一次，作为防水层，绘制结果如图 14-106 所示。

Step 03 将上一步绘制的找平层及防水层构造线置于当前图层。

Step 04 执行“倒角”（CHAMFER）命令，倒角距离均为 0，将防水层构造线倒角，效果如图 14-107 所示。

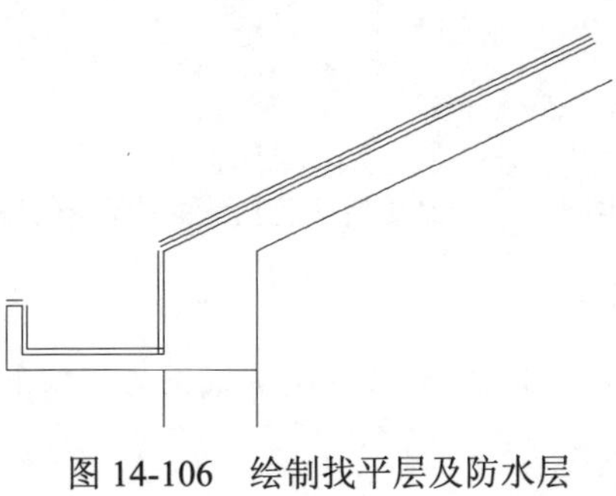

图 14-106　绘制找平层及防水层

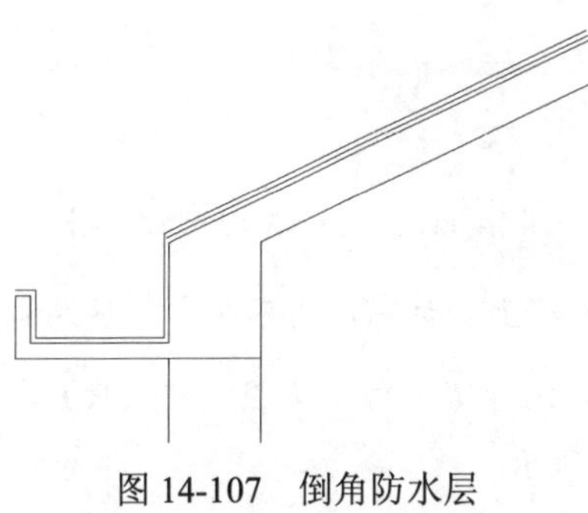

图 14-107　倒角防水层

Step 05 执行“编辑多段线”（PEDIT）命令，根据命令行提示输入 M，选择所有防水层构造线，将其转化为多段线，然后合并为一条多段线。

Step 06 执行“偏移”（OFFSET）命令，选择上一步完成的多段线，向下偏移 10，作为防水卷材，效果如图 14-108 所示。

Step 07 选择上一步偏移完成的多段线，执行“特性”（PROPERTIES）命令，打开“特性”选项板，在“常规”选项组中，将“线型”设置为 ACAD_ISO03W100，将“线型比例”设置为 5，绘制结果如图 14-109 所示。

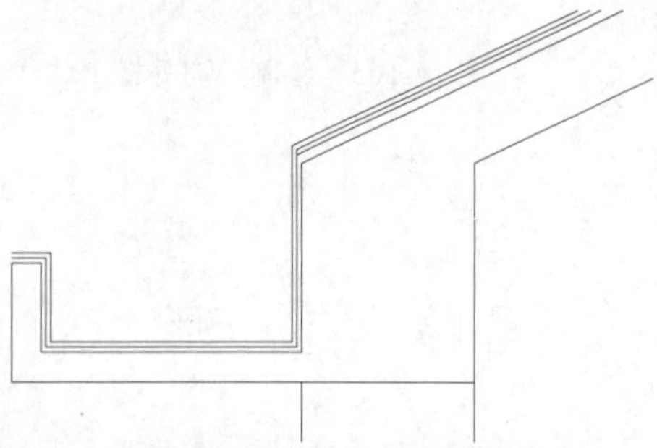
图 14-108 绘制防水卷材

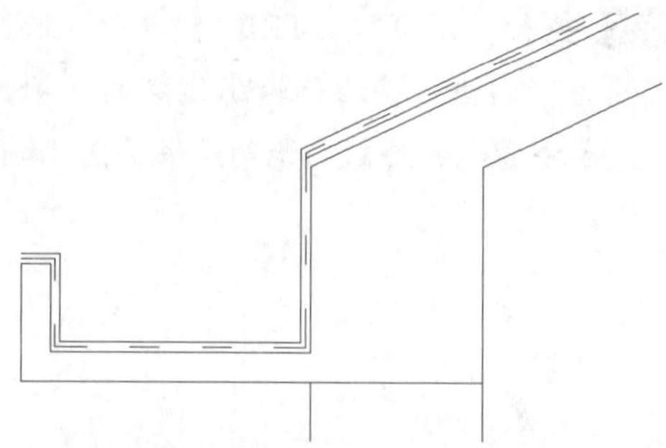
图 14-109 编辑防水卷材

Step 08 执行“编辑多段线”（PEDIT）命令，选择上一步完成的多段线，将其宽度设置为 20，绘制结果如图 14-110 所示。

Step 09 执行“偏移”（OFFSET）命令，将屋面板下边线依次向下偏移 50（保温层厚度）、20（抹灰层厚度），将墙体左右边线均向外偏移 20（抹灰层厚度），将天沟底板下边线向下偏移 20（抹灰层厚度），将第 5 步完成的防水层构造线向外偏移 20（抹灰层厚度），绘制结果如图 14-111 所示。

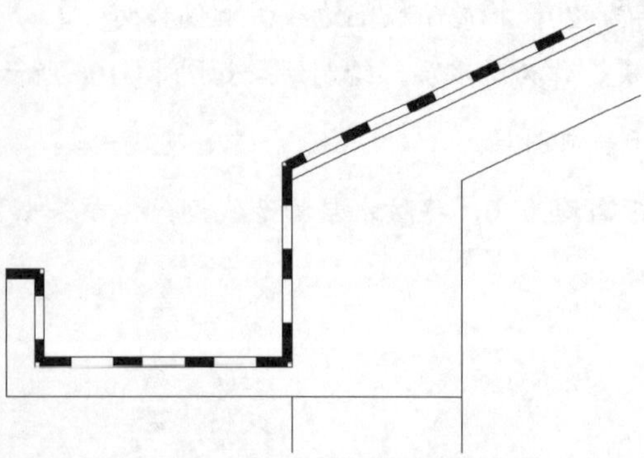
图 14-110 绘制完成的防水卷材

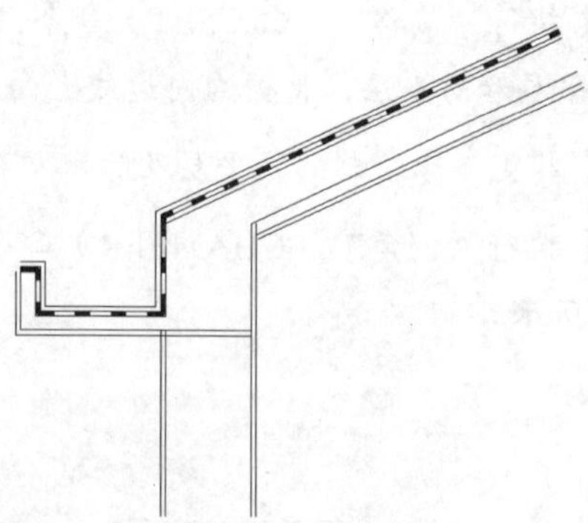
图 14-111 绘制面层（包括屋面内保温层）

Step 10 将上一步完成的不在当前层的构造线置于当前图层。

Step 11 执行“倒角”（CHAMFER）命令，倒角距离均为 0，将抹灰层构造线倒角，效果如图 14-112 所示。

Step 12 选择天沟抹灰构造线，启用夹点编辑功能，将其标记为 *A* 的点垂直向上移动 10，使天沟边槛顶部抹灰形成朝向天沟的倾斜面，绘制结果如图 14-113 所示。

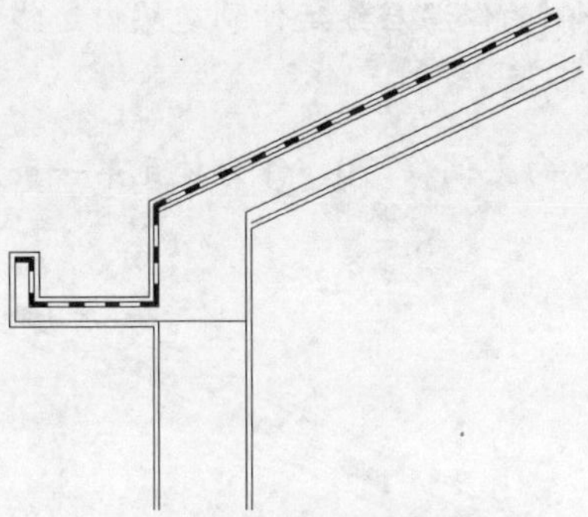

图 14-112　倒角面层

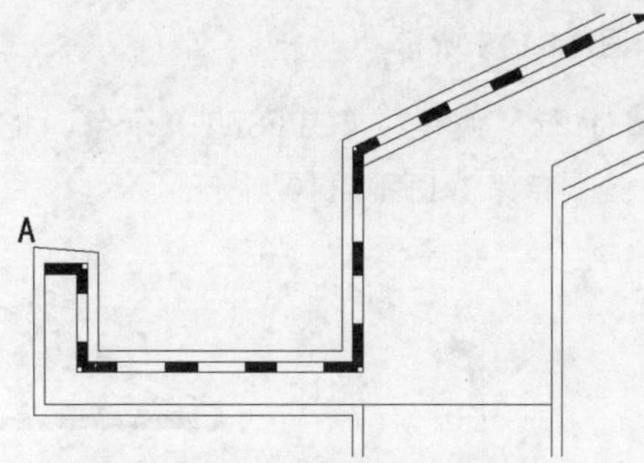

图 14-113　编辑天沟边槛顶部面层

Step 13 执行“直线”（LINE）命令两次，分别捕捉上一步绘制完成的倾斜面两端点作为第一点，水平向右分别捕捉与抹灰层的垂足作为下一点，绘制两条水平直线，绘制结果如图 14-114 所示。

Step 14 执行“矩形”（RECTANG）命令，捕捉天沟底部抹灰层左端点作为第一个角点，输入另一角的相对坐标（@10,10），绘制边长为 10 的正方形，作为滴水，绘制结果如图 14-115 所示。

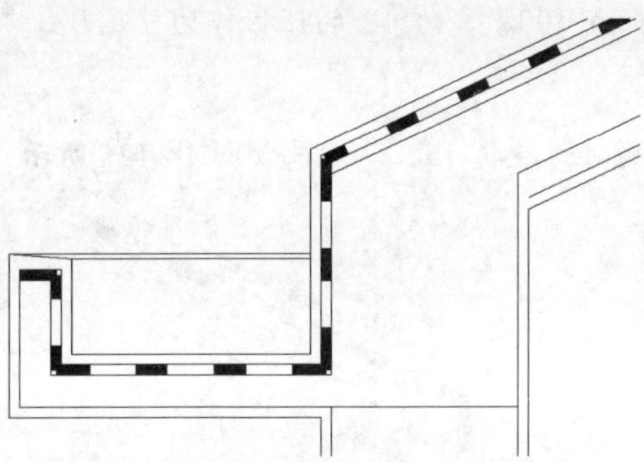

图 14-114　绘制天沟边槛顶部倾斜面看线

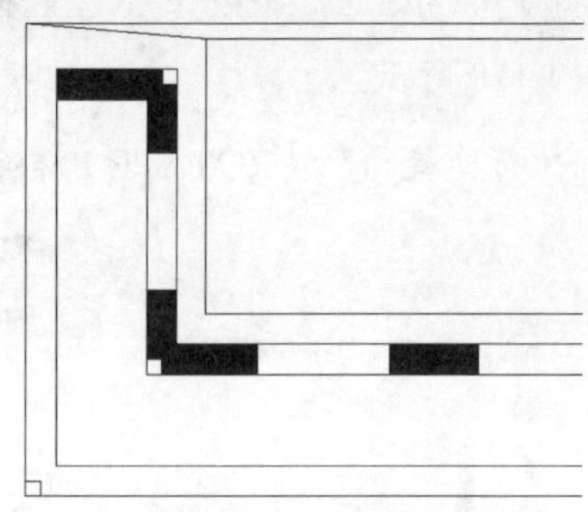

图 14-115　绘制滴水

Step 15 执行“移动”（MOVE）命令，将上一步绘制的正方形水平向右移动 80，绘制结果如图 14-116 所示。

Step 16 执行“修剪”（TRIM）命令，选择上一步完成的正方形作为剪切边，将多余的线条修剪掉，完成滴水的绘制，绘制结果如图 14-117 所示。

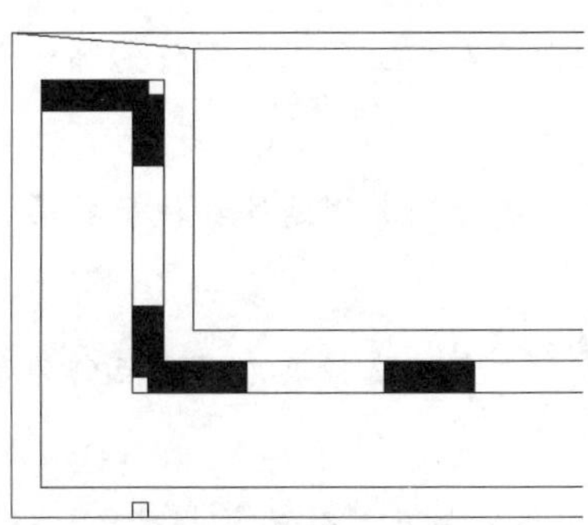

图 14-116　移动滴水

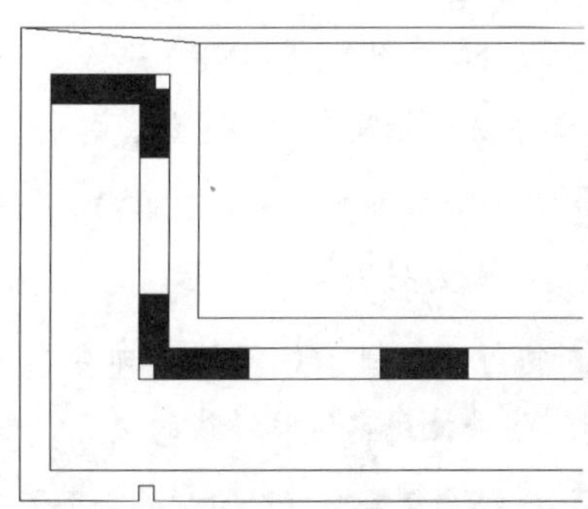

图 14-117　绘制完成的滴水效果

Step 17 执行“延伸”（EXTEND）命令，将第 9 步中绘制的保温层线延伸到边梁内边线，绘制结果如图 14-118 所示。

Step 18 执行“偏移”（OFFSET）命令，将屋面板上边线向上偏移 70，作为挂瓦第一条定位参考线，绘制结果如图 14-119 所示。

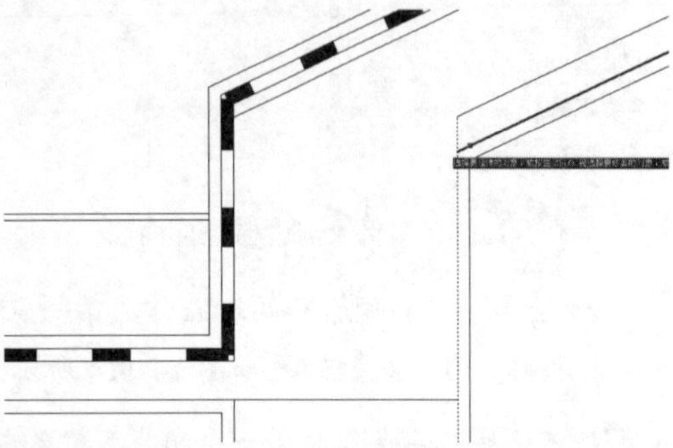

图 14-118　延伸保温层构造线

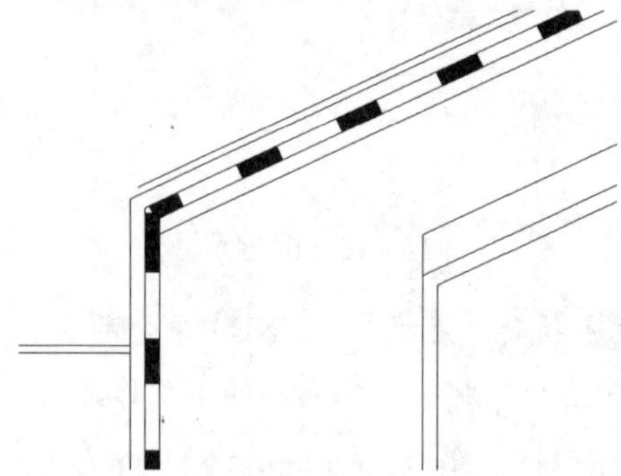

图 14-119　绘制挂瓦第 1 条定位参考线

Step 19 执行“矩形”（RECTANG）命令，绘制一长为 100、宽为 12 的矩形作为挂瓦片，效果果如图 14-120 所示。

Step 20 执行“旋转”（ROTATE）命令，将挂瓦片逆时针旋转 15°，效果如图 14-121 所示。

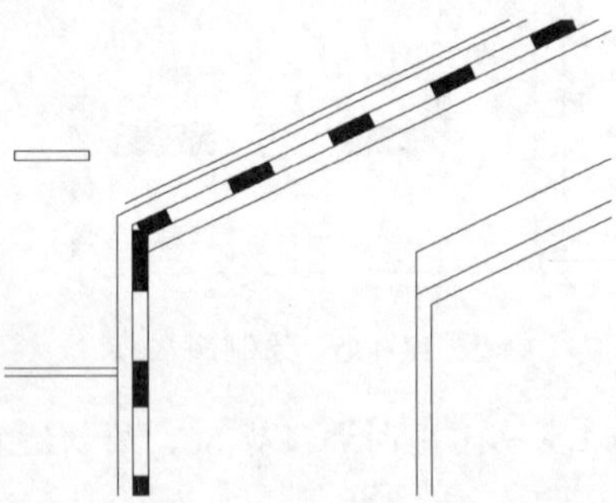

图 14-120　绘制挂瓦

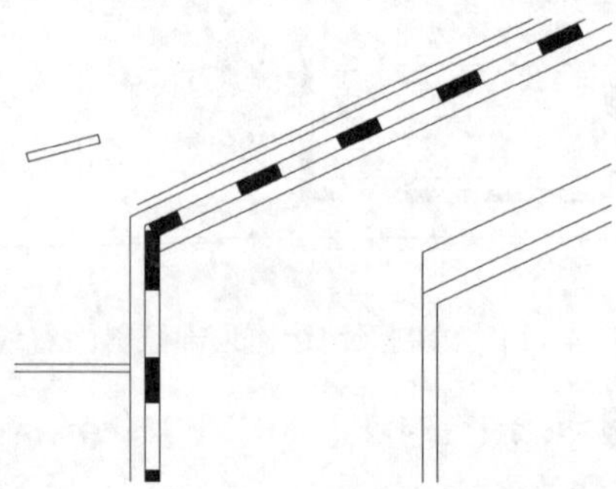

图 14-121　旋转挂瓦

Step 21 执行“移动”（MOVE）命令，捕捉挂瓦片右下角点作为基点，将其移动到第 18 步绘制的定位参考线上，使挂瓦片略微跳出抹灰层，效果如图 14-122 所示。

Step 22 执行“直线”（LINE）命令，捕捉挂瓦片的左上角点和右上角点分别作为第一点和下一点，绘制第 2 条挂瓦定位参考线。

Step 23 执行“延伸”（EXTEND）命令，将上一步绘制的定位参考线延伸到挂瓦的第一条定位参考线，效果如图 14-123 所示。

Step 24 执行“复制”（COPY）命令，选择挂瓦片作为复制对象，选择其右下角点作为基点，将其复制到两条挂瓦定位参考线的交点，效果如图 14-124 所示。

Step 25 执行“复制”（COPY）命令，选择上一步复制完成的挂瓦片作为复制对象，选择第 19 步绘制的挂瓦片左上角点作为基点，依次复制到下一个挂瓦片的左上角，效果如图 14-125 所示。

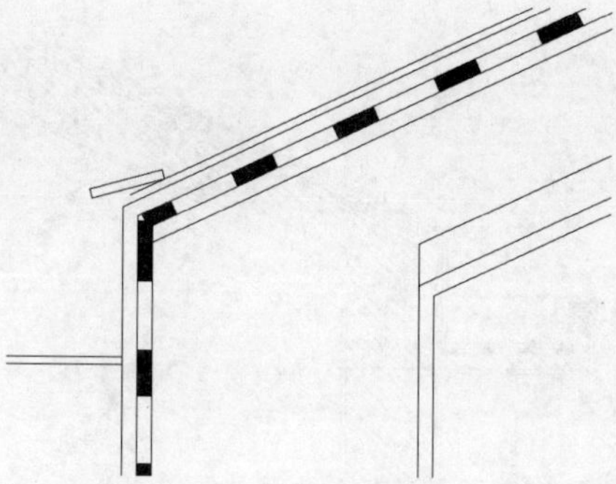

图 14-122　移动挂瓦

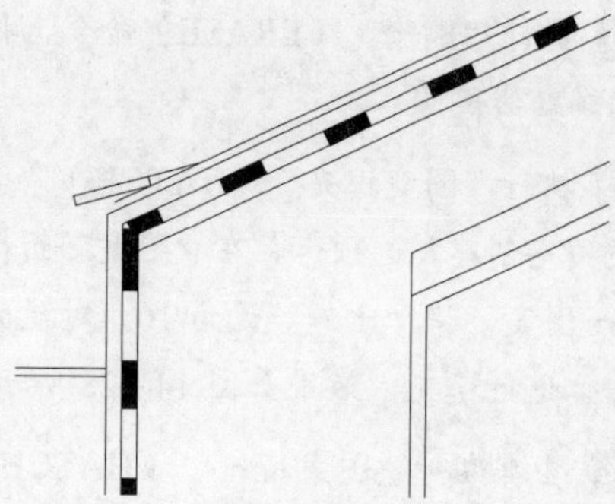

图 14-123　延伸挂瓦第 2 条定位参考线

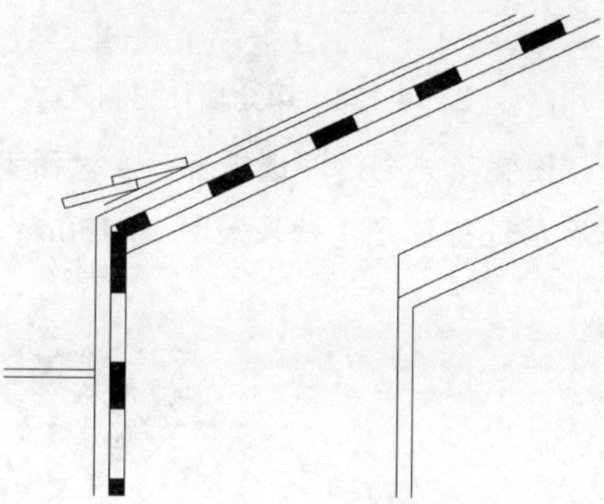

图 14-124　复制挂瓦

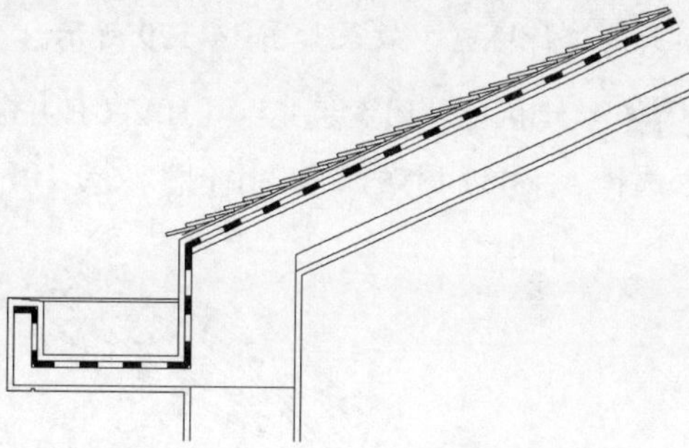

图 14-125　完成挂瓦绘制的最终效果

Step 26 执行“删除”（ERASE）命令，将两条挂瓦定位参考线删除。

14.4.4　填充剖切材料

Step 01 将“材料填充”图层置为当前图层。

Step 02 执行“直线”（LINE）命令两次，绘制两条辅助线，将墙体下端、屋面板连同保温层上端封闭，效果如图 14-126 所示。

Step 03 执行“插入块”命令，插入“折断线”块，插入点为上一步绘制的辅助线的中点，其中在插入坡屋面处折断线时，将插入角度设置为 115°，效果如图 14-127 所示。

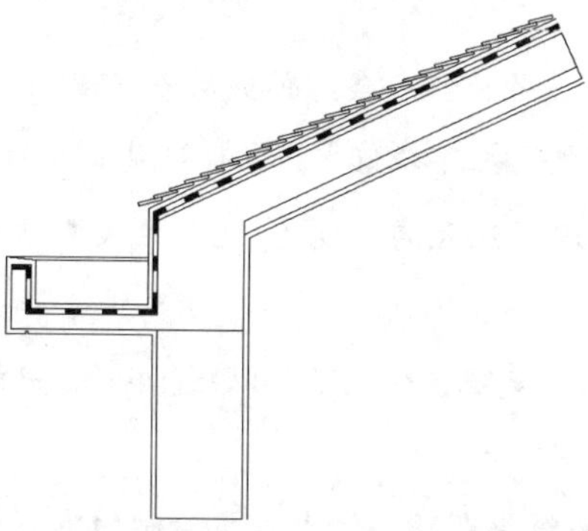

图 14-126　绘制辅助线

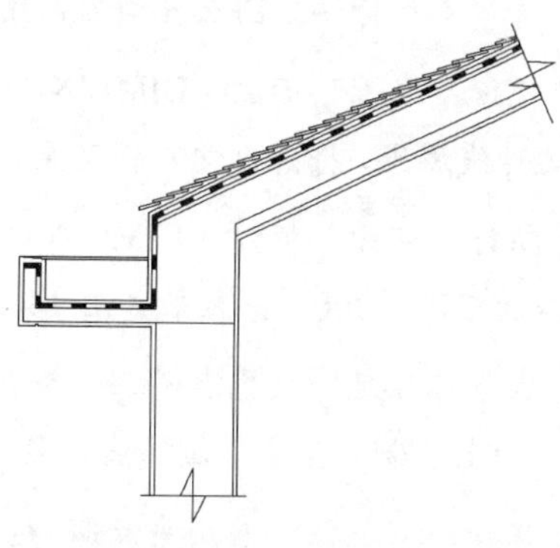

图 14-127　插入“折断线”

Step 04 执行“删除”（ERASE）命令，将第 2 步绘制的辅助线删除。

Step 05 执行“图案填充”（HATCH）命令，打开“图案填充创建”选项卡，在“图案”面板中选择ANSI31 图案，将“比例”设为 10，对屋面连同天沟及墙体进行填充，效果如图 14-128 所示。

Step 06 继续执行“图案填充”（HATCH）命令，打开“图案填充创建”选项卡，在“图案”面板中选择 AR-CONC 图案，将“比例”设为 1，对屋面连同天沟进行填充，效果如图 14-129 所示。

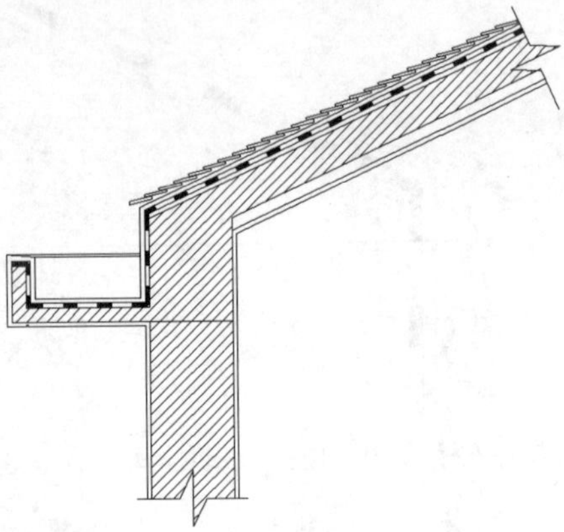

图 14-128　填充墙体材料

Step 07 继续执行“图案填充”（HATCH）命令，打开“图案填充创建”选项卡，在“图案”面板中选择 ANSI37 图案，将“比例”设为 10，对屋面保温层进行填充，效果如图 14-130 所示。

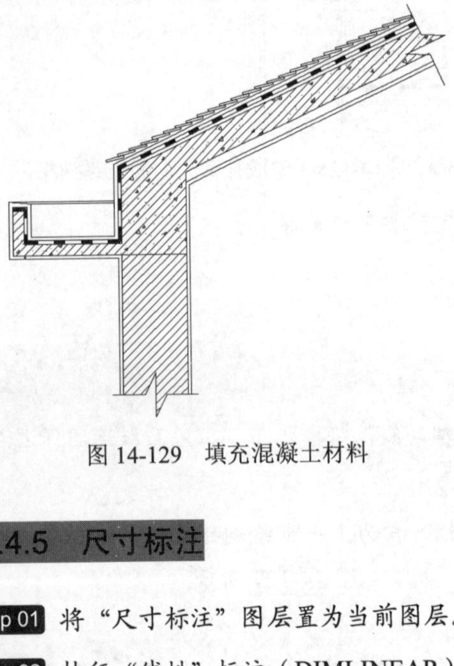

图 14-129　填充混凝土材料

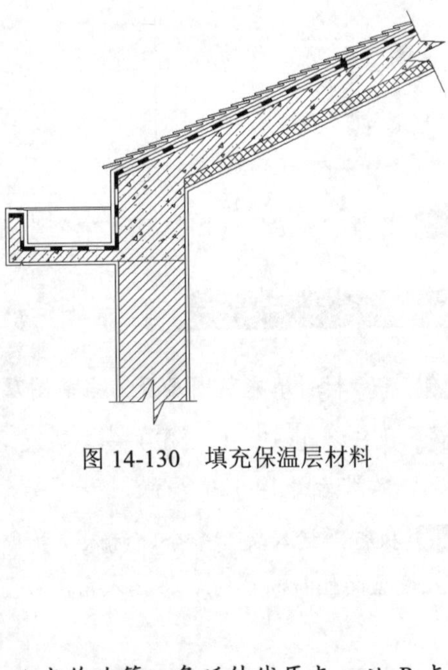

图 14-130　填充保温层材料

14.4.5　尺寸标注

Step 01 将“尺寸标注”图层置为当前图层。

Step 02 执行“线性”标注（DIMLINEAR）命令，以 *A* 点作为第一条延伸线原点，以 *B* 点作为第二条延伸线原点，将鼠标向左移动至合适位置，单击以确定尺寸线位置，效果如图 14-131 所示。

Step 03 执行“连续”标注（DIMCINTINUE）命令，依次标注天沟深度（180）、天沟顶部与坡屋面檐口的距离（200），效果如图 14-132 所示。

Step 04 由于标注延伸线原点不在一条直线上，图形界面不美观，因此可以以图 14-132 中的 *A* 点为第一点向上绘制一条垂直辅助线，效果如图 14-133 所示。

Step 05 选择所有标注，启用夹点编辑功能，将标注延伸线原点移动到上一步绘制的垂直辅助线上，如图 14-134 所示。

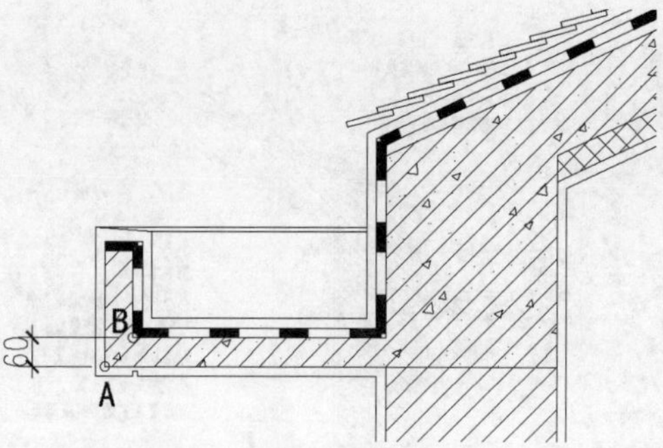

图 14-131　线性标注

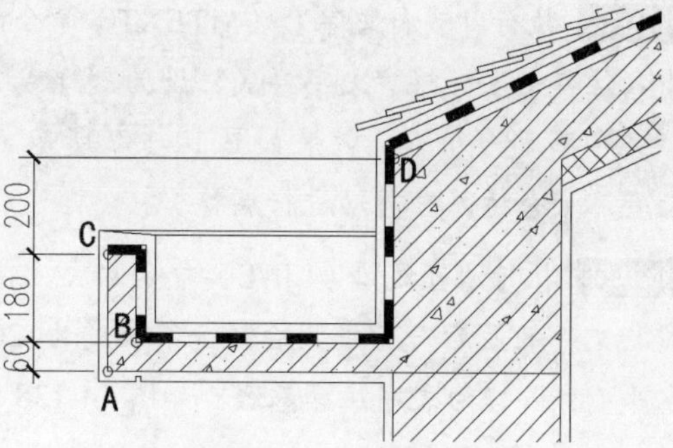

图 14-132　连续标注

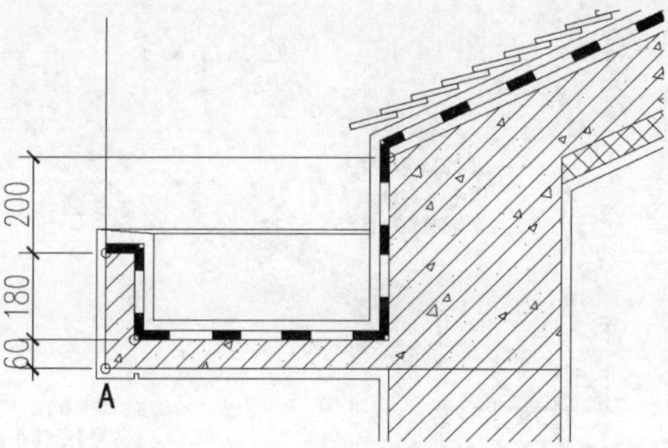

图 14-133　绘制辅助线

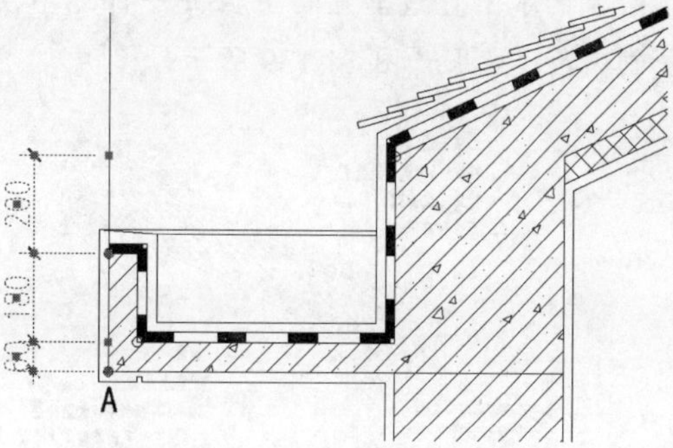

图 14-134　移动标注延伸线原点

Step 06 执行“删除”（ERASE）命令，将第 4 步中绘制的辅助线删除，效果如图 14-135 所示。

Step 07 参照上面的方法完成其他尺寸标注，并启用夹点编辑功能适当调整部分数字的位置，使标注数字排列整齐清楚，效果如图 14-136 所示。

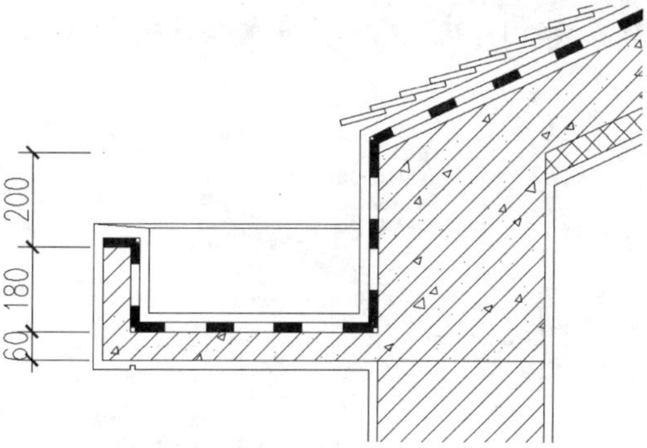

图 14-135

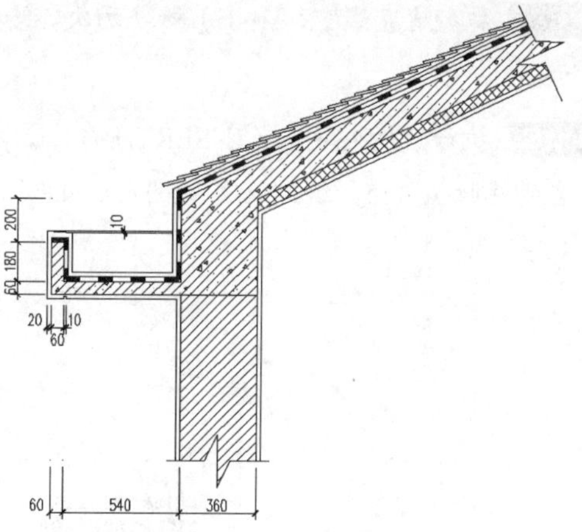

图 14-136　完成尺寸标注的效果

14.4.6　文字注释

Step 01 将“文字说明”图层置为当前层。

Step 02 执行“多行文字”（MTEXT）命令两次，输入注释文字，将“文字样式”设为“样式2”，“文字高度”为70，效果如图14-137所示（如果位置不太合适，可移动进行调整）。

Step 03 执行“直线”（LINE）命令两次，在每段多行文字的最后一行左侧绘制一条长度为200的水平直线，作为文字注释基线，如图14-138所示。

Step 04 执行“复制”（COPY）命令两次，将上一步绘制的水平直线垂直向上在每一行文字左侧均复制一条，效果如图14-139所示。

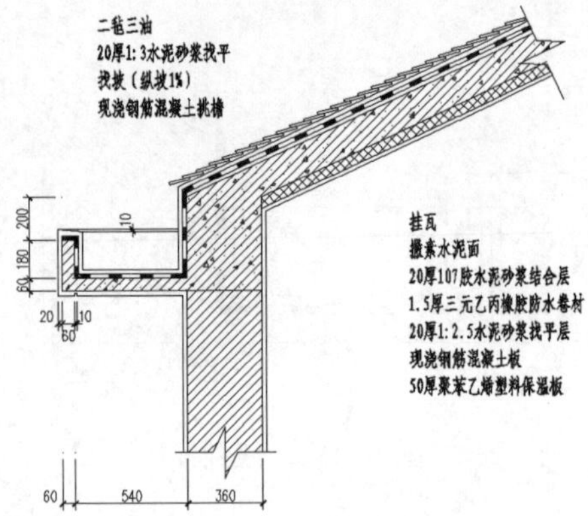

图14-137　创建多行文字

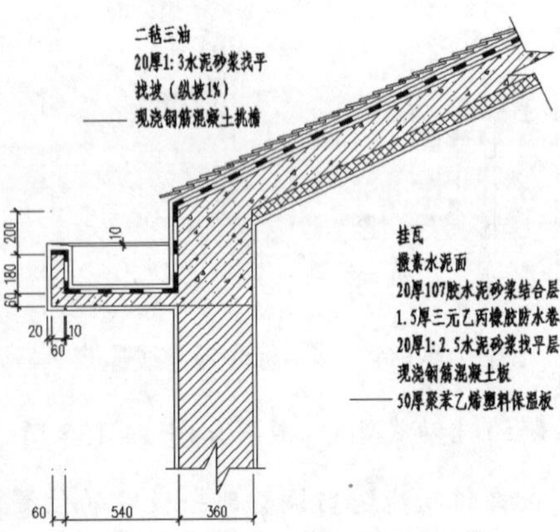

图14-138　绘制文字注释基线

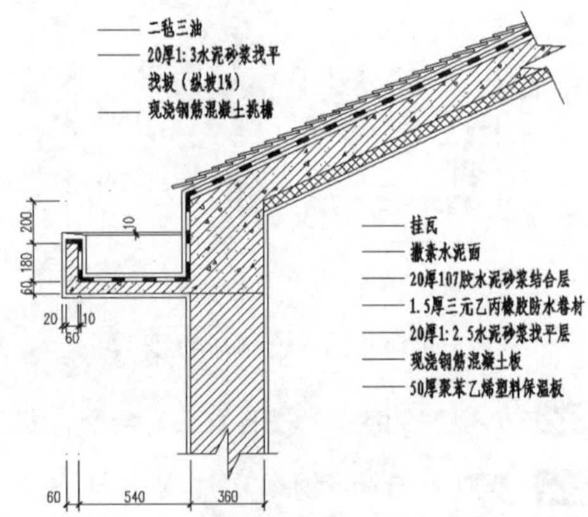

图14-139　复制文字注释基线

Step 05 执行“直线”（LINE）命令两次，绘制两条垂直直线作为文字注释引线，效果如图14-140所示。

Step 06 执行“插入块”（INSERT）命令，插入“图名-比例”块，输入比例的属性值1:10，输入图名的属性值3-5，绘制结果如图14-141所示。

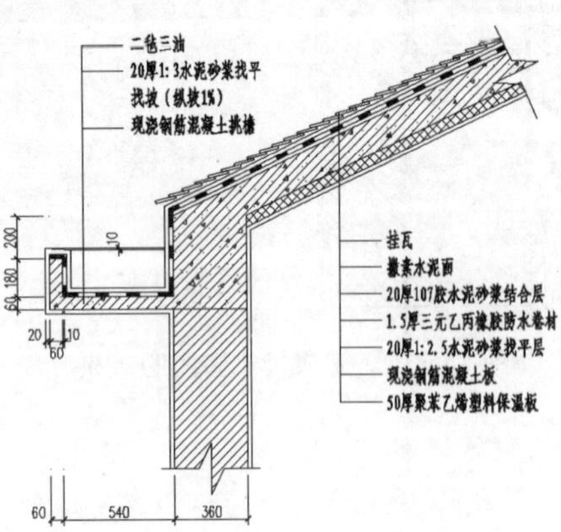

图14-140　绘制文字注释引线

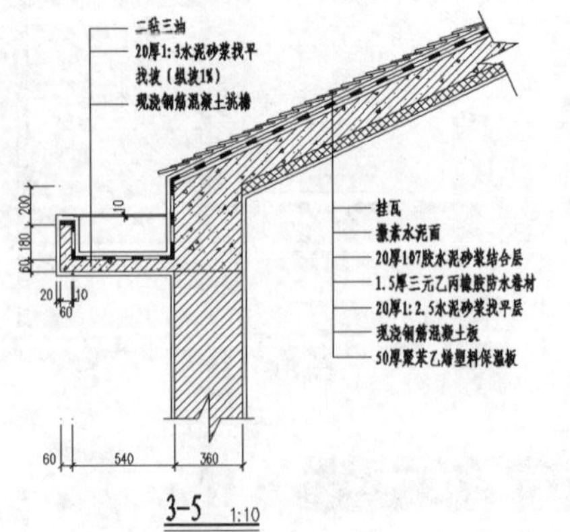

图14-141　最终效果

14.5　绘制雨篷大样

雨篷是设在建筑物出入口或顶部阳台上方用于挡雨、防高空落物砸伤的一种建筑装配。雨篷的形式有悬挑式雨篷、悬挂式雨篷、墙或柱支承式雨篷等，其中钢筋混凝土悬挑式雨篷是一种常见的雨篷形式，从结构上又可分为板式和梁板式，板式雨篷外挑长度受一定限制，一般为 1m～1.5m。

本节将讲解绘制钢筋混凝土悬挑式板式雨篷的操作步骤。

14.5.1　设置绘图环境

Step 01 打开 AutoCAD 2012。执行“新建”（NEW）命令，打开“选择样板”对话框，选择“详图-10.dwt”样板文件，单击“打开”按钮。

Step 02 打开“图层特性管理器”选项板，对其进行修改，设置完成的“图层特性管理器”选项板如图 14-142 所示。

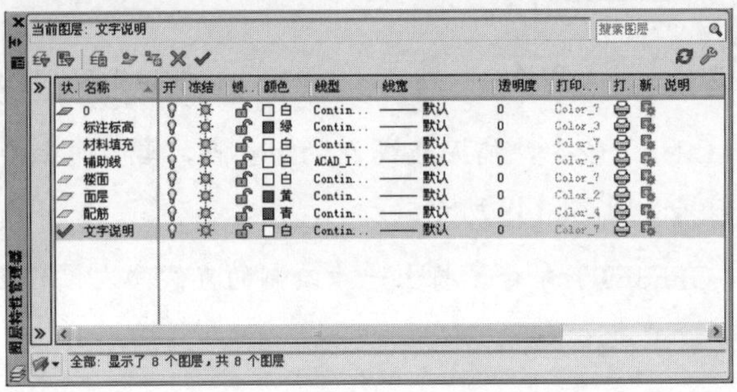

图 14-142　“图层特性管理器”选项板

14.5.2　绘制轮廓线

Step 01 将“轮廓线”图层置为当前图层，并开启线宽显示。

Step 02 执行“直线”（LINE）命令，开启正交模式，连续绘制水平向右、长度为 800 的直线，以及垂直向下、长度为 300 的直线，分别作为楼板轮廓的上边线和边梁的外边线，效果如图 14-143 所示。

Step 03 连续执行“偏移”（OFFSET）命令，将上一步绘制的水平直线向下偏移 80（楼板厚度），垂直直线向左偏移 240，效果如图 14-144 所示。

图 14-143　绘制楼板上边线和边梁外边线

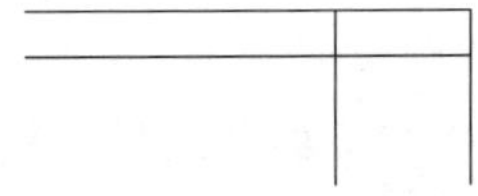

图 14-144　绘制楼板下边线和边梁内边线

Step 04 执行“直线”（LINE）命令，开启对象捕捉功能，捕捉左侧垂直直线的下端点，连续绘制水平向右、长度为740的直线，垂直向上、长度为60(雨篷挑板厚度)的直线，以及水平向左、长度为500(雨篷挑出宽度)的直线，作为雨篷挑板轮廓，效果如图14-145所示。

Step 05 执行“修剪”（TRIM）命令，把多余的线条修剪掉，效果如图14-146所示。

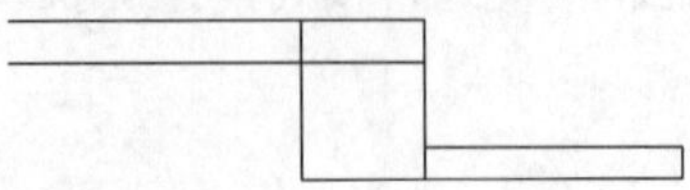

图14-145　绘制雨篷挑板

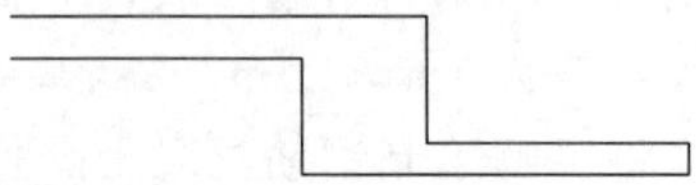

图14-146　修剪雨篷挑板

Step 06 选择如图14-147中直线A，利用夹点编辑功能将其下端点垂直向上拉伸10。

Step 07 选择如图14-147中直线B，利用夹点编辑功能将其左端点垂直向上拉伸10，使雨篷挑板形成一个倾斜面，效果如图14-148所示。

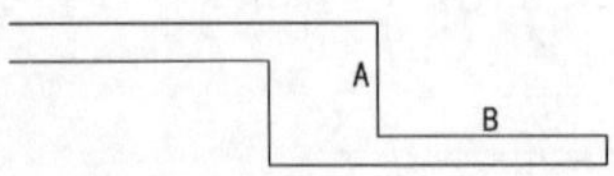

图14-147　分别选择直线A和B

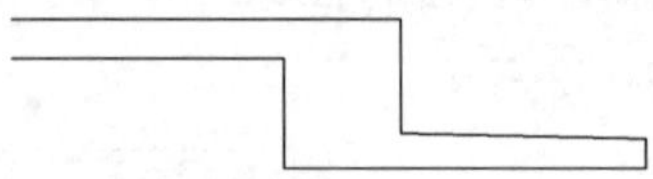

图14-148　绘制雨篷挑板倾斜

Step 08 执行“直线”（LINE）命令，捕捉直线A的上端点，垂直向上绘制一条长度为400的直线，作为墙体外边线，效果如图14-149所示。

Step 09 执行“偏移”（OFFSET）命令，将上一步绘制的直线向左偏移240(墙厚)，作为墙体内边线，效果如图14-150所示。

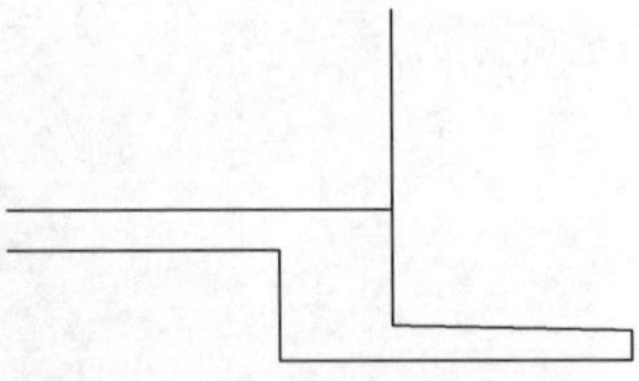

图14-149　绘制墙体外边线

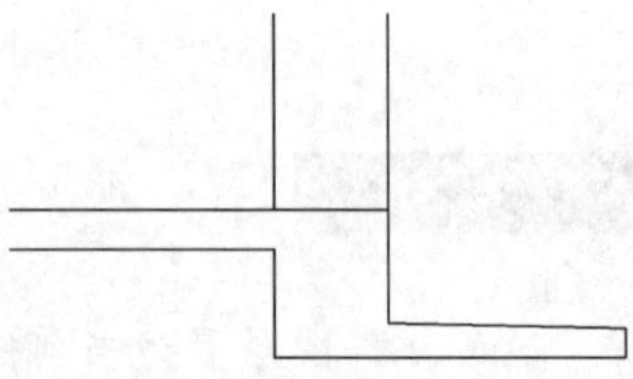

图14-150　绘制墙体内边线

14.5.3　绘制面层线

Step 01 将“面层”图层置为当前图层，并关闭线宽显示。

Step 02 执行“偏移”（OFFSET）命令，将所有轮廓线向外偏移20，作为面层构造线，效果如图14-151所示。

Step 03 选择所有面层构造线，将其置于前图层。

Step 04 执行“倒角”（CHAMFER）命令，倒角距离均为0，将面层构造线倒角，并执行“修剪”命令，修剪多余线条，效果如图14-152所示。

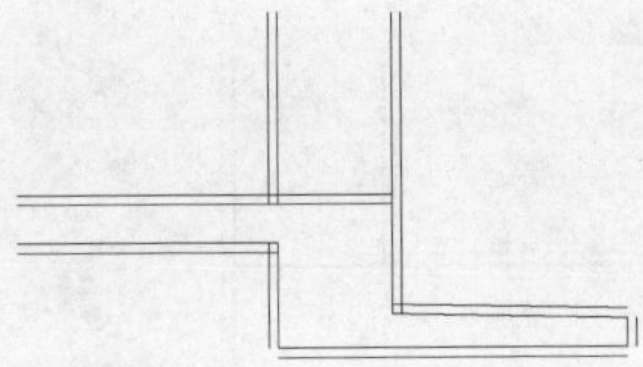

图 14-151　绘制面层

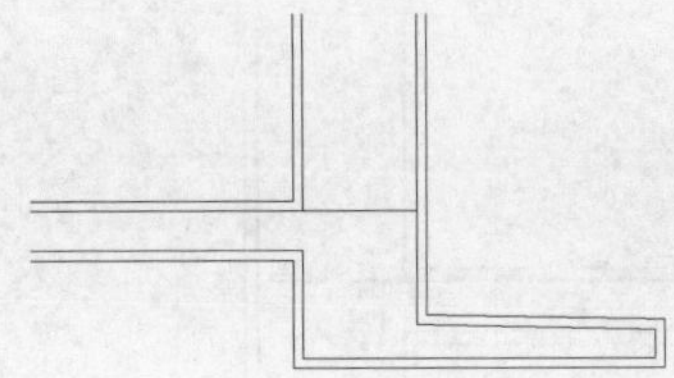

图 14-152　面层最终效果

14.5.4　绘制配筋

Step 01 将“配筋”图层置为当前图层，并开启线宽显示。

Step 02 执行“圆”（CIRCLE）命令，以雨篷挑板端头中点为圆心，绘制半径为 9 的圆，作为纵向钢筋，效果如图 14-153 所示。

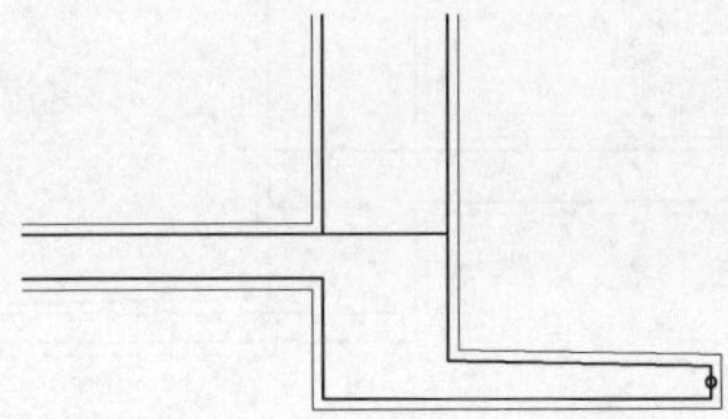

图 14-153　绘制纵向钢筋

Step 03 执行“移动”（MOVE）命令，将上一步绘制的圆向左移动 34，效果如图 14-154 所示。

Step 04 执行“复制”（COPY）命令，将上一步绘制完成的圆作为辅助对象，以圆心为基点，输入 150 作为其位移距离，按【Enter】键确认，然后输入 300 作为其位移距离，按【Enter】键确认，再输入 450 作为其位移距离，按【Enter】键确认，最终效果如图 14-155 所示。

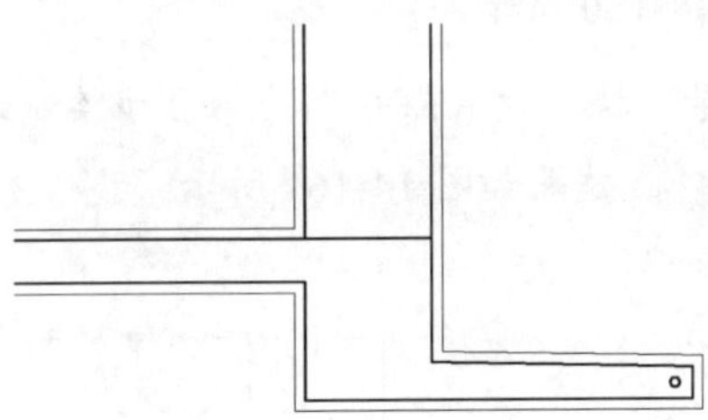

图 14-154　移动纵向钢筋

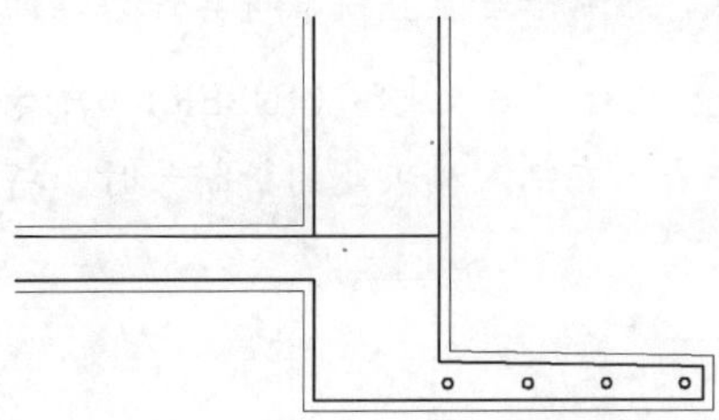

图 14-155　复制纵向钢筋

Step 05 执行“偏移”（OFFSET）命令，将雨篷挑板下边线向上偏移 45，作为横向钢筋，效果如图 14-156 所示。

Step 06 选择上一步绘制的横向钢筋，将其置于当前图层。

Step 07 选择横向钢筋，启用夹点编辑功能，将其左端点水平向右移动 20，将其右端点水平向左移动 20，效果如图 14-157 所示。

Step 08 执行“多段线”（PLINE）命令，以横向钢筋左端点为起点，连续绘制垂直向下、长度为 30 的直线，以及水平向右、长度为 40 的直线，作为横向钢筋弯头，效果如图 14-158 所示。

Step 09 执行“镜像”（MIRROR）命令，选择上一步绘制的多段线作为镜像对象，捕捉横向钢筋中点作为镜像线第一点，垂直向下任意捕捉一点作为镜像线第二点，绘制结果如图 14-159 所示。

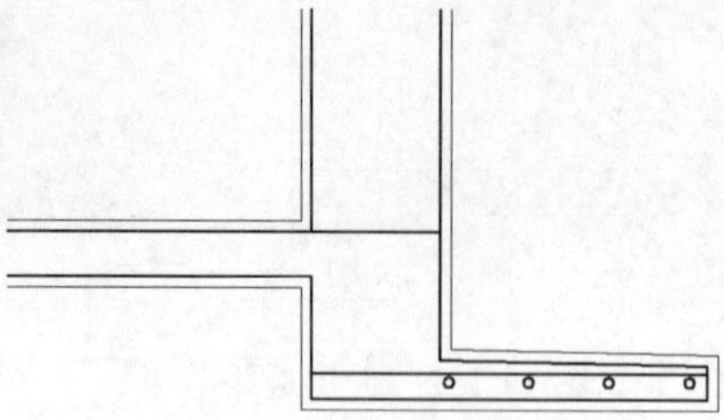

图 14-156　绘制横向钢筋

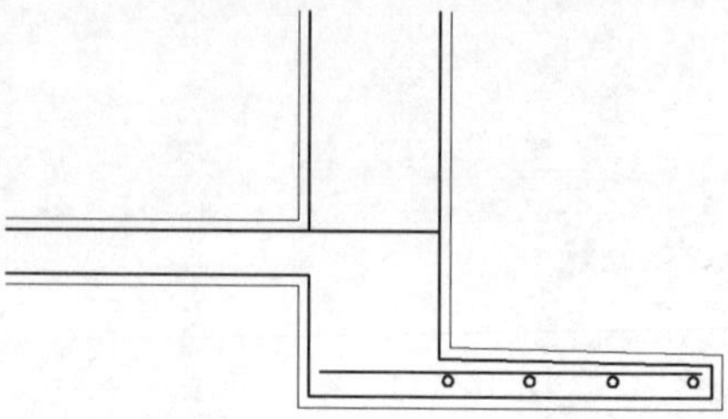

图 14-157　夹点编辑横向钢筋

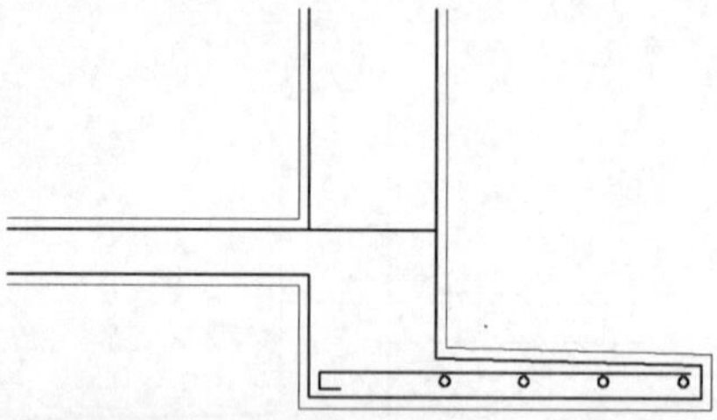

图 14-158　绘制横向钢筋弯头

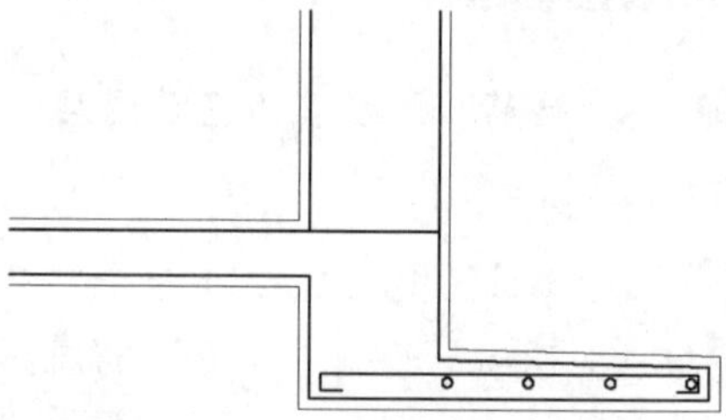

图 14-159　镜像横向钢筋弯头

14.5.5　绘制墙体上端及楼板左端折断线

Step 01 将“标注标高”图层置为当前图层。

Step 02 执行“直线”（LINE）命令两次，捕捉墙体上端端点，绘制一条水平直线，捕捉楼板左端端点，绘制一垂直直线，将其作为辅助线，效果如图 14-160 所示。

Step 03 执行“插入块”（INSERT）命令，插入“折断号”块，插入点分别为第 2 步绘制的各直线的中点，在插入楼板处的折断号时，将角度设置为 90°，效果如图 14-161 所示。

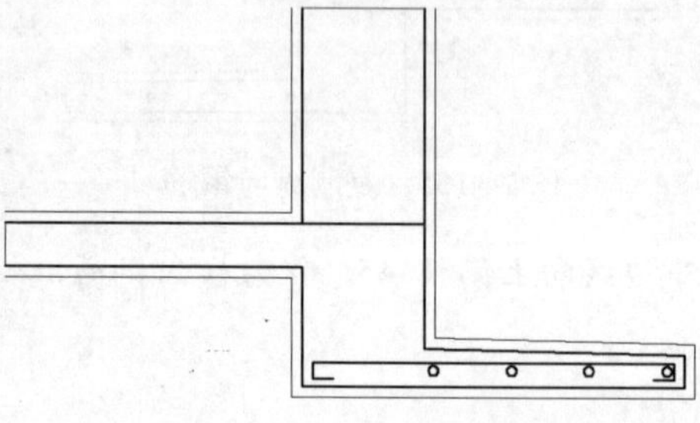

图 14-160　绘制辅助线

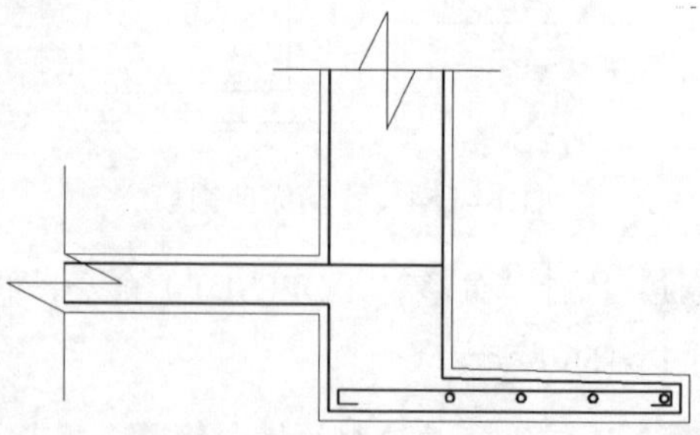

图 14-161　插入折断线

Step 04 执行“删除”（ERASE）命令，删除第 2 步绘制的辅助线。

Step 05 执行“修剪”（TRIM）命令，将楼板上边线位于折断线左侧的线条修剪掉，效果如图 14-162 所示。

Step 06 执行“延伸”（EXTEND）命令，将楼板下边线延伸到折断线，效果如图 14-163 所示。

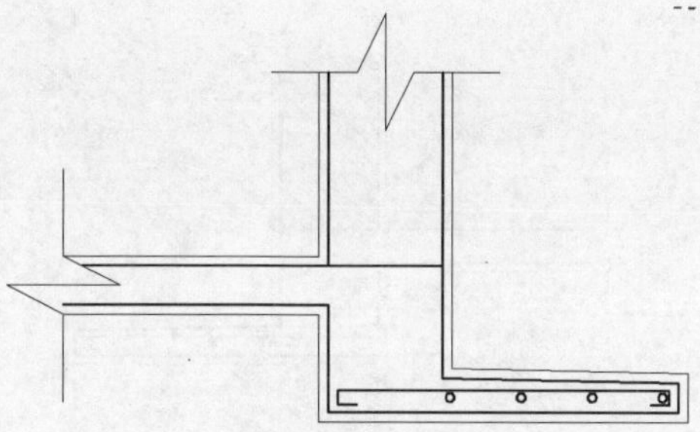

图 14-162 修剪楼板上边线

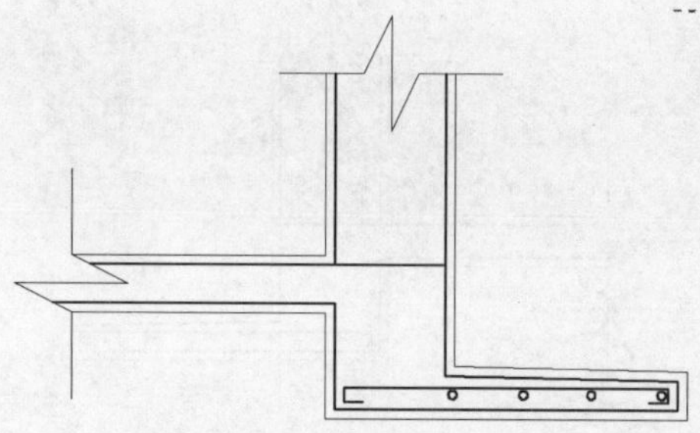

图 14-163 延伸楼板下边线

14.5.6 剖面材料填充

Step 01 将“材料填充”图层置为当前图层。

Step 02 执行“图案填充”（HATCH）命令，打开“图案填充创建”选项卡，在“图案”面板中选择 ANSI31 图案，将“比例”设为 10，对墙体进行填充，效果如图 14-164 所示。

Step 03 将“配筋”图层置为当前图层。

Step 04 执行“图案填充”（HATCH）命令，打开“图案填充创建”选项卡，在“图案”面板中选择 SOLID 图案，对纵向钢筋进行填充，效果如图 14-165 所示。

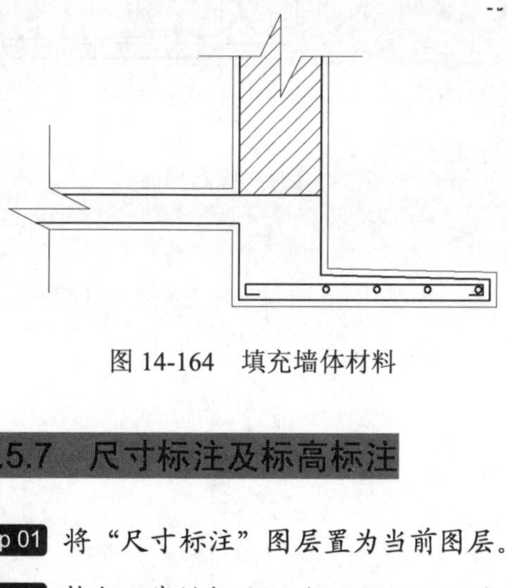

图 14-164 填充墙体材料

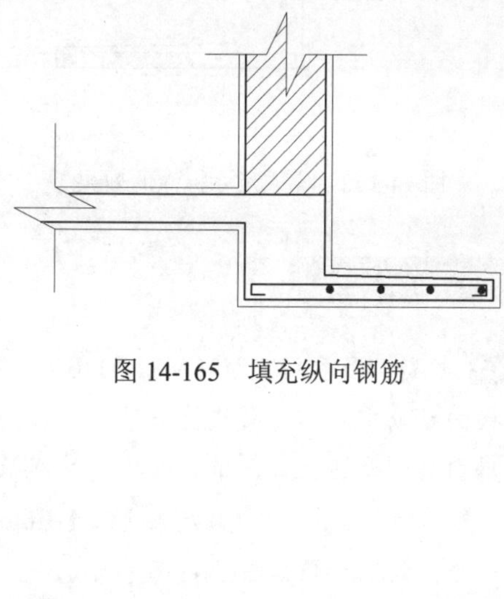

图 14-165 填充纵向钢筋

14.5.7 尺寸标注及标高标注

Step 01 将“尺寸标注”图层置为当前图层。

Step 02 执行“线性标注”（DIMLINEAR）命令，以雨篷挑板上边线右端点作为第一条延伸线原点，以挑板上边线左端点作为第二条延伸线原点，向下移动鼠标到合适位置单击，线性标注效果如图 14-166 所示。

Step 03 执行“连续标注‘（DIMCINTINUE）命令，标注墙体厚度（240），效果如图 14-167 所示。

Step 04 选择所有标注，启用夹点编辑功能，将标注延伸线原点移动到雨篷挑板下边线上。

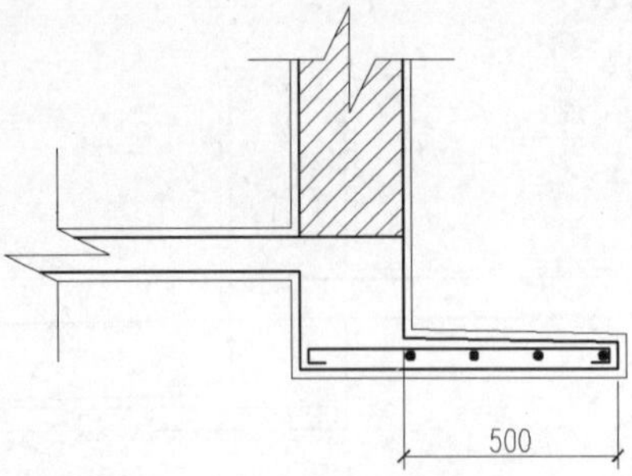

图 14-166　线性标注

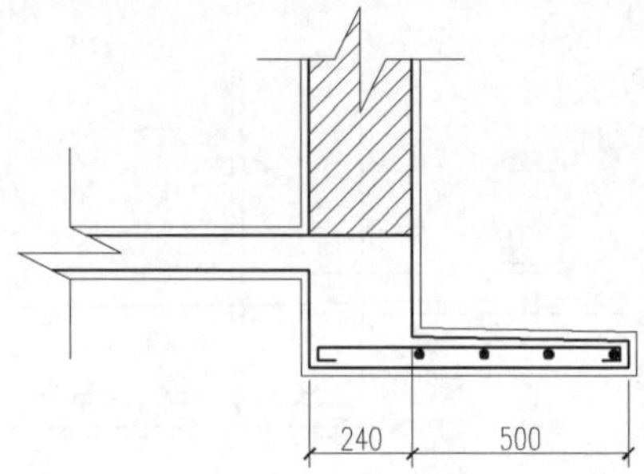

图 14-167　连续标注

Step 05 参考上面的方法完成其他标注，并将部分拥挤的数字移动到合适的位置，最终标注效果如图 14-168 所示。

Step 06 执行“插入块”（INSERT）命令，插入“标高”块，插入点为楼面面层线上任意一点，插入比例为 10，并在命令行提示下输入标高（属性值）3.600，插入块的效果如图 14-169 所示。

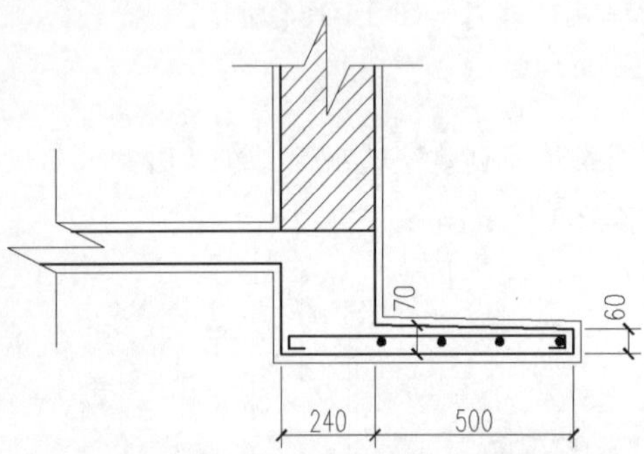

图 14-168　完成尺寸标注的效果

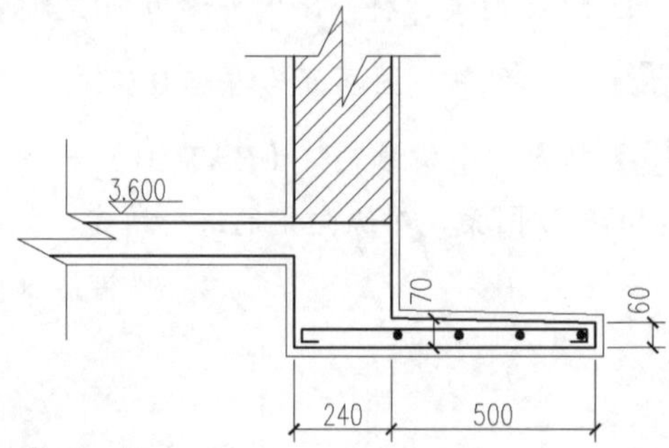

图 14-169　标高标注

14.5.8　文字注释

Step 01 执行“多重引线”（MLEADER）命令，指定横向钢筋中点作为引线箭头的位置，向右上方移动引线到合适位置，单击以确定引线基线的位置，然后输入 φ 6@150，最后按【Ctrl+Enter】键结束命令，绘制结果如图 14-170 所示。

Step 02 参照上面的方法完成其他文字标注，完成文字标注的效果如图 14-171 所示。

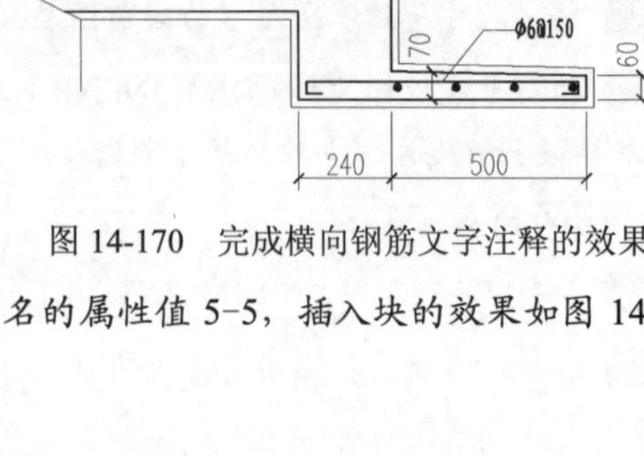

图 14-170　完成横向钢筋文字注释的效果

Step 03 执行“插入块”（INSERT）命令，插入“图名-比例”块，输入比例的属性值 1:10，输入图名的属性值 5-5，插入块的效果如图 14-172 所示。

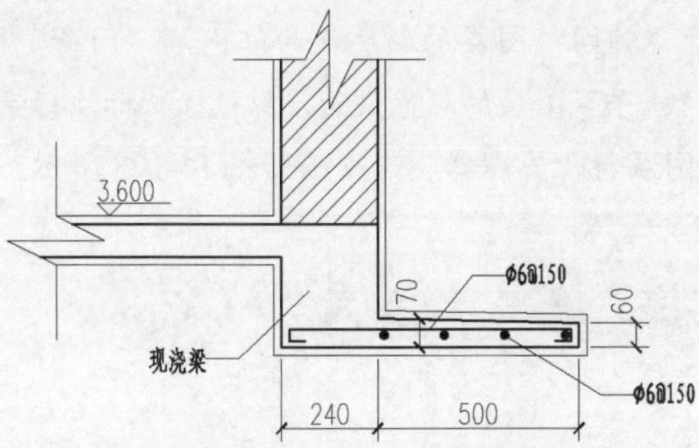

图 14-171 完成其他文字注释的效果

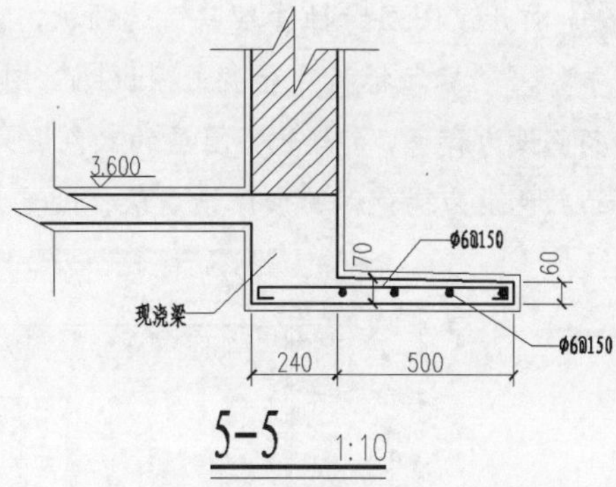

图 14-172 最终绘制效果

14.6 绘制楼梯平面详图

楼梯的构造一般较复杂，需要另画详图表示。楼梯详图主要表示楼梯的类型、结构形式、各部位的尺寸及装修做法，是楼梯施工放样的主要依据。

楼梯详图一般包括平面图、剖面图及踏步、栏板详图等，并尽可能画在同一张图纸内。平、剖面图比例要一致，以便对照阅读。踏步、栏板详图比例要大些，以便表达清楚该部分的构造情况。

一般每一层楼都要画一张楼梯平面图。三层以上的房屋，若中间各层的楼梯位置及其梯段数、踏步数和大小都相同时，通常只画出底层、中间层和顶层 3 个平面图即可。

楼梯平面详图的剖切位置，是在该层往上走的第一梯段（休息平台下）的任一位置。各层被剖切到的梯段，按国标规定，均在平面图中以一根 450 折断线表示。在每一梯段处画有一长箭头，并注写“上”或“下”字和步级数，表明从该层楼（地）面往上或往下走多少步级可到达上（或下）一层的楼（地）面。例如，在二层楼梯平面图中，被剖切的梯段的箭头注有“上 20”，表示从该梯段往上走 20 步级可到达第三层楼面。另一梯段注有“下 20”，表示往下走 20 步级可到达底层地面。各层平面图中还应标出该楼梯间的轴线。而且，在底层平面图还应注明楼梯剖面图的剖切符号。

楼梯平面图中，除注出楼梯间的开间和进深尺寸、楼地面和平台面的标高尺寸外，还需注出各细部的详细尺寸。通常把梯段长度尺寸与踏面数、踏面宽的尺寸合并写在一起。如底层平面图中的 11×260=2860，表示该梯段有 11 个踏面 ，每一踏面宽为 260，梯段长为 2860。通常，3 个平面图画在同一张图纸内，并相互对齐，这样既便于阅读，又可省略标注一些重复的尺寸。

14.6.1 设置绘图环境

Step 01 打开 AutoCAD 2012。执行“新建”（NEW）命令，打开“选择样板”对话框，选择 acadiso.dwt 样板，单击“打开”按钮。

Step 02 执行“图形界限”命令，将图形界限设置为 42000 × 29700，并设置观察视图范围，使图形界限全部显示。

Step 03 打开“图层特性管理器”选项板，依次建立“轴网”、“墙体”、“门窗”、“楼梯”、“扶手”、“标注标高”和“文字说明”图层，并将“轴网”图层的颜色设为红色，“门窗”图层的颜色设为青色，“楼梯”图层的颜色设为黄色，“扶手”图层的颜色设为洋红色，“标注标高”图层的颜色设为绿色，其余保持默认。设置完成的“图层特性管理器”选项板如图 14-173 所示。

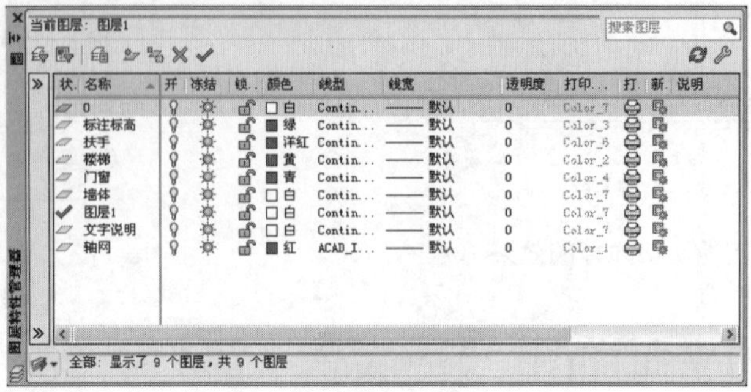

图 14-173　“图层特性管理器”选项板

Step 04 设置文字样式。新建文字新式“样式 1”，“字体”名为 dim.shx，新建文字样式“样式 2”，“字体”名为仿宋-GB2312。

Step 05 设置标注样式。打开“标注样式管理器”对话框，在“样式”列表框中选择 ISO-25，单击“修改”按钮，打开“修改标注样式：ISO-25”对话框。选择“线”选项卡，在“延伸线”选项组中，将“超出尺寸线”的值设为 100，将“起点偏移量”的值设为 200；选择“符号和箭头”选项卡，在“箭头”选项组中，在“第一个”下拉列表框中选择“建筑标记”选项，单击“第二个”按钮右边的下拉箭头，在弹出的下拉列表框中选择“建筑标记”选项，并设置“箭头大小”为 125；选择“文字”选项卡，在“文字外观”选项组中，单击“文字样式”按钮右边的下拉箭头，在弹出的下拉列表框中选择“样式 1”选项，并设置“文字高度”为 40，修改“文字位置”选项组中的“从尺寸线偏移”为 10；选择“调整”选项卡，在“调整选项”选项组中选择“文字始终保持在尺寸界线之间”复选框，在“文字位置”列表框中选择“尺寸线上方，不带引线”单选按钮。

14.6.2　绘制轴网

Step 01 将“轴网”图层置为当前图层。

Step 02 执行“直线”（LINE）命令两次，开启正交模式，分别绘制水平向右、长度为 6000 的直线，以及垂直向下、长度为 7500 的直线，效果如图 14-174 所示。

提　示

如果图形中没有显示出点画线，这是由于线型比例太小。可以双击某一轴线，打开“特性”选项板，将线型比例设置为 50，然后执行“特性匹配”（MATCHPROP）命令，将其他轴线的线型比例也改为 50。

Step 03 连续执行“偏移”（OFFSET）命令，将上一步绘制的水平直线向下偏移 4500，垂直直线向右偏移 3600，效果如图 14-175 所示。

Step 04 将“标高标注”图层置为当前图层。

Step 05 执行“圆”（CIRCLE）命令，以左边垂直轴线的下端点为圆心，绘制一个半径为 400 的圆，效果如图 14-176 所示。

图 14-174　绘制轴网

图 14-175　偏移轴网

图 14-176　绘制圆

Step 06 执行“定义属性”（ATTDEF）命令，打开“属性定义”对话框，在“属性”选项组中，在“标记”文本框中输入 5，在“提示”文本框中输入“轴号”，在“文字设置”选项组中，将“对正”设为“正中”，将“文字高度”设置为 500，设置完成的对话框如图 14-177 所示，单击“确定”按钮，捕捉圆心，绘制结果如图 14-178 所示。

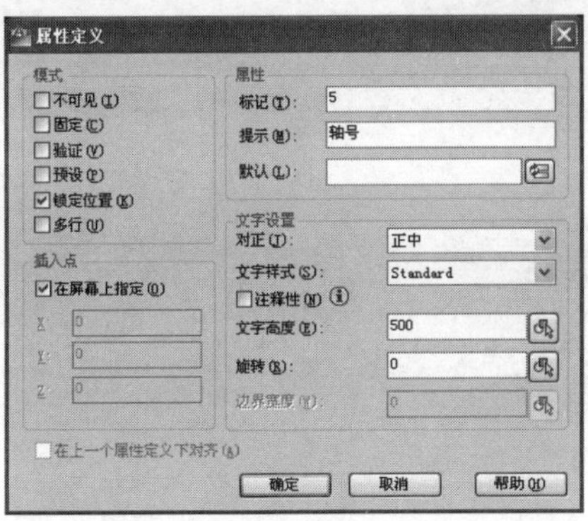

图 14-177　“属性定义”对话框

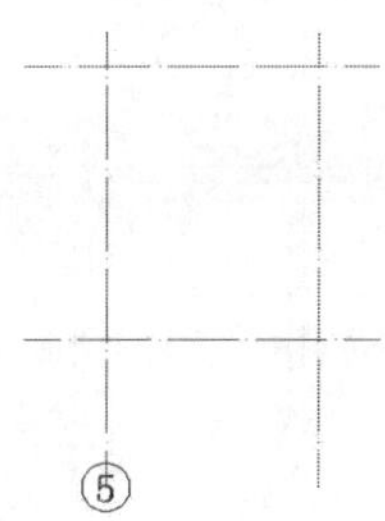

图 14-178　设置完成的“轴号”属性定义

Step 07 选择圆和标记 5，执行创建块（BLOCK）命令，拾取圆心作为基点，名称设置为“轴号”，创建“轴号”块，单击“确定”按钮。在命令行输入 ATT，按【Enter】键，在弹出的“编辑属性”对话框中，将“轴号”设置为 5。

Step 08 执行“插入块”(INSERT)命令，捕捉右边垂直轴线的下端点作为插入点，并输入轴号 6，按照这种方法完成其他轴号的插入，效果如图 14-179 所示。

Step 09 执行“移动”（MOVE）命令，将上 5、6 轴号垂直向下移动 400，将 D、E 轴号水平向左移动 400，效果如图 14-180 所示。

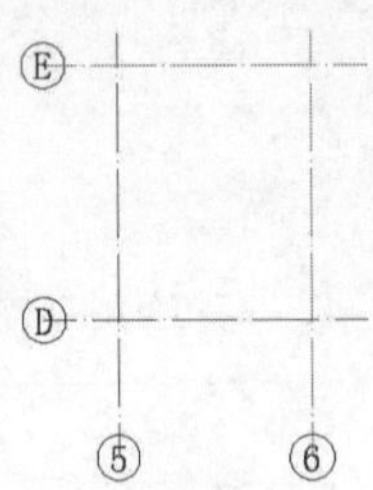

图 14-179　插入其他轴号

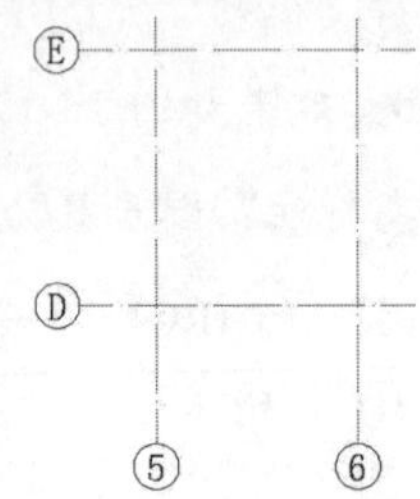

图 14-180　轴网绘制完成的效果

14.6.3　绘制墙体及窗户

Step 01 将“墙体”图层置为当前图层。

Step 02 连续选择“绘图”→“多线”（MLINE）命令，设置“对正”为“无”，“比例”为 240，绘制结果如图 14-181 所示。

Step 03 选择“修改”→“对象”→“多线”（MLEDIT）命令，打开“多线编辑工具”对话框，如图 14-182 所示，选择“T 形打开”选项，修剪轴线 5、6 与轴线 E 的交点处的墙体，效果如图 14-183 所示。

Step 04 连续执行“偏移”（OFFSET）命令，将轴线 5 水平向右偏移 1050，轴线 6 水平向左偏移 1050，效果如图 14-184 所示。

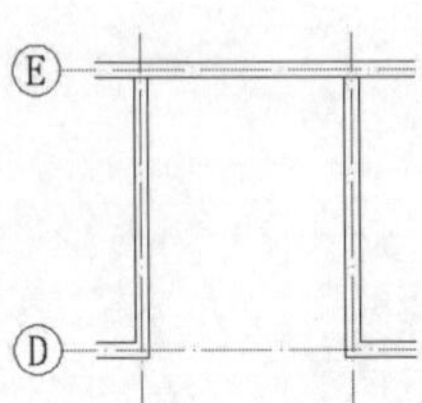

图 14-181　绘制墙体

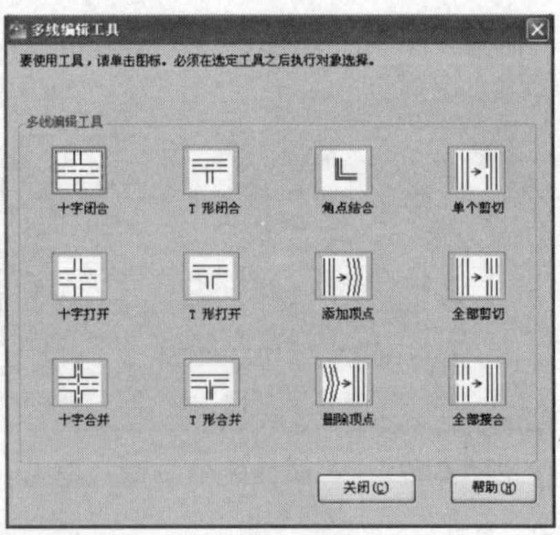

图 14-182　“多线编辑工具”对话框

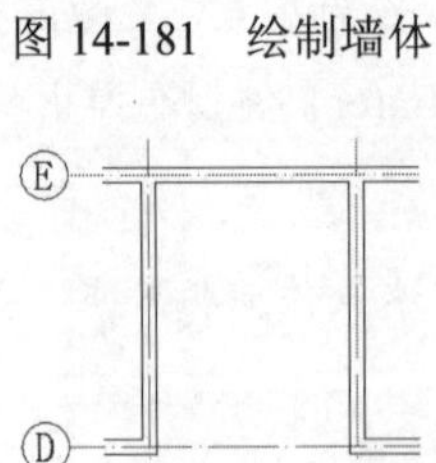

图 14-183　编辑多线

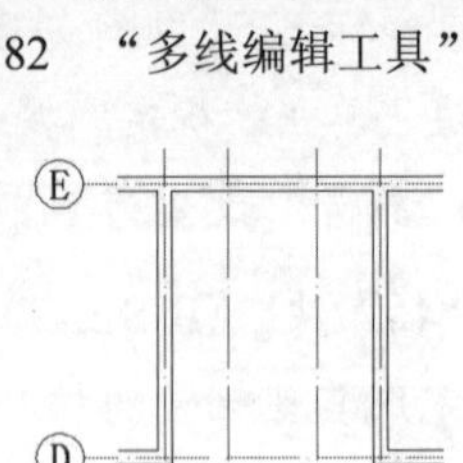

图 14-184　偏移轴网

Step 05 执行“修剪”（TRIM）命令，选择上一步偏移的两条轴线和楼梯间上面的一段水平墙体，作为修剪对象，绘制结果如图 14-185 所示。

Step 06 执行“特性匹配”（MATCHPROP）命令，将修剪后的两条轴线置于“墙体”图层，完成窗洞口的绘制，效果如图 14-186 所示。

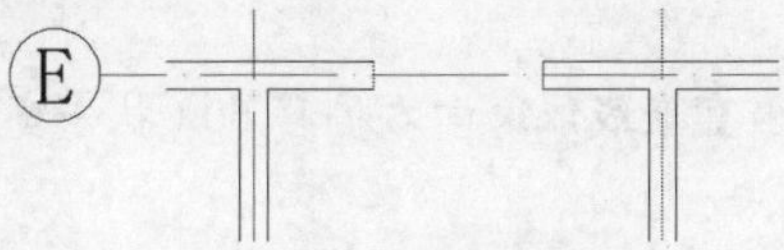

图 14-185　修剪墙体

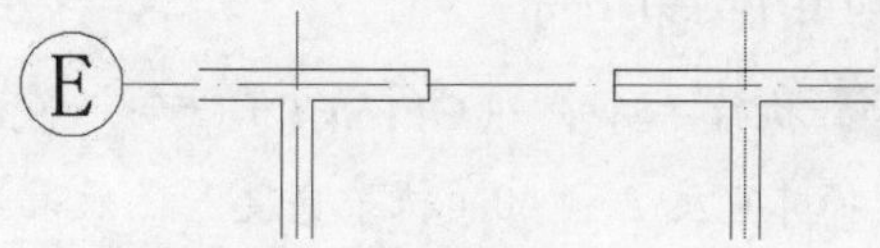

图 14-186　完成窗洞绘制的效果

Step 07 将“门窗”图层置为当前图层。

Step 08 执行“直线”（LINE）命令，捕捉窗洞口左上角和右上角，分别作为直线的第一点和第二点，绘制结果如图 14-187 所示。

Step 09 连续执行“偏移”（OFFSET）命令，将上一步绘制的直线依次向下偏移 100、40 和 100，完成窗户的绘制，效果如图 14-188 所示。

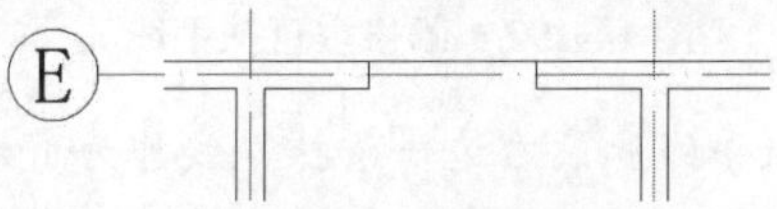

图 14-187　绘制直线

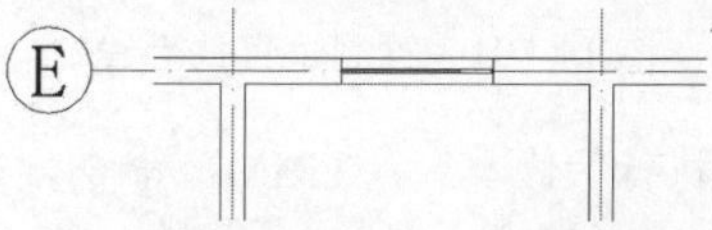

图 14-188　完成窗户的绘制

14.6.4　绘制二层楼梯平面图

Step 01 将“楼梯”图层置为当前图层。

Step 02 执行“直线”(LINE)命令，捕捉楼梯间两内角点绘制一条水平直线。

Step 03 执行“移动”（MOVE）命令，将上一步绘制的水平直线垂直向下移动 1600（休息平台进深），作为休息平台水平投影线，效果如图 14-189 所示。

Step 04 执行“偏移”（OFFSET）命令，偏移距离为 280（踏步宽度），垂直向下依次偏移出 9 条水平直线，完成踏步水平投影线的绘制，效果如图 14-190 所示。

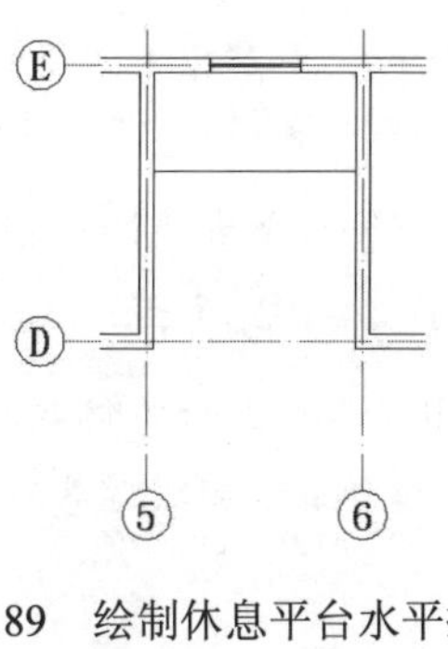

图 14-189　绘制休息平台水平投影线

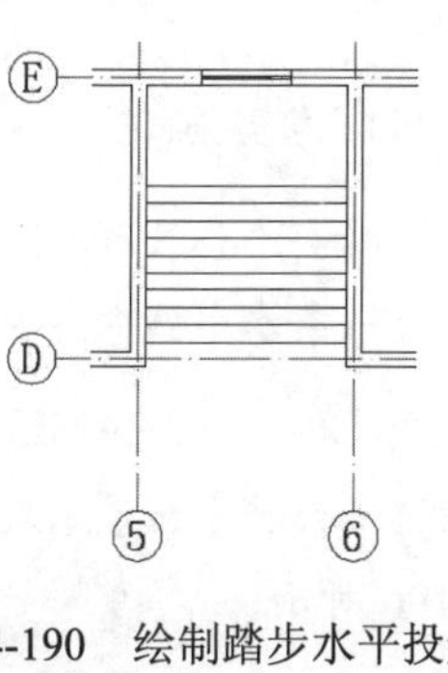

图 14-190　绘制踏步水平投影线

Step 05 将“扶手”图层置为当前图层。

Step 06 执行“直线”(LINE)命令，捕捉最上面一条和最下面一条踏步线的左端点，绘制一条垂直直线。

Step 07 执行“移动”（MOVE）命令，将上一步绘制的垂直直线水平向右移动 1500（楼梯宽度），效果如图 14-191 所示。

Step 08 执行“偏移”（OFFSET）命令，将上一步偏移的垂直直线依次向右偏移 60（扶手宽度）、240（梯井宽度）和 60（扶手宽度），效果如图 14-192 所示。

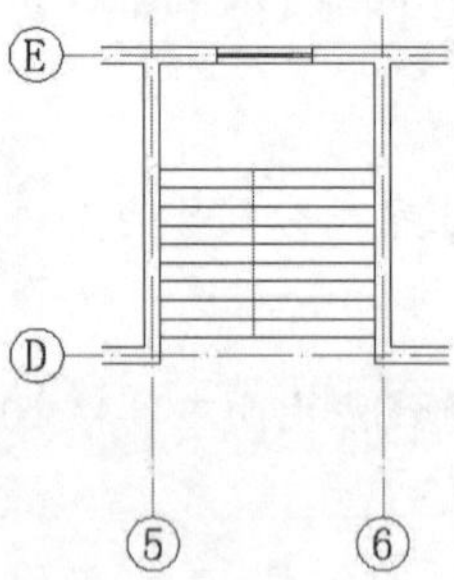

图 14-191　绘制垂直扶手线

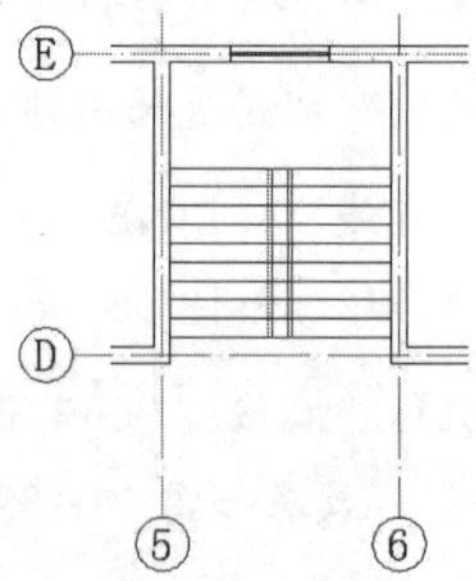

图 14-192　偏移垂直扶手线

Step 09 执行“修剪”（TRIM）命令，选择最左边一条扶手线和最右边一条扶手线作为剪切边，把其间的踏步线修剪掉，效果如图 14-193 所示。

Step 10 连续执行“直线”(LINE)命令，捕捉中间两条扶手线（左侧扶手右边线和右侧扶手左边线）的上端点，绘制一条水平直线，再捕捉中间两条扶手线的下端点，绘制一条水平直线，效果如图 14-194 所示。

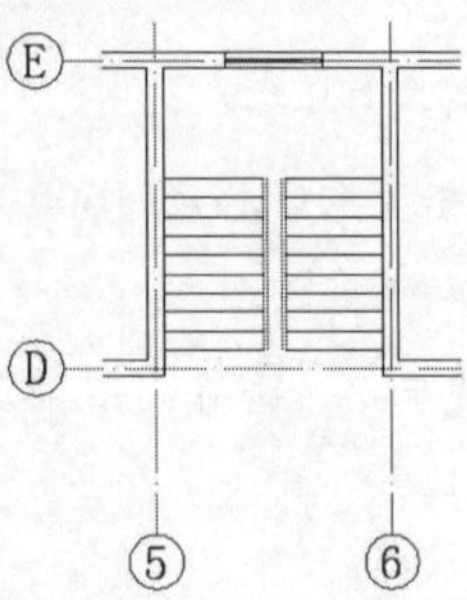

图 14-193　修剪垂直扶手线

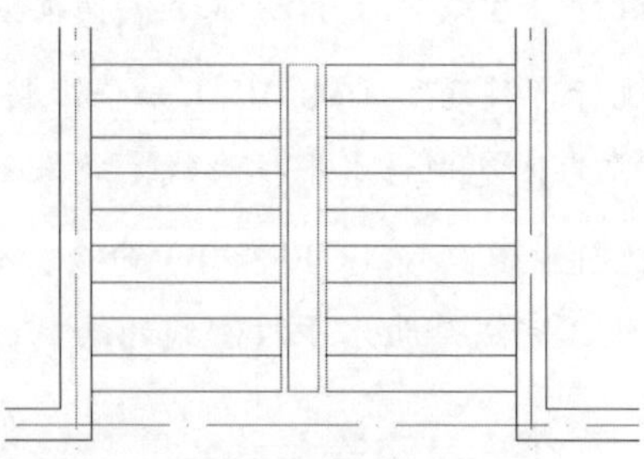

图 14-194　绘制水平扶手线

Step 11 执行“偏移”（OFFSET）命令，将上一步绘制的上面一条水平直线向上偏移 60（扶手宽度），将下面一条水平线向下偏移 60（扶手宽度），效果如图 14-195 所示。

Step 12 执行“倒角”（CHAMFER）命令，倒角距离均设为 0，选择上一步偏移后的上面一条水平线和最左边一条扶手线，完成倒角，按照同样的方法完成其他倒角，完成踏步和扶手的绘制，效果如图 14-196 所示。

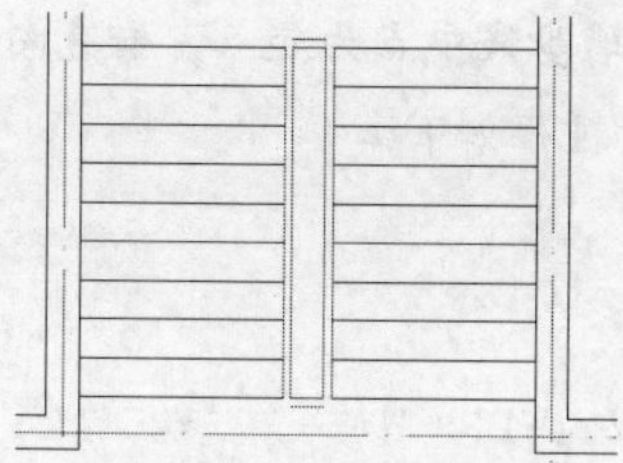

图 14-195　偏移水平扶手线

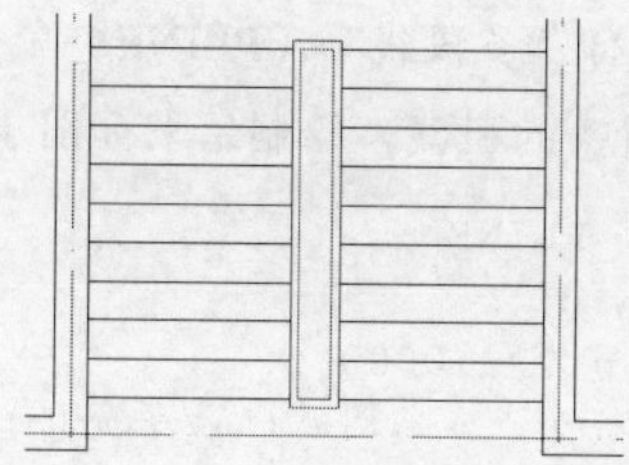

图 14-196　完成扶手绘制的效果

Step 13 将“标高标注”图层置为当前图层。

Step 14 执行“直线”（LINE）命令，分别捕捉点 1 和点 2，绘制一斜直线作为剖断线，效果如图 14-197 所示。

Step 15 执行“延伸”（EXTEND）命令，将上一步绘制的直线延伸到左侧扶手右边线，效果如图 14-198 所示。

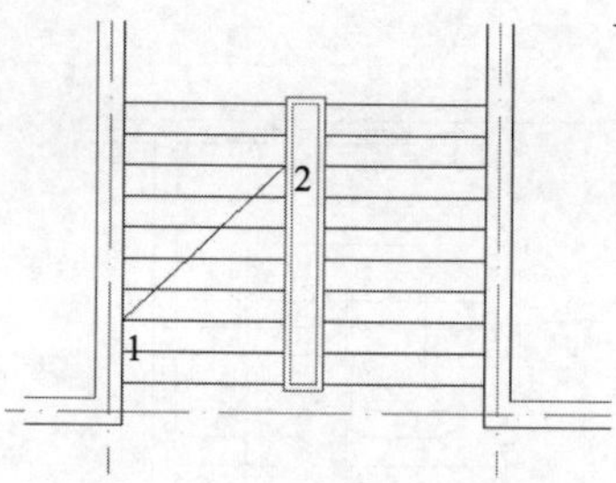

图 14-197　绘制剖段线

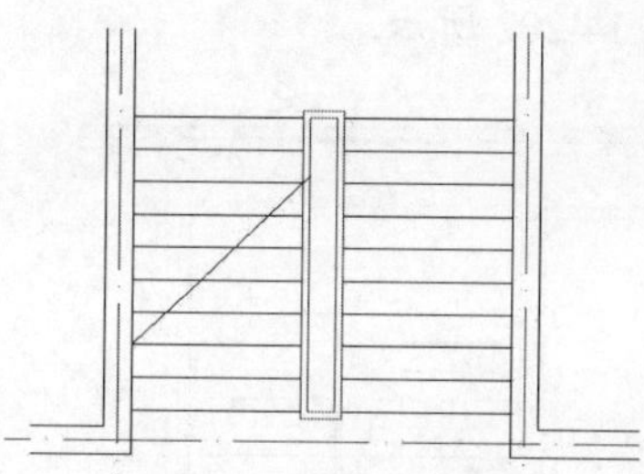

图 14-198　延伸剖断线

提　示

扶手也应该剖断。

Step 16 执行“多段线”（PLINE）命令，绘制 Z 字形折断线，Z 字形的两端点在剖断线上，效果如图 14-199 所示。

提　示

标准的折断线绘制比较复杂，在实际的工作中，往往只绘制一个大致的 Z 字形来表示即可。

Step 17 执行“修剪”（TRIM）命令，将 Z 字形之间的剖断线修剪掉，效果如图 14-200 所示。

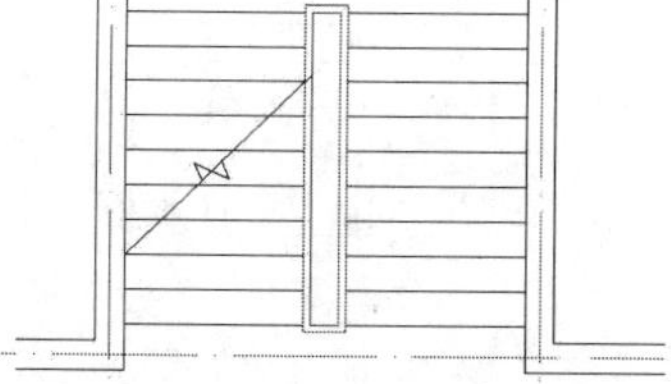

图 14-199　绘制 Z 字形折断线

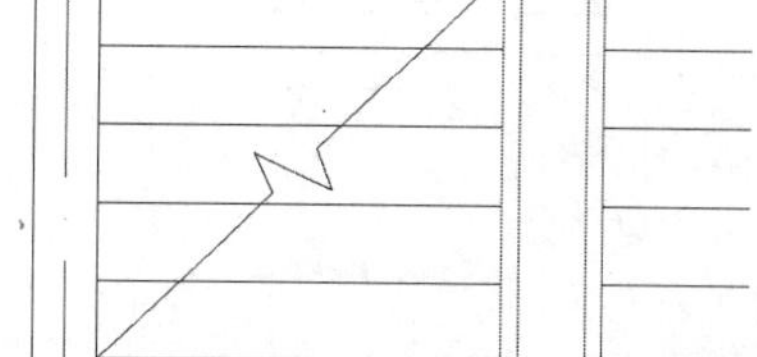

图 14-200　修剪剖断线

Step 18 执行“多段线”（PLINE）命令，以左边梯段第 5 条踏步线中点为起点，垂直向下绘制左边梯段带箭头的引线，绘制结果如图 14-201 所示。命令执行过程如下：

```
命令：_PLINE
指定起点：
当前线宽为 0.0000
指定下一个点或 [圆弧(A)/半宽(H)/长度(L)/放弃(U)/宽度(W)]：W
指定起点宽度 <0.0000>：
指定端点宽度 <0.0000>：40
指定下一个点或 [圆弧(A)/半宽(H)/长度(L)/放弃(U)/宽度(W)]：200
指定下一点或 [圆弧(A)/闭合(C)/半宽(H)/长度(L)/放弃(U)/宽度(W)]：W
指定起点宽度 <40.0000>：0
指定端点宽度 <0.0000>：
指定下一点或 [圆弧(A)/闭合(C)/半宽(H)/长度(L)/放弃(U)/宽度(W)]：1200
指定下一点或 [圆弧(A)/闭合(C)/半宽(H)/长度(L)/放弃(U)/宽度(W)]：
```

Step 19 继续执行“多段线”（PLINE）命令，参照上一步画法，绘制右边梯段带箭头的引线，效果如图 14-202 所示。

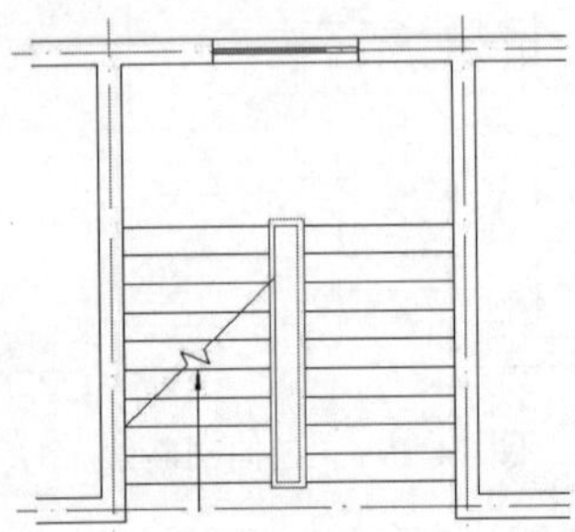

图 14-201　绘制左梯段带箭头引线

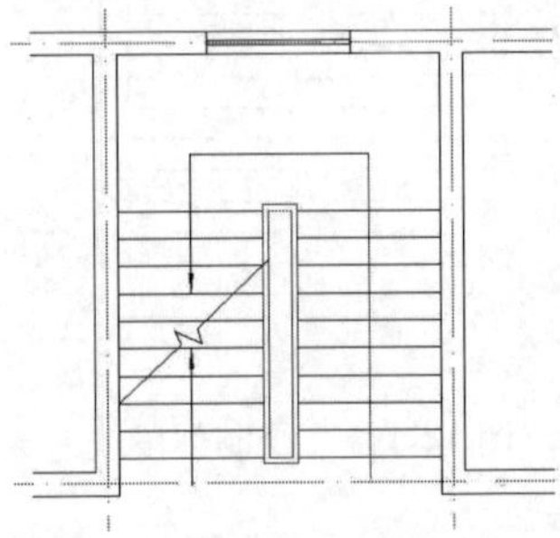

图 14-202　绘制右梯段带箭头引线

Step 20 执行“线性”标注（DIMLINEAR）命令，以左边轴线与下边轴线的交点作为第一条延伸线原点，以下边轴线与楼梯间左边墙体的交点作为第二条延伸线原点，向下移动鼠标，并输入数值 1100（尺寸线位置），如图 14-203 所示。

Step 21 执行“连续”（标注）（DIMCINTINUE）命令，依次标注左梯段宽度（1560）、梯井宽度（240）、右梯段宽度（1560）和墙厚（120），效果如图 14-204 所示。

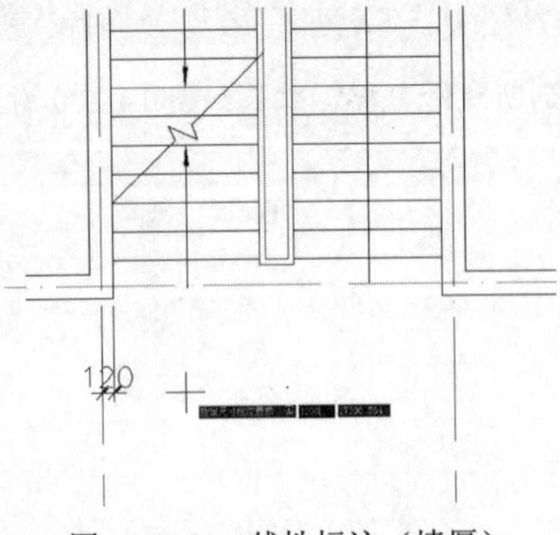

图 14-203　线性标注（墙厚）

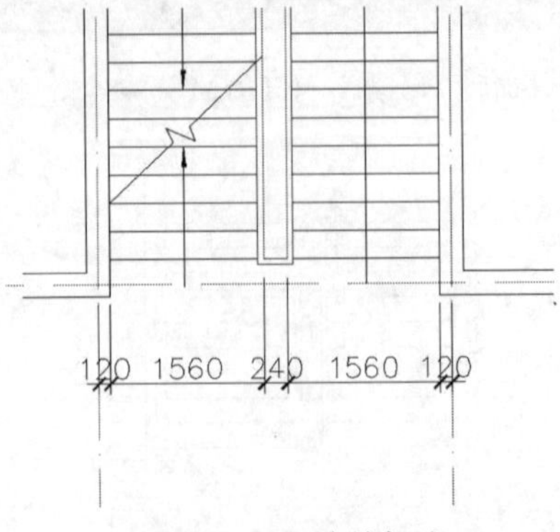

图 14-204　连续标注

Step 22 执行“线性”标注（DIMLINEAR）命令，以左边轴线与下边轴线的交点作为第一条延伸线原点，以右边轴线与下边轴线的交点作为第二条延伸线原点，向下移动鼠标，并输入数值 1400（尺寸线位置），效果如图 14-205 所示。

Step 23 上一步标注中的数字比较拥挤，选择需要调整数字位置的标注，启用夹点编辑功能，将其移动到合适的位置，效果如图 14-206 所示。

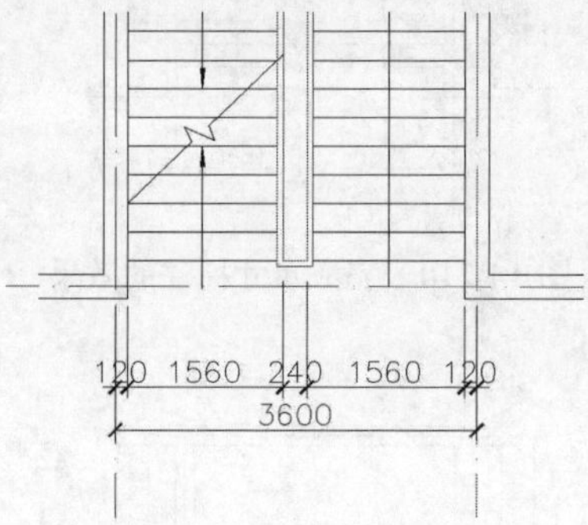

图 14-205　线性标注（开间）

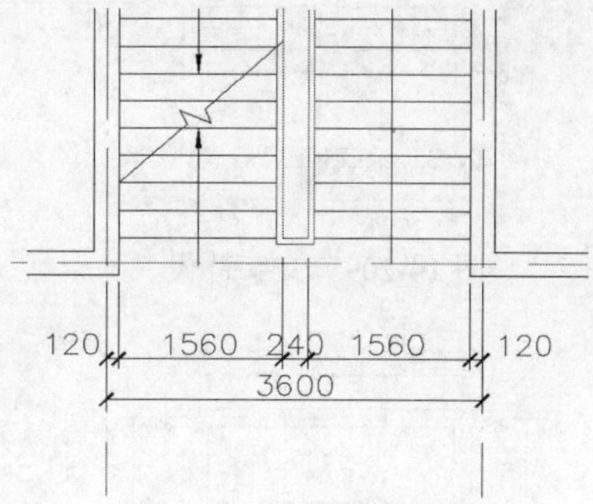

图 14-206　调整标注数字位置

Step 24 参考上面的方法完成左侧及上端的标注，效果如图 14-207 所示。

Step 25 双击左侧梯段长度的标注（2520），打开“特性”选项板，如图 14-208 所示，在“文字”选项组中将“文字替代”设置为 280 × 9=2520，效果如图 14-209 所示。

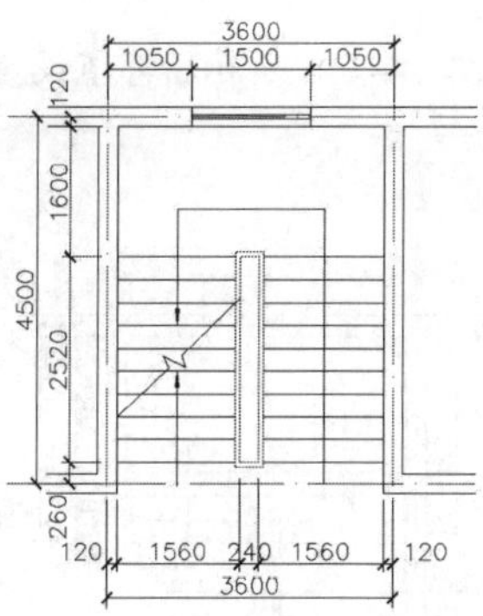

图 14-207　完成左侧及上端标注的效果

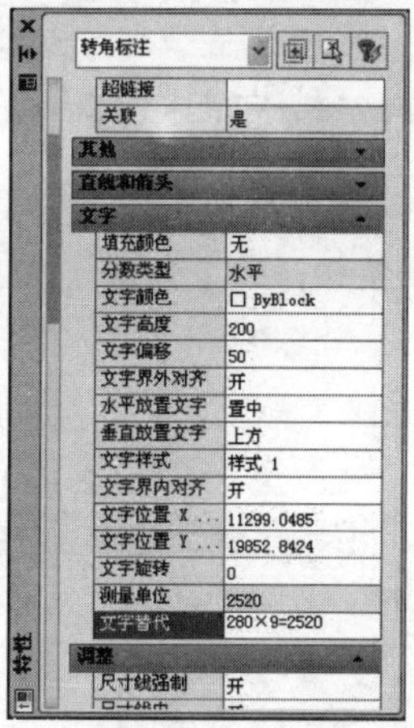

图 14-208　“特性”选项板

Step 26 执行“镜像”（MIRROR）命令，选择左侧所有的标注，捕捉窗户中点作为镜像线的第一点，垂直向下任意单击一点作为镜像线的第二点，效果如图 14-210 所示。

Step 27 参考 14.2.7 一节中所讲述的方法，完成中间休息平台的标高，效果如图 14-211 所示。

Step 28 执行“复制”（COPY）命令，将上一步完成的标高复制一个放到楼层处，效果如图 14-212 所示。

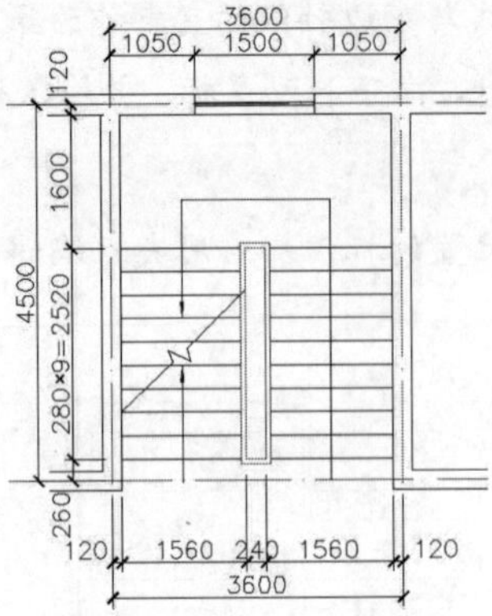

图 14-209　文字替代

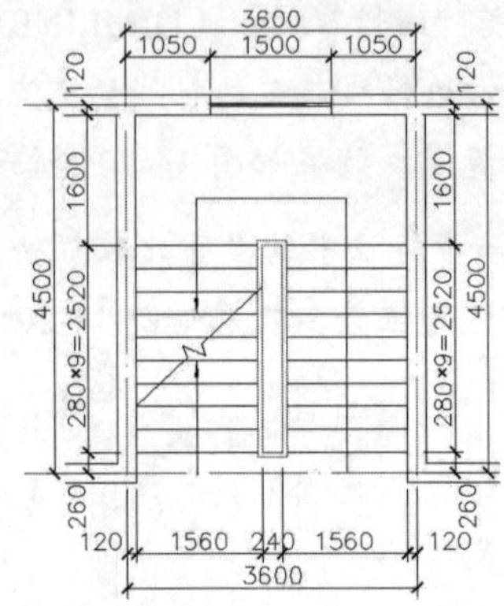

图 14-210　完成尺寸标注的效果

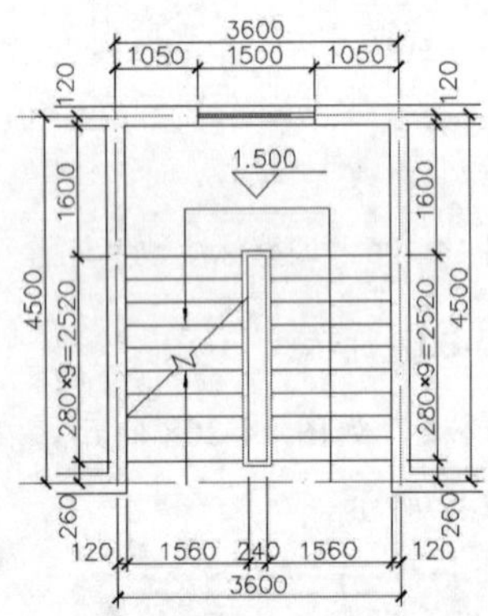

图 14-211　完成休息平台标高

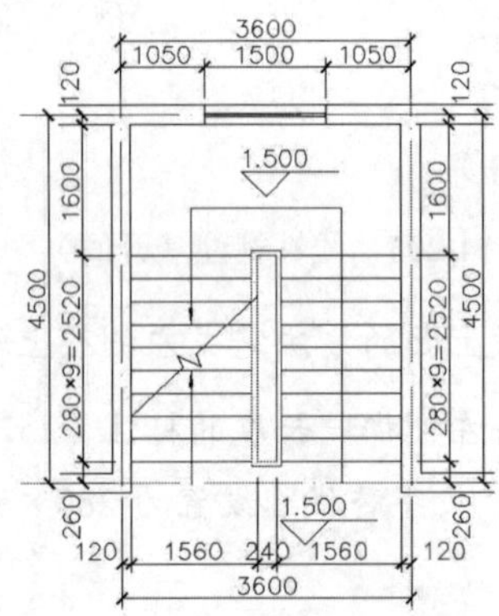

图 14-212　复制休息平台标高

Step 29 双击复制的标高，打开“增强属性编辑器”对话框，如图 14-213 所示，将值设置为 3.000，单击“确定”按钮，效果如图 14-214 所示。

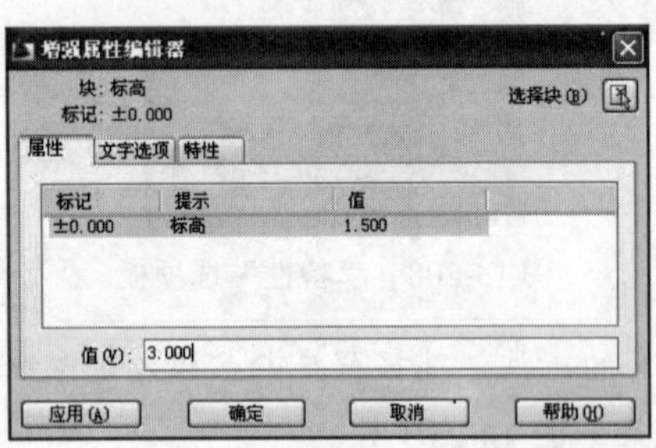

图 14-213　“增强属性编辑器”对话框

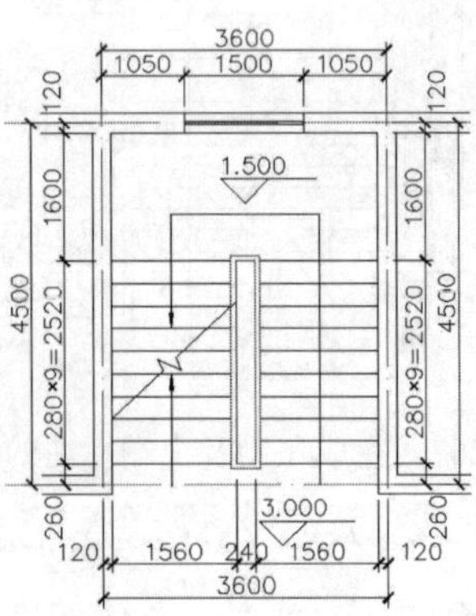

图 14-214　完成楼层标高

Step 30 将“文字说明”图层设置为当前图层。

Step 31 执行“单行文字”（DTEXT）命令，将“文字样式”设置为样式 2，“文字高度”设置为 200，在左侧梯段箭头引线的端点附近注明“上 20”，输入文字说明的效果如图 14-215 所示。

Step 32 执行“复制”（COPY）命令，复制上一步完成的文字说明到右侧梯段箭头引线的端点附近，效果如图 14-216 所示。

Step 33 双击复制的文字说明，进入文字编辑，将“上 20”改为“下 20”，最终效果如图 14-217 所示。

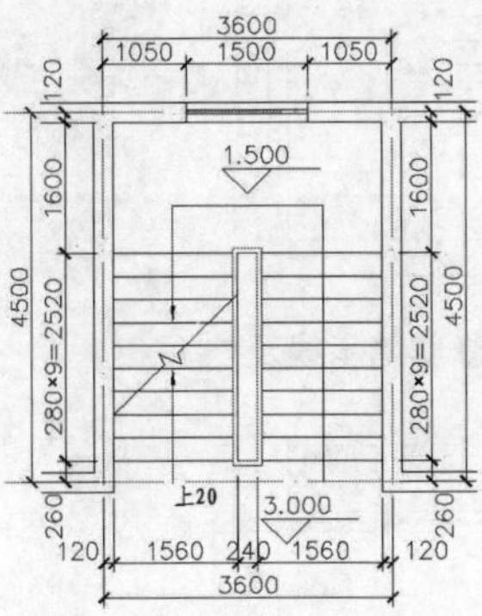

图 14-215 创建文字说明

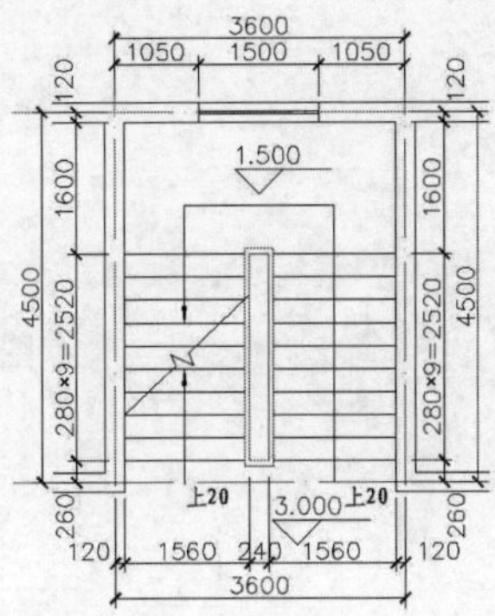

图 14-216 复制文字说明

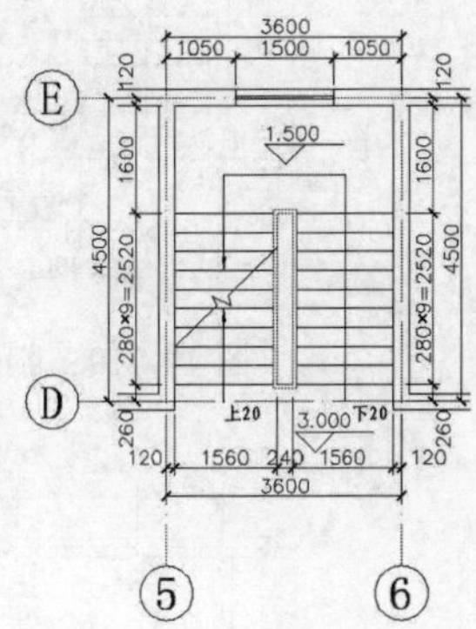

图 14-217 编辑文字说明

14.6.5 绘制底层楼梯平面图

Step 01 执行“复制”（COPY）命令，选择二层楼梯平面图中的所有图形，水平向左绘制一组图形，作为底层楼梯平面图修改对象，如图 14-218 所示。

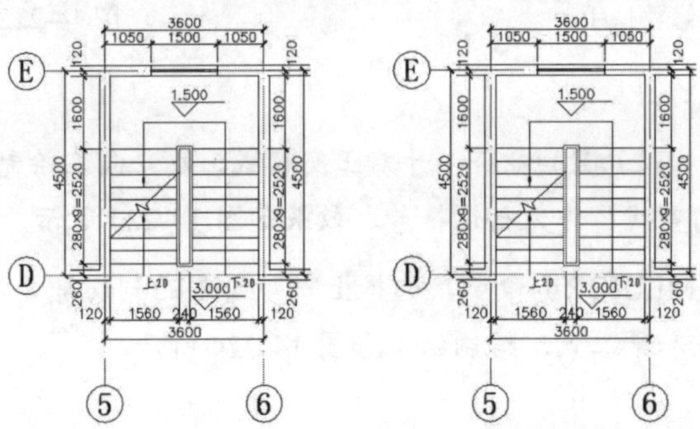

图 14-218 复制楼梯平面

Step 02 执行“删除”（ERASE）命令，删除上一步绘制完成的底层楼梯平面图修改对象中的右侧梯段的踏步线、扶手，以及向下的箭头引线、文字标注“下 20”、中间休息平台的标高标注、中间休息平台的水平扶手、左侧梯段剖断线以上的踏步线，如图 14-219 所示。

Step 03 执行“修剪”（TRIM）命令，选择剖断线与折断线作为剪切边，对左侧梯段踏步线和扶手进行修剪，如图 14-220 所示。

Step 04 选择所有扶手线，执行夹点编辑功能，将其下端修整齐，如图 14-221 所示。

Step 05 双击底层楼梯平面图中的标高。打开“增强属性编辑器”对话框，将值设置为 ± 0.000，效果如图 14-222 所示。

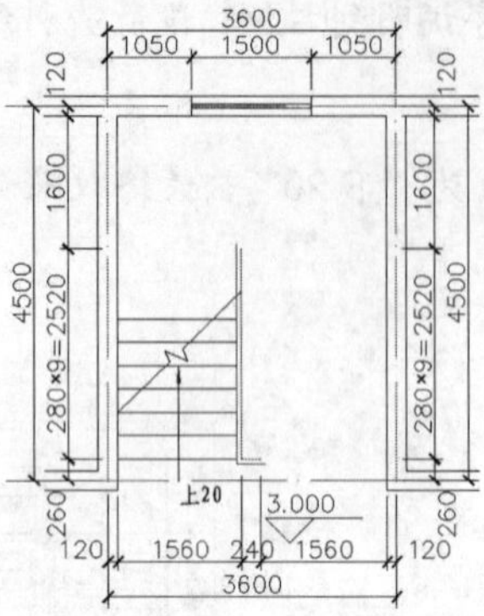

图 14-219　删除对象

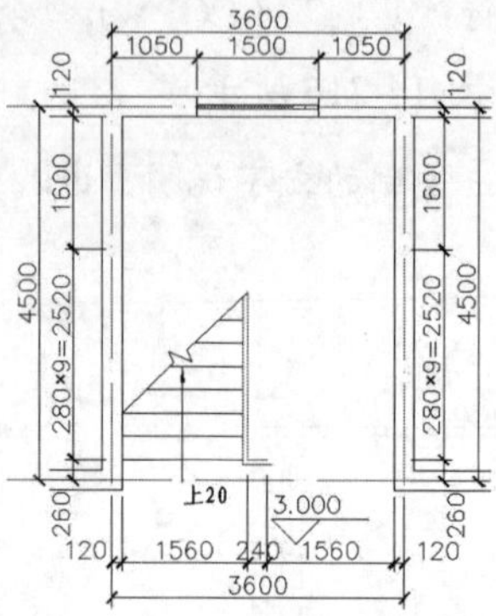

图 14-220　修剪踏步线及扶手

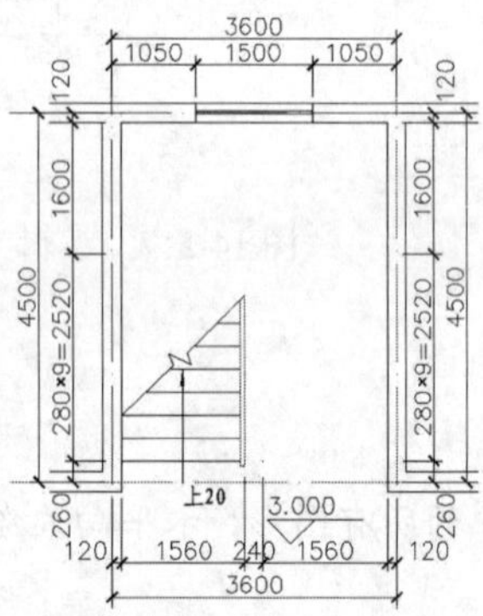

图 14-221　修整扶手

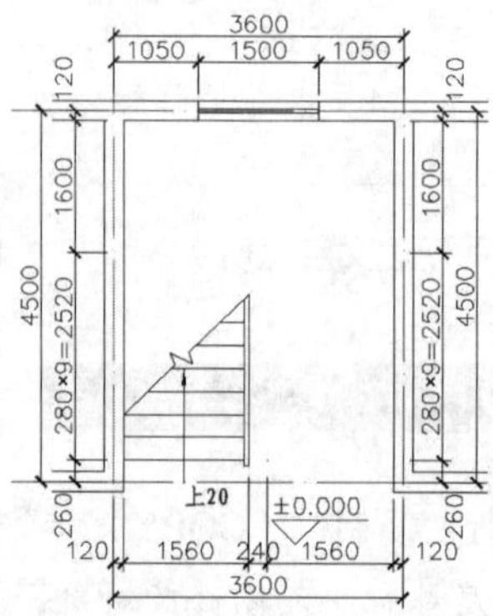

图 14-222　修改标高

Step 06 将 0 图层置为当前图层。

Step 07 执行“多段线”（PLINE）命令，开启正交模式，水平向左绘制长度为 400 的直线，垂直向上绘制长度为 600 的直线，作为剖切符号，效果如图 14-223 所示。

Step 08 执行“镜像”（MIRROR）命令，选择上一步绘制的剖切符号，以左右垂直墙体的中点分别作为镜像线的第一点和第二点，绘制结果如图 14-224 所示。

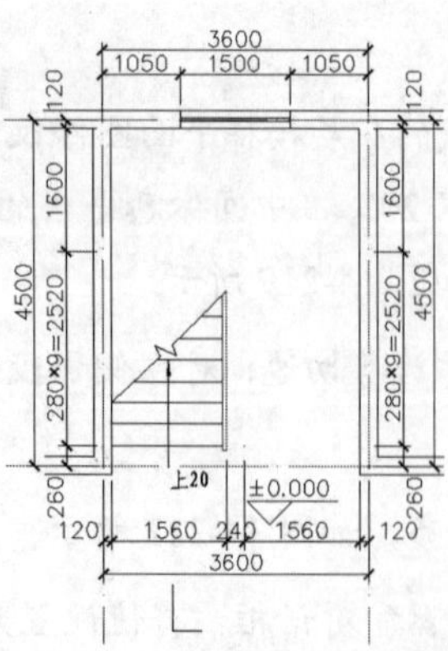

图 14-223　绘制剖切符号

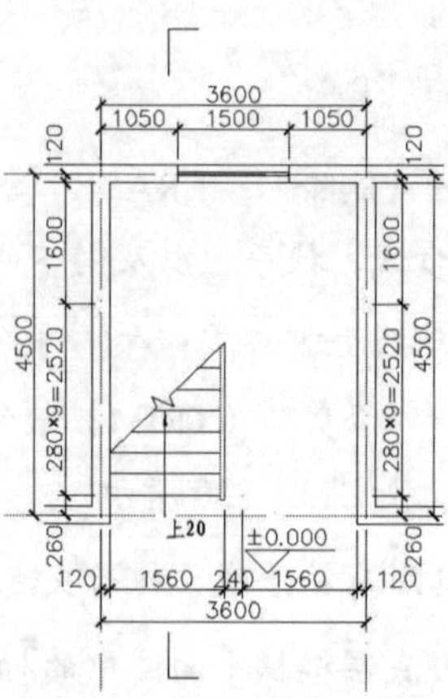

图 14-224　镜像剖切符号

14.6.6　绘制顶层楼梯平面图

参照上面绘制的相关方法完成楼梯顶层平面图的绘制。在顶层楼梯中，水平剖切面剖切不到楼梯，因此不需要绘制剖断线和折断线，顶层楼梯无上行梯段，只需绘制一个向下的带箭头引线，此外，楼梯的栏杆与扶手到达顶层后，必须沿楼板边缘继续做水平的栏杆扶手。

最终绘制结果如图 14-225 所示。

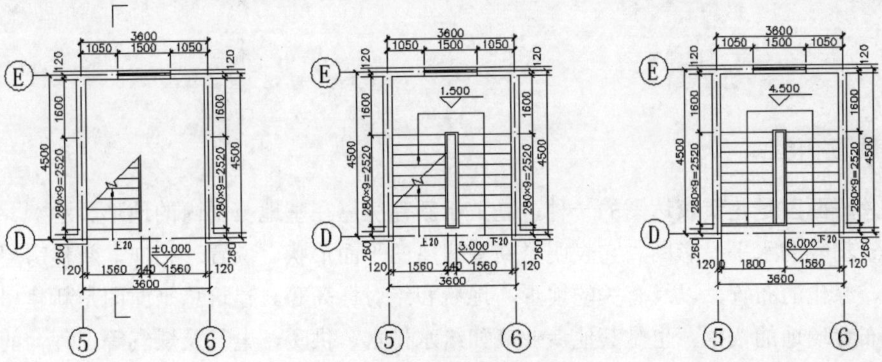

图 14-225　最终绘制结果

14.7　本章小结

本章通过 5 个实例重点讲解了利用 AutoCAD 2012 绘制建筑详图的方法和步骤。

通过 5 个实例的绘制过程可以了解建筑详图的主要特点：用能清晰表达所绘节点或构件的较大比例绘制；尺寸标注要齐全；文字说明要详尽。

建筑详图的画法和绘图步骤与相应的建筑平、立、剖面的画法基本相同，但是它们仅是一个局部而已。利用图形样板能大大提高建筑详图的绘制效率，这是很重要的一个技巧。

14.8　问题与思考

1. 在绘制建筑详图前应该进行哪些准备？
2. 在绘制建筑符号时，为什么要定义属性块？
3. 如何使用图形样板？

第 15 章 绘制建筑总平面图

本章主要内容：

建筑总平面图是建筑表达图的一种，是关于新建房屋在基地范围内的地形、地貌、道路、建筑物和构筑物等的水平投影图。它表明了新建房屋的平面形状、位置、朝向，新建房屋周围的建筑、道路、绿化的布置，以及有关的地形、地貌和绝对标高等。建筑总平面图是新建房屋施工定位和规划布置场地的依据，也是其他专业（如给水排水、供暖、电气及煤气等工程）的管线总平面图规划布置的依据。本章将介绍建筑总平面图的一些相关知识及其绘制方法和绘制流程。

本章重点难点：

- 用地边界的定位和绘制
- 建筑物的绘制
- 地面停车场的绘制
- 广场的绘制
- 景观绿化的绘制
- 总平面周边环境的绘制

15.1 建筑总平面图概述

将拟建工程四周一定范围内的新建、拟建、原有和拆除的建筑物、构筑物连同其周围的地形状况，用水平投影的方法和相应的图例所画出的图样即为总平面图。

15.1.1 建筑总平面图的内容

总平面图用于表达整个建筑基地的总体布局，表达新的建筑物及构筑物的位置、朝向及周边环境关系，这也是总平面图的基本功能。总平面设计成果包括设计说明书、设计图纸，以及根据合同规定的鸟瞰图、模型等。总平面图只是其中的设计图纸部分，在不同的设计阶段，总平面图的内容也不一样。

提　示

总平面图除了具备其基本功能外，还表达了不同设计意图的深度和倾向。

在方案设计阶段，总平面图着重表现新建建筑物的体量大小、形状及周边道路、房屋、绿地、广场和红线之间的空间关系，同时传达室外空间设计的效果。因此，方案图在具有必要的技术性的基础上，还应强调艺术性的体现。就目前的情况来看，除了绘制 CAD 线条图，还需对线条图进行填充颜色、渲染处理或制作鸟瞰图、模型等。

在初步设计阶段，需要推敲总平面设计中涉及的各种因素和环节（如道路红线、建筑红线或用地界线、建筑控制高度、容积率、建筑密度、绿地率、停车位数，以及总平面布局、周围环境、空间处理、交通组织、环境保护、文物保护和分期建设等），以及方案的合理性、科学性和可实施性，从而进一步准确落实各种技术指标，深化竖向设计，为施工图设计做准备。

15.1.2 建筑总平面图一般要绘制的内容

从如图 15-1 所示的总平面效果图中可以看出，总平面图主要包括以下内容：

①新建建筑物的名称、层数和新建房屋的朝向等。

②新建房屋的位置，一般根据原有建筑物和道路确定，并标出定位尺寸。

③新建道路、绿化等。

④原有房屋的名称、层数，以及与新建房屋的关系，原有道路绿化及管线情况。

⑤拟建建筑物、道路及绿化规划。

⑥建筑红线的位置，建筑物、道路与规划红线的关系。

⑦风向频率玫瑰图或指北针。

⑧周围的地形、地貌等。

⑨补充图例。

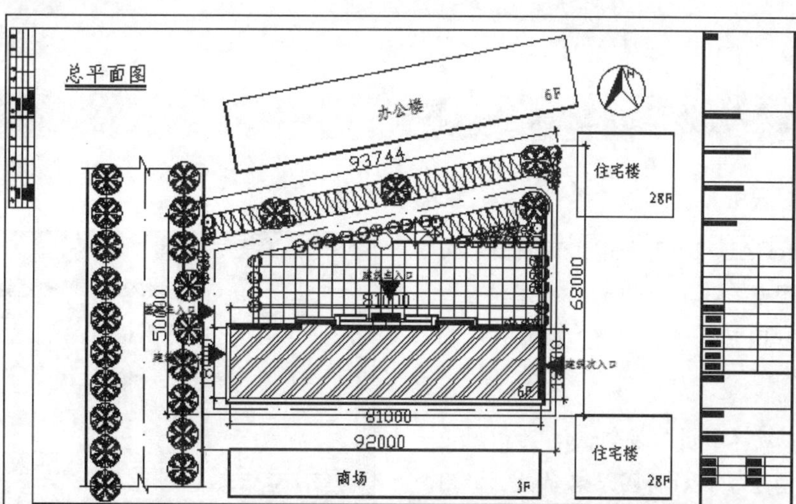

图 15-1　总平面图最终效果图

15.1.3 总平面图的绘制步骤

一般情况下，在 AutoCAD 2012 中绘制总平面图的步骤如下：

（1）地形图的处理

包括地形图的插入、描绘、整理和应用等。地形图是总平面图设计和绘制的基础。本书不详细介绍。

（2）总平面的布置

包括建筑物、道路、广场、停车场、绿地，以及场地出入口布置等内容，需要着重处理好它们之间的空间关系，及其与四邻、水体、地形之间的关系。本章主要以某办公楼方案设计总平面图为例。

（3）各种文字及标注

包括文字、尺寸、标高、坐标、图表和图例等内容。

为便于初学者理解和掌握建筑总平面图的绘制技巧和程序，下面将以一个具体实例分项详细介绍绘图技巧。

15.2 绘制建筑总平面图实例

拟绘制项目用地边界尺寸：南侧长 92，东侧长 68，西侧长 50。紧临西侧有一条 30 宽的城市主干道路——金海大道，南、北、东三面接其他未建地块。在此地块上拟建一栋六层高、地上建筑面积为 10000 平方米，地下建筑面积为 1500 平方米的办公楼。

15.2.1 设置总平面图绘图环境

在开始绘制总平面图之前需要先设置绘图环境，即设置绘图单位、图层、文字样式和标注样式等。

提 示

在绘图过程中仍可对已经设置的各种绘图环境进行调整。

1. 设置图层

Step 01 在 AutoCAD 2012 中建立新的图形文件后，单击“图层”工具栏中的“图层特性”按钮，弹出“图层特性管理器”选项板，如图 15-2 所示。

Step 02 单击“新建图层”按钮，为用地边界创建一个新图层，然后将图层名称改为“用地边界”，即可完成“用地边界”图层的设置。

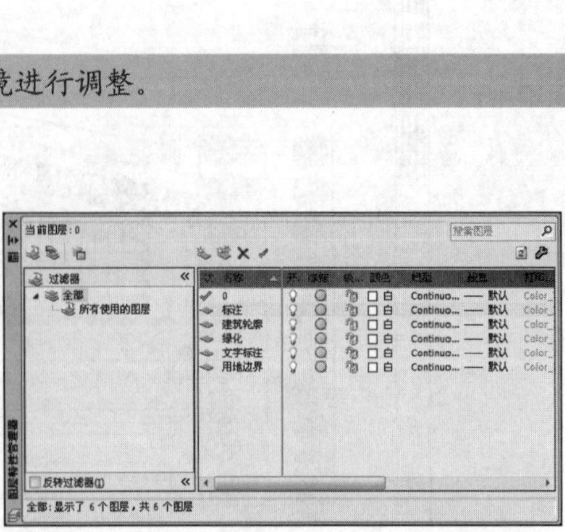

图 15-2 “图层特性管理器”选项板

采取同样的方法依次创建“建筑轮廓”、“道路”、“标注”、“绿化”和“文字标注”等必要的图层。

2. 设置文字样式及标注样式

Step 01 执行“文字样式”（STYLE）命令，弹出“文字样式”对话框，如图 15-3 所示。单击“新建”按钮，创建“文字标注”文字样式，在“字体名”下拉列表框中选择“仿宋-GB2312”选项，其余信息均保持默认。

Step 02 同理，执行“标注样式”（DIMSTYLE）命令，弹出“标注样式管理器”对话框，如图 15-4 所示。单击“新建”按钮，创建“尺寸标注”标注样式，在“调整”选项卡中，选择“使用全局比例”单选按钮，并将其设定为 100；选择“主单位”选项卡，在“线性标注”选项组中，将“精度”设为 0；将“线”选项卡中的“起点偏移量”设为 1；将“符号和箭头”选项卡中的“箭头”设置为“建筑标记”，其他选项采用系统默认值。

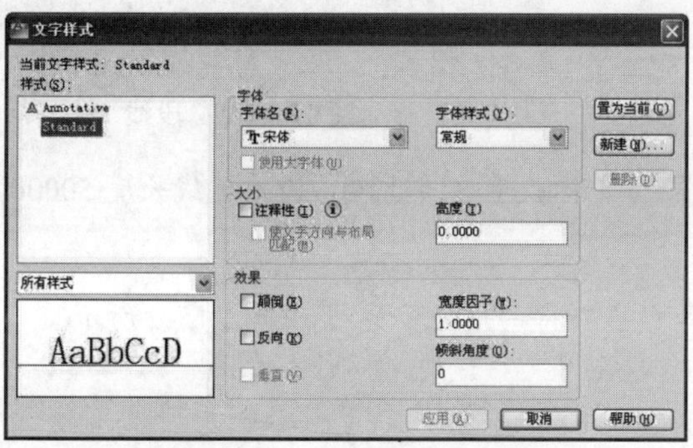

图 15-3　“文字样式”对话框

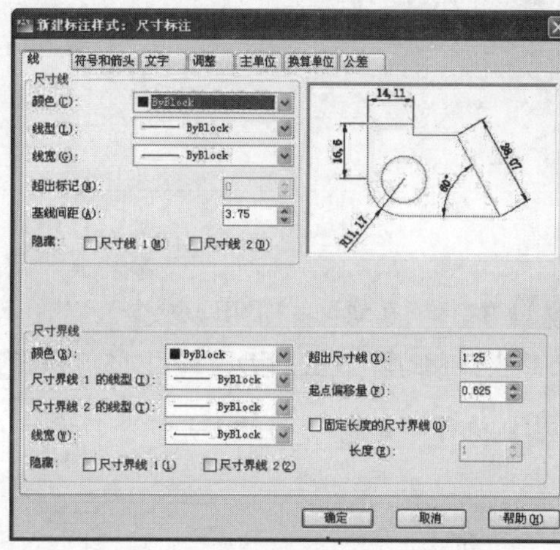

图 15-4　“标注样式管理器”对话框

3. 设置图形单位

在绘制建筑的过程中一般采用毫米为单位，并将精度设定为 0。

执行“单位”（UNITS）命令，弹出“图形单位”对话框，如图 15-5 所示。在“长度”选项组中，将“精度”设为 0，其他选项采用默认值。

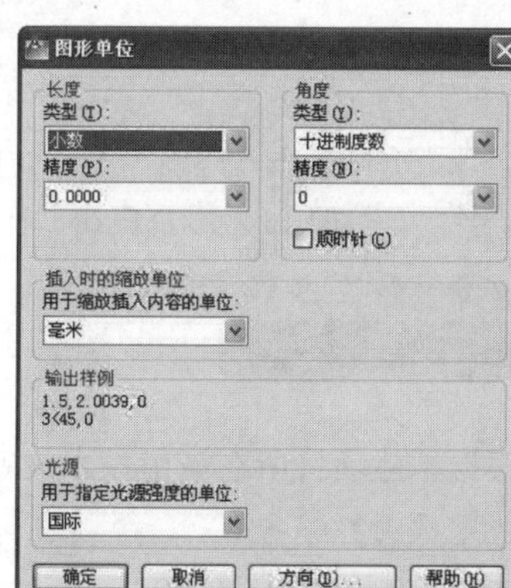

图 15-5　“图形单位”对话框

4. 设置图形界限

执行“图形界限”（LIMITS）命令，命令执行过程如下：

```
命令:LIMITS
重新设置模型空间界限:
指定左下角点或 [开(ON)/关(OFF)] <0,0>:
指定右上角点 <420,297>: 42000,29700
```

15.2.2 绘制用地边界

拟建项目用地南侧长 92，东侧长 68，西侧长 50，紧临西侧有一条 30 宽的城市道路。下面绘制用地边界，步骤如下：

Step 01 在设置好绘图环境的新建 AutoCAD 2012 图形文件中，将 0 图层设定为当前图层。执行“直线”（LINE）命令，任意选择一点为所绘制用地边界线上西南交点 *A*，开启“正交”功能，将光标放于 *A* 点右侧，输入直线长度 92000，向右画出南侧边界线至点 *B*，如图 15-5 所示。

Step 02 执行“直线“（LINE）命令，以 *B* 点为起点将光标放于 *B* 点上侧，输入直线长度 68000，向上画出东侧边界线至点 *C*，如图 15-7 所示。

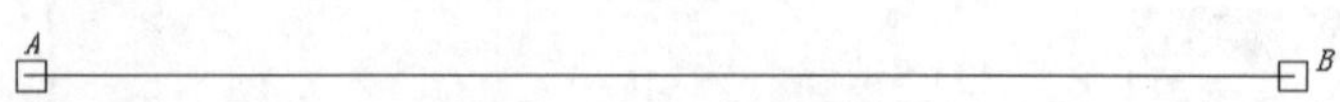

图 15-6　*AB* 段线

图 15-7　*BC* 段线

Step 03 执行“直线”（LINE）命令，以 *A* 点为起点将光标放于 *A* 点上侧，输入直线长度 50000，向上画出西侧边界线至点 *D*，如图 15-8 所示。

Step 04 执行“直线”（LINE）命令，连接 *D* 点和 *C* 点即得到用地轮廓线，如图 15-9 所示。

图 15-8　*AD* 段线

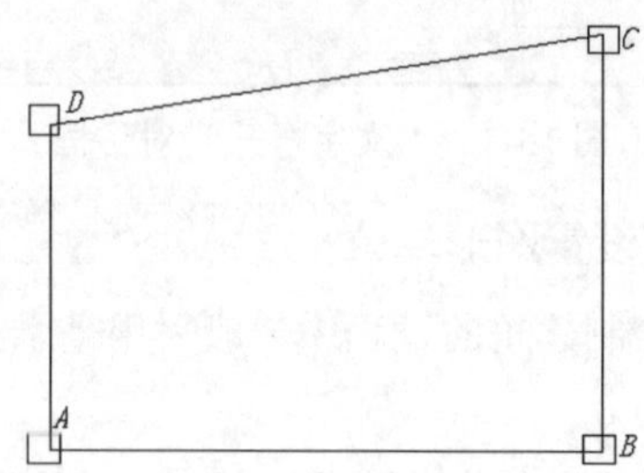

图 15-9　*DC* 段线

15.2.3 绘制建筑物

根据拟建项目所在城市技术规定，拟建项目建筑物需退西面道路红线 7，退东、南、北面相邻地块用地边界线各 4。

建筑物的绘制步骤如下：

Step 01 单击“图层”工具栏中的“图层特性”按钮，打开“图层特性管理器”选项板。单击“新建图层”按钮，创建一个新的图层，然后将图层名称改为“辅助线”，即可完成“辅助线”

图层的创建。并将“辅助线”图层设置为当前图层。

Step 02 选择“格式”→“线型”命令，在弹出的“线型管理器”对话框中，单击“加载”按钮，加载 DASHDOT 线型，单击“确定”按钮进行线型加载。单击“置为当前”按钮，将刚加载的 DASHDOT 置为当前线型，如图 15-10 所示。

注 意

以上操作是为下面的绘图做好准备。

Step 03 在步骤 2 设置好的“线型管理器”对话框中单击“显示细节”按钮，将弹出当前线型的详细信息，将“全局比例因子”设为 100，如图 15-11 所示。

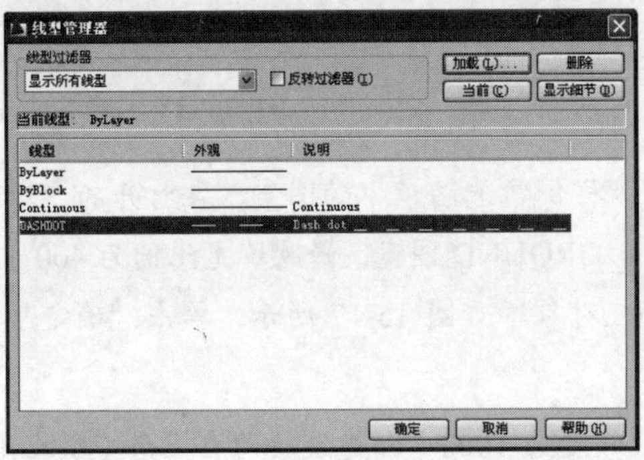

图 15-10 “线型管理器”对话框

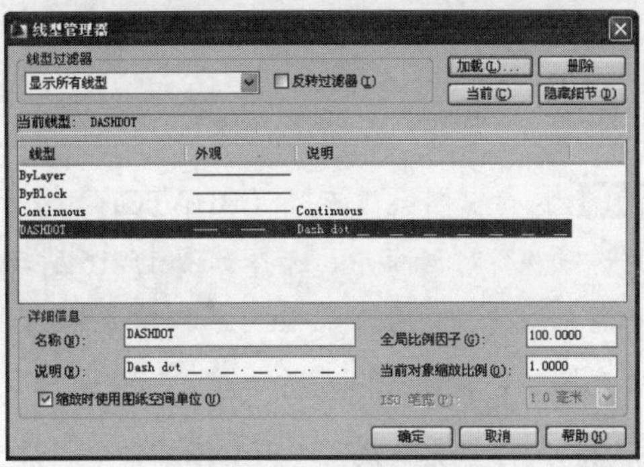

图 15-11 线型详细信息

Step 04 执行“构造线”（XLINE）命令，沿已绘制好的边界线绘制 4 条构造线作为辅助线，如图 15-12 所示。

Step 05 执行“偏移”（OFFSET）命令，将光标置于用地边界内部，分别将 *AB*、*BC*、*CD*、*DA* 四条辅助线向内偏移 4000、4000、4000 和 7000，以得到建筑的 4 条建筑控制线，如图 15-13 所示。

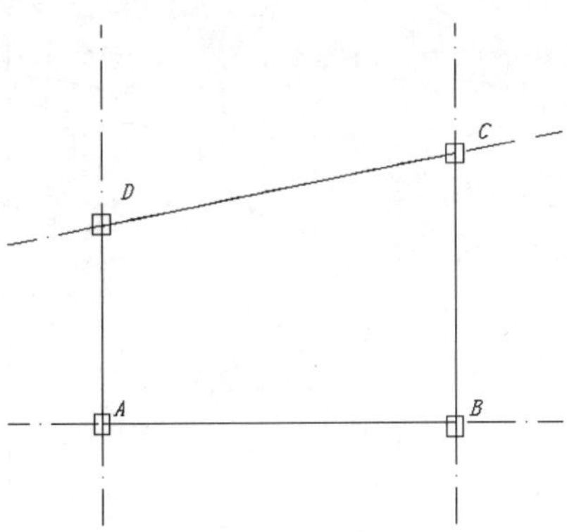

图 15-12 构造线

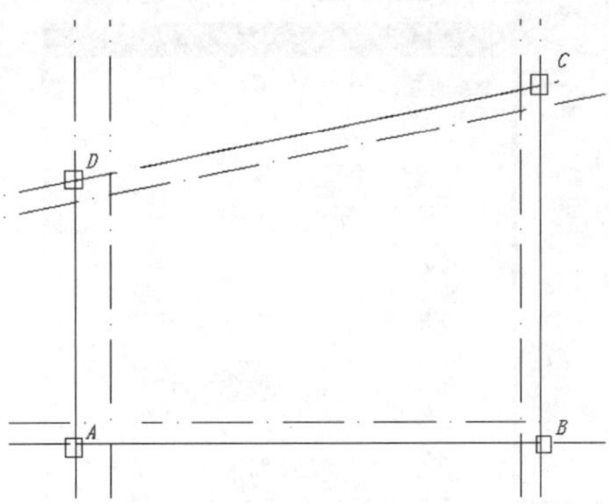

图 15-13 建筑可建范围

Step 06 将“建筑外轮廓”图层置为当前图层。在“线型”下拉列表框中选择 Bylayer（即随层线性 Continous），如图 15-14 所示。

Step 07 执行“多段线”（PLINE）命令，设置多段线宽度为 50。以建筑可建范围的西南交点为起点，逆时针依次水平和垂直交替地绘制长为 81000、18000、18000、1500、9000、1500、27000、1500、9000、1500、18000 和 18000 的多段线，得到建筑物的外轮廓，如图 15-15 所示。

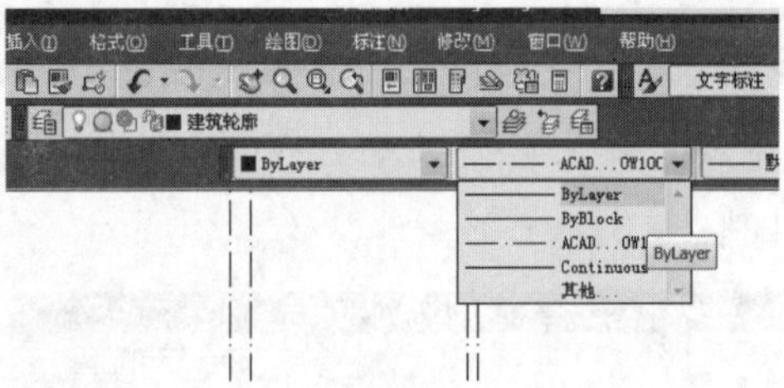

图 15-14　图层及线型

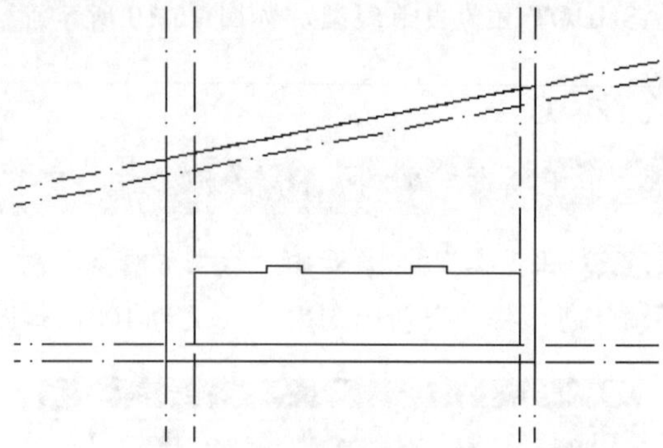

图 15-15　建筑轮廓图

Step 08 执行“图案填充”（BHATCH）命令，单击“样例”选图框中的图案，在打开的“填充图案选项板”对话框中，选择如图 15-16 所示的 GOST_GROUND 图案。修改填充比例为 400。单击“添加：选择对象”按钮，选择建筑轮廓线作为填充对象，如图 15-17 所示。单击“确定”按钮填充图案，如图 15-18 所示。

Step 09 执行“多段线”（PLINE）命令，设置多段线宽度为 1000。以建筑物的左上角（东北角）为起点，顺时针依次绘制长度为 18000、1500、9000、1500、27000、1500、9000、1500、18000 和 18000 的多段线，如图 15-19 所示。

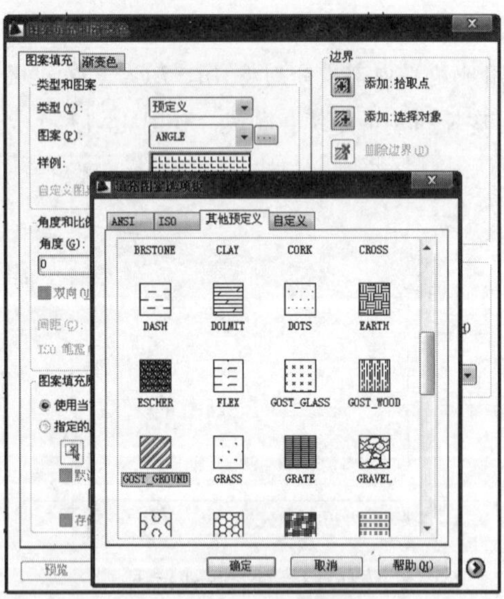

图 15-16　填充图案

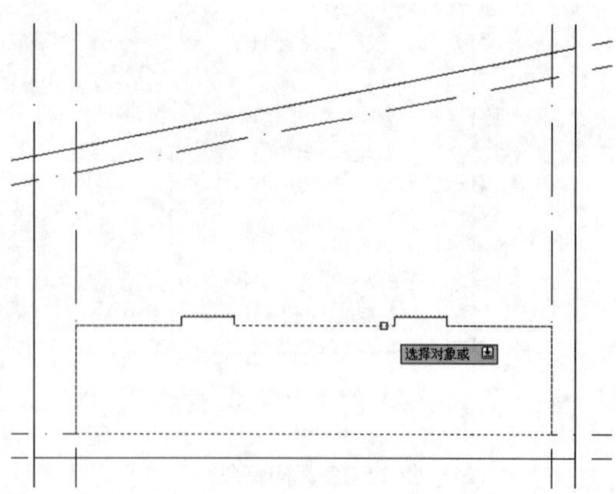

图 15-17　填充图案对象的选择

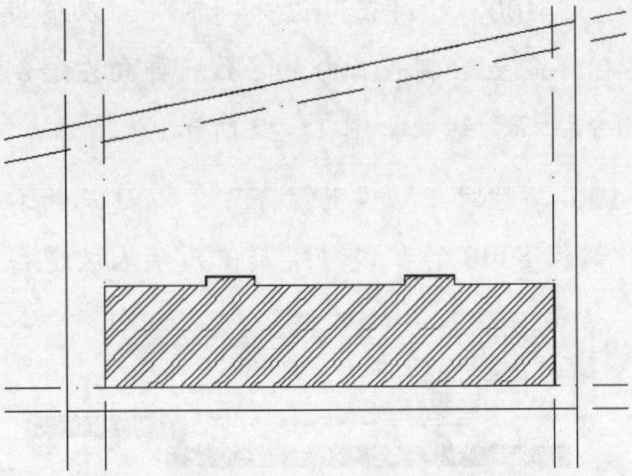

图 15-18　填充效果

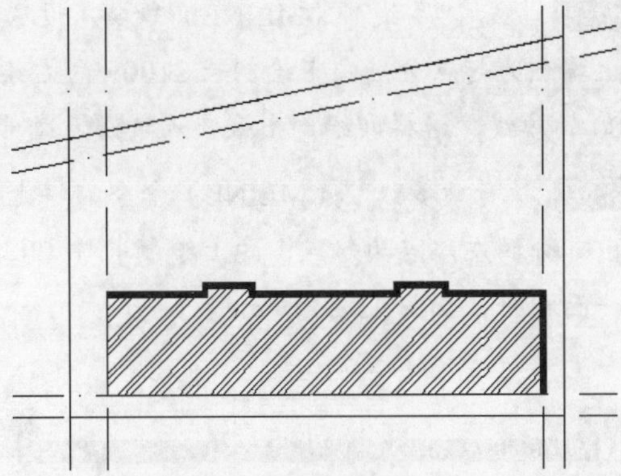

图 15-19　阴影效果

15.2.4　绘制室外踏步及残疾人坡道

建筑物除了主体外还包含很多附属构件，如室外踏步及残疾人坡道等。该建筑物的室内外高差为 1.2，踏步台阶数为 8 个，踏步净宽度为 7.2。残疾人坡道总长度为 18，净宽度为 1.2。室外踏步及残疾人坡道是由室外到室内的必经之路，也是室内外高差的产物。具体绘制步骤如下：

Step 01 单击“图层”工具栏中的“图层特性”按钮，单击“新建图层”按钮，创建一个新的图层，然后将图层名称改为“踏步”，即可完成“踏步”图层的创建。将“踏步”图层设置为当前图层。

Step 02 执行“直线”（LINE）命令，开启“正交”功能。以建筑物北面中点为起点，向北绘制一段长度为 3600 的直线作为踏步绘制的辅助线。

Step 03 执行“偏移”（OFFSET）命令，将步骤 2 中的辅助线分别向左向右各偏移 3600，得到踏步两侧的界线，如图 15-20 所示。

Step 04 执行“直线”（LINE）命令，连接踏步左右界线的上部两点，线长 7200，得到上面第一条台阶线。

Step 05 执行“偏移”（OFFSET）命令，将步骤 4 中所得第一条台阶线向下连续偏移 7 次，偏移距离为 300，得到踏步线，如图 15-21 所示。

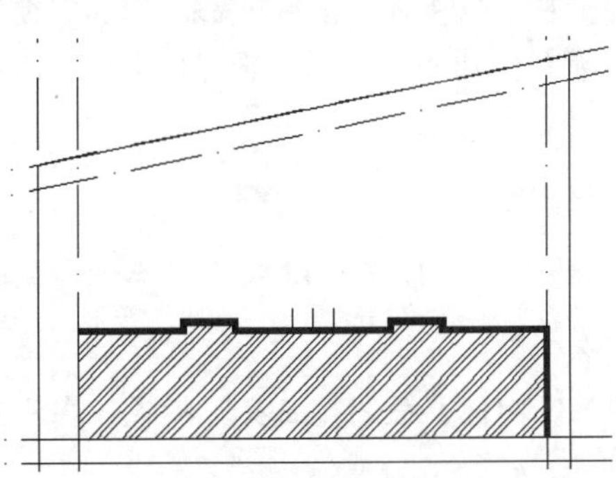

图 15-20　踏步界线

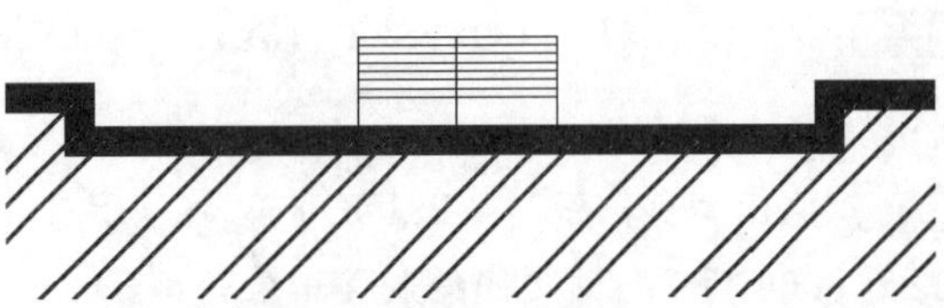

图 15-21　踏步线

Step 06 执行“多线”（MLINE）命令，设置多线比例为 100，“对正”设为“下”，以踏步右侧上端点为起点分别向下绘制长 2100、向右绘制长 8400、向上绘制长 400 的多线，再向左绘制长 6800 的多线，这样即绘制出残疾人坡道及踏步的一部分栏杆，结果如图 15-22 所示。

Step 07 执行“多线”（MLINE）命令，将比例设为 100 ，“对正”设为“下”，以建筑物右侧突出部分的左端点为起点，向上绘制长 1700、向左绘制长 8300 的多线，绘制出残疾人坡道栏的另一面栏杆，如图 15-23 所示。

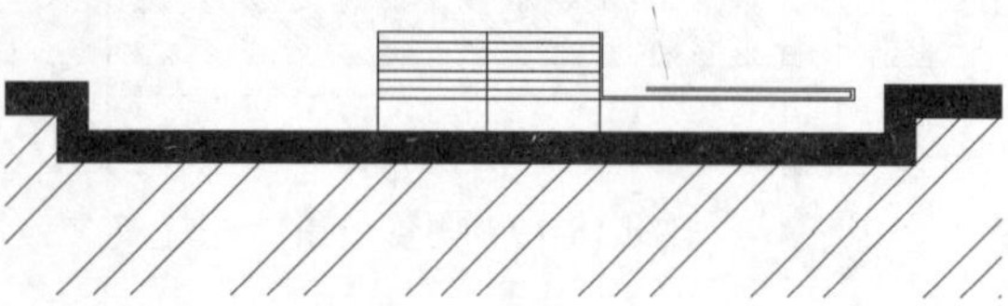

图 15-22 踏步及残疾人坡道栏杆线

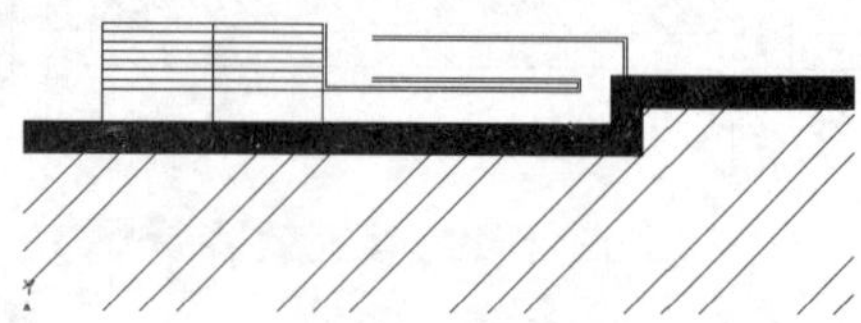

图 15-23 踏步及残疾人坡道栏杆线

Step 08 执行“直线”（LINE）命令，封闭踏步栏杆线。同时使用“直线”命令绘制残疾人坡道转折线，如图 15-24 所示。

Step 09 执行“镜像”（MIRROR）命令，将踏步右侧的残疾人坡道以踏步绘制辅助线为镜像线进行镜像。效果如图 15-25 所示。

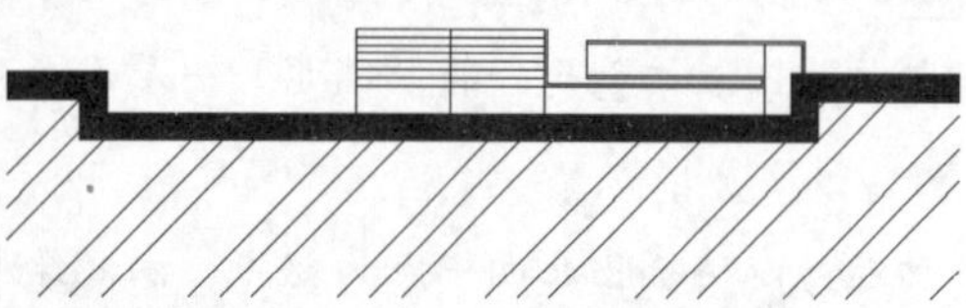

图 15-24 踏步及残疾人坡道栏杆线

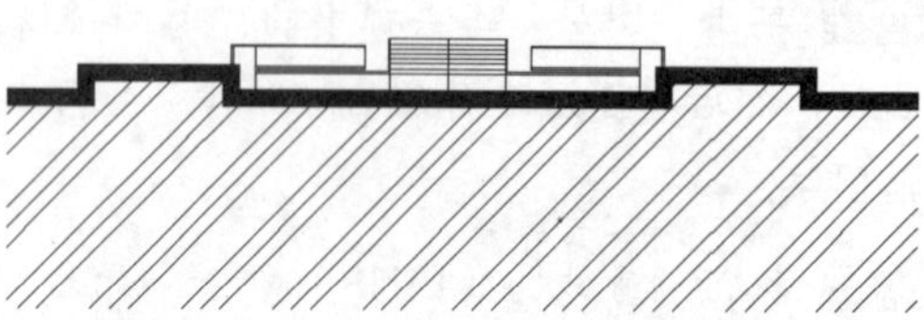

图 15-25 踏步及残疾人坡道栏杆线

Step 10 执行“删除”（ERASE）命令，删除中央辅助线，完成对残疾人坡道和室外踏步的绘制。

15.2.5 绘制地面停车场

在绘制地面停车场之前，首先了解停车场的常用数据：小车停车位尺寸 2.5×6；单车道为 3.5；双车道为 6；假定该办公楼停车位全部为小车准备。具体绘图步骤如下：

Step 01 单击“图层”工具栏中的“图层特性”按钮，单击“新建图层”按钮，创建一个新的图层，然后将图层名称改为“停车位”，即可完成“停车位”图层的设置。将“停车位”图层置为当前图层。

Step 02 执行“删除”（ERASE）命令，将北面建筑控制线删除。

Step 03 执行“偏移”（OFFSET）命令，将北面边界辅助线向内偏移 6000，得到停车位绘制辅助线。

Step 04 执行“多段线”（PLINE）命令，开启“对象捕捉”功能，关闭“正交”模式，在两条间距为 6000 的平行线之间绘制停车位轮廓线。

Step 05 执行“直线”（LINE）命令，在停车位轮廓线中绘制直线得到停车位平面图，如图 15-26 所示。

Step 06 选择“绘图”→“块”→“创建”命令，打开“块定义”对话框。在“块定义”对话框中单击“选择对象”按钮，选择步骤 5 中绘制所得的停车位。单击“拾取点”按钮，拾取停车位的一个左下角角点作为基点。将该图块命名为“停车位”，然后单击“确定”按钮，如图 15-27 所示。

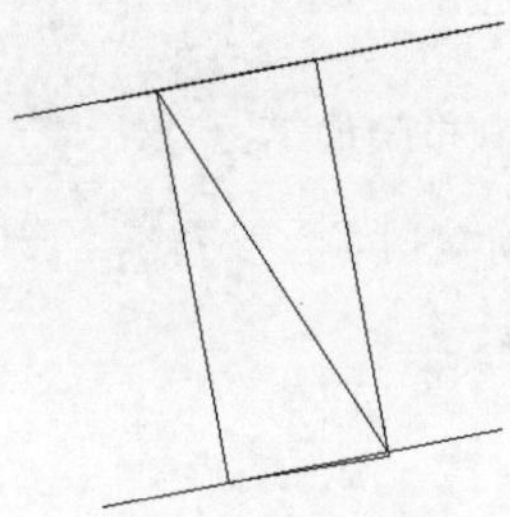

图 15-26　停车位

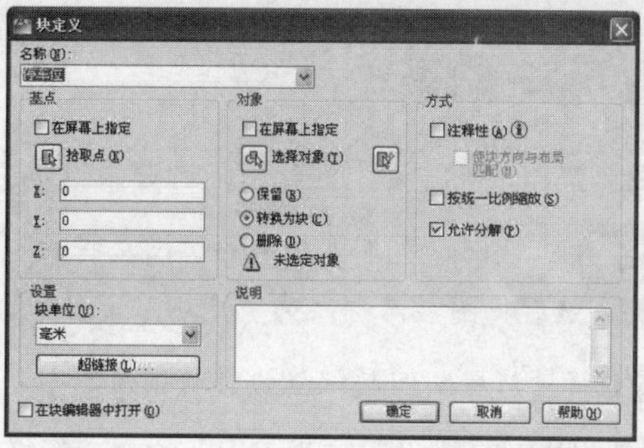

图 15-27　“块定义”对话框

Step 07 选择“插入”→“块”命令，在弹出的“插入块”对话框中，在“名称”文本框中输入“停车位”，即可插入块，如图 15-28 所示。

Step 08 执行“复制”（COPY）命令，在北侧倾斜的边界线上进行多次复制，结果如图 15-29 所示。

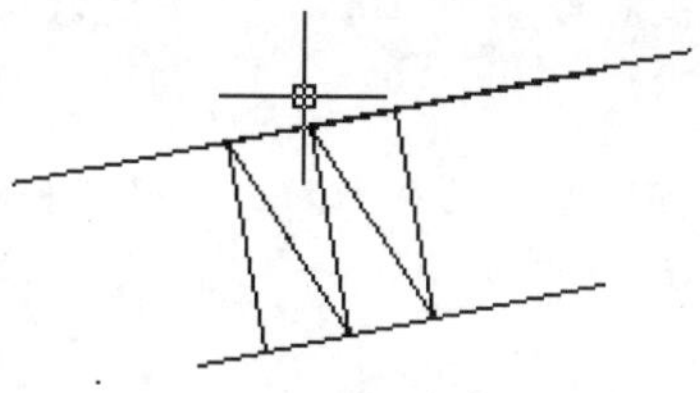

图 15-28 插入块

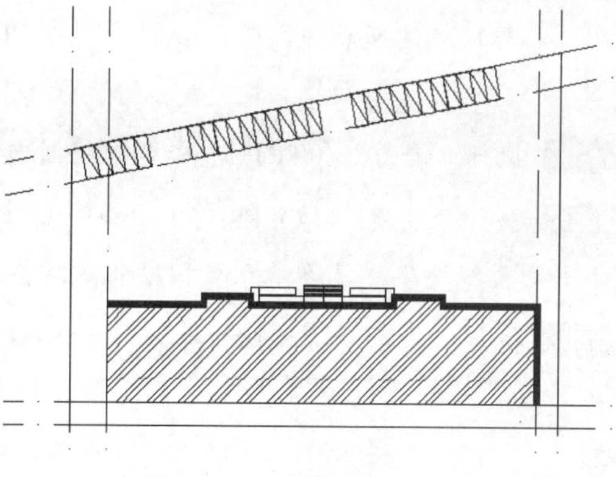

图 15-29　多次复制停车位

Step 09 执行“偏移”（OFFSET）命令，将北侧倾斜的停车位绘制辅助线向内分别偏移 6000 和 12000，得到下面停车位的两条绘制辅助线。

Step 10 开启“正交”模式。执行“直线”（LINE）命令，以上面第二条辅助线与左侧边界线的交点为起点，向右绘制停车位绘制水平辅助线至右侧边界（该线为停车区控制线）。结果如图 15-30 所示。

Step 11 执行“复制”（COPY）命令，在停车区控制线和停车位辅助线的围合区内重复复制停车位。这样停车场布置图即完成了，结果如图 15-31 所示。

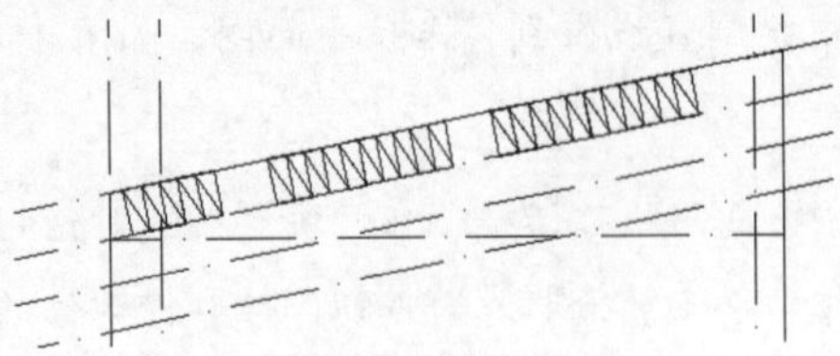

图 15-30 辅助线

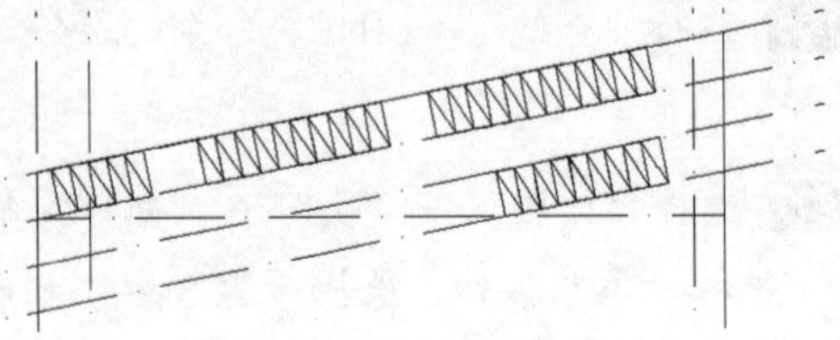

图 15-31 停车位

15.2.6 绘制广场

该广场要求有足够多的绿地，并要求设置升旗台等。具体绘制步骤如下：

Step 01 单击“图层”工具栏中的“图层特性”按钮，单击“新建图层”按钮，创建一个新的图层，然后将图层名称改为“广场”，并完成“广场”图层的设置。

Step 02 将“广场”图层设置为当前图层。

Step 03 执行“多段线”（PLINE）命令，将停车场处的广场及绿地边界线（水平线）描出。

Step 04 执行“删除”（ERASE）命令，将 15.2.5 一节停车场绘制中的辅助线全部删除，如图 15-32 所示。

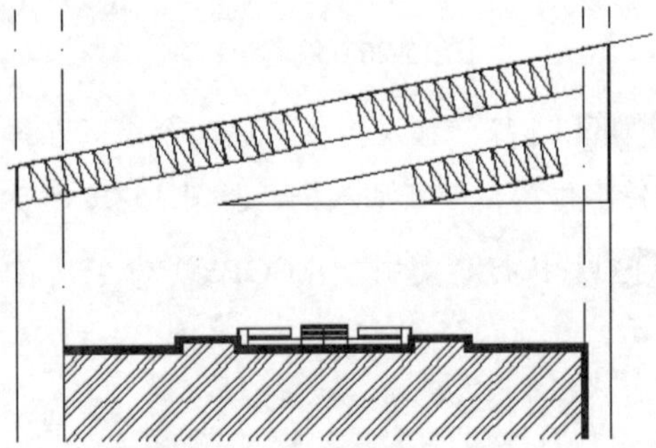

图 15-32 停车位处的广场边线

Step 05 执行“圆”（CIRCLE）命令，以建筑物的中线与绿地线的交点为圆心，绘制半径为 2000 的圆。

Step 06 执行“修剪”（TRIM）命令，将圆内线条修剪掉，得到升旗台，如图 15-33 所示。

Step 07 执行“偏移”（OFFSET）命令，将建筑物的轮廓线向外偏移 1000，作为建筑物的散水线，并用直线连接建筑各角点与相应散水线各点。

Step 08 执行“修剪”（TRIM）命令，将两个残疾人坡道之间的散水线修剪掉，即得到如图 15-34 所示的效果。

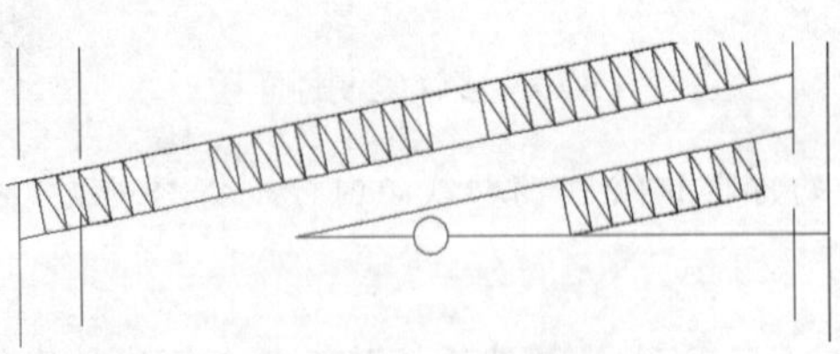

图 15-33 升旗台

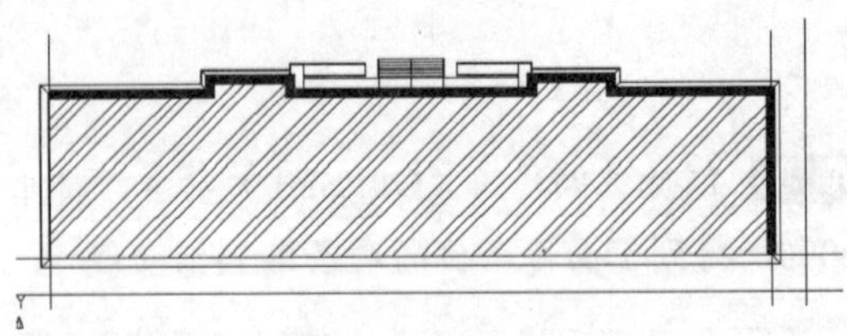

图 15-34 散水线

Step 09 执行“多段线”（PLINE）命令，以建筑北边边线左端一段中点为起点，沿停车位和绿地辅助线绘制广场闭合线。

Step 10 执行“修剪”（TRIM）命令，修剪结果如图 15-35 所示。

Step 11 执行“圆角”（FILLET）命令，设定倒圆角半径为 2000，对内部道路绿化边线的角点进行倒圆角处理，如图 15-36 所示。

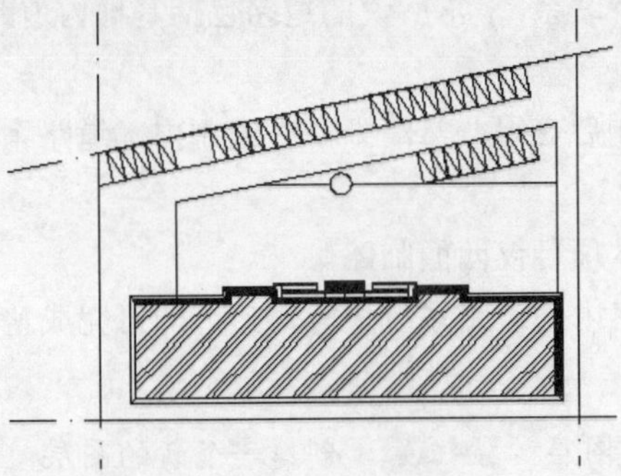

图 15-35 广场边线

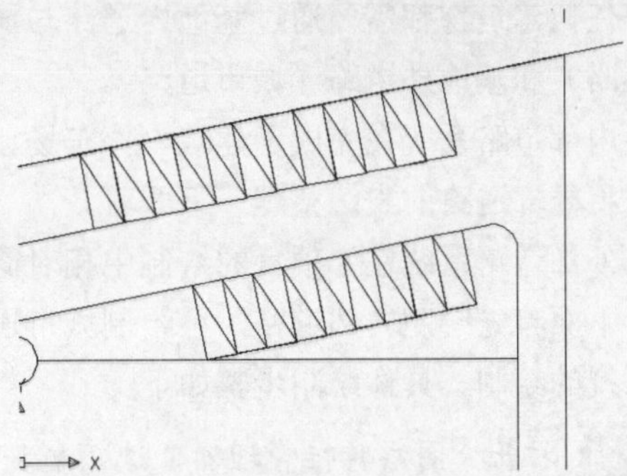

图 15-36 倒圆角

Step 12 连续执行“圆角”（FILLET）命令，形成完整的广场界线，如图 15-37 所示。

Step 13 执行“图案填充”（BHATCH）命令，单击“样例”选图框，打开“填充图案选项板”对话框，选择如图 15-38 所示的 NET 图案。修改填充比例为 1000。单击“添加：拾取点”按钮，将光标置于建筑前的广场界线内，单击以选择广场界线内部作为填充对象，如图 15-39 所示。单击“确定”填充图案，如图 15-40 所示。

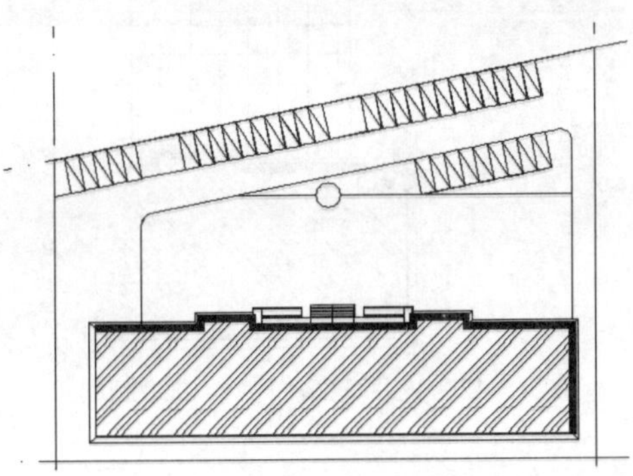

图 15-37 倒圆角

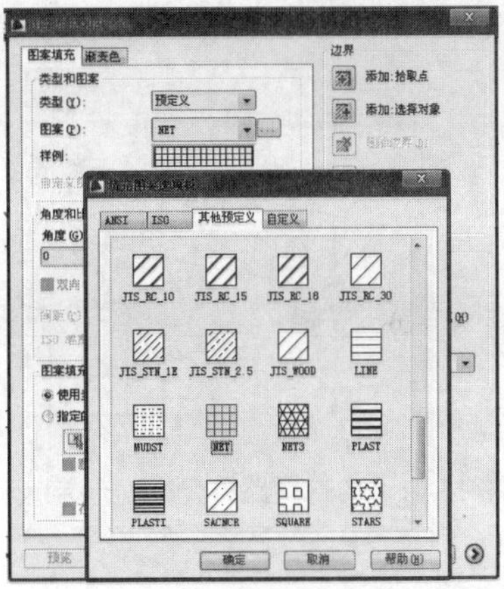

图 15-38 选择图案

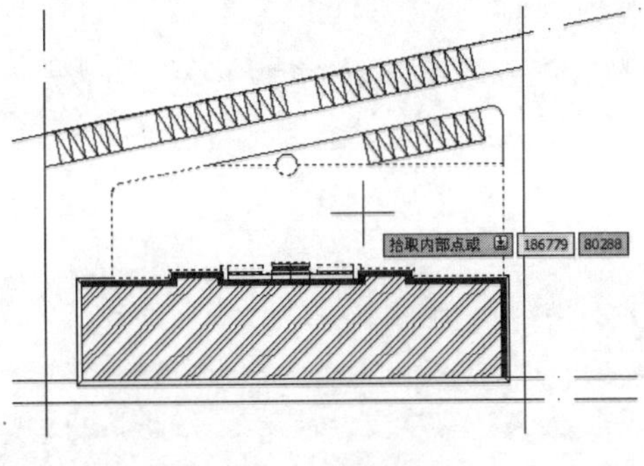

图 15-39 选择填充区

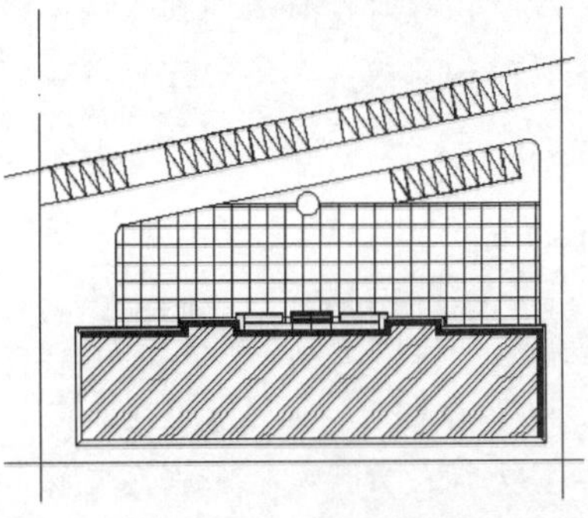

图 15-40 填充效果

15.2.7 绘制道路及出入口

任何建筑物都需要通过基地内道路与城市道路进行联系，平常所说的道路包括基地内道路（内部道路）和基地外道路（城市道路）。

内部道路系统在完成了建筑、停车场、广场的绘制后变得非常清晰。在绘制内部道路系统时只需将内部道路的表达整理一下即可。

外部道路系统在本项目的绘制中相对简单，因为本项目仅西面临路。

下面首先绘制内部道路，再绘制城市道路，然后将内外道路系统进行对接，即可完成整个道路系统的绘制。具体绘制步骤如下：

Step 01 打开“图层特性管理器”选项板，单击“新建图层”按钮，创建一个新的图层，然后将图层名称改为“道路”，并完成“道路”图层的设置。

Step 02 将“道路”图层设置为当前图层。

Step 03 执行“多段线”（PLINE）命令，设置多段线宽度为 150，以内部道路左上角点为起点，如图 15-41 所示，沿停车位轮廓线和绿化广场轮廓线顺时针将内部道路系统的外侧一边绘出。

Step 04 执行“多段线”（PLINE）命令，以建筑物西北的角点为起点，如图 15-42 所示，顺时针将内部道路系统的内侧一边绘出。

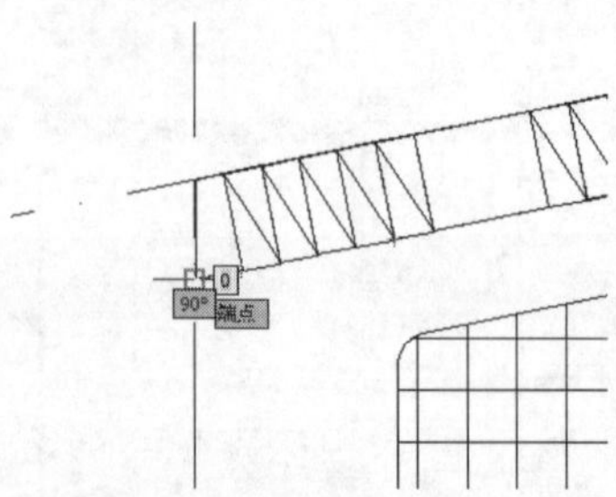

图 15-41 内部道路外侧一边绘制起点

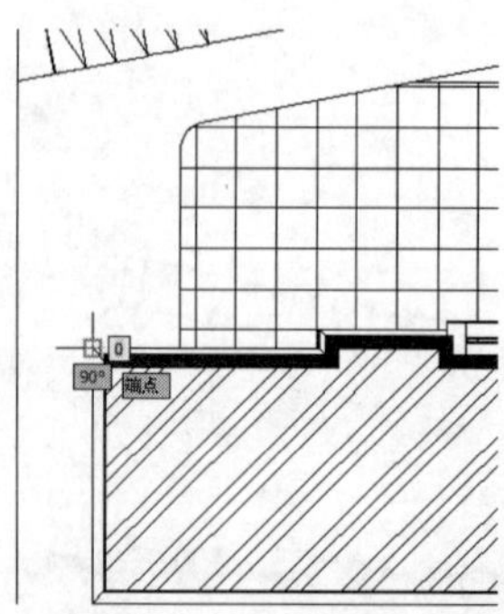

图 15-42 内部道路内侧一边绘制起点

注 意

绘制多段线时，将遇到直线和弧线交替进行的现象，故需要特别注意多段线命令执行中的直线与弧线的互换（在绘制直线时若需要弧线，可在命令进行过程中直接输入 A。绘制过程如图 15-43 所示。

技 巧

如图 15-44 所示，选择“绘图” → “直线”命令，在绘制 *AB* 和 *CD* 交点时，激活“直线”命令后以 *B* 为起点，将光标沿 *AB* 滑动，会出现如图 15-45 所示的图形。无须再激活其他命令，可直接将光标在 *B* 点和 *C* 点各停留片刻后沿 *DC* 线滑动至 *AB*、*CD* 交接处附近。此时会出现两线交点，如图 15-46 所示，此时可以立即单击交点，画出两线交点。

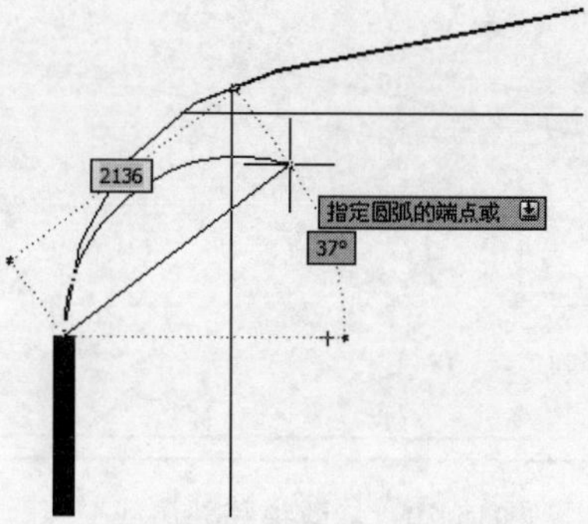

图 15-43　多段线绘制中的直线与弧线转化

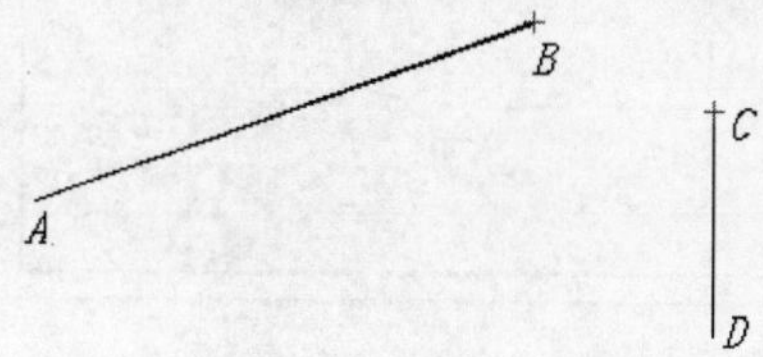

图 15-44　*AB*，*CD* 线段

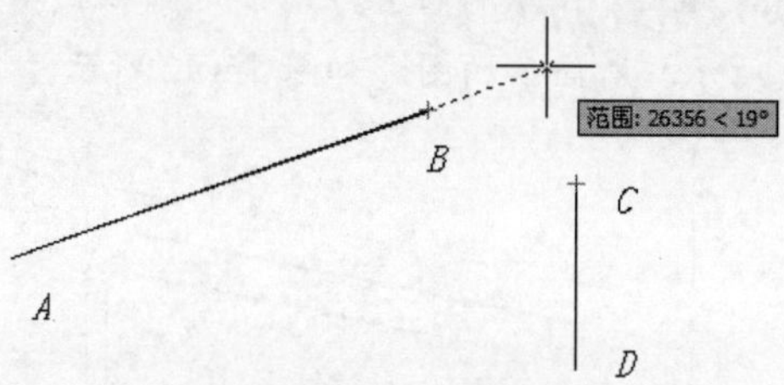

图 15-45　光标在 *AB* 方向延伸

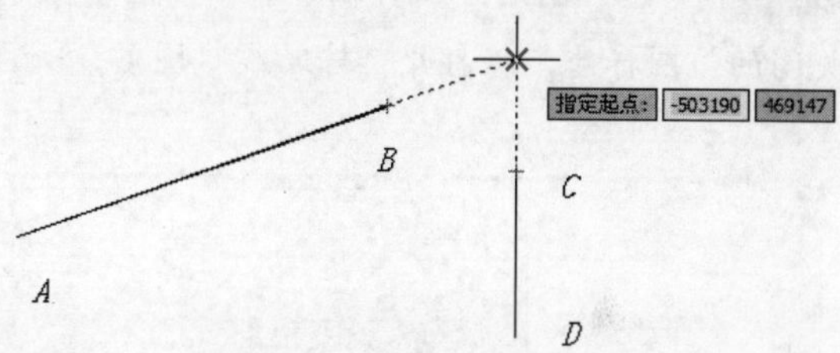

图 15-46　光标在 *DC* 方向延伸后与 *AB* 出现的交点

Step 05 单击“图层”工具栏中的“图层特性”按钮，弹出“图层特性管理器”选项板，关闭除“道路”以外的所有图层，如图 15-47 中椭圆框内所示。然后 AutoCAD 2012 显示界面中显示内部道路图，如图 15-48 所示。

提　示

执行此次操作是为了方便下面步骤的实施。以免其他图层中的图形对下面的操作造成不便。

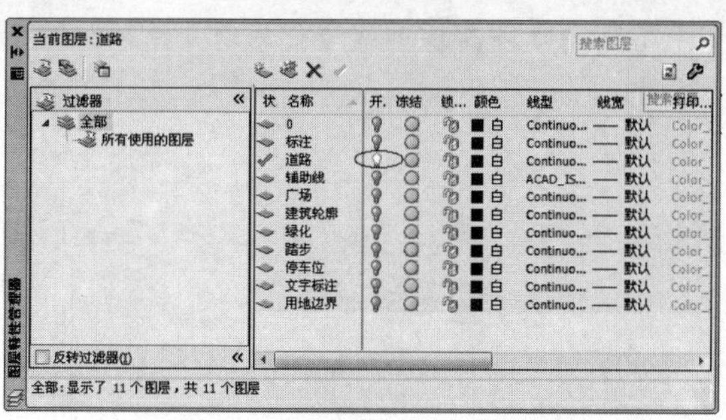

图 15-47　“图层特性管理器”选项板

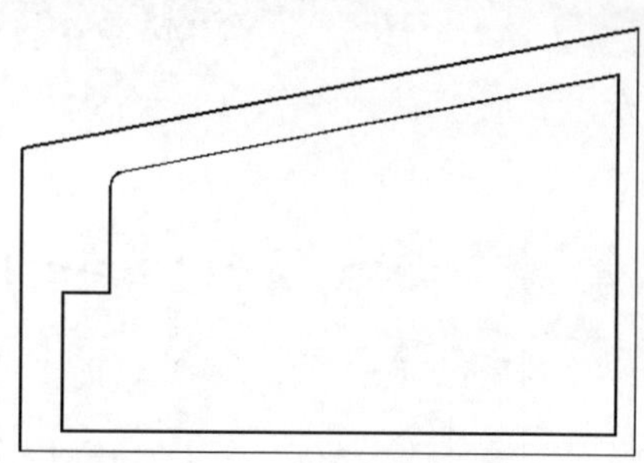

图 15-48　“道路”层显示图

Step 06 执行“圆角”（FILLET）命令，将内部道路内边线的上边线和右边线进行半径为 2000 的倒圆角操作，效果如图 15-49 所示。

Step 07 执行“圆角”（FILLET）命令，将内部道路外边线的上边线和右边线进行半径为 6000 的倒圆角操作，效果如图 15-50 所示。

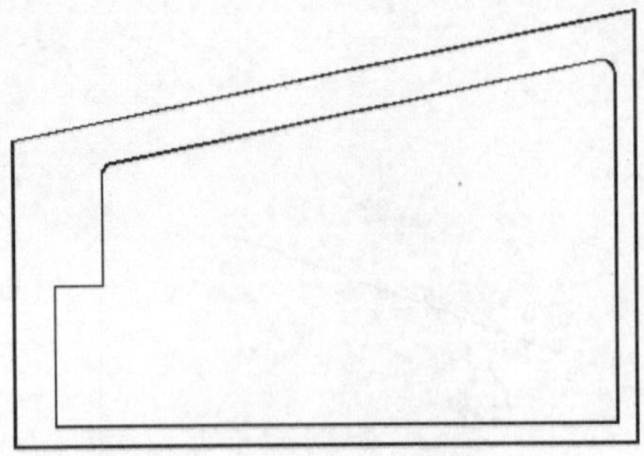

图 15-49　修改道路内边线交点

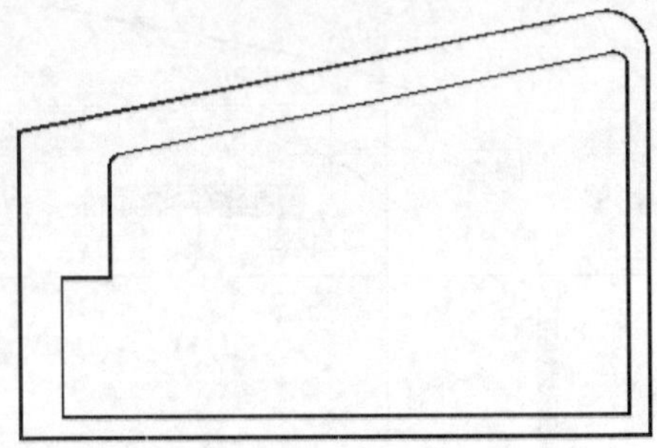

图 15-50　修改道路外边线交点

Step 08 单击“图层”工具栏中的“图层特性”按钮，弹出“图层特性管理器”选项板，单击关闭的灯图标处，将打开“辅助线”图层，如图 15-51 所示。所显示的图形如图 15-52 所示。

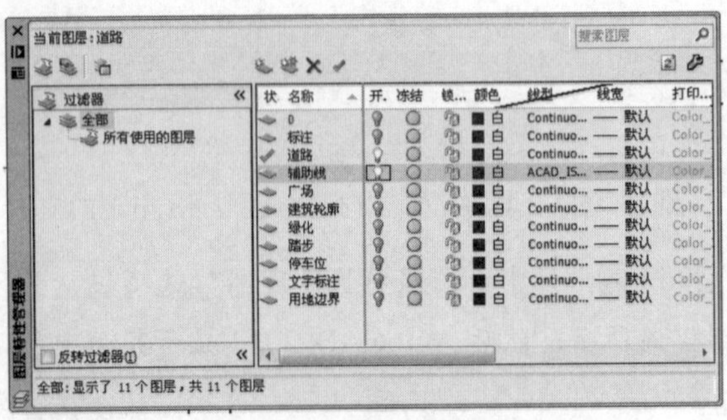

图 15-51　“图层特性管理器”选项板

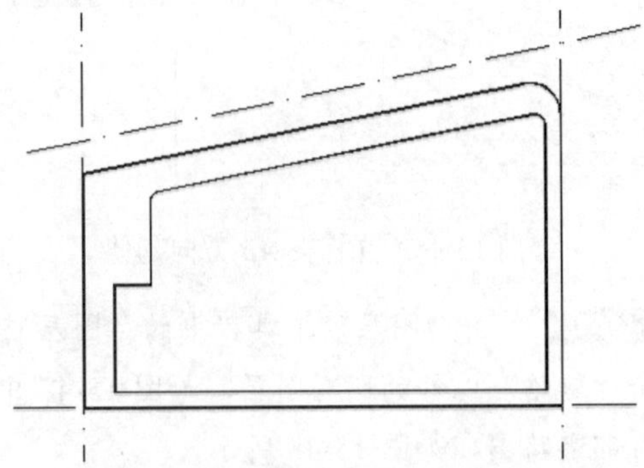

图 15-52　道路轮廓线显示结果

Step 09 执行“偏移”（OFFSET）命令，将左、上、右、下 4 条辅助线依次向内部偏移 3000、9000、1500 和 1500，如图 15-53 所示。

Step 10 执行“修剪”（TRIM）命令，对步骤 9 中得到的 4 条新辅助线进行修剪，结果如图 15-54 所示。

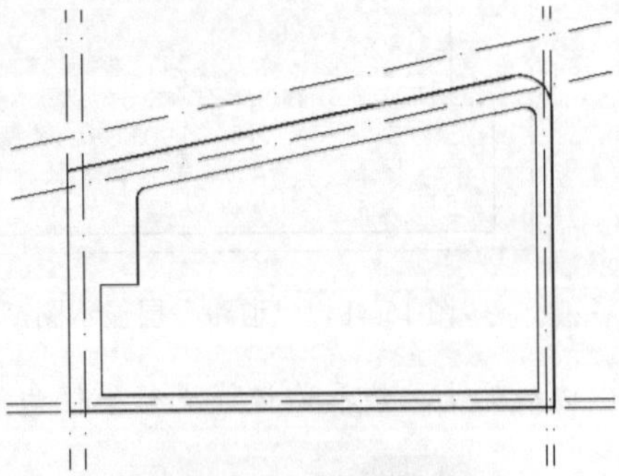

图 15-53　辅助线偏移结果

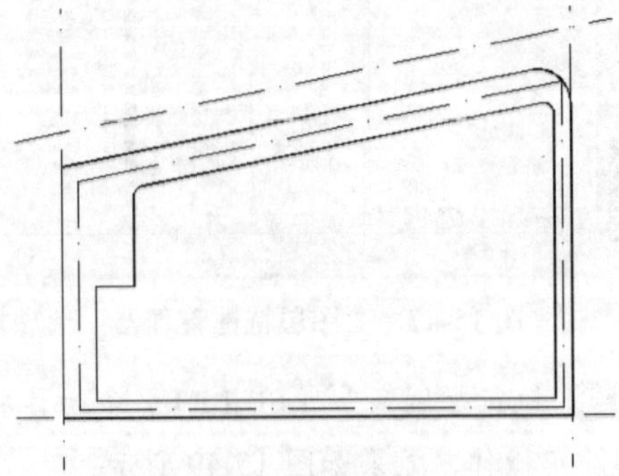

图 15-54　修剪辅助线的结果

Step 11 执行“圆角”（FILLET）命令，对步骤 10 中所得的上边和右边的辅助线进行倒圆角操作，将倒圆角半径设为 5000。进行倒圆角的辅助线作为道路中心线，如图 15-55 所示。

Step 12 选择步骤 11 中得到的道路中心线，双击该中心线。弹出“特性”选项板，如图 15-56 所示。将“图层”（椭圆框内）由“辅助线”改为“道路”，然后将另外 3 条道路中心线的图层逐一改为“道路”，如图 15-57 所示。

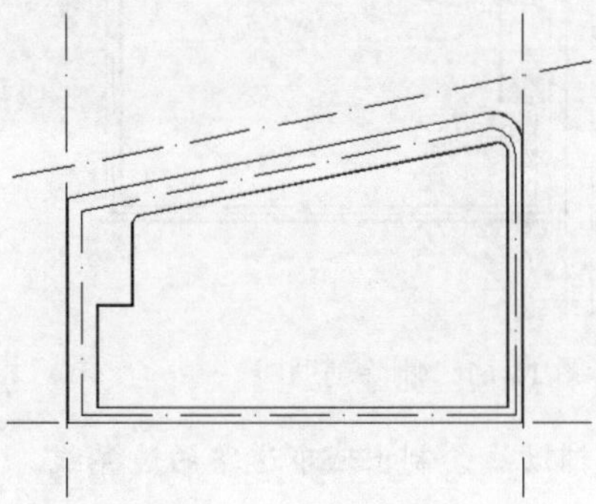

图 15-55　倒圆角辅助线

图 15-56　“特性”选项板

图 15-57　“特性”选项板

Step 13 执行“偏移”（OFFSET）命令，将左边辅助线向左依次偏移 30000、25000、15000 和 5000，得到城市道路边线辅助线及人行道边线辅助线，如图 15-58 所示。

Step 14 执行“直线”（LINE）命令，以内部道路左侧边线中点为基点，向左绘制一条长度为 40000 的线段作为辅助线。

Step 15 执行“偏移”（OFFSET）命令，将步骤 14 中得到的辅助线分别向上、向下各偏移 40000，效果如图 15-59 所示。

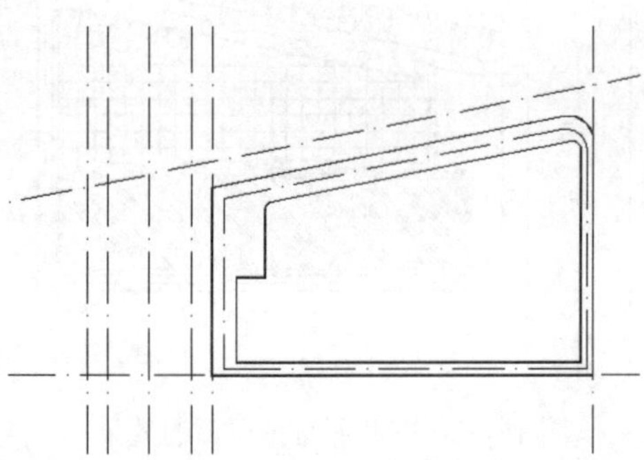

图 15-58　城市道路边线辅助线

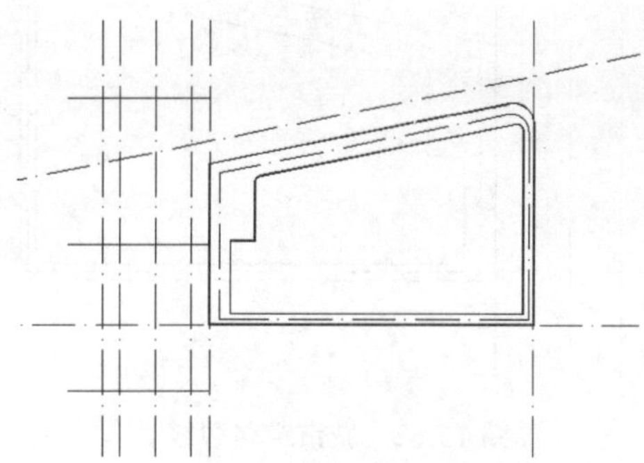

图 15-59　城市道路辅助线

Step 16 执行“修剪”（TRIM）命令，对上述辅助线进行修剪。

提　示

在命令行输入“修剪”（TRIM）命令，且选择好剪切边后命令行将出现“选择要修剪的对象，或按住 Shift 键选择要延伸的对象，或[栏选(F)/窗交(C)/投影(P)/边(E)/删除(R)/放弃(U)]:”提示，此时输入 F 以选择“栏选”功能。此时在选好的修剪边一侧划线即可对多条线段同时进行修剪，如图 15-60 所示。

Step 17 修剪完毕后，删除多余辅助线，得到如图 15-61 所示的图形。

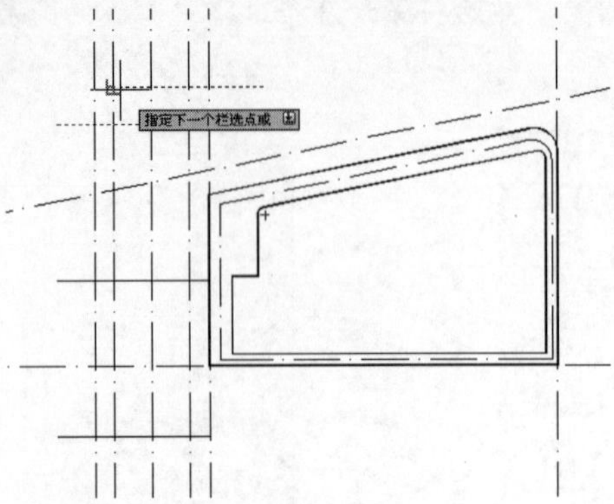

图 15-60　城市道路辅助线的修剪过程

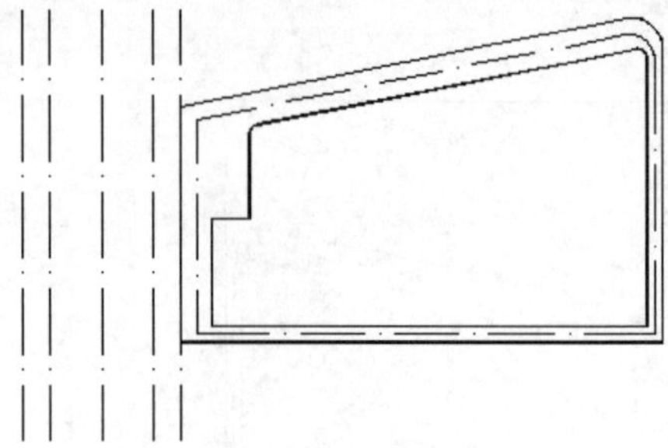

图 15-61　删除辅助线

Step 18 执行“多段线”（PLINE）命令，将宽度设为 300，沿辅助线绘制出城市道路的边界线。重复执行“多段线”（PLINE）命令，将宽度设为 150，沿辅助线绘制出人行道边界线，如图 15-62 所示。

Step 19 选择城市道路中心线并双击，在弹出的“特性”选项板中，将“图层”由“辅助线”改为“道路”。

Step 20 单击“图层”工具栏中的“图层特性”按钮，弹出“图层特性管理器”选项板，单击关闭图标，关闭“辅助线”层，打开其他所有图层，得到如图 15-63 所示的效果。

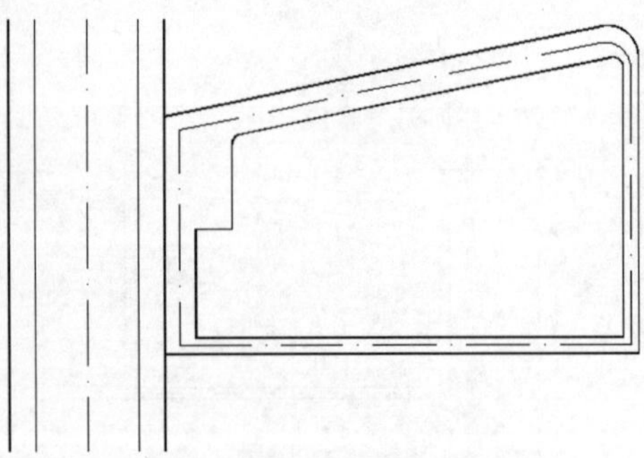

图 15-62　城市道路边线

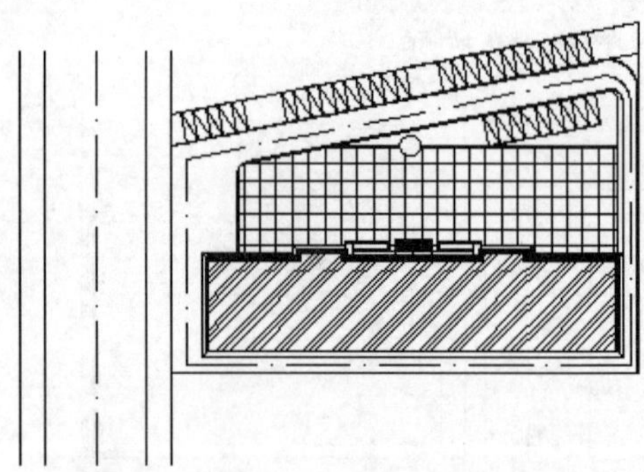

图 15-63　打开所有图层后的效果

Step 21 开启正交功能，执行“多段线”（PLINE）命令。将多段线宽度设为 50，绘制总长度为 36000 的折断线，如图 15-64 所示。将绘制好的折断线复制到城市道路线的两端，如图 15-65 所示。

Step 22 执行“直线”（LINE）命令，以建筑的西北角点为起点，向左垂直于城市人行道边线绘制直线作为辅助线，如图 15-66 所示。

Step 23 执行“偏移”（OFFSET）命令，将上述辅助线向上偏移 8000，效果如图 15-67 所示。

图 15-64　折断线

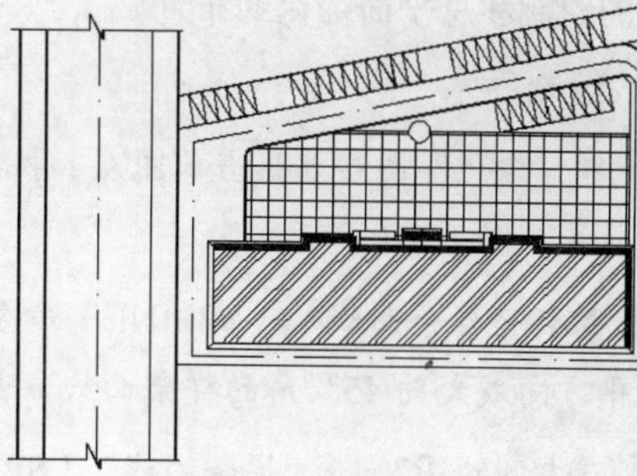

图 15-65　道路绘制完成图

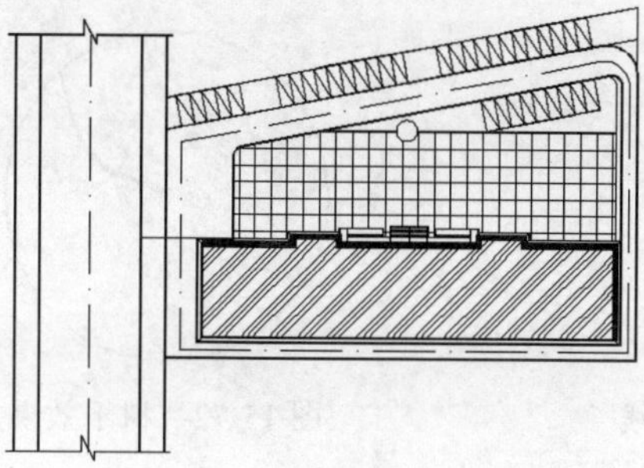

图 15-66　基地出入口辅助线

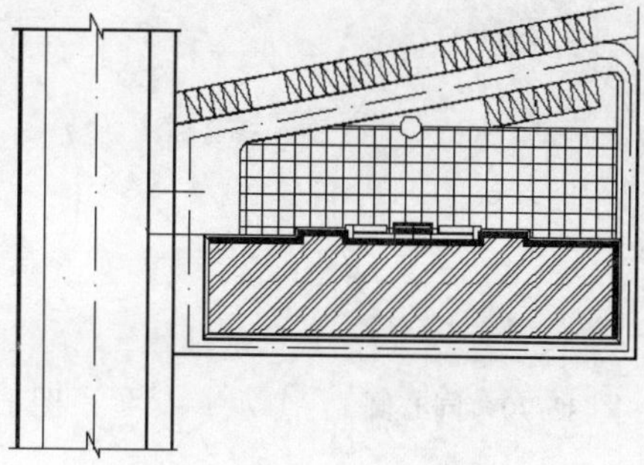

图 15-67　偏移基地出入口辅助线

Step 24 执行“修剪”（TRIM）命令，进行多次修剪，得到基地出入口位置，结果如图 15-68 所示。

Step 25 执行“圆角”（FILLET）命令，设置圆角半径为 5000，然后对出入口边线和人行道边线进行倒圆角处理，结果如图 15-69 所示。

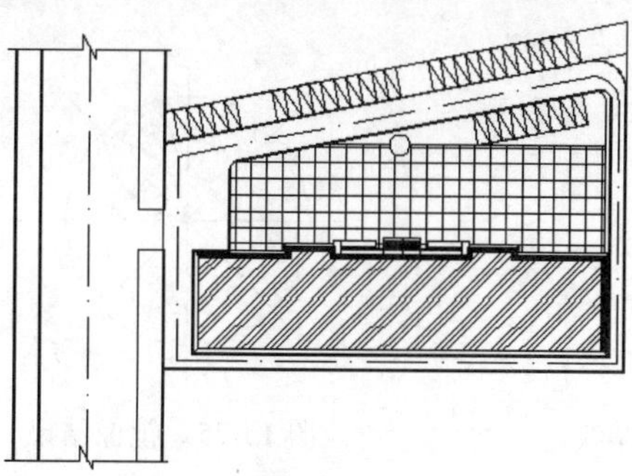

图 15-68　基地出入口修剪结果

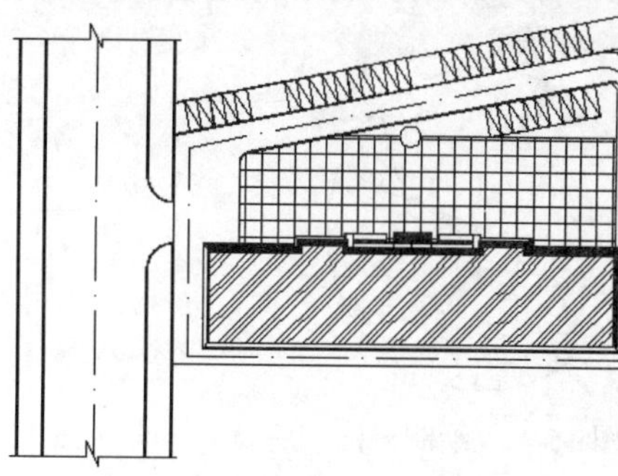

图 15-69　基地出入口倒圆角结果

15.2.8　绘制景观绿化

景观绿化是一个场所的灵魂，是能够使建筑鲜活和呼吸的“肺”，是冰冷的钢筋水泥夹缝中透出的一片生机，是人们亲近自然、回归自然心理需求的一种体现。所以景观绿化是建筑总平面绘制中必不可少的一部分。景观绿化一般包含花草、小品和树木等。下面分别讲解乔木、灌木、建筑小品的绘制和总平面绿化的布置。

1. 绘制乔木

Step 01 将“绿化”图层置为当前图层。执行“圆”（LINE）命令，绘制直径为 4000 和 200 的同心圆，效果如图 15-70 所示。

Step 02 执行“样条曲线”（SPLINE）命令，或单击工具栏中的“样条曲线”按钮，绘制一条与水平方向成大约 45° 角的样条曲线，如图 15-71 所示。

Step 03 选择“绘图”→“样条曲线”（SPLINE）命令，或单击工具栏中的“样条曲线”按钮，参照第一条样条曲线绘制第二条样条曲线作为树干，如图 15-72 所示。

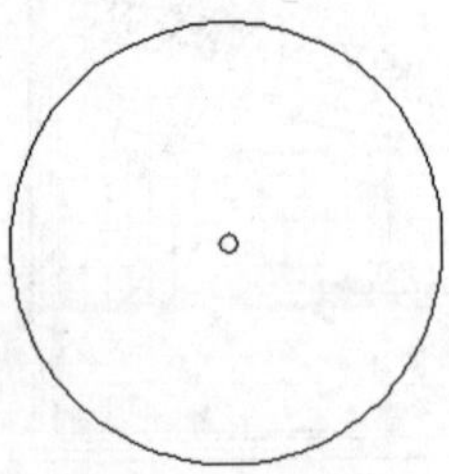

图 15-70　同心圆

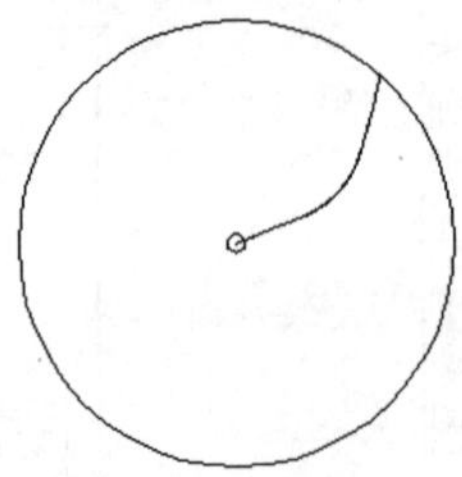

图 15-71　样条曲线

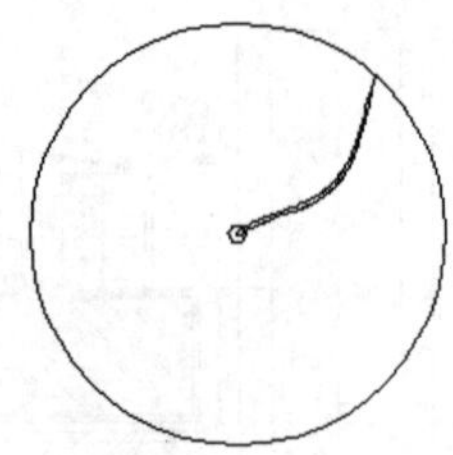

图 15-72　树干效果

Step 04 执行“绘图”→“样条曲线”（SPLINE）命令，或单击工具栏中的“样条曲线”按钮，绘制 4 条样条曲线作为树枝，如图 15-73 所示。

Step 05 执行“直线”（LINE）命令，分别绘制一条水平直线、一条垂直直线、一条与水平方向成 45° 角的直线、一条与水平直线成 135° 直线，作为辅助线，如图 15-74 所示。

Step 06 执行“镜像”（MIRROR）命令，将步骤 4 中所得的树干和树枝以 45° 线为镜像线，向左镜像，得到如图 15-75 所示的图形。

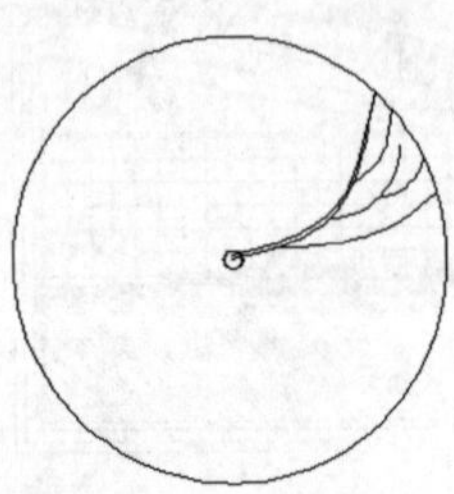

图 15-73　绘制树枝

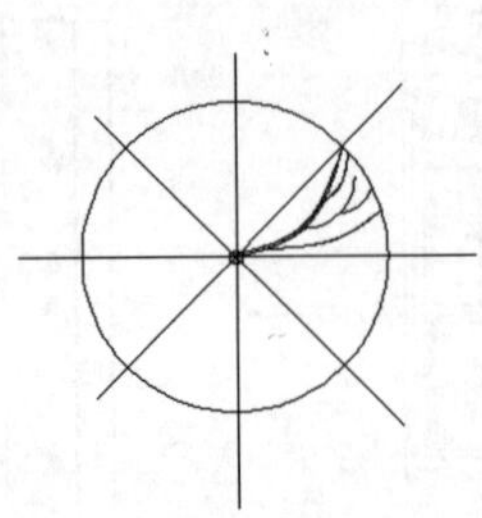

图 15-74　绘制辅助线

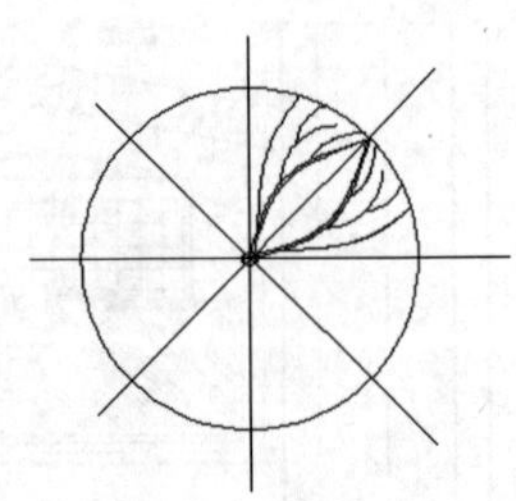

图 15-75　镜像结果

Step 07 执行“镜像”（MIRROR）命令，将步骤 6 中所得的树干和树枝以垂直直线为镜像线，向左镜像得到如图 15-76 所示的图形。

Step 08 执行“镜像”（MIRROR）命令，将步骤 7 中所得的树干和树枝以水平直线为镜像线，向下镜像，得到如图 15-77 所示的图形。

Step 09 执行“删除”（ERASE）命令，将步骤 8 中的辅助线删除，得到如图 15-78 所示的树木的最终结果。

图 15-76 镜像结果

图 15-77 镜像结果图

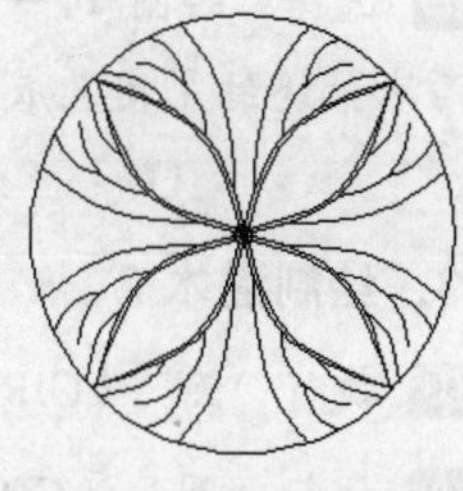

图 15-78　树木最终效果

Step 10 选择“绘图”→“块”（BLOCK）命令，将步骤 9 中的树木最终结果定义成名称为“乔木”、基点为圆心的块。

2. 绘制灌木 1

Step 01 执行“圆”（CIRCLE）命令，绘制半径为 1500 的圆。

Step 02 开启正交功能。执行“复制”（COPY）命令，将上一步所得的圆以圆上任一点为基点，向右水平复制 500 的距离。结果如图 15-79 所示。

Step 03 执行“圆”（CIRCLE）命令，以步骤 1 中的圆心为圆心绘制半径为 100 的圆。结果如图 15-80 所示。

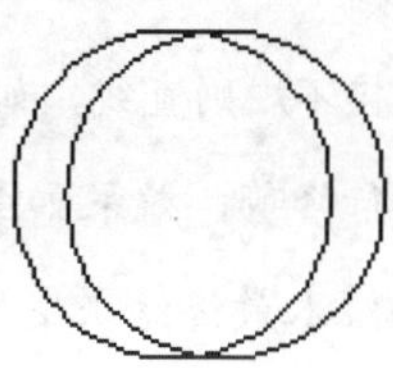

图 15-79　复制圆

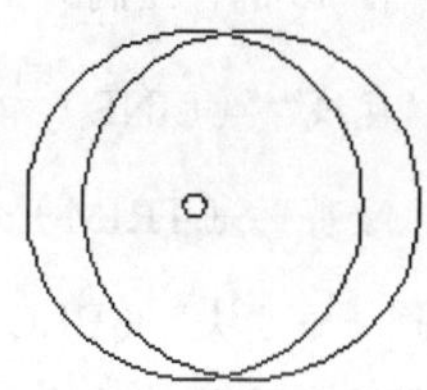

图 15-80　绘制同心圆

Step 04 选择“绘图”→“图案填充”（BHATCH）命令，在弹出的“图案填充创建”选项卡，将图案设为 JIS_LC_20，如图 15-81 所示。设置“角度”为 135°，“填充图案比例”为 10，如图 15-82 所示。在最右侧月牙形图案内部进行填充。这样即得到灌木绘制的结果，如图 15-83 所示。

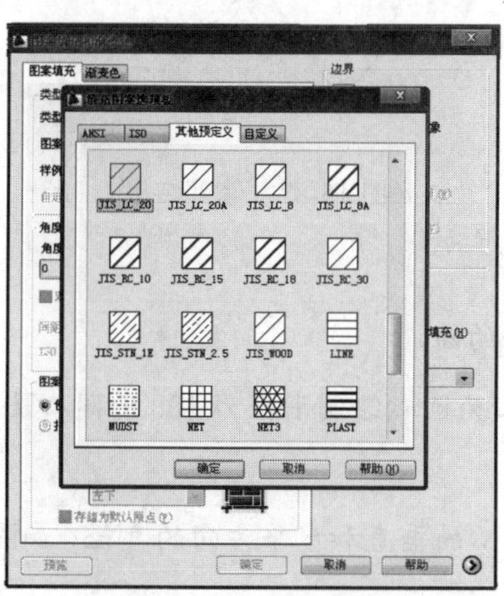

图 15-81　选择填充图案

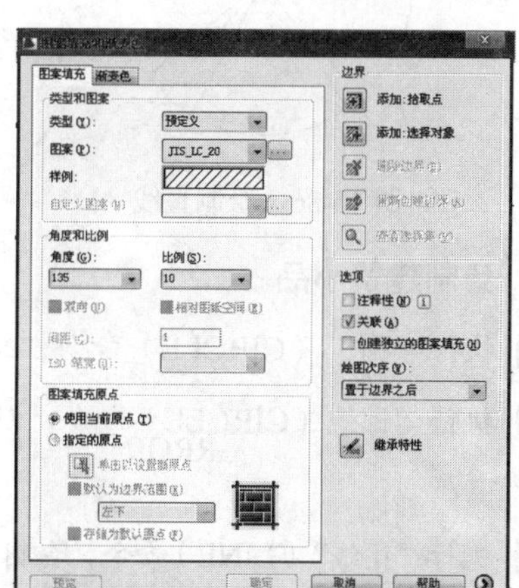

图 15-82　设置图案填充参数

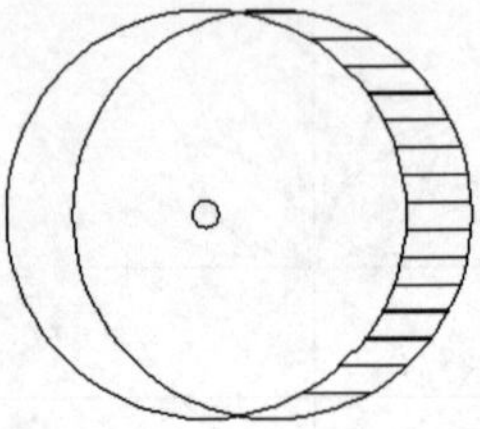

图 15-83　灌木绘制结果

Step 05 选择“绘图” →“块”（BLOCK）命令，将图 15-83 中的灌木最终结果定义成名称为“灌木 1”、基点为小圆圆心的块。

3．绘制灌木 2

Step 01 执行“圆”（CIRCLE）命令，绘制半径为 1500 的圆。

Step 02 执行“圆”（CIRCLE）命令，以步骤 1 中的圆心为圆心绘制半径为 100 的同心圆，如图 15-84 所示。

Step 03 执行“直线”（LINE）命令，以同心圆圆心为起点、外部大圆上任意点为终点绘制若干条直线，如图 15-85 所示。

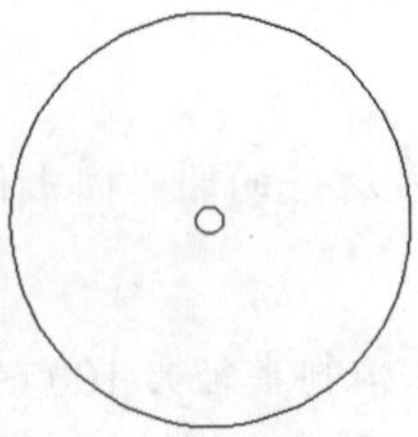

图 15-84　绘制圆

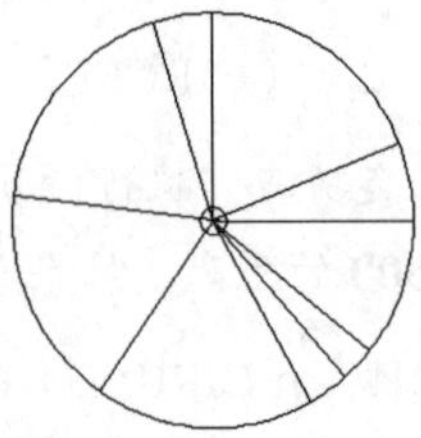

图 15-85　绘制直线

Step 04 执行“直线”（LINE）命令，在上一步绘制的直线之间连接不规则直线，如图 15-86 所示。

Step 05 执行“修剪”（TRIM）命令，对如图 15-86 所示的圆进行修剪，效果如图 15-87 所示。

Step 06 “绘图” →“块”（BLOCK）命令，将如图 15-87 所示的灌木最终结果定义成名称为“灌木 2”、基点为同心圆圆心的块。

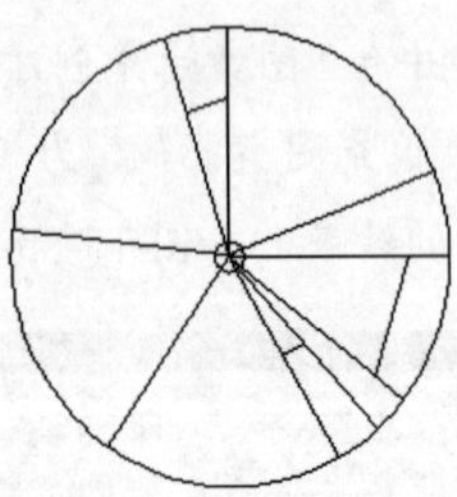

图 15-86　绘制直线

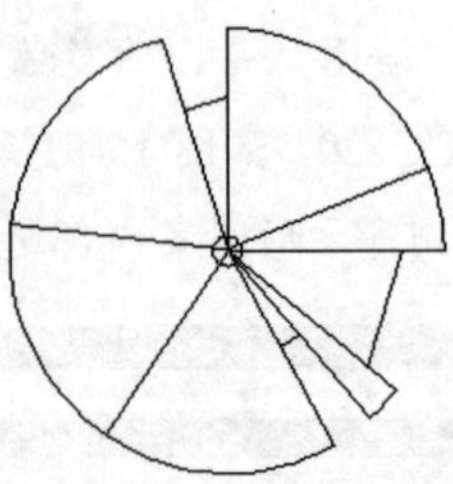

图 15-87　修剪结果

4．绘制建筑小品

Step 01 执行“圆”（CIRCLE）命令，绘制半径为 4000 的圆。

Step 02 执行“圆”（CIRCLE）命令，以步骤 1 中的圆心为圆心绘制半径为 100 的同心圆，如图 15-88 所示。

Step 03 执行“直线”（LINE）命令，绘制两条过同心圆圆心的垂直和水平方向的直径，如图 15-89 所示。

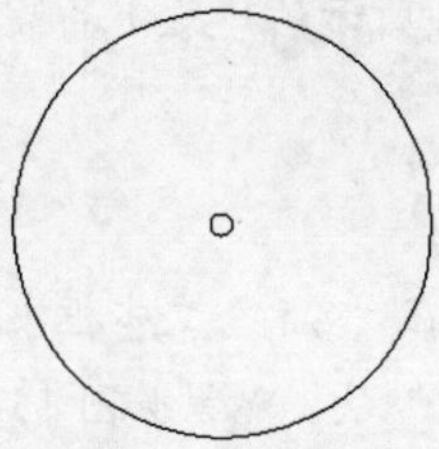

图 15-88　绘制同心圆

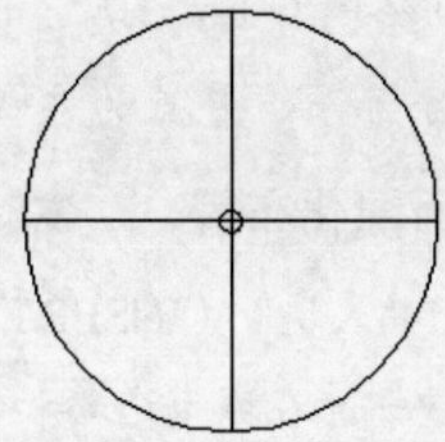

图 15-89　绘制水平和垂直的直径

Step 04 选择“绘图”→“圆弧”（ARC）命令，或单击工具栏中的“圆弧”按钮，以垂直直径与圆的上交点为起点，以水平直径与圆的左交点为终点绘制圆弧，效果如图 15-90 所示。

Step 05 执行“镜像”（MIRROR）命令，或单击工具栏中的“镜像”按钮，以水平方向的直径作为镜像线，为向下进行镜像，效果如图 15-91 所示。

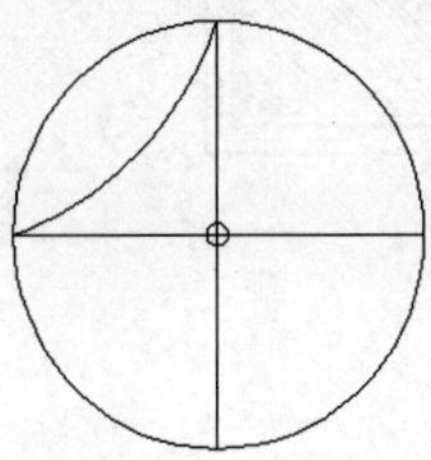

图 15-90　绘制圆弧

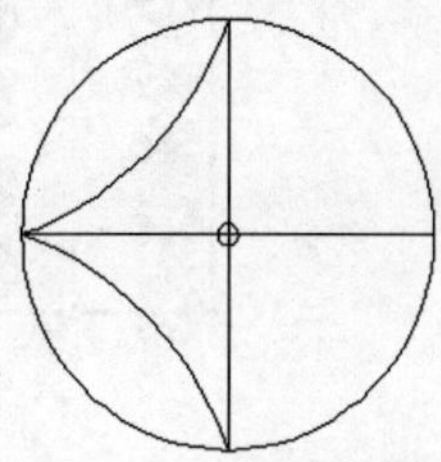

图 15-91　镜像圆弧

Step 06 执行“镜像”（MIRROR）命令，或单击工具栏中的“镜像”按钮，以垂直方向的直径作为镜像线，向右进行镜像，效果如图 15-92 所示。

Step 07 执行“删除”（ERASE）命令，将半径为 4000 的外圆删除，效果如图 15-93 所示。

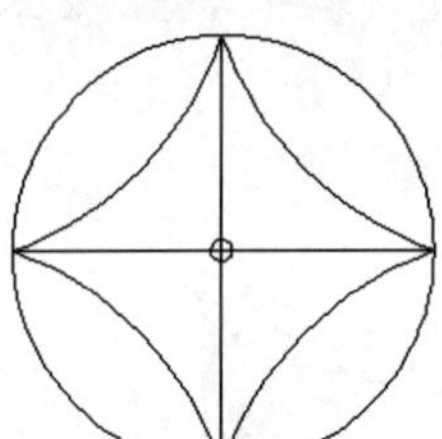

图 15-92　镜像圆弧

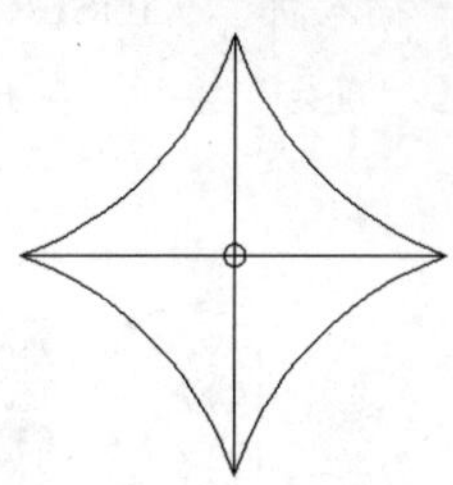

图 15-93　删除外圆

Step 08 执行“复制”（COPY）命令，对如图 15-93 所示的图形进行复制。

Step 09 选择“修改”→“缩放”（SCALE）命令，或单击工具栏中的“缩放”按钮，对上一步得到的图形进行以圆心为基点、比例因子为 0.5 的缩放。

Step 10 执行“移动”（MOVE）命令，将上一步得到的图形移动到如图 15-93 所示的图形旁边。建筑小品绘制结果如图 15-94 所示。

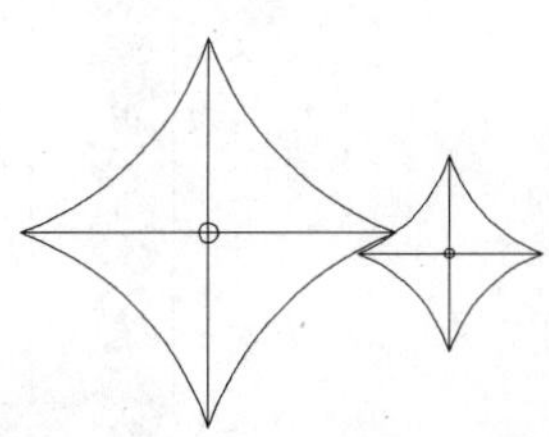

图 15-94　建筑小品绘制结果

Step 11 选择“绘图” →“块”（BLOCK）命令，将如图 15-94 所示的建筑小品最终结果定义成名称为“建筑小品”、基点为左侧圆圆心的块。

5．总平面绿化布置

Step 01 执行“插入块”（INSERT）命令，弹出“插入”对话框，在“名称”文本框中输入“乔木”，单击“确定”按钮。在城市道路和停车位之间的空档处插入“乔木”块。结果如图 15-95 所示。

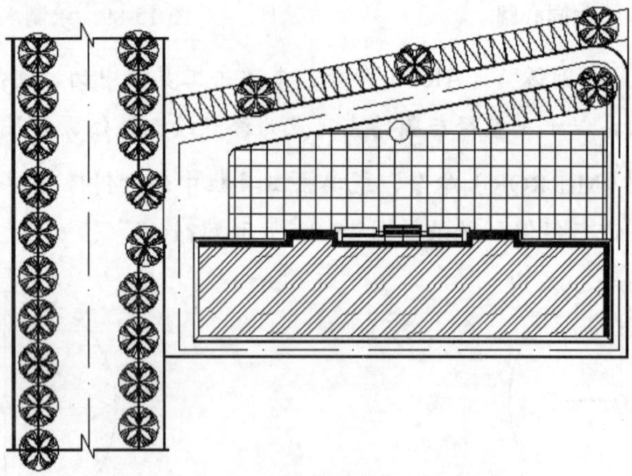

图 15-95 插入“乔木”块

Step 02 执行“插入块”（INSERT）命令，弹出“插入块”对话框，在“名称”文本框中输入“灌木 1”，单击“确定”按钮。在部分基地内部停车位之间的小空档处插入“灌木 1”块。

Step 03 执行“插入块”（INSERT）命令，弹出“插入”对话框，在“名称”文本框中输入“灌木 2”，单击“确定”按钮。在部分基地内部停车位之间的小空档处插入“灌木 2”块。

Step 04 执行“插入块”（INSERT）命令，弹出“插入”对话框，在“名称”文本框中输入“建筑小品”，单击“确定”按钮。在升旗台右侧空档处插入“建筑小品”块。绿化布置结果如图 15-96 所示。

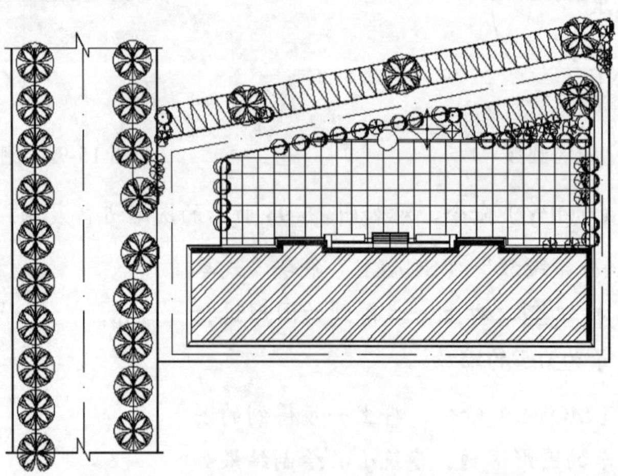

图 15-96 绿化布置结果

15.2.9　标注尺寸和文字

尺寸标注要求完整、准确、合理和清晰。

标注内容包括建筑的轮廓尺寸、道路宽度尺寸、场地尺寸、建筑层数和主要出入口。

下面讲解总平面图尺寸标注的过程。

1. 设置标注尺寸的环境

Step 01 打开“图层特性管理器”选项板，单击“新建图层”按钮，创建“标注”图层，将线宽设为 0.15。单击“标注”图层，将“标注”图层设置为当前图层。结果如图 15-97 所示。

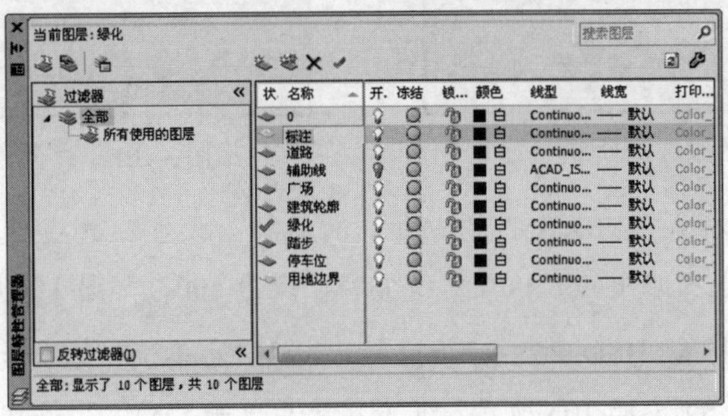

图 15-97 创建“标注”图层

Step 02 单击“标注”工具栏中的“标注样式”按钮，打开“标注样式管理器”对话框，单击“修改”按钮，如图 15-98 所示。弹出“修改样式：ISO-25”对话框，如图 15-99 所示。

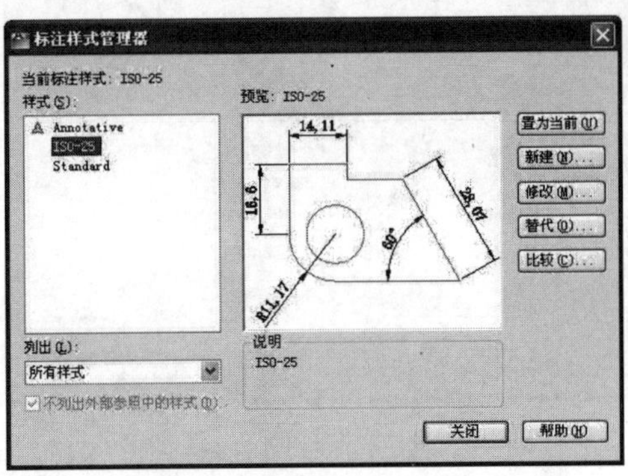

图 15-98　“标注样式管理器”对话框

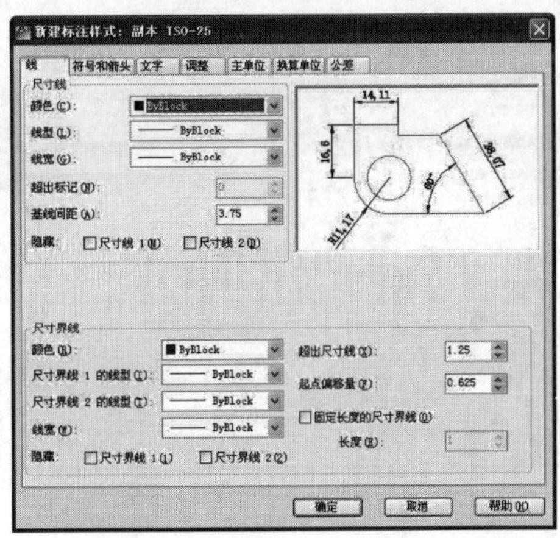

图 15-99　“修改标注样式：ISO-25 对话框

Step 03 在弹出的“修改标注样式：ISO-25”对话框中，选择“线”选项卡。在“尺寸线”选项组中，将“超出标记”和“基线间距”均设为 1000；在“延伸线”选项中，将“超出尺寸线”和“起点偏移量”均设为 1000，如图 15-100 所示。

Step 04 在“修改标注样式：ISO-25”对话框中，选择“符号和箭头”选项卡。在“第一个”、“第二个”下拉列表框中均选择“建筑标记”选项。将“箭头大小”设为 1000，如图 15-101 所示。

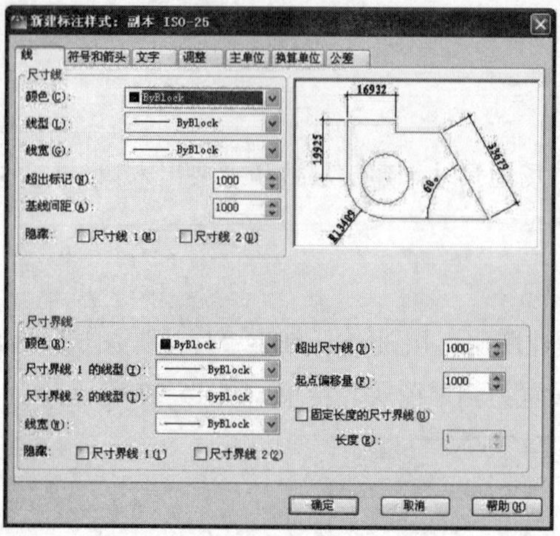

图 15-100 “线”选项卡

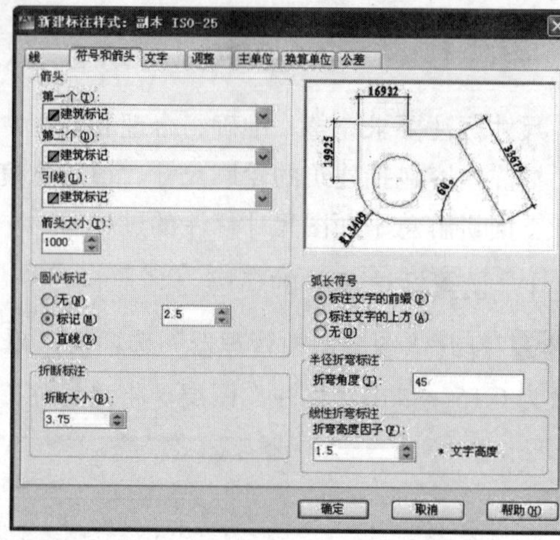

图 15-101 “符号和箭头”选项卡

Step 05 在“修改标注样式：ISO-25”对话框中，选择“文字”选项组。将“文字高度”设为3000。将“文字位置”选项组中的“从尺寸线偏移”设为 500，如图 15-102 所示。

Step 06 在“修改标注样式：ISO-25”对话框中，选择“主单位”选项卡。将“线性标注”选项组中的“精度”设为 0，如图 15-103 所示。完成修改后单击“确定”按钮，返回“标注样式管理器”对话框，然后单击“置为当前”按钮，以保存修改内容。

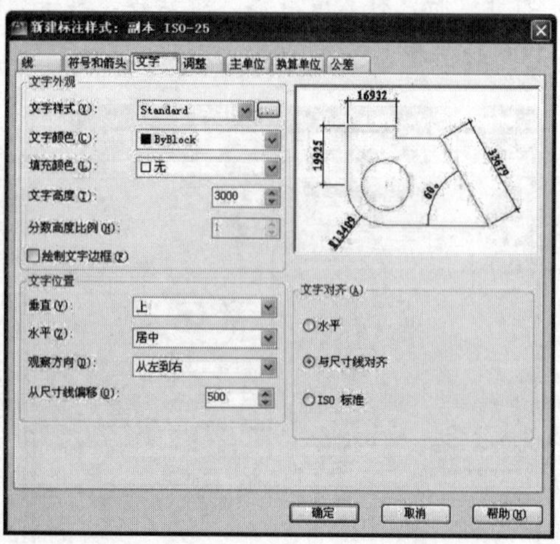

图 15-102 “文字”选项卡

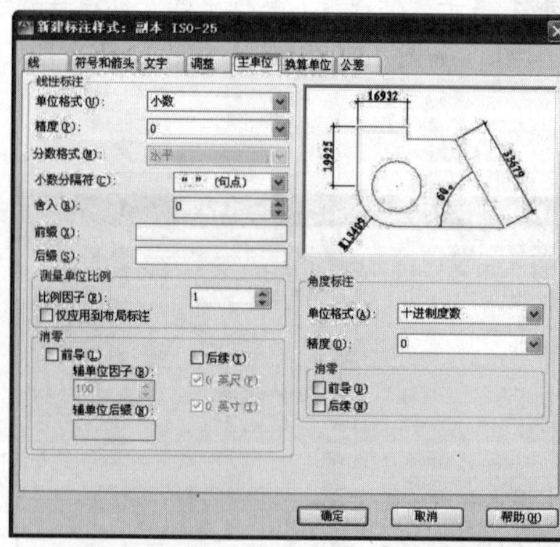

图 15-103 “主单位”选项卡

2. 标注尺寸

Step 01 单击“标注”工具栏中的“对齐”标注按钮，对总平面图中的建筑物进行标注。结果如图 15-104 所示。

Step 02 再次单击“标注”工具栏中的“对齐”标注按钮，对总平面图中的道路进行标注。结果如图 15-105 所示。

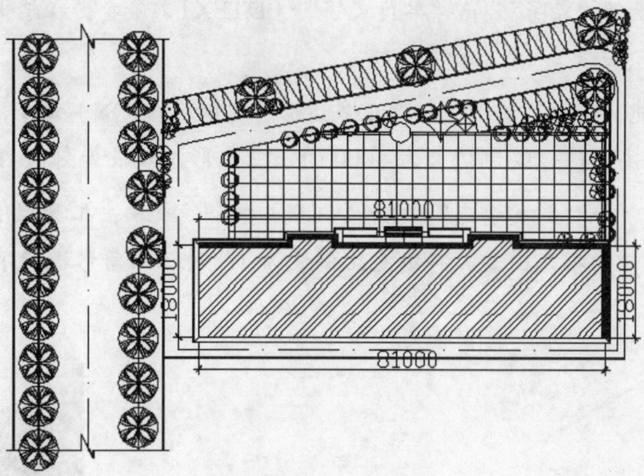

图 15-104　标注建筑

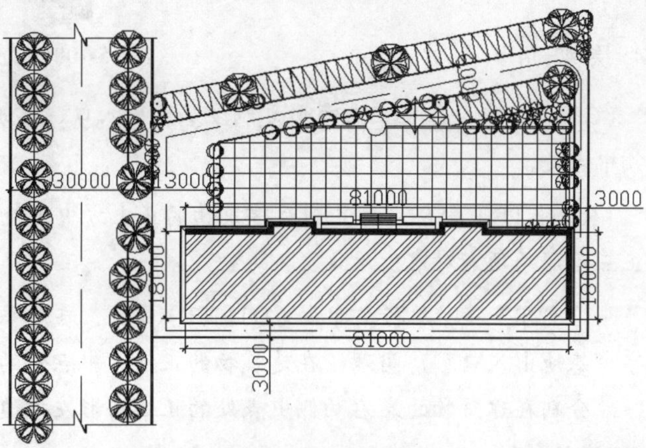

图 15-105　标注道路

Step 03 单击“标注”工具栏中的“对齐”标注按钮，对总平面图中的基地尺寸进行标注。结果如图 15-106 所示。

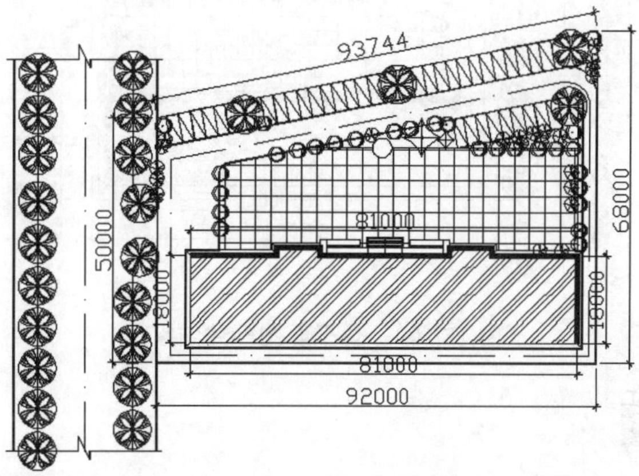

图 15-106　标注基地

Step 04 选择“绘图”→“文字” →“单行文字”（DTEXT）命令。在总平面图中建筑物的右下角标注单行文字 6F。

Step 05 开启正交功能。选择“绘图”→“正多边形”（POLYGON）命令，或单击“绘图”工具栏中的“正多边形”按钮，绘制边长为 5000 的正三角形。效果如图 15-107 所示。

Step 06 选择“绘图” →“图案填充”（BHATCH）命令，或单击工具栏中的“图案填充”按钮，选择 JIS_LC_20 作为填充图案，将填充比例设为 1。对正三角形进行填充，效果如图 15-108 所示。

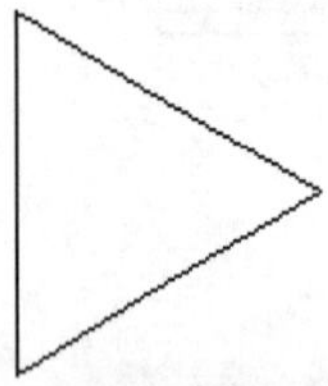

图 15-107　绘制三角形

图 15-108　填充三角形

Step 07 执行“复制”（COPY）命令，将正三角形复制至基地出入口、建筑物的正上方中点处，以及建筑物的左右两侧中点处。

Step 08 执行“旋转”（ROTATE）命令，对复制至建筑物的正上方中点处、右两侧中点处的正三角形进行旋转，使正三角形的顶点对准出入口。

Step 09 选择“绘图” →“文字”→“单行文字”（DTEXT）命令。在总平面图出入口处的正三角形左边标注单行文字“基地出入口”。同理，在建筑物的正上方中点处的正三角形上边标注单行文字“建筑主入口”；分别在建筑物的左右两侧中点处的正三角形左右边标注单行文字“建筑次入口”。结果如图 15-109 所示。

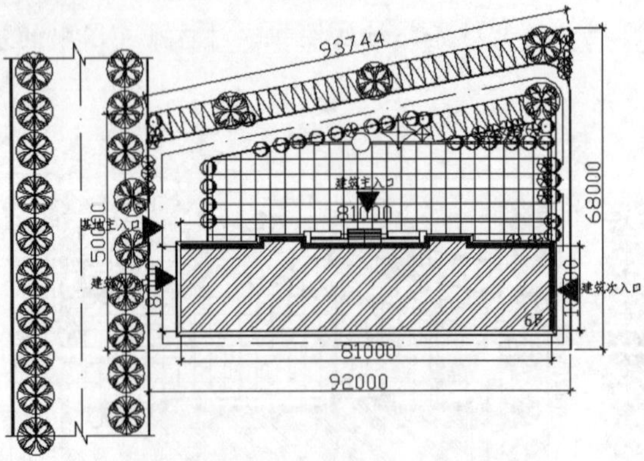

图 15-109　总平面图标注结果

15.2.10　绘制指北针

指北针是各类图纸上的方向坐标，它能够直观地反映方向信息。通常指北针单独出现，也有和当地风玫瑰结合起来出现的。按照惯例指北针所指方向为北向。指北针的画法很多，这里详细讲解一种画法。具体绘制过程如下：

Step 01 选择“绘图”→“圆环”（DOUNT）命令，在总平面图的右上角绘制内环半径为 12000、外环半径为 12050 的圆环，结果如图 15-110 所示。

Step 02 开启正交功能。执行“直线”（LINE）命令，绘制一条垂直方向经过圆心的直线作为辅助线，如图 15-111 所示。

Step 03 执行“直线”（LINE）命令，以圆心为起点向右绘制一条水平方向的直线作为辅助线，如图 15-112 所示。

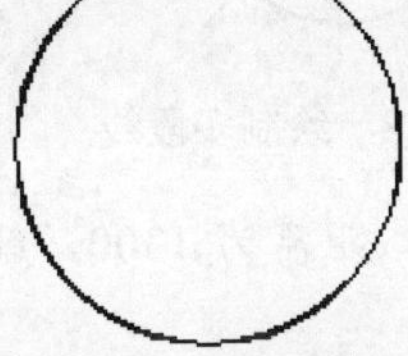

图 15-110　绘制圆环

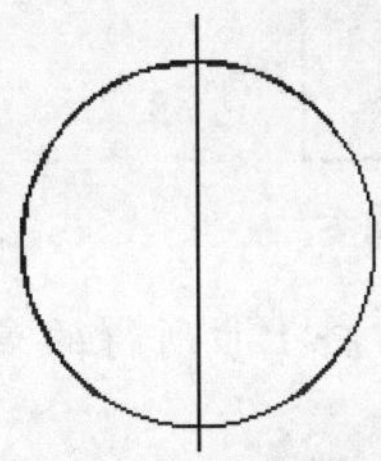

图 15-111　绘制垂直辅助线

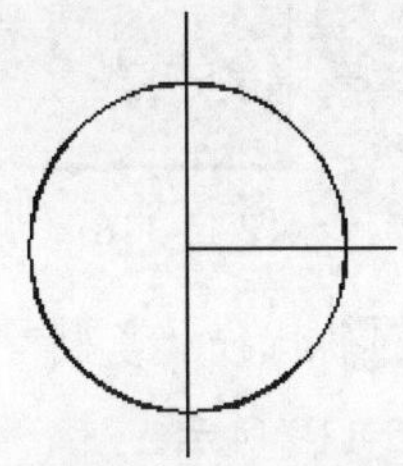

图 15-112　绘制水平辅助线

Step 04 执行“旋转”（ROTATE）命令，将水平向直线以圆心为基点旋转 315°，如图 15-113 所示。

Step 05 执行“镜像”（MIRROR）命令，将上一步所得的直线以垂直直线为镜像线向左镜像，结果如图 15-114 所示。

Step 06 执行“多段线”（PLINE）命令，将两条斜线与圆环的两个交点、垂直线与圆环的上部交点及圆心连接起来，如图 15-115 所示。

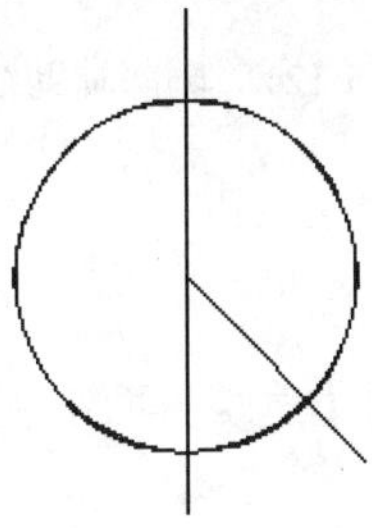

图 15-113　旋转水平辅助线

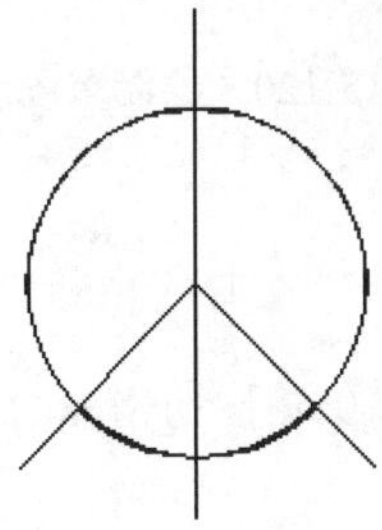

图 15-114　镜像辅助线

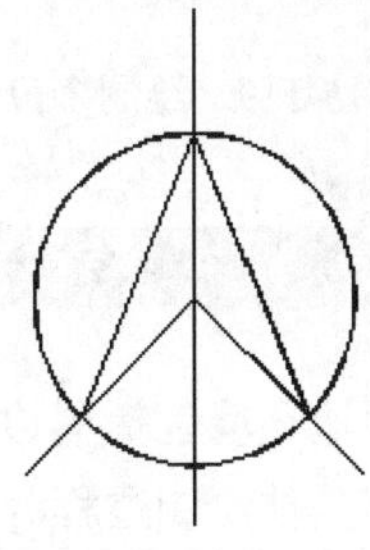

图 15-115　绘制指北针轮廓

Step 07 执行“图案填充”（BHATCH）命令，弹出“图案填充和渐变色”对话框，如图 15-116 所示。选择 JIS_LC_20 图案，对步骤 6 中图像最左边的三角形进行图案填充，结果如图 15-117 所示。

Step 08 执行“多段线”（PLINE）命令，在圆环和圆环内三角形图案之间绘制宽度为 200、长度为 1800 的多段线，结果如图 15-118 所示。

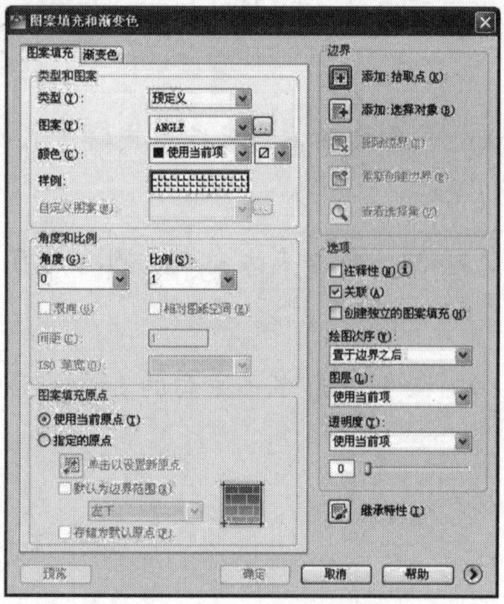

图 15-116 “图案填充创建”选项卡

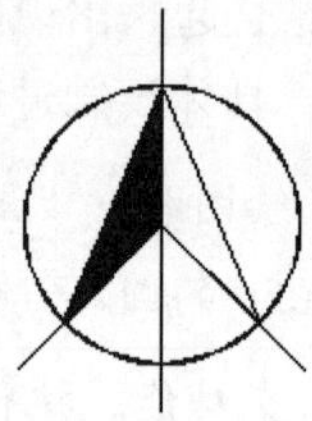

图 15-117 图案填充效果

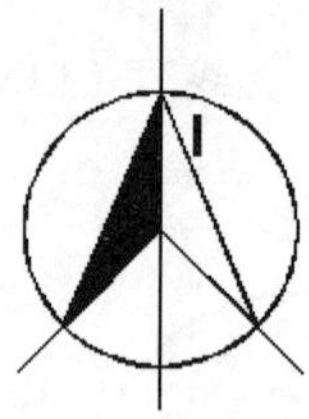

图 15-118 绘制多段线

Step 09 执行“复制”（COPY）命令，将上步所得的多段线向右复制，距离为 1300，结果如图 15-119 所示。

Step 10 执行“多段线”（PLINE）命令，用多段线连接步骤 8 和步骤 9 中的两条多段线，结果如图 15-120 所示。

Step 11 执行“删除”（ERASE）命令，将辅助线全部删除，结果如图 15-121 所示。

图 15-119 绘制多段线

图 15-120 绘制多段线

图 15-121 删除辅助线

15.2.11 绘制总平面周边环境

周边环境包括周边已建建筑、周边绿化和周边道路等。本案例将只从周边建筑方面绘制。下面讲解具体绘制过程。

1. 已建建筑

Step 01 打开“图层特性管理器”选项板，单击“新建图层”按钮，创建“周边建筑”图层，并将“周边建筑”设置为当前图层，如图 15-122 所示。

Step 02 执行“多段线”（PLINE）命令，用多段线分别绘制长 81000、宽 12000，长 90000、宽 18000 和长 25000、宽 21000 的矩形。

Step 03 选择“绘图”→“文字”→“单行文字”（DTEXT）命令，在长 81000、宽 12000 矩形内，将矩形命名为“商场”，且标注层数 3F。在长 90000、宽 18000 的矩形中，将矩形命名为“办公楼”，且标注层数 6F。在长 25000、宽 21000 的矩形中，将矩形命名为“住宅楼”，且标注层数 28F。效果如图 15-123 所示。

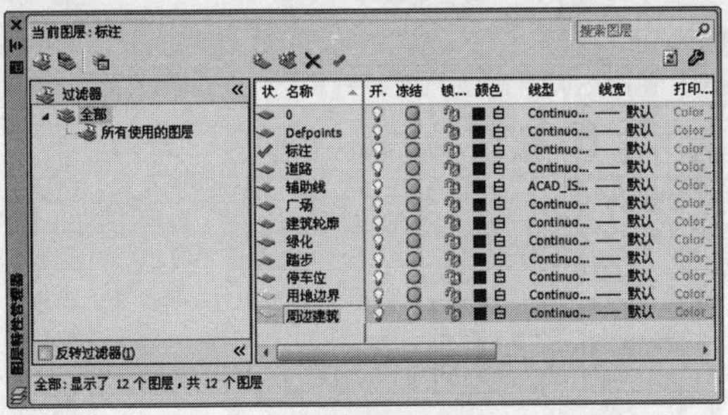

图 15-122 “图层特性管理器”选项板

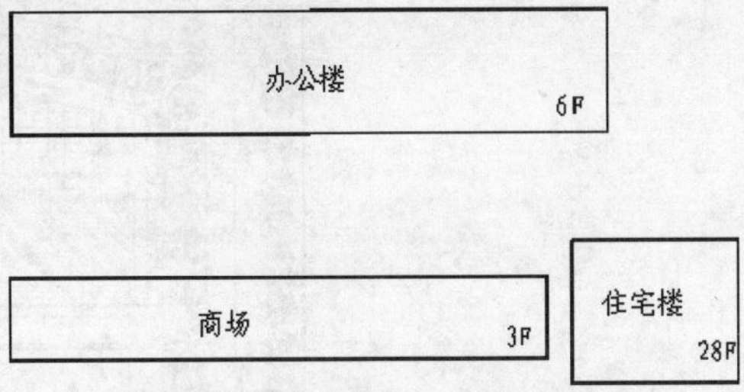

图 15-123 周边建筑外轮廓的绘制

2. 已建建筑的定位

Step 01 将“辅助线”图层置为当前图层。执行“构造线”（XLINE）命令，沿基地的上边线和建筑的右边线及下轮廓线分别绘制构造线，如图 15-124 所示。

Step 02 执行“偏移”（OFFSET）命令，将基地上边线处的构造线向上偏移 9000，将基地右边线处的构造线向右偏移 9000，将建筑下边线处的构造线向下偏移 15000，效果如图 15-125 所示。

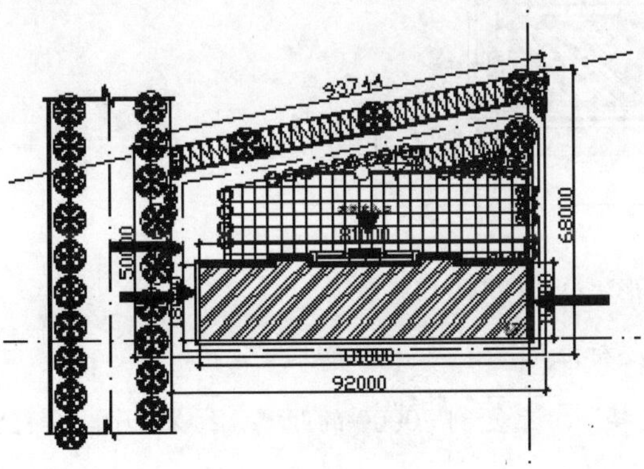

图 15-124 绘制构造线

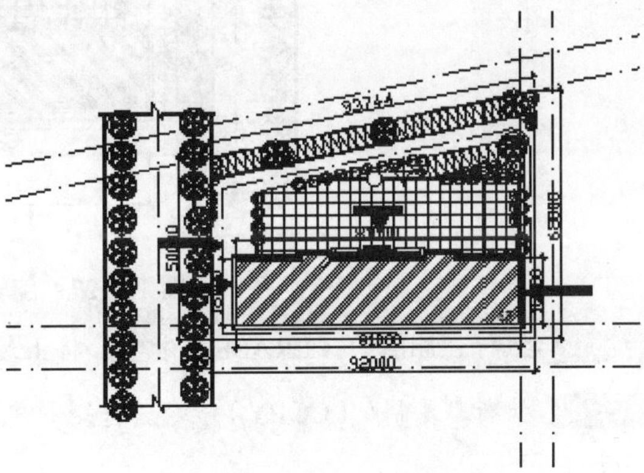

图 15-125 偏移构造线

Step 03 执行“移动”（MOVE）命令，将矩形“商场”以右上角点为基点，移动至建筑下边线构造线的偏移线与建筑右边线延长线的交点处。将矩形“住宅楼”以左下角点为基点，移动至“商场”矩形下边线延长线和基地右边构造线偏移线的交点处。将矩形“办公楼”以右下角点为基点，移动至基地上边构造线偏移线和右边构造线偏移线的交点处，如图 15-126 所示。

Step 04 选择“标注”→“角度”（DIMANGULAR）命令，将基地边界上边构造线的偏移线和矩形“办公楼”的下边角度标出，结果将显示该角度为 11°。

Step 05 执行“旋转”（ROTATE）命令，以矩形“办公楼“的右下角点为基点逆时针旋转 11°，如图 15-127 所示。

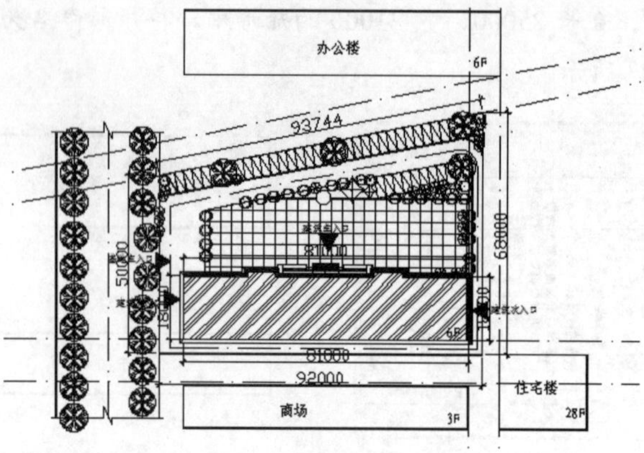

图 15-126　移动定位图形

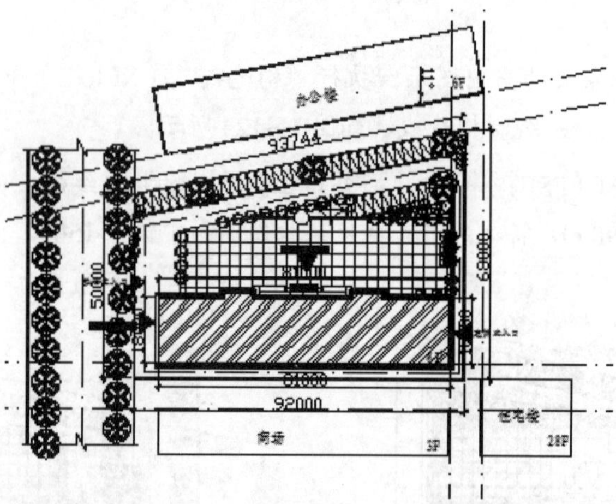

图 15-127　旋转矩形“办公楼”

Step 06 执行“删除”（ERASE）命令，将上述角度标注删除。

Step 07 执行“复制”（COPY）命令，将矩形“住宅楼”向上复制 70000 的距离。结果如图 15-128 所示。

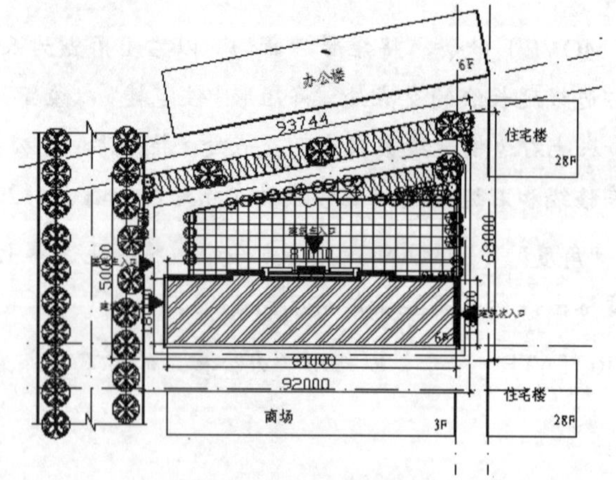

图 15-128　复制“住宅楼”

Step 08 执行“删除”（ERASE）命令，将构造线全部删除。

Step 09 执行“复制”（COPY）命令，将第 13 章 13-95 所示的图框复制至总平面图处。

Step 10 执行“缩放”（SCALE）命令，将图框缩放 3 倍，将总平面图移动到图框中。

Step 11 选择“绘图”→“文字”→“单行文字”（DTEXT）命令，在总平面图左上角空白处绘字高为 4000 的“总平面图”，得到总平面图的最终效果图，如图 15-129 所示。

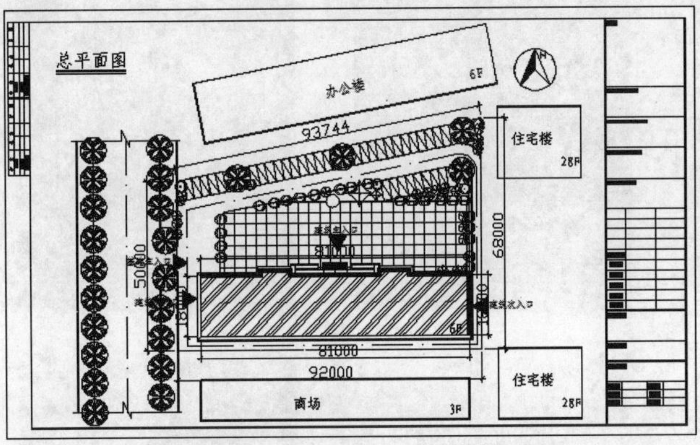

图 15-129 总平面图最终效果图

15.3 本章小结

本章主要讲解了运用 AutoCAD 2012 绘制建筑总平面图的步骤与方法。着重从建筑总平面图的边界、道路、环境绿化、停车场、建筑和广场等几大方面进行了讲解。掌握了这些大方面，就掌握了总平面图绘制的基本方法。

15.4 问题与思考

1. 总平面图有那些内容?
2. 外部环境包含哪些内容?
3. 怎样将重复使用的图形定义为图块?
4. 怎样使用多段线绘制建筑阴影？

神話 Maya 材质与渲染实战技法
神話 Maya 2009 完全自学教程
神話 Maya 动画制作实战技法
神話 3ds Max 材质与渲染实战技法
3ds Max/VRay 室内设计效果图表现技法精讲
3ds Max 2010/VRay 室内设计实例解析
3ds Max/VRay/Photoshop 室内设计完全学习手册
After Effects/3ds Max 电视包装完全学习手册
3ds Max 从入门到精通 2009
3ds Max 2010 完全自学教程
3ds Max/VRay 展览展示设计应用
3ds Max 2010 学习宝典
详解3ds Max 室内设计表现
3ds Max 2010 中文版 从新手到高手
ZBRUSH 4 从入门到精通
虚拟现实案例教程 基于Quest3D/VR-Platform/Virtools项目